U0241337

现代农业科技专著大系

小动物内科学

SMALL ANIMAL INTERNAL MEDICINE

王九峰　主编

中国农业出版社

图书在版编目（CIP）数据

小动物内科学 / 王九峰主编．—北京：中国农业出版社，2013.12

（现代农业科技专著大系）

ISBN 978-7-109-17791-8

Ⅰ．①小…　Ⅱ．①王…　Ⅲ．①兽医学-内科学　Ⅳ．①S856

中国版本图书馆 CIP 数据核字（2013）第 070927 号

中国农业出版社出版
（北京市朝阳区农展馆北路 2 号）
（邮政编码 100125）
责任编辑　栗　柱

北京通州皇家印刷厂印刷　　新华书店北京发行所发行
2013 年 12 月第 1 版　　2013 年 12 月北京第 1 次印刷

开本：889mm×1194mm　1/16　　印张：35.25　　插页：10
字数：1092 千字
定价：180.00 元
（凡本版图书出现印刷、装订错误，请向出版社发行部调换）

《小动物内科学》编写组

主　编： 王九峰

副主编： 朱要宏　夏兆飞

编　者：（以姓氏笔画为序）

王九峰　中国农业大学动物医学院教授，博士生导师

朱要宏　中国农业大学动物医学院副教授，博士生导师

刘国文　吉林大学动物医学院教授，博士生导师

刘建柱　山东农业大学动物医学院副教授，硕士生导师

孙卫东　南京农业大学动物医学院教授，博士生导师

李家奎　华中农业大学动物医学院教授，博士生导师

李勤凡　西北农林科技大学动物医学院副教授，硕士生导师

邱昌伟　华中农业大学动物医学院副教授，硕士生导师

姚　华　北京农学院动物医学系副教授，硕士生导师

夏兆飞　中国农业大学动物医学院教授，博士生导师

顾建红　扬州大学兽医学院博士，讲师

徐世文　东北农业大学动物医学院教授，博士生导师

徐庚全　甘肃农业大学动物医学院博士，研究员

彭广能　四川农业大学动物医学院教授，博士生导师

潘家强　华南农业大学兽医学院副教授，硕士生导师

SMALL ANIMAL INTERNAL MEDICINE

《小动物内科学》编写内容分工

第一部分　绪论（彭广能）

第二部分　病征（李家奎，邱昌伟）

病征 1－6（李家奎）

病征 7－11（邱昌伟）

第三部分　样品采集及实验室检查（顾建红）

第四部分　器官系统疾病

第一章　肌肉骨骼系统疾病（彭广能）

第二章　消化道疾病（姚华，刘国文）

第三章　肝胆和胰腺外分泌疾病（夏兆飞）

第四章　呼吸系统疾病（孙卫东）

第五章　心血管系统疾病（潘家强）

第六章　造血和血淋巴系统疾病（刘建柱）

第七章　泌尿系统疾病（王九峰）

第八章　神经系统疾病（李勤凡）

第九章　内分泌疾病（夏兆飞）

第十章　生殖系统疾病（朱要宏）

第五部分　中毒性紊乱（徐世文）

第六部分　感染性疾病（徐庚全）

全书统稿（朱要宏，王九峰）

前　言

随着我国经济的迅猛发展和人民生活水平的快速提高，饲养犬、猫等宠物的家庭数量日益增多。为了防治犬、猫疾病，纠正主人错误和不良饲养管理习惯，以减少对环境和公共卫生的影响，预防人兽共患病等，需要具备兽医知识的专业人员来完成各种宠物的相关工作，而小动物医师更是肩负着保障小动物身体健康及公共卫生安全的责任，为此，我们组织相关专家共同编著了《小动物内科学》一书。

本书集思广益，凝聚了全国12所农业院校专家的智慧、多年积累的专业知识、丰富的兽医临床诊疗经验，以及教学和科研中取得的成果，尤其是得到了中国农业大学金久善教授的审阅及指导，极大提高了本书的质量和水平。

本书专门针对小动物疾病，将犬猫内科学、传染病学、寄生虫病学和产科学等多学科的常见病、多发病以综述的形式加以介绍，以满足兽医临床上复杂多样的小动物内科疾病的诊治需要。本书在撰写过程中力求文字简洁、内容精炼、重点突出，尽量明确诊断与治疗要点、紧贴临床实际需求，同时附有相关参考文献，不仅方便兽医工作者在临床工作中查阅，亦可供大专院校兽医专业师生参考。

本书编写过程中得到了中国农业出版社和中国农业大学有关领导和同仁的鼎力支持，在此一并表示诚挚的谢意。我国地域辽阔，南北气候差异较大，各地区都有一些独特的地方性疾病及相应的有效治疗措施，由于时间紧迫及编者水平有限，未能全面涉及，深感本书尚有许多不足之处，恳请兽医同仁和读者批评指正。

王九峰

2013年1月

SMALL ANIMAL INTERNAL MEDICINE

目 录

第一部分

绪 论

Introduction

第一节　小动物内科学的发展概况
History of Small Animal Internal Medicine

随着社会的发展、人民生活的改善和家庭成员结构的变化，小动物饲养在我国家庭中越来越普遍。人们开始把小动物看成家庭的重要成员之一，并将小动物视为不可或缺的精神伴侣。为了使小动物能够长久陪伴左右，人们开始重视小动物疾病的预防与治疗。顺应社会的需求，全国各地宠物医院尤其是城市中宠物医院建立越来越多，而且各大宠物医院的诊治水平和医疗设备都得到了不断提高。小动物内科学作为小动物疾病的一个重要分支，并行于外科、产科、中兽医等分支，在小动物临床诊治中占有相当大的比例。研究和诊治小动物内科病，不仅为小动物的安全保障和寿命延长提供了可靠的保证，而且减轻了小动物主人的精神压力和经济损失。

一、小动物内科学的概念

小动物内科学（small animal internal medicine）是研究小动物感染性和非感染性内脏器官疾病的一门综合性临床学科，运用系统的理论和相应的诊疗手段，研究小动物内科病的发生与发展规律、临床症状、病理变化、转归、诊断和防治等理论与临床实践问题。

二、小动物内科学的内容

小动物内科学研究的主要内容，按系统分，可分为消化器官疾病、呼吸器官疾病、泌尿器官疾病、心血管系统疾病、内分泌系统疾病、神经系统疾病、肌肉和骨骼疾病等；按动物年龄分，又分为老年性疾病和幼年性疾病等；按小动物种类分，又可分为犬病、猫病、鸟病、兔病、蛇病、乌龟病等；根据小动物内科学的概念，还可以包括营养代谢病、中毒病、遗传性疾病和免疫性疾病等。在某些发达国家（如美国），小动物疾病不仅分科很细，而且专业性很强。

现代小动物内科疾病范围大，内容丰富，不仅涉及多种小动物，而且研究范围和层次逐渐增加，并朝着生物医学和比较医学的方向发展。由于小动物的种属、品系、分布、解剖生理、生活习性和饲养管理等非常复杂，在长期的生活过程中，受内外不利因素的作用，会导致不同种类疾病的发生，其中内科病最为流行，尤其是消化道疾病、泌尿系统疾病、心血管系统疾病等在临床病例中较为常见，给动物主人造成了严重的经济损失和精神压力。

三、小动物内科学的地位

小动物内科学是一门与宠物临床科学紧密联系的学科，具有较强的实践性，理论性，病因、症状的复杂性，以及疾病发生发展的基本规律性等特点。在研究与学习小动物内科学时，首先要学会坚持科学的认识论，立足于临床实践，防治常见病、研究疑难病、探索新出现的疾病及其他重大实践和理论问题，使小动物内科学在认识论的科学理论和方法指导下，不断实践，不断认识，不断总结，以保证其不断发展与提高。随着分子生物学、细胞生物化学、现代电子技术等先进科学理论和技术方法的提高，以及在临床诊断与治疗中的应用，小动物内科学进入了新的发展阶段。

小动物内科学是在小动物解剖学、生理学、生物化学、病理学、药理学和诊断学等学科的基础上建立起的临床学科，并与其他临床学科如传染病学、寄生虫病学、外科学、产科学和中兽医学等横向联系。要进一步研究内科疾病的病因，阐明疾病的发病机制，观察疾病的病理变化，掌握疾病的临床症状特征，确定疾病的性质与诊断，掌握疾病的发生和发展规律，均离不开以上各学科的发展和贡献。及时吸纳相关学科的新理论与新技术，才能保证小动物内科学知识得以不断充实、更新与提高。

四、小动物内科学的发展

小动物内科学，是前人在与小动物疾病长期斗争的实践中逐步形成发展起来的。小动物内科学是兽医内科学的分支部分，兽医内科学的起源可以追溯到西周时期，然而我国小动物内科学是在20世纪80年代才得到广泛的发展与进步。20世纪80年代以前，大动物的诊断与治疗一直都占优势，小动物门诊基本上没有。北京最早用于专门给小动物看病的医院是1984年段宝符先生开办的“段大夫犬猫诊疗所”，当时北京城内只有北京农业大学的兽医院能够给牲畜看病，虽然偶尔也有一些犬或猫，但绝大多数的病例还是骡、马、牛、驴，所以北京最早开办小动物门诊的人应该是段宝符先生。在1985年9月，由当时药理教研组的冯士强老师带领几名实习学生在北京农业大学兽医院内开设了一个小动物门诊部，从此小动物疾病诊疗机构才开始得以发展。

早期的小动物临床兽医基本没有参考书籍，第一本是由高得仪老师主编的小动物疾病专业教科书《犬猫疾病学》，这本书对早期临床兽医的帮助非常大。随着小动物诊疗行业的发展，中国小动物临床医生的资讯方面也有了很大的改善，一些资深的临床兽医学老师翻译了相当一部分外文书籍，这些书籍的出版，填补了中国兽医临床用书的空白，对小动物临床技术的提高起到了很大的作用。如林德贵老师主译的《新编犬猫疾病诊疗图谱》、施振声老师主译的《小动物临床手册》、夏兆飞老师主译的《犬猫血液学手册》等。除了翻译外国著作外，国内资深临床兽医老师根据前人和自身总结的临床经验，参考大量的临床兽医资料，编写了大量的临床兽医书籍，并且将一些书籍作为动物医学学生的专业课教程，如王建华老师主编的《家畜内科学》、侯加法老师主编的《小动物疾病学》等，已经作为具有重要参考价值的书籍广为流传，也深受广大热爱小动物临床的兽医爱好者的好评。大量学术著作的出版，预示着小动物内科学将进入一个崭新的发展阶段。

五、小动物内科学的成就

（一）临床兽医专业人才的培养

临床兽医专业人才的培养是提高小动物内科学诊疗水平的重要内容。1949年，中华人民共和国的诞生给兽医内科学发展带来了曙光，中国各省、直辖市、自治区的农业高等院校相继成立，设立兽医专业，开办动物医院，讲授家畜内科学专业课程和临床实习课，兽医内科学学科建设有了长足发展。80年代以来，临床小动物诊疗得到了前所未有的发展，人们开始重视小动物的诊疗技术和手段，从事小动物行业人数开始逐年上升，各大专院校开始设立小动物医学专业，专门培养小动物临床兽医人才。2002年北京小动物兽医师协会和2008年初北京小动物诊疗行业协会的相继成立，2005年为了提高宠物医师临床技术水平创立了中国小动物临床史上第一个小动物临床兽医自己的大会——北京宠物医师大会。目前，我国小动物内科学队伍中，具有研究生以上学历的人数在逐年增加，教学手段在不断丰富，科研水平日益提高，均预示着小动物内科学的美好前景。

（二）小动物内科学诊断技术的提高

小动物内科学诊断技术的应用是兽医临床上重要的实践性活动之一，其目的是充分利用现有诊断技术，尽快查明病因，对因治疗和对症治疗相结合，促进小动物疾病的痊愈，以维持和延长其生命。目前，临床兽医常用的诊断技术包括实验室诊断技术、超声诊断技术、X线诊断技术、微生物培养分析技术、分子生物学技术以及细胞学技术等。这些诊断方法与技术，为研究小动物内科疾病的发病机制和临床治疗提供了理论依据。

（三）小动物内科学治疗技术的提高

小动物内科学治疗手段和技术在小动物临床上占有非常重要的位置，其目的是充分利用目前的医疗条件和技术方法，尽快改善小动物机体的生理功能，使小动物的疾病得到痊愈，以维持和延长小动物的生命。现今小动物内科疾病的治疗手段主要包括：药物治疗、输血疗法、穿刺治疗、针灸疗法和非特异性刺激疗法等。

1. 药物治疗技术

（1）药物和饮食结合治疗　普通药物经过特殊处理或加工，达到给药间隔延长的目的。如庆大霉素、头孢菌素、强力霉素等普通消炎药物，经过特殊加工，使其在体内起作用的时间延长。如伊维菌素、油剂醋酸泼尼松注射剂等，只需1周或1个月，甚至半年注射1次，即可达到治疗的目的。常用药品的食品化，使给药方便化，包括某些抗生素、驱虫药物、维生素类、营养添加剂等，加入到犬猫特别喜欢的零食中，制成可口的药液或药粒等，既方便了主人给动物喂药，又保证了治疗的正常进行。特殊的处方食品，如IAMS、HILLS等宠物食品公司专门生产以治疗和预防动物某种疾病为目的的动物食品，把治疗疾病的处方和营养的特殊需要融合到食品中，主人只需给患病动物饲喂食品，不用再给动物喂药物。

（2）特殊疗法和人医技术结合　这些包括肾脏透析、输血治疗、穿刺治疗术以及肿瘤的化疗和理疗等。人医临床采用的方法也在兽医临床上得到应用。

（3）中西治疗在小动物上的应用　我国的针灸和草药方剂、推拿或按摩技术和非特异性刺激疗法等医疗技术已得到广泛的认识和承认，而且它们在小动物内科老年病中显示出了独特的治疗作用，如参苓白术汤在治疗犬猫慢性腹泻方面疗效显著。

2. 常见用药方法　正确的用药方法是贯彻治疗方案的重要方面，以下是几种常见的用药方法：

（1）口服法　中药散剂、少量水剂，比如5%葡萄糖经口服给予幼龄小动物，止咳糖浆经口服治疗小动物咳嗽；有时候采用口服钡餐辅助诊断胃肠道疾病和保护胃肠黏膜等。丸（片）剂、胶囊需要将药放到舌根部，令其咽下。在小动物有食欲的情况下，可将药物混入日常饮食中，通过自主采食进入体内。

（2）注射法　通过注射器将药物输入血液、肌肉、皮下或动物机体的特定位置，以达到全身或局部用药的目的。如皮下注射、静脉注射、肌内注射和腹腔内注射等。要求药液符合国家规定标准，注射器械及注射部位充分消毒，卫生操作，技术熟练等。

（3）灌肠法　用药物、石蜡或甘油灌入直肠，浅部灌肠可用于人工营养、直肠消炎、镇静，以及排除直肠积粪等。深部灌肠多用于直肠止血，特别是犬细小病毒病出血严重时，可以直肠深部给予云南白药制剂进行止血，也可以软化粪便，促进排出。

（4）腹腔透析法　对于肾衰竭的病例，利用腹膜的半透性和表面积大等特性，通过腹腔底部（放腹水处）向腹腔注射适当药液和液体，再从腹腔底部放出液体，必要时再重复进行，以达到补充血液容量、调整血液离子数量和质量、改善血液循环、排除体内有毒代谢产物，最终挽救小动物生命。该法适用于脱水、离子紊乱、酸中毒、尿毒症和肝昏迷等情况。

（5）封闭疗法　将不同浓度和剂量的普鲁卡因溶液注入组织内，以改变神经的反射兴奋性，促进中枢神经系统的机能恢复，从而阻断恶性刺激的传导和病理性循环，促进疾病痊愈，如腰部肾区封闭和静脉注射封闭等。

（6）吸入法　通过吸入药物，直接作用于呼吸道黏膜，起到消炎、收敛、促使渗出物排出的作用；通过吸入气体治疗呼吸道疾病。

六、小动物内科学的研究发展方向

小动物内科学的研究方向，一要利用现代生物学高新技术，在核酸、蛋白质等生物分子水平阐述内科疾病的本质，并利用基因技术治疗某些小动物内科疾病；二要跨学科、高水平、综合性地从小动物整体、离体组织、细胞、分子等不同水平上研究某些内科疾病；三要利用高科技手段，广泛采用无损伤、非侵入式诊疗技术；四要结合人医的成熟技术用于小动物内科疾病的诊疗。目前，小动物内科疾病学临床研究方法分类按研究的深度和广度可分为分子水平、细胞水平、组织或器官水平、整体水平和群体水平等。

（一）检查和诊断技术方面

常用的实验室研究方法有分子生物学方法，如PCR技术；蛋白质方法，如蛋白质分离纯化、蛋白质鉴定；原位分子鉴定法，如免疫组织化学；细胞生物学方法，如细胞培养、细胞融合、细胞凋亡等；免疫学法，如ELISA技术、荧光免疫技术；原子吸收光谱与色谱技术，如吸光光度法，原子吸收光谱法等。

常用的临床研究方法：基因技术在小动物内科疾病中的应用，电生理技术——心电图、肌电图的应用，内窥镜技术的应用，影像技术的应用如超声成像技术、计算机断层扫描技术、核磁共振成像技术等。

（二）预防和治疗方面

随着药理学和制药技术的发展，新的药物和剂型不断出现，为动物疾病的预防和治疗提供了新的方法和手段。头孢菌素、喹诺酮类药物的第四代、第五代的问世，透皮剂的使用，超声雾化器的出现，为临床治疗提供了新的药物和新的给药方法；群体药动学理论的发展，皮下包埋剂的开发，为一些疾病的防治提供了新的方法。在现代免疫理论研究的基础上，出现了如单克隆抗体、干扰素等生物工程药物，为病毒病、肿瘤性疾病等的治疗提供了特效药物。

（三）临床兽医师技术培养方面

目前，从事小动物治疗行业的工作人员中，主要由本科、大专以及其他学历的人员组成。其中本科和大专毕业主要是从事一线的诊疗工作。其中有一部分人员从未接受过正规的兽医教育，他们的专业理论水平普遍较低，业务实践能力差距很大，治疗技术水平的提高主要靠自己的实践经验。小动物种类的多元化如某些鸟、鼠类、兔子等，甚至还有蛇、蜘蛛和乌龟等，对临床兽医师来说是一种挑战，对此类动物的治疗有别于常见小动物的治疗，这需要小动物医生具备全面的技术和扎实的基础知识，因此对于专业人才的培养刻不容缓。我国与一些发达国家在小动物的诊疗技术方面相差甚远，这就需要国家鼓励并扶持临床兽医工作者出国学习深造，提高临床兽医师的诊疗水平和技术。同时，组织国内开展学术交流，共同学习探讨小动物疾病的诊疗手段和方法。

（四）中兽医在小动物诊疗方面的应用

中兽医起源于中国，具有独特而又悠久的历史，然而近几十年来，中兽医技术并没有向着积极乐观的方向发展，反而走向下坡路。欧美国家和日本等国对中国中兽医却产生了浓厚的兴趣，尤其在针灸治病技术方面，投入了大量人力和财力进行开发研究，在穴位定位和治疗机理等研究中取得了突破性进展。面对当前国内外研究发展的趋势和速度，我们要努力挖掘我国医学的瑰宝并发扬光大。

第二节　健康检查

Physical Examination

一、健康检查的基本方法

小动物的健康检查是确定疾病发生的重要前提之一，以及判定疾病发展过程的一个重要手段。健康检查有助于及早发现潜在的发病情况，降低动物主人的经济损失，也可为疾病的预后判断提供依据。健康检查的基本方法包括：问诊、视诊、触诊、叩诊、听诊和嗅诊。随着现代科学技术的发展，应用于临床的各种检查法越来越多并且纷繁复杂，尤其是实验室检查法、X线放射法、机能实验法以及心电图描记法、超声诊断技术、放射性同位素的应用等方面的技术在兽医临床的普遍应用，使现代的检查技术有了突飞猛进的变化。从临床检查程序上来讲，通过问诊的调查了解和应用检查者的眼、耳、手、鼻等感觉器官去对小动物进行直接的检查，还是最基本的临床检查法。

（一）问诊

检查者从动物主人获取动物基本情况的一种检查方式，其基本内容包括：动物的基本特征，病史的收集，平时的饲养和管理等。检查者应详细记录动物的基本特征，如动物品种、性别、年龄和体重等，以便建立完备的资料待查；病史的收集内容包括：小动物过去患病的情况，其经过和结果如何，过去的检查报告结果等，以及预防接种的内容及实施的时间、方法、效果等，这些基本资料对于小动物健康检查具有重要的指示和参考作用；平时的饲养和管理，对小动物饲养环境、饮食饮水以及管理状态的了解，有助于从中查找饲养、管理的问题和有可能引起发病的关系，同时在制定合理的防治措施上也是十分重要的，所以要详尽了解并记录。

（二）视诊

检查者用肉眼直接观察，对小动物的整体概况或某些部位的状态进行评估，视诊是进行客观检查的第一个步骤，其主要内容包括：观察小动物整体状态，如体格大小、发育程度、营养状况、体质强弱、躯体结构和胸腹及肢体的匀称性等；判断小动物的精神状态及体态、姿势与运动、行为，如精神的沉郁或兴奋，静止间的姿势改变或运动中步态的变化等；检查小动物表被组织的状态，如被毛状态、皮肤及黏膜的颜色及特性等；检查某些与外界直通的体腔，如口腔、鼻腔、耳道、肛门和阴道等，检查黏膜的颜色及完整性，并确定其分泌物、排泄物的数量、性状及混合物；除此之外，还要注意某些生理活动，如呼吸动作，饮食、吞咽等消化活动及有无异常，排粪、排尿的姿态及粪便、尿液的数量、性状与混合物等。

（三）触诊

触诊通常是检查者用手去进行检查，包括用手指、手掌或手背等，利用触觉及实体感觉的一种检查方法。主要的检查内容包括：小动物的体表状态，如皮肤表面的温热度和湿度，皮肤与皮下组织的质地、弹性及硬度，浅在淋巴结的大小、形态及其温度等；检查某些器官、组织，感知其生理性的冲动，如在心区检查心搏动，判定其位置、强度、频率及节律等；腹部触诊可以判定腹壁的紧张度及敏感性，某些小动物可通过软腹壁进行深部触诊，从而感知腹腔状态（如腹水）、胃肠内容物与性状、肝脾的边缘及肾脏与膀胱的大小等。

（四）叩诊

叩诊是检查者对小动物体表的某一部位进行叩击，借以引起振动并发生音响，根据产生音响的特性，去判断被检查的器官、组织的物理状态的一种方法。叩诊一般检查内容包括：检查浅在的体腔，如头窦、胸腔与腹腔等，来判定内容物性状与含气量的多少；检查含气器官，如肺脏、胃肠等的含气量及状态；根据叩诊产生某种固有音响的区域轮廓，推断某一器官（含气的或实质的）的位置、大小、形状及其与周围器官、组织的相互关系。

（五）听诊

听诊是检查者利用听觉去辨识音响的一种检查方式，往往借助于听诊器进行检查。听诊的主要内容包括：检查心血管系统，听心脏及大血管的声音，特别是心音，判定心音的频率、强度、性质、节律以及有无心杂音等；检查呼吸系统，听呼吸音，如喉、气管以及肺泡呼吸音等；检查消化系统，听胃肠的蠕动音，判定其频率、强度及性质以及腹腔的振荡音等。

(六) 嗅诊

嗅诊主要是检查者通过嗅闻小动物呼出的气体、口腔的气味以及动物分泌或排泄的带有特殊气味的分泌物或排泄物（如粪、尿）以及其他产物来进行检查的一种方法。如呼出气体及鼻液的特殊气味，可能提示呼吸道及肺脏疾病，粪便的特殊腥臭味可提示犬细小病毒病，阴道分泌物的化脓、腐败臭味，可见于小动物子宫蓄脓等。

对于每种检查方法并不是面面俱到，应视动物的状态而选择最佳的检查方法；通过单一的检查结果不能准确地说明动物的健康状态，需要各种方法的适当配合，各种现象的综合分析。每种检查方法均有其固有的特点，也各有其相对的不足，唯有各种方法的综合运用（如听诊法与叩诊法配合以检查胸、肺、胃肠性状等），才能起到相互补充、互相配合的作用。

二、健康检查的一般程序

全面系统地按照一定程序和步骤进行健康检查，会使检查工作更有秩序，并能获得全面的资料信息，有助于综合判断动物的健康状态。

(一) 检查的一般程序

进行健康检查的一般程序大致按下列的步骤进行：建立健康档案，问诊，临床检查。建立健康档案，在于了解动物的个体特征，对小动物的健康状态进行评估以提供某些参考价值，登记的主要内容包括：动物种类、品种、性别、年龄和毛色等，为便于联系，还应该登记动物主人的姓名、联系方式及住址等。在进行登记后，应进行必要的问诊，问诊的主要内容包括：症状、既往病史和平时的饲养管理等情况，这有助于判断动物的健康状态。除此之外，了解动物的防疫和预防接种等有关流行病学的情况，在综合分析、建立诊断上更有特殊的价值。对动物进行的临床检查，通常按以下程序进行：整体及一般检查，整体状态的观察，包括体格、发育、营养状态、精神状态、体态、姿势与运动、行为等，被毛、皮肤及皮下组织的检查，眼结膜的检查，浅在淋巴结及淋巴管的检查，体温、脉搏及呼吸的测定，部位或系统的检查，一般按照头颈部、胸部及胸腔器官、腹部及腹腔器官、脊柱及四肢、泌尿生殖系统、神经系统等项目进行检查；也可以按照心血管、呼吸、消化、泌尿生殖系统、神经系统等顺序进行检查。

进行健康检查的程序并不是固定不变的，可根据动物的具体情况而灵活运用。健康检查必须全面而系统，在一般全面检查的基础上，更要对主要的器官和部位再做详细、深入的检查，为健康判断提供充分、可靠的资料，只重视局部而忽视整体的变化或只做整体检查而无重点检查的深入，都是片面的检查。在临床检查之后，实验室检查、X线检查和其他特殊检查都是非常有必要的。

(二) 实验室检查

实验室检查利用了物理学、化学和生物学等实验技术和方法，在实验室特定的设备和条件下，对动物的血液、尿液、粪便、体液等进行测定和分析，或借助于显微镜观察其有形成分，以获取反映机体功能状态的检查结果，配合其他临床资料进行综合分析，对评估健康状况具有重要意义[见附录1、2]。

实验室检验基本包括：血液学的检验、消化机能检验、肝脏机能检验、尿液及肾脏机能检验、体腔液和分泌物检验、临床免疫学检验以及临床常用生化检验等。所以实验室检验是一种复杂而细致的工作，为了得到正确的结果，必须遵守严格的操作规程和次序，并熟练掌握各种检验的操作方法、判定根据和注意事项。随着各种自动检测仪和检验试剂盒及化验试纸的生产与应用，使检验工作实现了快速化、微量化，如血细胞分析仪、血液自动生化分析仪、尿液分析仪等正在逐渐增加，大大地丰富了实验室检验内容，并进行快速准确的检验。

（三）影像检查

常用的影像检查包括X线检查、超声波检查和心电图检查等［见附录3、4］，随着X线摄影与电子计算机的联合应用，出现了电子计算机断层扫描技术（CT）以及核磁共振成像技术（MRI），虽然这些技术尚未在国内兽医临床上普遍使用，但在国外兽医临床上已普遍使用并且技术成熟。在兽医临床诊断实践中，综合运用X线诊断（包括CT）、超声检查（包括B超）、放射性同位素扫描以及核磁共振等医学影像技术，将能进一步克服由于受到机体体壁掩盖而对诊断造成的障碍，直接展示内脏器官的形态和功能状态，为内科疾病的诊断提供客观的基础和根据。

第三节　医疗记录

Medical Records

所有的临床检查及特殊检查的结果，都应详细记录在病历中。

医疗记录不仅是诊疗机构的法定文件，也是原始的科学资料。不仅供内部诊疗人员查阅，也可以供外来工作者参考，并可作为法医学的根据。因此，医疗记录必须认真填写、妥善保管。

填写医疗记录的原则，主要包括以下4点：

（1）全面而详细　将所有关于问诊、临床检查、特殊检验的所见及结果，都要详尽地记录，以求全面而完整。某些检查项目的阴性结果，亦应记入（如下颌淋巴结未见肿胀、异常），这些可作为排除诊断的根据。

（2）系统而科学　为了记录系统化，便于归纳、整理，所有内容应按系统或部位有序地记载。各种症状、所见应以通用名词或术语加以客观描述，不宜以病名概括所见的现象（如口腔黏膜潮红、肿胀、口温升高、分泌物增多等现象，不能简单地用口腔发炎来记录）。

（3）具体而肯定　各种症状、变化，力求真实而具体，最好以数字、程度标明或用实物加以恰当比喻，必要时附以略图。避免用“可能”、“似乎”、“好像”等模棱两可的词句，应进行切实的形容和描述。

（4）通俗而易懂　词句应通俗、简明，便于理解，有关主诉内容，可以用主诉者的自述语言进行记录。

医疗记录的内容，一般可按照以下顺序进行记录：

第一部分：关于动物的种类、品种、名称、特征等登记事项。

第二部分：主诉及问诊资料，有关病史、疾病的经过、饲养管理与环境条件等内容。

第三部分：临床检查所见，这是医疗记录组成的主要内容，特别是初诊之际内容更应详尽。一般应按系统或部位填写。

首先记录体温（℃）、脉搏（次/min）、呼吸（次/min）。

其次为整体状态（体格、发育、精神、营养、姿势、行为等）、表被情况（被毛、皮肤与皮下组织、肿物、疹疱、创伤、溃疡等外科病变的特点）、眼结膜的颜色、浅在淋巴结及淋巴管的变化等。

再次按心血管系统、呼吸系统、消化系统、泌尿生殖系统及神经系统等的顺序，记录检查结果的症状、变化。此部分也可依头颈部、胸部、腹部、脊柱及肢蹄等躯体部位和器官而记录。

以后则为补充或特殊检查的结果，或以附表的形式记入。如血、尿、粪的实验室检验结果，X线检查，心电图、超声检查等。

第二部分

病　征

Manifestations of Disease

第一节　疼　　痛

Pain

一、疼痛的概述

疼痛（pain），是临床上最常见的症状之一，也是一种复杂的生理心理活动。它包括伤害性刺激作用于机体所引起的痛感觉，以及机体对伤害性刺激的痛反应，如躯体运动性反应和内脏植物性反应。疼痛可以是局部的，也可以是全身性的。痛觉可作为机体受到伤害的一种警告，引起机体一系列防御性保护反应，但长期的剧烈疼痛，却会对机体产生十分有害的效应。根据疼痛的性质，疼痛可分为三类：①刺痛，又称快痛、第一痛。其特点是感觉清晰、尖锐、定位明确、迅速发生迅速消失。②灼痛，又称慢痛、第二痛。其特点是感觉相对缓慢形成、持续时间较长、定位较差、常伴有植物神经系统的反应。③酸痛、胀痛、绞痛，多半属内脏痛或深部组织痛，定位很差，可引起明显的情绪变化和内脏及躯体反应。

疼痛从病程上也可以分为急性疼痛和慢性疼痛，从机体的发病部位可以分为头痛、颈肩痛、腰腿痛等，从疼痛的来源上看可分为软组织痛、骨关节痛、神经痛等。急性疼痛分为生理性疼痛和病理性疼痛。生理性疼痛是正常的感觉反应，损伤局部的伤害性刺激强度高于痛阈引起疼痛，这种伤害性刺激不会导致组织产生炎症反应，刺激消除后疼痛随之消失。生理性疼痛的治疗以消除伤害性刺激为主，提高痛阈为辅。病理性疼痛是非正常状态下的病理反应，如手术部位的炎症反应和神经损伤刺激伤害性感受器引起疼痛。严重的生理性疼痛也会导致病理性疼痛。

二、疼痛的解剖生理学基础

一般认为，痛觉的感受器就是游离神经末梢，它广泛分布于皮肤各层、小血管和毛细血管旁结缔组织、腹膜脏层和壁层处。用亚甲蓝（美蓝）染色法在猫的骨骼肌、膝关节、骨、肠、心、脾、脑膜、血管以及神经周围的结缔组织中可发现一种“旁血管神经丛（para-vascular plexus）”，它在毛细血管周围的结缔组织中形成游离神经末梢。这些纤维在交感神经切除术后不发生退行性变化，而在摘除背根神经节后才变性，因此证明它们是由传入纤维组成的。这类游离神经末梢对缓激肽等化学刺激特别敏感，称之为化学性感受器（chemoreceptor）。

皮肤痛感受器分为高阈机械痛感受器（high threshold mechanoreceptor）和多觉型痛感受器（polymodal nociceptor），高阈机械痛感受器只对伤害性机械刺激发生反应，对热痛刺激（50℃）、冷痛刺激（1℃）、缓激肽等均不能起反应。这类感受器的兴奋阈很高，所以称为高阈机械痛感受器。多觉型痛感受器可对多种伤害性刺激发生反应。对皮肤经常进行伤害性刺激，可使上述两种感受器变得敏感，阈值降低。这种感受器的敏感性变化可能与周围神经损伤的痛觉过敏（hyperalgesia）有关。在组织损伤时，受损部位产生的前列腺素，感觉神经，炎性细胞与组织细胞之间会相互加强致痛效应。

传导痛觉冲动的纤维属于较细的 Aδ（传导快痛）和 C 纤维（传导慢痛），但上述两类也传导触、压、温、冷等感觉信息；痛觉也并非仅由 Aδ 和 C 纤维传导，也可由一定的空间和时间构型的较粗（Aβ）纤维传导。

慢性炎症痛时，交感神经可释放去甲肾上腺素、P 物质和前列腺素等，使传入神经敏感化，也可向背根神经节“出芽”形成侧枝支配感觉神经元，使传入神经兴奋性增高，形成痛觉过敏甚至于痛觉超敏（allodynia）。此时轻微刺激兴奋粗纤维也会引起剧烈疼痛。

三、疼痛的病理生理学影响

疼痛对机体的影响十分广泛，可影响各器官系统功能。

（一）心血管系统

伤害性感受器受到刺激，引起急性疼痛，可导致机体产生应激反应，释放一系列的内源性活性物质，影响心血管系统功能。循环系统剧痛可兴奋交感神经，血中儿茶酚胺和血管紧张素水平升高，造成病畜血压升高、心动过速和心律失常。而醛固酮、皮质激素和抗利尿激素的增多，又可引起病畜体内水、钠潴留，进一步加重心脏负荷。剧烈的深部疼痛有时可引起副交感神经兴奋，使血压下降，脉率减慢，甚至发生虚脱、休克。

（二）呼吸系统

急性疼痛对呼吸系统影响很大。因疼痛引起的肌张力增加，可使总顺应性下降，病畜呼吸浅快，肺活量、潮气量和功能残气量均降低，肺泡通气/血流比值下降，易产生低氧血症。同时患病动物可因疼痛而不敢深呼吸和用力咳嗽，积聚于肺泡和支气管内的分泌物不能很好地咳出，易酿成肺炎或肺不张。

（三）神经内分泌系统

疼痛可引起应激反应，促使体内释放多种激素，如儿茶酚胺、皮质激素、血管紧张素Ⅱ、抗利尿激素、促肾上腺皮质激素、醛固酮、生长激素和甲状腺素等，由于儿茶酚胺可抑制胰岛素的分泌和促进胰高血糖素分泌增加，后者又会促进糖原异生和肝糖原分解，最后造成血糖升高和负氮平衡。

（四）消化系统

疼痛可引起交感神经兴奋，反射性地抑制胃肠道功能，胃肠道功能出现紊乱，导致肠麻痹、恶心呕吐，甚至使胃肠道的细菌和毒素进入血液循环，诱发内毒素血症和败血症。

（五）泌尿系统

疼痛可引起膀胱平滑肌张力下降，排尿困难，导致术后尿滞留。

（六）血液系统

疼痛应激能引起血液黏度、血小板功能、血液凝固系统、抗凝系统和纤溶系统发生改变。主要表现为血小板黏附能力增强，纤溶系统活性下降，机体处于高凝状态，极易发生静脉血栓。

（七）免疫系统

疼痛应激反应可导致淋巴细胞减少，白细胞增多，网状内皮细胞处于抑制状态，单核细胞活性下降，从而使动物机体细胞免疫和体液免疫功能受到抑制，导致机体发生感染。

第二节　体温变化

Alterations in Body Temperature

一、体温调节

体温调节是指温度感受器接受体内、外环境温度的刺激，通过下丘脑体温调节中枢的活动，相应地引起内分泌腺、骨骼肌、皮肤血管和汗腺等组织器官活动的改变，从而调整机体的产热和散热过程，使体温保持在相对恒定的水平。

动物的体温调节是个自动控制系统，控制的最终目标是深部温度，以心、肺为代表。而机体的内、外环境不断变化，许多因素均会干扰深部温度的稳定，此时通过反馈系统将干扰信息传递给体温调节中枢，经过它的整合作用，再调整受控系统的活动，从而在新的基础上达到新的体热平衡，达到稳定体温的效果。

动物体温的调节机制包括产热和散热两个过程。

产热调节：机体代谢过程中释放的能量，只有20%～25%用于做功，其余都以热能形式散发到体外。产热最多的器官是内脏（尤其是肝脏）和骨骼肌。内脏器官的产热量约占机体总产热量的52%，骨骼肌产热量约占25%。运动时，肌肉产热量剧增，可达总热量的90%以上。冷环境刺激可引起骨骼肌的寒颤反应，使产热量增加4～5倍。产热过程主要受交感—肾上腺系统及甲状腺激素等因子的控制。

散热调节：体表皮肤可通过辐射、传导和对流以及蒸发等物理方式散热，所以散热过程又叫物理性体温调节。辐射是将热能以热射线（红外线）的形式传递给外界较冷的物体；传导是将热能直接传递给与身体接触的较冷物体；对流是将热能传递给同体表接触的较冷空气层使其受热膨胀而上升，与周围的较冷空气相对流动而散热。空气流速越快则散热越多。这三种形式发散的热量约占总散热量的75%，其中以辐射散热最多，占总散热量的60%。散热的速度主要取决于皮肤与环境之间的温度差。皮肤温度越高或环境温度越低，则散热越快。当环境温度与皮肤温度接近或相等时，上述三种散热方式便无效。如环境温度高于皮肤温度，则机体反而要从环境中吸热，变温动物即常从环境中获得热能。皮肤温度决定于皮肤的血流量和血液温度。皮肤血流量主要受交感—肾上腺系统的调节。交感神经兴奋使皮肤血管收缩、血流量减少，皮肤温度降低。反之，则皮肤血管舒张，皮肤温度即会升高。所以说皮肤血管的舒张、收缩是重要的体温调节形式。

体温的稳定取决于产热过程和散热过程的平衡。如产热量大于散热量时，体温将升高；反之，则降低。由于机体的活动和环境温度的经常变动，产热过程和散热过程间的平衡也就不断地被打破，经过自主性的反馈调节又可达到新的平衡。这种动态的平衡使体温波动于狭小的正常范围内，并保持相对稳定。

二、体温升高的条件

体温升高是指动物机体对环境温度或机体活动变化的感知，从而刺激外周或中枢的温度感受器做出的正调节机制使机体产热增加和散热减少的过程。

体温升高主要由动物在高温环境和长时间的肌肉剧烈活动等物理因素引起，特别是当地环境中湿度大、动物肥胖、具有大量被毛或动物处在通风不良的环境中时。体温升高的次要原因包括丘脑下部的损伤、脱水性高温以及由于肌肉或代谢活动过多的产热。神经源性高温往往由自发性出血所致，虽然常见高温，但也可能发生变温。在脱水时组织液缺乏，不足以通过蒸发进行散热。

在特定条件下，体温升高的生理作用较为重要，除非体温达到临界点，否则短期的高温在传染病中是有利的，因为它可促进吞噬作用和抗体的产生，同时大多数侵入的微生物活力会受到损伤。这些变化为利用人工发热控制细菌性疾病提供了依据。然而体温升高时机体的代谢率可能增高40%～50%，肝糖原贮备迅速耗尽从蛋白质的内源性代谢中获得的额外能量。如果由于呼吸因难和口腔干燥而发生厌食，则体重会明显下降，肌肉失去其力量，并伴有低血糖和血中非蛋白氮的升高。渴感的增加有时是由于口腔干燥所致。由于血液温度升高和外周血管舒张所致的血压下降可直接和间接地引起心率加快。呼吸加快加深是因呼吸中枢直接受到高温作用所致。由于外周血管舒张所致的肾脏血流减少和引起水和氯离子潴留体细胞的生理生化变化，导致泌尿减少。当体温超过临界点时，神经系统活动出现抑制，呼吸中枢抑制，患病动物常因呼吸衰竭而死亡。由于心肌无力而导致循环衰竭、心率加快和心律不齐。如果高温阶段过于拖长，而不是体温上升幅度过高，其有害作用是内源性代谢增强和摄食不足。大部分机体组织广泛变性，这更可能是因为代谢变化而不是由于体温升高直接作用的结果。

三、发热（Fever）

发热是致热原直接作用于体温调节中枢，或体温调节中枢功能紊乱，或各种原因引起的产热过多和散热过少，导致体温超出正常范围的一种临床症状。

引起发热的原因在临床上大致分为两类。其一是感染性的，见于各种病原体（如细菌、病毒、真菌、支原体、寄生虫等）引起的感染。不论是急性、亚急性或慢性，局部性或全身性，均可出现发热。主要是由于病原体的代谢产物或其毒素作用于白细胞而产生致热原，从而导致发热。其二是非感染性的，如无菌性坏死物质的吸收。主要是机械性、物理性和化学性损伤（如外伤或手术引起的大面积损伤、心肌梗死、内脏出血、溶血性疾病等），变态反应（如系统性红斑狼疮、风湿、注射异种动物血清或疫苗接种、药物过敏等），内分泌代谢障碍（如犬、猫甲状腺功能亢进等）和体温调节中枢功能紊乱（如热射病、日射病、过量使用镇静药物引起的中毒等）。

发热的病理机制主要是由内源性致热原、外源性致热原、物理化学因素和其他一些因素引起的。其中外源性致热原包括细菌、真菌、病毒、原虫及其产物（感染性致热原）和炎性渗出物、无菌性崩解组织、抗原抗体复合物等（非感染性致热原）两类。这些物质不能直接作用于体温调节中枢，而是通过激活血液中的中性粒细胞、嗜酸性粒细胞、单核—巨噬细胞系统等，使其产生并释放出内源性致热原，通过内源性致热原的作用机制引起发热。外源性致热原又称白细胞致热原，白细胞致热原通过血脑屏障直接作用于体温调节中枢，使其温阀上升，由此通过垂体内分泌因素使代谢增强，通过运动神经使骨骼肌阵缩和通过交感神经使皮肤血管及竖毛肌收缩从而导致体温升高。物理化学因素包括环境温度过高，湿度过大。其他因素如炎症或出血等可直接使体温调节中枢受到损害；甲状腺功能亢进等内分泌因素可使代谢旺盛、产热过多。

动物发热时，表现为精神沉郁，耳耷头低，甚至呈昏睡状态；食欲减退或废绝；呼吸和心跳频率增加，体温每升高 1℃，其基础代谢水平增加 12.6%，心率增加 4～8 次；肠音减弱；粪干少，消化紊乱；皮温增高，末梢冰凉，多汗，恶寒；尿量减少，有的出现蛋白尿；腺体分泌减少。

四、无名高热（Reconditeness hyperpyrexia）

无名高热是指经现代医学详尽检查后，仍不能明确其发病原因，并经抗生素治疗效果不佳者。无名高热，现在多认为属于病毒感染，犬常由于流行性感冒引起。

【病因及发病机制】

无名高热主要是因为多种细菌、病毒和寄生虫的混合感染和继发感染所致。由于该病病因复杂，一般为多病原的混合感染，临床上较难控制，治疗效果往往不理想。如混合感染包括脓肿、心内膜炎、肺结核、感冒以及一些复杂的腹部感染。肿瘤和一些结缔组织的疾病也会引起不明原因的高热。目前无名高热还有一些未知的原因。

无名高热主要是由内源性致热原引起。内源性致热原是病原微生物和炎性渗出物等，这些产物不直接作用于神经中枢，而是通过激活血液中的中性粒细胞、嗜酸性粒细胞、单核细胞等，释放出内源性致热原如白细胞介素-1 和肿瘤坏死因子等，刺激神经中枢的体温调定点上移，从而使机体的产热增加和保存热量增强。另外，机体的血流速度的减慢也会刺激神经中枢体温调定点的升高。

【临床症状】

临床上犬患无名高热时，可见精神沉郁，食欲废绝，皮肤发红，耳边缘发绀、腹下和四肢末梢等身体多处皮肤有斑块状，呈紫红色；呼吸困难，喜伏卧，患犬气喘急促，有的表现喘气或呈不规则呼吸；部分出现流鼻涕、眼分泌物增多，大部分患犬有泪斑，出现结膜炎症状；部分患犬便秘，粪便秘结，呈球状，尿黄而少、混浊，颜色加深。病程稍长的犬全身苍白，出现贫血现象，被毛粗乱，后肢无力，个别患犬濒死前不能站立，最后全身抽搐而死。

五、体温低下（Hypothermia）

体温低下是由于机体散热过多或产热不足导致的体温下降。

【病因】

(1) 产热减少　麻醉药诱导的下丘脑体温调节机能抑制、麻醉药诱导的代谢抑制、由于某种原因减少肌肉活动、心输出量减少、外周灌注量减少及休克，如产后瘫痪；代谢机能下降如肾上腺功能减退、垂体功能减退和黏液性水肿。许多疾病后期的动物体温突然下降则预后不良。

(2) 散热增加　湿冷多风环境及小动物输入冷溶液、躺在冷而没有隔热的地面、高热时的过度降温处理，脱毛和体表潮湿等，散热超过动物的产热能力，特别是因病虚弱的动物。

(3) 体温调节障碍　应用药物如酚噻嗪、安乃近；中枢神经系统疾病，如脑外伤、肿瘤和水肿；内源性毒素，导致下丘脑调节中枢损伤及肾上腺能和交感神经系统损伤；新生和老龄动物最易由于外界环境温度低下而散热增加。

(4) 营养性衰竭症　能量与蛋白质缺乏，特别在严寒的季节，如犬低血糖，常见其体温低下。

【临床症状及检查】

除测量体温外还应观察动物的表现，分析发生病因。由于体温低下的原因、程度和持续时间不同，应进行全面的血液学分析、生化和凝血参数的检查，以确定在严重或长期体温低下时的器官功能障碍状态及其异常特征。

【治疗】

轻度体温低下不需强制性增加体温，但中度或重度体温低下则需要提高体温，要注意避免仅仅应用体表加温。增加体温方式可采取以下措施，首先减少散热，保持体表干燥，对小动物可用毛毯、毛巾等包裹的方法，或用循环热水毯、红外灯、婴儿加热箱、手术灯、热水床、电加热板、电热毯等增加环境温度，在治疗时采取加温输液等。

临床治疗时应注意，动物呈现体温下降且伴有败血症时其预后要慎重，因机体可能丧失了防卫机能。严重的体温低下（<30℃）表现肌肉活动减少和反射能力下降，血容量减少和心功能下降，导致低氧血症、酸中毒和心律不齐。新生动物常出现低糖血症和钾代谢紊乱。这些动物应注意通过增加环境温度进行保暖，如没有厩舍环境控制而直接体表加热会引起皮肤血管扩张，反而会加剧体温下降。

严重体温低下的犬要 24h 保暖，仔细监护体温和心血管功能，足够的补液对防止心脏衰竭尤为重要，酸中毒和钾失衡较为常见且易复发，因此要反复测量，持续地监测，特别是在保暖的条件下，临床状况逐步恶化时应加倍小心。在保暖过程中，常需要将电解质溶液加温至接近正常体温，同时应监测血糖水平和进行补糖疗法，对新生犬尤为重要。

吸入温热潮湿的氧气疗法对治疗低氧血症和保暖十分必要，也可通过直肠灌注温热液体。然而要注意迅速恢复体温，因基础代谢速率紊乱和全身补液可导致威胁生命的心律不齐和代谢性酸中毒和低氧血症加剧。体温低下的动物发生休克时，特别是新生动物，严重肠壁缺氧会导致严重的腹泻、黏膜脱落和肠道梭菌生长。

第三节　体重或体格变化

Alterations in Body Weight or Size

一、体重减轻

体重减轻，是指体重的减少，为机体的体液、脂肪、骨骼矿物质、肌肉等的损失。体重减轻的原因很多，兽医临床上引起体重减轻的原因有：长时间饥饿导致的营养物质缺乏；甲状腺机能亢进；肿瘤，特别是动物患恶性肿瘤，尤其是消化道癌、肝癌、卵巢癌、肺癌等；胃肠功能紊乱，如不明原因的胃肠病、消化性溃疡、炎症性肠病（溃疡性结肠炎）、胰腺炎、胃炎、腹泻和很多其他胃肠疾病导致体重减轻；感染，一些感染性疾病，包括真菌病、心内膜炎、许多寄生虫病和其他一些亚急性或隐性感染可能会导致体重减轻；肾脏疾病，患有尿毒症的犬，有时会出现食欲减退、恶心、呕吐；心血管疾病，尤其是充血性心衰，可能会导致体重下降；肺疾病；结缔组织病；神经系统疾病以及应激等因素都能造成体重减轻。

【临床症状】

（1）厌食　见于多种感染性疾病、炎症、肿瘤、中毒、神经性或代谢性障碍。厌食可包括假性厌食（如牙齿疾病、颞下颌肌炎）、原发性厌食（中枢神经功能障碍）、继发性厌食（代谢性或中毒性）、应激环境因素（长途运输、气温过高、犬猫有新的家庭成员）等。

（2）营养不良　这类体重下降应通过详细调查饲料成分，以发现饲料质量、类型、饲料添加剂的变化。

（3）胃肠道症状　除厌食之外，还可见返流或呕吐、腹泻等。

（4）食欲不减少、贪食而体重下降　主要由于过多营养消耗、代谢旺盛，见于甲状腺机能亢进、妊娠、泌乳、慢性传染病、生长过快、剧烈活动、肿瘤等，以及糖尿病、肾病等。

【诊断】

（1）病史调查　详细询问动物的临床症状表现，如腹泻、咳嗽、多尿。体重急速下降5%～10%则十分明显，重要的是定量确定体重下降程度，并区别是原发性还是继发性的体重变化。

（2）临床检查　确定临床上的症状，如观察吞咽动作、腹泻与否、腹围大小、有无厌食、心脏和肺部是否异常以及动物的饥饿状态等。

（3）饲料分析　检查饲料气味、营养成分及其适口性，比较动物饲料摄入量与动物的营养需要量，在考虑环境因素的前提下，饲料成分和性状不变，要充分分析原发病的病因。

（4）实验室检查　包括血液、尿液和粪便的检查。针对不同的动物、品种差异，有目的地进行血、尿、粪的常规分析，为临床诊断提供参考依据。

（5）特殊诊断　根据病史调查和临床检查确定引起体重下降的原因，在血液生化、尿液分析、粪便检查后，确定是否进行胸腹部X线投照、甲状腺素浓度等检查。

二、肥胖（Obesity）

犬的肥胖是由于体脂过量蓄积所致。一般情况下，犬体重超过标准体重或期望体重的30%以上即定为肥胖症。过多脂肪、存储能量的摄入和消耗之间的不平衡加上运动不足会导致肥胖[见彩图版图2-1]。犬的肥胖是最常见的营养紊乱性疾病，其发病率与年龄的增长和绝育所致的代谢率和运动减少有关。同样，肥胖是常见的由于营养原因导致不育的主要原因。犬的肥胖具有遗传性，某些品种的犬，如拉布拉多寻回猎犬、腊肠犬等更容易肥胖。犬喂自制食物、剩余的饭菜，以及较多的零食比喂商品宠物食品更易患肥胖症。引起犬肥胖的病因很多，如甲状腺功能减退，肾上腺皮质机能亢进、糖尿病及胰岛细胞瘤。服用某些药物，如避孕药、类固醇激素等药物也可使体重增加。绝育手术可直接导致犬肥胖，这是因为犬在绝育之后活动欲望降低，身体不需要太多能量，此时如果仍然给予犬绝育前的营养水平，则会导致肥胖。犬的肥胖会引起一些疾病，包括交叉韧带断裂、呼吸困难、易于疲劳，繁殖障碍以及难产。控制肥胖需要控制能量摄入才能使体重恢复正常。此外，应增加活动强度并多进行户外运动。

犬的减肥要按计划循序渐进，保证犬的基本能量和营养需求，降低日粮中的脂肪和能量水平，可以采用高纤维饮食，最好在白天饲喂，应取消零食。此外，应多带犬进行运动。改变饮食习惯时，一定要循序渐进，不能操之过急。

第四节　皮肤变化
Alterations in the Skin

一、改变皮肤状况的一般接触性疾病

改变皮肤状况的一般接触性皮肤病分为四类：真菌性皮肤病、寄生虫性皮肤病、过敏性皮炎。

（一）真菌性皮肤病

皮肤病原真菌分为三个属：小孢子菌属（*Microsporum*）和表皮癣菌属（*Epidermonphyton*），为半知菌亚门、丝孢菌纲、丝孢菌目、从梗孢科中的两个属；毛癣菌属（*Trichophyton*），为半知菌亚门、丝孢菌纲、丝孢菌目、束梗孢科中的一个属。

1. 羊毛状小孢子菌病　羊毛状小孢子菌，又称犬小孢子菌（*M. canis*），主要寄生于犬，也可引起猫、猴、兔、豚鼠、大小鼠、猪、羊等感染。

【临床症状】

感染主要表现为以下几种形式：①白癣：大多在头部，开始时为灰白色鳞屑斑，逐渐扩大。初发损害称母斑，在母斑外围可能有后发的、小片圆形的损害称子斑。有时，母子斑融合成大片灰白色的鳞屑斑，引起毛发松动，在距发根2～4mm处折断，外围白套称菌鞘，具很强的传染性。②体癣：易发于颈部、躯干及上肢，表现为环形或同心圆形。损害数目多，但面积较小，炎症较严重，多水疱。③脓癣：有脓疱，常破溃结痂。当犬感染时，多发生在头、面、耳等部位，致脱毛或毛变稀疏、失去光泽、有白色鳞屑、较干燥。

2. 石膏样小孢子菌病　石膏样小孢子菌为亲动物性皮肤癣菌，常引起犬、啮齿类、兔和灵长类感染。

【临床症状】

感染后在皮肤上可引起强烈的炎症反应，偶可产生黄癣痂样损害，具有特殊的鼠尿臭味。也可引起毛发感染，呈脓癣样表现。由此菌引起的体癣，与羊毛状小孢子菌感染引起的体癣类似，鳞片较少，通常只有1～3片，炎症现象比较显著，除环状外，还可表现为湿疹样。

3. 石膏样毛癣菌病　石膏样毛癣菌又称须癣毛癣菌，为发外型亲动物性皮肤癣菌，菌落形态多样。可感染犬、多种实验动物及人，是最常见的一种皮肤病原真菌。

【临床症状】

本菌主要引起体股癣、四肢癣、头癣、脓癣、须癣及皮肤肉芽肿性损害和癣菌疹；①体股癣：损害为环形或多环形，色红，常有较急性的炎症反应，中央皮肤正常，愈合倾向明显，无色素沉着，皮损直径较小，但数目较多，边缘常有明显的小水疱；②脓癣：皮损化脓。本菌是脓癣的首位病原菌，约占50%左右；③须癣是发生于胡须根部的浅在性皮肤真菌病，主要表现是位于一侧颈部、胡须部毛囊口的真菌性毛囊炎。④癣菌疹有以下几种表现：苔藓样、荨麻疹样、丹毒疹样、水疱样；⑤深部感染多引起脓肿和肉芽肿。

（二）寄生虫性皮肤病

一般接触性寄生虫性皮肤病主要有：蚤咬性皮炎、虱咬性皮炎、疥螨病、蠕形螨病、耳痒螨病。

1. 蚤咬性皮炎　蚤咬性皮炎是蚤叮咬及因瘙痒摩擦所引起的皮肤炎症，动物通过直接接触或进入有成年蚤的地方发生感染。

【临床症状】

蠕形蚤寄生动物体表后，引起皮肤有粟粒样大小的散在性小结节、小溢血点和结痂，瘙痒明显，并在寄生部位排出带血色的粪便，使被毛染成红色或形成血痂。侵袭严重时可引起动物脱毛、贫血、消瘦、衰弱。蚤感染也可引起蚤过敏性皮炎，表现局部或全身性皮肤发红、结节、瘙痒、脱毛和色素沉着。

2. 虱咬性皮炎 虱咬性皮炎是虱吸食血液或啮食皮毛及动物因瘙痒摩擦而引起的皮肤炎症，通过直接或间接接触传播。

【临床症状】

吸血虱在吸血时，能分泌有毒素的唾液，刺激动物神经末梢，发生痒感，引起动物不安。有时在动物皮肤出现散在性小结节、小溢血点甚至坏死灶。动物啃痒或擦痒引起皮肤损伤，可继发细菌感染。严重虱感染可引起化脓性皮炎、脱毛和消瘦。毛虱啮食被毛和表皮鳞屑，使动物啃痒或擦痒，可引起脱毛，皮肤出现出血红斑、红疹等。

3. 蠕形螨病

【病因】

该病是一种条件致病性寄生虫病，一旦机体抵抗力降低时（如感冒、发情、分娩等），极易发生。传染途径为接触感染和胎盘感染，正常的幼犬、猫身上常有蠕形螨存在，但在健康状态下不发病，当虫体遇到发炎的皮肤或机体处于应激状态时，加之遇到丰富的营养物质时，蠕形螨即可大量繁殖引起发病，发病的犬、猫多为3～5月龄的幼犬、猫。

【临床症状】

病变多发生在眼睛、口唇、耳朵和前肢内侧的无毛处，发病的局部有数量不等的与周围组织界限分明的红斑，此病为可使动物致死的外寄生虫病。北京犬、沙皮犬、可卡犬和腊肠犬等品种犬，十分容易感染蠕形螨，并且有复发性和夏季多发的特点。

4. 疥螨病

【病因】

该病是一种较严重的瘙痒性皮肤病，通过直接接触而感染，是人兽共患病。疥螨在皮肤表面交配后，雌虫在犬猫皮内打洞产卵，卵经3～8d孵化，幼虫相继发育为1期若虫、2期若虫和成虫，整个生活史需要10～14d。雄虫和未交配的雌虫也在皮肤内开凿洞穴。

【临床症状】

剧烈抓挠，有中度传染性，常寄生于外耳、嘴端、眼圈、尾端和四肢末端等皮薄毛密的部位，严重时可波及到肘和跗关节部位，寄生虫寄生的部位形成红斑、脱毛、脱皮、皮肤增厚、皮屑增多，并形成结痂［见彩图版图2-2］。由于剧烈瘙痒会出现局部挠伤或继发细菌感染。

5. 耳痒螨病

【病因】

耳痒螨的整个生活史都在内侧耳壳上完成。该病通过直接接触进行传播，多发于阴暗潮湿的环境和卫生条件差的犬猫。

【临床症状】

具有高度的传染性，有剧烈的瘙痒，犬猫常以前爪或后爪挠耳，常造成耳部出血，淌黄水（淋巴外渗），病犬、猫常甩头，耳部有炎症和过敏反应，结节，肿胀，外耳道内经常有棕黑色的痂皮样的堵塞物。病变可发展到全身，在颈部、胸部、臂部、腹下形成红斑、丘疹以及血痂。严重的感染则双耳廓有厚的过度角化性鳞屑，并蔓延到头前部。患耳同侧的后肢因抓挠患耳可以被耳痒螨感染。

（三）过敏性皮炎

过敏性皮炎是指已致敏个体再次接触致敏原后引起的皮肤黏膜过敏反应性炎症，本病多发生于犬、猫。

【病因与病理】

引起本病发生的致敏原可以是某一种物质或该物质的某些成分，常见的有：①有机用品，如塑料或橡胶（玩具）、皮革、毛织物或人造毯；②化学物品，如地毯除臭剂、清洁剂、地板蜡、洗涤剂、药物；③植物花粉；④动物毒素、毛虫等。

致敏原多属半抗原，当它与体内的载体蛋白结合形成完全抗原复合物时，表皮内的郎罕氏细胞携带此完全抗原复合物向表皮真皮交接处移动，并使T淋巴细胞致敏。致敏的T淋巴细胞移向局部淋巴结副皮质区转化为T淋巴母细胞，再增殖分化为记忆细胞和效应T细胞，再经血流波及全身，机体处于致敏状态。当致敏个体再次接触同类致敏因子时，即进入反应期或激发期。此时致敏因子仍然需要先形成完全抗原，再与已致敏的T淋巴细胞作用，使致敏的T淋巴细胞释放出多种淋巴因子，并继发一系列皮肤炎症反应。

【临床症状】

表现为接触部位瘙痒，出现界线清楚红斑，甚至水疱、大疱。慢性病例皮肤增厚、苔藓样硬化、色素沉着。

二、瘙痒症（Pruritus）

瘙痒是兽医临床上，特别是小动物诊疗实践中动物主人最常反映的症状之一。所谓瘙痒，是指患病动物自身皮肤上的一种主观的痒感觉，动物通过擦痒以缓解或解除由某种刺激所致的皮肤上的不适感觉。临床兽医既可通过观察动物擦痒行为，也可通过观察体表上显著的红斑、表皮的脱落、皮肤上的癣斑斑块、体表擦伤的伤口或者是脱毛等临床表现认定瘙痒症状的存在。在临床上动物搔痒动作常表现为对患部皮肤处的舌舐、啃咬、摩擦，使患部敏感、脱毛，甚至使患病动物个性改变，出现忍耐性降低，行为具有攻击性等。瘙痒性皮肤疾患由于是动物自身不断造成的损伤，因而使其成为临床治疗中最棘手的综合征之一。

【病理发生】

皮肤具有外周神经系统的感觉功能。它能通过特异性小体作为感受器或者是通过纤细的树枝样网状神经末梢将触摸、温度、疼痛、痒感等刺激传入到中枢神经系统。在皮肤上的敏感区或发痒点的敏感程度与该区域上游离神经末梢密度有相关性。痒感或痛感向中枢传导通常是沿着无髓鞘缓慢传导的C神经纤维，少量也沿着有髓鞘的Aδ神经纤维进行。有髓鞘神经原的细胞轴索从游离神经末梢携带痒感的冲动传至位于脊髓后角的神经元，轴索的第二层次的若干神经元将这种冲动的信息穿过中线再传至外侧脊髓丘脑束，向上到达丘脑和丘脑中的神经元，然后再将这种信号传达到大脑皮层的后中央沟回区，在此区域最终将这种信息转译成痒的感觉。瘙痒通常会造成身体创伤。但通过擦痒来缓解痒感的机理尚不明确，体表摩擦的这种神经刺激可能会干扰痒感的冲动在脊髓中的传导过程，另一方面过度的擦痒能导致自体创伤，继而以疼痛感觉来掩盖或缓解痒感。

弥散性内生化学介导物质与痒感的产生有关。这些介导物包括组织胺、多肽类（如肽链内切酶类、缓激肽、脑啡肽、内啡肽等）、蛋白水解酶或蛋白酶类（如胰蛋白酶、胰凝乳蛋白酶、巨细胞胃促胰酶、血液纤维蛋白溶酶、激肽释放酶、组织蛋白酶、血浆酶等）、前列腺素、一羟脂肪酸和阿片肽等。蛋白水解酶通常被认为是犬、猫和人类最为重要的与痒感相关的介导物。细菌和真菌所合成的肽链内切酶对于引起瘙痒皮肤的感染可能很重要。在节肢动物唾液、动物毒素、体液、有毒的毛中所存在的生物物质起着化学介导物的作用，这些物质包括蛋白水解酶、组织胺、组氨酸、脱羧酶、激肽类、5-羟色胺、肽链内切酶类等。另一个事实也可证明多种介导物综合叠加效应会引起动物的瘙痒，那就是没有任何一种单个的药物能够有效地止痒。因此有人指出，事实已证明，的确难以找到任何一种药物有能像阿司匹林有效止痛那样来止痒。

“瘙痒”现象的理论假设提出，神经中枢的若干种因子可增大或减弱痒感，调节传入的刺激或冲动的反应可发生在脊髓或脊髓以上的部位，应激、焦虑、烦躁和诸如疼痛、热、冷或者是触摸等感觉可以改变痒感。对于人类，应激、焦虑可以通过释放阿片类物质增加痒感。环境或者是皮肤的局部因素变化，例如皮肤温度、皮肤的干燥程度、环境湿度低等可以增高皮肤的敏感度，继而增大了对痒刺激的反应。痒的“阈值”的概念对于正确地理解瘙痒病理发生是很重要的。具有一定程度的痒负荷动物可以耐受痒刺激而不出现瘙痒的临床症状，一旦增加痒刺激并使其超过痒感“阈值”时，动物则会出现临床症状。人类和动物痒感的“阈值”在刺激减少时如在夜间通常较低。搔痒动作的刺激加上皮肤疾病本身的刺激同时作用，当超过“阈值”时，动物常发生瘙痒症状。例如轻度的蚤源性变态反应，并发其他皮肤疾病时动物出现瘙痒的症状。

【诊断】

患病动物的基本情况、病史、体检、实验室检查、药物疗效观察等资料对于建立诊断均十分重要。有时，详尽的病史与品种、年龄、性别等相关的引发瘙痒的知识，与体检相比较时能为最后诊断的确立提供重要的提示，这是因为许多瘙痒皮肤病都会引起自身搔痒性的损伤，就肉眼检查而言，它们十分相像，临床上难以区别。

【患病动物的基本情况】

患病动物的基本情况如年龄可提供重要的诊断线索和鉴别诊断的依据。例如某些皮肤疾病常发生于幼龄动物，而另一些疾病则常见于中老龄动物。临床上常在幼犬上发生的皮肤疾病有：蚤源性变态反应性皮炎、痒病、伴有脓皮病或不伴有脓皮病的犬毛囊蠕螨病、肠道寄生虫所致的过敏反应等。同理，多见于幼猫的有：蚤源性变应性皮炎、猫的痂螨属螨病、猫耳癞螨病等。而特异性反应、食物变应性反应、脓皮病和鳞屑样脱皮病（如皮肤角化缺陷症）多见于成年动物。又如动物的品种越来越显示出与某些皮肤病有密切的相关性，甚至有些皮肤病具有品种特异性。一些小型犬特异性反应日益增强，我国的一些小型犬就特别容易受特异性反应、食物性变应性反应、脓皮病、蠕螨病等感染。性别与皮肤病的发生之间关系较小，但也有个别情况下瘙痒与性激素分泌失调有关。

【病史】

（1）一般性病史　如食物的种类和组成、动物所处的环境、动物的用途、对动物皮肤保健状态（洗澡是否过于频繁）、近来是否有暴露于有害物质之中的历史、家中其他动物是否有皮肤病，在同一环境中其他动物或人类是否存在瘙痒的现象、动物所处的环境是否有痒病、伪狂犬病流行、动物是否存在黄疸症状等。这些资料对于鉴别诊断都具有重要价值。其中犬的食物过敏现象远远多于人们以前的认识，只不过它常与其他诸如蚤源性变应性皮炎、特异反应性皮炎、变应性皮肤病同时发生而已。

缺乏脂类的日粮通常会加剧犬的脂溢性皮炎，并引起动物的瘙痒。感染性疾病、外寄生虫性皮肤病都是通过与特定环境接触而感染。一些较为少见的外寄生虫病也见于自由活动的动物，至于猫的痒病只局限在某个地域发生。在动物饲养集散场所和兽医诊疗场所均会增加动物接触感染的机会。

与其他动物接触的病史常常给予重要提示，犬和猫之间有一些共患的外寄生虫病（诸如蚤源性变应性皮炎等），虽然在犬发生得更多，但这些病原多来源于猫体，而这些猫既可在家舍内也可在家舍外饲养，而且其自身不一定受到感染。无症状的犬痒病带菌者的确存在，因为犬痒病症状的出现还包括过敏反应的发生。宠物体表有瘙痒性丘疹样红斑表示有犬和猫的痒病或螨病的存在。宠物主人出现红斑性损伤，有可能表示宠物体表存在真菌。

（2）特殊病史　每个病例与现有症状相关的特异性病史都有重要的参考价值。例如皮肤原始的损伤部位及发生与发展的情况、瘙痒的严重程度、季节性变化、对治疗的反应等。掌握与皮肤最初发生损害部位有关的知识将有助于诊断的建立。例如犬的痒病往往起始于耳廓的边缘；迅速发生的瘙痒症更多地怀疑蚤原性过敏性皮炎、犬或猫的痒病、攫螨病、恙螨病和药物过敏等疾病。隐匿性发生瘙痒更大程度上说明是属于特异反应性皮肤病、食物过敏、脓皮病、马拉色霉菌（糠疹癣菌）皮炎和脂溢性皮炎。瘙痒的强度：绝大多数动物在诊疗室内通常不表现出瘙痒症状，但是犬、猫的痒病和犬的跳蚤性皮炎则属例外。至于搔痒的频率和搔痒的强度可从宠物主人提供的情况而得知，通常是看只有宠物主人在场时患病动物每小时搔痒（包括抓痒、啃咬或舌舐）的次数。

(3) 发病季节　变应性皮肤病或者蚤源性过敏性皮炎在世界各地均有明显的季节性。马拉色霉菌性皮炎多发生在湿度高的季节；周而复始发生却无季节特点表明是一种与其他环境改变相关的接触性皮炎；精神性（心因性）瘙痒能预料其的发生，例如当患病动物接近某种装置之时就发生。食物性变态反应可以持续地发生，除非改变日粮症状才可消失。已用药物疗效：对于先前应用的药物，特别是可的松类和抗生素类有无反应乃是十分有用的信息。尽管过敏性疾病对皮质固醇类药物有不同程度的反应，但是皮质固醇类对食物性变态反应的疗效又不如对其他变应性反应或蚤源性过敏反应好。对抗生素治疗有效，表明该病例类似于脓皮病。

【临床检查】

对于患病动物任何一种皮肤病的诊断，全面的体检必不可少。皮肤病可继发于某些内科病。适宜的光照条件具有相当的重要性。具有瘙痒症状的动物进行检查时，皮肤、黏膜和它们相连接处、口腔、耳、生殖道以及淋巴结等的检查应倍受重视。临床兽医应该注意观察患病动物一般的行为举止以及瘙痒的一些病史及症状。瘙痒发生时的一些客观症状包括擦痒、被毛无光泽、断裂和脱落等。可能见到也可能见不到瘙痒发生时的原发性损伤，如果见到诸如丘疹、脓疱、斑点等原发性病变，将有助于诊断的建立，假如同时存在脱毛的现象，将为诊断提供更有价值的线索。一旦发生自我损伤，经常会引起红斑、擦伤、苔癣化样病变和脱毛等，从而使原发性病变消失，不利于诊断的建立。"疹子发痒"（a rash that itches）的概念是指原发性皮肤病变原本就有发痒的特性；"发痒而出疹子"（an itch that rashes）的概念是指那些皮肤表面正常而具有发痒症状的动物在发生瘙痒后自我损伤的现象。外寄生虫病、脓皮病、皮脂溢是比较常见的瘙痒性皮肤病，它们的原发性病理损害是一致的。与此相反，变应性疾病和食物过敏性疾病所致原发性皮肤损害很少见。瘙痒动物皮肤病变的分布情况以及主要病灶所处的位置具有重要的诊断价值。

【鉴别诊断】

诊断的确定建立在鉴别诊断的基础之上，而鉴别诊断是临床兽医通过症状、病史以及体检结果等临床资料综合判断而完成的。

关于具体诊断方法的简述：①皮肤粘取物或刮取物的检查：对于所有的有瘙痒症状的动物宜多处粘取或刮取皮屑，对患区应细致地清理，用 10 号外科刀片蘸取矿物油后，刀口与皮肤表面垂直，并沿被毛生长方向刮取皮屑。将粘取物撒布于载玻片上，在强光下用显微镜观察，蠕形螨一般比较容易被确认，而患犬只有 50%以下的检出痒螨，未被检出病原的可疑病例需要做治疗性诊断试验。干燥的粘取物同时宜作成抹片以检查其是否存在真菌感染。②抹片和透明胶带粘取物的检查：小脓疱和渗出物宜制成抹片，并用 Diff-Quik 快速染色法染色，作显微镜检查，观察细菌、活性中性粒细胞和真菌等。透明胶带粘取物的检查可以证实痒螨和真菌感染诊断的可靠性。③粪便检查：粪便检查可以证明瘙痒幼龄动物有蠕虫的侵袭，并可揭示任何动物是否有螨虫的感染。④皮肤活检：无原发性损伤的活体检查最值得进行皮肤活检，其结果可帮助确定诊断或在鉴别诊断中排除某些疾病。⑤真菌培养：多数真菌性皮肤病不呈现瘙痒，但无论如何真菌培养常是必做的检查项目，因为很多皮肤真菌病肉眼难以鉴别清楚。⑥排除致敏食物：怀疑食物过敏的动物宜饲喂只含有一种蛋白质和一种碳水化合物来源的在家烹调的食物 3～8周。任何食物都有致敏性，选择食物的原则是看以前有无接触史，这类食物包括羊肉、白鱼、兔肉、乡村奶酪、豆腐与大米或用马铃薯混合食物用来喂犬，而羊肉、兔肉或猪肉常单独用来喂猫。⑦皮内试验：必须选择经过专门的训练的人员从事本项工作，另外还要注意抗原的选择、方法的可重复性及测定结果解释的科学性。⑧酶联免疫吸附试验：这是一种既方便又可操作的变应性疾病的体外诊断检验方法。在实际运用中所遇到的问题包括抗原的选择、分组试验、结果的可重复性及标准化等问题。

环境控制试验：一旦怀疑动物罹患过敏性接触性皮炎，可将患病动物饲养在另一个环境条件截然不同、用清水彻底冲洗过的房舍内达 10d 之久。

斑片试验（patch testing）：将可疑变应原接种于皮肤，刺激延迟性过敏反应的发生，以作为诊断的一个参考。

试验性治疗：对于疑似犬的痒病或是蚤源性过敏性瘙痒，可用杀寄生虫药进行试验性治疗。

应该记住，蚤源性过敏性皮炎是世界各地区犬、猫最常见的皮肤瘙痒的原因。鉴于犬的脓皮病可呈现为多种形态，对于一些难以作出诊断的瘙痒性、有浅表结痂块的丘疹性皮肤病，可应用抗生素治疗。对于可的松类药物治疗反应良好的病例，提示这类皮肤病可能类似变应性疾病，但是浅表性脓皮病对可的松类药物治疗将会呈现部分的效果。

【治疗】

动物瘙痒的治疗效果首先取决于明确的诊断。外寄生虫所致的过敏性皮炎需用驱虫药长期反复治疗，直至外寄生虫被驱除干净为止。例如多次应用阿维菌素才能使一些犬的螨病得以控制，治疗跳蚤所致的过敏性皮炎也是需要长期进行的一项工作。对变应性反应最好是使动物降低或缺乏敏感性。与其用可的松类长效地调节动物敏感性药物的话，倒不如推荐应用一些短效的隔日口服的可的松类药物，如泼尼松（prednisone）、泼尼松龙（prednisolone）或甲基泼尼松龙（methylprednisolone）。在治疗蠕螨病和脓皮病时禁用可的松类药。有瘙痒的患病动物可能需要长期使用香波和润肤剂作表面皮肤处理或用止痒剂冲洗。

如果对皮肤疾病不能确诊，最好去求助皮肤病专家。当没有确诊时，对长期地使用皮质类固醇药物宜采取慎重的态度。

三、结节、肿瘤和肿胀（Nodules，tumors and swellings）

（一）结节（Nodules）

结节系指突出于皮肤表面的隆起，大小在7～8mm至3cm之间，深入皮内或皮下的有质地坚硬的病变。突出于表面较大者（直径在3cm以上）称为瘤。

（二）肿瘤（Tumors）

皮肤肿瘤是发生在皮肤的细胞增生性疾病，发生于皮内或皮下组织的新生物，种类很多，常见的皮肤肿瘤为基底细胞瘤、肥大细胞瘤、鳞状上皮细胞瘤和纤维肉瘤。一般来讲，皮肤肿瘤多发于老龄动物，无明显的性别差异，不同种属、不同品种动物常发的肿瘤有所不同。

【病因】

引起皮肤肿瘤的原因主要有病毒、免疫反应、遗传因素、激素影响、阳光照射和离子辐射等。长期阳光照射可导致皮肤血管瘤、血管肉瘤和鳞状上皮癌的发生，猫的白血病病毒可导致皮肤淋巴瘤，研究证实氢氧化铝佐剂疫苗可导致肉瘤的发生。

【临床症状】

良性肿瘤生长缓慢，病史长达数月乃至数年，一般不会自行导致溃疡或继发感染，常呈局限性、无痛、无转移性。恶性肿瘤生长迅速，位置固定，边缘不清楚，容易形成溃疡，常侵害血管和淋巴管，常发生转移。

（三）肿胀（Swellings）

皮肤或皮下组织的肿胀，可由多种原因引起，不同原因引起的肿胀其特点各不相同。

1. **大面积的弥散性肿胀**　伴有局部的热、痛及明显的全身反应（如发热等），应考虑蜂窝织炎的可能，多发于四肢，常因创伤感染而继发。

2. **皮下浮肿**　好发于胸、腹下的大面积肿胀或阴囊、阴茎与四肢末端的肿胀，一般局部无热、痛反应，多为皮下浮肿，触诊呈生面团样且指压后留有压痕。依发生原因可分为营养性、肾性及心性浮肿。营养性浮肿常见于重度贫血，高度衰竭；肾性浮肿多因为肾炎或肾病；心性浮肿则是心脏衰竭、末梢循环障碍并发生淤滞的结果。

3. **皮下气肿**　皮下气肿分为窜入性皮下气肿和厌氧菌感染性皮下气肿。窜入性皮下气肿常发于肘后、颈侧，触诊有捻发感，无热、痛反应。颈侧皮下气肿常因肺间质气肿时空气沿气管、食管周围组织窜入皮下引起；肘后皮下气肿常因肘部受伤，气体随肘的运动窜入皮下引起。

4. 厌氧菌感染性气肿　是因机体感染厌氧菌后，局部组织腐败分解产生的气体聚集于组织局部引起，肿胀局部有热、痛反应，常伴随皮肤坏死及全身反应，切开可流出暗红色含气泡的恶臭液体。

5. 脓肿、血肿、淋巴外渗　都是圆形的局部肿胀，触诊有明显的波动感，常发于躯干或四肢的上部，用穿刺法可以进行区别。

四、溃疡和糜烂（Ulcerations and erosions）

（一）溃疡（Ulcerations）

溃疡是皮肤表面组织的局限性缺损、溃烂，其表面常覆盖有脓液、坏死组织或痂皮，愈后遗有瘢痕，可由感染、外伤、结节或肿瘤的破溃等所致，其大小、形态、深浅、发展过程等也不一致。常合并慢性感染，可能经久不愈。

【病因病理】

皮肤溃疡一般是由外伤、微生物感染、肿瘤、循环障碍和神经功能障碍、免疫功能异常或先天性皮肤缺损等引起的局限性皮肤组织缺损。外伤性溃疡往往是由物理和化学因素直接作用于组织引起。微生物感染性溃疡多由细菌、真菌、螺旋体、病毒等引起组织破坏、结节或肿瘤破溃引起。免疫异常引起的血管炎性溃疡系因动脉或小动脉炎使组织发生坏死而形成。循环或神经功能障碍属营养障碍引起组织坏死，如静脉曲张、麻风溃疡等。

【临床症状】

静脉曲张性溃疡呈圆形或不规则形，边缘坚硬，呈斜坡状，腔浅，基底高低不平，有脓性分泌物。结构性溃疡呈不规则的锯齿状，边缘潜行，底部肉芽苍白，有淡黄色稀薄脓性分泌物，少味。压白性溃疡中褥疮最常见，好发于尾骶、髂骨及踝部。溃疡圆形，边缘硬韧隆起，呈漏斗状损，创面肉芽组织松弛，分泌物稀薄，有恶臭。恶性溃疡呈不规则形，边缘隆起，外翻呈菜花状，基底不平，易出血，分泌物腥臭。

（二）糜烂（Erosions）

糜烂指当水疱和脓疱破裂后，由于摩擦和啃咬，丘疹或结节的表皮破溃而形成的创面，其表面因浆液漏出而湿润。治愈后并无瘢痕。皮肤糜烂为继发损害，凡是皮肤损伤，感染或结节破溃达一定深度的损害可导致皮肤糜烂的发生。

【病因】

皮肤糜烂是真皮或皮肤深层组织被破坏所致的缺损。一般是由外伤、微生物感染、肿瘤、循环障碍和神经功能障碍、免疫功能异常或先天皮肤缺损等引起的局限性皮肤组织缺损。

【临床症状】

起初局部红肿，继则溃破，滋水淋漓，形成溃疡。以后溃疡日久不愈，疮口下陷，边缘形成缸口，疮面肉色灰白或暗红，流溢灰黑或带绿色污水，臭秽不堪，疮口周围皮肤暗红或紫黑，每因毒水浸淫而发湿疹。疮口愈腐愈深，甚至外肉脱尽，可见胫骨，若患肢伴有青筋暴露，以及朝轻暮重，不易收敛而复溃蔓延疾速，而呈菜花状。

五、丘疹、脓疱和水疱（Papules，pustules and vesicles）

（一）丘疹（Papules）

丘疹系指突出于皮肤表面的局限性隆起，大小在7～8mm以下，针尖大至扁豆大不等。其形状为圆形、椭圆形和多角形，质度较硬。丘疹的顶部含有浆液者，称为浆液性丘疹，不含浆液者，称为实质性丘疹。皮肤表面小的隆起是由于炎性细胞浸润或水肿呈红色或粉红色；丘疹常与过敏和瘙痒有关。

多种皮肤病可表现为丘疹。有的仅丘疹单独出现，有的同时伴有其他皮肤损伤，丘疹发生的病变位于表皮或真皮上部，因此从病理角度认为，引起丘疹的机理为该部位由于某种代谢产物的堆积、表皮或真皮细胞局限性增生，或该部位的炎性水肿和各种细胞的浸润。

代谢产物的沉积，如皮肤淀粉样变的丘疹为真皮乳头淀粉样蛋白沉积所致。胶样粟丘疹则由真皮乳头层内均质胶样团块浸润引起。表皮或真皮细胞的局限性增生引起的丘疹，如寻常疣、扁平疣、银屑病均为表皮细胞的过度增生使表皮局限性隆起。表皮的局限性水肿引起的丘疹见于湿疹、接触性皮炎等。由各种细胞浸润表皮或真皮引起的丘疹，临床有其特征性。化脓性炎性丘疹以中性粒细胞浸润为主，慢性炎性丘疹以淋巴细胞浸润为主，变应性因素引起的丘疹以嗜酸性粒细胞浸润为主，结核性丘疹以上皮样细胞浸润为主，梅毒性丘疹以浆细胞浸润为主，黄瘤病则以泡沫细胞浸润为特征。引起丘疹的发病机理与其发病因素有关。

【临床症状】

初起为粟粒大小的炎性小丘疹，中心有毛发贯穿，呈鲜红色或深红色，周围有红晕，数日后形成脓疱，疱壁薄，破后有少许脓性分泌物。

（二）脓疱（Pustules）

脓疱是因大量脓细胞堆积而成，内容物呈现白色或黄色，而且浑浊。

脓疱的发生机理因病因而不同，有些疾病表现的脓疱病因仍不明了，但脓疱腔内均有大量的白细胞存在。细菌感染的脓疱多由葡萄球菌、链球菌感染引起。感染途径为原发感染和继发感染。原发感染是致病菌直接侵入皮肤引起脓疱，如传染性脓疱疮，其发病机理病原菌起主要作用。继发感染是发生于原有皮损的基础上，一般为多种细菌的混合感染，如传染性湿疹样皮炎。引起细菌性脓疱的致病因素，病原菌在皮肤上大量繁殖或接触外来毒力较强的菌株，表皮破损使病原菌易于侵入。幼龄动物皮肤薄嫩，抵抗力差，易受感染。代谢失调、营养不良、疲劳或某种免疫功能缺失可增加易感性。

非感染性疱疹为无菌性脓疱。多数病因尚不清楚，如疱疹样脓疱病等。有人认为与病灶感染、内分泌失调和免疫功能异常等因素有关。

【临床症状】

局部的肿胀，有热、痛反应，触诊有波动感，用穿刺法可抽出脓性内容物。常因脓疱的发展或摩擦可自行破溃［见彩图版图 2-3］。

（三）水疱（Vesicles）

水疱为高出皮肤的疱疹，内含有水液。

【病因】

水疱的形成大多是由于炎症反应的结果，如细菌、病毒、寄生虫（疥虫）或变态反应引起的炎症，炎症介质导致毛细血管的通透性增大，部分血浆蛋白进入组织液，又导致组织液的渗透压增大，而使组织液增多，使水疱越来越大。常见有天疱疮、疱疹样皮炎、带状疱疹等。天疱疹的皮损特征是，在外观正常的皮肤和黏膜上发生大水疱，并有表皮剥离，好发于皮肤皱褶部位。疱疹样皮炎和带状疱疹则为多形性皮损。

【症状】

高出皮肤的疱疹，内含有水液，触诊有波动感，指压后留有压痕。

六、脱皮和结痂（Scaling and crusting）

脱皮系由于机械外力作用引起的表皮缺损及表皮剥离。如因搔抓及衣物大小不合适的机械外力作用引起的表皮缺损，剥离面积及深浅不一。脱皮后，常见皮肤发红，有溢血点，脱皮处常见有处于半脱落状态的皮肤。

结痂是渗出液、脓汁、血液等和鳞屑一起干燥，附着于皮肤表面，呈膜状或板状。其中含有纤维素、血细胞、上皮细胞和细菌等，颜色随结痂的成分而变。溃疡、糜烂的表面易形成结痂。凡是一些能引起皮肤出现渗出液、脓汁、血液的疾病和损伤，常在皮肤损伤处形成结痂。

脱皮和结痂也可继发于损伤和其他疾病。

七、色素异常沉着（Abnormal pigmentation）

色素异常沉着分为色素沉着过多和色素沉着过少。色素沉着过多是以大量黑色素沉着为特征［见彩图版图 2 - 4］。有时曾患过毛癣菌病或其他疾病的皮肤部位色素沉着增加。色素沉着过少是先天或后天获得的，主要病型有以下几种：

白化病：是一种先天性黑色素缺乏病，有人认为是基因缺陷造成的。

白斑病：是皮肤疾病或有害物质（搽剂、分泌刺激剂等）继发的一种局部性色素缺乏，通常在原发性疾病痊愈后一段时间内色素能恢复正常，另一方面有些皮肤病损伤也能导致黑色素细胞死亡，造成永久性色素缺失，这种情况常发生于项圈压迫的部位。与白癜风不同之处仅在其原因上比较明显。

白癜风：是一种后天获得的色素缺少，患部呈局限性界限清楚的白斑，其周围皮肤有黑色素增多现象。本病与内分泌和神经元畸形有关。也有人认为是甲状腺和垂体之间关系失常引起的，但尚未证实。

灰白毛病：随着年龄的增长，被毛变为灰白，幼龄动物也可发生。在头部、眼的周围、前额部、唇部周围发生，四肢尤为多发。被毛色素缺乏可由神经性影响、营养缺乏、暴露在 X 线下或其他因子刺激所致。不影响宠物的生长性能和健康，但是色素缺乏的部位对光辐射相对敏感，因此，在阳光或紫外线照射下要注意保护宠物。

第五节　肌肉骨骼异常

Musculoskeletal Abnormalities

一、肿胀和增大（Swellings and enlargements）

肿胀和增大是细胞间液体积聚而发生的局部或全身性肿胀现象。生理情况下，机体的组织间液处于不断的交换与更新之中，组织间液量却是相对恒定的。组织间液量恒定的维持，有赖于血管内外液体交换平衡和体内外液体交换平衡。如果这两种平衡被破坏，就有可能导致组织间隙或体腔中过多体液积聚。

引起血管内外液体交换失衡的因素有：

(1) 毛细血管流体静压增高　毛细血管流体静压增高的主要原因是静脉压增高。

(2) 血浆胶体渗透压降低　血浆胶体渗透压降低是由血浆蛋白减少所致，其中白蛋白是决定血浆胶体渗透压高低的最重要因素。

(3) 微血管壁通透性增高　常见于炎症、缺氧、酸中毒等。由于血浆蛋白浓度远远高于组织间液蛋白浓度，因而微血管壁通透性增高使血浆蛋白渗入组织间隙，造成血浆胶体渗透压降低和组织间液胶体渗透压增高，有效胶体渗透压降低，平均实际滤过压增大。此类水肿液中蛋白含量较高，可达 30～60g/L，称为渗出液。

上述三种因素可导致组织间液增多，此时，淋巴回流量可出现代偿性增加，若组织间液的增多超过淋巴回流的代偿能力，即可使组织间隙中出现过多体液积聚，导致肿胀和增大。

二、姿势变形（Postural deformities）

动物有较多原因引起姿势变形，有的短期可以恢复，有的需要较长时间恢复甚至不能恢复。临床上常见的姿势变形是跛行和强直。

（一）跛行（Lameness）

跛行并不是一种独立的疾病，而是动物一种常见的四肢机能障碍综合征。

能够引起动物跛行的因素有很多，临床上多数见于四肢受到冲撞、打击等外力冲撞，发生滑跌、闪伤等使役不当或不合理饲养等管理不当。此外，也可见于某些疾病，如破伤风、犬瘟热、莱姆病等传染病，维生素缺乏、矿物质不足、佝偻病、骨软病、纤维素性骨炎、氟中毒、脑炎等内科病，脑脊髓丝虫病、伊氏锥虫病、新孢子虫病、盘尾丝虫病、锥虫病等寄生虫病，难产所致的坐骨神经麻痹、产前或产后瘫痪等产科病以及其他疾病（脊椎的病变、神经损伤、阴囊疝）等。

由于跛行的原因和部位不同，动物表现出的跛行症状也不同。按动物在运步的不同阶段所表现的机能障碍可将跛行分为支跛、悬跛、混合跛等基本跛行，还有以某些特有症状命名的特殊跛行，如间歇性跛行、黏着步样、鸡跛、紧张步样。悬跛是指四肢运动机能障碍在空间悬垂阶段表现明显，其基本症状特征可以概括为抬不高（某关节的屈肌或关节的屈侧发生疾患）、迈不远（某个关节的伸肌及其邻近组织和关节伸侧发生疾患）和前方短步（关节的伸屈肌及其附属器官、神经关节囊、骨膜疾病）。悬跛的出现表明病部大多在病肢上部。支跛是指运步时在病肢落地负重一瞬间出现机能障碍。动物表现为病肢着地负重时感到疼痛，支负时间短促，患肢不能负重（严重患病动物可出现“三角跳跃”），后方短步。支跛的出现表明病部大多在病肢的下部。混合跛是指运步时病肢落地负重和提举、伸扬均出现不同程度的机能障碍。混合跛的出现表明上部的骨和关节或肢的上下部均有病变。间歇性跛行是指在运步中，突发跛行，逐渐消失或时有时无。消失后，运步如常，但在下次运动中，可再次复发，见于动脉栓塞、习惯性膝盖骨上脱位或关节炎。黏着步样症状为运步时举得很高，膝、跗关节屈曲像鸡步一样有弹性。见于畸形性跗关节炎、慢性膝关节炎等。

犬的跛行诊断可采用辅助诊断手段如X线、超声、关节镜、肌电图、组织活检和组织病理学检查，对于一些细微病变，可采用先进的骨成像扫描，甚至计算机体层摄影（CT）或磁共振成像（MRI）。

（二）强直（Stiffness）

强直指动物颈项、肢体僵硬，活动不能自如，多指身体某部肌肉的强直，是由于肌膜本身功能失常所造成，其特征是肌肉不能舒张。虽然肌肉能够有力收缩，而肌膜持续或重复去极化会阻止有效的舒张。在去神经支配和正常受神经支配的骨骼肌都可以发生强直，多数强直性肌病为遗传性疾病。强直性肌营养不良症为常染色体显性遗传。先天性肌强直亦为常染色体显性遗传。先天性副肌强直症为常染色体突变所引起。

犬临床上的强直症是由破伤风梭菌感染伤口并产生神经毒素所致的急性中毒性疾病。症状为四肢肌肉、肋间肌肉僵硬，形似铁板，病犬如木马状站立，各关节屈曲困难，行走显著障碍，容易跌倒。不能长时间站立，跌倒后侧睡，四肢伸直。肌肉强直性痉挛及应激性增高，四肢强直呈木马状，严重时发生角弓反张，最后倒地死亡。

三、局部麻痹和虚弱（Paresis and weakness）

（一）局部麻痹（Paresis）

局部麻痹是动物因运动神经系统的机能衰退所引起的骨骼肌肉受刺激而不产生刺激反应的状态。临床常见犬的局部麻痹有因小动物肱骨骨折所致的远端桡骨神经麻痹，可见犬肘关节可以伸展，但行走时脚背着地。骨盆骨折、髋关节脱位、股骨骨折、局部性药物刺激等引起腓神经损伤可引起腓神经麻痹，犬患肢系部背屈，跗关节过度伸展，胫骨前肌和趾伸肌萎缩，趾背面、跗部及小腿部前面感觉丧失，膝关节下部背外侧面感觉减退。常见的还有面神经麻痹，由病毒（如带状疱疹和单纯疱疹病毒等）性炎症所致。此外，有些犬的面神经麻痹部分是自发性的，确切病因不详，可能是由甲状腺机能不全引起的。犬面神经麻痹可见口角流涎、口眼歪斜、皱额和蹙眉不能、眼闭合不全、流泪、眼有露白、口唇向健侧歪斜、患侧鼻唇沟变浅、口角下垂。耳后可有自发性疼痛及压痛、耳鸣，还可出现舌前 2/3 味觉障碍、听觉过敏、外耳道疼痛或感觉迟钝及疱疹等。单侧面神经麻痹时眼睑反射消失、耳失去活动功能或下垂、面部肌松弛、鼻歪向健康侧、采食和饮水困难、咀嚼不灵。因副交感神经受损，常伴发干性角膜炎。

（二）虚弱（Weakness）

临床分为几种类型，如倦怠无力、疲劳、全身肌肉虚弱、晕厥、癫痫发作和意识状态的改变。倦怠无力和疲劳是指缺乏能量，其他同义词包括昏睡、不愿活动等。这种状态需要与意识状态的改变相区别，如昏迷、木僵以及嗜眠症。

全身性肌肉虚弱或软弱无力，是指力量减弱，可见于持续性或反复肌肉收缩以后。软弱无力可发展成为不全麻痹、运动性瘫痪、感觉丧失、共济失调。

四、肌肉痉挛（Muscle spasms）

肌肉痉挛指肌肉突然、不自主地强直收缩或阵发性收缩的现象，常会造成肌肉僵硬，多由以下原因引起：

（1）体内的电解质缺乏或不平衡　平常饮食不正常或呕吐、腹泻和服用利尿剂药物，会使体内的钠、镁、钙、钾等矿物质流失，而影响肌肉的收缩状态。还有在高温时动物过度使役、流汗过多造成体内缺水的情形，也可导致体内电解质不平衡造成抽筋。

（2）肌肉或肌腱损伤后过度或不适当的运动　这是肌肉本身的问题，如肌力不足、柔软度不够，而从事过度剧烈的运动，或动物在运动中用力过猛、被撞击等，均会造成肌肉肌腱内部的裂伤，引起肌肉痉挛性收缩。

（3）肌肉的血液循环不良　肌肉的血液循环若遭阻断，会造成局部缺氧和代谢废物蓄积，如二氧化碳、乳酸，而引起肌肉疼痛、僵硬或抽筋的发生。长时间运动，肌肉一直维持在收缩状态，可导致抽筋。

（4）疲劳　机体疲劳时，肌肉的正常生理功能会改变，此时肌肉会有大量乳酸蓄积，而乳酸会不断地刺激肌肉痉挛。

临床上将痉挛分为阵发性痉挛和强直性痉挛两种情况，阵发性痉挛一般提示大脑、小脑、延髓或外周神经遭受损害，常见的疾病有犬瘟热、有机磷农药中毒、食盐中毒、幼犬低糖血症、母犬泌乳期惊厥、维生素 B_1 缺乏症等；强直性痉挛是由于大脑皮层抑制、基底神经节受损或脑干和脊髓的低级运动中枢受刺激所引起，最常见的疾病是破伤风，此外有机磷农药中毒过深、母犬泌乳期严重缺钙等，也常表现出强直性痉挛。

动物全身肌肉痉挛时，全身肌肉强直，阵发性收缩呈角弓反张（头后仰，全身向后弯呈弓形），双眼上翻或凝视，神志不清。局限性痉挛时，仅局部肌肉抽动，如仅一侧肢体抽动，或面肌抽动，或趾抽动，或眼球转动，眼球震颤、眨眼动作、凝视等。以上抽搐可持续几秒钟或数分钟，严重时达数分钟或反复发作，抽搐发作持续 30min 以上者称动物惊厥的持续状态。

第六节　消化系统和肝功能变化

Alterations in Alimentary and Hepatic Function

一、口腔水疱、溃疡、异物生长（Oral vesicles, ulcers and foreign body growth）

（一）口腔水疱（Oral vesicles）

口腔水疱是指口腔黏膜因理化刺激或疾病而引发的水疱样炎症，也可继发于齿龈炎、舌炎和咽炎或某些传染病。口腔水疱多是由于机械性损伤造成，如粗硬、尖锐的骨头、异物，以及牙齿磨灭不正刺伤口腔黏膜，引起细菌感染。化学因素也能引发该病，如误食高浓度有刺激的药物。同时，一些传染病（如犬瘟热）、中毒病及维生素 B_2 缺乏症等也能引起口腔水疱。

犬患口腔水疱临床表现为动物采食小心，咀嚼缓慢，口腔黏膜潮红、肿胀，散在长出大小不等的水疱，内有少量透明或黄褐色浆液性液体。初期因炎性反应为红色，后期为白色，患病动物唾液增多。

（二）口腔溃疡（Oral ulcers）

口腔溃疡常继发于口腔水疱，随着炎性反应的进行，口腔水疱最终发生溃烂，引起口腔溃疡，一般为散在、单个发生。临床表现为动物拒食或咀嚼后将食物吐出，口腔黏膜肿胀、破溃、口温升高、有臭味。若病情进一步发展，溃疡灶连接成片，口腔黏膜发生大面积的糜烂、坏死，即形成口腔糜烂，有大量不洁且带有恶臭味的唾液流出。

（三）口腔异物生长（Oral foreign body growth）

主要是指口腔恶性肿瘤。

（1）口腔恶性黑色素瘤　主要见于犬、猫。犬的恶性黑色素瘤发生率比猫高，其肿瘤起自齿龈或口唇黏膜，呈不规则肿块，质地较脆，色素沉着，易溃烂，常伴有出血，有难闻气味。切面呈现一致的黑色或暗棕色，但分化不良的肿瘤仅有部分沉着黑色素或没有黑色素沉着。因侵袭生长，与周围组织界限不明显。手术加放疗是常用的治疗措施，但多数病例在治疗后 6～12 个月内死于肿瘤转移。

（2）口腔鳞状细胞癌　可发生于犬、猫、猪等多种动物，可出现在唇、齿龈、舌头、上腭等部位。肿瘤呈团块状，质地坚硬，多为白色，表面常溃烂。若出现在下颌，则引起下颌的扩大与变形。在猫可发生在食道，造成食道阻塞。术后可复发或转移至同侧咽后、颈浅淋巴结甚至肺。齿龈鳞状细胞癌转移不多见，但患病部位会出现严重的溃疡与糜烂。

（3）口腔纤维瘤、纤维肉瘤和齿龈瘤　常见于犬、猫，纤维肉瘤在口腔中的发生率比纤维瘤高，唇部或齿龈部纤维肉瘤发生率比在舌、上腭和咽部高。肿瘤生长缓慢、坚硬，表面常出现溃疡和继发感染，切面呈灰白色。齿龈瘤来自牙周围的上皮，生长速度缓慢，外表光滑、坚硬、粉红色。手术疗法治疗口腔纤维瘤和纤维肉瘤有效，个别切除不彻底很可能发生局部复发，但不转移。对于齿龈瘤，手术切除后配合放疗效果更好。

二、牙齿异常（Dental abnormalities）

牙齿异常是指牙齿的位置或形态结构的改变。

（一）牙齿发育异常

牙齿发育异常是指牙齿的位置、数量及生长时间发生改变，影响牙齿的功能。临床上最常见为赘生齿、换齿失常、牙齿失位等。

（1）赘生齿　比正常牙齿数多出1或2个，门齿与臼齿发生赘生齿较为常见，而犬齿则很少有赘生齿。门齿可能有两排门齿；臼齿的赘生齿位于最后处，由于缺乏对应牙齿的磨灭，往往成为过长齿，可能引起口腔黏膜、齿龈的损伤。

（2）换齿失常　由于乳齿未及时脱落，永久齿从下面长出，引起咀嚼时的疼痛，可根据乳齿的松动、永久齿的长出或X线摄片确诊。

（3）牙齿失位　由于颌骨发育不正常、齿列不整齐、齿槽骨膜炎引起的齿根松动和换牙失常受到乳齿的压迫等所致。凡先天性的上门齿过长，突出于下颌者称为鲤口；凡下颌较上颌长，下门齿在上门齿的前方者称为鲛口，多见于犬。

（二）牙齿磨灭不正

（1）锐齿　是仅限于一个臼齿的边缘倾斜、尖锐，易伤及舌或颊。犬、猫罕见严重斜齿称为剪状齿。治疗时应确实保定头部，装好开口器，在镇静或全身麻醉下用齿锉锉去尖端。治疗及时通常能取得良好效果。每年定期检查，应早发现及时治疗。

（2）波状齿　上下臼齿的咀嚼面由于磨灭的快慢不一致，沿臼齿列出现高低不平的波状咬面。常为双侧性的，往往下臼齿为凹，而上臼齿为凸，一般下颌第四臼齿最低，上颌第四臼齿最长。当齿漏斗开放并形成齿槽骨膜炎时，则需要将病齿拔去或采用打牙术。检查出波状齿后如能及时纠正可避免病情恶化，但仍能导致消化不良，不能保持良好的全身状态。

（3）阶状齿　是比波状齿更为严重的一种磨灭不正，臼齿长度不一致，往往见于若干臼齿交替地缺损，而其对应的臼齿则变得相对过长，无法正常咀嚼，经常出现减食或停食，该病尚无较好治疗方法。

（4）滑齿　主要见于老龄动物，大部分臼齿咀嚼面磨得很光滑，有些咬面既光滑又下陷。少数幼龄动物出现滑齿是先天性牙齿釉质缺乏硬度所致。该病除平时喂给松软饲料外，目前尚无理想的治疗方法。

三、吞咽困难（Dysphagia）

吞咽困难是指食物从口腔至胃的运送过程中受阻而产生咽部、胸骨后或食管部位的梗阻停滞感觉。引起吞咽困难的原因主要有两种：一是咽炎，咽黏膜及其深层组织发生炎症有疼痛感，食物通过咽时，动物伸颈摇头不安，伴发咳嗽、流涎，采食量减少；二是食管梗塞，因食管被食物或异物阻塞所致，动物采食突然中止，躁动不安，摇头缩颈，不断做吞咽动作，一些病例中会有食物和唾液从口鼻逆出，常伴有咳嗽，抑或有鸡蛋清样液体逆出。

吞咽困难常见于下列情形：

（1）疼痛　包括牙龈脓肿和牙周疾病，牙齿磨灭不整，口腔、咽或鼻腔内异物，口腔水疱、溃疡，咽炎，食道炎，食道脓肿、蜂窝织炎、创伤、肿瘤，白肌病，舌伤等。下颌关节疾病、咬肌炎和局部肌无力也可出现疼痛表现。

（2）阻塞　见于食道异物阻塞，食道的脓肿、外伤、肿瘤，口腔和腭的肿瘤等。

（3）神经肌肉障碍　见于李氏杆菌病、狂犬病、破伤风、白肌病、脑炎、脑膜炎等。

犬吞咽困难临床表现有作呕、吞咽次数增加、流涎、食欲旺盛（由于饥饿），偶见食欲不振和咳嗽。咽下障碍和返流常同时发生，特别是食管近端机能障碍时。

四、返流和呕吐（Regurgitation and vomiting）

（一）返流

返流是指采食的食物被动逆行到食道括约肌的近端。主要由于食道功能障碍引起，在反刍动物则为生理的反刍现象。返流是许多疾病的一种临床症状，不是原发性疾病。巨大食管，即蠕动迟缓扩张的食管一种特异综合征，是犬最常见返流症状的原因之一。严重的返流可导致吸入性肺炎和慢性消耗性疾病。返流主要发生于犬、猫，大动物则极为少见。

【病因】

常见于食道损伤、食道内异物、气管和支气管内异物、脓肿和外伤，各种毒素中毒和某些植物中毒。在犬、猫还可发生于重症肌无力和多发性肌炎、肾上腺皮质功能减退、甲状腺机能低下等。

【临床症状】

症状表现常被畜主认为是呕吐，在临床检查时应注意加以鉴别，确定原发性疾病以及返流与采食的时间关系。

（二）呕吐

呕吐是不自主地将胃内或偶尔将小肠部分内容物经食管从口和（或）鼻腔排出体外的现象。呕吐在绝大多数动物属于病理现象，但由于胃和食管的解剖生理特点和呕吐中枢感受性不同，犬、猫容易发生呕吐。

【病因】

引起呕吐的病因很多，按发病机制可归纳为下列几类：

（1）胃功能障碍　胃阻塞、慢性胃炎、寄生虫病（犬猫的泡翼线虫）、胃排空机能障碍、过食、胆汁呕吐综合征、胃溃疡、胃息肉、胃肿瘤、胃扩张、胃扩张—扭转综合征、胃食管疾病（食管裂疝），膈疝，胃食管套叠等。

（2）咽、食管疾病　如舌病、咽内异物、咽炎、食道阻塞等疾病可引起呕吐。

（3）肠道机能障碍　肠道寄生虫、肠炎、肠管阻塞、小肠变位、弥漫性壁内肿瘤、真菌感染性疾病、肠扭转及麻痹性肠梗阻，盲肠炎、顽固性便秘、过敏性肠综合征。

（4）腹部疾病　胰腺炎、腹膜炎、肝炎、胆管阻塞、脂肪织炎、肾盂肾炎、子宫蓄脓、尿道阻塞、膈疝、肿瘤。

（5）食物因素　如突然更换食物、食入异物、采食过快、食物过敏和对某种特殊食物的不耐受以及采食刺激性食物。

（6）药物因素　如犬、猫对某些药物不耐性，如抗肿瘤药物、强心苷、抗微生物药物（红霉素、四环素）及砷制剂；前列腺素合成的封闭剂（非类固醇抗炎药）；抗胆碱药的错误应用以及偶尔剂量过大等；内服某些药物（如阿扑吗啡、吗啡、洋地黄、氯仿、硫酸铜、水杨酸钠、氯化铵、氨茶碱等）可刺激胃肠黏膜反射性引起呕吐。

（7）中毒性疾病　有机磷、磷化锌、酚、亚硝酸盐、猪屎豆、狼毒、白苏、闹羊花等中毒性疾病，也可引起中枢性呕吐。

（8）新陈代谢紊乱　如尿毒症、肝炎、酸中毒等，可因代谢产物作用于呕吐中枢而发生呕吐。糖尿病、犬的甲状腺机能亢进、肾上腺机能低下、肾脏疾病、肝脏疾病、脓血症、酸中毒、高钾血症、低钾血症、高钙血症、低钙血症、低镁血症和中暑、细菌毒素，也可引起中枢性呕吐。

（9）神经机能障碍　精神因素（疼痛、恐惧、兴奋、过度紧张）、运动障碍、炎性损伤、水肿及癫痫和肿瘤，从而引起呕吐，如犬等动物的晕车、晕船及长途运输等，使呕吐中枢神经功能紊乱。

（10）颅内压增高的疾病　如脑震荡、脑挫伤、脑肿瘤、脑及脑膜感染性疾病、脑出血所引起的颅内压升高，常常导致脑水肿，脑缺血缺氧，使供给呕吐中枢的血氧不足而发生呕吐。

【临床症状】

（1）呕吐持续时间及系统检查　应确定呕吐是急性还是慢性，现病症、病史及用药和治疗情况，特别是非类固醇抗炎药物和红霉素、四环素、强心苷等的用药情况。对慢性病例，初期并无明显的临床症状而出现急性呕吐，炎性肠道疾病常出现类似症状，同时对各种病例应详细了解食物的类型、疫苗注射情况、旅行和环境的变化。

（2）呕吐与采食的时间关系　正常情况下，采食后胃的正常排空时间为7～10h，采食后立即呕吐，见于饲料质量问题、食物不耐受、过食、应激或兴奋、胃炎等；采食后6～7h呕吐出未消化或部分消化的食物，通常见于胃排空机能障碍或胃肠道阻塞；胃运动减弱常在采食后12～18h或更长时间出现呕吐，并呈现周期性的临床特点。

（3）呕吐物的性状　要注意呕吐物的颜色变化，呕吐物中有胆汁见于炎性肠综合征、胆汁回流综合征、原发或继发胃运动减弱、肠内异物及胰腺炎。呕吐物带有少量血液见于胃溃疡、慢性胃炎或肿瘤，大量血凝块或咖啡色呕吐物常见于胃黏膜损伤或出血性溃疡。

（4）喷射状呕吐　指呕吐物被用力排出并喷射一定的距离，见于胃及邻近胃的小肠阻塞等疾病，如异物、幽门息肉或幽门肿瘤、幽门肥大，但临床上并不常见。

（5）间歇性慢性呕吐　间歇性慢性呕吐是临床上常见症状之一，常与采食时间无关，呕吐内容物的性状变化很大且呕吐呈周期性发生，并伴发其他症状，如腹泻、昏睡、食欲不振、腹部不适和流涎等，当出现这一系列症状时，应重点考虑慢性胃炎、肠道炎性疾病、过敏性肠综合征、胃排空机能障碍，并进行类症鉴别诊断，做出确诊需要进行胃和肠道黏膜活检。一般说来，全身性疾病或代谢疾病引起的急性或慢性呕吐与采食时间和呕吐内容物性状无直接关系。

【临床检查】

呕吐的检查主要包括临床症状、急性（3～4d）或慢性、呕吐的频率和程度（轻度、中度或重度）、呕吐物的物理检查。必要时，需要进行血细胞计数、血液生化分析、尿液分析和粪便检验等。为了进一步分析临床检查结果，可通过X线透视或摄影、B超检查、内窥镜检查综合分析，进行确诊。

黏膜检查可判定失血、脱水、败血症、休克和黄疸，猫的黄疸通过硬腭进行检查；检查口腔是否有异物，猫的口腔检查尤为重要，在某些病例需适当使用镇静药物以便检查；呕吐时颈部软组织触诊以检查甲状腺，判定甲状腺机能是否亢进。心脏听诊检查是否有代谢性疾病引起的心音或心律的异常变化，如肾上腺机能亢进表现心动徐缓和股动脉弱脉，伴发休克的传染性肠炎表现心动过速和弱脉，胃扩张扭转综合征表现心动过速、弱脉和脉搏缺失。

仔细检查腹部是否有疼痛反应：弥漫性疼痛见于胃肠道溃疡、腹膜炎或严重肠炎；局部疼痛见于胰腺炎、异物、肾盂肾炎、肝脏疾病、肠道炎性疾病的局部炎症。其他腹部检查包括器官的大小，如肝肿大、肾脏大小、胃肠扩张的程度以及肠音的变化，在腹膜炎时肠音常常会消失，而急性炎性疾病时肠音会增强。

直肠检查主要检查肠黏膜的状态，以带有血液或黏膜的粪便、黑粪及异物的存在为特征，同时采集粪便作寄生虫检查。当怀疑胃肠道出血或确诊时，详细的直肠检查尤为重要。

五、疝痛（Colic）

疝痛是指以急性腹痛为突出表现，需要紧急处理的腹部疾患的总称，也称急腹症。它的特点是发病急、进展快、变化多、病情重，一旦延误诊断或抢救不及时，就可给患病动物带来严重危害和生命危险。

【病因】

根据病变性质的不同，可将急腹症归纳为6类：

（1）炎症性急腹症　其起病慢，腹痛由轻转重，呈持续性或间歇性。触诊病变部位有固定压痛，疼痛部位随病变加重而逐渐扩大范围。体温升高，心跳和脉搏加快，白细胞数升高、核左移。

（2）梗阻性或绞窄性急腹症　起病急骤，腹痛剧烈，呈阵发性绞痛，腹痛中间有间歇期疼痛减轻，常呈渐进性阵发性加重。机械性肠梗阻听诊有金属音或气过水音，腹胀，犬猫常持续性呕吐；早期腹部压痛不明显，中后期肠蠕动音减弱。多见于肠套叠、肠便秘、肠蛔虫病、肠异物、肠系膜动脉栓塞、输尿管结石等。犬吞食线、绳，特别是细丝线，可使部分肠管抽压在一起，甚至肠壁被割伤，引起极明显的腹痛症状。

（3）穿孔性急腹症　腹痛多为突然发生或加重，迅速发生急性腹膜炎，呈持续性剧痛，常伴有休克。腹部触诊腹壁敏感、紧张，肠音减弱或消失、伴有气腹症和腹腔渗出液。多见于胃穿孔、肠穿孔、膀胱破裂等。

（4）脏器扭转性急腹症　起病急，腹痛剧烈，常伴有轻度休克。腹痛呈持续性、阵发性加重。可触及有明显疼痛的包块。早期腹部压痛不明显，但随着脏器坏死的发生而加剧。严重者可呈现中毒症状和中毒性休克。多见于小肠扭转、犬胃扩张扭转等。

（5）出血性急腹症　如实质性脏器病理性或自发性破裂出血，腹痛较炎症性急腹症轻、呈持续性，腹部压痛轻。同时表现可视黏膜苍白、四肢发凉、脉细数等失血性休克征候。腹腔内有移动性浊音，腹腔穿刺可抽出未凝固血液。渐进性血红蛋白和红细胞计数减少。多见于肝破裂、脾破裂等。

（6）损伤性急腹症　包括实质性脏器和空腔脏器的损伤。由于损伤脏器不同和损伤程度不同，其表现特点各异。当实质性脏器损伤，如肝、脾破裂，可造成腹腔内积血、失血性休克；胰腺损伤，可导致严重腹膜炎。当腹腔脏器损伤，如胃、肠破裂时，其内容物流入腹腔内，常引起严重的腹膜炎。多见于车祸、咬伤等。

以上各类急腹症，可单独发生，也可数类同时存在，有的互相转化。因此，在分析病情时，应加以注意。对暂时难以确诊的病例，应仔细观察，待经过一段时间，其症状、体征由不典型转为典型后，便得以确诊。对较复杂的病例，可进行剖腹探查，以确定病因和类型。

六、腹泻（Diarrhea）

腹泻是指粪便稀薄如水样或稀粥样，临床上表现为排粪次数明显增多。腹泻是最常见的临床症状之一，可以是原发性肠道疾病的症状，也可以是其他器官疾病及败血症或毒血症的非应答性反应。各种动物由于其消化生理的差异，腹泻的发生机制也不相同。一般来说，各种致病因素导致的胃肠分泌和吸收变化都可引起腹泻。

【病因】

（1）细菌性　沙门氏菌（*Salmonella* spp.）、小肠结肠炎耶尔森菌、空肠弯曲杆菌、毛样杆菌、梭菌、分支杆菌。

（2）病毒性　犬瘟热（canine distemper）、犬细小病毒（canine parvovirus）、犬冠状病毒（canine coronavirus）、猫泛白细胞减少症病毒（feline panleukopenia virus）、猫冠状病毒（feline coronavirus）、猫免疫缺陷病毒（feline immunodeficiency virus）。

（3）真菌性　荚膜组织胞浆菌、白色念珠球菌、原壁菌。

（4）寄生虫性　肉孢子虫、贝诺孢子虫、弓形虫、结肠小袋虫。

（5）饮食性　突然改变日粮、食物过敏、摄入毒素。

（6）其他因素　急性胰腺炎、肝脏疾病、肾脏疾病、药物诱导、肾上腺机能低下、甲状腺机能亢进等、胃肠内异物、中毒（如铅、杀虫剂等）、肠道肿瘤，如腺癌（adenocarcinoma）、淋巴肉瘤（lymphosarcoma）。

【临床症状】

全面系统的临床检查能为判定腹泻的原因和严重程度提供有价值的资料，如判断腹泻发生的部位、慢性疾病、原发性或继发性及与药物的关系，并能发现严重疾病的警示性症状，如发热、腹部疼痛、严重脱水和血样粪便，能够进行快速诊断，以便提出最佳的治疗措施。

一般检查应注意小肠疾病会明显影响体液、电解质和营养平衡，水样腹泻可导致脱水和电解质减少，表现精神沉郁、消瘦和营养不良。与小肠性腹泻有关的发热表明黏膜损伤严重，而大肠性腹泻的动物精神状态较好，表现较活泼。

详细的腹部触诊检查应注意有否疼痛、机体损伤和肠系膜淋巴结病。腹部疼痛的动物表现出气喘、精神沉郁、背腰拱起，积液的肠道表明肠管炎症或肠梗阻。肠袢增厚可能是肿瘤细胞或炎性细胞浸润的结果。通过直肠检查可判定直肠积粪、直肠狭窄及肛门疾病。此外，尚应注意以下几个方面：

（1）腹泻持续时间　腹泻的持续时间有助于鉴别诊断单纯性腹泻和慢性腹泻。

（2）环境因素　动物的环境可以确定发生感染性和寄生虫性疾病的可能性，处于应激环境下的动物也可能发生腹泻。

（3）日粮　近期日粮性质和日粮种类的改变对评估腹泻极为重要。

（4）粪便的特征　带有未消化的食物、脂肪小滴或黑色的稀软水样粪便可能是小肠疾病，带黏液或有时伴有鲜血的半固体粪便是大肠疾病。

（5）粪便的量　小肠性腹泻粪便量增加，而大肠性腹泻粪便量可能增加或正常。

（6）排粪频率　小肠疾病可能排粪次数增加，但大肠疾病总是伴有排粪次数增加，常混有黏液和血液。

（7）整体状态　小肠疾病的动物常表现营养水平低下，主要由于厌食、呕吐、水和电解质平衡失调，动物表现被毛粗乱、昏睡和体重下降，而大肠疾病通常维持正常的营养状态。

（8）里急后重或排粪困难　里急后重或排粪困难是大肠疾病的特征，应考虑盲肠、直肠和肛门的炎症及阻塞。

（9）呕吐　带有呕吐的腹泻主要反映小肠疾病，也应考虑结肠炎伴发呕吐。

七、腹部扩张和便秘（Abdominal distention and constipation）

（一）腹部扩张（Abdominal distention）

腹部扩张即腹围增加、腹部胀大、胀满不适，是一临床症状，不是独立的一种疾病。其通常伴有呕吐、腹泻、嗳气、便秘等，是一种常见的消化系统症状，引起腹部扩张的原因主要见于胃肠胀气，各种原因所致的腹水、便秘、腹腔肿瘤等。

【病因】

腹部扩张的病因复杂，临床上可见于下列原因：

（1）胃肠道疾病　胃部疾病常见于慢性胃炎、胃溃疡、胃下垂、胃扩张及幽门梗阻等，肠道疾病常见于肠结核、痢疾、肠梗阻及习惯性便秘等。

（2）肝、胆与胰腺疾病　如急、慢性肝炎，肝硬化，慢性胆囊炎，胆结石及胰腺炎等。

（3）腹膜疾病　常见于急性腹膜炎、结核性腹膜炎等。

（4）急性感染性疾病　如败血症、重症肺炎及伤寒等。

（5）其他　可见于手术后肠麻痹、肺气肿、低钾血症、吸收不良综合征、脊髓病变、药物反应等。

【临床症状】

（1）腹胀伴腹痛　伴剧烈腹痛时应考虑有急性胆囊炎、胰腺炎、肠梗阻、急性腹膜炎、肠扭转、肠套叠等病变的可能。

（2）腹胀伴呕吐　多见于幽门梗阻、肠梗阻等病变，其次可见于肝胆道及胰腺病变，功能性消化不良等也可发生呕吐。

（3）腹胀伴嗳气　常见于功能性消化不良、慢性萎缩性胃炎、胃下垂、溃疡病及幽门梗阻等。

（4）腹胀伴便秘　多见于习惯性便秘、肠应激综合征（便秘型）、肠梗阻等。

（5）腹胀伴腹泻　多见于急性肠道感染、肝硬化、慢性胆囊炎、慢性胰腺炎、吸收不良综合征等。

（6）腹胀伴肛门排气增加　多见于食物在肠道发酵后，结肠内气体过多，肠应激综合征等。

（7）腹胀伴发热　多见于伤寒、急性肠道炎症、结核性腹膜炎及败血症等。

（二）便秘（Constipation）

便秘是犬、猫的一种常见病。由于某些因素致使肠蠕动机能障碍，肠内容物不能及时后送滞留于大肠内，其水分进一步被吸收，内容物变得干涸形成了肠便秘。犬、猫对便秘都有较强的耐受性。

便秘一般分为器质性便秘和功能性便秘两类。器质性便秘，是由各种器质性疾病引起的；功能性便秘，多为损伤、药物以及不良生活、排便习惯所致。

【病因】

1. 原发性因素

（1）饮食因素　动物饮食过少，饲料过精、过细，食物中的粗纤维和水分不足，造成肠蠕动减慢，水分过多吸收而使粪便干燥。进入直肠后的粪便残渣因为量少，不能形成足够的压力去刺激神经感受细胞产生排便反射而引起便秘。

（2）排便动力不足　年老体弱、久病、产后等，可因膈肌、腹肌、肛门括约肌收缩力减弱，腹压降低而使排便动力不足，使粪便排不净，粪块残留，发生便秘。老龄动物多出现便秘。

（3）习惯性便秘　由于精神紧张，拖延了大便时间，使已到直肠的粪便返回到结肠；或因患有肛裂和痔疮等肛门疾病，恐惧疼痛，不敢大便而拖长大便间隔时间。这都可能使直肠壁上的神经细胞对粪便进入直肠后产生的压力感受反应变迟钝，使粪便在直肠内停留时间延长而不引起排便感觉，形成习惯性便秘。

（4）水分损失过多　大量出汗、呕吐、腹泻、失血及发热等均可使水分损失，代偿性引起粪便干结。

2. 继发性因素

（1）器质性受阻　肠管内发生狭窄或肠管外受到压迫时，可使粪便通过受到阻碍，在肠管内停留时间过长，形成便秘。

（2）大肠病变　如过敏性结肠炎、大肠憩室炎、先天性巨结肠等疾病可引起大肠痉挛、运动失常，使粪便通过不畅而发生便秘。

（3）药物影响　服用碳酸钙、氢氧化铝、阿托品、普鲁本辛、吗啡、苯乙哌定、碳酸铋等，以及铅、砷、汞、磷等金属中毒都可引起便秘。

（4）滥用泻药　长期滥用泻药，使肠壁神经感受细胞的应激性降低，即使肠内有足量粪便，也不能产生正常蠕动及排便反射，因而导致顽固性便秘。

（5）精神因素　精神上受到强烈刺激、惊恐、情绪紧张、忧愁焦虑等会使便意消失，形成便秘。

另外，神经系统障碍、内分泌紊乱、维生素缺乏等亦可引起便秘。

【临床症状】

患病犬、猫常作排便动作，但无粪便排出。初期精神、食欲无明显变化，久之出现食欲不振，直至食欲废绝，这时患病犬、猫因腹痛而鸣叫、不安，有的甚至出现呕吐。犬、猫直肠便秘时，肛门指检敏感，直肠内有干硬结燥的粪便，触诊腹部时可感觉到直肠内有长串的粪块，有的犬、猫可见腹围膨大、肠胀气。结肠便秘时，由于不完全阻塞，可发生积粪性腹泻，即呈褐色水样粪便绕过干硬的粪团而出。伴随症状有腹胀腹痛、脱水、消瘦、痔疮或痔瘘、腹疝、呼吸困难、酸碱平衡失调、内热增加等。

八、黑粪症（Melena）

黑粪症是粪便里带有血液（血凝块）、黏液、粗纤维等，呈煤焦油样。

消化道因各种原因出血（如胃出血、出血性肠炎等），粪便中混有血凝块或血丝、黏液等，引起黑粪症的发生。

小肠出血性炎症时，粪便呈黑绿色或黑红色；大肠出血性肠炎，粪便表面附有鲜血丝或血块；寄生虫性肠炎（如肠道线虫病、球虫病及隐孢子虫病等），腹泻物中混有黏液、血液。

九、异食癖（Pica）

异食癖是由于代谢机能紊乱，味觉异常和饮食管理不当等引起的一种非常复杂的多种疾病的综合征，舔食、啃咬通常认为无营养价值而不应该采食的异物，是一种顽固的、味觉错乱的新陈代谢障碍疾病，各种动物均可发生。

该病发生的原因多种多样，有的尚不清楚，可因地区和动物的种类而异。一般认为有以下几种因素：

1. 行为因素

(1) 母性行为　动物产仔后会舔食幼畜口、鼻及身上的胎胞和羊水，除了刺激幼畜大小便，保持其体表清洁干净，还可以防止味道外泄，避免被其他动物捕猎，属于正常的母性行为，但过多地舔食胎胞等会引起动物的“食仔性”。

(2) 模仿行为　饲主清理犬舍或其居住的地方，久而久之，犬也会把附近的大小便舔食干净，其他犬看到后会学着吃，这属于模仿行为。

(3) 逃避行为　犬大小便后或乱咬、破坏东西后受到主人惩罚，导致其心生恐惧，所以下次出现这种行为时，因畏惧心理将粪便、异物吃掉以消灭证据。

(4) 取代行为　犬吃大便是一种天性，粪便中一些特殊的味道是犬喜欢的，草食动物的发酵排泄物对它们更有吸引力，当吃不到这样的排泄物时就吃自己的或其他动物的大便取代。

(5) 引起主人的注意　犬因为疾病而吃大便，其目的是引起主人的注意。疾病康复后虽然吃大便会被主人责骂却继续如此，为的是继续得到主人的注意。

(6) 阶级行为　群体中次阶的犬可能要吃高阶犬的粪便以示服从。

(7) 喂食习惯　有些犬一天要吃几餐，减少喂食次数后以吃大便充饥，久而成为习惯。

(8) 无聊行为　犬猫长时间圈养在笼中，没有与外界互动的条件，常因无聊而吃大便或自身被毛。

2. 环境因素　饲养密度过大，动物之间相互接触和冲突频繁，为争夺饲料和饮水位置，相互攻击咬斗，易诱发恶癖。

3. 营养因素　多种营养物质缺乏已被认为是引起异食癖的病因。硫、钠、铜、钴、锰、钙、铁、磷、镁等矿物质不足，特别是钠盐的不足是常见原因。通常有异食癖的动物多喜舔食带碱性的物质。钠的缺乏可因饲料里的钠不足，也可因饲料中钾盐过多，因为机体要排除过多的钾，必须同时增加钠的排出。钙、磷比例失调，以及长期饲喂过酸的饲料等都可使体内碱储消耗过多。某些蛋白质与氨基酸的缺乏可引起异嗜，某些维生素的缺乏，特别是缺乏B族维生素，可导致体内的代谢机能紊乱而诱发异嗜。此外，犬、猫食物体积过小或食物中缺乏粗纤维、盐、钴或磷等营养物质，也可能引起犬、猫的异嗜行为。

4. 疾病　一些临床和亚临床疾病已被证明是引起异嗜的一个原因。

(1) 肠道寄生虫，体内外寄生虫通过直接刺激或产生毒素对异嗜起作用。

(2) 腹膜炎及胃肠炎引起慢性腹痛。

(3) 因狂犬病和神经性酮症等引起中枢神经系统障碍。

(4) 内分泌紊乱，胰液分泌不足或糖尿病、肾上腺功能亢进、甲状腺功能亢进等也可能引起动物食粪或异嗜行为。

(5) 胰腺炎及胰腺发育不全，犬群体中胰腺炎的发病率较高，但出现临床症状的较少见。临床上表现特征为消化不良性综合征及异嗜。母犬发病多于公犬，幼犬多于中老龄犬，不爱活动的肥胖犬发病最多。在饲喂高蛋白、高碳水化合物及脂肪食物，同时投给胰蛋白酶时，症状有所改善。

(6) 巨食道症或食道狭窄。

(7) 饮食不平衡，如食入过多的脂肪。

(8) 药物，如巴比妥盐类、黄体素、类固醇等药物也可引起异嗜。

异食癖一般多以消化不良开始，接着出现味觉异常和异嗜症状。动物舔食、啃咬、吞咽被粪便污染的饲料，舔食墙壁、食槽，啃吃墙土、砖瓦块、煤渣、破布等异物。动物容易惊恐，对外界刺激的敏感性增高，以后则迟钝。皮肤干燥，弹力减退，被毛松乱无光泽。拱腰、磨牙，天冷时畏寒而战栗。口腔干燥，开始便秘，其后下痢与便秘交替出现。贫血，发生渐进性消瘦，食欲进一步减退，甚至发生衰竭而死亡。

异嗜癖多呈慢性经过，对早期和轻度的动物，若及时改善饲养管理，采取适当的治疗措施很快就会好转；否则病程会拖得很长，可达数月，甚至1～2年，随饲养条件的变化，常呈周期性好转与发病的交替变化，最后衰竭而死亡；也有以破布、毛发阻塞消化道，或尖锐异物使胃肠穿孔而引起死亡。

十、黄疸（Icterus）

黄疸是动物高胆红素血症所致的机体组织被染成不同程度黄色的一种症状，当血清胆红素浓度超过15 mg/dL时，从临床生化角度上来看，可认定为黄疸；当血清红胆红素浓度超过20 mg/dL时，动物可视黏膜、巩膜和皮肤均呈现黄色，通常称其为临床型黄疸。

【病因】

高胆红素血症通常是由于胆红素在肝脏或肾脏中产生的速度大于其被排除的速度所致。胆色素乃是血红素代谢产物，主要来源于红细胞的血红蛋白，此外也来源于肌红蛋白和细胞色素酶。从兽医临床角度探讨黄疸发生的原因通常可分为肝前性、肝性和肝后性三大类。

【临床症状】

引起动物黄疸的原因不同，既往病史也有所不同。某些病例症状表现较为显著，有的却不然。患病动物通常表现倦怠、虚弱和运动耐受性差。皮肤颜色改变，尿液颜色变深。细心的畜主能发现患病动物腹壁中部、巩膜、可视黏膜黄染［见彩图版图2-5］。尿液呈深黄色，是由于尿液中胆红素排出量增加或者出现血红蛋白尿所致。出现无胆汁粪便，指粪便颜色呈灰白色或白陶土样，是因粪便缺乏胆红素代谢物所致，通常表明胆汁排泄完全阻断，是肝后性黄疸的特征。其现症常为黄疸，大多数呈黄疸的犬，能从可视黏膜和巩膜的颜色上清晰地反映出来。猫的早期黄疸可在软腭上反映出来，呈苍白色肝前性黄疸多由溶血引起，故在出现黄疸的同时，可视黏膜亦呈苍白色，因此患病动物还出现与贫血相关的一些症状，如心搏加快、衰弱、脉搏微弱等。

【诊断】

临床血液学检查尤其是红细胞计数、红细胞比容检查、血浆的颜色等将更有助于对黄疸的确诊。严重的贫血又伴有黄疸的出现表示有溶血的存在，属肝前性黄疸。严重溶血往往会出现再生性贫血反应，如循环血液中网织红细胞、有核红细胞增多，出现异形红细胞症、红细胞大小不一症、再生性白细胞增多症、血小板增大症，自体凝集现象和球形细胞增多症将进一步说明免疫介导性溶血性贫血的存在。临床生化检查及其他检查，如血清总胆红素量的检查可以证明黄疸是否存在及黄疸的严重程度。对小动物而言，较少进行直接和间接的胆红素测定，因为上述两种胆红素常有相互重叠的现象，妨碍对高胆红素血症的进一步鉴别。测定血清酶的活性将有助于鉴别肝性黄疸和肝后性黄疸。但若仅凭一些酶的测定欲鉴别肝内性和肝后性胆汁淤滞仍是很困难的。兽医工作者常常用胆酸的测定来鉴别多种肝脏疾病，但是对有明显黄疸患病动物而言，这种方法亦有其局限性，因为这种患病动物的胆酸和胆红素的排泄径路同样受到了损害。

尿液检查可以帮助确证黄疸的存在。对犬而言，尿液中存在少量的胆红素属正常现象，但是存在大量的胆红素，尤其是量少且浓稠尿液中有多量胆红素时就可表示有黄疸的存在。对于猫，尿液中出现胆红素总是异常现象，它表示有胆汁淤滞和黄疸。血红蛋白尿表示有血管内溶血的现象。由溶血引起的肝前性黄疸不能仅根据较少的检验数据予以确证，进一步的确证包括是否有与有毒物质接触的病史，如亚甲蓝、洋葱、铜、锌和铅等可能引起犬的溶血；而丙二醇（propylene glycel）、苯佐卡因（benzocaine）和醋氯酚（acetaminophen）常可使猫患病。溶血常继发于红细胞抵抗力和切变力增加之时，此时，血液凝固性能的系列检测结果有助于排除弥散性血管内凝血（DIC）、克诺特氏（Knott's）试验和心丝虫成虫抗原酶联免疫吸附试验有助于排除与心丝虫病有关的溶血。通过临床检查（包括血清学检查），可排除犬猫的巴通体和犬巴贝西虫所致的溶血。免疫介导原因所致的溶血检查，包括直接抗球蛋白试验

(coomb's 试验)、抗细胞核抗体试验和红斑性狼疮试验等。如果上述试验均为阴性，则应予以考虑红细胞的结构或功能方面的先天性缺陷。

肝内性和肝后性黄疸的鉴（区）别诊断依赖于对胆道系统结构的检查。如果检出胆道被阻塞或者渗漏则可诊断为肝后性黄疸。胆道系统结构各部分的检查常用腹部超声检查法。如果胆囊增大或胆道扩张，则提示存在肝外性胆道阻塞。超声检查还可检查胰腺中是否有块状物的形成以及与胆道阻塞相关的胰腺炎。在偶然情况下，胆道肿瘤、胆结石或胆汁浓缩团块物可成为肝后性黄疸的原因。如果不具备超声检查的条件，应进行胆道造影或施行剖腹检查以确定是否有胆道的阻塞。与腹膜炎相关的胆道破裂可以通过病史、临床症状得以鉴别，然而腹腔穿刺对于确证胆汁性腹膜炎则是一种有用的方法。肝内性胆汁淤滞所致的黄疸既可由影响肝细胞胆汁代谢的全身性疾病所引起，也可由原发性肝病所引起。细菌性败血病和猫的甲状腺机能亢进就是两个实例，为进一步确证，可以作血液的细菌培养或患猫血清中甲状腺素浓度测定，同时再对其进行临床病史调查。至于原发性肝病的诊断则依赖于对患病动物肝脏活体采样，以作组织病理学检查。

【治疗】

肝前性黄疸的治疗宜针对引起溶血的原因采取相应的措施，例如去除某些毒素，治疗引起溶血的某些感染性疾病，对一些免疫介导性溶血性贫血施以免疫抑制疗法，可见于某些特殊疾病的治疗。对某些贫血的动物可能还要用输血疗法。对于因胆道阻塞或破裂所致的肝后性黄疸通常采用外科手术疗法，取出阻塞物，甚至施行胆囊摘除。但由胰腺炎所致的胆道阻塞则属于例外的情况，实施支持疗法和精心护理，有可能在几周内使胆道阻塞的问题得以缓解。肝性黄疸的治疗效果取决于患病动物肝脏病变的性质和程度，某些患病动物随着肝病的痊愈黄疸则消失，有的却不然。

第七节　呼吸功能变化
Alterations in Respiratory Function

呼吸器官包括鼻腔、鼻窦、喉、气管、支气管、肺及胸膜等。呼吸道是一条较长的管道，被人为地分为上呼吸道（从鼻腔开始到环状软骨）和下呼吸道（环状软骨以下的气管和支气管），其黏膜内壁具有丰富的毛细血管网，并有黏液腺分泌黏液。这些结构特征，对吸入的空气在到达肺泡之前进行加温和湿润，并通过鼻毛阻挡、黏膜上皮的纤毛运动及喷嚏和咳嗽，排出吸入空气中的尘埃，以维持肺泡的正常结构和生理功能。

呼吸器官与外界相通，环境中的病原微生物（包括细菌、病毒、衣原体、支原体、真菌、蠕虫等)、粉尘、烟雾、化学刺激剂、过敏原（变应原）和有害气体均易随空气进入呼吸道和肺部，直接引起呼吸器官发病。动物由于突然更换日粮、断奶、寒冷、贼风侵袭、环境潮湿、通风换气不良、高浓度的氨气、不同年龄的动物混群饲养及长途运输等，均容易引起呼吸道疾病。另外，呼吸器官也可出现病毒感染，使肺泡吞噬细胞的吞噬功能出现暂时性障碍，吸入的细菌大量增殖，导致肺泡内充满炎性渗出物而发生肺炎。因此，临床上呼吸器官疾病仅次于消化器官疾病，占第二位，尤其是北方冬季寒冷，气候干燥，发病率相当高。

呼吸器官疾病的主要症状有流鼻液、咳嗽、呼吸困难、发绀和肺部听诊的啰音，但在不同的疾病过程中有不同的特点。

一、咳嗽（Cough）

咳嗽是呼吸系统疾病的主要症状。咳嗽是一种强烈的呼气运动，它的形成是由于呼吸道分泌物、病灶及外来因素刺激呼吸道及呼吸道以外器官（如脑、内耳、内脏、胸膜），通过神经反射，而使咳嗽呼吸中枢兴奋，发生咳嗽，并将呼吸道中的异物和分泌物咳出。因此，咳嗽是一种反射性的保护动作。咳嗽的形成和反复发病，常是许多复杂因素综合作用的结果。一般认为，单纯性的咳嗽称为咳痰，咳嗽次数多并呈持续性称痉挛性咳嗽或咳嗽发作，见于呼吸道黏膜受到强烈的刺激，如喉炎、支气管炎、慢性肺泡气肿、吸入性肺炎及胸膜炎等。慢性呼吸器官疾病可出现经常性咳嗽，有的达数周或数月，甚至数年之久。犬、猫等小动物，在咳嗽之后，常出现恶心或发生呕吐。

咳嗽的时间与规律：突发性咳嗽常由于吸入刺激性气体或异物、淋巴结或肿瘤压迫气管或支气管分叉处所引起。发作性咳嗽可见于百日咳、支气管内膜结核以及以咳嗽为主要症状的支气管哮喘（变异性哮喘）等。长期慢性咳嗽，多见于慢性支气管炎、支气管扩张、肺脓肿及肺结核。

咳嗽的音色是指咳嗽时声音的色彩和特性。如：①咳嗽声音嘶哑，多为声带的炎症或肿瘤压迫喉返神经所致；②鸡鸣样咳嗽，表现为连续阵发性剧咳伴有高调吸气回声，多见于百日咳，会厌、喉部疾患或气管受压；③金属音咳嗽，常见于因纵隔肿瘤、主动脉瘤或支气管癌直接压迫气管所致的咳嗽；④咳嗽声音低微或无力，见于严重肺气肿、声带麻痹及极度衰弱者。

根据痰的有无可分为咳嗽无痰或痰量很少，常见于急性咽喉炎、支气管炎初期。咳嗽伴有咳痰常见于慢性支气管炎、支气管扩张、肺炎、肺脓肿和空洞型肺结核等。

【病因】

（1）微生物感染　各种微生物引起呼吸道的非感染性或感染性炎症过程是咳嗽发生的最常见病因。常见于：①上呼吸道疾病，如咽炎、喉炎、喉水肿、感冒等；②气管和支气管疾病，如气管异物、气管炎、支气管炎等；③肺脏疾病，如小叶性肺炎、大叶性肺炎、吸入性肺炎、肺充血、肺水肿、肺气肿、肺脓肿、肺结核、流感、猪肺疫、喘气病等；④胸膜疾病，如胸膜炎、胸膜肺炎等。

（2）寄生虫感染　部分体内寄生虫幼虫经肺移行，如犬弓首蛔虫和犬钩虫，以及直接寄生于肺部的原虫、螨虫可导致肺部组织出血、炎症及过敏反应。

（3）物理和化学因素　环境空气中的刺激性烟雾、有害气体对上呼吸道黏膜的直接刺激，如畜舍中的氨气、二氧化碳、硫化氢等气体含量过多，饲草料中尘土等。也见于吸入过冷或过热的空气及各种化学药品的刺激。

（4）吸入变应原　常见的致敏原有花粉、饲草料、垫料中的霉菌孢子等，吸入呼吸道后可引起过敏性炎症，出现咳嗽。

【临床症状】

咳嗽是呼吸器官疾病最常见的症状，检查时要注意其频率、性质、强度及疼痛等。犬瘟热引起的咳嗽，有双相热型，特征：眼分泌物增多，尿黄，腹部股内侧有脓包性皮疹，伴有鼻炎、消化道和呼吸道黏膜，呈现急性卡他性炎症。初期有干咳，以后发展为湿咳，后期还有神经症状等。犬传染性支气管炎，其单发的轻症犬表现为干咳，咳后间有呕吐，咳嗽往往随运动或气温变化而加重，人工诱咳阳性，当分泌物堵塞部分呼吸道时，表现精神沉郁，食欲不振，流脓性鼻液，疼痛性咳嗽后，有持续干呕或呕吐。犬副流感，常突然发病，体温升高，流浆液甚至脓性鼻液，病犬剧烈咳嗽，食欲减少，精神萎靡，少数可引起后躯麻痹与出血性肠炎症状。犬疱疹病毒病，多发生于3周龄以内的仔犬，2～3周龄犬患病后有食欲不振、流涎、腹泻、流鼻液、打喷嚏、干咳等上呼吸道感染症状，体温不高，可引起母犬流产、阴道炎，阴道黏膜上有水疱状病变。犬结核病以发热、逐渐消瘦、贫血呕吐、长期顽固咳嗽及肺部有啰音为主要症状。

【治疗】

犬瘟热引起的咳嗽，可用犬高免血清或免疫球蛋白、氨苄青霉素钠、双黄连、病毒唑等为主进行治疗；犬传染性支气管炎除消炎镇咳外，也可用氨苄青霉素或卡那霉素滴鼻治疗；犬副流感可用高免血清、卡那霉素肌注，静滴双黄连、氨苄青霉素等；犬疱疹病毒病用康复母犬血清和犬丁球蛋白制剂皮下注射可减少死亡；犬结核病可用异烟肼（4～6mg/kg，口服，每天2次），也可肌注链霉素（10mg/kg），每天2次，连用7d；由寄生虫病引起的咳嗽，首先以驱虫为主；大叶性肺炎、支气管肺炎、气管炎、支气管炎等病的治疗，都可静滴双黄连、氨苄青霉素、氧氟沙星等，另外，口服氨茶碱、地塞米松、复方甘草合剂等药物的混合物具有良效；气管麻痹可口服氨茶碱或盐酸麻黄碱等；喉炎可用普鲁卡因青霉素喉头封闭注射，同时可静注氨苄青霉素、双黄连；感冒可用柴胡加氨苄青霉素肌注，严重者可静注氨苄青霉素加双黄连，另外也可口服一般的兽用抗感冒药。

二、流鼻涕（Nasal discharge）

健康动物一般无鼻液，或仅有少量的浆液性鼻液。临床上所谓的鼻液是动物在病理状态下从鼻腔排出的异常分泌物。鼻液排出量的多少与病变部位、广泛程度和轻重有关。一般炎症的初期、局灶性的病变及慢性呼吸道疾病，鼻液量少。在上呼吸道疾病的急性期和肺部的严重疾病，常出现大量的鼻液，如副鼻窦积脓、肺脓肿破裂、肺坏疽等。

鼻液（rhinorrhea）是指动物的呼吸道在病态下因为异常分泌而从鼻腔排出的分泌物，其中混有脱落的上皮细胞和中性粒细胞。鼻液的检查对于呼吸器官疾病的诊断具有重要意义。检查鼻液时应注意其数量、颜色、气味、稠度和混杂物等。

【病因】

（1）微生物感染　当呼吸道发生感染或炎症时，黏膜上皮的纤毛细胞遭到破坏，数量减少，而杯状细胞增加，黏液腺肥大，黏膜充血、水肿，血管通透性增高和炎症细胞浸润，使分泌作用增强，导致分泌物的数量增多，黏稠度增加，同时由于纤毛细胞的清除作用降低，结果使鼻液的量显著增多。常见于：①某些病原微生物感染，直接刺激呼吸道引起炎症，如流感病毒、支气管败血波氏杆菌、多杀性巴氏杆菌、溶血性链球菌、肺炎链球菌、葡萄球菌等；②因动物受凉、淋雨、饲养管理不当、某些营养物质缺乏、长途运输、应激等，使机体抵抗力降低，特别是呼吸道的防御功能减弱，导致呼吸道黏膜上的条件致病菌大量繁殖及外界病毒或细菌入侵，成为致病菌而引起呼吸道炎症过程；③发生于一些传染病过程中，如流感、犬瘟热、犬副流感、猫病毒性鼻气管炎等。

（2）寄生虫感染　常见肺线虫病。

（3）物理和化学因素　环境空气中的刺激性烟雾、有害气体对上呼吸道黏膜的直接刺激。

（4）吸入变应原　常见的致敏原为花粉，吸入呼吸道后可引起过敏性炎症。

（5）其他　鼻腔与副鼻窦（额窦、上颌窦、蝶窦和筛窦）相通，副鼻窦发生炎症性疾病时，产生的炎性产物可通过鼻腔流出。

【临床症状】

病理情况下，鼻液的数量增加，颜色、气味、黏稠度发生改变，并混有其他异物。

1. 鼻液的数量　鼻液排出量的多少受病变的部位、广泛程度和轻重的影响。一般炎症的初期，局灶性的病变及慢性呼吸道疾病鼻液少，如慢性卡他性鼻炎、轻度感冒、气管炎初期等。在上呼吸道疾病的急性期和肺部的严重疾病，常出现大量的鼻液，如犬瘟热、幼犬疱疹病毒病、流感等。在副鼻窦炎、肺脓肿、肺坏疽等疾病过程中，鼻液量可能时多时少，主要是与动物的体位有关，当自然站立时，鼻液量可能少，而运动后或低头时，则可能有大量的鼻液流出。

2. 鼻液的性质　鼻液按其性质可分为浆液性、黏液性、黏脓性、腐败性和血性五种。

（1）浆液性鼻液　无色透明、稀薄如水。见于急性鼻卡他、流感等。

（2）黏液性鼻液　呈蛋清样或粥样，白色或灰白色，常混有脱落的上皮细胞、黏膜和炎症细胞等，比较黏稠，为卡他性炎症的特征。常见于急性上呼吸道感染。

（3）黏脓性鼻液　特征是鼻液黏稠混浊，呈糊状或凝乳状，黄色或淡黄绿色，具有脓臭或恶臭味，为化脓性炎症的特征。常见于化脓性鼻炎、肺脓肿破裂、犬瘟热、幼犬疱疹病毒病等。

（4）腐败性鼻液　呈污秽不洁的灰色或暗褐色，具有腐败性的恶臭味。常见于坏疽性鼻炎、腐败性支气管炎、肺坏疽等。

（5）血性鼻液　鼻液中混有血液，可能是血丝、血凝块或直接为血液流出。如血为淡红色，其中混有泡沫或小气泡，则为肺充血、肺水肿和肺出血的征象。如有较多的血液流出，主要见于鼻黏膜外伤。

3. 鼻液中的混杂物　是指鼻液中混有大量的唾液、寄生虫及其他异物。

（1）气泡　鼻液中常带有小泡，呈泡沫状。来自深部支气管和肺泡部的气泡小，多为白色或因混有血液而呈粉红色，见于肺气肿、肺水肿等。由上呼吸道和支气管产生的气泡较大。

（2）寄生虫　鼻液中可能混有寄生虫，如肺线虫等。

（3）显微镜检查　鼻液涂片、染色后镜检，可见各种细胞、弹性纤维和细菌等。

【治疗】

受寒引起的流鼻涕应以解热镇痛，祛风散寒为治疗原则。为防止继发感染，应适当应用抗生素和抗病毒类药。此外，要特别注意加强护理，做好防寒保暖工作。

三、鼻出血和咳血（Epistaxis and hemoptysis）

（一）鼻出血（Epistaxis）

鼻子出血是很常见的一种症状。这是因为在鼻腔两侧鼻孔中间有一层隔膜，这里有好几对血管会合，尤其是在鼻中隔的前下方，有一个小小的叫鼻前庭的区域，鼻前庭里的小血管密集成网，仅靠一层非常娇嫩的黏膜保护着，因此小血管容易破裂而出血。出血量少时血呈点状滴出，多时血呈柱状喷出。

【病因】

通常诱发鼻出血的因素有如下几种：

（1）气候干燥　鼻黏膜喜湿润，忌干燥，只要室内外气候干燥，就容易发生鼻子出血现象。

（2）发热　发热时心率加快，血液流速快，小血管处于扩张状态，加上发热时进水量少，出汗多，在口干舌燥的情况下，容易使鼻子出血。

（3）外伤　鼻黏膜受损导致血管破裂，鼻部外伤中如跌伤、碰伤，鼻腔中有异物，或者有时因咳嗽、打架、用力蹭鼻等外力，都可能损伤鼻黏膜引起鼻出血。因此，应针对诱发原因来治疗鼻出血。

【临床症状】

鼻出血中最常见的还是由于鼻腔干燥而引起的鼻出血。这种出血一般出血量较少，而且位置不固定，因出血部位多靠近鼻腔正前端所以止血容易，且多能自止。这是因为鼻腔前端鼻中隔的前下方的血管浅表，黏膜干燥极易破裂引起出血。

【治疗】

如果是属于上述情况，建议主人尽量不要给宠物挖鼻子，鼻腔涂金霉素眼膏后热敷，适当口服维生素K、B_2、C等，还可以服用中药牛黄解毒片。

（二）咳血（Hemoptysis）

咳血（又称咯血）是指喉部及喉以下的呼吸器官出血，经咳嗽动作从口腔排出。咳血首先须与口腔、咽、鼻出血鉴别。口腔与咽部出血易观察到局部出血灶。鼻腔出血多从前鼻孔流出，常在鼻中隔前下方发现出血灶，较易诊断，但有时鼻腔后部出血量较多，可被误诊为咳血。如用鼻咽镜检查见血液从后鼻孔沿咽壁下流，即可确诊。咳血常伴有肺结核、肺炎、支气管扩张、肺癌、心脏病等病史或胸部外伤，咳血前有咳嗽、喉部痒感、胸闷感，咳出血液为鲜红色，常混有泡沫。

【病因】

通常诱发咳血的因素有如下几种：

（1）肺部肿瘤；

（2）肺结核；

（3）伴呛咳，可见于支气管癌、支原体肺炎等；

（4）伴有皮肤黏膜出血，须注意钩端螺旋体病、流行性出血热、血液病、结缔组织病等；

（5）伴有黄疸，须注意钩端螺旋体病、大叶性肺炎、肺梗塞等。

【临床症状】

咳血是经过咳嗽动作，将血咳出来。血色鲜红，有痰，多泡沫，有咳嗽史。如长久咳血不愈，即为肺病的征兆，口腔内有恶臭味，听诊肺部有局灶性或弥漫性的干湿性啰音和支气管呼吸音，严重的出现呼吸困难。

【治疗】

出现咳血，通常需要化验所咳出的血液和痰液。

若犬患结核病，首先对病犬进行隔离，以防在治疗过程中，病犬将病原体传播给其他动物或人。对于有治疗价值的，可选用下列药物进行治疗：链霉素，每千克体重 10mg，肌内注射，每天 3 次；利福平，10～20mg/kg，肌内注射，每天 3 次；或每天分 2～3 次内服，10～20mg/kg；异烟肼，4～8mg/kg，每天 2～3 次，口服。

中医治愈咳血的良方有两种。

（1）敷药疗法：大蒜 9g，硫黄 6g，肉桂 3g。用法：将大蒜捣成泥状，余药研为细末，调匀涂纱布上，贴敷双足涌泉处，隔日换药 1 次。疗效：治肺虚型咳血，用药 1～3 次，治愈率达 83%。

（2）内服疗法：南沙参、炙百部各 15g，炙紫莞、炒枳壳、陈棕炭、阿胶各 10g。用法：水煎，日 1 剂，服 3 次。疗效：治疗肺虚型咳血，连续服药 3 剂，可获良效。

四、呼吸杂音（喘鸣）［Abnormal respiratory noise（stridor）］

健康动物呼吸时，一般听不到任何异常声音。在病理情况下，患病动物常伴随着呼吸运动而出现特殊的呼吸杂音，由于这些杂音均来自上呼吸道，故统称为上呼吸道杂音。上呼吸道杂音包括鼻呼吸杂音、喉狭窄音、喘鸣音、啰音和鼾声。

（一）鼻呼吸杂音

1. 鼻狭窄音　又称为鼻塞音，主要是由于鼻黏膜高度肿胀、大量分泌物和鼻腔内瘤体使鼻腔狭窄等许多因素所引起。该杂音吸气时增强，呼气时变弱，并有吸气性呼吸困难。鼻狭窄音分为湿性和干性两种。

（1）干性狭窄音　呈口哨声，提示鼻腔黏膜高度肿胀，或有肿瘤和异物存在，使鼻腔狭窄。见于慢性鼻炎、重症骨软病和鼻腔肿瘤等。

（2）湿性狭窄音　呈呼噜声，提示鼻腔内积聚多量黏稠的分泌物。见于鼻炎、咽喉炎、肺脓肿破溃及犬瘟热等。

2. 喘息声　其特征为鼻呼吸音显著增强，呈现粗大的“赫赫”声，以呼气时较为明显，患病动物多伴有呼吸困难的综合症状。系由于高度呼吸困难而引起的一种病理性呼吸音，但鼻腔并不狭窄。出现喘息声见于发热性疾病、肺炎、胸膜肺炎、急性胃扩张、肠鼓气及肠狭窄的后期等。

（二）喉狭窄音

其性质类似口哨声、呼噜声以至拉锯声，有时声音非常大，在数十步之外都可听到。喉狭窄音是由于喉黏膜发炎、水肿、肿瘤或异物存在时导致喉腔狭窄变形，在呼吸时产生的异常狭窄音。见于喉水肿、咽喉炎、炭疽、马腺疫、牛结核病和放线菌病等。

（三）喘鸣音

为喉部发出的一种特殊的狭窄音。主要是由于喉返神经麻痹、声带弛缓、喉舒张肌（环勺肌）萎缩、喉腔狭窄，吸气时因气流摩擦和环状软骨及声带边缘振动而发出的异常呼吸音（哨音或喘鸣）。特点是在吸气时明显，运动后加剧，并表现吸气性呼吸困难。见于喉返神经麻痹、铅中毒等。

（四）啰音

当喉和气管内有分泌物时，可听到啰音。若分泌物黏稠，可闻干啰音，即类似吹哨音或咝咝音；若分泌物稀薄，则出现湿啰音，即呼噜声或猫鸣音。见于喉炎、气管炎和气管内异物等。

（五）鼾声

为一种特殊的呼噜声。这是咽、软腭或喉黏膜发生炎性肿胀、增厚导致气道狭窄，呼吸时发生振颤所致；或由于黏稠的分泌物团块部分地黏着在咽、喉黏膜上，呼吸时部分地自由颤动产生共鸣而发生。见于咽炎、咽喉炎、喉水肿及咽喉肿瘤等。此外，鼾声还见于鼻炎、药物麻醉过程中等。

五、呼吸困难（Respiratory distress or dyspnea）

犬呼吸困难既是症状，又是体征，是一种以呼吸用力和窘迫为基本临床特征的症候群，常被分为吸气性呼吸困难、呼气性呼吸困难和混合性呼吸困难。

【病因】

呼吸困难可导致体内氧缺乏，二氧化碳和各种氧化不全产物积聚于血液内并循环于脑而使呼吸中枢受到刺激，高度呼吸困难称为气喘。引起呼吸困难的原因主要有以下几方面：

(1) 呼吸系统疾病　呼吸困难是呼吸系统疾病的一个重要症状，主要是呼吸系统疾病引起肺通气和肺换气功能障碍，导致动脉血氧分压低于正常范围以及二氧化碳在体内蓄积。常见于上呼吸道狭窄和阻塞（如鼻炎、鼻腔狭窄、喉炎、喉水肿、咽炎、气管和支气管炎、上呼吸道肿瘤及异物等），肺脏疾病（如各种肺炎、肺淤血、肺坏疽、肺水肿、肺气肿等）和胸廓活动障碍性疾病（如胸廓畸形、胸腔积液、气胸、胸膜炎、胸膜粘连等）。

(2) 腹压增大性疾病　由于腹压增加，压迫膈肌向前移动，直接影响呼吸运动。见于腹腔肿瘤、胃扩张、肠鼓气、腹水等。

(3) 心血管系统疾病　各种原因引起的心力衰竭最终导致肺充血、淤血和肺泡弹性降低，见于心肌炎、心脏肥大、心脏扩张、心脏瓣膜病等。

(4) 中毒性疾病　分为内源性中毒和外源性中毒。内源性中毒主要是各种原因引起机体的代谢性酸中毒，血液中二氧化碳含量升高，pH 值下降，直接刺激呼吸中枢，导致呼吸次数增加，肺脏的通气量和换气量增大，见于酮酸血症、尿毒症等。外源性中毒是某些化学物质影响机体血红蛋白携带氧的能力或抑制某些细胞酶的活性，破坏了组织的氧化过程，造成机体缺氧，常见于亚硝酸盐中毒、氰氢酸中毒。此外，有机磷中毒、安妥中毒、敌百虫中毒、氨中毒等，此时呼吸道分泌物增多，支气管痉挛，也会因肺水肿而出现呼吸困难。

(5) 血液疾病　严重贫血、大出血导致红细胞和血红蛋白含量减少，血液氧含量降低，导致呼吸加速、心率加快，严重者会出现呼吸困难。

(6) 中枢神经系统疾病　许多脑病过程中，颅内压增高，大脑供血减少，同时炎症产物刺激呼吸中枢，引起呼吸困难。见于脑膜炎、脑出血、脑肿瘤和脑外伤等。

(7) 发热　体温升高时由于致热物质和血液中的毒素对呼吸中枢的刺激，使呼吸加速，严重者发生呼吸困难，常见于严重的急性感染性疾病。

【临床症状】

临床上一般将呼吸困难分为吸气性呼吸困难、呼气性呼吸困难和混合性呼吸困难 3 种。

(1) 吸气性呼吸困难　指呼吸时吸气动作困难。特点为吸气延长，动物头颈伸直，鼻孔高度开张，甚至张口呼吸，并可听到明显的呼吸狭窄音。此时呼气并不发生困难，呼吸次数不但不增加，反而减少。见于上呼吸道狭窄或阻塞性疾病。

(2) 呼气性呼吸困难　指肺泡内的气体呼出困难。特点为呼气时间延长，辅助呼气肌参与活动，呼气动作吃力，腹部有明显的起伏现象，有时出现两次连续性的呼气动作（称为两段呼吸）。在高度呼气困难时，可沿肋骨弓出现深而明显的凹陷，即所谓的“喘沟”或“喘线”，此时动物腹胁部肌肉明显收缩，肷窝变平，背拱起，甚至肛门突出。在呼气困难时，吸气仍正常，呼吸频率可能增加或减少。见于细支气管炎、细支气管痉挛、肺气肿、肺水肿等。

（3）混合性呼吸困难　指吸气和呼气同时发生困难，呼吸频率增加，常伴有病理性呼吸音。见于肺脏疾病、贫血、心力衰竭、胃肠鼓气、中毒、中枢神经系统疾病和急性感染性疾病等。

【治疗】

1. 病因治疗

（1）抗感染治疗　除病毒感染外，应采用抗生素治疗。根据不同病原体采用相应的抗生素，根据病情轻重，采用不同的用药途径。

（2）手术处理　对于上呼吸道的先天畸形、气管异物、胸腔或心包大量积液等应手术紧急处理。

2. 纠正缺氧

（1）氧气疗法　呼吸困难多由缺氧引起，严重缺氧可使机体重要器官细胞造成不可逆的损伤。要保持呼吸道畅通，根据缺氧程度，采用不同的供氧方法。

（2）气管插管、切开和机械呼吸　重度呼吸困难，经吸氧、镇静等处理后，仍不见好转者可行气管插管或直接切开。

（3）应用激素　喉头水肿、支气管痉挛等情况可短期应用氢化可的松或地塞米松等激素类药物进行气管滴注。

3. 控制心力衰竭　为控制心力衰竭，可应用强心剂，但应注意在缺氧和酸中毒情况下，易发生洋地黄中毒。

4. 其他对症处理

（1）适当选用镇咳、化痰、平喘药物。

（2）纠正水、电解质紊乱。

（3）颅内压高及脑水肿时，应用脱水剂。

（4）重症患犬，应加强支持疗法。

六、发绀（Cyanosis）

发绀是指皮肤和黏膜呈蓝紫色改变的现象，主要是血液中还原血红蛋白增多或含有异常血红蛋白的结果。发绀仅发生于血液中血红蛋白浓度正常或接近正常，但血红蛋白氧合作用不完全的情况。一般认为，当循环的毛细血管血液中还原血红蛋白含量超过 50g/L 时或者血中高铁血红蛋白含量达到 30g/L 或硫化血红蛋白超过 5g/L 时即可出现发绀症状。因此，发绀是机体缺氧的典型表现，当动脉血液中氧饱和度低于 90%时，即可出现发绀。

【病因】

1. 血液中还原血红蛋白增多

（1）血液氧不足　主要是呼吸机能障碍所致，影响了氧气的吸入和二氧化碳的排出，肺氧合作用不足，致使循环血液中还原血红蛋白含量增多而出现发绀。常见于引起上呼吸道高度狭窄（如喉炎、气管炎、支气管痉挛等），发生吸入性呼吸困难或肺部疾病（如肺炎、肺气肿、肺水肿、胸膜炎等）使肺脏的有效呼吸面积减少，均可引起动脉血氧饱和度降低。

（2）循环机能不全　主要是机体血液循环障碍，血液流动过于缓慢，血液经过毛细血管的时间延长，从单位容量血液弥散到组织的氧量较多，静脉血氧含量降低，导致动—静脉氧含量差大于正常。但是由于血流缓慢，单位时间内流过毛细血管的血量减少，所以弥散到组织、细胞的氧量减少，导致组织缺氧。这种发绀称为外周性发绀，主要见于严重的感染性疾病、肠变位、心力衰竭及休克等。

2. 血液中存在异常血红蛋白衍生物

（1）药物和化学物质所致的高铁血红蛋白症　主要是某些化学物质或饲料中毒时正常的氧合血红蛋白转化为高铁血红蛋白，失去携带氧的能力，导致外周血液中氧分压不足，出现发绀。常见于亚硝酸盐中毒。

（2）硫化血红蛋白血症　主要由某些药物和化学物质引起，如使用硝酸钾、亚硝酸钠等含氮化合物、磺胺类、非那西丁等芳香族氨基化合物后，也可引起发绀。

（3）遗传性高铁血红蛋白血症　又称先天性辅酶Ⅰ高铁血红蛋白还原酶缺乏症，由于红细胞内还原型二磷酸吡啶核苷高铁血红蛋白还原酶活性极度降低或缺乏，使高铁血红蛋白还原成亚铁血红蛋白的过程受阻引起。目前仅见于犬，呈家族性发生。

【临床症状】

可视黏膜和皮肤呈蓝紫色或青紫色是发绀的主要临床表现。心脏或肺部疾病引起的发绀伴有咳嗽、不耐运动、无力、晕厥、呼吸困难，体检显示心杂音、异常脉搏速率、肺杂音及腹水明显。当抽出患病动物血液样品时，血液变为淡红色或红色，患高铁血红蛋白血症动物的血液样本则仍呈黑色。

外周性发绀出现脉搏微弱，末端发凉，肌肉疼痛。最常见的是猫心肌病引起的髂动脉血栓。在犬肾上腺机能亢进、细菌性心内膜炎、淀粉样变性和血管壁肿瘤均可发生血栓和血管淤滞。值得注意的是动脉导管未闭中，未氧合血液从肺动脉流入降主动脉，黏膜和耳郭颜色正常，而从颈部向尾部区域发绀。

【治疗】

（1）肺源性发绀的治疗　主要在于控制原发病，辅以氧疗，如鼻导管给氧、人工机械通气等。

（2）心源性发绀的治疗　控制心力衰竭，手术纠正先天性心血管畸形。

（3）外围性发绀的治疗　首先必须加强护理，注意保暖；治疗原发病。

（4）高铁血红蛋白血症的急救处理　立即静脉注射大剂量维生素C、亚甲蓝等药物，有条件可进行高压氧治疗。

七、运动不耐受（Exercise intolerance）

【病因】

（1）心血管系统疾病　心率不齐、充血性心衰、紫绀型心脏病、心肌功能不全、心室流出阻塞等。

（2）呼吸系统疾病　特发性肺纤维化、胸腔积液、肺水肿、上呼吸道阻塞、气管肿瘤、膈疝等。

（3）代谢性/内分泌疾病　贫血、甲状腺机能亢进、肾上腺皮质机能减退、糖症低血、低钾性多发性肌炎、甲状腺机能减退、恶性高热等。

（4）神经肌肉/肌肉骨骼疾病　肉毒杆菌中毒、颈椎脊髓病、局部缺血性神经肌肉疾病、间歇性跛行、腰荐疼痛、重症肌无力、先天性/低钾性/中毒性肌病、外周神经病、多关节炎、多肌炎、原虫性肌炎、蜱叮麻痹等。

（5）药物　如引起低血压的药物。

【临床症状】

主要临床症状表现为：呼吸困难、黏膜发绀、瞳孔散大、多肌肉群颤抖、休克等。以发育迟缓、瘦弱、不爱运动或是长期、顽固的无法查明原因的咳喘、晕厥、四肢浮肿及胸腹腔积液等症状为主，在临床上极易与呼吸道感染、癫痫等症状混淆。听诊可见心内杂音、摩擦音、拍水音、奔马律等。

【治疗】

对因治疗，如气管肿瘤引起的运动不耐受，要手术切除或者对恶性肿瘤进行化疗或放疗。气管狭窄引起的运动不耐受性通常需要手术切除和吻合术。由心率不齐引起的运动不耐受在治疗原发病的同时，需要加强饲养并结合药物进行治疗。治疗心律失常常用的药物有利多卡因、普鲁卡因酰胺、硫酸奎尼丁、潘生丁、心得安、异羟基洋地黄毒苷、硫酸阿托品、肾上腺素、去甲肾上腺素等。猫甲状腺机能亢进引起的运动不耐受保守治疗可以口服甲硫咪唑每天10～15mg，分2～3次给药。也可以用丙烯基硫尿嘧啶50mg/d，分3次口服。严重甲状腺机能亢进的患犬，需手术切除甲状腺。颈椎脊髓病引起的运动不耐受可以考虑采用保守疗法（药物治疗）和手术疗法。

第八节　心血管和血淋巴系统变化

Alterations in Cardiovascular and Hemolymphatic Systems

心血管系统和淋巴系统总称为脉管系统，是机体内的一套密闭的连续管道系统。心血管系统由心、动脉、静脉和毛细血管组成，其内有血液循环流动，推动血液流动的动力是心脏。心脏有四个腔，即右心房、右心室、左心房、左心室。左、右半心由中隔分开互不相通，同侧的房与室之间均借房室口相通。右心房接受静脉血，左心室发出动脉血，在房室口和动脉口处均有瓣膜，它们在血液流动时起阀门样作用，保证血液在心内单向流动。动脉由右心室发出、运送血液到全身各部位的血管，动脉在到达身体各部位的路途中不断发出分支；愈分愈细，最后在组织和细胞间移行为毛细血管。静脉是引导血液流回心房的血管，小静脉起源于毛细血管，在回心过程中，管腔越变越粗，最后汇成大静脉注入右心房。毛细血管是器官内极细微的小血管，管径平均7～9μm，需借助显微镜才能看见，在组织内连于小动脉和小静脉之间，数量极其丰富，几乎遍及全身各处，毛细血管壁极薄、通透性强，同时血液在毛细血管内流动缓慢，有利于血液与组织、细胞之间进行物质和气体交换。

淋巴系统与遍布全身的血液循环系统一样，也是一个网状的液体系统。该系统由淋巴管道、淋巴器官、淋巴液组成。淋巴结的淋巴窦和淋巴管道内含有淋巴液，是由血浆变成，但比血浆清，水分较多，能从微血管壁渗入组织空间。淋巴器官包括淋巴结、脾、胸腺和腭扁桃体等。脾脏是最大的淋巴器官，能过滤血液，除去衰老的红细胞，平时作为一个血库储备多余的血液。淋巴组织为含有大量淋巴细胞的网状组织。淋巴系统是机体的重要防卫体系，它与心血管系统密切相关。淋巴系统能制造白细胞和抗体，滤出病原体，参与免疫反应，对于液体和养分在体内的分配也有重要作用。淋巴系统没有一个像心脏那样的泵来输送淋巴液。动脉和肌肉的张缩也对淋巴液施加向前的压力。呼吸作用则在胸导管内造成负压，使淋巴液向上流而回到血液中去。机体受伤以后组织会肿胀，要靠淋巴系统来排除积聚的液体，恢复正常的液体循环。

一、疼痛性外周水肿（Painful peripheral edema）

【病因】

主要与动静脉瘘、蜂窝织炎、炎症、淋巴水肿、神经源性或激素性血管活性刺激物、近端静脉梗阻、血管外伤、脉管炎、药物/毒素（如扑热息痛、沙丁胺醇）等有关。

【临床症状】

局部症状主要表现为大面积肿胀，局部温度升高，初期肿胀呈捏粉状，有指压痕，疼痛剧烈和机能障碍。全身症状主要表现为患病动物精神沉郁，体温升高，食欲不振并出现各系统的机能紊乱。

【治疗】

疼痛性外周水肿治疗以减少炎性渗出、抑制感染扩散、减轻组织内压、改善全身状况、增强机体抵抗力为主。要采取局部和全身疗法并举的原则。

（1）局部疗法　控制炎症发展，促进炎症产物消散吸收，最初24～48h以内，当炎性水肿继续扩散时可以采用冷敷。

（2）全身疗法　早期一般应用抗生素疗法、磺胺疗法及盐酸普鲁卡因封闭疗法；对动物要加强营养，特别是多给些富有维生素的饲料。

二、末梢水肿（Peripheral edema）

【病因】

水肿的发生主要与毛细血管压增加（静脉高压、静脉阻塞、动静脉瘘管、充血性心力衰竭、肝纤维化引起的门脉高压）、血浆胶体渗透压降低（低蛋白血症）、淋巴阻塞（炎症、外伤、肿瘤和原发性淋巴瘤）、毛细血管渗透性增加（烧伤、炎症、外伤、血管神经性水肿）有关。

【临床症状】

末梢水肿是指在外周间质组织蓄积大量体液。末梢水肿即皮下水肿，一般发生在下颌间隙、颈下、胸垂、胸腹下、阴囊，四肢尤其是后肢的下端多见，以触诊呈生面团硬度，并留有指压痕为特征。水肿本身不是一种疾病，而是疾病的一个症状。

【治疗】

治疗时常需要确定末梢水肿的病因，包括临床病理、心电图、中心静脉压、X 线检查、超声检查、心血管造影和探针检查。末梢水肿必须确定是否发生低蛋白血症。由于血清白蛋白决定大部分血浆胶体渗透压，测定白蛋白浓度十分重要。伴有尿白蛋白损失的肾脏疾病可导致低血清白蛋白和正常的血清球蛋白。伴有白蛋白产生减少的肝脏疾病可导致低血清白蛋白和正常或升高的血清球蛋白。由于胃肠蛋白损失导致血清球蛋白均降低。在肾脏或胃肠疾病引起的低蛋白血症时，没有血管充盈现象，在水肿发生之前出现血清白蛋白和球蛋白含量下降。BSP 试验和凝血酶原时间可以作为肝功能障碍的诊断指征。怀疑胃肠道出血应进行粪便潜血试验加以证明。血清球蛋白明显下降主要见于体外慢性出血，主要是经过尿和粪便途径。如腹水存在，应检查腹水并确定病原。当存在腹水和全身性末梢水肿时，在鉴别诊断中应考虑心脏病。

三、胸腔积液（Pleural effusion）

胸膜脏层和壁层之间为一潜在的胸膜腔，在正常情况下，胸膜腔内含有微量润滑液体，其产生与吸收经常处于动态平衡。当有病理原因使其产生增加和（或）吸收减少时，就会出现胸腔积液。胸腔积液分为漏出液和渗出液两类。前者是因微血管压力增高或渗透压减低引起，后者是因胸膜炎症引起胸膜表面对蛋白性液体的通透性增加引起。

【病因】

（1）胸膜毛细血管内静水压增高　如充血性心力衰竭、缩窄性心包炎、血容量增加、上腔静脉或奇静脉受阻，产生胸腔漏出液。

（2）胸膜毛细血管通透性增加　如胸膜炎症（结核病、肺炎）、结缔组织病（系统性红斑狼疮、类风湿关节炎）、胸膜肿瘤（恶性肿瘤转移、间皮瘤）、肺梗死、膈下炎症（膈下脓肿、肝脓肿、急性胰腺炎）等，产生胸腔渗出液。

（3）胸膜毛细血管内胶体渗透压降低　如低蛋白血症、肝硬化、肾病综合征、急性肾小球肾炎、黏液性水肿等，产生胸腔漏出液。

（4）壁层胸膜淋巴引流障碍　淋巴管阻塞、发育性淋巴管引流异常等，产生胸腔渗出液。

（5）损伤所致胸腔内出血　主动脉瘤破裂、食管破裂、胸导管破裂等，产生血胸、脓胸、乳糜胸。

【临床症状】

体温一般正常，比较特征的症状是呼吸困难，严重时甚至张口呼吸，呼吸浅表，听诊在水平浊音区有时可听到心音，心音通常减弱，而有时心音消失。叩诊时两侧呈水平浊音，随着体位变化而改变。

【治疗】

确诊并积极治疗原发病。对症治疗，如积液过多，严重呼吸困难者，则应穿刺排液，并注入适量抗生素和醋酸可的松等。如胸腔积液不多时，可用利尿剂，如氢氯噻嗪、速尿，以促进积液的排出。

四、腹水（Ascites）

腹水指腹腔内液体非生理性贮留的状态。通常是疾病表现出的继发症状，而不是一种独立的疾病，但是可以通过对腹水的检查来确诊导致腹水发生的首要疾病。腹水的定义很广泛，包括腹腔中收集的胆汁、尿、乳糜和血液，还包括传统意义上的非炎性漏出液和炎性渗出液。腹水常见于一些肝病，特别是肝硬化，也常见于腹膜感染，肿瘤或心、肾和胰腺功能障碍及营养不良等疾病。

【病因】

对于正常机体，液体流入腹腔，并有毛细血管、毛细淋巴管回流，两者保持动态平衡，腹水属于组织间液，但不同于一般的组织液，即腹水的吸收速度是有限的，如果液体进入腹腔的速度超过腹膜吸收的能力就会形成腹水。腹水的发生并不是由单一的因素引起，往往有多个因素参与。目前对腹水的发病机理主要有以下几种解释：

1. 全身性因素

（1）血浆胶体渗透压降低　血浆胶体渗透压主要依靠白蛋白来维持，具有促使腹腔内液体回吸收入毛细血管和毛细淋巴管的作用，主要取决于分子量的大小和白蛋白的浓度，当血浆白蛋白浓度低于25g/L或同时伴有门静脉高压时，液体容易从毛细血管漏入组织间隙进而进入腹腔形成腹水。此种情况见于高度肝功能不全、中晚期肝硬化（蛋白合成减少）、营养缺乏（蛋白摄入不足）、肾病综合征与白蛋白丢失性胃肠疾病等情况。

（2）钠水潴留　主要见于心、肾功能不全以及中晚期肝硬化伴继发性醛固酮增多症。

（3）内分泌障碍　肝硬化或肝功能不全时，肝的降解功能下降。一方面抗利尿激素与醛固酮等灭活能力降低导致钠、水潴留，另一方面血液循环中一些扩血管活性物质的浓度升高，引起外周及内脏小动脉阻力减小，心输出量增加，内脏处于高动力循环状态。由于内脏血管扩张，内脏淤血，造成有效血管血容量相对不足及低血压，机体代偿性释放出血管紧张素Ⅱ及去甲肾上腺素，以维持血压。这样反射性地兴奋交感神经释放出一些缩血管物质，使肾血流量降低，小球滤过压下降，加之抗利尿激素释放，引起肾小管钠、水吸收增加，导致钠、水潴留并形成腹水。

2. 局部性因素

（1）液体静水压升高　犬的门静脉压力一般为294～637Pa，腹腔静脉压294～343Pa，因肝硬化及门静脉外来压迫或其自身血栓导致门静脉及毛细血管内压力升高，进而引起腹水。

（2）淋巴流量增多、回流受阻　健康的肝窦壁很薄，仅衬有一层不连续的内皮细胞，且没有基底膜，因此白蛋白可以自由进入，肝硬化患犬的淋巴液的生成量往往超出正常的20倍，而不能由肝淋巴管和胸导管进入循环，过量的淋巴液被迫进入腹腔，形成腹水。由于肝淋巴液蛋白浓度相当于血浆蛋白浓度的95%，因此腹水有蛋白含量高的特点。乳糜性腹水则是由于胸导管、乳糜池与乳糜管、腹腔内淋巴管受阻或破裂，淋巴液回流受阻而漏入腹腔。

（3）腹膜毛细血管通透性增加　腹膜的炎症、癌肿浸润或脏器穿孔，引起胆汁、胰液、胃液和血液的刺激，均可以促使腹膜的毛细血管通透性增加引起腹水。

（4）腹腔内脏破裂　实质性器官或空腔性器官的破裂与穿孔分别引起胰性腹水、胆汁性腹水及血性腹水。

3. 其他参与因素

（1）低蛋白血症　临床上常见到肝硬化门静脉高压患犬无腹水，而在此基础上出现血白蛋白下降时患犬的腹水很快出现，在不改变肝硬化门静脉高压的情况下纠正低白蛋白血症又可以使腹水很快消失。

（2）肝脏局部因素　肝窦与肠系膜毛细血管不同，肝窦前阻力是肝窦后阻力的50倍，使得肝窦的静水压很低，这就意味着肝窦内压力发生轻微的变化就会引起肝窦静水压的显著变化；肝窦的内皮能够自由地通透蛋白，但是由于肝窦和狄氏腔隙之间无膨胀压梯度，所以已漏出的液体不会再回到肝窦内，只能经过肝淋巴管从肝脏引流回去。因此门静脉高压症时肝窦的压力增高，容易在这个解剖部位发生漏出而形成腹水。

由此可见，腹水发生的机理非常复杂，肝硬化的腹水的形成是多种因素综合作用的结果。肝肾神经反射、钠水潴留、门静脉高压、低蛋白血症、周围血管与肾血管舒缩性的差异、肝脏局部的特殊性生理解剖因素在肝硬化发展不同阶段不同的作用。

【临床症状】

患病动物精神不振，行动迟缓，四肢无力，病程较长者渐进性消瘦。被毛粗乱，体温一般正常，脉搏快而弱，呼吸困难，食欲减退，有时呕吐，排尿减少，四肢下不浮肿，黏膜苍白或发绀，最典型的外观是，腹水未充满时腹部就向下向两侧对称性膨胀，腹水充满时腹壁紧张呈桶状［见彩图版图 2-6］。触诊腹部不敏感，如在一侧冲击腹壁，可在对侧腹壁感到波动，并可听到击水音。叩诊两侧腹壁有对称性的等高水平浊音，腹腔穿刺有大量透明黄色液体。

【治疗】

积极治疗引起腹水的原发病，并采取对症疗法。呋塞米每千克体重 2～5mg，口服，每日 1～2 次，连用 5d。

有大量腹水时，可穿刺放液，穿刺部位可选腹壁最低点，但不可一次放液量过大，否则，可引起虚脱，一般每千克体重不超过 40mL；应用强心剂如洋地黄、咖啡因和利尿剂如氢氯噻嗪或用 10%氯化钙静脉注射，加强腹水的吸收和排出。为防止低血钾，可将 10%氯化钾溶液用 5%～10%葡萄糖溶液稀释或 0.1%～0.3%溶液缓慢静脉注射。对于低蛋白血症者，可静脉注射白蛋白。

另外，加强饲养和护理，喂给高蛋白、低钠的食物，限制饮水。

五、外周脉搏异常（Abnormal peripheral pulse）

【病因】

（1）脉弱　动脉瓣狭窄，外周阻力增强，区域性脉搏消失，心输出量减少（如低血容量症、左心衰竭），心动过速，毒素（如抗凝血类灭鼠药）。

（2）洪脉　贫血，房室瘘，心动过缓，舒张压降低（如主动脉瓣闭锁不全，分流性病变），发热，甲状腺机能亢进。

（3）奇脉　吸气时脉搏显著减弱或消失，又称吸停脉。常见于右心衰竭、心包积液和缩窄性心包炎，以及严重哮喘等。

（4）交替脉　心肌衰竭、快速性心律失常。

（5）二联脉　室性二联律。

（6）脉搏短促　快速性心律失常。

（7）脉搏区域性消失　感染性栓子、肿瘤性栓子、血栓性栓塞症。

【临床症状】

主要见于脉搏频率、节律异常，在单位时间内脉率少于心率，快慢不一，强弱不等，极不规则。当发生洪脉时，心输出量增加，外周阻力小，动脉充盈度和脉压较大时，脉搏强大有力。动脉硬化时管壁变硬失去弹性，呈迂曲状，诊脉时有紧张条索感，如按在琴弦上。

【治疗】

电-药物除颤，窦性心律的维持，房颤时室率的控制、血栓栓塞的预防，除颤患者的抗凝治疗。有心脏疾病时可用胺碘酮、普罗帕酮等药物治疗，无或极轻微心脏疾病时可用普鲁卡因胺、奎尼丁或者考虑非药物治疗脉搏异常。

六、心律不齐（Cardiac arrhythmias）

心律不齐是指心脏冲动的频率、节律、起源部位、传导速度与激动次序的异常。

【病因】

按其发生原理，可区分为冲动形成异常和冲动传导异常两大类。

1. 冲动形成异常

(1) 窦房结心律失常 ①窦性心动过速；②窦性心动过缓；③窦性心律不齐；④窦性停搏。

(2) 异位心律 ①被动性异位：心律逸搏（房性、房室交界区性、室性)、逸搏心律（房性，房室交界性，室性)；②主动性异位心律：过早搏动（房性，房室交界性，室性)、阵发性心动过速（房性、房室交界区性、室性)、心房扑动、心房颤动、心室扑动、心室颤动。

2. 冲动传导异常

(1) 生理性干扰及房室分离。

(2) 病理性 ①窦房传导阻滞；②房内传导阻滞；③房室传导阻滞；④室内传导阻滞（左、右束支及左束支分支传导阻滞)。

【临床症状】

(1) 心脏输出功能失常，不能正常向周身输送营养物质，可导致活动耐受性降低、萎弱、偶发昏厥、胸痛/心绞痛。

(2) 心电活动失常，昏厥、猝死。

(3) 顽固性或不断恶化性心力衰竭。

【治疗】

(1) 用抗心律失常的药物进行对症治疗；

(2) 配合全身疗法来纠正病因或并发症（改善动物的内外环境、同步或不同步除颤法、手术疗法)。

七、心脏杂音（Cardiac murmurs）

心脏杂音是指在心音与额外心音之外，在心脏收缩或舒张时血液在心脏或血管内产生湍流所致的室壁、瓣膜或血管振动所产生的异常声音。一般根据杂音发生的部位不同分为心内杂音和心外杂音两种。心内杂音指发生于心腔或血管内的杂音，占心杂音的大部分；心外杂音指发生于心腔以外的心外膜或其他部位的杂音，主要包括心包摩擦音、心包—胸膜摩擦音、拍水音和心肺性杂音等。心内杂音按发生的原因不同分为：①器质性心内杂音，是指瓣膜和心脏内部具有解剖形态学变化而发生的杂音；②机能性心内杂音，是瓣膜和心脏内部未发现有明显的病理学变化而出现的杂音。还可根据杂音发生的时期分为缩期杂音（心脏收缩期发生的杂音）和舒期杂音（心脏舒张期发生的杂音)。

【病因】

(1) 血流通道狭窄 主要是瓣膜或瓣口发生了器质性的改变，或心室扩张引起瓣膜口相对狭窄，血流通过狭窄部位产生旋涡运动或湍流而形成杂音，见于心内膜炎、风湿病、心肌营养不良等。

(2) 瓣膜闭锁不全 因瓣膜的器质性变化或瓣膜的弹性丧失，使瓣膜不能完全闭锁瓣口，血液经过关闭不全的部位会产生旋涡而出现杂音，见于心内膜炎、心肌炎等。

(3) 血流加速 当机体血液在管腔中流速加快，产生旋涡运动，使心壁和血管壁发生振动而出现杂音，见于发热性疾病、肠变位、肠阻塞等。

(4) 贫血 血液中的红细胞及血红蛋白大量减少，流过心腔及大血管时也产生旋涡运动，见于各种贫血性疾病。

(5) 异常血流通道 在心腔内或大血管间存在异常通道，如室间隔缺损、卵圆孔未闭等，血液经过这些异常通道时会形成旋涡而产生杂音，主要见于年龄小的动物。

(6) 心腔内异物 心室内乳头肌等断裂的残端漂浮，可干扰血液层流而出现杂音。

【临床症状】

由于杂音的频率不同表现出的音色和音调也不同，杂音性质与病变程度密切相关。临床上将杂音的音色形容为吹风样、雷鸣样、拉锯样、捏雪样等。一般功能性杂音比较柔和，器质性杂音比较粗糙。一般认为，狭窄越重，杂音越强。但当极度狭窄通过的血流极少时，杂音反而减弱或消失。血流速度越快，狭窄口两侧的压力差越大，杂音越强。

【治疗】

针对病因治疗，包括外科手术治疗；病因不能去除时，针对并发症给予内科治疗。

八、心音减弱（Muffled heart sounds）

【病因】

（1）第一心音减弱　见于二尖瓣关闭不全时血液逆流，使瓣膜的振幅变小所致。见于心肌炎、心肌变性及心脏扩张等。特征为心音很弱，用心听才能听到，同时可能出现心杂音。

（2）第二心音减弱　由于体循环或肺循环阻力降低、压力降低或血流量减少均可导致第二心音减弱，见于各种原因引起的心搏快速、贫血、休克等，也见于主动脉瓣和肺动脉瓣闭锁不全。当第二心音显著减弱甚至消失，同时心动过速并有明显的节律不齐时，常提示预后不良。

（3）心音同时减弱　病理情况下，心音同时减弱见于严重的心功能不全、濒死期、严重的发热性疾病、贫血、心包积液、胸水等。

【治疗】

积极防治原发病，及时消除原发病因和诱因是预防本病发生的关键。

九、虚弱（Weakness）

【病因】

（1）代谢性疾病　肾衰、肝脏衰竭、低糖血症、电解质平衡紊乱、酸碱平衡紊乱。

（2）感染性疾病　细菌性、病毒性、真菌性、立克次氏体、原虫性、其他寄生虫疾病。

（3）免疫介导性/炎性疾病　慢性炎性疾病、免疫介导性溶血性贫血、免疫介导性多关节炎。

（4）血液病　贫血、高黏滞综合征。

（5）内分泌疾病　糖尿病、肾上腺皮质机能亢进、甲状旁腺机能亢进、肾上腺皮质机能减退、甲状旁腺机能减退、甲状腺机能减退、胰岛素瘤。

（6）心血管疾病　缓慢性心律失常、充血性心衰、心包积液、高血压、低血压、快速性心律失常。

（7）呼吸系统疾病　气道阻塞、胸腔内肿瘤、严重的肺实质疾病。

（8）神经肌肉疾病　癫痫、重症肌无力、肌病、前庭疾病、颅内疾病、脊髓疾病、外周多发性神经病、感染。

（9）系统性疾病　脱水、发热、肿瘤。

（10）营养性疾病　恶病质、能量摄入不足、特异性营养缺乏。

（11）生理因素　运动过度、疼痛、应激/焦虑。

（12）药物/毒物　氯醛糖、抗凝血的灭鼠药、抗惊厥药、抗组胺药、糖皮质激素等。

十、昏厥（Syncope）

昏厥是严重的意识障碍，由于脑功能受到高度的抑制，表现为较长时间的意识完全丧失，对周围的事物或各种刺激均无反应。

【病因】

引起昏厥的原因很多，临床上大致分为三大类：

1. 脑部疾病

（1）脑血管病变　颅内出血、蛛网膜下腔出血、脑梗塞、日射病和热射病。

（2）肿瘤　胶质瘤、室管膜瘤、脑转移瘤、脑膜瘤等。

（3）感染性疾病　脑炎、脑膜炎、脑脓肿、脑寄生虫病或肉芽肿。

（4）颅脑外伤　脑震荡、脑挫伤、脑内血肿、硬膜外血肿、硬膜下血肿等。

（5）癫痫性昏厥　见于癫痫。

2. 物质代谢障碍

（1）低糖血症或高糖血症　血液中的葡萄糖是脑代谢唯一的能量来源，低血糖可引起脑细胞代谢紊乱，从而导致网状结构功能损害和脑活动功能减退，严重时发生昏厥，如幼畜低糖血症、糖尿病导致的酮酸中毒可引起昏厥。

（2）肝脏和肾脏功能衰竭　尿毒症、肝性脑病等。

（3）电解质和酸碱平衡紊乱　高钠血症、低钠血症、代谢性酸中毒、代谢性碱中毒等。

（4）营养缺乏　如硫胺素缺乏。

（5）其他　在许多严重的全身性疾病过程中或终末期都可见到昏厥，如感染性疾病（特别是败血症）。另外，在肾上腺功能衰竭、甲状腺功能亢进及垂体机能不良等也可引起昏厥。

3. 外源性中毒　常见于药物、化学物质和有毒气体中毒。

（1）药物　镇静药（如巴比妥类药物、抗胆碱酯酶药）、解热镇痛药（如水杨酸类、扑热息痛等）等剂量过大。

（2）化学物质　如有机磷农药、有机氟化合物、氢氰酸盐、氯化物、苯、汽油、砷等中毒。

（3）有毒气体　一氧化碳、二氧化碳中毒。

【临床症状】

昏厥在临床上主要表现为高度的精神抑制。患病动物卧地不起，呼唤不应，全身肌肉松弛，意识完全丧失，反射消失，甚至瞳孔散大，粪尿失禁。对患病动物给予刺激仍无反应，仅保留植物性神经的活动，心搏和呼吸缓慢而节律不齐。

十一、休克（Shock）

休克是指机体受到超强度刺激或剧烈损伤所引发的微循环障碍、血液灌注不足及组织和器官缺氧的一系列全身性反应，它不是一个独立的疾病，而是一个临床综合征。

【病因】

凡是能导致心输出量减少、有效循环血量不足和血管容量加大的因素均可引起休克的发生。

（1）失血　急性大出血直接导致有效循环血量不足（失血性休克，属于低血容量性休克）。

（2）损伤　严重烧伤、外伤等，大量组织液外渗，导致有效循环血量不足（损伤性休克，属于低血容量性休克）。

（3）脱水　呕吐、腹泻、大量出汗等导致体液大量丧失，血液浓缩，有效循环血量不足（脱水性休克，属于低血容量性休克）。

（4）中毒　败血症、肠毒血症和其他细菌感染—毒素中毒—交感神经系统兴奋，肾上腺素、去甲肾上腺素分泌增加—小动脉收缩—微循环灌流不足—组织缺氧—产生组织胺—大量血管扩张，血管容量急剧增加—回心血量减少—中毒性休克。

（5）过敏　注射异种血清、蛋白，应用青霉素、磺胺药物等—抗原抗体在细胞膜上结合—产生大量组织胺—小血管扩张—回心血量减少—过敏性休克。

（6）心脏疾病　心肌炎、心包积液、急性心衰—心输出量急剧减少—心原性休克。

（7）疼痛　各种剧烈性疼痛刺激—交感神经兴奋—小动脉收缩—微循环灌流不足—组织缺氧—组织胺增多—扩张小血管—血管容量加大—有效循环血量减少—疼痛性休克（又称神经源性休克）。

【临床症状】

（1）初期　兴奋不安，四肢末梢厥冷，可视黏膜苍白，少尿或无尿，血压上升。

（2）中期　精神沉郁，昏迷，出汗，可视黏膜发绀，心律不齐，血压降低。

（3）后期　昏迷，出汗，冷，可视黏膜发绀，血压急剧下降，心音微弱，心率快，脉搏不感于手，呼吸浅表。

【治疗】

(1) 镇静安静　减轻和抑制疼痛性反射，增强大脑皮层保护性作用。

(2) 初期　解除血管痉挛，1%硫酸阿托品。

(3) 中期　增强抗循环虚脱的耐受性，0.1%肾上腺素。

(4) 后期　降低颅内压，改善微循环。常用药物有20%甘露醇，间隔6h给予一次。25%尼可刹米以兴奋呼吸中枢。

(5) 对症治疗　少尿或无尿——改善微循环，促进利尿，使用利尿素。

十二、猝死（Sudden death）

猝死是指由于心脏原因引起的无法预测的自然死亡，称心脏性猝死，心脏射血功能突然停止称心脏骤停。心室颤动是心脏骤停最常见的病理生理机制。

【病因】

冠心病及其并发症为主要原因。

【临床症状】

心脏性猝死的经过可分为四个时期，即：前驱期、终末期开始、心脏骤停与生物学死亡。可无前驱表现，瞬即发生心脏骤停。下列体征有助于立即判断是否发生心脏骤停：意识丧失，颈、股动脉搏动消失，呼吸断续或停止，皮肤苍白或明显发绀。可在4～6min内发生不可逆脑损害。听诊心音消失更可确立诊断。

【治疗】

(1) 立即尝试捶击复律，清理呼吸道，保持气道通畅。

(2) 纠正低氧血症。必要时可作动脉血氧分压监测。气管内插管是建立人工通气的最好方法。

(3) 胸按压使整个胸腔内压改变产生抽吸作用，有利于维持重要器官的血液灌注。应遵循正确的操作方法，尽量避免并发症如肋骨骨折等的发生。在胸按压的同时，必须设法迅速恢复有效的自主心律。

(4) 除颤和复律一旦心电监测确定为心室颤动或持续性快速性心动过速，应立即进行直流电除颤，应努力改善通气和矫正血液生化指标的异常，以利于重建稳定的心律。应尽可能在复苏期间监测动脉血pH、氧分压和二氧化碳分压。

(5) 药物治疗利多卡因为首选，普鲁卡因胺、溴苄胺、胺碘酮、多巴胺、多巴酚丁胺等均可用于治疗。

第九节　泌尿功能变化

Alterations in Urinary Function

泌尿系统由肾、输尿管、膀胱及尿道组成，其主要功能为排泄。排泄是指机体代谢过程中所产生的各种不为机体所利用或者有害的物质向体外输送的生理过程。被排出的物质一部分是营养物质的代谢产物，另一部分是衰老的细胞破坏时所形成的产物。此外，排泄物中还包括一些随食物摄入的多余物质，如多余的水和无机盐类。

机体排泄的途径有如下几种：①由呼吸器官排出，主要是二氧化碳和一定量的水，水以水蒸气形式随呼出气排出；②由皮肤排泄，主要是以汗的形式由汗腺分泌排出体外，其中除水外，还含有氯化钠和尿素等；③以尿的形式由肾脏排出。

尿中所含的排泄物为水溶性并具有非挥发性的物质和异物，种类最多，量也很大，因而肾脏是排泄的主要器官。此外，肾脏通过调节细胞外液量和渗透压，保留体液中的重要电解质，排出氢离子，维持酸碱平衡，从而保持内环境的相对稳定。因此，肾脏又是一个维持内环境稳定的重要器官；肾脏还可生成某些激素，如肾素、促红细胞生成素等，所以肾脏还具有内分泌功能。

每个肾脏是由120万个肾单位组成的，一共有240万个肾单位。肾单位由肾小体和肾小管组成，肾小体又包括肾小球和肾小囊。其中肾小球只能滤过除血细胞和大分子蛋白质外的血浆中的一部分水、无机盐、葡萄糖和尿素等物质，滤过液经肾小囊收集这种在肾小囊中的液体我们称为原尿。尿的生成是在肾单位中完成的，有肾小球和肾小囊内壁的滤过、肾小管的重吸收和排泄分泌等过程而完成的，它是持续不断的，而排尿是间断的。将尿生成的持续性转变为间断性排尿，这是由膀胱的机能完成的。尿由肾脏生成后经输尿管流入膀胱，在膀胱中贮存，当贮积到一定量之后，才排出体外。

尿的形成过程：血液流经肾小球时，血液中的尿酸、尿素、水、无机盐和葡萄糖等物质通过肾小球和肾小囊内壁的过滤作用，过滤到肾小囊中，形成原尿。当尿液流经肾小管时，原尿中对机体有用的全部葡萄糖、大部分水和部分无机盐，被肾小管重新吸收，回到肾小管周围毛细血管的血液里。原尿经过肾小管的重吸收作用，剩下的水和无机盐、尿素和尿酸等就形成了尿液。之后尿液进入肾小盏，经过肾盂的收缩进入输尿管，再经过输尿管的蠕动进入膀胱。

一、多尿症（Polyuria）

多尿症是指24h内，所排出的尿量比一般高，其表现为排尿次数增多而每次尿量并不减少，或表现为排尿次数虽不明显增加，但每次尿量增多。

病因多为肾小球滤过机能增强或肾小管重吸收能力减弱。见于慢性肾功能不全（如慢性肾小球肾炎、慢性肾盂肾炎等）、糖尿病、应用利尿剂、注射高渗液或大量饮水后，以及渗出液的吸收期等。

一般引起尿频的原因较多，大概有以下几种：

（1）尿量增加　在生理情况下，如大量饮水，由于进水量增加，尿量也会增多，排尿次数亦增多，便出现尿频。在病理情况下，如部分糖尿病、尿崩症患者饮水多，尿量多，排尿次数也多。

（2）炎症刺激　急性膀胱炎、结核性膀胱炎、尿道炎、肾盂肾炎、外阴炎等都可出现尿频。在炎症刺激下，尿频、尿急、尿痛可能同时出现，被称为尿路刺激征。

（3）非炎症刺激　如尿路结石、异物等。

（4）膀胱容量减少　如膀胱占位性病变、妊娠期增大的子宫压迫、结核性膀胱挛缩或较大的膀胱结石等。

二、排尿困难和尿淋漓（Dysuria and stranguria）

（一）排尿困难（Dysuria）

排尿困难，是指排尿时须增加腹压才能排出，病情严重时膀胱内有尿而不能排出称尿潴留。排尿困难可分阻塞性和功能性两大类。

阻塞性排尿困难包括：

（1）膀胱颈部病变　膀胱颈部被结石、肿瘤、血块、异物阻塞，或因子宫肌瘤、卵巢囊肿、晚期妊娠压迫，或因膀胱颈部炎症、狭窄等。

（2）后尿道疾患　因前列腺肥大，前列腺癌，前列腺急性炎症、出血、积脓、纤维化压迫后尿道；或因后尿道本身的炎症、水肿、结石、肿瘤、异物等。

（3）前尿道疾患　见于前尿道狭窄、结石、肿瘤、异物或先天畸形如尿道外翻，阴茎包皮嵌顿，阴茎异常勃起等。

排尿不彻底，尿完后还有少量尿液流出，这是膀胱功能下降的表现。

（二）尿淋漓（Stranguria）

尿淋漓是指排尿不畅，尿呈点滴状或细流状排出。见于急性膀胱炎、尿道和包皮的炎症、尿石症、犬的前列腺炎和急性腹膜炎等。有时也见于年老体弱、胆怯和神经质的动物。

三、无尿和少尿（Anuria and oliguria）

少尿和无尿指动物 24 h 内排尿总量减少甚至接近没有尿液排出。临床上表现排尿次数和每次尿量均减少或甚至很久不排尿。此时，尿色变浓，尿相对密度增高，有大量沉积物。按其病因可分为三种：

（1）肾前性少尿或无尿　多发生于严重脱水或电解质紊乱（如剧烈呕吐、严重的发热性疾病、严重腹泻、肠阻塞、肠变位、大量出汗、渗出性胸膜或腹膜炎、胸腔或腹腔积液等），外周血管衰竭、充血性心力衰竭、休克、肾动脉栓塞或肿瘤压迫、肾淤血等。临床特点为尿量轻度或中度减少，尿相对密度增高，一般不出现无尿。

（2）肾原性少尿或无尿　是肾脏泌尿机能高度障碍的结果，多由于肾小球和肾小管严重损伤所引起。见于广泛性肾小球损伤（如急性肾小球性肾炎）、急性肾小管坏死（如重金属中毒、药物中毒、生物毒素中毒等）、各种慢性肾脏病（如慢性肾炎、慢性肾盂肾炎、肾结石、肾结核等）引起的肾功能不全。其临床特点多为少尿，少数严重者无尿，尿相对密度大多偏低（急性肾小球性肾炎的尿相对密度增高），尿中出现不同程度的蛋白质、红细胞、白细胞、肾上皮细胞和各种管型。严重时，可使体内代谢最终产物不能及时排出，引起自体中毒和尿毒症。

（3）肾后性少尿和无尿　是因从肾盂到尿道的尿路梗阻所致，见于肾盂或输尿管结石或被血块、脓块、乳糜块等阻塞，输尿管炎性水肿、瘢痕、狭窄等梗阻，机械性尿路阻塞（尿道结石、狭窄），膀胱结石或肿瘤压迫两侧输尿管或梗阻膀胱颈，膀胱功能障碍所致的尿闭和膀胱破裂等。

四、红尿（Red urine）

红尿是尿变红色、红棕色甚至黑棕色的泛称。见于血尿、血红蛋白尿、肌红蛋白尿、卟啉尿或药尿等。

（一）血尿（Hematuria）

血尿是指尿液中混有血液，主要由泌尿系统出血引起，按病因可分为：①炎性血尿：为肾脏、膀胱、尿道等泌尿器官的炎症所引起的血尿，见于出血性肾炎、急性肾小球肾炎、肾盂肾炎、膀胱炎及尿道炎等；②结石性血尿：因肾脏或尿路结石所引起的血尿，见于肾结石、输尿管结石、膀胱结石、尿道结石等；③肿瘤性血尿：见于肾脏腺癌、膀胱血管瘤、血管内皮肉瘤、移行细胞乳头瘤、移行细胞癌；④外伤性血尿：见于肾脏、膀胱、尿道损伤；⑤中毒性血尿：主要是某些中毒病引起肾脏的损伤。见于汞、铅、镉等重金属或类金属中毒，四氯化碳、三氯乙烯、五氯苯酚等有机化合物中毒，华法令（敌鼠钠）等杀鼠药中毒；⑥出血素质性血尿：见于坏血病、血斑病、血管性假性血友病、血小板减少性紫癜等；⑦药物性血尿：见于长期过量应用磺胺类、链霉素、四氯化碳、有机汞杀菌剂等。

（二）血红蛋白尿（Hematoglobinuria）

血红蛋白尿是指尿液中含有游离的血红蛋白，主要是由于血液在血管中发生溶血，血红蛋白经肾脏滤过进入尿液。按病因分为 5 种：①感染性血红蛋白尿：见于某些微生物或血液原虫感染，如猫传染性贫血和出血黄疸型钩端螺旋体病；②中毒性血红蛋白尿：见于各种溶血毒物中毒，如毒蛇咬伤等动物毒中毒，洋葱或大葱中毒（犬多发），慢性铜中毒（急性溶血危象发作）、铅中毒（海恩兹氏体溶血）等矿物毒中毒，吩噻嗪、醋氨酚（退热净）、美蓝（猫）等化学药品中毒等；③免疫性血红蛋白尿：见于抗原抗体反应，如不相合血型输血，新生动物溶血病等；④理化性血红蛋白尿：见于物理化学因素所致的急性血管内溶血，如大面积烧伤；⑤遗传性血红蛋白尿：见于红细胞酶先天缺陷，如葡萄糖 6-磷酸脱氢酶缺乏症、丙酮酸激酶缺乏症、磷酸果糖激酶缺乏症等所致的先天性非球形细胞性溶血性贫血（congenital nonspherocytic hemolytic anemia，CNHA）。

（三）肌红蛋白尿（Myohemoglobinuria）

肌红蛋白尿主要发生于某些病理过程中所引起的肌肉组织变性、炎症、广泛性损伤及代谢紊乱等。肌红蛋白由受损的肌肉组织中渗出，并经肾脏排出而发生肌红蛋白尿。临床上主要见于硒和维生素E缺乏症等。

（四）卟啉尿（Uroporphyrin）

卟啉尿即尿液中含有多量卟啉衍生物，主要是尿卟啉和粪卟啉。见于遗传性卟啉病、铅中毒等。

（五）药物性红尿（Drug-induced red urine）

内服或注射某些药物后，尿液颜色即可发生变化，如大黄、安替比林、芦荟、刚果红、山道年等可使尿液变红。

五、脓尿（Pyuria）

脓尿是指尿液中含有大量的脓细胞（即白细胞），临床上指的脓细胞就是变性的白细胞，故该病又称白细胞尿。

【病因】

（1）尿道上皮改变　远端泌尿生殖道菌群改变、肿瘤、外伤、药物。

（2）尿液变化　排尿次数减少、排尿量下降、稀释尿、糖尿。

（3）解剖缺陷　获得性—慢性下泌尿道疾病、继发性膀胱输尿管反流、外科操作；先天性—输尿管异位、持续性输尿管憩室、原发性膀胱输尿管返流。

（4）免疫缺陷　肾上腺皮质机能亢进、医源性、尿毒症等。

（5）排尿障碍　尿道阻塞—肿瘤、前列腺疾病、尿道狭窄、膀胱疝、尿结石。

（6）膀胱排空不全　解剖缺陷—膀胱憩室、膀胱输尿管返流。

（7）神经源性—反射协同失调、脊髓疾病。

【临床症状】

尿液中白细胞数增加、严重的致体温升高等。

【治疗】

以消除感染，加强护理，纠正水和电解质平衡紊乱等为治疗原则。

六、结晶尿（Crystalluria）

【病因】

（1）草酸钙结晶　日粮中钙含量过多，草酸过多，维生素C过多，维生素D过多，乙二醇中毒，肾上腺皮质机能亢进，高钙尿。

（2）磷酸钙结晶　碱性尿，原发性甲状旁腺机能亢进，肾小管性酸中毒。

（3）胱氨酸　酸性pH，肾小管细胞遗传缺陷。

（4）硅酸酐　日粮—谷蛋白、大豆壳，摄入泥土。

（5）黄嘌呤　长期大量给予别嘌呤醇，遗传性。

（6）鸟粪石　碱性尿，膀胱异物，尿道感染。

（7）尿酸盐　酸性尿，门脉分流，尿道感染。

【临床症状】

临床症状与结晶的大小、阻塞部位及对组织的损伤程度不同而异。

（1）肾区结石　多位于肾盂，肾结石形成初期常无明显症状，随后呈现肾盂肾炎的症状，排血尿，肾区压痛，行走缓慢，步态强拘、紧张。

（2）输尿管结石　急剧腹痛，呕吐，患病动物不愿走动，表现痛苦，步行弓背，腹部触诊疼痛。输尿管单侧或不全阻塞时，可见血尿、脓尿和蛋白尿；若双侧输尿管同时完全阻塞时，无尿进入膀胱，呈现无尿或尿闭，往往导致肾盂肾炎。

（3）膀胱结石　患病动物排尿困难、血尿和尿频，但每次排出量少。膀胱敏感性增高，结石位于膀胱颈部时，可呈现排尿困难和疼痛表现。

（4）尿道结石　多发生于公犬，尿道不全阻塞时，排尿疼痛，尿液呈滴状或断续状流出，有时排尿带血。尿道完全阻塞时，则发生尿闭、肾性腹痛。

【治疗】

饮食药物治疗：对不完全阻塞或病情轻微的病例，给予矿物质少而富含维生素A的食物，配合中药排石汤并给大量清洁饮水，投给利尿剂等，以稀释尿液和增加排尿量，并可冲洗尿路，使体积细小的结石随尿排出。对磷酸盐、草酸盐和碳酸盐结石，可投给酸性食物或酸制剂，使尿液酸化，以促进结石的溶解和病情的好转。对尿酸盐和胱氨酸盐的结石，则宜投服碳酸氢钠，使尿液碱化，亦可达到阻止结石形成和促进结石溶解的目的。此外，对尿酸盐结石，可用别嘌呤醇10～15mg/kg，口服，每日2次，可阻止尿酸盐凝结。对胱氨酸盐结石，可用D-青霉胺15～30mg/kg，口服，每日2次，使其成为可溶性胱氨酸复合物，由尿液排出。在药物溶解排石过程中，应给予抗生素治疗，防止感染。

七、尿毒症（Uremia）

尿毒症是由于肾功能衰竭，致使代谢产物和其他有毒物质在体内蓄积而引起的一种自身中毒综合征。是肾功能衰竭的最严重表现。

【病因】

严重的肾功能衰竭可引起尿毒症。本病的发生与下列因素有关：

（1）尿素作用　由于肾功能衰竭，尿素可通过肠壁进入肠腔，再经肠道内细菌尿素酶的作用分解为具有毒性作用的氨和铵盐（碳酸铵、氮基甲酸铵）被吸收入血内，引起神经系统中毒症状。

（2）肠道毒性物质作用　随肾脏功能衰竭，伴有肝脏解毒功能降低，由肠道来的有毒物质，如酚、酪胺和苯乙二胺等被吸收入血内，即不能经肝脏解毒，又不能从肾脏排出，蓄积在血液内引起中毒症状。

（3）蛋白质分解产物的作用　某些蛋白质的分解产物（如胍类化合物）在体内的蓄积，可抑制体内某些酶的活性，从而导致动物的抽搐等神经症状，以及诱发胃肠炎和心包炎等。此外，胍基琥珀酸有抑制血小板黏着和淋巴细胞转化的作用，因此，患病动物易于发生出血和免疫功能低下。

（4）酸性代谢产物作用　由于酸性代谢产物排出障碍而发生酸中毒，可引起呼吸、心脏活动改变和昏迷症状。

【临床症状】

尿毒症可引起机体各组织器官发生功能障碍，因此，临床症状也复杂多样。

（1）神经症状　主要表现为精神极度沉郁、意识紊乱、昏迷和抽搐等症状。

（2）循环系统　往往出现高血压、左心室肥大和心力衰竭，晚期可引起心包炎和听到心包摩擦音。

（3）消化系统　主要表现出消化不良和肠炎症状，如食欲不振或废绝、呕吐、腹泻、口有氨味和口腔黏膜溃疡等。

（4）呼吸系统　由于酸中毒，可使呼吸加快加深，呈现周期性呼吸困难。由于代谢产物蓄积，可引起尿毒症性支气管炎、肺炎和胸膜炎，并呈现相应的症状。

（5）血液系统　有不同程度的贫血，晚期可见鼻、齿龈和消化道出血，皮下有淤血斑等。

电解质平衡失调：可伴发高钾低钠血症、高磷低钙血症和高镁低氯血症。

（6）皮肤　皮肤干皱，弹性减退，有脱屑、瘙痒症状。皮下往往发生水肿。

【治疗】

在饲养上，应给予优质低蛋白高能量和富含维生素的食物，给予充足饮水，若无水肿时可适当补给食盐。若不能进食者，可由静脉供给营养。

消除病因，积极治疗引起尿毒症的原发病，如及时治疗肾功能衰竭、改善肾微循环，解除尿道阻塞等。

纠正水、电解质和酸碱平衡紊乱，如对有脱水现象或尿量减少者，应及时输以生理盐水或葡萄糖溶液，但如有严重水肿和无尿者，应停止输液。发生酸中毒时应静脉注射5%碳酸氢钠溶液或11.2%乳酸钠溶液。

高血磷低血钙时，可口服氢氧化铝凝胶，阻止磷的吸收和减少钙的丧失。血钾升高时口服钠型阳离子交换树脂，或静脉注射25%葡萄糖溶液加胰岛素。尿毒症、酸中毒纠正后，血钙游离度低，可产生低钙性抽搐，故在输给碱性溶液前先输给10%葡萄糖酸钙溶液。为缓解高氮血症和促进蛋白质合成，可隔日或每周2次肌内注射苯丙酸诺龙或丙酸睾酮10～30mg/次。

对症治疗，如呕吐时，可肌内注射或口服胃复安或维生素B_6，每日2次，或肌内注射氯丙嗪等。有抽搐者可静脉注射安定、苯妥英钠或苯巴比妥钠等。贫血或出血时，可输入适量新鲜同型血液；若出血严重者，可使用抗血纤溶芳酸、止血环酸或6-氨基乙酸等。

第十节　神经疾病变化及鉴别

Localizations and Differentiation of Neurologic Diseases

动物的神经系统是一个复杂的反射系统，能接受动物体内各种代谢变化和体外环境变化所引发的冲动，并将这种冲动进行整合和发出调整信息，调节动物体内的各个器官的活动，以使动物体各器官的活动协调统一和适应外界环境的变化。

神经活动是复杂的，但是无论如何复杂，都是反射性活动。而反射活动最复杂的表现，无非是兴奋与抑制两种过程。这两种过程起源于神经元，并且在时间和空间上相互联系和相互作用，正常情况下两种过程都处于平衡状态，保证机体正常反射性活动的进行。这对动物的生命活动，特别是在对外界环境的适应性方面，具有重大的意义。当机体受到外界或内在的各种不良因素的侵害，神经系统的正常反射性活动就会受到影响或破坏，从而引起神经系统的病理学变化，导致神经功能的障碍甚至丧失。

一、神经系统的检查

神经系统检查的目的是确定神经系统是否存在有损伤；如果有损伤，要确定损伤的部位与损伤的程度。完整的神经系统的检查包括4个方面的内容：

1. 远距离观察

（1）精神活动水平　病理状况下可出现精神兴奋和精神抑制，精神抑制又分为沉郁、嗜睡和昏迷，具有特异性。

（2）姿势　髓桥的损伤可引起明显的头部倾斜，哪一侧耳朵在下，就说明这一侧的大脑存在损伤；大脑额叶的损伤常出现头转向损伤一侧的症状；当丘脑和中脑损伤时，身体姿势可有多种变化，但也会引起头偏且头常偏向损伤一侧。

2. 步态与姿势反应　正常、协调的步态需要复杂的神经调节；姿势反应包括有意识的本体感觉、跳跃、半行走姿势、推独轮车姿势以及身体的过度伸展等；这样做的目的是将身体置于一种异常的负重状态，来检查动物是否能够意识到这种不正确的姿势并且能够纠正它；由于需要复杂的神经参与调节，所以姿势和步态反应最好运用于确定动物的神经状态而不是用于确定损伤的程度；如果后肢的步态和姿势反应存在缺陷（如下肢轻瘫等），则说明脊髓T_2的后部存在有损伤；如果四肢步态和姿势存在缺陷

(如四肢瘫痪)，表明脊髓从头部开始直到 T_2 都存在损伤，或者说全身的运动单元功能紊乱；如果身体一侧步态和姿势反应存在缺陷（如半边身体瘫痪），则表明同侧脊髓和桥髓存在损伤；如果损伤位于中脑或大脑，则病变部位位于对侧。

3. **脊髓反射** 脊髓反射是为了检查运动单元和相应的感觉神经元的完整性；反射降低明显说明运动单元功能紊乱；如反射过强则说明上位神经元和综合神经元不能有效调节下位神经元的反应。

4. **脑神经检查** 如果脑干或其外周神经通路存在损伤，则脑神经出现缺陷；相应的临床症状有利于确定损伤的部位；无论外周神经损伤与否，脑干的损伤常有严重的异常姿势反应。

二、神经疾病的诊断

神经疾病是发生于中枢神经系统、周围神经系统、植物神经系统的以感觉、运动、意识、植物神经功能障碍为主要表现的疾病，又称神经病。

(1) 病史的调查 对于病史的调查和准确记录必须给予特殊的注意。动物的临床表现、开始的方式、发生发展过程等必须进行查明。当波及群体时，发病率、死亡率、传播方式等可能表明是一种中毒。行为和精神状态的改变通常只能依靠病史来进行评估。创伤性损伤常是神经疾病的病因，但是除了从病史了解外是不易发现的。

(2) 临床检查 在进行神经系统疾病诊断时，除了进行神经系统检查外，还要进行一般整体检查和相关系统的检查，这样有利于全面收集资料，进行综合判断，分析病因、病性、严重程度和预后。

一般检查应当注意体格发育和营养程度、精神状态、姿势和体态、表被状态、体表淋巴结、体温、呼吸、脉搏。

神经系统检查除注意观察临床表现（意识障碍、感觉障碍、运动障碍、反射功能障碍）外，必要时进行神经系统的特殊检查，包括神经系统的骨外科检查、脑脊液检查、放射照相检查、脑电图描记、CT 检查、磁共振检查等。

相关系统检查应注意心血管系统检查（脉率、脉性、血压、心音等)、呼吸系统检查（呼吸次数、呼吸节律、呼吸性啰音)，此外还应注意体温的变化以及热型。

神经系统和其他系统有着密切的联系，神经系统可影响其他系统、器官的活动，其他系统、器官也可改变神经系统的活动，这是整体和局部的对立统一。神经系统发生病变，其他系统也会出现相应的结构和功能的变化，其他系统、器官的病变，也会经常出现神经系统的症状。在动物临床工作中，需要全面认识和妥善处理这种整体和局部的关系，通过现象找出本质，才能辨别各种疾病，达到及时做出正确诊断和治疗的目的。

三、中枢神经系统病变的定位

(一) 头颅、脊柱的视诊、触诊

头颅的视诊、触诊应注意其形态、大小、温度、硬度及外伤等变化。必要时，可采用直接叩诊法检查，以判断颅骨骨质的变化及颅腔、窦内部的状态。

注意脊柱的形态（上、下及侧弯曲)，有无僵硬、局部肿胀、热痛反应及运步时的灵活情况。

(二) 感觉机能检查

动物的感觉除视、嗅、听、味觉外，还包括皮肤的痛觉、触觉，肌、腰、关节感觉和内脏感觉。当感觉径路发生病变时，其兴奋性增高，对刺激的传送力增强，轻微刺激可引起强烈反应，称为感觉过敏；当感觉径路有毁坏性病变导致传送能力丧失时，对刺激的反应减弱或消失。

(1) 痛觉检查 检查时，为避免视觉干扰，应先把动物眼睛遮住，然后用针头以轻微的力量针刺皮肤，观察动物的反应。一般多由感觉较钝的臀部开始，再沿脊柱两侧向前，直至颈侧、头部。对于四肢，可作环形针刺，较易发现不同神经区域的异常。健康动物针刺后立即出现反应，表现为相应部位的肌肉收缩、被毛颤动或迅速回头、竖耳动作。检查时注意感觉减弱乃至消失及感觉过敏。

（2）深部感觉检查　检查深感觉，是人为地使动物四肢采取不自然的姿势，使动物的两前肢交叉站立，或将两前肢分开，或将前肢向前远放等，以观察动物的反应。对于健康动物，当人为地使其采取不自然的姿势后，便能自动地迅速恢复原来的自然姿势；在深感觉发生障碍时，可在较长的时间内保持人为的姿势而不改变肢体的位置。

（3）瞳孔检查　瞳孔检查，是用电筒从侧方迅速照射瞳孔，观察瞳孔反应。健康动物，在强光照射下，瞳孔迅速缩小；除去强光时，随即复原。注意瞳孔放大及对光反应消失的变化，尤其是两侧瞳孔散大，对光反应消失。用手压迫或刺激眼球，眼球不动，表示中脑受侵害，是病情严重的表现。

（三）反射机能检查

反射是神经系统活动的最基本方式，是通过反射弧的结构和机能完成的，故通过反射的检查，可辅助判定神经系统的损害部位。

兽医临床常检查的反射有：

（1）耳反射　用细针、纸卷、毛束轻触耳内侧皮毛，正常时动物表现摇耳和转头，反射中枢在延髓及第1～2节颈髓。

（2）肛门反射　轻触或针刺肛门部皮肤，正常时，肛门括约肌产生一连串短而急的收缩。反射中枢在第4～5节荐髓。

（3）腱反射　用叩诊锤叩击膝中直韧带，正常时，后肢于膝关节部强力伸张。反射弧包括股神经的感觉、运动纤维和第3～4节腰髓。

（4）角膜反射　中枢在延脑，传入神经是眼神经（三叉神经上颌支）的感觉纤维，传出神经为面神经的运动纤维。

第三部分

样品采集及实验室检查

Collection of Samples and Interpretation of Laboratory Tests

第一节　临床化学检查

Clinical Chemistry Tests

传统的生化分析主要采用光电比色法、可见光或紫外光分光光度法等，耗时长，效率低。目前，实验室生化检验主要采用各种生化分析仪，分湿式和干式两种。所谓湿式就是用液体试剂进行检验，所需时间长；所谓干式就是用干试纸条、干试制片或干试剂盘进行检测，常常几分钟内便可完成，使疾病能够得到及时准确的治疗。

一、血液生化检查

（一）血清电解质检测

电解质在细胞内和细胞外的分布有显著差异，但两者重量摩尔渗透压浓度相等。细胞外液中阳离子主要为Na^{+}，其次是K^{+}、Ca^{2+}、Mg^{2+}等，阴离子主要是Cl^{-}，其次是HCO_3^{-}、HPO_4^{2-}、SO_4^{2-}及有机酸和蛋白质。细胞外组织间液和血浆的电解质在性质和数量上大致相等，功能类似。两者主要区别在于血浆含有较高浓度的蛋白质（7%），而组织间液仅0.05%～0.35%。细胞内液中阳离子主要为K^{+}，其次是Na^{+}（其浓度远低于细胞外液）、Ca^{2+}、Mg^{2+}等，主要的阴离子是HPO_4^{2-}和蛋白质，其次为HCO_3^{-}、Cl^{-}、SO_4^{2-}等。在疾病过程中及时、准确地检测电解质和酸碱平衡状况，对疾病的诊断、预后和治疗具有重要意义。但目前尚无实用方法测定细胞内电解质浓度，因此血浆电解质浓度不能反映细胞内的浓度。

1. 血清钠　血清钠测定推荐的方法为离子选择电极法或火焰光度法，一般情况下可采用焦锑酸钾比浊法。健康犬血清钠参考浓度为141～155mmol/L，猫为143～158mmol/L。当犬血清钠浓度低于120mmol/L或高于170mmol/L，可能表现定向性障碍、共济失调、兴奋不安或昏迷等神经症状，甚至死亡。

【临床意义】

（1）低钠血症　血清Na^{+}<135mmol/L和尿相对密度小于1.01即为低钠血症。见于钠丢失过多（如严重腹泻、呕吐、使用利尿剂、慢性肾衰竭、糖尿病酮血中毒、长期高血脂、肠阻塞、代谢性酸中毒、血清蛋白水平升高以及犬肾上腺皮质机能降低）、日粮缺钠、血浆渗出过多（大面积烧伤，急性大失血）、慢性代谢性低钠（慢性肾病、肝硬化等）、慢性充血性心力衰竭、水中毒。

（2）高钠血症　血清Na^{+}>155mmol/L和尿相对密度大于1.03时即为高钠血症。常见于摄入食盐过多、饮水不足、排尿过多（尿崩、过量使用利尿剂、肾小球浓缩功能不全）、失水过多（发热性疾病、大出汗或甲状腺机能亢进）。

2. 血清钾　医学检验规程推荐血清钾测定用离子选择电极法或火焰光度法，一般情况下可用四苯硼钠直接比浊法。健康犬血清钾范围为3.6～5.6mmol/L，猫为3.2～5.3mmol/L。犬猫血清钾低于2.5mmol/L（肌肉无力）或大于7.5mmol/L（心脏传导紊乱）均非常危险，血钾大于10mmol/L，可引起死亡。

【临床意义】

（1）低钾血症　血清K^{+}<3.5mmol/L时即为低钾血症。主要见于钾摄入不足、钾丢失增多（呕吐、腹泻、代谢性碱中毒、猫慢性肾性衰竭、猫食物诱导低钾血性肾病、尿道阻塞性多尿、不适当性液体治疗、糖尿病或酮酸中毒引起的多尿、透析、呋塞咪和噻嗪利尿药的应用、肾上腺皮质功能亢进）、分布异常（如犬猫用大量的胰岛素或葡萄糖使钾从细胞外液进入细胞内液）。

（2）高钾血症　血清K^{+}≥6.0mmol/L即为高钾血症。主要见于摄入过多（如静脉输入高浓度氯化钾或大量使用青霉素钾)、肾性排钾减少(尿道阻塞、膀胱或输尿管破裂、肾衰竭时无尿或少尿、肾上腺皮质功能降低、某些胃肠疾病、乳糜胸与反复胸腔排液、低肾素血性醛固酮分泌减少、长期过量使用排 Na^+ 保 K^+ 药物)、分布异常(各种严重缺氧、呼吸和代谢性酸中毒、胰岛素分泌减少引起的糖尿病、组织损伤、洋地黄类药物中毒等)、假性高钾血(血小板溶解、白细胞多于 100×10^9/L、红细胞溶解)。

3. **血清氯** 血清氯测定采用硝酸汞滴定法,以二苯胺尿为指示剂。健康犬血清氯范围为 96~122mmol/L,猫为 108~128mmol/L。

【临床意义】

(1) 低氯血症 摄入缺乏、丢失过多(严重呕吐、腹泻,慢性肾上腺皮质功能减退、肾功能衰竭或严重糖尿病,长期应用某些利尿剂)。

(2) 高氯血症 摄入过量食盐、排泄减少(心力衰竭、脱水、肾功能衰竭及尿路阻塞等)。

4. **血清钙** 血清钙有三种形式:离子钙(占 50%),与白蛋白结合的非离子钙(占 40%),与枸橼酸盐、磷酸盐形成的复合物(占 10%),其中只有离子钙才具有生理作用。推荐的血清总钙测定方法有甲基麝香草酚蓝比色法和乙二胺四乙酸二钠滴定法(钙红作指示剂),离子钙测定可用离子选择电极法。健康犬血清钙范围为 2.45~3.0mmol/L(1 岁以内的犬,尤其是大型犬,其血清钙比成年犬多 0.1mmol/L),猫为 2.15~2.70mmol/L(2 岁以内猫血清钙比老龄猫高 0.1mmol/L)。食后检验会增多。

【临床意义】

(1) 低钙血症 犬、猫血清钙<2.20mmol/L(8.8mg/dL),或离子钙<0.88mmol/L(3.5mg/dL),见于低白蛋白血症、摄入减少(低钙或低钙高磷日粮、维生素 D 缺乏、小肠吸收不良)、其他疾病(肾衰竭、犬产后搐搦症、癫痫、甲状旁腺机能减退)。

(2) 高钙血症 犬血清钙>2.85mmol/L(11.4mg/dL),猫>2.85mmol/L(11.4mg/dL),或离子钙>1.25mmol/L,见于高蛋白血症、摄入增多(高钙饲料、维生素 D 过多)和其他疾病(甲状旁腺机能亢进、骨溶性疾病、肾上腺皮质机能减退、骨骼损伤等)。

5. **血清无机磷** 临床血清磷常用测定方法为磷钼蓝比色法。健康犬血清磷范围为 0.80~1.61mmol/L,猫为 1.29~2.26mmol/L。

【临床意义】

(1) 低磷血症 血清无机磷<0.48mmol/L(1.5mg/dL),可见于摄入减少(低磷饲料或钙磷比例不当、维生素 D 缺乏、吸收不良、腹泻或呕吐、碱中毒)、排泄增多(原发性甲状旁腺机能亢进、利尿剂处理)。严重低血磷(<0.32mmol/L 或 0.1mg/dL)可引起红细胞溶解、损伤白细胞吞噬和杀菌能力、血小板机能降低等。

(2) 高磷血症 血清无机磷>2.26mmol/L(7.0mg/dL),可见于摄入增多(高磷饲料、维生素 D 过多)、排泄减少(甲状旁腺机能减退、肾功能不全或衰竭)、其他疾病(骨折愈合期、骨溶性疾病、溶血等)。

(二) 血气与酸碱平衡检测

血气分析与酸碱指标测定在指导呼吸衰竭和酸碱平衡失常诊断治疗方面起关键性作用,是兽医临床上不可缺少的重要指标。血气和酸碱分析的参数包括:血红蛋白(Hb)、酸碱度(pH)、非呼吸性酸中毒(nonrespiration pH,PHNR)、二氧化碳分压(P_{CO_2})、氧分压(P_{O_2})、氧饱和度(S_{O_2})和血红蛋白 50%氧饱和度时氧分压(P50)、二氧化碳总量(T_{CO_2})、实际碳酸氢根(actual bicarbonate,AB)和标准碳酸氢根(standard bicarbonate,SB)、缓冲碱(buffer base,BB)、碱剩余(base excess,BE)、肺泡—动脉氧分压差(A-aD O_2)、阴离子隙(anion gap,AG)等。其中 P_{O_2}、P_{CO_2} 和 pH 是血气分析与酸碱指标测定的 3 个主要项目,目前多使用血气酸碱分析仪测定,现介绍其中常用的几项:

(1) 酸碱度(pH) 健康动物血液 pH 一般在 7.35~7.45。pH>7.45 为碱中毒,pH<7.35 为酸

中毒。在实际临床工作中常扩展到6.8～7.8。pH正常不能排除酸碱平衡失调，而且单凭pH不能区别是代谢性还是呼吸性酸碱平衡失调。犬猫血液pH参考值见表3-1。

表3-1　健康犬猫血液酸碱度、实际碳酸氢根、二氧化碳分压、氧分压参考值

项　目	犬	猫
pH	7.31～7.42	7.24～7.40
Po_2（kPa）	11.33～13.33	10.40～13.32
Pco_2（kPa）	5.07	4.80
AB（mmol/L）	18～24	7～21

（2）二氧化碳分压（Pco_2）　Pco_2是指物理溶解在血浆中的CO_2张力。动脉血Pco_2参考值为4.65～5.98kPa，犬猫参考值见表3-1。Pco_2＜4.65kPa为低碳酸血症，Pco_2＞5.98kPa为高碳酸血症。Pco_2降低表示体内CO_2排除过多，Pco_2升高表示体内CO_2滞留。

（3）氧分压（Po_2）　Po_2是指物理溶解在血浆中的O_2张力。动脉血Po_2参考值为10.64～13.30kPa，犬猫参考值见表3-1。Po_2＜7.31kPa即为呼吸衰竭。

（4）实际碳酸氢盐（AB）和标准碳酸氢盐（SB）　实际碳酸氢盐（AB）是指血浆中实际HCO_3^-含量。标准碳酸氢盐（SB）是指体温37℃时Pco_2在5.32kPa、Hb在100%氧饱和条件下所测出的HCO_3^-含量（排除了呼吸因素的影响）。犬猫AB参考值见表3-1，SB参考值为21.3～24.8mmol/L。代谢性酸中毒时血液中［HCO_3^-］下降，代谢性碱中毒时血液中［HCO_3^-］增加。AB与SB结合在酸碱平衡鉴别诊断上有一定的参考价值。AB与SB均正常，为酸碱平衡正常；AB＝SB＜正常值，为代谢性酸中毒；AB＝SB＞正常值，为代谢性碱中毒；AB＞SB为呼吸性酸中毒；AB＜SB为呼吸性碱中毒。

（5）碱剩余（BE）　碱剩余（BE）指血液pH偏酸或偏碱时，在标准条件下（温度37℃、一个大气压，Pco_2在5.32kPa、Hb完全氧合），用酸或碱将1L血液的pH调到7.40所需加入的酸或碱量，即△BB。BE参考值为－3～＋3mmol/L，均值为0mmol/L。

BE能表示血浆、全血或细胞外液中碱储量增加或减少的量。当△BB为正值时，在BE前加“＋”为碱剩余；当△BB为负值时，在BE前加“－”为碱不足。正值增加为代谢性碱中毒，负值增加为代谢性酸中毒。因此，BE为代谢性酸碱中毒的重要指标。

（6）临床意义　H^+浓度增加（pH下降）者称为酸血症，又可分为：Pco_2上升，呼吸性酸中毒；Pco_2正常，代谢性酸中毒。H^+浓度降低（pH上升）者称为碱血症，又可分为：Pco_2下降，呼吸性碱中毒；Pco_2正常，代谢性碱中毒。有时情况较为复杂称为混合性酸碱平衡障碍，即至少有两种原发性改变，一种呼吸性与另一种代谢性酸碱平衡失调并存。兽医临床上部分酸碱平衡失调的实验室鉴别见表3-2。

表3-2　部分酸碱平衡失调的实验室鉴别

项　目	pH	Pco_2	HCO_3^-	BE	AB	SB	BB	原　因
代谢性酸中毒	↓	↓	↓	—	↓	↓	↓	（1）HCO_3^-丢失 （2）酸在体内积留
代谢性碱中毒	↑	↑	↑	＋	↑	↑	↑	（1）呕吐或胃液过多分泌 （2）内源性或外源性皮质激素过多 （3）严重低钾
呼吸性酸中毒	↓	↑	↑或正常	正常到＋	↑	↑	↑	（1）麻醉 （2）严重肺病

（续）

项目	pH	P_{CO_2}	HCO_3^-	BE	AB	SB	BB	原因
呼吸性碱中毒	↑	↓	↓	正常到—	—	—	—	（1）过度呼吸 （2）疼痛 （3）热性病早期
代谢性酸中毒并发代谢性碱中毒	正常↑↓	正常↑↓	正常↑↓	正常↑↓	正常	正常	正常	（1）呕吐＋腹泻 （2）肾病＋呕吐 （3）呕吐＋脱水
代谢性酸中毒并发呼吸性酸中毒	↓	↑	↓	—	↓	↓	↓	（1）长时间麻醉 （2）先天性或后天性房间孔、动脉导管和静脉导管分流 （3）新生动物
代谢性酸中毒并发呼吸性碱中毒	正常↑↓	↓	↓	—	↓	↓	↓	（1）腹泻＋过度呼吸 （2）肾病＋过度呼吸
代谢性碱中毒并发呼吸性碱中毒	↑	↓	↑	＋	↑	↑	↑	（1）呕吐＋过度呼吸 （2）心衰竭＋血氧降低和使用利尿药
代谢性碱中毒并发呼吸性酸中毒	正常↑↓	↑	↑	＋	↑	↑	↑	（1）胃扩张 （2）呕吐＋麻醉

注：↑表示升高，↓表示降低。

（三）血清酶检测

酶是一种生物催化剂，其化学本质是蛋白质。兽医临床常用的酶类有 20 多种，对疾病的诊断和预后判断起了重要作用，其中血清酶活性的测定是临床生化检验的重要组成部分。

1. 血清转氨酶 丙氨酸氨基转移酶（alanine aminotransferase，ALT）大量存在于灵长类、犬和猫的肝细胞内，肝细胞损伤时可超过正常范围 3 倍以上。横纹肌细胞里也含有此酶，但损伤时 ALT 不会超过正常范围 3 倍。对于犬，此酶半衰期为 60h，猫比犬短些。天门冬氨酸氨基转移酶（aspartate aminotransferase，AST）主要分布于心肌，其次在骨骼肌、肝脏，少量存在于肾、脾、脑和红细胞中。犬 AST 半衰期为 12h，犬和猫 AST 活性相对较低。兽医基层多采用半自动或手工的方法进行测定，手工法推荐赖氏法（也有试剂盒）。犬猫 ALT 正常范围不超过80IU/L，200～400IU/L 可能表示有中等程度肝坏死或肝细胞损伤，400IU/L 以上表示肝脏有严重坏死。健康成年犬 AST 参考值 0～50IU/L，成年猫为 0～48IU/L。

【临床意义】

（1）血清丙氨酸氨基转移酶升高　对犬和猫肝脏疾病的诊断具有重要意义，常见于各型肝炎、肝硬化、胆道疾病和其他原因引起的肝损伤。急性肝炎或类固醇性肝病时，ALT 活性可达 5 000IU/L。

（2）血清天门冬氨酸氨基转移酶升高　可见于骨骼肌、心肌和肝脏等组织损伤，该酶对肝损伤不具有特异性。在揭示结果时，应仔细了解心脏和肌肉是否损伤，并结合肝脏功能其他指标和临床症状综合判断。

2. 血清碱性磷酸酶 血清中碱性磷酸酶（alkaline phosphatase，ALP）大部分来自于肝脏和骨骼，常可作为肝脏疾病的检查指标之一。常用β-甘油磷酸法、磷酸苯二钠法和磷酸对硝基酚法。健康犬参考值范围为 11～100IU/L，猫为 12～65IU/L。犬肝脏和骨骼同工酶的半衰期为 3d，正常猫血清 ALP 活性比犬低，其含量仅为犬的 1/4。因此，有人认为猫此酶活性稍有增多，就有临床意义。

【临床意义】

ALP 升高见于肝胆疾病（如肝细胞损伤、胆道阻塞等）、骨骼疾病（如佝偻病、骨软病、纤维性骨炎、骨损伤及骨折修复愈合期等）、其他疾病（如皮质类固醇过多、新生瘤、钩端螺旋体病等）和药物（如苯巴比妥、迪尼尔丁等）。此外，样品在室温放置12h，可增加5%～30%。

3. 血清γ-谷氨酰转移酶 γ-谷氨酰转移酶（γ-glutamyl transferase，GGT）主要存在于细胞膜和微粒体上，肾脏、肝脏和胰腺含量丰富，也有少量存在于肠。血清中GGT主要来自肝脏。新生幼犬猫的GGT，有时比成年犬、猫高10～20倍。常用α-萘胺重氮试剂显色法。健康犬GGT参考值范围为1.0～9.7IU/L，猫为1.8～12.0IU/L。

【临床意义】

GGT主要用于肝胆疾病的诊断，小动物胆固醇沉积症、肝炎、肝中毒、胆汁淤积或胆管堵塞、胰腺炎、肾脏疾患等均可使GGT升高。犬血清ALT和GGT活性同时升高，表明肝脏有损伤或坏死，同时有胆汁淤积。GGT和ALP活性同时升高，表明肝内或肝外胆管堵塞或损伤，胆汁淤积。

4. 血清肌酸激酶 血清肌酸激酶（creatine kinase，CK）又名肌酸磷酸激酶（creatine phosphatase kinase，CPK），在骨骼肌和心肌中含量最高，其次是脑和平滑肌。CK有3种同工酶：CK_1（CK-BB）存在于脑、前列腺、肺和肠；CK_2（CK-MB）主要存在于心肌，骨骼肌有少量；CK_3（CK-MM）存在于骨骼肌和心肌中。常用酶偶联法、肌酸显色法测定。健康犬CK参考范围为1.15～28.40IU/L，猫为7.2～28.2IU/L。

【临床意义】

血清CK活性增高见于骨骼肌肉疾病（主要是CK-MM增多，犬组织损伤6～12h可达高峰，2～3d后恢复正常）；心肌损伤或坏死（主要是CK-MB增多，伴随AST、LDH增多）；以及大脑皮质炎症或坏死、维生素B_1缺乏。此外，动物剧烈运动、手术等也能引起CK活性升高。

5. 血清乳酸脱氢酶 乳酸脱氢酶（lactate dehydrogenase，LDH）存在于各组织，其中以心肌、骨骼肌、肾脏、肝脏和红细胞等组织中含量较高，组织中酶活力比血清高约1 000倍。LDH存在5种同工酶：LDH_1和LDH_2主要来自心肌、红细胞、白细胞及肾脏等，LDH_3主要存在于肝脏、脾脏、胰腺、白细胞、甲状腺、肾上腺及淋巴结等，LDH_4和LDH_5主要来自肝脏及骨骼肌等。因此，LDH无特异性，常用连续检测法、比色法测定LDH活性。LDH同工酶可用电泳法、层析法、酶化学法和免疫法等方法进行测定。健康犬LDH的参考值为45～233IU/L，猫的为63～273IU/L。

【临床意义】

血清LDH活性升高常见于心肌损伤、骨骼肌变性、损伤及营养不良、肝脏疾病、肾脏疾病、溶血性疾病、恶性肿瘤以及维生素E和硒缺乏。

急性心肌梗塞时血清LDH_1及LDH_2均增加，且$LDH_2/LDH_1<1$；急性肝炎早期LDH_5升高，且常在黄疸出现前升高；阻塞性黄疸时LDH_4与LDH_5均升高，但LDH_4升高较多；心肌炎、溶血性贫血等LDH_1可升高。

6. 血清淀粉酶 淀粉酶（amylase，AMY）为水解酶，主要水解淀粉、糊精和糖原。犬唾液、肝脏不含AMY，胰腺和十二指肠的含量是其他组织的6倍。常用的测定方法是碘—淀粉比色法（Somogyi法）。不同实验室或不同仪器及不同检验方法所得结果不完全相同。健康犬AMY参考值为270～1 462IU/L，猫为371～1 193IU/L。

【临床意义】

（1）血清AMY活性升高 见于胰腺炎（尤其是急性胰腺炎，血清AMY可达3 000～6 000IU/L），另外可见于肾脏疾病、肠黏膜疾病、多种可引起胰腺炎的药物（如肾上腺皮质激素、钙制剂、甲硝唑、磺胺、四环素等）。

（2）血清AMY活性降低 一般无临床意义，有时见于胰腺组织坏死萎缩等，患肝病和甲状腺功能亢进时，也有所增多。

7. 血清谷胱甘肽过氧化物酶 谷胱甘肽过氧化物酶（glutathione peroxidase，GSH-Px）是一种含硒酶，广泛分布于哺乳动物红细胞、肝脏、肺脏、心脏、肾脏、脑及其他组织中。红细胞中GSH-Px

与其他组织中含硒量呈正相关。因此，检验红细胞内的 GSH-Px 活性，就能知道机体缺硒与否。常用 5，5-二硫对二硝基苯甲酸（DTNB）显色法测定。每 100g 血红蛋白中，健康犬参考值为（8 921±237）IU，猫为（12 135±616）IU。

【临床意义】

血清 GSH-Px 活性与血硒水平呈正相关，测定该酶活性有助于判断动物体内的硒状态和抗氧化功能。

8. 血清胆碱酯酶 胆碱酯酶（cholinesterase，ChE）分为两类：一类是真性胆碱酯酶，即乙酰胆碱酯酶（acetylcholinesterase，AchE），用于诊断有机磷农药中毒；另一类是假性胆碱酯酶，即丁酰胆碱酯酶（butyrylcholinesterase，BuChE），用于诊断肝脏疾病。常用比色法测定血清 ChE 的活性。健康犬的 ChE 参考值为 270IU/L，猫为 540IU/L。

【临床意义】

（1）BuChE 活性降低 见于肝实质细胞损害，特别是重症肝炎病例，且程度往往与病情严重程度相关。肝硬化代偿期此酶活性降低。

（2）AchE 活性降低 见于有机磷农药急性中毒初期。急性轻度中毒时全血胆碱酯酶活性一般在 50%～70%，急性中度中毒一般在 30%～50%，急性重度中毒一般小于 30%。

（四）血清其他生化指标检测

1. 血糖 血糖（blood glucose）是指血液中的葡萄糖。一般血糖浓度＞10 mmol/L 时才出现糖尿。检测血糖指标有两个：即空腹血糖和食后 2h 血糖。血糖测定可用葡萄糖氧化酶（GOD）法、己糖激酶（HK）法、邻甲苯胺（O-TB）法，目前常用的是邻甲苯胺法。另外，由于应激可使血糖升高，因此可采用葡萄糖耐量试验（GTT，包括口服葡萄糖耐量试验和静脉注射葡萄糖耐量试验）提高糖代谢异常的确诊率。健康单胃动物禁食后血糖浓度约为 4～5. 5mmol/L。犬猫的血糖参考值见表 3 - 3。

表 3-3 健康犬猫血糖参考值和肾阈值

种 类	血糖参考值		肾阈值	
	mg/dL	mmol/L	mg/dL	mmol/L
犬	60～100	3. 3～5. 5	175～220	9. 5～12. 3
猫	70～135	3. 9～7. 5	288	16

【临床意义】

（1）血糖升高 可见于糖尿病；肾上腺功能亢进；胰腺炎；剧烈运动（灰猎犬在跑步后的血糖水平可升高到 15mmol/L 左右）；应激可使血糖浓度达 15mmol/L；用含糖的液体静脉注射治疗；肾糖阈降低（范尼氏综合征）。

（2）血糖降低 可见于胰岛素过多（如过量使用胰岛素、胰岛素瘤）；饥饿、消化吸收不良；肝脏机能不全；延长血清和红细胞的分离及样品的处理（最好采血后 20～30min 内检验）。

2. 血清胆红素 胆红素（bilirubin，BIL）主要来自衰老破碎的红细胞。另外，骨髓内红细胞前体细胞的破坏及其他组织血红素蛋白（如肌红蛋白）也是其来源。以上胆红素为游离胆红素（free bilirubin），也称非结合胆红素或间接胆红素。非结合胆红素随血流进入肝脏，经代谢生成单葡萄糖醛酸胆红素和双葡萄糖醛酸胆红素，即结合胆红素，也称直接胆红素。胆红素检验对哺乳动物意义较大，临床上主要测定总胆红素和结合胆红素。血清胆红素常用重氮试剂法（如改良 J-D 法、二甲亚砜法等）和氧化酶法测定。健康犬猫的 BIL 参考值见表 3 - 4。

表 3-4 健康犬猫血清胆红素参考值（μmol/L）

动 物	结合胆红素	总胆红素
犬	1.0～2.1	1.7～10.3
猫	2.6～3.4	2.6～5.1

【临床意义】

胆红素测定对区别黄疸的类型具有重要意义。

（1）溶血性黄疸　血清游离胆红素增加，因而血清总胆红素增加，但结合胆红素不增高。

（2）阻塞性黄疸　总胆红素和结合胆红素均增高，而且常出现结合胆红素与总胆红素比值>50%。

（3）肝细胞性黄疸　总胆红素和结合胆红素均增高。

3. **血清胆固醇**　胆固醇（cholesterol，Chol）分游离胆固醇和胆固醇酯。血液中胆固醇主要由肝脏和肾上腺等组织合成，少部分直接从日粮中摄取（10%～20%）。胆固醇酯只能在肝脏合成。血清胆固醇测定方法有高效液相色谱法、酶法、正己烷抽提、L-B 反应显色法、异丙醇抽提、高铁冰醋酸-硫酸显色法等。健康犬猫胆固醇参考值见表 3-5。

表 3-5 健康犬猫血清胆固醇参考值

动 物	mmol/L	mg/dL
犬	3.25～7.80	125～300
猫	1.95～5.20	75～200

【临床意义】

（1）血清总胆固醇浓度升高　见于最近吃了含脂肪的食物（一般不会超过 10mmol/L）；肝或胆管疾病、糖尿病、库兴氏综合征（一般不会超过 15mmol/L）；甲状腺机能减退（可高达 50mmol/L，但 30%甲状腺机能减退动物血浆胆固醇浓度正常）；药物（皮质类固醇类药物、甲硫咪唑等）。

（2）血清总胆固醇浓度降低　见于严重贫血、营养不良、感染及甲状腺机能亢进等。

4. **血清甘油三酯**　甘油三酯（triglyceride，TG）由肝脏、脂肪组织和小肠合成，直接参与胆固醇和胆固醇酯的合成，为细胞提供能量和贮存能量。当血浆中有乳白色悬浮物时就可怀疑为血浆甘油三酯水平升高。常用化学法和酶法测定。健康犬猫血清甘油三酯参考值见表 3-6。

表 3-6 健康犬猫血清甘油三酯参考值

动 物	mmol/L	mg/dL
犬	0.11～1.65	10～150
猫	0.55～1.10	5～100

【临床意义】

（1）血清甘油三酯升高　见于高脂饮食或长期饥饿、原发性高脂血症、肥胖症（如猫肥胖症、猫肢端肥大症）、糖尿病、脂肪肝、肾病综合征、犬急性胰腺炎、犬肝脏疾病。

（2）血清甘油三酯降低　见于甲状腺机能亢进、肾上腺皮质功能减退、严重肝功能衰竭、营养不良等。

5. **胆汁酸**　胆汁酸具有许多功能，它们能促进脂肪的吸收（在胃肠系统中形成脂粒）；通过胆汁酸合成来调节胆固醇水平，胆汁酸通过“肠肝循环”在肠壁重吸收，返回到肝脏。90%～95%胆汁酸在肠壁吸收，其余 5%～10%由粪便排出。

【临床意义】

餐后血清胆汁酸浓度高于禁食胆汁酸浓度。任何损伤肝细胞、胆道、胆汁酸肠肝循环的病变都会导致血清胆汁酸浓度升高。通常暗示先天性门体分流、慢性肝炎、肝硬化、胆汁淤积或肿瘤。

6. **血清肌酐** 血清肌酐（creatinine，Cr）浓度可作为肾小球过滤受损的指标，其敏感性较尿素氮好。主要有化学法（Jaffe 法）、酶法、高效液相层析法和毛细血管电泳法等。健康犬猫的 Cr 参考值见表 3-8。

【临床意义】

血清 Cr 升高可见于肾前性肌酐增多（如急性肌炎、严重肌肉损伤等），但增多一般不明显，以及肾脏严重损伤（肾单位损伤超过 50%～70%时）和肾后性肌酐增多（如尿道阻塞、膀胱破裂）。

区别肾前性和肾性肌酐增多还要检验尿相对密度。肾前性少尿（如心力衰竭、脱水）血清 Cr 一般 ＜200μmol/L；实质性肾衰竭时血清 Cr＞200μmol/L，尿素氮浓度增加，尿相对密度为 1.008～1.029，确诊还需做血液和生化项目，如钠、钾、钙、磷、蛋白质等检验。

7. **血清尿素** 在正常情况下，所有的尿素通过肾小球进入肾小管。约一半的尿素由肾小管重吸收，其余的由尿排出体外。尿素（urea）主要由尿液排出体外，其浓度在一定程度上可反映肾小球滤过功能（只有肾小球滤过功能下降到正常的 1/2 以上时，血清尿素氮浓度才会升高）。血清尿素测定目前仍然是肾功能检查的主要项目之一。常用的测定方法有二乙酰—肟显色法、脲酶法等。健康犬猫的尿素参考值见表 3-8。

【临床意义】

血液尿素增高最常见为肾脏因素，可分为肾前性、肾性及肾后性三个方面，各自特点鉴别见表3-7。

表 3-7 犬猫肾前性、肾性和肾后性氮质血症特点的鉴别

类别	特点
肾前性氮质血症	犬尿相对密度＞1.013，猫尿相对密度＞1.035。尿蛋白增多，也可能由于原发性肾小球病，尿沉渣有轻微变化，但仍然能浓缩尿液
肾性氮质血症	犬尿相对密度为 1.008～1.030，猫尿相对密度为 1.008～1.035。猫肾脏衰竭早期，有的尿相对密度仍＞1.035。但是犬肾脏衰竭，其尿相对密度为 1.006～1.007。发病可能出现多尿、少尿或无尿
肾后性氮质血症	犬猫尿道堵塞不能排尿，或由于尿道、输尿管或肾盂堵塞，尿液排入了腹腔。尿相对密度变化不定

（1）肾前性　主要见于脱水（尿素升高，但 Cr 升高不明显）和肾前性氮血质（犬尿相对密度＞1.013，猫＞1.035）。

（2）肾性　见于急性肾衰竭肾小球滤过率下降至 50%以下、慢性肾衰竭，尤其是尿毒症时尿素增高的程度一般与病情严重性一致。

（3）肾后性　因尿道狭窄、尿路结石、膀胱肿瘤等致使尿道受压。

8. **血清尿酸** 尿酸（uric acid）是嘌呤核苷酸分解代谢的产物，主要用于评价鸟类及爬行类动物的肾脏功能。血清尿酸常用磷钨酸还原法、尿酸酶法、色谱法等测定。健康犬猫的血清尿酸参考值见表 3-8，而大麦町犬的参考值为大多数犬的 2～4 倍。

表 3-8 健康犬猫肾功能测定参考值

项目	犬	猫
肌酐（μmol/L）	44～138	49～165
尿素（mmol/L）	1.8～10.0	5.0～11.5
尿酸（mg/dL）	2.0～7.0	2.5～7.7

【临床意义】

(1) 尿酸增多　原发性尿酸增多常见于原发性痛风、犬尿酸盐尿结石、大量采食含嘌呤高的食物(如动物内脏、海鲜和各种肉汤)；继发性见于多种急性或慢性肾脏疾病和肾脏衰竭、慢性肝病、中毒、甲状腺机能减退、组织损伤、糖尿病、长期禁食等。

(2) 尿酸减少　见于恶性贫血、使用阿司匹林和噻嗪类利尿剂、先天性黄嘌呤氧化酶缺乏。

二、尿液化学检查

(一) 尿 pH

正常犬猫尿的 pH 范围是 5.5～7.5，受饮食种类影响；另外采尿后应立即送检，时间长了尿液会碱化。测定方法有指示剂法、pH 试纸法或 pH 计法。

【临床意义】

(1) 酸性尿　酸中毒（严重腹泻、糖尿病、原发性肾衰竭和尿毒症、严重呕吐后的“反酸尿”)；酸性药物（氯化铵、酸性磷酸钠、氯化钙、氯化钠以及口服蛋氨酸、胱氨酸及利尿药呋噻咪等）和大肠杆菌感染。

(2) 碱性尿　碱中毒（呕吐、膀胱炎)；碱性药物（碳酸氢钠、乳酸钠、柠檬酸钠或柠檬酸钾及利尿药氯噻嗪等)；尿液保持时间过长和尿道感染（葡萄球菌、变形杆菌等能够产生脲酶的细菌感染)。

(二) 尿蛋白 (Proteinuria)

正常尿液中蛋白质少于 15mg/dL，检查呈阴性。正常尿液浓稠、相对密度大时，尿蛋白可达 20～30mg/dL 乃至 100mg/dL（极度浓稠)，不能说明是病理性蛋白尿。尿液相对密度小，含蛋白多的可能为病理性尿蛋白。测定方法有硝酸法、磺柳酸法、快速离心定量法。

【临床意义】

(1) 生理性或机能性蛋白尿　一般为暂时性。见于癫痫、母畜发情、发热或受寒、初生幼畜吃初乳过多。

(2) 病理性蛋白尿　见于肾前性（多发性骨髓瘤、恶性肿瘤、巨球蛋白血症、血红蛋白尿、肌红蛋白尿、充血性心脏病等)；肾性（发热、心脏病、中枢神经系统疾病和休克等增加了肾小球通透性，肾小管疾患，肾源性血液或渗出液)；肾后性（如肾后尿道损伤引起明显的血尿或炎性渗出物)；非尿道系统引起的蛋白尿（如生殖道的血液和渗出物，细菌性心内膜炎、犬恶丝虫微丝蚴、肝脏疾病等引起的被动慢性肾充血，尿液碱性等)。

(三) 尿葡萄糖 (Urine glucose)

一般检查阴性，当动物高度兴奋或摄入过量葡萄糖、果糖及碳水化合物，血糖水平超过肾阈值时，尿液中可出现葡萄糖，称为糖尿 (glucosuria)。

【临床意义】

(1) 高血糖性糖尿　见于糖尿病，犬、猫严重出血性膀胱炎，急性胰腺炎或胰腺坏死，猫输尿管堵塞，肾上腺皮质功能亢进或应激，垂体前叶机能亢进或丘脑下部损伤，肿瘤等引起脑内压增加，甲状腺机能亢进，慢性肝脏疾病，高血糖素病以及静脉输入过量葡萄糖等。

(2) 正常血糖性糖尿　见于原发肾性糖尿、先天性肾性疾病、急性肾衰竭、范尼氏综合征等。

(3) 假阳性葡萄糖反应　给予抗生素（链霉素、四环素、青霉素、头孢霉素等)、还原糖类（乳糖、果糖、麦芽糖、半乳糖等）和其他药物（吗啡、阿司匹林、水合氯醛、类固醇等)。

(四) 尿酮体 (Ketone bodies)

酮体包括丙酮、乙酰乙酸和 β-羟丁酸，一般化学试剂无法检出正常动物尿酮体。尿中出现多量酮体称为酮尿（ketonuria），见于犬、猫糖尿病、持续性高热、酸中毒、肝损伤、内分泌紊乱（垂体前叶或肾上腺皮质机能亢进、过量雌性激素等）。

（五）血尿（Hematuria）

尿中含有多量红细胞（RBC）、血红蛋白（HGB）或肌红蛋白（Mb）时，用尿试纸条检测均呈血尿阳性反应，应注意区分。肌红蛋白能溶于0.8饱和度的硫酸铵溶液，而血红蛋白不能，因而可鉴别。

【临床意义】

（1）血尿　尿液中含有完整红细胞。多见于泌尿系统各部位的出血（如肾炎、肾盂肾炎、膀胱炎、尿结石等），另外可见于全身出血性疾病（出血性败血病、弥散性血管内凝血、血友病、低血小板症、犬传染性肝炎、钩端螺旋体病等）。

（2）血红蛋白尿　可见于产后血红蛋白尿、钩端螺旋体病，巴贝斯虫病，磷缺乏症，弥散性血管内溶血、犬猫的遗传性溶血、静脉输入低渗溶液或不相配输血、蛇咬伤，化学溶血剂（砷、磺胺、水银等），溶血性植物（洋葱、大葱、甘蓝、秋水仙等），引起溶血的药物（如猫的乙酰氨基酚或非那西丁中毒）。

（3）肌红蛋白尿　见于严重肌肉损伤、休克、毒蛇咬伤及心肌损伤；此外，一氧化碳中毒、糖尿病，以及硒和维生素E缺乏症等亦可见肌红蛋白尿。

（六）尿胆红素（Bilirubinuria）

健康动物尿中不含胆红素，犬尿中含有微量胆红素，微量胆红素阳性率公犬为77.3%，母犬为22.7%。定性检查常用氧化法和重氮反应，定量检测可用血清总胆红素定量方法测定。

【临床意义】

病理性尿胆红素见于溶血性黄疸（如巴贝斯虫病、自身免疫性溶血、猫传染性腹膜炎、猫白血病等）；肝细胞损伤（如犬传染性肝炎、肝坏死、钩端螺旋体病、肝硬化、犬磷中毒等）；胆管阻塞（如胆结石、胆道瘤或寄生虫等）；高烧或饥饿有时也会有轻度胆红素尿。

（七）尿胆素原（Urobilinogen）

正常动物尿液中含有少量尿胆素原，但试剂条法检测为阴性。尿胆素原随尿排出后很快被氧化成尿胆素，因此采集尿液后应立即检测。定性检测常用埃利希氏法，定量可用光电比色法。

【临床意义】

（1）尿胆素原增加　见于溶血性疾病及肝实质性疾病（如急性或慢性肝炎）。

（2）尿胆素原减少　见于阻塞性黄疸、腹泻、口服抗生素药物（抑制或杀死肠道细菌）等。

（八）尿肌酐（Urine creatinine）

健康犬的尿肌酐参考值为30～80mg/（kg·d），猫为12～20mg/（kg·d）。

【临床意义】

（1）尿肌酐增多　见于剧烈运动后、饥饿、急性或慢性消耗性疾病、高热。

（2）尿肌酐减少　见于肾脏衰竭、贫血、肌萎缩或白血病。

（九）尿蛋白/尿肌酐比值（UPC ratio）

健康犬UPC比值小于0.5，猫小于0.4。

【临床意义】

当UPC大于正常值，且确定尿蛋白是肾性的，可诊断为肾病；如果UPC增大，但血清BUN和

CRE 中一项变化不大则难确定为肾病。UPC 值可用于诊断早期肾病，检测肾病过程和严重性，评估肾病治疗效果及更好地评估肾病的发展和预后。

三、粪便化学检查

（一）粪便潜血试验（Fecal occult blood test）

粪便中混有肉眼不能直接察觉的少量血液叫做潜血。整个消化道不论哪一部分出血，都可使粪便含有潜血。因此，粪便潜血检验对消化道少量出血具有重要诊断价值。

【临床意义】

（1）潜血试验阳性　见于胃肠道各种炎症或出血、溃疡、钩虫病及消化道恶性肿瘤等。

（2）潜血试验假阳性　见于采食动物血液、各种肉类、铁剂及大量未煮熟的绿色植物。因此采食肉类的动物，应素食 3 d 后检验；采食未煮熟植物的动物，其粪便应加入蒸馏水，煮沸破坏植物中过氧化氢酶后再检验。

（3）潜血试验假阴性　如摄入大量维生素 C。

（二）粪便胰蛋白酶试验（Fecal proteases test）

正常犬、猫粪便中均含有胰蛋白酶。检查阳性表示消化功能正常，检查阴性表示胰腺外分泌功能不足、胰管堵塞、肠道疾病或肠激酶缺乏。

检验常采用的方法为胶片法或明胶试管法：向试管内加入 5%的碳酸氢钠溶液 9mL，加 1～2g 新鲜粪便后混匀；剪取曝过光未冲洗的 X 线片一条，放入试管；置 37℃ 50min 左右（或室温 1～2h）；取出后用水冲洗；X 线片变得透明为阳性，X 线片未变化的为阴性。

第二节　细胞学和血液学样品的采集和提交

Collection and Submission of Samples for Cytologic and Hematologic Studies

一、细胞学样品的采集和提交

细胞学样品分析适用于体液检查（如脑脊液、腹腔液、胸腔液和关节液），黏膜表面（如气管、阴道）及分泌物内（如精液、前列腺液和乳汁）的细胞。细胞采集和提交过程中必须使用合理的采集、制备和染色技术，以获得高质量的细胞样品。

（一）细胞学样品的采集

1. **刮片法**　适用于尸体剖检、手术切除组织或活体动物外部病变的组织采样。刮片前先清洗病变部位，并吸干表面液体，手持手术刀片，使刀片垂直于病变部，朝向自己刮取数次。将刀片上收集的物质置载玻片中间，然后将样品展平。

2. **压印法**　适用情形与刮片法相似。收集手术切除或尸检切除的组织样品时，应先用干净的吸水纸吸干表面血液和组织液。如果采样不及时，则应先用刀片刮出新鲜创面，再吸干，然后按压制片。收集表面病变时一般采用 Tzanck 法：操作前准备 4～6 张干净的载玻片；在清洗病变部位之前用一张载玻片按压（标记为 1 号片）；用无菌生理盐水湿润的纱布清洗病变部位，用另一张载玻片按压（标记为 2 号片）；再次清创并压片（标记为 3 号片）；若病变处有结痂，则用玻片按压结痂的内面（标记为 4 号片）。

3. **细针活检法**　可用于采集肿块（如淋巴结、结节性病变）及内脏器官的样品，也可用于皮肤病变。分为细针抽吸活检和无抽吸细针活检（又称毛细技术或穿刺技术）。前者主要是将带有注射器的针头刺入肿块中心，通过抽拉注射器栓，造成强力的负压；而后者采样时针头不接注射器或连接一个不带注射器栓的空针筒，通过针头在肿块内沿同一通道迅速前后移动5～6次的切割和毛细作用采集细胞。注意在肿块内应多处取样。收集后将针头中的样品推至干净的载玻片上，风干后染色镜检。

4. **组织活检** 是指用一块组织样品进行细胞学和（或）组织病理学检查。用于组织病理学检查的样品通常用10%福尔马林固定。许多器官或组织，如肝脏、肺脏、肾脏、脾脏、淋巴结、皮肤、前列腺、甲状腺或肿块（肿瘤）均可进行活组织检查。活组织检查技术包括刀片刮片、针抽吸和切除，切除又分为钻取活检和内窥镜引导的活检。

5. **穿刺术** 是指将针头刺入体腔或器官，从中吸取液体。小动物主要用于从腹腔和胸腔内采集液体。另外还用于膀胱穿刺、脊柱周围、关节内、脑脊液、眼房水及玻璃体液采集。

6. **拭子法** 当不能进行刮、按压和抽吸时，常选用棉签涂抹，如鼻腔、口腔、阴道等样品的收集。使用湿润、无菌的棉签涂抹采样部位，采集后将棉签沿载玻片轻轻滚动，但不要在玻片上来回摩擦，防止细胞被过度破坏。

7. **气管/支气管冲洗** 进行气管冲洗需要对动物麻醉。插管可以通过口腔、鼻腔或皮肤与气管通路穿刺采样。当采集的样品含少量黏液（相应的细胞含量少），应低速离心后将沉淀物制片；如果采集的样品含有多量黏液（常伴有多量细胞），可以直接制片。

（二）细胞的浓集技术

如果用于细胞学制片的液体内含有的细胞数量少于500个/μL，必须进行细胞的浓集。常采用的方法有低速离心法、重力沉淀法、薄膜过滤法以及细胞离心机法等。

（三）细胞的固定和染色

对于细胞学样品固定效果较好的试剂是95%的甲醇。用于细胞学制片的染色液有多种，最常见的染色类型是罗曼诺夫斯基染色法（瑞氏染色、姬姆萨染色和Diff-Quik染色）、新亚甲蓝染色法、巴氏染色法及其衍生方法（如撒诺氏三色染色法）。其中罗曼诺夫斯基染色法效果更好、更实用。

（四）细胞制片的提交

在本实验室不能分析的情况下，应送细胞学专家鉴定。送检前先与将要送检的专家取得联系，讨论采取何种方式处理细胞学涂片（如涂片数量、是否固定或染色）。如果可能送检2～3张风干而未染色的涂片及2～3张罗曼诺夫斯基染色涂片，涂片要用防酒精的笔或其他持久的方法标记。如果使用巴氏染色法，要提交几张湿固定的涂片。

液体样品应立即制作涂片，提交直接制片和浓缩制片。同时还应提交液体样品（分别装于EDTA管和无菌血清管）。

载玻片邮寄时需保护好。应在载玻片周围填塞泡沫塑料或聚苯乙烯等填充物质，或者用塑料载玻片盒或小药瓶等盛装，防止玻片破碎。

未固定的涂片不能与含有福尔马林的样品一起邮寄，且应做防湿保护。

二、血液学样品的采集和提交

（一）血液学样品的采集

供检验用的血液样品，一般采集静脉血。根据检测项目的方法和对标本的要求不同，临床检验采用的血液标本分为全血、血清和血浆。全血主要用于血细胞成分的检查，血清和血浆则用于大部分临床化学检查和免疫学检查。犬和猫采血常用部位有隐静脉、前臂头静脉和耳静脉。

（二）血液的抗凝

采集全血或血浆样品时，在采血前应在采血管中加入抗凝剂，制备抗凝管。如用注射器采血，应在采血前先用抗凝剂湿润注射器。常用的抗凝剂有：

（1）草酸盐　草酸盐与血液中钙离子结合形成不溶性草酸钙而起抗凝作用。1mL 血液用 2mg 草酸盐即可抗凝。临床上一般用草酸盐合剂，配方为草酸钾 0.8mg、草酸铵 1.2mg，加蒸馏水 100mL 溶解，取此液 0.5mL 加入试管或玻瓶中，可抗凝 5mL 血液。此抗凝剂能保持红细胞的体积不变（草酸铵使红细胞膨胀，草酸钾使红细胞皱缩），适用于红细胞比容测定等。因草酸盐可影响白细胞形态，并可引起血小板聚集，因此不适用于白细胞分类计数和血小板计数，也不适用于非蛋白氮、血氨等含氮物质和钾、钠、钙的测定。

（2）枸橼酸钠　枸橼酸钠与血液中钙离子形成非离子化的可溶性钙化合物而起抗凝作用，5mg 可抗凝 1mL 血液。使用时配成 3.8%溶液，0.5mL 可抗凝 5mL 全血。主要用于红细胞沉降率的测定、凝血因子和血小板功能检查、输血，一般不作为生化检验的抗凝剂。

（3）乙二胺四乙酸盐（EDTA-Na_2，EDTA-K_2）　乙二胺四乙酸盐与钙离子形成 EDTA-Ca 螯合物而起抗凝作用。常配成 10%溶液，取此液 2 滴加入试管或玻瓶中，置 50～60℃干燥箱中烘干备用，可抗凝 5mL 血液。该抗凝剂对血细胞形态影响很小，常用于一般血液学检验，但不适于凝血象及血小板功能检查。

（4）肝素钠　肝素钠主要是抑制凝血酶原转化为凝血酶，使纤维蛋白原不能转化为纤维蛋白。常配成 1%溶液，加入试管或玻瓶后在 37℃左右烘干备用，0.1～0.2mg 或 20IU（1mg 相当于 126IU）可抗凝 1mL 血液。适用于大多数血液生化分析和红细胞比容测定，不适于白细胞和血小板计数、血涂片检查以及凝血象检查。

（5）氟化钠　氟化钠为弱抗凝剂，6～10mg 可以抗凝 1mL 血液。因其可抑制糖分解，因而是血液葡萄糖测定的良好抗凝剂。

（三）血样的处理及提交

如分离血清，应将全血采集在试管中（不加抗凝剂），室温下或 25～27℃温水中斜置，血清析出后，用细竹棒轻轻将血凝块与管壁分离，3 000 转/min 离心 10min（不能有溶血）。如分离血浆，应选用合适的抗凝剂制备抗凝血后离心分离。血液采集后应尽快送检和检测。不能立即送检的血片应固定，抗凝血、血浆和血清应冷藏。送检血样应编号，并避免剧烈震摇。血液学检查项目与血样保存的期限见表 3-9。

表 3-9　血液学检查项目与采血后可保存的时间

检查项目	保存时间（h）	检查项目	保存时间（h）
白细胞计数	2～3	血红蛋白含量	48
红细胞计数	24	红细胞比容	24
血小板计数	1	红细胞沉降速率	2～3
网织红细胞计数	2～3	白细胞分类计数	1～2

第三节　红细胞系变化

Alterations in the Erythron

红细胞（red blood cell，erythrocyte）起源于骨髓中的多功能造血干细胞（pluripotential hemopoietic stem cell)，经过原始红细胞、早幼红细胞、中幼红细胞和幼红细胞，最终发育为成熟红细胞。不同种类动物红细胞的存活时间存在很大差异，犬红细胞的平均寿命为100～120d，猫的为66～78d。红细胞寿命长的动物，正常情况下外周血液中查不到网织红细胞；红细胞寿命短的动物，外周血液中可查到网织红细胞，如猫外周血网织红细胞可达0.5%～1%。

一、红细胞计数和血红蛋白含量的测定

红细胞计数（red blood cell count，RBC）是指计算每升血液内所含红细胞的数目。传统的测定方法有显微镜计数、血沉管计数法、光比色法、血细胞电子计数器计数法等。血红蛋白（hemoglobin，Hb）测定通常是指测定血液中各种血红蛋白的总浓度，用g/L表示。测定Hb的方法有氰化高铁蛋白法、血氧法、比重法、目视比色法（沙利氏比色法）、试纸法等，其中氰化高铁蛋白法比较准确。目前兽医临床上常采用兽医专用血细胞分析仪检测。健康犬、猫RBC和Hb含量参考值见表3-10。

表3-10 健康犬猫红细胞数、血红蛋白含量和红细胞比容参考值

动 物	RBC (10^{12}/L)	Hb (g/L)	PCV (L/L)
犬	6.57±0.34	133.6±13.5	0.54±0.03
猫	8.71±0.50	115.5±13.6	0.41±0.01

【临床意义】

通常情况下，单位容积血液中红细胞数与血红蛋白量的数值呈相对平行的关系，两者意义大致相同。但对于某些贫血（如低色素性贫血），血红蛋白降低较红细胞明显。因此，同时测定红细胞数和血红蛋白含量对诊断更有意义。

（1）红细胞数和血红蛋白增多　见于相对性增多（血浆中水分丢失，血液浓缩，如严重呕吐、腹泻、大量出汗、急性胃肠炎、真胃阻塞、渗出性胸膜炎、渗出性腹膜炎、大面积烧伤等）和绝对性增多（如原发性红细胞增多和心肺疾病引起的代偿性红细胞增多）。

（2）红细胞数和血红蛋白量减少　见于各种原因的贫血（失血性贫血、溶血性贫血、营养性贫血及再生障碍性贫血）。

（3）血色指数　可帮助鉴别高色素性贫血和低色素性贫血。计算公式如下：

血色指数＝［被检动物血红蛋白量（g/L）/健康动物平均血红蛋白量（g/L)］:［被检动物红细胞数（个/L）/健康动物平均红细胞数（个/L)］

正常血色指数平均为0.8～1.2。当血色指数＞1.2时为高色素性贫血，见于钩端螺旋体病、犬自体免疫性溶血性贫血等疾病。当血色指数＜0.8时为低色素性贫血，见于失血性贫血。

二、红细胞比容的测定

红细胞比容（hematocrit，HCT）又称红细胞压积（packed cell volume，PCV），是指红细胞在血液中所占容积的比值。测定时将抗凝血经一定速度和时间离心沉淀，即可测得每升血液中红细胞所占容积的比值（L/L）。红细胞压积主要与血液中红细胞的数量及其大小有关。常用来帮助诊断贫血并判断其程度，也可用于红细胞各项平均值的计算，有助于对贫血进行形态学分类。在兽医临床上PCV还作为判断机体脱水程度的指标，作为补液量的参考。测定的方法有相对密度测定法、折射计法、放射性核素法、血细胞分析仪法、温氏法和毛细血管高速离心法等。兽医临床上多采用温氏法，目前常采用兽医专用血细胞分析仪检测。健康动物的红细胞比容参考值见表3-10。

【临床意义】

（1）红细胞比容增高　见于红细胞相对性增多（各种原因引起的血液浓缩，如急性胃肠炎、渗出性胸膜炎和腹膜炎，以及某些传染病和发热性疾病）和红细胞绝对性增多（如真性红细胞增多症、肺动脉

狭窄、高铁血红蛋白血症等)。

(2) 红细胞比容降低　见于各种贫血，但降低的程度并不一定与红细胞数一致，因为贫血有小细胞贫血、大细胞贫血及正细胞贫血之分，必须将红细胞数、血红蛋白含量及红细胞比容三者结合，计算红细胞各项平均值才有参考意义。

(3) 血浆层颜色变化　离心过程中，红细胞沉入管底，呈暗红色。紧贴红细胞层上的灰白色层叫淡黄层，含白细胞和血小板。位于管顶部的是血浆层，呈黄色清亮液体。正常的血浆清亮，呈淡稻草黄色。血浆混浊即为高脂血。血浆层淡红色为溶血，与样品处理不当或溶血性疾病有关。血浆呈深黄色称为黄疸，见于溶血性疾病和肝脏疾病。

三、红细胞指数的测定

测定红细胞数、血红蛋白含量及红细胞比容后可计算出红细胞指数（erythrocyte indices），便于鉴别贫血的类型。红细胞指数包括平均红细胞体积（mean corpuscular volume，MCV）、平均红细胞血红蛋白量（mean corpuscular hemoglobin，MCH）、平均红细胞血红蛋白浓度（mean corpuscular hemoglobin concentration，MCHC）。健康犬猫红细胞指数参考值见表 3-11。

表 3-11　健康犬猫红细胞指数参考值

动　物	MCH (pg)	MCV (fL)	MCHC (g/L)
犬	15.0～29.0	50.0～88.0	230～420
猫	13.0～17.0	49.0～59.0	240～300

(1) 平均红细胞体积　是指每个红细胞的平均体积，以飞升为单位（$1L=10^{15}fL$）。计算公式为：

$$MCV\ (fL) = PCV\ (L/L) \div RBC\ (个/L) \times 10^{15}$$

(2) 平均红细胞血红蛋白　是指每个红细胞内所含血红蛋白的平均量，以皮克为单位（$1g=10^{12}pg$）。计算公式为：

$$MCH\ (pg) = Hb\ (g/L) \div RBC\ (个/L) \times 10^{12}$$

(3) 平均红细胞血红蛋白浓度　是指平均每升红细胞中所含血红蛋白浓度，以 g/L 表示。计算公式为：

$$MCHC\ (g/L) = Hb\ (g/L) \div PCV\ (L/L)$$

【临床意义】

根据红细胞指数鉴别贫血类型（表 3-12）。

表 3-12　根据红细胞大小和血红蛋白浓度分类的贫血类型鉴别

贫血分类	正红细胞性贫血	大红细胞性贫血	单纯小红细胞性贫血	小红细胞低色素性贫血
MCV	正常	>正常	<正常	<正常
MCH	正常	>正常	<正常	<正常
MCHC	正常或减少	正常或减少	正常	<正常
病因	急性出血、急性溶血、再生障碍、骨髓疾病所致的贫血	缺乏维生素 B_{12}、叶酸、钴及甲状腺机能下降致巨红细胞性贫血	尿毒症、慢性炎症、严重肿瘤	缺铁、铜、维生素 B_6、铅中毒、钼中毒等

四、红细胞沉降率的测定

红细胞沉降率（erythrocyte sedimentation rate，ESR，简称血沉）是指在室温下观察抗凝血中红细胞在一定时间下沉的毫米数。正常情况下，血沉缓慢。测定血沉的方法有魏氏法、温氏法、倾斜法和微量法等，兽医临床上常用魏氏（Westergren）法。为加速沉降和便于观察，可将血沉管架倾斜60°放置。血沉检查广泛应用在犬血液检查，猫用得较少。健康犬30min为1mm，60min为2mm。

【临床意义】

（1）血沉加快　常见于血浆球蛋白相对或绝对升高（急性全身性感染、炎症性疾病、肾小球肾炎致白蛋白丢失）和各种贫血性疾病等。随着疾病的好转，血沉逐渐变慢，恢复正常。

（2）血沉减慢　常见于机体严重的脱水（大出汗、腹泻、呕吐、多尿）、胃扩张、肠阻塞、急性胃肠炎、发热性疾病、酸中毒等。

五、红细胞形态学检查

（一）红细胞正常形态

（1）犬红细胞较大，出生时直径可达10μm，6月龄为6.9～7.3μm，成年犬为6.0～7.0μm，大小基本相同。染色可见细胞中心淡染，呈凹陷的圆盘状。有时可见网织红细胞、晚幼红细胞、钱串状红细胞、靶形红细胞和皱缩红细胞。

（2）猫红细胞初生时大，以后逐渐变为直径5.4～6.5μm，个体大小稍不同。染色后细胞中心有很轻的淡染。有时可见网织红细胞、晚幼红细胞、钱串状红细胞、皱缩红细胞。另外有些红细胞中可见豪—若氏小体（1%）或海恩茨小体（10%）。

（二）异常红细胞

1. 网织红细胞计数　用新亚甲蓝进行活体染色，网织红细胞（reticulocyte）胞浆中残存的核糖核酸等嗜碱性物质被聚集沉淀染色，呈蓝色细颗粒状，颗粒间又有细丝状联缀而构成网状结构。网织红细胞计数主要有显微镜直接计数法和血细胞分析仪法。健康犬参考值为0.8%（0%～1.5%），猫为0.6%（0.2%～1%）。

（1）网织红细胞增多　说明骨髓造血功能亢进。见于急性失血性贫血、溶血性贫血。缺铁性贫血使用铁制剂后网织红细胞增加，说明治疗有效。

（2）网织红细胞减少　表明骨髓造血功能降低，见于再生障碍性贫血。

2. 红细胞大小异常

（1）大红细胞（Macrocytes）　大红细胞个体比正常红细胞大，直径8～10μm，正常见于小型贵妇犬血涂片上。巨红细胞性贫血，红细胞直径11μm以上；当直径＞15μm时为超巨红细胞。病理性大红细胞常见于急性失血性贫血、溶血性贫血、叶酸或维生素B_{12}缺乏、猫白血病毒和免疫缺乏病毒感染、铅中毒、慢性感染以及库兴氏综合征等。

（2）小红细胞（Microcytes）　小红细胞个体比正常红细胞小，直径2～3μm，分为正色素性小红细胞和低色素性小红细胞。有时正常秋田犬和柴犬血液中也可见。病理性低色素性小红细胞见于铁、铜和维生素B_6的缺乏，慢性失血性贫血；正色素性小红细胞见于慢性肝衰竭、先天性静脉导管未闭，后天性门静脉系统短路。

（3）红细胞大小不均　直径可相差1倍以上。表明骨髓中红细胞系增生明显，见于溶血性贫血、失血性贫血和低色素性贫血。

3. 红细胞形态异常

（1）星形红细胞（Burr cell）　红细胞边缘皱缩，呈不规则的星芒状或钝齿状突起。见于酒糟中毒性肝脏疾病、铅中毒、尿毒症等。制作血液涂片未及时干燥，或者红细胞处于高渗溶液时亦可见。

（2）球形红细胞（Spherocyte）　红细胞呈圆球形，体积不足正常红细胞的2/3，着色深，中央淡染色区消失。一般见于溶血性贫血、脾机能亢进、细菌毒素作用等。

（3）椭圆形红细胞（Elliptocyte） 红细胞呈现椭圆形，见于大红细胞性贫血、猫脂肪肝病、肾炎、犬遗传性椭圆形红细胞增多症。

（4）镰形红细胞（Sickle cell） 红细胞呈镰刀状或半月状。

（5）口形红细胞（Stomatocyte） 红细胞中央淡染色区呈鱼口状。见于酒糟中毒和弥散性血管内凝血。

（6）靶形红细胞（Target cell） 红细胞中心部分染色深，而其周围变淡，边缘又变深，状似射击的靶。见于缺铁性贫血、阻塞性黄疸、犬造血机能加强以及血片干燥太慢等。

（7）泪滴形红细胞（Teardrop cell） 红细胞呈泪滴状或蝌蚪状，见于溶血性贫血。

4. 红细胞着色异常

（1）低染色性红细胞（Hypochromic erythrocyte） 红细胞着色很浅，中央淡染区扩大或仅周边着色而呈环状。见于缺铁性贫血、出血性贫血。

（2）浓染色性红细胞（Hyperchromic erythrocyte） 红细胞着色深，淡染区消失，见于溶血性贫血。

（3）多染性红细胞（Polychromatic erythrocyte） 红细胞呈淡蓝色、淡紫灰色、淡紫色，体积较正常红细胞稍大，是一种未完全成熟的红细胞。是红细胞再生能力强的表现，见于出血性贫血和溶血性贫血。

5. 红细胞结构异常

（1）点彩红细胞（Basophilic stippling erythrocyte） 瑞氏染色的血液涂片中，红细胞浆内含有大小不等的圆形或三角形蓝黑色小点。见于铅、汞、铋等重金属中毒，是诊断铅中毒的重要指标之一。硝基苯、苯胺等中毒时点彩红细胞亦增多。

（2）卡伯特氏环（Cabot's ring） 在红细胞中有一紫红色的圆形或8字形细环，是核膜的残余物。见于重金属盐中毒、恶性贫血、溶血性贫血和脾切除。

（3）豪—若氏小体（Howell-Jolly bodies） 在红细胞中有紫红色的圆形或椭圆形的粗颗粒，颗粒直径1～2μm，是红细胞核的残留部分。病理情况下见于严重的贫血或脾脏切除后的动物。

（4）海因茨小体（Heinz bodies） 血液涂片用0.5%甲基紫生理盐水染色后，在红细胞内可发现深紫色或蓝黑色的小点或较大的颗粒，即海因茨小体，一个红细胞内有一至数个。见于严重的铜中毒、吩噻嗪中毒和溶血性贫血。

（5）有核红细胞（Nucleated erythrocyte） 即晚幼红细胞，正常犬猫外周血液中见到有核红细胞（禽红细胞有核、椭圆形）。当犬和猫外周血液中出现有核红细胞，说明骨髓受到刺激，见于严重的贫血。

第四节 白细胞变化
Alterations in the Leukogram

血液中的白细胞（white blood cell，leukocyte）大部分为球形，根据细胞浆中有无粗大颗粒分为颗粒细胞（包括中性粒细胞、嗜酸性粒细胞和嗜碱性粒细胞）和无颗粒细胞（包括单核细胞和淋巴细胞）。目前，动物白细胞计数及分类计数可采用兽医血细胞分析仪。

一、白细胞计数

白细胞计数是指计算每升血液内所含白细胞的数目。传统的方法为显微镜计数法。健康犬猫的白细胞参考值见表3-13。

【临床意义】

（1）白细胞增多 一般白细胞总数超过15.00×10^9/L，便可认为是白细胞增多。见于局部或全身急性或慢性炎症（如肾炎、子宫炎、子宫蓄脓、胸膜炎、肺炎、钩端螺旋体病等）、中毒性疾病（尿毒症、酸中毒、化学性中毒、昆虫毒汁、外来蛋白的反应）和任何原因引起的组织坏死（梗塞、烧伤、坏疽、新生瘤）。犬对细菌感染的反应最敏感，白细胞总数一般均可达到 30.00×10^9～50.00×10^9/L，甚至超过50.00×10^9/L。

（2）白细胞减少　见于某些病毒性传染病（如猫泛白细胞减少症、猫白血病、犬细小病毒病、犬瘟热、犬传染性肝炎、猫淋巴肉瘤、猫传染性腹膜炎、鹦鹉热等）；骨髓异常和淋巴肉瘤（如骨髓萎缩、骨髓发育不良、维生素 B_{12}和叶酸缺乏）；服用某些药物作用（如磺胺类药物、青霉素、链霉素、氯霉素、氨基比林、水杨酸钠）和某些化学因素（铅、铊、汞和砷等）。

二、白细胞分类计数

白细胞分类计数（differential count of white blood cell，WBC-DC）是指利用染色的血液涂片计算血液中各类白细胞的百分率。病理情况下，白细胞总数的变化反映机体防御机能的一般状态，而各种白细胞的百分比变化反映机体防御机能的特殊状态。目前，兽医临床常用兽医血细胞分析仪测定。健康犬猫白细胞分类参考值见表 3-13。

表 3-13　健康犬猫白细胞数和白细胞分类计数参考值

动物	WBC (10^9/L)	嗜碱性粒细胞（%）	嗜酸性粒细胞（%）	中性粒细胞（%）		淋巴细胞（%）	单核细胞（%）
				杆状核细胞	分叶核细胞		
犬	10.93±1.29	0.28±0.46	5.16±1.32	6.25±2.06	55.59±3.38	29.41±4.72	3.31±0.69
猫	11.35±0.83	0.37±0.49	3.77±0.82	4.06±0.94	55.10±4.18	32.80±4.53	3.90±0.80

【临床意义】

1. **中性粒细胞（Neutrophil）**　在分析中性粒细胞的病理变化时，要结合白细胞总数的变化及核相变化进行综合分析。中性粒细胞正常生活周期平均 8h（6～12h），全部中性粒细胞更新需 2～2.5d。

（1）中性粒细胞增多　犬超过 11.50×10^9/L，猫超过 12.50×10^9/L 为增多。常见于急性感染或炎症（如急性胃肠炎、肺炎、子宫内膜炎、急性肾炎、乳房炎、化脓性胸膜炎、化脓性腹膜炎、创伤性心包炎、肺脓肿、蜂窝织炎等）；某些传染病（如炭疽、腺疫等）、中毒性疾病（如酸中毒、某些植物中毒、尿毒症等）；注射异种蛋白（如血清、疫苗等）和外科手术，应激会引起中性粒细胞增多，以分叶核中性粒细胞增多为主。

（2）中性粒细胞减少　犬少于 3.00×10^9/L，猫少于 2.50×10^9/L 为减少，降至 1.00×10^9/L 时可引发各种感染。见于病毒感染（猫白血病、猫免疫缺陷、犬细小病毒病、猫泛白细胞减少病）；某些细菌感染（沙门氏菌严重感染、脓毒血症、埃里克体病）；原生动物感染（弓形虫）；化学损伤（如砷中毒，氯霉素、头孢菌素、磺胺类慢性中毒）。

（3）中性粒细胞的核相变化　正常情况下，外周血液中性粒细胞的分叶以 2～3 叶为多，同时也可见到少量杆状核中性粒细胞。机体外周血幼年核和杆状核中性粒细胞比例升高，称为“核左移”。分叶核中性粒细胞比例升高或核分叶增多，称为“核右移”。犬猫中性粒细胞老化时核分叶可超过 5 叶。中性粒细胞的核相变化不仅反映白细胞的成熟程度，还可反映某些疾病的病情和预后。

中性粒细胞核左移　“核左移”伴有白细胞总数增高，称为再生性核左移，表明骨髓造血机能加强，机体处于积极防御阶段；“核左移”而白细胞总数不高，甚至减少，称退行性核左移，表明骨髓造血机能减退，机体的抗病力降低。

中性粒细胞核右移　中性粒细胞增多同时“核右移”，预后良好；中性粒细胞减少同时“核右移”，往往预后不良。

2. **淋巴细胞（Lymphocyte，LYM）** 淋巴细胞是重要的免疫活性细胞，外周血液中的淋巴细胞大部分来源于胸腺、脾和外周淋巴组织（占70%，T淋巴细胞），一部分来源于骨髓（占30%，B淋巴细胞）。

（1）淋巴细胞增多　犬淋巴细胞超过5.00×10^9/L，猫超过7.00×10^9/L为淋巴细胞增多。常见于慢性感染（结核病、埃立克体病、布鲁氏菌病）；病毒性疾病（犬瘟热、犬病毒性肠炎）；血液原虫病（巴贝斯虫、锥虫等）和淋巴内皮系统瘤（如淋巴白血病）。

（2）淋巴细胞减少　犬少于1.00×10^9/L，猫少于1.50×10^9/L为淋巴细胞减少。见于应激、感染因素、病毒（犬瘟热、细小病毒病、猫传染性腹膜炎、猫白血病、免疫缺陷病毒病、犬传染性肝炎）。埃立克体、立克次氏体、弓形虫感染等；淋巴组织受到破坏（如淋巴肉瘤、流行性淋巴管炎等）；使用肾上腺皮质素、免疫抑制药物和放射线治疗等。

3. **嗜碱性粒细胞（Basophil）** 嗜碱性粒细胞生理功能的突出特点是参与超敏反应。

嗜碱性粒细胞增多见于犬恶丝虫病、蜱侵袭、跳蚤过敏高血脂症等。犬猫超过0.20×10^9/L为增多。嗜碱性粒细胞减少在临床上意义不大。

4. **嗜酸性粒细胞（Eosinophil）** 嗜酸性粒细胞对皮肤病、变态反应性疾病和寄生虫病的反应比较敏感。

（1）嗜酸性粒细胞增多　犬嗜酸性粒细胞超过1.00×10^9/L，猫超过1.50×10^9/L为增多。见于体内外寄生虫（肝片吸虫病、丝虫病、钩虫病、蛔虫病、螨病）；变态反应性疾病（过敏反应）和皮肤病（如湿疹、疥癣）。

（2）嗜酸性粒细胞减少　犬嗜酸性粒细胞少于0.10×10^9/L为减少。见于应激或皮质类固醇诱发、急性炎症或感染、继发于内源性皮质类固醇的释放、中毒以及长期使用肾上腺皮质激素。如嗜酸性粒细胞持续下降，甚至完全消失，表明病情严重。

5. **单核细胞（Monocyte）**

（1）单核细胞增多　犬超过1.35×10^9/L，猫超过0.85×10^9/L为增多。见于慢性感染性疾病（如子宫蓄脓、关节炎、膀胱炎、骨髓炎、前列腺炎某些真菌感染和大多数伴有肉芽肿性反应的疾病）和原虫病（如巴贝斯虫病、锥虫病、犬恶丝虫病及弓形虫病等）。还见于疾病恢复期及使用促肾上腺皮质激素、糖皮质激素等药物。

（2）单核细胞减少　见于急性传染病的初期及各种疾病的垂危期。

第五节　血液蛋白变化
Alterations in the Blood Proteins

一、血清总蛋白

血清总蛋白（serum total protein，TP）主要由前蛋白、白蛋白和球蛋白组成，其中球蛋白又分成α、β、γ三部分。除γ球蛋白以外的大部分血浆蛋白均由肝脏合成，当肝脏受损时这些血浆蛋白质合成减少，特别是白蛋白明显减少。γ球蛋白主要由B淋巴细胞及浆细胞产生，肝脏受损刺激单核—吞噬细胞系统，γ球蛋白明显增加。血清总蛋白和白蛋白检测是反映肝脏功能的重要指标。球蛋白与机体免疫功能和血浆黏度密切相关。临床上常用双缩脲法测定血清总蛋白，目前可用全自动生化分析仪检测。健康犬、猫血清总蛋白参考值见表3-14。

表 3-14 犬猫血清蛋白质参考值（g/L）

动物	总蛋白	白蛋白	球蛋白	白蛋白/球蛋白（A/G）
犬	53～78	23～43	27～44	0.6～1.1
猫	58～78	19～38	26～51	0.5～1.2

【临床意义】

（1）血清总蛋白浓度升高　见于严重脱水（腹泻、出汗、呕吐和多尿，此时PCV升高，但A/G正常）；白蛋白浓度升高（很少发生）和球蛋白浓度增加（见球蛋白部分）。

（2）血清总蛋白浓度降低　见于血浆水分增加（如大量输液）；蛋白生成减少（营养吸收障碍、肝脏疾病）和蛋白质丢失增加（大出血、肾病综合征）。低白蛋白血症和低球蛋白血症分别见白蛋白部分和球蛋白部分。

二、血清白蛋白

血清白蛋白（serum albumin，A）由肝脏合成，是脊椎动物血浆中含量最丰富的蛋白质。临床常用溴甲酚绿法测定，目前可用全自动生化分析仪检测。健康犬猫血清白蛋白参考值见表3-14。

【临床意义】

（1）白蛋白增多　很少见。

（2）白蛋白减少　①生成减少，见于消化吸收不良、肝脏疾病、贫血、高球蛋白血症等；②慢性腹泻、营养不良、丢失和分解代谢增加，见于肾病（肾小球肾炎、肾淀粉样变性）、妊娠、泌乳、出血、烧伤发热、感染、甲状腺机能亢进。

三、血清球蛋白

球蛋白（globulin，G）＝血清总蛋白－白蛋白。健康犬猫球蛋白参考值见表3-14。球蛋白又可分成α（α_1、α_2）、β（β_1、β_2）、γ三种，以γ-球蛋白为主。血清蛋白电泳法可将不同亚型球蛋白分开。肝脏受损时，血清白蛋白、α_1和α_2球蛋白减少，同时受损肝细胞作为自身抗原刺激淋巴细胞系统，使γ球蛋白增多，这是肝病血清蛋白电泳的共同特征。

【临床意义】

1. 血清球蛋白增多

（1）α_1球蛋白增多　见于炎症和妊娠。

（2）α_2球蛋白增多　见于急性感染、急性肾小球肾炎、肾病综合征、严重肝病、寄生虫病、炎症和妊娠。

（3）β_1球蛋白增多　见于急性炎症、寄生虫病、肾病和肿瘤。

（4）β_2球蛋白增多　见于寄生虫病、肝硬化、慢性感染、白蛋白减少。

（5）多克隆γ球蛋白（IgA、IgG、IgM和IgE）增多　见于胆管性肝炎、慢性炎症性疾病、慢性皮炎、急性或慢性肝炎、肝硬化等。

（6）单克隆γ球蛋白增多　见于网状内皮系统肿瘤、淋巴肉瘤、多发性骨髓瘤、阿留申病和大球蛋白血症，也见于白塞特猎犬和威迪玛犬的免疫缺乏，猫传染性腹膜炎多见。

2. 血清球蛋白减少

（1）α_1球蛋白减少　见于肾炎、肝脏疾病。

（2）α_2球蛋白减少　见于溶血性疾病、细菌和病毒感染、肝脏疾病。

（3）β_1球蛋白减少　见于肾脏疾病、急性感染、肝硬化以及自身免疫性疾病。

（4）β_2 球蛋白减少　见于慢性肝脏疾病、抗体缺乏综合征。

（5）γ 球蛋白减少　见于初乳不足、长期应用肾上腺皮质激素和其他免疫抑制剂、抗体缺乏性综合征。

四、白蛋白/球蛋白

白蛋白/球蛋白也称为白球比（A/G），健康犬猫白球比正常参考值见表 3-14。

【临床意义】

（1）白球比升高　临床上很少见。

（2）白球比降低　见于白蛋白减少和（或）球蛋白增多。在慢性肝炎、肝硬化和肾病综合征时尤其明显。白球比偏低往往预示肝脏功能受到严重损伤。

五、前白蛋白

前白蛋白（prealbumin，PA）是由肝脏合成的糖蛋白。前白蛋白减少见于犬猫蛋白质营养不良，肝脏疾病时其值可减少到 50%以下，在坏死性肝硬化其值几乎减少到零。作为肝脏损伤早期指标比 ALT 更具特异性，比白蛋白减少更敏感。

六、血纤维蛋白原

血纤维蛋白原（fibrinogen，FIB）是一种多功能血浆球蛋白，在肝脏合成，主要作为凝血因子 I 直接参与体内凝血过程。临床测定血浆中纤维蛋白原来诊断某些出血性疾病，尤其是弥散性血管内凝血，具有筛选和确诊意义。检测方法有凝血酶凝固法（Clauss 法）、比浊法（PT 衍生法）以及免疫学方法等。美国生产的 VetAutoRead 型兽医专用干式血细胞分析仪测定的正常参考值，犬为 200～400mg/dL，猫为 50～300mg/dL。

【临床意义】

（1）血纤维蛋白原增多　见于脱水、急性炎症早期、慢性炎症、组织损伤后 24h 内，以及糖尿病、腹膜炎、肠炎、肾炎、乳房炎、心内外膜炎、骨折、脾肿病等。

（2）血纤维蛋白原减少　见于肝脏疾病、休克、严重烧伤、大手术、恶性肿瘤、犬颗粒细胞白血病、弥散性血管内凝血、不相配的输血以及血液样品的凝血。

第六节　凝血变化

Alterations in the Clotting Profile

凝血变化常用检查项目有血小板数检查、凝血功能检查、抗凝功能检查、纤溶功能检查以及弥漫性血管内凝血的实验室检查。

一、血小板数检查

血小板有保护毛细血管完整、促进血液凝固的作用。血小板计数是诊断出血性疾病必做的检验项目之一，常用方法有两种：一是在普通生物学显微镜下目视计数，二是用血细胞分析仪测定。正常每个油镜视野（1 000 倍）一个血小板，表示每升血液里血小板数为 15×10^9 个。猫血小板大小变化较大，大的和红细胞一样大小，形状有的拉长或呈纸烟状。

【临床意义】

（1）血小板增多　反应性或继发性增多（见于急性大出血、溶血或再生性贫血、骨折、创伤、手术后）和原发性血小板增多（如骨髓增殖、真性红细胞增多症、血小板白血病）。

（2）血小板减少　多见于猫。有人认为，血小板为（90～150）$\times10^9$/L为轻度减少，（50～90）$\times10^9$/L为中度减少，小于50×10^9/L为重度减少。见于血小板生成障碍（如辐射性损伤、再生障碍性贫血）、血小板丢失加速或疾病（如猫白血病、犬瘟热、犬细小病毒病、猫泛白细胞减少症、免疫性血小板减少性紫斑、弥漫性血管内凝血）和服用某些药物引起（如氯霉素、磺胺嘧啶、利巴韦林等）。

二、凝血功能检查

（一）出血时间（Bleeding time，BT）测定

出血时间是指皮肤毛细血管经人工刺伤出血后到自然止血所需的时间。各种动物正常出血时间为1～5min。

【临床意义】

（1）出血时间延长　见于遗传性血小板病（如血小板机能不全、血小板第3因子缺乏）和获得性血小板病（如长期使用阿司匹林、头孢菌素、严重肝脏疾病、尿毒症、凝血因子缺乏等）。

（2）出血时间缩短　见于某些严重血栓病。

（二）凝血时间（Clotting time，CT）测定

静脉血放在玻璃试管中或玻片上，观察自采血开始至血凝所需的时间称为凝血时间。玻片法测定犬凝血时间为10min。试管法测定犬凝血时间为7～16min。

在大手术或肝、脾穿刺前进行本项测定，可以及早发现出血性素质疾病，以防大出血。

【临床意义】

（1）凝血时间延长　血浆内任何一种凝血因子缺陷均可引起凝血时间延长（见于凝血因子Ⅷ、Ⅸ、维生素K缺乏及伴有弥漫性血管内凝血的重剧疾病等），血中抗凝物质增多。

（2）凝血时间缩短　说明体内有血栓形成的可能，或已开始形成血栓。

（三）活化凝血时间（Activated clotting time，ACT）测定

活化凝血时间是全血凝血功能的重要指标。静脉穿刺采集2mL血液，装入37℃水浴中预热过的含有硅藻土的真空管开始计时。轻轻倒置一次以混合，放入37℃水浴。60s时观察试管，然后每5s观察一次是否出现血凝块。犬正常活化凝血时间为60～110s，猫为50～75s。

【临床意义】

一般ACT 90～120s为可疑，超过120s为异常。见于维生素K_1依赖性凝血因子Ⅱ、Ⅶ、Ⅸ、Ⅹ小于正常5%时，凝血因子Ⅱ、Ⅺ、Ⅶ、Ⅷ缺乏，血纤维蛋白原低于0.5g/L，血小板小于10×10^9/L，弥散性血管内凝血，尿毒症，肝脏疾病等。

（四）血浆凝血酶原时间（Prothrombin time，PT）测定

在抗凝血浆中加入足够量的组织凝血活酶和适量的钙离子后，纤维蛋白凝块形成所需的时间，是外源性凝血活性的综合性检查。健康犬PT为5.1～7.9s，猫为8.4～10.8s。

【临床意义】

（1）凝血酶原时间延长　见于先天性凝血因子Ⅰ、Ⅱ、Ⅴ、Ⅶ（比格犬）和Ⅹ缺乏和获得性凝血因子缺乏（严重肝病、维生素K缺乏、弥散性血管内凝血、长期或大剂量使用阿司匹林）。

（2）凝血酶原时间缩短　见于先天性凝血因子Ⅴ增多、高凝状态、血栓形成等。

（五）活化部分凝血活酶时间（Activated partial thromboplastin time，APTT）

活化部分凝血活酶时间（APTT）测定是在体外模拟内源性凝血的全部条件，测定血浆凝固所需的

时间。本法主要用于过筛测定内源性途径和共同途径凝血因子的缺陷，如因子Ⅻ、Ⅷ、Ⅸ、Ⅺ、PK/HMWK以及纤维蛋白原等，是内源性凝血因子缺乏最可靠的筛选检验项目。健康犬APTT参考值为8.6～12.9s，猫为13.7～30.2s。

【临床意义】

(1) 活化部分凝血活酶时间延长　主要见于血友病、弥散性血管内凝血、肝病、大量输入库存血、维生素K缺乏、双香豆素中毒以及应用肝素等。

(2) 活化部分凝血活酶时间缩短　见于高凝状态（弥散性血管内凝血早期)、血栓性疾病（糖尿病伴血管病变、肾病综合征、严重烧伤)。

三、血浆纤维蛋白原含量的测定

详见血液蛋白部分。

第七节　骨髓的采集和分析

Collection and Analysis of Bone Marrow

骨髓抽吸术及活检，是以中空针头刺入骨松质和骨髓腔等进行样品采集，确认并定量骨髓中非正常细胞、确认不正常造血干细胞系的成熟、确认不正常新生物的形成阶段（如淋巴瘤、白血病），适用于再生障碍贫血、血小板减少症、急性或慢性白血症、继发性白细胞减少、外周血中出现非正常细胞、骨髓炎、骨髓瘤等。

一、骨髓的采集

骨髓穿刺部位：大型和中型犬推荐在髂骨嵴处［见彩图版图3-1］，小型犬和猫推荐在股骨的大转子窝，全麻的动物可选择在肱骨附近［见彩图版图3-2］。局部消毒和麻醉，抽取骨髓后制作骨髓涂片。癌瘤骨髓转移和造血细胞异常增殖的骨髓“填塞”以及骨髓纤维化时可能出现穿刺干抽现象，此时可以通过针芯获取微小的骨髓组织，压碎涂片，也可作骨髓活检。

二、骨髓的分析

(一) 正常骨髓各种细胞成分比例

骨髓中的干细胞，具有自我更新能力和多向分化能力，能够分化为各种血细胞前体细胞，最终生成各种血细胞成分，包括红细胞系统、粒细胞系统、淋巴细胞系统、单核细胞系统、巨核细胞系统、浆细胞系统以及其他细胞。各种骨髓细胞所占比例及形态各不相同。犬猫正常骨髓各种细胞成分所占比例见表3-15。

表3-15　犬猫正常骨髓各种细胞成分所占比例（%）

骨髓细胞类型	犬	猫
原红细胞	0.2	0.2
早幼红细胞	3.9	1.0
中幼红细胞*	27	21.6

（续）

骨髓细胞类型	犬	猫
晚幼红细胞	15.3	5.6
有核红细胞系统（E）	46.4	28.7
原粒细胞	0.0	0.8
早幼粒细胞	1.3	1.7
中幼粒细胞**	9.0	5.0
晚幼粒细胞	9.9	10.6
杆状核粒细胞	14.5	14.9
颗粒细胞（主要为分叶核）	18.7	13.5
粒细胞系统（M）	53.4	45.9
M：E 比率	1.15：1.0	1.6：1.0

（摘自周桂兰，高得仪主编．犬猫疾病实验室检验与诊断手册——附典型病例，2010）

注：(1) * 中幼红细胞包括嗜碱性红细胞和多染性红细胞。

(2) ** 从中幼粒细胞开始分为中性、嗜酸性和嗜碱性 3 种粒细胞。

(二) 正常骨髓血细胞形态

了解骨髓细胞的正常形态有助于区分临床检验中骨髓细胞是否正常，通常采用瑞氏或姬姆萨染色，以两种混合染色最好。

1. 红细胞系统 红细胞系统包括骨髓和外周血液里的所有有核和无核红细胞。其发育过程为原红细胞→早幼红细胞→中幼红细胞→晚幼红细胞→网织红细胞（嗜碱性红细胞）→成熟红细胞［见彩图版图 3-3］。

(1) 原红细胞（Rubriblast） 也称前成红细胞，是一种大圆细胞。胞质少，深蓝色，不透明。胞核大而圆，约占细胞直径的 4/5，含 1～2 个核仁，暗蓝色，核染色质有明显的细粒彩点。胞质与胞核分界处明显淡染。该细胞在正常动物骨髓中可能不完全相同。

(2) 早幼红细胞（Prorubricyte） 也称嗜碱性成红细胞，与原红细胞类似，但个体小。核圆形，占细胞 2/3 以上，无核仁，核染色质较原红细胞粗糙些。胞质更蓝，核周围淡染、呈现明亮带。

(3) 中幼红细胞（Rubricyte） 也称嗜多染性成红细胞，较早幼红细胞小。胞质早期蓝染，随着细胞成熟，可呈现着色不均匀的不同程度的嗜多染性。胞核圆形，核染色质黑紫或蓝黑色，致密成团，呈车轮状排列。

(4) 晚幼红细胞（Metarubricyte） 胞质染色呈淡红色到淡灰紫色。细胞核固缩成团，占细胞 1/2 以下，紫黑色或蓝黑色。

(5) 嗜碱性红细胞（Basophilic erythrocyte） 也叫网织红细胞（reticulocyte）。比红细胞稍大，无核，嗜碱性。用新亚甲蓝染色，胞质内有网状嗜碱性蓝色纤维。小动物外周血液中可见，但个体较少。

(6) 红细胞（Erythrocyte） 即成熟红细胞，淡红色。犬和猫红细胞呈中心凹陷的圆盘状，无核（禽类红细胞为椭圆形，有核）。

2. 粒细胞系统 粒细胞系统发育过程为原粒细胞→早幼粒细胞→中幼粒细胞（分为中性、嗜酸性、嗜碱性）→晚幼粒细胞（分为中性、嗜酸性、嗜碱性）→杆状核粒细胞（分为中性、嗜酸性、嗜碱性）→分叶核粒细胞（分为中性、嗜酸性、嗜碱性）［见彩图版图 3-4］。各种动物粒细胞正常形态不完全相同。下面根据猫粒细胞特点进行说明：

(1) 原粒细胞（Myeloblast） 圆形或椭圆形。胞质淡红紫色，无特殊颗粒。核较大，呈紫色，核内含有 1～2 个核仁，淡蓝色，核染色质呈网状。与其他原细胞难以区别。

（2）早幼粒细胞（Promyelocyte） 比原粒细胞大。胞质蓝色，含有明显紫红色颗粒。核染色质粗糙，有时可见核仁。

（3）中性粒细胞（Neutrophil） 比红细胞约大 2 倍，胞质中含有均匀细小的颗粒。

中幼中性粒细胞（Nertrophilic myelocyte） 胞质内微细颗粒呈淡紫红色。胞核内侧扁平或稍凹陷，核染色质呈索状或小块状。

晚幼中性粒细胞（Neutrophilic metamyelocyte） 胞质蓝色或粉红色，胞质内微细颗粒呈红色或蓝色。胞核内陷呈肾形，紫红色，染色质细致。

杆状核中性粒细胞（Neutrophilic band） 胞质粉红色，其内微细颗粒呈红色、粉红色或蓝色。胞核为弯曲带状或腊肠形。

分叶核中性粒细胞（Segmented neutrophil） 核分叶，多为 2～3 叶。猫外周血分叶核中性粒细胞多为单叶，很少见分叶，似破碎状。正常或轻度中毒猫还有少量小的嗜碱性颗粒分布在细胞边缘，称为窦勒氏小体。严重中毒时，胞质中除了含有窦勒氏小体外，还有大的空泡。

（4）嗜酸性粒细胞（Eosinophil） 大小与中性粒细胞相似或稍大。胞质呈蓝色或粉红色，其内含有粗大、深红色的圆形（犬）或棒状（猫）嗜酸性颗粒。根据成熟度不同可分为中幼嗜酸性粒细胞、晚幼嗜酸性粒细胞、杆状核嗜酸性粒细胞以及分叶核嗜酸性粒细胞。细胞核依成熟度不同呈现杆状或分叶状，以 2～3 叶居多，呈淡紫蓝色。

（5）嗜碱性粒细胞（Basophil） 大小与中性粒细胞相似。胞质粉红或淡紫色，胞质内含有粗大、分布不均（大多在细胞边缘）的蓝黑色颗粒，有的无颗粒。根据成熟度不同可分为中幼嗜碱性粒细胞、晚幼嗜碱性粒细胞、杆状核嗜碱性粒细胞以及分叶核嗜碱性粒细胞。细胞核依成熟度不同呈现杆状或分叶状，以 2～3 叶居多，呈淡紫蓝色。

3. 淋巴细胞系统 淋巴细胞根据发育过程可分为原淋巴细胞（胞体大，含多个核仁）→幼淋巴细胞（核仁模糊或消失）→淋巴细胞（无核仁）。淋巴细胞又分为小淋巴细胞和大淋巴细胞。

（1）小淋巴细胞（Small lymphocyte） 犬小淋巴细胞与红细胞大小相似，圆形。胞质很少，呈天蓝色，不太明显。核染色质致密、粗糙成堆，紫黑色。

（2）大淋巴细胞（Large lymphocyte） 细胞个体大，胞质较多，淡蓝色，有时可见大的溶菌体黑红色颗粒。胞核大，圆形或肾形，核染色质丰富、网状，凝结成块。

4. 单核细胞系统 单核细胞大于其他白细胞，细胞质多，呈灰蓝色或天蓝色，内含许多细小的淡紫色颗粒。根据发育过程可分为原单核细胞（细胞及胞核均呈圆形或椭圆形，有核仁）→幼单核细胞（细胞及胞核均呈圆形或不规则，核仁模糊或消失）→单核细胞（圆形或不规则性，胞核呈肾形、马蹄形或 S 形，无核仁）。

5. 巨核细胞系统 其发育过程为原巨核细胞→幼巨核细胞→巨核细胞→血小板。

（1）原巨核细胞（Megakaryoblast） 胞体较大，圆形或椭圆形。胞质少，深蓝色。胞核较大，呈圆形或椭圆形，核染色质深紫红色，含有 2～3 个淡蓝色核仁。

（2）幼巨核细胞（Promegakaryocyte） 胞体明显增大，圆形或不规则。胞质增多，蓝色或灰蓝色，无颗粒。胞核开始分叶，核染色质呈粗颗粒或小块状，核仁模糊或消失。

（3）巨核细胞（Megakaryocyte） 直径可达 50～200μm。胞质丰富，呈天蓝色，含紫红色颗粒。细胞核较大，分叶，折叠成不规则形状。

（4）血小板（Thrombocyte，Platelet） 个体小，圆形或杆状等，个体间可粘连成堆。胞质淡蓝色，含紫色颗粒，无细胞核。

6. 浆细胞系统 浆细胞胞质多，灰蓝色或蓝紫色。胞核圆形或椭圆形，常偏位。核周围有淡染区，不含颗粒。其发育过程为原浆细胞（有核仁，核染色质紫红色、粗颗粒状）→幼浆细胞（核仁消失，核染色质凝聚，呈车轮状排列）→浆细胞（无核仁，核染色质集聚成堆，深染。同时胞质内含有 RNA 和空泡)。

7. 其他细胞

(1) 网状细胞(Reticulum cell) 在骨髓增殖性疾病时具吞噬作用,如红白血病初期吞噬红细胞。胞体大小不一,一般较大,形状不规则,边缘多不整齐。胞质丰富,淡蓝色,含粉红色颗粒。胞核圆形或椭圆形,核染色质淡紫红色,呈粗网状,有1~2个淡蓝色核仁。该细胞易变性破碎。

(2) 成骨细胞(Osteoblast) 与浆细胞相似,但个体较大,呈长椭圆形或不规则,常成堆出现。在年轻动物骨髓或骨骼再生时多见。胞质丰富,泡沫状,灰蓝色。胞核圆形或椭圆形,偏位,核染色质呈深紫红色、粗网状,有1~2个蓝色核仁。胞核四周有明显淡染区。

(3) 破骨细胞(Osteoclast) 其典型特征是含有数个到数十个彼此孤立的细胞核,圆形或椭圆形。多见于年轻动物骨髓或骨骼再生,及犬继发性甲状旁腺机能亢进。

(4) 肥大细胞(Mast cell) 又称组织嗜碱性细胞(tissue basophilic cell),呈圆形、椭圆形、梭形或不规则形。胞质中充满粗大的深蓝紫色嗜碱性颗粒。胞核圆形或椭圆形,较小,常被细胞内颗粒掩盖。

(三) 骨髓细胞检验的临床意义

1. 红细胞系统

(1) 红细胞系统细胞增多 见于缺氧性贫血(红细胞代偿性增加、网织红细胞增多)或缺铁性贫血(晚幼红细胞增多)和红白血病(幼红细胞大于50%)等。

(2) 红细胞系统细胞减少 见于猫白血病、猫泛细胞减少症、犬埃里克体病、甲状腺机能降低、慢性肾病、慢性肾炎、骨髓痨病(如骨髓纤维化、长期或大剂量应用骨髓毒药物)和应用细胞毒药物等。

2. 粒细胞系统细胞增多 见于各种炎症和细菌感染、骨髓粒细胞白血病。

(1) 原粒和早幼粒细胞增多为主(占20%~90%) 见于急性粒细胞白血病和慢性粒细胞白血病急性变(还可见中、晚幼粒细胞及嗜碱性粒细胞增多)。

(2) 中性中幼粒细胞增多为主(占20%~50%) 见于亚急性粒细胞白血病和急性早幼粒细胞白血病。

(3) 中性晚幼粒细胞和杆状核粒细胞增多为主 见于各种急性感染(细菌、螺旋体、原虫),代谢障碍(酸中毒、糖尿病、痛风),某些药物和毒素影响(注射各种异蛋白),严重烧伤和慢性粒细胞白血病等。

(4) 嗜酸性粒细胞增多 见于过敏性疾病(支气管哮喘),寄生虫感染(如血吸虫、肺吸虫)和嗜酸性粒细胞白血病等。

(5) 嗜碱性粒细胞增多 见于慢性粒细胞白血病、嗜碱性粒细胞白血病、深部X线照射后的反应。

3. 巨核细胞

(1) 巨核细胞增多 见于血小板消耗或破坏增多(如免疫性血小板减少症、慢性弥漫性血管内凝血、慢性炎症性疾病、脾肿大、铁缺乏)和巨核细胞白血病。

(2) 巨核细胞减少 见于急性或慢性再生障碍性贫血、急性白血病等。

4. 单核细胞系统细胞增多 见于慢性炎症、急性和慢性单核细胞白血病(急性以原始和幼稚型为主,慢性以成熟型为主),组织坏死性炎症,播散性组织胞浆菌病(吞噬细胞吞噬组织胞浆菌)。

5. 淋巴细胞系统细胞增多 见于急性或慢性淋巴细胞白血病、传染性单核细胞增多症、传染性淋巴细胞增多症等。急性淋巴细胞白血病以原淋巴细胞、幼淋巴细胞增生为主,其余以成熟淋巴细胞增多为主。在程度上,慢性淋巴细胞白血病淋巴细胞增多显著(50%以上),感染性疾病淋巴细胞增多不明显。

6. **浆细胞系统细胞增多** 主要见于浆细胞白血病、再生障碍性贫血、多发性骨髓瘤、粒细胞减少症等。

7. **粒细胞系统和有核红细胞系统比例［Myeloid：Erythroid（M：E）ratio］** 粒细胞是指骨髓里所有粒细胞，包括从原粒细胞到分叶核粒细胞。有核红细胞系统是指骨髓里所有有核红细胞。犬正常M：E平均值为1.15（0.75～2.5），猫正常平均值为1.6（1.2～2.2）。

（1）M：E比例正常 见于正确骨髓象，粒细胞系统和有核红细胞系统平行增多（红白细胞病）、粒细胞系统和有核红细胞系统平行减少（再生障碍性贫血）和两种细胞系基本不变的造血系统疾病（特发性血小板减少性紫癜、多发性骨髓瘤、骨髓转移性癌、骨髓硬化等）。

（2）M：E比例增加 见于白细胞增多症（如急性炎症）、急性颗粒细胞白血病（以原粒细胞和早幼粒细胞增多为主）、慢性颗粒细胞白血病（以中性晚幼粒细胞和杆状核粒细胞增多为主）、犬的淋巴肉瘤、红细胞发育不全致骨髓中有核红细胞减少（如猫传染性腹膜炎时的再生障碍性贫血）。

（3）M：E比例减少 见于粒细胞数减少（再生障碍性贫血、粒细胞缺少症）和红细胞生成组织增生（见于失血性缺氧、溶血、红细胞增多症、铁缺乏、维生素B_{12}和（或）叶酸缺乏、毕格犬和巴塞特犬遗传性红细胞丙酮酸激酶缺乏）。

第八节 肿瘤的采样和分析

Collection and Analysis of Tumor

肿瘤的生成可分为两个阶段：一是转化阶段（正常细胞变异为肿瘤细胞）；二是增生阶段（肿瘤细胞增生形成肿瘤病灶）。肿瘤根据性质可分为良性肿瘤和恶性肿瘤。对于多半肿瘤病例而言，准确的诊断和恰当的分级，是对其进行恰当治疗的前提和必然要求。

一、肿瘤的采样

1. **细针穿刺抽吸、针刺活检** 几乎适用于所有类型的皮下和内脏包块。对动物影响最小，对于比较配合的动物，往往不需麻醉或只需轻度麻醉即可。该方法获得的细胞和组织量较少，不能对肿瘤组织进行评估，但可在手术前快速区分炎性病变和肿瘤性病变。

2. **微创活检** 使用手术刀或皮肤活检器可对内脏器官或皮肤进行微创活检取样，取得的样本具有肿瘤组织基本结构，能更好地判定肿瘤类型和对肿瘤进行分级，但此操作需要对动物进行局麻或深度镇静，并且采得的组织较小。

3. **开放式活检** 适用于较大的复合型肿瘤或是有周围组织增生发生的肿瘤。该方法是诊断大多数实质性肿瘤的金标准，但对组织损伤最大，大多数病例需要全身或局部麻醉。

二、肿瘤的分析

肿瘤样品与炎症不同，一般为只存在一种细胞的均质细胞群。一旦确认是肿瘤，应进一步确定组织的来源，并评估细胞的恶性特征（表3-16）。良性肿瘤表现为一种增生现象，细胞核无恶性标志，所有细胞属于同种，外观相对一致。恶性肿瘤细胞至少出现三种或更多恶性标志。要注意的是细胞学检查的结果具有片面性，例如检查出的良性肿瘤可能来自恶性肿瘤。组织病理学检查能够评估多种因素，例如肿瘤细胞的局部浸润，对血管或淋巴管的侵害。

对已经定性为恶性的样品应进行更多的评估，以确定肿瘤的细胞类型。兽医临床上常见的为上皮细胞瘤、间质细胞瘤及离散的圆形细胞瘤。不同类型的肿瘤具有不同的特征：

表 3-16 细胞核恶性标志

细胞核标志	描 述
巨细胞核	细胞核增大，直径≥10μm，提示恶性
细胞核：细胞浆比值增加（N：C）	正常非淋巴细胞，通常 N：C 为 1：3～1：8，比值大于 1：2 提示恶性
细胞核大小不均	细胞核大小各异，多核细胞中的细胞核大小不同，非常有意义
多核现象	一个细胞内出现多个细胞核，且大小不同，非常有意义
有丝分裂现象增加	正常组织中罕见有丝分裂
异常有丝分裂	常染色体排列异常
染色质粗糙	染色质纹理比正常的粗糙，可能出现黏丝状或带状
细胞核塑型	在一个细胞或相邻细胞内细胞核被另一个细胞核压迫变性
巨核仁	核仁增大，大于 5μm，强烈暗示恶性。可将红细胞作为参考，猫红细胞 5～6μm，犬是 7～8μm
角形核仁	核仁变为纺锤形或其他带棱角的形状，正常核仁应为圆形或略微椭圆
核仁不均	核仁的形状和大小不一，在同一细胞核内核仁的变化尤其有意义

（1）上皮细胞瘤　也称癌或腺癌。样品中含有较多细胞，常成群或成片脱落［见彩图版图 3-5］。

（2）间质细胞瘤　也称肉瘤。样品中细胞含量少，这种纺锤形细胞容易单个脱落或成束出现［见彩图版图 3-6］。

（3）离散的圆形细胞瘤　容易脱落，但不会成群或成片出现。包括黑素瘤、组织细胞瘤、淋巴瘤、肥大细胞瘤、浆细胞瘤和传染性性病肿瘤。黑素瘤细胞的特征是其内含有明显的暗黑色颗粒，偶尔可见分化不良的肿瘤细胞颗粒减少或消失［见彩图版图 3-7］。组织细胞瘤和转移性肿瘤看起来相似，但组织细胞瘤脱落细胞量通常较少［见彩图版图 3-8］。肥大细胞瘤的细胞内含有明显的黑紫色颗粒［见彩图版图 3-9］。浆细胞瘤的特点是含有大量带偏心细胞核及明显的细胞核外周空白区的细胞［见彩图版图3-10］。

第九节　皮肤疾患的采样和分析

Collection and Analysis in Dermatoses

皮肤病是兽医临床常见病，大多数患有皮肤病的动物临床均会表现出瘙痒或疼痛、脱毛、皮肤肿块。对皮肤病进行快速诊断，对因治疗，才能又快又好地控制疾病。这里将介绍几种日常门诊常见皮肤病的实验室检验方法。

一、皮肤疾患样品采集

1. **皮肤病灶有渗出液或表面呈油腻状时**　用载玻片置皮肤表面的病灶上，摩擦或用力按压取样。

2. **棉签法取样**　用棉签在皮肤病灶面上滚动或将棉签插入耳内取样。若病灶处皮肤干燥，可先将棉签蘸点生理盐水再取样。

3. **针头取样**　当皮肤表面有结节或脓疱时，可用 22 号针头抽出内容物，拔掉针头，将内容物涂在载玻片上制成涂片。

4. **皮肤刮片**　可用 10# 手术刀片或不锈钢刮勺。刮片前用刀片蘸一点要滴在载玻片上的矿物油，或直接将油滴在要刮取的皮肤部位。刮片过程中刀片与皮肤垂直，刮取的平均面积为 3～4cm^2，刮片深度由要寻找的寄生虫典型位置决定。如果要寻找的是寄生于皮肤隧道的寄生虫（如疥螨、蠕形螨），刮取前应剃毛，刮片时到出现少量毛细血管渗血为止；如果要寻找的是浅表寄生虫（如痒螨、姬螯螨和皮螨），刮片前不用剃毛，刮取浅表皮肤或收集脱落的皮屑、结痂即可。

5. **透明胶带制片** 当想要寻找虱子或主要生活在皮肤表面的螨虫（痒螨、皮螨或姬螯螨）时，可以直接用透明胶带按压在有皮屑的皮肤上制片，此法特别适合皮肤病灶干燥的病患。取样时，将透明胶带黏的一面按压在干燥的皮肤病灶上，然后把透明胶带黏的一面朝下，置于滴有矿物油或染色液的载玻片上，显微镜下观察，此种检验方法对皮肤马拉色菌感染检验特别有用。

6. **被毛提取** 被毛检验就是仔细检验被毛毛尖。利用镊子将全秃或半秃的被毛用力拔下，放在滴有矿物油的载玻片上，盖上盖玻片，在低倍显微镜下仔细观察。

二、皮肤疾患样品分析

（一）细胞学检验

上述方法获得的分泌物或细胞皮肤样品制成涂片，染色后镜检（可用改良瑞氏染色法）。

犬和猫一般皮屑检验均能看到不同种型的细菌。犬皮肤和软组织感染的病原菌最多见的是中间葡萄球菌，深层组织感染是铜绿假单胞菌或大肠杆菌和变性杆菌，有时还有肠球菌、放线菌。猫皮肤感染的病原菌有巴氏杆菌、链球菌等，口腔感染有厌氧菌。检验时，如果发现吞噬细胞吞噬某种微生物，一般可确认为此微生物感染。

（二）螨病皮肤提取物分析

1. **浅表层皮肤提取物分析** 此法通常在肘部、耳缘、腹部等取材，最好刮取感染严重部位的皮屑进行检验。检验时即使只看到一个螨虫或螨虫卵就可作为诊断螨虫感染的依据。

（1）耳螨 采样时一般用棉签擦拭耳道内的棕色分泌物。低倍物镜下，耳螨较大，接近 400μm，可见短的无节小柄，有些腿末端具有吸盘［见彩图版图 3-11 和图 3-12］。

（2）姬螯螨 姬螯螨很大，长 386μm，宽 266μm，看起来很像大的、能移动的薄片碎屑，因此又被称为“移动皮屑”。在复合显微镜下，姬螯螨具有巨大的钩子样附属口器（触须），螨虫腿部尖端有梳子样的结构。此属成员从上面看类似盾甲或马鞍［见彩图版图 3-13］。虫卵长 235～245μm，宽 115～135μm，外观像茧，被束状纤维连接在毛干上。最快的诊断方法就是手持放大镜或双目头戴式放大镜观察可疑皮屑片或毛发。也可用密齿跳蚤梳梳理，用黑色纸片接住皮屑观察，还可以用透明胶带粘取，直接用显微镜观察。

（3）恙螨 恙螨为黄色或红色，幼虫阶段是唯一寄生在动物身上的生长阶段，其与宿主保持接触时间只有几个小时，诊断比较困难。一般以橙色结痂性皮炎及户外游荡的生活习惯作为诊断依据。皮肤刮片可能发现典型的 6 腿幼虫。

2. **深层皮肤提取物分析**

（1）疥螨 疥螨能够在限定性宿主的表皮内挖掘隧道或打洞，其引起的疾病称为疥螨病，普遍认为这种疾病极其瘙痒。检查时应在出现红斑性丘疹和结痂的部位，特别是在耳郭、肘外侧和腹部刮片镜检。成年疥螨呈椭圆形，直径为 200～400μm，具有长的无节柄，8 条腿，有的腿末端带有小吸盘［见彩图版图 3-14］，肛门在身体尾端。虫卵呈椭圆形［见彩图版图 3-15］。

（2）蠕形螨 蠕形螨虫体数量增加引起的临床疾病称为蠕形螨病。根据蠕形螨病发生形式可分为局部蠕形螨病（表现为脱毛病，尤其是在嘴部、面部和前肢）和全身性蠕形螨病（其特点是散在脱毛、红斑和继发性细菌感染）。其成虫和若虫有 8 条腿，幼虫 6 条腿。成熟的蠕形螨约 250μm［见彩图版图 3-16］。卵为纺锤形，尾部渐细［见彩图版图 3-17］。对犬来说，应该刮取外观正常的皮肤，根据检查结果判断感染是否是全身性的。

(三) 蜱病皮肤提取物分析

蜱具有贪婪的吸血本性，能够传播其他寄生虫、细菌、病毒和其他疾病。其唾液具有毒性，可以对人和动物造成“蜱麻痹”的症状。具有临床意义的蜱分为隐喙蜱科（又叫软蜱）和硬蜱科（硬蜱）。种的鉴定并不重要，但要注意扇头蜱属，它们是唯一可以在室内或犬舍环境中繁殖的蜱种，且很难根除。以下是几种可感染犬、猫的蜱的形态，仅供参考［见彩图版图 3－18 至图 3－21］。

(四) 皮肤真菌病检查

与犬、猫皮肤病相关的真菌主要是犬小孢子菌、石膏样小孢子菌、须毛藓菌和马拉色菌（正常耳内有少量寄生）。猫皮肤真菌病多由犬小孢子菌（98%）、石膏样小孢子菌（1%）和须毛藓菌（1%）引起。犬皮肤真菌病也多由这 3 种真菌引起，大约分别占 70%、20%和 10%。

1. 真菌形态 检查方法同螨虫。镜检前微微加热一下载玻片，然后置低倍或高倍显微镜下观察。

（1）犬小孢子菌（*Microsporum canis*） 显微镜下可见圆形密集成群的小分生孢子，围绕在毛干上，皮屑中有少量菌丝，病料中一般检验不到大分生孢子。

（2）石膏样小孢子菌（*Microsporum gypseum*） 显微镜下可见病毛外呈链状排列或密集成群包绕毛干的孢子，皮屑中可见菌丝和小分生孢子。

（3）石膏样毛癣菌（*Trichophyton gypseum*） 也称须毛癣菌（*Trichophyton mentographyte*）。显微镜下皮屑中可见排列成串的孢子以及分隔菌丝或结节菌丝。动物病料中有时可见大分生孢子。

2. 伍德氏灯检查 在伍德氏灯照射下，犬小孢子菌、石膏样小孢子菌和铁锈色小孢子菌感染的整个毛干发出绿黄色或亮绿色荧光。但该法检查犬小孢子菌感染的检出率只有 50%，所以检查阴性并不代表绝对没有真菌感染。用伍德氏灯照射细菌假单胞菌属，发出绿色荧光。局部外用肥皂、凡士林、碘酊等，也能发出荧光，但荧光一般不在被毛的毛干部位，也不是绿黄色或亮绿色荧光，检查时应注意鉴别。

3. 真菌培养检验 将从皮肤病灶边缘部位提取的被毛和皮屑进行培养。样品提取时如果能采用伍德氏灯下呈荧光反应的被毛最好。常用的培养基有葡萄糖蛋白胨琼脂培养基、沙氏琼脂培养基等。在加有特殊成分的沙氏琼脂培养基上，生长的真菌菌落各有特点，可鉴别三种真菌：

（1）犬小孢子菌 菌落呈白色毛絮状，底面有淡黄色色素（但在一般真菌培养基上，不会出现淡黄色色素）

（2）石膏样小孢子菌 菌落呈肤色的颗粒状，底面也有淡黄色色素。

（3）石膏样毛癣菌的菌落 该菌落形状不定。显微镜下检查可见极少量雪茄状的大分生孢子，以及小而圆的小分生孢子。

第四部分

器官系统疾病

Disorders of Organ Systems

第一章 肌肉骨骼系统疾病
Diseases of Musculoskeletal System

第一节 概　　述
General Considerations

肌肉骨骼系统主要由肌肉、骨骼、软骨、肌腱和韧带组成。肌肉骨骼疾病的检查诊断方法有临床物理检查和X线、B超、CT（计算机断层扫描）、MRI（核磁共振）、肌电描记器等特殊检查方法。

肌肉骨骼系统机能障碍主要表现有软弱、肿胀、跛行和关节机能障碍等临床症状，可继发于创伤、肿瘤、代谢紊乱和神经损伤等因素。

肌肉骨骼疾病检查诊断的基本程序包括：

病史了解　对发病时间、临床症状、病程、以前治疗情况、环境条件、饮食和动物谱系等应有充分了解，对动物的体重、年龄、品种和性别等基本信息的掌握有助于分清是先天性、发育性还是获得性疾病。

临床物理检查　有肿胀或萎缩症状时，应注意局部的肿胀或萎缩病灶的大小、范围和性质以及是否有引起周围组织器官或全身反应；跛行的检查可在休息、站立、直立、负重或活动时进行，要注意跛行的类型、跛行肢体的数量以及活动时加重还是减轻；对于疼痛特别敏感的动物可在镇静镇痛后进行检查。

特殊检查　对于临床检查不能准确定性或不能确诊时，需采用X线、B超、CT和MRI以及肌电描记器检测肌电活性和外周神经传导速度等特殊检查方法进行确诊。

第二节 骨　　病
Bone Disease

一、发育性骨病（Developmental orthopedic diseases）

（一）颅骨下颌骨骨病（Craniomandibular osteopathy）

颅骨下颌骨骨病是个别品种犬由于头盖骨和下颌骨过度异常生长引起的遗传性疾病。其特征是颌表面骨骼异常生长，使下颌变宽、增厚，甚至影响颞下颌关节正常开合。在1岁左右病犬骨骼的异常生长会停止并开始恢复，也称为“苏格兰犬颌（Scottie Jaw）”、“狮子颌（Lion's Jaw）”、“西高地白㹴颌（Westie Jaw）”，常见于㹴类，特别是西高地白㹴、苏格兰㹴和凯恩㹴，其他品种犬偶有发生。西高地白㹴为常染色体隐性遗传，其他品种犬的遗传方式目前不清。

【临床症状】

3～8月龄幼犬多发。患犬嘴角过量流涎，下颌肿胀疼痛，张嘴进食困难。这些症状持续存在或者时好时重，直到幼犬1岁左右时症状减轻好转。但是，若下颌骨异常生长过于严重，特别是颌关节不能正常活动时，过度生长的骨骼则不会完全消退。

【诊断】

通过询问病史、临床检查和X线检查进行诊断。一般该病临床症状呈间断性，并伴有发热症状。X线检查可见头骨、下颌骨和颞下颌区域骨骼过度生长，骨骼增生往往呈对称性，个别单侧发病。可通过骨骼活组织检查与其他疾病导致的骨骼过度生长相区别。

【治疗】

无特效治疗方法。一般情况下，病情会随着幼犬的成长逐渐好转。可使用抗炎类药物镇痛。对特别严重的病例，可考虑外科手术治疗。患犬即使完全康复也不宜作为种用，其父母和同窝仔犬也不宜作为种用。

（二）肥大性骨营养不良（Hypertrophic osteodystrophy）

犬肥大性骨营养不良是生长快的大型犬种如大丹犬、拳师犬、威玛犬、德国狼犬及爱尔兰赛特犬等多发的，发生在长骨干骺端的一种骨病。

【病因】

病因不明，20世纪60～70年代怀疑本病与维生素C缺乏、维生素D和矿物质补充过多、营养与能量过剩等有关，威玛犬和大丹犬有易发本病的遗传趋向。

【临床症状】

肥大性骨营养不良以3～7月龄犬多发，常见于生长快速的大型犬。发病部位主要在桡骨、尺骨和胫骨等长骨的干骺端。病变表现为干骺端骨质减少，骨化不足，严重的骨小梁崩解，骺板发育与钙化异常。

幼犬除了有厌食、嗜睡、发热（病犬体温升高可达40～41℃）等全身症状外，在前肢臂部或后肢胫部远端会出现肿胀、压痛，病犬站立困难，走动时出现明显跛行。骨病变可出现在四肢的任何一肢。对臂部或胫部远端进行X线检查，在骨干的骺端出现透亮区，干骺端有1条高密度带，干骺端向外扩展生长，并有新骨形成。研究表明，严重的肥大性骨营养不良或骨症状出现以前，常伴有消化、呼吸、神经等病理症状，如腹泻、异常呼吸音、上呼吸道症状、不同程度的病理性质的眼眵和鼻漏分泌物、共济失调、头震颤、齿釉质发育不良等，胸部X线检查可见支气管肺炎、胸膜炎、肺硬化、间质性肺炎等。

【诊断】

本病诊断主要依靠X线检查。该病主要发生在长骨干骺端，以桡骨和尺骨远端的病变最明显，X线征象表现为骺板宽度正常，干骺端边缘密度增加，干骺端内侧出现边缘不整与骺板平行的低密度区，干骺端骨膜下出现新生骨，骨干变粗，结合临床症状可确诊本病。

【治疗】

因幼犬肥大性骨营养不良似人的婴儿坏血症，用抗坏血酸疗法可取得满意疗效。抗坏血酸每天应用0.1～0.5g，连用3～5d。

（三）多发性软骨外生骨疣/骨软骨肉瘤（Multiple cartilaginous exostoses or osteochondromatosis）

多发性骨软骨瘤开始表现为骨侧方的小肿物，被覆的软骨帽下为形成病变骨性部分的原始小梁。随着生长，软骨帽保持相对的厚度，而其下的骨性部分逐渐生长，其原始小梁仍与干骺端的松质骨相连，无皮质骨相隔。在骨发育成熟之前，病变区域持续扩大，当骨成熟后，随着骺板的闭合，尽管软骨帽未骨化，但骨软骨瘤停止生长，其下的骨小梁因不承受应力而未塑形。此外，髓腔内可见钙化的软骨岛，骨髓为红骨髓或黄骨髓。当骨成熟后，病变处于静止期。

【临床症状】

多发性骨软骨瘤约有1.3%～4.1%发生于脊柱，占椎管内肿瘤病的0.4%。有的可表现为急性发作，如发生于齿状突者，有的甚至可突然死亡，亦有在无任何症状下长期存活。

【治疗】

多发性骨软骨瘤手术治疗时，应彻底切除软骨帽及纤维膜。若有生长活跃的软骨帽残留，将导致复发；若分块切除，有污染伤口的危险，从而导致复发。躯干骨或近躯干骨者，应进行广泛的大块切除；椎管内骨软骨瘤手术难度较大。

单纯为预防恶变而行手术切除是不必要的。发生于躯干骨或近躯干骨者，恶变率较高，应尽早手术切除。手术时尽可能连同软骨帽及纤维膜一起切除。当有恶变时，应进行广泛的大块切除。

遗传性多发性骨软骨瘤恶变率为10%，恶变者多位于躯干骨或近躯干骨部位的骨盆骨及肩胛骨，应尽早大块切除。

手术时可交替使用骨刀和枪式斜口咬骨钳从肿块周围迂回进入，连同附着的椎板一并切除。关于硬膜缺损，只要将骶棘肌、腰背筋膜各层缝合严密，可不放引流条。如术后出现切口脑脊液漏，可将皮肤全层缝合数针，效果较好。

（四）全骨炎（Panosteitis）

全骨炎（panosteitis）又称内生骨疣、嗜酸性细胞性全骨炎、幼年型骨髓炎，是一种自发性的和自限性疾病，以长骨骨干及干骺端髓腔脂肪变性、骨内膜骨增生、骨膜下新骨形成或引起骨膜下增生为特征，可引起青年犬骨疼痛、跛行。本病常发生于生长发育较快的大型或巨型犬，如拉布拉多犬、德国牧羊犬等，以游走性跛行、压痛和局部骨质增生为临床特征。

【临床症状】

一般多发生于5～12月龄犬，公犬较多见（占80%）。典型症状是用力触诊长骨会引起疼痛，四肢交替周期性跛行。尺骨、桡骨、肱骨、股骨、胫骨易发，表现单肢或多肢跛行。触诊长骨骨干和干骺端时呈现持续性或间歇性疼痛，伴有嗜睡、发热、体重降低、食欲下降等临床特征；全骨炎最初的症状表现为单肢跛行，而后会出现慢性、周期性的交替跛行。成年后，很少再出现跛行等临床症状。

【诊断】

通过询问病史、临床检查及X线检查进行诊断。一般为突然出现跛行，最初表现为单肢跛行（前肢多发），也可多肢同时出现跛行或交替跛行。X线检查出现最早的特征是滋养孔变宽，且其附近的髓腔内出现单个密度增高现象、边缘模糊，骨小梁形状模糊、密度增加。随着病程的发展，髓腔内出现多个致密的斑驳或斑点，最后髓腔内的致密区逐渐消失，皮质骨增厚［见彩图版图4-1-1］。

【治疗】

不建议使用手术疗法。因为该病为自限性疾病，所以治疗应主要控制疼痛，包括限制活动、消炎镇痛、支持护理等，可使用阿司匹林、卡洛芬或乙哚乙酸，一般能自愈。

（五）桡尺骨发育不良（Radial and ulnar dysplasia）

桡尺骨发育不良是指桡骨和尺骨不能同时生长而引起的一种发育异常，常见于近端或远端生长板受损。临床特征为前肢缩短、弯曲、外旋，肘和腕关节脱位，常继发骨关节炎。本病常常是由创伤、不良发育、骨化、骨折异常愈合等引起。常见于斗牛犬、腊肠犬、巴哥犬、京巴犬和巴塞特犬。

【临床症状】

多数犬表现出关节疼痛和不同程度的跛行，以及肢体变形；部分前肢出现严重变形，尺骨变短，桡骨前弯、外转位、变短、跗关节半脱位和腕外翻。由于创伤引起的病例常为单侧性，发育性疾病多为双侧性。尺骨远端骺板提前闭合，由锥状骺板发生细胞挤压性损伤导致生长失衡为最常见。

【诊断】

通过询问病史、临床检查及X线检查进行诊断。X线检查显示：尺骨远端骺板出现钙化，桡骨呈弓状并向前弯曲。尺骨骨干较直、缩短，横径可能增大。桡尺骨间间隙增大，桡腕关节以及臂尺关节之间的间隙增大；关节骨对位不良，出现不对称或对称性的桡骨远端骺板闭合；桡骨远端骺板钙化，导致桡骨干变直，桡腕关节的关节间隙变大，肘关节出现半脱位。

【治疗】

肘关节正常，可进行部分尺骨远端切除术以及游离脂肪植入术来减少对桡骨生长的束缚，术后采用绷带作支撑。桡骨远端出现部分闭合，可切除闭合的骺板，植入游离脂肪；桡骨切开术的同时使用外固定器牵引，保持肢体长度与肘的连接；对于对称性桡骨远端骺板闭合，可做桡骨远端骺骨干固定术。

（六）苏格兰折耳猫骨营养不良（Scottish fold osteodystrophy）

苏格兰折耳猫骨营养不良也称为苏格兰折耳猫软骨发育不良，是影响骨骼生长、关节软骨形成，造成四肢远端及尾部畸形的一种遗传性疾病。其特征是两后肢不愿运动，出现跛行，并且在跗跖部、尾椎和腕掌部骨骼变短增粗、畸形，关节间隙变窄和骨质增生［见彩图版图4-1-2］。本病多发生于1～6月龄猫，没有品种和性别差异。发病年龄越小，畸形越严重。

【临床症状】

最早出现和最典型的症状是尾部异常粗大以及尾基部不能弯曲，灵活度下降。骨变形，四肢粗短，骨骼的改变导致负担体重的能力下降，最后步态异常，并出现跛行。发病初期一般不愿活动，两后肢间歇性交替跛行，踩高跷样跛行，并且两后肢呈坐姿。指甲出现角化不良、钝粗，爪子不能伸缩。前肢腕掌骨也会出现类似表现，但表现症状的时间较晚，程度也较轻。

【诊断】

通过询问病史、临床检查及X线检查进行诊断。触诊其两后肢跗关节肿胀、活动性下降，跖骨肿胀，按压有疼痛感。X线检查显示：四肢骨远端的关节周围出现骨质增生，并且跗关节和腕关节周围的密度增大，关节间隙变小，有时甚至会出现骨性强直或畸形，同时尾椎骨会增粗，掌骨和跖骨外生骨疣。

【治疗】

此病无特效疗法，治疗的主要目的是缓解疼痛和改善临床症状。可以通过去除软组织的外生骨疣，固定腕和跗关节来减轻疼痛。给予止痛药，并搭配营养关节软骨的药物，同时通过限制折耳猫的繁殖来预防此病的发生。

二、感染（Infection）

脊髓炎（Myelitis）

脊髓实质（parenchyma）及其支持结构的炎症称为脊髓炎（myelitis）。侵袭神经实质的炎症可分为脊髓灰质炎（poliomyelitis）和脊髓白质炎（leukomyelitis）。支持结构的炎症包括星形胶质细胞（astrocyte）、少突神经胶质细胞（oligodendrocyte）、血管以及其他部分的炎症等。

【病因】

脊髓周围被脊硬膜（dura mater）、脊蛛网膜（arachnoid mater）和脊软膜（pia mater）包被。脊硬膜是厚而坚实的胶原蛋白膜。软膜层和蛛网膜层在形态学上十分相似，组成软脑膜（leptomeninges）。在脊软膜和脊蛛网膜之间（即蛛网膜下腔）充满了脑脊液（cerebrospinal fluid，CSF）。脑膜的炎症称为脑膜炎。绝大多数炎症包含了脑部、脊髓神经以及与之相关联的膜的炎症，引起脑膜脑脊髓炎（meningoencephalomyelitis）。

【临床症状】

患有脊髓炎的动物会表现出发热、脊柱旁不适、四肢麻痹（tetraplegia）等，但对多数受感染动物而言，也能出现中枢神经系统多处受到侵袭的迹象，通常是脑干、大脑皮层受到感染。病因、病程和易感动物可影响疾病，并决定临床体征。

【治疗】

成功的治疗取决于一套恰当的、积极的治疗方案。对于有些疾病，还没有有效的治疗方式，并且有些动物会出现永久性的神经损伤。

三、先天性疾病（Congenital disorders）

（一）骨囊肿（Bone cysts）

骨囊肿是骨组织内的一种囊肿样局限性肿瘤样病损，也称为单纯性骨囊肿、孤立性骨囊肿，是一种良性的骨病变。最常出现病变的是股骨上端、肱骨上端、胫骨上端和桡骨上端，在病变过程中可能会逐渐移向骨干。

【临床症状】

囊肿部位肿胀，触压疼痛，并且出现关节僵硬、跛行，一般在发生病理性骨折后才容易发现。

【诊断】

通过询问病史、临床检查及X线检查进行诊断。X线检查显示：长骨的干骺端出现界限清楚的透明区，皮质部位有不同程度的膨胀、变薄。

【治疗】

骨囊肿一般可自愈，也可在囊腔内注射甲基泼尼松龙来促进骨结构的恢复，也可采用刮除植骨手术治疗。

（二）肥大性骨病（Hypertrophic osteopathy）

肥大性骨病是一种发育性的骨科疾病，指四肢骨远端具有特征性的骨隆起，继发骨膜增生的一种骨病，又称肥大性肺骨关节病（hypertrophic pulmonary osteoarthropathy）或肥大性骨关节病（hypertrophic osteoarthropathy）。主要影响3～4月龄的大型或巨型幼犬，并且雄性动物患该病的概率是雌性动物的2～3倍。

【临床症状】

触诊隆起部位温度升高、疼痛，通常与胸部疾病有关。临床可表现出厌食、精神抑郁、发热、对称性跛行、长骨干骺端硬性肿胀、升温、用力触压疼痛等症状，持续数月后疼痛减轻不明显，行走强直，呈高跷步态，有些病犬伴有咳嗽、轻度呼吸困难、呕吐、腹泻、流涕、肺炎、菌血症、足垫角化过度和共济失调等症状。

【诊断】

通过询问病史、临床检查及X线检查进行诊断。严重病例X线检查可见掌骨、桡骨、尺骨、股骨等四肢长骨具有广泛性、对称性骨膜增生和新骨生成，但皮质骨不受损害［见彩图版图4-1-3］。胸部X线检查可见肺部有原发性或转移性肿瘤，或伴有巨食道症等。

【治疗】

无特效疗法。可采用支持疗法以减轻临床症状。切除肺部病变组织后其疼痛、软组织肿胀和跛行等症状可在1～2周内解除，骨的病变也将逐步减退；限制患犬活动以及应用镇痛药都有助于缓解该病。同时应调节电解质、酸碱平衡，并给予充足的营养。

四、营养性/代谢性疾病（Nutritional or metabolic diseases）

（一）纤维化骨营养不良（Fibrosis osteodystrophy）

1. Ca和（或）P缺乏、比例失衡　Ca和（或）P缺乏、比例不平衡是由于犬食物中钙、磷供给不平衡引起的。食物中钙少，使血钙水平降低，反射性引起甲状旁腺分泌加强。如动物肌肉或内脏中含磷量较多，钙含量过少，犬以这些为主食，易使体内血磷升高，血钙下降。高血磷虽然不能直接作用于甲状旁腺，使其分泌功能加强，但能使血钙进一步减少，间接增强甲状旁腺分泌功能，使甲状旁腺激素分泌增多。后者可使破骨细胞活跃，骨溶解作用大于骨沉积，同时促使肾小管排泄磷而保留钙。其结果使血钙浓度维持在正常范围内，但骨质在钙化不足的基础上脱钙加剧，最终导致纤维性骨营养不良。

【临床症状】

犬精神沉郁，喜卧，跛行，步调不协调，长骨皮质变薄，不愿走动，多发性骨折，骨质疏松等。

【诊断】

根据特征性骨骼病损和X片影像变化，结合血钙和血磷浓度都下降以及碱性磷酸酶活性升高、尿中钙和磷浓度降低可做出诊断。

【治疗】

调整日粮钙、磷比例为2∶1，纠正水、电解质紊乱和酸中毒，用林格氏液或葡萄糖生理盐水补液，给予碳酸氢钠溶液。当有合并感染时，应使用抗生素控制感染。

2. 维生素D缺乏症（Hypovitaminosis D）　维生素D是犬骨骼生长和钙化所必需的一种脂溶性维生素。维生素D缺乏可引起体内钙、磷代谢障碍，导致骨骼病变，幼龄犬发生佝偻病，成年犬发生骨营养不良。维生素D的主要来源是食物和母乳，也可从皮肤中获取一部分。因而食物、母乳中维生素D缺乏或皮肤的光照射不足，是犬机体维生素D缺乏的根本原因。当食物中钙磷比例偏于正常比例（1∶1～2∶1）太远，对维生素D的需求量增大，未能恰当补充维生素D也可能造成维生素D缺乏。食物中维生素A与维生素D相互颉颃，当维生素A与胡萝卜素含量大时，也可干扰维生素D的吸收，引起维生素D的相对缺乏。

【临床症状】

病程一般缓慢，通常1～3个月才出现明显症状。病初患病动物表现生长缓慢，精神不振，消化不良，严重异食，喜卧而不愿意站立和走动，强行站立和运动时表现紧张，肢体软弱，甚至呻吟痛苦，心跳和呼吸增数。站立时，肢体交叉，弯腕或向外展开，并伴有顽固性的卡他性肠炎。

后肢骨骼明显变形，主要表现为骨骼逐渐变形，关节肿胀，骨端粗厚，尤以肋骨和肋软骨的连接处明显，出现佝偻性念珠状物。骨膨隆部初有痛感。四肢骨由于疏松而无法负重，致使两前肢腕关节向外侧凸出而呈现内弧圈状弯曲（O形）或两后肢跗关节内收而呈八字形分开（X形），以前肢显著。

【诊断】

根据犬日粮组成、临床检查以及X线诊断。一般犬骨骼变形，在肋骨和肋软骨交界处呈串珠状增大。X线检查时发现肥大的软骨，骨化中心与骺线间距离加宽，骨骺线模糊不清呈毛刷状，纹理不清，骨干末端凹陷或呈杯状，骨干内有许多分散不齐的钙化区。碱性磷酸酶（AKP）活性升高。

【治疗】

主要是消除病因，调整日粮组成，使其钙磷比例保持在1∶1～2∶1之间；添加维生素D_3，增加户外运动和晒太阳时间，可防止该病。药物治疗一般口服鱼肝油或鱼肝油丸或肌内注射维生素A、维生素D复合注射液。

（二）维生素A过多症（Hypervitaminosis A）

犬的维生素A过多症是指犬长期摄入富含维生素A的动物肝脏等食物或饲料而引起的犬的一种维

生素代谢障碍性疾病，以骨质疏松、多发骨折、韧带和肌腱附着处的骨膜发生增生性病变为主要特征。维生素 A 过多导致骨损伤可能是通过直接影响骨骼组织，使破骨细胞活性增强，导致骨质脱钙、骨脆性增加、生长受阻、长骨变粗及关节疼痛。另外，机体摄入过多的维生素 A，能增加细胞膜的不稳定性，更易发生机械性损伤。机体对维生素 A 代谢紊乱高敏感性，也可能是这种病发生机制的一个重要的因素。

【临床症状】

患犬精神沉郁，食欲减退，消瘦，被毛稀疏并易脱落；全身肌肉紧张，感觉过敏，以颈部、背部最为严重；四肢关节肿胀，触之表现疼痛，拱背、行动迟缓、步态强拘，跛行；个别严重患犬发生肌肉萎缩甚至四肢瘫痪。有些病例还会出现齿龈炎和牙齿脱落。

【诊断】

根据临床症状和患犬长期吃动物肝脏等富含维生素 A 的食物可作出初步诊断。另外，X 线检查时，患犬四肢关节周围形成骨赘，关节骨骼融合，韧带附着点骨质增生，长骨弯曲变形，且骨密度降低，皮质变薄，类似骨质疏松症症状，可为诊断提供参考依据。

进一步确诊，可用比色法测定血清中维生素 A 浓度。犬血清中维生素 A 浓度的正常值参考范围为 50～200（mg/dL），当患病犬血清中维生素 A 浓度超过正常参考值的 50～100 倍时，就会发生维生素 A 中毒。

【治疗】

对于犬维生素 A 过多症，目前还没有特别好的治疗方法。主要是立即停止饲喂富含维生素 A 的食物（如动物肝脏等）或饲料，并对患犬进行对症治疗。临床实践证明，单纯采用西药的治疗效果并不理想，采用中兽医辨证治疗能取得很好的疗效。口服中药结合针灸治疗。另外，可以在犬背部、腰胯部肌肉自前向后轻轻按摩，并进行相应穴位按摩。然后，对犬的两后肢辅助性牵拉练习，同时使用刺激剂红花油等效果更佳。

（三）黏多糖病（Mucopolysaccharidosis）

黏多糖病是一种先天性黏多糖代谢障碍性疾病，是由于溶酶体中缺少黏多糖分解过程中所需的酶，导致黏多糖分解代谢发生障碍所致。主要的黏多糖为：硫酸皮肤素、硫酸类肝素、硫酸软骨素、硫酸角质素等，已知有 10 种酶参与其分解，只要任何一种酶缺乏，分解就发生障碍并从尿液中排除。分解不完全的黏多糖可贮积于全身各脏器和组织，多以骨骼病变为主，还可累及中枢神经系统、心血管系统以及肝、脾、关节、肌腱、皮肤等。

【临床症状】

患病动物表现为发育缓慢，骨骼畸形，腹部膨隆。头大，眼距加宽，口张开，舌头伸出外面，关节强直。尿液中的黏多糖量可显著增加。

【诊断】

通过临床症状和 X 线影像学结合酶活性的检测进行检查诊断。X 线主要显示骨干的骨膜肥厚及干骺端增宽，骨干中央粗短，两端逐渐削尖。椎体呈圆形后凸成角畸形，下缘凸出，前下缘呈鸟嘴状。髋臼内陷，股骨头不规则，常有髋内外翻。

【治疗】

本病主要是对症治疗，尚无有效的治疗方法。骨髓移植可以改善部分临床症状，但对于骨骼已经变形的患犬，几乎不能改善症状。早期的诊断和骨髓移植可以使骨骼的破坏减轻。酶替代治疗和基因治疗还在研究中，部分应用已取得了良好的效果。

五、骨肿瘤（Bone neoplasms）

由于与人类生活在一起，犬的寿命在不断延长。但是，肿瘤病也同步增加。常见的犬肿瘤病分为良性和恶性肿瘤。肿瘤是异常出现的组织（或细胞群），生长速度比正常组织快，恶性肿瘤对组织和动物的生命影响大。临床上常见的肿瘤有腺体瘤、鳞状细胞瘤、基底细胞瘤、脂肪瘤、纤维瘤、色素瘤、血管瘤、软骨瘤、生殖器官肿瘤以及卵巢种植性肿瘤等。有些品种犬肿瘤的发生率较高，尤其是纯种犬。从年龄上看，老龄犬发病率最高。骨病中，骨肉瘤是其中的一种肿瘤。骨肉瘤是一种类骨质瘤或新生骨瘤，也可以是两种并存的癌。骨肉瘤起源于成骨细胞，其细胞形态多样，其发生以老龄犬为主，发病部位在长骨的骨骺端，大型和巨型犬发病率高于小型犬。

【临床症状】

发病犬跛行，不愿走动，患病部位的骨骼肿胀、疼痛。主要发病部位为肋骨、桡骨和胫骨近端；四肢骨肉瘤的患病动物中90%以上都出现肺转移。因骨变形、变细，易发生骨折。骨肉瘤一般有骨膜，易导致出血和坏死。

【诊断】

通过临床症状和X线检查可以进行诊断。X线检查可见患部骨溶解或骨硬化［见彩图版图4-1-4］，同时可排除结核或放线菌引起的骨病变。

【治疗】

没有很好的治疗方法，主要通过手术切除。但截肢治疗后多数病犬发生肿瘤转移至肺。放疗和化疗后，其症状可缓解，但其瘤体不会消失。本病一般预后不良。

第三节 关节和韧带疾病

Diseases of Joints and Ligaments

一、发育性机能障碍（Developmental disorders）

（一）无菌性股骨头坏死（Aseptic femoral head necrosis）

无菌性股骨头坏死（AFHN）又叫雷佩病（Legg-Perthes disease）、雷卡佩病（Legg-Calvé-Perthes disease）和无菌性/缺血性股骨头坏死（aseptic/avascular necrosis of the femoral head），是股骨头生长（骨化）中心发生变性或死亡（坏死），造成动物后肢严重疼痛，进而导致跛行的一种疾病。

此病常发于小型犬，一般为幼犬（4～12月龄），如贵妇犬、凯恩㹴、西高地白㹴、曼彻斯特㹴和袖珍犬，包括㹴类及迷你犬玩具犬和贵宾犬。主要是由于股骨头骨化中心缺血坏死引起。正常情况下，骨化中心的骨细胞依靠血液维持营养，血管只有在穿过骺板后才能达到骨化中心。骨骺和干骺端血管栓塞导致骨骺缺血后，骨细胞和骨髓细胞随之死亡，骨化中心停止生长。但是，由于骨骺软骨依靠关节液维持营养，因此，关节软骨能够正常生长并且比正常软骨厚。随着病程的发展，新生血管从周围组织长入坏死的骨化中心，吸收死骨，生成新骨，也就是所说的重建。重建过程中，由于生物力学作用于新生骨上，造成股骨骨骺萎缩塌陷。长期力的作用可使新骨再吸收，形成纤维肉芽组织，与此同时，股骨头易发生畸形，从而诱发骨关节炎。

【病因】

无菌性股骨头坏死的病因很复杂，目前尚未完全明了。有人发现曼彻斯特㹴具有隐形遗传倾向。可能是由慢性损伤所致，损伤或炎症可引起动物的髋关节液增多，使关节内压力增高，影响股骨头血液供应；另外，股骨头骨骺的先天性缺陷、骨骺血管脂肪栓塞、内分泌紊乱等也可能导致本病的发生。

【临床症状】

小型犬种多发，多发生于4～12月龄，6～7月龄高发。早期症状不明显，随病情发展出现单肢或双后肢跛行；活动髋关节时患病动物有疼痛反应，髋关节活动范围减小；患肢股部肌肉萎缩，病情严重时有骨摩擦音。

【诊断】

如果幼龄玩具犬或小型犬表现髋关节疼痛和跛行症状，应怀疑此病。触摸患肢肌肉萎缩，触诊后展髋关节或外展髋关节时，疼痛加剧，发出叫声，甚至反抗咬人。根据病情发展程度的不同，患肢可能出现肌肉萎缩。早期X线图像表现为骨骺密度不一致，出现散在低密度透射线区；后期骨骺变形、股骨颈增厚、关节间隙增宽；严重病例表现为股骨头塌陷、骨折、碎裂，同时伴有髋臼缘骨赘出现等骨关节炎征象[见彩图版图4-1-5]。确诊需要骨骼活检。

【治疗】

早期诊断（在股骨头出现很多骨骼变化之前），此病可实行保守疗法，强制休息，通过镇痛和悬吊患肢使之不负重来治疗。如果疼痛和跛行很严重，则很难通过保守疗法来改善功能，但有些药物可以减轻疼痛。唯一的治疗方法是通过手术切除坏死的股骨头。手术可以减少骨与骨之间的摩擦而有效除去痛源，患犬可以获得很好的生活质量。另外，患犬及其父母不能用于种犬。同窝犬可能也是AFHN患犬。由于该病高发于青年小型犬，早期缺乏明显的临床症状，因此对处于青年期的小体型犬只，建议从半岁起定期对其进行髋关节的X线体检，以及时发现潜在性的疾病，达到早治疗和早康复的治疗效果。

（二）先天性髌骨脱位（Congenital patella luxation）

先天性髌骨脱位是指幼犬的髌骨从股骨的滑车沟向内侧或外侧脱出而引起的疾病。髌骨位于股骨远端的滑车沟内，并与滑车沟构成关节。髌骨脱位导致整个后肢发生解剖异常，青年犬发展为成角畸形和扭转畸形，随着生长而脱位加重，成角畸形更明显，继而出现股骨滑车变浅、髋内翻、膝内翻等继发症。本病可分为四个等级，最轻者表现为髌骨偶尔滑出且能复位，最重的则为完全性永久脱位。

【病因】

先天性髌骨脱位只发生于小型品种的犬，如博美犬、吉娃娃、小鹿犬等，发病原因尚不清楚，有学者认为为遗传性。动物一般不发病，但在不良环境和营养因素的影响下则会显现出来。可能是由股骨头异常前倾或股四头肌发育不良，股内肌群和股外肌群之间的力不平衡所致。

【临床症状】

根据本病的严重程度，临床表现呈间歇性或慢性跛行或三脚跳。具体症状为膝关节屈曲，趾尖向内，小腿向内旋转，股四头肌群向内移位。髌骨脱位的严重程度可分为四级：一级脱位，为间断性发病，发病时表现为三脚跳，可自行复位。触诊髌骨时可以感知脱位，但放开后髌骨又自行回到原位；二级脱位，髌骨在膝关节屈曲时或人为使之脱位后保持脱位状态，直到膝关节伸展或人为复原，表现为三脚跳或免负体重；三级脱位，髌骨持续性脱位，不能人为整复。人为活动膝关节时有疼痛反应；四级脱位，多为双侧性，常出现严重的骨变形，患病动物不能完全伸展膝关节。

【诊断】

临床检查时可感知髌骨不在股骨远端的滑车沟内或可人为将髌骨脱位。X线检查：正位片可见髌骨向内或外侧移位；侧位片可见髌骨与股骨髁重叠；在膝关节屈曲下的水平位投照时，可观察到滑车沟的深度和髌骨的位置[见彩图版图4-1-6]。

【治疗】

一级脱位，一般只是暂时或偶尔出现跛行，不继发变行性关节炎，不需外科矫正治疗；二级脱位，需外科治疗，手术方式包括关节囊叠盖（脱位对侧）、筋膜减张切开（脱位侧）、滑车成形术和胫骨结节外侧移位术；三级脱位，需要上述几种方法联合应用；四级脱位，需做股骨或胫骨扭转位矫正法切骨术和多重手术矫正脱位，矫正无效时可以做截肢或关节固定术。

（三）肩关节脱位（Shoulder luxation）

肩关节脱位是由于创伤或遗传因素引起。肩关节由关节囊、盂肱韧带和周围的肌腱（冈上肌、冈下肌、大圆肌和肩胛下肌）所支持。当这些结构发生断裂或缺陷时，即可能发生肱骨头脱位。外伤性脱位常导致肩关节损伤。外伤性外侧肱骨头脱位与盂肱韧带、冈下肌腱断裂有关，而外伤性内侧肱骨头脱位与内侧盂肱韧带、冈下肌腱断裂有关。通常会同时伴发胸部损伤（即气胸、血胸、肺挫伤或肋骨断裂）。关节囊和韧带的先天性或发育松弛，引起肱骨头内侧不稳和内侧脱位。这种症状往往是双侧同时发生。中间盂肱韧带、肱二头肌腱或肩臼缘不完全断裂，可引起肩关节半脱位或肩关节不稳；关节囊肿胀、滑膜炎和不同程度的退行性关节病也可以引起慢性肩部疼痛和跛行。

【临床症状】

外伤性肩关节脱位可以发生在任何年龄、任何品种的犬，而猫则很少发生。先天性内侧脱位通常发生在小型或迷你型品种犬，如玩具犬、贵宾犬和苏格兰牧羊犬；年轻动物一或两前肢结构异常，出现一或两肢部分或非负重性跛行，患病关节触诊时表现疼痛，虽然最初表现仅为一侧发病，但通常是双侧性的。

【诊断】

犬外伤性脱位通常有外伤病史，年轻犬无外伤史且出现慢性前肢跛行可提示为先天性脱位。外伤性脱位的动物通常不能负重，患肢常呈屈曲的位置。外伤性外侧脱位时，脚向内旋转，大结节在其正常位置的外侧；外伤性内侧脱位时，脚则向外旋转，大结节偏向其正常位置的内侧。疼痛和骨摩擦音可以提示肩关节脱位。患有慢性先天性内侧脱位的犬，通常出现跛行，其关节容易脱位和整复，且这个过程一般不引起疼痛。如果肩关节腔变形，则肱骨头复位不太容易。一些患有慢性内侧脱位的小型犬仅表现出间歇性跛行和较轻微的退行性关节病。X线检查侧位和前后位，可以确诊。

【治疗】

犬慢性内侧脱位，仅表现为间歇性跛行和轻度的退行性关节病，可在急性期控制活动和给予阿司匹林进行治疗。外伤性脱位如没有发生肱骨和肩部骨折，可立即进行闭合性复位。当肱骨头在正常移动范围内缓慢移动时，肱骨头应保持在适当位置。如果脱位关节不稳定，侧方用夹板和绷带进行固定10～14d。外伤性内侧脱位复位后用Velpeau吊带进行固定。如果外伤性脱位闭合整复不稳定，易复发或慢性脱位，须进行开放整复，进行关节囊缝合术和肌腱互换术固定。由先天性脱位引起严重的和持久性跛行的病犬也需进行手术治疗。对严重关节脱位或退行性关节病病例和开放整复固定失败的病例，可进行关节盂切除术和关节固定术。对慢性难治的脱位，肱骨头或关节盂粉碎性骨折和严重的退行性关节病病例，可以考虑关节切除术。这是破坏性手术，仅在其他关节正常时作为最后的治疗手段。因为肩部的活动弥补了肩关节的运动，大多数病例肩部固定后，前肢动作正常。

（四）肘关节脱位（Elbow luxation）

肘关节脱位又称外伤性肘关节脱位（traumatic elbow luxation），是由于桡骨、尺骨相对于肱骨侧方移位所致的肘关节损伤的一种疾病。肘关节脱位多因外伤所致，常发生外方脱位。肘关节不完全脱位与该关节三个主要疾病（肘突未愈合、内侧冠状突病和肱骨内髁骨软骨病）有关。因这些疾病可引起尺骨滑车切迹发育异常。肘关节损伤使一侧或双侧侧韧带撕裂或断裂，从而导致桡骨和尺骨脱位。桡骨和尺骨通常为外侧脱位。常发生附着侧韧带的骨骼撕裂和韧带断裂。严重损伤时，屈肌或伸肌起点也会从肱骨髁上撕裂或断裂。在损伤发生时可能会有软骨损伤。慢性脱位可引起软骨软化、关节软骨破坏，继发退行性关节病。

【临床症状】

任何年龄和品种犬都可以发生，但猫较少发生。未成年动物多发生骨干骨折而较少发生外伤性脱位。病史通常包括损伤，如车祸、坠落等。患肢通常表现出急性跛行。体格检查患肢不能负重，发病肘关节呈屈曲的位置，前肢外展外旋。触诊可见明显的桡骨头，肱骨外侧髁不明显，鹰嘴移位。大多数病例疼痛，抵制肘伸展。

【诊断】

X线检查时，在肘关节前后位片上，桡、尺骨的外侧脱位较为明显；侧位片显示肱骨髁和桡骨、尺骨关节间隙不均匀。有时可见内侧或外侧肱骨髁撕裂［见彩图版图4-1-7］。

【治疗】

肘关节复位后，应进行X线检查，以确定桡骨、尺骨位置，评估关节的稳定性。轻微半脱位或关节间隙变大，通常关节比较稳定。明显的半脱位需开放整复，用内固定的方法整复。如果复位成功，肘关节应在伸展的位置进行固定，衬以敷料、打上绷带，固定2周。除去绷带后，逐渐进行关节活动的锻炼。绷带去除后3～4周限制运动。闭合性复位的并发症多为再次脱位和退行性关节病。如果不能进行闭合复位的病例，可进行开放性整复。闭合整复后关节不稳定或有骨折和撕裂伤的病例可施行开放整复以提高关节的稳定性。外伤性脱位时，如果软骨严重损伤可考虑关节固定术。由于肘关节的活动对犬步态非常重要，肘关节固定术会限制犬的运动能力，这往往是最后采用的治疗手段，作为截肢术的替代方法。

（五）破裂性内侧冠状突（Fragmented medial coronoid process）

破裂性内侧冠状突也称为剥脱性骨软骨炎（Osteochondritis disease，OCD）、肱骨髁骨软骨病（osteochondrosis of humeral condyle）、肘关节发育不良（elbow dysplasia）、鹰嘴突愈合不全（ununited anconeal process）、肘关节不一致（incongruent elbow），是指冠状突中部从尺骨中分离，并引起跛行的退行性关节病。

【病因】

该病为多基因遗传，但目前不清楚有多少基因以及哪些基因可引起该病。环境因素，如过度饲喂、患犬增重过快等，可促使有该病基因遗传倾向的犬发生该病。另外，可能与以下几方面因素有关：冠状突软骨内骨化障碍引起软骨退化、坏死和开裂，发生骨软骨病而导致冠状突破碎；肘关节发育不协调也可引起冠状突破碎。尺骨和桡骨不同步发育（生长期间引起尺骨长于桡骨），使得作用于内侧冠状突的体重增加，促进骨裂和骨折的形成。此外，滑车切迹的发育异常和变形使关节不协调，也会导致冠状突过度负重和骨折。冠状突上小的裂隙有时可以发展为骨折，使分离的软骨片或小梁骨通过纤维组织附着在环状韧带上。分离的部分通过钙化组织部分地覆盖在纤维组织上，最终导致关节不稳定和退行性关节病。内侧肱骨髁韧带经常被脱离的肱骨骨片破坏。随着病程发展，关节周围骨质增生，软组织纤维化。

【临床症状】

大型犬多发，并且雄犬发病率高于雌犬。主要见于巴吉度犬、伯恩山犬、寻血猎犬、法兰德斯畜牧犬、松狮犬、德国牧羊犬、金毛犬、大白熊犬、爱尔兰猎狼犬、拉布拉多犬、马氏迪夫犬、纽芬兰犬、罗威纳犬、圣伯纳犬和魏玛犬等，其他品种大型犬也有发病报道。该病在动物未成年时就开始发展，5～7月龄时表现出临床症状。通常一侧前肢跛行，如果双侧跛行，动物表现步态强拘且步幅变短。

【诊断】

患犬最初无明显跛行，很难及时发现。一旦确诊，患犬已跛行了一段时间。对于生长过快的大型犬（特别是上述提到的品种犬）在幼犬时，一旦出现前肢跛行和肘部疼痛，应怀疑该病。对患犬进行临床检查，并帮助其来回奔跑做进一步确诊。对前肢关节部位进行X线检查，即使患犬一侧跛行，在X线片上两前肢关节部位的病变也会非常明显。如果有条件可进行CT扫描，该技术比X线平片更清楚地显示特定的骨骼碎片。患犬会在7～10月龄时出现跛行，并持续存在。患犬每天起床开始行走或奔跑时症状尤为明显。该病预后一般取决于治疗时疾病的发展程度。如果在出现骨关节炎（骨关节退行性变化）前及时治疗，临床症状可得到明显改善。如果不采取及时治疗，患犬会表现疼痛和跛行，并且症状会逐渐加重。

【治疗】

可以采用药物治疗或药物结合手术治疗。建议先采用药物治疗，如果效果不理想再考虑手术治疗，外科手术可去除骨骼或软骨碎片。如果患犬的骨骼生长速率不同，可采取手术减轻关节的压力。对该病的预防，首先应控制患犬的饮食，可改变饲料，避免体重增加过快和生长过速；其次限制患犬的运动。药物治疗可选用非类固醇类抗炎药物来减轻疼痛，也可选用软骨保护类药物，如葡萄糖胺。建议患犬及其父母不用作种犬。

（六）髋关节发育不良（Hip dysplasia）

髋关节发育不良主要是大型犬或生长过快的犬发生不同程度的髋关节松弛，半脱位或全脱位导致退行性关节炎的遗传性疾病，常见于斗牛犬、拉布拉多犬、金毛寻回猎犬、德国牧羊犬、松狮犬等。研究表明，髋关节发育不良是多基因遗传病，但遗传病因学尚不明确。

【临床症状】

幼犬出生后，由于髋部有软骨保护，所以不表现出临床症状。一般6～12月龄间出现从轻微不适到严重的跛行，出现患肢减负或免负体重，运动时疼痛，走路姿势异常等。随着年龄的增长，髋关节异常摩擦、承重压力过大及关节囊内滑液不足导致髋关节损伤与退化，进而发展成为退化性关节炎。单侧髋关节发育不良表现为三脚跳，双侧则表现为走路时臀部剧烈扭动。

【诊断】

通过询问病史（高发病犬种需要问清家族病史）、临床检查和X线影像进行诊断。有些犬不表现症状，但仍有患病的可能。X线片可见股骨头关节软骨与髋臼密度增高，髋臼缘骨质呈唇样突起，髋关节呈半脱位或全脱位［见彩图版图4-1-8］。有些犬X线检查显示髋关节病变情况严重但无明显临床症状，而有些犬临床症状严重却在X线片上无异常变化，故X线检查是目前最后诊断的手段，但结果并不绝对。

【治疗】

保守治疗的原则是抗炎止痛，维持四肢功能。早期可通过止疼药物治疗并配合休息，严重时使用抗炎药物。肌肉支持是治疗的关键，可通过一些对关节不造成压迫的运动进行肌肉锻炼。预防肥胖和减轻体重对治疗髋关节发育不良来说是较好的措施。手术治疗方法有三种：症状轻微的幼龄犬采用骨盆三刀切开术（triple pelvic osteotomy），调整股骨头与髋臼的位置关系，以减缓或停止病情继续恶化；患有严重髋关节发育不良的小型犬可采用股骨头和股骨颈切除术（femoral head and neck excision）；而大型犬则采用全髋关节置换术（total hip replacement）。

（七）骨软骨病（Osteochondrosis）

骨软骨病是指幼龄犬在生长发育过程中发生以无菌性骨坏死和骨骼发育不良为特征的一种疾病，主要发生在生长过快的犬。特征为无血管区的软骨停留在长骨和干骨骺生长区。引发该病的原因尚不明确，一般认为其直接原因是压迫性外伤、过度牵引和循环障碍，间接原因可能有营养不良、内分泌失调及遗传因素。

【临床症状】

患犬可表现出不同程度的跛行，触诊患部或外展运动时有疼痛反应。长期休息及运动后，跛行程度加重。随着病情恶化，可能引起患部肌肉萎缩。

【诊断】

X线诊断有较大意义。X线片显示长骨变形，骺生长板骨化异常或者关节软骨下骨侵蚀。关节穿刺液正常或混有软骨碎片。注意与关节粉碎性骨折、脓肿或孤立的包囊相鉴别。

【治疗】

少运动，多休息。疼痛严重时给予镇痛药对症治疗。若关节内有软骨片，应手术除去软骨片或小骨片，矫正成角畸形；犬成年症状逐渐减轻，但常常继发骨关节病，使关节病变不能完全消除。本病具有自愈性，只要保持患肢安静，减少负重，当幼犬发育成熟后，病变部位会逐渐痊愈，并能恢复功能。

（八）肘突未闭合（Ununited anconeal process，UAP）

肘突未联合（UAP）是大型犬和巨型犬生长发育期肱骨远端干骺端没有形成骨性联合的疾病。肘突是肘关节第二个骨化中心，一般情况下，4～6月龄时尺骨近端干骺端与肘突骨化中心已融合，但由于肘部用力和运动不平衡，造成肘突骨化中心与尺骨近端干骺端分离。幼犬发病时，跛行并不明显。

【临床症状】

大型或者巨型公犬发病较多。由于肘关节外展，运动受限，后期可表现出骨关节炎的症状。关节有渗出物，触诊有捻发音。屈曲肘关节后拍侧位X线，见肘突分离即可确诊［见彩图版4-1-9］。由于20%～35%的犬会双侧发病，所以要注意进行双侧检查。

【诊断】

触诊关节附近的软组织肿胀，患犬痛感明显，常见一侧的前肢跛行。由于腕关节活动范围减小，行走时步态异常。病犬坐下或起立时，掌部会向外旋。若变成退行性关节病时，肘关节伸展或屈曲会发出骨摩擦音。X线诊断亦可鉴别生长发育期犬常见的前肢跛行。

【治疗】

小于6月龄的犬发现疑似肘突未闭合时应限制其活动，并且每隔一段时间进行X线检查，以确定是否是肘突未联合。

对于年龄较大且并发退行性关节病的患犬应采用限制活动配合非类固醇性抗炎药进行治疗。跛行消退后，控制体重和增加运动以锻炼肌肉是有效的措施。

手术治疗方法常采用内固定法，但不能阻止骨关节炎发展，复发率较高。

二、变性疾病（Degenerative diseases）

（一）变性关节病（Degenerative joint disease）

变性关节病是活动关节的一种慢性疾病，其特点是关节软骨变性与吸收，以及关节外周变形和骨质增生，临床上见跛行与关节变形。该病可发生于人类、所有种类家畜、小型实验动物和鸡等。此病发展缓慢，病初症状不明显，难于确诊；晚期病例确诊后，又很难治愈。变性关节病有时又分为原发性和继发性，后者是由于损伤、肥胖和机械性关节障碍的异常应力作用，致使关节磨损过程加速或加剧。原发性变性关节病，没有异常磨损或应力作用，而可能是由于一种以上的异常因子影响软骨代谢而产生。

【临床症状】

跛行与关节变形是基本的症状。病情严重程度与患病关节大小有关，关节愈大，症状愈严重。在发病早期，发生软骨变性，但无症状，不易识别，X线检查也看不出变化。疼痛表现可能由滑膜炎、骨膜增生或滑膜干燥所引起，但疼痛的程度与变性变化的严重程度关系不大。

【诊断】

受累关节缘有骨赘形成，是变性关节病最突出的放射线征，但更常见的早期改变则是关节软骨破坏所致骨间关节腔狭窄和软骨下骨硬化。关节周围骨质可见到透线囊肿，大小不一，小的数毫米，大约数厘米。颈椎和腰椎间盘变性，可使其间隙变窄。椎体边缘处外生骨疣可与邻近骨赘融合，这样融为一体的部位可以发生一处或多处。但要由放射线检查证实椎间盘脱出，须以造影剂作脊髓造影。椎间盘变性以前后位和侧位放射线像上最易见到，但要观察骨赘对椎间孔的侵蚀（这在颈椎尤为重要），则须作斜位摄影。

【治疗】

尚未发现任何药物对变性关节病的发展有阻滞作用。阿司匹林（10～25mg/kg，每日2～3次）对疼痛症状有益。持续应用柳酸盐治疗比间断性或不规则用药好，无论位于何处，变性关节病的一个常见问题是：疼痛可以间歇性加剧，但又可自行消失。针对这些复发性疼痛症状，保泰松（犬2～20mg/kg，静脉注射、口服或肌内注射，每天2～3次；猫6～8mg/kg，静脉注射、口服或肌内注射，每天2次）等解热镇痛抗炎药有良好效果。

三、感染性疾病（Infectious diseases）

（一）细菌性关节炎（Bacterial arthritis）

细菌性关节炎多由链球菌、葡萄球菌、丹毒丝菌、棒状杆菌、大肠杆菌等感染引起。感染途径主要有两种：①局部感染：见于关节透创，关节手术和关节穿刺等，病原菌直接感染关节或由关节周围组织化脓性炎症的蔓延引起；②血源性感染：咽炎、肺炎、心内膜炎、脐带炎、生殖道感染、泌尿道感染、乳房炎、脓皮病等原发病灶的病原菌经血液循环感染关节，多见于幼年犬、猫，往往多关节同时发生。

【临床症状】

患病动物可表现出关节肿胀、增温、疼痛和跛行。全身症状包括发热、不适、厌食、白细胞增多、血沉升高、急性期反应物水平增加、血纤维蛋白原过多、淋巴腺病等。本病主要发生于犬，猫少见。

【诊断】

化脓性关节炎滑液常呈血色，含有大量中性粒细胞，但其绝对值（尽管高）类似于非化脓性关节炎。早期X线显示滑膜增厚、关节囊膨胀，关节腔因关节积液稍变宽；后期X线检查常见邻近关节腔周围骨膜增生。由于软组织炎症、肿胀，导致关节软骨被破坏，关节腔变小。并发症包括骨髓炎、纤维性或骨性强直以及继发关节病。准确诊断和有效治疗有赖于对微生物的分离和鉴定。

【治疗】

全身给予抗生素（大多数抗生素）均有效。如只累及单个关节，可施关节抗生素灌注疗法。此时，如连续使用灌注抗生素并结合引流，其疗效更佳。抗生素治疗一般需2周左右，感染症状方可消失，对于细菌性心内膜炎所致的关节炎，抗生素治疗所需时间更长。

（二）包柔螺旋体病/莱姆病（Borreliosis or Lyme disease）

莱姆病是由伯氏疏螺旋体引起的一种以蜱类为传播媒介的人兽共患传染病，又称疏螺旋体病。犬、猫感染后主要表现发热、跛行、关节肿胀发炎、脑膜炎等临床特征。本病最早于1975年发生在美国康涅狄格州的莱姆镇，故而得名。犬、猫在感染后，犬的临床症状较重，而猫很少出现临床症状。

【临床症状】

犬急性感染时，症状主要表现为发热（39.5～40.5℃）、关节肿大、淋巴结肿大、厌食、嗜睡，抗生素治疗有效。但很难作出准确诊断，因为在血清学阳性和阴性犬中，这些症状出现的比例无明显差异。慢性感染时，症状主要表现为多发性关节炎，且用抗生素治疗时，关节炎症状仍持续。在有急性肾衰竭的病例中，常出现氮质血症、尿毒症、蛋白尿、外周浮肿和体液渗出。多见于拉布拉多犬和金毛猎犬，临床症状可持续24h至8周，常突然发作，表现为厌食、呕吐、精神沉郁、体重减轻，部分犬可出现跛行。所有患犬终因肾衰竭而死亡，部分病例还可出现神经功能紊乱和心肌炎。

猫与犬相比，猫对伯氏疏螺旋体的抵抗力较强，感染后虽呈血清学阳性，但却较少表现临床症状，仅少数病例可出现关节炎和脑膜炎症状。试验感染犬的眼观病变主要发生在淋巴结、关节和皮肤，此外，还会出现神经束膜炎和脑膜炎。严重感染动物，肉眼可见关节肿胀。组织学病变主要表现为淋巴小结增生，血管周围淋巴浆细胞浸润，并有大量细胞聚集。肾脏病变主要表现为肾小球炎、弥漫性管状坏死、增生、间质性肾炎。对于急性病例，滑液膜的炎症较轻，主要表现为纤维蛋白和中性粒细胞渗出。多数慢性感染犬，常表现滑液膜和关节囊的非化脓性炎症，以及外周淋巴结肿大，特别是靠近跛肢的淋巴结。猫除有肾脏病变外，还表现出肝脏萎缩，脾脏增生，淋巴结中浆细胞增多，非化脓性脑膜脑炎和肺炎。

【诊断】

根据疾病的流行特点和临诊表现，可作出初步诊断，但确诊需要进行实验室检查。实验室诊断方法主要包括实验室临床诊断、血清学诊断和病原学诊断三类。

(1) 实验室临床诊断　动物感染莱姆病后，无特异性血液学或生化变化，主要表现为脑脊液、关节液、尿液出现炎症反应。患犬以中性粒细胞增加为主（>95%），尿蛋白含量和浊度增加。

(2) 血清学诊断　主要包括酶联免疫吸附试验（ELISA）和间接免疫荧光试验（IFA）。

(3) 病原学诊断　病原的分离培养是诊断该病的最佳方法，但由于样品中病原含量低，且分离方法敏感度低，因此对于大多数病例而言，病原分离培养相当困难。在病原分离培养中，蜱叮咬部位的皮肤组织是最好的样品。另外，PCR方法是一种灵敏、特异、简单、快速的方法。伯氏疏螺旋体有多种不同的基因型，因此应选择各个基因型共有的保守序列作为扩增对象，才能对所有基因群作出诊断。此外，PCR方法不能区分活的和死的病原体。

【鉴别诊断】

该病与破伤风类似的症状为：四肢僵硬；不同之处为：牙关紧闭，瞬膜突出，尾直立，两耳直立靠拢，对音响、光亮、触摸反射兴奋性增高。与全身性红斑狼疮的类似症状为：发热，嗜睡，食欲不振，有关节炎，跛行；不同之处为：多数发生多发性关节炎，跗关节红肿、热痛，四肢肌肉萎缩，半数呈现出血性素质和巨脾。与风湿病鉴别，本病多发在夏秋蜱与吸血昆虫活跃期，突发严重关节炎和四肢跛行；而风湿病关节肿胀，疼痛，发病部位呈对称性和游走性，易复发。

【治疗】

主要采用抗生素治疗。药敏试验显示，目前治疗人和动物莱姆病的经典药物为四环素类、氨苄青霉素和红霉素，其中强力霉素为首选药物。红霉素衍生物（如阿奇霉素）、第三代头孢菌素（如头孢曲松）也常用于人莱姆病的治疗，且这类药物对慢性感染病例的治疗尤为有效。氨基糖苷类和喹诺酮类对该病的治疗无效。非类固醇类药物可缓解关节疼痛，但应慎用，因该类药物可刺激胃肠道。此外，低剂量糖皮质激素可用于治疗慢性关节炎引起的持续性疼痛和肿胀。

（三）埃利希氏体病（Ehrlichiosis）

犬埃利希氏体病（canine ehrlichiosis）的病原为立克次氏体科（Rickettsiaceae）埃利希氏体属（*Ehrlichia*）中的成员，该病是由蜱传播的犬埃利希氏体引起的一种以败血症为特征的传染病，病犬主要症状为精神沉郁、高热和黄疸。

【临床症状】

该病潜伏期为7～14d，患犬会出现体温突然升高，精神沉郁，食欲下降，并出现黄疸，呕吐和进行性消瘦，畏光，眼流黏液脓性分泌物，重时可出现贫血和低血压性休克。有的鼻口黏膜和生殖道黏膜苍白、出血，排黑便和眼前房积血。与犬梨形虫混合感染时，上述症状和贫血、黄疸更严重。病经1～2周后症状减轻，转为慢性期，最长可达4个月，如再感染，仍表现急性症状。病理变化可见尸体消瘦、贫血，肝脏、脾脏肿大，肺部有散在点状出血，淋巴结肿大，黄疸（并发梨形虫病时更加严重），肠黏膜溃疡、出血。肺水肿和胸腔积水较少见。很多犬可见血尿、黑粪症、皮肤和黏膜出现淤血斑，以及各类血细胞和血小板的严重减少。恢复期的病犬，处于隐性感染状态。

【诊断】

根据流行病学、临床症状可初步诊断。体温升高，精神沉郁，黄疸，呕吐，畏光，眼流黏液及脓性分泌物，鼻、口腔黏膜出血，可视黏膜苍白，消瘦，贫血，黑便和眼前房积血，如并发梨形虫病时，则贫血更加严重。血片镜检（姬姆萨染色），可在淋巴细胞和单核细胞的胞浆内见到立克次氏体，如用抗凝血表层的白细胞制片，可提高检出率。

【鉴别诊断】

（1）与钩端螺旋体病的相似之处　有传染性，体温高（40℃），减食，精神沉郁，黄疸，呕吐；不同之处：钩端螺旋体病可见急性体表淋巴结肿大，尿浑浊、色浓；肌肉震颤，有触痛；亚急性易加剧成尿毒症，无尿、少尿、臭尿。

（2）与巴贝斯虫病的相似之处　均由蜱传播，体温升高（40～41℃），精神沉郁，食欲减退，呕吐，结膜充血，黄疸，贫血；不同之处：巴贝斯虫病可见尿由黄褐色至暗褐色或血尿，血液涂片可见红细胞内有巴贝斯虫。

（3）与肝吸虫病的相似之处　减食，黄疸，消瘦；不同之处：肝吸虫病多呈慢性，体温不高，腹泻，粪检可见形如灯泡、壳厚有盖的黄褐色虫卵。

【治疗】

广谱抗生素和磺胺类药物对本病均有一定的疗效。一般首选口服四环素进行治疗，22mg/kg，每天3次，急性病例至少连用2周，慢性病例至少用1～2月。当四环素治疗效果不明显时，可选用强力霉素，按每千克体重5～10mg口服或静脉注射（减量用药），每天2次，连用10～14d。对危重病犬要注意采取对症治疗，必要时可进行输血等措施。

四、免疫介导性疾病（Immune-mediated disorders）

（一）侵蚀性多关节炎（Erosive polyarthritis）

侵蚀性多关节炎以系统性红斑狼疮多关节炎为主，是一种免疫复合性疾病，由自身抗体损害组织蛋白和DNA引起的多系统疾病。免疫复合体位于关节滑膜内，致活抗体可致活激肽系统。犬发病率高，临床关节炎最常见，高达70%以上。

【临床症状】

可见跛行，多关节肿胀和疼痛，具有红斑狼疮的其他征候，如红斑、对光过敏、口腔溃疡浆膜炎、肾功能异常、神经功能异常、贫血、免疫疾病等。

【诊断】

首先需符合红斑狼疮多数基本指标，必须与类风湿性关节炎、脓毒性关节炎、突发性炎性非侵蚀性多关节炎相区分。拍摄X线片只见关节周围肿胀在此意义不大。滑膜液穿刺检查，可见单核细胞数显著升高，偶见红斑狼疮细胞。抗核抗体测试阳性。细菌培养阴性。滑膜活组织检查可见滑膜壁增厚，炎性细胞浸润，纤维蛋白增加。

【治疗】

首选糖皮质激素。如强的松按1～2mg/kg，每天1次，此后逐减。最后药量维持在每两天1次，0.5mg/kg，1～2月后停止用药治疗。治疗一段时间后可以采用关节穿刺监测治疗效果。绝大多数病例都需要终生用药，可配合环磷酰胺和咪唑硫嘌呤治疗。多休息，防止剧烈运动。由于此类药物都会抑制骨髓生成，因此必须定时做血细胞计数。往往对多发性关节炎控制较好，但其他病变器官病情无好转或者恶化。

（二）非侵蚀性多关节炎（Nonerosive polyarthritis）

非侵蚀性多关节炎又名自发性免疫介导性关节炎（idiopathic immune-mediated polyarthritis），有突发性和慢性两种情况。突发性往往病因不明，可认为是由免疫复合物引起。慢性非侵蚀性多关节炎常为许多慢性炎症疾病继发疾病或由一种持久刺激引起（疾病或药物治疗诱导免疫复合物形成导致）。该病临床上很常见，大型赛犬尤为突出。各年龄段均可发病，1～6岁高发。

【临床症状】

患犬出现跛行的时间不定，但通常只有一条腿出现跛行。可见患肢动作僵硬、避免抬举。患犬周期性发热、食欲下降、精神不振。小型犬常出现全身严重的关节炎。当全身肌肉萎缩时颧肌和咬肌可出现不对称性萎缩，多为肌肉神经原因造成，少数是由于长久废用所致。

【诊断】

关节触诊疼痛、有渗出，活动范围减小。滑膜增厚、充血肿胀、纤维蛋白沉淀、关节软骨面形成纤维层，但软骨和骨无异常。突发性非侵蚀性多关节炎的诊断多是建立在排除其他关节病因基础上。滑液分析培养，其需氧菌、厌氧菌和支原体培养阴性，X线检查没有检出侵蚀性增生性骨损伤。可配合抗生素治疗试验来排除感染源。慢性感染应与脓毒性关节炎、突发性炎性非侵蚀性关节炎和退化性关节炎（DJD）鉴别诊断，禁对本病进行抗炎治疗。此时可拍X线片寻找原因。滑膜液及滑膜活组织检查可诊断出此病。

【治疗】

突发性的治疗初期可用糖皮质激素治疗。单用泼尼松，最初剂量为每天2～4mg/kg，连用2周，随后可将剂量减为每天1～2mg/kg，持续使用2～4周。后逐步停药。对持续不愈者，可外加使用免疫抑制剂咪唑硫嘌呤，按每天2mg/kg使用，连续使用3～6周，待症状好转后隔天给药一次。此外还可选用环磷酰胺，50mg/m^2，每周4d，连用4个月。部分需要终生用药的患犬，应每两周或出现异常时立刻进行血细胞计数，因为糖皮质激素会抑制骨髓生成。此外，咪唑硫嘌呤可引起肝病和胰腺炎，环磷酰胺可引起膀胱炎。慢性感染需消除原发病。本病多数预后良好，但也有30%～50%的病犬停药后复发。

五、肿瘤性疾病（Neoplastic diseases）

（一）滑膜肉瘤（Synovial sarcomas）

滑膜肉瘤是一类少见的高度恶性软组织肿瘤，由成滑膜细胞引起。起源于滑膜、滑囊、腱鞘，又称恶性滑膜瘤或滑膜细胞肉瘤，极容易转移至肺部或局部淋巴结。大型犬多发，发病年龄2～14岁，公犬发病率高于母犬，猫较少见。

【临床症状】

患犬可出现跛行，伴有局部疼痛感，前后肢关节周围可能出现肿块，大小不一，质地坚硬、有韧性，相对固定，边界不清晰。初期缓慢增大，随后迅速胀大。此病无明显遗传性，但与染色体异常有关。

【诊断】

要确诊往往需要X线片或CT检查。对患部进行X线片拍摄能观察到软组织肿块，可由此判断波及程度。影像部分有钙化灶，少数病例伴有骨样组织形成。还应对胸骨同时进行X线片拍摄，以排除已转移到肺部的可能性。血液检查发现中性粒细胞增多。

【鉴别诊断】

鉴别诊断应注意与其他软组织肿瘤、真菌感染、滑膜囊肿和化脓性关节炎等相区别。滑膜囊肿位置较固定，不会转移。必要时可做活组织检查以区别。病理检查显示纤维素肉瘤细胞与成滑膜细胞比例不同，由网硬纤维和胶原组成。但如果活组织检查时只注重成纤维细胞检查，则可能误诊为纤维肉瘤。

【治疗】

在骨和关节面正常的情况下可进行手术切除，但复发或转移到肺部的可能性很大。建议截肢，并配合化疗同时进行。术后护理建议定期复诊，确定是否复发或者转移。近期报道显示，截肢后也会出现肿瘤转移，预后谨慎。

第四节 肌肉和腱疾病

Diseases of Muscles and Tendons

一、先天性肌病（Congenital myopathies）

（一）Ⅱ型肌纤维缺陷

本病是由肌纤维缺陷导致的姿态失调，拉布拉多猎犬多发，病因尚不明确，表现为单纯常染色体隐性性状。

【临床症状】

1～5 月龄犬多发，初期步态异常，发展至全身软弱，无法抬头，运动使之恶化，明显的骨骼肌萎缩，发育受阻，直到成年症状才稳定；神经检查正常。

【诊断】

临床症状观察；尿肌酸达正常值的 30 倍；肌肉活检：肌纤维直径不一，断面增大，肌囊膜结缔组织增加；三磷酸腺苷酶染色：Ⅱ型肌纤维缺乏，肌电图（EMG）显示肌强直性放电。注意与重症肌无力相鉴别。

【治疗】

无特定的治疗方法，口服地西泮能减轻疼痛。

（二）经 X-基因遗传的肌肉病

本病的发生多与性别相关，阿拉斯加雪橇犬、金毛猎犬、格罗南代牧羊犬、爱尔兰㹴、萨摩耶德犬、公猫易多发，主要是因为不能产生肌纤维细胞骨架蛋白而致病。与人的 Duchenne 型肌营养不良相似。

【临床症状】

6～8 周龄的犬发病，症状发展速度，吞咽困难，流口水，步态僵硬，舌头和腹部肌肉肥大；其他肌肉萎缩，躯干和颞部最严重：腰后突，不耐运动；初期神经正常，稍后本体感受缺乏，反射减弱。12 月龄猫多发，症状发生缓慢，颈部僵硬；跗部内收，对称性肌肥大，腰后突，心脏收缩力减弱，两心室增大。

【诊断】

根据临床症状判断。检测 CK、醛缩酶、AST、ALT、LDH 酶活性升高。肌肉活检发现肌纤维坏死、再生和肥大。肌纤维减少和纤维化，肌纤维钙化等。EMG：异乎寻常的高频放电，广泛的连续肌强直性放电；神经传导速度正常。

【治疗】

本病无法治疗，6 个月后病情发展减慢，预后不良。

（三）先天性强直性肌病

肌活动或受刺激后肌肉持久性收缩。松狮犬、可卡犬、拉布拉多猎犬、萨摩耶德犬、斯塔福斗牛㹴、西高地白㹴多发，病因不详。发病机理主要由细胞膜氯离子传导性降低，钾离子在小管系统聚集引起肌细胞膜兴奋后去极化，及肌纤维持续收缩。

【临床症状】

2～3 月龄的犬异常僵硬姿态，活动后减轻：前肢外展兔跳状弓背，骨骼肌肥大，尤其是肢体近端肌肉、舌和肛门括约肌体检时肌肉弹性正常，直接刺激肌肉后出现特征性强直凹陷，持续30～40s。

【诊断】

有肌强直凹陷的征象。EMG：高频放电带有持续性嵌入活动和可能的减弱反应。神经传导速度正常。肌肉活检可见肌纤维肥大、萎缩、变性等各种变化。

【治疗】

尚无治疗方法，病情不发展；避免长时间活动。

二、传染性肌炎（Infectious myositis）

（一）原虫性多肌炎（Protozoa polymyositis）

原虫性多肌炎主要由犬新孢子虫和刚地弓形虫感染所引起的肌肉病。一般不引起广泛性肌炎，刚地弓形虫是引起传染性肌炎的主要原因。

【临床症状】

这两种病原体可以引发幼小动物严重的症状，而对于免疫抑制的动物更为严重。弓形虫病常与犬瘟热并发，而新孢子虫病不并发感染。可见跳跃姿势、渐进性后肢轻瘫、后肢强直性外展，新孢子虫病更常出现渐进性上行瘫痪，初期可能有明显的肌肉疼痛，随病情发展肌肉逐渐萎缩等异常。有中枢神经系统症状表现：木僵、癫痫、脉络膜视网膜炎。有报道称可在症状出现 48h 内引起死亡。

【诊断】

结合可疑性临床症状进行实验室检查。疾病活动期内肌酐激酶升高。肌肉活体组织病理检查可发现明显的肌纤维萎缩，严重发生多处或广泛的肌坏死，单核细胞肉芽肿性炎症，慢性病例有严重的间质纤维化，可见病原体（单独或囊状），但不常见。犬新孢子虫血清抗体与弓形虫抗原不发生反应，反之亦然。脑脊髓液（CSF）检查发现，混合性脑脊髓液细胞增多，蛋白质含量高。尸检时用电子显微镜和免疫组织化学方法可确诊犬新孢子虫病。

【治疗】

（1）全身应用抗生素治疗。克林霉素 5～10mg/kg，口服，每天 3 次，连用 5～7d。

（2）甲氧苄氨嘧啶或磺胺嘧啶，犬、猫 30mg/kg，口服，每天 1 次，连用 5～7d。

（二）局限性传染性肌炎（Localized infectious myositis）

局限性传染性肌炎是经创伤感染或骨髓炎蔓延后，细菌感染可引起局部肌炎。中间型葡萄球菌和产气夹膜梭状芽孢杆菌最常见，其他病原包括伤寒沙门氏菌、链球菌、棒状杆菌、分枝杆菌和其他梭状芽孢杆菌。犬和猫肌肉中的寄生虫通常不致病。有报道称肉孢子虫对体弱的和免疫抑制的动物有致病性。恶丝虫误移行至肌肉、严重毛线虫感染可引起发病。

【临床症状】

细菌性肌炎：引起跛行及局部肿胀，发热，可以全身扩散，可在症状出现 24h 内死亡。寄生虫性肌炎：肌肉疼痛，发热。

【诊断】

组织培养检出细菌，肌肉活检时查出细菌。

【治疗】

局部细菌性肌炎：创伤做外科引流和冲洗。根据培养和药敏试验选择应用敏感抗生素，至少用药 5～7d。局部寄生虫性肌炎：对症治疗，缓解疼痛。另外还需治疗恶丝虫病。

三、特发性肌病（Idiopathic myopathies）

（一）纤维变性性肌病（Fibrotic myopathy）

纤维变性性肌病是一种慢性、渐进性疾病，可以导致严重的肌挛缩和纤维化。犬的半腱肌、股四头肌、冈上肌、冈下肌、股直肌和股薄肌可发生此病。也有报道称猫半腱肌可发病。病因不详。纤维变性性病变可能是原发性神经病变或肌肉病变，频繁的肌肉内感染，运动诱发创伤或慢性肌纤维撕裂及拉伤的结果，也可能是先天性的。肌肉被大量胶原性结缔组织代替，形成完整的纤维束。

【临床症状】

可出现无痛性、机械性跛行。患肢及跛行程度取决于肌肉发病和纤维化程度。犬半腱肌肌肉纤维化。运步则出现跗部外展，膝部内旋。向前步伐缩短，着地前肢体向后移数英寸。猫运步时出现髋、膝和跗部过度屈曲，前进步幅缩短，一定程度外展。

【诊断】

临床检查可以触摸到取代肌腹的薄纤维束，神经正常。患病肌肉组织病理学检查发现大量胶原结缔组织取代肌纤维，有轻微炎症。肌电图（EMG）：纤维束无肌电活动，不完全纤维化的肌纤维有异常高频放电。

【治疗】

排除跛行具有关键性的意义，一般不建议手术。手术的目的是去除纤维束，包括腱切断术、肌腱切断术、Z-型成形术或纤维组织全切除。手术通常能消除跛行，并恢复运动范围。但是由于 3～8 个月内纤维化和跛行可能复发，故预后慎重。

（二）冈下肌痉挛（Infraspinatus muscle contracture）

冈下肌痉挛是由于冈下肌纤维化的结果。主要发生于比赛或工作犬。通常单侧发生但也可双侧发病，病因不详，但认为是原发性肌病而不是神经性疾病，可能与自身诱发或外部原因造成的创伤有关。推理认为肩部的创伤引发肌肉不全断裂，2～4 周以上导致渐进性纤维化和挛缩。

【临床症状】

初期运动期间或运动后犬的肩部出现急性疼痛。损伤后 2～4 周，跛行逐渐减轻，但永不消退。出现前肢无痛性机械性跛行。姿势表现为肘内收、肢外展、前臂和腕部外旋。每跨一步肢体向外侧旋一下，脚向前蹦一下。

【诊断】

相关信息和病史与前述相符合，触诊前肢有助于确诊。肘关节屈曲时臂部外旋，肩关节活动范围受限。冈下肌、冈上肌和三角肌废用性萎缩，肩胛冈突出。如果将肢体用力向下内侧转动，肩胛骨的上缘向外突出。

【治疗】

采取冈下肌附着点腱质的腱切断术，将腱切断，使其脱离肩关节囊可能是必要的。前肢立即能内收，肩的活动范围也有所改善。限制活动 1～2 周，完全恢复，预后良好。

（三）肌炎性骨化（Myositis ossification）

肌炎性骨化根据临床表现，可分为广泛和局限两种类型，在犬和猫均有报道。局限性肌炎性骨化：特征为一块或一组肌肉内有异位性、非新生物性骨形成。进行性或广泛性肌炎性骨化：也称进行性成骨性纤维发育不良或进行性、广泛性成骨性肌炎。特征为纤维结缔组织过度增生，导致广泛的肌肉变性，最终发生营养不良性钙化和骨化。青年至中年猫也有发病报道，病因不清。局限型可能与创伤有关，其他可能病因包括感染、血肿骨化、肌肉和结缔组织化生为软骨和骨，本病也可能具有先天性或遗传性。

可能是胶原结缔组织中成纤维细胞的缺乏，继发肌肉变性，而不是原发性肌肉变性。

【临床症状】

局限性成骨性肌炎：患处肌肉可触到坚硬的肿大物，慢性跛行伴肌肉萎缩，活动疼痛，杜宾犬后肢跛行伴有髋后部肿块，限制髋部伸展；进行性成骨性纤维发育不良：青年至中年猫发病，全身随处可见坚硬结节，颈部和背部最多，轻度步态僵硬发展到行走困难，后肢僵硬更严重，近端肢体肌肉增大、坚硬，触摸或行走时疼痛，近端关节活动范围受限制。可能2周至数月就出现严重的残疾。

【诊断】

(1) 局限性成骨性肌炎　放射学检查发现，损伤后3～6周软组织钙化，2～6个月后软组织内见成熟骨，骨膜外或骨外钙化，钙化灶中央可能为透射线暗区，骨膜反应可疑。组织病理学检查：出现区域现象，骨成熟由中央向周边发展。中央为未分化细胞和成纤维细胞，可能像肉瘤。中央区域为骨样组织和不成熟骨，周边区域为成熟骨，并表现为重吸收和重建。不侵袭周围软组织。

(2) 进行性成骨性纤维发育不良　X线检查显示患病肌束内有多个钙化灶。肌酸激酶可能升高。组织病理学检查显示肌纤维之间有大量的结缔组织，出现单核细胞浸润、肌肉萎缩和玻璃样变性。

【治疗】

(1) 局限性成骨性肌炎　如果临床症状轻微则无需治疗。严重时可通过手术切除钙化灶，消除不适感，恢复肢体功能或得到准确诊断。术后治疗很重要，应使用消炎痛或水杨酸，连用3～6周能抑制异位骨形成，但注意药物可能引起出血。

(2) 进行性成骨性纤维发育不良　无有效疗法。皮质类固醇暂时有效，但不能预防异位骨形成。二磷酸盐和饮食变化不能阻止病情发展。

四、代谢性肌病（Metabolic myopathies）

（一）猫低血钾性多肌病（Feline hypokalemia polymyopathy）

猫低血钾性多肌病是由于血钾过低引起多个肌肉发病的一种疾病。本病具体病因不详，一般认为是由于全身钾离子耗竭引起。食物中钾摄入量不足或长期钾丢失，导致机体钾离子不足而引发本病。此外，低血钾影响肌肉血流，钾耗尽后肌肉血流减少，导致其缺血性坏死。内分泌失调（如甲状腺机能亢进）、慢性肾衰竭、饮食酸化和厌食或素食均可能引起此类疾病。

【临床症状】

一些品种如缅甸猫（burmese）多为先天性，经常在2～6月龄时发病。此病可导致肌肉无力或跛行，常常引起犬或猫全身性或局部的肌肉群慢性萎缩，对肌腱影响尤其严重。本病突然发生，全身软弱无力，不愿行走或走动时步态强拘。持久性颈向腹下屈曲。可见急性虚弱，触摸时明显的肌肉疼痛，全身肌肉萎缩，且持续拱腹弯颈和低血钾及高血肌酸激酶活性。口服和非口服钾可减缓症状，然而在恢复后的饮食中无维持供给则会再发。此病与人的周期性低钾性多发性肌炎相似，细胞外的钾突然跑至细胞内，而导致血钾降低，因而改变肌肉静息时的细胞膜电位。严重时，会导致肌肉坏死。病猫厌食，体重减轻，严重者心力衰竭，呼吸困难，昏迷。生化分析可见：低血钾（低于3.5mmol/L），肌酸激酶升高（500～10 000U/L），肌酐升高（25～50mg/L）。低于正常值的碳酸氢盐表明有轻至中度的代谢性酸中毒。尿液分析：尿相对密度降低，尿钾轻微增加。根据病史、临床症状、血液和尿液生化指标的分析一般可以确诊，必要时可进行多个肌群的肌电图测定。

【诊断】

患猫的血钾浓度低于3.5mmol/L，而且会有显著的磷酸肌酸激酶上升。

【治疗】

给以补液和钾剂，限制病猫活动，也可中西医结合，配合党参、麦冬、五味子、昆布、海藻水煎服。

（二）营养性肌变性（Nutritional myodegeneration）

营养性肌变性也称白肌病（white muscle disease），特征是心肌和骨骼肌发生变性与坏死。通过大量的研究表明是硒与维生素 E 缺乏引起的一种营养代谢病。硒是动物机体必需的微量元素和重要的辅酶物质，直接参与蛋白质合成和细胞的抗氧化过程。硒是生物膜的组成部分，硒和维生素 E 都是动物体内的抗氧化剂，其重要作用为保护细胞膜不受损害，保护细胞膜完整性。缺乏时细胞或亚细胞结构的脂质膜破坏，机体在代谢中产生的内源性过氧化物引起细胞变性、坏死，从而发生白肌样病变，色泽变淡似煮肉样。宠物食品中的铜、锌、砷及硫酸盐含量过高，使得硒的吸收和利用率下降，也可以导致硒缺乏。故常发于幼犬吃缺乏维生素 E 和硒的半合成日粮。在一些报道中，母犬在怀孕和泌乳期间采食了不平衡的日粮也能引起本病。

【临床症状】

常见跛行或步行障碍，不时出现突然不能站立的病例。病变常发生于半腱肌、半膜肌、股二头肌、背最长肌、臂三头肌及心肌等。发生病损的肌肉呈白色条纹或斑块，严重时整个肌肉呈弥漫性黄白色，切面干燥，似鱼肉样外观，常呈对称性损害。同时可见腹泻或下痢，生长缓慢，免疫力低下，易发生病毒和细菌性感染。

【诊断】

血液生化检查可见肌酸肌酶显著升高和谷胱甘肽过氧化物酶活性降低。

穿刺镜检可见肌纤维肿胀、断裂、溶解，为典型透明变性或蜡样坏死，有时坏死的肌纤维可发生钙化，部分肌纤维中细胞核消失，肌纤维之间缺乏血管，结缔组织明显增生，并有较多的淋巴细胞浸润。机体其他脏器和淋巴结均无明显的可见病变。

【治疗】

主要运用亚硒酸钠和维生素 E 治疗。

（三）恶性高热（Malignant hyperthermia，MH）

恶性高热（MH）是一种以高代谢为特征的较为罕见的常染色体显性遗传性肌病，由某些麻醉药物而触发。可在麻醉后数小时内发病。非去极化肌松药可延迟发作。恶性高热易感者常伴发有以下疾病或症状，如中央轴空病（central core disease，CCD）、肌营养不良、先天性骨关节畸形（先天性脊柱侧弯）以及肌肉痉挛、睑下垂、斜视等。

【临床症状】

麻醉后最初见于咬肌痉挛强直（插管困难），直至发展到全身肌肉痉挛，肌松药不能缓解。呼吸频率增快，心动过速、心律失常，血压先升高后期下降。出血，黑褐色尿，体温快速上升至 40.6℃或更高，最后惊厥昏迷。

【诊断】

在麻醉前检测，可进行包括 RYR1 基因缺陷的遗传测试、肌肉活检、尿肌红蛋白测定等。

【治疗】

高热期间利用物理降温的方法可以帮助减少发热引起严重并发症的风险。而应用丹曲林、利多卡因或 β—受体阻滞剂药物可以帮助心脏节律的恢复。

在急救时，应尽早静脉注射丹曲林等药物，以免循环衰竭后，因骨骼肌血流灌注不足，导致药物不能到达作用部位而无法充分发挥肌松作用。

（四）疲劳性肌病（Exertional myopathy）

疲劳性肌病是一种由遗传因素引起的影响肌肉正常生理功能的疾病，它能干扰骨骼肌中能量的产生，使肌肉细胞不能正常工作，导致骨骼和关节的运动障碍。这种肌病可导致渐进性肌肉无力、疲劳，运动后出现疼痛和抽筋，甚至出现肌肉组织广泛的死亡和崩溃的情况。

【临床症状】

有些患有疲劳性肌病的动物仍然可以正常生活，而不会出现症状。这是因为细胞有几种方法和途径来补充ATP。然而，当机体有时需要更多的能量时（如剧烈运动），ATP缺乏则可以出现一些严重的症状。患有疲劳性肌病的动物在运动时显得易疲劳，肌肉由于用力而疼痛和肿胀。临床症状的出现常常是由于肌肉组织缺乏能量以进行收缩。

【诊断】

多数情况下可以通过针头或在局部麻醉下通过小切口来采集测试样品。疲劳性肌病的肌肉组织（活检）诊断，或者通过新鲜血液样本的测试技术诊断。

【治疗】

疲劳性肌病尚无特效治疗方法，重点是要注意宠物体力活动的变化，加强锻炼和改变饮食习惯，并使用多种维生素和ATP补充剂。

（五）犬肾上腺皮质机能亢进性多肌病（Polymyopathy associated with canine hyperadrenocorticism）

自发性或外原性的肾上腺皮质机能亢进可产生犬肾上腺皮质机能亢进性多肌病，此病多发生于中老龄犬，是犬常见的代谢疾病之一，可导致四肢近端肌肉无力，尤见于大腿肌肉，特征是肌肉僵硬、纤弱，并伴随步伐不正常。这种病症是由于过量皮质激素引起细胞内钾含量减少，导致主要肌蛋白分解，肌肉蛋白合成下降，干扰肌肉的碳水化合物代谢。

【临床症状】

肌肉纤弱和肌肉僵硬，高跷步，特别是后肢、腰旁的肌肉和咀嚼肌萎缩，并出现与肾上腺皮质机能亢进有关的征候。肌肉触诊不疼痛，肌张力过强。

【诊断】

穿刺肌肉活组织检查：可见肌纤维萎缩，有大量的肌内或肌周围脂肪存在于肌原纤维之间，但不存在炎性浸润。有时可见肌肉有分散的坏死。临床生化检查可见磷酸肌酸酶轻度升高。放射学检查可见骨质疏松或营养不良性钙化。

【治疗】

治疗原则是减少肾上腺和皮质类激素对机体的影响。首选双氯苯二氯乙烷，可抑制肾上腺的分泌。

五、免疫介导性肌病（Immune-mediated myopathies）

（一）多发性肌炎（Polymyositis，PM）

多发性肌炎是一组以许多骨骼肌的间质炎性变化和肌纤维变性为特征的综合征。该病为全身非感染性疾病，可侵害任何肌群，其发生可分为急性和慢性。多肌炎是影响犬、猫肌肉的免疫介导性疾病，以中年大型犬最为常见。

【临床症状】

表现为肌肉僵硬，触摸疼痛，无力，肌肉萎缩，不愿运动，当侵害到喉部和食道时，吞咽和发音困难，可能还会患有巨食道症（反流和吸入性肺炎）。运动后更严重，触摸时感觉过敏、发热和精神沉郁。

【诊断】

出现体弱和肌肉疼痛的现象，应怀疑本病，神经正常；最迅速的诊断方法是进行肌肉活组织检查，可以发现局灶性淋巴细胞和浆细胞浸润，伴发肌纤维坏死而确诊；其他辅助检测方法如X线检测巨食道症和肺炎；伴发系统性红斑狼疮的犬，其红斑狼疮细胞检查和抗核抗体阳性；测定血清抗体滴度以排除螺旋体病和弓形虫病。

【治疗】

皮质类固醇：泼尼松 1～2mg/kg，口服，每天两次，连续用 3～4 周，2～3 个月后将剂量减小，观察有无复发，如可能继续维持低剂量，隔天治疗。如泼尼松效果不好或降低其剂量，可加用其他免疫抑制剂，如硫唑嘌呤 2mg/kg，口服，每天 3 次；或环磷酰胺 1～2mg/kg，口服，每天 2 次，用药 4d，停药 3d，共 3 周。

（二）咀嚼肌病（Masticatory myopathy）

咀嚼肌病又称咀嚼炎，是一种侵害颞肌和咬肌等咀嚼肌的炎症性疾病。以发展速度分为急性和慢性。主要侵害大型犬，没有年龄和性别的差异。也称为嗜酸性肌炎或萎缩性咀嚼肌炎，但认为是同一种病不同的变化或阶段。该病是一种遗传性疾病。目前还不清楚病因，疑为一种免疫介导性疾病。

【临床症状】

病初时张嘴或被动开口疼痛，常对称性发生，有时则单侧性发生。厌食，咀嚼缓慢发展至不愿咀嚼，体重减轻，眼球突出。由于视神经受压或牵拉导致失明，有时出现扁桃体和下颌淋巴结肿大。咀嚼肌进行性挛缩或萎缩，又称为萎缩性肌炎，是咀嚼肌炎的后期阶段。牙关紧闭，在麻醉状态下也不能张开下颌。颞肌和咬肌萎缩。

【诊断】

根据临床症状，可进行初步诊断。咀嚼肌肿胀或萎缩，常用肌肉活检进行诊断，通常取颞肌，组织学检查可见肌纤维萎缩与纤维化可确诊。应该和三叉神经病、多肌炎、下颌关节病相鉴别。辅助诊断可用 X 线，能排除颞颌关节病。

【治疗】

（1）皮质类固醇治疗，泼尼松 1～2mg/kg，口服，每天两次，连用 3～4 周。2～3 个月内逐渐减量，观察有无复发。可以维持低剂量，隔天治疗。

（2）其他免疫抑制剂如硫唑嘌呤 2mg/kg，口服，每天 3 次，在泼尼松疗效不好或减量时可以使用。需长时间维持治疗。对于开口困难、不能进食的病例，需从静脉补充营养物质。

六、肿瘤（Neoplasia）

肿瘤是在各种致瘤因素作用下，局部组织细胞在基因水平上失去对其生长的正常调控，导致异常增生而形成的新生物。骨骼肌原发性肿瘤分为横纹肌瘤（良性）、横纹肌肉瘤（恶性），转移性继发性肿瘤有淋巴肉瘤，乳腺、肾和甲状腺腺癌，血管肉瘤，恶性黑瘤，皮肤或骨肿瘤向肌肉局部侵袭形成纤维肉瘤、骨肉瘤、肥大细胞瘤、血管外皮细胞瘤。

【临床症状】

动物发病年龄不一，青年和老年动物均可发生原发性肌肉肿瘤，继发性肌肉肿瘤则常发于中年动物。临床症状取决于发病肌群。常见症状有坚硬无痛肿胀、病灶处变形、跛行等。原发性肿瘤的常发部位是头部、四肢和心肌。

【诊断】

可以通过组织活检和组织病理学确诊。淋巴结活检可确定疾病时期，胸部 X 线检查是重要的方法和依据。

【治疗】

可手术切除原发性肿瘤可切除，但对于不易触及的肿瘤或浸润性肿瘤则没有效果。肢体肿瘤可以截肢，转移性的肿瘤治疗依赖于原发肿瘤的治疗，如果发生转移或手术不恰当，一般预后不良。如果肿瘤为局限性或良性，则容易切除干净，预后较好。

第二章 消化道疾病

Diseases of the Alimentary Tract

第一节 消化道检查诊断

Diagnostic Tests for the Alimentary Tract

一、饮食等动作的观察

（一）食欲

【方法】

（1）向主人询问动物的进食情况。

（2）注意有无干扰食欲的外在因素，如更换食物等。

【诊断意义】

食欲异常的情况有：

（1）食欲减少　进食量减少，进食速度减慢。常见于口腔疾病（如老龄犬猫口腔肉芽肿，牙周炎），食道阻塞（吃后即吐），各种病因所致的胃病、大肠便秘的初期、全身发热性疾病等（影响胃饥饿收缩活动的因素，如犬瘟热），缺乏营养（如维生素缺乏导致的消化紊乱）。

（2）食欲废绝　食欲完全丧失，拒绝进食。见于急性胃肠疾病、某些急性传染病、垂危病例。

（3）食欲不定　食欲时好时坏，食量时多时少。见于慢性胃卡他、某些维生素缺乏症、某些微量元素缺乏症等。

（4）食欲亢进　患病动物表现为食欲旺盛、食量超常，但仍然显示出营养不良的症状，甚至逐渐消瘦。见于某些肠道寄生虫病及糖尿病等。

（5）异嗜　对非正常食物成分表现出很强的食欲。常见于肠道寄生虫病及某些营养成分缺乏病。

（二）饮欲

【方法】

（1）询问动物平日的饮水习惯及水质情况。

（2）注意有无影响饮欲的外在因素，如水质、水温、外界气温等。

【诊断意义】

异常的饮欲有：

（1）饮欲增强　单次饮水量或每天总的饮水量超出平日。见于严重的腹泻、多尿症、大量出汗之后、食物中食盐过量、食盐中毒等。

（2）饮欲减少　单次饮水量或每天总的饮水量少于平日，见于慢性胃肠疾病。

（3）拒绝饮水　拒绝饮水提示动物病情严重，见于各种疾病的垂危期。

(三) 咀嚼、吞咽的检查

【部位】

口腔、舌、牙齿、咽、食管。

【方法】

视诊、触诊、内窥镜探诊。

【诊断意义】

异常情况有：

(1) 进食障碍　动物表示有食欲，但不能进食，或进食动作很不灵活。见于唇病、齿形不整、舌病、异物刺入口腔等。

(2) 咀嚼障碍　动物有食欲，能进食，但咀嚼困难，或不能咀嚼，或咀嚼痛苦，将咀嚼不碎的食物又从口腔中吐出。多见于牙病。

(3) 牙齿不整、口炎、舌病、咀嚼肌麻痹等　以上情况比较复杂，检查时要细心加以鉴别。

(4) 吞咽障碍　动物吞咽时显示摇头伸颈，咳嗽。见于咽炎、食管阻塞，偶见于食管麻痹、咽背淋巴结肿胀。

(四) 呕吐

呕吐是胃内容物不自主地经口排出体外，属于异常情况。呕吐最常见于急性胃炎、过食或口服某些药物之后（猫或猫科动物）。

二、口、咽、食管的检查

(一) 口腔

【口唇】

口唇的异常情况有：

(1) 口唇歪斜　见于一侧性面神经麻痹。

(2) 口唇内部损伤　常见于动物进食时刺伤口唇及口腔黏膜。

【口腔颜色】

健康动物口腔黏膜颜色为粉红色，黏膜颜色的异常情况如下：

(1) 潮红　这是黏膜毛细血管充血的征象。

除了口腔黏膜本身发生炎症之外，弥漫性潮红多由血管运动中枢机能紊乱及外周血管扩张所致，常见于各种急性热性传染病、急性胃肠炎等；而树枝状潮红是由心脏、血管疾病导致全身血液循环障碍引起，视诊可见在弥漫性潮红的基础上伴有小血管的高度扩张。

(2) 苍白　黏膜色淡，甚至灰白色，是贫血的象征。

黏膜的急剧苍白见于突然一次性大量失血，如肝、脾及大血管破裂；逐渐苍白见于各种原因所致的慢性贫血，如慢性营养缺乏症、慢性传染病、内外寄生虫病；白中带黄，多是由于各种原因所致的溶血性贫血所致，伴有血红蛋白含量升高的现象。

(3) 黄染　黏膜颜色淡黄或黄色，提示黄疸的发生，其病因可分为：

肝实质性　也称肝性黄疸，因肝细胞发生炎症、变性或坏死，毛细胆管淤滞，导致胆色素代谢障碍，使结合性的和非结合性胆红素进入血液。胆红素定性试验呈双相反应。见于各种原因所致的各种肝脏疾病，如某些传染病、某些营养代谢病及中毒性疾病。

胆管阻塞性　也称肝后性黄疸，因胆管阻塞、胆汁排出障碍、胆管扩张、胆管破裂等原因，使结合性胆红素进入血液，胆红素定性试验呈直接阳性反应。见于胆管阻塞性疾病，如胆管蛔虫阻塞、胆管

(道)结石、胆管炎、胆管受到压迫等。

溶血性　也称肝前性黄疸，因红细胞大量被破坏，产生大量的血红蛋白，致使血液中非结合性胆红素含量增多，胆红素定性试验呈间接阳性反应。见于各种原因所致的溶血性疾病，如某些化学药品中毒、血液寄生虫病。

(4) 发绀　黏膜呈蓝紫色，说明红细胞不能与氧气有效结合，血液氧含量降低，二氧化碳含量升高。常见病因为：

呼吸系统疾病　肺通气或换气功能障碍。见于上呼吸道狭窄、毛细支气管炎、各种肺炎、肺水肿等。

心血管系统疾病　血液循环急剧减慢，全身血液淤滞，血氧供应不足，血氧饱和程度下降，血中还原性血红蛋白增多。见于全身性血液循环障碍，如心力衰竭及各种原因所致的休克等。

中毒疾病　血红蛋白变为高铁血红蛋白，失去携氧能力。见于某些中毒疾病，如亚硝酸盐中毒。

(5) 黏膜有出血点或出血斑　因血管受到毒害作用，致使血管的通透性增加。

【舌苔】

健康动物的舌面湿润光泽。舌面上的苔样物质称作舌苔。舌面有苔见于慢性胃病、消化不良等，有时也见于全身发热性疾病。白而薄的舌苔表示病期较短，黄而厚的舌苔表示病期较长，灰黑破裂的舌苔临床上不多见，一旦发现则提示病情较重。

【口腔气味】

健康动物的口腔无特殊臭味。口腔产生臭味都属于异常情况。

(1) 一般臭味　见于口炎、胃部的慢性疾病、全身发热性疾病等。

(2) 腐败臭　见于龋齿、坏死性口炎、齿槽骨膜炎等。

(二) 咽

【部位】

位于口腔、鼻腔后方、喉前上方。咽所处的位置比较复杂，是呼吸道和消化道的交叉点。

【方法】

内部视诊。正常情况下咽部黏膜应湿润、光泽。

【诊断意义】

当患病动物发生吞咽障碍时，应对咽部进行检查。这时可见动物咽部周围肿胀、头颈伸直、头颈动作不太灵活。多见于急性咽炎。

(三) 食管

【部位】

食管分为颈、胸、腹三段，颈段开始于喉与气管背侧，至颈中部偏到气管的左侧；胸段位于纵隔内，又转到气管的背侧，向后延伸进入腹腔；腹段很短，与胃贲门相接。

【方法】

(1) 视诊、触诊　用于颈段食管。

(2) 探诊　用于胸、腹段食管。

【正常情况】

(1) 触诊　食管为一肉质管道，检查者自上而下对颈段食管进行触压，健康动物应无异常。

(2) 内窥镜探诊　内窥镜经口、咽插入整个食管，健康动物应通行无阻。

【诊断意义】

食管异常情况有：

(1) 食管颈段阻塞　食管颈段阻塞在临床比较少见，通过外部视诊与外部触诊即可确诊。

（2）食管胸、腹段阻塞　动物食管越往下行管壁越厚、管径越窄，故食管胸、腹段的阻塞在临床上比较多见。该段若有阻塞物，内窥镜插到阻塞部必然受阻、根据内窥镜插入的长度就可估计阻塞物的所在位置。

（3）食管狭窄　食管狭窄在临床上比较少见。

（4）食管炎　食管炎偶见于临床，若食管颈段发生炎症，进行外部触诊时，动物会表现出疼痛不安；若食管胸、腹段发生炎症，用内窥镜深部探诊可帮助诊断。

三、胃肠检查

由于犬猫的腹壁较薄，故常用触诊方法进行检查。除此之外，还可通过听诊、钡餐造影技术、内窥镜等进行检查。

【方法及正常情况】

1. **触诊**　正常动物触诊时无异常反应。

（1）用双手拇指以腰部为支点，其余四指伸直后置于两侧腹壁并缓慢用力感觉腹壁及腹腔脏器的状态，直至两手指端相互接触为止。

（2）将两手置于两侧肋骨弓的后方，逐渐向后上方移动，让脏器滑过指端进行触膜。若将犬两前肢高举，几乎可触知全部腹腔脏器。

2. **听诊**　正常小肠音似捻发音。

3. **造影技术**　消化道造影（钡餐造影）　食管（食道）造影常用70%硫酸钡。胃肠道造影常用40%硫酸钡（含0.5%阿拉伯胶）。一般先将硫酸钡和阿拉伯胶混合后，加入少量热水调匀，再加适量温水。被检犬服钡餐前应禁食24h，食道、胃造影为2～5mL/kg，肠道造影为5～12mL/kg。根据检查目的不同，分别在服钡餐后立即拍X线片，1h后每20min拍一次X线片，此后，每1h拍一次X线片。

若主要检查部位如回肠、结肠疑似肠套叠、大肠狭窄、肿瘤或畸形时，多采用钡餐灌肠，即先用肥皂水洗肠以排尽内容物，再用25%硫酸钡10～20mL/kg灌肠，禁用油质润滑。

【异常情况】

（1）触诊有异常反应　见于急性胃炎、胃溃疡、胃扩张。

（2）听诊肠音增强　见于胃肠炎初期、消化不良。

（3）听诊肠音减弱或消失　见于肠阻塞、胃肠炎中后期。

（4）疑似食入异物　疑似食入袜子、塑料袋、线团等，常用钡餐造影技术进行确诊。

四、排便状态的检查

排便是一种复杂的反射动作，其反射过程为：直肠壶腹部的粪便压力→直肠感觉神经末梢→腰荐脊髓低级排便中枢→大脑皮质→排便。

【方法】

视诊。

【正常情况】

动物排便有固定的特有姿势，一般先将背部拱起，臀部下沉，两后肢稍微开张，举尾，然后排便。

【诊断意义】

（1）排便次数增多　在排便次数增多的同时，粪便的性质往往也有改变，如软便、粥样便、水样便等。见于急性胃肠炎、肠炎、某些侵害消化道的传染病、寄生虫病等。

（2）排便次数减少　在排便次数减少的同时，粪便变硬，粪块变小。见于便秘的初期、发热性疾病、慢性胃肠卡他等。

（3）排便停止　动物在一昼夜内几乎不见排便或只排出几个干小的粪块。见于便秘的中后期、肠变位、腰荐脊髓损伤（常有大量粪便堆积在直肠壶腹内）。

（4）排便疼痛　动物在排便之前，摆出排便姿势时显示痛苦，欲排不能、欲罢不能。见于腰部肌肉损伤、腰部骨骼损伤、腹膜炎等。

（5）里急后重　动物频频摆出排便的姿势，并且强力努责，但每次只能排出少量的带有黏液的粪便。见于直肠炎、阴道炎等。

（6）排便失禁　动物不自主地排出粪便。排便之前，往往不摆出排便的姿势。见于剧烈的腹泻、腰荐脊髓损伤（肛门括约肌松弛）。

表4－2－1至表4－2－8列出了有关消化道疾病的主要病因。

表4－2－1　引起急性腹泻的原因

饮食因素	**细菌性因素**
不耐受/过敏	沙门氏菌感染
食物质量差	荚膜杆菌感染
食物快速变换，尤其是幼犬和幼猫	大肠杆菌感染
细菌性食物中毒	小肠结肠炎耶尔森菌感染
寄生虫性因素	**病毒性因素**
蠕虫	犬猫细小病毒感染
原虫	犬猫的冠状病毒感染
球虫	猫的白血病病毒感染（包括继发感染）
其他病因	其他病毒，如轮状病毒、犬瘟热病毒等
出血性胃肠炎	**立克次体感染**
肠套叠	进食生鲑鱼肉
应激性大肠综合征	**化学性病因**
急性胰腺炎	重金属中毒
肾上腺皮质功能减退	药物（抗生素、抗癌药、驱虫药、洋地黄、乳果糖）

表4－2－2　引起便秘的主要病因

饮食因素	**大肠梗阻**
脱水时伴有膳食纤维过量	假性粪结
异常食物	直肠管道异位
头发	会阴疝
骨头	管腔和管壁疾病
植物和塑料	瘢痕
行为和环境因素	直肠异物
主人的变更	先天性狭窄
粪盘小甚至没有	**局部神经机能性疾病**
训练	脊髓创伤
习性	骨盆神经受损
药物因素	家族性自主神经异常
麻醉剂	**其他病因**
抗胆碱能药物	肿瘤
硫酸钡	脓肿

（续）

系统性疾病	骨盆骨折
高钙血症	前列腺肥大、前列腺炎或前列腺囊肿
低钾血症	严重脱水
甲状腺机能减退	自发的巨结肠，尤其是猫
	直肠/会阴区疼痛

表 4-2-3 引起体重减轻的主要病因

食物	**器官衰竭**
食物缺乏（动物数量多时尤其严重）	心力衰竭
食物质量差或者热量低、密度低	肝脏衰竭
热量过度利用	肾衰竭
泌乳期	肾上腺衰竭
工作量增加	**营养损失**
气候过度寒冷	糖尿病
妊娠期	失蛋白性肾病
发热或炎症导致分解代谢增加	失蛋白性肠病
甲状腺机能亢进	**消化器官疾病**
神经肌肉病	胰腺外分泌功能不全
下位运动神经元病	小肠疾病
同化不全	**厌食症**
癌症恶病质	**吞咽困难**
	反流或呕吐

表 4-2-4 引起食欲减退的主要病因

炎症	**代谢性疾病**
细菌感染	高钙血症
病毒感染	糖尿病性酮中毒
霉菌感染	甲状腺机能亢进
立克次氏体感染	**消化道疾病**
原虫感染	胃肠疾病
免疫介导性疾病	吞咽困难
肿瘤性疾病	恶心
胰腺炎	**嗅觉丧失症**
中枢神经系统疾病	**心理因素**
器官衰竭（如肾脏、肾上腺、肝脏和心脏等）	**高温**
癌症恶病质	

表 4-2-5 引起急腹症的主要病因

脓毒性炎症	**肠阻塞与变位**
多种病因导致的脓毒性腹膜炎	肠系膜扭转
异物导致的穿孔	肠套叠
胆囊破裂导致胆囊炎的发生	嵌闭性肠阻塞
子宫积脓	多种病因引起的肠阻塞
溃疡（如胰脏、肝脏、前列腺、肾脏等）	**脾脏、睾丸或其他器官扭转**
非脓毒性炎症	**其他病因**
胰腺炎	腹腔肿瘤
异物性炎症	创伤
胃扩张或扭转	凝血障碍

表 4-2-6 引起腹痛的病因

触诊技术太差	**腹膜疾病**
肌肉骨骼系统疾病	腹膜炎（常见）
骨折	脓毒性
椎间盘疾病（常见）	非脓毒性（如腹膜外）
脊髓炎（常见）	腹膜粘连
溃疡	**泌尿生殖系统疾病**
胃肠道疾病	肾盂肾炎
胃十二指肠溃疡	下尿路感染
异物	非脓毒性膀胱炎（常见于猫）
肠痉挛	膀胱或输尿管阻塞或破裂（常见，尤其创伤后）
肿瘤	尿道炎或尿道阻塞（常见）
肠管粘连	子宫炎
肠道局部缺血	子宫扭转（少见）
肝胆管疾病	肿瘤
肝炎	睾丸扭转（少见）
胆石症或胆囊炎	前列腺炎（常见）
胰腺疾病	**乳房炎**（不会引起真性腹痛，但会有假性腹痛）
胰腺炎（常见）	
脾脏疾病	**内分泌功能紊乱**
扭转（不常见）	垂体前叶功能减退症
	慢性肾上腺皮质功能减退
破裂	**其他病因**
肿物	肾上腺炎（与肾上腺皮质功能减退有关）
感染	重金属中毒
血管病变	自发性癫痫
落矶山斑疹热血管炎	术后因素（特别是缝合太密）
栓塞	

表 4-2-7 导致腹腔扩大的病因

组织性	液体性
妊娠期	囊肿
肝脏肿大（浸润性或炎性疾病）	前列腺周囊肿
脾脏肿大（浸润性或炎性疾病、肿瘤、血肿）	肾周围囊肿
肾肿大（肿瘤、浸润性疾病、代偿性肾肥大）	肝囊肿
肿瘤	**肾积水**
气体性	子宫蓄脓
胃鼓气或胃扭转	腹腔积液（渗出液、漏出液、血液等）
肠阻塞或肠扭转	**其他**
	肥胖症
	便秘

表 4-2-8 导致吞咽困难的疾病

创伤	神经肌肉疾病
各种口腔软组织创伤	口腔、咽部或环咽肌机能障碍
骨折或牙齿断裂	多种脑神经异常
血肿	狂犬病
炎症	局部肌无力
口炎	短暂性咬肌炎
舌炎	颞下颌关节疾病
咽炎	**脓肿**
齿龈炎	口腔内脓肿
扁桃体炎	齿龈脓肿
口腔肿物	**其他病因**
唾液腺囊肿	异物
肿瘤	免疫介导性疾病
嗜酸性肉芽肿	食管狭窄或食管炎
	中毒
	腐蚀剂

第二节 口腔和咽的疾病

Diseases of the Oral Cavity and Pharynx

一、炎性或感染性疾病（Inflammatory or infectious diseases）

（一）口炎（Stomatitis）

口炎是口腔黏膜的炎症，临床上以患病动物流涎、拒食或厌食和口腔黏膜潮红肿胀为特征。口炎一般呈局限性，有时波及舌、齿龈和峡黏膜等处，从而发展成为弥漫性炎症。在临床上，根据其发病原因不同，可分为原发性和继发性口炎；根据其炎症性质差异可分为溃疡性、坏死性、霉菌性和水疱性口炎等。

在小动物临床上，犬、猫最常见的是溃疡性口炎。

【病因】

引起口炎发生的主要病因有：①物理性因素，如机械性损伤（锐齿、异物、牙垢或牙石等直接刺伤黏膜）；②化学性因素，接触有剧烈刺激性，腐蚀性物质，如强酸、强碱、强氧化剂等化学药物，致使黏膜受损；③微生物因素，当机体抵抗力降低时，口腔黏膜腐生细菌，如梭形杆菌和螺旋体，也可致使黏膜发生炎症；④或继发于其他疾病，如咽炎、舌炎、犬瘟热、钩端螺旋体病、猫传染性鼻气管炎等；⑤某些全身性疾病，如营养代谢紊乱、B族维生素缺乏、贫血、慢性肾炎和尿毒症等；⑥甲状腺及甲状旁腺机能减退引起的激素性病因，或免疫性疾病等。

【临床症状】

临床上一般表现出炎症的基本特征：口腔黏膜红、肿、热、痛，咀嚼障碍，流涎，口臭等症状［见彩图版图 4-2-1］。患犬通常有食欲，但进食后不敢咀嚼即行吞咽，在猫多见食欲减退或消失。患病动物搔抓口腔，当食物进入口腔后刺激到炎症部位则因其疼痛而突然尖声嚎叫，痛苦不安，也有的由于剧烈疼痛引起抽搐；口腔感觉过敏，抗拒检查，呼出的气体常有难闻臭味。下颌淋巴结肿胀，有的伴发轻度体温升高。

（1）溃疡性口炎　常并发或继发于全身性疾病，如继发于猫病毒性鼻气管炎时，在舌、硬腭、齿龈、峡等处黏膜，形成广泛性、潜在性溃疡病灶。初期多分泌透明状唾液，随病势发展，分泌黏稠而呈褐色或带血色唾液，并有难闻臭味，口鼻周围和前肢腹侧附有上述分泌物。

（2）坏死性口炎　除黏膜有大量坏死组织外，其溃疡面覆盖有灰黄色油状伪膜。

（3）真菌性口炎　是一种特殊类型的溃疡性口炎，其特征是口腔黏膜有白色或灰色并略高于周围组织的斑点，病灶的周围潮红，表面附有白色坚韧的被膜。常发生于有长期或大剂量使用广谱抗生素病史的犬、猫。

（4）水疱性口炎　多伴有全身性疾病，如犬瘟热，营养不良等，口腔黏膜出现小水疱，逐渐发展成鲜红色溃疡面，其病灶界限清楚。猫患本病时，在其口角也出现明显病变。

【诊断】

根据口腔黏膜炎性症状进行诊断。对真菌性口炎和细菌感染性口炎，可通过病料分离培养来确诊。

【治疗】

首先应排除病因和加强护理，给予清洁的饮水，补充足够B族维生素。

饲喂富有营养的牛奶、鱼汤、肉汤等流质或柔软食物，减少对患部口腔黏膜的刺激。必要时在全身麻醉后进行检查治疗，如除去异物、修正或拔除病齿。继发性口炎应积极治疗原发病。细菌性口炎，应选用有效的抗生素进行治疗，如口服或肌内注射青霉素、氨苄青霉素、头孢霉素、喹诺酮类药物等。局部病灶可用 0.1%高锰酸钾溶液或 2%～3%硼酸溶液，冲洗口腔，每日 1 或 2 次。口腔分泌物过多时，也可选用 3%双氧水或 1%明矾溶液冲洗。对口腔溃疡面涂擦 5%碘甘油。久治不愈的溃疡，可涂擦 5%～10%硝酸银溶液，促进其愈合。病重不能进食时，应采用静脉输注葡萄糖，复方氨基酸等制剂的维持疗法。为了增加黏膜抵抗力，可应用维生素 A。

（二）齿龈炎（Gingivitis）

齿龈炎是指齿龈的炎症。临床上以流涎、齿龈肿痛为特征。

【病因】

原发性齿龈炎主要见于各种不良刺激，如齿斑、齿石、齿裂以及各种尖锐异物的刺伤；强烈的刺激性、腐蚀性化学物灼伤；牙齿松动、龋齿等也可引发本病。

继发性病因主要包括口腔内其他部位的炎症、维生素 C 或 B 族维生素缺乏、尿毒症、犬瘟热、钩端螺旋体病以及重金属中毒等。

【临床症状】

患病犬、猫流涎，咀嚼、饮水时常有疼痛表现，想吃食却不敢吃，或突然吐出食物和饮水。局部检查时可发现齿龈边缘潮红、肿胀，偶有水疱或溃疡灶出现，甚至可出现出血和化脓等严重炎症后期变化。

【诊断】

根据病因、犬和猫临床表现以及局部检查结果可确诊本病。

【治疗】

积极治疗原发病，可采用外科手术疗法去除病齿、畸形齿，清除齿石；齿龈肥大者，可于局部麻醉后手术切除。

每日可使用盐水或清水清洗牙齿，必要时可使用牙刷刷牙，以防牙结石的沉积。在患病部位涂布青霉素或红霉素软膏，也可用头孢拉定药粉直接涂布患处，每天 2～3 次；严重时也可使用普鲁卡因青霉素溶液 0.5～1mL 或氟美松 0.5～2mL，静脉注射，每天 1～2 次，连用 3～5d。

平时应注意加强护理，禁喂刺激性强的食物，并注意防寒保暖，加强营养，提高小动物抵抗力，以减少本病的发生。

（三）扁桃体炎（Tonsillitis）

扁桃体炎又称咽炎或者咽峡炎，是指咽黏膜、黏膜下组织和淋巴组织的炎症。扁桃体位于呼吸道和消化道的交会处，此处的黏膜内含有大量的淋巴细胞，是经常接触抗原产生免疫应答的部位，因此，也是各种微生物容易滋生的部位。发生扁桃体炎后，临床上患病动物以咽部肿痛、头颈伸展、转动不灵活，触诊咽部敏感，呼吸困难，吞咽障碍和口鼻流涎为主要特征。

【病因】

原发性扁桃体炎主要是因为局部受不良刺激引起，包括机械刺激（如骨渣、鱼刺、尖锐异物以及胃管投药时动作粗暴）造成的损伤，刺激性化学物质（如强酸、强碱）的灼伤，以及过热食物和饮水的烫伤，从而发生炎症。

本病也可继发于口炎、喉炎、感冒等疾病进程中。另外，全身性烈性传染病，如犬瘟热、狂犬病等，以及邻近组织器官的炎症蔓延也可引发本病。

【临床症状】

患病动物可见精神沉郁，进食缓慢，食欲减退，吞咽困难，常出现食物和饮水由口、鼻中喷出现象。严重病症可见动物头颈伸直、不敢转头。多有流涎，有时伴有咳嗽、体温升高；触诊咽部发热、肿胀，按压有挣扎、呻吟等疼痛反应；下颌淋巴结、咽背淋巴结肿胀，严重时可压迫喉及器官而引起呼吸困难，甚至发生窒息。

【诊断】

根据吞咽障碍、头颈伸直和流涎的表现，结合咽部触诊可以做出诊断［见彩图版图 4-2-2］。

【治疗】

去除病因，减少咽部不良刺激。打开口腔检查咽部，如有异物，可在麻醉后用镊子取出，并消毒处理。轻症的可给予流质食物，重症患者要进行补液给予营养。

抗感染治疗可用盐酸土霉素 7～11mg/kg，肌内注射或皮下注射，每天 1 次。或肌内注射普鲁卡因青霉素 10 万～20 万 U，每日 2 次，连用 3～4d。消肿止痛，对症治疗：病初可以在咽部实施冷敷，到后期再进行热敷，或者可使用西瓜霜做咽部喷涂。如咽部已经化脓，可用 0.25％普鲁卡因溶液 3～5mL，青霉素 3 万～4 万 U，混合后于两侧喉腧穴注射，以防炎症扩散，每日 1～2 次，连用 3～4d。若有窒息现象，须切开气管进行急救。

加强护理，避免感冒，保证充足营养，提高机体抵抗力，及时治疗原发病，防止感染和蔓延。应用诊断与治疗器械（胃管、投药管等）时操作要细心，避免损伤咽黏膜，以减少本病的发生。

二、自发性疾病（Idiopathic diseases）

（一）淋巴浆细胞性口炎（Lymphoplasmacytic stomatitis）

对于自发性疾病，猫的淋巴细胞—浆细胞齿龈炎或咽炎可能是由于猫的嵌杯样病毒或者一些刺激导致的齿龈炎症而引起。

【临床症状】

患猫食欲不振、厌食甚至口臭是最常见的临床表现。患猫齿龈和（或）咽喉部位的咽腭弓出现红肿。严重时齿龈明显出现肿胀、易出血。偶尔会出现上下牙齿打战的情况。

【诊断】

增生的齿龈可以采用针吸穿刺活组织检查进行诊断。组织学显示，淋巴细胞—浆细胞浸润，血清球蛋白增高。

【治疗和预后】

目前，尚无有效治疗方法。应进行正确的牙齿清洁和去结石处理，抗生素疗法可以有效治疗厌氧菌的繁殖。高剂量的肾上腺皮质激素（氢化可的松，每日2.2mg/kg）常常可以起到有效的抑制作用。比较严重的病例，进行拔牙可以有效缓解炎症的来源。氯金化钠以及其他免疫抑制类药物（如瘤可宁，又称苯丁酸氮芥），对抗此病有一定疗效。预后常不良，严重患猫可能会由于使用血管收缩药物而影响到本病的治疗。

（二）猫口腔嗜酸细胞性肉芽肿综合征（Oral Feline eosinophilic granuloma complex）

本病是两种嗜酸性细胞性肉芽肿综合征侵害口腔而发生的一种疾病。其中没有疼痛感觉或侵蚀性溃疡的病征主要见于猫的上唇，而嗜酸细胞性肉芽肿则见于口腔的任何部位。

【临床症状】

患病猫常表现进食减少、口臭和流涎，临床症状与特发性淋巴浆细胞性口炎的症状相似，但本病发生更为有限。病变部位呈现糜烂、蚀斑或是增生性病变［见彩图版图4-2-3］。

【诊断】

本病可依据活组织检查和组织病理学的评估进行确诊。同时，可采取内窥镜和咬骨杯型的活检来获得进一步的确诊结果。细胞学检查，可见混合炎性细胞浓聚，在纤维增生组织中，嗜酸性细胞占有很大比例。临床中，本病应与鳞状细胞癌、线形绳状异物以及淋巴浆细胞性口炎等疾病相区别。

【治疗】

本病初期可使用皮质类固醇药物口服或病变部位给药，或使用放射、冷冻等疗法可能会对侵蚀性溃疡产生一定效果。

三、咽和吞咽障碍（Pharyngeal and swallowing disorders）

吞咽困难主要发生在3个特殊时期：①口腔期，在口腔摄食、舌根部食团形成或吞咽反射的开始；②咽期，咽的迅速收缩引导食团走向环咽通道；③环咽期，上食管括约肌的协调松弛、收紧咽，以推进食团进入近端食管，以及上食管括约肌的再收紧及咽的松弛。

【病因】

口腔和咽的吞咽困难可能是由于舌下神经功能障碍、全身性神经肌肉疾病、感染性因素如狂犬病病毒侵袭、黏膜下脓肿等引起，或由外伤性、物理性梗阻等因素引起。

【临床症状】

患病动物不断出现流涎、掉落食物，或者夸张地努力抛食物进入口腔。当动物咬住食物时，舌不能够驱使食团下咽并缺乏足够的伸缩长度。或者动物摄食正常，但可见反复的努力吞咽动作，有时会发现唾液或食团引起的窒息和咳嗽。动物常表现有流鼻液和鼻炎的症状。

【诊断】

对于各个不同时期的吞咽困难而言，有必要对神经学和骨骼肌进行全面的检查。通过病史调查及临床症状的观察，同时，结合血液学和生化指标的检查可鉴别某些疾病所导致的吞咽困难。本病应与食管扩张、咽后淋巴结病或脓肿、脑膜炎伴有颈部疼痛、骨骼肌疾病、三叉神经痛、眼球后脓肿等疾病相鉴别。

【治疗】

要确定具体发病病因，同时采用对症疗法。

在对患病犬猫进行营养支持疗法以提高患病犬猫抵抗力时，采用内窥镜胃造口术较鼻饲管和咽饲管效果更好。治疗过程中，要防止发生各种不同病因引起的吸入性肺炎。

四、肿瘤（Neoplasia）

齿龈瘤是犬最常见的口腔良性肿瘤，占犬良性肿瘤的30％，很少发生于猫。这些肿瘤是从牙周韧带生长出的坚硬的齿龈瘤。齿龈瘤可以分为3种：纤维瘤性齿龈瘤、骨化纤维瘤及棘皮性齿龈瘤。纤维瘤性齿龈瘤是从牙龈沟长出来的、呈单一或多发性的、有柄的和无柄的、非侵袭性的坚硬、光滑的粉红色硬块。最初的细胞类型是齿周韧带的基质。

齿龈瘤的特征是：

（1）犬最常见的口腔肿瘤，其发病率可达30％；

（2）多发生于平均年龄8岁以上的犬；

（3）大型犬发生本病更为常见，其体重多超过20kg；

（4）齿龈瘤一般不发生转移；

（5）棘皮性齿龈瘤是更为常见的齿龈瘤类型。

【临床症状】

骨化性和纤维瘤性齿龈瘤是坚实或有蒂，非溃疡性和非侵袭性肿瘤，常呈单发性或多发性生长，齿龈瘤通常有1～4cm，沿齿龈线不定地固着在骨头上［见彩图版图4-2-4］。棘皮瘤性齿龈瘤呈局限侵袭性，常伴随明显的骨溶解并较常侵害的是下颌骨。

患病动物常表现出食欲减退、流口水、口腔出血、吞咽困难以及口臭。

【诊断】

外科手术取下的口腔肿块进行细胞学组织活检对于确诊本病有着积极的意义。针吸出物或刮出物的细胞学检查有助于排除其他恶性肿瘤的发生。本病应与严重的齿龈肥大、口腔乳头状瘤、鳞状细胞癌、纤维肉瘤，以及软骨瘤、骨瘤、血管瘤、脂肪瘤等其他疾病相区别。

【治疗】

纤维瘤性或骨化性齿龈瘤可采用外科切除术。为防止棘皮瘤性齿龈瘤的局部复发，有必要切除部分上颌骨和下颌骨。使用阿霉素和环磷酸酰胺治疗齿龈瘤的化疗已报道有成功的病例。

（一）口腔乳头状瘤病（Oral papillomatosis）

口腔乳头状瘤病毒感染相对并不常见，但它会导致动物患良性口腔肿瘤。口腔乳头状瘤由乳头状瘤病毒引起，会导致青年犬面部和嘴唇的疣样病变。本病多发于1岁以下的幼龄犬，无品种或性别差异。

【临床症状】

疾病初期首先是灰白色的光滑病变，然后发展为表面粗糙的隆起。长出3～4周以后的瘤通常长有排列很紧密的小叶。如果病变面积较大，黏膜损伤会导致出血的发生，此时可以看到有淡红色血样唾液从嘴角淌下。消退期变皱缩，颜色也逐渐变为暗灰色。患病动物发病过程中多伴发吞咽困难、流涎、口臭或者口腔疾病的其他症状。

【鉴别诊断】

病变的特征很明显，但可能会与口腔肿瘤相混淆，实际上很容易区分这两种病变，因为乳头状瘤只发生于青年动物。

【诊断】

通过问询动物主人，可以了解整个发病史，同时进行口腔检查。对可疑部位进行活组织检查以排除恶性肿瘤的可能，然后即可以确诊本病。

【治疗】

手术切除病变部位。病变通常也会在几周之内或者几个月之内自行脱落，但是口腔内的乳头状瘤会引起动物疼痛和出血，因此最好在确诊本病后即进行外科手术切除。激光摘除手术的效果更好。

（二）鳞状细胞瘤（Squamous cell carcinoma，SCC）

鳞状细胞瘤尤其是鳞状细胞癌是猫常见的口腔恶性肿瘤，同时也是犬的第二常见的口腔恶性肿瘤。肿瘤可以发生在犬和猫的齿龈、唇、舌或扁桃体等部位。肿瘤呈红色、易碎、血管丰富，有时表现为溃疡性糜烂。

【诊断】

采用活组织病理学检查，肿块和肿大的淋巴结需要外科活检；口腔中任何非康复性、溃疡性区域均需进行活检。有口腔肿块的动物需要定期进行血液学检查。本病应与舌鳞状细胞瘤、扁桃体鳞状细胞癌、齿龈鳞状细胞癌以及腭黏膜鳞状细胞癌等疾病相区别。

鳞状细胞癌的特征：

（1）本病是猫的最常见的肿瘤类型（发病率可达70%）；

（2）本病是犬的第二常见的肿瘤病（和纤维肉瘤一样），其发病率可达15%；

（3）本病可以发生在齿龈、舌、嘴唇或扁桃体等部位；

（4）生物学行为存在地方和种属性差异，发生舌和扁桃体的鳞状细胞癌的时候通常可引起局部淋巴结发病。

【治疗】

对齿龈肿瘤一般采取广泛性的切除。这些肿瘤一般对放射线敏感，放射治疗结合高温治疗效果会更好。扁桃体的鳞状细胞癌生长迅速，并且在早期就伴有局部的浸润，在淋巴结及肺部的转移速度很快。这些肿瘤通常多发于饲养在城市的雄性犬，猫未见发生扁桃体鳞状细胞癌转移的报道。这些肿瘤的预后一定要慎重，鳞状细胞癌也可发生于舌部。

口咽部前面的肿瘤呈现局部浸润性生长，且很少有转移的危险，而口咽部后面的肿瘤浸润性比较强，并且其转移的速度非常快。犬齿龈鳞状细胞癌通常有较高的浸润性和骨溶解性，但发生转移的几率很低。猫的齿龈鳞状细胞癌预后比犬差。

（三）恶性黑色素细胞瘤（Malignant melanoma）

恶性黑色素细胞瘤是一种表皮内黑色素细胞的肿瘤，是犬的常见恶性肿瘤，猫很少发生。黑色素瘤生长迅速，呈灰色或棕黑色，肿瘤质地较硬，并且血管丰富。这种肿瘤通常多发于齿龈，并且其特征是很早就有浸润性。在组织病理学检查中，黑色素瘤的某些类型很容易同纤维肉瘤混淆。在80%的病例中出现了局部淋巴结及肺的黑色素瘤。大多数的口腔黑色素细胞瘤是恶性的，主要发生在色素沉着的齿龈、口腔黏膜和上腭，但舌不是其常发部位。黑色素细胞瘤是局限性、侵袭性肿瘤［见彩图版图4-2-5］。

【临床症状】

对于犬，黑色素瘤发病的平均年龄是10～12岁，在临床上没有明显的性别差异，母猫可能发生本病。患病动物表现出口臭、吞咽困难、咀嚼困难或疼痛性咀嚼、摩擦脸、口腔出血、流口水和食欲减退。

【诊断】

要确诊本病需要进行组织病理学检查，在患病期间可全面检查动物的血像、生化指标、尿液分析以及局部淋巴结抽取物活检。骨骼局部会有侵袭现象。

【治疗】

可以采用广泛性的外科手术切除，如部分上颌骨切除术、下颌骨切除术、扁桃体切除术或舌切除术。或者可以在临床中采用放射疗法进行治疗，但黑色素瘤的复发率很高。如果放射治疗结合高温治疗可能会有较好的疗效。对于恶性黑色素瘤而言，在临床实际诊疗过程中，采用化学疗法和免疫疗法几乎没有效果。

采用免疫学和生物反应调节剂治疗黑色素瘤的方法仍然在研究之中，尚未见应用于临床的报道。

（四）口腔纤维肉瘤（Oral fibrosarcoma）

口腔纤维肉瘤是最先在犬上报道的一种肿瘤，平均发病年龄为 8 岁，且多见于大型犬，尤其是金毛猎犬和多伯曼平犬，雄性犬多发。其通常多发于上颌骨的齿龈、硬腭，并且外观呈现粉红色、坚硬、光滑、具有多个分叶的团块附着在组织上。纤维肉瘤是猫第二常见的口腔肿瘤，猫的平均发病年龄为 10 岁。通常会发生局部的浸润，有时甚至会侵蚀骨骼，但一般不会发生远距离的转移。

口腔纤维肉瘤的分类特征：

（1）本病是犬第二常见的口腔恶性肿瘤，和鳞状细胞癌相似；

（2）本病通常发生于犬的齿龈和硬腭部位；

（3）本病多发于体重超过 20kg 的大型犬及雄性犬；

（4）青年犬具有易发本病的素质，平均发病年龄在 7 岁以下；

（5）本病会呈现局部浸润性，2 岁以下的犬具有较高的转移性危险。

【临床症状】

纤维肉瘤最常发生于犬齿和肉食齿之间区域的硬腭和上颌骨齿龈处。动物常表现吞咽困难、流涎、厌食或食欲不振、口臭、夸张的咀嚼动作或咀嚼困难，或用爪子抓嘴。纤维肉瘤可以长大至直径 4cm 以上。

【诊断】

根据动物的发病年龄、品种、性别以及发病部位可初步作出诊断，确诊本病需要对切除的肿块进行组织病理学检查或活组织检查。

【治疗】

无论采取何种方式进行治疗，局部的复发率都很高，通常临床采用外科手术切除法。大多数的纤维肉瘤对化疗不敏感，一般对放射治疗敏感，虽然在单独使用放射治疗中期纤维肉瘤的控制时间可以长达 12 个月之久，但是对于术后进行积极的放射治疗，可以更有效地延长动物的存活时间。冷冻疗法可以刺激本病的复发。

五、牙病（Dental diseases）

（一）发育性疾病（Developmental disease）

引起牙齿发育障碍的疾病主要有：

（1）滞留乳齿　本病常为遗传性或发育性结果，导致永久齿长出之后乳齿仍然存在；本病一旦确诊需立即进行乳齿包括齿冠和齿根的拔除。

（2）脱色牙齿　本病是指釉质或牙质的脱色，因为有活力齿，无需治疗，除非已经引起疼痛反应，无活力齿时可采用各种牙髓病的处理方法进行治疗或者拔除。

（3）釉质生长不全　在发育和成熟期齿釉质的矿质过少，多由于感染、炎症、营养等因素所导致的成釉细胞损伤所致。犬常表现为齿冠外观粗糙、斑驳、着色或局部区域的齿釉质缺乏；在猫表现为齿冠微黄色或粗糙；如果动物存在明显的齿釉质丧失暴露牙质，可能会出现疼痛；牙齿在接触冷或热时疼痛或者敏感。如果牙齿不敏感或疼痛，无需治疗，如果敏感或者有疼痛的牙齿，应视需要进行补牙。

（二）牙周炎（Paradentitis）

牙周炎指牙周膜及其周围组织的炎症。以齿周袋形成、骨重吸收、齿松动和齿龈萎缩为特征。

【病因】

齿龈炎、口腔不卫生、齿石、食物嵌塞及微生物侵入，尤其是长期摄食软稀食物等是形成牙周炎的主要原因。菌斑在牙周炎发生过程中起重要作用。齿形和齿位不正，闭合不全，软腭过长，下颌机能不全、缺乏咀嚼等可能是本病的诱因。不适当的饲养和全身疾病如糖尿病、低钙摄取、甲状腺机能亢进和慢性肾炎等均可引发本病。

【临床症状】

动物常表现出口臭、流涎、有进食欲望但只能摄食软食，有时可见口腔出血。患病犬、猫牙齿疼痛明显，牙周韧带破坏，齿龈沟加深，形成蓄脓的牙周袋或齿龈下脓肿。一般臼齿多发，病情后期，牙齿可出现松动，但疼痛并不明显。猫常突然停止进食，严重的可发生抽搐和痉挛，有的转圈或摔倒。

【诊断】

根据病史和症状可以做出诊断。慢性肾病、糖尿病等可并发牙周炎，应注意与齿冠缺失、齿龈炎症、增生、齿周病和肿瘤等相区别。

【治疗】

在动物麻醉状态下，彻底刮除牙齿垢、齿石，除去菌斑，明显松动牙齿或严重病牙应将其拔除，对肥大的齿龈可用电烧烙除去或手术切除。用生理盐水、0.1%高锰酸钾溶液等冲洗齿周，涂以2%碘酊或碘甘油。如牙周形成脓肿，应切开引流治疗。术后全身给予抗菌素、B族维生素等，数日内给予软食。

（三）口鼻瘘管（Oronasal fistulas）

口鼻瘘管又分为先天性口鼻瘘管（又称腭裂）和后天性（获得性）口鼻瘘管。先天性口鼻瘘管（congenital oronasal fistulae）是由口腔和鼻腔之间包括硬腭、软腭、前颌和（或）唇部的闭合出现异常引起的。通常是由于两个腭骨架在胚胎发育时期的闭合不全引起的。胎儿腭的发育和闭合最危险的时间是犬妊娠的第25～28天，其原因主要有：遗传性因素（如多基因型性状变化）、营养性因素（如叶酸不足）、类固醇类激素作用、机械压力（如口腔肿瘤的压迫），以及毒性作用和病毒的侵害。后天性口鼻瘘（acquired oronasal fistulae）是由于外伤或其他疾病引起的口腔和鼻腔之间的异常贯通。

【临床症状】

犬比猫更容易发生腭裂，尤其是短头犬。纯种犬比杂种犬更容易发生本病。发生本病的主要品种有：波士顿㹴、京巴犬、斗牛犬、迷你雪纳瑞、比格犬、可卡犬和大丹犬等。暹罗猫较其他品种的猫更易发生本病。在性别上，雌性动物更容易发生本病，腭裂通常是在出生时就存在的，但不会立即发病。患病犬猫通常表现出鼻腔反流、鼻涕及生长缓慢等症状。在犬猫饲喂时或饲喂后，常出现奶汁从鼻孔流出的现象，进食时也会出现作呕、咳嗽或打喷嚏，或者三种症状同时出现，以及呼吸道感染表现的鼻炎、吸入性肺炎等。患病犬猫常常比较瘦弱和矮小。

后天性口鼻瘘在任何品种、任何性别的动物都会发生，常继发于中年或老年动物的牙齿疾病或肿瘤。患病动物常有慢性鼻炎和牙病史，有外伤史或口腔肿瘤治疗史的动物均应注意本病的继发。患病犬猫常见的症状是打喷嚏、慢性和（或）单侧浆液性或黏液脓性鼻液。

【诊断】

幼犬和幼猫一旦出现腭裂的症状，需要进行详细的体格检查。对先天性口鼻瘘可通过视诊来确定，唇裂比较容易发现，但上颌骨、硬腭或软腭的不完全闭合需要对口腔进行详细的检查[见彩图版图4-2-6]。需要注意的是，在进行软腭的详细检查时需要对动物麻醉。后天性由于牙周疾病继发的小口鼻瘘一般不易确诊，临床中可使用较细的牙病探针在患牙周围探测，如果探针进入齿龈则可造成鼻出血，瘘管随即同时出现。上颌犬牙的腭部是发生口鼻瘘管的常见部位。

本病需要与损伤、后天性裂孔、鼻炎、鼻腔异物以及吸入性肺炎等疾病及其并发症进行鉴别诊断。同时可通过组织病理学检查来判断瘘管的形成是继发于肿瘤还是继发于损伤或感染。

【治疗】

患病动物需要通过饲养管理来提供足够的营养以降低发生吸入性肺炎的危险性，饲养管理需要一直进行直至动物可以进行手术修补时。出现炎症时进行抗菌消炎治疗，严重鼻炎的动物可以在手术闭合之前进行鼻腔感染的治疗。而多数患有初级和次级腭裂的动物通常采用安乐死或自然死亡。患病犬猫需要长至8～12周龄才能进行手术修补，而年龄较大的动物其组织不会那么脆弱，从而可以进行良好的缝合。在16周龄之前进行腭的成形术会影响动物上颌面的生长和发育，因此，进行腭补的目的是再造鼻腔底部。小的或外伤性瘘管可以自行痊愈，多数口鼻瘘需要进行外科手术进行修补。具体手术方法可参看《外科手术学》等相关内容。

第三节　唾液腺疾病

Diseases of the Salivary Glands

一、腺炎（Adenitis）

腺炎是唾液腺的炎症。

【病因】

异物（通常是尖锐的）刺入可以逐步发展成为脓肿，腺炎与黏液囊肿可以并发，病毒性疾病可以引起炎性反应，犬咬伤可以造成较为明确的唾液腺创伤，本病可以继发于食肉齿感染，梗死形成可引起炎性反应。

【病理生理学】

病毒、细菌、或者创伤都可以引起炎性反应；鉴于腮腺的位置接近于耳道，腮腺易受创伤性损害的侵害；腺体肿胀可导致疼痛。下颌腺有一个密闭的纤维囊，在密闭囊内来自腺体的压力导致缺血性坏死或继发性组织变形；可见疼痛和坚实的唾液腺，下颌淋巴结肿大，犬下颌腺梗死形成；细菌感染继发炎症。

【临床症状】

最常见于腮腺或舌下腺：疼痛、坚实肿胀的唾液腺，局部热感，排液或淋巴结肿大，流涎，发热、食欲减退，呕吐、恶心、窒息，头颈运动可见疼痛，腺管开口处流出黏液脓性分泌物，脓肿形成或伴有皮肤瘘管。

鉴于颧腺的受保护位置，颧腺不常涉及：食欲减退，当试图张口时，动物表现不愿意或有疼痛，眼球突出。

【诊断】

临床症状常常提供尝试性诊断，同族病毒的病史很少出现，创伤或者牙齿脓肿的病史不确定，眼球后间隙的抽取物细胞学检查显示炎症，但这并不是唾液腺炎的特异性检查方法；超声波检查有助于确定眼球后病变，涎腺造影术可能有点帮助，确诊困难，并且可能需要离体腺体的组织病理学检查。

【鉴别诊断】

极少见到唾液腺肿瘤形成，周围组织形成的脓肿可扩散到唾液腺，唾液腺黏液囊肿或者唾液腺瘘管是一个重要的考虑选项；眼球后蜂窝织炎的其他病因必须考虑到。

【治疗】

细菌培养和药敏试验结果尚未确定时，全身持续应用抗革兰氏阳性菌抗生素 7～10d；如果认为食肉齿是腮腺炎或脓肿的病因，就拔除食肉齿；腮腺区域可以施行热敷；如果治疗无反应，进行外科手术切除具有一定的积极意义。

【预后】

尽管给予适合的治疗，还有可能形成瘘管，尤其当有异物存在时；对抗生素疗法缺乏反应提示有异物存在或者选择的抗生素不合适；如果颧腺长期肿大，则可见慢性兔眼。

二、唾液腺瘘管（Salivary gland fistula）

本病是一种较难愈合的疾病，伴有连续不断的稀薄浆液性分泌物。这种分泌物有时随饲喂而增加。

【病因】

创伤可导致外翻瘘管形成，创伤包括锐性或钝性创伤；耳外科或者脓肿的外科手术引流。肿瘤疾病包括下颌淋巴结疾病的扩散，可引起腮腺的感染或坏死。

【病理生理学】

腮腺外科手术会使腺管受损，而唾液流经损伤区域时会通过皮肤开口漏出。对颧腺的锐性或者钝性创伤可引起渗漏进入眶周间隙，并且可能导致眼球突出，持续不断流出的唾液会使瘘管不能结疤愈合，丧失活力和坏死的腺组织常继发细菌感染，食肉齿脓肿可能影响到附近组织结构，包括颧腺。

【临床症状】

颈区有肿胀，通常是无痛性的；开放的创伤伴有浆液性甚至有时是恶臭难闻的液体，液体量在摄食后增加；可见眼下肿胀并涉及颧腺。

【诊断】

面部和颈区钝性或锐性创伤史可提示诊断；来自瘘管渗漏液体的细胞学检查有助于确认唾液腺的起源，涎腺造影术可显示造影剂通过瘘管流出，口服毛果芸香碱可增加流过瘘管的唾液；瘘管的外科手术探查可确认瘘管与唾液腺的关系。

【鉴别诊断】

扁桃体鳞状细胞癌伴随颈部淋巴结的转移可呈现相似的临床症状，异物，诸如草芒或者木头尖片可导致引流管形成，继发于早先耳外科手术的慢性感染可能是在面部两侧形成瘘管的根本原因。

【治疗】

摘除唾液腺是治疗的选择；当涉及下颌腺和舌下腺时，瘘管颈段的腺管结扎可使唾液停止流出；对继发性细菌感染，应持续应用广谱抗生素一个疗程（2～3 周）。

【预后】

通常对外科手术有立即反应的腺管结扎可引起暂时性的局部肿胀。凭经验的抗生素疗法的效果必须严密监视，这是因为缺乏反应可能要求更换抗生素或者表明需要进行病原培养和药敏试验。

三、唾液腺黏液囊肿（Salivary mucocele）

【病因】

唾液积蓄于非上皮衬里发生肿胀，并引起周围组织的炎性反应。确切的病因通常不清楚，可能包括下列原因：局部创伤、腺管闭塞（涎石）、发育性缺陷、肿瘤侵入腺管或者腺体。

【病理生理学】

在唾液腺和腺管受损之后，唾液会沿着阻力最小的路径进入组织，多数常侵害舌下腺；偶尔涉及下颌腺或者颧腺。溢出唾液聚集的最常见部位是颈部腹侧，肿胀也可能出现在咽部或者舌下（舌下囊肿）。

由于颧腺黏液囊肿，唾液偶尔可积聚在眼球后间隙；唾液刺激使肉芽和结缔组织衬里的囊形成；囊衬里钙化较罕见；在黏液囊肿形成之前可见唾液腺炎。

【临床症状】

主要有一个软的、波动的、非红肿的、凉的、无疼痛的颈部肿块缓慢发展，疼痛可能在肿胀之前出现，舌下肿胀（舌下囊肿）可以单独出现或者与颈部肿胀同时出现，咀嚼困难，舌软骨受侵害，舔舐过多等；如果是由牙齿引起的创伤所致，可能有疼痛和出血。咽部黏液囊肿可引起下列症状：吞咽困难，吸气性呼吸困难，有时候呼吸困难可能很严重。眼球后黏液囊肿（颧腺黏液囊肿）可出现下列症状：眼球突出，开口时动物表现抗拒或者很难开口（很少见）。

【诊断】

缓慢发展的颈部肿块病史是本病的特征性病症。特征性描述相当重要：常见于狮子犬和德国牧羊犬和 3 岁龄以下的犬，偶见于猫。典型症状就是触诊到一个软的、波动的、凉的肿胀（颈部）。细针穿刺的细胞学检查可能有助于确认唾液的存在：带血的液体，黏性、纤维性、浓稠的液体，用碘酸雪夫苏木精染色（PAS Stain）可见黏液红细胞。

X 线检查可能有帮助，但是对于确诊来说通常不必要。涎腺造影术困难且通常不必要。

B 超检查有助于鉴别黏液囊肿与肉芽肿病变或肿瘤病变。

组织学检查可用于无分泌性组织的非上皮衬里。

【鉴别诊断】

短时间内通常可见颈部和下颌间脓肿，鳃裂囊肿极少会引起颈区肿胀，肿瘤最有可能发生在颈部和下颌间，包括囊腺瘤或淋巴瘤；甲状舌管囊肿少见，但可能有些临床症状类似；当确定咽部唾液腺黏液囊肿形成时，必须考虑到咽部阻塞的其他病因：肿瘤形成、异物。必须排除创伤之后形成的血肿或血清肿。

【治疗】

引流有效，同时应考虑某些少见的特殊情况。采用细针穿刺法：对于病情高危动物不能承受麻醉和外科手术时以及犬咽部黏液囊肿引起吸气性窘迫时，该穿刺法可作为一种临时性处理措施。穿刺必须每 2～3 周重复施行。

外科手术摘除囊肿是可选的步骤：切除下颌和舌下腺并尽可能向前切除它们相关的腺管；尽管本病最常侵袭的是舌下腺的单口部分，但需同时切除下颌腺，这是因为它们共享一个公共囊；下颌腺黏液囊肿通常多发生于两侧，但偶尔也可能见于正中线（下颌多见）。为了确定需要切除的腺体，让动物仰卧并轻轻地推动充满液体的肿块；液体通常移向患病腺体一侧，并且形成一个隆起，刚好在下颌角的下方；有时可见到舌下囊肿，并且它的位置（或左或右）有助于确定要切除的腺体；如果仍对患病的腺体存疑，颈部正中线切口可进行双侧性探查；为趋近患病腺体，在两侧下颌和舌下腺在囊肿摘除的同时，可以施行囊肿的引流并切除多余的皮肤；颧腺黏液囊肿的治疗可能要求通过外科开眶术施行眼窝探查。

【预后】

如果引流管放置在囊肿内，通常可在 48h 内拔去。本病的复发率较低，如果黏液囊肿复发，通过口腔通路切除舌下腺则预后良好。

四、涎石病（Sialolithiasis）

本病是在唾液腺管中存在石头或者沙石；结石的成分包括碳酸镁、碳酸钙和磷酸钙等；结石少见，但可在腮腺管中见到；可在黏液囊肿中找到软的结石或者钙化结构（黏液囊肿石头）。

【病因】

石头形成的真实病因尚不清楚，但是有人认为石头的出现是继发于炎症；纤维蛋白和黏液素沉淀构成“软结石”，可在黏液囊肿中见到；黏液囊肿结石实际上是黏液囊肿内壁脱落的碎片经过钙化形成的。

【病理生理学】

结石会堵塞导管，从而使腺体肿胀，除非取出结石，否则时间过长会导致腺体萎缩；涎石不会引起黏液囊肿。

【临床症状】

可见腮腺上有肿胀，触诊腺体有痛感。

【诊断】

可经口腔黏膜或皮下做结石皮下触诊，X 线检查可能见到结石，逆行性涎管 X 线造影可以确定阻塞的位置。

【鉴别诊断】

异物、唾液腺炎和唾液腺肿瘤。

【治疗】

如果结石位于黏膜下，可切开口腔黏膜和管壁取出，导管和口腔黏膜不做缝合，任其做二期愈合。

【预后】

尽管开放的切口可能导致瘘管形成，但缝合会引起疤痕和狭窄、阻塞；如果完全阻塞时间过长会引起腺体萎缩失去功能。

五、肿瘤（Neoplasia）

犬和猫的肿瘤比较少见，而且良性肿瘤是猫特有的，犬的肿瘤大多数为恶性，犬多发。多数为腺癌，常侵害腮腺和颌下腺，偶尔侵害颧腺。

【病理生理学】

肿瘤起源于口咽部的浅层黏膜下组织，局部淋巴结受影响比较普遍，而远处转移发展缓慢。

【临床症状】

不分性别和品种，老龄动物多发，通常症状轻微，唾液腺肿瘤多为单侧发生，通常在日常体检触诊肿胀的腺体时发现，触诊发病腺体时出现疼痛反应。如果肿胀明显，也会看到周围组织受损害而出现的其他症状，发生黏液囊肿，颧腺肿瘤会出现眼球突出。

【诊断】

诊断性穿刺，如果穿刺为阴性，则做切开或者切除取样活检；淋巴结穿刺和胸片 X 线检查能确定肿瘤时期。

【鉴别诊断】

腺炎可引起相同的症状，但多为双侧性的，下颌淋巴结肿瘤最需与该病相区别；唾液腺脓肿可单独发生，也可和肿瘤同时发生。

【治疗】

建议广泛切除腺体和相关淋巴结：首先，由于腮腺与周围结构的解剖关系复杂，实施切除比较困难；其次，由于很难将肿瘤全部切除，通常会复发。

放射治疗是一种有效的辅助疗法；截至目前，化疗效果不确切。

【预后】

很难做到完全切除肿瘤，但在早期转移之前进行时，效果可能很好；术后 3 个月应对原术部淋巴结进行检查，如果 3 个月后检查未发现复发，以后可每 6 个月检测一次；尽管做了治疗，但预后不良。

第四节 食管疾病

Diseases of the Esophagus

一、先天性疾病（Congenital disorders）

（一）机能失调（**Disorders of motility**）

【定义】

先天性原发性巨食管症（Congenital primary megaesophagus，CPM）、沙皮犬食管功能低下以及幼猫、幼犬食管蠕动功能异常导致的食管功能紊乱，不出现上位和下位括约肌的功能缺陷。

【病因】

巨食管症在毛硬而韧的活泼小狐犬和小型德国刚毛猎犬中有遗传性；先天性原发性巨食管症在德国牧羊犬、大丹犬、爱尔兰敦夫猎犬、拉布拉多猎犬和沙皮犬中发病率增高；沙皮犬食道冗长及部分机能低下也可能诱发食管机能障碍。犬的 CPM 被认为是因食管神经发育不全所引起。CPM 在猫少见，但暹罗猫易患此病。

【病理生理学】

运动机能的改变可引起食管扩张和食物及液体转运障碍，节段性功能低下的显著程度随完全麻痹性整体扩张的变化而变化；随犬的日龄增大食管发育成熟时，即会表现出功能的改善。

【临床症状】

食物和水经口鼻回流：进食后回流的时间大不相同，回流的频率不一而且无需特殊原因引起。伴随吞咽困难而大量分泌唾液，食物发酵而呼出臭气，生长缓慢而消瘦，由于异物性肺炎导致呼吸窘迫（咳嗽、呼吸困难、呼吸急促）。

【诊断】

颈胸部全面 X 线放射检查：可确认食管内残留的空气、液体或食物；管腔气体不是食管功能低下的特有症状，也可能是吞气症或麻醉期气体积蓄的结果；吸入性肺炎时可见到肺部肺泡模糊。

X 线放射造影照相：在平片检查有疑问时施行食管拍片；食管正常时钡餐通过蠕动波很快被清除干净；造影剂在管腔内滞留则是不正常的，并提示其功能异常；X 线透视检查（如果合适）可对食管机能低下的程度提供有用资料。

【鉴别诊断】

幼龄动物食管功能低下的其他诱因包括阻滞性损伤（正常）和后天性疾病（异常）；食管阻塞可以因异物、狭窄和血管环异常引起。

【治疗】

由于引起食管功能低下的病因不同而多做对症治疗。在高位平台上给饲，借助重力作用有助于食物向下运动；每天少食多餐以限制食管扩张和误吸入肺；改变食物稠度以决定最适宜的日常食品；恶病质或虚弱的动物最好经内窥镜投饲；异物性肺炎用广谱抗生素进行治疗。

应用机能促进药尚有争议，西沙比利 0.5mg/kg，口服，每天两次，可促进猫的食管蠕动；西沙比利对犬的食管机能低下作用似乎不大。

对 CPM 的手术治疗效果尚不确定：下段食管不会发生括约肌迟缓，也不会促成巨食管症；下段括约肌切开术的后遗症包括胃食管逆流和形成胃疝。

【预后】

每隔 1～2 个月检测病情发展和营养状况，胸片复查（上下段食管）以证实食管扩张。

CPM预后不良，诊治较早时（小于6月龄）疗效显著，有些动物在成熟后食管功能自动增强，许多动物死于急性异物性肺炎，患有食道迟缓的沙皮犬通常预后良好，因为随着年龄增长而使得食管功能增强。

（二）裂隙疝（Hiatal hernia）

【定义】

滑动性裂隙疝是指腹腔段食管、胃食管连接部或胃通过膈食管裂隙向胸腔突出；先天性和后天性的裂隙疝均已有报道；先天性裂隙疝最常见，且在幼龄沙皮犬报道较多。

【病因】

先天性裂隙疝是因进行性食管裂隙或膈食管韧带缺损而引起；后天性裂隙疝通常由外伤导致。

【病理生理学】

胃食管连接部的错位发生于膈食管韧带过度拉伸，且裂隙直径足以使其突出；胸内负压也有助于胸内疝形成，多数滑动性疝呈间歇性。

【临床症状】

主要表现为回流性食管炎：持续反流，呕吐，偶尔出血，唾液分泌增多。由于疝和异物性肺炎常发生呼吸困难；有些动物无症状，可能是由于食管炎症状减退。

【诊断】

胸部X线检查：仔细检查可发现后部软组织低密度影像，钡餐显影可证实胃疝进入后段食管，也可能观察到食管扩张和肺组织浸入。

内窥镜检查：可观察到食管炎的痕迹（黏膜红斑、侵蚀）；胃镜可发现胃食管连接部前置和扩张的食管裂隙。

【鉴别诊断】

CPM混合型食管功能紊乱、异物和异常结构或血管环引起的食管阻塞、食管周围裂隙疝和胃食管内折。

【治疗】

如果出现食管炎则对症治疗，用广谱抗菌药治疗异物性肺炎。可用以下方法对食管裂隙做手术固定：推荐的手术包括经腹侧膈基部食管固定术，通常不必做胃底折叠术。

【预后】

如果有食管扩张和吸入性肺炎则应做术后胸部X线放射检查得以证实，如有必要应继续对食管炎和吸入性肺炎进行治疗；手术成功的动物预后良好，伴发食管机能障碍的动物预后慎重。

二、后天性疾病（Degenerative diseases）

（一）成年巨食道症（Adult-onset megaesophagus）

【定义】

成年动物发生的整个食管扩张且蠕动停止，成年原发性巨食道症是指不明原因的食管扩张，成年后天性巨食管症是指原因明了的食道扩张，成年巨食道症在犬常引起逆流而在猫少见。

【病因】

许多病例的病因不清，从而导致无先天性的类别，许多病理情况都能引起食道扩张或与之有关；后天性（继发）病因包括神经肌肉性疾病、免疫调节紊乱、激素失衡、中毒及炎症。

【病理生理学】

任何食道肌肉或控制食道机能的中枢（吞咽中枢）或传入、传出神经紊乱都可以诱发巨食道症，有些患后天性巨食道症的犬表现有传入神经缺陷。缺乏第一和第二食管蠕动波会导致食物积聚、食道扩张和食道性吞咽困难。

【临床症状】

可发生食物和液体反流，但在进食后发生反流的时段有很大差异；在炎症和过度扩张中可见吞咽疼痛，表现出唾液分泌过多、反复吞咽和颈部姿势异常，伴随食物发酵而出现口臭；当发生异物性肺炎时，出现呼吸紧迫（湿咳，啰音，呼吸困难）等特征性异物性肺炎的症状；营养不良会导致严重的恶病质或虚弱。

继发病的症状包括肌肉痛、多肌炎性僵步和阿狄森病（肾上腺皮质机能减退）引起的胃肠症状。

【诊断】

准确了解病史很重要：呕吐和反流混淆容易产生误诊；成年动物，尤其是有反流病史的犬应怀疑巨食道症。

（1）体检　可能提供继发性巨食道症病因的线索，注意肌肉痛、虚弱、神经性缺损和精神状态的变化；在肾上腺皮质机能紊乱时可见到皮肤异常。

（2）X线检查　颈胸部一般放射检查即可发现食道内存留气体、液体和食物积留，异物性肺炎时可见肺泡蚀斑，食道部钡餐造影可显示其扩张及其他结构异常（如食管冗长），荧光镜透视（若适宜）可获得巨食道迟缓的有诊断意义的资料［见彩图版图4-2-7］。

（3）实验室诊断　最基本的实验室检查包括全血细胞计数、全面的生化指标检测和尿液分析；肌激酶分析可判断肌肉病或肌炎，而测定血清胆固醇可诊断皮质激素功能紊乱；所有怀疑肌无力而巨食道症不确切的病例均应做乙酰胆碱受体滴度测定。

巨食管症诊断一般无需做食道镜检查，除非怀疑有肿瘤或其他结构异常。

【鉴别诊断】

异物、肉芽肿、狭窄或食管周围肿块引起的障碍，以及严重的食管炎、憩室和食管瘤。

【治疗】

患有后天性巨食管症的动物随时都可针对引起食管扩张的因素进行治疗，多数会改善食管机能。先天性巨食管症及药物治疗无效的后天性巨食管症可进行对症治疗：抬高饲槽位置有利于食物通过食管进入胃，通常饲喂少量满足体能需要即可，改变食物硬度看最能耐受哪种日粮。一般固体颗粒料会更好地刺激食管蠕动收缩。

患有严重吸入性肺炎的动物需特别注意：做胃造管术后以造管投喂既可保证营养供应，又可减少误吸的危险；用广谱抗菌药治疗细菌感染。

机能促进药效果尚未证实：西沙比利0.5mg/kg，口服，每天2次，可改善猫的食管功能低下；有报道证实可能改善某些犬的巨食管症临床症状。

【预后】

每隔1～2个月复查一次，监测病情发展；复查胸片以证实食管扩张和异物性肺炎。成年动物巨食管症一般预后不良：原发病的动物往往死亡或因病而施行安乐死，获得性疾病的动物药物治疗可能有效。犬由于严重肌无力引起的巨食管症预后良好，用支持疗法半个疗程即可奏效。

（二）憩室（Diverticula）

憩室是指食管壁的囊状扩张，犬和猫憩室均较罕见。憩室通常分为先天性和原发性，先天性憩室分为推进性和牵拉性两类。

【病因】

先天性憩室是由食管发育异常引起，推进性憩室是由于食管内压增高所致（如结构改变或异物），牵拉性憩室是由前段食管炎性过程引起。发生炎症后纤维收缩引起食管壁外翻和凸出。

【病理生理学】

憩室内食物积聚（压紧）而引起食管发生炎症；大憩室会扰乱正常的食管机能，小憩室可能表现为亚临床症状。

【临床症状】

大而呈小叶性的憩室多会表现出临床症状，机械性阻塞和机能失调导致食后返流，常见吞咽痛和干呕，有黏膜溃疡的严重病例甚至会穿孔，并引起纵隔炎和呼吸困难症状。

【诊断】

胸片：阅片可见食道内壁后存在空气或软组织，钡餐造影显现出憩室内的钡餐池。

内窥镜：诊查缺损的大小和食物压积的程度，可对溃疡黏膜缺损做精确估测。

【鉴别诊断】

正常食管冗长（多见于幼龄短头犬和沙皮犬）、食管异物、食管周围脓肿、肉芽肿和肿瘤。

【治疗】

（1）手术切除　憩室切除是有效的治疗方法，大憩室需要食管壁大范围切除和重组。

（2）药物治疗　牵拉性憩室可用广谱抗生素治疗，而推进性憩室则需对因治疗（参见食管炎，食管狭窄）；养成高位给饲习惯，给饲半流质或流质食物以限制食物的节段性积聚，术后给予抗生素治疗以减少食物渗漏污染和细菌污染。

【预后】

监测体温、白细胞计数，以及手术后可能出现的继发病诸如纵隔炎、胸膜炎、食管肺部瘘的形成、食道切除术可能导致的食道狭窄，以及术后重复检查和造影以确认进一步形态和功能的缺损。

三、炎性疾病（Inflammatory diseases）

（一）食管炎（Esophagitis）

食管壁的炎症可从黏膜层发展到管壁外层，损伤可由急性发展到慢性；返流性食管炎在短头犬较普遍，并可导致上部气道狭窄。

【病因】

有下段括约肌失禁的胃食管逆流可由全身麻醉、持续呕吐和抗副交感神经类药物等引起；摄食有刺激性的物质如酸、碱或腐蚀性的药丸或胶囊。其他病因包括：急性或持续呕吐、深度烫伤、食管异物引起的机械性损伤和继发感染（少）。

【病理生理学】

食道损伤继发胃食管逆流见于以下情况：回流入食道内的液体通常包括酸性物质、胃蛋白酶、胰蛋白酶和胆盐，它们可对黏膜造成直接损伤；食管黏膜的长期酸化和食管清除率较低或消失（常和麻醉有关），构成炎症的发病机理；碱性胃肠内容物和胆汁的回流也会导致食管壁的炎性变化。

药物诱导性食管炎或化学诱导性食管炎有另一些影响因素：食管的损伤是由于黏膜 pH 及渗透压的改变引起的，这在动物常造成食管机能紊乱。

轻度食管炎限于黏膜层，且愈合快而无纤维性变性；严重食管炎可深达肌层且可能形成顽固性溃疡、食道腔狭窄和食管穿孔；局灶性或全身性食管机能紊乱可伴发食管炎。

【临床症状】

临床症状视食管炎严重程度而异：轻微食管炎可能无症状，中度至重度的食管炎会引起厌食、吞咽困难、吞咽疼痛、唾液分泌过多。

返流常为间歇性的，但可能持续存在。通常排出带有血色的黏稠唾液，偶尔会呕吐，体重会长期性地慢慢降低。

【诊断】

（1）病史　最近的麻醉史、异物的摄入、呕吐或其他与下段食管括约肌机能降低有关的因素；吞咽困难愈来愈严重与严重的食管炎有关。

（2）体检　体检对轻度食管炎诊断可能无作用，可见颈狭长部有触痛，摄入腐蚀性物质后会出现舌炎或咽炎。

(3) 反射检查　①X线照片的全面观察常不可忽略：机能紊乱继发管腔内的微小空气积聚，胸廓内后背侧软组织阴影暗示有裂隙疝；②通常需要做钡餐造影：机能失调且黏膜面不平整的位置出现液性钡餐池，结构上可见食管腔狭窄，荧光镜造影检查（如果可用）可观察胃食管回流和大药丸通过的影像。

(4) 内窥镜检查　内窥镜检查是诊断食管炎的最可靠方法；损伤大多存在于食管末端，与下段食管括约肌相邻并包括下段食管括约肌；轻微病例一般表现正常，但也许可见隐性损伤，如轻微红斑和局灶瘀斑；许多严重的病例可表现出显著的红斑、大片的瘀斑、腐蚀和黏膜粗糙；胃食管返流和食管括约肌扩张提示返流性病变［见彩图版图 4-2-8］。

【鉴别诊断】

巨食管症和其他原因导致的食管机能低下、食管狭窄、血管环或食管周围团块的收缩、裂隙疝、胃炎、胃溃疡。

【治疗】

对于腐蚀性或热性损伤要立即治疗：清除异物，防止呕吐；如果可能，在抽吸排空胃内容物后口服中和药剂：不能吸收的酸性物质使用氧化镁溶液（1∶25 温水稀释）或氧化镁乳剂；对于有腐蚀性的碱性物，使用醋（与水 1∶4 稀释）或柠檬汁。胃食管返流物在麻醉后从食管腔人为抽吸。

改善饮食习惯：对急性食管炎，应禁饲和（或）禁水 24～48h，使食管休息；一旦饲喂恢复，多饲低脂肪、高蛋白食物，以增强食管括约肌活性；严重的食管炎有必要留置内窥镜供给营养并避免食道发生炎症。

黏膜保护剂：在摄食腐蚀剂并已侵蚀食管后，使用黏膜保护剂很有必要；局部硫酸铝可促进食管愈合和黏膜细胞的保护：将 1g 硫酸铝捣碎，和 10mL 水混合制浆，5～10mL，口服，每天3～4次。

组胺 H_2 受体颉颃剂或质子泵抑制剂可起到减少酸性物质摄入和胃食管逆流作用。甲氰米胍：5～10mg/kg，口服，每天 3～4 次；雷米替丁：1～2mg/kg，口服，每天 2～3 次；奥美拉唑：0.5～2mg/kg，口服，每天 1 次。

胃机能促进药可加快胃的排空并提高下段食管括约肌活性。胃复安：0.2～0.4mg/kg，口服，每天3～4 次；西沙比利：0.1mg/kg，口服，每天 2～3 次；饲喂前 30min 用药。

通常不需要手术治疗（除了裂隙疝修补）。

【预后】

饲喂无刺激性食物 3～4 周；药物治疗时间根据具体情况而定，而且视临床症状和内腔损伤的严重程度而异：轻度损伤治疗 5～7d，中度至重度的食管炎治疗 3～4 周。

严重病症可能引起并发症：引发部分或完全性的食管功能低下，可能增进食管狭窄。

多数食管炎在有合适药物治疗后预后良好（包括胃食管逆流）。

（二）食管瘘（Esophageal fistula）

食管瘘是指食管与呼吸系统（肺部、气管和支气管）间的异常通道，食管内容物向相邻组织的漏出导致这些组织感染，犬和猫不常见。

【病因】

源于食管内能导致穿孔的异物；由于憩室破裂、瘤或食管周围炎引起的病例较少见。

【病理生理学】

管腔内异物长期压迫管壁，导致黏膜局部缺血和最终坏死，受侵袭的相邻组织在修复过程中导致纤维化瘘道，由于食管内容物污染气道而使瘘管更严重；后天性瘘最常发生的部位是犬的肺右尾叶及猫的左尾叶和副叶。

【临床症状】

吞咽时发生咳嗽和呼吸困难，摄食流体后咳嗽声响亮；吞咽困难和返流与管腔内异物有关；厌食、沉郁、体重减轻和发热，常见于腹膜炎和支气管炎；侵染的肺区听诊有噼啪声。

【诊断】

胸部透视可见食管内异物密影、肺泡阴影或肺实变；食管造影可见食管气道瘘。避免使用高渗的碘造影剂，因为它会引起肺水肿；内窥镜检查在辨别小瘘管上作用有限，但它对发现黏膜炎和异物的存在有帮助；实验室检查（验血）可反映是否存在炎症和有无贫血。

【鉴别诊断】

吸入性或小叶性肺炎、肺脓肿和肺肉芽肿，食管异物或憩室，各种原因引起的口炎性厌食。

【治疗】

瘘道需要手术修复，肺实变或气道内异物有必要做肺叶切除术；对症治疗包括食管休整，饮食控制，还应使用广谱抗生素治疗异物性肺炎。

【预后】

术后监测体温和呼吸状况，并定期胸部透视；并发症包括裂疝、脓毒症、狭窄、气胸、肺脓肿且预示预后慎重；手术成功则动物预后良好。

（三）食管瘤（Esophageal neoplasms）

食管原发性肿瘤在犬和猫罕见，良性肿瘤和恶性肿瘤两者均可见。

【病因】

（1）恶性肿瘤　犬的纤维肿瘤和猫的鳞状细胞癌最常见；骨的肉瘤、无明显特征的癌和平滑肌肉瘤一般较少发生；犬的食道肉瘤可能与旋尾线虫感染有关。

（2）良性肿瘤　平滑肌瘤是最常见的良性肿瘤，偶见于下部食道括约肌附近。

从不同邻近组织产生的食管周围肿瘤：淋巴结、甲状腺、胸腺和心基部周围组织肿瘤。

【病理生理学】

食管及食管周围肿瘤通常侵入食管腔，并引起进一步的内在性或外来性的阻塞；原发性的转移性肿瘤也可能侵袭食管壁，扰乱食道机能；机械阻塞和机能紊乱均引起进一步的食道性吞咽困难。

【临床症状】

多见于中年或老龄动物，症状与慢性进行性食管狭窄类似：①返流、吞咽困难和呕吐与下部食道括约肌有关；②厌食、消瘦和沉郁与疾病发展有关。可触及的颈部团块或颈部膨胀可能与巨食管症相关，呼吸困难或咳嗽是因气道感染或吸入性肺炎所引起。

【诊断】

中年或老龄动物的进行性食道性吞咽困难病史。

（1）体检　可触及的颈部肿块，颈部肿胀；胸部听诊有无劈啪声。

（2）详细的X线放射检查　颈部肿瘤引起团块部位附近的气管偏离正常位置，胸内肿瘤在纵隔内出现有无矿化的软组织低密度影，可能观察到腔内存在空气、易于识别的团块损伤和食道肿胀，继发转移性疾病或吸入性肺炎会出现肺部低密度影；犬已有骨肥大并发食道纤维肉瘤的报道。

（3）放射造影检查　它对检测由内在或外来压力引起的黏膜不整和狭窄有帮助；荧光镜检查证实存在食道机能紊乱。

（4）内窥镜检查　食管镜可作食道黏膜的可视检查，并可选择部位做活组织检查；食管内视镜活体检视困难，因为食管黏膜坚韧并且难以将活体监视仪垂直于黏膜面；带有小夹持钳的活体检视仪仅能检视表面的上皮。较好的样品可置于活体检视仪取样钳内。

（5）超声检查　有益于定位颈部肿瘤并实施活体检查。

（6）手术活体检查　确诊。

【鉴别诊断】

食道炎，病因不明的食管功能低下，裂隙疝，异物性肉芽肿，淋巴结病、肉芽肿或脓肿引起的良性食管周围障碍。

【治疗】

恶性肿瘤的治疗办法选择极其有限：许多肿瘤需尽早诊断，其局部侵袭性性质阻碍了手术对其成功切除；化疗、放疗和手术都难以取得好的效果。

良性食道肿瘤（如平滑肌瘤），手术成功后通常预后良好。

【预后】

恶性肿瘤的预后不良；采用高位给饲、胃管投饲等对症疗法，以及对吸入性肺炎做抗菌治疗都能缓解症状。

四、食道异物（Esophageal foreign bodies）

异物引起吞咽困难在犬常见，猫不常见；异物通常会卡在食道极小的膨胀处，包括胸廓的嵌入部分、心脏基部和膈的裂缝处。

【病因】

阻塞物通常包括骨头、鱼刺、针、枝条、玩具，临床症状的严重程度取决于异物的位置和阻塞时间的长短。

【病理生理学】

滞留的异物可引起部分或完全的机械性阻塞；异物周围食道肌肉痉挛和组织水肿，可引起食物通过更加困难；有棱角或尖锐的异物可引起黏膜的擦伤、割破和穿孔；持续的压迫性坏疽也可引起瘘管的形成、食道的狭窄和穿孔。

【临床症状】

异物容易通过，不易观察到症状。

其他异物引起的部分或完全的食道阻塞：食物和水的返流，唾液腺分泌过盛，吞咽困难，吞咽时疼痛，持续的吞咽动作，因食道疼痛引起食欲减退和因气道受阻、纵隔炎、或吸入性肺炎引起的呼吸系统症状。

【诊断】

有无吞咽异物的病史。

（1）体检　由于组织坏死而出现不同程度的口臭，颈部大的异物可用手触及，由于吸入性肺炎而有呼吸爆裂声，由于纵隔或肺部感染而体温升高，口腔检查是否有线状异物从舌底部传入，可能异常疼痛。

（2）实验室检查　血象检查显示因感染出现白细胞增多，血清学检查通常正常。

（3）一般X线检查　异常累积的气体或液体会堆积在阻塞物上，透视异物清晰可见，纵隔或肺或腹隔影可发现空洞，伴发吸入性肺炎可发现肺泡低密度影。

（4）X线造影照相　有必要做放射荧光检查以确定异物并检出穿孔；如果怀疑有穿孔，则应使用碘造影剂而不能用钡餐。

（5）食道内窥镜检查　可直接看见异物，可正确评估黏膜损伤，可用内窥镜移除异物。

【鉴别诊断】

其他食道内或食道周围的团块，各种原因引起的纵隔炎或胸膜炎，各种原因引起的食道炎。

【治疗】

食道异物常是急诊病例。可选择带修复构造的内窥镜取出异物：固定式或移动式内窥镜都可以使用；大镊子通常和固定式内窥镜共同使用，也可以安装在移动式内窥镜侧面；末端部位的异物可以推进到胃里面；易消化的物品不需要移除；不能消化的异物需要切开胃取出。移除异物后应彻底检查食道黏膜是否有撕裂或穿孔；术后胸腔放射检查，以确定是否发生纵隔炎或胸膜炎。着手对食道炎进行药物治疗。

如果内窥镜不能移除异物，则需进行手术治疗，修补食道壁的大创伤，并排除胸腔积液。

【预后】

在食道异物阻塞的动物中有1/3会发生并发症：小创伤，预后良好；食道有大穿孔的食道创伤，预后慎重；永久性的后遗症包括瘘管、膨大或食道狭窄和局部机能失调。如果出现持续性食道机能低下，应作食道拍片检查以确认诸如食道狭窄之类的食管周围阻塞性疾病；食道狭窄可通过膨胀扩张术处理。

五、食道狭窄（Esophagus stricture）

食道狭窄是由于食道组织发生炎症并形成疤痕组织而导致的食管内腔狭窄，食管狭窄可发生在食管的任何部位。

【病因】

继发于全身麻醉和胃食管返流的食道狭窄已有报道，麻醉引起返流的发病倾向包括“低头”位置和麻醉前用药引起下段括约肌紧张性降低；其他引起食道狭窄的病因有异物、食道手术和恶性肿瘤等。

【病理生理学】

严重的食道黏膜炎蔓延到肌肉层并产生纤维化，食道壁的纤维化（成熟后而收缩）引起内壁狭窄，黏膜损伤到食道狭窄的形成大约可经历1～3周的时间。

【临床症状】

典型的食道机能低下：食物返流，吞咽困难，能耐受液体而难于进食固体，症状有发展的趋势，食欲很好，但体重仍然减轻。

【诊断】

根据病史、临床表现可作出初步诊断。

（1）胸部放射检查　普通胸部X线照相一般难以显示，食道拍片（钡餐或钡餐与食物的混合物）可显示出食道管腔的狭窄，造影检查可查明食道狭窄的程度和部位［见彩图版图4-2-9］。

（2）内窥镜检查　食道内窥镜可以确诊是否有食道狭窄的发生，而且还可以通过黏膜的活组织检查来区分良性和恶性病变；食道内窥镜不能区分其他外部原因引起的食道狭窄，如食道周围的肿块、血管环异常、或是壁外粘连导致内腔缩窄。

【鉴别诊断】

（1）食道周围肿块，包括瘤、淋巴腺瘤、肉芽肿；

（2）血管环异常；

（3）创伤引起的管外粘连。

【治疗】

良性的食道狭窄最佳治疗方法是在食道内窥镜的引导下做膨胀导管扩张术：膨胀导管扩张术比刚性探条扩张术更安全有效；柔性食管内窥镜是必要的。

曾有关于犬和猫的膨胀导管扩张术技术的报道：将一种特殊的聚乙烯导管在内窥镜的引导下事先放置在狭窄处，每次充气，导管保持稳定，辐射状的张力使狭窄处机械扩张；一般需要多次（2～4次）重复扩张处理（每次都要求做分离麻醉）；膨胀扩张术的并发症包括医源性食管炎和食道穿孔。

扩张术后的药物治疗十分必要：禁食24h，当动物需要重复扩张处理时可放置内窥镜投饲；有时提倡使用皮质激素以防止组织纤维化的形成。口服强的松很有效，1～2mg/kg，每天两次，连用10～14d；为防止胃食管返流进一步对食道黏膜造成损伤，通过使用H_2阻断剂来提高下段食管括约肌的机能。很少有对良性食道狭窄进行手术切除术的报道：成功率比膨胀扩张术小得多；常见的后遗症是手术位置处再狭窄。恶性食道狭窄可通过手术切除、膨胀扩张，以及适当的术后射线照射和药物疗法相结合加以治疗。

【预后】

膨胀扩张术后对胃食管返流继续进行饮食管理和药物治疗 10～14d，扩张术后 2 周重复食管拍片以检测术后是否再狭窄；在 2 周以上时间内逐步减少皮质类固醇激素用量；当动物达不到充足的腔直径时，有必要再加一次扩张处理；手术成功的良性狭窄病例预后良好；所有发生恶性食管狭窄的动物，预后不良。

第五节 胃 病

Diseases of the Stomach

一、炎性疾病（Inflammatory diseases）

（一）急性胃炎（Acute gastritis）

胃炎（gastritis）是指胃黏膜的炎症，临床上以呕吐、胃痛、脱水等为主要特征。胃炎可分为急性和慢性两种，犬一般以急性胃炎多见。

【病因】

多因进食了污秽、腐败食物，一次性进食过量食物，难以消化，或进食过冷、过热的食物以及带有刺激性的药物和异物，也可继发于某些传染病和寄生虫病。

【临床症状】

病犬精神高度沉郁，食欲废绝，渴欲增加，但喝后即吐；持续呕吐，初呕吐食糜，以后吐带有黏液的泡沫和胃液；弓背，腹部膨胀疼痛，触碰尖叫；患犬喜卧在冷暗处，前肢向前伸展；流泪，舌苔黄白色，口臭；呕吐严重时，出现脱水及酸碱平衡紊乱。

【治疗】

基本原则为保护胃黏膜，消除炎症，纠正酸碱平衡紊乱。

（1）禁食　由食物原因引起的胃炎，应禁食 24h，并尽量限制饮水，只给予少量饮水供其舔食，以缓解口腔干燥。

（2）对症治疗　维持消化系统功能，肌内注射维生素 B_1 10～25mg/次，止吐采用胃复安 1～2g/kg，肌内注射，胃复安既可止吐，又可加速胃的排空；剧烈呕吐、有脱水症状的病犬静注 5%葡萄糖生理盐水，每千克体重 50～80mL、维生素 C 0.5g/次、氢化可的松（0.5mg/kg，口服，每天 2 次）20～30mg/次、维生素 B_6 20～80mg，每天 1～2 次。

（3）抗菌消炎　肌注庆大霉素或氨苄青霉素，每千克体重 1 万 U，地塞米松 0.01～0.16mg/kg，肌内注射，口服或皮下注射，每日 1 次。

（4）健胃　多酶片 1～2 片/次，中成药保和丸 0.5～1 丸/次，口服，每日 2 次。

（5）呕吐症状抑制后可口服中药　用平胃散健脾和胃，宽胸消胀：苍术 8g、厚朴 5g、陈皮 5g、甘草 3g、大枣 7 枚、生姜 5 片，煎汁灌服，每天 1 剂，连用 3～4d；也可用参岑平胃散以补脾益胃：党参 8g、茯苓 8g、陈皮 5g、厚朴 5g、苍术 8g、甘草 3g，煎汁分 2 次口服，每天 1 剂，连用 4～5d。以上为 10kg 左右体重犬的用量。

（6）中西结合治疗。

中药处方　黄芩 15g、牡蛎 30g、延胡索 9g、甘草 30g，在冷水中浸泡 30min，然后煮沸 20min，取药液留渣，煎第二次，取药液，两次药液合并，一次灌服，每天 1 次，连用 1～3d。

镇静止吐　用苯巴比妥钠 6～12mg/kg，每天 1 次。

护理　因饮食方面原因而致病者，一般至少要停饲 24h，并应尽量控制饮水。经 24h 以后，给予稀粥、菜汤等。

（二）慢性胃炎（Chronic gastritis）

慢性胃炎是由于持续性胃黏膜刺激和损伤而导致的胃黏膜慢性炎症。

【病因】

慢性胃炎常分为慢性浅表性胃炎、慢性萎缩性胃炎、慢性肥大性胃炎和嗜酸性粒细胞性胃炎。慢性浅表性胃炎最为常见，可能是各种胃炎的前期变化或者通过炎性细胞浸润胃小窝的空隙，以浆细胞为主，并有部分淋巴细胞、中性粒细胞浸润。慢性萎缩性胃炎较浅表性胃炎严重，伴随深部黏膜层的淋巴细胞、浆细胞浸润；黏膜可能出现色素脱落以及由于支持胃壁受损而变厚、胃壁细胞减少而导致盐酸分泌减少或是出现无盐酸症。慢性肥大性胃炎的特征是胃黏膜皱褶变厚、胃黏膜肥大，间质水肿或囊肿的胃腺结构增加了黏膜的厚度；肥大性胃炎也可继发于慢性胃炎。嗜酸性粒细胞性胃炎的特征变化是弥散性嗜酸性粒细胞浸润和形成肉芽组织结构，有时出现的结节容易与肿瘤混淆。

【临床症状】

慢性胃炎是炎性细胞过度浸润而引起的黏膜及黏膜下层的纤维化病变，胃黏膜容易出现糜烂、水肿及出血。

在临床上患病动物常表现间歇性呕吐，呕吐物包括黏液、胆汁和血液，动物食欲减退、体重减轻，部分病例可见腹痛、精神烦躁、异嗜和黑粪。

【诊断】

长期的呕吐史结合实验室检查结果，嗜酸性粒细胞性胃炎可见嗜酸性粒细胞增多症；由于长期呕吐而容易导致脱水，引起代谢性酸中毒或是继发代谢性碱中毒。

要确诊本病需要进行活组织检查或内窥镜检查，确定胃黏膜增厚或皱褶增厚、黏膜出血等炎症变化特征。

【治疗】

给动物提供温和的食物，同时积极消除潜在病因。

临床表现或内窥镜检查有明显溃疡时，可使用 H_2 受体阻断剂或质子介入抑制剂等用于短期治疗，主要药物有西咪替丁、雷尼替丁和奥美拉唑。如出现严重的淋巴细胞、浆细胞或嗜酸性粒细胞性胃炎，可采用免疫抑制疗法，对于降低炎症是必需的，尤其对早期治疗无效的疾病具有一定疗效，可选择皮质类固醇泼尼松或强的松龙，或者考虑硫唑嘌呤，犬 2mg/kg，口服，每日 1 次，连用 2 周，然后减为 2mg/kg，隔天用药 1 次。

（三）胃溃疡（Gastric ulcer）

胃溃疡是指胃黏膜溃疡性炎症，炎性损伤透过肌层进入黏膜下层或者胃黏膜深层。临床上小动物的胃溃疡常是医源性作用的结果，例如使用非类固醇类抗炎药物引起，或者继发于潜在的疾病，如肥大细胞病、休克、肿瘤，以及肝脏功能障碍等。胃溃疡最常见的发生部位是不产胃酸处，如胃底和幽门窦。

【病因】

长期给予动物类固醇可能减少胃黏液的产生，降低黏液细胞的复制能力，增加黏膜细胞的脱落，导致动物罹患胃溃疡；胃腺癌和淋巴瘤可能是最常见的引起溃疡的浸润性疾病，平滑肌瘤常形成溃疡并导致出血。组胺可引起微血管舒张并改变内皮的渗透性，能够促进血管内血栓和胃坏死的形成。

【临床症状】

犬的胃溃疡比猫更为常见，多数非医源性胃溃疡发生在中年或老龄犬上，这些病症未表现出品种遗传性。患犬常出现没有呕吐的厌食或者贫血，呕吐物中可能含有已被消化的血液、新鲜血液或血凝块；

粪便常呈现黑色，动物食欲较差。

【诊断】

腹部触诊，动物表现疼痛；无穿孔的胃溃疡，动物表现不明显的腹痛。溃疡发生时，可能有贫血、水肿、黑粪症、反胃及体重下降等表现。

可采用胃镜和十二指肠镜做进一步的检查，有较为敏感的特征［见彩图版图 4-2-10］。当怀疑发生胃溃疡时，可进行血象、血清生物化学指标检查和尿液分析，以评估血液和蛋白质丢失的严重程度，并判断溃疡的潜在病因。

【鉴别诊断】

胃肿瘤、胃炎和凝血机能紊乱可能与胃溃疡以及胃糜烂相似。

【治疗】

主要原则是减少胃酸的过多分泌和保护胃黏膜免受损伤，同时考虑对症治疗，如输液、应用抗生素、输血和止吐等方法，并积极治疗原发病。

药物治疗要根据其潜在病因、出血的严重程度、溃疡的深度、穿孔的可能性以及动物的体况来决定。可以采用硫糖铝和抗酸剂如氢氧化镁等。

【手术治疗】

如果药物治疗 3～7d 尚不能减轻临床症状，同时出血过多并危及生命，或确定已经有穿孔发生时，应立即进行手术。

（四）胃动力性障碍及胃排空延迟（Gastric motility disorders and delayed gastric emptying）

胃的运动功能异常，常导致胃的排空延迟，这种运动障碍可能很轻微、短暂或是持久，可导致胃内容物的滞留。

【病因】

主要是神经（交感神经）性因素，电解质和酸碱异常，尿毒症、甲状腺机能减退、肝脑病、糖尿病以及肾上腺皮质功能减退引起的代谢性疾病，急慢性胃炎或胃肠炎、胰腺炎、腹膜炎、麻醉药物以及各种胃肠疾病均会导致本病的发生。

【临床症状】

患病动物表现为慢性间歇性呕吐，在食后会立即发生胃膨胀，且常常在呕吐后症状就减轻，多数患犬或患猫体重有所减轻。

【诊断】

病史和临床症状可表现为胃内容物滞留，实验室检查可见低钠血症、低磷血症和低氯血症，可能会继发于慢性或过多的呕吐。

【治疗】

积极调整动物饮食结构，并促进胃动力。

采用少食多餐低脂肪、低蛋白、高碳水化合物的食物；药物治疗可使用胃复安，犬 0.2～0.4 mg/kg，口服，每日 1 次，猫使用量减半；或使用西沙比利或红霉素。

（五）急性胃扩张扭转（Acute gastric dilatation-volvulus）

胃扩张又称肚胀，是指大量食物积滞于胃中或食物发酵产生过量气体而使胃壁扩张、胃容积增大的一种病症。胃扭转继发于胃扩张，当胃因气体过度扩张时，幽门从腹右侧扭转至左侧，从胃体下方扭转至贲门处，如胃充分扭转，就会发生胃出口阻塞，从而导致胃进一步扩张，可能伴发脾扭转。

【病因】

过食精料是引起犬胃扩张的主要原因之一。由于打滚、跳跃、迅速上下楼梯时的旋转，使犬发生胃扭转，胃的两端闭锁也会发生急性胃扩张。

【临床症状】

急性胃扩张，患犬首先表现腹痛，然后腹部迅速膨大，大量流涎，干呕，呼吸困难，若不及时救治，常会在短时间内致死［见彩图版图4-2-11］。

急性胃扩张和胃扭转，临床上可用内窥镜进行区别，若插入困难，则多为胃扭转，若插入较易，常为胃扩张。诊断时还应与肠扭转等相区别。

【治疗】

继发性胃扩张应治疗原发病。单纯过食，可用催吐剂（如阿扑吗啡）使犬呕吐。急性胃扩张应作急症处理，首先通过胃管或穿刺法放气，同时应用中西药物。若药物治疗无效时，应尽早进行剖腹净胃手术，使胃排空。中药治疗胃扩张总的原则是消食导滞。

对剧烈呕吐而导致水电解质丢失的，可根据机体物理检查、实验室检测等结果进行纠正，同时也可给予止吐药。胃复安0.2mg/kg肌注，每天两次。口服补液盐，29.5g/袋，加水1 000mL，自由饮用。

二、肿瘤（Neoplasia）

胃部肿瘤主要有以下几种：腺癌（adenocarcinomas）发生于腺组织或者由有腺结构的肿瘤细胞组成；淋巴瘤（lymphoma）指淋巴系统的恶性肿瘤；平滑肌肉瘤（leiomyosarcomas）是平滑肌的恶性肿瘤；平滑肌瘤（leiomyomas）是平滑肌的良性肿瘤。

犬胃部肿瘤多为恶性，腺癌是犬最常见的胃肿瘤，已报道的病例中大概有60%～70%的为腺癌。腺癌趋向于转移到局部淋巴结、肝脏或者肺脏，并且可能出现弥散性的浸润或结节状。腺癌通常发生在幽门窦或胃小弯处。犬的其他胃部恶性肿瘤还包括平滑肌肉瘤、淋巴肉瘤和纤维肉瘤。

淋巴瘤是猫最常见的胃部肿瘤，腺癌很少见。多数感染猫的白血病病毒（FeLV）检测呈阴性。淋巴瘤在胃里可能呈聚散性或弥散性，并可能同时感染肠道。猫胃部肿瘤中，良性淋巴肉瘤最为常见，其粘附于黏膜下，生长缓慢，有扩张性。

【临床症状】

比利时牧羊犬和松狮犬的腺癌发病率比较高，比格犬发生平滑肌瘤的几率要高；雄性较雌性发病率高。腺癌常发生于7～10岁的犬，猫几乎不发生胃腺癌，淋巴瘤最容易发生在中年、老龄的犬和猫，其平均发病年龄可达6岁。

患病动物常表现出厌食、可能发生慢性呕吐、呕血、黑粪症、昏睡、体重下降和（或）水肿。很多动物不表现临床症状，直到肿瘤体积肿大至阻塞胃出口为止。

【诊断】

根据动物的临床表现，同时结合X射线造影平片检查，可发现胃排空延迟、溃疡、正常褶皱减少、黏膜增厚或胃壁顺应性降低。使用内窥镜进行胃和十二指肠黏膜或组织检查，由于硬性肿瘤密度增大，或者硬性肿瘤完全位于黏膜下，很难确诊。

实验室检查，可见患病动物血液学表现小红细胞性、低血红蛋白性、正常红细胞性或正色素性贫血。通过全层或组织检查获得的黏膜下层组织，进行细胞学检查可确诊本病。

【治疗】

药物治疗纠正电解质紊乱、酸碱不平衡、水合作用异常及凝血不良，然后进行外科手术切除肿瘤组织。

第六节 小肠疾病

Diseases of the Small Intestine

一、先天性/发育性疾病（Congenital/developmental disorders）

（一）维生素 B_{12}的选择性吸收不良（Selective cobalamin malabsorption）

本病发现于大型雪纳瑞犬和边境牧羊犬，是由于选择性对维生素 B_{12}无吸收能力所导致，可能是先天遗传，表现为机体自然退化，回肠黏膜功能出现特殊缺陷。

已证实大型雪纳瑞犬存在固有因子/钴胺复合受体向回肠刷状缘黏膜传输障碍，原因在于合成受体时糖基化不全，但其他的营养物质均可以正常吸收和利用。

【临床症状】

犬长到7～12周龄时出现厌食、嗜睡，后期在边境牧羊犬表现更加明显，体重不增加，出现恶病质状态，骨骼表现正常的线性发育。

【诊断】

根据特征性症状和病史调查资料可获得初步诊断结果，血液学检查可见维生素 B_{12}浓度降低，患病动物有轻微的再生障碍性贫血、中性粒细胞减少，有时可见血小板增大，骨髓穿刺检查可见幼巨红细胞（少见）。

【治疗】

补充维生素 B_{12}制剂氰钴胺素0.25～1mg，开始时每周1次，连用1个月，然后每3～6个月1次。发病犬常在治疗一个月后恢复正常，每半年或1年进行1次血液学检查，以防本病复发。

（二）小麦过敏性肠道疾病（Wheat-sensitive enteropathy）

本病发现于爱尔兰长猎犬，是小肠绒毛功能的一种遗传缺陷，与其对小麦中的麸质敏感性有关。小肠潜在的不正常渗透性可引起对麸质的敏感性，导致其肠道机能变化，干扰了正常的消化吸收过程，肠道内绒毛壁酶活性变化，肠道对低分子量的标注物（如EDTA）的渗透性增加，上皮内淋巴细胞数量增多，绒毛高度降低，产生的不正常免疫反应影响了上皮细胞的结构。

【临床症状】

患病犬从4～7周龄开始出现下痢，体重减轻或增重不快，体型较正常犬小。

【诊断】

根据其食用小麦的病史，结合早期下痢和不增重的表现，同时检测血液中叶酸盐浓度降低可基本确诊本病。在停止饲喂麸质食物之后，患病动物的临床症状有所缓解或者改善，对于确诊本病将有很大价值。本病应与小肠的其他吸收障碍性疾病、肠道寄生虫以及炎性肠道疾病等相区别。

【治疗】

饲喂不含小麦的食物，改善饮食结构和配方后4～6周常会恢复到正常状态。定期对血液维生素 B_{12}和叶酸盐进行监测，防止本病再次发生。

二、感染性疾病（Infectious diseases）

（一）病毒性传染病（Viral diseases）

1. 细小病毒性肠炎（Parvovirus enteritis）

参见第六部分感染性疾病第三节病毒性传染病。

2. 冠状病毒性肠炎（Coronavirus enteritis）

参见第六部分感染性疾病第三节病毒性传染病。

（二）细菌性疾病（Bacterial diseases）

参见第六部分感染性疾病第四节细菌性传染病。

（三）寄生虫性肠道疾病（Parasitic enteropathy diseases）

参见第六部分感染性疾病第七节原虫病。

（四）犬出血性胃肠炎（Canine hemorrhagic gastroenteritis，HGE）

【概述】

犬出血性胃肠炎（HGE）是多种疾病的综合征，本病特征性临床症状是初期为急性呕吐和严重腹泻，进而更严重，偶发大量血样腹泻（痢疾）。本病的发病率相对比较低，但如果不及时治疗，患病动物的死亡率很高。本病一般为自然发病，但也可能继发于动物的胃肠道功能紊乱或食入了骨头、热烫或冷冻的食物后出现发病症状。在猫没有关于本病的报道。

所有年龄的犬均可发病，但是对到兽医院就诊的所有病例统计发现，2～4 岁犬的发病率最高，小于 1 岁的犬少发。所有犬品种都发病，但以小型雪纳瑞犬、小型贵宾犬和观赏贵宾犬以及其他小型或观赏品种犬的发病率最高。没有性别和季节因素的影响，但似乎城市犬发病率较高，目前还不清楚是什么原因造成了这种情况。

【病因学】

病因不清。曾经有人假设本综合征是由机体对细菌内毒素的过敏反应造成的，也有一些支持论据，但仍然缺乏直接的理论支持。犬过敏反应时会出现一系列与出血性肠胃炎相同的临床症状和临床病理学变化。注射细菌内毒素也会出现与其类似的症状。另外还有报道称，在具有出血性肠胃炎相似临床症状的犬身上分离出了大量的产气荚膜梭菌，说明出血性胃肠炎可能是由梭菌内毒素引起的。

【病理生理学】

出血性胃肠炎可能属于Ⅰ型过敏反应，或者是梭菌毒素作用于肠黏膜的结果。本综合征中伴有大量的体液转移到小肠。

【临床症状】

所有患出血性肠胃炎的犬都有腹泻症状。大约 90%的患病犬由腹泻发展为痢疾，而另外 10%最初出现的症状就是痢疾。大约有 80%的患病犬出现呕吐，其中 30%吐出物中有血样物质。典型的病史可以概括为由嗜睡发展到呕吐，即“食物—黏液—干呕—血液”，然后迅速发展为“一般腹泻—血样腹泻—直接便血”。

本病通常为急性发病。大多数犬从开始出现症状到去兽医院就诊不超过 12h。发病的严重程度相差很大，症状可以从非常轻微的一点血样腹泻，到严重血样腹泻与休克、昏迷，甚至死亡。患有出血性胃肠炎的犬皮肤弹性正常，无法评估动物的脱水状况。可视黏膜颜色正常或充血，很少苍白。但大多数病例表现出毛细血管再充盈时间延长、虚弱或脉搏加快等症状。粪便当中被消化的血液散发出一种特殊的气味，与细小病毒病相同。严重的病例还表现出中枢神经系统抑制、衰弱和昏迷。有些动物表现得非常警觉或精神状态正常，但这些动物的红细胞比容也会逐渐升高，需要进行积极的治疗。有些动物虽然经过积极治疗，但最终还是死亡。肠道的变化差异很大，从轻微的淤血斑到严重的出血性小肠病。

【鉴别诊断】

应与细小病毒感染、华法林中毒、严重的结肠炎、胃溃疡、血小板减少症、出血性胰腺炎、肠道异物、休克性肠病（蛋白酶性肠炎）相区别。

【诊断】

红细胞比容升高，从55%至80%（0.55～0.8L/L），平均值为60%（0.6L/L），红细胞总数和血红蛋白浓度也相应升高。如果健康的小型雪纳瑞犬或其他小型或观赏品种犬突然发生痢疾，并伴有特殊气味，同时PCV值升高，可正式诊断为出血性胃肠炎，但是必须要考虑到上述鉴别诊断中的疾病。

【治疗】

与细小病毒病的治疗相同，基本目的是采用积极的液体疗法，以尽快将PCV值降低到正常水平。同时给予对症和支持治疗。如果治疗方法得当，24h内症状会有明显改善。

三、吸收障碍性疾病（Malabsorptive disorders）

吸收障碍指的是动物不能吸收一种或多种营养物质，导致机体内正常的消化和吸收过程被破坏而出现的一种疾病。

【病因】

在犬猫患有慢性肠道炎性疾病（例如淋巴细胞—浆细胞肠炎、嗜酸性粒细胞性肠炎、中性粒细胞性肠炎以及肉芽肿性肠炎），或者绒毛萎缩、肠道肿瘤、小肠内细菌生长过多以及感染性疾病发生时，都可引起肠道黏膜的刷状表面酶的活性降低或者受损，肠绒毛吸收表面区域缩小继发绒毛萎缩，或者绒毛内炎症变化破坏了正常的肠道细胞功能，最终导致营养物质的运输减少。

【临床症状】

根据动物本身特性而有不同的临床表现，常可见大便异常，出现严重的脂肪痢，粪便中有明显的未被消化的食物；排便次数和量均有增加，但动物体重减轻、食欲增加或者减少，精神沉郁，腹部不舒服，腹鸣或气胀，有的出现呕吐。

【诊断】

血清学检查可确定是肠道疾病还是胰腺疾病或吸收障碍性疾病。类胰蛋白酶免疫反应在患有小肠疾病的犬中表现正常；粪便检测可发现肠道寄生虫，细菌培养物可确定菌种，组织学检查可确定肠绒毛的长度以及是否发生萎缩，从而证实肿瘤、传染病、炎症或是其他疾病的鉴别。

【治疗】

清除病因，对症治疗。

对于淋巴细胞—浆细胞性、嗜酸性粒细胞性、中性粒细胞性肠炎，肉芽肿性肠炎以及绒毛萎缩，可使用泼尼松龙，给予动物低脂肪易消化的食物或直接禁食；出现短肠综合征时，可在动物胃肠外补充维生素，并给予低脂易消化的食物。

四、蛋白质损失性肠道疾病（Protein-losing enteropathy diseases）

本病的临床特征是胃肠道过多地损失原生质和其他蛋白质。可原发或继发于多种疾病，如嗜酸性粒细胞性胃肠炎、浆细胞—淋巴细胞性肠炎、肉芽肿性肠炎等疾病，是导致黏膜对蛋白质通透性增加的急性或慢性炎症。通常蛋白质进入小肠，大部分蛋白质继而被消化和吸收，再利用变成新的蛋白质。炎症或淋巴管阻塞性疾病可加速蛋白质损失；肝脏合成蛋白质的能力有限时，如果肠道蛋白质损失量过多而超过肝脏的合成能力，可导致低蛋白血症；严重的低蛋白血症会引起血浆肿胀压降低，导致外周水肿、腹水或胸膜渗出。

【临床症状】

常见有间歇性或持续性的慢性腹泻，有时伴发便血、呕吐和食欲急剧降低。

【治疗】

给患病动物饲喂低脂食物以减少淋巴液的吸收量；适当补充中链三酸甘油酯以增加吸收热量，或使用羟乙基。

五、炎性疾病（Inflammatory diseases）

（一）嗜酸性粒细胞性肠炎（Eosinophilic enteritis）

【概述】

本病可能仅局限于胃、小肠或大肠，或是整个胃肠道均可见嗜酸性粒细胞浸润。

【病因学】

病因不清，但可能是继发于日粮过敏或寄生虫感染。

【病理生理学】

本病以嗜酸性粒细胞浸润黏膜和固有层以及（较少见的）其他组织为特征。积聚的嗜酸性粒细胞产生的细胞分裂、其他血管和炎性物质是动物出现多种临床症状的主要原因。

【临床症状】

症状类似于其他形式的炎性肠道疾病，包括呕吐和腹泻（可能呈间歇性和血样）。肠系膜淋巴结可能会肿大。有时在肠壁上可见一段肿块样的嗜酸性肉芽肿，可部分地阻塞肠腔。外周血液中的嗜酸性粒细胞增多。蛋白丢失性肠病可能会引起低蛋白血症和四肢水肿。

【诊断】

内窥镜或手术获取小肠活组织标本进行显微镜检查可以做出诊断。

【治疗】

用皮质类固醇类药物进行治疗，如泼尼松，最初 2～4mg/kg，隔天使用，在 2 个月内逐渐减少用量。给予易消化、低过敏、低脂肪的食物。抗生素或硫唑嘌呤对有些患病动物有一定疗效。

猫发生本病范围可能更广，嗜酸性粒细胞会浸润其他器官。对这些严重感染的猫来说，皮质类固醇治疗效果不好。尽管预后比犬更差，但采取同样的治疗方法还是适当的。

（二）淋巴细胞—浆细胞性肠炎（Lymphocytic-plasmacytic enteritis）

【概述】

浆细胞—淋巴细胞性结肠炎是犬结肠类中最常见的类型。所有年龄和品种的犬均可发病。对于自发性疾病，猫的淋巴细胞—浆细胞齿龈炎或咽炎可能是由猫嵌杯样病毒或某些刺激导致的齿龈炎症所引起。

【病因学】

本病的病因不清，可能是由于受损的黏膜接触到肠腔中的抗原，以及 T 淋巴细胞的正常防御功能丧失。

【病理生理学】

犬 $CD3^+$ T 细胞和含有 IgA、IgG 的黏膜细胞数量都有所增加。可能导致黏膜炎症的因素有：补体碎片、类前列腺素、致炎细胞因子、白三烯、白细胞蛋白酶、氧衍生自由基、氧化氮以及活性肠道 B 淋巴细胞和 T 淋巴细胞的克隆扩增。

【临床症状】

典型的病史是慢性腹泻，有时为黏液样腹泻，传统的止泻药治疗对多数病例无效或仅短期有效。粪便性状从半成形到水样便，某些严重病例的粪便中还会带有血液。动物排便次数增加，至少为正常时的 2 倍，而且排便通常都有急迫感。与小肠性腹泻不同，动物经常会在室内排便。里急后重和粪便中带有黏液，询问病史时可获得这两个最重要的信息。如果有这两个症状则说明动物极有可能患有结肠疾病，但即使没有这些表现，也不能就此排除诊断的可能。大约有 30％的结肠炎患犬会表现出呕吐的症状。

大多数犬在体检时似乎没有异常，但直肠检查会诱发里急后重。很少见到有动物出现体重下降，即使有，程度也很轻微；很少见到动物有腹痛的表现。

患猫食欲不振、厌食甚至口臭是最常见的临床表现。患猫齿龈和（或）咽喉部位的咽腭弓出现红肿，严重时齿龈明显出现肿胀、易出血。与齿龈炎同时发生的还可能出现牙颈损伤。偶尔会出现上下牙齿打颤的情况。

【鉴别诊断】

应与真菌/藻类、寄生虫、细菌或药物引起的结肠炎以及炎症性肠道疾病相区别。

【诊断】

只有在排除其他类型的结肠炎以后才能建立诊断。血象一般正常，但也可能出现中性粒细胞增多和核左移。诊断时必须进行结肠内窥镜和活组织检查。事实上，每个动物的病变都会涉及整个结肠，因此只要检查结肠末端就可以了。结肠黏膜充血和水肿，表现为颗粒、多点样亮点。看不到黏膜下血管。如果结肠内有鲜血说明病情严重。结肠腔内可能出现大量黏液，也或像粗黏液纤维绳黏附在黏膜上。活组织检查可发现隐窝数量减少和融合，杯状细胞减少和浆细胞—淋巴细胞浸润。增生的齿龈可以采用针吸穿刺活组织检查用于诊断。组织学检查显示，淋巴细胞—浆细胞浸润和血清球蛋白增高。

【治疗】

治疗结肠炎时可以选择柳氮磺胺吡啶结合磺胺吡啶和 5-氨基水杨酸盐（25～40mg/kg，每天 3 次）。洛哌丁胺等止泻药可以直接作用于结肠平滑肌，抑制其推进蠕动并减少腹泻。给某些患结肠炎的犬和猫饲喂调整后的日粮，其中包括动物以前没有接触过的蛋白质，如羔羊肉、鸭肉、鱼肉、鹿肉或酸牛奶干酪，似乎也有一定效果。

（三）溃疡（Ulcers）

【概述】

胃肠溃疡是指胃肠黏膜发生的溃疡性炎症，临床上以胃肠黏膜出现局部糜烂和坏死、慢性呕吐、吐血、血便以及贫血为特征。

【病因】

临床上分为卡他性溃疡和消化性溃疡。

（1）卡他性溃疡　继发于急、慢性肠炎，发生于胃肠黏膜的炎性浸润及黏膜组织出血时。主要与食物品质有关，如采食霉变食物、长期饲喂过冷或过热食物、食物中维生素 E 和硒缺乏或含铜量过高等。

（2）消化性溃疡　通常发生在胃。当胃的血液循环障碍时，酸性胃液不能被碱性物质中和，局部黏膜被胃酸和胃蛋白酶消化，形成溃疡，与应激因素（如感染、中毒、创伤、紧张、以及饲喂不及时等）有关。

【临床症状】

主要表现为长期周期性腹痛，多在受寒冷刺激或采食食物和饮水后发作，发作时神情不安、鸣叫、蜷腹、拒绝按压腹部。常在采食后出现呕吐，呕吐物有强烈的酸味，吐血、血便。生长发育不良、消瘦。

继发胃肠穿孔时，突发剧烈腹痛、不安，腹壁肌肉因疼痛而呈痉挛性收缩，触之如木板样，肠音减弱甚至消失，腹腔穿刺可抽出淡黄色液体，多因急性腹膜炎而休克死亡。

粪便潜血检查，重症病例可见强阳性反应。X 线造影检查，可见胃黏膜出现起皱、突起、增厚。

【诊断】

根据临床上有慢性顽固性呕吐、周期性腹痛、呕吐物呈黑褐色、粪便呈煤焦油样，结合 X 线检查可确诊，但要与犬细小病毒病、急性出血性胃肠炎相区别。

【治疗】

要加强护理，喂以易消化、有营养的食物，并补充各种必要的维生素，减少各种不良刺激。限制饮水，食物中加淀粉酶和胃蛋白酶等量混合剂 0.5～1.5g，或投服健胃、助消化药。

保护胃肠黏膜，用氢氧化铝凝胶 5mL，灌服，每天 3 次；或硫糖铝 1g，每天 3 次，食后 3h 服用；促进溃疡面愈合，用生胃酮 50mg，每天 3 次，3～5 周为一个疗程，也可用 10%葡萄糖酸钙溶液，每千克体重 50mg，缓慢静脉注射。

止血，用安络血 10mg，口服，每天 3 次；或止血敏 10mg，肌内注射；也可用亚硫酸氢钠甲萘醌（维生素 K_3），肌内注射；消炎，可内服阿莫西林胶囊 0.5～1 粒，每天 3 次，连续 3～5d。

减少胃液分泌，可用硫酸阿托品 0.5mg 或胃复康 0.5mg，口服，每天 3 次，于喂食前 1h 投服。镇静，可选用氯丙嗪，0.5mg/kg，静脉注射、肌内注射或皮下注射。止痛，用杜冷丁，每千克体重 5～10mg，肌内注射。

中药治疗：取元胡 3g、香附 4g、乳香 4g、贝母 2g、五灵脂 3g、佛手 4g、没药 4g、吴茱萸 3g、木香 3g、乌药 3g、海螵蛸 5g、砂仁 3g、甘草 2g，煎汤取汁，加入 2mg 阿托品分上、下午 2 次灌服，连用 5 剂。

对于出血多和胃肠穿孔病例，可手术修补或切除部分胃肠。术后要禁食 2d，通过输液补充营养，以后给予易消化流质食物，再改为半流质，直至改为正常食物。防止术后感染，要定期注射抗生素。

六、肠梗阻（Intestinal obstruction）

肠梗阻是犬、猫的一种急腹症，发病部位主要为小肠。常于小肠肠腔发生机械性阻塞或小肠正常生理位置发生不可逆变化，如套叠、嵌闭或扭转等。小肠梗阻不仅是肠腔机械性不通，而且伴随局部血液循环严重障碍。致使动物发生剧烈腹痛、呕吐或休克变化。本病发病急，病程发展迅速，预后慎重，如治疗不及时，死亡率较高。

【病因】

肠梗阻是由异物（如骨骼、果核、橡皮、线团、毛球等）、大量寄生圆虫或绦虫等，突然阻塞肠腔所致。也可由肠管粘连、肠套叠、肠扭转、肠狭窄或肠腔内新生物、肿瘤、肉芽肿等致使肠腔狭窄引起。

犬、猫为食肉动物，由于生理解剖学特点，发生肠扭转较为少见，但却常发生肠套叠，而且多继发于青年动物急性肠炎或寄生虫病等。这是由于肠蠕动机能失调引起的，多发部位是空肠、回肠近端和回盲肠结合处。

【临床症状】

肠梗阻部位愈接近胃，其呕吐及相关症状愈急剧，病程发展愈迅速。最为显著的症状是食欲不振、厌食和呕吐，剧烈腹痛，迅速消瘦和精神沉郁等。

腹痛初期，表现腹部僵硬，抗拒触诊腹部。对于小型犬或猫多能触诊到阻塞物。梗阻发生于前部肠管时，呕吐可成为一种早期症状。初期呕吐物中含有未消化的食物和黏液，随后在呕吐物中出现胆汁和肠内容物。持续呕吐可导致机体脱水、电解质紊乱和伴发碱中毒，晚期发生尿毒症，最终虚脱、休克而死。

【诊断】

根据病史和临床症状，可初步诊断为小肠梗阻。腹部触诊，常能在梗阻肠段的前方触及充满气体和液体的扩张肠管。腹壁紧张而影响检查时，可施行麻醉或注射氯丙嗪使动物镇静以利诊断。肠套叠时，在中腹部可触及香肠状物体。必要时剖腹探查，以便及时治疗［见彩图版图 4－2－12］。应用 X 线片进行辅助诊断时，最好给予造影剂，以增加对比度。在站立侧位腹部 X 线片上，不论胃肠空虚的病例，还是肠道液体水平面上积有气体病例，都可在梗阻部位前方见到扩张的肠袢。肠套叠可见光密度增加的香肠状物体，还可见到由于薄层气体，使套叠肠管形成分层的图像。

【治疗】

当确诊小肠梗阻后，应尽早进行手术治疗，并相应补充体液和电解质，调整酸碱平衡，选用广谱抗生素控制感染等对症治疗措施。术后禁食 5～6d，然后给予流质食物，直至恢复常规饮食。

七、肿瘤（Neoplasia）

【概述】

平滑肌肉瘤、平滑肌瘤、淋巴肉瘤和腺癌是犬和猫最常见的小肠肿瘤。

【病因学】

症状包括呕吐、腹泻和体重下降。造成这种状况可能与营养吸收不良，以及继发于肠壁浸润或肠道阻塞后细菌过度增殖的蛋白丢失性肠病有关。肠道肿瘤最常发生于老龄犬或猫，但淋巴肉瘤也零星发生于青年动物。

【临床症状】

因肠阻塞造成的呕吐可能是唯一的症状。

【鉴别诊断】

应与浆细胞—淋巴细胞性肠炎、肉芽肿性肠炎、组织胞浆菌病、腺瘤性息肉相区别。

【诊断】

当腹部触诊没有发现肿物时，放射学、超声波和内窥镜检查会对诊断有所帮助[见彩图版图4-2-13]。手术探查及肠和肠系膜肿结活组织检查可确诊。腺癌会引起间歇性阻塞的症状，而且还可能转移到肝脏或胰腺，并导致继发性器官功能障碍，但是很少见到转移到肺的情况。

【治疗】

犬肠道淋巴瘤的预后要慎重，因为消化类型肿瘤对治疗的反应很差，患病猫的预后要好一些。犬和猫腺癌的预后都很差，如果早期诊断并切除局部病变组织，则可以在很长时间内改善动物的临床症状；复发可能较缓慢，可延长至2年，特别是猫。平滑肌瘤或平滑肌肉瘤通常生长缓慢，手术切除后，预后良好。

第七节 大肠疾病

Diseases of the Large Intestine

一、变质性疾病（Degenerative diseases）

（一）巨结肠（Megacolon）

巨结肠指结肠的异常伸展和扩张，分先天性和继发性（假性巨结肠）两种。先天性是由于结肠壁的肌层间神经节缺乏或变性，引起痉挛性狭窄，在患病肠段前出现扩张，或整个结肠的神经发育不良，引起整个结肠或直肠弥散性扩张。猫比犬多发。

【病因】

结肠远侧端的肠壁内神经丛存在先天性缺陷，结肠长期处于收缩状态而堵塞粪便，导致前端结肠扩张和肠壁肌层增厚。此外，引起慢性便秘的诸种因素，如新生物、直肠内异物、骨盆骨折、前列腺肥大等，均可引发假性巨结肠。

【临床症状】

便秘是主要临床症状，常见里急后重，频繁排便，仅能排出少量浆液性或带血丝的黏液性粪便，偶有排出褐色水样便。随着便秘的发展，可出现脱水、厌食、被毛粗乱、体重下降、虚弱、呕吐等症状。病犬腹围突起，似桶状，腹部触诊可感知充实粗大的肠管。

【诊断】

主要依据腹部触摸到粪便积聚的粗大结肠、直肠探诊触到硬的粪块或不含粪便的扩张结肠，以及钡剂灌肠和X线检查等。直肠镜可观察结肠有无先天性狭窄、梗阻性肿瘤及异物等[见彩图版图4-2-14]。

【治疗】

应首先对衰竭的病犬输液，补充电解质和能量合剂，改善营养后再取出积结的粪便。用液体石蜡20～50mL灌肠，可软化粪便。也可用植物油或温肥皂水500～1 000mL灌肠。轻症者可适当运动，投服泻剂，促进粪便排出。重症者，必要时可用分娩钳将粪块夹出。

对于顽固性先天性直肠或结肠狭窄、阻塞性肿瘤或异物等，可施肠管切开术或肠管切除术，除去病变。

二、急性大肠腹泻（Acute large intestinal diarrhea）

（一）饮食不慎、不耐受或过敏（Dietary Indiscretion，Intolerance or Sensitivity）

饮食不慎、不耐受或过敏，指的是摄入超过正常饮食很大数量的食物或摄入部分不适合动物正常饮食的食物，包括异常食物、异物或突然摄食以前未吃过的食物而导致胃肠道疾病。因犬在辨别食物方面没有猫敏感，因此犬更易发生本病。

【临床症状】

动物排便次数明显增加，而排出量减少，典型的粪便中含有黏液、新鲜血液或可能的异物；户外生活或管理不善的犬更易发生本病。患病犬仅有轻微的精神抑郁，腹部触诊可发现原因不明的腹部不适。此时进行直肠检查很有必要，检查时会伴有疼痛，且混在半液体状的粪便中的异物很容易识别。

【诊断】

根据特征的病史调查资料，结合临床症状，排除寄生虫感染，常可确诊本病。本病应与传染性肠炎、全身性疾病的早期症状相区别。

【治疗】

去除引起不适的食物，禁食 24h，给予助消化药和肠道消炎药，严重脱水时可进行输液，状态稍有改善时给予低脂、易消化的食物或处方食品。对症治疗主要是减轻疼痛，促进饮食，减少过度分泌。

（二）鞭虫病（Trichuriasis）

【定义】

鞭虫病是指一种称为狐狸鞭虫的线虫寄生于犬、狐大肠内引起的疾病，主要危害幼犬，严重时可导致死亡。我国各地均有发生。

【病原及感染途径】

鞭虫，即狐毛首线虫，体长 40～70mm，寄生于犬、弧的盲肠。因虫体前部细长呈发毛状，约占体长的 3/4，后部粗短，约占体长 1/4，外观如放羊鞭状，故称鞭虫。感染途径为经口感染，犬吞食感染性虫卵后，幼虫会在小肠孵出，而后钻入肠黏膜中，2～8d 后直接进入大肠发育为成虫。

【临床症状】

成虫以头端钻入犬大肠黏膜内，以宿主组织和组织液为食，并分泌毒素。轻度感染时多不显症状；重度感染时（虫体可达数百条），患犬呈现肠炎症状，腹泻，粪便混有血液和黏液，逐渐贫血、消瘦、食欲不振，幼犬生长发育障碍，甚至死亡。

【诊断】

依据临床症状和检出鞭虫的特征性虫卵来确诊。虫卵形态呈腰鼓状，两端有塞状构造（卵盖），大小为（70～89）μm×（37～41）μm，黄褐色，内含单个胚细胞。

【治疗】

可投服丙硫苯咪唑每千克体重 50mg 或甲苯咪唑每千克体重 100mg，每天 2 次，连用 3～5d。

【预防】

用适宜的驱虫药（如大宠爱等）定期驱虫（如每年春、秋两次），是预防本病行之有效的方法。

三、慢性炎性疾病（Chronic inflammatory diseases）

（一）猫结肠炎（Feline colitis）

【概述】

猫结肠炎的发病率远远低于犬，其表现与犬相似。

【病因学】

多数患病猫的病因不清。有些患病猫是由食物过敏引起发病，其他已知的病因还有沙门氏菌或白色念珠菌感染、猫传染性腹膜炎和猫泛白细胞减少症。少数猫的嗜酸性粒细胞性结肠炎是嗜酸性粒细胞性胃肠炎综合征的一部分。

【病理生理学】

与犬相同。

【临床症状】

有些猫结肠炎表现为正常粪便上有鲜血斑。本病没有明显的年龄、品种和性别易感性，病史和临床症状与犬相似，都是以腹泻、呕吐和体重下降为主。

【鉴别诊断】

应与结肠肿瘤、寄生虫感染相区别。

【诊断】

通过结肠镜和结肠黏膜活组织检查可以做出诊断。

【治疗】

与犬的治疗一样，猫结肠炎也可选择柳氮磺胺吡啶作为治疗药物。口服柳氮磺胺吡啶悬浮液，50mg/mL，为使治疗剂量精确而特别有效，可按照10～20mg/kg（500mg片剂的1/4），每天两次，连用7～10d，对大部分患病猫有效。少数猫可能对上述的推荐剂量有些敏感，建议对这些猫进行隔日给药。柳氮磺胺吡啶会引起猫的厌食和贫血。

对于大多数猫来讲，调整日粮成分也具有一定意义。将日粮换成羔羊肉和大米或商品化的处方食品，对患有浆细胞—淋巴细胞性结肠炎的猫通常有效。治疗猫嗜酸性粒细胞性结肠炎时，可以用泼尼松，最初3～4周内2mg/kg，然后逐渐减少剂量再用4周。

（二）自发性大肠腹泻（Idiopathic large intestinal diarrhea）

本病病因未明，但常反映食物中纤维素的供应情况。溶解的纤维素会截留水分并且延缓肠排空时间，同时允许吸收过多的水分，它可通过细菌发酵，繁殖产生更多的细菌。这种作用使得粪便体积增大，而纤维素本身并不被消化。因此，这种疾病在肠道中并未表现典型的生理学疾病的特征，但同时又导致大肠功能发生异常。

【临床症状】

患病动物表现出周期性、间歇性、大肠腹泻、腹痛、便血、黏液过多等。

【诊断】

数次诊疗均告失败后可怀疑此病。

【治疗】

对食物中纤维素含量进行测定，同时积极消除应激原。

增加可溶性纤维素成分，可添加亚麻或特定形式的高纤维处方饲粮。必要时可使用胃肠动力调节剂以控制急性症状；使用止痛药物来缓解腹部疼痛。

四、肿瘤（Neoplasia）

结肠肿瘤在犬和猫相对不太常见，其中最常见的是腺瘤性息肉，大约占所有结肠肿瘤病例的50%，淋巴肉瘤和腺癌是最常见的恶性肿瘤。也曾经有过关于癌、平滑肌肉瘤、淋巴肉瘤、类癌瘤、退行性肉瘤的报道。犬和猫的肿瘤位置有所区别。猫的大多数肿瘤位于回盲肠的交界处，而犬的主要肿瘤则出现在直肠。

根据腺瘤的大多数特征可以将其主要分为浸润性、溃疡性和增生性三类。浸润性腺瘤会在直肠和结肠壁上蔓延，导致肠壁的纤维变性而形成不同长度的肠管狭窄，溃疡性腺瘤时可形成恶性溃疡，底部坚硬而边缘升高；而增生性腺瘤则表现为疣样。这三种腺瘤的增长都非常缓慢，一般在发病数月甚至数年后才确诊。肿瘤最终蔓延至整个直肠壁，穿透淋巴管转移到淋巴结、肺和肝脏。腺癌主要发生于9岁龄以上的犬，而且雄性犬的发病率高于雌性犬。德国牧羊犬和柯利犬的发病率都非常高。

结肠和直肠的淋巴肉瘤很罕见，发病时可以是一个单独的肿块，也可能弥散性地浸润整个器官。本病最常见于小于4岁龄的犬。淋巴肉瘤是猫最常见的大肠肿瘤。

腺瘤性息肉是结肠和直肠最常见的良性肿瘤（直肠的发生率最高）。柯利犬和西高地犬对本病似乎有品种易感性。犬直肠的腺瘤性息肉时可能会发生癌症。

【临床症状】

患有大肠肿瘤的犬和猫通常都有大便困难、便血、里急后重和腹泻的病史。与大多数恶性肿瘤一样，患病动物会表现出长期的不适和虚弱。特异性症状根据肿瘤的位置和类型有所不同。所有大肠腺瘤都会引起里急后重，有时会排出少量的粪便。病变发展时里急后重的症状也逐渐加重（尤其是患增生性和阻塞性腺瘤时），最终由于继发结肠嵌塞而导致粪便完全无法排出。即使没有引起阻塞，肿瘤的存在也会改变粪便的性状。浸润性肿瘤时，动物会排出薄绸带状的粪便，而且经常出现便血。直肠指检可以发现典型的环状肿块或狭窄区域，也就是所谓的“束餐巾环”。在这个狭窄区域前面经常可以触摸到硬的粪便。

犬的直肠和结肠息肉不会像恶性肿瘤那样使动物越来越虚弱。患病动物的症状主要是排便后仍有里急后重和慢性的血样和黏液性腹泻。如果动物的里急后重特别严重，肿瘤有时可以从直肠内脱出。

【鉴别诊断】

应与异物、直肠、结肠狭窄相区别。

【诊断】

直肠检查足以确定直肠内是否有肿物，活组织检查通常具有诊断价值。在对患有腺癌的动物做直肠直检时总是感觉到手指被“固定”在肠内，想要向两侧移动手指和触摸到盆膈肌肉都是非常困难的。结肠肿瘤可以用结肠镜或造影X线照片进行诊断。即使是触摸到肿块或造影照片上显示黏膜异常，表面黏膜的活组织检查结果也可能为阴性。息肉通常表现为圆顶形状、鹅卵石表面的小叶性易碎肿块，或是大量的软性、深红或粉色的手指样凸出组织。触诊或结肠镜造成的轻微创伤通常会导致出血。很少能见到明显的蒂。

【治疗】

可以尝试手术切除腺瘤和腺癌，但效果通常不能让人满意，因为多数情况下在确诊前疾病就已经发展到了很严重的程度。大约75%的息肉都距离肛门不远，通过轻轻牵引将直肠黏膜向外翻转后即可很容易地暴露出息肉。几乎所有息肉都可以通过手术切除。

第八节　肛门和会阴疾病

Diseases of the Anus and Perineum

一、先天性疾病（Congenital disorders）

（一）锁肛（Atresia ani）

锁肛是指先天性的幼犬或幼猫的直肠肛门处无开口的一种疾病，导致粪便积存。常见的有直肠内积粪、便秘和顽固性便秘导致的巨结肠症、肠蠕动停滞以及严重的腹围膨胀。

【临床症状】

常发生于出生后2～4周龄的幼犬或幼猫，表现为腹部膨胀，伴有会阴肿胀、厌食，发育停滞和会阴部有污渍。

【诊断】

根据动物的发病年龄和临床症状可初步做出诊断，确诊无肛门开口，X 线片显示有巨结肠的发生。

【治疗】

无论何种锁肛，治疗的目的是恢复直肠和肛门的功能。采用外科手术的方法，切开肛门皮肤，触摸到直肠盲端的凹窝，向前顶到肛门口，然后打开直肠凹窝的终端，将打开的直肠缝到肛门的皮肤上即可完成肛门再造术。

（二）肛门阴道裂（Anogenital cleft）

肛门阴道裂是指胚胎畸形产生的肛门和泌尿生殖道相通，胚胎期后泄殖腔没有分开，导致粪便和尿液相混于同一通道开口。

【临床症状】

视诊可见尿液和粪便通过一个皮肤开口，容易发生尿路感染，会阴部很容易弄脏，经常出现污秽。

【诊断】

触诊可发现只有一个包含尿道和肛门黏膜的裂缝，同时可使用探针或插入导管于直肠和尿道开口处，以确诊具体位置。还应检查动物是否存在其他先天性缺陷。

【治疗】

采用外科手术进行治疗，首先要确定肛门括约肌的活力，确定尿道开口位置，手术制作单侧根基双侧皮瓣，切除直肠和尿道相通处的组织，将皮瓣内移，缝在中线上，重新形成会阴。

二、变性疾病（Degenerative diseases）

（一）会阴疝（Perineal hernias）

会阴疝：会阴部肌肉发生分离时，可使直肠、骨盆和腹腔脏器移至会阴部皮内，又称直肠疝、尾疝、腹疝和坐骨疝。

【病因】

当盆膈不能支持直肠壁时就发生会阴疝，导致直肠持久性扩张、排便减弱。盆膈无力常与雄性激素、劳损、先天性或获得性肌无力或肌萎缩有关。会阴疝可能是单侧或双侧，多数疝发生于肛门提肌、肛门外括约肌和肛门内括约肌之间，或者发生在骶关节韧带和尾骨肌之间或肛门提肌和坐骨肌之间，或发生于坐骨尿道肌、球海绵体肌、坐骨海绵体肌之间。疝内容物被一层薄薄的会阴筋膜、皮下组织和皮肤包围，疝囊内可能包含骨盆或腹膜后的脂肪、浆液、偏离或膨胀的直肠，直肠憩室、前列腺、膀胱或小肠。猫的疝囊内只有直肠。如果出现器官和重要组织嵌入疝内，可能导致其阻塞和狭窄。若血管发生阻塞或狭窄，应及时纠正，否则会很快恶化。

会阴疝多发生于犬，由其是公犬，猫少见。一般有创伤的母犬会发生本病，去势的雄性动物易发会阴疝，但母猫相对而言比母犬更易发生本病。短尾犬易发，波士顿㹴犬、拳师犬、威尔士柯基犬、京巴犬、柯利犬、贵妇犬、澳大利亚牧羊犬、猎獾犬、老英国牧羊犬和杂种犬都有发生。患病犬平均年龄在 5 岁以上，公犬在 14 岁之前，随着年龄增加，本病复发的危险性也会增加。

【临床症状】

特征的临床症状为排便努责和会阴隆起，临床上常以单侧会阴疝多见，且多数为右侧会阴疝[见彩图版图 4-2-15]。患病动物常表现出排便困难，可以看到动物肛门两侧膨胀，偶尔会由于膀胱压缩而导致的肾后性尿毒症或肠狭窄引起的休克，呈现急性病症的特点；还可见动物会阴膨胀、便秘、顽固性便秘、大便困难、里急后重、直肠脱出、痛性尿淋漓、无尿、呕吐、肠胃气胀以及排便失禁。

【诊断】

当肛门两侧发现会阴膨胀和（或）盆膈无力时，即可做出诊断。本病出现会阴膨胀时应与肛周肿瘤、肛周腺增生、肛囊炎、肛囊肿瘤、肛门闭锁和阴道肿瘤相区别；出现排便困难时应与直肠异物、肛周瘘、肛门狭窄、直肠狭窄、肛囊脓肿、直肠肿瘤、肛门肿瘤、肛门创伤、肛门皮肤炎和肛门直肠脱出等疾病相区别。

【治疗】

药物治疗的目的是减轻并防止便秘和排便困难，防止器官狭窄。及时去除病因，使用缓泻剂、粪便软化剂、改变食物性状，周期性灌肠或人工直肠疏通来维持动物正常排便，同时对减轻前列腺增生有一定作用。

手术疗法建议采用疝缝合术，当发生膀胱翻转和内脏截留时，应立即进行手术治疗。但两侧同时发生会阴疝时，不应同时打开两侧，以防修补时肛门外括约肌紧张；在间歇 4～6 周后再修复另一侧。

三、炎性疾病（Inflammatory diseases）

（一）肛周瘘（Perianal fistulae）

肛周瘘是肛门周围形成的慢性化脓性瘘管，多发生于犬，尤其德国牧羊犬、爱尔兰塞特犬容易发生本病。公犬较母犬多发，其中主要是未去势的公犬，而猫很少发生本病。本病患犬的平均年龄为 5.2 岁。

【病因】

多数肛周瘘继发于肛管周围脓肿、肛囊炎等，由于囊肿破裂或切开排脓后，伤口不愈合形成感染通道，也可由肛门外伤后感染引起。

【临床症状】

病初动物常表现出舔咬肛门和臀部擦地及排便困难。肛门周围脓肿、疼痛，从肛周瘘管口流出脓汁或粪便。肛门区皮肤黏附有脓性物和粪便。有时可形成多个外口，成为复杂瘘管［见彩图版图 4－2－16］。对动物进行尾部、会阴部检查和初步处理时，动物由于疼痛会表现得非常凶猛。

【诊断】

根据肛周经久不愈、不断流出脓性分泌物的开口可作出诊断，但应与原发性肛囊炎相区别，肛囊炎发生于肛门特定的部位（相当于时钟 4 点或 8 点的位置），而肛周瘘可出现于肛门周围的任一部位。通过直肠检查，可获知瘘管的深度、纤维化程度及肛囊与瘘管之间的结构和组织关系，同时亦能够发现是否有肛门狭窄以及直肠皮肤瘘的发生。

【治疗】

使用药物进行治疗的效果十分有限，常采用手术根治。手术的目的是在不引起排便失禁或肛门狭窄的前提下，减少坏死或不健康的组织，并刺激二次愈合。将动物全身麻醉卧位保定，术前灌肠排空直肠内积粪，探明瘘管走向及深度，了解内口和瘘管与括约肌之间的关系。采用手指检查或注入染料检查法，用探针从外口向内口穿出并留置，沿探针切开瘘管，并刮除其内的肉芽组织，压迫止血。闭合瘘管内口，对创腔和创口可行部分缝合以加速愈合，创口适当开放，并保证引流通畅。术后每日使用消毒液进行冲洗消毒，直至愈合。同时，采用全身抗生素疗法，以控制和消除术部感染。

四、肛门直肠脱（Anal and rectal prolapse）

直肠和肛门脱垂，又称肛门直肠脱，是指直肠末端的黏膜层脱出于肛门外，俗称脱肛；或直肠的一部分或大部分经肛门向外翻转脱出，俗称直肠脱。临床上可见在肛门处以“香肠”样柱状物突出为特征，脱出的直肠黏膜充血、水肿。严重者，在发生直肠脱的同时，可并发肠套叠或直肠疝。各种年龄的犬猫均可发病，预后良好。

【病因】

肛门直肠脱是一种全身性疾病的局部表现，直接原因是直肠韧带松弛，直肠黏膜下层组织和肛门括约肌松弛或机能不全，间接原因是犬猫由于饲养失调、劳役过度、营养缺乏、拖延的难产、前列腺炎以及发育不良，尤其瘦弱的或老龄犬猫常因直肠周围组织松弛，对直肠的支持固定功能不全，从而诱发本病。近期手术或损伤所致的肛门周围和会阴周围的不适，均可引发直肠脱出。

【临床症状】

症状轻微者，动物在卧地或排便后，直肠黏膜部分脱于肛门外，起立或行走后自行缩回。脱出部不大，柔软、圆形、轻度水肿，表面鲜红色［见彩图版图 4－2－17］。以后因反复脱出，直肠黏膜充血、水肿，有的发生干裂或被覆褐色纤维蛋白薄膜，一般一周左右，逐渐丧失其自动缩回能力而造成全层脱出。

病程较长或脱垂部分遭遇损伤时，局部水肿，发生炎症严重。黏膜糜烂，表面形成灰褐色的纤维蛋白性薄膜，并附有大量血凝块、坏死组织和污物。此时，患病犬猫常伴有全身症状，主要表现为：体温升高、食欲减退、精神沉郁、频频努责。严重病例还会发生大的裂口，甚至出现穿孔。

【诊断】

根据临床症状，不难作出诊断，但应注意判断是否并发肠套叠和直肠疝。单纯性直肠脱时，可见圆筒状向上弯曲并下垂，手指不能沿脱出的直肠与肛门之间向盆腔方向插入；若伴发肠套叠，手指可进入探明。

【治疗】

治疗原则是清除坏死组织、消除水肿、整复脱出的肠管并防止复发。

（1）整复法　目的是使脱出的肠管恢复到原位。单纯整复法适用于发病初期的病例。整复前禁食 12 h，以温肥皂水或盐水灌肠，清除积粪。取前低后高体位，小动物可倒提保定。用 1%盐酸普鲁卡因溶液做后海穴麻醉，用温热的 2%～3%明矾溶液、0.1%～0.2%高锰酸钾溶液，充分洗净脱出部分，除去污物及坏死黏膜，再用浸湿的纱布块包裹温敷，用手稍加压揉，以促使消肿。趁没有努责时，用手指谨慎地将脱出的肠管送回原位。

脱出时间较长、表面污染严重、黏膜溃烂坏死的病例，可采用传统黏膜修整法，按“洗、剪、揉、送、温”这五个步骤来依次进行整复。具体做法是：①先用温的消毒收敛药液清洗患部，并用无菌纱布兜住肠管；②用手术剪或刀，充分清除黏膜面的坏死组织，或用手指仔细撕去坏死黏膜，直到有少量出血，露出新鲜组织为止；③黏膜水肿严重的病例，可用针刺或小刀划破黏膜层，放出水肿液，撒上适量明矾粉末，并轻轻揉擦，挤出水肿液；④之后再次冲洗并涂石蜡油润滑，脱出短者从末端开始，脱出较长者从根部开始，小心地依次将脱出的肠管向里翻入直肠肛门内，送回后随即将手指插入肛门内，使直肠完全复位；⑤最后在肛门外进行温敷。

彻底清除坏死组织，可提高治愈率和防止本病复发。坏死区域较广泛的病例，可以采用外科手术切除黏膜下层，在距离肛门周缘约 1cm 处，将脱垂的黏膜做环状切开，深达黏膜下层，然后向下剥离，并翻转黏膜层，将其剪除。最后，用肠线做结节缝合顶端黏膜边缘与肛门周缘黏膜边缘，再整复脱出的肠管，则较容易。

（2）固定法　对于因直肠周围松弛、已反复脱出多次、但黏膜无坏死、水肿不严重病例，可通过注射药物，使直肠周围结缔组织受到刺激，水肿增生发生粘连而固定。整复后仍脱出者可考虑将肛门周围组织予以缝合，缩小肛门孔，以防止再脱出。

（3）手术切除法　对于脱出部肠管病变严重、裂口大、坏死组织深达肌层，即将穿孔或已经发生穿孔的病例，必须在尾荐硬膜外麻醉或综合麻醉下，清洗、消毒脱出的肠管后，做直肠切除术。

【预防】

首先消除病因，积极治疗便秘、下痢、咳嗽，加强饲养管理，合理配料，防止过度饱食，并消除其他可导致便秘及增高腹内压的一些因素。

五、肿瘤（Neoplasia）

常见的肛周瘤是肛周或顶质分泌腺的腺瘤或癌，临床上10岁左右犬多发，约占犬皮肤肿瘤的8%～18%。肛周腺主要分布在肛门周围和尾根基部皮肤的真皮层及皮下肌肉内，而肛周肿瘤在这些地方都有可能发生。肛周腺癌和顶质分泌腺腺癌容易发生肿瘤转移。

肛周容易发生的肿瘤主要包括：肛周腺腺瘤、肛周腺腺癌、顶质分泌腺腺癌、脂肪瘤、平滑肌瘤、鳞状细胞癌、黑色素瘤、淋巴瘤、肥大细胞瘤和多样细胞的皮肤肿瘤。

肛周腺瘤大约占犬肛周肿瘤发生率的80%，是雄性动物的第三大高发病。雄性动物此病的发病率是雌性动物的12倍，而摘除卵巢子宫后的雌性动物是正常健康动物发病率的3倍。肛周腺瘤呈单个或多个共同生长，一般体积较小，高于皮肤表面，其质地坚实，与周围组织界限清晰。肉眼很难分辨肛周腺发生的腺瘤和腺癌。肛周腺腺癌通常是固定的，常有溃疡发生，局部呈现浸润性，在临床上容易与肛周瘘和肛囊破溃等疾病相混淆。肛周腺腺癌后期可转移至肝脏、肺脏、肾脏、胰脏、骨和腹部淋巴结等部位。

【临床症状】

肛周区域的肿瘤常成为一种刺激因素，临床上动物常表现出舔舐、咬肛和里急后重。由于肿瘤继续生长或动物薄的肛周皮肤表皮脱落，导致在动物待过的地方或动物粪便中可见有轻微出血。当肿瘤较大或发生浸润性生长时，动物则表现为便秘、阻塞或者大便困难。良性肿瘤生长缓慢，只占位而不表现出疼痛；恶性肿瘤则较生长为迅速、质地坚实，具有一定的侵袭性，临床上多伴有溃疡发生。

【诊断】

通常进行病史调查，结合临床中患病动物肛周被毛稀疏的地方出现有多个肛周肿块，或有上皮覆盖，或有溃疡发生，组织质地较脆，并有广泛的基部，可初步诊断为肛周肿瘤。直肠检查有助于分辨肛周肿瘤和炎性肿胀。检查肿瘤有无发生转移时，可重点检查腰下和其他部位的淋巴结，仔细观察淋巴结的大小和两侧对称性是否一致，从而判断肿瘤的恶性程度及有无转移的发生。

【治疗】

目前，化学疗法或放射疗法对肛周肿瘤的治疗常常有效，而外科手术切除术在临床中则更为常用。肿瘤在经动情素治疗后可消退，因此对于不涉及肛囊的肛周肿块或肛周腺腺瘤，建议对患病动物采取去势术，同时切除小肿块，并对多量复杂的或体积大的肿块进行活组织检查，以判断其性质和评价预后。手术后4～6周进行复诊，临床上复发率较低。

第三章 肝胆和胰腺外分泌疾病

Diseases of the Hepatobiliary and Exocrine Pancreas

第一节 肝胆系统的检查诊断

Diagnostic Tests for the Hepatobiliary System

肝脏是体内最大的内脏器官，其解剖和生理都十分复杂。肝脏参与机体的许多活动，包括：①参与氨基酸、脂肪和碳水化合物的代谢；②参与白蛋白、胆固醇、凝血因子和其他血浆蛋白的合成；③分泌胆汁，参与和胆汁形成相关的营养物质的消化和吸收；④参与机体内代谢产物和药物的解毒和排泄；⑤参与机体防御，肝脏内的巨噬细胞可吞噬和清除血液中的异物。

肝病的早期症状通常包括厌食、呕吐、精神萎靡和多饮多尿，但这些症状不具有特异性，许多其他系统的疾病也可引起同样的临床症状；随着疾病的发展，患病动物可能会出现黄疸、肝性脑病、低血糖、出血倾向和腹水等，这些症状是肝胆疾病的特异性症状。无论动物出现早期症状和特异性症状，如怀疑与肝胆疾病有关，都必须进行进一步的检查，包括血常规检查、生化检查、尿液检查、粪便检查、X线检查、超声检查，如有必要，还须进行肝脏活检。

一、血常规检查

肝胆疾病一般不会引起血细胞计数和形态出现明显的变化。门脉短路可能会引起患病动物出现小红细胞低色素性贫血，但需要注意的是，日本秋田犬、柴犬、松狮犬和沙皮犬等的平均红细胞体积（MCV）比其他犬低。当患犬出现黄疸、网织红细胞计数升高、大红细胞症和球形红细胞时，则提示溶血性贫血，而非肝胆疾病本身引起的黄疸。

二、生化检查

生化检查的项目繁多，主要通过对肝酶和肝功能指标的评估来评价肝胆状况。用于评估肝胆疾病的酶包括丙氨酸氨基转移酶（ALT）、天门冬氨酸氨基转移酶（AST）、碱性磷酸酶（ALP）和γ-谷氨酰转移酶（GGT）；用于评价肝功能的指标包括血浆蛋白、血氨、胆汁酸、血糖、尿素氮、胆红素、胆固醇等。

（一）受损肝细胞释放的酶

肝酶水平升高的幅度通常与活性肝胆损伤的严重程度成比例，但是其升高的程度并不能预测肝脏的功能活性，肝脏具有强大的再生能力，因此，肝酶升高的水平并不能评估预后。ALT主要存在于肝细胞内，因此ALT是具有肝特异性的酶，犬的半衰期为2.5d，猫的半衰期尚不清楚。对于犬，严重的肌肉坏死、使用药物（糖皮质激素、抗惊厥类药物）等也会引起ALT水平轻度升高，犬ALT轻度至中度升高，肌酸肌酶（CK）和AST均升高，而肝脏并未出现组织学可见的损伤时，则表明骨骼肌有坏死，因此，ALT不能作为单一指标用于肝胆疾病的诊断。AST存在肝细胞内，一部分游离于细胞质中，一部分游离于线粒体膜上，在诊断肝胆疾病方面，比ALT更为敏感，但是特异性则较差，许多其他组织也含有较多AST，如红细胞、骨骼肌、心肌、胰腺和肾脏，犬的半衰期为5～12h，猫的半衰期为77min。当血清AST水平高于ALT水平时，首先应该考虑肌肉的问题；但是由于AST同时存在于细胞质和线粒体内，AST/ALT比值升高时，也可能暗示急性严重且不可逆的损伤。

（二）与胆汁淤积有关的酶

ALP和GGT在正常肝细胞和组织内的活性很低，但由于胆汁淤积或药物刺激，这两种酶的生成增加从而导致血液中活性升高，这两种酶主要存在于细胞膜上。血清ALP主要存在于肝脏、肾脏、肠道、骨骼和胎盘内。由于肾脏、肠道和胎盘内ALP的半衰期较短，所以不会影响血清ALP的活性。血清ALP包括3种同工酶，分别是肝脏来源的L-ALP、骨骼来源的B-ALP和糖皮质激素诱导的C-ALP。B-ALP主要见于幼年动物成骨细胞活性较高时，也可见于病理性情况（如骨肉瘤和骨髓炎）。血清ALP是一个敏感的肝胆疾病指标，但由于有3种同工酶，其特异性则相应地降低了。犬的肝脏同工酶包括L-ALP和C-ALP，而猫仅有一种肝脏同工酶。犬L-ALP和C-ALP的半衰期是70h，猫肝脏同工酶的半衰期仅为6h，因此，ALP并不能作为猫肝胆疾病的早期诊断指标。猫ALP活性不受其他药物的影响，因此血清ALP活性升高，更能特异性地指示肝胆疾病。而犬ALP活性则受影响因素较多，糖皮质激素和抗惊厥药物（如苯妥英、苯巴比妥等）均能引起ALP升高。GGT也存在于许多组织中，但其血清活性主要来源于肝脏。在犬的肝胆疾病，有研究表明，血清GGT（87%）比血清ALP（51%）特异性高，但敏感性（50%）比ALP（80%）低，同时使用ALP和GGT来诊断肝胆疾病时，特异性可升高至94%。在猫的肝胆疾病，有研究表明，肝外胆管阻塞和胆管性肝炎可引起GGT重度升高。血清GGT（86%）的敏感性比ALP（50%）高，而特异性（67%）则比ALP（93%）低，但是在猫肝脂沉积症中，血清ALP的血清活性则明显高于GGT。

（三）血浆蛋白

肝脏是机体内合成白蛋白的唯一场所。白蛋白的主要功能是维持胶体渗透压，防止血液自血管内丢失。白蛋白的半衰期为8～9d，肝细胞丧失80%时，才会出现低白蛋白血症。慢性肝脏疾病（如肝硬化和门脉短路），可引起白蛋白合成下降，从而导致低白蛋白血症。但是低白蛋白血症也可由其他疾病引起，如蛋白丢失性肠病、蛋白丢失性肾病、烧伤、血管炎或急性出血，营养不良也可引起低白蛋白血症。同时，白蛋白是一种负性急性期反应蛋白，全身性炎症反应也可引起白蛋白水平下降。因此，在诊断为肝脏疾病引起的低白蛋白血症前，必须排除其他问题的影响。对于猫，除肾病综合征外，其他原因引起的低白蛋白血症并不常见。除了合成白蛋白外，肝脏也合成了许多非免疫性球蛋白（α球蛋白和β球蛋白），因此，肝脏合成功能丧失时，也会伴随低球蛋白血症。由于非免疫性球蛋白是急性期反应产物，因此慢性炎性肝脏疾病也会引起高球蛋白血症。另外，慢性炎性肝脏疾病也可能会引起免疫球蛋白水平升高。

除了凝血因子Ⅷ外，其他凝血因子、凝血和纤溶的关键抑制剂（抗凝血酶Ⅲ和抗纤维蛋白溶酶）和纤溶酶原均由肝脏合成。血液循环中的纤维蛋白降解产物（FDP）也必须由肝脏巨噬细胞清除。但除了一些急性肝衰竭、维生素K缺乏或活性弥散性血管内凝血（DIC）外，患肝胆疾病犬猫的凝血问题并不常见。常用的评估凝血功能的指标包括凝血酶原时间（PT）、活化部分凝血酶原时间（APTT）、纤维蛋白原和FDPs。维生素K是活化凝血因子Ⅱ、Ⅶ、Ⅸ、Ⅹ所必需。肝内或肝外性胆管问题可使流入肠道的胆汁量减少而改变维生素K的吸收，从而引起凝血问题。50%～70%出现自发性肝胆疾病的猫伴有维生素K缺乏。典型的DIC伴有PT、APTT延长，纤维蛋白原下降，血小板减少和FDPs增多，可能伴发肝衰竭。在犬猫严重实质性肝病中，较常见APTT延长（延长1.5倍）、FDPs异常（10～40或更高）以及纤维蛋白原浓度变化不定（<100～200mg/dL）。血小板数可能正常或偏低，可能出现轻度血小板减少症（130 000～150 000个/μL）。

（四）血氨

循环中的氨主要来源于肝脏对氨基酸的脱氨基作用，以及胃肠道内细菌对氨基酸的分解代谢。氨通过肠道黏膜进入门脉循环中，经过鸟氨酸循环转变为尿素氮后由肾脏排出体外。未经过肝脏代谢的氨则在其他组织中形成谷氨酸盐。肝衰竭、门脉短路或鸟氨酸循环中的酶缺乏时，均可引起血氨水平升高。高血氨是肝性脑病的一个重要指标，但并不是所有患肝性脑病的动物均会出现高血氨。正常犬禁食血氨值小于或等于100mg/dL，猫小于或等于90mg/dL。临床中测定血氨的最大难点在于样本的处理。采集血样前，动物必须禁食6h以上。血样采集后，必须立即置入冰冻无氨肝素管，然后使用冷冻离心机离心，在30min之内测定。而猫的血浆可在-20℃下待检48h，不会影响结果的准确性。红细胞中氨的浓度为血浆中的2～3倍，因此溶血会造成血氨假性升高。如果动物的临床症状与肝性脑病一致，则只需采集一份禁食后血样即可，对这样的动物不能进行氯化铵刺激试验。如果动物没有肝性脑病症状，且其他检测结果模糊不清，可进行氯化铵刺激试验。

（五）胆汁酸

胆汁酸是胆固醇的水溶性衍生物，只能由肝脏合成，以胆酸和鹅去氧胆酸形式存在，称之为一级胆汁酸，它们再与牛磺酸、甘氨酸等结合后分泌入胆汁。胆汁贮存于胆囊中，而后在缩胆囊素的作用下释放入肠道。大部分胆汁酸进入肠道后会被重吸收经门静脉进入肝脏，等待再次循环。小部分的一级胆汁酸则在肠道微生物作用下，转变为二级胆汁酸（石胆酸和脱氧胆酸），其中一部分也会被重吸收进入门脉循环，其余的则经粪便排出。正常情况下，可检测到由肠肝循环外溢的胆汁酸，禁食时，肠肝循环中的胆汁酸水平较低，则测得的血清胆汁酸水平较低，进食后胆囊收缩，释放进入十二指肠的胆汁酸增多，则进食后的血清胆汁酸水平升高。一般情况下，需采集禁食12h和进食后2h的血样。最常用的测定方法是酶法，3-羟基胆汁酸先与3-羟类固醇脱氢酶反应，然后与双蚁脂反应，由终点分光光度法测定所产生的颜色变化，溶血和脂血会干扰测定结果。正常犬猫进食后胆汁酸水平比禁食胆汁酸水平升高3～4倍。禁食胆汁酸水平一般小于5μmol/L，进食后胆汁酸水平一般为15μmol/L。一般情况下，继发性肝脏疾病可导致中度的肝胆机能障碍（血清胆汁酸水平小于100μmol/L）。禁食或进食后血清胆汁酸水平升高暗示肝硬化、慢性肝炎、胆汁淤积、先天性门脉短路和肿瘤。胆汁酸水平不能特异性地指明肝病的类型，只能用于肝病的筛查及检测病情的发展。

（六）碳水化合物

在碳水化合物代谢方面，肝脏的主要功能是在饥饿状态下维持正常的血糖水平。在犬猫肝胆疾病中，低血糖并不常见。出现低血糖，预示着80%以上的肝功已经丧失，可见于急性肝衰、患有门脉短路的小型犬。超过35%先天性门脉短路的患犬会出现低血糖。如果排除了功能性低血糖、木糖醇中毒早期、败血症、胰岛素瘤等非肝性原因时，应怀疑肝脏疾病。

（七）尿素氮

尿素氮主要经由鸟氨酸循环在肝脏内生成。尿素氮水平下降可继发于肝脏生成下降。接近65%门脉短路的患犬猫可出现血清尿素氮水平下降。除了肝胆疾病外，动物的水合状态、蛋白质摄入水平、肾小球滤过率、胃肠道出血和利尿等，也均会引起血清尿素氮水平下降。

（八）胆红素

胆红素可分为间接胆红素和直接胆红素，间接胆红素是由单核—巨噬系统吞噬并降解血红素而产生的不溶性分子，与白蛋白结合后可运送至肝脏。进入肝脏后，间接胆红素与葡萄糖醛酸结合而产生水溶性的胆红素葡萄糖醛酸酯，即直接胆红素。肝脏将胆红素葡萄糖醛酸酯分泌进入胆汁，构成胆汁的一部分。胆汁进入肠道后，肠道细菌可将约50%的胆红素转换为高水溶性且无色的尿胆原。肾脏可排出少量经肠肝循环进入体循环中的尿胆原，当尿胆原遇到空气时，可氧化为尿胆素，尿胆素是使尿液呈现黄色的主要原因。粪便中的尿胆原遇到空气氧化可形成粪胆素，是使粪便呈现黄棕色的主要原因。几乎所有与高胆红素血症有关的疾病，都以直接胆红素和间接胆红素混合出现为特征。黄疸是胆红素在组织内潴留的临床表现，循环中不论直接胆红素或间接胆红素浓度升高超过2mg/dL时，均可使组织呈现黄色，称为黄疸。引起高胆红素血症的原因可分为三种：肝前性、肝性和肝后性。肝前性高胆红素血症主要由溶血性贫血引起，由于同时伴有红细胞比容降低等特征，很容易与其他两种原因区别。肝性高胆红素血症主要是由于肝脏摄入、结合或分泌胆红素的能力受损而引起的，可见于引起严重肝内胆汁淤积的疾病，如败血性胆汁淤积，即炎症反应和与感染相关而释放的物质使胆管细胞膜瘫痪，而造成的功能性胆汁淤积。肝后性高胆红素血症则主要由引起总胆管阻塞的原因引起。临床上，区分肝性和肝后性高胆红素血症至关重要，可结合超声检查、病史、体格检查和其他实验室检查做出判断。

（九）胆固醇

胆固醇主要由肝脏合成，也可来源于食物。先天性门脉短路可造成血清胆固醇水平下降，原因不详，可能与胆酸代谢改变有关。出现肝外胆管阻塞的犬猫，则血清胆固醇水平可能升高，这可能与肝脏合成增多和（或）胆管排泄减少有关。

三、尿液检查

直接胆红素具有水溶性，可经过肾小球滤过进入尿液中。犬对直接胆红素的肾阈值较低，且肾小管上皮细胞可以分泌胆红素，所以犬的尿胆红素水平必须结合尿相对密度分析；而猫对胆红素的肾阈值很高，所以尿液中出现少量的胆红素即提示异常。对于犬，高胆红素尿可先于黄疸和高胆红素血症出现。如非贫血犬存在高胆红素尿（≥2+），同时尿相对密度≤1.025，则提示存在肝胆疾病。约50%先天性门脉血管异常患犬和15%的患猫会出现尿酸铵结晶，必须使用新鲜尿样重复检查以确定此种结晶的存在。传统上，可使用试纸条测定尿液中的尿胆原来评估肝外胆管系统的状态，但由于该指标的影响因素过多，故参考价值不大。

四、粪便检查

粪便检查很少能为肝胆疾病的评估提供有用的信息。无胆汁粪和脂肪痢提示慢性完全肝外胆管阻塞；黑色、橘黄色的粪便则提示严重溶血后胆红素生成和排泄增加。需要注意的是，胃肠道溃疡是门脉高压的重要并发症，因此出现黑粪症的犬提示患有慢性肝病。

五、X线检查

腹部X线检查可用于补充体格检查结果，或确定肝胆疾病的特征和位置。在标准的X线片中，可评估肝脏的大小、形态、位置、密度和边缘。正常情况下，犬右侧位可见肝后腹部（左外叶）边缘锐利，当弥散性肝肿大时，则可见肝脏边缘钝圆、肝影增大、胃轴向背后侧移位，而腹背位时，可见胃影向左后方移位。由于正常犬猫的肝脏可能完全位于肋弓内，所以小肝比肝肿大更难发现，右侧位X线片可见肝影缩小，胃轴向右上方移位，小肝可见于肝萎缩或肝脏纤维化。局部肝肿大，可引起相邻器官不同程度的位置变化。原发性或转移性肿瘤、增生性或再生性结节和囊肿是局部肝肿大或边缘不规则但无肝肿大的最常见原因。

肝脏的X线密度发生变化很罕见。胆结石或胆总管结石病可引起局部或弥散性的矿化斑点，同时也可见于慢性胆囊感染或肿瘤、肉芽肿、脓肿、消退性血肿和再生性结节。肝脓肿、气肿性胆囊炎或长期的胆管阻塞可致使X线片上出现低密度区。

门脉系统的X线造影检查可用于确定先天性门脉血管异常的位置，造影方法包括三种：脾门静脉造影术、手术肠系膜门静脉造影术和手术脾门静脉造影术。其他成像方法，如闪烁扫描法（核素显像）、核磁共振成像诊断术和计算机断层扫描术也可用于先天性门脉血管异常的诊断，但国内小动物临床尚无这些设备。

六、超声检查

目前，超声检查作为一种非创伤性、非侵入性的检查方法，应用十分广泛。超声检查可区别局灶性和弥散性疾病，评估肝实质的变化，评估胆囊、胆管系统和门脉血管；还可辅助获取细胞学、组织病理学和细菌培养所需的样本。

正常的犬猫肝脏中，超声检查可见肝实质、胆囊、肝内大静脉和门静脉以及邻近的后腔静脉。与X线检查需要两个体位不同，超声检查可在多个方位制造多个切面。正常的肝脏呈等回声，该回声强度比脾脏低，比肾皮质高。胆囊呈无回声结构，外围有一层很薄的胆囊壁，一般呈卵圆形至梨形。肝内胆管不可见，总胆管位于门静脉腹侧，呈无回声的管状结构。

肝胆疾病时，肝脏大小、血管分布和回声强度均可发生变化。肝增大很容易发现，可见边缘钝圆，膈和胃之间的距离相对增大；萎缩的肝脏则很难成像，膈和胃之间的距离缩小。必须识别扩张的无回声（暗区）血管和有回声的胆管，以及局部聚集的无回声物，这些无回声物可能是肿瘤、囊肿或脓肿。强回声（亮点）区暗示纤维组织增加、钙化。混合型回声可见于实质性肿瘤疾病和伴有再生性结节的慢性肝病。对于门脉系统疾病，采用多普勒彩色血流成像法可确定可疑血管的位置和血流方向。胆囊增大并伴有胆管扩张，尤其是总胆管扩张时，暗示肝外胆管阻塞或猫中性粒细胞性胆管炎。超声检查已经发展成为犬猫肝胆管疾病一个极其重要的辅助诊断手段。

七、肝脏活检

对于肝胆疾病，经通过临床症状和实验室检查做出诊断具有一定的挑战性，必须进行肝脏活检做出确诊并明确预后。肝脏活检的适应症包括：①肝酶活性持续升高；②血清胆汁酸水平升高；③局灶性或弥散性肝脏肿物或回声质地改变；④评估治疗效果。采样方法包括细针抽吸法、超声引导、腹腔镜和开腹。每种方法都有自身的优缺点。

不管选用何种采样方法，肝脏活检之前都必须先评估动物的凝血状态。最理想的是获得一份完整的凝血信息（一期凝血酶原时间OSPT、APTT、纤维蛋白降解产物、纤维蛋白原含量、血小板数量）。血小板数量和活化凝血时间作为内源性凝血级联系统的排除检测也可接受。虽然到目前为止，大部分出现显著出血的病例均是由技术问题引起（如损伤大血管），但是还是应在采样前进行凝血状态的评估，还应在采样后6h内进行监测。凝血检测结果轻度异常仍可考虑肝脏活检。如果存在临床出血表现或凝血检测结果显著异常，则需推迟肝活检。

细针抽吸法（FNA）应在超声引导下进行，选择采样部位时应避开胆囊和大血管。FNA适用于可用细胞学做出病理学诊断的情况（如淋巴瘤），还可采集胆汁用于细胞学检查和培养（尤其适用于猫）。使用22 G、3.81cm的针在肝组织内来回移动并同时转动以获得样本，一般需要在3～5个位置采样以增大采样面积，然后制片进行细胞学检查。根据动物的状况，选择是否需要镇静或麻醉。FNA的优点是采样快速且花费少，且一般不需要镇静；缺点是准确性低，不能替代组织病理学检查。

超声引导活检时常用的针是Tru-Cut针和Menghini抽吸针。后者可以用一只手操作，另一只手可以操作超声探头以精确定位采样位置。Tru-Cut针需要两只手来操作，其原理是组织进入样品槽后，被外层锋利的套管切断。相比之下，Menghini抽吸针是自动性的，在肝实质内的停留时间更短；而Tru-Cut是半自动的，需要人工操作，且在猫的肝脏活检中会造成较高的并发症发生率。超声引导活检需要对动物进行局部麻醉、镇静或全身麻醉。采样前，必须确定进针路径避开了血管或其他器官。这种方法的优点是轻度镇静、低至中等花费，可为组织病理学检查提供足量的样本；缺点是超声对小肝的定位有一定困难，且对小肝和纤维化肝脏的取样也是难点，取样部位不准确也会导致结果错误。超声引导活检时尽量采用大号活检针以获得更多的样本，但同时也会增加出血风险。如果怀疑动物患有炎性疾病、血管异常、显著的纤维化或存在出血风险，则建议进行腹腔镜或开腹活检取样。

使用改良腹腔镜时通常需要全身麻醉，动物仰卧位并向左倾斜 45°。使用腹腔镜可粗略评估整个肝脏、肝外胆管系统和周围组织的状况。使用腹腔镜活检取样的优点是直视肝脏实质确定取样部位，可以直视小肿物进行取样，减少出血并能及时止血；缺点是需要全身麻醉，花费增加，需要专业技能和专业设备。

开腹术适用于麻醉风险较小的犬猫，且在术中可仔细检查肝脏、胆管、门静脉以及其他腹部结构，如淋巴结，还可以容易而安全地获得胆汁；可获得更大的样品作组织学检查和特殊染色，且可以快速控制出血。必须使用外科手术去除病因时，也可使用该方法取样。

第二节　肝胆系统疾病

Diseases of the Hepatobiliary System

肝胆疾病的分类一直比较混乱，根据 2006 年国际小动物兽医协会（World Small Animal Veterinary Association，WSAVA）的最新分类标准，一般可从四个方面考虑犬猫肝胆疾病的病因：①肝实质病变；②胆管病变；③门脉系统病变；④肿瘤。另外，犬猫肝胆疾病从病因、临床症状、预后方面都有较大的差异，犬以肝实质病变为主，而猫则以胆管病变为主，可能与猫的总胆管和主胰管在进入十二指肠前先混合有关。由于猫的肝实质病变不常见，所以罕见肝脏纤维化和肝硬化。

一、猫肝脂沉积症（Feline hepatic lipidosis）

猫肝脂沉积症（FHL），简称猫脂肪肝，是一种常见的、致命性的胆汁淤积综合征。在美国，该病的发病率相当高，我国还未见该病的流行病学调查，就经验而言，该病在国内的发病率也很高。任何年龄的猫均可发病，常见于中年猫。FHL 一般可分为原发性和继发性两种。原发性猫常见初始肥胖，发病后迅速消瘦；而继发性 FHL 患猫则较常见体重正常或偏瘦。任何引起患猫厌食的疾病都可能继发 FHL，继发性 FHL 常与其他肝脏疾病、糖尿病、胰腺炎、炎性肠病、肿瘤、腹膜炎等疾病有关。如未进行有效的强制饲喂和治疗，则会造成较高的死亡率。

【发病机理】

目前，FHL 的发病机理尚未完全清楚，比较清楚的是由于外周脂肪动员、肝脏利用脂肪酸提供能量和肝脏内甘油三酯扩散之间的不平衡所致。体内能量和蛋白质代谢异常，会导致甘油三酯在肝脏内积聚。蛋白质摄入不足，导致极低密度脂蛋白（VLDL）不足，从而致使甘油三酯由肝内向肝外转移受阻；肉毒碱摄入不足也致使脂肪酸 β-氧化受阻。甲硫氨酸经腺苷化转变成 S-腺苷甲硫氨酸（SAMe），SAMe 在转硫基作用下为生理性巯基化合物（如牛磺酸、谷胱甘肽、CoA 等）提供前体，谷胱甘肽（GSH）的主要功能是保护含有功能巯基的酶和蛋白质不易被氧化，保持红细胞膜的完整性，消除过氧化物和自由基对细胞的损害作用。GSH 缺乏时，不能阻止氧化性损伤，会造成溶血性贫血。相对于其他动物来说，猫需要大量的 B 族维生素。维生素 B_{12} 的缺乏会使 GSH 加速降低。慢性厌食、长期呕吐、蛋白质供应不足都可能导致维生素 B_1 缺乏，从而出现虚弱、昏睡、意识淡漠及神经症状（头或颈前曲、姿势异常、瞳孔散大无应答）。

【病史与临床症状】

患猫常为肥胖的家养猫，由于外界环境的应激（如更换猫粮、家里来了新的宠物、主人出差等）或其他疾病引起不食，迅速消瘦。常见的临床症状是长期厌食、消瘦、黄疸、呕吐、腹泻、流涎、精神沉郁、脱水。

【诊断】

该病的最终确诊需要做肝脏活检，但是由于 FHL 患猫的状况一般都很危险，不能承受麻醉和手术的风险，而肝组织活检采样或手术采样都需要患猫完全镇静甚至全身麻醉。同时，患猫一般会出现凝血不良，活检造成的出血无法控制。因此，一般情况下不建议采用肝组织活检，只有在治疗一段时间后而仍未见效的病例，才考虑此法。初步诊断，也可进行细针抽吸采样，但必须考虑到此种检查结果的准确度。临床病理学结果主要反映的是胆汁淤积和肝细胞功能障碍，一般可见 ALT、AST、ALP、胆红素水平升高，超过 95%的患猫会出现高胆红素血症。原发性 FHL 的一个特异性标志是 GGT 不升高或轻度升高，而在其他原因引起的胆汁淤积性病变中，ALP、GGT 和胆红素一般都会升高。超声检查可见肝实质出现强回声区，呈弥漫性点状，应与镰状韧带的回声区相区别。应该根据病史、临床症状、临床病理学检查结果、超声检查结果和肝脏活检做出确诊，如果怀疑为继发性 FHL，则应继续查找原发病因。

【治疗和预后】

营养是治疗和预防 FHL 的基础，针对患猫厌食的情况，必须尽快进行插管强饲，可采用鼻饲管（5～8Fr 红色导尿管）、食道插管（10～12Fr 红色导尿管）、胃插管（>12Fr 红色导尿管）等方法给予营养支持［见彩图版图 4-3-1］。初始情况下，由于患猫状态很差，不适合麻醉，因此建议先插入鼻饲管给予营养，待患猫状况稳定（体液和电解质水平均衡）后，可使用食道插管或胃插管。插入鼻饲管后，必须拍摄 X 线片确定插管的位置，插管的远端应位于贲门前方、心基部后上方。目前有商品猫粮可供使用（如 Hill's 公司的 a/d 罐头），同时可加入其他高蛋白食物。患猫每天所需的能量约为 251～335kJ/（kg·d），也可根据公式：维持能量需求量（kJ）＝5.86×［30×体重（kg）＋70］来计算。重饲第一天应饲喂所需能量的 1/4～1/3，然后逐渐加量，3～4d 后给予全部所需能量，每天的所需能量应分为 4～6 次给予，可根据情况进行调整。饲喂前后，应用 5～10mL 温水冲洗管腔。

由于猫长期不进食，插管饲喂后会引起重饲现象（refeeding phenomenon），即长期不食后，突然饲喂可导致机体内的电解质严重紊乱，从而出现严重的低血钾、低血磷、低血镁现象，对患猫来说有致命的危害。因此，重饲一周内，必须严密监控血清离子的变化，及时给予补充，待 K、P、Mg 水平稳定后，可延长监控时间。低血钾一般可引起神经肌肉症状（如骨骼肌虚弱、心律不齐）、虚弱、厌食、呕吐、消化道迟缓、颈前曲等，严重者可致死亡。低血钾的补充应严格按照参照标准，输液速度必须低于 0.5mEq/（kg·h）。磷可参与细胞膜、核酸、核蛋白的合成，是 ATP、2，3-DPG 和 CK 的重要组成成分。低血磷会导致红细胞膜破裂，造成溶血；还会致使骨骼肌功能受损，出现虚弱、呕吐、胃迟缓、血小板功能异常而引起凝血障碍。低血镁与胆管性肝炎、败血病、肠炎、急性胰腺炎等有关，具体机制尚不清楚，严重的低血镁可造成补钾无效。

患猫很可能会出现凝血功能障碍。一般应在确诊后 48h 内，每间隔 12h 给予 1 次维生素 K_1（1.0mg/kg，皮下或肌内注射），连用 2～3 次即可，以减少侵入性操作（如插管和肝脏活检等）所造成的危害。严禁长期给予维生素 K_1，因为维生素 K_1 具有氧化作用，会加重溶血性贫血。维生素 E 补充量为：10IU/kg，口服，每天 1 次，直到康复；维生素 B_1：100mg，口服，禁止皮下或肌内注射；维生素 B_{12}：第一天按 0.5～1.0mg 的剂量给予，根据其浓度，每隔一周或两周重复给予，直到测定值在正常范围内。还可以同时给予复合维生素 B。S-腺苷甲硫氨酸（SAMe）：30～60mg/kg，目前可用的药品有宠物专用的恩妥尼片，以及人用的注射用丁二磺酸腺苷蛋氨酸。治疗过程中，应同时使用抗生素，防止继发感染。

电解质紊乱、插管并发症、潜在疾病（肠炎、胰腺炎）都可以引发呕吐，反复呕吐可使用胃复安：0.2～0.5mg/kg，皮下注射（饲喂前半小时，每日 3 次）或 0.01～0.02mg，每小时 1 次（恒定速率输注）；布托菲诺：0.1mg/kg，每 12 小时 1 次；奥坦西隆：0.1～0.2mg/kg，每 6～12 小时 1 次。患猫精神好转后，可让其适当运动，有助于减轻呕吐。

治疗过程中禁止输注葡萄糖、乳酸林格氏液；禁止使用食欲促进剂：地西泮、赛庚啶、氯硝西泮；

禁止使用丙泊酚、依托米酯、四环素类药物、抗胆碱药（阿托品、甘罗溴胺）、苯衍生物、以丙二醇作为防腐剂的食物。这些药物都会造成肝脏进一步损伤。

出现厌食的猫，应尽早插管进行强饲，长期经口强饲，会使猫对食物产生反感，造成其康复后仍不愿意主动进食。胆红素的逐渐下降是FHL好转的一个重要指标，治疗最初的7～10d总胆红素下降50%的猫，预后良好。肥胖是FHL的一个危险因子，因此，主人应注意控制猫的体重。有研究指出，及时强饲的猫存活率可达55%～80%，反之，则死亡率很高。治愈的猫，没有复发的倾向性。

二、猫胆管炎（Feline cholangitis）

根据WSAWA的分类标准，猫的胆管炎一般分为中性粒细胞性胆管炎和淋巴细胞性胆管炎。中性粒细胞性胆管炎，也称为化脓性胆管炎、胆管肝炎和急性胆管炎等。淋巴细胞性胆管炎，也称为非化脓性胆管炎、淋巴细胞性胆管肝炎等。

【病因和发病机理】

中性粒细胞性胆管炎最常见的组织病理学变化主要是胆管管腔和（或）上皮内见中性粒细胞浸润，也可见淋巴细胞和浆细胞。本病一般被认为是来源于小肠的细菌上行感染引起的。分离到的最常见细菌是大肠杆菌，也可见链球菌、梭菌，偶见沙门氏菌。常见的与中性粒细胞性胆管炎并发的疾病有胰腺炎和炎性肠病，这三者同时出现时，称为三体炎。在三体炎中，最常见的临床症状是由中性粒细胞性胆管炎所引起的，胰腺炎和炎性肠病一般被认为是并发症。

淋巴细胞性胆管炎最常见的组织病理学变化是小淋巴细胞浸润门脉区域，偶尔可见浆细胞和嗜酸性粒细胞，通常与各种门脉纤维化和胆管增生有关，这是一种渐进性的慢性疾病。病因未知，有研究者认为本病可能是免疫介导性的，也有人认为可能是由螺杆菌或巴尔通体感染引起的。

【临床症状】

中性粒细胞性胆管炎常发于中年至老龄猫，没有性别和品种差异性。患猫通常出现厌食、昏睡、发热和黄疸等症状。

淋巴细胞性胆管炎通常见于青年猫，超过50%的患猫小于4岁，波斯猫易发。最常见的临床症状是黄疸和腹水。腹水呈高蛋白性，需要与猫传染性腹膜炎引起的腹水相区别。

【诊断】

中性粒细胞性胆管炎最常见的临床病理学变化是ALT和胆红素水平升高，ALP和GGT一般会升高，禁食和进食后胆汁酸水平通常会升高。常可见中性粒细胞增多导致的白细胞总数升高，伴发核左移。典型的超声图像特征是胆囊壁增厚（>1mm）和胆管扩张（>5mm），可见胆泥或浓缩的胆汁。急性上行性感染引起的中性粒细胞性胆管炎的确诊需要进行细胞学和胆汁培养。本病中，仅对肝脏进行组织病理学检查的方法所起的作用有限，因为大部分患猫病变都集中在胆管，肝脏只发生轻度病变或并无明显病变。

淋巴细胞性胆管炎常见的临床病理学变化是ALT、ALP、GGT和胆酸水平剧烈升高。γ球蛋白水平升高导致血清球蛋白水平升高。常可见淋巴细胞减少，可能会出现中性粒细胞升高和贫血。X线检查可见腹水和肝肿大，超声检查可见胆管扩张。最终需要组织病理学确诊。由于淋巴细胞性胆管炎和猫传染性腹膜炎会出现类似的临床症状，因此需要进行鉴别诊断。

【治疗和预后】

中性粒细胞性胆管炎应依据细菌培养和药敏试验结果选择合适的抗生素，一般治疗时间应达到4～8周，才会达到较小复发的可能性。阿莫西林克拉维酸钾、头孢氨苄、氟喹诺酮类药物配合甲硝唑使用都是比较好的选择。虽然没有关于熊去氧胆酸（UDCA）对患猫有效性的研究，但是鉴于UDCA具有良好的促进胆汁流动和抗炎的作用，建议以10～15mg/kg的剂量口服，每日一次。同时，需要根据情况进行支持治疗。一般情况下，如及时给予正确的治疗，本病预后良好。

淋巴细胞性胆管炎由于病因不明，所以建议治疗方案存在分歧。一般建议使用糖皮质激素，通常使用泼尼松龙，初始免疫抑制剂量1～2mg/kg，每天2次，逐渐减量，根据情况使用6～12周。UDCA，15mg/kg，口服，每日1次；SAMe，20mg/kg或每日总量200～400mg，空腹服用；维生素E，每日100IU。预后不良，因为本病呈慢性过程，且易反复。

三、犬肝炎病（Canine inflammatory hepatic diseases）

犬肝炎病是根据组织病理学结果定义的，WSAVA肝脏标准化委员会对炎性肝病的定义是肝细胞凋亡或坏死，并有数量不等的单核细胞或混合性炎性细胞浸润、再生和纤维化。慢性肝炎，之前被称为慢性活动性肝炎等，一般认为病程超过4～6个月即为慢性肝炎。慢性肝炎大多数会发展为纤维化和肝硬化，病因较多，包括铜、药物和感染等。

（一）特发性慢性肝炎（Chronic hepatitis）

特发性慢性肝炎可能无法确定是何种感染（细菌、病毒或其他）、何种毒素，也可能是自体免疫性疾病。由于肝脏强大的再生能力，一般直到75%肝组织丧失功能时才会出现临床症状。许多病例是由于感染或毒素等因素引起肝细胞肿胀、纤维化及门脉高压，从而引起胆汁淤积和黄疸，并进一步诱发发热、胃肠道症状等其他问题。

任何年龄和品种的犬均可发病。如果肝酶（如ALT）活性持续升高数月，并排除了其他病因，必须进行肝脏活检。呕吐、腹泻、厌食和多饮多尿是常见的临床症状，某些犬可能会出现黄疸和腹水，腹水是预后不良的一个指标。肝性脑病不常见，通常会在疾病末期出现。

治疗必须先确定病因，延缓疾病的发展，满足动物的营养和代谢需求。肝脏是营养自肠道进入全身循环的第一关，因此饮食疗法对于肝脏疾病的治疗也是很重要的一部分。应给予高质量易消化的蛋白以降低肝脏的工作负担，减少未消化蛋白的量，以避免这些蛋白到达结肠后被转化为氨。建议使用肝病处方粮（Hill's和Royal Canin生产的肝病处方粮），但这些犬粮配方中蛋白含量过低，可同时给予高质量的蛋白。药物治疗主要是为了延缓疾病的发展，在没有进行肝脏活检之前，可以使用利胆剂、抗氧剂等非特异性治疗方法，只有在肝脏活检结果出来后，才可考虑给予糖皮质激素。由于现在并没有证据表明特发性慢性肝炎是自体免疫性疾病，因此给予糖皮质激素主要是为了发挥其抗炎抗纤维化的作用，而不是用于免疫抑制的目的。在怀疑是细菌感染引起的特发性慢性肝炎或伴有上行性的胆道感染时，应考虑使用抗生素。禁止使用具有肝毒性的抗生素。

（二）铜贮积病（Copper storage disease）

对于某些品种犬，铜贮积病被认为是急性和慢性肝炎的一个病因，易感品种包括贝灵顿㹴、大麦町犬、拉布拉多犬、杜宾犬、西高地白㹴等。

铜可由食物中吸收，并随胆汁排泄。因此引起铜贮积病的主要原因即为：①摄入过多；②排泄障碍。贝灵顿㹴高发铜代谢缺陷隐性遗传，主要是COMMD1缺失，近60%的犬具有这种遗传缺陷。常见于青年至中年犬，可能会出现急性或慢性临床症状，如果铜含量快速显著升高，会引起没有先兆的急性暴发性肝炎。大量铜释放入循环时，也会引起急性溶血和肾脏衰竭。急性发病的临床症状包括呕吐、厌食和沉郁，可能会恢复；慢性发病的临床症状包括呕吐、厌食、沉郁、消瘦，最终可发展为显著的肝脏衰竭，伴发黄疸、腹水、肝性脑病。中年雌性杜宾犬易发严重的慢性肝炎和肝硬化。与其他易感品种相比，更易出现多饮多尿、脾肿大、中性粒细胞增多、HCT正常或升高及出血。与其他品种相比，西高地白㹴具有较高的蓄积高浓度铜的遗传倾向。但不是所有的炎症反应都是由铜贮积引起的。据报道，在美国和欧洲，患慢性肝炎的拉布拉多犬通常含有过量的铜。大麦町常会出现坏死性炎性肝炎，确诊后平均存活时间仅为80d。铜贮积病的确诊必须进行肝脏活检并测定肝脏中的铜含量。对于贝灵顿㹴，在配种前可检测COMMD1是否缺失。

本病最理想的治疗方式是预防。COMMD1缺失的贝灵顿㹴可给予低铜高锌的食物。Royal Canin

和 Hill's 的肝病处方粮是比较好的选择，但是配方中限制了蛋白含量，所以应同时给予低铜高蛋白的食物。在采用饮食疗法的同时，也需进行药物疗法，青霉胺具有抗炎的作用，并可抑制纤维化，据报道可有效降低肝内铜含量，但副作用较大。如果出现青霉胺不耐受，可选用曲恩汀（10～15mg/kg，口服，每日两次）。口服锌可减少肠道内铜的吸收，也可降低肝脏的铜含量。铜贮积病引起的慢性肝炎的治疗，与上文所提到的特发性慢性肝炎的治疗相同。

四、门脉系统疾病（Hepatoportal diseases）

门脉短路是最常见的血管异常。临床症状与流经肝脏的血量和血液来源有关，常会引起肝脏受损、肝性脑病、慢性胃肠道症状、下泌尿道症状、凝血疾病等。本病主要是由于正常的肝功能受损（糖异生、糖酵解、鸟氨酸循环），致使正常应该由肝脏代谢清除的内源性和外源性毒素在循环中聚集引起的。

门脉系统疾病一般可分为：①先天性肝内门脉短路（IHPSSs）和先天性肝外门脉短路（EHPSSs）；②原发性门静脉发育不良（PVH），PVH 又可分为门脉高压性 PVH 和门脉压正常性 PVH。获得性门脉短路常继发于慢性门脉高压导致的胎儿期残留血管的开放。最常见的原因包括肝硬化、门脉高压性 PVH 或肝脏动静脉畸形（HAVM，又称为肝脏动静脉瘘），因此获得性门脉短路罕见于猫。门脉高压性 PVH 和门脉压正常性 PVH 的最大区别在于是否出现腹水，但是门脉压正常的情况下，如果伴有低白蛋白血症也会引起腹水。

【临床症状】

先天性 EHPSSs 最常见于小型犬，如约克夏㹴、马耳他犬、英国小猎犬和迷你雪纳瑞犬。而 IHPSSs 则更常见于大型犬，如爱尔兰猎犬、拉布拉多犬、金毛犬、澳大利亚牧牛犬、澳大利亚牧羊犬。猫更常见 EHPSSs，家养短毛猫、波斯猫、暹罗猫、喜马拉雅猫和缅甸猫多发。大多数患门脉短路的犬猫会在 1～2 岁前出现临床症状，但是也会有超过 10 岁才出现临床症状的情况，这种情况犬比猫常见。患病动物会出现生长缓慢、消瘦、药物不耐受（如麻醉药）、行为怪异（如间歇性失明、攻击性等）等情况。75％患 HAVM 的犬会出现腹水。据报道，非亚洲种猫患先天性门脉短路时，虹膜呈铜色。

患病动物的神经系统、胃肠道系统和泌尿系统最容易受到影响。门脉短路最容易引发肝性脑病，从而引起中枢神经系统症状，如共济失调、无意识、转圈、踱步、抽搐和昏迷。胃肠道症状主要包括呕吐、腹泻、厌食、异食癖、胃肠道出血和黑粪症，近 30％的患犬可出现胃肠道症状，但少见于猫。多涎是猫最常见的临床症状，75％的猫均会出现。20％～50％的动物会出现下泌尿系统症状，包括血尿、痛性尿淋漓、尿频或尿道阻塞，常可见尿酸铵结石，且常伴发尿道感染。

【诊断】

常见的血液学变化是轻度至中度的小细胞性正色素性非再生性贫血。出现小红细胞的原因尚不清楚，可能与铁转运机制受损、血清铁浓度下降、总铁结合力下降和枯否氏细胞内肝脏铁贮存量增多有关。小红细胞症可见于 60％～72％的患犬，但仅见于 30％的患猫，不常见于 PVH 患犬。常见的临床生化指标变化是低白蛋白（50％）、低尿素氮（70％）、低胆固醇和低血糖、轻度至中度升高的 ALP 和 ALT，禁食和进食后胆汁酸水平均升高。有研究发现，进食后胆汁酸水平升高见于所有患门脉短路的犬猫，且血氨浓度可能升高。尿检常见尿相对密度下降（超过 50％是低渗尿或等渗尿），尿沉渣检查可见尿酸铵结晶。尿酸铵结晶可见于 26％～57％的患犬和 16％～42％的患猫。腹水罕见于单一性先天性门脉短路，除非出现严重的低蛋白血症或伴有门脉压升高的 PVH、HAVM 或获得性 EHPSSs（慢性肝病或肝硬化），液体通常是漏出液。大多数先天性门脉短路患犬的组织病理学检查可见胆管增生、肝内门脉分支发育不良、肝细胞萎缩、小动脉增生、平滑肌肥大等，一些犬可能出现中心静脉周围轻度纤维化、坏死或炎症反应。具有纤维化、胆管增生和坏死等病理学特征时，则预后不良。此外，还可借助超声检查、X 线造影检查、闪烁扫描法（核素显像）、核磁共振成像诊断术和计算机断层扫描术诊断先天性门脉系统疾病。

【治疗和预后】

治疗的首选是手术结扎或部分结扎畸形的血管以恢复正常门脉的血流量，但是术后会由于门脉高压和（或）难以控制的抽搐而致死。手术方法有多种，可参考外科学相关书籍。术前和术后需用药物治疗稳定动物的状况。药物治疗的主要目的是控制临床症状。当动物出现肝性脑病时，需侵入性治疗降低血氨水平，可使用乳果糖灌肠。可根据动物体况，进行补液，禁止使用乳酸林格氏液，以降低肝脏的负担，根据需要决定是否需要补钾和补碳酸氢根。出现胃肠道溃疡或出血的动物，应给予法莫替丁或奥美拉唑、硫糖铝。对患任何肝脏疾病的犬，尤其是 IHPSS 患犬，禁止使用非甾体类抗炎药。如果腹水是由于低白蛋白血症引起的，则应给予胶体液，维持血浆胶体渗透压。如果腹水是由门脉高压引起的，则应给予利尿剂和采用低钠饮食。营养管理也是很重要的一方面，尤其对于体况较差的幼年动物。应给予易消化、生物活性高的蛋白，提供足够的必需脂肪酸，满足矿物质和维生素的需求。当动物出现肝性脑病时，则应降低蛋白的供应。

五、中毒性、感染性肝病（Toxic and infectious liver diseases）

某些感染、药物或毒素会引起犬急性肝炎，此种情况少见，但后果严重。急性肝炎患犬易发生弥散性血管内凝血（DIC）。可引起犬急性肝炎的病因包括感染、药物或毒素等，与慢性肝炎的发病原因一样，只是所造成的损伤及预后不同。未进行免疫的犬，应排查犬腺病毒 1 型（CAV-1）和钩端螺旋体；对于易感犬，铜贮积病引起的急性肝坏死。肝脏在药物和毒素的代谢和排泄方面发挥着极为重要的作用。许多药物和毒素可引起肝损伤。临床上常引起肝损伤的药物和毒素包括抗生素（许多抗生素均能对肝脏造成损伤）、苯巴比妥、扑米酮、地西泮（猫）、卡洛芬（犬）、对乙酰氨基酚、环己亚硝脲（犬）、酮康唑、康力龙（猫）、黄曲霉、木糖醇、肠道微生物等。急性中毒时，应遵循的治疗原则是短时间内中毒应加快毒素排出（催吐、灌肠）、对症治疗。临床诊疗中，一般很难确定是哪种毒素或药物中毒，即使确定，也很少有有效的颉颃剂。对乙酰氨基酚中毒时，一般可给予 N-乙酰半胱氨酸和 SAMe。

六、胆囊和肝外胆管系统（Cholecyst and extrahepatic biliary system）

（一）胆结石病和胆总管石病（Cholelithiasis and choledocholithiasis）

胆结石是常见的胆囊疾病之一。老年雌性犬易发，易感品种是迷你雪纳瑞犬和迷你贵宾犬。结石大小可从几毫米到几厘米不等，结石的成分可能包括胆红素、胆固醇或混合型。多种异常均会引起胆结石病，如胆囊运动障碍、高胆固醇血症、高甘油三酯血症、高胆红素血症、内分泌疾病、胆囊对胆固醇的吸收和转运缺陷。

胆总管石病主要发生于总胆管，可能是原发性或继发性的。原发性的结石直接在胆总管形成，而继发性则是结石在胆囊形成，移行到总胆管，此种情况更常见。胆总管石病容易引起肝外胆管阻塞，如果阻塞严重，则会造成胆囊或胆管破裂，从而引起胆汁性腹膜炎。腹痛、呕吐、厌食和黄疸是最常见的临床症状。应与胰腺炎、胃肠炎、胃肠异物和腹部肿瘤相区别。

（二）胆囊炎（Cholecystitis）

胆囊炎是指胆囊的炎性病变。可能的致病因素包括胆汁停滞、胆囊黏液囊肿、上行性细菌或寄生虫感染、胆管肿瘤。胆囊炎可能是急性或慢性的。轻度胆囊炎一般无症状，中度至重度的急性胆囊炎则会出现厌食、呕吐、腹痛和发热等临床症状。慢性胆囊炎更难诊断，临床症状包括间歇性厌食、呕吐、渐进性消瘦。胆囊炎引起胆囊破裂时，常会出现腹水和胆汁性腹膜炎。腹水检查可见细菌，腹水中的胆红素水平比血液中高至 2 倍时，即可判断为胆性腹水。超声检查可作为确诊的金标准。

治疗原则包括应用抗生素、输液和止痛药。抗生素应根据胆汁培养结果选择，且应至少使用 1 个月或更长，以确定治疗效果。对于严重的病例，应考虑切除胆囊。

（三）胆囊黏液囊肿（Cholecyst mucous cyst）

胆囊黏液囊肿是指胆汁附着于胆囊内的半流动或不流动类黏蛋白物质上，确切病因尚不明确。易感因素包括血脂障碍、胆囊运动障碍、内分泌疾病和使用类固醇药物。易感品种包括喜乐蒂牧羊犬、可卡和迷你雪纳瑞犬，常发于老龄犬，平均发病年龄为10岁（范围为3～17岁）。可能的并发症包括肝外胆管阻塞、胆囊炎、坏死性胆囊炎、胆汁性腹膜炎和胰腺炎。

发病缓慢，常规的腹部超声检查中可偶然发现。患犬出现的临床症状常由肝外胆管阻塞和胰腺炎引起。ALP、ALT、GGT和总胆红素常升高；胆管阻塞的患犬常会出现胆固醇显著升高；中性粒细胞增多，伴发核左移。超声检查是诊断该病的金标准。成熟期的胆囊黏液囊肿呈剥开的“猕猴桃”样。

胆囊切除术是最常见的治疗手段，尤其在出现胆囊破裂和胆汁性腹膜炎时。使用利胆剂和抗生素，可改善胆囊的微环境并加快胆汁流动。但禁止在胆管完全阻塞的患犬中使用利胆剂，抗生素也应根据细菌培养的结果进行选择。败血症和胆汁性腹膜炎的患犬预后谨慎，死亡率较高。

七、肿瘤（Neoplasia）

肝胆肿瘤一般是原发性的或转移性的。原发性肝胆肿瘤一般来源于肝细胞和胆管。猫多见良性肿瘤，而犬多见恶性肿瘤。犬猫肝胆肿瘤的高发年龄在10～12岁之间，但猫的恶性肿瘤发病更趋于年轻化。母犬易发胆管癌，而公犬和猫易发肝细胞癌。老龄猫的胆管囊腺瘤是一种良性肿瘤，可能是局灶性或多灶的，预后取决于对周围组织造成的损伤程度。肝脏肿瘤首先会转移至外周淋巴结，接着转移至肺脏和腹膜。猫的胆管肿瘤可能扩散至胰腺。

常见的临床症状包括发呆、昏睡、食欲不振、脱水、多饮多尿和发热，较少出现的症状包括呕吐、腹泻、黄疸和腹水。体格检查常可发现前腹部肿物或肝肿大。血液学检查可见非再生性贫血、中性粒细胞增多。肝脏血管肉瘤则可引起再生性贫血、棘形红细胞增多和裂红细胞增多，肥大细胞瘤则可见嗜酸性粒细胞增多。淋巴瘤则可见淋巴母细胞、嗜酸性粒细胞增多，血小板减少或增多等。生化检查可见ALT、AST、ALP升高，高胆红素血症，胆汁酸水平升高。对于犬，高血钙、高球蛋白血症和低血糖是最常见的生化指标异常。腹部超声检查是一种较好的检查手段。最终确诊需进行肝脏活检，细针抽吸法可用于淋巴瘤、肥大细胞瘤的诊断。

治疗和预后取决于肝脏肿瘤的分布、位置和类型。肝脏再生能力很强，因此，对于局限性分布且没有转移的肿瘤，手术切除是一种很好的选择。患胆管癌的犬和患恶性肿瘤的猫，预后慎重。对于犬猫，胆管癌的转移率很高，可达56%～88%和67%～78%。肝脏血管肉瘤摘除后，可采用长春新碱、多柔比星和环磷酰胺联合化疗。犬的肥大细胞瘤可用环磷酰胺、长春花碱和泼尼松进行化疗。

第三节　胰腺外分泌疾病

Diseases of the Exocrine Pancreas

一、犬胰腺炎（Canine pancreatitis）

胰腺炎是一种胰腺的炎性浸润性疾病。一般可分为急性胰腺炎和慢性胰腺炎。急性胰腺炎可见胰腺中性粒细胞浸润、胰腺坏死、胰腺周围脂肪坏死、水肿和损伤。慢性胰腺炎可见胰腺纤维化和萎缩。相对于急性胰腺炎来说，慢性胰腺炎的危害性较小，但多发。据报道，迷你雪纳瑞犬、查理士王猎犬、柯利犬、拳师犬和可卡犬等易患。

【病因和发病机理】

胰腺炎的病因尚不明确。可能与食物、遗传、药物、肥胖、十二指肠液逆行等有关。胰腺炎患犬常可见高脂血症，但是尚不能确定高甘油三酯血症是胰腺炎的病因还是结果。最近有研究指出，严重的高甘油三酯血症是迷你雪纳瑞犬患胰腺炎的危险因素。对于人，超过50种药物和药物类别是导致胰腺炎的潜在病因。兽医使用的与胰腺炎相关的药物包括L-天冬酰胺酶、硫唑嘌呤、雌激素、速尿、溴化钾、水杨酸盐、磺胺类药物、四环素类、噻嗪类利尿剂及长春新碱等。对于犬，还没有相关的研究。肥胖犬患胰腺炎的几率相对较高，甲状腺机能减退和肾上腺皮质机能亢进也是犬胰腺炎的危险因子，十二指肠液逆流入胰腺也可以引起胰腺炎，胰腺活检或胰腺手术（继发于手术造成十二指肠环闭锁、钝伤或呕吐）也可能会引起胰腺炎。

胰腺可以分泌多种消化酶，这些酶均以非活性形式（酶原）存在，胰蛋白酶是一个触发酶，在消化中起关键作用，其前体是胰蛋白酶原，释放入肠道后，经肠激酶（由十二指肠的黏膜细胞分泌）催化后，生成胰蛋白酶，然后胰蛋白酶催化其他酶原，活化的消化酶可促进营养物质的吸收。正常情况下，为防止机体的自我损伤，胰腺具有一系列的自我保护机制，腺泡分泌一种特殊的胰蛋白酶抑制物（PSTI），PSTI可与胰蛋白酶原形成复合物，从而使酶失活。胰腺（胰分泌性胰蛋白酶抑制剂，α_1-抗胰蛋白酶）和血液循环（α_1-抗胰蛋白酶、α_2-巨球蛋白）中都存在酶抑制剂，能抑制异常的酶活化。但是当抑制机制受影响后，更多的酶原开始活化，释放出炎症物质及自由基，从而导致胰腺炎。

【临床症状】

任何年龄和体况的犬均可出现急性或慢性胰腺炎，中老龄㹴类或非运运犬种更易患急性胰腺炎。急性胰腺炎患犬常出现厌食、呕吐、虚弱、腹痛、沉郁、腹泻等临床症状，某些患犬还可能出现系统性并发症，引起单器官或多器官衰竭，甚至休克。腹部触诊一般可发现腹痛，有些犬也会表现出腹痛的典型症状“祈祷姿势”。对于人，90%以上胰腺炎患者会出现腹痛；而对于犬，仅有59%的胰腺炎患犬会出现腹痛，因此，出现腹痛时，也应进行鉴别诊断。

【诊断】

犬胰腺炎常用的诊断方法包括血常规检查、生化检查、尿液检查和影像学检查。但是这些检查都不具有特异性。血常规检查可见白细胞增多并伴随核左移和脱水引起的HCT升高，也常见贫血和血小板减少。生化检查可见ALT、AST和ALP轻度升高，脱水和呕吐引发的电解质紊乱，脱水引发的肾前性氮质血症或胰腺炎继发的急性肾衰。胰腺炎还可引起肝脏损伤，从而导致低白蛋白血症、高胆红素血症、高胆固醇血症、高甘油三酯血症，低钙血症可能是由低白蛋白血症或钙化灶的形成引起的。65%以上胰腺炎患犬猫会因胰腺炎症释放大量胰岛素，从而促使胰高血糖素释放，最终引起中度高血糖（200～250mg/dL）。淀粉酶和脂肪酶的活性均升高，但是由于这两种酶还可由其他器官分泌，所以特异性不高，且肾脏衰竭也会引起这两种酶活性升高。尿液检查可见脱水引起的尿相对密度升高。诱发急性肾衰时，则可能出现等渗尿。目前敏感性和特异性均较高的犬胰腺炎诊断指标是犬胰脂肪酶免疫反应性（cPLI），由于胰脂肪酶仅由胰腺分泌，所以受影响因素较少。目前有研究指出，cPLI的敏感性可达82%。目前已有商品化的试剂盒可供使用（SNAP cPL，IDEXX Laboratories）。

胰腺炎的X线征象包括：右前腹部呈毛玻璃样影像、十二指肠积气和胰腺区域放射密度增加，呈实质器官表现，幽门窦和十二指肠近端之间的角度增大，胃向左侧移位及胃排空时间延长［见彩图版图4-3-2］。这些征象不具有特异性，但是X线检查可能有助于排除胃肠道异物。腹部超声检查对胰腺炎的诊断敏感性更高，可达70%。最常见的表现是非均质的实质性表现和胰腺区域存在低回声图像，这是由于胰腺水肿、出血和炎性渗出所致。胰腺实质出现高回声图像则表明胰腺纤维化。如果显示为单个均质液性结构，则说明存在脓肿或假囊肿，这是一种严重的并发症。

急性胰腺炎时，细胞学检查可见腺泡细胞坏死和中性粒细胞浸润，但是由于选择的采样部位不具有代表性，没有异常发现时并不能排除胰腺炎。胰腺的腹腔镜活检和开腹活检是诊断犬胰腺炎的金标准。但是胰腺炎会致使犬的麻醉风险升高，另外，同样由于取样的缘故，没有确定的发现仍不能排除胰腺炎。

【治疗和预后】

胰腺炎治疗原则包括：①除去病因；②支持疗法；③营养疗法；④使用止痛药；⑤控制并发症。大部分犬胰腺炎是特发性的，治疗前应了解详细的病史和用药史，尽量避免可能引起胰腺炎的药物。静脉输液，维持机体电解质和酸碱平衡，可输注新鲜冷冻血浆和新鲜全血，提供 $\alpha-2$ 巨球蛋白（可以清除活化的蛋白酶），同时还可提供凝血因子和白蛋白。应禁食 3～4d，同时限制食物中的脂肪含量。虽然不是所有的胰腺炎患犬均会出现腹痛的临床表现，但是止痛仍是治疗中重要部分，可选用的药物包括布托啡诺、吗啡、芬太尼等。止吐，建议使用多拉司琼和昂丹司琼。胰腺炎罕见伴发细菌感染，因此通常不建议使用抗生素。类固醇仅可用于继发性心血管休克或并发炎性肠病的患犬。

犬胰腺炎的预后多变且难以预测。大部分患犬呈亚临床性发病，出现急性临床症状的患犬通常会继发严重的并发症，直至死亡，有些犬可完全康复。而慢性或一再反复发生的胰腺炎，患病动物可能会因为一次急性快速恶化而死亡或是因为生活质量不佳、治疗花费过高而进行安乐死。

二、猫胰腺炎（Filine pancreatitis）

胰腺炎多发于犬，罕见于猫。根据胰腺组织病理学的变化，可分为急性坏死性（常见）、急性化脓性（少见）。急性坏死性胰腺炎类同于犬胰腺炎，胆管疾病、胃肠道疾病、缺血、胰导管阻塞、感染、创伤等均与其有关。急性化脓性胰腺炎常发于青年猫。两种类型的胰腺炎患猫均表现出呕吐、消瘦、嗜睡、黄疸等临床症状。由于患猫的病史和临床检查结果具有非特异性，因此死前很难确诊。预后需慎重。

三、胰外分泌功能不全（Exocrine pancreatic insufficiency，EPI）

胰外分泌功能不全是由于胰腺腺泡萎缩或慢性胰腺炎导致的胰腺腺泡细胞减少，从而导致胰酶分泌和合成不足的综合征。当超过 85%的胰腺腺泡丧失分泌消化酶的功能时，会出现营养消化不良的临床症状。

【病因和发病机理】

EPI 患犬最常见的病因是腺泡萎缩，这种原因并不是引起猫 EPI 的病因，猫 EPI 的主要病因是胰腺炎末期，因此，猫 EPI 常继发于慢性胰腺炎。犬 EPI 常发于德国牧羊犬，可能与常染色体遗传有关，也可见于其他少数几个犬种。最近关于英国 EPI 的研究报道发现，青年松狮犬具有较高的发病率，病理机制未知。猫 EPI 没有品种易感性。慢性胰腺炎末期引起的犬 EPI 多发于中年至老龄、小型至中型犬，尤其是查理士王猎犬、英国可卡和柯利犬。其他引起犬猫 EPI 的原因包括胰腺肿瘤、单一酶缺乏（尤其是脂肪酶）等，这些病因很罕见。超过 70%的 EPI 患犬并发小肠细菌过度繁殖，这可能是缺乏含抗菌活性的胰腺分泌物引起的，且可能是许多黏膜发生变化的原因。EPI 患犬还存在钴胺素（维生素 B_{12}）（可能与细菌过度生长和其他因素有关）以及脂溶性维生素 A 和 E 吸收不良，但这种情况并不常见。多数 EPI 患猫存在吸收不良性维生素 B_{12} 缺乏症。

【临床症状】

EPI 患犬猫的特征是慢性腹泻、消瘦，但食欲旺盛。德国牧羊犬一般在 2 岁前发病。粪便呈油脂性（脂肪痢）。由于缺乏必需脂肪酸和恶病质，患病动物常出现脂溢性皮肤疾病。患犬虽然消瘦，但仍看起来聪明、警觉。慢性胰腺炎末期的患病动物可能并发糖尿病。

【诊断】

临床病理学检查结果通常正常，如发现显著的低蛋白血症或更严重的其他发现，则提示并发其他疾病。慢性胰腺炎末期引发的 EPI，则会出现异常的临床病理学变化，通常与胰腺炎相关。血清胰蛋白酶免疫反应性（TLI）在犬猫 EPI 的诊断中具有很高的敏感性和特异性，最好使用禁食 12h 后血液样本进行试验。PLI（血清胰脂肪酶免疫反应性）也可用于 EPI 的诊断。建议检测 EPI 患病动物的血清钴胺素（维生素 B_{12}）水平，一般会降低。

【治疗和预后】

治疗的目的是恢复营养均衡、提高胰酶活性。一般可使用粉剂或胶囊制剂。新鲜未加工的胰腺也是一种选择且非常有效，但是具有胃肠道感染的潜在风险。饲喂前，无需先将胰酶制剂与食物混合。服用后，粪便外观和量将会立即改善，且动物体重会平稳增加。为维持动物的理想体重，可根据动物个体制定饲喂方案。一般情况下，患病动物需终生使用胰酶。并发小肠细菌过度繁殖的患病动物，应给予合适的抗生素，如土霉素、泰乐菌素或甲硝唑。维生素 B_{12} 水平降低的犬猫应予以补充，还可考虑补充维生素 E。推荐饲喂低脂易消化食物。EPI 患猫最好给予低过敏性肠道处方粮，因为易并发炎性肠病。EPI 患犬预后良好，平均存活时间达 5 年。

四、胰腺外分泌肿瘤（Exocrine pancreatic neoplasms）

原发性胰腺外分泌肿瘤在犬和猫均罕见。良性肿瘤包括结节状增生和腺瘤（罕见），结节状增生可见于老龄犬猫，必须进行细胞学或组织病理学检查以区别增生与肿瘤。患急性或慢性胰腺炎的犬猫有时会出现脂肪坏死和（或）纤维化，呈肿瘤样表现，不能与肿瘤混淆。胰腺肿瘤没有特异性的临床病理学变化。在某些病例出现的黄疸和肝酶活性显著升高，可能与胆管阻塞有关。这种肿瘤侵入性强，对化疗和放疗的敏感性差，转移性高。腹部超声检查一般可发现胰腺肿瘤，最终确诊需要在肿块中采集活检标本进行组织病理学检查或利用超声引导细针穿刺采集样本进行细胞学检查。胰腺癌患犬、猫的预后很差。

第四章 呼吸系统疾病

Diseases of the Respiratory System

第一节 呼吸系统的诊断流程

Diagnostic Procedures for the Respiratory System

呼吸系统是由鼻腔、喉、气管、支气管、肺及胸膜组成。呼吸道黏膜表面是动物与环境间接触的重要部分，对各种微生物、化学毒物和尘埃等有害物质有着重要的防御机能。呼吸器官在物理性、化学性、机械性、生物性等因素的刺激下，以及其他器官的疾病如慢性心脏病、慢性肾炎等的影响下，呼吸道黏膜的屏障防御功能和机体的抵抗能力会被削弱，导致呼吸道常在菌或（和）外源性的病原菌的侵入和大量繁殖，引起呼吸器官的炎症等病理反应，进而造成呼吸系统疾病。

一、呼吸系统疾病的一般评估

（一）发病情况和流行病学调查

1. **发病情况调查** 主要通过问诊的方法，必要时须进入现场了解患病小动物的全部情况。发病情况调查的内容如下。

（1）发病时间 询问患病小动物的发病时间及发病当时的具体情况，如饲喂前或饲喂后发病、运动中或休息时发病、以咳嗽为主要症状的疾病，以及其咳嗽是发生在白天还是夜间等。

（2）病后表现 主要向动物的主人了解患病小动物的饮食、排便、排尿情况，有无咳嗽、流鼻液、不安、呼吸困难、异常运动行为表现等。

（3）诊治情况 动物患病后是否治疗过，治疗时的用药情况及效果，供以后的临床诊断和治疗作参考。

（4）饲养与管理 了解小动物的食物配合情况和饲喂方法，饲料的质量、加工调制方法如何，饲料的放置场所附近有无有毒气体及废水排放，饮水供应及水质是否干净，小动物饲养场（舍）的卫生情况及消毒措施、饲养场的管理措施、饲喂制度及饲养操作规范的执行情况等。

（5）以往健康情况（既往病史） 了解患病动物以往所患疫病或其他疾病的情况，以往所患疾病的处理情况以及结果，是否进行过重大手术以及是否有器官被切除，是否有药物过敏史等。

2. **流行病学调查** 是呼吸系统疾病诊断与防治的基础，对小动物的健康饲养非常重要。流行病学调查内容和范围十分广泛，但最好以呼吸系统出现的症状（如咳嗽、打喷嚏、流鼻液、呼吸困难等）为线索，考虑与疾病发生、发展相关的自然条件和社会因素，如地理地域、生态植被、生物活动、环境、疫源、食物和管理，疾病发生时间（季节）、发展趋势、发病率与病死率及所采取防治方法的效果等。

（1）流行病学调查的方式

座谈询问 了解小动物生活与活动环境、食物质量与类型，特别是对相关传染病（同窝或周围饲养的小动物有无发生类似疾病，附近的小动物是否也有相似的疾病流行，发病动物是否进行过免疫接种，免疫接种疫苗的种类及来源是否正规，免疫接种的方法是否正确，免疫接种的日龄及次数等）和寄生虫病的驱虫情况（驱虫时间、驱虫药物、驱虫后动物粪便的处理等）要作详细的了解；

现场调查　对于规模性的小动物养殖场，在对座谈获得的资料经分析综合后，获得若干疾病发生、发展的主要线索，还要对其进行必要的实地调查和评估，作出流行病学诊断。

流行病学诊断属印象诊断范畴，诊断结论可能有两个以上，不能算确诊。如诊断为中毒病，其确切病因尚需对可能的毒物作进一步的实验室检验和分析；若诊断为传染病，还要采集病料送实验室作病原的分离培养与鉴定、血清学检查和必要的动物试验才能确诊。流行病学诊断可作为临床诊断、病理剖检诊断和病原学诊断的依据和佐证。

(2) 呼吸系统出现的症状对流行病学调查的提示

咳嗽、咳痰　急性发生的刺激性干咳常系上呼吸道炎症引起，尤其是当伴有发热、声嘶，常提示急性咽、喉、气管、支气管炎。咳嗽伴有吸气性喘鸣，常为上呼吸道异物梗阻引起。较大支气管狭窄常会引起高音调的阻塞性咳嗽，提示支气管肿瘤。

咳血　痰中带血常为肺结核、支气管肺癌的早期症状，其他肺部炎症性疾病、肺梗塞、二尖瓣狭窄引起的肺淤血，皆可有整口咯血现象。支气管扩张症因支气管动脉或慢性肺结核空洞内壁动脉瘤的破裂等常引起反复的、量大的咳血。肿瘤坏死亦可引起顽固性咯血。大量咯血应与呕血相区别。

呼吸困难　急性发作的呼吸困难伴胸痛常提示肺炎、胸膜腔积液或气胸，亦应注意气管梗阻。慢性进行性呼吸困难，最常见于慢性阻塞性或弥散性肺病；左心衰竭也可发生进行性呼吸困难，常在夜间伴阵发性端坐姿势呼吸。代谢性酸中毒、贫血可引起深而快的呼吸，但病畜并不感到呼吸困难。

喘鸣和哮鸣　上呼吸道狭窄引起吸气性的喘鸣，见于喉头水肿、喉和气管的炎症、肿瘤或异物。弥漫性小支气管痉挛也可引起呼气性哮鸣，为支气管哮喘的特征性症状。单侧持续性的哮喘可能因支气管肿瘤或异物引起。气管分叉部分的肿瘤阻塞可产生类似的带哮鸣的气急和咳嗽。

胸痛　胸膜炎、肺部炎症或肿瘤延及壁层胸膜和肺梗塞都是胸痛的重要原因。患侧有尖锐的刺痛，呼吸和咳嗽时加重。幼龄动物突发的胸痛伴呼吸困难，常因自发性气胸而引发。此外，肋间神经痛、肋软骨炎和肋骨骨折，甚至腹部疾病延及膈和胸膜，也可呈现反射性的胸痛。

(二) 小动物个体呼吸器官的临床检查

机体与外界环境之间进行气体交换的全部物理和化学过程，称为呼吸。机体借助于呼吸，吸进新鲜空气，呼出二氧化碳，以维持正常的生命活动。呼吸系统的临床检查，主要包括呼吸运动的观察、上呼吸道检查、胸部检查等。

1. 呼吸运动观察　犬猫呼吸时呼吸器官及呼吸辅助器官所表现的有节律的协调运动，称为呼吸运动。呼吸运动的观察具有重要的临床诊断价值。呼吸运动的观察除呼吸数外，还包括呼吸的类型、呼吸节律和呼吸困难的观察。

(1) 呼吸类型的观察　健康猫呈胸腹式呼吸，每次呼吸的深度均匀，间隔时间相等；猫出现胸式呼吸，表明病变在腹部，多见于猫传染性腹膜炎、腹壁外伤、肠鼓气、胃扩张等疾病。健康犬呈胸式呼吸，胸壁的运动比腹壁明显，若出现腹式呼吸，表明病变在胸部，多见于胸膜炎、肋骨骨折等。

(2) 呼吸节律的观察　健康犬猫呈节律性的呼吸运动，呼气与吸气时间的比值恒定，如犬的比值为1.64∶1。呼吸节律可因兴奋、运动、恐惧、狂叫、喷鼻及嗅闻而发生暂时性的变化，并无临床诊断意义。

(3) 呼吸节律病理性改变的临床诊断价值

吸气延长　吸气时间明显延长。主要是吸气时，空气进入肺脏存在障碍的结果，常见于上呼吸道狭窄。

呼气延长　呼气时间明显延长。主要是肺脏中的气体排出受到阻碍的结果，使呼气动作不能顺利完成。见于细支气管炎和慢性肺泡气肿等。

断续性呼吸（间断性呼吸）　是小动物在吸气或呼气过程中，出现多次短促且有间断的动作。表明小动物为了缓解胸壁或胸膜疼痛，将吸气分为多次进行，或一次呼气不能把肺内的气体排出，又进行额外的呼气动作所致。临床上多见细支气管炎、慢性肺气肿及伴有疼痛性胸、腹部疾病等。

陈—施二氏呼吸（潮式呼吸） 呼吸运动逐渐加深、加快，达到高峰后又逐渐变浅、变缓，以至呼吸暂停，如此反复交替出现波浪式的呼吸节律。潮式呼吸是呼吸中枢衰竭的早期表现，表明病情严重。多见于脑炎、心力衰竭、尿毒症及中毒病等。

毕奥特氏呼吸 是在数次大而深的呼吸之后，出现数秒至半分钟的暂短时间停息后，又开始呼吸，如此周而复始地出现间歇性呼吸。多见于中枢的敏感性极度降低，比潮式呼吸更为严重，表明病情危重。见于脑膜炎、尿毒症等。

库氏摩尔氏呼吸 是呼吸显著深长，呼吸次数明显减少，并在吸气时伴有鼾声。多见于代谢性酸中毒、失血的末期等。

（4）呼吸困难的观察

①呼吸运动加强，呼吸次数或呼吸节律发生改变称为呼吸困难。由于呼吸困难的病变部位及病变性质不同，在临床上表现出临床诊断价值的有3种呼吸困难形式：即吸气性、呼气性和混合性呼吸困难。

吸气性呼吸困难 小动物在呼吸时，表现为吸气用力，吸气的时间延长，鼻孔扩张、头颈伸直、肛门内陷，并可听到吸气狭窄音。见于鼻腔、咽喉、气管狭窄性疾病。

呼气性呼吸困难 小动物在呼吸时，表现为呼气用力，呼气的时间延长，脊背弓曲、腹部用力紧缩、肛门突出、呈明显的二段呼气。一般多见慢性肺气肿、细支气管炎等。

混合性呼吸困难 小动物表现为吸气和呼气均发生困难，伴有呼吸次数增加。是临床上非常普遍存在的一种呼吸困难。常见于肺炎、渗出性胸膜炎等，心源性、血源性、中毒性、中枢神经性因素均可引起混合性呼吸困难。

②混合性呼吸困难原因主要见以下几种。

心源性呼吸困难 是由于心脏衰弱、血液循环障碍所引起的。一般见于心力衰竭、心内膜炎等。

血源性呼吸困难 主要是红细胞减少或血红蛋白变性所致。临床上见于重度贫血、大出血等。

中毒性呼吸困难 由于有毒物质作用于呼吸中枢或使组织呼吸酶系统受到抑制所引起的。多见于尿毒症、巴比妥类药物中毒等。

中枢神经性呼吸困难 由于中枢神经系统器质性病变或机能障碍所致。见于脑炎、脑出血、脑水肿等。

肺源性呼吸困难 主要是由于呼吸器官机能障碍，使肺脏的通气、换气功能减弱，肺活量降低，血液中二氧化碳的浓度增高和氧缺乏等所致。

腹压增高性呼吸困难 急性胃扩张、腹腔积液或膈疝等导致腹腔内的压力增高，直接压迫膈肌并影响腹壁的活动，从而导致呼吸困难，甚至窒息。

2. 上呼吸道检查 上呼吸道检查包括对鼻液、鼻腔、咳嗽、喉和气管、喷嚏及打鼾等的临床检查。

（1）鼻液、鼻部及鼻腔检查 犬、猫的鼻液、鼻部及鼻腔检查主要用视诊的方法。犬、猫的鼻腔比较狭窄，检查时用鼻腔镜较为适宜。

犬、猫的鼻端有特殊的分泌结构，经常保持湿润状态，但在犬、猫刚刚睡醒或睡觉时鼻尖较干燥。

在发热性疾病和代谢紊乱时，鼻端干燥并有热感；流水样鼻液时，常见于鼻炎、犬副流感、犬瘟热等；流脓性鼻液时，常见于上呼吸道的细菌性感染、鼻窦炎、齿槽脓漏引起的上腭窦炎等；鼻出血时，常见于鼻外伤、鼻腔异物、鼻黏膜溃疡、鼻腔肿瘤等。

（2）喉及气管检查 检查喉及气管一般采用视诊和触诊的方法，临床上两种方法相互结合进行，必要时可采用喉和气管听诊的方法。喉的内部检查，常用喉镜进行检查，主要观察喉黏膜有无充血、肿胀、异物及肿瘤等情况。气管可借助支气管镜进行检查。

（3）咳嗽检查 咳嗽是犬、猫的一种保护性反射动作，是喉、气管和支气管等部位黏膜受到刺激的结果。

①人工诱咳法　人工诱咳是术者用手指握压气管的前端和喉部勺状软骨部位，同时稍压其上方，施加刺激而引发的咳嗽。临床检查时，应重点观察咳嗽的性质、次数、强弱、持续时间及有无疼痛等临床表现。

②咳嗽的临床诊断意义

干咳　咳嗽的声音清脆、干而短、无痰，表明犬、猫的呼吸道内无渗出物或仅有少量的黏稠渗出物。临床上常见于喉和气管内有异物、慢性支气管炎、胸膜炎等。

湿咳　咳嗽的声音钝浊、湿而长、有痰液咳出，常伴随着咳嗽动作从鼻孔喷出多量的渗出物。常见于咽喉炎、肺脓肿、支气管肺炎等。

稀咳　犬、猫表现为单发性咳嗽，每次仅出现一两声咳嗽，常常反复发作且带有周期性。临床上见于上呼吸道感染、肺结核等。

连咳　表现为连续性咳嗽。临床上多见于急性喉炎、传染性上呼吸道卡他等。

痉挛性咳嗽（阵发性咳嗽）　咳嗽剧烈、连续发作，主要是小动物呼吸道黏膜遭受强烈的刺激，或刺激因素不易排除的结果。常见于异物性肺炎或上呼吸道有异物等。

痛咳　咳嗽的声音短而弱，咳嗽带痛，咳嗽时小动物表现出头颈伸直、摇头不安或呻吟等异常表现。临床上常见于急性喉炎、喉水肿等。

喷嚏　当鼻黏膜受到刺激时，反射性引起暴发性短促性呼气，气流振动鼻翼产生的一种特殊声响。常见于鼻炎、鼻腔内异物（昆虫、草籽、刺激性气体）等。

打鼾　健康状态下犬、猫较少打鼾，多见于短吻型犬、猫，有时其他型的犬、猫偶尔出现打鼾现象。病理性打鼾常由鼻孔狭窄引起。

3. **胸部检查**　对胸部检查，临床上常常采用视诊、叩诊和听诊的方法，必要时还需要配合 X 线等特殊临床检查及胸腔穿刺等辅助检查方法。

（1）胸部视诊　视诊时应着重观察胸廓形状和皮肤的变化。健康犬、猫的胸廓形状和大小会因种类、品种、年龄、营养及发育情况而存在很大差异。一般健康状况下胸廓两侧对称，肋骨膨隆，肋间细且均匀一致，呼吸匀称。在病理情况下，胸廓的形状可能发生变化。如重症慢性肺气肿可见胸廓向两侧扩张；骨软症时可变为扁平胸；一侧性胸膜炎或肋骨骨折时，可发现两侧胸廓不对称等。胸部皮肤检查，应注意有无外伤、皮下气肿、丘疹、溃疡、结节、胸前和胸下的浮肿以及局部肌肉震颤、脱毛等情况。

（2）胸部触诊　主要触摸胸壁的敏感性和肋骨的状态。触诊胸壁时，犬、猫表现骚动不安、躲闪、反抗、呻吟等行为，多见于胸膜炎、肋骨骨折等；胸壁局部温度增高，可见于炎症、脓肿等。

（3）胸部叩诊　临床上主要是根据叩诊音的变化，判断肺脏和胸膜的病理变化。

①犬、猫肺脏的叩诊区　正常叩诊区为三角形。前界为自肩胛骨后角并沿其后缘自然向下引一条垂线，止于第 6 肋间的下部；上界为距背中线约 2～3 cm，与脊柱平行的直线；后界自第 12 肋骨与上界平行线的交点开始，向下向前经髋关节水平线与第 11 肋骨的交点，坐骨结节水平线与第 10 肋骨的交点，肩关节水平线与第 8 肋骨的交点所连接的弧线，而止于第 6 肋间下部与前界相连。

②肺脏的定界叩诊　一般采用弱叩诊，是沿着上述三条水平线由前向后，依肋间的顺序进行弱的叩打，以便定界。

③肺脏的定性叩诊诊断　一般采用强叩诊，从肺脏叩诊区的中间开始，从上到下，由前向后，沿肋间顺序叩诊，直至叩诊完全部肺脏。如发现异常声音，应在对侧相应的部位进行比较叩诊。

④肺部正常叩诊音　健康犬、猫的肺部叩诊音，中部为清音，音响较大，音调较低；上部及边缘部因肺的含气量少、胸壁较厚或下面有其他脏器等，叩诊音为半浊音。

⑤肺叩诊区变化的临床诊断意义　叩诊区扩大，是肺过度膨胀或胸腔积气的结果，见于肺气肿、气胸等；叩诊区缩小，常见的有肺脏的前界后移或肺脏的后界前移，前者见于心脏肥大、心室扩张等，后者见于胃扩张、肠鼓气等。

⑥肺叩诊音变化的临床诊断意义

浊音　是由于肺泡内充满炎性渗出物，使肺组织发生实变、密度增加或肺内形成无气组织所致。临床上常见于肺水肿、肺炎、肺脓肿及肺肿瘤等。

半浊音　是肺内的含气量减少，而肺的弹性不减退所发生的。见于支气管肺炎等。

鼓音　是由于肺脏或胸腔内形成异常性含气的空腔，而且空腔的腔壁高度紧张所致。临床上常见于肺空洞、膈疝、气胸等。

过清音　类似敲击空盒的声音，介于清音和鼓音之间的过渡音调，表明肺脏组织弹性显著降低，气体过度充盈。多见于慢性肺气肿等。

水平浊音　当胸腔内聚积大量的液体时，积液部分叩诊出现浊音，由于液体上部呈水平界面，叩诊时出现水平浊音。多见于胸水、渗出性胸膜炎等。

（4）胸部听诊

①肺脏的听诊区　小动物的听诊区与叩诊区相一致。

②听诊方法　临床听诊时，先从肺脏听诊区的中部开始，其次是上部和下部，再从前向后依次进行听诊，每个部位至少要听取2～3次呼吸音后，再改换听诊部位，直至听完全肺。发现异常声音时，要与对侧胸部对比听诊。

③正常肺泡呼吸音及支气管呼吸音　健康的犬、猫肺泡的呼吸音，类似“夫”的声音。在整个肺部均能听到，其声音强而高朗。通常在第3～4肋间与肩关节水平线上下，接近体表的区域有较大的支气管（支气管区），可听到类似“赫”的支气管呼吸音。

④肺听诊音变化的临床诊断意义

肺泡呼吸音增强　肺泡呼吸音增强，分为普遍性和局限性增强两种。普遍性增强是呼吸中枢兴奋性增高的结果。在临床听诊时，可听到类似重读的“夫—夫”音，声音较粗厉，整个肺区均可听到。见于发热、代谢亢进及伴有其他一般性呼吸困难的疾病情况。局限性增强（代偿性增强）主要是肺脏的病变侵害一侧肺或一部分肺组织，使被侵害的组织机能减弱或丧失，健康部位承担（代偿）了患病部位的机能而出现了呼吸机能亢进的结果。多见于支气管肺炎、渗出性胸膜炎等。

肺泡呼吸音减弱或消失　特征为肺泡呼吸音变弱，听不清楚，甚至听不到。见于肺炎、慢性肺泡气肿等。

啰音　是伴随呼吸而出现的一种附加音。按啰音的性质和产生条件不同，可分为干性啰音和湿性啰音两种。

干性啰音　当支气管壁上附着黏稠的分泌物或支气管发炎、肿胀或支气管痉挛，使气管的管径变窄，气流通过狭窄的支气管腔或气流冲击支气管壁的黏稠分泌物时，引起气流振动而产生的声音。其特征为类似的笛声、哨音、鼾声或丝丝音。常见支气管炎、肺炎等。

湿性啰音　是气流通过带有稀薄分泌物的支气管时，引起液体移动或形成的水泡破裂而发出的声音。其特征为类似含漱、水泡破裂的声音。湿性啰音按发生部位的支气管口径不同，可分为大、中、小水泡音。可见于肺炎、肺水肿、肺出血等。

捻发音　是肺泡被少量的液体黏在一起，当吸气时黏着的肺泡被气流突然冲开而产生的声音。其特征为类似在耳边捻一簇头发所产生的声音。捻发音的出现表明肺的实质有病变，见于肺炎、肺水肿等。

空瓮音　是空气经过支气管而进入光滑的大空洞时，空气在空洞内产生共鸣所形成的。其特征为类似向瓶口吹气的声音。见于坏疽性肺炎、肺脓肿等形成空洞时。

胸膜摩擦音　健康犬猫的胸膜表面光滑，胸膜腔内有少量的液体起润滑作用，胸膜的脏层和壁层摩擦时不发生音响。当胸膜发炎时，由于纤维蛋白沉着，使胸膜增厚粗糙，呼吸时粗糙的胸膜相互摩擦而产生杂音。其特征为类似粗糙的皮革相互摩擦发出的断续声音。常见于犬瘟热、继发胸膜炎的初期或吸收期。

（三）病理剖检检查

病理剖检应在流行病学调查和临床检查的基础上进行，更易于获得确切的诊断。

1. 常见病理学变化　主要有充血、出血、肿大、水肿、萎缩、坏死、贫血、溃疡、黄疸等。

2. 剖检程序

(1) 体表检查　检查病死尸体（尸僵、尸冷、尸斑、尸腐）、天然孔（口、鼻、眼、耳、肛门）、被毛、皮肤的变化等。

(2) 剖检术式　尸体先用水或消毒液浸湿后仰卧位固定，然后沿腹中线剪开至颈部，并打开体腔。若采集病料，则以无菌操作采取，随之将内脏全部摘出。

(3) 胸腔与呼吸器官的检查　包括胸腔积液、胸膜、心包膜及心脏、肺脏、纵隔、气管与支气管、鼻腔、鼻窦等，同时还要关注其他与呼吸系统疾病有关的食道、肝、脾、肾、睾丸、卵巢、胃、肠、腺体、脑、肌肉等的检查。

二、呼吸系统疾病的其他诊断

(一) 实验室检验

1. 血液学常规检验　白细胞计数和分类计数，如白细胞总数升高，中性粒细胞的比例增加，并伴有核左移现象，多见于细菌性肺炎；嗜酸性粒细胞增加，多见于变态反应性肺炎、犬肺丝虫病、肺吸虫病等；白细胞总数减少，伴有核右移，提示预后不良；淋巴细胞增多，多见于犬猫的淋巴肉瘤等。红细胞计数和血红蛋白测定，如降低多见于有寄生虫或慢性消耗性疾病（如气管和肺的肿瘤、结核病）引起的贫血，若升高多见于有气道阻塞引起的缺氧等。

2. 血液生化指标检验　对于判断呼吸系统疾病对其他系统疾病的影响或其他系统疾病对呼吸系统的影响均有重要的参考价值。相关检测指标与临床意义请参考本书的相关章节。

3. 血清学检验　如结核病时，血凝（HA）及补体结合反应（CF）常作为皮肤试验的补充，尤其补体结合反应的阳性检出符合率可达50%～80%，具有较大的诊断价值；此外还有犬瘟热、犬猫弓形虫病等的抗体中和试验、琼脂免疫扩散试验、间接酶标或荧光抗体检测和猫免疫缺陷病的ELISA、免疫印迹试验等。

4. 分子生物学诊断　如RT-PCR和核酸探针等技术已经用于犬瘟热、犬副流感、犬结核病等的诊断。

5. 组织病理学检验

(1) 犬瘟热病毒感染病犬可在其眼结合膜、膀胱、肾盂、支气管上皮等细胞的胞浆或胞核内检出包涵体。

(2) 犬副流感感染病犬，可用荧光标记的特异抗体与气管、支气管上皮细胞进行反应，根据是否出现特异荧光细胞来确诊疾病。

(3) 犬、猫弓形虫病各脏器（主要是肺脏）的压片或切片检查虫体。

(4) 各种用内窥镜采集或剖检所获得病料（如肿瘤、肿胀物）的光镜和电镜检查。

6. 胸腔穿刺液检验

(1) 胸腔穿刺术　适用于从胸腔抽吸积液或气体、冲洗胸腔和注入药物等。

穿刺部位　病侧肩端水平线与第4～7肋间隙交点。若发生胸腔积液，其穿刺点在第4～7肋间下1/3处；若发生气胸，则在其上1/3。

穿刺方法　术部剪毛、消毒，用0.5%盐酸利多卡因溶液局部浸润麻醉。动物站立保定为宜，也可侧卧保定。根据胸部X线检查结果（是胸腔积液还是气胸）确定其穿刺点。选12～14号注射针头，其针座接1个6～8cm长胶管，后者再与带有三通开关的注射器（20mL）连接。通常针头在欲穿刺点后一肋间穿透皮肤，沿皮下向前斜刺至穿刺点肋间。再垂直穿透胸壁。一旦进入胸腔，阻力突然减少，停止推进，并用止血钳在皮肤上将针头钳住，以防针头刺入过深损伤肺脏。然后，打开三通开关，抽吸胸腔积液或气体。如胸腔积液很多，可用胸腔穿刺器（也可用通乳针代替）。穿刺前，术部皮肤应先切一个小口，再经此切口按上述方法将其刺入胸腔。拔出针芯，其套管再插一长 30cm 的聚乙烯导管至胸底壁。拔出针套，将导管固定在皮肤上。导管远端接 1 个三通开关注射器，可连续抽吸排液。

（2）胸腔穿刺液的检验　积液的物理性状（如颜色、浑浊度）、化学性质（如 pH）、蛋白含量、生化指标、细胞检查等（其诊断意义见本书胸腔积液部分的叙述），必要时需要进行细菌和病毒的培养。

7. 鼻液中的弹力纤维检查　取黏稠鼻液 2～3mL 放入试管中，加入等量 10%氢氧化钠（钾）溶液，在酒精灯上边加热边震荡，使鼻液中黏液、脓汁及其中有形成分溶解，而弹力纤维并不溶解。加热煮沸，直到变成均匀一致的溶液后，加 5 倍蒸馏水混合，离心沉淀 5～10min 后，倾去上清液，取少许沉淀物滴于载玻片上，覆以盖玻片，镜检。弹力纤维呈细长弯曲的羊毛状，透明且折光性较强，边缘呈双层轮廓，两端尖锐或分叉，多聚集成乱丝状，亦可单独存在。临床意义：鼻液中出现弹力纤维，是肺组织崩解的结果，常见于肺坏疽和肺脓肿。

8. 粪便检查　主要检查粪便中的虫卵和（或）虫体。

9. 微生物学检验

（1）涂片镜检　血液、渗出液和浓汁等可制成涂片，器官组织病料可制成抹（触）片，染色镜检（常用革兰氏或姬姆萨、美蓝染色法），检查病原性细菌。也可制成悬滴标本直接在镜下观察菌丝或孢子，以检查真菌等。

（2）分离培养　细菌、真菌等都可在适当的培养基上生长，根据菌的菌落、形态、生化特性和动物接种进行分离鉴定。病毒可用鸡胚、细胞或动物接种进行分离鉴定。

（二）影像学诊断

1. X 线检查

（1）对整个 X 线片进行全面系统的观察　对照片要做全面的观察，如位置是否正确，包括了哪些部分，影像清晰度如何，是否显示了正常或病变的细节，有无污染或伪影，以及拍片的日期、左右方位等都要予以注意。首先评估照片的质量很有必要，一张不合要求的照片，可以导致诊断错误或漏诊。对照片中显示的阴影，包括所有的器官和结构，要逐一仔细观察，养成系统的读片习惯。不要只注意一个明显的病变而遗漏其他改变，只有这样才有可能提出正确的结论。

（2）对异常阴影要作具体分析　各种疾病阴影常有一定特点，分析它的特点有助于作出诊断。①位置和分布：某些疾病有一定的好发部位和分布规律，如肺结核好发于肺上部，而炎症好发于肺下部。②病变数目：肺内多发的球形阴影，大多数是转移瘤，而单发者可能是肿瘤，也可能是结核球或其他病变。③形状：阴影的形状可以多种多样。肺肿瘤常呈球形或分叶块状，而片状、斑点状多为炎症改变，肺纤维化为不规则的条索状，肺不张常呈三角形。④边缘：病变阴影与正常组织之间，界限是否清楚，对诊断很有参考价值。一般来说良性肿瘤、慢性炎症或病变愈合期，边缘锐利；恶性肿瘤、急性炎症或病变的进展期，边缘多不整齐或模糊。⑤密度：病变阴影密度可高可低，反映一定的病理基础。在肺部低密度片状阴影，可能是渗出性炎症或水肿，密度高的结节状阴影多为肉芽组织，骨样密度者则为钙化灶；大片浓密阴影表明肺实变；其中如发生坏死液化，则密度变低，坏死物排出可出现透明的空洞。⑥大小：病变大小可反映病变的发展过程。恶性肿瘤一般早期小而晚期增大。例如肺部肿块直径超过 5cm 时，结核球的可能性就很小，多为肿瘤。⑦功能改变：一些病变在器质性改变之前，常有功能变化。如胸膜炎常首先出现膈肌运动受限等。⑧病变的动态变化：一些病变在开始阶段可能缺乏特征，随病变发展就会出现有利于诊断的征象。如肺上部的云絮状影，在 2 周后复查，如见缩小或消失，则不是结核而是炎症。一个肿块在短期内迅速增大，可能不是肿瘤，因肿瘤多是缓慢增大。所以复查对比，观察病变的动态变化，是重要的诊断方法。

（3）X 线检查在肺部疾病诊断上的应用　通常取侧位和背腹或腹背的两个方向拍摄。一些肺炎片的特征如下：①侧位片主要为前叶腹侧阴影度增加以及其他部位不规则的阴影度增加，多见于支气管肺炎、嗜酸性粒细胞性肺炎、弓形虫病等。②单个或多个肺叶均一性阴影度增加，多见于大叶性肺炎、肺叶捻转、异物性肉芽肿、肿瘤等。③弥漫性、大叶性间质阴影度增加，多由间质性肺炎、败血症、毒血症、肠道内寄生虫幼虫的移行等引起。④支气管及血管的结构弥漫性阴影度增加，多由肺循环增强、慢性支气管炎等引起。⑤后叶边缘部阴影度均匀性增加，多由血栓栓塞性肺炎、细菌性心内膜炎、脂肪栓塞、心功能不全、血液凝固障碍等引起。⑥以后叶及其边缘部界限明显或不明显为主的单发或多发结节性不定型阴影，多由肉芽肿性肺炎、结核、肺吸虫等引起。⑦单叶或多叶均一的阴影度增加，由肺不张、动脉或支气管完全阻塞、外伤等引起。⑧肺水肿胸部X线检查，可见肺视野的阴影呈散在性增强，呼吸道轮廓清晰，支气管周围增厚；如为补液量过大引起的肺水肿，肺泡阴影呈弥漫性增加，大部分血管几乎难以发现；肺泡气肿所致的肺水肿，X线检查可见斑点状阴影；因左心机能不全并发的肺水肿，肺静脉较正常清晰，而肺门呈放射状。⑨肺气肿胸部X线检查，可见整个肺区异常透明、支气管影像模糊及膈肌后移等。

（4）X线检查在胸腔积液和胸膜炎诊断上的应用　胸腔积液时，X线检查侧面像可见胸下部有均匀的水平阴影，心阴影模糊，心膈角钝化或消失，肺叶间裂沟增宽，近胸骨处的肺边缘成为扇形。X线背腹或腹背像可见纵隔变宽，肺界远离胸壁，肋膈角增大，此处肺边缘变圆。胸膜炎的X线影像与前述胸腔积液十分相似，特别在炎性渗出阶段基本相同。轻度的胸膜粘连，X线影像可能难以显现。当胸膜广泛增厚粘连时，可见肺野密度增高，在肺野周边与上方的胸廓内缘呈现条状密度增加阴影。

（5）X线检查在气管支气管疾病诊断上的应用　气管发育不良时，X线检查可确诊气管狭窄的程度。气管阻塞时，X线检查胸片可显出气管腔内、外的肿物、肿瘤等。

2. **超声检查临床应用**　超声诊断在体外检查，观察体内脏器的结构及其活动规律为一种无痛、无损、非侵入性检查方法。其操作简便、安全，但由于超声频率高、不能穿透空气与骨骼（除颅骨外）。因此，超声无法显示含气多的脏器或被含气脏器（肺、胃肠胀气）所遮盖的部位、骨骼深部的脏器。

（1）超声检测的内容　①脏器或病变的深度、大小、各径线或面积等：如肝内门静脉、肝静脉直径，心壁厚度及心腔大小、二尖瓣口面积等。②脏器的形态及轮廓：若有占位性病变常使外形失常、局部肿大、突出变形。肿块若有光滑而较强的边界回声，常提示有包膜存在。③脏器和病变的位置及与周围器官的关系：如脏器有无下垂或移位、病变在脏器内的具体位置、病变与周围血管的关系及是否压迫或侵入周围血管等。④病变性质：根据超声图显示脏器或病变内部回声特点包括有无回声，回声强弱、粗细及分布是否均匀等可以鉴别囊性（壁的厚薄、内部有无分隔及乳头状突起、囊内液体的稀稠等）、实质性（密度均匀与否）或气体。⑤活动规律：肝、肾随呼吸运动，腹壁包块（深部）则不随呼吸活动，心内结构的活动规律等。⑥血流速度：超声多普勒可以测定心脏内各部位的血流速度及方向，可以反映瓣口狭窄或关闭不全的湍流，心内间隔缺损分流的湍流，计算心脏每搏输出量、心内压力及心功能等。并可测定血管狭窄、闭塞、外伤断裂、移植血管的通畅情况等。

（2）超声检查在胸廓及胸腔器官检查上的应用　超声波检查是评估心脏机能、心瓣膜损害及机能改变、先天性心脏异常、心包积液和纵隔肿瘤等疾病的有效方法。检查应在胸膜腔穿刺前进行，因为胸液存在有助于增强胸腔内部结构的显示。

（三）CT和核磁共振检查

目前，国外在小动物临床上已经将计算机断层扫描（computed tomography，CT）检查和核磁共振（nuclear magnetic resonance imaging or magnetic resonance imaging，NMRI or MRI）检查运用于犬、猫呼吸器官的检查（尤其是鼻部、鼻窦等处的检查），并取得了良好的诊断效果，国内同行可根据当地的情况，参考相关的专业书籍，开展此方面的工作。

（四）喉、支气管镜检查

1. **喉镜检查**　应用喉镜时，犬、猫横卧保定（温驯的可站立保定），牢固固定头部。先将器械在水中稍加温，并涂以润滑剂，然后经鼻道插至咽喉部，并用拇指紧紧将其固定于鼻翼上。打开电源开关，使前端照明装置将检查部照亮，即可借反射镜作用而通过镜管窥视咽喉内部的情况，如黏膜变化、异物等。

2. 支气管镜检查 支气管镜检查适用于临床上具有气管或支气管阻塞症状的犬、猫。应在检查前30分钟进行全身麻醉。取2%利多卡因1mL鼻内或咽部喷雾。取腹卧姿势，头部尽量向前上方伸展，经鼻或经口腔插入内窥镜（经口腔插入时需装置开口器）。根据个体大小选择不同型号的可屈式光导纤维支气管镜，镜体以直径3～10mm、长25～60cm为宜。插入时，先缓慢地将镜端插入喉腔，并对声带及其附近的组织进行观察，然后送入气管内。此时，边插入边对气管黏膜进行观察。对中、大型犬，镜端可达肺边缘的支气管。对病变部位可用细胞刷或活检钳采集病料，进行组织学检查，还可吸取支气管分泌物或冲洗物进行细胞学检查和微生物学检查。

三、肺功能检查

肺功能检查可对受检者呼吸生理功能的基本状况作出质与量的评估，对于早期检出肺、气道病变，评估疾病的病情严重程度，明确肺功能障碍的程度和类型，观察肺功能损害的可逆性，探讨疾病的发病机制、病理生理、明确诊断、指导治疗、判断疗效和疾病的康复、动态观察病情变化和预测预后，以及评估胸腹部大手术的耐受等，都具有重要意义。

（一）肺功能检查的特点、肺功能测定的局限性和禁忌证

1. 肺功能检查的特点

（1）是一种物理检查方法，对动物机体无任何损伤，无痛苦和不适。

（2）具有敏感度高、重复检测方便等优点。

（3）与X线胸片、CT等检查相比，肺功能检查更侧重于了解肺部的功能性变化，是呼吸系统疾病的重要检查手段。

2. 肺功能测定的局限性

（1）主要反映呼吸生理功能变化，不能单独据此确定病因。

（2）某些检测指标个体差异较大。

（3）某些指标受主观因素影响较大，重复性差。

3. 肺功能测定的禁忌证 急性心肌梗死、心功能不全、肺功能严重减退、高热、剧咳、自发性气胸、两周内有咳血者，均不宜进行肺功能测定。

（二）肺功能检查的项目

肺功能检查包括通气功能、换气功能、呼吸调节功能及肺循环功能等，近年来，随着科学技术的发展，新检测技术的出现，尤其是电子计算机的应用，使肺功能检测技术得到了迅速发展，其在临床上的重要性也受到重视。

1. 通气功能测定（动态肺容量）

（1）每分钟静息通气量（VE） VE为潮气量（VT）与呼吸频率（每分钟呼吸次数）的乘积。临床意义：低于3L（请注意：由于缺乏犬、猫这方面的数据，此处引用的是人的数据，以下同）表示通气不足，高于10L为通气过度。应当指出，此项数值正常并不等于呼吸功能正常。

（2）每分钟肺泡通气量（VA） 肺泡通气量才是有效通气量。由潮气量（VT）减去生理死腔量（VD），再乘以呼吸频率，正常参考值为4.2L左右。生理死腔气量是指存在于大小气道内不参加气体交换的气量，正常约为120～150mL。

（3）每分钟最大通气量（MVV） 受检动物按每秒一次，以最大最快速呼吸12次气量再乘以5测得。临床意义：本项检查的实质是通气储备能力试验，用以衡量胸廓肺组织弹性、气道阻力、呼吸肌力量。医学上多用实测值与理论预计值的比例来表示其大小。大于80L为正常，低于60L为异常，说明

通气储备能力降低。

（4）用力肺活量（FVC） 也称时间肺活量。该指标是指将测定肺活量的气体用最快速呼出的能力，在临床上最常使用，也是敏感简便的最佳通气指标。

（5）呼气高峰流量（PEFR） 指在测定用力肺活量（FVC）过程中的最大呼气流速。正常参考值约为5.5L/s。

2. 肺容量测定（静态肺容量）

（1）潮气量（VT） 这是指平静呼吸时，进入肺内的气体量。

（2）补吸气量（IRV） 指平静吸气后再用力吸入的最大气量。

（3）补呼气量（ERV） 指平静呼气后再用力呼出的最大气量。

（4）残气量（RV） 为深呼气后，残留在肺内的气量。

（5）深吸气量（IC） 指平静呼气后能吸入的最大气量（潮气量＋补吸气量）。

（6）肺活量（VC） 最大吸气后能呼出的最大（全部）气量（潮气量＋补吸气量＋补呼气量）。

（7）功能残气量（FRC） 指平静呼气后肺内所含气量（补呼气量＋残气量）。

（8）肺总量（TLC） 指深吸气后肺内所含总气量。由(1)＋(2)＋(3)＋(4)构成。对于肺总量应说明一点，由于肺活量与残气量增减可相互弥补，所以肺总量正常不一定说明肺功能正常。临床意义：医学上以肺活量实际测定值占理论预计值百分比表示，低于80％为异常。患有胸畸形、胸肺扩张受限、气道阻塞、肺损伤、慢性气管炎、肺气肿、肺炎等疾病时，肺活量均降低。如肺活量、肺总量同时降低，多表示通气量减少。随年龄增加肺泡老化程度增加，因弹性减退而扩张，残气、功能残气量相应增加。如两者同时异常增加则表示气道阻塞性通气不良，如慢性阻塞性肺气肿。

3. 吸气分布均匀性测定 呼吸过程是，在一定压力下肺容积改变大小称为肺顺应性大小，而气体流速大与小与气管阻力小与大相对应。实际上，吸气过程中全肺不同区域所受压力不尽相同，健康动物肺内气体分布只是大致均匀。肺通气均匀性由肺泡弹性、气道阻力决定。通常用一次性或7分钟吸入纯氧，然后收集缓慢均匀呼出的气体并测定氮气浓度［N］。正常参考值，一次性吸氧法：［N］＜1.5％；7分钟法：［N］＜2.5％。临床意义：通气不匀时，肺低通气区吸氧量较少。其中所含空气未被所吸氧充分稀释冲淡。这些气体又多包含在终末呼气部，所呼出气中氮气浓度就会增高，气体分布不匀见于气道阻塞，尤其是小气道阻塞。肺顺应性降低，最常发生于慢性阻塞性肺气肿。

4. 肺弥散功能测定 弥散功能是换气功能中的一项测定指标。弥散是在肺泡呼吸膜区域进行的肺泡内气体与肺泡壁上毛细血管内血液中气体进行交换的过程。临床意义：弥散功能减退多见于肺间质疾病，如肺纤维化、因呼吸膜增厚而造成的肺泡毛细血管阻滞、气体弥散受阻。此外，肺气肿、肺炎和血气胸等原因造成的弥散面积减少，弥散量也会降低。

5. 通气/血流（V/Q）比例测定 全肺肺泡通气量与流经全肺血量的比例称通气/血流比例。临床意义：通气/血流（V/Q）异常，无论升高或降低无疑均是导致机体缺氧、动脉血氧分压下降的主要原因。V/Q小于0.8表明通气量显著减少，见于慢性气管炎、阻塞性肺气肿，肺水肿等病；V/Q大于0.8表明肺血流量明显减少，见于肺动脉梗塞、右心衰竭。

第二节 鼻、鼻咽腔和鼻旁窦疾病

Diseases of the Nasal, Nasopharyngeal Cavities and Paranasal Sinuses

一、短头综合征（Brachycephalic syndrome）

短头综合征（brachycephalic syndrome）全称为短头品种上呼吸道阻塞综合征（upper airway obstruction syndrome，UAOS）或短头气道综合征（brachycephalic airway syndrome，BAS）。在临床上，

短头颅品种的犬由于软腭肉质化并且伸长，引起鼻孔狭窄等，会造成不同程度的呼吸道阻塞，引起患犬呼吸有噪音和呼吸困难。英国斗牛犬常发生该病，巴哥犬、波士顿梗、北京宫廷狮子犬、骑士查理王犬、中国沙皮犬、法国斗牛犬、拉萨狮子犬和西施犬也有发生。

【病因】

由于人为育种的求奇、求特、求异的心理，导致一些品种犬出现脸部很短（或短头颅），使正常的呼吸道结构受到影响，同时使喉部发生变化（喉小囊外翻），气管相对较小（气管发育不全），进而引起呼吸障碍。

【临床症状】

该病引发的临床症状常因患犬的气道阻塞严重程度而定，多数患犬存在不同程度的鼻塞和狭窄音。有些患犬病情不会恶化，但许多患犬会出现呼吸噪音、咳嗽和堵塞加重等现象，有时会出现暂时性晕厥或虚脱，运动耐受性下降。随时间的延长，也会对心脏造成损伤和压力。有些患犬，如英国斗牛犬，可能会经常出现阶段性睡眠状呼吸。

【诊断】

该病在幼龄时就很明显，应询问病史并不断追踪病例。触诊可见头部、呼吸道解剖位置异常，普通麻醉后，可见软腭伸长。

【治疗】

(1) 轻症病例　使用皮质类固醇类激素、吸氧和在凉爽的环境下安静饲养，可缓解症状。

(2) 手术纠正　若存在严重的解剖异常，并阻碍了呼吸，则须外科手术，摘除软腭上过多的肉质，加宽鼻孔通道。对该类型犬手术前麻醉必须进行气管插管，否则麻醉后上部呼吸道肌肉放松，会加剧阻塞。吸氧时氧气罩会导致高热症，也会使病情加重。患犬及其手术纠正后的犬不应用作种犬，应在手术纠正呼吸通道的同时，对患犬进行绝育手术。

【预防】

天气过热对该品种犬特别危险，可加重气喘，引起狭窄的呼吸道进一步肿胀和狭窄。患犬神情更加不安。因此，运动、兴奋和天气炎热是其最危险的因素。另外，这类品种患犬还会出现胃肠道问题，导致吞咽障碍，同时，由于吞入大量空气，可见患犬呕吐，或者由于吸入食物和唾液而易发生吸入性肺炎。对该类型犬应严格控制体重，防止肥胖，否则会加重呼吸困难。另外，该类品种犬在镇静和麻醉时，危险性比较高，应特别注意。

二、鼻出血（Epistaxis）

鼻出血（epistaxis）是指鼻腔或鼻旁窦黏膜血管破裂，血液从鼻孔流出的一种症状。

【病因】

(1) 原发性鼻出血　多因外伤、异物、寄生虫等损伤鼻黏膜所致。

(2) 继发性鼻出血　多因鼻息肉、恶性肿瘤、上颌牙周炎、细菌或真菌感染、应激及凝血障碍等引起。

【临床症状】

原发性鼻出血，常表现鼻孔单侧或双侧流出大量鲜血，呈滴状或线状流血，通常不含泡沫或有几个大气泡。继发性鼻出血，常表现为持续流出棕色鼻汁，鼻翼部有血色痂皮。严重鼻出血病例可视黏膜淡染或苍白，有的病例可出现严重贫血，甚至死亡 [见彩图版图 4 - 4 - 1]。

【诊断】

根据病史和临床症状可作出初步诊断，但应与气管、支气管和肺出血相区别，这些疾病引起的鼻出血可见大量气泡。

【治疗】

(1) 急性鼻出血　应及时止血，肌注止血敏、维生素 K。也可用肾上腺素或止血敏局部喷洒，或浸湿纱布塞入鼻腔，同时对鼻梁进行冷敷。

(2) 由异物所致的鼻出血　应迅速去除异物。

(3) 病情严重的病例　还应静脉注射5%葡萄糖酸钙10～20mL，并补给适量的维生素C，必要时可输全血。

(4) 中西结合治疗　止血注射剂可注入悬枢穴，或在尾本穴上用细绳紧绕数圈2～3min；也可将云南白药用纱布包裹后塞入鼻腔，或用鲜紫苏叶捣汁浸湿纱布后塞入鼻腔。

【预防】

尽量避免鼻部受损，及时治疗原发病，并仔细护理，给予营养丰富易消化的日粮，以增强其抵抗力。

三、鼻炎（Rhinitis）

鼻炎是指鼻黏膜的炎症。临床上以鼻黏膜充血，肿胀，流出浆液性、黏液性及脓性鼻液，呼吸困难，打喷嚏为主要特征。

【病因】

(1) 物理性因素　如寒冷刺激、粗暴的鼻腔检查、经鼻腔投药造成鼻黏膜的损伤，以及吸入粉尘、烟尘、植物纤维、昆虫、花粉及真菌孢子等直接刺激鼻黏膜等因素。

(2) 化学因素　包括挥发性化工原料的泄漏、饲养场内的废气、化学毒气等直接刺激鼻黏膜所致。

(3) 生物性因素　由某些病毒（如犬瘟热病毒、犬副流感病毒、猫细小病毒、猫鼻气管炎病毒、腺病毒)、细菌（猫大肠杆菌、β-溶血性链球菌、犬猫的支气管败血波氏杆菌、出血性败血性巴氏杆菌)、寄生虫（如犬鼻螨、犬肺棘螨）等感染所致。

(4) 其他因素　如邻近器官炎症（如咽喉炎、鼻旁窦炎、喷射性呕吐所致的鼻腔污染、口腔的炎症）的蔓延、犬猫鼻部外伤或先天性软腭缺损导致的炎症，以及某些过敏性疾病引起的鼻炎等。

【临床症状】

根据病理过程，可分急性与慢性鼻炎。

(1) 急性鼻炎　病初鼻黏膜潮红、干燥、肿胀。因黏膜发痒，患病犬猫常用前爪搔鼻部，摇头后退，频打喷嚏，轻度咳嗽。一侧或两侧鼻孔流出鼻液，初为浆液性，然后为黏液性，甚至脓性，有时混有血液。鼻孔周围的皮肤可能发生表皮脱落。当鼻孔被排泄物、结痂物阻塞时，出现呼吸促迫，张口呼吸。可听到吸气性杂音和鼻塞音。伴有结膜炎时，可见到羞明、流泪。如下颌淋巴结明显肿胀时则吞咽困难。常伴发扁桃体炎和咽喉炎。个别患病犬猫会出现呕吐和食欲减退。

(2) 慢性鼻炎　病程较长，病情时轻时重，长期流脓性鼻液，鼻侧常见到色素沟，严重者，鼻腔黏膜溃烂。伴有鼻旁窦炎时，常引起骨质坏死和组织崩解，鼻液内可能混有血丝，并散发出腐败气味。呼吸困难，尤其是运动后常出现前肢叉开，甚至呈犬坐姿势，呼吸用力。严重时，张口呼吸，出现阵发性喘气，鼻鼾明显。

【诊断】

单纯性鼻炎根据上述病因和临床症状可作出诊断，但应注意与各种生物性因素引起的鼻炎相区别。

【治疗】

治疗应以去除病因、抗菌消炎、局部用药为原则。

(1) 去除病因　找出病因，去除病原，将患病犬猫安置在温暖、通风良好的场所。

(2) 抗菌消炎　对炎症较为严重的犬猫，肌内注射氨苄青霉素22mg/kg，每天3次，连用3d，用前应做皮试；庆大小诺霉素4万～8万U，利多卡因20～40mg，地塞米松2～4mg分多次滴入鼻腔内，连用3d。对于慢性鼻炎、变态反应性鼻炎，可口服或肌内注射地塞米松，按每千克体重0.125～1mg用药，每天1次，连用3～5d。

(3) 局部用药　对有大量稀薄鼻液的病例先用0.1%高锰酸钾溶液（或1%明矾溶液、2%～3%硼酸溶液）200mL 冲洗鼻腔，再用复方碘甘油 50mL 喷涂，每天 1 次，连用 3～5d；对于鼻塞严重的，可用去甲肾上腺素滴鼻液（内含 0.2%去甲肾上腺素、3%洁霉素、0.05%倍他米松）滴鼻，每天数次，使用 1～2 周后间断 1～2 周，避免长期连续用药；对有黏稠鼻液的病例，选用温热生理盐水或 1%碳酸氢钠溶液冲洗鼻腔，每天 1～2 次；当鼻腔黏膜严重充血时，可用血管收缩药 1%麻黄碱滴鼻。

（4）中西结合治疗　可用庆大小诺霉素和 654－2 液滴鼻或用康复新液滴鼻；口服辛夷散（辛夷、酒知母、酒黄柏、广木香、沙参、郁金、明矾）。

【预防】

保护好小动物，减少其外伤和感染几率，给予营养丰富且容易消化的日粮，以增加动物的抗病能力。

四、鼻旁窦炎（Paranasal sinusitis）

鼻旁窦炎（paranasal sinusitis）是上额窦、额窦及蝶窦黏膜的炎症，临床上表现为各鼻旁窦黏膜发生浆液性、黏液性或脓性甚至坏死性炎症。犬猫均可发生。

【病因】

（1）原发性鼻旁窦炎　多因犬体抵抗力下降时感染病菌所致，但较为少见。

（2）继发性鼻旁窦炎　通常继发于上呼吸道感染、鼻炎、放线菌病、面部挫伤和骨折、齿槽骨膜炎、齿龈炎，以及急性和慢性鼻腔疾病。

【临床症状】

最初患病犬猫从鼻腔流出大量黏液，以后局部出现不同程度的疼痛和肿胀，分泌物变为脓性时，呈黄白色而有臭味。当动物剧烈运动、咳嗽或强力呼吸时，流出更多的鼻液。如炎症波及鼻泪管，将会发生鼻泪管阻塞，继发眼结膜炎；有些急性病例除表现大量流鼻液外，还会出现体温升高、畏寒、不食、狂躁不安等全身症状。多数病例呈慢性经过，主要表现为长期流鼻液，鼻额部疼痛和肿胀。

【诊断】

根据病史和临床症状可初步诊断，慢性病例则可借助于鼻窦穿刺或圆锯术进行鉴别诊断。

【治疗】

（1）抗菌消炎　在及时排出鼻旁窦内贮留的脓汁的基础上，使用氨苄青霉素（20～40mg/kg）肌内注射，每天 2 次，或口服土霉素（20mg/kg），每天 3 次。

（2）手术治疗　经过治疗效果不明显的患病犬猫，可进行手术排脓和冲洗。

（3）中西结合治疗　请参阅鼻炎部分。

五、鼻和鼻咽息肉及恶性肿瘤（Nasal and nasopharyngeal polyps and malignant tumor）

鼻和鼻咽息肉（nasal and nasopharyngeal polyps）是引起猫鼻腔和鼻咽阻塞的小良性肿块，而腺癌是犬鼻内最常见的肿瘤之一，另外，纤维肉瘤、软骨肉瘤、骨肉瘤及鳞状上皮细胞癌也是犬鼻内常见的肿瘤。淋巴瘤是猫鼻内最常见的肿瘤，偶尔也会出现癌变。鼻内肿瘤常见于老龄长头犬。

【病因】

详细病因不明。一般认为与病毒、细菌感染以及耳部炎症有关。

【临床症状】

鼻和鼻咽息肉及肿瘤往往会引起上呼吸道结构和功能障碍，患病犬猫常表现为呼吸困难或张口呼吸。单侧或偶见双侧鼻孔流浆液性、黏液性、脓性甚至带血性鼻液。患部疼痛或面部畸形，如肿瘤延伸到头盖骨将会出现神经症状。息肉病情较轻，一般不表现面部畸形和神经症状。

【诊断】

根据病史和症状可作出初步诊断，X 线检查、活组织检查等有助于确诊。

【治疗】

鼻息肉以手术治疗为主，并结合药物治疗。

(1) 手术治疗　将鼻息肉轻轻牵引，用镊子尽可能紧贴肿物根部，把息肉摘除；当影像显示有大疱时，建议实施腹侧大疱截骨术；为降低复发概率，即使影像显示未累及大疱，大疱截骨术应在息肉根部。恶性肿瘤一般不主张仅用手术治疗，而且建议同时使用放疗和化疗。

(2) 抗生素治疗继发感染　用氨苄青霉素（20～40mg/kg）肌内注射，每天2次，强的松龙或地塞米松（0.25～1mg/kg）用于犬术后咽黏膜水肿的治疗。

(3) 中西结合治疗　抗生素可注入大椎、印堂穴；用扶正祛邪药和以毒攻毒药为主，辅以活血化瘀药和调理脾胃药，口服。

六、鼻窦癌（Nasal cavity neoplasia）

鼻窦癌（nasal cavity neoplasia）起源于鼻腔和额窦的柱状上皮细胞，犬、猫均可发生。

【临床症状】

多是单侧发生，发病侧损伤广泛，鼻甲骨几乎完全被破坏。鼻腔（有时包括额窦）被一种苍白、灰褐色的、易脆的组织所堵塞，导致临床上呼吸时出现鼾音和单侧黏液性和脓性鼻腔分泌物，叩诊呈现浊音。在许多病例中，肿瘤可引起上额骨和前额骨明显的扭曲。

【预后】

如果作出早期诊断，采取大范围的外科切除，化疗、放疗或几种方法同时进行，则预后较好。但对大多数病例，发现时已是晚期。预后不良。

第三节　喉部疾病
Diseases of the Larynx

一、喉炎（Laryngitis）

喉炎（laryngitis）是指喉部黏膜表层及深层的炎症，临床上以喉部肿胀、敏感、疼痛、咳嗽为特征。根据病因可分为原发性和继发性喉炎，根据病程可分为急性和慢性喉炎，根据其炎性的性质可分为卡他性和纤维蛋白性喉炎。

【病因】

各种物理、机械和化学刺激，如寒冷、异物和有害气体、烟雾等因素都是引起原发性喉炎的病因。喉部周围组织炎症，如咽炎、气管炎、口炎等都可蔓延引起喉炎，以及犬瘟热、犬副流感、犬Ⅱ型腺病毒感染和上呼吸道感染等常是继发本病的病因。

【临床症状】

(1) 急性喉炎　患病犬猫叫声嘶哑或完全叫不出声，初期咳嗽音粗厉，干咳，体温一般无明显变化，但发生化脓性喉炎时，体温可升高。喉部肿胀严重时，咳嗽音较尖厉，呼吸短促，重剧者可引起窒息死亡。触诊喉部，可见明显肿胀，患病动物有疼痛挣扎表现，胸部听诊则有喉头狭窄音。

(2) 慢性喉炎　症状较轻，只在喉部受刺激时才出现阵发性咳嗽，喉部触诊多有压痛反应。一般无体温升高等全身症状。

【诊断】

根据病史和症状可作出初步诊断，喉镜检查和血液学检查有助于确诊，但应与气管炎、咽喉肿瘤相区别。

【治疗】

(1) 抗菌消炎　可肌内注射丁胺卡那霉素和地塞米松，每天2次，连用3～5d，或内服头孢拉定胶囊。局部用硫酸镁溶液冷敷，或用喷雾疗法。

(2) 对症疗法　出现严重呼吸困难时，应立即施行气管切开术。

(3) 中西结合治疗　西药注射液均可穴位注射，常用的穴位有喉俞、大椎等穴。可在喉腔内喷雾冰硼散或金嗓子喉宝。此外还可用六神丸3～6丸，口服，每天2次。喉部还可用如意金黄散外敷。

二、慢性会厌炎（Chronic epiglottitis）

慢性会厌炎是指会厌软骨异常，且其黏膜发生炎症的疾病。本病常发于5岁以上犬。

【病因】

病因不明。

【临床症状】

患病犬猫呕吐，不进食和饮水时，经常重复吞咽的动作，有时有呼吸喘鸣及呼吸窘迫的症状。

【诊断】

通过喉镜和X线检查可作出诊断。喉镜检查可见会厌软骨硬化或骨化，尖部上卷或下卷，并固定在这一位置。X线检查显示会厌软骨硬化或有其他异常，应与咽炎和喉腔末端有异物相区别。

【治疗】

(1) 对症治疗　通常应用抗生素控制炎症，饲喂少量流体食物，每天3～4次，饲前20min给15mL果汁或蜂蜜。

(2) 中西结合治疗　抗生素可注入喉俞穴；平时每天多次喂以蜂蜜和醋的混合液（蜂蜜10mL，醋5mL）。

【预防】

当患病犬、猫症状消失时，其主人应继续采用上述饲喂方法；当患病犬猫呼吸窘迫明显时，应限制其活动。

三、喉麻痹（Laryngeal paralysis）

喉麻痹是指由多种因素致使喉返神经或喉后神经发生麻痹，造成喉部肌肉功能丧失，引起动物正常呼吸时应该开张的喉不能张开的一种疾病。临床以不耐运动、呼吸窘迫、发音困难、咳嗽、喘鸣为主要特征。犬、猫均可发生，但大麦町犬、法兰德斯牧羊犬、西伯利亚雪橇犬、英国牛头㹴、圣伯纳犬、拉布拉多犬、爱尔兰塞特犬多发。

【病因】

(1) 先天性因素　主要由基因遗传而形成，如法兰德斯牧羊犬和西伯利亚雪橇犬，遗传方式为常染色体显性遗传，而大麦町犬为常染色体隐性遗传。

(2) 后天获得性因素　目前尚不十分清楚，一般认为本病的发生与细菌、病毒的毒素和毒物的侵害及局部受伤或遭受压迫有关，有事实证明作用于喉返神经的意外性外伤或医源性外伤、胸腔内外物质影响或压迫喉返神经、与迷走神经或喉返神经有关的肿瘤及后脑干疾病等也可引发喉麻痹。

【临床症状】

该病通常发现于2～6月龄，并在炎热季节恶化。患病动物表现出吸气喘鸣、进行性不耐运动、吸气困难、咳嗽，运动或兴奋时可视黏膜发绀或出现急性呼吸窘迫。此外，大麦町患犬喉麻痹-多发性神经综合征的其他临床症状还有：神经功能失常，如反射减退、本体感受缺陷、伸展过度和局部麻痹；患犬食管扩张，这是由于正常肌肉功能丧失造成的，因此不能正常进行吞咽；患犬食后反流未消化的食物，由于吸入食物或其他异物，可能导致吸入性肺炎。

【诊断】

根据病史和临床症状可作出初步诊断，喉镜检查可以确诊喉麻痹。对患犬喉头检查时，可以对其轻度麻醉。在其吸气时，声带不能正常外展，并且声门塌陷。肌电图可以很好的检查喉头肌肉的功能。

【治疗】

（1）对症治疗　对急性呼吸窘迫的犬要使其保持安静，严重呼吸阻塞患犬，应采取轻度镇静，同时给予输氧疗法；对喉部或肺部水肿的继发病变，可用皮质类固醇制剂及利尿剂，以减轻症状。

（2）手术治疗　对少数病情严重患犬，应马上进行气管内插管（紧急时进行气管切开），采用手术疗法（喉部分切除术、喉正中切开术、声带固定术等）。

（3）中西结合治疗　可用地塞米松注入喉俞穴；如发现喉水肿可用如意金黄散外敷喉部；如发现肺水肿，可将速尿注入脾俞和肾俞等穴。

【预防】

患犬不可用作种犬。法兰德斯牧羊犬和西伯利亚雪橇犬，由于遗传方式为常染色体显性遗传，直系亲缘关系犬在用作种犬时应仔细检查。

四、喉肿瘤（Laryngeal neoplasia）

肿瘤在喉部任何部位均可生长，各年龄段和性别的犬和猫均可发。犬常见的喉部肿瘤有平滑肌瘤、横纹肌肉瘤、扁平细胞癌、甲状腺嗜酸粒细胞瘤、肥大细胞瘤和软骨肉瘤，猫常见的喉部肿瘤有淋巴肉瘤和鳞状细胞癌。

【病因】

目前尚不明确。

【临床症状】

患病动物失声，出现喉喘鸣和呼吸窘迫，猫触诊喉结构增大。

【诊断】

根据病史和逐步发展的临床症状可作出初步诊断，确诊需做喉镜检查，发现有肿瘤并累及喉部，穿刺取样作涂片检查或取息肉做组织病理学检查，有助于确诊。

【治疗】

宜对症和对因治疗相结合。对非浸润性肿瘤应切除，对浸润性肿瘤目前尚无治愈方法，对症治疗可采取暂时或永久喉切开术。对于猫淋巴瘤可暂时用泼尼松（2mg/kg），单用或与其他化疗剂（如环磷酰胺、长春新碱等）合用。中西结合治疗，抗生素和泼尼松可注入喉俞、身柱等穴位，口服中药，参阅鼻息肉和恶性肿瘤。

【预后】

非浸润性肿瘤完全切除预后良好，浸润性肿瘤则预后不良。

第四节　气管疾病

Diseases of the Trachea

一、气管发育不良（Hypoplastic trachea）

气管发育不良是由先天畸形引起，导致节段性或是整条气管腔狭窄。气管背侧黏膜明显不足或缺失。斗牛犬、波士顿犬和拳师犬最常见，拉布拉多犬、德国牧羊犬、魏玛犬、巴塞特犬和小爱斯基摩混血犬也有报道。一般雄性发病率高于雌性。

【病因】

气管发育不良通常是先天或遗传性缺陷。

【临床症状】

一般5～6月龄幼犬才表现出临床症状，病犬表现出呼吸困难（程度视气管狭窄的程度而定）、喘鸣、咳嗽或呕吐、运动不耐受，甚至晕厥等症状，情绪激动时症状加剧。有的患病幼犬会发生支气管肺炎（湿咳、精神沉郁、发热等症状）。

【诊断】

根据病史、临床症状可作出初步诊断，确诊需进一步检查。喉气管触诊时可发现气管敏感性增加，并可感到气管狭窄。气管听诊可听到吸气喘鸣音，因为气管内的空气在狭窄腔内流动形成喘流音。X线检查可确诊气管狭窄的程度。

【治疗】

该病的发作常与其他先天异常（如软腭过长）有关，故应尽早用手术方法矫正，有望缓解症状；当伴有呼吸道感染时，应尽早应用抗生素以控制炎症；对于肥胖的动物，必须采取减肥措施，以缓解症状；中西结合治疗，抗生素可注入喉俞、天突等穴，内服六味地黄丸以进行调养。

【预防】

加强饲养管理，维持犬的正常体重，避免病犬生活在高热、潮湿的环境中。对病犬建议每年至少复查一次，以尽早检查出并发症。患犬治愈后不应留作种用。

二、气管塌陷（Tracheal collapse）

气管塌陷是由于气管内部直径狭窄造成的，并随呼吸周期不同阶段而变化。气管环失去维持气管正常形状的能力，当犬呼吸时，气管出现塌陷，患犬剧烈咳嗽。该病常见于玩具犬和小型犬的成年期，尤其是约克夏㹴、博美犬和玩具贵妇犬。

【病因】

目前尚不清楚，但慢性呼吸道感染、肥胖和心脏疾病可加重该病。

【临床症状】

患犬主要症状为粗厉干咳，该病常为突发，并逐渐恶化。在兴奋、运动、气管受到压迫（如牵拉脖套）、饮水和吃食时会引起剧烈咳嗽。

【诊断】

可以通过询问病史和临床检查进行诊断。询问动物主人该小型犬咳嗽是否缓慢加重，轻轻触摸喉管部，患犬会出现类似鹅雁叫声状的咳嗽。同时应详细检查呼吸和心脏系统。一般来说，小型犬心脏疾病不常见。可在患犬吸气和呼气最大阶段拍X线片，进行确诊和确定塌陷的程度［见彩图版图4-4-2］。该病可能只涉及颈部气管，也可能涉及颈部和胸部气管。如果颈胸部气管都涉及，吸气阶段的X线检查可见颈部气管塌陷，胸部气管扩张，呼气时结果正好相反。当塌陷出现在咳嗽引起的被迫呼气时，荧光镜检查可以确诊该病。内窥镜检查可见在动物呼吸时气管环明显萎缩。超声检查可提供气管环萎缩的实时声像图。

【治疗】

可使用支气管扩张药物及喷雾药剂进行治疗，效果良好，偶尔也可用皮质类固醇药物或镇静剂治疗气管炎症。

（1）减缓急性病例的呼吸困难　乙酰丙嗪（0.01～0.02mg/kg）静脉注射、肌内注射或皮下注射；吸氧（面罩式）或气管插管；地塞米松（1mg/kg）静脉注射；环丁甲二羟吗喃（0.05～0.1mg/kg）静脉注射、肌内注射或皮下注射，每6～12h注射1次。

（2）减缓慢性病例的呼吸困难　肾上腺糖皮质激素强的松龙（0.25～0.5mg/kg）口服，每天2次，7～10d后减小剂量。支气管扩张剂氨茶碱（20mg/kg）口服，每天1次；或叔丁喘宁（叔丁肾上腺素），每只犬0.01～0.02mg/kg，静脉注射。

（3）手术治疗　用从外面插入修复装置的方法保持气管开张。手术矫正可能会引起很多并发症，需慎重。

【预防】

患犬不应用作种犬，实际上很难做到，这是由于该病常见于成年犬，此时已经用作种犬。最好不要再将与患犬有亲缘关系的犬用作种犬。遛犬时不能给患犬戴项圈。

三、气管炎（Tracheitis）

气管炎是指气管黏膜表层或深层的炎症，临床上以粗厉和阵发性咳嗽为主要特征。其炎性反应有传染性和非传染性之分，按病因有原发性和继发性之分，按病程有急性和慢性之分。犬、猫均可发生。下文按传染性气管支气管炎、寄生虫性气管炎和非传染性气管炎分述如下。

（一）犬传染性气管支气管炎（Infectious tracheobronchitis）

犬传染性气管支气管炎又叫仔犬咳嗽（犬窝咳），是指除犬瘟热以外的以咳嗽为特征的犬接触传染性呼吸道疾病。

【病原】

引起犬传染性支气管炎的病毒有犬Ⅱ型腺病毒（canine adenovirus type－2，CAV－2），犬副黏病毒（canine paramyxovirus，CPMV），犬Ⅰ型腺病毒（canine adenovirus type－1，CAV－1），呼肠孤病毒（reovirus）Ⅰ型、Ⅱ型、Ⅲ型和犬疱疹病毒（canine herpesvirus）。其中CAV－2和CPMV是仔犬咳嗽较常见的致病因子，它们可以破坏呼吸道上皮，导致各种细菌或支原体入侵，引起严重的呼吸道疾病。

【临床症状】

CAV－2感染的主要症状是突然出现不同频率和强度的咳嗽，有的出现发热或食欲减退。咳嗽主要是由于呼吸道的气管、支气管部分受到刺激所致。病犬一般在咳嗽出现后3～7d康复。用CAV－2进行实验感染显示，犬的发热程度与临床症状持续时间呈反相关系。直肠温度高的病犬较低烧犬康复更快。一般认为不累及其他器官，但有报道指出CAV－2可感染肠道，引起腹泻。但大多数CAV－2感染症状轻微或不显临床症状。

【诊断】

可根据病史和临床症状作出初步诊断，确诊则依赖于病毒分离和鉴定，也可通过双份血清中特异性抗体升高的程度确定。

【治疗】

对CAV－2感染尚无有效的化学治疗药物，目前可用高免血清治疗。在出现（或为防止）继发感染时，应注射广谱抗生素。

【预防】

可用CAV－2致弱苗对2～4周龄犬进行滴鼻免疫。

（二）寄生虫性气管炎（Parasitic tracheitis）

寄生虫性气管炎是指由毛细科、毛细属的肺毛细线虫的虫体寄生于犬和猫的气管、支气管和肺，有时也见于鼻腔和额窦等处引起寄生部位炎症的一种寄生虫病。

【病原】

肺毛细线虫，在犬为 *oslerus osleri*，在猫为 *aelurostrongylus abstrusus*。成虫细长，乳白色。雄虫体长15～25mm，尾部有2个尾翼，有1根纤细的交合刺，交合刺有鞘。雌虫长20～40mm，阴门开口接近食道的末端。卵呈腰鼓形，大小为（59～80）μm×（30～40）μm，卵壳厚，有纹，淡绿色，两端各有1个卵塞。雌虫在肺内产卵，卵随痰液上行到咽，咽下后入消化道随粪便排出。在外界适宜的条件下，5～7周发育为感染性虫卵。宿主吞食了感染性虫卵后，在小肠内孵出幼虫。幼虫进入肠黏膜，随血液移行到肺。感染 40d 后幼虫发育为成虫。

【临床症状】

严重感染时，常引起慢性气管炎、支气管炎或鼻炎。患病动物流涕、咳嗽、呼吸困难，继而出现消瘦、贫血、被毛粗糙等。

【诊断】

根据症状、粪便或鼻液虫卵检查结果即可作出诊断。

【治疗】

可用左旋咪唑按 10mg/kg 口服，每天 1 次，连用 5d，停药 9d 后再重复用药 1 次。

【预防】

主要是保持犬舍、猫舍干燥，搞好环境卫生。

（三）非传染性气管炎（Noninfectious tracheobronchitis）

【病因】

（1）物理化学因素　如受潮湿和寒冷空气、异物刺激（如灌药时药物误入气管，呕吐时食物进入气管内），吸入烟尘（烟雾）、真菌孢子、尘埃等，过度勒紧脖（项）圈，食道异物及肿瘤等的压迫，挥发性化工原料中的废气或化学毒气等，动物圈舍内有毒、有害气体刺激气管黏膜。

（2）其他因素　如气管塌陷、慢性心脏疾病、口咽部的疾病等。

【临床症状】

（1）急性气管炎　主要表现为咳嗽。病初为带痛的干咳，后期转为湿咳。严重时为痉挛性、阵发性咳嗽，在早晨尤为严重。有的病例有鼻液，先为浆液性，后逐渐变为黏液性或脓性。发病初期，体温正常，若继发炎症，则体温可升高，脉搏频速，有明显的呼吸困难。伴有食欲减退，精神委顿。重症病例，可出现呼吸急促，可视黏膜发绀，呈腹式呼吸。

（2）慢性气管炎　一般全身体况尚好，且许多病犬、猫出现肥胖，临床上咳嗽的变化较大，可听到粗厉的、突然发作的阵发性咳嗽。在运动、采食、夜间和早晚咳嗽尤为剧烈，甚至引起气管痉挛，严重病例可出现吸气性呼吸困难，甚至窒息死亡。

【诊断】

根据病史和临床症状可作出初步诊断，血液学检查、X 线检查、支气管镜检查或气管、支气管清洗液采样检查有助于确诊。

【治疗】

以去除病因、抗菌消炎、祛痰止咳、强心补液为治疗原则。

（1）去除病因　将患病犬、猫从干燥、多烟、多尘土或被有毒有害气体污染的场所移走。每天在地面洒水以提高空气湿度，以减少黏膜黏液分泌。

（2）抗菌消炎　青霉素 20 万 U/kg，肌内注射，每天 6 次，或链霉素 25mg/kg，肌内注射，每天 1 次，或用头孢唑啉钠（10mg/kg），肌内注射，每天 2 次。

（3）祛痰止咳　可用氯化铵 0.2g，口服，每天 1 次；干咳用磷酸可待因 1～2mg，口服，每天 2 次；严重气喘，可肌内注射氨茶碱或麻黄素。或用化痰药进行气雾疗法（或将患病动物放置在充满水蒸气的淋浴房内，每次 15～20min，每天 3 次）。

（4）强心、补液　可用 5%葡萄糖液或 5%右旋糖酐生理盐水、10%安钠咖适量静脉注射。

（5）中西结合治疗　抗生素或止咳化痰的注射剂均可穴位注射，常用穴位为喉俞、身柱、肺俞、三焦等。剧烈、痛性咳嗽时，可灌服复方远志酊 3～5mL/次。还可用鱼腥草注射液作气雾疗法。

【预防】

加强饲养管理，防寒保暖，减少刺激，消除发病因素。

四、气管梗阻（Tracheal obstruction）

气管梗阻是指由于气管内新生物或异物以及气管周围组织的压迫引起的以气管狭窄、呼吸困难为特征的一种疾病。犬、猫均可发生。

【病因】

（1）气管内的新生物（肿瘤） 鳞状上皮细胞癌、淋巴组织肉瘤、成淋巴细胞肉瘤、骨肉瘤、腺癌、骨瘤、软骨瘤、骨软骨瘤、软骨肉瘤、浆细胞瘤、平滑肌瘤等。

（2）气管内的肿胀物 结节样淀粉样变、嗜酸性肉芽肿、脓肿、慢性肉芽肿、息肉等。

（3）气管内吸入一定大小的异物 在猫有报道指出黄蝇属幼虫也可引起气管阻塞。

（4）气管周围组织的压迫 甲状腺/甲状旁腺肿瘤，由组织胞浆菌、球孢子菌等感染引起的肉芽肿，新生物造成下颌骨、咽喉部、颈部淋巴结肿胀，气管周围的脓肿或囊肿，纵隔颅侧的胸腺瘤，食道的肿瘤，血红旋尾线虫引起的食道肉芽肿等造成对气管的压迫。

【临床症状】

患病动物的临床表现视气管内阻塞物或气管外肿胀物造成气管腔狭窄和气流阻力增加的程度而定，一般当气管的直径在减小一半之前无明显的临床症状。当气管严重阻塞时，动物表现为在快速的呼气期过后有一个较长的吸气期，并表现出呼吸困难，痛苦不安，窒息，运动不耐受，咳嗽，吸气噪音增加。听诊可听到异常呼吸音，在气管上可听到喘鸣音，触诊气管敏感性增加。动物在过多或不当的临床检查和实验室检查时，症状会加剧。

【诊断】

根据病史和临床症状可作出初步诊断，确诊需进一步做X线检查，胸片可显出气管腔内、外的肿物[见彩图版图4-4-3]，支气管镜检可见气管内的肿物并可取出进行活检。血气分析可提示呼吸性酸中毒。

【预后】

气管内良性肿瘤全部切除后，用支气管镜取出吸入的异物，患病动物的预后良好；而气管、气管周围恶性肿瘤的治疗效果不佳，预后不良。

【治疗】

宜对因和对症治疗相结合。怀疑是气管颈段肿瘤形成时，无论任何情况都要准备施行紧急气管切开术，气管切除和吻合术仅用于局部有病灶的动物中，肿瘤侵害的气管环大于8～10个时禁止手术治疗，因为会有吻合口张力过大的危险；恶性肿瘤需要化疗或放疗，化疗对气管淋巴瘤常有效，用永久性气管造口术并且应用放疗或化疗使瘤生长变慢可以缓解症状。可用气管镜去掉通过茎连接在黏膜上的肿瘤、肿胀物、息肉等，通过手术或其他方法解除压迫气管的肿瘤、肿胀物等。中西结合治疗，可用扶正祛邪和调理气血的药物。

五、气管损伤（Tracheal trauma）

气管损伤是指由多种原因引起的以气管破（撕）裂，继发皮下气肿为特征的一种疾病。犬、猫均可发生。

【病因】

犬猫争斗过程中颈部的咬伤，气管冲洗过程中的损伤，颈静脉穿刺不当引起的气管撕裂，以及由气管和食道瘘留下的气管损伤后遗症等。

【临床症状】

气管损伤的动物，气体经过气管的破裂口时会进入颈部的皮下，形成气管周围或全身皮下气肿，触诊皮肤可感觉到捻发音或气体的爆裂声，动物吸气时气管腔扩大，而呼气时气管腔变窄。X线检查可见气管周围、肌间及皮下气肿。有些损伤病例还可见到纵隔积气，见于颈胸部气管的损伤。

【诊断】

根据病史和临床症状可作出初步诊断，确诊需进一步做X线检查，支气管镜检查可发现气管破裂口的位置。

【治疗】

宜对因和对症治疗相结合。轻症病例，若皮下气肿逐渐消退，且未出现呼吸困难，通常只需让动物在限位笼内安静休息，对皮肤外伤等作常规处理，以促进皮下气体的吸收。如果病情加重，漏出的气体不断增加，则应用气管套针抽出皮下气体，同时需要用带有弹性的绷带包扎受伤和穿刺部位，但应避免包扎可能带来的对呼吸运动的机械性限制。若同时伴发气胸和血胸，其处理请参阅本书下一节中关于气胸和胸腔积血章节的内容。

六、气管肿瘤（Tracheal neoplasia）

气管肿瘤常是在呼吸道上皮或间质细胞无限制过量生长而形成的。犬、猫均可发生。犬和猫常见的气管肿瘤为腺癌、淋巴癌、扁平细胞瘤、骨瘤、软骨瘤、骨软骨瘤，其中骨软骨瘤在气管瘤中最常见，常发生在幼龄犬。

【病因】

目前尚不清楚。

【临床症状】

气管内肿瘤由于造成气管腔狭窄和气流阻力增加，导致上呼吸道阻塞，表现为呼吸困难、窒息、运动不耐受、咳嗽、吸气噪音增加、可视黏膜发绀和晕厥，但常无全身症状。听诊可听到异常呼吸音，在气管上可听到喘鸣音，触诊时气管敏感性增加。

【诊断】

根据病史和临床症状可作出初步诊断，确诊需进一步做X线检查，胸片可显出气管腔内肿物，支气管镜检可见肿物并可取出进行活检。

【治疗】

宜对因和对症治疗相结合。怀疑是气管颈段肿瘤形成时，无论任何情况都要准备施行紧急气管切开术；可用气管镜去掉通过茎连接在黏膜上的肿瘤；气管切除和吻合术仅用于局部有病灶的动物中，肿瘤侵害的气管环大于8个时禁止手术治疗，因为会有吻合口张力过大的危险。恶性肿瘤需要化疗或放疗，化疗对气管淋巴瘤常有效，用永久性气管造口术并且应用放疗或化疗使瘤生长变慢可以缓解症状。中西结合治疗，可用扶正祛邪和调理气血的药物配合化疗。

【预后】

气管骨软骨瘤全部切除后预后良好，气管恶性肿瘤的治疗效果不良。

第五节　下呼吸道疾病

Diseases of the Lower Airway

一、急性支气管炎（Acute bronchitis）

急性支气管炎是支气管黏膜表层和深层的炎症，临床上以咳嗽、流鼻液和胸部听诊有啰音为特征。按患病的部位，可分为弥漫性支气管炎（炎症遍布所有支气管）、大支气管炎（炎症限于大支气管）和细支气管炎（炎症限于细支气管）。但在临床上大支气管炎和细支气管炎常同时出现。

【病因】

（1）原发性支气管炎　主要是由于受寒、机体抵抗力减弱、呼吸道内源性的常在菌（肺炎球菌、链球菌、化脓杆菌等）和外源性非特异性病原菌得以繁殖而致病；机械性的刺激（如吸入尘埃）、化学性刺激、吸入有刺激性气体（如氯气、氨气、二氧化硫）或火灾时热气流、投药或误咽时异物进入气管等也可引起发病。

(2) 继发性支气管炎 多继发于某些传染病（如犬瘟热、犬传染性气管支气管炎）及寄生虫病（如肺丝虫病）；邻近器官的炎症蔓延（喉炎、气管炎、肺炎等）。

【临床症状】

(1) 急性大支气管炎 主要表现为咳嗽，病初呈短、干、痛咳，以后随渗出物增多变为湿、长咳嗽；流鼻液，病初呈浆液性，以后呈黏液性或黏液—脓性；肺部听诊，可听到湿性啰音（大、中、小水泡音）和（或）干性啰音，全身症状较轻，体温升高0.5～1℃，一般持续2～3d后下降，呼吸和脉搏稍快。

(2) 急性细支气管炎 通常是由大支气管炎蔓延而引起，因此初期症状与大支气管炎相同，当细支气管发生炎症时，全身症状明显，体温升高1～2℃。主要表现为呼吸困难，多以腹式呼吸为主的呼气性呼吸困难，有时也呈混合性呼吸困难，可视黏膜发绀，脉搏增数。肺部听诊，肺泡呼吸音普遍增强，可听到干性啰音、小水泡音或捻发音。肺部叩诊音较正常高朗，继发肺气肿时，叩诊呈鼓音，叩诊界后移（1～2肋骨）。

(3) 腐败性支气管炎 除具有急性支气管炎的症状外，还有呼出的气体有恶臭味和流出污秽带有腐败臭味的鼻液，全身症状严重。

【诊断】

根据咳嗽、流鼻液等临床症状，听诊有干、湿啰音，以及X线检查所见（肺部有纹理较粗的支气管阴影，而无病灶阴影）为依据，即可作出诊断。

【治疗】

治疗原则是抗菌消炎和祛痰止咳。

(1) 抗菌消炎 用氨苄青霉素（15mg/kg，用1%盐酸普鲁卡因1～3mL稀释）作气管内注射，用青霉素各20万单位肌内注射，或用头孢唑啉钠（10mg/kg）肌内注射，每天2次。若是病毒引起的，应同时配合使用病毒唑、病毒灵，则效果更好。

(2) 祛痰止咳 当分泌物黏稠而不易咳出时，可选用溶解性祛痰剂，犬、猫可内服复方甘草片、止咳糖浆、急支糖浆；频咳且分泌物较少时，可选用镇痛止咳剂，如磷酸可待因，犬、猫（1～2mg/kg）口服，每天2～3次；痛咳不止时，也可应用盐酸吗啡0.1g，杏仁水10mL，茴香水300mL，充分混合，每次一食匙，每天2～3次。为促进炎性产物的排出，可采用蒸气吸入疗法（松节油、克辽林等）。

(3) 中西结合治疗 抗生素或止咳化痰的注射剂均可穴位注射，常用穴位为喉俞、身柱、肺俞、三焦等。剧烈、痛性咳嗽时，可灌服复方远志酊3～5mL/次；祛痰时可用穿琥宁200mg，溶于100～150mL生理盐水中，静脉注射，每天1～2次，或用鱼腥草注射液作喷雾疗法；伴病毒感染时，可配合使用双黄连或清开灵注射液。

【预后】

急性大支气管炎及时治疗后一般预后良好；细支气管炎，病情严重，预后慎重；腐败性支气管炎，预后不良。

二、慢性支气管炎（Chronic bronchitis）

慢性支气管炎是伴有支气管壁、血管壁发生严重结构性变化的一种顽固性疾病，以持续性咳嗽和肺部听诊有啰音为特征。多发生于老弱与营养不良的犬、猫，以早春与晚秋季节最为多见。

【病因】

凡引起急性支气管炎的原发性病因，经持续或反复作用时，均可引起慢性支气管炎。所以该病大多数是由急性支气管炎转变而来的。继发性慢性支气管炎，常见于心、肺的慢性疾病，如结核分支杆菌病、肺丝虫病、肺气肿（肺心病）等病过程中。

【临床症状】

主要症状是持续性的频咳，无论是黑夜还是白昼，运动或安静时均出现明显咳嗽，尤其在饮冷水或是早晚受冷空气的刺激时更为明显，多为干、痛咳嗽。肺部听诊常可听到干性啰音，叩诊一般无变化，当出现肺气肿时，叩诊呈过清音或鼓音，叩诊界后移。由于支气管黏膜结缔组织增生，支气管的管腔狭窄或发生肺气肿时，则出现呼吸困难。当支气管扩张时，有的病例咳嗽后会有大量腐臭液外流，严重者出现吸气性呼吸困难，直至死亡。

【诊断】

根据临床上持续性咳嗽、听诊有干啰音，以及X线检查所见（肺纹理增强、变粗，阴影变浓）为依据，即可作出诊断。

【治疗】

治疗原则及治疗方法基本与急性支气管炎相同。

（1）促进渗出物被稀释或排出　可采用蒸气吸入和应用祛痰剂（同急性支气管炎）。为减轻黏膜肿胀和稀释黏稠的渗出物，可用碘化钾，犬按20mg/kg内服，每天1～2次。

（2）中西结合治疗　抗生素或止咳化痰的注射剂均可穴位注射，常用穴位为喉俞、身柱、肺俞、三焦等穴。可口服中药复合甘草合剂、止嗽散或鲜竹沥液，还可用鱼腥草注射液作气雾疗法。

【预后】

病程长，一般持续数日、数周或数年，通常预后不良。

三、支气管哮喘/过敏性气管炎（Bronchial asthma or allergic bronchitis）

支气管哮喘主要是由于支气管狭窄引起的气道堵塞、通气不畅引起的。临床上观察到本病的发生常与花粉、尘埃等潜在过敏原或刺激物有关，故又称过敏性气管炎（allergic bronchitis）。猫易患本病，犬则很少发生。

【病因】

真正的病因尚未阐明，据观察可能是由环境中的各种吸入物引起，一般认为花粉、粉尘、香烟和雪茄的烟雾、香水和垃圾、地毯清洁液、灰尘、霉菌和寄生虫幼虫等是本病的潜在过敏原或刺激物。这些过敏原一旦侵入机体后将会产生Ⅰ型过敏反应，使黏液分泌过多和黏膜下水肿导致小气道阻塞，加之气道肌肉收缩加强，从而导致发生哮喘。

【临床症状】

突发性干咳、张口呼吸、哮喘、呼气困难是本病的特征表现。犬胸部叩诊表现出过清音，因为整个肺容积增大和空气潴留。听诊可听到散在的喘鸣音和湿啰音。慢性阵发性咳嗽可导致干呕或呕吐，还会出现阵发性呼吸困难，症状好转期无明显病征。

【诊断】

根据病史和临床症状可作出初步诊断，X线检查、血清学检查和皮肤致敏原试验有助于确诊。

【治疗】

（1）急性呼吸困难　用博利康尼（0.01mg/kg）肌内注射，以扩张气管；立即给予100%纯氧；强的松龙琥珀酸钠（0.5～1mg/kg）静脉注射，必要时4～6h后可重复一次，以脱敏。

（2）慢性哮喘　长期使用皮质类固醇类药物，强的松龙（1～2mg/kg）口服，每天2次，2～3个月逐渐减少，直至最低有效量。皮质类固醇药结合支气管扩张药同时应用，如博利康尼（犬按0.05～0.1mg/kg，口服或肌注，每天2～3次，猫按每次0.625mg口服或肌内注射，每天2次）常在动物呼吸困难时应用。亦可用长效氨茶碱（片剂），犬按10～15mg/kg口服，每天2次；猫按25mg/kg口服，每天1次，常在夜间用。

（3）继发细菌性炎症　可用抗生素治疗。

（4）中西结合治疗　西药注射剂可注入身柱、喉俞、肺俞和天突等穴位，口服地龙粉（蚯蚓焙干研末），或皂角、白芥子水煎液。

【预防】

平时注意做好犬、猫舍的环境卫生工作。

第六节 肺实质异常

Pulmonary Parenchymal Disorders

一、肺水肿（Pulmonary edema）

肺水肿是由于肺毛细血管内血液量异常增加，血液的液体成分渗漏到肺泡、支气管及肺间质内过量积聚所引起的一种非炎性疾病。临床上以呼吸极度困难，流泡沫样鼻液为特征。本病犬、猫均可发生。

【病因】

（1）心源性肺水肿　多见于充血性左心衰竭、过量的静脉输液和肺毛细血管压增高。

（2）非心源性肺水肿　多见于低蛋白血症，如肝病时蛋白合成能力下降、肾小球肾炎的蛋白丢失、消化不良综合征等。

（3）其他　某些引起肺泡—毛细血管渗透性增加的疾病，如出血性休克、癫痫发作、内毒素血症、微血栓、烟气吸入、败血症等。肺间质负压增加、肿瘤浸润引起的淋巴循环受阻，以及高海拔、麻醉、惊厥和药物等可诱发本病。

【临床症状】

严重的肺水肿一般呈突然发作，进行性高度混合性呼吸困难，呼吸次数明显增多，眼球突出，静脉怒张，结膜发绀，两侧鼻孔流出大量泡沫状的鼻液。呼吸时呈端坐姿势，头颈伸展，鼻翼扇动，甚至张口呼吸。咳嗽多痰，淡血色。稍微运动，症状加剧。肺部叩诊呈浊音，肺部听诊时，可听到广泛性湿性啰音、水泡音或捻发音。胸部X线检查，可见心脏肥大、异常心轮廓影、肺视野的阴影呈散在性增强、呼吸道轮廓清晰和支气管周围增厚。如为补液量过大所致，肺泡阴影呈弥漫性的增加，大部分血管几乎难以发现。如因左心机能不全者并发的肺水肿，肺门呈放射状。

【诊断】

根据病史、突发性呼吸困难，伴有泡沫样鼻液流出等典型症状，可以作出初步诊断。结合肺部听诊和X线检查结果，则可确诊［见彩图版图4-4-4］。但应与中暑、急性心力衰竭、肺出血、弥漫性支气管炎相区别。中暑除呼吸困难外，伴有神经症状及体温升高；急性心力衰竭时，也常伴有肺水肿，但其前期症状是心力衰竭。

【治疗与护理】

治疗原则是保持安静，促进血液循环，制止渗出，消除水肿，迅速输氧，缓解呼吸困难。

（1）保持安静，促进血液循环　对于因肺毛细血管压增高、充血性左心衰竭的病犬，首先使其安静，可肌内注射苯巴比妥（4～6mg/kg）、戊巴比妥钠（150mg/kg）或硫酸吗啡（0.5～1mg/kg）。为增强心肌收缩力，可用洋地黄疗法，如静脉注射地高辛，犬2.2～4.4μg/kg，猫1～1.6μg/kg，每隔12h给药1次。也可用洋地黄甙。

（2）制止渗出，消除水肿　可用10％葡萄糖酸钙5～10mL，加入10％葡萄糖液内缓慢静注；同时静脉滴注地塞米松5mg，每日1次。低蛋白血症引起的病例可输血80～100mL。当支气管分泌过多时，可应用硫酸阿托品或654-2注射液，有明显缓解肺水肿的功效。为促进液体的排除，可应用利尿剂，如口服速尿（2～4mg/kg），每天1～2次。

（3）迅速输氧，缓解呼吸困难　当血中缺氧时，要立即供氧，应用细胶管经鼻道输氧或用氧气面罩。有支气管痉挛症状者，应用支气管扩张剂是最为有效的方法，如静脉注射氨茶碱（6～10mg/kg）。因急性左心机能不全以外原因所致的肺水肿，可用肾上腺素、异丙基肾上腺素等强力支气管扩张药。如果导管经鼻给氧不能提高摄氧量，则需要气管插管，用呼吸机给氧。

此外，患病动物贫血时，给予红细胞，不仅能增加血液黏稠度和减轻心脏负担，而且可以改善向组织供氧作用。渗透压降低时，输入血浆或右旋糖酐溶液有明显的利尿作用，但不宜应用等渗溶液，因其能加剧肺水肿的发展。

（4）中西结合治疗　配合西药按痰饮阻肺诊治，用二陈汤加葶苈子、丹参等药，水煎服。此外，硫酸阿托品或 654－2 注射液可注入身柱、天突、肺俞等穴。必要时犬可按每千克体重 6～10mL 静脉放血。

【预后】

如果病势较轻，经过缓慢，预后良好；严重病例，经过迅速，常因窒息而死亡。

二、肺气肿（Emphysema）

肺气肿是肺泡和间质性气肿的统称。肺泡内空气增多称为肺泡性肺气肿（alveolar emphysema）；肺泡破裂，气体进入间质的疏松结缔组织中，使间质膨胀称为间质性肺气肿（pulmonary interstitial emphysema）。临床上以呼吸困难，明显缺氧为主要特征。本病犬、猫均可发生。

【病因】

（1）原发性肺气肿　主要是因为剧烈运动、急速奔驰、长期挣扎时，由于强烈的呼吸所致。特别是老龄犬，肺泡壁弹性降低，容易发生肺气肿。

（2）继发性肺气肿　常因慢性支气管炎、弥漫性支气管炎时持续咳嗽，或当支气管狭窄和阻塞时，由于支气管气体通过障碍而发生肺气肿。

（3）间质性肺气肿　由于剧烈的咳嗽或异物误入肺内，肺泡内的气压急剧增加，致使肺泡壁破裂而引起肺气肿。

【临床症状】

患病动物可表现出呼吸困难、气喘、张口呼吸、可视黏膜发绀、精神沉郁，且易于疲劳，但体温一般正常。听诊肺泡音减弱，可听到破锣音及捻发音。叩诊呈过清音，可知肺组织内空气含量过多而致体积膨胀，故叩诊界后移。X 线摄片检查见肺区透明、膈肌后移、支气管影像模糊［见彩图版图 4－4－5］。继发性肺气肿往往还伴有原发病的症状。

【诊断】

根据病史，症状，肺部听诊、叩诊的变化，以及 X 线检查结果可以确诊。但应与肺水肿、喉水肿和皮下气肿进行鉴别诊断：肺水肿，鼻孔带有泡沫的淡黄色鼻液；喉水肿，为吸气性呼吸困难，吸气时发出喉狭窄音（笛音）；皮下气肿，颈及肩部皮下气肿，有时是由于食道和气管破裂所致，但无呼吸困难和肺泡呼吸音的改变。

【治疗】

积极治疗原发病，改善肺的通气和换气功能，控制心力衰竭。

（1）改善肺的通气和换气功能　首先让患病动物绝对休息，安放在清洁、无灰尘、通风良好的舍内，给予营养丰富的食物。每天多次给予低浓度吸氧。为改善通风和换气功能，可口服或雾化吸入支气管扩张药，如茶碱类（如氨茶碱 10～15mg/kg）、拟肾上腺素药、胆碱能 M 受体阻滞剂、肾上腺素能 α-受体阻滞剂等。肾上腺皮质激素制剂应慎用。为增强呼吸功能，可用呼吸调节剂，如福米诺苯盐酸盐 50～80mg，口服，每天 3 次，可提高患病动物的血氧分压和降低二氧化碳分压。忌用安眠药、镇定药等。

（2）对症治疗　出现肺气肿时，口服双氢克尿塞 2～4mg/kg，每日 2 次。同时补钾，将 10％氯化钾 2～5mL 用 5％～10％葡萄糖液稀释成 0.1％～0.3％的溶液，静脉滴注。

（3）手术疗法　对较大的局限性肺气肿可施手术切除，使受挤压的正常肺组织充气，增强肺的弹性回位。

（4）中西结合治疗　配合西药，按肺气虚诊治，方剂可用补肺散（党参、黄芪、紫苑、五味子、熟地、桑白皮）经水煎服。

【预后】

急性肺泡性肺气肿，消除病因后，可很快康复，否则会转为慢性；慢性肺泡性肺气肿病程长，可达数月、数年乃至终生，预后不良；间质性肺气肿严重病例经数小时或1～2d即会因窒息而死亡。

三、炎性和感染性疾病（Infectious and inflammatory diseases）

炎性和感染性疾病是由生物性因素引起的动物肺实质炎症的总称，临床上以高热稽留、呼吸障碍、低氧血症、叩诊肺部广泛浊音区和听诊有啰音为特征。犬、猫均易发病。临床上生物性因素包括病毒、细菌、真菌、寄生虫和立克次氏体。多种病原微生物经血源或淋巴源感染肺部致病，如侵害整个肺叶，称为大叶性肺炎；如侵害个别肺小叶，称为小叶性肺炎；如使肺组织出现一处或多处化脓性病灶，称化脓性肺炎。

（一）病毒性肺疾病（Viral pulmonary diseases）

（1）犬瘟热（Canine distemper，CD） 犬瘟热是由犬瘟热病毒引起的犬科等动物的一种急性、高度接触性传染病。其病毒可以侵害支气管、肺脏等上皮组织，临床上可见以支气管肺炎和上呼吸道炎症症状为主的病犬。详细内容请参阅本书第六部分传染病中关于犬瘟热的描述。

（2）犬腺病毒感染（Canine adenovirus infection） 犬腺病毒感染是由犬Ⅱ型腺病毒（canine adenovirus type-2，CAV-2）感染引起的病毒性传染病。病犬表现为发热、食欲减退，以及不同频率和强度的咳嗽。详细内容请参阅本书第六部分传染病中关于犬腺病毒感染的描述。

（3）犬副流感（Canine parainfluenza，CPI） 犬副流感是由犬副流感病毒（canine parainfluenza virus，CPIV）引起的犬的一种以咳嗽、流涕、发热为特征的呼吸道传染病。详细内容请参阅本书第六部分传染病中关于犬副流感的描述。

（4）猫杯状病毒感染（Feline calicivirus infection） 猫杯状病毒感染是由猫杯状病毒（feline calicivirus，FCV）引起的猫的一种多发性口腔和呼吸道传染病。详细内容请参阅本书第六部分传染病中关于猫杯状病毒感染的描述。

（5）猫传染性腹膜炎（Feline infectious peritonitis，FIP） 猫传染性腹膜炎是由猫冠状病毒（feline coronavirus，FCOV）引起的一种猫的慢性进行性致死性传染病。本病的非渗出型病例可使各种脏器（如肺脏）出现肉芽肿病变，并出现与此相关的临床症状。详细内容请参阅本书第六部分传染病中关于猫传染性腹膜炎的描述。

（6）猫免疫缺陷病（Feline immunodeficiency disease） 猫免疫缺陷病是由猫免疫缺陷病毒（feline immunodeficiency virus，FIV）感染引起的一种以免疫功能低下，呼吸、消化系统炎症，免疫系统和神经系统功能障碍以及容易继发感染为特征的病毒性疾病。详细内容请参阅本书第六部分传染病中关于猫免疫缺陷病的描述。

（二）细菌性肺疾病/肺炎（Bacterial diseases or pneumonia）

1. 结核分支杆菌病（Mycobacterial tuberculosis infection） 又称结核病（tuberculosis）是由结核分支杆菌（*Mycobacterium tuberculosis*）引起的人、畜和禽类共患的慢性传染性疾病，偶尔也可能出现急性型，病程发展很快，其特征是在机体多种组织器官形成肉芽肿和干酪样或钙化病灶。

【病原】

结核分支杆菌，为专性需氧菌，生长缓慢，最适生长温度为37℃。初次分离需要营养丰富的培养基。常用Lowenstein-Jensen固体培养基，内含蛋黄、甘油、马铃薯、无机盐和孔雀绿等。一般2～4周可见菌落生长。菌落呈颗粒、结节或菜花状，乳白色或米黄色，不透明。结核分支杆菌对干燥抵抗力特别强。黏附在尘埃上可保持传染性8～10d，在干燥痰内可存活6～8个月。对湿热敏感，在液体中加热到62～63℃ 15min或煮沸即被杀死。另外，对乙醇和紫外线敏感。

【临床症状】

犬和猫的结核病多为亚临床感染。有时则在病原侵入部位引起原发性病灶。犬常表现为支气管肺炎、胸膜上有结节形成和肺门淋巴结炎，并可引起发热、食欲下降、体重下降、呼吸啰音和干咳。如果病理损伤发生于口咽部，犬、猫则表现出吞咽困难、干呕、流口水及扁桃体肿大等。猫的原发性肠道病灶比犬多见，主要表现为消瘦、贫血、呕吐、腹泻等消化道吸收不良症状。肠系膜淋巴结常肿大，有时在腹部体表就能触摸到。某些病例腹腔渗出液增多。犬分支杆菌感染主要表现全身淋巴结肿大、食欲减退、消瘦和发热。实质性脏器形成结节或肿大。结核病灶蔓延至胸膜和心包膜时，可引起胸膜、心包膜渗出增多，临床上表现为呼吸困难、发绀和右心衰竭。猫的肝、脾等脏器和皮肤也常见结节及溃疡。骨结核时可见跛行和自发性骨折。有的还出现咯血、血尿及黄疸等症状。病变剖检时可见患结核病的犬及猫极度消瘦，在许多器官出现多发性灰白色至黄色有包囊的结节性病灶。犬常可在肺及气管、淋巴结，猫则常在回、盲肠淋巴结及肠系膜淋巴腺见到原发性病灶。犬的继发性病灶一般较猫常见，多分布于胸膜、心包膜、肝、心肌、肠壁和中枢神经系统。猫的继发性病灶则常见于肠系膜淋巴腺、脾脏和皮肤。一般来说，继发性结核结节较小（1～3mm），但在许多器官亦可见到较大的融合性病灶。有的结核病灶中心积有脓汁，外周由包囊围绕，包囊破溃后，脓汁排出，形成空洞。肺结核时，常以渗出性炎症为主，初期表现为小叶性支气管炎，进一步发展则可使局部干酪化，多个病灶相互融合后则出现较大范围病变，这种病变组织切面常见灰黄与灰白色交错，形成斑纹状结构。随着病程进一步发展，干酪样坏死组织还能够进一步钙化。组织学上，可见到结核病灶中央发生坏死，并被浆细胞及巨噬细胞浸润。病灶周围常有组织细胞及成纤维细胞形成的包膜，有时中央部分会发生钙化。在包囊组织的组织细胞及上皮样细胞内常可见到短链状或串珠状具抗酸染色的结核杆菌。

【诊断】

结核病的临床症状一般为非特征性，怀疑本病时可结合如下诊断方法进行确诊。

（1）血液、生化及X线检查　患结核病动物常伴有中等程度的白细胞增多和贫血，血清白蛋白含量偏低及球蛋白血症，但无特异性。X线检查胸腔可见气管支气管淋巴结炎、结节形成及肺钙化灶。腹腔触诊、放射检查或超声波检查可见脾、肝等实质性脏器肿大或有硬固性团块，肠系膜淋巴结钙化。腹腔可能有积液。

（2）皮肤试验　犬、猫结核菌素皮肤试验结果不容易判定。据报道，对于犬，接种卡介苗试验更敏感可靠。皮内接种0.1～0.2mL卡介苗，阳性犬48～72h后出现红斑和硬结。因为被感染犬可能出现急性超敏反应，所以试验有一定的风险。由于猫对结核菌素反应微弱，故一般此法不用于猫。

（3）血清学检验　包括血凝（HA）及补体结合反应（CF），常作为皮肤试验的补充，尤其补体结合反应的阳性检出符合率可达50%～80%，具有较大的诊断价值。

（4）细菌分离　用以细菌分离的病料常用4% NaOH处理15min，用酸中和后再离心沉淀集菌，接种于Lowenstein-Jensen氏培养基培养，需培养较长时间。根据细菌菌落生长状况及生化特性来鉴定分离物。也可将可疑病料，如淋巴结、脾脏和肉芽肿腹腔接种于豚鼠、兔、小鼠和仓鼠，以鉴定分支杆菌的种别。有时直接取病料，如痰液、尿液、乳汁、淋巴结及结核病灶做成抹片或涂片，抗酸染色后镜检，可直接检测到细菌。近年来，用荧光抗体法检验病料中的结核杆菌，也得到了满意的效果。

目前已将PCR技术用于结核分支杆菌DNA鉴定，每毫升只需几个细菌即可获得阳性，且1～2d即可得出结果。

【治疗】

已有治愈犬结核病的报道，但对犬、猫结核病而言，首先应考虑其对公共卫生构成的威胁。在治疗过程中，患病犬、猫（尤其开放性结核病例）可能会将结核病传给人或其他动物，因此，建议施以安乐死并进行消毒处理。确有治疗价值的，可选用下列药物：异烟肼，按每千克体重4～8mg口服，每天2～3次；利福平，按每千克体重10～20mg，分2～3次内服；链霉素按每千克体重10mg肌内注射，每天3次（猫对链霉素较敏感，故不宜用）。应该提及的是，化学药物治疗结核病在于促进病灶愈合，停止向体外排菌，防止复发，而不能真正杀死体内的结核杆菌。治疗过程中，应给动物以营养丰富的食物，增强机体自身的抗病能力。冬季应注意保暖。

【预防】

应对犬、猫定期检疫，可疑及患病动物尽早隔离。人或牛发生结核病时，与其经常接触的犬、猫应及时检疫。平时，不用未消毒牛奶及动物的生杂碎饲喂犬、猫。国外有人应用活菌疫苗预防犬结核病已取得初步成效，但尚未普遍推广应用。

2. 化脓性肺炎（Suppurative pneumonia） 又称肺脓肿（pulmonary abscessation），是由细菌引起的以肺泡中蓄积有化脓性产物为特征的一种疾病。犬、猫均可发生，病死率高。

【病因】

该病多数是由支气管博德特氏菌、链球菌、葡萄球菌、大肠杆菌、巴氏杆菌等感染形成脓毒败血症或肺感染性血栓所致，也可由其他化脓感染疾病（如去势、褥疮感染）或化脓性细菌随异物进入肺而引起。偶见于胸壁刺伤后感染化脓杆菌而发病。

【临床症状】

脓肿开始形成时，体温会持续升高，而脓肿被结缔组织包裹时体温升高会消退，新脓肿形成时，体温又会重新升高。若脓肿破溃，则病情加重，脉搏加快，体温升高。对浅表性肺脓肿区叩诊，可呈局部浊音。听诊肺区有各种啰音，湿性啰音尤其明显。在脓肿破溃后，可从鼻腔流出大量恶臭的脓性鼻液，内含弹力纤维和脂肪颗粒。

【诊断】

根据病史和临床症状可作出初步诊断，X线检查，可见早期肺脓肿呈大片浓密阴影，边缘模糊；慢性者呈大片密度不均的阴影，伴有纤维增生，胸膜增厚，其中央有不规则的稀疏区影像有助于确诊［见彩图版图4-4-6］。

【预后】

患病动物如不及时治疗，可在1～2周内，因脓毒败血症或化脓性胸膜炎而致死。

【治疗】

先对鼻分泌物进行药敏试验，筛选最有效的药物，再用大剂量敏感抗生素类药物进行治疗，可收到良好的效果。通常首选药为青霉素大剂量或氨苄青霉素（15～20mg/kg）静脉滴注，7d为1个疗程，如果效果不好，可使用红霉素等。同时配合应用10%氯化钙或葡萄糖酸钙静脉滴注。脓肿破溃时，可试用松节油蒸气呼吸或薄荷脑石蜡油气管内注射。

（三）真菌性肺疾病（Fungal pulmonary disease）

1. 组织胞浆菌病（Histoplasmosis） 是由荚膜组织胞浆菌（*Histoplasma capsulatum*）引起的人和多种动物真菌性疾病。该病原菌可从肺或胃肠道扩散到淋巴结、肝、脾、骨髓、眼及其他脏器而引起全身性感染。猫似乎比犬更易感。约50%的病例有呼吸道症状，可出现明显的呼吸急促或肺呼吸音异常，但很少见咳嗽。详细内容请参阅本书第六部分传染病中关于系统性真菌感染的描述。

2. 芽生菌病（Blastomycosis） 通常是吸入皮炎芽生菌（*Blastomyces dermatitidis*）孢子而引起的慢性肉芽肿性和化脓性病变。该病原可从肺部扩散到淋巴系统、皮肤、眼、骨骼等器官引起全身系统性真菌感染。临床上公犬的感染比母犬多见，虽然各个年龄段均可感染，但以2～4岁犬发病率最高。约40%病犬可表现出发热，患有慢性肺病的病犬极有可能转为恶病质。65%～85%的感染犬有呼吸道症状，可出现轻度的呼吸紊乱或严重的呼吸困难，部分严重感染的病例因低血氧而表现出发绀。病犬一般有干咳症状，轻度感染的病例常诊断为窝咳（kennel cough）。肺门周围淋巴结肿大压迫支气管，支气管或肺泡的炎症等均可引起咳嗽。胸腔渗出或胸膜疼痛可引起呼吸浅促。详细内容请参阅本书第六部分传染病中关于系统性真菌感染的描述。

3. 球孢子菌病（Coccidioidomycosis） 为一种粗球孢子菌（*Coccidioides immitis*）侵入肺并扩散而引起全身性真菌感染性疾病。临床上主要以肺和淋巴结化脓、肉芽肿为特征。犬、猫均可感染。详细内容请参阅本书第六部分传染病中关于系统性真菌感染的描述。

4. 曲霉菌病（Aspergillosis） 是由曲霉属的几种真菌引起的人和多种动物共患的传染病。犬主要表现为鼻腔和鼻旁窦组织感染，猫有肺和肠道感染的报道。详细内容请参阅本书第六部分传染病中关于系统性真菌感染的描述。

（四）寄生虫性肺疾病（Parasitic pulmonary disease）

1. 肺毛细线虫病（Capillaria） 请参阅本书寄生虫性气管炎条目相关的内容。

2. 并殖吸虫病（Paragonimiasis） 又称肺吸虫病，是由卫氏并殖吸虫（*Paragonimus westermani*）寄生于肺脏引起的一种疾病。犬、猫均可感染。

【病原】

虫体呈深红色，肥厚，卵圆形，体表有小棘，大小为（7.5～16）mm ×（4～8）mm，厚 3.5～5.0mm。腹面扁平，背面隆起。口、腹吸盘大小相似，口吸盘位于虫体前端，腹吸盘位于虫体中横线稍前。两条肠管形成 3～4 个弯曲，终于虫体末端。睾丸 2 个，分 5～6 枝，并列于虫体后 1/3 处。卵巢分 5～6 叶，位于睾丸之前。卵黄腺很发达，分布于虫体两侧。子宫内充满虫卵，与卵巢的位置相对。虫卵呈金黄色，椭圆形，不太对称，大小为（75～118）μm ×（48～67）μm。该虫发育需 2 个中间宿主。第 1 中间宿主为淡水螺，第 2 中间宿主为甲壳类。成虫在肺部的包囊内产卵，沿气管系统入口腔，咽下后随粪便排出体外。在外界环境中，毛蚴孵出。毛蚴钻入第 1 中间宿主体内发育至尾蚴阶段。尾蚴离开螺体进入第 2 中间宿主体内变为囊蚴。犬、猫吃到含囊蚴的第 2 中间宿主（如溪蟹和喇蛄）后，囊蚴在肠内破囊而出，进入腹腔，在脏器间移行窜扰后穿过膈肌进入胸腔，经肺膜入肺脏。虫体在体内可活 5～6 年。因有到处窜扰的习性，还常侵入肌肉、脑及脊髓等处。成虫在肺部寄生时，由于虫体的刺激和虫卵所引起的免疫反应，可导致小支气管炎和增生性肺炎。移行的幼虫可以引起腹膜炎、胸膜炎和肌炎。

【临床症状】

患猫和犬可表现出精神不振、阵发性咳嗽、呼吸困难等。窜扰于腹壁时可引起腹泻与腹痛。寄生于脑部及脊髓时可引起神经症状。

【诊断】

根据粪检或痰检虫卵或剖检发现虫体进行诊断，间接血凝试验和 ELISA 也可作为辅助诊断。

【治疗】

（1）吡喹酮 按 3～10mg/kg，口服，每天 1 次。

（2）丙硫咪唑 按 15～25mg/kg 口服，每天 1 次，连用 6～12d。

（3）苯硫咪唑 按 50～100mg/kg 口服，每天 2 次，连用 14d。

（4）硝氯酚 按 1mg/kg 口服，每天 1 次，连用 3d。

（5）硫双二氯酚 按 100mg/kg 口服，每天 1 次，连用 7d。

3. 猫圆线虫病（Feline aelurostrongylosis） 是由莫名猫圆线虫（*Aelurostrongylus abstrusus*）寄生于猫的细支气管和肺泡所致。世界大部分地区均有分布。

【病原】

体形较小，雄虫长 4～5mm，雌虫长 9～10mm。口孔周围有两圈乳突，内圈 6 个较大，外圈 6 对，一大一小排列，为小乳突。雄虫交合伞短，分叶不清楚。背肋稍大，外背肋单独从基部发出，侧肋 3 枝平列，腹肋 2 枝连在一起。雌虫阴门开口近虫体后端。虫卵大小为（60～85）μm×（55～80）μm。该虫发育需要蜗牛和蛞蝓作为第 1 中间宿主，啮齿类、蛙类、蜥蜴和鸟类为第 2 中间宿主。成虫寄生于肺动脉血管内，产卵后，卵侵入肺泡，孵出幼虫。幼虫进入气管系统，上行到达咽喉，咽下入消化道随粪便排出。幼虫长360μm，食道长度几乎达体长的一半，尾部呈波浪弯曲，背侧有1小刺。幼虫被第1中间宿主吞食后，发育为感染性幼虫。第2中间宿主吞食了含感染性幼虫的第1中间宿主后，幼虫在其体内形成包囊。终末宿主吞食了第2中间宿主而感染。感染后，幼虫进入食道、胃或肠管上段黏膜，经血液循环到达肺部寄生。从感染到发育为成虫约需5～6周。

【临床症状】

中度感染时，患猫出现咳嗽、打喷嚏、厌食、呼吸急促等症状。严重感染时，可出现咳嗽剧烈，厌食，呼吸困难，消瘦，腹泻，常发生死亡。剖检见肺表面可以见到大小不等的灰白色结节，结节内含有虫卵和幼虫。胸腔内时有乳白色液体，含有虫卵或幼虫。由于结节的压迫和堵塞，可以引起周围肺泡萎缩或炎症。

【诊断】

用贝尔曼法检查粪便内的幼虫，发现大量虫体时，即可确诊。

【治疗】

(1) 左旋咪唑 按10mg/kg口服，每天1次，共给药5或6次。

(2) 丙硫咪唑 按20mg/kg口服，每天1次，连用5d为1疗程，间隔5d，重复1个疗程。

4. 弓形虫病（Toxoplasmosis） 是由刚地弓形虫（*Toxoplasma gondii*）引起的一种原虫病，可寄生于犬、猫、人和其他多种动物。猫是弓形虫的终末宿主。犬和猫多为隐性感染，但有时也可引起发病。发病猫临床上以厌食、嗜睡、高热（体温在40℃以上）、呼吸困难（呈腹式呼吸）、孕猫流产等为特征。发病犬主要以发热、咳嗽、呼吸困难、厌食、精神沉郁、眼和鼻流分泌物、呕吐、黏膜苍白、运动失调、孕犬早产和流产等为特征。详细内容请参阅本书第六部分传染病中关于原虫感染的描述。

（五）立克次氏体病（Rickettsial disease）

与犬猫肺实质炎症相关的立克次氏体病主要是犬埃利希体病（canine ehrlichiosis）和落基山斑点热（rocky mountain spotted fever，RMSF），可引起动物的发热、厌食、精神沉郁、鼻腔流出黏性分泌物、呼吸困难等症状。详细内容请参阅本书第六部分传染病中关于立克次氏体病的描述。

四、异物性肺炎

异物性肺炎（foreign body pneumonia）又称吸入性肺炎（aspiration pneumonia），是由于吸入异物到肺内引起支气管和肺的炎症。

【病因】

灌药方法不当、吞咽障碍是异物性肺炎最常见的原因。当咽炎、咽麻痹、食管阻塞和伴有意识障碍的脑病时，由于吞咽困难，容易发生吸入或误咽现象，从而引起异物性肺炎。

【临床症状】

当异物进入肺内，最初可引起支气管和肺小叶的卡他性炎症，表现为呼吸急速而困难，明显的腹式呼吸，体温升高到40℃以上，精神沉郁，食欲下降或废绝，畏寒，有时战栗，心跳加速，并出现湿性咳嗽。随后病情加剧，最终发展为肺坏疽，后期呼出带有腐败恶臭味的气体，鼻孔流出有腥臭的污秽鼻液。肺部检查，触诊胸部疼痛明显，听诊有明显啰音。叩诊呈浊音，后期可能出现肺空洞而发出灶性鼓音。若空洞周围被致密组织所包围，其中充满空气，叩诊呈金属音；若空洞与支气管相通则听诊呈破壶音。

【诊断】

根据病史和临床症状可作出初步诊断。确诊需做鼻液检查和X线检查，检查鼻液可看到肺组织碎片、红细胞、白细胞、脂肪滴及大量微生物等。如鼻液加10%氢氧化钾溶液煮沸，离心获得的沉淀物，在显微镜下检查，可见到由肺组织分解出来的弹性纤维。X线摄片检查，如见到透明的肺空洞及坏死灶的阴影，即可确诊。本病应与腐败性支气管炎相区别，腐败性支气管炎缺乏持续高热，并且在鼻液中无弹力纤维。

【治疗】

本病应以缓解呼吸困难、排出异物、制止肺组织腐败分解及对症治疗为原则。

（1）缓解呼吸困难　及时进行氧气吸入。

（2）排除异物　让患病动物横卧，后腿抬高，有利于咳出异物。皮下注射2%盐酸毛果芸香碱0.2～1mL，增加气管分泌，促使异物排出。

（3）防止继发感染　如属需氧菌感染，可用头孢霉素Ⅰ（10～15mg/kg），每天3次静注；如因厌氧菌感染，在应用青霉素、链霉素的同时，应配合口服克霉唑片或静脉滴注甲硝唑注射液。

（4）中西结合治疗　抗生素可注入天门、大椎、身柱、喉俞、天突、肺俞等穴位，静脉注射双黄连注射液，口服百合蜂蜜汤或千金苇茎汤。

五、特发性肺间质纤维化（Idiopathic pulmonary interstitial fibrosis，IPIF or IPF）

特发性肺间质纤维化是一类以肺泡、肺间质、肺小血管、终末气道不同程度的炎症损伤，以及损伤后的修复、纤维化为特征的疾病。

【病因】

其发病原因目前尚不清楚。发病机制尚不明确，目前研究较多的包括：肺损伤、肺泡上皮细胞的损伤和凋亡，均为IPF早期的特点。肺泡上皮细胞损伤是引起肺纤维化的关键。在IPF中，肺泡上皮细胞的损伤、凋亡，间质细胞的异常增殖形成一个恶性循环，导致逐步纤维化。肺泡上皮细胞和肺泡毛细血管内皮细胞受损后，出现增生并参与某些细胞因子的合成及分泌，这些细胞因子级联放大炎症反应，可加重肺组织的炎症损伤。一方面，这些细胞因子促使炎症细胞浸润，介导中性粒细胞向着肺泡趋化、聚集和活化，形成以中性粒细胞比率增高（20%）为特征的肺泡炎，而中性粒细胞炎症反应又释放一系列介质，可引起或加重肺损伤与纤维化。另一方面，促细胞因子和炎症递质的进一步分泌和表达，形成复杂的细胞因子网络，直接损伤肺细胞、细胞外基质、基底膜等结构。

【临床症状】

主要表现为进行性加重的呼吸困难，活动后尤其明显，临床表现出干咳、口唇、爪甲紫绀、低氧血症，以肺容积减少为特征的限制性通气功能障碍。肺部听诊，肺泡呼吸音减弱，可听到破裂性啰音及捻发音。

【治疗】

宜抗炎、抗纤维化和抗氧化治疗。

（1）抗炎治疗　以糖皮质激素加硫唑嘌呤或环磷酰胺的抗炎治疗为代表，此外还用具有抗感染和免疫调节的作用的药物，主要以红霉素、阿奇霉素为代表。

（2）抗纤维化　IFN-γ、甲苯吡啶酮、秋水仙碱等药物的治疗均有文献报道。近年来还有用吡非尼酮等。

（3）抗氧化剂　如牛磺酸、烟酸、N-乙酰半胱氨酸（NAC）、还原型谷胱甘肽（GSH）等。

（4）中西结合治疗　糖皮质激素注射剂可注入身柱、三焦、肺俞等穴位。口服活血化瘀的中草药，单味药如川芎嗪、当归、丹参、刺五加、银杏叶、三七等；复方包括：抵挡汤，养肺活血汤（黄芪、麦冬、北沙参、五味子、丹参、川芎、卫矛等）等。基于通痹法的升补宗气的“肺纤通方”（旋覆花、海浮石各15g，威灵仙12g，鳖甲、三棱、莪术各10g）。

六、过敏性肺炎（Hypersensitivity pneumonia）

过敏性肺炎又称嗜酸细胞性疾病（eosinophilic disease），是指以肺脏嗜酸性浸润为病理特征的一种疾病，临床上以咳嗽为主要症状，但用抗生素和常用的止咳药治疗无效。犬、猫均可发生。

【病因】

多数情况是特发性的和内源性的过敏原影响肺，致使肺实质有大量嗜酸性细胞浸润。其他器官嗜酸性粒细胞的广泛浸润、特殊的寄生虫感染、肿瘤（如肺的淋巴肉瘤和大多数细胞瘤）与肺的嗜酸性粒细胞增多有关；免疫介导的多关节炎偶尔与肺的嗜酸性粒细胞增多有关。真菌性疾病可导致肺的嗜酸性粒细胞增多。

【临床症状】

临床症状变化较大，咳嗽是主要症状且对抗生素治疗无效，体重下降、嗜睡、厌食和发烧。

【诊断】

根据病史和临床症状可作出初步诊断，确诊需进一步检查，血象中外周血嗜酸性粒细胞增多，胸片显示肺间质、肺泡密度甚至大面积肺叶密度增加，气管冲洗、支气管冲洗、胸穿刺或肺组织活检的结果可发现嗜酸性粒细胞增多，有时可见肥大细胞。特异病因还需进一步检查，如粪便悬浮法检查寄生虫、血清学检查全身性真菌感染等。

【治疗】

主要用皮质类固醇类药物治疗，开始用泼尼松龙（0.5～1mg/kg），每天1次口服；也可考虑使用其他免疫抑制剂，如硫唑嘌呤（2mg/kg），每天1次口服，连用10～30d。但应注意逐渐减少每天皮质类固醇类药用量。此外，只有在病初作微生物培养证明有感染才应使用抗生素。支气管扩张剂有助于缓解临床症状。中西结合治疗，可将皮质类固醇类药物注射剂注入身柱、三焦、肺俞等穴位，并口服复方甘草合剂或止嗽散。

七、肺肿瘤（Pulmonary neoplasia）

原发性肺肿瘤不常见，猫和犬的肿瘤发生率分别为1.2%和0.5%。老龄动物（大于10岁）常发生肿瘤，除了淋巴结肉芽肿常发生在青年犬（1～6岁）外，转移性肺肿瘤比原发性肺肿瘤更常见。犬常见的原发性肺肿瘤主要为癌，如支气管肺泡癌、鳞状细胞癌、支气管散发癌或支气管腺癌或肺泡癌等，少见肉瘤，如淋巴肉瘤、纤维肉瘤、血管肉瘤或骨肉瘤等。猫极少报道有良性肿瘤，恶性肿瘤较常见，如腺癌、鳞状细胞癌、支气管腺癌等。转移性肿瘤包括乳房肿瘤、骨肉瘤、甲状腺肿瘤、移行性细胞瘤、黑色素瘤、血管肉瘤、鳞状细胞瘤等。

【病因】

目前尚不完全清楚。

【临床症状】

病犬多数表现出咳嗽，呼吸困难，嗜睡，体重下降，呼吸急促，少数病例发热或跛行。

【诊断】

根据临床症状和病史可作出初步诊断，确诊需做X线［见彩图版图4-4-7］、胸内穿刺或活体组织、支气管镜等检查，必要时可做开胸探查术。

【预后】

原发性肺肿瘤一般是单个发生，发生率低于转移性肺肿瘤，后者可在肺广泛性转移，预后谨慎。

【治疗】

本病一般需要手术治疗，对孤立的肿瘤可选择肺叶切除术治疗。已经有临床研究指出，在一些病例中用化学疗法辅助治疗可以提高存活率，长春新碱对原发性肺癌的治疗有帮助。中西结合治疗，手术后应用抗生素时，可注入大椎、身柱、天突和肺俞等穴位，为配合化疗可口服扶正祛邪药和调理气血及脾胃的中草药。

【预防】

治疗后每1～3个月后做胸部X线检查，跟踪观察其疗效。

第七节　胸膜和胸膜腔疾病
Pleurae and Pleural Cavity Diseases

一、胸膜炎（Pleuritis）

胸膜炎是胸膜发生以纤维蛋白沉着和胸腔积聚大量的炎性渗出物为特征的一种炎症性疾病，临床上以胸部疼痛、体温升高、腹式呼吸、听诊出现胸膜摩擦音和胸部叩诊出现水平浊音为特征。按渗出物的性质，可分为浆液性、浆液—纤维素性、出血性、化脓性、化脓—腐败性等。原发性胸膜炎犬、猫均较为少见。

【病因】

（1）原发性胸膜炎　多由胸壁严重挫伤、胸膜腔肿瘤及寒冷刺激使机体防御机能降低，病原菌乘虚侵入而致病。

（2）继发性胸膜炎　多发生于支气管肺炎、胸部食管穿孔、结核病、犬传染性肝炎、猫传染性鼻气管炎、猫传染性腹膜炎、钩端螺旋体病等疾病过程中。

【临床症状】

病初精神不振，食欲降低或废绝，体温升高到40℃以上，呼吸浅表，呈断续性呼吸和明显的腹式呼吸，脉搏加快。患病犬猫一般呈站立或犬坐姿势，疼痛性咳嗽，胸部检查时烦躁不安，甚至发生战栗或呻吟。胸部听诊，随呼吸运动可听到胸膜摩擦音，随着渗出液增多，则摩擦音消失。伴有肺炎时，可听到拍水音或捻发音，同时肺泡呼吸音减弱或消失，出现支气管呼吸音。若胸膜腔伴有大量渗出液时，胸部叩诊时呈水平浊音，且水平浊音会随体位变化而改变。慢性胸膜炎，可表现出食欲减退，消瘦，间隙性发热，呼吸困难，运动乏力，反复性咳嗽，当胸膜发生广泛粘连或高度增厚时，听诊肺泡音微弱，呼吸机能的某些损伤可能长期存在。

【诊断】

根据胸膜摩擦音和叩诊出现的水平浊音等典型症状可作出初步诊断，结合X线检查和B超检查，即可确诊。胸腔穿刺液检查结果有助于胸膜腔积液的鉴别诊断（见表4-4-1）。

【预后】

急性渗出性胸膜炎，全身症状较轻时，如能及时治疗，一般预后良好。因传染病引起的胸膜炎或化脓菌感染导致胸腔化脓腐败时，则预后不良。转变为慢性后，因胸膜发生粘连，预后应谨慎。继发于食道破裂或胸腔肿瘤的胸膜炎，预后不良。

【治疗】

治疗原则是抗菌消炎，减轻疼痛，制止渗出，促进渗出物的吸收或排除，对症治疗。

（1）抗菌消炎　选择氨苄青霉素（25mg/kg）、头孢唑啉（15～25mg/kg）或林可霉素（10～22mg/kg），并配合应用庆大霉素（5～10mg/kg）或丁胺卡那霉素（犬15～30mg/kg，猫10～15mg/kg），肌内或静脉注射，每天1次。

（2）减轻疼痛　给予杜冷丁（11mg/kg），每8～12h肌内注射一次；或安痛定/复方氨基比林，犬1～4mL/次，猫1～2mL/次，肌内注射。

（3）制止渗出　可用10%葡萄糖酸钙20～40mL或5%的氯化钙溶液缓缓静脉注射，每天1次。同时配合地塞米松（5～10mg/次）、维生素C 0.1～0.5g/次，静脉注射，每天1次。

（4）促进渗出物吸收和排除　可口服利尿剂，如速尿（2～4mg/kg），每天2次，也可胸腔穿刺排液，并用0.01%～0.02%呋喃西林、0.1%雷佛奴尔或0.05%洗必泰等消毒液冲洗胸腔，然后再注入氨苄青霉素，或对渗出液做药敏试验后，再注入相应的抗生素，或选用林格氏液加抗生素和胰凝乳蛋白酶

5 000U/100mL，以 10mL/kg 体重的量，每天冲洗胸腔 2 次，通常注入清洗液后约 30～60min 再排出。

（5）对症疗法　补液强心（如安钠咖，犬 0.1～0.3g/次；去乙酰基毛花甙，犬、猫 0.3～0.6g/次，用葡萄糖溶液或生理盐水稀释 10～20 倍缓慢静脉注射）和输氧。

（6）中西结合治疗　抗生素可注入身柱、天突、肺俞等穴位；还可用鱼腥草、金银花、连翘、蒲公英、黄连、黄芩、栀子、板蓝根、石膏等水煎口服。

【预防】

加强饲养管理，供给平衡日粮，增强机体的抵抗力，防止胸部外伤，及时治疗原发病。

二、胸膜渗液（Pleural effusion）

胸膜覆盖在胸壁内面的表面、纵隔及肺脏，前两者称为壁胸膜，后者称为脏胸膜，在壁胸膜和脏胸膜之间有一个潜在的空间，称为胸膜腔。正常情况下，由壁层胸膜产生的浆液，其水分及电解质由肺胸膜的毛细血管及淋巴管吸收，蛋白由壁层及纵隔胸膜的淋巴管吸收，使胸腔内保留有 2～3mL 浆液，具有润滑胸膜和减轻呼吸中肺与胸膜壁层之间的摩擦作用。

胸膜渗液（pleural effusion）的出现是胸膜液的形成与吸收平衡出现失调的结果。一般分为渗出液（exudate）和漏出液（transudate）两种。临床上胸膜渗液包括：胸腔积水、胸腔积血、胸腔积脓、乳糜胸等。

（一）胸腔积水（Hydrothorax）

胸腔积水是指胸腔内积聚有大量漏出液，胸膜无炎症变化，又称胸水，临床上以呼吸困难为特征。

【病因】

本病常因某些疾病阻碍血液和淋巴循环所致。如充血性肺水肿及肺的某些慢性病，充血性心力衰竭、心内膜炎等心脏疾病，胸膜肿瘤（如淋巴肉瘤、转移性乳腺瘤和间皮瘤等）而使静脉干受到压迫导致血液循环障碍，由肝病、肾病、蛋白丧失性肠病及肿瘤等疾病引起的低蛋白血症（血浆蛋白水平低于 1.5g/dL）可使血液胶体渗透压降低也可引起本病。当淋巴管破裂时，可发生单纯性胸腔积水。此外，脉管炎引起胸腔积水主要见于猫传染性腹膜炎，免疫介导性疾病（如系统性红斑狼疮和类风湿性关节炎），也可表现出继发于脉管炎的胸腔积水，尿毒症、胰腺炎也可引起脉管炎和胸腔积水。

【临床症状】

少量的胸腔积水，一般无明显的临床表现。当积水过多时，较特征的症状是呼吸困难、严重时甚至张口呼吸，甚至出现腹式呼吸，呼吸频率加快。体温正常。胸部叩诊时两侧可出现水平浊音界，其浊音界可随动物体位的改变而发生变化。肺部听诊，浸在胸水之下的部分，呼吸音消失，但在胸水上的部分呼吸音代偿性增强；呼吸音消失与增强交界处为一水平线；听诊心脏，心音遥远，呈短脆的“滴答”声，心跳次数正常，稍快或稍慢。胸腔穿刺，有大量无色或淡黄色液体流出。X 线检查，可显示一片均匀浓密的水平阴影［见彩图版图 4-4-8］。

【诊断】

根据呼吸困难及叩诊胸壁呈水平浊音等典型特征可作出初步诊断。胸腔穿刺及抽出液的物理、化学和细胞学检查（见表 4-4-1），可为确诊提供依据。本病应与渗出性胸膜炎相区别，穿刺液检查时，胸腔积水为非炎性漏出液，而胸膜炎为炎性渗出液，并伴有胸部疼痛、咳嗽、体温升高、听诊有摩擦音等症状。

表 4-4-1　不同类型胸膜渗液的特征

项目指标	胸膜渗液的类型					
	漏出液	改性漏出液	渗出液	脓性渗液	乳糜性渗液	血性渗液
颜色	无色至淡黄色	黄色或粉红色	黄色至红褐色	琥珀色至红色或白色	乳白色	红色

（续）

项目指标	胸膜渗液的类型					
	漏出液	改性漏出液	渗出液	脓性渗液	乳糜性渗液	血性渗液
混浊度	清澈	清澈至混浊	清澈至不透明、絮状	混浊或不透明	不透明	不透明
蛋白质含量（g/dL）	<2.5	>2.5	>3	>3.5	>2.5	>3.0
纤维素*	无	无	有	有	不定	有
细菌**	无	无	有	有	无	无
有核细胞总数（个/μL）	<1 000	1 000～7 000（LSA：1 000～100 000）	>7 500	>7 000	不定	>1 000
细胞学特征	大部分为间皮细胞、单核状巨噬细胞	大部分为单核状细胞	大部分为中性粒细胞	变性的嗜中性粒细胞	各种不同比例的小淋巴细胞、多型核白细胞（PMN）及巨噬细胞	大部分为红细胞，嗜红细胞增多症

注：LSA，淋巴肉瘤；PMN，多型性白细胞或中性粒细胞；*，纤维素的有无主要是观察渗出物内是否出现凝块、斑点、线状物而定；**，细菌的测定主要依靠细菌学检查或细菌培养。

【治疗】

积极治疗原发病和对症治疗。若积液过多，出现严重呼吸困难的犬、猫，应穿刺排液，排液后注入适量抗生素和醋酸可的松等；若胸腔积液不多，可用利尿剂，如双氢克尿塞，2～4mg/kg 体重，2 次/d，口服，以促进漏出液的排出。用强心剂，如心得安 5～40mg/kg 体重，3 次/d，以促进漏出液的吸收。中西结合治疗，穴位注射请参阅胸膜炎治疗的相关内容。可用白术、黄芪、干姜、厚朴、桂枝、茯苓、陈皮、葶苈子等水煎口服。

【预防】

本病主要是循环系统疾病、低蛋白血症等因素引起的全身性疾病的局部表现，因此，及时诊断和治疗原发病是预防本病的关键。

（二）胸腔积血（Hemothorax）

胸腔积血是血液积聚于胸膜腔的一种病理现象，多与胸膜壁层、胸腔内脏器官或横膈膜出血有关。犬较猫多发。

【病因】

多见于外伤（如肋骨骨折、胸壁透创等胸部创伤）、肺血管肉瘤、肺挫伤、胸腔手术时造成血管破裂、膈疝且伴有脾或肝脏破裂等。此外，血液凝固异常、双香豆素中毒、血小板减少症、华法令中毒、弥散性血管内凝血和骨髓机能降低也是引起血胸的原因。在犬已有报道，无明显原因的自发性血胸还与狼旋尾线虫或犬恶心丝虫侵害主动脉和肺动脉壁引起的血管破裂有关。

【临床症状】

取决于胸膜腔血液蓄积的程度。少量积血，动物不会出现明显呼吸困难及其他异常，或仅表现呼吸有所加快。大量积血的患病犬猫表现为明显的腹式呼吸，心跳快而弱，呼吸浅而快，甚至出现呼吸困难。叩诊呈浊音，听诊肺泡音减弱，且肺泡听诊区移向胸部背侧。出血严重的病例可出现出血性休克，可视黏膜苍白。胸腔穿刺检查时，发现穿刺液为血液，可凝固或不凝固，性质与外周血液相同。

【诊断】

根据病史、临床症状可作出初步诊断。X线检查、B超检查可见到胸腔内有积液阴影，胸腔穿刺（应注意区别穿刺针刺入血管引起的出血）见到血液，有助于确诊。

【治疗】

及时治疗原发病并配合对症治疗。

（1）对症治疗　为达到止血的目的，可手术结扎止血，也可按每千克体重肌内注射止血敏10～40mg，并用广谱抗生素全身用药以预防继发感染；若患病犬、猫出现休克，首先应进行抗休克治疗，及时补充体液，或予以输血；若出血较多，应尽早进行胸腔穿刺，抽出积血，以便使肺复张，改善呼吸功能，同时进行输氧治疗。

（2）中西结合治疗　注射剂可注入大椎、身柱、喉俞、天突、肺俞等穴位；口服云南白药和（或）四物汤。

【预后】

严重外伤或中毒引起的血凝障碍导致的出血可引起休克，不及时治疗则预后不良。

（三）胸腔积脓（Pyothorax）

胸腔积脓是因化脓性细菌/真菌感染而引起的胸腔内脓液潴留，故又称化脓性胸膜炎或脓胸。犬比猫多发，在犬中多见于幼龄和（或）中年犬、中型和大型犬、工作犬和（或）猎犬，且公犬比母犬易发。

【病因】

细菌和真菌性败血症，病原菌经血液传播造成胸腔脓肿；支气管肺炎、肺脓肿、穿透性咬伤、食道穿孔和化脓性胸膜炎等都可继发胸腔积脓；外源性异物，如草芒刺等穿过胸壁进入胸膜也可造成胸腔积脓，此种情况猎犬常见；还可见于术后感染等。

【临床症状】

病犬可表现出精神沉郁、食欲废绝、体温升高、呼吸困难、腹式呼吸和张口呼吸及前肢外展。伴有痛性咳嗽，叩诊或触诊胸腔有疼痛感。听诊肺泡音减弱，肺泡听诊区移向胸部背侧，心跳快而弱。胸腔穿刺液检查，可见有脓样渗出物。个别病例会出现败血性休克。

【诊断】

根据发病史及临床症状可作出初步诊断，胸腔穿刺及穿刺液检查有助于确诊。

【治疗】

及时治疗原发病并配合对症治疗。及时进行胸腔穿刺或胸壁造口插管排脓和清洗，根据细菌培养和药敏试验结果，应用高敏抗生素注入胸腔，然后肌注或静注以维持药效。同时进行必要的输液疗法，纠正脱水与酸碱平衡紊乱。为加速脓汁的溶解和吸收，可向胸腔内注射蛋白溶解酶。呼吸困难时，可以进行输氧治疗。中西结合治疗，抗生素可注入大椎、身柱、肺俞、天突等穴位，内服五味消毒饮和（或）血府逐瘀汤。

（四）乳糜胸（Chylothorax）

乳糜胸是指胸腔内潴留乳糜的一种疾病。乳糜或乳糜颗粒是在动物小肠黏膜上皮细胞内合成的以甘油三酯为主要成分的中性脂肪颗粒。其进入小肠毛细淋巴管后沿肠系膜淋巴干汇入乳糜池，再沿胸导管进入胸腔。并于胸腔入口处注入左颈静脉或前腔静脉。乳糜胸以胸膜腔积液呈白色乳糜样、胸液分析含有乳糜颗粒为特征。可发生在任何年龄的犬、猫，深胸品种犬可能更易发。

【病因】

外伤、纵隔的肿瘤、炎症、浸润、糜烂和坏死，致使胸导管的阻塞是本病发生的基本病因，右侧胸横膈膜疝、咳嗽、呕吐使胸腔内压变化，造成淋巴管及扩张的淋巴管分支破裂等均可诱发本病。胸导管和前腔静脉连通不佳，胸导管静脉开口形成血栓，纵隔部胸导管形成囊泡等，也可发生本病。乳糜胸的非外伤性原因常见于肿瘤，如纵隔前部的恶性肿瘤可以导致乳糜胸，而且胸导管也可能同时受到侵害；前腔静脉血管瘤当造成血流堵塞时也可以引发乳糜胸。

【临床症状】

患病犬猫病初表现精神沉郁、食欲减退或废绝、呼吸困难、腹式呼吸、突然虚脱、体温下降、可视黏膜苍白及脉搏快而弱。而外伤引起的乳糜胸一般在数日至2周后出现症状，听诊肺泡音减弱或消失，叩诊有浊音，有些病例胸部和腹部可出现浮肿。因肺炎或外科手术不当引发的病例，常常出现体温升高。

【诊断】

根据病史和症状可作出初步诊断。胸腔穿刺引出潴留液检查，液体呈乳白色，奶样，无臭味［见彩图版图4-4-9］。苏丹Ⅲ染色，显微镜下可见乳糜微粒及明显的橙染脂肪球。乳糜涂片染色标本，可见大量淋巴细胞，偶见嗜中性粒细胞。也可做乙醚溶解试验，即在乳糜液中加乙醚振荡，若乳糜微粒溶解变透明即可确诊。临床上有时会见到胸腔内潴留液从外观上看类似乳糜样的液体，内含脂肪变性的肿瘤细胞、炎症产物、胆固醇等，但只要通过苏丹Ⅲ染色检查为阴性，即可区别，这种病例称为假性乳糜胸。

【治疗】

治疗原则是控制乳糜液增加、防止继发感染以及对症治疗。

（1）控制乳糜液增加　首先及时穿刺胸腔，导出过多的乳糜液；为防止乳糜液继续渗出，则进行胸导管结扎，但如属于纵隔肿瘤、胸部淋巴管扩张及先天性乳糜胸的犬，则不宜结扎。

（2）抗感染　给予广谱抗生素进行肌内注射。

（3）对症治疗　由于乳糜液潴留影响呼吸，故乳糜液导出后，必须同时给予吸氧疗法。病情严重者，应通过静脉补给葡萄糖、电解质、氨基酸及脂溶性维生素等。同时让患病犬猫安静休息，避免剧烈运动，给予低脂肪，高蛋白和高能量的食物。

（4）中西结合治疗　抗生素可注入大椎、身柱、肺俞等穴位；口服五子利胸汤加减：车前子、枸杞子、菟丝子、五味子、葶苈子、大黄、黄芪、茯苓。

【预防】

一旦发现动物出现呼吸困难，胸、腹部浮肿时应立即送医院诊治，以免耽误抢救和治疗。

三、气胸（Pneumothorax）

气胸是指胸膜内贮积气体，由于空气破坏了胸腔的负压状态和限制肺的扩张，动物以典型的换气不足为临床特征。犬和猫一般都表现为双侧性气胸。

【病因】

（1）外伤性因素　通常是由于车撞、咬伤或枪伤致使胸膜壁层、胸膜脏层或肺脏破裂，空气自裂孔进入胸膜腔，胸腔负压消失，使肺脏萎缩。

（2）自发性因素　多由潜在的肺部疾病（如结核、气肿、肿瘤等引起肺、支气管、气管自发性破裂）所致。

（3）医源性因素　多因施行胸部穿刺手术、活组织检查时处置不当而造成。

【临床症状】

患病犬猫主要表现为呼吸困难、呼吸急促。有疼痛表现，可视黏膜发绀，胸廓扩大，肋间隙张开。胸部听诊肺泡音明显减弱或消失，胸部叩诊音增强，这可能由于胸膜内压力超过大气压，肺实质萎陷所致。有些患病动物可能因缺氧而死。

【诊断】

根据病史，结合胸廓扩大、呼吸困难、黏膜发绀等典型症状可作出初步诊断。X线检查发现胸腔积气，肺小泡萎缩，由于肺泡萎缩使得肺小泡的不透明性增加（见彩图版图4-4-10），心脏轮廓向前提高和其外围透明度增加等结果都有助于该病的确诊。

【治疗】

(1) 对症治疗　气胸较轻或动物无明显临床症状时，可采用保守疗法，将动物在限位笼内安静饲养，随时观察病情，防止病情恶化。外伤性气胸，应立即进行外科处理，清理创口，并严密缝合，用无菌纱布或棉垫覆盖伤口，并用胶布及绷带扎紧，使外界空气不能再进入胸膜腔，然后再作胸膜腔穿刺，将进入胸腔的气体抽出体外，从而降低气压。必要时，可采用恒定的负压抽吸系统减压，解除自发性气胸的气体的积聚。外伤性气胸伴发血胸时，除及时抽气、排除积血外，还应及时补液和（或）输血。严重呼吸困难病例应迅速输氧；若严重感染，应全身给予抗生素治疗；痰多的病例应及时予以清理，并配合给予化痰药。

(2) 手术治疗　若肺和呼吸道破裂，必须手术处理；自发性气胸，也可采取排气方法，如治疗数日无效，可施行探查性胸壁切开术。

(3) 中西结合治疗　抗生素可注入大椎、身柱、肺俞、天突等穴位，同时配合口服云南白药。

四、膈疝（Diaphragmatic hernia）

膈疝是指腹腔内容物进入胸腔的疾病，是一种内疝。犬、猫均可发生此病。

【病因】

(1) 先天性膈疝　是指胚胎期膈裂孔未能闭合而引起，临床较少见，多发于幼龄动物。

(2) 后天性膈疝　常是由于坠落、车祸、腹部猛力打击，致使腹内压迅速骤增，从而引起横膈膜最薄弱点随之破裂。此外，穿透伤也可引起膈破裂、腹部器官进入胸腔，遂形成膈疝。

【临床症状】

(1) 先天性膈疝　多发生于幼龄犬，一般无特征性症状。常表现出呼吸困难，采食固体食物后更加剧烈。严重病例可出现呕吐、弓背收腹和腹痛。若小肠进入胸腔，则胸部听诊可听到肠蠕动音；若肝脏嵌入横膈膜裂孔中，则肝脏受损，肝功能异常。

(2) 后天性膈疝　根据腹腔器官进入胸腔的多少，常出现不同程度的呼吸困难，如有血管损伤，往往有内出血，黏膜苍白，甚至休克，有时伴有发热。

【诊断】

根据病史、症状以及临床检查结果可作出初步诊断。X线摄片检查可见到横膈膜阴影部分，硫酸钡造影可确定消化管位置移动或腔内是否存在消化管，这些检查结果都有助于确诊该病。

【治疗】

动物情况比较稳定时立即做横膈膜修复手术。

(1) 横膈膜修复手术　术式可采用胸腔和腹腔径路，一般选用胸腔通路比较容易，多在第6或第7肋骨上切开。开胸后，首先分离进入胸腔内的腹腔器官与心肺、胸膜的粘连。若肠管高度臌气积液，则应在严密防止污染的情况下，再进行穿刺，然后进行整复。若疝轮过小，还纳有困难时，可扩大疝轮以便整复。嵌闭性膈疝，肠管如果已发生坏死，应作肠截除吻合术，然后经扩大疝轮送回腹腔，采用重叠钮扣状缝合法闭合疝轮，最后闭合胸壁切口。

(2) 中西结合治疗　术后可用抗生素注入脾俞、三焦、后海、大肠俞、小肠俞等穴位，口服三香散以调理肠胃。

第八节　纵隔疾病

Diseases of the Mediastinum

一、纵隔积气（Pneumomediastinum）

纵隔积气是指纵隔内贮留有气体的疾病。犬、猫均可发生此病。

【病因】

胸部外伤使胸部气管或食道破裂，导致气体进入纵隔内；颈部损（咬）伤或某些疾病使食道和（或）气管破裂、穿孔，使颈部贮留的气体进入纵隔内；气道阻塞引起的剧烈咳嗽、剧烈呼吸运动、剧烈吠叫和（或）呕吐使胸腔内的压力突然发生变化，造成肺泡破裂，气体沿呼吸道和血管系统经肺门进入纵隔内；纵隔感染产气杆菌时，可产生气体，进入纵隔内形成纵隔积气；此外，在气管冲洗、气管造口术、气管内导管放置不当以及麻醉失误时，也可见纵隔积气。

【临床症状】

食欲不振或废绝，呕吐，呼吸急促或呼吸困难，或出现痉挛和躁动不安。颈、胸部皮下气肿，触诊可感知捻发音。如因损伤引起，可出现局部出血。若因肺部感染所致，往往伴发严重的全身症状，如体温升高、呼吸困难等。

【诊断】

根据病史和临床症状可作出初步诊断，X线检查可作出确诊。皮下气肿严重时，通过食道造影及支气管镜检查可确定破裂孔的位置。

【治疗】

（1）对症治疗　轻症犬猫在限位笼内安静饲养，结合输氧治疗，可促进破（撕）裂孔的封闭和愈合；若并发气胸和明显呼吸困难时，应尽快通过穿刺除去胸腔内的气体；对食道和气管破裂或穿孔、肺囊肿、肺脓肿等局限性病灶，应尽快用支气管镜等确定病变部位，手术闭合破裂孔或切除病灶；对气体漏出部位不清楚的动物，应于胸腔内分别留置较粗的侧孔，间歇性排气至排完为止；当继发感染时，应进行抗菌疗法，并投予强的松龙等类固醇制剂。

（2）中西结合治疗　抗生素等注射剂可注入大椎、身柱、天突、肺俞、喉俞等穴位，内服五味消毒饮和（或）血府逐瘀汤。

【预后】

纵隔积气可在其他主要疾病治愈后7～14d康复，可连续用X线检查跟踪治疗效果。

二、纵隔炎（Mediastinitis）

纵隔炎是一种在纵隔区域内发生的急性、亚急性和慢性炎症。犬、猫纵隔炎的发生主要与细菌、真菌等的感染有关。

【病因】

（1）食道穿孔或破裂　可由异物（如骨头、鱼刺、树枝、腐蚀剂）、胸廓外伤、医源性引起的破裂（如内窥镜检查、活组织穿刺检查）、治疗过程中造成的破裂（如探针扩张术、吹气术）和原发性食管癌等引起。

（2）气管穿孔或破裂　主要由插管时使用管心针引起医源性损伤、支气管镜检损伤、穿透性胸外伤（如咬伤、枪伤等）、移取气管内异物（如麦芒、缝针）时造成的损伤引起。

（3）来自邻近组织感染　如头、颈和腋下感染时，经筋膜面直接扩散所致。

（4）来自胸内组织感染　如心包、胸膜、淋巴结和肺感染的直接扩散，胸导管造口术的并发症，胸外科并发症等。

（5）急性纵隔炎通常由细菌性微生物所引起　最常见的致病菌是链球菌、葡萄球菌和埃希氏大肠杆菌。

（6）慢性纵隔炎通常是由真菌性微生物所引起　最常见的致病菌是组织胞浆菌、球孢子菌、酵母菌和隐球菌。此外，放线菌属、诺卡氏菌属和棒状菌属的部分细菌也可引起慢性纵隔炎。

【临床症状】

急性纵隔炎发病迅速，有严重临床症状。主要表现出呼吸困难、吞咽困难、胸痛、发烧，同时可见气胸或胸腔积液，颈部、头部以及前肢皮下浮肿。慢性纵隔炎常呈潜伏状，无明显的临床症状。

【诊断】

根据病史、临床症状和体检结果可作出初步诊断。病初X线检查一般无明显特征，随着病情的发展可见纵隔增宽、模糊，后期很难见到正常结构；若伴发食道和（或）气管破裂时，在颈部软组织或纵隔处可见到气体；有的病例胸部X线检查可见到并发的气胸或胸腔积液。也可做计算机断层扫描和磁场回音成像。细针抽吸物进行微生物培养，血象检查等均有助于诊断。

【治疗】

（1）对症治疗　对细菌引起的纵隔炎，应用抗生素进行治疗，选用广谱抗生素，包括抗厌氧菌，治疗至少连续3～6周，疗程应结合X线检查和血象检查的结果确定；对真菌引起的纵隔炎，应用抗真菌药治疗，至少持续3～6个月；食道或气管穿孔，因脓肿或肉芽肿形成障碍时，常用手术疗法，手术治疗后应注意术后护理，每周最好进行一次X线检查和血象检查，直到病情稳定。

（2）中西结合治疗　请参阅纵隔积气治疗的相关内容。

三、纵隔团块状物损伤（Mass lesions of the mediastinum）

纵隔团块状物损伤是指在纵隔内出现占位性新生物，或在纵隔间隙淋巴结肿大（尤其是胸骨、气管支气管和肺门的淋巴结）。纵隔团块状物包括纵隔肿瘤和其他肿胀物。犬、猫均可发生。

【病因】

（1）纵隔肿瘤　其发病原因目前尚无统一认识，通常认为由胚胎发育异常、组织迷走、组织突变所致。所谓胚胎发育异常，即在胚胎发育过程中有胚芽遗留在纵隔内引起畸形发育，进而形成肿瘤（如畸胎瘤）；组织迷走，即是纵隔以外的组织移植于纵隔内异常发育，进而演变成肿瘤（如甲状腺癌、甲状旁腺癌）；组织突变，即是纵隔内各种组织在特定因素作用下可引起组织增生，异常发育，形成肿瘤或癌变，如全身感染或邻近器官受损后感染化脓转移至纵隔致使组织增生产生肉芽肿、腺肿或包囊，浸润淋巴管和淋巴结，最后逐渐形成淋巴瘤样肉芽肿或淋巴肉瘤等。在犬、猫，纵隔肿瘤可来源于纵隔组织（如淋巴结、胸腺、大血管、气管、食道、椎旁组织）、异位组织（如甲状腺、甲状旁腺）或邻近组织（如肺脏、间皮组织、甲状腺）肿瘤的扩散/转移。猫纵隔淋巴瘤主要见于猫的白血病病毒感染，而犬纵隔淋巴瘤往往与犬的高钙血症有关。

（2）纵隔其他潜在的肿胀物　包括脓肿、肉芽肿、血肿、囊肿、传染性淋巴结病、膈疝、胃食道套叠等。

【临床症状】

若仅有小的、生长缓慢的肿瘤或淋巴结，小的无囊壁的脓肿或肉芽肿，患病犬猫一般无临床症状。随着肿瘤、肉芽肿、包囊逐渐长大，将会出现相应的临床症状，主要表现为咳嗽、呼吸困难、吞咽困难、返流等。有的病例会出现头部、颈部和前肢的水肿，主要见于颅侧腔静脉综合征（cranial vena caval syndrome）；有的病例出现喉麻痹或霍纳综合征（Horner's syndrome），见于纵隔肿瘤引起的外周神经障碍。此外，有的病例还可见严重肌无力，低丙种球蛋白血症、高钙血症和胸腺瘤再生障碍性贫血等症状。

【诊断】

根据病史和临床症状可作出初步诊断，X线检查、B超检查、胸腔镜检查、胸腔穿刺检查（穿刺活检、胸腔穿刺液的细胞学检查）等均有助于该病的诊断。

【治疗】

（1）对症治疗　对于脓肿和肉芽肿或包囊，可用特效抗细菌或抗真菌药，也可用手术排脓或移除术，手术后滞留一根胸导管可间歇排除积液或空气，或用于胸腔灌洗手术后24～72h胸部X线检查是否仍存在气胸或积液，如果已确诊为纵隔脓肿，经常监测体温并做一个完整的血细胞计数，以获得是否有持续感染的证据。对于包囊，可用针吸法胸外引流。对胸腺瘤、脂肪瘤、畸胎瘤、甲状腺癌、甲状旁腺癌病例可选择手术切除。对淋巴肉瘤和一些转移瘤可选择化疗，而放射疗法可作为对淋巴肉瘤和胸腺瘤的辅助疗法。

（2）中西结合治疗　请参阅肺肿瘤治疗的相关内容。

第五章 心血管系统疾病

Diseases of the Cardiovascular System

第一节 心血管的检查

Cardiovascular Examination

一、病史和临床症状

（一）病史

完整的病史能提供非常有价值的信息，它是评估心血管疾病不可分割的一部分。从表 4-5-1 所列举的相关问题中，我们可以获得一个比较准确的病史。这些信息有助于我们选择适当的诊断方式。

表 4-5-1　重要病史

- 特征描述（年龄、品种、性别）
- 疫苗接种情况
- 日粮种类？最近摄食或饮水有无变化？
- 从哪里获得该动物？
- 动物饲养在室内还是室外？
- 户外活动时间？
- 正常活动水平？动物是否很容易劳累？
- 有无咳嗽？持续时间？发作症状？
- 有无过度的或不正常的喘气或沉重的呼吸？
- 有无呕吐或作呕、腹泻？
- 最近的排尿习惯有无变化？
- 有无晕厥或虚弱？
- 可视黏膜颜色是否正常，特别是在锻炼的时候？
- 最近精神状态及活动水平有无变化？
- 现在有无药物治疗？用什么药？剂量？用药时间？有无疗效？
- 过去有无药物治疗史？用什么药？剂量？有无疗效？

（二）心脏病和心衰的症状

一些动物即使没有发生心力衰竭，也会出现心脏病的症状。心脏病的症状包括：心脏杂音、心律失常、颈静脉搏动和心脏扩张。其他可能由心脏疾病导致的临床症状包括：晕厥、脉搏过强或过弱、咳嗽或呼吸困难、不耐运动和发绀。当出现心血管疾病症状时，建议通过胸片、心电图、超声心动图或其他一些检查方法进一步检查。

心力衰竭的临床症状见表 4-5-2。心衰的原因主要是静脉回流受阻或心脏供血不足。右心衰竭可继发充血症状与全身静脉血压升高及其后遗症，左心衰竭可导致肺静脉压升高和水肿。在一些动物中可能会发生全心衰。

表 4-5-2 左心衰竭和右心衰竭的临床症状

心输出量不足的症状	充血性症状—左侧	充血性症状—右侧
易疲劳	肺充血和肺水肿（导致咳嗽、呼吸急促、呼吸困难、端坐呼吸、肺部湿啰音、劳累、咯血和发绀）	全身静脉充血（中心静脉压高、颈静脉怒张）
极度虚弱		肝脾充血
晕厥		胸腔积液（导致呼吸困难、端坐呼吸、发绀）
肾前性氮质血症		少量心包积液
发绀	继发性右心衰竭	皮下水肿
心律不齐	心律不齐	心律不齐

1. 虚弱与晕厥

(1) 虚弱（weakness） 临床可表现为倦怠无力、运动耐力降低、易疲劳、全身肌肉无力等。心脏疾病或心力衰竭的动物出现虚弱往往是由于心输出量不足，特别是激动的时候。运动状态下骨骼肌血液灌流减少，以及长时间运动导致的血管和代谢的变化也会导致虚弱。

(2) 晕厥（syncope） 是大脑供氧不足或低血糖引起的暂时性意识丧失。晕厥本身不是一种疾病，而是某种疾病的症状。各种心脏病和非心脏性疾病都会引起晕厥和间歇性虚弱。

引发晕厥的心脏原因包括各种各样的心律不齐、心室输出障碍、紫绀型先天性心脏缺陷、导致心脏输出量减少的后天性疾病、血管减压反射的激活和心血管药物的作用。在运动引起的心输出量不足或高血压激活心室机械感受器的情况下，心输出障碍能够引起晕厥或者突然虚弱，并造成反射性心动过缓和低血压。扩张性心肌病和严重的二尖瓣闭锁不全能导致心输出量不足，尤其是在劳累的情况下。摄取过量的血管扩张剂和利尿剂可能诱发晕厥。外周血管异常和/或神经反射引起的晕厥的机制尚不清楚，但是经常会发生。体位性低血压、过度换气和颈静脉窦感受器的超敏反应能导致外周血管舒张和心动过缓而引起晕厥。

伴随咳嗽的晕厥发作通常发生在左心房扩张、支气管受压的犬以及有原发性呼吸系统疾病的动物身上。严重肺部疾病、贫血、某些新陈代谢的异常和原发性神经疾病也可以导致心血管源性的晕厥。

2. 咳嗽（cough） 咳嗽是一种保护性反射动作，能将呼吸道异物或分泌物排出体外。咳嗽亦为病理状态，当分布在呼吸道黏膜和胸膜的迷走神经受到炎症、温热、机械和化学因素的刺激时，可通过延脑呼吸中枢反射性引起咳嗽。犬充血性心力衰竭，往往表现出咳嗽、呼吸急促和呼吸困难。这些症状也发生在有肺血管疾病和恶丝虫病性肺炎的犬和猫中。某些非心脏原因引起的疾病，包括上呼吸道疾病、下呼吸道疾病、肺实质疾病（包括非心源性肺水肿）、肺血管疾病、胸膜腔疾病以及某些非呼吸系统疾病也可引起咳嗽、呼吸急促和呼吸困难。犬左心衰竭伴发的咳嗽往往是轻微的湿咳，但有时听起来像是呕吐。相反，肺水肿的猫很少咳嗽。胸膜和心包积液偶尔会咳嗽。犬慢性二尖瓣闭锁不全时，显著扩张的左心房会压迫大支气管而引发咳嗽，心脏肿瘤或者其他大的异物压迫气道也会发生咳嗽。

大多数由心脏疾病而引起呼吸系统症状的犬和猫，均会出现心脏肥大或左心房扩大或肺静脉充血。全面的体格检查、胸腔 X 线检查、超声心动图和心电图检查可以加快区分心脏性与非心脏性原因引起的咳嗽，以及其他一些呼吸道疾病症状。

二、体格检查

患心脏病动物体格检查的内容包括视诊（如精神状态、姿势、体格发育、焦虑度、呼吸类型）和一般的物理检查。心血管系统检查的内容包括末梢循环检查（黏膜检查）、全身静脉（通常是颈静脉）检查、全身动脉（通常是股动脉）脉搏检查以及心前区检查和心肺的听诊。

出现呼吸困难的动物往往会很焦虑，表现为呼吸费力，鼻孔开张成喇叭形并且呼吸频率加快。低氧血症、高碳酸血症、酸中毒可以引起呼吸深度的加大。肺水肿（以及其他肺部浸润）会影响肺的呼吸功能，产生快而浅的呼吸。休息时呼吸频率增高是肺水肿或原发性肺病的早期症状。有严重胸腔积液或胸膜腔疾病的动物会代偿性的增加胸部运动使塌陷的肺得到扩张。上呼吸道疾病时表现为吸气延长和吸气费力，而下呼吸道阻塞或肺的浸润性疾病（包括肺水肿）时表现为呼气延长。猫和犬在呼吸不畅时会拒绝躺下，它们或站或坐，把肘部外展使肋骨得到最大扩张（端坐呼吸）。猫呼吸困难时，往往以胸骨着地蹲伏，肘部外伸，严重呼吸困难时会张口呼吸。兴奋、发烧或疼痛引起的呼吸频率增加，通常可以通过仔细观察和体检来与呼吸困难相区别。

（一）黏膜检查

黏膜颜色和毛细血管再充盈时间（CRT）可用来判断外周循环灌注是否充足。通常情况下，一般检查口腔黏膜，也可以检查包皮或阴道黏膜。假如口腔黏膜本来是有色的，那么可以检查眼结膜。CRT 采用数字压力器来测定，压力作用下黏膜变白，2 秒内变白的黏膜应该恢复原来的颜色。黏膜再充盈时间较慢时表明机体脱水，或者外周交感神经兴奋和血管收缩，两者都与心输出量下降有关。黏膜苍白表明贫血或外周血管收缩。除非同时存在灌注不足，贫血动物的血管再充盈时间一般都正常。然而，很难评估患严重贫血的动物的毛细血管再充盈时间，因为缺少颜色的对照。表 4－5－3 概括了黏膜颜色异常的原因。

表 4－5－3　不正常黏膜颜色及其原因

黏膜颜色	原　因
黏膜苍白	贫血 心输出量不足/交感神经兴奋性增加
黏膜充血、呈砖红色	红细胞增多 败血症 兴奋 引起外周血管扩张的其他因素
黏膜发绀*	肺实质疾病 气道阻塞 胸膜腔疾病 肺水肿 由右至左分流的先天性心脏缺损 肺通气不足 休克 寒冷 高铁血红蛋白症
黏膜黄疸色	溶血 肝胆疾病 胆道梗阻

*肉眼可见的发绀中需要每升血液中至少含 0.5g 不饱和血红蛋白，所以贫血的动物即使有显著的低氧血症也可能不会出现发绀。

（二）颈静脉检查

颈静脉能反映全身静脉和右心的充盈压力。当动物正常站立（下巴与地面平行）时，颈静脉不应扩张。另外，颈静脉搏动延长到高于脖子长度的 1/3 时是不正常的。有时颈动脉的搏动通过牵引相邻的软组织，可引起与颈静脉搏动相似的波动，主要见于瘦弱或兴奋的动物。为了区分是颈静脉的还是颈动脉搏动，可以在看到有搏动波的颈静脉位置下面轻轻按压以闭合颈静脉，如果搏动波消失，那它就是颈静脉搏动；如果仍然有搏动，那它就是从颈动脉传出来的。颈静脉波与心房收缩和充盈有关。颈静脉阳性搏动发生于三尖瓣闭锁不全（搏动发生在第一心音后，心室收缩时），会造成右心室的僵硬和肥厚，并会有心律不齐。持续的颈静脉扩张常发生于右心充血性心力衰竭、颅静脉受外力压迫和颈静脉血栓。

（三）动脉脉搏检查

通常通过触诊股动脉或其他外周动脉来评估脉搏的频率和强度。检查时应该对两侧的股动脉进行比较触诊，如果是单侧无脉搏搏动或脉搏较弱有可能是血栓栓塞造成的。猫的股动脉很难触诊，难以触诊到的脉搏可以通过指尖在股三角区轻轻触诊找到。

脉搏频率可通过胸壁触诊或听诊测心率来测定。如果动脉脉搏频率小于心跳次数，那么就是脉搏短缺。脉搏短缺由各种心律不齐引起，心脏在心室充盈前跳动，结果心脏跳动的时候没有或者只有很少血液射出，也触诊不到脉搏。

（四）心前区检查

心前区采用触诊检查，将手掌和手指置于心区胸壁相应的位置，通常搏动最强的位置是在收缩期的左心尖（大概位置在肋骨软骨交界处附近的第五肋间）。心脏肥大或胸腔内的占位性肿块可以使心搏动的位置发生变化。心搏动强度下降则可能由肥胖、心脏收缩减弱、心包积液、胸腔肿块、胸腔积液或气胸而引起。左胸壁的心搏动强度强于右侧胸壁。右侧胸壁的心搏动过强可见于右心室肥大、占位性病变引起的心脏右移、肺不张或胸部畸形。强烈的心搏动和巨大的心杂音引起胸壁的震动称为心悸。

（五）体液积聚的评估

右心衰竭可以引起全身皮下水肿和体腔内积液。通常用于检查体液渗出和皮下水肿的方法是触诊腹部和其他相应区域，或对站立的动物进行胸部听诊。右心衰竭继发的积液通常都伴随着颈静脉怒张和/或颈静脉波动（脱水的情况例外）。右心衰竭的犬、猫也常见到肝肿大和/或脾肿大。

（六）胸部听诊

胸部听诊可以辨别正常心音，判断是否存在异常心音，估算心音频率和节律，以及评估肺部的声音。为了更清楚的听取心音，听诊时需要动物的配合和一个安静的环境。为了保证心脏在正常的位置，如果可能的话动物最好保持站立。为了不让犬张嘴喘气，可以把它的嘴紧闭起来。把手指短暂置于一个或两个鼻孔下，呼吸杂音会进一步减弱。为了阻止猫喘息，可以把手指放在一个或两个鼻孔下，或者在猫的鼻子附近摇晃蘸有酒精的棉球。各种情况都有可能会干扰听诊，包括呼吸杂音、空气流动音、肌肉颤动音、毛发对听诊器的摩擦音（爆裂声）、胃肠蠕动音以及外在的室内杂音。听诊时应仔细听取胸部各个方位的心音，特别是瓣膜区域。听诊器要在胸部各个区域慢慢移动。检查者应该注意各种心音，并将其与心动周期联系起来，注意听舒张期和收缩期是否有异常心音。

第二节 心血管系统的诊断检测

Diagnostic Tests for the Cardiovascular System

一、心电图检查

（一）心电图检查的优缺点

心电图能提供关于心率、心脏节律以及心内传导等方面的信息，也能诊断某些心腔的扩大、心肌病、局部缺血、心包疾病、某些电解质紊乱及某些药物中毒。但是单独的心电图本身不能用来诊断充血性心力衰竭。而且，尽管心电图对心脏评估具有很高的价值，但它本身不能预示动物是否能耐受麻药或外科手术过程，也不能评估心脏收缩的强度。

（二）犬和猫的正常心电图参数

见表4-5-4。

表4-5-4 犬和猫的正常心电图参数

参 数	犬	猫
心率	70～160 次/min（成年），70～220 次/min（幼犬），70～180 次/min（玩具犬）	160～240 次/min，平均197 次/min
平均心电轴（额面）	＋40°～＋100°	0～＋160°
Ⅱ导联测量值		
P 波时间（最大）	0.04s（大型犬 0.05s）	0.03～0.04s
P 波高度（最大）	0.4mV	0.2mV
PR 间期	0.06～0.13s	0.05～0.09s
QRS 综合波时间（最大）	0.05（小型犬）～0.06s（大型犬）	0.04s
R 波高度（最大）	2.5（小型犬）～3mV（大型犬）	0.9mV，总的 QRS 偏移应小于 1.2mV
ST 段偏移	降低＜0.2mV，升高＜0.15mV	没有明显偏移
T 波高度	通常小于 R 波高度的 25%，可以是正波和负波或双相波	最大 0.3mV，可以是正波（最常见）和负波或双相波
QT 间期时间	0.15～0.25s，与心率成反比	0.12～0.18s（范围 0.07～0.2s），与心率成反比

（三）心脏扩大和束支传导阻滞

心电图波的改变能提示某个特定心腔的扩大或传导紊乱，尽管出现这些心电改变时并不一定会伴随有心腔扩大的出现。P波的加宽往往与左心房的扩大有关，有时候P波会像变宽一样出现缺口（称为二尖瓣P波）。右心房扩大会呈现出一个高的峰状P波（肺性P波）。心房显著扩大可能会降低心电图中PQ间期的基线值，这个改变代表着心房复极化（Ta波）。

右心室的扩大（由扩张或肥大引起）只有很明显的时候才会在心电图上显示出来。判断右心室扩大（或右束支传导阻滞）的标准是心电轴右偏和Ⅰ导联出现S波。左心室的扩张和肥大通常会导致R波电压的增大。左心室肥大并不总是伴随有心电轴左偏。心室传导阻滞会扰乱正常的心电进程并改变QRS波形。

有时会出现小的QRS综合波群。QRS波幅减小的原因有胸膜或心包积液、肥胖、胸腔内的肿块、血容量不足和甲状腺功能减退。有时候在一些没有明显异常的犬身上也会出现小的QRS波群。

（四）窦性节律

窦性节律是一种正常的心脏节律。P波在尾导联（Ⅱ和aVF）通常表现为阳性，PQ间期恒定，RR间期规则，只有小于10%的时间差异。窦性心律不齐的特点是窦率周期性的减慢和加快，通常还与呼吸有关。伴随吸气节律加快，呼气节律减慢，通常P波形状会发生周期性改变（称为游走节律点），在吸气时P波会变得更高呈峰状，而在呼气时会变得扁平。窦性心律不齐在犬身上是一种常见的也是正常的心律，但在猫身上少见。明显的窦性心律不齐通常出现在一些有慢性肺部疾病的动物身上。

表4-5-4列出了犬和猫的正常窦性心率范围。窦性心动过缓和窦性心动过速都起源于窦房结，并且能正常传导。引起窦性心动过缓和窦性心动过速的原因见表4-5-5。

表 4-5-5 引起窦性心动过缓和窦性心动过速的原因

窦性心动过缓	窦性心动过速
低体温	过热/发热
甲状腺功能减退	甲状腺功能亢进
心脏骤停（之前或之后）	贫血/缺氧
药物（如利眠宁、麻醉剂、β阻滞剂、钙离子通道阻滞剂、洋地黄）	心力衰竭
颅内压增大	休克
脑干损害	低血压
严重代谢病（如尿毒症）	脓毒症
引起迷走神经紧张的各种原因	焦虑、兴奋、运动、疼痛
窦房结疾病	药物（如抗胆碱能类、拟交感神经药）
运动型犬心动过缓属正常	毒物（如巧克力、双三氯酚）
	其他引起交感紧张的原因

（五）异位节律

来自窦房结以外的神经冲动（异位冲动）是不正常的，会导致心律不齐。异位冲动是基于它的起搏点（房性、房室交界性、室上性、心性）和起搏时间而言的。异位节律表现为单个或连续多次出现期前收缩。三个或三个以上的期前收缩连续出现就形成心动过速。心动过速持续的时间可能会比较短（阵发性心动过速），也可能持续相当长时间（持续性心动过速）。

1. 室上性早搏综合波 神经冲动源于房室结以上，在心房或在房室交界处。它们能通过传导路径正常地在心室内进行传播，其 QRS 波是正常的（除非也发生心室内传导障碍）。心房性早搏综合波产生之前通常会有一个不正常 P 波（可能是阳性波、阴性波或双相波形）。如果发生在房室结前的异位 P 波已经完全复极化，那么这个神经冲动可能无法传入心室（生理性房室传导阻滞）。另外，神经冲动的传播速度可能会变慢（PQ 间期延长）或出现束支传导阻滞波形。临床上，更重要的是要区分心律不齐是起源于房室结前（室上）还是房室结后，而不是它的具体位置。室上性早搏综合波通常使窦房结去极化，窦性节律重新设置，并产生一个“非代偿间歇”（在窦性波群前和早搏综合波后产生一个间隔，这个间隔时间少于 3 个连续窦性综合波）。

2. 房性心动过速 犬的心房激活的频率通常在每分钟 260～380 次之间。P 波往往隐藏在 QRS-T 复合波中。房性心动过速可以是阵发或持续发生，通常比较规则，除非是心率太快，以至于房室结不能传导神经冲动。心房冲动和心室激活的比率如果比较恒定（如 2∶1 或 3∶1），则预示着这种心律不齐是规律性的。有时心房冲动传过房室结，但延迟在心室传导系统内，造成束支传导阻滞的心电图波形。在这种情况下，可能难以与室性心动过速相区分。

3. 心房扑动 心房扑动的产生是由于在心房生物电活动中，通过心房的电冲动异常迅速（通常超过了 400 次/min），并且规则而连续。心室的应答则可能是规则的或者不规则的，取决于房室传导的波形。心电图的基线是由许多形状相似的锯齿状的扑动波组成。心房扑动不是一个稳定的节律，它通常会退变为心房纤颤或者转化为窦性心律。

4. 心房纤颤 这是一种很常见的心律不齐，其特征是快速并且紊乱的心房生物电活动。心电图表现为 P 波消失，代之以许多形状、大小、间隔完全不等的颤动波。心房纤颤引起的心律不齐通常相当快。大多数情况下，QRS 综合波的波形正常，因为心室内传导路径正常。经常也会见到 QRS 综合波的高度出现变化，也会发生间断性的或者持久性的束支传导阻滞。犬和猫的心房纤颤往往见于显著的心房疾病和心房扩大。发生心房纤颤之前通常会有间歇性房性心动过速或者心房扑动。

5. 室性早搏综合波 室性早搏综合波起源于房室结以下，并且心室传导路径不正常。因此其 QRS 波的波形不正常。室性异位综合波与正常的综合波相比，通常更宽，这也是由于电冲动在心肌内的传导变慢所致。室性早搏综合波之后会跟随着一个“代偿性间歇”。

（6）室性心动过速　室性心动过速是一系列的室性早搏综合波（通常大于100次/min）。窦性P波可能与室性综合波重叠或者是处在其中，他们与室性早搏综合波无关，因为房室结和心室处在不应期（生理学上的房室分离）。当正常心室肌的激活被另一段室性早搏综合波阻断时，会产生一种“融合”的综合波。融合波经常见于室性心动过速发作的开始或结束时刻，融合波出现之前会有一个P波和短暂的PR间期。发现P波或者融合波群有助于区别室性心动过速和伴有心室传导异常的室上性心动过速。

（7）室性纤颤　这是一种致命的心律，其特征是心室的生物电活动紊乱，心电图由不规则的波动基线组成，显示为快速的正弦波。室性纤颤可能是粗大的或细微的心电图波形摆动。心室性心搏暂停是由于心室的生物电活动（或机械活动）消失。

（六）传导障碍

1. 房室结的传导障碍　房室结传导障碍是指冲动从心房传至心室的过程受到阻滞。使迷走神经过度紧张的药物（例如洋地黄、甲苯噻嗪、维拉帕米以及麻醉剂等），房室结的器质性病变或者心室传导系统的病变都会引起房室传导异常。房室传导障碍根据阻滞的程度一般分为三度，当从心房到房室结的传导（或者是心室传导系统）延长时，会发生一度房室传导阻滞，PR间期延长。二度房室传导阻滞的特征是具有房室传导间期，有些P波后面没有QRS综合波。二度的房室传导阻滞有2种亚型，分别为莫氏Ⅰ型和莫氏Ⅱ型。莫氏Ⅰ型传导阻滞的特点是，PR间期逐渐延长，直到P波后无相应的QRS波群（即心室搏动脱漏，它常常与房室结自身的紊乱和/或迷走神经高度紧张有关）。莫氏Ⅱ型传导阻滞的特点是心电图上无PR间期逐渐延长的现象，但呈现周期性的P波不能下传，即在一系列心搏动后，P波不能传入心室而发生心室搏动脱漏，因而在该P波后面没有QRS综合波。当心房的窦性冲动完全不能传导至心室时，会出现三度或完全房室传导阻滞，通常会有规则的窦性心律或窦性心律不齐，但是，P波与QRS综合波不相关，心室受另一个节律点控制，因此心房、心室各有固定的节律。

2. 束支传导阻滞　束支传导阻滞是心室内传导阻滞。按解剖部位，分为左束支和右束支传导阻滞，左束支又分为左前束支和左后束支。三条主要的束支发生阻滞都会导致三度心传导阻滞。电冲动在心肌内的传播变慢，因此出现的QRS波群变宽。右束支传导阻滞有时在正常的犬、猫也可以出现，当然也可能由疾病或右心室扩张引起。左束支阻滞通常与严重的左心室疾病有关。左前束支传导阻滞常见于患有肥厚性心肌病的猫。

（七）ST-T异常

1. ST段　ST段连接QRS综合波的尾部和T波的起始部。在Ⅰ、Ⅱ或是aVF导联上，ST段异常的升高（犬＞0.15mV或猫＞0.1mV）或者降低（犬＞0.2mV或猫＞0.1mV）可能很显著。心室肌心电激活异常时会发生继发性的ST段变化，这些变化经常与QRS偏转的方向相反。患有心房扩大或心动过速时，由于显著的Ta波，可能会看到ST段的假右位心。表4-5-6列出了ST段异常的常见原因。

2. T波　这段波代表了心室肌复极化，犬和猫的T波可能是阳性波、阴性波或者是双相性的。不同动物T波的大小、形状或极性可能变化很大。T波的异常可能是原发性的（与去极化过程无关）或继发性的（与去极化异常有关）。表4-5-6列出了T波异常的原因。

3. QT间期　QT间期代表了心室激活和复极化的全部时间。这段间期与平均心率成反比。心率越快，QT间期就越短。自主神经的紧张性、各种不同的药物以及电解质紊乱均会影响QT间期的持续时间（表4-5-6）。当心室复极化过程不均匀时，QT间期的延长可能会造成动物严重的心律不齐。

表 4-5-6 ST 段、T 波和 QT 间期异常的原因

异常情况	原　因
ST 段下移（>0.12mV）	心肌缺血 心肌梗塞/损伤 低血钾或高血钾 心脏损伤 继发性变化（心室肥大、传导障碍、室性早搏） 洋地黄（“下垂”状） 假性下移（明显的 Ta 波）
ST 段抬高（>0.15mV）	心包炎 左心室心外膜损伤 心肌梗塞 心肌缺氧 继发性变化（心室肥大、传导障碍、室性早搏） 地高辛中毒
T 波增大	心肌缺氧 心室肥大 心室内传导障碍 高血钾 代谢性或呼吸性疾病和心血管药物中毒
帐篷型 T 波	高血钾
QT 间期延长	低血钙 低血钾 奎尼丁中毒 乙二醇中毒 继发于 QRS 综合波延长 低体温 中枢神经系统疾病
QT 间期缩短	高血钙 高血钾 洋地黄中毒

二、胸部影像诊断

胸部摄影技术在检查犬猫的心脏疾病及心力衰竭方面一直都发挥很重要的作用。拍照时，至少应该拍两个视角的影像：侧面影像和背腹位（DV）或腹背位（VD）影像。拍照时，推荐使用高电压和低电流的摄影条件，以更好的检查软组织结构。

在吸气末进行曝光最理想，因为在呼气时，肺部密度变大，心脏相对变大。尽量缩短曝光时间，以减小呼吸运动的影响。要想准确测定心脏的大小、形状以及肺实质的情况，正确的对病畜进行体位固定是很重要的。从侧面看，肋骨应该从背侧依次排列。从背腹侧或腹背侧看，肋骨、椎体和背侧的棘突应该呈重叠排列。应该固定拍照所选的视角，因为在不同的体位下心脏的形状会发生轻微的变化。例如，从腹背侧看，心脏看起来较背腹侧长。

当评估犬的心脏大小和形状时，应该考虑到胸部的结构，因为不同品种犬的胸部结构会有很大的差异。对于圆形和桶状胸的犬，其侧位影像中，心脏与胸骨有更大的接触，而在背腹位或腹背位影像中，心脏呈椭圆形。与此相反，胸部窄犬的侧位影像中心脏呈立式且伸长，在背腹位或腹背位影像中心脏显得小且近圆形。心包过于肥大可能会造成心肥大的假象。正常情况下，受胸腔尺寸的影响，幼犬的心影会显得比成年犬稍微大一些。

由于胸部结构的变化、呼吸的影响、心动周期以及体位的影响，可能很难发现轻微的心肥大。心影的异常缩小是由静脉血回流减少导致的，比如休克或血容量过低。利用影像学技术判断心脏的大小和形状是否发生异常时，应该综合考虑临床物理检查的结果和其他一些检测的结果。

三、心脏超声诊断

超声心动图是一种非常重要且对心脏及其周围结构成像的无创性工具，可用于评估心室腔的大小、心壁的厚度、心壁的运动、心脏瓣膜结构和运动情况以及近端大血管的状态。超声心动图能够进行心包膜和胸水检测，它也诊断与心脏相邻的占位性病变。超声心动图检查操作时，通常不用或只用到少量的化学试剂。与其他的诊断方法一样，超声心动图必须结合完整的病史调查、心血管系统的检查以及其他适当的测试，才能达到最好的诊断效果。检查者必须具备专业的检查技能，扎实掌握心血管系统正常和异常的解剖学和生理学特征。超声设备以及患病动物的个体特征，会影响到超声图像的质量。超声波不能很好地穿过骨（如肋骨）和空气（如肺），因此这些结构可能会妨碍整个心脏的成像质量。要取得较好的图像，就要消除传感器和胸壁之间的空气。传感器要放置在预先准备好的皮肤上，根据需要转变角度或旋转以观察到心脏。调整回声束的位置，以便在不同的成像平面更好显示心脏的结构以及心内膜的表面。通过超声仪控制各种参数，如声束的强度、焦点和后处理，这些也都会影响获得的图像质量。图像失真很常见，可以使正常心脏的超声心动图看起来异常。如果能够在一个以上的成像平面看到可疑病变，则这个病变很有可能是真实的。

第三节　先天性心血管疾病

Congenital Cardiovascular Disease

大部分先天性心脏病会伴随有心杂音，因此心杂音是幼犬或幼猫先天性心脏病的一个暗示，尤其杂音声音很大时。有时，心杂音可能无关紧要或是无害的。无害的心杂音在年幼的动物中相对普遍存在，通常比较轻柔，发生在收缩射血期，在左心基部听得最清楚，并且会随心音的频率和身体的位置而发生强度的改变。这些杂音会越来越柔和，通常在 4 月龄左右会消失。先天性心脏病的杂音通常会持续存在，并随时间的延长变得更大，然而这种情况并不多见。在动物的生长过程中，建议进行定期听诊以发现持续存在的心杂音，即使没有其他的临床症状也应该这样做。

动脉导管未闭（PDA）是犬最常见的先天性心血管疾病，肺动脉狭窄（PS）和主动脉瓣下狭窄（SAS）也很普遍。持久性右主动脉弓（血管环异常）、室间隔缺损（VSD）、房室瓣膜畸形（发育不良）、房间隔缺损（ASD）和法洛特四联症（TF）的发生频率较低，但并不少见。猫最常见的先天性心血管疾病是房室瓣膜发育不良、心房或心室间隔缺损，以及心内膜弹力纤维增生症（主要发生于缅甸猫和暹罗猫）。发生于猫的其他心脏病还有动脉导管未闭（PDA）、主动脉瓣下狭窄（SAS）和肺动脉狭窄（PS）。公猫比母猫先天性心脏病的发病率要高。纯种动物先天性心脏病的发病率要高于混血动物。

一、心室输出受阻（Ventricular outflew tract obstructions）

心室流出受阻的地方可发生于半月瓣、瓣膜下方或瓣膜的上方。肺动脉瓣畸形在犬和猫中最常见。狭窄病变使心室压力超载，心脏需要更高的压力和更长的射血时间来使血液通过狭窄的出口。收缩压超载的典型反应是心肌肥大，但有时也可能会表现为心室扩张。心室肥厚可阻碍心脏充盈或导致继发性房室瓣关闭不全。心室舒张压和心房压力过高可导致心力衰竭。心律不齐也可导致或加速充血性心力衰竭的发展。

（一）肺动脉狭窄（Pulmonic stenosis）

肺动脉狭窄（PS）是肺动脉瓣孔附近存在纤维组织环而使右心室流出通道不同程度地变窄所致的一种先天性心脏瓣膜病，在临床上可分3种病型，即瓣膜上狭窄、瓣膜狭窄和瓣膜下狭窄。肺动脉狭窄占先天性心脏病的5%～8%，其中90%为瓣膜狭窄。肺动脉狭窄可以阻滞血液从右心室流入肺动脉，其病理形态学特征包括肺动脉的瓣膜性和（或）瓣膜下狭窄、肺主动脉的狭窄后扩张、肺右心室肥厚以至扩张，以及肝肿大和腹水等右心充血性衰竭的病变。犬肺动脉狭窄，居先天性心脏病的第二位，仅次于动脉导管未闭，但猫则少见。由右心室肥大引起的漏斗形狭窄，可发展为继发性的瓣膜狭窄，从而增加了狭窄的严重性。肺动脉狭窄在英国斗牛犬、猎狐犬、小型雪纳瑞犬、吉娃娃犬、萨摩耶犬、英国小猎犬发病率较高，另一些纯种犬也有发病的报道。

【病因】

该病主要由肺动脉瓣先天性发育不良引起。大量数据表明与遗传有一定关联。某些英国斗牛犬和拳师犬的冠状动脉异常可以导致心室血液输出受阻，这与肺动脉狭窄的发生有关。

【临床症状】

肺动脉狭窄在一些小型纯种犬中比较常见。许多患有肺动脉狭窄的犬在进行诊断时是无症状的。中度至重度狭窄动物，物理检查可发现右心前区显著搏动、左心底震颤、股动脉脉搏正常或略微减少、黏膜呈粉红色，偶尔出现颈静脉搏动。听诊时，在左心底可清楚地听到收缩期射血杂音，某些病例可于胸右侧听到心杂音。疾病早期，心脏收缩时能听到“咔嗒”音，这种杂音可能由瓣膜的突然闭合产生。还可听到继发性三尖瓣闭锁不全的杂音，在一些病例中也可能存在心律不齐。

【诊断】

X线照片可发现典型的肺动脉狭窄。右心室肥大经常引起心尖左移。在背腹侧或腹背侧都有可能看到心脏呈现翻转的“D”形。在背腹侧或腹背侧的一点钟位置能清楚地看到肺动脉干膨胀（狭窄后扩张）的图像，在一些动物中也可见后腔静脉扩张。心电图特征包括右心室肥大，电轴右偏和右心房增大（肺性P波）或心动过速。超声心动图可发现特异性的中度到重度狭窄，包括右心室肥大和扩张。室间隔往往出现扁平化，因为高右心室压力把它推向左边。经常能看到右心房扩张和肺动脉瓣膜增厚或畸形，也可出现肺动脉主干狭窄后再扩张。如果继发充血性心力衰竭，则经常会出现胸腔积液和显著的右心扩张。

【治疗和预后】

治疗方法是缓和狭窄。推荐采用球囊瓣膜成形术。这个过程要结合心脏导管插入手术，可使用特别设计的气囊导管扩大狭窄瓣膜。然而，大部分患犬瓣膜发育不良，很难有效扩张。可使用外科手术操作来减轻犬的中度到重度肺动脉狭窄，然而这些手术禁止用于单一冠状动脉异常的动物中。对于有中度至重度狭窄的动物要限制运动。如果发生充血性心力衰竭，则可使用药物进行治疗。患有肺动脉狭窄动物的预后可能有不同的结果，具体要看狭窄的严重程度，轻度肺动脉狭窄的动物可能会生存一段时间，但是那些有严重狭窄的动物通常会在三年内死亡。若动物患有三尖瓣关闭不全、房颤或其他心律不齐或充血性心力衰竭时预后就很差。

（二）主动脉狭窄（Aortic stenosis）

主动脉狭窄（AS）与肺动脉狭窄相似，分为3种类型，即瓣膜上狭窄、瓣膜狭窄、瓣膜下狭窄，是主动脉基部存在纤维组织环而使左心室流出通道不同程度变窄所致的一种先天性心脏瓣膜病。犬主要见于瓣膜下狭窄。主动脉狭窄在拳师犬、纽芬兰犬和金毛猎犬中较为常见，德国牧羊犬、罗威纳犬及其他纯种犬也有发病报道。

【病因】

犬主动脉狭窄最常见的类型是由纤维或纤维环导致的瓣膜下狭窄，这可能是常染色体显性基因变异引起的。主动脉狭窄分为三种程度：最轻的（Ⅰ级）没有临床症状和杂音，患犬在死后可看到轻度异常；患Ⅱ级主动脉狭窄的犬有轻度的临床症状，具有本病的血流动力学特征，主动脉瓣下有不完整的纤维环；患Ⅲ级主动脉狭窄的犬有严重的临床症状，并且在血液外流通道周围有完整的纤维环，也可能有二尖瓣瓣膜的畸形。患犬年幼时听不到杂音，有些患主动脉狭窄的犬，直到一两岁才检出有心杂音，运动和兴奋可增加杂音的强度。猫也会发生瓣膜下狭窄，也曾报道出现瓣膜上狭窄。

【临床症状】

某些大型犬易发生这种病。大约有1/3患主动脉狭窄的犬有下列病史：疲劳、运动不耐受或运动能力很弱、晕厥或突然死亡，通常在初生期和幼年期出现临床症状。轻度和中度狭窄犬，可存活数年而不出现任何心力衰竭症状。重度狭窄的犬，早期常死于室性心动过速、心肌和脑缺血所致的心性晕厥，晚期一般死于心力衰竭。常表现以下临床症状：衰弱、运动耐受力差、发绀、呼吸困难、虚弱、晕厥或突然死亡。患病动物在左心基底部可听到刺耳的心脏收缩杂音，可横向传播到胸腔右侧，向上传播到颈动脉。杂音的严重程度常常与狭窄的严重性有关。高度的杂音常伴随有心前区震颤，由于大动脉充盈不足偶然出现心脏舒张音。股动脉血容量可见明显的减弱。

【诊断】

可能不易发现影像学异常，尤其是在患有轻度主动脉狭窄的犬和猫中。左心室可正常或扩大，但心电图经常是正常的。ST段的下降源于心肌缺血或者继发于心肌肥厚，运动可能导致更进一步缺血性ST段下降。超声心动图揭示了左心室增厚和主动脉狭窄的程度。通过多普勒超声波心动描记术可以评估损伤的严重程度。峰值梯度超过125mmHg，表明患有严重的狭窄。患有轻度主动脉狭窄的动物，通过多普勒超声估计的动脉血流速率不准确，尤其是多普勒声束对准左心室时是很不理想的。声束最佳对准状态下，不保定的犬主动脉根部速率低于1.7m/s被认为是正常的速率，超过2.2m/s是不正常的。峰值速率为1.7～2.2m/s表明存在轻度主动脉瓣膜狭窄，特别是在有其他证据表明本病存在的时候，例如血流紊乱和主动脉逆流。心导管及心血管造影目前很少用于诊断本病或确定疾病的严重程度，但会结合球囊扩张术使用。

【治疗和预后】

多种外科技术已应用于患有严重主动脉狭窄的犬中，然而通过手术缓解这种疾病是很困难的。对于严重的病例，为了减小心肌氧的消耗并防止心肌缺血性萎缩，推荐使用药物治疗，可用β-肾上腺素阻断药物或钙离子通道阻滞剂。心室节律不齐应该用抗心律不齐的药物加以控制。患有中度至重度主动脉狭窄的动物要限制其运动。

患有轻度狭窄的犬可以不表现出临床症状，不做治疗也能生存较长时间，但中度到严重程度的大多数犬将在3岁前死亡。患有严重性狭窄的犬、猫通常预后不良。患本病的犬突然死亡的概率超过20%。疾病后期可能更容易发生感染性心内膜炎和充血性心力衰竭。

二、房室瓣膜发育不良（Atrioventricular valves dysplasia）

（一）二尖瓣发育不良（Mitral valve dysplasia）

二尖瓣发育异常经常与二尖瓣闭锁不全有关。二尖瓣闭锁不全是瓣膜增厚、腱索伸长等瓣膜改变，使心缩期的左心室血液逆流入左心房的现象。二尖瓣的先天畸形包括腱索缩短、腱部直接附着在瓣膜顶部、乳头肌索过度拉长、唇裂或瓣尖缩短及瓣膜环过度扩张。二尖瓣发育不良最常见于成年的雄性犬、猫。

病理生理学异常表现为严重的瓣膜逆流，其发病机理和后天性二尖瓣闭锁不全相同。发育异常的二尖瓣可导致狭窄和闭锁不全，伴有严重的左心房肥大，阻滞了心室的充盈和心血的排出，增加了左心房的压力，结果导致肺淤血、水肿。

除了幼龄患病动物外，大多数二尖瓣发育不良的动物的临床体征与患有严重退行性二尖瓣瓣膜疾病的成年犬相似。患病动物表现为呼吸困难、左侧充血性心力衰竭、食欲不振、房性心律不齐，特别是心房纤维颤动。左心尖可听见二尖瓣关闭不全的收缩性杂音。X线检查、心电图、超声心动图和心导管的检查结果与患有严重后天性二尖瓣关闭不全的病例相似。超声心动图能确定二尖瓣畸形具体的部位。

对于本病的治疗主要是控制充血性心衰的症状。预后较差，可以考虑进行外科瓣膜重建或更换手术。

（二）三尖瓣发育不良（Tricuspid dysplasia）

三尖瓣发育不良动物的三尖瓣瓣膜和支持结构的畸形与二尖瓣发育不良的动物相似。三尖瓣返流可引起右心房和右心室充盈过度，从而造成并加重右侧充血性衰竭。爱勃斯坦畸形（Ebstein's anomaly）是三尖瓣发育异常的一种形式，房室环在腹侧被取代而成右心室，以至于心室壁成了右前房壁的一部分。三尖瓣发育不良发生于大型的雄性犬，该病在拉不拉多猎犬、魏玛猎犬及其他大型犬中均有报道。该病的病理生理特点与后天性三尖瓣关闭不全完全相同。

病史和临床表现与退行性三尖瓣疾病相似。最初动物可能无症状或者表现为微弱的体力不支、运动耐受力差、晕厥、腹水造成的腹腔膨大、胸腔积液导致的呼吸困难、食欲不振，以及心脏病造成的恶病质。临床检查结果包括三尖瓣关闭不全的杂音和颈静脉的搏动。患有充血性心力衰竭的动物可表现为颈静脉怒张、心音低沉、腹部触诊有波动感。

X线检查可看到右心房和右心室扩张。由于发生心包积液和心肌扩张，心脏阴影可能非常圆。有明显的胸腔或腹腔积液或肝肿大。心电图表现为右心室（有时是右心房）扩张，常见房性心律不齐。

充血性心力衰竭和心律异常可用药物治疗。定期进行胸腔穿刺对有心力衰竭但又不能用药物和饮食来治疗的动物是有益的。预后一般不良，特别是对于发生显著心肥大的病例，然而，一些犬也可存活数年。

三、心外动静脉短路（Extracardial arteriovenous shunts）

最常见的先天性动静脉短路是动脉导管未闭（patent ductus arteriosus，PDA）。PDA为犬最常见的先天性血管畸形，占先天性心脏病的25%～36%。狮子犬、德国牧羊犬、边境柯利犬、爱尔兰塞特犬、骑士查理王猎犬、喜乐蒂牧羊犬、博美犬易患本病，而其他纯种和杂种犬也可患此病。该病很少见于猫。

动脉导管未闭是由于胚胎期的动脉导管在出生后未能闭合所致的一种先天性心脏病。在胎儿时期，动脉导管是肺动脉和主动脉间正常的生理通道。出生后不久（2～3d）即自行闭合。如持续不闭合，则称为动脉导管未闭，并伴随结构上的改变从而永久性未闭，这种情况多发生于几月龄时。

【病因和病理生理学】

本病是多基因遗传病，雌性犬患病的几率是雄性的3倍多。患病动物的导管壁产生组织学异常，不能收缩。导管未闭的程度可能取决于相关变异基因的数量。在导管不能关闭的情况下，血液通过它从降主动脉分流到肺动脉。血液分流在心脏的收缩和舒张期间都会发生，因为一般来说，整个心脏循环中主动脉的压力要高于肺部的压力。分流量取决于两个循环的压力差和导管直径。

动脉脉搏亢进是先天性动脉导管未闭的特征。分流导致主动脉舒张压低于正常值，心脏产生代偿机制以维持全身的血液流量，这增加了左心室的负担。左心室和二尖瓣发生扩张，从而导致二尖瓣关闭不全，并进一步导致容量超负荷。慢性容量超负荷可引起心肌收缩力下降，体液潴留，进一步发生充血性心力衰竭和心律不齐。

【临床症状】

动脉导管未闭的症状取决于导管的粗细、分流量的大小、肺血管阻力的高低、患病动物年龄以及并发的心内畸形。主要表现为左心功能不全或右心功能不全。通常在出生期出现临床症状，6～8周龄时症状明显。临床症状主要包括：气喘、心动过速、急性呼吸困难、发育欠佳、形体瘦小、活动后发绀（下半身发绀最明显）。若并发亚急性心内膜炎，则有发热、食欲不振、出汗等全身症状。动脉导管未闭分流量大的患犬，左侧胸廓略隆起，心尖搏动增强。一般在胸骨左缘第2、3肋间震颤，同时可听到响亮的连续性Ⅲ～Ⅳ级以上心杂音。

【诊断】

动脉脉搏亢进是动脉导管未闭的特征。在左心基底部可听到持续的心杂音。在靠近心尾部可检测到二尖瓣回流音。X线检查可发现心脏肥大（左心扩张），左心房和心耳扩大和肺过度循环，而且在降主动脉或肺动脉干处经常会有明显的膨胀部。患有左心衰竭的动物有很明显的肺水肿。Ⅱ导联心电图的R波波幅显著增大，P波增宽，并出现房性期前收缩、房性心动过速以至房颤等心率失常图形，左心扩张可能继发ST－T段的变化。超声心动图可显示左心肥大和肺动脉干扩张，多普勒超声可显示肺动脉持续存在湍流，心血管造影术可以发现混浊的血液从左到右分流通过血管。

【治疗和预后】

对于2岁以下的患病动物，推荐采用从左到右动脉导管结扎手术。尽管在手术期间有约11%的死亡率，但多数情况下手术是成功的。动物的年龄和体重似乎不会影响手术的结果。使用速尿、血管紧张素转换酶抑制剂控制充血性心力衰竭，此外还要注意休息、限制钠盐的摄入量，使用地高辛进行强心。

如果导管没有关闭，预后取决于导管的大小和肺循环阻力水平。对患有肺动脉高压和分流逆转的动物是不允许手术的，因为在这些病例中，导管是作为“泄压阀”来控制右侧高血压的。导管结扎术在患有逆流性动脉导管未闭的动物中不起作用，甚至还会导致右心衰竭。

四、心内分流（Intracardiac shunts）

心内血液分流的量的多少跟房间隔或室间隔缺损的大小和两侧的压力大小有关。在多数情况下，血液从左心流到右心可引起肺循环超载。局部血液分流可使血流量和心输出量增加，一侧的心脏做大部分的工作从而产生容量超负荷。

（一）室间隔缺损（Ventricular septal defects）

室间隔缺损（VSD）就是左右心室的间隔上有一个洞或多个洞，心室间隔孔不能完全关闭所致的一种先天性心脏病，洞的直径有大有小，可以发生在室间隔的任何解剖部位。大部分室间隔缺损是在中隔膜部的高位，即左侧主动脉瓣和右侧三尖瓣小叶的下面；在室间隔的其他地方也会出现。猫的室间隔缺损可能是心内膜垫缺损的一部分。在心脏收缩期间，由于心脏收缩的压强因素，血液经常从左心室流到右心室，若有较大的缺损，也可从右到左发生部分分流。

【病因和病理生理学】

本病有比较明显的遗传因素，英国斗牛犬等品种有家族史。荷兰卷毛犬，经测交试验已确定为多基因遗传，也有常染色体显性遗传和隐性遗传。染色体畸变也可引发本病。

小的缺损在临床上不会引起严重后果。中度到重度缺损会引起左心增大，导致左侧充血性心力衰竭。非常严重的室间隔缺损可导致双心室像一个没有闭合的大腔，诱发右心室扩张和肥大。有严重分流的动物更容易出现继发性肺动脉高压。在某些患有室间隔缺损的动物中，舒张期瓣叶下垂会导致主动脉回流。室间隔缺损可以单独存在，亦可以是其他复杂心脏畸形的一个组成部分，例如在法洛特四联症、大动脉错位、矫正型大动脉错位、三尖瓣闭锁不全等。VSD常见于猫，不常见于犬。

【临床症状】

许多动物在诊断时无明显症状，最普遍的临床症状是体力不支和左侧充血性心力衰竭。体格检查发现，在左侧后胸腔到颅侧的右胸骨边缘处可听到刺耳的全收缩期杂音。严重的分流能在左侧基底产生肺动脉狭窄的收缩期射血杂音。如果室间隔缺损并发主动脉回流，在左心基底可能听到舒张期渐弱性杂音。通常杂音的大小与缺损的程度呈反比。

【诊断】

室间隔缺损的影像学表现差异很大。严重的分流可导致左心扩张和肺部超循环，可能导致肺动脉主干非常明显。心电图可能正常或显示左心房/左心室的扩张。一旦出现右心室扩张型心电图图形，通常表明存在很大的缺损、肺动脉高压、右心流出通道受阻或心内膜垫缺损。

超声心动图显示左心扩张。多普勒（或回声对比）研究通常显示有分流的血流。心导管检查、血氧饱和度和心血管造影可以测量心内压力、显示右心室流出通道的氧梯度、显示正常血流通道的侧流。

【治疗和预后】

患有小到中度缺损的犬、猫生活相对正常。偶尔在2岁以内缺损会自动关闭。关闭可导致缺损周围心肌肥厚或产生疤痕。严重室间隔缺损的动物容易发生左侧充血性心力衰竭，有些动物则会在年幼时发生分流逆转型肺动脉高压。

室间隔缺损的治疗需要进行心肺的搭桥术或者心内手术。对于严重的从左到右的分流，可在肺动脉主干周围放置一个收缩性的带子，产生轻度的肺动脉瓣膜上狭窄，以此来减轻分流。这会引起右心室收缩压上升继而导致外流阻力增加，结果是分流量、肺部和左心室流量超负荷减少。但是，过分僵硬的带子可引起从右至左的分流，其功能类似法洛特四联症。出现左心衰竭时用药物进行治疗。动物患有分流逆转型肺动脉高压时不应进行缓解手术。

（二）房间隔缺损（Atrial septal defects）

房间隔缺损按缺损部位可分3种类型，包括卵圆孔未闭，即胚胎期右心房向左心房的直接血液通道在出生后未能完全闭锁所致；第2孔缺损，位于卵圆孔区；房间隔下部缺损。严重房间隔缺损（开口孔型）在犬中比较常见；猫的房间隔下部的缺损可能是心内膜垫缺损的一部分。房间隔缺损常伴随其他的心脏异常。在大部分情况下，血液会从左心房分流至右心房，由此产生右心房的容量超负荷。如果又同时发生肺动脉狭窄或肺动脉高压，就可能发生从右向左的分流和紫绀。

【病因】

病因尚不明确，一般认为与近亲繁殖的遗传因素有关，在某些动物品种中呈家族性发生，比如拳师犬。

【临床症状】

某些品种犬单独发生或同其他类型的先天性缺损合并发生。单独的卵圆孔未闭和较轻微的房间隔缺损一般不表现临床症状，大多数只在解剖时发现。也有部分犬可以随着生长发育自行康复。重症病犬，通常在幼年期就表现症状，主要表现出虚弱、运动耐受力差和呼吸急促、可视黏膜发绀和呼吸困难等。严重的从左心房到右心房的血液分流会伴随心内杂音（表明肺动脉狭窄）和固定的第二心音分裂。极少数情况下，可听到柔和的舒张期杂音（提示相对性三尖瓣狭窄）。

【诊断】

严重病例的X线检查可显示右心扩张和肺动脉主干扩张（也可能不扩张），左心不扩张，除非并发其他疾病如二尖瓣闭锁不全。心电图可正常，或显示右心室及心房扩张。心内膜垫缺损的猫，可显示右心室扩张和电轴左偏。超声心动图可显示右心房和心室扩张。多普勒超声心动图可确定在2-D超声波检查时看不到的较小的分流［见彩图版图4-5-1］。

【治疗和预后】

严重的分流可用与室间隔缺损手术相似的方法治疗。此外，当出现充血性心力衰竭时可用药物来治疗。预后不定，预后的结果取决于缺损的大小、是否并发其他疾病以及患病动物的肺血管阻力。

五、血管环异常（Vascular ring anomaly）

胚胎时期的主动脉弓可发生多种血管异常。犬最常见的血管环异常是持久性右主动脉弓（persistent right aortic arch），该病在德国牧羊犬、爱尔兰猎狼犬及其他纯种犬中有报道，其他的血管环异常也有报道。持久性右主动脉弓有时与其他的血管环异常同时发生，例如左颅腔静脉（left cranial vena cava）或动脉导管未闭。血管环异常在猫中很少见。

【临床症状】

血管环异常，表现为刚断奶时进食后迅速引起食物返流，患病动物常常发育受阻，可能发展为严重的肺炎。血管异常形成的环可压迫气管与食道，血管环阻止了固体食物通过食道。血管环上部的食管扩张，可能储积食物。有时血管环下部的食道也会扩张。食物返流通常会继发吸入性肺炎，表现出咳嗽、喘息、发绀的特征性呼吸系统症状。患病动物临床上也可表现为正常，但会逐渐变得非常虚弱消瘦。有些动物在胸腔入口可摸到扩张的颈部食管，食管内充满食物和气体。继发吸入性肺炎的病例可表现出发热和呼吸系统的症状。

【诊断】

胸部 X 线检查通常可显示血管环上部的食道扩张和气管的移位，有或无明显的吸入性肺炎。钡餐可用于确诊［见彩图版图 4-5-2］。鉴别诊断注意区分返流的原因（见胃肠道疾病相关内容）和食管扩张。

【治疗】

可以手术切除压迫的血管环，但为了控制返流，必须进行长期的饮食管理。在动物站立的状态下给予多次、少量、半固态或液态的食物。有些犬尽管手术成功，但仍会发生持续性的返流，这表明存在永久性食管运动障碍。

六、法洛特四联症（Tetralogy of fallot）

法洛特四联症又称先天性紫绀四联症，是最常见的一种紫绀型先天性心脏病，在先天性心脏病中占12%～14%。法洛特四联症包括以下四种并存的病变：肺动脉狭窄（瓣型、漏斗型或二者同时存在）、右心室肥大（继发于肺动脉狭窄）、心室间隔缺损、主动脉右位骑跨于心室间隔上。Etienne-Louis Arthur Fallot 于 1888 年对人类此病的四种病理解剖和临床表现作了较完整的阐述，后人称之为法洛特四联症。

【病因和病理生理学】

病因尚不十分明确，一般认为犬的法洛特四联症具有明显的遗传学因素。荷兰毛狮犬、雪纳瑞犬、狮子犬、考利犬等犬的法洛特四联症确定为多基因遗传病。

病理机制主要为缺氧的血液分流到缺损处，全身组织得到来自右心室循环的缺氧血液，引起氧合血红蛋白饱和度下降、发绀、血氧不足及红细胞增多。

【临床症状】

典型的法洛特四联症，通常在初生期或哺乳期内发病。极少数轻症病例可存活至成年或老年，大多于初生期、哺乳期或1～2 岁内死亡。主要的临床表现有：晕厥、虚弱、运动耐力差、呼吸困难、发绀、生长发育不良和心内杂音等。呼吸困难和发绀是本病的早期症状和固定症状，即使在静息状态下亦不消失，轻微活动（如吮乳）之后则更加明显。而且，由于严重缺氧，常出现继发性红细胞增多症，可视黏膜发绀，血细胞比容（HCT）可增高到 60%乃至 75%，以致继发血管栓塞而造成急性死亡。由于肺动脉狭窄和室间隔缺损，在左侧第 3 肋间和右侧第 2～4 肋间有心脏缩期震颤。听诊可听到收缩期心内杂音。对于典型的 TF，此杂音的最强听取点在左侧第 3～4 肋间。

【诊断】

胸部 X 线片的特点是右心室显著增大、肺动脉变小（有时有突起）和肺视野内血管分布的阴影不明显（肺动脉血流减少）。心电图可显示典型的右心肥大，有时心电轴左偏，20%的病例有不完全右束支传导阻滞。各导联 QRS 综合波波形颠倒。超声心动图检查可显示主动脉骑跨、室间隔缺损、肺动脉狭窄和右心室扩张。多普勒超声可显示从右到左的分流和高速狭窄性肺部血流喷射。心血管造影可显示右室壁增厚、右室血液流出通道变窄、瓣膜性和/或瓣膜下肺动脉狭窄，以及经支气管动脉的肺血流量增大。

【治疗和预后】

主要控制机体的低氧血症。建议对患有严重红细胞增多症的犬、猫定期放血（5～10mL/kg），放血后补入适量的等渗液，保持血细胞比容（HCT）在大约62%。治疗中HCT一定不要低于62%，否则可能由于机体缺氧而导致病情的进一步恶化。一些患有法洛特四联症的犬通过使用β-肾上腺素阻抑剂可以使病情得到改善，不应使用全身血管扩张药物。此外，限制运动也很重要。

法洛特四联症最有治疗意义的修复手术就是进行心脏切开手术。通过手术使血液由左向右分流，可以增加通过肺部的血流量。下列两种手术技术已经得到成功的应用：①肺动脉及锁骨下动脉吻合；②在升主动脉和肺动脉之间创建一个通道。

本病的预后取决于肺动脉狭窄和真性红细胞增多症的程度。轻度患病动物或那些成功做了外科分流手术的动物可能活4～7年。然而，进行性低氧血症、红细胞增生和突然死亡在幼年动物中也比较常见。

七、分流逆转型肺动脉高血压（Pulmonary hypertension with shunt reversal）

【病因和病理生理学】

有一小部分患有血液分流疾病的犬、猫会发展成肺动脉高压（pulmonary hypertension）。易发展为肺动脉高压的先天性心脏病包括动脉导管未闭、室间隔缺损、心内膜垫缺损、房间隔缺损和主动脉-肺动脉短路。正常情况下，肺血管系统可以承受血流的大量增加，而不会出现肺动脉血压的显著升高，因为它是低阻力系统。目前尚不清楚为什么肺动脉高压在一些动物中会发生，但经常会造成相关动物解剖学上的损害。肺动脉高压的标志是肺血管阻力增加，同时伴有右心做功增加。肺动脉高压可引起肺动脉发生不可逆的病理变化，原发性肺动脉高压中可发现肺小动脉中膜平滑肌肥厚、血管内膜增厚或纤维化，有的还出现典型的丛状病变。随疾病发展，肺血管阻力升高，肺动脉压力增加，右心负荷增大，心输出量下降，最终导致右心衰竭。一旦右心室和肺动脉的压力超过全身血液循环阻力，则血流会改变方向，从而使无氧血进入主动脉。这些变化出现在动物六月龄之前。重度的肺动脉高压及其导致的分流逆转称为艾森曼格综合征（Eisenmenger's physiology）。

肺动脉高压导致的从右向左的分流与法洛特四联症有着相似的病理生理特征和临床症状，最主要的区别是肺流动障碍发生在肺动脉而不是肺瓣膜处。患病动物表现为低氧血症、右心室肥厚和扩张、红细胞增多症、运动时分流增加以及发绀。右心充血性心力衰竭不常见，但在心肌衰竭或三尖瓣关闭不全的情况下会发生右心衰。从右向左的分流可使静脉血栓到达动脉系统，从而导致中风或其他动脉栓塞。

【临床症状】

肺动脉高压的早期症状一般很少，临床特征与法洛特四联症相似，表现为运动耐受力差、呼吸浅短、晕厥（尤其运动或兴奋后）、癫痫发作或突然死亡。也可能发生咳嗽、咳血。运动或兴奋时发绀比较明显。有心内先天性缺损时会听到心杂音，但是经常听不到或只听到轻的收缩性杂音（由真性红细胞增多导致的血液流速增加而引起），偶尔可听到奔马律。对于右心功能失代偿的严重病例，常出现多种表现，如心动过速、颈静脉压力增高、三尖瓣返流和第二心音亢进。也可因肝肿大和腹水而出现腹部膨大。

【诊断】

胸部X线照片显示右心扩张、肺动脉主干突出、肺动脉增宽。患有动脉导管未闭的主动脉上能看到凸起。患有动脉导管未闭或室间隔缺损的动物的左心可能也会扩张。心电图通常显示右心室扩张，有时出现右心房的扩张，伴随心电轴右偏，正常心率或出现窦性心动过速。超声心动图显示右心室肥大，有可能看到扩张的肺动脉主干。多普勒超声或回声对比可以确认心内从右向左的分流。心导管检查可以确诊肺动脉高压和全身性低氧血症。

【治疗和预后】

治疗效果通常不理想。限制运动和定期放血（保持HCT不低于62%）有一定的治疗意义。一定不要进行外科手术关闭分流。血管舒张药有一定的效果，但弊大于利。患病动物通常预后不良。

第四节　后天性瓣膜和心内膜疾病

Acquired Valvular and Endocardial Disease

一、退行性左右房室瓣疾病（Degenerative mitral and tricuspid valve disease）

退行性房室瓣疾病是引起犬心力衰竭最常见的原因。其他表示此类现象的术语包括：心瓣膜病变、黏液状的瓣膜退化、房室瓣黏膜状转化和瓣膜慢性纤维化。临床上，瓣膜退化在猫中很少见，因此，只讨论犬的慢性瓣膜疾病。退化病变最常发生于二尖瓣，而在很多犬类中也发现了双侧房室瓣退化。单独的三尖瓣退化不常见，肺动脉瓣和主动脉瓣退化更少见。

【病因和病理生理学】

心瓣膜病变的病因还不为人知，但是一般怀疑与胶原退化等遗传因素有关。一般小型到中型的中老龄犬较易发生慢性退行性房室瓣疾病。超过30%的10岁以上的小型老龄犬更易发此病。这类疾病在贵宾犬、迷你雪纳瑞犬、吉娃娃犬、猎狐㹴和波士顿㹴中比较普遍。查尔士王小猎犬二尖瓣退化病的发病率特别高，4岁以上的这类犬超过50%有心杂音。此病多发生于雄性，是雌性的1.5倍。

犬类心脏瓣膜的病变会随年龄的增长而变化。早期的病变是瓣膜边缘出现小结节，然后这些小结节逐渐变大，形成斑块导致瓣膜变性。在有些病例中会看到瓣叶缩小变厚后边缘卷曲。肌腱也会受到影响变厚，无力。随着病变的进行，瓣膜变得无力。我们常常将组织形态的改变描述为黏膜样退化（myxomatous degeneration）。退化的瓣叶中胶原可能被分解，而酸性黏多糖和其他物质会在瓣叶层中逐渐累积起来，这就导致了结节增厚、变性，以及瓣膜和肌腱无力。犬类的慢性房室瓣退化症和人的二尖瓣脱垂综合征很相似。

瓣膜返流会导致相邻的心房、瓣膜环和心室扩张。慢性瓣膜疾病也和心内冠状动脉硬化、心肌梗塞及心肌纤维化有关。这些病变在何种程度影响了心肌功能并不清楚，但在疾病的后期心肌的收缩确实受到了影响。无心瓣膜疾病的衰老犬类也有类似的血管性疾病。

瓣膜衰弱后心脏由于负重过大而发生病理变化。血液返流发展缓慢，需要几个月至几年才能形成，左心房平均压力保持较低水平，除非返流突然增大。随着瓣膜退化的进行，心室和心房之间血液无效的来回流动，体积不断增加，使得到达主动脉的血液逐渐减少。心房和心室需要通过扩张来满足体积逐渐增加的返流血量，心壁压力增加导致心肌肥厚。

【临床症状】

退行性房室瓣疾病可能多年无临床症状，而且一些犬也没有表现出心衰的特征。在此类犬中，主要的临床症状是运动耐力的降低以及二尖瓣退化继发的肺衰竭和肺气肿。运动耐力降低与继发于二尖瓣闭锁不全的肺充血、肺水肿有关。病初时常见运动耐力降低、咳嗽或呼吸急促。随着肺充血和肺间质水肿继续恶化，犬在休息时呼吸速率增加，常常在早上和晚上以及活动的时候发生咳嗽。严重的水肿会造成呼吸窘迫并常伴发湿咳。严重的肺水肿呈渐进的或急性的发展。在疾病发生的几个月到几年之间常可见间歇性发作的肺水肿，并伴发代偿性心力衰竭。

二尖瓣回流通常伴随全收缩期杂音，最佳的杂音听诊位置在左心尖，中等程度的回流可能只在心室收缩早期听到杂声。有些犬类在心室收缩中后期会听到“咔嗒音”，可能伴有杂音。三尖瓣回流引起的杂音和二尖瓣回流类似，但最佳听诊位置在右心尖。二尖瓣杂音传递到右胸腔壁听起来很像三尖瓣杂音，或者会掩盖三尖瓣杂音。

在心力衰竭或肺水肿的情况下进行肺部听诊都可以听到正常的呼吸音。急性肺水肿会引起水泡音。胸腔积液会引起腹部呼吸音减弱。

外周毛细血管灌注和动脉脉搏强度通常正常，尽管有时脉搏会加快。单独的二尖瓣回流不会出现颈静脉扩张和颈静脉搏动。有三尖瓣回流的动物在心室收缩期可发生颈静脉搏动，兴奋和运动后更加明显。颈静脉搏动和扩张在颈静脉受压迫的情况下更明显。右心衰竭时可出现腹水。

【诊断】

听诊：可听到全收缩期杂音；X线检查：典型的胸部X线检查可看到左心房和左心室扩大，肺静脉充血和肺水肿，严重衰竭可引发明显的胸腔积液及腹水；心电图：心电图可以显示左心房或双心房以及左心室的扩大，但早期的心电图一般显示正常。严重的疾病可出现心律不齐，尤其是窦性心动过速、室上性早搏、阵发性或持续性室上性心动过速、心室早搏综合波和心房纤颤；超声心动图：继发于慢性动脉瓣闭锁不全的此病常表现为心房和心室扩大。

【治疗】

很少选择瓣膜置换手术，主要治疗目的是控制充血性心力衰竭的症状、提高血流量、降低回流量和调节神经激素的活动，以减慢疾病发展的进程。另外，采用支持疗法，详见充血性心力衰竭的治疗。

本病预后不定。一些具有早期心衰症状的犬，应给予适当的治疗和加强对并发症的控制，能存活2～4年。

二、感染性心内膜炎（Infectious endocarditis）

感染性心内膜炎指因细菌、真菌和其他微生物（如病毒、立克次体、衣原体、螺旋体等）直接感染而产生心脏瓣膜或心室壁内膜的炎症，有别于由风湿、类风湿、系统性红斑狼疮等所致的非感染性心内膜炎。犬的细菌性心内膜炎的发生率比较低，猫更低。雄性犬患病率高于雌性犬，心内膜炎发病率会随着年龄增长而增加。

【病因】

感染性心内膜炎是一种涉及心脏瓣膜或心内膜的传染病，常多发于原已有病变的心脏，近年来发生于无心脏病变的病例也日益增多，尤其见于接受长时间静脉治疗、由药物或疾病引起免疫功能抑制的患犬。心内膜炎的发生多由于侵入循环血液中的微生物感染所致，如革兰氏阳性菌（溶血性与非溶血性链球菌、葡萄球菌等）以及革兰氏阴性菌（大肠杆菌、绿脓杆菌、肺炎杆菌、变形杆菌、厌氧杆菌、沙门氏菌等），少数由真菌和立克次氏体等引起；还常继发于感染创伤、软组织脓肿、骨髓炎、前列腺炎、子宫内膜炎、细菌性肺炎、胸膜炎、肾盂肾炎等；也可由邻近部位炎症蔓延所致，见于心肌炎、心包炎、主动脉硬化症等。主动脉瓣膜下狭窄是主动脉瓣心内膜炎发生的危险因素。临床上滥用肾上腺皮质激素，可抑制机体抗感染能力，从而容易招致细菌侵入血液而发生本病。

【临床症状】

临床症状差异很大。可表现出一些心脏疾病的症状，例如左侧充血或心律不齐引起的症状，但这些症状可能被其他全身性症状所掩盖，如心肌梗死、感染或免疫介导的损伤。最早发生的异常是一些非特异性的症状，如嗜睡、消瘦、食欲不振、反复发热和虚弱等。很多患病动物都有感染性病史或感染的症状。有些情况下，心内膜炎病犬会出现心衰症状，特别是有心内杂音的病犬。左心基部出现舒张期杂音时可怀疑主动脉瓣心内膜炎，特别是当动物出现发热和其他症状时。

【诊断】

本病很难做出明确的生前诊断，通常可在尸体剖检后发现。对于感染性心内膜炎做出疑似诊断，要基于两个或两个以上的血培养呈阳性的结果，同时结合超声心动图（显示瓣膜病变）、病历记录（心杂音）、发热、心衰症状等，进行综合判断。

血液细菌培养：血培养呈阳性是诊断本病的最直接证据，而且还可以监测菌血症是否持续；临床病理学检查：红细胞和血红蛋白降低，偶有溶血现象，急性病例中性粒细胞明显增多和核左移，慢性病例成熟的中性粒细胞或单核细胞增多；心电图检查：心跳正常或早搏，可能有心动过速、传导障碍或心肌缺血；放射影像学检查：胸部X线检查结果可能不明显，仅对并发症如心力衰竭、肺梗塞的诊断有帮助；超声心动图检查：瓣膜上的赘生物可由超声心动图探得，尤其是在血培养呈阳性的感染性心内膜炎中起着特别重要的作用，能探测到赘生物所在部位、大小、数目和形态。

【治疗和预后】

尽早治疗可以提高治愈率，心内膜炎治疗成功的关键在于早期给予有效的抗生素，控制脓毒败血症，但在应用抗生素治疗前应做好病菌培养和相关的药敏试验。支持疗法包括改善充血性心力衰竭和心律不齐，以及营养支持等。

抗生素治疗应根据血液培养及药物敏感试验结果，选择有效的抗生素。革兰氏阳性菌感染者可选用青霉素、新霉素、林可霉素、链霉素或卡那霉素等，原则上应用大剂量和长疗程（6～7周），一般静脉注射连续7d，口服至少4周；革兰氏阴性菌感染时常发生耐药性，治疗较困难。原则上选用干扰细菌细胞壁合成的抗生素（青霉素或先锋霉素）和影响细菌细胞蛋白合成的抗生素（如四环素、庆大霉素、妥布拉霉素、西梭霉素或卡那霉素或氯霉素等），疗程4～6周；真菌感染：二性霉素B是治疗真菌性心内膜炎的有效药物，0.15～1mg/kg，每天1次，连用6周。因其毒性较大，应用时注意观察。对严重贫血者，可少量多次输血，以改善全身状况，增强机体抵抗力。对伴有心力衰竭、心律不齐及尿毒症者，应及时发现和治疗。

本病长期预后不良。引起死亡最常见的原因是充血性心力衰竭。使用抗菌药预防尚有争议，经验表明，在大多数情况下，感染性心内膜炎是不可预防的。

第五节　心肌疾病：心肌病和心肌炎

Myocardial Disease：Cardiomyopathy and Myocarditis

一、犬的心肌病（Cardiomyopathy）

心肌病是一组由于心脏结构改变和心肌壁功能受损所导致心脏功能进行性障碍的病变。心肌疾病能导致心肌收缩功能减弱和心室扩大，是引起犬心力衰竭的重要原因。临床上大多数病例都是先天性扩张性心肌病，而且大多发生在大型犬上。很少报道有继发性感染性心肌炎，没发现有特定的易发品种。在犬中很少发现肥厚性心肌病。

（一）扩张性心肌病（Dilated cardiomyopathy）

扩张性心肌病（DCM）指以心室扩张为特征，并伴有心肌收缩功能减退、充血性心力衰竭和/或心律失常的一种心肌病。扩张性心肌病的发病率会随年龄的增长而增高，4～10岁是发病高峰期，雄性犬发病率高于雌性犬。病犬的预后通常不良，大多数犬在出现心力衰竭的临床症状后，一般存活不超过3个月，如果病初采取了较全面的治疗措施，大约有25%～40%的病犬也能存活超过6个月。

【病因】

扩张性心肌病的病因和发病机制至今尚不十分清楚，大多数是特发性或遗传性的。先天性DCM在大型犬和巨型犬最常见，包括大丹犬、杜宾犬、圣伯纳犬、猎鹿犬、爱尔兰猎犬、拳师犬、阿富汗猎犬和纽芬兰猎犬，小型犬见于英国和美国可卡犬、斗牛犬。

本病亦可继发于其他疾病。已确认一些因素在发病中起重要作用，如肠道病毒感染、免疫介导、营养缺乏以及中毒等。引起扩张性心肌病心脏收缩功能下降的因素包括心脏毒素、心肌感染、炎症、损伤、局部缺血、瘤性浸润以及代谢异常等。其他心脏毒素还包括植物毒素（例如：紫衫、毛地黄、黑杨槐、毛茛科植物、铃兰、棉籽酚）、可卡因、麻醉剂、钴、儿茶酚胺以及离子导体（例如莫能菌素）。另外，有些犬发生扩张性心肌病时，常伴随与L-肉碱有关的心肌代谢障碍。某些疾病也伴发心肌功能减退，如甲状腺机能减退、嗜铬细胞瘤和糖尿病。

【发病机理】

扩张性心肌病主要的功能障碍是心室收缩力下降，由于收缩功能和心输出量不断下降导致心脏扩张，心输出量下降可引起虚弱、晕厥和心源性休克。扩张性心肌病的发展较慢，据报道，在心力衰竭和病情最终恶化之前，往往会超过2～3年的时间。德国短毛猎犬左心室机能障碍会逐渐减轻。

由于心输出量下降，交感神经、激素和肾脏代偿机能增强，因此导致心率、外周血管阻力以及容量潴留增加，心动过速加上心房纤颤也可能导致疾病进一步恶化，最终导致左心室和右心室充血性心力衰竭。室性快速性心率失常也很常见，并能引起突然死亡。

【病理变化】

患有DCM的动物都以心腔扩大为特征，以左心房和左心室扩大较为常见。心室壁厚度变薄，乳头肌通常下垂和萎缩，心内膜增厚。房室瓣通常只会有轻微到中等的退行性变化。病理组织学的发现还包括心脏弥散性坏死、退行性变化和纤维化，特别是在左心室。不一定出现炎症细胞浸润和心肌肥大。

【临床症状】

临床症状发展迅速，早期症状通常容易被忽略。前期症状包括：虚弱、嗜睡、呼吸急促或呼吸困难、运动不耐受、咳嗽、食欲减退、腹部膨胀（腹水）和晕厥。沿背中线出现肌肉萎缩（心脏恶病质）。现在临床上更为多见的是亚临床扩张性心肌病，即无明显症状的扩张性心肌病。一些患轻度到中度左心室功能障碍的大型犬，甚至出现心房纤维性颤动后，也不表现其他相关症状。

临床物理检查发现：心输出量降低伴随交感神经兴奋增强和外周血管收缩，导致黏膜苍白和毛细血管再充盈时间加长，股动脉脉搏弱而快，心律失常。充血性心衰的病征有：呼吸急促、呼吸音增强、肺部水泡音、颈静脉怒张或波动、胸腔积液或者腹水、肝脾肿大。由于胸腔积液或者心收缩能力的减弱，心音会听不清楚。最易发现的重要临床症状是舒张初期（S3）和收缩前期（S4）奔马调，但可能被混乱的心节律所掩盖。左或右房室瓣区听诊有柔和到中等程度的返流性收缩期杂音。

【诊断】

（1）X线检查　可见心脏的整体肥大，左心扩张更常见，心影呈球形。出现左心衰和肺水肿时，肺静脉扩张，肺间质和肺泡模糊，特别是在肺门区域。一些犬会有不对称的广泛性肺水肿。右心衰竭时可出现胸腔积液、后腔静脉扩张、肝肿大和腹水。

（2）心电图　QRS综合波变宽，同时伴随R波缓慢下降，ST段模糊。有时也会出现束支传导阻滞和其他室内传导障碍。有窦性节律的犬，P波通常增宽并呈锯齿状，表明左心房的扩大。常见阵发性房性心动过速或者心房纤颤，特别是在巨型犬。

（3）超声心动图　本病的特征性症状是心脏腔室扩张和收缩期心室壁及室中隔活动性下降。

【治疗和预后】

治疗原则是控制充血性心力衰竭，增加心输出量，控制心律失常，改善动物的生活条件。使用地高辛、血管紧张素转化酶抑制剂（ACEI）和速尿是治疗大多数病犬的核心疗法。对那些出现急性心力衰竭的犬来说，可能需要使用大剂量强心药和其他疗法。个别病例需要使用抗心律失常药和其他药物。限制运动、控制饮食中钠的摄入量有助于降低心肌工作负荷，也有利于排水。在危急情况下，可静脉注射或肌内注射呋噻米，使用2%硝酸甘油软膏、氨茶碱（10～15mg/kg，口服，每天2次）、氧疗（40%～50%）以帮助稳定动物的状态，并为开展相关的诊断做准备。如怀疑有胸膜腔积液就要进行胸腔穿刺。

本病预后通常比较差。出现心衰的临床症状后大多数犬会在3个月内死亡，如果对最初的治疗反应不错，25%～40%的患犬能坚持6个月以上，28%的患犬能存活2年以上。

（二）肥厚性心肌病（Hypertrophic cardiomyopathy）

犬肥厚性心肌病（HCM）是一种以左心室中隔与左心室游离壁肥大为特征的综合征，以左心室舒张障碍、充盈不足或血液流出通道受阻为特征。相对于猫，肥厚型心肌病在犬中不常见，多见于中年至老龄的大型犬，且雄性犬的发病率更高。

【病因】

肥厚性心肌病的病因尚不清楚，遗传因素可能是发病原因之一，其他原因包括先天性主动脉瓣下狭窄、高血压性肾病、甲状腺毒症以及嗜铬细胞瘤等。

【发病机理】

心肌肥厚是肥厚性心肌病的典型病变，心肌肥厚增加了心室的硬度，导致了舒张功能不全，引起心力衰竭。也会出现心壁局部增厚的情况。严重的心室肥大可能导致冠状动脉灌注不足和心肌缺血，从而加重心律失常，使心室舒张不全和充盈不足。心率增加时，上述异常情况会更加严重。心室充盈压升高导致左心充血性心力衰竭，有些犬还会出现收缩期左心室流出通道阻塞。

【临床症状】

急性发作时呼吸困难、昏睡、厌食、沉郁、不活泼及不愿行动。肥厚性心肌病也可能造成血栓性栓塞，会引发动物突然的后肢瘫痪，并且不断地因为疼痛而嚎叫。有些犬表现为心力衰竭，阶段性虚弱、晕厥，有时在其他临床症状显现之前，也可能突然死亡。继发于心肌缺血的室性心律失常可导致心输出量降低和突然死亡。通过听诊可能听到左心室流出通道梗阻或二尖瓣闭锁不全的收缩期杂音。心室收缩力增加，可导致心室流出通道梗阻更加严重。有些病犬能听到奔马调。

【诊断】

超声心动图是犬肥厚性心肌病的最佳诊断工具。左心室异常增厚，可能有左心室流出通道狭窄或非对称性室间隔肥大，左心房增大是犬肥厚性心肌病的特征性病变［见彩图版图 4－5－3］。通过多普勒超声检查，可发现二尖瓣闭锁不全。胸部 X 线检查可能显示正常，或左心房和心室扩大，可能伴有肺充血或水肿。心血管造影显示左心室壁肥厚，充盈不足。

【治疗】

肥厚性心肌病的治疗原则是增强心肌舒张性，控制肺水肿，抑制心律失常。β-受体阻断剂或钙离子通道阻滞剂可能会降低心率，延长心室充盈时间，降低心室的收缩性以及心肌需氧量。β-受体阻断剂还可以提高交感神经活性，而钙离子通道阻滞剂能促进心肌舒张。这些药物具有轻微的负性肌力作用，可以减弱心肌收缩力，缓解流出通道梗阻。维拉帕米比地尔硫卓更有效，因为其有更大的负性肌力作用。然而，这些药物也可能加重房室传导异常，所以可能禁用于某些动物。如果病犬有充血症状，应该使用利尿剂。不能使用地高辛，因为它可能会增加心肌耗氧量，加重流出通道梗阻，并诱发室性心律失常。另外，治疗犬肥厚性心肌病时，要严格限制运动。

二、猫的心肌病（Feline myocardial diseases）

猫的心肌病包括一系列损害心肌的原发性和继发性疾病。这类疾病的解剖学和临床病理学特征变化很大，但对猫来说，临床上最常见的心肌疾病是肥厚性心肌病，限制性心肌病也很常见，极少见到猫的扩张性心肌病。猫的心肌病往往伴有全身性栓塞这一并发症。

（一）猫肥厚性心肌病（Hypertrophic cardiomyopathy）

肥厚性心肌病是猫最常见的心脏病，通常发生于中老龄公猫，波斯猫易感性强。患猫在未发病前一般没有任何症状，一旦发病则可能出现心力衰竭的症状和血栓性栓塞症，或者突然死亡。

【病因】

猫原发性或先天性肥厚性心肌病的病因目前尚不清楚，某些病例很可能与遗传因素有关，这种疾病在某些血统的猫品种中发病率特别高。在人类，大部分肥厚性心肌病是家族性的。该病其他可能的病因包括：心肌敏感性增加或儿茶酚胺分泌过量，由于心肌缺血、纤维化或营养因素导致的心肌异常肥厚，原发性胶原质异常，心肌钙调过程异常，血清中含有高浓度的生长激素。某些疾病的代偿性反应也导致心肌肥厚，左心室壁和室中隔出现显著增厚，以及临床心力衰竭的症状，但这些病不属于先天性肥厚性心肌病，如甲状腺机能亢进、肢端肥大症引起的心肌肥厚。

【临床症状】

肥厚性心肌病常发生于中年或老龄雄性猫，患轻度的肥厚性心肌病的猫可能很多年都无明显临床症状。一般的症状包括急性发作的呼吸困难、昏睡、厌食、沉郁、不活泼及不愿行动。肥厚型心肌病也可能造成血栓性栓塞，会引发动物突然的后肢瘫痪，并且不断地因为疼痛而嚎叫。麻醉、手术、输液、全身疾病（如发烧或贫血）等应激因素能够诱发心衰。有些不表现临床症状的猫在心脏听诊检查时可能会发现心杂音或奔马律。收缩期杂音提示或二尖瓣闭锁不全或左心室流出通道受阻。有可能会听到舒张期奔马律，特别是心力衰竭明显的时候。动脉脉搏通常增强，除非远端主动脉发生血栓。经常能触诊到心前区搏动。

【病理变化】

对患肥厚性心肌病的猫进行尸检，可以看到左心室游离壁和室中隔肥厚。左心房中度到重度增大。有时在左心房会发现血栓，有时血栓则附着于心室壁。左心室内腔通常变小。心内膜、传导系统或心肌会有局灶性或弥散性纤维化，有时还可见充血性心力衰竭或全身性血栓栓塞。

【诊断】

听诊：心杂音或奔马音；X线检查：在X线照片上可能见到心脏影像增大，左心房和左心室增大、肺动脉扩大、肺水肿，可能出现胸水，心脏的大小可能正常或呈现典型的爱心型；心电图：大多数（60%～70%）患HCM的猫都有心电图异常，包括左心房和左心室的增大、室上性和/或室性心律不齐或左前支传导阻滞，有时还出现房室传导延迟、完全的房室传导阻滞或窦性心动过缓；超声心动图：患严重HCM的猫，舒张期左心室壁或室中隔可增厚8mm，甚至更多。但增厚的程度与临床症状的严重程度并无必然关系。乳头肌明显肥大，在部分猫中可观察到左心室收缩消失。做出肥厚性心肌病的诊断之前，应该排除其他引起心肌肥厚的原因，比如浸润性疾病或者纤维化也可导致心肌增厚。

【治疗】

治疗的主要目的是促进心室充盈、减轻充血、控制心率失调、减少局部缺血，以及预防血栓形成，通过降低心率和加强舒张使心室充盈得到改善，减少应激和运动量。

有急性肺水肿的猫，可肌内注射呋噻米治疗，每千克体重2.2mg，结合输氧疗法。使用利尿药治疗时应注意观察动物，尽量避免过度利尿，导致电解质紊乱。如果怀疑胸腔积液，可以进行胸腔穿刺术。严重者，可使用硝酸甘油，连续应用6.25～12.5mg，并给予低钠食物。

使用其他药物防止血栓栓塞、降低心率和改善舒张期充盈。有两类药物可用于改善HCM患猫的左心室充盈和心脏功能，即钙离子通道阻滞剂和β-肾上腺素能受体阻滞剂，如地尔硫卓与心得安。地尔硫卓或β-肾上腺素能受体阻滞剂可用于长期口服治疗。地尔硫卓（口服1.75～2.5mg/kg，每8h 1次）在很多病例上都有效。钙离子通道阻滞剂（如硝苯地平、尼卡地平）有扩张血管的作用，会引起反射性的心跳加速，降低收缩期的输出量，所以它们不适用于患有HCM的猫。有些药物禁止用于患有HCM的猫，包括地高辛和其他强心药，因为它们会提高心肌需氧量，影响心脏的血流输出。任何加速心脏跳动的药物都有潜在危害，因为心跳过速降低了充盈时间，造成心肌缺血。长期治疗时，需要使用一些防止血栓栓塞的药物，传统的药物是阿司匹林（25mg/kg，每3天1次，口服），有些猫用华法林可能更好。

【预后】

预后情况依赖于多个因素，包括对治疗的反应以及是否发生血栓栓塞症、疾病的进程和是否发生心律失常。仅有轻微到中等程度左心室肥大和心房扩大但无临床症状的猫预后良好。然而，那些心肌严重肥厚和左心房扩张的病例非常容易发生心力衰竭、血管栓塞和猝死。患有充血性心力衰竭的猫预后不定：有些可以存活好多年，但是平均存活时间只有几个月。如果发生心房纤颤和右心衰竭则预后会更差。

（二）猫的限制性心肌病（Restrictive cardiomyopathy）

猫限制性心肌病（RCM）常发生于中年或老龄猫，是以心内膜、内膜下和心肌纤维弥漫性增生、变厚为特征，并以抑制正常心脏收缩和舒张为基础的一种慢性心肌病。

【病因】

病因还不是很清楚，应该是由多种因素引起的。这种疾病可能是心内膜炎的后遗症或者是心衰末期的表现，偶然情况下可以由肿瘤（如淋巴瘤）或者其他传染病引起。本病具有家族遗传性倾向，但遗传类型尚未最后确定。

【病理变化】

基本病理特征是心内膜、乳头肌和腱索等部位的内膜出现严重弥漫性弹力纤维组织增生、变厚，限制了心脏尤其是左心室的收缩和舒张，造成血液动力学紊乱以至心力衰竭，心肌细胞肥大，心肌变性、坏死。限制性心肌病有肥大性和扩张性心肌病的共同特征，显著病理学变化是心房明显扩大和肥厚。左心室不同程度的扩张，伴随或不伴随有心室肥厚。心内膜局部纤维化或广泛纤维化，大面积的斑痕会使心室变形。心脏的二尖瓣和乳头肌可能发生扭曲以适应周边环境。左心房、左心室或者全身的血管内常发现有血栓。

【临床症状】

临床特征主要表现为左心或右心充血性衰竭，也可能左右心同时发生衰竭。经常发生血栓性栓塞，这种栓塞继发于左心房扩张和血液淤滞。病史调查会发现病猫不爱活动、食欲不振、呕吐和体重减轻。心区听诊可发现奔马调、心律不齐、二尖瓣或者三尖瓣闭锁不全性收缩期杂音。伴发肺气肿或者胸腔积液出现肺部听诊异常音。股动脉脉搏正常或者略微细弱。右心衰竭时出现颈静脉扩张和搏动。

【诊断】

诊断方法与猫的 HCM 相似。X 线检查可显示左心房扩大，左心室或全心室增大，也可观察到扩张曲折的近端肺静脉。心衰的猫有时能发现肺水肿、胸腔积液和肝肿大。心电图显示：QRS 综合波增宽，R 波变高，心室内传导阻滞，P 波变宽，心房性心律失常或心房纤颤。超声心动图显示：左心房（有时候是右心房）显著扩大，左心室游离壁和中隔膜不同程度的变厚。

【治疗】

对本病的治疗主要是对症治疗，目前公认的治疗手段有限制活动，低钠饮食，应用利尿剂和洋地黄（洋地黄要慎重）。近年来 β 受体阻断剂及血管紧张素转换酶阻断剂类药物开始受到重视，通过临床应用，可以控制心衰和延长存活时间。发生心力衰竭时，治疗方法和 HCM 一样，包括使用利尿药、硝化甘油和输氧等，有胸腔积液的还需要进行胸膜穿刺术。

总的来说，患有限制性心肌病的猫大多数预后不良，尽管有些猫可以活过一年。由于经常发生血栓性栓塞症和胸腔积液，使得预后更加糟糕。

（三）猫的扩张性心肌病（Dilated cardiomyopathy）

扩张性心肌病（DCM）是以“左心室（多数）或右心室有明显扩大，或双室扩大，心室收缩功能降低，心力衰竭、心律失常、栓塞”为基本特点的一种心脏功能障碍性疾病。以中青年猫多见。

【病因】

早在 20 世纪 80 年代末，人们发现牛磺酸缺乏是猫发生扩张性心肌病的一个主要原因。自此以后，商品猫粮中增加了牛磺酸含量，现在临床上扩张性心肌病已经不多见了。并不是所有缺乏牛磺酸的猫都会发生扩张性心肌病，所以扩张性心肌病的发生可能还有其他因素的存在，例如遗传因素和钾的消耗。扩张性心肌病的猫血浆中牛磺酸含量较低，但心肌中牛磺酸含量与其他心脏病猫没有明显的区别。近年来认为持续病毒感染也是其发病的原因，此外心肌能量代谢紊乱和神经激素受体异常等因素也可引发本病。

【临床症状】

扩张性心肌病可以发生在任何年龄阶段的猫，没有品种和性别的差异。临床症状没有特异性，主要症状是突然性厌食、精神不振、呼吸困难、低体温等，常见颈静脉扩张、脉搏细弱、有奔马律、左心或右心收缩期杂音，常发生心动过缓或者心律不齐，有些猫会出现动脉血栓栓塞的症状。

【诊断】

X线检查可显示心脏扩大，心尖部变圆。常见胸膜渗漏和肺水肿。偶尔也会发现肝肿大和腹水。心电图检查可发现左心室扩张、房室传导阻滞、心律不齐。

与犬一样，最准确的诊断方法是超声心动图，在左心房可能发现血栓。心血管造影术危险性比超声心动图大，典型的血管造影的特征包括心室扩大，乳头肌萎缩，主动脉直径变小，循环周期增长。病猫的胸腔积液性质是改性漏出液，也常有乳糜渗漏。临床病理学检查表现为肾性氮质血症、肝脏酶活性轻度增加和应激性白细胞像。并发血栓栓塞时，表现为血清肌酶活性增加、血凝块异常和弥漫性血管内凝血。病猫的血浆中牛磺酸的浓度少于20nmol/mL可作为诊断为牛磺酸不足的依据。猫血浆牛磺酸含量低于60nmol/mL时应该补充牛磺酸，或者改变饮食。

【治疗】

治疗原则是针对充血性心力衰竭和各种心律失常，增加心输出量和改善肺功能。一般要限制活动，低盐饮食，适量使用洋地黄和利尿剂。大多数牛磺酸缺乏的猫在服用牛磺酸制剂6周内可以明显改善此病的症状，但这些个体存活一年的几率只有50%。

（四）猫动脉血栓性栓塞（Feline arterial thromboembolism）

动脉血栓性栓塞（arterial thromboembolism）是一组以动脉内血栓形成，造成动脉管腔堵塞，相关器官组织发生缺血、缺氧性损伤的疾病，严重者可以出现器官组织的坏死。根据血栓发生的部位不同，最常见以下3类：发生在冠状动脉的心肌梗死，发生在脑动脉的脑梗死，以及发生在外周动脉的慢性动脉闭塞症。栓子形成最常见的位置在三叉大动脉的远端，动脉血栓性栓塞继发于各种类型的猫心肌病。90%患动脉血栓栓塞疾病的猫，血栓形成最常见的位置是主动脉分叉部的远端。血栓栓子也可以在动脉分支、各个器官和心脏自身停滞。

【症状】

中年雄性猫患血栓性栓塞症的几率最大，临床表现为急性发生，往往没有心肌病史。临床表现依赖于栓子形成的区域，例如，急性远端大动脉的栓塞引起后肢局部麻痹，股动脉搏动消失，后肢冰冷，肌肉僵硬和疼痛。患猫往往拖着小腿，小腿没有知觉。有时仅一只腿出现动脉栓塞，造成单侧患肢麻痹。臂动脉的栓塞引起前肢单肢轻瘫，出现间歇性跛行的症状。肾、肠和肺的血栓栓塞可能会引起该器官的功能障碍或坏死。患猫通常出现呼吸困难、心脏杂音和心律失常。

【诊断】

通过超声心动图能知道心肌病的类型以及心内是否存在血栓。大部分患猫可出现左心房扩张。如果没有超声心动图，通过血管造影术也能确定心肌病的类型、栓子的位置和范围，但是血管造影术要在患猫的病情稳定之后才能做。在诊断本病时要注意与其他能引起患猫急性局部麻痹的疾病进行鉴别，如椎间盘的疾病、脊椎瘤（淋巴瘤等）、外伤、糖尿病神经病变和重症肌无力等。

临床病理学变化：机体脱水、心输出量不足、肾动脉栓塞等情况的发生会导致氮质血症。在血栓栓塞形成过程中，12h内丙氨酸氨基转移酶的含量升高，36h到达峰值，因该过程中存在骨骼肌的损伤和坏死，广泛的组织坏死可引起乳酸脱氢酶和肌酸激酶的含量迅速升高，该过程可能持续几个星期。在缺血肌肉再灌注过程中，会引发机体代谢性酸中毒、弥漫性血管内凝血、高钾血症和应激性高血糖。

【治疗和预后】

本病的治疗方法存在争议，尚未证明哪个方法是最好的。治疗原则是控制充血性心力衰竭，防止栓子的扩散和新血栓的形成以及支持疗法。

治疗心力衰竭的方法见本章相关章节。地高辛可用于扩张型心肌病（DCM）。推荐使用止痛药，因为该病痛觉较为敏感。为了阻止更多血栓形成，在治疗的2～4d内连续使用肝素钠（250～300IU/kg，皮下注射，每8小时1次）。肝素能阻止血栓的进一步生成，但是对于已存在的血栓栓子无效。肝素治疗会引起出血症。

支持疗法包括保持患猫的体温、治疗脱水、每天监测肾功能和血清钾的浓度。不建议外科切除血凝块的治疗方法。用栓子清除术导管来清除栓子对猫来说并不是很有效。

如果能控制充血性心力衰竭，患肢在7～14d就能恢复功能，一些猫要1～2月才能康复，尽管完全康复需要的时间不确定。一般情况下，预后不良，大约有2/3的患猫会发生死亡，或者血栓栓子形成后进行安乐死。一些患猫能存活一年多，尽管会有复发的可能。如果是肾、肠等器官发生栓塞，则患猫预后不良。

【预防】

在当前的治疗条件下，还没有很好的方法可以持续预防血栓性栓塞症。在试验中，针对主动脉血栓的患猫，阿司匹林口服给药5mg（总剂量），3天一次，观察到阿司匹林有较好的抑制血小板凝集和改善侧支循环的作用。虽然阿司匹林已经得到广泛应用，且风险低，但是该药不能持久预防始发和复发的血栓栓塞。

长期口服华法林治疗逐渐得到广泛应用，它可能比阿司匹林效果好，但是血栓栓塞可持续复发。在猫体内华法林的药代动力学研究不是很多。

三、心肌炎（Myocarditis）

心肌炎指心肌中有局限性或弥漫性的急性、亚急性或慢性的炎性病变，心肌兴奋性增加和心肌收缩机能减弱。近年来病毒性心肌炎的相对发病率不断增加。

【病因】

心肌受损的因素很多，包括直接感染、毒素作用或宿主的免疫应答。心肌炎的非感染性病因包括心脏毒性药物和药物超敏反应；感染性病因包括细菌、病毒、真菌和原虫等。

病毒性心肌炎见于：犬细小病毒、犬瘟热病毒、猫科动物的冠状病毒；细菌性心肌炎见于：莱姆病、钩端螺旋体病、结核病等；原虫性心肌炎见于：弓形虫、克鲁斯锥虫、猫弓形体和犬肝簇虫感染；真菌性心肌炎见于：曲霉菌、隐球菌、球孢子菌、组织包浆菌、拟青菌感染。

内分泌疾病：如甲状腺机能亢进、糖尿病等；毒物中毒：如重金属、麻醉药中毒；其他病因：立克次氏体和线虫幼虫期移行（弓蛔虫）也是导致心肌炎的病因；心肌炎也发生于自身免疫性疾病、脓毒败血症、风湿病等疾病的过程中。

【临床症状】

病情轻重不同，表现差异很大，轻者可无明显病状，重者可并发严重心律失常和心功能不全甚至猝死。急性心肌炎以心肌兴奋为主要特征。表现脉搏疾速而充实，心悸亢进，心音高朗。病犬稍作运动，心跳就会加快，即使停止运动，仍持续较长时间。这种心机能试验，往往是诊断本病的依据之一。心肌细胞变性心肌炎，多以充血性心力衰竭为主要特征，表现脉搏疾速和交替脉。第1心音增强、混浊或分裂；第2心音显著减弱。多伴有缩期杂音，其原因为心室扩张、房室瓣口相对闭锁不全。心脏代偿能力丧失时，黏膜发绀，呼吸高度困难，体表静脉怒张，颌下、四肢末端发生水肿。

【诊断】

根据病史和临床症状及全血细胞计数、肌酸激酶活力测定等血清生化指标的监测、胸部及腹部X线检查和心电图等进行诊断。建立诊断应从以下几个方面进行：①心机能试验：是诊断急性心肌炎的一个指标，其做法是在安静状态下，测定病犬的心率，随后令其急走5min，再测其心率，如为心肌炎，停止运动2～3min后，心率仍继续加快，较长时间才能恢复原来的心率；②心电图检查：常见T波降低或倒置，ST段移位，房室传导异常等；X线检查心影扩大；血清学检查可见AST、CK和LDH活性升高；超声心动图可见局部或整个心壁运动减弱，心肌回声改变或心包积液。但无论是ECG还是超声心动图中所呈现的变化，都是非特异性的。对持续发热的犬、猫来说，进行细菌（或霉菌）血培养基培养有助于诊断。心肌炎的标准诊断方法是病理学诊断，可见炎性细胞浸润、心肌细胞变性和坏死。

【治疗】

治疗措施包括去除病因、减轻心脏负担、改进心肌营养、控制心功能不全与纠正心律失常、防止继发感染等。如果确定致病原因是传染性的，可采取特异性疗法。对所有的病例，都应该采取必要的支持疗法，控制心律失常和充血性心力衰竭。加强护理，使动物保持安静，避免过度兴奋和运动。多次少量喂给易消化而富含营养的食物，并限制过多饮水。治疗原发病可应用磺胺类药物、抗生素、血清和疫苗等特异性疗法。促进心肌代谢可用 ATP 15～20mg、辅酶 A 35～50IU 或肌苷 25～50mg，肌内注射，每天 1～2 次。或用细胞色素 C 15～30mg 加入 10%葡萄糖溶液 200mL 中，静脉注射。出现严重心律失常时，可按不同心律失常进行抢救。伴有水肿者，可应用利尿剂。没有证据表明糖皮质激素对患有心肌炎的犬有临床效果，并且考虑到可能有感染，作为非特殊疗法不应使用。

四、心源性休克（Cardiogenic shock）

心源性休克是危重临床综合征之一。广义的概念指因严重心肌功能不全或其他心脏功能异常（包括心律失常、瓣膜病变及心包病变等）导致心排出血量急剧下降引起的休克；而休克是指以急性全身性灌注不足，导致组织缺氧、细胞代谢障碍、细胞损害直至重要器官功能衰竭为结果的综合征。

【病因】

任何原因引起的休克，都会导致急性重度循环衰竭。其结果不单是重要器官缺氧、营养素缺乏和代谢产物堆积，还包括生理过程的紊乱，并最终导致死亡。造成心源性休克的原因是心脏泵血功能的严重受损，引起心脏泵血功能受损的原因有心脏收缩障碍、伴随严重血液返流的急性瓣膜破裂、持续严重的心律不齐、心内血流阻塞，以及过量使用降压药或负性肌力作用药物，肺动脉高压或大面积肺动脉栓塞。急性心肌梗塞是心源性休克的常见病因，对犬来说，心源性休克最常见的原因可能是严重的扩张性心肌病。

【临床症状】

心源性休克的临床特征包括低心输出量、低动脉压，以及神经激素代偿反应活性增强。这些代偿反应有交感紧张增强、儿茶酚胺的释放，以及血管紧张素Ⅱ、抗利尿激素、醛固酮、皮质醇和其他有关激素的合成，其目的都是为了增加血管容量和维持血压。心源性休克的常见症状为心动过速（除了由慢性心律失常引起的休克）、脉搏细弱、黏膜苍白、毛细血管再充盈时间延长、发绀、换气过度、少尿和精神沉郁。除此之外，还会出现心律不齐、心杂音或奔马律、心音强度减弱、急性肺水肿和全身性静脉扩张等。

【治疗】

治疗目的是恢复器官灌流，为组织提供充足的氧。因此维持动脉血压、增加心输出量和血管容量十分重要。治疗心源性休克时，还要求加强肌肉收缩力，同时采取利尿、舒张血管、液体疗法和其他支持性疗法。

第六节　心包疾病
Pericardial Diseases

心包囊的主要作用是限制心脏的急性扩张，保护心脏免受发炎或受到周围组织的感染，维持心脏正常的位置、形状和心包的顺应性。心包囊连接到大血管的基部，其组成包括：覆盖在心脏外部的纤维层和内部的浆膜层。正常情况下这两层之间有少量清澈的液体，可以减少摩擦。最常见的心包疾病是心包积聚过量液体，积液最常发生于犬，其他后天性及先天性心包疾病很少见到。猫的后天性心包疾病比较少见。心包积液也可继发于慢性充血性心力衰竭（特别是肥厚性心肌病）、淋巴瘤、全身性感染。

一、心包积液（Pericardial effusion）

心包积液是犬、猫最常见的心包疾病。心包积液可见于渗出性心包炎及其他非炎症性心包病变。先天性的（良性的）心包渗出积液大都发生在中型到大型品种的犬，圣伯纳犬、金毛猎犬、大丹犬及德国牧羊犬等有较多发生本病报道，发病年龄在1～14岁（平均6岁），雄性多于雌性。大型中年到老龄犬易患赘生物渗出，德国牧羊犬易患血管肉瘤，拳师犬、斗牛犬和波士顿㹴易患心基瘤。心包积液通常可经临床物理检查与X线检查确定。犬的心包积液大多数是浆液性或者血性液体。犬和猫都会出现漏出液和渗出液。

【病因】

对于犬，引起心包积液的原因有肿瘤、先天性（良性）渗出，比较少见的有左心房破裂、创伤、感染、慢性尿毒症和右侧心衰。对于猫，常见病因是心肌病和猫传染性腹膜炎，原发性心脏肿瘤少见，但转移性肿瘤（癌和淋巴肉瘤）也有报道。

（1）出血性积液　出血性积液在犬比较常见。积液的颜色是暗红色，血细胞比容（HCT）通常超过7%，相对密度超过1.015，蛋白质含量在3～6g/dL。在细胞分析中可以发现多量的红细胞，但也可见死亡的间皮细胞、肿瘤细胞或其他细胞。积液一般不能凝固，除非是刚出血。引起出血的最常见原因是肿瘤，大于7岁的老龄犬最可能患肿瘤出血性积液。血管肉瘤是犬目前最常见的引起出血性心包积液的肿瘤。出血性心包积液亦可见于各种血管基底瘤和心包间皮瘤。通常出现在右心房壁，尤其是在心耳区。

特发性良性心包积液常见于中型至大型犬中，德国牧羊犬、金毛寻回犬、大丹犬和圣伯纳犬有品种倾向。虽然任何年龄犬都会受到影响，但大多数该病发生于6岁或更年轻的犬只。常见轻度炎症，随着时间的推移外膜心包纤维化。其他引起心包内出血的原因包括左心房破裂（继发于严重二尖瓣闭锁不全）、凝血异常（如误食华法林类灭鼠药）、创伤（如在进行心包穿刺术时冠状动脉医源性撕裂）、尿毒症心包炎。

（2）漏出液　纯漏出液是清亮的，细胞数量较低（$<2\,500/\mu L$），相对密度<1.008，蛋白质含量$<1g/dL$。改性漏出液会出现轻微混浊或粉红色；细胞数量少，但比重（1.015～1.030）和总蛋白浓度（2～5g/dL）均高于纯漏出液。心包漏出液可见于充血性心力衰竭、心包横膈疝、低蛋白血症、心包囊肿，以及引起血管通透性增加的毒血症（包括尿毒症）。

（3）渗出液　渗出液外观混浊，白细胞计数$>15\,000/\mu L$，相对密度>1.015，蛋白浓度增高（$>3g/dL$）。渗出液在小动物很少出现，因为全身感染时通常不会出现心包炎。感染性心包炎的病因包括放射杆菌引起的肺结核、多杀性巴氏杆菌以及其他细菌感染、球孢子菌病以及罕见的全身性原虫感染。无菌性心包渗出液见于犬的钩端螺旋体病、犬瘟热、特发性良性心包积液（idiopathic benign pericardial effusion）、猫传染性腹膜炎、猫弓形体病。

【发病机理】

正常时心包腔内压力低于大气压，同时也低于心房压和心室舒张压。心包容量较心脏容量大10%～20%，使其能够适应生理性心脏容量的变化。少量渗液积聚在心包间不影响心包内压力，不会引起临床症状。当液体迅速积聚或渗液量达到一定水平时，心包内压力则急骤上升，等于或超过心脏充盈压力，妨碍心室舒张和充盈，使心输出量降低，收缩期血压因心输出量减少而下降。心包纤维化及增厚进一步限制了心脏的顺应性。同时，心包内压力增高也影响血液回流到右心，使静脉压升高，上述这些改变构成了急性心脏压塞（cardiac tamponade）的临床表现。大量心包积液由于体积巨大，甚至在没有心脏压塞的情况下偶尔也会造成临床症状。肺和气管被压迫可能会导致呼吸困难和咳嗽；食管被压迫导致吞咽困难。

心脏压塞是由心包内压力升高达到并超过正常心房和静脉压力而引起，可损害心脏的收缩和舒张功能，心脏压塞进一步发展成心力衰竭，引起心脏及其他器官血液灌注量不足，最终可导致心源性休克及死亡。心包填塞常见于犬而罕见于猫。

【临床症状】

心脏压塞表现为心输出量减少和右心充血性衰竭。出现明显腹水之前没有特征性体征，仅出现嗜睡、无力、运动耐受性差和食欲不振等。液体（50～100mL）快速积累可以引起急性压塞、震颤和死亡，在这种情况下，可表现出明显的肺水肿、颈静脉扩张、低血压。

渐进性心包积液可导致充血性心力衰竭，以右心衰竭为主，最终可能发生双心室衰竭。病史发现：典型的衰弱、运动性差、腹围扩大、呼吸急促、晕厥，以及咳嗽。某些慢性病例可见体重迅速降低。体格检查发现颈静脉扩张、肝肿大、腹水、呼吸困难，以及股动脉搏动减弱。高度的交感紧张引起窦性心动过速、黏膜苍白，以及毛细血管再充盈时间延长。由于大量的心包渗出物和胸膜渗出物，心前区搏动减弱，听诊心音模糊。虽然心包积液不会引起杂音，但是并发心脏疾病则可能产生杂音。发热与感染性心包炎有关。正常中心静脉压小于 8cmH_2O，患本病时中心静脉压在 10～12cmH_2O。猫患心脏压塞时常见腹水及胸腔积水症状。

【诊断】

（1）X 线检查　大量液体引起心包阴影扩大，心脏呈现典型的圆形。少量的液体聚集出现液平面线，当有大量液体聚集于心前区时心脏房室界线不明。其他检查结果包括胸腔积液、末梢静脉窦显著增大、肝肿大和腹水。

（2）心电图检查　没有特异性心电图结果。心电图波幅变小，出现小 QRS 波（犬<1mV），窦性节律或窦性心动过速，也可能发生房性或心室性心律不齐。

（3）超声心动图　超声心动图相当敏感，即使只有少量心包积液也可检测到。超声可透过心包液，积液部位呈现为无回声的区域。患有心包渗出的犬，有 90%可以在心肌外层和心包膜之间，看到一个无回声的暗区。心包积液量大时，心脏可以来回摆动［见彩图版图 4-5-4］。

（4）临床病理学检查　血液学和生化检测一般是非特异性的。全血计数可以判断炎症或者感染。心包血管血瘤可能出现再生障碍性贫血、红细胞胞核增加，以及血小板减少。在一些心包积液病例中可见轻度的低蛋白血症。心脏酶活性升高可以评估局部缺血或心肌病；继发性心力衰竭可能引发肝酶活性轻度增加和肾前性氮血症。患心脏压塞病犬猫的胸腔和腹腔积液通常是改性漏出性。

【治疗】

可用心包穿刺和特异性疗法。需使用药物治疗时可应用激素、抗炎药、抗结核药等药物治疗。

（1）心包穿刺　心包穿刺用于治疗有心脏压塞、临床症状缓解的动物。心包渗出通常并不影响心肌的收缩性，所以使用影响心肌收缩力的药物、动脉扩张药、静脉扩张药和利尿剂都是没有效的。

（2）特异性疗法

犬特发性心包炎　约 50%的犬 1～2 次心包穿刺即可奏效，其余的犬将需要反复进行穿刺。对那些需要反复心包穿刺的犬，切除心包似乎更好。有些犬可能发生出血性胸膜渗出，需要反复进行胸腔穿刺。

肿瘤引起的心包积液　可以通过重复的心包穿刺来治疗。较小的瘤可以切除，血管肉瘤则无法医治。利用外科手术除去瘤块，通常会导致较高的术后死亡率。心基瘤尽管生长缓慢且很少转移，但很难或不能切除。

传染性心包炎引起的心包积液　应根据细菌和真菌培养特性和药敏实验筛选抗菌素治疗。

限制性心包疾病引起的心包积液　限制性心包疾病导致心包囊的增厚和纤维病，如果该病局限于壁层心包膜，手术切除的成功率很高。

二、先天性心包疾病（Congenital pericardial diseases）

（一）腹膜心包膈疝（Peritoneo pericardial diaphragmatic hernia）

腹膜心包膈疝（PPDH）是最常见的犬、猫心包畸形。这种病的发生一般是由于胚胎发育异常（可能是横隔膜），使位于腹正中线的心包和腹膜腔之间相通造成。其他先天性缺陷可伴随腹膜心包膈疝发生，例如脐疝、胸骨畸形和心脏畸形。

腹膜心包膈疝可发生在犬、猫的任何年龄，绝大多数病例是在4岁前被诊断出来，通常在1岁之前，雄性似乎比雌性多发，德国魏玛犬是该病的易发品种。心包畸形也常见于猫。

临床症状通常表现为胃肠道症状或呼吸器官症状，主要有呕吐、腹泻、食欲缺乏、体重下降、腹部疼痛、咳嗽、呼吸困难和哮喘，有时也会发生晕厥和虚脱。

物理检查可见一侧或两侧胸部心音改变，心前区心尖的搏动位置改变，搏动强度减弱。腹部触诊有一种“空虚”感（发生疝气的器官离开原本的位置），极少有心脏压塞的症状。

胸部X线摄影是腹膜心包膈疝比较可靠的诊断方法，可见心脏轮廓扩大、气管背侧移位、膈肌和心脏后界重叠。可以看到腹腔内充满气体的肠管、肝脏从隔膜进入心包［见彩图版图4-5-5］。超声心动图也有助于诊断。胃肠道钡餐造影可显示胃部和/或肠道位于心包疝内。透视、血管造影、腹部造影或者心包积气造影有助于辅助诊断。心电图检测一般没有临床意义。

治疗主要是复位器官，利用外科手术闭合缺口，并把器官还纳到腹腔。无并发症病例的预后比较好。年龄较大的动物不动手术为好，特别是当器官与心包间发生慢性粘连时。

（二）心包囊肿（Pericardial cysts）

心包囊肿是一种罕见的异常，其病理生理学特征以及临诊体征与心包积液相似。X线检查呈现心脏阴影增大与变形，超声心动图或心包穿刺可以用来确诊。手术切除囊肿连同部分心包通常可治愈。犬、猫的先天性心包疾病本身极为罕见，大部分都是死后剖检偶然发现的。

三、缩窄性心包疾病（Constrictive pericardial disease）

缩窄性心包疾病偶发于犬，罕见于猫。通常是心包增厚限制了心室扩张，阻止了心室正常充盈，影响到双侧心室的功能，或者心包的壁层和脏层发生粘连，心包空间减少。有时候会出现少量心包积液（缩窄性渗出性心包炎）。病理学检查显示心包纤维结缔组织增生和炎性细胞浸润。

【病因】

犬发生本病的具体病因包括特发性出血性积液、感染性心包炎（如放线菌、分支杆菌病、球孢子菌病）、创伤性心包炎、肿瘤、特发性骨质化生和心包纤维化。人类发生此病的病因有病毒性或特发性心包积液、结核、外伤、肿瘤浸润、肾衰竭、免疫疾病、化脓性感染，以及使用某些药物。

【临床症状】

此病常见于大、中型中年犬，比如雄性德国牧羊犬易患本病。临床症状以右心充血性心力衰竭为主。既往病史有腹部膨大（腹水）、呼吸困难或呼吸急促、不耐运动、晕厥、虚弱和体重减轻，这些症状数周甚至数月才形成。偶尔发现心包积液。与心脏压塞相似，本病最常出现的临床症状是腹水和颈静脉扩张。股动脉脉搏减弱，听诊心音低沉，有可能听到收缩期杂音或者收缩期“咔嗒音”，或听到舒张期奔马律。

【诊断】

缩窄性心包疾病的诊断比较困难。X线检查显示轻度至中度心脏扩大、胸腔积液、后腔静脉扩张。透视检查可见心脏运动明显减少。超声心动图可能发现心包增厚，有强烈的回音，但很难从正常心包回声中辨别。心电图异常包括窦性心动过速、P波延长以及小的QRS综合波。最有诊断意义的是血流动力学检查，中央静脉压超过15mmHg，表明心房和舒张期心室压力增加。

【治疗和预后】

治疗方法是外科心包切开术。术后常见并发症是肺栓塞和心律失常。中等剂量的利尿剂可能在术后有一定的帮助，不建议用强心药和血管收缩药。预后不良，若不进行手术干预，这种疾病最终会致命。

四、心脏肿瘤（Cardiac tumor）

犬、猫患心脏肿瘤的概率比较低。在犬，所有类型心脏肿瘤的发生率约0.18%；在猫，小于

0.03%。大多数动物的心脏肿瘤发生于晚中年到老年，85%的患犬超过7岁，大约28%的患猫是7岁或更年轻。尽管心脏肿瘤可以引起严重的临床症状，但能够被诊断出来的仍为偶然。最常见的心脏肿瘤是犬的血管肉瘤。

心脏肿瘤通常表现为出血性心包积液和心脏压塞的症状。肿瘤本身可阻碍血液流入或流出心脏，特别是当肿瘤很大，又生长于心内的时候。大的肿瘤会压迫心脏引起心包渗出，最后引起心肌浸润或缺血，破坏心脏节律或损害心脏收缩。如果肿瘤很小，或是生长的位置对心脏功能没有影响，临床症状可能不明显［见彩图版图4-5-6］。

大部分患心脏肿瘤的病例长期治疗效果都不好。治疗要点是心脏压塞（见本章相关内容）和充血性心力衰竭。有些动物可以保守治疗，反复发生心脏压塞时可以进行心包穿刺。手术切除取决于肿瘤的位置、大小以及是否有肿瘤浸润。大部分心脏肿瘤对化疗不敏感，有些可以短期治疗。有些心脏血管肉瘤用长春新碱、阿霉素、环磷酰胺联合化疗3～9个月可有疗效。

第七节 高血压

Systemic Arterial Hypertension

高血压（Hypertension）指体循环动脉血压增高，是常见的临床综合征，常伴有心、脑、肾等器官功能性或器质性变化。犬、猫高血压患病率高达10%～20%，血压升高可以影响到很多器官，特别是肝脏、眼睛、肾脏和心脏，高血压可以加速这些器官的病变，是危害犬、猫健康的重要疾病，特别是容易引起猫的失明。

如何才算是高血压并不十分明确，因为有多种因素会影响到对健康犬血压的测量，包括年龄和品种，此外，有些动物有明显的高血压临床症状，而更多的患高血压的动物并不表现出临床症状。因此，在做出高血压诊断之前必须认真评估和重复测量血压。近年来，已经报道了各种测量犬、猫血压的方法，包括直接测量和无创测量血压。一般来说，正常犬猫的血压（收缩压/舒张压）不超过160/100mmHg。有些动物紧张或焦虑时收缩压会达到180mmHg或更高。有研究显示正常犬平均压力为150/86mmHg，正常猫平均压力为104/73mmHg。大型品种的犬通常比小型品种的犬血压低，但并非总是如此。

一般来说，高血压的诊断标准是：在未用抗高血压药、未麻醉的情况下，收缩压≥180mmHg和/或舒张压≥110mmHg；收缩压≥180mmHg、舒张压≤110mmHg称为单纯性收缩期高血压；患犬、猫既往有高血压病史，目前正在用抗高血压药，血压虽然低于180/110mmHg，亦应该诊断为高血压。

一、血压测量

血压是血液在血管内流动时对血管壁产生的压力，作为动物体重要的生理参数，血压能够反应出动物体心脏和血管的功能状况，因而成为临床上诊断疾病、观察治疗效果、进行预后判断等的重要依据。血压的测量可以通过直接和间接两种方法实现。有些动物在焦虑和紧张的情况下会错误地显示血压升高（“白大褂效应”），所以测量血压时应尽可能处于一个安静的环境中。测血压时要多次测量，取平均值以增加准确性。高血压的诊断应重复测量并考虑到焦虑对动物的影响。

（1）直接测量法　直接法是有创测量方法，是用连接着压力感受器的针或充液导管系统直接插入动脉来完成的。直接测量血压被认为是黄金标准，但它需要操作者有熟练的技巧。在动物清醒时对其进行保定以及其他不适会引起血压的波动，引起血压假性升高。当需要对血压监测一段时间时，最好使用动脉留置管。通常压力传感器必须放置在右心房水平，避免增加或减少所测量的压力。为了预防血肿形成，进行血压测量时，在移除导管或针时应压迫穿刺位置几分钟。

（2）间接测量法　血液在血管内流动与水在平整光滑的河道内流动一样，通常是没有声音的，但当血液或水通过狭窄的管道形成涡流时，则可发出声音，间接法测量血压的血压计就是根据这个原理设计的，它是一种无创测量方法，通过对相关的特征信号进行分析处理而获得血压值。将充气臂带环绕于四肢或尾以堵塞血流，通过控制释放臂带气压来探测血液回流。研究表明，间接法的测量数据没有直接法准确。常用于兽医学的血压测定方法有多普勒超声法和示波法。

（3）示波法　首先把袖带捆在手臂上，对袖带自动充气，给臂带施加压力，通过气囊膨胀产生的压力阻塞血液流动，产生的压力可超过动脉收缩压，增加5～10mmHg时缓慢放气，当气压降低到一定程度时，血流就能通过血管，且有一定的振荡波，振荡波传播到压力传感器，压力传感器能实时检测到所测袖带内的压力及波动，同时通过微处理器计算平均压力，通过这个方法得出精确的结果。这个方法要求至少获得5个读数，除去最低值和最高值，计算测量的平均值。这种方法应用于个体较小的动物时有一定的难度。

（4）多普勒超声波法　这种方法是用超声波和回声（血细胞或者血管壁的运动）之间频率的变化，从体表动脉探测血液流动。当频率改变的时候，多普勒仪能将它转成声音信号从而检测血压的数值。可以测量血压的部位包括跖骨背部、手指和尾动脉腹侧。放置传感器的部位要剃毛。用这种方法测量收缩压较准确，但由于仪器的设计原理问题，测量舒张压不准确。尽管多普勒超声波法仅能测定收缩压，但还是推荐用这种方法，因为大多数动物的高血压是收缩期高压，而不是单独的舒张期高血压。与示波法不同，这种方法不能测平均血压。

二、犬、猫的高血压

犬、猫的临床型高血压（clinical hypertension）经常发生于中年到老年，大多继发于其他疾病。研究表明公犬比母犬容易发病，老龄猫极有可能是因为终末器官疾病而继发高血压。

【病因】

犬、猫的高血压病通常是继发性的而不是原发性的，而人的高血压则以原发性多见。引起犬、猫高血压的原因有：肾脏疾病（肾小管、肾小球、血管）、肾上腺皮质功能亢进、甲状腺功能亢进、甲状腺功能减退、嗜铬细胞瘤、慢性贫血（猫）、高盐饮食、糖尿病、肝病、肥胖；此外，与人的高血压相关的疾病还有：抗利尿激素分泌不足、高黏滞血症/红细胞增多症、肾素分泌瘤、醛固酮增多症、高血钙症、甲状腺功能减退症伴动脉粥样硬化、雌激素增多症、主动脉缩窄、妊娠、中枢神经系统疾病及其他疾病。

猫患高血压常见于肾脏疾病或甲状腺功能亢进症。犬患高血压常见于肾脏疾病、肾上腺皮质功能亢进、糖尿病、甲状腺功能减退和肝脏疾病。使用血管收缩药可以引起短暂高血压，包括局部使用去甲肾上腺素。

【临床症状】

犬、猫高血压常表现为原发性疾病的症状，或被原发性疾病的症状所掩盖，高血压本身也可以损伤终末器官，临床症状包括：视力下降、失明等视力障碍。失明是最常见的症状，通常由急性视网膜出血或脱落引起。虽然视网膜可以复原，但在大多数的情况下视力都不能够恢复。另一种常见的症状是多饮/多尿，对于犬多继发于肾脏疾病或兴奋，对于猫则继发于肾疾病或甲状腺功能亢进，此外，高血压本身造成所谓的压力利尿。听诊可发现柔和的收缩期心脏杂音。鼻黏膜血管破裂可导致鼻出血，脑血管破裂（中风）可造成癫痫发作、虚弱、晕厥、衰竭或其他神经系统的症状。

【诊断】

诊断高血压最准确的方法是测量血压，也必须检测一些与高血压相关的疾病，进行多次血压测定对确诊非常重要。对所有的高血压患病动物都要进行血细胞计数（CBC）、血清生化检测、尿液检测等。为了排除可能造成误诊的其他疾病或并发症，还需进行一些特殊检查，包括各种内分泌检验、胸部和腹部X线片、超声波检查（包括超声心动图）、心电图检查、眼部检查和血清学实验。胸部X线照片检测经常发现由长期的高血压引起的心肥大，超声心动图可确定左心室肥厚。

【治疗】

有严重高血压的动物必须进行治疗，这些动物的血压一般超过200/110mmHg。轻度高血压经过治疗后一般会得到缓解，有些病例则需要长期治疗和监测。

已证实高盐饮食与高血压形成有关，建议所有的患病动物少摄入盐。肥胖动物要进行减肥。避免使用能使血管收缩的药物（如苯丙醇胺和其他 α_1-肾上腺素激动剂）。也尽可能避免使用糖皮质激素和黄体激素衍生物，因为类固醇激素会增加血压。利尿剂（噻嗪类或速尿）能减少血容量和血中钠的含量，但单独使用利尿剂在一些严重病例中并不能取得良好的效果，患有氮血症的动物更应谨慎使用。

当使用抗高血压药的时候，必须严格监测其血压的变化。测量血压有助于评估药物治疗效果，可以有效避免造成低血压。经常使用的药物是β-肾上腺素阻滞物，血管紧张素转换酶抑制剂和钙内流阻断剂。在用药之后要经常检查药物的疗效和动物的反应。这可能需要两个或多个星期对药物降血压的效果进行分析。有些病例单独使用一种药物治疗就可能有效，有些则需要几种药物联合使用。治疗犬、猫高血压的常用药物见表 4-5-7。

表 4-5-7 用于治疗高血压的药物

药物	犬	猫
利尿剂		
速尿	1～3mg/kg，q8～24h[1]，PO[2]	1～2mg/kg，q12h，PO
氢氯噻嗪	2～4mg/kg，q12h，PO	1～2mg/kg，q12h，PO
β-肾上腺素受体阻滞剂		
阿替洛尔	0.2～1.0mg/kg，12～24h，PO	6.25～12.5mg/只，q12～24h，PO
心得安	0.1～1.0mg/kg，q8h，PO	2.5～10mg/只，q8～12h，PO
血管紧张素转换酶抑制剂		
依那普利	0.5mg/kg，q12～24h，PO	0.25～0.5mg/kg，q24h
卡托普利	0.5～2.0mg/kg，q8～12h，PO	0.5～1.25mg/kg，q12～24h，PO
钙通道阻滞剂		
甲氨氯地平	剂量未知	0.625mg/只，q24h，PO
α_1-肾上腺素能阻滞剂		
苯氧苯扎明	0.25～1.5mg/kg，q12h，PO	0.25～1.5mg/kg，q12h，PO
哌唑嗪	大型犬：2mg，q8～12h，PO 中型犬：1mg，q8～12h，PO	不用于猫
用于高血压危象的药物		
肼苯达嗪	0.5～2.0mg/kg，q12h，PO	2.5～10mg/只，q12h，PO
硝普钠	0.5～1μg/（kg·min），CRI（最初），至 5～15μg/（kg·min），CRI	用法同犬
乙酰丙嗪	0.55～1.1mg/kg（最大用量为 3mg），IV	1.1～2.2mg/kg，IV，IM，SQ
静注普萘洛尔	0.02mg/kg，IV（初始缓慢）（最大剂量为 1mg/kg）	用法同犬
酚妥拉明	0.02～0.1mg/kg 静脉推注，然后静脉滴注至产生疗效	用法同犬

注：1. q8～24h 表示每 8～24 小时服用 1 次，以下同。

2. PO，口服；CRI，恒定速率输注；IV，静脉注射；IM，肌内注射；SQ，皮下注射。

第八节 心力衰竭

Heart Failure

心力衰竭（heart failure）不是一个独立的疾病，它是多种疾病过程中发生的一种综合征。临床上表现为心肌收缩力减弱、心输出量减少、静脉回流受阻、动脉系统供血不足、全身血液循环障碍等一系列症状和体征。心力衰竭可分为左心衰竭、右心衰竭以及全心衰竭，临床多数情况下是由左心衰竭引起右心衰竭而形成全心衰竭，任何一侧心力衰竭都可影响对侧。

【病因】

包括①心肌功能障碍：扩张性心肌病、猫的牛磺酸缺乏和心肌炎；②心脏负荷加重：收缩期负荷加重，见于主、肺动脉狭窄或体、肺循环动脉高压；舒张期负荷加重常见于心脏瓣膜闭锁不全及先天性动脉导管未闭等；③心肌发生病变：由各种病毒（犬瘟热、犬细小病毒）、寄生虫（犬恶心丝虫、弓形虫）、细菌等引起的心肌炎，由硒、铜、维生素 B_1 等微量元素缺乏引起的心肌变性，由有毒物质（如铅等）中毒引起的心肌病，由冠状动脉血栓引起的心肌梗塞等，另外心肌突然遭受剧烈刺激（如触电，快速或过量静脉注射钙剂等）或心肌收缩受抑制（如麻醉引起的反射性心跳骤停或心动徐缓）等；④心包疾病：如心包积液或积血，使心脏受压和心腔充盈不全，引起冠状循环供血不足，而导致心力衰竭；⑤治疗时，过快或过量的输液以及不常剧烈运动的犬、猫突然运动量过大（如长途奔跑）等引起。

【病理生理】

健康动物的心脏具有强大的代偿能力。在正常情况下，可通过增加心率和增强心肌收缩力使心输出量增加，以满足运动、妊娠、泌乳、消化等生理需求。在病理情况下，心脏的主要代偿机制是加快心率，增加每搏输出量，增强组织对血中氧气的摄取力和血液向生命器官的再分布。当心脏无法为身体提供充足的血液，或当它需要提升心脏充盈压力时就可能发生心力衰竭。

急性心力衰竭时，心肌的收缩力明显降低，心输出量减少，动脉压降低，组织高度缺氧，反射地引起交感神经兴奋，发生代偿性心率加快，增加输出量，可短暂地改善血液循环。然而，当心率超过一定限度时，心室舒张不全，充盈不足反而使心输出量降低。心动过速时心肌耗氧量增加，冠状血管血流量减少使心肌的氧供给量不足，使心肌收缩力减弱加剧，心输出量更加减少。交感神经兴奋还能引起外周血管收缩，心室的压力负荷加重，同时肾素-血管紧张素-醛固酮系统被激活，肾小管对钠的重吸收增加，引起钠和水潴留，心室的容量负荷加重，影响心输出量，最终导致代偿失调。病程较长的病例，因肺水肿而出现呼吸困难。

充血性心力衰竭是逐渐发生的。心跳加快及心脏负荷长期过重，心室肌张力过度，刺激心肌代谢，增加蛋白质合成，心肌纤维变粗，发生代偿性心肥大，心肌收缩力增强，输出量增加。然而，肥大的心肌，其结构发展不均衡，心肌纤维容积增大，所需营养物质与氧增多，但心肌中的毛细血管数量没有相应增多，心肌得不到充分的营养物质和氧的供应。另一方面，心肌纤维肥大，细胞核的数量并未增加，核与细胞质的比例失常，核内 DNA 减少，使心肌蛋白更新障碍。凡此种种都影响心肌的能量利用，使储备力和工作效率明显降低，心肌收缩力减退，收缩时不能将心室排空，遂发生心脏扩张，导致充血性心力衰竭的发生。

右心衰竭时，体循环淤血，引起皮下水肿和体腔积水。肾脏血流减少引起代偿性流体静压升高，尿量减少。肾小球缺血引起渗透性增高，血浆蛋白质漏出到尿中，形成蛋白尿。门脉循环系统充血会伴发消化、吸收障碍及腹泻。

左心衰竭时，肺静脉压增加引起肺静脉淤血，使呼吸加深，频率加快，运动耐力下降。支气管毛细血管充血和水肿引起呼吸通道变狭窄而影响肺通气。肺静脉流体静压异常增高，漏出液增加，引起肺水肿。然而，临床上是否发生肺水肿取决于心力衰竭发生的速度。心力衰竭发生较慢的病例因具有容量较大的淋巴导管系统可以阻止临床型肺水肿的发生。左心衰竭后肺动脉压力增加，右心负荷加重，长时间后出现右心衰竭，即可发展为全心衰竭。心肌炎、心肌病等会引起左右心衰同时发生。

【临床症状】

左心衰竭时主要呈现肺循环淤血，由于肺脏毛细血管内压升高，可迅速发生肺间质、肺泡水肿和每搏输出量减少。患病犬猫表现为呼吸加快和呼吸困难，听诊肺部有各种性质的啰音，并发咳嗽等。右心衰竭时主要呈现体循环障碍（全身静脉淤血）和全身性水肿。早期可见肝、脾肿大，后期由于腹水使腹围扩大，腹水及肿大的肝压迫膈肌引起喘息。偶尔可见胸水。充血性心力衰竭通常是由左心、右心衰竭或两者同时衰竭发展而来，其特征性症状是肺充血、水肿或腹水。临床表现为呼吸困难、咳嗽、轻微运动或兴奋即疲劳、腹围增大、精神沉郁、食欲废绝、体重减轻、黏膜淤血或苍白、毛细血管充盈缓慢，及偶尔黏膜发绀等。当右心衰竭出现之后，右心输出量减少，左心衰竭的呼吸困难等肺淤血症状反而会减轻。

【诊断】

根据病史和临床症状不难做出本病的诊断。要确定引起心力衰竭的具体病因，必须结合心电图描记、X线检查和超声心动图检查或其他特殊检查。

【治疗】

治疗原则为去除病因，减轻心脏负荷，增强心脏排血机能，改善缺氧的状况，增加心肌营养等。

（1）一般治疗措施　①增强心肌收缩力，改善心脏功能：用毛花强心丙注射液0.3～0.6mg，加入10～20倍5%葡萄糖溶液中，缓慢静脉注射，必要时4～6h后再用1次。也可用洋地黄毒甙（0.033～0.11mg/kg），口服，每天2次，或以0.006～0.012mg/kg（全效量）静脉注射，然后以全效量的1/10维持。应用洋地黄类药物必须注意，感染、发热引起的心动过速而无心力衰竭的病犬猫不宜使用，可采用抗生素控制感染。部分或全部房室传导阻滞禁用。②减轻心脏负荷：限制运动，让病犬、猫保持安静（可使用镇静剂，如肌肉注射安定注射液，1～2mL/次），适当限制食盐的摄入量。肌内注射速尿，以促进水肿消退。胸腹腔积液过多时进行穿刺放液。③改善缺氧状况，通过鼻导管输氧。

（2）急性充血性心力衰竭的治疗　急性充血性心力衰竭的特点是：严重的心源性肺水肿，心输出量不足。治疗的目的是迅速减轻肺水肿，改善氧气供应，增加心输出量。严重充血性心力衰竭的动物都非常紧张，必须最大限度地限制身体活动以减少总耗氧量，关在笼子里是首选。在运输时，动物应该放置在一个小推车中或被抬着。尽可能避免触摸动物，避免口服药物。通过面罩、鼻导管、气管插管或氧气瓶输氧。无论选择何种方法，要避免患病动物挣扎。输氧时最好控制氧气的温度和湿度，建议设置在18摄氏度，6～10L/min的氧流量，最开始时需要50%～100%的氧气浓度。然而，长期高浓度氧（>70%）会损伤肺组织。如果存在大量胸腔积液，应当进行胸腔穿刺术。

静脉注射速尿可快速利尿。有些病患对传统剂量（1～2mg/kg）反应迟钝，要增加剂量或增加注射次数。一旦利尿作用开始、呼吸功能改善，要减少药物用量以防止过度脱水或电解液丢失。缓慢静脉注射或肌肉注射氨茶碱，有轻度利尿作用和扩张支气管的效果，还能减少呼吸肌的疲劳，不良反应则是增加交感神经活动和心律不齐。当呼吸功能改善时可口服治疗。

镇静剂（对犬注射吗啡，对猫注射低剂量的乙酰丙嗪）可以减少焦虑。吗啡的其他有益作用包括抑制呼吸中枢引起更慢更深的呼吸，内脏血管舒张使远离肺的血液重新分配。吗啡可以提高颅内压，因此在犬患有神经组织水肿时禁用此药。吗啡禁用于猫。

扩血管药物可以增加全身静脉血容量，降低全身动脉阻力，减少肺水肿的发生。肼苯哒嗪可用于治疗二尖瓣闭锁不全引起的肺水肿（有时用于治疗扩张型心肌病），可有效地降低左心房压力。初始剂量为0.75～1mg/kg口服，之后每2～3h重复口服，直到收缩压降到90～110mmHg或临床症状明显改善。如果临床不见明显好转，可以在2～4h内再追加1mg/kg的初始剂量。另外2%硝酸甘油能舒张静脉。其他的疗法还有以每分钟0.5～1μg/kg的剂量静脉注射硝普钠，此时必须密切监视血压，使收缩压保持在12.0～13.3kPa，持续输液12～24h。还可以使用血管紧张素转换酶抑制剂。

其他治疗方法还有放血（放总血量的25%）。应当避免环境应激如过热、过湿和过冷。一旦利尿开始、呼吸道症状减弱，就要给动物喝低钠盐的水（对于病重和厌食的动物需要输液治疗）。建议监测动脉血压、血清肌酸酐和血液尿素氮浓度，定期测量血清电解质。

（3）饮食管理　心力衰竭会导致排钠和水负载能力受损，建议限制高盐饮食以帮助控制体液聚集，减少必要的药物治疗，限制氯化物也很重要。当临床发生心力衰竭时，建议食盐摄入量为大约每天每千克体重30mg，肾脏疾病的处方食品通常也是这个盐摄入量。对于严重的心力衰竭，进一步限制钠摄入量，可使用心脏病处方食品（如每天每千克体重13mg钠，或每100g的干粮约90～100mg的钠，或含钠 0.025%的罐头食品）。

建议定期测量血清电解质浓度和评估肾功能。使用利尿剂、血管紧张素转换酶抑制剂和限盐可能出现电解质紊乱（尤其是低钾血症或高钾血症、低镁血症，有时低钠血症）。长期厌食可以促使低钾血症的发生；然而，禁止对没有低血钾症的患病动物补充钾，尤其是使用过血管紧张素转换酶抑制剂的。

保证日粮有足够的热量和蛋白质很重要，但是患病犬猫往往食欲不好，在食欲不好的时候加热食物以加强它的味道，加入少量的可口的人的食物（例如无盐的肉类或肉汁，低钠盐的汤），使用盐的替代品（KCl）或大蒜粉，人工饲养，每天多次给予少量的食物。

肥胖会增加心脏病的风险，肥胖增加了心脏的代谢需求，血容量加大，可能导致心脏充盈增加，刺激心脏肥大，静脉压力增加，并易患心律不齐。限制饮食对有心脏疾病的超重宠物有治疗效果。

某些情况下，补充特定营养素很重要。牛磺酸是猫的必需营养物质，长期缺乏会导致心肌疾病以及其他异常（参见猫扩张型心肌病）。使用商品猫粮和处方猫粮显著降低了因牛磺酸缺乏导致的扩张型心肌病的患病率。缺乏牛磺酸的猫可口服牛磺酸，每天 2 次（250～500mg）。有些犬的扩张型心肌病与 L-肉碱缺乏有关，一些患扩张型心肌病的可卡猎犬肉碱与牛磺酸均缺乏。对于有这些疾病的犬，建议每日 2 次或 3 次口服 1～2g 的 L-肉碱，每日 2 次 500mg 的牛磺酸。

（4）利尿剂的使用　利尿剂是治疗充血性心力衰竭最基本的药物，因为利尿剂能减少静脉淤血和减轻水肿。速尿是最有效的，其他的噻嗪类利尿剂和保钾利尿剂有时也可用于犬、猫的心力衰竭。速尿以及其他利尿剂能激活肾素-血管紧张素-醛固酮系统，对脱水或氮质血症动物必须慎用利尿剂，因为他们可能会加剧这些问题。具体使用方法参见本章附录“心血管疾病的常用药物”。

（5）血管扩张剂的使用　常用药物有血管紧张素转换酶抑制剂（ACE 抑制剂，如恩那普利、卡托普利、贝那普利、赖诺普利等）和小动脉和其他血管扩张剂（如肼苯哒嗪、哌唑嗪、硝普钠）。扩血管药物能改善心力衰竭犬、猫的心输出量，减少水肿，也可用于治疗高血压。具体使用方法参见本章附录“心血管疾病的常用药物”。

使用血管扩张剂治疗时要注意避免引起低血压和反射性心动过速，建议降低利尿剂的剂量。最初低剂量用药，接下来几个小时密切监测有无低血压的症状。如果没有发生不良影响，如有必要，可逐渐增加血管扩张剂使用量，每次增加剂量都要监测血压，最终使平均动脉压维持在 70～80mmHg，静脉氧分压大于 30mmHg。收缩压不能低于 90～100mmHg。

（6）强心药的使用　常用药物有洋地黄苷（地高辛、洋地黄毒苷），拟交感神经药（多巴胺、多巴酚丁胺、肾上腺素等）。具体使用方法参见本章附录“心血管疾病的常用药物”。

第九节　心律不齐

Cardiac Arrhythmias

心律不齐（cardiac arrhythmias）指心脏冲动的频率、节律、起源部位、传导速度与搏动次数的异常。临床上表现为脉搏异常和不规则心音并引起虚弱、衰竭、癫痫样发作或突然死亡。

大中型犬的正常心率为 90～160/min，小型犬和幼年犬为 110～180/min，猫为 140～225/min。当节律紊乱时，可高至 360/min 或低于 50/min。研究表明，犬猫心律不齐主要表现为心房纤颤（27%）、窦性心动过速（17%）、期前收缩（11%）和心脏传导阻滞（12%）等。

【病因】

本病的病因复杂，包括心脏本身疾病如创伤、感染、先天性形态异常、心肌病和肿瘤等，心脏外因素如电解质代谢紊乱、自主神经紊乱、低血氧、酸中毒、甲状腺机能亢进和药物中毒、应激、兴奋、低血钾、高血钙、高热或低体温等。

【临床症状】

根据病因不同，有的心律不齐无明显危害，有的可导致突然死亡。轻症犬、猫表现出心音和脉搏异常、易疲劳、运动后呼吸和心跳次数恢复慢。重症犬、猫表现出无力、安静时呼吸急促、严重心律不齐、呆滞、痉挛、昏睡、衰竭，甚至突然死亡。听诊和触诊时可发现心音和脉搏不规则。死后剖检，无明显的肉眼可见变化。

【诊断】

通过病史调查、听诊，辨别心动过速、心动过缓、间歇性心音、心音不规则及触诊脉搏不规则等可作出初步诊断。心电图检查对诊断心律不齐最有意义，必要时应用霍尔特监护仪（Holter）进行 24h 连续监控，以判断心律不齐的严重程度。心电图检查应在安静状态和运动负荷后进行。心律不齐心电图的分析应包括：心房与心室节律是否规则，频率是多少，PR 间距是否恒定，P 波与 QRS 波群形态是否正常，P 波与 QRS 波群的相互关系等。

【治疗】

根据诊断结果，在治疗原发病的同时，加强饲养管理并结合药物进行治疗（见表 4－5－8）。

表 4－5－8　心律不齐的处理方法

心律不齐的类型	处理方法
窦性心动过速	不必采取特殊处理，除去病因，注意管理
窦性心动过缓	不必采取特殊处理，除去病因，注意管理
室上性心动过速	洋地黄、心得安、普鲁卡因酰胺
室性心动过速	普鲁卡因酰胺、利多卡因、硫酸奎尼丁、潘生丁
室上性过早搏动	心得安、潘生丁
室性过早搏动	利多卡困、普鲁卡因酰胺、硫酸奎尼丁
心房纤颤	异羟基洋地黄毒苷、硫酸奎尼丁、除颤器除颤
心室纤颤	电击除颤、左心室内注入肾上腺素或去甲肾上腺素、氯化钙、维生素 B、维生素 E
逸搏或逸搏心律	利多卡因、心得安
窦房传导阻滞	肾上腺素、硫酸阿托品、麻黄素
房室传导阻滞	改善管理，去除病因，硫酸阿托品、异丙基肾上腺素
心房传导阻滞	治疗原发病
心室传导阻滞	治疗原发病
WPW 综合征	普鲁卡因酰胺、阿托品、亚硝酸异戊酯、硫酸奎尼丁

注：各药物的参考剂量：利多卡因（25mg/kg，静脉注射），硫酸奎尼丁（6～10mg/kg，口服），普鲁卡因酰胺（12.5mg/kg，口服；11～22mg/kg，肌内注射），心得安（0.5～2mg/kg，口服），潘生丁（2.5mg/kg，分 2 次口服），异羟基洋地黄毒苷（0.018mg/kg，分 2 次口服），硫酸阿托品（0.5～2.0mg，皮下或静脉注射），异丙基肾上腺素（15～30mg，口服），肾上腺素（0.5～1.0mL，左心室内注射），去甲肾上腺素（25～50μg，左心室内注射），10%氯化钙（1～2mL，左心室内注射）。

第十节　犬心丝虫病

Canine Dirofilariosis

犬心丝虫病是由丝虫科的犬恶丝虫（*Dirofilaria immitis*）寄生于犬的右心室和肺动脉，引起循环障碍、呼吸困难、贫血等症状的一种丝虫病。猫、狐、狼等也能感染。

【生活史】

犬心丝虫病由犬恶丝虫引起，成虫主要寄生在肺动脉和右心室中，释放微丝蚴进入血液中。以蚊子、蚤等作为中间宿主。成虫为细长白色，雄虫长 12～16cm，雌虫长 25～30cm，微丝蚴长约 315μm。犬恶丝虫的生活史如下：蚊子叮咬感染宿主后摄入微丝蚴（第一期幼虫）。微丝蚴必须在蚊子体内经过两次蜕皮才能发育成熟。微丝蚴通过血液循环或者通过胎盘感染其他犬。在蚊子体内大概需要 2～2.5 周时间蜕皮为第三期感染性幼虫。蚊子吸血时第三期感染性幼虫进入新的宿主。第三期幼虫在新宿主的皮下组织发育，在 9～12d 后蜕皮进入第四期幼虫，然后发育为第五期幼虫。幼虫大概在感染后 100d 进入血管系统。感染幼虫发育为怀孕雌虫排出微丝蚴至少需要 5 个月，通常需要 6 个月以上。因此，年龄小于 6 个月、血液循环中携带微丝蚴的小犬很有可能是通过胎盘而不是成虫感染。

【发病机理】

犬恶丝虫是引起肺动脉高压的常见原因，并且越来越多地在猫身上发现该病。成虫主要寄生在肺动脉，引起血管病变，导致肺动脉高压。目前发现肺血管阻力和蠕虫数量之间很少或者没有联系。少量虫体可以引起严重的肺损伤。运动引起肺血流量增加从而加剧肺血管病变。如果犬恶丝虫很多，有些便迁移进入心脏，犬恶丝虫数量庞大时，右心室流出通道、三尖瓣、腔静脉或肺动脉可发生机械性阻塞。

犬恶丝虫病肺动脉病变的特征是血管内膜增厚，内皮损伤引起血栓形成以及血管周围组织反应，部分肺组织发生实变。死亡的犬恶丝虫会激起更严重的宿主反应并且加重肺部疾病。犬恶丝虫碎片和血栓引起会栓塞，最终导致肺纤维化。动脉栓塞、梗死、纤维病变以及超敏性肺炎均能引起肺实质损害。缩小的血管内血流阻力增大，肺实变引起的肺缺氧会加重本来就很高的肺动脉阻力。

肺动脉阻力增加需要更高的灌流压，因此血管变得扭曲膨胀。这就需要更高的心脏收缩压，从而引起右心室膨胀肥大。慢性肺动脉高压可引起右心室心肌功能失常，右侧充血性心衰的症状，尤其是在伴有继发性三尖瓣闭锁不全时。继发于犬恶丝虫病的慢性肝充血可能造成永久性肝损伤和肝硬化。循环免疫复合体或一些抗原能引起肾小球肾炎。犬恶丝虫病也能引起犬肾脏的淀粉样病变，但这种情况很少见。偶然情况下，犬恶丝虫能引起脑、眼以及动脉系统的栓塞。

【临床症状】

犬恶丝虫寄生于犬身上没有年龄和品种的限制。多数感染犬只在 4～8 岁之间，当然也有 1 岁以内 6 个月以上，以及老龄犬只。雄性犬的感染几率是雌性的 2～4 倍。大型犬和野外犬的感染几率比小型犬家养犬大得多。

许多诊断结果为阳性的犬无临床症状，感染后的明显症状如下：呼吸困难、易疲劳、昏厥、咳嗽、咯血、右心室充血不足。偶尔，犬恶丝虫异常移行到四肢、眼睛或其他部位，可引起相关症状。随着病情进一步发展，可出现呼吸急促、颈静脉膨胀、悸动或其他右心功能不全的症状。听诊时症状：肺音增强或不正常（哮喘、捻发音）、三尖瓣闭锁不全性杂音和心律失常。严重的肺动脉疾病和血栓栓塞可引起鼻出血、弥漫性血管内凝血、血小板减少症、血红蛋白尿。患犬常伴有结节性皮肤病、瘙痒、结节常破溃、结节中心化脓，并在其周围的血管内常见有微丝蚴。

雄性猫比雌性猫更容易感染本病，尽管所有年龄的猫都可被感染，但是大多数被感染猫的年龄是 3～6 岁。一般感染犬恶丝虫的猫右心室成虫少于 8 条，大多数只有一条或两条。猫的症状与犬有所不同，大部分病猫不表现临床症状，患猫的典型症状为食欲减退、嗜睡、咳嗽、呕吐、阵发性咳嗽、呼吸困难、晕厥、猝死，咳嗽是最常见的肺部疾病特征。右心衰竭和腔静脉综合征在猫少见，多发生猝死，通常认为是由于血栓栓塞和急性的呼吸困难所致。

【诊断】

（1）血清学检测　恶丝虫成虫抗原测试是筛选该病的主要方法。有以下几种原因：血清检测准确性高，应用简便，抗原测试比微丝蚴敏感性更强。根据成年雌虫抗原研制的免疫测定法已经研发出商品化诊断试剂盒。多使用酶联免疫吸附试验，这些测试有特效并且有很好的敏感性。

（2）微丝蚴的检测　采集至少 1mL 的静脉血来检测微丝蚴，用微孔薄膜法或改良柯氏实验浓集微丝蚴。两种实验都是裂解红细胞固定微丝蚴。改良柯氏实验更便宜但是费时。检查微丝蚴较好的方法是改良的柯氏试验和毛细血管离心法。改良柯氏试验：取全血 1mL 加 2%甲醛 9mL，混合后 1 000～1 500r/min 离心 5～8min，弃上清夜，取 1 滴沉渣和 1 滴 0.1%美蓝溶液混合，显微镜下检查微丝蚴。

(3) X线和心电图检查　出现右心肥大和肺动脉扩张的变化。

【治疗】

治疗首先针对成虫，其次治疗微丝蚴。杀成虫药：①硫乙胂胺（Thiacetarsamide）：2.2mg/kg，静脉注射，每天2次，连用2d。该药有潜在的毒性，如果犬反复呕吐，精神沉郁，食欲减退和黄疸，则应中断治疗。②美拉索明（Melarsomine）：常用砷制剂，安全性比硫乙胂胺高，但仍有肾毒性和肝毒性。杀微丝蚴药：①左咪唑：11mg/kg，口服，每天1次，连用7～14d。②依维菌素：0.05～0.1mg/kg，1次皮下注射。发生心衰的病例按照充血性心力衰竭的常规方法进行治疗，给予强心剂、利尿剂和限制运动。常规使用阿司匹林治疗潜在的血栓并发症。可使用可的松控制炎症。

【预防】

消灭中间宿主是重要的预防措施，亦可以用药物进行预防：左咪唑，10mg/kg，每天分3次内服。连用5d为1个疗程，隔2个月重复1次治疗；依维菌素，0.06mg/kg，在蚊虫活动的季节，每个月进行1次皮下注射。

表4-5-9　心血管疾病的常用药物及其使用剂量

通用名	商品名	犬的剂量	猫的剂量
利尿剂			
呋噻咪	Lasix Distal Furotabs Diuride	每隔24h口服0.5～2mg/kg，或每隔4～6h静脉注射、肌内注射或皮下注射2～5mg/kg	每隔8～12h口服2.2mg/kg，或每隔1～2h静脉注射或肌内注射，上限4.4mg/kg
氯噻嗪	Diuril	每隔12h口服20～40mg/kg	—
氢氯噻嗪	Hydrodiuril Esidrix	每隔12h口服2～4mg/kg	每隔12h口服1～2mg/kg
螺内酯	Aldactone	每隔12h口服2mg/kg	每隔12h口服1～2mg/kg
氨苯蝶啶	Dyrenium	每天口服2～4mg/kg	—
血管扩张剂			
恩那普利	Enacard Vasotec	每隔12～24h口服0.5mg/kg	每隔12～24h口服0.25～0.5mg/kg
卡托普利	Capoten	每隔8～12h口服0.5～2mg/kg	每隔8～12h口服0.5～1.25mg/kg
贝那普利	Lotensin	每隔24h口服0.25～0.5mg/kg	每隔24h口服0.25～0.5mg/kg
赖诺普利	Prinivil Zestril	每隔12～24h口服0.5mg/kg	每隔24h口服0.25～0.5mg/kg
肼屈嗪	Apresoline	每隔12h口服0.5～2mg/kg	每只猫每隔12h口服2.5mg～10mg
哌唑嗪	Minipress	不用于体重小于5kg的小犬；体重小于15kg：每隔12h口服1mg；体重大于15kg：每隔8h口服2mg	—
硝普钠	Nitropress Nipride	0.5～1μg/（kg·min）到5～15μg/（kg·min），CRI	—
硝化甘油2%软膏	Nitrobid Nitrol	初始剂量0.5μg/（kg·min），CRI；之后每隔5min以0.5～1μg/kg的速度增加，直到达到所需的收缩压（90～100mmHg） 每隔4～6h，皮肤涂抹1.7～5cm	每隔4～6h表皮涂1/4～1/2寸

（续）

通用名	商品名	犬的剂量	猫的剂量
硝酸异山梨酯	Isordil Titradose Sorbitrate	每隔 8h 口服 0.5～2mg/kg	—
阿罗地平磺酸盐	Norvasc	每隔 12～24h 口服 0.05～0.5mg/kg	每只猫口服 0.625mg
酚妥拉明	Regitine	静脉注射 0.02～0.1mg/kg，效应根据 CRI	用法同犬
乙酰丙嗪		静脉注射 0.05～0.1mg/kg，最大剂量为 3mg	皮下注射 0.1～0.2mg/kg
增强收缩力药物			
地高辛	Cardoxin Cardoxin Lanoxin	体重低于 18kg 犬：每隔 12h 口服 0.011mg/kg 体重大于 18kg 犬：每隔 12h 口服 0.022mg/kg	口服：每隔 48h，0.007mg/kg 静脉注射：0.005mg/kg 口服总共给 1/2，然后 1～2h 后个 1/4 需要时可大剂量注射
洋地黄毒苷	Crystodigin	小型犬每隔 8h 1 次，大型犬每隔 12h 1 次，静脉注射：0.01～0.02mg/kg	不可用
多巴胺	Intropin	1.1～11μg/（kg・min）静脉注射	1～5μg/（kg・min），CRI（初始少量）
多巴酚丁胺	Dobutrex Inocor	2.5～10μg/（kg・min），CRI 4.4～20μg/（kg・min），CRI	4.4～15.4μg/（kg・min），CRI
米利酮	Primacor	初期以 50μg/kg 静脉注射 10 min 以上；0.375～0.75μg/（kg・min）静脉缓慢输注（人）	用法同犬
抗心律不齐药			
第一阶段			
利多卡因	Xylocaine	初期以 2mg/kg 缓慢静脉注射，一直到 8mg/kg；或者以 0.8mg/（kg・min）快速静脉注射；如果有效，然后以 25～80μg/（kg・min）静脉缓慢输注（也可用于气管，心肺复苏术）	初期缓慢静注 0.25～0.5mg/kg，在 5～20min 可以以 0.15～0.25mg/kg 的剂量重复静注，如果有反应，10～20μg/（kg・min），CRI
普鲁卡因胺	Pronestyl Pronestyl SR Procan SR	10～15（最大到 20）mg/kg 静脉注射超过 1～2min；10～50μg/（kg・min），CRI；每隔 6h 口服 10～20mg/kg（持续释放：每隔 6～8h）	1～2mg/kg 缓慢静注；10～20μg/（kg・min）CRI；每隔 8h 口服 7.5～20mg/kg
奎尼丁	Quinalan Quinidex Extentabs Quinaglute Dura-Tabs Cardioquin	每隔 6h 肌内注射 6～20mg/kg（负荷剂量 14～20mg/kg）；每隔 6h 口服 6～16mg/kg；每隔 8h 口服 8～20mg/kg	每隔 8h 口服或肌内注射 6～16mg/kg
妥卡尼	Tonocard	每隔 8h 口服 5～20mg/kg 最高不超过 25mg/kg	不可用
苯妥英	Dilantin	每 12h 口服，10～20（最大 25）mg/kg	不可用
美西律（慢心律）	Mexitil	10mg/kg 缓慢静注；每 8h 口服 30～50mg/kg 每隔 8h 口服 4～10mg/kg	—

（续）

通用名	商品名	犬的剂量	猫的剂量
第二阶段			
普萘洛尔，心得安，恩特来，萘氧丙醇胺，萘心安	Inderal Inderal LA	静注：初期缓慢推注 0.02mg/kg，一直到最大剂量 1mg/kg 口服：初始剂量 0.1～0.2mg/（kg·8h），一直到最大剂量每隔 8h 1.5mg/kg	用法同犬 每只猫每 8～12h 口服 1.5～10mg
阿替洛尔、氨酰心安	Tenormin	每 12～24h 口服一次 0.2～1mg/kg	每只猫每 12～24h 口服 6.25～12.5mg
艾司洛尔	Brevibloc	200～500μg/kg 静注 1min 以上，然后以 25～200μg/（kg·min）输液	用法同犬
美托洛尔	Lopressor	初期每 8h 口服剂量 0.2mg/kg，一直到 1mg/kg	—
纳多洛尔	Corgard	初期每 8h 口服剂量 0.2mg/kg，一直到 1mg/kg	
第三阶段			
溴苄胺 胺碘酮	Bretylol Cordarone	静注 2～6mg/kg，在 1～2h 内重复一次；每 12h 口服 10～15mg/kg，连用 7 d，然后每 12h 口服 5～7.5mg/kg，连用 14 d；然后每 24h 口服 7.5mg/kg	—
索他洛尔、甲磺胺心定	Betapace	大犬：每 12h 口服 1～2mg/kg	每隔 12h 口服 2mg/kg
第四阶段			
维拉帕米	Calan Isoptin	初期剂量：0.05mg/kg 缓慢静注；可在 5min 内升高，直至总剂量为 0.15～0.2mg/kg；每 8h 口服 0.5～2mg/kg	初期剂量 0.025mg/kg 缓慢静注；可在 5 min 内升高，直至总剂量为 0.15～0.2mg/kg；每 8h 口服 0.5～1mg/kg
地尔硫卓	Cardizem Cardizem-CD Dilacor XR	初期剂量每 8h 口服 0.5mg/kg，一直到 2mg/kg；用于房性心动过速，0.5mg/kg 口服	用于肥厚性心肌病，每 8h 口服 1.75～2.5mg/kg；持续用药：Cardizem-CD：10mg/（kg·d）；Dilacor XR：30mg/（只·d）
抗胆碱能类			
阿托品、颠茄碱		0.022～0.044mg/kg 静脉注射或肌内注射，0.02～0.04mg/kg，皮下注射也可以用于气管的心肺复苏	用法同犬
格隆铵	Robinul	与麻醉药合作，0.005～0.01mg/kg 静脉注射或肌内注射，0.011mg/kg，静脉注射或肌内注射	0.005～0.01mg/kg，静脉注射或肌内注射
丙胺太林	Pro-Banthine	每隔 8～12h 口服 0.25～0.5mg/kg，或每只口服 7.5～30mg	
拟交感神经药			
异丙［去甲］肾上腺素	Isuprel	0.04～0.08μg/（kg·min），CRI	用法同犬
特布他林	Brethine	口服：每 8～12 小时 0.2mg/kg	口服：每 12 小时 0.625mg/只
其他抗心律失常药物	Bricanyl		

注：CRI，恒定速率输注。

第六章 造血和血淋巴系统疾病
Diseases of the Hematopoietic and Hemolymphatic Systems

第一节 造血和血淋巴系统检查诊断
Diagnostic Tests for the Hematopoietic and Hemolymphatic Systems

主要检测内容包括血象、骨髓象、胆红素代谢、骨髓细胞培养、浅在淋巴结及淋巴管五个方面。

一、血象的检查

(一) 血涂片检查步骤及内容

血涂片染色，计数与分类，计算结果，血涂片特征的描述。

(二) 临床常见的血液病血象特点

1. **缺铁性贫血** 缺铁性贫血典型的血液学特征是呈小细胞性低色素性贫血，为国内贫血中最常见的一种。可分为：①红细胞、血红蛋白均减少（以血红蛋白减少更为明显）、红细胞体积减小（淡染，中央淡染区扩大）、网织红细胞轻度增多或正常和白细胞计数和血小板计数一般正常等几种表现［见彩图版图 4-6-1］。

2. **巨幼细胞贫血** 巨幼细胞贫血是由于叶酸和维生素 B_{12} 缺乏引起的一种贫血。可分为红细胞、血红蛋白减少，红细胞大小不均，网织红细胞正常或轻度增多，白细胞计数正常或轻度减少和血小板计数减少等几种表现［见附录 5］。

3. **急性白血病** 急性白血病不论何种类型都具有相似的血液学特点。可表现为红细胞和血红蛋白中度或重度减少，呈正细胞正色素性贫血；白细胞计数不定，白细胞数增多，也可能正常或减少；血小板计数减少等。

4. **慢性粒细胞白血病** 以红细胞和血红蛋白早期正常或轻度减少（随病情发展贫血逐渐加重）或白细胞显著增多为突出表现，分类计数粒细胞比例增高，尤以中性晚幼中性粒细胞为多见，有时出现血小板早期增多。

5. **原发性血小板减少性紫癜** 此病表现为红细胞和血红蛋白一般正常或减少，细胞计数一般正常，血小板减少，急性型常低于 20×10^9/L，慢性型常为（30～80）$\times10^9$/L。

二、骨髓象的检查

(一) 骨髓象检验

1. 骨髓象检验的临床应用

（1）适应证 外周血细胞数量、成分和形态异常，不明原因的发热、肝脾淋巴结肿大，不明原因的骨痛、骨质破坏，恶性血液病化疗后的疗效观察。

（2）禁忌证　出血性疾病、穿刺部位有炎症、畸形，晚期妊娠母畜禁忌骨髓穿刺。

（3）临床应用　辅助诊断疾病及疗效观察。

2. 骨髓穿刺　穿刺部位的选择　髂骨后上棘、髂骨前上棘、胸骨，幼畜也可选择胫骨头内侧。

3. 骨髓细胞学检查

（1）低倍镜观察　判断骨髓涂片的质量，判断骨髓增生程度，巨核细胞计数并分类，全片观察有无体积较大或成堆分布的异常细胞。

（2）油镜观察　有核细胞的计数和分类，观察内容包括粒系、红系、单核、淋巴、浆细胞、巨核细胞系统等。

（3）结果计算　计算各系细胞的总百分比和各期细胞百分比，计算粒红比值，计算各期巨核细胞百分比或各期巨核细胞的个数。

4. 大致正常骨髓象　有核细胞增生活跃，各系、各阶段有核细胞所占百分比在正常参考值范围内，各种血细胞形态无明显异常，无寄生虫和明显异常细胞。

（二）骨髓象分析

1. 骨髓有核细胞增生程度　分为5级，增生极度活跃、增生明显活跃、增生活跃、增生减少和增生极度减少。

2. 细胞数量改变　可分为粒红比值改变（包括粒红比值增加、粒红比值正常、粒红比值下降）、粒系细胞数量改变（包括粒细胞增多和粒细胞减少）、红系细胞数量改变（包括红系细胞增多和红系细胞减少）、巨核细胞数量改变（包括巨核细胞增多和巨核细胞减少）、单核细胞数量改变（包括以原始、幼稚，以及以成熟单核细胞增多为主）和淋巴系细胞数量改变（包括以原始、幼稚，以及以成熟淋巴细胞增多为主）。

3. 血细胞形态改变　可表现为胞体异常（包括大小、形态异常）、胞核异常（包括数目、形态、核染色质、核仁异常）和胞质异常（包括量、内容物、着色、颗粒异常、空泡和包含物）。

4. 临床常见的血液病骨髓象特点

（1）缺铁性贫血　表现为骨髓增生明显活跃，红细胞系统增生活跃，以中幼和晚幼红细胞为主；粒细胞系相对减少；巨核细胞系正常。

（2）巨幼红细胞贫血　表现为骨髓增生明显活跃，红细胞系统明显增生、幼红细胞常在40%以上，并出现巨幼红细胞；粒细胞系相对减少；巨核细胞数大致正常或增多。

（3）急性白血病　急性白血病不论何种类型都具有相似的血液学特点。骨髓增生明显活跃或极度活跃；一系或二系原始细胞（包括Ⅰ型或Ⅱ型）明显增多而其他系列血细胞均受抑制而减少。

（4）慢性粒细胞白血病　表现为骨髓增生极度活跃，粒细胞系显著增生，以中性中幼粒细胞以下阶段为主；幼红细胞增生受抑制；巨核细胞早期增多，晚期减少。

（5）原发性血小板减少性紫癜　表现为骨髓增生明显活跃，患病幼畜有时呈极度活跃；红系和粒系细胞增生活跃；巨核细胞数增多，并伴有成熟障碍，产血小板功能障碍及形态异常。

（三）胆红素代谢检查

1. 血清总胆红素测定

（1）原理　血清中胆红素与偶氮类染料发生重氮化反应有快相与慢相两期，前者为可溶性结合胆红素，后者为不溶解的非结合胆红素。应用Jendrassik-Grof方法，使用茶碱和甲醇作为溶剂，以保证血清中结合与非结合胆红素完全溶解，并与重氮盐试剂发生快速反应，即为血清中的总胆红素。

（2）临床意义　首先可以判断有无黄疸、黄疸程度，其次根据黄疸程度推断黄疸病因；还可以根据总胆红素数值，以及结合和非结合胆红素增高程度判断黄疸类型。

2. 血清结合胆红素与非结合胆红素测定

（1）原理　血清中加不溶解剂，当血清与重氮盐试剂混合后快速发生颜色改变，在 1min 时测得的胆红素即为结合胆红素，总胆红素减去结合胆红素即非结合胆红素。

（2）临床意义　根据结合胆红素与总胆红素比值，可协助鉴别黄疸类型，比值<20%提示为溶血性黄疸，20%～50%常为肝性黄疸，大于 50%为胆汁淤积性黄疸。

（四）骨髓细胞培养

1. 概述　骨髓细胞中含有大量造血细胞，而且有丝分裂活性高，所以以骨髓为材料做染色体研究时，所需的骨髓量少，且无需有丝分裂刺激剂。

（1）取材　在含肝素的无菌管中，加入含 10%小牛血清的培养液 2mL，按常规方法抽取患畜骨髓 2～3mL，立即加入无菌管中，混匀。

（2）培养　无菌管中加入培养液 6mL，加入适量的抗凝骨髓标本，使细胞数在（1～2）$\times 10^6$/mL 左右。37℃孵育箱中培养 24h。

2. 粒-单核系造血祖细胞培养

（1）原理　受检者血液、骨髓或脐血经过分离获得的单个核细胞，在适当的条件下，在体外半固定琼脂上可形成不同阶段粒细胞和单核细胞组成的细胞集落。集落数的多少可以反映一定有核细胞数量条件下的粒—单核祖细胞水平。

（2）结果判定　培养 7d 后，将培养皿于倒置显微镜下观察。40 个细胞以上的细胞团称为集落。

（3）临床评估

CFU-GM（粒细胞-单核细胞集落生成单位）减少　常见于再生障碍性贫血、阵发性睡眠性血红蛋白尿、急性白血病、慢粒急变期、红白血病和骨髓异常增生综合征。

CFU-GM 增加　常见于慢性粒细胞白血病、真性红细胞增多症和部分缺铁患畜。

CFU-GM 逐渐恢复在正常范围内　见于再生障碍性贫血、急性白血病缓解期和慢粒缓解期等。

3. 红系祖细胞培养

（1）原理　在培养系中选择甲基纤维素作为支持物，给予适当的条件使骨髓中红系造血干细胞形成 BFU-E（爆式红细胞集落生成单位）和 CFU-E（红细胞集落生成单位）。集落数的多少可以反映培养的造血干细胞中红系祖细胞的量。

（2）结果判断　CFU-E 集落为 8～50 个细胞组成的细胞团，BFU-E 集落为 50 个以上细胞组成的细胞团。由于细胞质中血红蛋白的存在，集落可呈暗黄色。

（3）临床评估

BFU-E 或 CFU-E 减少　见于再生障碍性贫血、单纯红细胞性再生障碍性贫血、急性白血病、慢粒急变、红白血病和铁粒幼细胞性贫血。

BFU-E 或 CFU-E 增加　见于真性红细胞增多症、原发性骨髓纤维化及部分慢粒。

4. 巨核系祖细胞培养

（1）原理　以血浆凝块或甲基纤维素为支持物，在适当条件下使骨髓中巨核系祖细胞形成 CFU-MK（巨核细胞爆式形成单位）。

（2）结果判断　培养 10～14d 后，用倒置显微镜观察，含有 3 个巨核细胞以上的细胞团称为 CFU-MK 集落。

（3）临床评估

CFU-MK 减少　常见于再生障碍性贫血、获得性无巨核细胞性血小板减少性紫癜、骨髓增生性疾病、血小板减少症和白血病。

CFU-MK 增加　见于慢性粒细胞性白血病、慢粒急变期。

5. 混合祖细胞培养

(1) 原理　以甲基纤维素为支持物，骨髓造血细胞可形成含红细胞、粒细胞、单核细胞及巨核细胞的混合集落。

(2) 结果判定　培养14d后，用倒置显微镜鉴别集落，每个集落至少含有50个细胞，大多为粒系和巨噬细胞，巨核细胞和有核细胞数量不定。

(3) 临床评估　CFU-GEMM（粒细胞巨噬细胞系集落生成单位）有助于调节多向祖细胞分化与增殖的各种刺激因子生物活性的定量研究。CFU-GEMM减少，慢性粒细胞白血病发病几率增高。

(五) 浅表淋巴结及淋巴管的检查

临床常利用一般诊断方法进行检查。

1. 浅表淋巴结的检查　检查淋巴结时，必须注意其大小、结构、形状、表面状态、硬度、温度、敏感度及活动性等。临床上主要检查下颌淋巴结、肩前淋巴结、膝上（股前）淋巴结、腹股沟淋巴结、等位于体表的浅表淋巴结［见彩图版图4-6-2］。常利用视诊和触诊进行检查，必要时可配合穿刺检查法。

(1) 急性肿胀　触诊时淋巴结体积增大，表面光滑，分叶结构不明显，活动性有限，且伴有明显的热、痛反应。可见于周围组织器官的急性感染。

(2) 慢性肿胀　一般呈轻度肿大，质地变硬，表面不平，无热、无痛，且多与周围组织粘连，不能活动。

(3) 化脓　在急性炎症过程中，淋巴结可化脓，特点为淋巴结在肿胀、热痛反应的同时，触诊有明显的波动。如进行穿刺，则可流出脓性内容物。

2. 浅表淋巴管的检查　健康动物的浅表淋巴管不能明视。仅在某些病变时，才可见淋巴管肿胀、变粗甚至呈绳索状。

第二节　红细胞疾病
Diseases of Red Blood Cells

一、再生性贫血（Regenerative Anemia）

(一) 先天性或遗传性贫血（Congenital or hereditary anemia）

许多先天性红细胞疾病的临床表现为溶血性贫血，包括有丙酮酸激酶缺乏、磷酸果糖激酶缺乏（PHK）、猫先天性卟啉症、高铁血红蛋白还原酶缺乏、遗传性或家族性非球形红细胞溶血性贫血、遗传性椭圆形红细胞增多症、裂红细胞症、大红细胞症、选择性钴胺素（VB_{12}）吸收障碍。

(二) 红细胞寄生虫（Erythrocytic parasites）

溶血性贫血与红细胞感染亲红细胞的立克次氏体或原虫生物体有直接关系。除了红细胞感染外，其他感染因素也可引起溶血。

【病因】

主要由血液巴尔通体病［血液猫巴尔通体、犬巴尔通体（很少引起犬贫血）］、巴贝斯焦虫（犬巴贝斯焦虫、吉氏巴贝斯焦虫）和猫住细胞虫引起。

【病理生理学】

血液巴尔通体在无形小体科家族中是细胞表面的立克次氏体，可通过血液传播，包括吸血性昆虫的针刺；也可经胎盘进行传播。感染可引起红细胞表面内陷，红细胞变形性丧失，并且对寄生虫产生抗体反应，所有这一切可导致巨噬细胞吞噬红细胞量增加。许多感染猫库姆斯试验（Coombs）呈阳性，也可继发免疫介导性溶血性贫血；溶血可能主要由冷凝集引起，但存在争议。寄生物血症在感染后2～17d出现，并可持续3～8周。猫可以康复并成为携带者，一旦处于应激状态可复发。危险性因素包括猫白血病病毒、猫免疫缺陷病毒感染、户外散步和未知疾病引起的应激。犬的血液巴尔通体病很少引起临床疾病，但脾切除犬除外［见彩图版图4-6-3］。

巴贝斯焦虫是细胞内原虫寄生虫。通过蜱传播，主要为白色扇头蜱虱、落基山蜱虱属和白泡虱属，也可经胎盘或血液传播。感染后潜伏期为10～21d，主要发生于犬，猫则很少发生，灰猎犬最易受感染，库姆斯试验经常呈阳性，血管内或血管外溶血［见彩图版图4-6-4］。

猫住细胞虫对猫几乎是致死性原虫感染。家猫是终末宿主，储存宿主可能为美洲野猫。感染猫可在南部俄克拉何马州到佛罗达州几个州见到；传播的方式还不清楚，可能为硬蜱，实验感染的潜伏期为5～20d。血管外周的巨噬细胞以特殊红细胞形式增生，巨噬细胞内有裂殖体，这些细胞裂开释放裂殖子，然后感染红细胞，感染后期表现为红细胞寄生虫血症。典型症状表现为急性血液淤滞和死亡；一般不表现为贫血，这是由于感染后动物会快速死亡，但可能会引起出血和溶血。

【临床症状】

血液巴尔通体病：轻度到中度的再生性贫血、黄疸、嗜睡、消沉、体重减轻、苍白、有或无发热。巴贝斯焦虫病：幼犬（<6个月）最易感染，该病临床上表现为三种形式：①过急性疾病：休克、DIC（弥散性血管内凝血）、代谢性酸中毒和急性死亡。②急性疾病：严重的血管内溶血同时伴发血红蛋白尿，血红蛋白血症、黄疸、淋巴结病和脾肿大。③从亚急性到慢性疾病：发热、厌食、消沉、轻度贫血。猫住细胞虫病：消沉、发热、肝脾肿大、厌食、有或无黄疸，迅速死亡。

【诊断】

在所有病例中，检测到虫体为最准确的诊断方法。①巴尔通体虫血症是暂时性的或周期性的，即使检测不到虫体，也不能排除感染；在红细胞的表面或红细胞外周可见小杆状的、球菌样的或戒指形态的寄生物，一些抗凝剂（EDTA）可使虫体从红细胞上洗脱，因此快速进行血涂片可增加检出的几率。如果患有非再生性贫血的猫检出虫体，应考虑其他病因引起的贫血，感染犬一般不表现贫血，如果犬免疫力正常（脾切除），则检测不到虫体。②在感染的早期阶段，很容易检测到巴贝斯焦虫。犬巴贝斯焦虫在红细胞上呈配对梨形滋养体。吉氏巴贝斯虫较小，单个，呈环形和多形性。最好采集毛细血管血液，感染细胞主要在血涂片边缘。③猫住细胞虫红血球直径为1～2μm，呈图章戒指状、安全别针状或小点状，脾或骨髓抽取物最适合于检测红细胞形状变化。

利用血清学试验来检测巴贝斯焦虫感染。血清学试验不能区分犬巴贝斯焦虫和吉氏巴贝斯虫。免疫荧光抗体（IFA）滴度>1∶40可认为巴贝斯焦虫感染呈阳性。

【治疗】

血液巴尔通体增多症：四环素22mg/kg，口服，每天3次，连用2～3周。

巴贝斯焦虫病：①在治疗急性犬巴贝斯焦虫病感染时，最好采用支持疗法（静脉输液、输血）。②在美国除少数地区外，一般不适用或不允许使用最有效的抗巴贝斯焦虫药物；米多卡二丙酸盐（Imizol）5～6.6mg/kg，肌内注射，14d后重复使用一次。③同巴贝斯焦虫病治疗相比，吉氏巴贝斯虫感染时支持疗法效果欠佳。④有人报告用克林霉素12.5mg/kg，口服，每天两次，进行治疗效果良好。

（三）氧化物导致的贫血（Qxidant-induced anemia）

氧化物可以破坏血红蛋白或细胞膜，引起氧化物诱导的贫血、海因茨小体或异常细胞形成，并导致红细胞寿命减少。沉淀的血红蛋白中有海因茨小体聚集，异常细胞可能是由于红细胞膜氧化损伤引起的。亚铁血红素的氧化可导致高铁血红蛋白血症；不同的氧化剂可分别引起海因茨小体和异常细胞的形成，或单纯性及结合性高铁血红蛋白血症的形成。

【病因】

氧化物引起贫血的常见病因如下：

（1）洋葱 新鲜的、炒过的或脱水的洋葱可以引起海因茨小体性溶血性贫血，主要见于犬的报道，犬对洋葱最敏感。

（2）对乙酰氨基酚（扑热息痛） 猫的高铁血红蛋白值会在 2～4h 内升高，随后海因茨小体形成；对犬来说，中毒经常伴发肝脏疾病，但是也有的伴发高铁血红蛋白血症以及贫血。

（3）锌中毒 有的病畜中毒后海因茨小体数量增加。

（4）美蓝（亚甲蓝） 使用该制剂作为尿路抗菌剂可导致海因茨小体性溶血性贫血。

（5）非那吡啶 作为泌尿道镇静药，可使猫发生明显的高铁血红蛋白血症和海因茨小体性溶血性贫血。

（6）苯佐卡因 过量使用该表面麻醉剂可以引起高铁血红蛋白症。

（7）维生素 K 维生素 K_3 可以引起犬出现海因茨小体性溶血性贫血。

（8）DL-甲硫氨酸（蛋氨酸） 可用作尿道酸化剂，但可引起猫海因茨小体性溶血性贫血。

（9）1，2-丙二醇 可用作猫食物致湿剂，软化食物，但是已经发现其可引起明显海因茨小体形成。

（10）苯酚的混合物 如樟脑球。

（11）全身性疾病 猫的许多类型的全身性疾病皆可导致海因茨小体形成增加，包括糖尿病、甲状腺机能亢进、淋巴组织瘤及其他非血红素的癌症。

【临床症状】

海因茨小体性溶血性贫血：症状会随时间的推移及氧化剂数量不同而变化，动物贫血症状明显的则表现为苍白、有或无黄疸、虚弱；也可能发生呕吐、腹泻和厌食。高铁血红蛋白血症：黏膜呈褐色或泥色，心动过速，呼吸过度，虚弱和嗜睡。猫发生扑热息痛中毒，皮下肿胀，特别是脸部。

【诊断】

首先确定氧化剂。用瑞氏（Wright's）染色可以见到海因茨小体，但用新亚甲蓝（NMB）染色后更容易见到海因茨小体；用新亚甲蓝染色后，可以见呈黑色折射内含物的海因茨小体；将新亚甲蓝用到网织红细胞上，可以见到大小不等的、蓝白色的圆形折射物或内含物。畸形红细胞的血红蛋白稠密且局限于细胞一侧，淡染区仍有少量血红蛋白。高铁血红蛋白血症：如果高铁血红蛋白的浓度大于 10%，与正常血液相比，滴到滤纸上的血液呈褐色。

【治疗】

海因茨小体溶血性贫血：去除所有氧化性物质并采取支持疗法，一般不需要输血。

高铁血红蛋白血症：去除所有氧化性物质并采取支持疗法。猫摄入扑热息痛：口服 N-乙酰半胱氨酸 140mg/kg，随后口服 70mg/kg，每天四次，连续 7d，注意活性炭可减弱 N-乙酰半胱氨酸的吸收。还可用 1%美蓝溶液按 1.5mg/kg 静脉缓慢注射，只有在严重病情下才能使用，必须禁止超剂量使用，因为过量美蓝可导致氧化性破坏升高。使用后，在监测完溶血性贫血发展情况后，应连续 3d 监测 PCV。

（四）免疫介导性溶血性贫血（Immune mediated hemolytic anemia）

免疫介导性溶血性贫血是由于红细胞表面覆盖有免疫球蛋白和/或补体导致红细胞寿命缩短，犬常发生免疫性溶血性疾病。

【病因】

有些为先天性，继发性因素包括：①肿瘤，为继发性免疫介导性溶血性贫血的主要常见病因；②感染或寄生物因素，FeLV、猫血巴尔通体、犬埃利希体、犬恶丝虫；③药物引起，怀疑可引发 IMHA（犬免疫介导性溶血性贫血）的药物：头孢菌素、青霉素、甲氧苄胺嘧啶-磺胺嘧啶；④新生幼畜溶血病，犬、猫很少发生；但 B 型血的母猫和 A 型血的公猫所生的小猫可能易发病；⑤疫苗引起；⑥全身性免疫调节性疾病（全身性红斑狼疮）。

【临床症状】

各年龄段均可发生，但以幼仔和中年动物常见。自身免疫溶血性贫血主要见于雌犬，继发免疫调节性溶血性贫血则无性别差异。常发病的犬的品种包括：可卡犬、贵妇犬、爱尔兰猎犬和老英国牧羊犬。猫则无品种倾向。

季节性因素：主要发生于春季。

体格检查：动物一般嗜睡，体弱消瘦，沉郁和食欲差，黏膜苍白，心动过速，肝脾肿大，淋巴结病，黄疸，发热和心杂音。

【诊断】

（1）全血细胞计数（CBC）和网状细胞计数　①网织红细胞数量多超过 60 000 个/μL（>1%）；②红细胞形态学呈现多染性细胞增多和红细胞大小不均；③中性粒细胞增多，并且发生核左移。

（2）生化和尿液分析：血胆红素过多，血红蛋白过多，肝脏酶活性升高，胆红素尿，血红蛋白尿（血管内溶血）。

（3）直接抗球蛋白试验（DAT）　也称库姆斯试验，IMHA 病例试验结果呈阳性，但是，不发生贫血的病例试验结果呈明显阳性则有疑问。

（4）骨髓检查　一般来说，骨髓检查不能确诊再生性贫血，如果存在非再生性贫血，但怀疑是否为 IMHA，骨髓检查可以对检测红细胞的快速生长、成熟停滞、铁含量升高和/或嗜红细胞作用升高有一定帮助。

（5）直接酶联抗球蛋白试验　该项试验可以显示严重贫血和大量 IgG 披覆在红细胞表面有一定联系。

【治疗】

（1）可选用强的松进行治疗。按 1～2mg/kg，口服，每天两次，一般用药 2～4 周。

（2）如果出现暴发性溶血、自体凝集反应或对糖皮质激素缺乏反应，应考虑将其他免疫抑制性药物与强的松结合使用。可选用环磷酰胺，50mg/m^2（2mg/kg）口服或静脉注射，每天 1 次，每周前 4d 或隔天使用，连用 4～6 周。还可选用硫唑嘌呤，最初 2mg/kg，口服，每天 1 次，7～10d 后降低为 0.5～1mg/kg，口服，隔日 1 次。

（3）如下其他药物也可能有效，如达那唑、人 γ-球蛋白、环孢菌素。

（4）如果出现明显的暴发性溶血或弥散性血管内凝血，可使用肝素 75IU/kg，皮下注射，每天 3 次。

（5）静脉给药剂量可以是最初给药量的 1～1.5 倍。

（五）裂解性溶血（Fragmentation hemolysis）

红细胞机械性分裂可导致红细胞寿命缩短，当其是由于血管内损伤引发时，一般是指微血管病的溶血性贫血；溶血性贫血（hemolytic anemia）是指因红细胞破坏过多而引起的贫血。

【病因】

可见于下列疾病：弥散性血管内凝血（DIC）、心脏或肝脏疾病、心丝虫病、腔静脉综合征、肿瘤（如血管肉瘤）、脾扭转、脉管炎和溶血性尿毒症综合征（HUS）。

【临床症状】

临床症状以原发性疾病占优势；溶血的速率可能为亚急性状态，但偶尔可发展为急性溶血，起病快速，病程短急，多系血管内溶血所致。体温正常、下降或升高。

【诊断】

（1）在血涂片上可见到裂红细胞、水泡细胞、角膜细胞或棘红细胞。

（2）用凝集板检测 DIC：凝血酶原时间（PT）升高，活化的不完全促凝血酶原激酶时间（aPTT）也升高，血小板数量下降，纤维蛋白原浓度降低，纤维蛋白分裂物增多，抗凝血酶Ⅲ浓度降低。

（3）血管内溶血可能伴有血红蛋白血症和血红蛋白尿。

（4）溶血性尿毒症综合征：微血管病性溶血性贫血，血小板减少症，急性肾衰，其特征为少尿、无尿，与静脉相对比，在动脉中形成血栓（DIC）。很难将溶血性尿毒症综合征与 DIC 的死前相区分。

【治疗】

（1）针对根本病因进行治疗。

（2）如果 DIC 明显，应用肝素进行治疗并考虑输入血浆。

（3）预后不良。

（六）出血性贫血（Hemorrhagic anemia）

出血性贫血（hemorrhagic anemia）是指由于出血而使红细胞丧失过多所引起的贫血。可能为体内出血（胸腔、腹腔）或体外出血（划伤、外科手术失血，胃肠道出血，尿道出血）。根据贫血发生的速度不同将之分为急性出血性贫血和慢性出血性贫血两种。

【病因】

属急性出血的，有各种创伤（意外或手术）；侵害血管壁的疾病，如大面积胃肠溃疡、寄生性肠系膜动脉瘤破裂、鼻疽或结核肺空洞；造成血库器官破裂的疾病，如肝淀粉样变、脾血管肉瘤；急性出血性疾病，如华法令中毒、蕨类植物中毒、犬自体免疫性血小板减少性紫癜、幼犬第 X 因子缺乏、消耗性凝血病等。

属慢性失血的，有胃肠寄生虫病（如钩虫病、圆线虫病、血矛线虫病、球虫病等），胃肠溃疡，慢性血尿，血管新生物，血友病和血小板病等。

【临床症状】

失血性贫血的临床表现，取决于失血总量的多少和失血速度的快慢。

（1）急性失血性贫血　起病急，可视黏膜苍白，体温低下，四肢发凉，脉搏细弱，出冷黏汗，乃至陷于低血容量性休克而迅速死亡。

血液学变化大，出血后的一昼夜内，组织间液大量渗入血管，致使血液稀薄，红细胞数、血红蛋白量及红细胞比积平行减少，呈正细胞正色素性贫血，红细胞象无大改变。其后，通常在大出血后的 4～6d，骨髓代偿增生达到顶峰，末梢血液出现大量网织红细胞，多染性红细胞、嗜碱性点彩以及各种有核红细胞，而且由于铁质的大量流失和铁贮备的耗竭，陆续出现淡染性红细胞，而呈正细胞或小细胞性低色素性贫血。在骨髓红细胞系代偿增生的同时，粒细胞系和巨核细胞系也相应的增生。因此末梢血液内的血小板数和白细胞数也增多，并伴有中性粒细胞比例增高的核左移。

（2）慢性失血性贫血　起病隐蔽，可视黏膜在长期间内逐渐变得苍白，随着反复经久的血液流失，血浆蛋白不断减少，铁贮备最后耗竭，病畜日趋瘦弱，贫血渐进增重，后期常伴有四肢和胸腹下水肿，乃至体腔积水。

（3）血液学变化　特点是正细胞低色素性贫血，伴有血浆蛋白减少、血清间接胆红素降低、白细胞和血小板轻度增多。血涂片上不仅有大小正常的淡染红细胞和小的淡染红细胞，而且还有一些巨大而淡染的红细胞。

【诊断】

（1）如果失血发生在 3～4d 以前，则贫血是再生性的。

（2）血浆蛋白下降。

（3）失血症状明显：如果为多处出血，则表明凝血功能出现异常。放射学、超声学和体腔穿刺术对检查体内出血很有帮助。

（4）检测粪便是否有隐性出血：潜血试验中 30kg 犬 2～4mL 血液可导致阳性结果，是黑粪症所需的血液的 1/20～1/50。日粮可能会影响潜血试验结果，建议更换日粮（检测前 3d 喂不含肉类的饲粮）。

【治疗】

急性失血性贫血的治疗要点是，制止血液流失和解除循环衰竭。

外出血时，可用外科方法之血，如结扎止血或敷以止血药。内出血时，可给予出血犬、猫可渗性溶液，如7.5% NaCl溶液，以增加循环血量和血压，或针对出血性素质实施病因疗法，如草木樨病和华法令中毒时注射维生素K制剂。为解除循环衰竭，应立即静脉注射5%葡萄糖、生理盐水等等渗溶液，并可在其中添加适量0.1%肾上腺素。条件许可时，最好迅速输给全血或血浆，隔1～2日再输注一次。

慢性失血性贫血的治疗要点是，切实治疗原发病和全面补给造血物质。应给予富含蛋白质、维生素及矿物质的食物，并加喂少量铁制剂。

二、骨髓外非再生性贫血（Extramarrow nonregenerative anemias）

（一）营养或矿物质缺乏（Nutritional or mineral deficiency）

铁是合成血红蛋白的必需元素，铁缺乏可导致血红蛋白合成减少和贫血。维生素B_{12}（钴胺素）和叶酸盐是DNA合成所必需的，两者缺乏均可导致人类贫血（恶性贫血等），并且经常见到犬、猫的相关报道。

【病因】

蛋白质缺乏、铁缺乏、铜缺乏、维生素B_6缺乏和维生素B_{12}缺乏（钴缺乏）。

【临床症状】

结膜苍白，嗜睡，瘦弱，耐受力下降。严重的跳蚤感染，黑粪症，便血，腹泻，消瘦。

【治疗】

营养性贫血的治疗要点是，补给所缺造血物质，并促进其吸收和利用。

（1）缺铁性贫血　通常应用硫酸亚铁，配合人工盐，制成散剂，混入饲料中喂给，或制成丸剂投给。

（2）缺铜性贫血　非但不缺铁，反而有大量含铁血黄素沉积。因此，只需补铜而切莫加铁，否则会造成血色病。通常应用硫酸铜口服或静脉注射，溶于适量水中灌服，每隔5d一次，3～4次为一个疗程。静脉注射时，可配成0.5%硫酸铜溶液。

（3）缺钴性贫血　可直接补钴或应用维生素B_{12}。此法耗费昂贵，不宜大批采用，通常应用硫酸钴内服。

（二）慢性疾病性贫血（Anemia of chronic disease）

【病因】

以前称为慢性炎症性贫血，常伴有各种慢性疾病，如牙龈炎、脓肿、皮肤性疾病和肿瘤。可能是非再生性贫血最常见的形式。

【临床症状】

症状表现为原发性疾病，出现轻度到中度非再生性贫血，并伴有其他明显的原发性疾病。主要表现为血清铁下降，总铁结合力（TIBC）正常或降低，饱和率正常（33%左右）。

【治疗】

（1）由于是轻度贫血，很少需要直接治疗。

（2）纠正诱因，从而相应纠正了贫血。

（三）慢性肝脏或肾脏衰竭性贫血（Anemia of chronic liver or kidney failure）

【定义】

犬、猫患有慢性肝脏或肾脏衰竭经常发展为轻度到中度的非再生性贫血，并且血细胞和血色正常。

【病因】

慢性肾衰：不能产生适量的促红细胞生成素，从而引起一定程度的贫血，红细胞对促红细胞生成素的反应受到损害，红细胞寿命缩短，尿毒症导致红细胞生成反应受损并且使红细胞寿命缩短。

慢性肝脏疾病：改变了红细胞膜脂类和胆固醇含量，从而导致红细胞形态改变（棘红细胞、靶细胞），并且可能使红细胞寿命缩短。其他因素包括红细胞分裂和失血、继发肝脏凝血病和胃肠道疾病。

【临床症状】

临床症状与慢性肾衰或肝脏疾病有关，可见结膜苍白，瘦弱，嗜睡。

【诊断】

有无肝、肾功能衰竭。肾衰：肌酐浓度一般与贫血的程度有关；肝脏疾病：肝脏酶活性升高，胆汁酸升高，高胆红素血症，白蛋白过少，低糖血症，血尿素氮下降。

【治疗】

(1) 贫血不严重则不需要输血。

(2) 慢性肾衰病例，给予促红细胞生成素，50～150 IU/kg，皮下注射，每周 2～3 次，一般可以纠正贫血。

(3) 用促红细胞生成素进行治疗，20%～30%的犬和猫可能产生抗促红细胞生成素抗体。

(四) 与内分泌疾病有关的贫血（Anemia related to endocrine disease）

内分泌紊乱一般可导致轻度和中度的非再生性贫血。

【病因】

甲状腺功能减退和肾上腺皮质功能减退。

【临床症状】

可的松和甲状腺激素对红细胞生成有刺激作用，包括促红细胞生成素对骨髓的作用。临床症状与内分泌紊乱相关。

【诊断】

(1) 轻度非再生性贫血（脱水造成血浓缩，从而形成潜在性贫血）。

(2) 内分泌疾病病史。

【治疗】

轻度贫血一般无需治疗。纠正内分泌紊乱这一根本病因后，一般贫血也可恢复。多数病例，完全纠正贫血需要数周到数月的时间。

三、骨髓内非再生性贫血（Intramarrow nonregenerative anemias）

(一) 药物/毒素诱发贫血（Drug or toxin-indaced anemia）

【病因】

各种药物和/或毒素影响血细胞的生成。药物毒性如保泰松、雌激素、氯霉素、甲氯芬那酸、甲氧苄胺嘧啶-磺胺嘧啶和化学治疗因素等。肿瘤，如雌激素导致的睾丸肿瘤（滋养细胞和间质细胞），也可诱发贫血。

【临床症状】

病犬中性粒细胞和血小板减少，雌激素分泌增加，诱发内分泌失调性脱毛。氯霉素诱发的贫血：可表现出中枢神经系统抑制、厌食和体重减轻。甲氧苄胺嘧啶—磺胺嘧啶（杜宾犬）诱发的贫血：可表现出腿移位性跛行、多尿症/多饮、皮疹和发热。

【诊断】

调查用药情况，睾丸肿瘤，有无隐睾病。骨髓检查一般为骨髓再生不良。

【治疗】

(1) 去除致病药物或毒素。

(2) 建议输血和使用抗生素。

(二) 发育不良性贫血 (Hypoplastic anemia)

【病因】

发育不良性贫血和纯红细胞发育不全(PRCA)的所有细胞系上都具有血细胞减少的特征,或仅限于红细胞系。两者都为严重的非再生性贫血。贫血的病因可能为原发病或继发引起的,原发病无明确病因,继发性病因有感染性因素、药物毒性和免疫调节性疾病。

【临床症状】

直接或间接损害多功能干细胞或早期红细胞前体,也可以改变骨髓微环境从而引发发病机制。症状上都与红细胞减少和血细胞畸形有关,包括致病性感染、瘦弱、嗜睡、苍白、出血和淤血斑。

【诊断】

骨髓抽吸和/或活组织检查,骨髓检查可见发育不全或至少是红细胞系统发育不全,如果是严重的发育不全,髓核活组织检查比骨髓抽吸物检查更恰当;骨髓内可见嗜红细胞作用升高和/或细胞吞噬作用加强,同样铁贮藏也升高。有接触药物、毒素、蜱史;还可进行猫白血病毒(FeLV)和犬埃利希体病试验,以及库姆斯试验。

【治疗】

(1) 如果可能,应纠正原发疾病。

(2) 根据症状进行支持性护理,包括输血和使用广谱抗生素。

(3) 免疫抑制治疗:如果发育不良是由于免疫疾病引起的。

(4) 骨髓刺激。

(5) 骨髓移植。

(三) 骨髓纤维变性和骨髓坏死 (Myelofibrosis and bone marrow necrosis)

【病因】

骨髓纤维变性(myelofibrosis)是指骨髓组织被纤维替换。骨髓坏死(bone marrow nerosis)是由于感染性因素、毒素、药物或肿瘤继发骨髓组织变性所导致。

【临床症状】

症状与血细胞减少严重程度及细胞系受影响程度有关。主要症状为机会性感染、消瘦、嗜睡、苍白、出血和瘀斑。骨髓活组织检查可比抽吸液更好地揭示纤维变性。贫血、血小板减少和中性粒细胞明显减少。纤维坏死并可见到泪滴状细胞(红细胞撕裂形状),但不是常见特征。

【治疗】

(1) 支持疗法　输血和抗生素治疗。

(2) 抗纤维药物　对患骨髓纤维变性的犬、猫还不能评估效果。

四、红细胞增多症 (Polycythemia)

红细胞增多症,指的是循环血液中红细胞的数量显著超过正常(可达 20×10^{12}/L),血红蛋白量和红细胞比容也相应增高(分别可达 200g/L 和 70%)。同贫血一样,红细胞增多症并不是独立的疾病,而是许多疾病的临床表现,是一个综合征。可分为红细胞相对增多症和红细胞绝对增多症,红细胞相对增多症的特征:红细胞数实际上不增多;血浆容积下降从而使 PCV、红细胞数、血红蛋白和血浆蛋白浓度增加。红细胞绝对增多症的特征:红细胞数增加,导致 PCV、红细胞数和血红蛋白浓度增加,可分为原发性红细胞增多症(真性红细胞增多症)和继发性红细胞增多症。

【病因】

脱水是红细胞增多最常见的病因。生理性病因包括：右心脏到左心脏发生动静脉吻合流术（先天性心脏病中动静脉血液有直接交通）、高海拔、慢性肺脏疾病、过度肥胖和氧气运输缺陷，这些均可导致PaO_2下降。生理性异常的病因：①肿瘤产生似红细胞生成素物质，包括肾脏细胞癌、肾脏淋巴组织瘤、小脑成血管细胞瘤、肝细胞瘤、子宫平滑肌瘤、卵巢癌、嗜铬细胞瘤、肾上腺皮质腺瘤；②肾脏疾病：囊肿、肾盂积水、肾盂肾炎、局域性肾缺氧。红细胞真性增多症是骨髓增生性紊乱导致的。

【临床症状】

红细胞相对增多症　液体丢失是由于呕吐和腹泻造成的。红细胞绝对增多症：一般见于老龄动物；黏膜充血、发绀，神经紊乱，出血倾向，视网膜血管弯曲出血，视网膜脱落。

【诊断】

红细胞增多症，可按下列层次和思路确定诊断。

(1) 红细胞增多症的确认　对可视黏膜充血发绀的病畜，进行血常规检查。凡红细胞比积超过40%，血红蛋白超过150g/L，红细胞数超过10×10^{12}/L的，即可诊断为红细胞增多症。

(2) 相对和绝对红细胞增多症的鉴别　对红细胞增多症病畜，在临床表现上应着眼于起病的缓急、病程的长短、有无脱水或休克体征；在临床检验上应侧重于血浆总蛋白测定，血液容量测定和骨髓细胞分类计数。

动物起病急、病程短，有明显脱水或休克体征，血浆总蛋白随红细胞比容增加而相应增多，骨髓红系细胞不增生（粒红比正常），血浆总量减少，且红细胞总量基本正常的，为红细胞相对增多症。

动物起病缓，病程长，无明显脱水或休克体征，红细胞比容增加增高而血浆总蛋白不高，骨髓红系细胞增生极度活跃（粒红比降低），血浆总量不减而血液总量和红细胞总量显著增多甚至倍增的，为红细胞绝对增多症。

(3) 真性（原发性）**红细胞增多症和继发性红细胞增多症的鉴别**　对患红细胞增多症的病畜，在临床上和病理学上应注意有无夹杂症，在检验上应作血气分析，并创造条件做血浆及尿中促红细胞生成素测定（生物测定法）。

除红细胞绝对增多带来的功能障碍和体征外，无其他症状，且动脉血氧饱和度正常（>90%），而促红细胞生成素减少乃至消失的，为真性红细胞增多症，而红细胞生成素显著增多的，为继发性红细胞增多症。

(4) 真性红细胞增多症病型的确定　对患有真性红细胞增多症的动物，应确定其病型。多发于成年或老龄动物，伴有或不伴有白细胞增多、血小板增多和脾肿大，且不见遗传性的，多为一般真性红细胞增多症；多发于幼畜，且有遗传性，而不伴有白细胞增多、血小板增多和脾脏肿大的，常为家族性红细胞增多症。

(5) 继发性红细胞增多症病因的确定　对患有继发性红细胞增多症的动物，应确定其病因。继发性红细胞增多症病因的确定，应在测定红细胞生成素增多的基础上，主要依据为动脉血氧饱和度，并注意作为其病因基础的夹杂症的体征及剖检变状。

动物动脉血氧饱和度明显降低（<90%）的，可能是激起红细胞生成素代偿性分泌增多的主要原因，见于各种慢性缺氧，包括慢性心肺疾病和高铁血红蛋白血症等，再依据各该疾病的临床体征和病理症状而进行确诊。

动物动脉血氧饱和度正常（>90%）的，可能是激起促红细胞生成素病理性分泌增多的某些肾脏病或各种癌瘤，再依据其各自的临床体征和病理学依据而确诊。

【治疗】

液体疗法以纠正脱水，治疗原发性疾病和去除诱因这三者为最重要的治疗原则。

患有真性红细胞增多症的动物可采用放血术，但如果病畜为不严重的生理性继发红细胞增多症，则禁止使用。

每隔4～8周进行一次放血术并进行血细胞计数，如果需要可以将间隔进一步缩短。羟基脲对治疗真性红细胞增多症是一种可替代的治疗选择，给予30mg/kg，口服，每天1次，使用7～10d后逐渐减少剂量并增大给药间隔，直至PCV恢复正常。

第三节　白细胞疾病
Diseases of White Blood Cells

一、先天性疾病（Congenital disorders）

（一）先天性维生素 B_{12} 吸收不良（Congenital vitamin B_{12} malabsorption）

【病因】

病因尚未阐明，属常染色体隐性遗传性疾病。

【临床症状】

临床上有维生素 B_{12} 缺乏症的一系列表现和常见贫血症状，偶有神经系统的症状，多见于幼畜，病情有波动，但很少有自限性。

体内维生素 B_{12} 贮存量正常的新生幼畜，多在出生后6个月以后发病，6个月至2岁的犬多发。起病缓慢，在没有出现神经系统症状以前，常不引起注意，贫血的程度与症状不一定成正比。结膜、口唇黏膜苍白较明显，皮肤出血点见于血小板降低患病幼畜。淋巴结肿大不明显，可有肝、脾轻度肿大。缺少维生素 B_{12} 的母畜所生幼畜体内维生素 B_{12} 的贮存量明显减少，在出生后几周之内即可有严重的缺乏表现。如果对这种维生素 B_{12} 缺乏缺少认识没有及时处理，则会对幼畜造成永久性的神经系统损伤。

幼畜多伴有神经系统病症，其临床表现与贫血的严重程度不成比例。主要症状有表情呆滞淡漠、反应迟钝、眼神不灵活、不易出汗、嗜睡、条件反射不易形成。运动功能发育落后或倒退，重症者可发生神经器质性病变，出现不规则震颤，四肢无意识运动。部分病畜体检发现神经系统阳性体征，肌力及肌张力改变，膝腱反射亢进，腹壁反射消失。神经系统表现由维生素 B_{12} 缺乏引起，单纯缺乏叶酸的病畜不具有神经系统表现。

消化系统症状也有可能出现，如舌面光、色红如生牛肉、食欲不振、恶心、呕吐及大便稀等。胃肠道症状可能继发于肠细胞的“巨幼变”。虽然已发现口腔、食管、肠细胞有形态学改变，但这些改变与厌食的关系，与偶尔发生的腹泻的关系仍不明了。贫血严重者可出现循环系统表现，心前区可闻及收缩期功能性杂音，心脏扩大，甚至发生心功能不全。

维生素 B_{12} 缺乏也可以发生在坏死性小肠结肠炎手术后，特别是切除范围包括末端回肠时除贫血的一般表现以外神经症状也较常见，主要为脊髓后索、侧索及末梢神经受累，为神经轴索的退行性变及脱髓鞘，表现对称性肢体麻木及刺痛，下肢震颤，位置觉减退及消失，腱反射减弱或消失，运动失调，视神经障碍及视神经萎缩等。少数可见有精神症状。

并发症：可并发黄疸、紫癜、鼻出血、心脏扩大心功能不全、舌下溃疡、手足对称性麻木、感觉障碍、智力障碍、发育落后或智力倒退、震颤踝阵挛等，还可并发神经系统永久性损伤、运动发育落后甚至倒退等。

【治疗】

可用维生素 B_{12} 注射剂，并用叶酸、维生素C以及肝精。经治疗后贫血可好转，但蛋白尿仍持续，产生蛋白尿的机制尚不明。病情严重者可输血及其他支持疗法。维生素 B_{12} 的治疗剂量，为每月 $250\mu g$ 或每2～3个月给予 $1\,000\mu g$，本病征需终身补充。

（二）黏多糖增多症（Mucopolysaccharidosis）

【病因】

（1）黏多糖增多症Ⅰ型（Hurler综合征）　为常染色体隐性遗传疾病，是由于α-L-艾杜糖酶

（α-L-iduronidase）缺乏所致。

（2）黏多糖增多症Ⅱ型（Hunter 综合征） 为伴性（X）连锁遗传性疾病，仅见于雄性动物，由于体内缺乏艾杜糖醛酸硫酸酶而患病。

（3）黏多糖增多症Ⅲ型（Sanfilippo 综合征） 旧称营养不良性智力发育不全（polydystrophic oligophrenia）为常染色体隐性遗传性疾病，体内多种酶缺乏。

（4）黏多糖增多症Ⅳ型（Morquio 综合征） 为较多见的黏多糖增多症，属常染色体隐性遗传。

（5）黏多糖增多症Ⅴ型 现认为该型即为黏多糖增多症Ⅰ型的 Seheie 型，与 Hrular 综合征不同之处表现为无严重的角膜混浊，且混浊为周边性，患畜智力正常，身材正常或稍矮，寿命基本正常，但多毛，关节强直。背柱、头颅 X 线显示仅有轻微改变。

（6）黏多糖增多症Ⅵ型（Maroteaux-Lamy 综合征） 或称芳基硫酸酯酶 B 缺乏症（anglsulfatase B deficiency）。为常染色体隐性遗传疾病，缺乏酶即为芳基硫酸酯酶。

（7）黏多糖增多症Ⅶ型（Sly 综合征） 为常染色体隐性遗传病，极罕见，患畜缺乏β-葡萄糖醛酸酶（β-glucuronidase）。

【临床症状】

大多数患畜出生时正常，1 岁以内的生长与发育亦基本正常。发病年龄因黏多糖增多症的类型不同而各有差异。初发症状多为耳部感染、流涕和感冒等。

虽然各型黏多糖增多症的病程进展与病情严重程度差异较大，但患病幼畜在临床表现方面具有某些共同的特征：如身材矮小、特殊面容及骨骼系统异常等。多数患畜都有关节改变和活动受限，多器官受累见于所有的患畜。部分患畜有角膜混浊，并可因此而导致视力障碍甚至失明。肝脾肿大以及心血管受累较为常见。部分患病幼畜可有智力发育进行性迟缓，脐疝和腹股沟疝，生长缓慢，脑积水，皮肤增厚，毛发增多，慢性流涕，耳部反复感染，并可致听力损害等。

（1）黏多糖增多症Ⅰ型 一般出生时表现正常，之后逐渐出现生长缓慢，表情淡漠，反应迟钝。角膜混浊常见，严重者可致失明。常发生中耳炎，并导致听力下降甚至耳聋。心瓣膜及腱索受累可引起心脏增大与心功能不全。支气管软骨病变可致呼吸道狭窄容易并发感染。腹部膨隆，肝脾肿大，多有腹股沟疝或脐疝，可有腹泻或便秘。多数关节呈屈曲状强直和活动受限。

（2）黏多糖增多症Ⅱ型 较为少见。病情严重者从幼儿期开始即有色素性视网膜炎和视盘水肿，但无角膜混浊。听力呈进行性损害，最终发展为耳聋。骨骼畸形较轻微。心脏受累较常见，主要表现为心瓣膜病变、冠心病和充血性心力衰竭。多数有阻塞性呼吸暂停综合征、肝脾肿大、腹泻或便秘。

（3）黏多糖增多症Ⅲ型 临床上极为少见。主要为进行性的智力减退，通常有听力损害但无角膜混浊。一般不累及心脏。无腹外疝，肝脾可有轻度肿大。身材稍矮或基本正常，极少数可表现为身材矮小。可有关节活动受限甚至有关节强直。

（4）黏多糖增多症Ⅳ型 突出的表现为生长迟缓。面容及智力正常、学步较晚、行走时步态蹒跚不稳，短颈、耸肩，出牙时间较晚、牙列不整齐、牙齿缺乏光泽，角膜混浊、听力呈进行性损害，常无心脏受累，肝脾轻度肿大无腹外疝、骨骼畸形、并有明显关节松弛，但无关节强直。可发生颈椎半脱位，引起脊髓压迫症状。

（5）黏多糖增多症Ⅴ型 现认为该型即为黏多糖增多症Ⅰ型的 Seheie 型，与 Hrular 综合征不同之处表现为无严重的角膜混浊，且混浊为周边性，患畜智力正常，身材正常或稍矮，寿命基本正常，但多毛、关节强直。背柱、头颅 X 线显示仅有轻微改变。

（6）黏多糖增多症Ⅵ型 极为罕见。临床表现与黏多糖增多症Ⅰ型相似，但患畜的智力正常。颅骨缝闭合较早，可出现脑积水，并引起颅高压症状和痉挛性偏瘫。角膜混浊出现较早，有进行性听力损害。严重者有失明和耳聋，心脏瓣膜病变、肝脾肿大及腹股沟疝等均较为常见。关节活动明显受限，可有轻度关节强直。

（7）黏多糖增多症Ⅶ型 极罕见。一般智力正常角膜混浊及听力损害较常见。多有肝脾肿大，通常不累及心脏，无腹外疝。前肢较短，骨骼发育不良可有鸡胸、膝外翻等骨骼畸形。

【治疗】

本症目前缺乏彻底根治的方法。虽然在黏多糖增多症的治疗领域已取得了某些进展，但大多处于研究阶段，尚未广泛应用于临床治疗。最有希望治疗黏多糖增多症的方法是特异性的酶替代治疗及基因治疗，二者可改善患畜的临床表现以及生存情况。特异性酶替代治疗可有两种不同的形式。一种是直接给体内输入经过微包裹的酶，此为直接法。另一种则为间接法，即利用反转录病毒进行转基因处理，使患畜自体的周围血淋巴细胞或骨髓造血祖细胞逆向转化为含有正常酶基因的细胞或通过骨髓移植给患畜体内植入含有正常酶基因的骨髓细胞，从而使患畜体内可以自身合成所缺乏的黏多糖代谢酶。目前，上述两种类型的治疗方法均处于临床研究阶段。

（三）糖代谢障碍（Glycometabolism disorder）

【病因】

可见于急性白血病患畜。急性白血病患畜糖代谢障碍的主要原因有：

（1）白血病细胞对胰岛的损害　白血病细胞对胰腺的浸润率达 46.4%，主要浸润胰腺间质，而胰岛周围和胰岛内浸润极轻。胰腺血管有白血病细胞淤滞者达 44.3%。说明即使白血病细胞浸润胰岛不明显，但血管中白血病细胞淤滞仍可影响胰岛血液供应，从而影响胰岛功能。

（2）医源性胰岛功能障碍　某些化疗药物（如左旋门冬酰胺酶）可损伤胰腺引起高血糖，化疗中使用糖皮质激素亦可使血糖升高。

（3）胰岛素受体的结合率异常　胰岛素受体基因位于 19 号染色体短臂，而白血病患畜亦可有 19 号染色体的异常。白血病的发生可影响胰岛素受体的表达及与胰岛素的结合，胰岛素受体基因的异常表达也可影响白血病细胞的增殖和转化。

【治疗】

急性白血病的患畜出现血糖的异常，要寻求明确的原因，对症处理。但是，部分是无法确定具体的病因，需要规律的控制血糖。

（四）缅甸猫的异常颗粒综合征（Abnormal granulation syndrome in Burmese cats）

先天性白细胞颗粒异常综合征又称契-东综合征，是 Chediak、Higashi 分别于 1952 年和 1954 年发现，故名 Chediak-Higashi 综合征。

【病因】

本病为常染色体隐性遗传，为一种原因不明的全身性疾病。

【临床症状】

（1）局部白化病　自幼眼睑、四肢皮肤白化、畏光和眼球震颤。皮肤呈石板样颜色，有时出现小而软的结节。

（2）反复感染　自幼易发生皮肤、呼吸道化脓性感染，也有病毒及真菌感染而导致死亡。

（3）中枢神经系统症状　轻瘫、感觉丧失、小脑性四肢不灵活及智力迟钝。

【治疗】

应积极控制感染，早期发现及治疗是关键，预防性用药有害而无益。有人曾用长春新碱和泼尼松治疗有效，但尚无成熟经验。脾功能亢进时可考虑脾切除术，但要严格掌握手术指征，维生素 C 和环核苷酸可改进患畜粒细胞功能。必要时可输中性粒细胞或鲜血。可考虑施行异基因骨髓移植。

（五）威玛犬中性粒细胞功能缺陷（Defective neutrophil function in Weimaraner）

遗传性粒细胞功能缺陷包括趋化性缺陷、慢性肉芽肿病、葡萄糖-6-磷酸脱氢酶（G6PD）缺乏症、膜结构缺陷性血细胞异常。

【临床症状】

(1) 趋化性缺陷　本症临床表现为反复化脓性感染，尤以葡萄球菌性皮肤感染和淋巴结感染为多见，也可有其他细菌感染，内脏也可发生感染。感染处脓液不多。

(2) 慢性肉芽肿病　慢性肉芽肿病临床表现以长期反复感染为特征。淋巴结肿大和化脓性淋巴结炎最为多见，尤倾向于颔下淋巴结肿大，常需切开引流。肺炎、皮肤感染、肝脓疡、脑膜炎、结合膜炎、鼻炎、鼻窦炎、败血症等亦常发生。肝脾肿大、肉芽肿、骨髓炎、溃疡性口腔炎、肛周脓疡、腹泻等也较多见。慢性肉芽肿病一般发生于公犬，系X染色体伴性隐性遗传；另有少数病例（约15%）的遗传方式为常染色体隐性遗传。

(3) 葡萄糖-6-磷酸脱氢酶缺乏症的粒细胞功能缺陷　本症患畜在一般情况下并无反复长期感染病史，但一旦有致病性霉菌感染，则有全身扩散倾向。

(4) 膜结构缺陷性血细胞异常　血细胞功能异常是感染容易发生和不易控制的原因，患畜常因感染致死。临床特征：在幼年期已有色素稀释性缺陷，出现眼球和皮肤局部白化，毛发呈特殊浅淡色，有畏光现象，眼球透照可见到红光通过淡色虹彩，眼底苍白；另外尚可有眼球震颤、呼吸道和皮肤感染，尤其葡萄球菌和其他革兰氏阳性球菌的感染，出生后不久即可出现。有些病例最后出现淋巴结和肝脾肿大，组织内单核细胞广泛浸润，可能为淋巴组织系统反应性病变，也有人认为属于淋巴瘤性质。其他症状为神经病变、贫血、粒细胞减少等，也有血小板减少和血小板聚集功能异常所致的出血现象。

【治疗】

中性粒细胞功能缺陷的治疗主要是控制感染，除应用特异性杀菌药物外，输正常白细胞浓缩液是合理的措施。慢性肉芽肿病及Chediak-Highashi病可用骨髓移植治疗。

二、白细胞应答（Leucocyte responses）

（一）中性粒细胞增多（Neutrophilia）

【病因】

(1) 病原菌的感染　多种局部或全身的急、慢性感染（如细菌感染尤其是球菌中的葡萄球菌、链球菌、肺炎球菌等及结核分支杆菌），病毒感染（如狂犬病），立克次体感染等均可致中性粒细胞增多，增多程度常与感染程度成比例，有化脓现象，增多更为明显。

(2) 物理和情绪刺激　物理刺激如冷、热、运动、剧痛、抽搐、创伤、妊娠等，情绪激动如惊吓、过度兴奋等均可使中性粒细胞暂时增高。

(3) 炎症及组织坏死　风湿性疾病如风湿热、类风湿关节炎，皮肌炎，血管炎等，其他炎症如肾炎、胰腺炎、结肠炎、甲状腺炎，组织坏死如心肌梗死、肺梗死、血栓栓塞性疾病等，均可致中性粒细胞增多。

(4) 肿瘤　胃、肺、肝、胰腺、乳腺、子宫、肾癌等常有中性粒细胞增多。

(5) 代谢和内分泌紊乱　甲状腺危象、糖尿病酸中毒、尿毒症、肝性脑病、肾上腺皮质功能亢进等可引起中性粒细胞增多。

(6) 中毒和变态过敏反应　一些化学品和药物如铅、汞、砷、肾上腺素、肾上腺皮质激素、洋地黄类、5-羟色胺、组胺、肝素、乙酰胆碱等，以及一氧化碳中毒、抗原抗体复合物、补体激活等均可引起中性粒细胞增多。

(7) 血液病　骨髓增生性疾病如慢性粒细胞白血病、骨髓纤维化、原发性血小板增多症等可有白细胞和中性粒细胞明显增多。

(8) 其他　手术后12～36h即有中性粒细胞增多，其程度与手术范围、失血多少及组织损伤程度成比例。

【临床症状】

中性粒细胞增多无特异性临床表现。中性粒细胞增多可以暂时性阻塞毛细血管，可暂时性减少局部血流量而引起局部缺血，如引起心肌的再灌流损伤和梗死等。

【实验室检查】

(1) 外周血　中性粒细胞增多，绝对值大于 7.5×10^9/L。

(2) 中性粒细胞碱性磷酸酶　感染时明显升高，慢性不升高。

(3) 骨髓象　晚幼粒、杆状核增多。可见中毒颗粒、Dohle 小体和胞质空泡。

【治疗】

依据原发病的不同，给予不同的治疗方法。由于感染或创伤引起的中性粒细胞增多，可给予控制感染、修复创伤的治疗；对于因内分泌疾病或肿瘤引起的粒细胞增多，可针对病因进行治疗。骨髓增殖性疾病引起的中性粒细胞增多，应尽早明确病因，给予相应治疗。

（二）中性粒细胞减少（Neutropenia）

【病因】

(1) 病原菌的感染　细菌感染（如伤寒、副伤寒）是引起白细胞减少的常见原因，布氏杆菌、粟粒性肺结核、革兰氏阴性杆菌败血症等亦可引起；病毒感染（如流感、病毒性肝炎、水痘等），立克次体病，原虫病也可引发中性粒细胞减少。

(2) 理化因素　物理因素（如放射线核素接触等）、化学因素（如苯及其衍生物）和药物（如抗癌药物、解热镇痛药、磺胺药、抗惊厥药、抗组胺药及一些抗生素）。

(3) 造血系统疾病　如再生障碍性贫血、骨髓增生异常、严重缺铁性贫血、多发性骨髓瘤、淋巴瘤、急性白血病、慢性淋巴细胞白血病、恶性组织细胞病、脾功能亢进等。

(4) 免疫因素　体内存在特异性抗粒细胞抗体，和粒细胞结合后在脾内被扣留、破坏，或激活补体，介导粒细胞溶解，如特发性自身免疫性中性粒细胞减少以及自身免疫疾患相关性粒细胞减少如类风湿性关节炎。

(5) 原因不明性　慢性特发性粒细胞减少症、慢性再生低下性粒细胞减少症、原发性脾性粒细胞减少症等。

【临床症状】

中性粒细胞减少的临床表现常随其减少程度和发病原因而异。除原发病和感染的表现外，中性粒细胞减少本身的症状往往不具有特异性，可见头晕、乏力、食欲不振等。

中性粒细胞减少常急骤起病，患畜均有寒战、高热，口腔最易并发严重感染，表现为坏死性溃疡，常被灰白色或黑色伪膜覆盖，软腭或咽弓可因坏死而穿孔。会阴区感染是仅次于口腔的易发部位，直肠、肛门及阴道均可发生坏死性溃疡。若感染不及时治疗，极易快速扩散，发展为败血症，病死率很高。

【治疗】

(1) 去除病因、治疗原发病　尽可能找出病因，详细询问病史，有无药物毒物接触史、上呼吸道感染史、相关的基础疾病及家族史。对可疑药物或其他致病因素，应立即停止接触。而继发于其他疾病的粒细胞减少，如急性白血病、自身免疫病、感染等，经治疗原发病缓解或控制后，粒细胞可能恢复正常。

(2) 抗感染治疗　如出现发热等感染症状，应积极查找感染部位，如做血、尿、痰或感染病灶分泌物的细菌培养及药敏试验。在未找出致病菌之前，就应开始采取经验性抗生素治疗。

(3) 升白细胞药物　对白细胞较低有症状的病例，可选用升白细胞药物，如小檗胺、碳酸锂、B族维生素、肌苷等。此类药物多疗效不肯定，且作用短暂，有肯定疗效的是包括粒细胞集落刺激因子（G-CSF）在内的造血生长因子。

(4) 免疫抑制剂　如糖皮质激素、硫唑嘌呤、环磷酰胺、环孢素、甲氨蝶呤等。

(三) 淋巴细胞增多 (Lymphocytosis)

【病因】

本病可能为一种病毒感染所致，多为散发性或小流行，具有高度传染性，传播途径为直接传播，以飞沫为主，消化道传染不能除外，四季均可发病，春秋两季最多。

【临床症状】

全身症状轻微，有不同程度的发热，伴有全身乏力，疲劳等。轻咳、鼻塞、流涕、咽痛、半数有扁桃体肿大，食欲减退、恶心、呕吐、腹痛、腹泻。少数可有浅表淋巴结肿大，绿豆至蚕豆大小，质软不粘连，无炎症现象。有的病畜有头痛、头晕、烦躁、惊厥、嗜睡，甚至出现脑膜炎或类似脊髓灰质炎的表现。皮肤及黏膜少数有斑丘疹。麻疹样红斑或多形性红斑疹，个别有疱疹样皮疹或紫癜。

【治疗】

本病无特殊治疗，以对症治疗为主，宜给予清淡、易消化饮食。白细胞显著增高且有明显呼吸道及消化道症状的病例，可酌情使用抗生素，必要时加用激素。

【预后】

本病预后良好，一般无后遗症。

(四) 淋巴细胞减少 (Lymphopenia)

【病因】

淋巴细胞减少可由许多疾病或病因所致。重度情绪紧张、皮质激素如强的松治疗、肿瘤化疗或放射治疗均可致淋巴细胞短暂减少。T 淋巴细胞数量减少的患畜较 B 淋巴细胞数量减少的患畜更易出现严重的淋巴细胞减少症，通常也可带来更严重的后果。但以上两种情况均可致命。引起淋巴细胞减少的疾病有肿瘤（白血病、淋巴瘤、霍奇金病）、类风湿性关节炎、系统性红斑狼疮、慢性感染、发病率低的某些遗传性疾病（某些无丙种球蛋白血症、DiGeorge 综合征、Wiskott-Aldrich 综合征、严重的联合免疫缺陷综合征、共济失调性毛细血管扩张症）、获得性免疫缺陷综合征（艾滋病）及某些病毒感染。

【临床症状】

由于淋巴细胞占白细胞的比例相对较小，其数量减少可能不会引起明显的白细胞总数降低。淋巴细胞减少本身无任何症状，通常是在为诊断其他疾病所做的全血检查中所发现。显著的淋巴细胞数量减少可导致病毒、真菌以及寄生虫感染。通过现代实验技术，可以检测出某一特定类型淋巴细胞的数量改变。例如，被称为 T4 细胞的 T 淋巴细胞数量减少是评估艾滋病进展的一种途径。

【治疗】

治疗主要取决于病因。因药物所致的淋巴细胞减少通常能在停止使用该药后数天内缓解。若病因是艾滋病，一般很难使淋巴细胞数量增加。某些药物如叠氮胸苷和二脱氧肌苷也许能增加 T 辅助细胞的数量。

当淋巴细胞减少且是 B 淋巴细胞缺乏症时，血中抗体浓度可低于正常。此时，给予丙种球蛋白（富含抗体的物质）能帮助预防感染。若已经出现感染，则给予针对感染微生物的特异性抗生素、抗真菌药及抗病毒药。

(五) 单核细胞增多 (Monocytosis)

传染性单核细胞增多症（infectious mononucleosis）是一种急性的单核-巨噬细胞系统增生性疾病，病程常具有自限性。临床上表现为不规则发热、淋巴结肿大、咽痛、周围血液单核细胞显著增多，并出现异常淋巴细胞、嗜异性凝集试验阳性，血清中可测得抗 EB（人类疱疹）病毒的抗体等。

【病因】

EB病毒为本病的病原，电镜下EB病毒的形态结构与疱疹病毒组的其他病毒相似，但抗原性不同。EB病毒为DNA病毒，完整的病毒颗粒由类核、膜壳、壳微粒、包膜所组成。类核含有病毒DNA，膜壳是20面体立体对称外形由管状蛋白亚单位组成，包膜从宿主细胞膜衍生而来。EB病对生长要求极为特殊，仅在非洲淋巴瘤细胞、白血病细胞和健康人脑细胞等培养基中繁殖，因此病毒分离困难。

EB病毒有6种抗原成分，如膜壳抗原、膜抗原、早期抗原（可再分为弥散成分D和局限成分R）、补体结合抗原（即可溶性抗原S）、EB病毒核抗原、淋巴细胞检查的膜抗原（lymphocyte detected membrance antigen，LYDMA），前5种均能产生各自相应的抗体，但LYDMA则尚未测出相应的抗体。

【临床症状】

除极轻型病例外，均有发热，体温自38.5～40℃不等，可呈弛张型、不规则型或稽留型，热程自数日至数周。病程早期可有相对缓脉。60%的有浅表淋巴结肿大。全身淋巴结皆可被累及，以颈淋巴结最为常见，腹股沟次之，胸廓、纵隔、肠系膜淋巴结偶亦可累及。直径1～4cm，呈中等硬度，分散而不粘连，无明显压痛，不化脓，两侧不对称。肿大淋巴结消退较缓，通常在3周之内，偶尔可持续较长的时间。约半数患畜有咽、悬雍垂、扁桃体等充血、水肿或肿大，少数有溃疡或假膜形成。患畜每有咽痛，腭部可见小出血点，齿龈也可肿胀，并有溃疡。喉及气管阻塞罕见。约10%的病例出现皮疹，呈多形性，有斑丘疹、猩红热样皮疹、结节性红斑、荨麻疹等，偶呈出血性。多见于躯干部，较少波及肢体，常在起病后1～2周内出现，3～7d消退，不留痕迹，未见脱屑。比较典型者为黏膜疹，表现为多发性针尖样瘀点，见于软、硬腭的交界处。

【治疗】

本病的治疗为对症性，疾病大多能自愈。抗生素对本病无效，仅在咽部、扁桃体继发细菌感染时可加选用，一般以采用青霉素G为妥，疗程7～10d。若给予氨苄青霉素，约95%患畜可出现皮疹，通常在给药后1周或停药后发生，可能与本病的免疫异常有关，故氨苄青霉素在本病中不宜使用。有认为甲硝唑及氯林可霉素对本病咽峡炎症可能有帮助，提示合并厌氧菌感染的可能，但氯林可霉素亦可导致皮疹。肾上腺皮质激素对咽部及喉头有严重病变或水肿者有应用指征，可使炎症迅速消退，及时应用尚可避免气管切开。激素也可应用于中枢神经系统并发症、血小板减少性紫癜、溶血性贫血、心肌炎、心包炎等。

（六）嗜酸性粒细胞增多（Eosinophilia）

【病因】

（1）寄生虫病　如蛔虫、钩虫和血吸虫等感染。

（2）过敏性疾病　如支气管哮喘和荨麻疹等。

（3）皮肤疾病　如银屑病、湿疹和剥脱性皮炎等。

（4）血液病及肿瘤　如淋巴瘤、嗜酸性粒细胞白血病、慢性粒细胞性白血病、转移性癌等。

（5）自身免疫病　如系统性红斑狼疮等。

（6）某些药物　如青霉素、链霉素、磺胺类。

（7）其他　如嗜酸细胞性胃肠炎和心内膜炎及淋巴肉芽肿等。

【临床症状】

动物表现疲乏、无力、肌痛、发热、皮疹、血管性水肿。呼吸困难、充血性心力衰竭；咳嗽、胸痛、呼吸困难。80%的患畜肝脾大，15%出现肝功能异常。1/3有神经症状，包括中枢性与外周性，如意识模糊、幻觉、精神失常、共济失调等。进一步发展为轻度神经炎或周围神经炎。25%～50%有皮肤病变，常见为斑丘疹和荨麻疹。可出现肾病综合征表现。心肌内膜下血栓形成和纤维化、腱索纤维化导致房室瓣反流，最终发生进行性充血性心力衰竭。神经系统受累于来自心脏血管网的栓子、弥漫性脑病和周围神经炎等。严重者可出现氮质血症，肾活检发现多发性肾栓塞、肾间质嗜酸细胞浸润等。

【治疗】

寻找病因进行治疗。可选用泼尼松，试用3个月。如2～3周内无效，可考虑以羟基脲0.5g，每天2次，并逐步过渡到每周3～4次，最后减至每周两次。

(七) 嗜酸性粒细胞减少 (Eosinopenia)

【病因】

嗜酸性粒细胞是白细胞的一种，该细胞减少见于较严重疾病的进行期，如伤寒，急性心肌梗塞等。当肾上腺皮质功能亢进或应用肾上腺皮质激素治疗时，嗜酸性粒细胞减少。注射肾上腺素的直接作用可引起嗜酸性粒细胞减少，氢化考的松和糖皮质激素则通过对肾上腺的直接作用引起嗜酸性粒细胞减少。消炎痛和普鲁卡因酰胺可使嗜酸性粒细胞出现一时性减少。阿司匹林可引起再生障碍性贫血或全血细胞减少，嗜酸性粒细胞亦减少。严重烧伤或大手术后，此种情况也可见嗜酸性粒细胞减少，大手术后，一旦嗜酸性粒细胞恢复正常，表示手术反应消失，病情好转。

【治疗】

嗜酸性粒细胞的数量与肾上腺皮质释放糖皮质激素的数量有关。当血液中皮质激素浓度增高时，嗜酸性粒细胞数减少；而当皮质激素浓度降低时，细胞数增加。因此应使用可降低糖皮质激素或抑制肾上腺皮质作用的药物。

(八) 嗜碱性粒细胞增多 (Basophilia)

【病因】

病原菌的感染：如结核（特别是散播性无反应性结核）、水痘、钩虫等感染；变态反应性疾病：如溃疡性结肠炎、幼年性类风湿关节炎、肾病、过敏（药物、食物、异性蛋白质）、接触性皮炎、荨麻疹；内分泌疾病：如黏液性水肿、甲状腺功能低下、糖尿病、使用雌激素后。血液系统疾病：如嗜碱粒细胞白血病、骨髓增殖性疾病（真性红细胞增多症、慢性粒细胞白血病、骨髓纤维化及原发性血小板增多症）、骨髓增生异常综合征、部分缺铁性贫血、慢性溶血性贫血、不明原因的贫血、霍奇金淋巴瘤等。

【临床症状】

由于嗜碱性粒细胞富含组胺，其增多可致高组胺血症，引起高组胺综合征，表现有发热、全身潮红、心动过速、血压降低，甚至发生休克、溃疡病及出血等。此种情况可见于全反式维A酸治疗急性早幼粒细胞白血病，作为其治疗相关综合征，一般于用药2～4周后出现，嗜碱性粒细胞随白细胞计数增多而增多。嗜碱性粒细胞含肝素，其增多可致出血。

【治疗】

高肝素血症可用硫酸鱼精蛋白颉颃。

高组胺血症通过H_1受体引起的腹泻潮红、荨麻疹和支气管痉挛，可用H_1受体颉颃药，如赛庚啶。

通过H_2受体引起的胃酸分泌过多、溃疡病及出血和心动过速，则可用H_2受体颉颃药，如西咪替丁、雷尼替丁等治疗，疗效显著。

三、白血病（Leukemia）

(一) 急性淋巴母细胞白血病 (Acute lyphoblastic leukemia)

急性淋巴母细胞白血病是原始与幼稚淋巴细胞在造血组织无限制增生的恶性疾病，后期可累及其他器官及组织，临床表现有发热，贫血，出血以及肝、脾、淋巴结肿大等。

【病因】

急性淋巴母细胞白血病的病因及发病机制与造血系统其他恶性肿瘤一样复杂，至今尚未完全阐明。

【临床症状】

急骤病例常以高热、贫血、显著出血倾向及全身酸痛为主要症状。起病缓慢病例先有一段时间的进行性乏力、贫血、体重减轻，甚至局部疼痛，然后表现为上述急骤症状。贫血往往是首发表现，呈进行性发展。半数早期表现为发热。可低热也可高热，伴有畏寒、出汗等。虽然白血病本身可以发热，但较高发热往往提示有继发感染。出血的轻重不一，部位可遍及全身，但以皮肤、口腔、鼻腔黏膜的出血较为常见。血液中白血病细胞急骤增多时，脑部血管内由于大量白血病细胞淤滞并浸润血管壁，极易发生颅内出血而致命。多数为全身淋巴结肿大，一般呈轻至中度肿大，质地中等，无压痛，与周围组织无粘连。白血病细胞浸润破坏骨皮质和骨膜时可引起疼痛，以酸痛、隐痛较常见，有时呈现剧痛，病理上可能为骨梗死。临床上常见胸骨压痛，对诊断有意义。由于化学治疗药物不易通过血-脑脊液屏障，因而脑部成为白血病细胞的庇护所。脑局部浸润的表现可与脑瘤相似，可有颅内压增高症状，如头痛、恶心、呕吐、视乳头水肿等，严重的可出现抽搐、昏迷等。脑脊液检查可发现压力增高，白细胞数、蛋白增加，而糖可减少。

【治疗】

一旦确诊，应立即进行化学治疗。治疗目标有两个；一方面是尽可能杀灭造血组织与内脏各处的白血病细胞；另一方面是预防和杀灭隐藏在某些部位（药物不易到达）的白血病细胞，特别是中枢神经系统的白血病细胞。

（二）慢性淋巴母细胞白血病（Chronic lymphoblastic leukemia）

【病因】

至今确切的发病机制未明，可能有以下几点：遗传因素、基因异常、染色体改变、细胞因子——具有直接或间接刺激慢性淋巴母细胞白血病增殖或防止慢性淋巴母细胞白血病细胞凋亡的作用，还可抑制正常淋巴细胞和骨髓造血细胞增殖的作用，与疾病的发生发展有关。

【临床症状】

起病缓慢，隐袭。常见临床症状有疲乏、虚弱、体重减轻、低热、多汗，皮肤瘙痒、反复感染，在疾病进展期可出现严重贫血及出血症状。有轻度或中度肝脾肿大，常伴有腹胀，少数伴有脾功能亢进而致贫血及血小板减少。可出现淋巴结以外脏器浸润现象，但很少引起器官功能障碍，尸检时发生率较高。可转化为侵袭性淋巴瘤或白血病，幼淋巴细胞白血病、急性淋巴母细胞白血病和浆细胞白血病等。由于免疫缺陷及接受化疗，易发生继发性恶性肿瘤，常见为黑色素瘤、淋巴瘤、急性或慢性髓系白血病、多发性骨髓瘤等。

【治疗】

（1）单药化疗　可采用瘤可宁、环磷酰胺、氟达拉滨等进行治疗。

（2）联合化疗　比如可采用瘤可宁 0.2mg/（kg·d），连用 7d，后维持量 0.1mg/kg，每天 1 次。泼尼松按每平方米体表面积 50mg 给药，每天 1 次，连用 1 周，然后按每平方米体表面积 25mg 给药，每 2 天 1 次。

（3）生物治疗　可使用干扰素、白细胞介素-2、单克隆抗体、环孢素 A 等进行治疗。

（4）其他治疗　可进行放射治疗或脾切除。

（三）肥大细胞增多症（Mastocytosis）

【病因】

其病因未明，有报告表明发病可能和 C-KIT 基因突变有关。

【临床症状】

由肥大细胞浸润所致，如肝脾淋巴结肿大或引起骨损害、骨压痛或溶骨性损害；皮肤浸润引起瘙痒、发红，出现色素性荨麻疹（范围大小不等），呈棕色素斑疹或丘疹，有时呈结节。皮肤划痕试验阳性。肥大细胞胞质内有异染颗粒，内含肝素、透明质酸，并能产生组胺、多种糖胺聚糖（glycosaminoglycans）激肽、前列腺素等，组胺的释放可引起较顽固的胃十二指肠溃疡，出现腹痛呕血、黑便以及头痛；面部、四肢水肿。大量组胺释放可引起患畜突然出现皮肤潮红、支气管痉挛、心悸、荨麻疹，甚至休克。肝素释放过多可引起出血倾向。此外，可有乏力、发热、体重下降、厌食等症状。

【治疗】

本病进展快，预后恶劣，治疗效果较差。可用羟基脲白消安、巯嘌呤和环磷酰胺、多柔比星、抗组胺药暂时缓解症状，肝素过多引起的出血，可用硫酸鱼精蛋白中和。

第四节 骨髓细胞增生

Myeloproliferative Disease

一、急性骨髓细胞增生（Acute myeloproliferative disease）

（一）猫红白血病综合征（**Feline erythroleukemia syndrome**）

红白血病（erythroleukemia）是一种急性或慢性骨髓恶性增生性疾病，在病程中恶性增生以红细胞及幼红细胞为主，也可累及粒细胞和巨细胞系，形成骨髓全细胞增殖病，最后可转变为急性粒细胞白血病。

【病因】

发病原因迄今不明。有人认为是急性粒细胞白血病的一个亚型，其表现为红、白（主要是粒）两系的恶性增生，最后可发展成为典型的急性粒细胞白血病，其发展过程为：红血病→红白血病→白血病。但不是每个病例都有这样的转化过程，有的病例可能在未转化前就死亡了，因而未能显示出病情发展的全过程。虽然因 Friend 病毒引起的红白血病与本病极为相似，但尚未分离出使人致病的相关病毒。

【临床症状】

本病征临床表现与急性白血病相似。起病较急，病程短促（数周或数月），贫血常为首发症状，呈进行性加重，出现苍白、乏力、心悸、气短、头晕、耳鸣等。也可出现出血症状，但一般不如其他型严重。也可发热，易致感染。脾脏常肿大，肝脏和浅表淋巴结则很少肿大。偶尔发生皮肤浸润，可有黄疸(由溶血所致)。典型病例可经过红血病、红白血病、急性白血病三个阶段，最后发展成急性白血病时以急性粒细胞白血病最多见，少数发展为急性单核细胞性白血病。并发症：贫血、心悸、气短、出血易致感染、脾脏常肿大、黄疸，可并发栓塞、偏瘫、高尿酸血症等，亦可并发 DIC、尿酸性肾病．

【治疗】

1. 化学治疗　强烈的诱导化疗和维持治疗，既可增加完全缓解率，又可使生存期得以延长。现代资料又进一步提示，强烈的化疗加上缓解期的骨髓移植可进一步减少或消灭残存的白血病细胞，结果使一部分病例得到长期生存或治愈。近代化疗的主要内容包括：①较强烈的化疗，以引起短期的骨髓增生低下；②积极的支持疗法；③设计有效的方案维持缓解。化疗可以分成以下 3 期 4 个阶段：

（1）诱导缓解期　此期为治疗的基础，常用的药物包括阿糖胞苷（Ara - C)、甲氨蝶呤（MTX)、柔红霉素（DNR)、巯嘌呤（6 - MP)、硫鸟嘌呤（6 - TG）和泼尼松等。诱导缓解的方案虽多，如 HOAP（三尖杉酯碱-长春新碱-阿糖胞苷-强的松联合抗癌疗法)、COAP（环磷酰胺-长春新碱-阿糖胞苷-泼尼松联合化疗治癌方案)、DAT（柔红霉素-阿糖胞苷-6 巯基鸟嘌呤）等，但仅能缓解约 2/3 的病例，至于哪个方案优良尚无定论。感染是诱导期的重要威胁，往往导致早期死亡，如能应用预防性的粒细胞输注，或能减低其病死率。

（2）维持治疗期　此期分为两个阶段，即控制髓外部位的发病，其中以中枢神经系统白血病的预防最为重要，其次为控制骨髓白血病的复发。急性红血病时并发中枢神经系统白血病比急性淋巴细胞白血病少见，可能是由于生存期短，尚未侵犯至脑膜，就发生骨髓复发有关，有人提出用一次强化治疗结合冻干卡介苗接种可能对患病幼畜的长期缓解有效。

（3）停止治疗期　强烈的维持化疗，具有远期毒性，可损伤器官和免疫抑制等危险，易于引起各种并发症，一旦治疗停止，机体得以恢复，但过早停止治疗，容易引起复发。Auer 等认为，凡已获得 2～3 年完全缓解的病例，即可停止治疗。复发病例多在停药后第 1 年内，停止治疗后引起复发的主要因素，是与治疗期的中枢神经系统局部预防不力有关。

2. **中医治疗**　中医对本症的辨证，认为应虚实相兼。精气内虚是内因，瘟毒乘虚内陷是外因。虚实错杂毒入骨髓，治疗上应以清瘟解毒为主，辅以扶正，用犀角地黄合清营汤加减，辨证应与辨病相结合，才能更好地治疗本病，中医对化疗后的造血抑制，宜从补肾着手，使骨生髓，以期早日恢复。

3. **免疫治疗**

（1）非特异性主动免疫治疗　应用各种细菌制剂、制品或人工抗原作为非特异性的刺激物来促进机体的免疫功能。常用的有卡介苗、短棒菌苗（短小棒状杆菌菌苗）等。冻干卡介苗可用划痕法，也可作皮内注射。

（2）特异性主动免疫治疗　应用自体或异体的白血病细胞进行免疫，从而促进宿主对肿瘤的特异性免疫反应。可用经化学或物理方法处理的“白血病瘤苗”肌内注射，每次注入的细胞数宜在（1.0～4.8）$\times 10^8$个以上。

（3）被动免疫治疗　应用对白血病细胞表面抗原有特异作用的单克隆抗体，来达到杀灭白血病细胞的目的。单克隆抗体已开始应用于临床，能在血中与骨髓中和白血病细胞很快结合，但临床效果尚不明显，还需进一步研究。如使抗体带上其他细胞毒性物质（如放射性核素或化疗药物），以便使其发挥更大的作用。

（4）过继免疫治疗　应用被动转移细胞免疫功能的方法，来促进机体的免疫功能。常用的方法有输注转移因子、免疫核糖核酸、淋巴因子、干扰素等。

理论上，通过免疫治疗希望能够杀灭残存的白血病细胞，但实际上并不能达到这一目的。大多数免疫治疗，仅能延长生存期，而很少能延长缓解期。

二、慢性骨髓细胞增生（Chronic myeloproliferative diseases）

（一）红细胞增多症（Erythrocytosis）

红细胞增多症是指外周血红细胞数增多。临床上，红细胞增多可以分为真性红细胞增多症、继发性红细胞增多症、红细胞相对增多症等。

【病因】

（1）真性红细胞增多症　其病因和发病机制尚不清楚，目前认为是一种克隆原性造血干细胞疾病。

（2）继发性红细胞增多症　引起该病的主要原因是机体缺氧，刺激氧感受器，促使肾脏分泌红细胞生成素。代偿性红细胞生成素增多见于慢性肺部疾病和高氧亲和力血红蛋白病等；非代偿性红细胞生成素增多见于肿瘤和肾脏疾病。

（3）红细胞相对增多症　由于严重呕吐、腹泻、大量出汗、大面积烧伤、休克等造成体液大量丧失，而补液又不足，可引起血浆容量减少、血液浓缩，造成相对性红细胞增多。

【临床症状】

（1）真性红细胞增多症　常见症状包括多血症状（即皮肤充血呈紫红色），神经症状表现为头痛、眩晕、肢体麻木、感觉障碍等，心血管症状如高血压、心绞痛、间歇性跛行；周围动脉、脑动脉、冠状动脉血栓的形成，皮肤瘀点、瘀斑，牙龈出血，偶见呕血、血尿和颅内出血等。

（2）继发性红细胞增多症　多存在引起红细胞增多症的原因，如缺氧、血红蛋白异常、相关肿瘤、囊肿等，表现为皮肤、黏膜充血呈紫红色。

（3）红细胞相对增多症　其临床表现主要取决于引起大量体液丧失、血液浓缩的原发病。极少数可并发血栓栓塞，少数可发展为真性红细胞增多症。

【治疗】

（1）真性红细胞增多症　静脉放血可使红细胞及血容量在短期内恢复到正常或接近正常水平，一般每次静脉放血 300～500mL，间隔 1～3d，至红细胞比容达到正常水平；使用化疗药物如羟基脲、白消安、环磷酰胺、左旋苯丙氨酸氮芥等；使用干扰素等。

（2）继发性红细胞增多症　原则上应该去除病因及治疗原发病。如果病因和原发病可以去除，继发性红细胞增多症亦随之消失。

（3）红细胞相对增多症　在纠正体液丧失的同时治疗原发病，其本身无需特殊处理。

（二）慢性粒细胞白血病（Chronic granulocytic leukemia）

慢性粒细胞白血病是一种获得性造血干细胞恶性克隆性疾病，骨髓中无限制地产生大量幼稚血细胞，尤其是粒系细胞。外周血中持续进行性白细胞增高，并有大量幼稚和成熟的粒细胞。

【病因】

其病因至今未能完全明确，接触离子射线可增加本病的发病率。化学物质和病毒未能证实有致病作用。

【临床症状】

慢性粒细胞白血病在临床可分为 3 期：

（1）慢性期　起病隐袭，常有乏力、消瘦、食欲减退、多汗、腹部不适及骨、关节疼痛，可有脾大、肝大、胸骨压痛等症状。

（2）加速期　经过慢性期，患畜逐渐对以往有效的药物失去反应，白细胞增高不能得到控制。脾脏不再缩小反而增大，提示病情进入加速期。表现为发热、贫血进行性加重，嗜碱性粒细胞增多超过 20%，血及骨髓中原始粒细胞增多大于 10%，血小板显著增高。脾脏进行性肿大，慢性期有效药物失效。

（3）急变期　高热持续不退，除加速期症状仍存在外，脾脏明显肿大，骨、关节疼痛加重，皮肤出现结节，骨髓原始细胞大于 30%，并可有异形变，即转变为急性淋巴细胞性白血病，急性粒、单核细胞性白血病，急性单核细胞性白血病，急性巨核细胞性白血病和急性红白血病等。

【治疗】

（1）慢性期治疗　可进行化学药物治疗，如羟基脲、马利兰、靛玉红及其衍生物异靛甲、砷剂、生物制剂干扰素等。

（2）加速期治疗　加速期的治疗有以下几种方案，可根据具体情况进行选择，如原来使用羟基脲可改用马利兰，羟基脲和马利兰与其他药物联合应用，以往未使用干扰素的可加用干扰素，如有明显急变倾向，应尽早采用联合化疗方案，以阻止急变期的发生。

（3）急变期治疗　首先确定急变期细胞类型，然后选择合适的治疗方案。由于急变期细胞遗传学特征没有发生改变，少数虽获得短期的完全缓解，但仍无治愈的可能性。

（三）嗜酸性粒细胞白血病（Eosinophilic leukemia）

嗜酸性白血病是一种罕见类型的白血病。按嗜酸性粒细胞分化程度分为原始细胞型、幼稚细胞型以及成熟细胞型。本病诊断时，应首先排除其他原因引起的嗜酸性粒细胞增多。

【临床症状】

本病的临床表现与其他白血病类似，常有发热、消瘦、骨骼疼痛，肝脾、淋巴结肿大。但也有独特的临床表现，主要包括心、肺、中枢神经系统及皮肤嗜酸性粒细胞浸润，并导致相应脏器功能障碍。

嗜酸性粒细胞浸润各脏器导致脏器结构破坏和功能障碍，浸润该脏器提供的小动脉导致动脉栓塞，造成该脏器缺血、坏死，如皮肤红斑、丘疹、皮下结节形成、肝脾与淋巴结肿大等；心脏、肺部、中枢神经系统广泛浸润，常成为死亡的直接原因。

【诊断】

临床上有白血病的临床表现。血象中嗜酸性粒细胞增多，并常有幼稚嗜酸性粒细胞。骨髓中嗜酸性粒细胞增多，形态异常，核左移，有各阶段幼稚嗜酸性粒细胞，甚至早幼粒细胞，可见粗大的嗜酸性颗粒，原幼粒细胞大于5%。脏器有嗜酸性粒细胞浸润。应排除外寄生虫病、过敏性疾病、结缔组织病、高嗜酸性粒细胞综合征、慢性粒细胞白血病及其他原因所致嗜酸性粒细胞增多。

【治疗】

本病预后恶劣，一般明确诊断后多于一年内死亡。糖皮质激素可以使嗜酸性粒细胞降低，但症状改善不明显。部分病例用长春新碱和羟基脲治疗，可获得临床缓解。

（四）嗜碱性粒细胞白血病（Basophilic leukemia）

嗜碱性粒细胞白血病是一种罕见的造血系统恶性肿瘤，约占急性白血病的4.5%，占粒细胞白血病及单核细胞白血病的10%。本病多为慢性粒细胞白血病急性变，由骨髓增生异常综合征转变而来，且与原发性血小板增多症相关，而原发性急性嗜碱性粒细胞白血病少见。嗜碱性粒细胞系由多能干细胞分化而来，成熟过程中需有IL-3、GM-CSF、IL-5等因子的存在，但嗜碱性粒细胞异常增殖的确切机制尚未阐明。

【临床症状】

本病临床可分为两种类型：

（1）急性型　临床可为原发或继发于其他造血系统恶性疾病。起病较急骤，除具有急性白血病的一般临床表现外，出血和腹痛、腹泻、恶心、呕吐症状较明显。前者与血小板减少、血管周围嗜碱性粒细胞浸润和细胞内颗粒释放肝素有关，后者为细胞内组胺释放所致。部分病例有严重的皮肤黏膜溃烂及坏死，本病大部分病程较短，患畜往往因颅内出血等原因死亡。

（2）慢性型　临床酷似慢性粒细胞白血病。

【诊断】

临床上有白血病的临床表现。血象中嗜碱性粒细胞明显增多。骨髓中嗜碱性粒细胞增多，原始粒细胞>5%，嗜碱性中幼、晚幼粒细胞亦增多，有核左移现象，胞质中有粗大浓密的嗜碱性颗粒。脏器有嗜碱性粒细胞浸润。应排除其他原因所致的嗜碱性粒细胞增多，如慢性粒细胞白血病、中毒、恶性肿瘤、系统性肥大细胞增生症等。

【治疗】

对化学治疗不敏感，难以缓解。对症处理：针对高组胺血症及高肝素血症进行处理。

（五）原发性血小板增多症（Essential thrombocythenia）

原发性血小板增多症是骨髓增生性疾患的一种，也称为出血性血小板增多症，是多能干细胞克隆性疾患。其主要特征为骨髓巨核细胞异常增生伴血小板持续增多，同时伴有其他各系统造血细胞轻度增生，常有反复自发性皮肤黏膜出血、血栓形成和脾脏肿大。

【病因】

本病病因尚不明确，与放射线、化学药物、病毒感染无确定相关性。

【临床症状】

30%患病动物的无任何症状，查血常规时仅发现外周血小板升高。30%的患病动物表现为功能性或血管舒缩性症状，与血管内血小板激活有关。部分可出现原因不明的出血。血栓发生率较出血少。80%以上的病例可见脾肿大，一般为轻到中度肿大，部分病例有肝肿大。

【治疗】

（1）骨髓抑制性药物　羟基脲是目前国内首选药物之一，每日剂量50mg/kg，口服，每周3次。

白消安为常用的有效药物，宜用小剂量，开始为 3～4mg/m²，每天 1 次，口服，待血小板减少到一半时，剂量也应减半。

(2) 放射性核素磷（32P） 可口服或静脉注射，首次剂量 2～3mCi/m²，用药后第 3 周血小板开始下降，6～8 周达最低值。

(3) 阿那格雷 为一种金鸡纳的衍生物，早期作为一种血小板聚集抑制剂用于临床，但后发现其降低血小板的作用较为突出。

(4) 阿司匹林 当血小板数过高，有可能并发血栓时，应给予阿司匹林、双嘧达莫等进行抗凝治疗。阿司匹林剂量 0.5mg/kg，口服。

（六）骨髓纤维变性（Myelofibrosis）

骨髓纤维变性，是指骨髓中成纤维细胞增殖和胶原纤维沉积，并伴有肝、脾等脏器髓外造血的一种疾病。按病因可分为原发性和继发性，按起病缓急可分为急性和慢性。临床上以慢性原发性骨髓纤维变性多见。本文主要介绍原发性骨髓纤维变性。

【病因】

本病发病机制尚未明确。近来则倾向于原发性骨髓纤维变性是一种不明原因的刺激后引起多能干细胞异常的增殖，而骨髓纤维组织增生又是继发于异常造血细胞增殖的一种反应。

【临床症状】

患病动物表现为髓外造血，绝大多数累及脾脏，表现为脾大。早期很少有全身症状，但中晚期常出现乏力、体重下降、怕热、多汗、食欲一般或减退，晚期消瘦明显。骨髓衰竭，多见于疾病晚期，贫血最为常见。原因是由于骨髓造血障碍、骨髓红系受抑以及无效造血，红细胞寿命缩短，红细胞滞留在肿大的脾脏，以及伴发的出血或溶血。

【治疗】

对于脾脏轻中度肿大、血象改变为轻中度贫血、血小板和白细胞改变轻微的病例，可仅用对症治疗，定期检查。对有脾脏压迫症状，血象改变明显，有骨骼疼痛的可根据不同情况采取以下方法治疗：

(1) 纠正贫血 雄激素和蛋白合成剂有改善骨髓造血功能的作用。细胞毒药物治疗一般用于脾大、骨髓处于增生阶段、周围血细胞增多的病例。常用药物为苯丁酸氮芥、高三尖杉酯碱、马利兰、羟基脲等，常用剂量为 1.5～2.0mg/kg，每周 2 或 3 次。

(2) 脾区放射治疗 适用于脾脏肿大明显的病例、脾区疼痛或有梗死的病例，因腹膜或胸膜髓样化生引起的腹水或胸水等，照射可以减轻症状，但作用短暂，一般维持 3.5～6 个月。

(3) 抗纤维化药物 常用 1，2-$(OH)_2$维生素 D_3，可抑制巨核细胞异常增殖，促进巨核系祖细胞分化成熟，从而抑制骨胶原合成沉积，逆转骨髓纤维化，剂量为 0.25～1μg/d。

第五节 血小板和凝血紊乱
Platelet and Coagulation Disorders

一、血小板数量紊乱（Quantitative platelet disorders）

（一）免疫介导性血小板减少症（Immune-mediated thrombocytopenia）

外周血中的血小板和/或巨核细胞被免疫介导机制所破坏。血小板数量降至低于 150 000 个/μL，尽管血小板不能单独作为出血的预测指标，但当其低于 50 000 个/μL 时，则具有不同寻常的临床意义。

【病因】

原发性或自身免疫、自发性。继发于免疫复合物的吸收或新抗原的表达，如注射疫苗诱发、药物引发、立克次氏体引发、病毒引发、输血不当和血小板减少症。

【临床症状】

黏膜出血，包括鼻出血、齿龈出血、肠胃出血、尿道出血、腹部或耳廓、胃肠的淤血均是常见现象。除非有其他疾病，疫苗引发的血小板病通常无临床出血现象、IMT（免疫调整疗法）可能伴有免疫介导性贫血。

【治疗】

原发性 IMT 可只用氢化强的松进行治疗，或与环磷酰胺、硫唑嘌呤、长春新碱或炔羟雄烯异唑协同使用。严重的动物可用富含血小板的血浆或血小板浓缩剂进行治疗。

疫苗引发的血小板减少症可自行消除，注射疫苗后出现冯威勒布兰德氏病（von Willebrand disease，vWD，先天性出血素质）的犬须输入血浆或冷沉淀物进行止血。

药物依赖型的血小板减少症可用清除药物的方法加以解决。非药物依赖型的血小板病的治疗方法同原发性的 IMT 相同。

立克次氏体引发的血小板减少症可用四环素 22mg/kg，口服，每天 3 次，持续 2 周，或强力霉素 5mg/kg，口服，每天 2 次，持续治疗 2 周（急性），或强力霉素 10mg/kg，口服，每天 1 次，持续 3 周（慢性）。

类固醇虽无法消除不正确输血造成的后果，但可一定程度地缓和急性炎症的一些症状。

EDTA 引发的血小板减少症不需要任何治疗。

（二）药物引发的血小板减少症（Drug-induced thrombocytopenia）

循环血液中的血小板由于药物的作用或免疫介导机制被直接破坏，或骨髓巨核细胞受到抑制或破坏。血小板的数量可急剧下降，特别是骨髓受到抑制时尤其明显。

【病因】

（1）原发性　药物的直接引发；

（2）继发性　激素、抗癌药物和其他药物造成的骨髓抑制。

【临床症状】

黏膜是否出血取决于血小板病的严重程度。而动物是否出现白细胞减少和贫血取决于骨髓抑制的持续时间。白细胞减少的动物易于引发感染，可发生呼吸、肠胃和尿道的机能不全。贫血的动物可表现虚弱、嗜睡和呼吸困难。

【诊断】

使用抗癌药物进行治疗时，要反复观察是否出现了血小板病、白细胞减少和贫血等血液学症状。抽取骨髓有助于鉴定血球减少的严重程度、血小板病发生时，血小板的 MPV 常处于正常范围。任何接受过激素和抗真菌药物治疗的动物都要进行常规的血液分析检查，其中包括血小板的计数。对于接受过抗生素和抗炎药物治疗而出现黏膜出血症状的动物，应对其血液和骨髓进行分析检测。

【治疗】

停止使用所有药物。为防止大量出血，可考虑使用富含血小板的血浆和血小板的浓缩液。动物严重贫血时，须进行全血输血，但全血中血小板的量可能不足以防止血小板减少症引发的出血。锂疗法（11mg/kg，口服，每天 2 次）可能对雌激素引发的骨髓再生不良有一定疗效。

（三）血小板消耗增大（Enhanced platelet consumption）

血小板激活后从循环血液中被清除，其速率快于巨核细胞所能补偿的速率。血小板数可能很低或在正常值下限边缘，这取决于血小板激活的程度、病情的慢性程度和巨核细胞的反应能力。

【病因】

可由寄生虫、脉管炎、病毒感染引起。

【临床症状】

黏膜是否出血取决于血小板减少的程度。犬或猫的心丝虫可表现为呼吸症状、嗜睡和运动的耐受性差。患有 FIP 的猫腹部胀大和/或极度衰弱，厌食。患有 DIC 的动物体温可能过高或过低，表现为胃肠道、神经、尿道或呼吸心血管系统的一系列异常症状。

【诊断】

可通过检测寄生虫和/或其在血中的抗原来诊断是否感染了寄生虫。通过常规凝血试验诸如 aPTT、PT 和凝血酶参与的凝血时间延长可检测到无补偿性 DIC。纤维蛋白原常低于 100mg/dL。（血）纤维蛋白/纤维蛋白原降解产物（FDPs）通常高于 40 ug/mL。血小板数常低于 100 000 个/uL，MPV 常高于参考值。若发现可疑抗原梯度升高即可诊断为立克次氏体造成的感染。诊断 FIP 最可靠的方法是尸检。

【治疗】

按照治疗心丝虫和其他寄生虫造成的感染进行治疗。鉴定并消除或缓和 DIC 潜在的病因。输液和输血对维持血液的流动和防止血栓的形成有着至关重要的作用。

（四）病毒引发的血小板减少症（Virus-induced thrombocytopenia）

血小板和/或巨核细胞可被病毒直接或被免疫介导机制间接破坏。由于病毒对巨核细胞的影响，血小板的生成受到抑制。

【病因】

由猫白血病病毒（FeLV）、猫自身免疫缺陷病毒（FIV）、犬瘟热病毒、细小病毒/猫传染性粒细胞缺乏症（猫瘟）引起。

【临床症状】

可见黏膜出血、FeLV 引发的血小板减少症、其他造血细胞的恶病质、贫血、白细胞减少、嗜睡、厌食、虚弱、恶病质，甚至呼吸困难。感染细小病毒的犬多有出血性腹泻。感染犬瘟热的犬可表现出呼吸、胃肠道和/或中枢神经系统的机能障碍。

【诊断】

可通过检测 FeLV 和 FIV 的病毒抗原和病毒抗体，以确诊是否发生了感染。可通过症状和抗体滴度的升高来检测细小病毒和犬瘟热病毒造成的感染。尸检可发现其造成的特征性的病理变化。

【治疗】

支持治疗包括输液、抗生素和消炎药物的使用。当出血严重时，特别是 PCV ≤ 20%时，有必要全血输血（20mL/kg）。全血输血可能无法提供足够的血小板以减轻出血的状况。

（五）血小板生成减少（Ineffective thrombopoiesis）

血小板的量显著减少或缺乏。虽然血小板减少显著，但 MPV 却处于正常范围之内。骨髓巨核细胞和其他造血细胞显著减少或消失。骨髓腔充满了新生细胞或成纤维细胞和胶原质。

【病因】

由骨髓痨和骨髓纤维化引起。

【临床症状】

随着骨髓血小板、白细胞、红细胞的减少，动物可出现黏膜出血、虚弱、嗜睡、厌食、跛行、呼吸困难、发烧等现象。骨髓的功能障碍还未发生时，最初的这些症状可能与原发性肿瘤有关。

【诊断】

须对骨髓和外周血液中的血细胞进行监测。骨髓纤维化到达晚期时难以抽取微量骨髓，也需要进行骨髓核的活组织检查。

【治疗】

治疗时必须根除原发性病因，对于慢性的先天性贫血所造成的骨髓纤维化，骨髓移植的效果比较明显。随着骨髓纤维化的消失，骨髓增生和转移性疾病也可得到根治。至少每周要重复对骨髓和外周血细胞进行监测，以判定治疗的进展程度。不幸的是，不宜进行骨髓移植，许多患有非球性溶血性贫血的狮子犬在 4 岁之前会由骨髓纤维化继发严重的骨髓功能衰竭。

(六) 血小板增多症 (Thrombocytosis)

血小板数高于正常值，MPV 可能升高、正常或降低。

【病因】

骨髓增殖紊乱，炎性反应/肿瘤，反应性血小板增多，脾功能的紊乱。

【临床症状】

血小板增多通常不会导致临床症状的出现，但易发生出血或血小板的减少（这里指的是血小板减少症或骨髓抑制恢复期时出现的“反跳”性血小板增多）。

【诊断】

外周血细胞和骨髓细胞的检测有助于骨髓增生病或巨核细胞白血病的诊断。血小板和巨核细胞若形态正常，表明是反应性血小板增多，但也可能潜在着炎症或肿瘤。

【治疗】

对潜在病因进行治疗通常可缓解血小板的增多。阿那格雷开始剂量为 1～1.5mg，口服，每天 4 次；维持量为 1.5～4mg，口服，每天 1 次，可有效地控制骨髓增生性疾病所造成的血小板增多的症状。

二、遗传或先天性的血小板性质紊乱（Inherited or congenital qualitative platelet disorders）

(一) 外源性血小板紊乱 (Extrinsic platelet disorders)

血小板正常，对血小板功能至关重要的血浆外源性因子缺失、减少或功能障碍。

【病因】

由 vWD 或无纤维蛋白原血症引起。

【临床症状】

可见黏膜间歇性出血，但血小板数正常。当动物注射疫苗或摄入阿司匹林时，才会发生瞬间的黏膜出血。在手术和术后形成创伤时，出血时间会延长。口腔黏膜出血的时间可延长（>5min）。

【诊断】

测定抗原水平可鉴定 vWD，但抗原水平与出血的严重性并无直接联系，且无法预测出血性素质的可能性。同族凝集素协同因子或 botrocetin 定性分析可用于检测在注入具窍蝮蛇属垭拉拉卡蝰蛇的毒液后 von Willebrand 因子（vWF）凝集血小板的能力，上述方法在极少数的实验室可行。需要手术的动物或怀疑其有 vWD，应先于手术进行黏膜出血测试。虽然并不能断定为 vWD，但出血的时间也提供了有用的信息，出血时间 ≥ 5min 是异常的。

【治疗】

对于 vWD 引发的出血，可通过静注新鲜血浆、新鲜冷冻血浆（6～10mL/kg）或冷凝蛋白质（1～1.5mL/kg）。对于贫血动物（PCV<20%）需要进行全血输血（20mL/kg）。在有供血犬的情况下，应在收集血液进行输血前 30～120min 内向其注射 DDAVP（醋酸去氨加压素）。可在手术前给感染动物注射 DDAVP，但并不能完全防止出血。对于曾患有 vWD 并发生大量出血的动物，可能的话，应在手术前、手术期间或手术后进行输血。

（二）获得性血小板功能紊乱（Acquired qualitative platelet disorders）

血小板功能减退，获得性血小板功能减退不同于遗传性因素，其是可逆的。

【病因】

由免疫系统的介导、药物、相关病原感染、肝肾功能衰竭、骨髓或淋巴增生性疾病引起。

【临床症状与诊断】

黏膜出血。疾病或药物治疗所造成的出血往往是急性的，通常见于未有出血性素质记录的动物，而血小板数在参考范围内。肝和肾的生化测试结果异常，动物可表现出各种各样的系统症状，包括黄疸、多尿/多饮、呕吐和抓挠。黏膜出血随着药物的清除（药物引发的紊乱）或治疗的进行（感染原引发的血小板功能的紊乱）逐渐减轻。淋巴增生性疾病影响血小板的反应性，而且血浆蛋白水平偏高。对骨髓增生性紊乱进行 CBC 和骨髓分析，结果异常。正如在光电显微镜下观察到的，巨核细胞和血小板的形态异常。感染原滴度升高和出现病毒抗原均可表明是感染原造成的血小板功能的紊乱。

【治疗】

治疗时应根除原发性病因，看是否是病原感染、器官功能障碍、免疫介导或继发于淋巴或骨髓增生性疾病。药物引发的血小板功能紊乱最好立即停药。免疫介导的血小板功能紊乱治疗类似于免疫介导的血小板减少症。

三、遗传或先天性凝血因子数量紊乱（Inherited or congenital disorders of coagulation factors）

（一）前激肽释放酶不足（Prekallikrein deficiency）

前激肽释放酶不足是一种常染色体的隐性疾病，对家养动物极少能做出诊断。

【病因】

主要是由于家族中的常染色体缺陷造成。

【临床症状与诊断】

前激肽释放酶缺乏的动物很少患有出血性素质。激活部分凝血活酶时间（aPTT）延长，激活的凝血酶原时间（PT）和凝血酶的时间正常。通常出血并不明显，因此诊断具有一定的偶然性。诊断需要对激肽释放酶活性进行特殊分析。

【治疗】

通常没有必要进行治疗，也不必进行监控。通过同源输血控制出血现象。

（二）Ⅻ因子缺乏

猫常染色体的隐性遗传，小型狮子犬家族的常染色体显性遗传。

【临床症状】

Ⅻ因子缺乏与出血性素质无关，也不会加重猫Ⅸ因子的缺乏（Dillon 和 Boudreaux，1988）。人类可能易患血栓症和感染，但患有哈格曼病（Hageman's disease）的动物从未见到此因子的出现。

【诊断】

激活部分凝血活酶时间（aPTT）延长，激活的凝血酶原时间（PT）和凝血酶的时间正常。有必要对Ⅻ因子的活性进行特殊分析。

【鉴别诊断】

对内质性路径其他因子活性的特殊分析，排除了其他因子的缺乏或其他因子的缺乏与Ⅻ因子缺乏共同存在的可能。可能存在Ⅻ因子的抑制物，但在驯养动物中未见报道。

【治疗】

不必进行治疗。Ⅻ因子缺乏不会加重已经发生的出血性素质。

（三）Ⅺ因子缺乏

驯养动物中此病少见，仅曾发生于极少数品种的犬。犬的遗传模式尚不清楚，但人为常染色体的显性遗传，牛则为常染色体的隐性遗传模式。

【临床症状】

感染个体很少有自发性出血性素质。Ⅺ因子缺乏的动物手术或发生创伤后可大量出血。巴赛特犬血小板机能不全和波美拉尼亚丝毛犬血小板机能不全可能表现格兰曼血小板机能不全症的不同形式。Variant Glanzman's 血小板机能不全以糖蛋白Ⅰib 和Ⅲa 正常量但表达配基黏附功能受损为特征。患有波美拉尼亚丝毛犬血小板机能不全和患巴赛特犬血小板机能不全的犬可以在出血部位使用局部凝血酶控制牙龈出血。而局部凝血酶对患有 Glansman's 血小板机能不全或血小板机能不全血小板紊乱的犬无效。

【诊断】

激活部分凝血活酶时间延长，激活的凝血酶原时间和凝血酶则正常。诊断时必须对Ⅺ因子进行特殊分析。若可行的话，可进行抗原分析，可断定是性质还是数量的问题。

【治疗】

输血浆（6～10mL/kg，静脉注射，每天 2～3 次或直到血止住为止），若 PCV＜20％则输全血（20mL/kg）。凝血因子的抑制物通常继发于潜在的免疫性疾病，如 SLE，对原发病因的鉴别和治疗可消除凝血因子抑制物的产生。输血后要检测 CBC 或 PCV 的周期性变化，以防止持续性的失血。

（四）Ⅸ因子缺乏

这是与遗传性有关的隐性疾病，是在家畜遗传性凝血疾病中的第二大疾病。犬、猫发病率不明。犬患有Ⅸ因子缺乏时，基因学特征是会发生两种突变。

【临床症状】

因为Ⅸ因子对激活内原性因子Ⅹ的复合物至关重要，若Ⅸ因子的活性低于正常 3％时，则可能与严重的自发性出血有关，特别是体腔出血，诸如关节、胸腔、腹腔或肌肉群间的出血。Ⅸ因子缺乏的猫近期可发生内出血，但临床仅表现出厌食、精神不振、发烧等。关节腔出血而导致的跛行可能是小犬或小猫表现出的症状。小猫或犬与体型大的动物相比，由于体重较轻，所以对低因子水平耐受性较强。Ⅸ因子活性低于正常值的 1％，动物即会死亡。Ⅸ因子活性若介于正常值的 5％和 10％之间，动物的耐受性良好。

【诊断】

激活部分凝血活酶时间（aPTT）延长，激活的凝血酶原时间（PT）和凝血酶时间正常。对Ⅺ因子活性进行特殊检查。进行抗原分析，可确定是数量还是性质的问题。

【治疗】

若无抑制物，可输血浆（6～10mL/kg，静脉注射，每天 2～3 次；或直到血止为止）。若 PCV＜20％，则输全血（20mL/kg）以缓解出血症状。若出现抑制物，需与类固醇协同治疗。若用人造重组体药物治疗患有血友病的动物，则可造成抑制物的出现。因此，应禁止使用这些药物。对于关节僵直但并不持续出血的动物，笼养是唯一的治疗方法。对于经常出血，特别是最终导致关节弯曲的大型犬，可进行安乐死。不要打开胸腔、腹腔或其他体腔清除血液，除非出血危及到动物的呼吸。有必要检测 PCV 和/或 CBC，防止体腔内（诸如腹腔内）持续出血。

（五）Ⅷ因子缺乏

这是与性别有关的隐性疾病，是家畜最常见的遗传性凝血疾病。驯养动物的Ⅷ因子缺乏症的实际发生率不明。Ⅷ因子与外周血中 vWF 的关系复杂。这种联系对Ⅷ因子的稳定性和活性尤为重要。若 vWD 现象严重的话，Ⅷ因子的活性可能会降低。但对于犬来说，这种降低很难会影响到 aPTT 试验或导致凝血性出血。

【临床症状】

Ⅷ因子是内原性因子Ⅹ激活复合物的辅助因子，若其活性低于正常值的 3%，可导致严重的出血，症状类似于Ⅸ因子缺乏（Ⅷ因子和Ⅸ因子缺乏临床症状显著，可依此断定）。Ⅷ因子活性低于正常值的 1%时具有致命性，但这种情况还未见报道。Ⅷ因子活性介于正常的 5%～10%时，动物耐受性良好。仅可能在手术或创伤后发生持续的出血。猫或小犬可仅表现为急性的跛行、精神不振、厌食、嗜睡。

【诊断】

激活部分凝血活酶时间（aPTT）延长，激活的凝血酶原时间（PT）和凝血酶时间正常。有必要对Ⅷ因子的凝血活性进行检测。进行抗原测定以确诊是数量还是性质紊乱。

【治疗】

输血浆（6～10mL/kg，静脉注射，每天 2～3 次或直到止血为止）或输冷凝蛋白质（1～1.5mL/kg，静脉注射，每天 2～3 次或到止血为止）可缓解出血症状。若 PCV＜20%，输全血（20mL/kg）。若实际的出血能停止的话，关节少量出血的动物可进行笼养。发生血友病时避免腹腔穿刺术和胸腔穿刺术，除非呼吸受到抑制，否则不能从体腔清除血液。对于反复出血的大型犬，特别是出血引发关节僵硬时，可使用安乐死。进行周期性的 CBCs 和/或 PCV 检测，评估治疗的效果，监控是否有持续的出血流进体腔。

（六）Ⅶ因子缺乏

此病是一种常染色体的隐性遗传疾病。此病于动物不常见，但在比格尔犬、小型髯犬、拳狮犬、斗牛犬、阿拉斯加雪橇犬均有发生。Ⅶ因子与组织因子（Ⅲ因子）的复合物，是外源性因子Ⅹ活化复合物的一种很重要的酶。Ⅶ因子与组织因子的复合物也是Ⅸ因子的重要激活物。

【临床症状】

无相关临床症状，偶尔发现类似Ⅻ因子缺乏的症状。偶有患病比格尔犬有出血性素质的报道。患有Ⅶ因子缺乏症的母犬产后有时会发生出血。Ⅶ因子活性低于正常值的 1%时具有致命性，此种情况但未见报道。大部分情况下，活性介于 1%～3%可有效的防止过度的出血。

【诊断】

激活的凝血酶原时间延长，激活部分凝血活酶时间和凝血酶时间正常。必须对Ⅶ因子的凝血活性进行分析，抗原检测可断定是数量还是性质的紊乱。

【治疗】

通常偶尔发现，不必进行治疗。血浆（6～10mL/kg，静脉注射）可缓解出血症状。应仔细监控患有Ⅶ因子缺乏症的妊娠动物。

（七）Ⅹ因子缺乏

此为一常染色体显性疾病，对犬来说，表现不一。Ⅹ因子的缺乏很罕见，仅于美国可卡有过报道。Ⅹ因子对内源性和外源性凝血机制至关重要。

【临床症状】

感染母犬发生死胎，幼犬早期死亡的现象普遍。犬轻度出血到严重出血时，凝血因子的活性是正常的 3%～68%。当凝血因子的活性低于正常水平的 1%时，则具有致死性。当凝血因子的活性为 1%～3%时，就要和严重的出血趋势联系起来。即使凝血因子的活性为正常值的 50%，也可能和异常出血有关，尤其是在外伤和外科手术时。

【诊断】

激活部分凝血活酶时间和激活的凝血酶原时间延长，而凝血时间正常。对诊断而言必须进行Ⅹ因子活性特定检测，抗原检测可确定是数量还是性质的紊乱。

【治疗】

输入血浆（6～10mL/kg，静脉注射，每天2～3次或直到止血为止）或输全血（PCV＜20%时20mL/kg）。这种方法可缓解出血症状。Ⅺ因子缺失的动物容易患严重的出血，而且必须看护起来，且不能用作种用。

（八）Ⅱ因子缺乏

Ⅱ因子的缺失非常少见，仅在一只5月龄的英国小猎犬的诊断中发现（Hill等，1982）。病犬的Ⅱ因子的活性通常为正常值的6%～8%。抗原研究还未完成，所以这种病例无法排除凝血酶原病的可能。

【临床症状】

在一病例报告中，症状为鼻出血和齿龈出血。体腔内出血，如胸腔、腹腔和关节腔内出血。

【诊断】

激活部分凝血活酶时间和激活的凝血酶原时间延长，而凝血时间正常。诊断需要对Ⅱ因子活性进行特定检测。

【治疗】

输血浆（静脉注射，每天2～3次，6～10mL/kg或直到止血）或全血（假如中心静脉压小于20%应按20mL/kg输入）以减少出血。在安全环境下饲养病畜。假如输血的产品和手段可以满足的话，就尽量避免选择外科手术。

第六节　淋巴结和淋巴系统疾病

Diseases of Lymph Nodes and Lymphatic System

一、先天性疾病（Congenital disorders）

（一）原发性淋巴水肿（Primary lymphedema）

淋巴系统渐进性病变可引发的身体局部水肿。

【病因】

很多品种常为原发性。英国斗牛犬可出现先天性、全身性致死性淋巴水肿。常染色体多样性表达：淋巴结和淋巴组织缺失或发育不全。也可能由轻度创伤、浅表皮肤病或者两者共同促成的。

【临床症状】

发生于出生和1月龄内。可见于很多品种的犬，是英国斗牛犬的家族病。没有性别差异。在出生和1月龄期内出现暂时性和长期性水肿。后肢比前肢更易感，有时严重病例会出现全身症状：四肢、头、躯干和尾部都会出现病变。无痛性水肿起初不见跛行症状。皮肤完整柔软。继发炎症反应能引起局部疼痛、发热、渗出和溃疡。局部淋巴结正常、变小和缺失。淋巴系统扩张（淋巴管扩张）。全身症状的严重病例出生后会很快死亡。

【诊断】

根据病史和症状可进行初步诊断，可进行全血计数、生化测验和尿样分析，犬恶丝虫检测，腹部（后肢水肿）和胸部（前肢水肿）X线片。可排除周边水肿和继发性淋巴水肿。

如果有继发感染，可用纤细的抽吸针抽吸水肿组织，可发现非特异性渗出液或炎症细胞。

【治疗】

（1）保守疗法　用压迫带长时间压迫，也可用热水按摩。用抗生素治疗继发感染。对一些症状较轻的病例不用治疗，提醒畜主防止继发感染和纤维化。

（2）化学治疗　苯甲吡喃酮治疗高蛋白贫血症。还可用香豆素 400mg/d，口服；云香苷 3g/d，口服。

（二）淋巴结发育不全（Lymph node hypoplasia）

淋巴结中淋巴网状内皮组织减少，可导致免疫功能和吞噬细胞功能受损。

【病因】

先天性淋巴结发育不全常见于猫科动物白血病病毒（FeLV）、无形型原发性淋巴水肿和获得性淋巴结发育不全。

【临床症状】

此病和继发性疾病留下的后遗症有关。包括无名发热、体重下降、发育不良和增重缓慢以及慢性和复发性感染。

【诊断】

临床症状和病史对诊断有帮助。淋巴结活组织检查具有诊断意义。检查身体其他部位的感染病灶。如怀疑为原发性淋巴水肿，可实施淋巴管造影术。

【治疗】

先天的无法治疗，应治疗潜在病因和所有的继发感染。

二、获得性疾病（Acquired disorders）

（一）继发性淋巴水肿（Secondary lymphedema）

后天的淋巴功能丧失导致身体部分水肿，继发于淋巴管阻塞、发育不良或淋巴管的缺失，伴有淋巴结发育不良。

【病因】

继发于伴有慢性淋巴结淤滞的淋巴管阻塞。淋巴管的外壳切除（如阉割后）、创伤、感染和炎症（淋巴管炎、淋巴结炎）、肿瘤（压迫、栓塞或淋巴浸润）和放射疗法可引起继发性淋巴水肿的情况。

【临床症状】

患肢凹陷性水肿，局部淋巴结肿大，肿瘤继发局域性淋巴水肿，腰下和腹股沟淋巴结、后肢水肿。头中部或颈部淋巴结：头、颈和前肢水肿。

【诊断】

确认前述的原发性淋巴水肿出现。通过抽吸物细胞学观察和培养基培养，排除皮下水肿的其他病因，并确定淋巴水肿的潜在因素。

【治疗】

尽可能治疗原发病因。假如原发病因不明或该病因不可治愈，考虑下面方法：采用治疗原发性淋巴水肿的保守方法：术后淋巴水肿，可以使用抗炎症药物（泼尼松）、物理疗法或利尿剂。对局部外伤感染的病例，手术切除感染的淋巴管，有时可以治愈。淋巴管静脉瘘管吻合，采用如前所述淋巴水肿所采用的药物治疗。

（二）淋巴管炎（Lymphangitis）

【病因】

常继发于淋巴管所在组织的疾病。如感染（细菌性、支原体性、病毒性和真菌性）、肿瘤、外伤、免疫介导疾病（皮肤病、脉管炎和多发性关节炎）、慢性炎症（如肉芽肿）和异物。

【临床症状】

如果本质上是感染和炎症，会出现全身发烧、精神沉郁、发热和疼痛症状。患肢可能跛行、肿胀、发热和疼痛。皮肤症状加重会出现溃疡，局部淋巴结有时肿大，淋巴管炎可能是亚临床性的。

【诊断】

如前所述的可疑症状，无原发性淋巴水肿的症状。可疑部位可进行细胞组织学检查和微生物培养以确诊病原。可通过探查性手术寻找异物或获得组织切片。

【治疗】

治疗所有潜在问题。进行细菌培养和药敏试验，选择正确的抗生素进行治疗。开始时可热敷、药物浸泡和物理治疗。对异物、瘘管和脓肿应进行手术切开引流。

（三）淋巴结增生（Lymph node hyperplasia）

增生是指一个或多个淋巴结发生反应性或炎症性增大。淋巴结内炎症也叫做淋巴结炎。

【病因】

（1）感染性病原　细菌、病毒、真菌、立克次氏体、寄生虫和藻类物质。

（2）非感染性病因　免疫介导、创伤、疫苗接种后的不良反应、硅铝酸盐和聚亚安酯引起的犬肉芽肿性淋巴结病、药物（例如大仑丁）和所有的全身性抗原刺激。

猫特异性的病原和综合征，可分为类似淋巴肉瘤的全身性淋巴结病（GLRL）、特异性周边淋巴结增生（DPLH）、嗜银性细胞内细菌引起原发性周边淋巴结病、淋巴结脉管化、与FeLV和FIV有关的淋巴结病、嗜碱性肉芽并发症和过嗜碱性综合征。

【临床症状】

动物机体发烧，局部的、区域性或全身性淋巴结病，触诊疼痛。颌部或颈部淋巴结、扁桃体：下咽困难或鼾声过大。继发性淋巴水肿或血管水肿：患肢水肿。头部纵隔或颈部淋巴结：前腔综合征。腰下淋巴结：沉胀。胸部淋巴结：呼吸困难、咳嗽或者胸膜渗出。

【诊断】

可通过身体检查确定疾病的程度和其他异常，透视检查鉴定胸部和腹部淋巴结病变。淋巴结细胞中，中等大小淋巴细胞、淋巴母细胞、浆细胞和巨噬细胞数量增多，小淋巴细胞数量依然占优势，有丝分裂明显。细菌：中性粒细胞增多；真菌、藻类：有多核巨细胞、上皮样细胞和中性粒细胞（巨噬细胞）存在的肉芽肿；皮肤、呼吸道和胃肠道的炎症：嗜酸性粒细胞增多。反应性淋巴细胞增生：淋巴结活组织检查和穿刺活组织检查可能无法提供足够的证据证明囊状侵入性存在和组织结构变化。

【治疗】

（1）药物治疗　针对潜在病因。

（2）外科手术　不应为了治疗而切除感染淋巴结，发生脓肿和瘘管的淋巴结需要手术引流或者切除。

三、肿瘤性疾病（Neoplasia）

（一）淋巴管肿瘤（Lymphatic tumor）

淋巴管肿瘤是一种以淋巴管增生为主要特征的少发良性肿瘤，或是淋巴系统的先天性良性肿瘤或是先天性畸形（如增生型原发性淋巴水肿或者淋巴管扩张）。

【临床症状】

在皮下组织可见到光滑、柔软、波动的硬块。对于犬，病变可能发生在四肢、头部、腹膜后、腋下和鼻咽部。临床症状取决于肿块的部位。皮肤损伤会分泌乳状白色液体或者有引流孔。一般病程都比较长（数月到数年）。

【诊断】

确诊需要活组织检查和组织病理学检查。分析浸出液和吸出液体表明为蛋白性乳糜。

【治疗】

手术切除：复发率大约可达到50%。采用袋形缝合术使淋巴引入体表或腹部。也可采用放射治疗。

（二）淋巴管肉瘤（Lymphangiosarcoma）

发生于淋巴腔内皮的少见恶性肿瘤。

【临床症状】

皮下有硬块，临床症状取决于原发性疾病的部位和有无移行。

【诊断】

可穿刺抽吸物进行组织学诊断，也可通过局部淋巴结检查、胸部透视检测。

【治疗】

可选择外科切除术疗法。在外科手术后或者手术前缓解疾病症状，放射疗法可以一试，并且可能效果很好。如果不能选择手术或者放射疗法，可以考虑使用VAC（长春新碱、阿霉素、环磷酰胺）的化疗方案。

（三）淋巴肉瘤（Lymphosorcoma）

淋巴肉瘤是一种淋巴样肿瘤，主要影响淋巴结和其他脏器，如肝脏、脾脏。

【病因】

反转录病毒病原感染，如FeLV引起的淋巴肉瘤。也可由致癌物质导致，特别是2，4-D除草剂。

【临床症状】

（1）全身性淋巴组织瘤　患病动物食欲减退，无力，昏睡，体重减轻，多尿/多饮、口渴，犬易继发伴肿瘤高钙血症，肝肾肿大，色素变淡，眼球出血。

（2）滋养型淋巴肉瘤　体重减轻，昏睡，呕吐和腹泻，有或无出血。

（3）皮肤型淋巴肉瘤　一处或多处皮肤病变，外表差异很大。开始时表现为湿疹性瘙痒性的斑痕，继而成为肿瘤，常表现出瘙痒症状。

（4）移行性淋巴肉瘤　呼吸道症状。因肿瘤压迫/侵入静脉管引起上腔静脉综合征。如有高钙现象，则表现多尿、口渴、食欲下降和消瘦。

（5）骨髓型肉瘤　可能导致临床上很明显的白细胞减少，血小板减少症继发出血，神经细胞减少症继发免疫抑制，贫血。

【诊断】

（1）全身检查　触诊所有淋巴结（触诊包括直肠和腹部淋巴结）。检查黏膜，看是否有苍白和发黄现象，这可以指示贫血或者骨髓肿瘤引起的血小板减少。检查是否波及到脏器（肝、脾），包括黄疸、尿毒症性溃疡和器官肿大。触压猫胸部以检查移行肿块。

（2）血液学检测　血小板减少，嗜酸性粒细胞减少，淋巴细胞减少，出现有核红细胞，贫血。

（3）骨髓吸出物/中心活组织检查　髓细胞/红细胞的比率升高，骨髓淋巴细胞渗出。

（4）X线检查　半数以上患有淋巴肉瘤的犬透视检测都表明胸骨、腰下淋巴结、脾脏和肝肿大。胸透检测是检出纵隔淋巴瘤的重要方法。

【治疗】

（1）系统化疗方法　这是多生发中心型或全身性淋巴瘤的主要治疗方法，常用药物有环磷酰胺、长春新碱、去氢可的松。

（2）化学药物治疗方案的调整　在有血小板减少症（<75 000个/μL）和神经细胞（<2 500个/μL）减少时要调整治疗方案。化学药物治疗可能会损害骨髓。如果因为化疗致使脊髓抑制，停止用药后还会对骨髓造成5～7d的损害。

（3）淋巴结外淋巴瘤的特异治疗方案　经过细致的临床分级，认为淋巴结外淋巴瘤是一种局部疾病，可以采用局部切除或者局部射线治疗而不必采用全身性治疗的方法。

（4）补救治疗　如果在患畜化疗期间，疾病逆转，应停止使用当前药物，考虑其他选择。如果疾病逆转，以前用过的药物现在未用，很可能那个方法仍然是一种很有效的方法，如果没有更好的方法，可以考虑使用。用于补救治疗的药物包括放线菌素 D、米托蒽醌、异环磷酰胺、单独使用阿霉素或阿霉素与氮烯唑胺混合使用。

第七节　脾脏疾病

Diseases of the Spleen

一、脾肿大（Splenomegaly）

【病因】

引起脾肿大的原因很多，如某些细菌、病毒的感染或由于门脉高压引起的充血性脾肿大，也见于各种肝硬化、门静脉炎、脾静脉炎或血栓形成等；另外寄生虫病如附红细胞体病，巴贝斯虫病等也可引起病畜的脾脏肿大。

多数情况下脾肿大是其他疾病的一个表现，而真正原发的脾脏疾患所致脾肿大如脾肿瘤或脾囊肿等则很少见。

【临床症状】

剖检可见脾脏肿大，边缘钝圆，被膜紧张，质地软而脆，容易破裂，切面隆起，一片暗紫红色，脾小体与小梁不明显，脾髓软化呈粥状，极易用刀刮脱。当充血、出血较轻时，脾脏肿胀较轻，脾髓软化，切面呈樱桃红色。淋巴小结增大，其周围常有红晕环绕。

【诊断】

脾脏体检时，可先用轻叩法在左肩关节中线上进行，在第 9～11 肋之间可叩到脾浊音，正常浊音区宽 4～7cm，长 6～8cm，如浊音区扩大则提示有脾肿大。正常情况下，脾脏在左肋缘下不能触及，如能触到又能排除内脏下垂、左侧胸腔积液、膈下降可使脾向下移位等因素外，即显示有脾肿大。左肋缘下可以触到的包块并非都是肿大的脾脏，尚需与下列情况进行区别：①肿大的肝左叶：肝左叶与右叶相连，没有切迹，不会使脾浊音区扩大；②肿大的左肾：左肾位置较深，边缘钝圆，移动度较大，亦无切迹；③胰尾囊肿：边缘钝软，不随呼吸移动，没有切迹；④结肠脾曲肿块：质地较硬，近圆形，不像脾脏边缘。必要时可作超声检查以进行区别。

【治疗】

脾脏是动物体内最大的淋巴器官，具有储血、髓外造血、破坏血细胞、参与免疫等重要功能。一般对于脾肿大如果可能，应治疗引起脾肿大的基础疾病。很少需要做外科切脾，因为可以引发多种问题，包括容易发生严重感染。但是，某些严重情况下这些风险值得一冒：①当脾脏破坏红细胞十分迅速从而发生严重贫血时；②当脾脏耗竭了贮藏的白细胞和血小板，容易发生感染和出血时；③当巨脾引起疼痛或压迫邻近脏器时；④当巨脾的一部分出血或梗死时。相对于手术而言，放射治疗有时也可用来选择性地缩小脾脏。

二、脾肿瘤（Splenic tumor）

脾脏肿瘤可分为良性肿瘤和恶性肿瘤。脾良性肿瘤主要包括脾错构瘤、淋巴管瘤、血管瘤、纤维瘤、脂肪瘤等，且多为单发。瘤体体积较小时可无临床症状和体征，偶然在切除脾脏时或在尸检时发现。脾恶性肿瘤包括原发性脾恶性肿瘤和转移性恶性肿瘤 [见彩图版图 4-6-5]。脾原发性恶性肿瘤较良性者多见，均为肉瘤，如淋巴肉瘤、霍奇金病、网织细胞肉瘤、血管肉瘤、纤维肉瘤等。主要表现脾迅速肿大，表面有时呈硬结状，可有压痛、疼痛、胃肠受压等症状，体重减轻、消瘦、贫血也常见；脾转移性恶性肿瘤极少见，发生率占脾恶性肿瘤的2%～4%，原发灶多为肺、肾、胰腺，其次为绒癌、恶性黑色素瘤等。除血行转移外，亦可由邻近脏器直接侵入或经淋巴逆行转移。

【病因】

脾脏的良性肿瘤：①脾错构瘤是脾脏胚基的早期发育异常使脾正常构成成分的组合比例发生混乱。瘤内主要是由失调的脾窦构成脾小体；②脾血管瘤是由海绵样扩张的血管构成，又称海绵状血管瘤、脾海绵状错构瘤、脾末梢血管扩张性血管瘤及脾血管瘤病，其发生基础是脾血管组织的胎生发育异常所致；③脾淋巴管瘤在良性肿瘤中常见，占2/3，由囊性扩张的淋巴管构成，又称脾海绵状淋巴管瘤或脾囊性淋巴管瘤，其发生基础是先天性局部发育异常阻塞的淋巴管不断扩张。转移性恶性脾肿瘤是由于其他病变部位的癌细胞转移到脾脏定居造成的。

【临床症状】

脾脏位于膈下且被周围骨骼所保护，其肿瘤早期不易被发现，临床表现和肿瘤的性质、部位、大小及脾肿大的程度有直接关系。主要临床表现如下：①脾肿大多数同时伴有左上腹不适、疼痛及压迫症状如腹胀、恶心、便秘、呼吸困难等；②脾功能亢进与脾肿大有一定关系，但症状与脾肿大程度并不成比例，对于难以解释的脾功能亢进伴脾肿大就高度怀疑肿瘤的存在特别是血管瘤；③全身症状多见于脾脏恶性肿瘤，表现为低热、贫血、乏力、周身不适、消瘦、恶病质等；④脾肿瘤自发性破裂临床少见，表现为突发腹痛、腹膜炎，可有出血性休克甚至死亡。

【诊断】

随着影像技术的发展，不仅使脾肿瘤的检出率不断提高，而且有助于脾脏原发恶性肿瘤的诊断及分型，现列出常用的检查方法。X线检查：腹部平片可见脾影不规则性增大；胸片可见左膈肌抬高，活动度受限，胸腔积液。超声波检查常作为诊断的首选方法，B超以其方便经济无创等优点被广泛应用，其阳性检出率为96.1%。良性病变多表现为单发的局限于脾内的占位性病变，内部回声均匀，多为低回声区，边界清楚，有包膜；恶性病变多表现为单发或多发脾内占位性病变，内部回声不均匀，边界欠清，有的甚至脾外浸润；错构瘤表现为实质性的回声包块；脾血管内皮肉瘤显示脾内有多个中等回声增强区，边界清楚，其内有大小不等的液性暗区及网络状结构。但对于较大包块致脾脏明显增大至右上腹并将胰腺推至后方者，较易与胰源性囊肿混淆，彩色多普勒超声可清楚显示两条并行血管（脾动、静脉）从肿物中心发出至外周形成扇形分支，以确定肿物为脾源性。对于脾错构瘤的诊断不需应用造影剂多普勒超声就可明确诊断，而CT、MRI却无意义。采用组织谐波成像、彩色多普勒显像、彩色多普勒能量图三者相结合的超声检查方案，能初步鉴别脾脏肿瘤的良恶性。动态监测病变的发展，为早期诊断、及时治疗以及治疗方案的选择提供可靠的依据。国外学者曾在B超引导下进行细针穿刺抽吸活检，既可明确诊断，又避免误伤，实践证明是安全、可靠的确诊方法。其缺点是超声结果易受操作者技术水平的限制，肠气干扰等因素影响，对邻近脏器是否受累不易判断。因此对肿瘤组织定性诊断最终依赖于病理检查结果。

CT诊断脾脏肿瘤的准确率较高，文献报道其准确率可达90%以上，不但能清楚显示病灶范围和毗邻关系，也可发现较小的转移性病灶。吴恩福提出三步诊断法：①是否是肿瘤；②是良性肿瘤抑或是恶性肿瘤；③可能的病理诊断，以提高CT定性诊断的准确率。特别采用18F-脱氧葡萄糖PET/CT，对于病变尚未引起局部解剖结构改变之前，PET能较早期发现病灶和CT能解剖定位的优点，对肿瘤的定位诊断、分期和临床决策有重要价值。

【治疗】

脾脏肿瘤的治疗以手术治疗为首选。对于良性原发性脾肿瘤以手术切除即可治愈。脾脏恶性肿瘤应采取手术为主的综合治疗。尽量做到早期诊断，早期治疗，完整切除脾脏，同时进行淋巴结的彻底清扫。原发性恶性脾肿瘤的治疗应根据病程选择相应的手术。Ahmann等将脾恶性肿瘤分为三期：Ⅰ期瘤组织完全局限于脾内；Ⅱ期累及脾门淋巴结；Ⅲ期累及脾或腹腔内淋巴结。原发性脾恶性肿瘤的治疗应根据病程选择相应的手术，对于Ⅰ期施行单纯脾切除术，Ⅱ、Ⅲ期还应施行脾门淋巴结清扫。因此，脾脏肿瘤的早期诊断治疗是决定预后的关键。

三、其他脾脏疾病（Miscellaneous splenic disease）

脾梗塞（splenic infarction）是指脾动脉及其分枝的阻塞，造成局部组织的缺血坏死。

【病因】

引起脾梗塞的病因有多种，如：①脾血管病变，因胰体尾癌和慢性胰腺炎压迫或肿瘤侵犯脾血管导致脾梗塞；②血液性疾病，镰刀形细胞贫血症有脾梗塞倾向。镰状细胞病发生脾梗塞的机制是异常血红蛋白结晶，僵硬的红细胞导致红细胞叠连形成并闭塞脾循环。慢性粒细胞性白血病和骨髓纤维化也可导致脾梗塞；③心脏、大血管疾病，如心血管疾病造成的血栓脱落等。

【临床症状】

脾梗塞缺乏特征性临床表现，容易被忽视，故应对脾梗塞提高认识。对于突发左上腹疼痛、恶心、呕吐、发热、左上腹包块伴血液 WBC、PLT 升高的病畜应想到脾梗塞的可能。

【诊断】

脾梗塞患畜临床较为方便的检查方法为腹部 B 超检查。目前认为增强 CT 检查是脾梗塞最佳的无创诊断方法，其优势在于既能显示脾梗塞区又能显示梗塞程度及其他器官情况。

【治疗】

①非手术治疗：包括针对病因的治疗，以及镇痛、监护、补液、吸氧、预防感染等对症治疗；②手术治疗：包括穿刺引流及脾切除术，主要以穿刺引流为主。目前认为大部分脾梗塞可以自愈或纤维化，病灶不需要特别处理，但是应处理原发疾病。如果液化坏死区域直径不大于 5cm 可以随诊，不需处理；若直径大于 5cm。应在 B 超或透视下穿刺引流；如出现脾脓肿，目前多主张穿刺引流，必要时才考虑行脾切除术。

第七章 泌尿系统疾病

Diseases of the Urinary System

第一节 泌尿系统检查诊断

Diagnostic Tests of the Urinary System

以诊断为目的，应用于临床的各种检查方法，叫做临床检查法。涉及泌尿系统的检查法主要有问诊、视诊、触诊、导管探诊、肾脏机能试验及尿液的实验室检查等。必要时还可应用膀胱镜、X线等特殊检查法。各种检查获得的资料可作为诊断及评估病情的参考。

对于动物而言，原发性泌尿器官疾病较少见，大多数泌尿器官疾病均是继发于一些传染病、寄生虫病、中毒病或代谢病。因此，泌尿疾病的临床表现可分为两类：一类是会导致泌尿系统疾病的各种原发病的症状，尤其为全身症状，如机体过敏导致的肾炎、糖尿病性肾炎等均有其特征症状。另一类是泌尿系统本身病变导致的临床症状，如尿量异常、水肿、肾功能减退时出现各种症状等。并且，临床上继发性肾脏疾病，常被原发性肾脏疾病的症状所掩盖。因此，掌握泌尿系统相关的症状学及相关疾病指标的临床检查，不仅对泌尿器官本身疾病而且对于其他各器官、系统疾病的诊断和防治都具有重要意义。

临床上，常需做整个系统、器官或组织疾病的实验室检验项目。泌尿系统的实验室检验主要包括尿液检验和肾脏机能检验两部分。而涉及泌尿系统疾病的检验项目有：总蛋白（TP）、白蛋白（ALB）、尿素氮（BUN）、肌酐（CREA）、碱性磷酸酶（ALP）、钙（Ca）、磷（P）、钾（K）、钠（Na）、氯（Cl）、胆固醇（CHOL）、血浆渗透压、尿浓缩试验、内生肌酐清除试验、酚红（PSP）清除试验、酸碱平衡检验项目、尿培养和药物敏感试验、肾活组织检验等。

一、排尿状态的检查

（一）检查方法

视诊、导尿管导尿、探诊、膀胱穿刺、腹腔穿刺等。

（二）排尿姿势

1. 各种小动物正常的排尿姿势 母犬和幼犬先蹲下，再排尿。公犬和公猫常将一后肢翘起排尿，有排尿于其他物体上的习惯。兔尾骨上翘，正位排尿。

2. 诊断意义

（1）排尿失禁（Urinary incontinence） 为膀胱逼尿肌与括约肌之间的平衡失调，导致尿液不自主地排出尿道。常见动物尚未摆出固有的正常排尿姿势，就不自主的排出尿液。分为真性尿失禁和假性尿失禁。前者多见于尿道膀胱炎症、肿瘤、结石、结核及尿道括约肌损伤或松弛、腰荐脊髓损伤等。后者见于下尿路梗阻或神经性膀胱过度充盈而溢尿。另外，尿路畸形、尿路瘘管等也会导致排尿失禁。

（2）排尿疼痛（Painful urination） 排尿时表现疼痛，痛处可出现于会阴部、尿道内及耻骨上部。排尿疼痛动物排尿时拘谨，不敢摆出正常的排尿姿势。严重时会导致单次尿量甚少，并伴发尿频、尿急、尿淋漓等症状。见于腰部肌肉损伤、四肢骨骼或关节损伤。

（3）排尿困难（Dysuria） 排尿用力且用时较长，同时因腹压增大，常伴发排尿疼痛。病畜表现出弓腰或背腰下沉、呻吟、努责，常引起排尿次数增加，却无尿排出，或呈疼痛性尿淋漓，也常引起排粪困难而使粪便滞留。排尿困难主要见于膀胱炎、膀胱结石、膀胱过度充满（多因膀胱括约肌痉挛引起）、尿道炎、尿道阻塞、尿道狭窄、尿道肿瘤、阴道炎、前列腺炎、肾盂肾炎、肾梗死、肾盂阻塞等。

（三）排尿次数和尿量

排尿次数和尿量的多少，与肾脏的泌尿机能、尿路状态、摄入的水量，以及机体从其他途径（如粪便、呼吸、皮肤）所排水分的多少等有密切关系。因此，检查时必须要注意外在因素对排尿次数和尿量多少的影响，如气温变化、运动程度、食盐摄入量及平时饮水习惯等。

1. 正常情况 健康动物24h内排尿次数（次/昼夜）及尿量（urine volume）（升/昼夜）：

（1）猫 3～4次，0.1～0.2L；

（2）犬 母犬，3～4次，公犬常做标记尿，短时间内可排尿数十次，故次数不定，尿量0.25～1L。

2. 诊断意义

（1）频尿（Pollakiuria） 是指排尿次数增多，而每次尿量不多甚至减少，或尿液呈滴状排出，24h内尿总量并不多。见于膀胱炎、膀胱受机械性刺激（如膀胱结石、尿道结石、尿道炎）、尿液性质改变（如肾炎时尿液在膀胱内异常分解等）等。动物发情时也可见频尿，为正常表现。

（2）多尿（Polyuria） 指24h内尿的总量增多（一般动物每日每千克体重排尿量超过50mL时为多尿），其表现为排尿次数增多而每次尿量并不减少，或表现为排尿次数虽不明显增加，但每次尿量增多。多由肾小球滤过机能增强或肾小管重吸收能力减弱所致。见于慢性进行性肾衰竭（肾失去浓缩尿能力）、急性肾衰竭（局部缺血或肾小管疾病期间的利尿期）、糖尿病和原发性肾性糖尿、尿崩症（缺乏抗利尿激素）和肾性尿崩症。而水摄入量增加（如强迫饮水）、非胃肠道给予液体（输液和采食多盐类食物）、皮质类固醇和促肾上腺皮质激素的使用、甲状腺激素的使用，以及寒冷、低血钾、应用咖啡因等情况出现的多尿属于正常现象。

（3）少尿（Oliguria） 指动物24h内排尿次数减少，尿量也减少。见于急性肾炎（因肾小球滤尿量减少）、全身脱水（因血浆渗透压增高）、各种休克（因微循环障碍，肾血流量减少）；而摄入水量减少、环境温度升高、过度喘息、交感神经兴奋（减少通过肾的血流）等情况出现的少尿属于正常现象。

（4）无尿（Anuria） 如果导致少尿的原因继续存在或继续发展，可以造成无尿。通过直肠检查或导尿管导尿，可证明膀胱空虚或完全无尿。常见于休克的后期。

少尿和无尿关系密切，排出的尿液常出现尿色变浓，尿比重增高，并有大量沉积物等现象。按其病因可分为3种：

肾前性少尿或无尿（功能性肾衰竭） 临床特点为尿量轻度或中度减少，尿比重增高，一般不出现无尿。常见于严重脱水或电解质紊乱（如剧烈呕吐、严重的发热性疾病、严重腹泻、肠阻塞、肠变位、大量出汗、渗出性胸膜或腹膜炎、胸腔或腹腔积液等）、外周循环血液衰竭、充血性心力衰竭、休克、肾动脉栓塞或肿瘤压迫和肾淤血等。

肾性少尿或无尿（器质性肾衰竭） 是肾脏泌尿机能高度障碍的结果，多由肾小球和肾小管严重损害所引起。临床特点多为少尿，少数严重者无尿，如尿相对密度大多偏低（急性肾小球肾炎尿的相对密度增高），尿中出现不同程度的红细胞、白细胞、肾上皮细胞和各种管型，严重时可引起自体中毒和尿毒症，常见于广泛性肾小球损伤（如急性肾小球性肾炎）、急性肾小管坏死（如重金属中毒、药物中毒、生物毒素中毒等）、慢性肾脏病（如慢性肾炎、慢性肾盂肾炎、肾结石、肾结核等）、肾缺血及肾毒物质（如休克、严重创伤、感染、血管内溶血、卡那霉素、庆大霉素、新霉素以及生物毒素如蛇毒等肾毒性物质中毒）和药物过敏性少尿（氧氟沙星引起机体的过敏反应）等情况。

肾后性少尿或无尿（梗阻性肾衰竭） 是因从肾盂到尿道的尿路梗阻所致。常见于肾盂或输尿管结石，血块、脓块、乳糜块等阻塞，输尿管炎性水肿、瘢痕、狭窄等梗阻，机械性尿路阻塞（尿道结石、狭窄），膀胱结石或肿瘤压迫两侧输尿管或梗阻膀胱颈，膀胱功能障碍所致的尿闭和膀胱破裂等。

假性少尿或无尿：见于前列腺肥大。

（5）尿闭（尿潴留）（Urine retention） 指肾脏的泌尿机能正常，但尿液长期潴留在膀胱内而不能排出。尿闭的临床表现为少尿、无尿或尿淋漓，伴发轻度或剧烈腹痛症状。多由于排尿通路受阻所致，分为完全尿闭和不完全尿闭。完全尿闭时会导致膀胱破裂，膀胱未破裂情况下，膀胱充满尿液，患畜多有“尿意”，加压时尿呈细流状或滴沥状排出。见于膀胱壁麻痹、膀胱括约肌痉挛（过度收缩）、脊髓腰荐段病变、尿道结石、尿道阻塞或狭窄等。

（6）尿淋漓（Stranguria） 是指排尿不畅，尿呈点滴状或细流状排出。多见于急性膀胱炎、尿道炎、包皮炎症、尿石症、犬的前列腺炎和急性腹膜炎等。另外，年老体弱、胆怯和神经质类型的动物等也会出现此症状。

临床检查时，注意了解和观察动物的排尿姿势、排尿次数、尿量及排尿障碍等，这些指标在诊断疾病上具有重要意义。

二、肾功能检查

肾脏功能检验主要是检查肾小球的滤过功能及肾小管的分泌和重吸收功能，利于肾脏疾病的早期发现。检查的指标包括：肌酐（creatinine，CREA）、尿素氮（blood urea nitrogen，BUN）、无机磷、尿液中的蛋白浓度、酶活性等。

判定肾脏功能状态时，还应注意引起少尿、无尿的其他因素，如尿结石、膀胱破裂、脱水、心脏功能不全及血液动力学的改变等。如果处于疾病的早期或者病变较轻微，检查结果可能不表现出问题，因为存在个体差异并且肾脏具有强大的储备功能及承受能力。在做出诊断时，应当结合动物的临床症状及其他有关的血、尿化验数据，进行综合判断。

（一）氮质血症（Azotemia）

肾脏滤过及重吸收功能障碍，尤其是肾小球滤过功能障碍，常引起氮质血症。氮质血症的诊断依据主要有两方面，分别是：尿素氮（blood urea nitrogen，BUN）和肌酐（creatinine，CREA）。

1. BUN 测定

（1）来源及代谢 尿素氮大部分来自于蛋白质分解代谢的最终产物尿素（NH_2CONH_2）中的氮，还有一部分是机体由大肠吸收的氨合成的。

经肾小球滤出，并可通过肾小管和集合管的重吸收。血液中尿素通过扩散，约需 90min 才能均匀地散布于全身。体内尿素主要经肾脏排出体外。肾小球滤过液的尿素浓度和血液中相等。肾小管中的尿素浓度升高，能与水一起被动地扩散回血液中，其扩散量与通过肾小管的尿流速度成反比。在尿流速度最快时，有近 40%的尿素被扩散回血管，在尿流速度慢时，则有 60%以上的尿素扩散回血管，使血液尿素浓度增高。尿素从集合管扩散回血管，需保持肾髓质部的高渗性。单胃动物肠道细菌降解尿素产生氨，氨被吸收后在肝脏又合成尿素。由于粪便中尿素易于吸收或分解，故粪便中不含尿素。

（2）测定方法及正常值

BUN 检验方法 半定量试纸法、色谱试纸法和定量比色法。

健康动物血液 BUN 参考值 犬和猫一般为 10～30mg/dL，其中，犬为 10～28mg/dL，猫为 20～30mg/dL。

（3）临床意义 尿素氮检验主要是用于检测肾功能状况，也用于患病犬猫全身状况的评估，如呕吐、体重减轻、慢性非再生性贫血、多饮多尿、少尿或无尿、慢性尿道感染、蛋白尿和脱水等。BUN 本身无毒性，如果明显增多，将产生氮质血症并导致酸碱平衡、体液和电解质平衡紊乱，并威胁动物生命。其浓度受多种肾外因素的影响，故不是评估肾小球滤过率的完全可靠指标。

①BUN 增加　BUN 浓度升高常分三种情况：肾前性、肾性和肾后性（表 4-7-1）。

表 4-7-1　犬猫肾前性、肾性和肾后性氮质血症的区别

类　型	症　状
肾前性氮质血症	犬尿相对密度大于 1.030，猫尿相对密度大于 1.035。尿蛋白量增多，也可能由于原发性肾小球病，尿沉渣有轻微变化，但仍然能浓缩尿液
肾性氮质血症	犬尿相对密度 1.008～1.030，猫尿相对密度 1.008～1.035。猫肾脏衰竭早期，有的尿相对密度仍大于 1.035。但是犬肾脏衰竭，其尿相对密度为 1.006～1.007。发病可能出现多尿、少尿或无尿
肾后性氮质血症	尿相对密度和尿密度在正常范围，发病时动物表现出少尿或无尿

肾前性 BUN 增多　减少肾小球滤过，将引起高 BUN 症。检验应在未治疗和用药前进行，因为用药物（如利尿药和皮质类固醇药物）能改变肾脏浓缩能力，又如高钙血能抑制肾小管机能等。肾前性尿素氮增多一般不超过 36mmol/L，检验时还应同时检验血清肌酐（CREA）。

CREA 和 BUN 相互变化的原因见表 4-7-2：

表 4-7-2　BUN 和 CREA 浓度相互变化的原因

BUN 增多＋CREA 正常或减少	BUN 正常或减少＋CREA 增多	BUN 和 CREA 同时增多
肾前性氮质血症早期（尿排出减少）BUN 增多：高蛋白饮食、胃肠道出血、四环素和皮质类固醇治疗、严重组织损伤（可能增多） CREA 减少：肌肉量减少，见恶病质	BUN 减少：肝脏机能不足、多饮多尿、低蛋白饮食 CREA 增多：肌炎/肌肉外伤、采食煮熟的肉食（少量暂时增多）、酮血症（伪性增多）	见于肾小球滤过率减小，多因肾脏灌输减少，多由休克、脱水和心脏机能减弱引起。血清 BUN 和 CREA 增多＋尿相对密度为 1.008～1.029，表示为原发性肾病

肾前性氮质血症，尿比重和尿渗透压值增大，尿酸减少。犬的尿比重大于 1.030，猫大于 1.035。但是猫肾病早期氮质血症，其尿比重也大于 1.035。一般肾前性氮质血症多见于蛋白质分解代谢增强的疾病，如小肠出血坏死、饥饿、长时间运动、感染、发热、甲状腺机能亢进及高蛋白饮食等。肾脏血流减少（肾小球滤过作用降低）引起的氮质血症，见于休克、脱水和心力衰竭。

肾性 BUN 增多　失去近 75%肾单位后，才发生肾性氮质血症，其余 25%的肾单位，每减少一半肾单位功能，BUN 值就升高一倍。见于肾实质组织疾病，也可能还混合肾前性增多。肾性氮质血症时，随时间推移，尿浓缩能力递减，因此出现尿密度下降、尿渗透压/血浆渗透压比率降低。但是猫例外，这是因为猫在氮质血症发生以后，尿浓缩能力仍能维持一段时间。肾小球损伤能引起氮质血症和尿蛋白增多，但可能尿浓缩能力未受损，其尿比重是正常的。

高钙血症、肾盂肾炎、药物性肾中毒（如氨基糖苷类抗生素、两性霉素 B）、钩端螺旋体病、高渗性糖尿病也可以引起肾性氮质血症。如果能及时诊治，可以治愈。某些病能引起脱水和降低肾脏浓缩尿的能力，导致 BUN 和 CREA 增多和氮质血症，检测尿比重常在 1.008～1.029 之间，这些疾病有肾功能不全、大肠杆菌性败血症、子宫蓄脓、前列腺脓肿、肾盂肾炎、肾上腺皮质机能降低或亢进、高钙血症、低钠血症、低钾血症、酮酸中毒、高渗性糖尿病、脱水、尿崩症、肝脏衰竭、尿道堵塞或破裂以及利尿疗法治疗肾前性氮质血症时。

诊断肾性氮质血症需调查病史、临床检查、生化检验（血清钠、钾、钙、总蛋白、白蛋白、葡萄糖和 TCO_2）、腹腔 X 线片（显示肾脏大小、结石等）和超声波检查。一次 BUN 检验结果，不能作为疾病预后判断的可靠指标，必须连续检验 BUN 数次，并要注意治疗后是否仍在逐渐地增加。BUN 进行性增高，提示预后不良，应注意观察。

肾后性 BUN 增多　肾后性氮质血症也称阻塞性。动物少尿或无尿，尿密度在正常范围。临床上见于尿结石、肿瘤、前列腺癌、膀胱破裂等。

②BUN 减少

正常新生幼犬猫比成年犬猫低。

动物消瘦情况下。

肝功能降低　进行性肝病、肝肿瘤、肝硬化、肝脑病、门腔静脉分路吻合使得大量血液不通过肝脏。

饮食因素　低蛋白性食物和吸收紊乱，用葡萄糖治疗的长期厌食，降低肠道吸收性肠病等。

黄曲霉菌毒素中毒、液体治疗、严重的多尿和烦渴。

2. 血清肌酐测定

（1）来源及代谢　血清肌酐（creatinine，CREA）由骨骼肌不断代谢产生，由内源性肌酐（主要部分）和外源性肌酐组成。肌酐主要由肾小球滤过，肾小管不再重吸收，然后从尿中排出体外，部分可由胃肠道排出。

血清肌酐少量来自作为日粮而摄入的肌肉，大多数内源性肌酐是由肌肉中贮能的磷酸肌酸进行非酶性转化而来。每天机体内都有一定量的肌酸转化成肌酐，肌酐则不能再利用。动物机体生成的肌酐量视其肌肉活动量和肌肉疾病及其程度而定。肌肉活动产生的肌酐，也扩散到体液中，但扩散速度约需 4h，远比尿素慢，且不能在体内均匀地扩散。血清肌酐浓度不受饲料、体内水分和分解代谢因素的影响，这是肌酐不同于尿素的一点。由于肌酐清除较尿素快，故血清肌酐含量增加出现在尿素增高之后，又由于影响肌酐的非肾性因素少，所以在动物患进行性肾病时，应多检验肌酐含量。

（2）测定方法及正常值　检验 CREA 有几种方法，方法不同，其值有些不同。

苦味酸法　此法不仅可以检测出血清的肌苷，还能检测出血清中非肌酐色原，如酮体等，因此出现假高肌酐值，检验时应加以注意。

犬猫肌酐 CREA 参考值一般都小于 150.28μmol/L（1.7mg/dL）。

健康小动物血清肌酐参考值：犬 44.2～132.6μmol/L 或 0.5～1.5mg/dL；猫 70.7～159μmol/L 或 0.8～1.8mg/dL。

（3）临床意义　肌酐一般很少像 BUN 那样受年龄、性别、发热、毒血症、感染、饮食、机体内水分和排尿多少的影响，所以用 CREA 检验肾脏疾患比 BUN 更准确。血清肌酐增多，见于进入肾血流量减少（肾前性的）、肾脏疾病和肾后性阻塞或渗漏，与 BUN 变化原因类似。肌酐增加到 5mg/dL 以上，一般提示有严重的肾损伤，多预后不良，超过 10mg/dL，动物将死亡。

①CREA 增多

肾前性 CREA 增多　急性肌炎、严重肌肉损伤、减少肾的灌流是 CREA 增多主要原因。另外还有吃熟肉、肾上腺皮质功能降低、心血管病和垂体机能亢进等因素。肾前性 CREA 增多一般不明显。氮质血症时，如果尿比重仍大于 1.025，表示肾单位浓缩尿仍正常，属于肾前性氮质血症。

肾后性 CREA 增多　尿道阻塞或膀胱破裂时 CREA 增多，常超过 1 000μmol/L（11.3mg/dL），但只要解除病因，CREA 很快恢复正常。

肾性 CREA 增多　一般可增加到 442μmol/L（5mg/dL）或更多，预后不良。区分肾前性和肾性 CREA 增多，还要检验尿比重。血清 CREA 和 BUN 浓度增加，尿比重在 1.008～1.029 之间，可初步诊断肾脏有损伤。确诊还应做血液和生化项目，如钠、钾、钙、磷、蛋白质、白蛋白、葡萄糖和二氧化碳总量（TCO_2）等检验，必要时还应配合肾脏图像检查。

肾脏严重损伤的 CREA 增多　严重肾炎、严重中毒性肾炎、肾衰竭末期、肾淀粉样变、间质肾炎和肾盂肾炎等。一般肾单位损伤超过 50%～70% 时，血清 CREA 量才增多。CREA 肾性增多在 2.0～5.0mg/dL 之间时，尿比重 1.010～1.018，表示中度肾衰竭；CREA 在 5.0～10mg/dL 时，表示严重肾衰竭。

②CREA 减少　主要因产量减少。见于恶病质、肌肉萎缩或消耗。另外，妊娠中后期，CREA 也会减少。

（二）肾小球滤过率（Glomerular filtration rate，GFR）

常通过测量单位时间内完全清除某一种物质的血浆量来代表肾小球滤过率。

1. **肌酐清除率试验**　分为内源性肌酐清除率检测和外源性肌酐清除率检测，尿量需要大，易有误差。

（1）内源性肌酐清除率检测简便易行，多采用 Jaffe 反应，双过氧化物动态程序法。所测正常值：犬正常清除率为每千克体重每分钟 2.8±0.96mL。

（2）外源性肌酐清除率检测误差少，关键是要避免动物脱水。所测正常值：犬正常值为每千克体重每分钟 4.09±0.52mL。

2. **静脉注射后测定血浆或血清消失情况**　如对氨基苯磺酸钠排泄试验，对氨基苯磺酸钠注入静脉后，由肾小球滤过，从尿中排出体外。

（1）方法　用 5%对氨基苯磺酸钠，按 0.2mg/kg 体重静脉注射。注射后 30、60 和 90min，分别采集肝素抗凝血 2～3mL，检测其光密度，然后在半对数坐标上求出 $T_{1/2}$。

（2）参考值　犬正常值为 50～80min，在患肾脏病且尿素氮显著增加的病犬，$T_{1/2}$ 值可增至 200min 或更高。

三、近球小管功能检查

（一）电解质排泄

1. **方法**　以电解质、肌酐清除比（FCL）乘以 100 表示百分率，常除以 24h 尿样来反应电解质排出情况。FCL=（尿电解质浓度除以血清电解质浓度）/（尿肌酐浓度除以血清肌酐浓度）

参考值：犬：钠<1%，氯<1%，钾<20%，磷<39%；猫：钠<1%，氯<1.3%，钾<24%，磷<73%。

2. **意义**　尿中电解质的量反映肾小管重吸收和分泌功能。通过计算电解质的部分清除率，评判肾小管功能。鉴别诊断：肾前性氮质血症钠的 FCL<1%，肾性氮质血症钠的 FCL >1%。

（二）肾脏排泄（清除）染料试验

肾脏排泄染料试验是通过应用某种染料物质、观察肾脏的排泄能力，从而判断肾功能的一种试验。要求应用的染料物质是那些完全能被肾排除，但又不能被代谢分解，也不再被肾小管重吸收及不存在肾外排泄途径的物质。

酚红排泄试验（PSP）

（1）方法　PSP 排泄试验有多种方法，一种是向空膀胱插入导管注射酚红 6mg，20min 后导尿，收集所有尿液，检验尿中 PSP 排泄百分率，正常时有大于 30%的酚红排出。或者直接静脉注射酚红 1mg，在注射试剂之前和之后的 60min 采集 4mL 肝素抗凝血液，正常值为 80μg/dL，异常为 120μg/dL。另一种为 $T_{1/2}$ PSP 排泄试验，方法为配成每毫升含 20mgPSP，按 5mg/kg 体重静脉注射。注射前及注射后 15、25 和 35min，各采集肝素抗凝血液 3～5mL。吸血浆 1mL，放入离心管，加入丙酮 3mL 和 4% NaOH 0.5mL，加盖用力摇动 1min，然后 1000 r/min 离心 2min，用分光光度计检验上清液，清水作对照。在半对数坐标纸上，用时间为横坐标，光密度为纵坐标，作图求出 $T_{1/2}$。正常犬 $T_{1/2}$ 为 18～24min，有 2/3 以上肾单位损伤时 $T_{1/2}$ 增大。

（2）临床意义　反映肾血浆滤过功能，但不反映猫的肾小球功能。评估肾血流量，肾小管功能等。

四、远球小管功能检查

（一）尿相对密度和尿渗透压

参考值

（1）犬　高渗尿的相对密度为 1.030，渗透压为 1 500mOsm/kg，等渗尿的相对密度为 1.009 左右，渗透压为 280mOsm/kg 左右，低渗尿的相对密度为 1.007，渗透压为≤ 250mOsm/kg。

(2) 猫　高渗尿的相对密度为 1.035，渗透压为 1 800mOsm/kg，等渗尿的相对密度为 1.010 左右，渗透压为 320mOsm/kg 左右，低渗尿的相对密度为 1.007，渗透压为≤ 250mOsm/kg。

(3) 临床意义　抗利尿激素分泌增加和高渗性肾髓质等原因均可导致高渗尿。

(二) 尿浓缩试验

正常肾脏在 24h 内所排出的尿量和相对密度，常因体内水分的多少而有变化，从而能维持体内水分及电解质的代谢平衡。尿浓缩试验适用于犬尿相对密度小于 1.030、猫小于 1.035 的无氮质血症的烦渴和多尿。

1. 试验方法

(1) 进行性停水试验　24h 水消耗量，正常值小于 100mL/（kg·d）。逐渐对试验动物减少供水至完全停止饮水。然后不断检验其尿相对密度。如产生高蛋白尿，则为烦渴症，如不产生高蛋白尿，则为尿崩症或尿浓缩功能不全。

(2) 突然停水试验　对试验动物突然停止供水，然后不断检验其尿相对密度。如果犬尿相对密度大于 1.030、猫大于 1.035，表明该动物仍具有正常的尿浓缩能力，就应停止试验。若动物体重丢失达 5%～7%或出现异常症状，也应停止试验。

(3) 外源性 ADH（抗利尿激素）反应　完全排出膀胱尿液，皮下注射外源性 ADH 2～5μg/犬，刺激肾小管加强对水重吸收和使尿液浓缩。每小时测一次尿相对密度或渗透压，每次重复 3 次左右。此试验可用在对停止供水具有危险的动物。

2. 临床意义

(1) 肾脏疾病　动物丧失 2/3 以上肾单位功能时，才会出现尿浓缩能力降低。在小动物原发性肾小球疾病的早期，在未出现尿浓缩能力降低时就可出现氮质血症。

(2) 中枢性尿崩症　当垂体 ADH 的分泌减少时，尽管肾小管功能正常，但因缺少 ADH 的刺激，会导致肾小管减少对水分的重吸收。又因动物对溶质尚能重吸收，尿密度一般为 1.001～1.007。当在注射 ADH 后，动物仍将对尿浓缩试验做出反应。

(3) 肾性尿崩症　肾小管对 ADH 刺激反应异常，而其他肾功能试验正常。

(4) 肾皮质功能亢进　逐渐停止供水试验可验证，可引起多尿和肾髓质溶质流失。

五、尿酸（Uric acid，UA）

(一) 来源

尿酸是机体内嘌呤代谢的最终产物。体外来源是食物中核酸在消化道内分解产生的嘌呤，吸收入体内氧化；体内来源是体内组织核酸分解生成嘌呤核苷，嘌呤核苷和嘌呤又经过水解、脱氨及氧化作用生成尿酸。最终由尿排出体外。

(二) 测定方法

常用磷钨酸还原法。

(三) 参考值

大多数犬血清尿酸参考值是 30μmol/L，而大麦町犬的参考值为大多数犬的 2～4 倍。

(四) 临床意义

正常情况下，血液中的尿酸浓度维持恒定，但是，当机体生成尿酸过多或肾脏排泄障碍，将不可避免地发生高尿酸血症。

1. 增多

（1）原发性增多　见于动脉导管未闭、原发性痛风、犬尿酸盐尿结石等。

（2）继发性增多　各种原因引起的急性或慢性肾炎、慢性肾病和肾衰竭、白血病、恶性肿瘤、组织损伤、糖尿病、长期禁食、使用噻嗪类利尿剂等。

2. 减少　见于范康尼氏综合征（氨基酸尿）和先天性黄嘌呤氧化酶缺乏。

六、尿液检验

尿液检验也叫尿液分析，是涉及泌尿系统的疾病诊断及治疗效果最为简单方便、直观高效的方法。引起尿液理化成分改变的因素很多，而涉及泌尿系统，特别是肾脏的机能性和器质性病变等可使尿液发生变化。尿液的检验，不但对泌尿器官疾病的诊断具有重要意义，而且对一些内分泌及代谢疾病、循环系统疾病、肝胆疾病、血液及造血系统疾病、某些药物（如庆大霉素、卡那霉素和磺胺类药）中毒、重金属（铅、镉、铋、汞）中毒的判断和分析也具有辅助诊断意义。此外，对各种涉及尿液改变疾病的预后和检验疗效也有一定的意义。

尿液采集可通过导尿管导尿、体外膀胱穿刺和自然排尿，以及猫和小型犬体外适度用力压迫膀胱排尿进行，每次收集尿 5～10mL。另外注意膀胱按摩。膀胱穿刺获得的尿液没有污染，自然排尿收集尿液，注意不要污染。采集的尿液应盛于干净的玻璃瓶中，注明采集方法，最好保存在有盖的容器里，在30min 内检验完，不能检验时，应冷藏在 2～8℃环境中（在 4h 内检验）。或加入防腐剂保存（如硼酸、麝香草酚、甲苯、福尔马林等，但供微生物检验用的尿液，采集时应遵守无菌规则，且不可加入防腐剂）。冷藏尿液再检验时，需加温至室温。

尿液检验项目包括：比重 USG、尿胆素原（UROB）、pH、尿蛋白（U－PRO）、尿糖（U－GLU）、尿酮体（U－KCT）、尿潜血（U－OB）、尿胆红素（U－BIL）、尿沉渣和微生物。尿液的检验主要分为三方面的内容：①物理学方法，检查其物理性状，如尿量、尿色、透明度、气味、密度等；②化学方法，测定其所含化学成分，如蛋白质、葡萄糖、潜血等；③显微镜检查尿中的沉渣，如无机沉渣、有机沉渣等。

（一）尿色（Urine color）

健康动物的尿液多为浅黄色、黄色到琥珀色，其变化与尿中含的尿色素和尿胆素多少有关。陈旧尿液色泽变深。尿色多受尿液酸碱度影响，而且有些有色素物质可通过尿液排出。水摄入量也会影响尿色，饮水多的或以流体饲料为主的动物，尿液外观似水，透明无色；饮水少的或采食干饲料的动物，尿呈现黄色或深黄，但为正常情况。故临床发现尿色异常，首先要排除外源性因素，再考虑泌尿系统疾病的可能。

不同的尿色原因：

（1）无色到淡黄色　尿稀、比重低和多尿，见于肾病末期、尿崩症、肾上腺皮质功能亢进、糖尿症、子宫蓄脓。

（2）暗黄色　尿少、尿浓而比重高，见于急性肾炎、脱水和热性病的浓缩尿，以及阿的平尿（在酸化尿中）、呋喃妥因尿、非那西丁尿、维生素 B_2尿，以及饮水少的正常尿等。

（3）蓝色　见于新亚甲蓝尿、靛卡红和靛蓝色尿、尿蓝母尿、假单胞菌感染等。

（4）绿色　见于新亚甲蓝尿、碘二噻扎宁尿、靛蓝色尿、伊万斯蓝尿、胆绿素尿、维生素 B_2尿、麝香草酚尿。

（5）橘黄色　见于浓缩尿、尿中过量尿胆素、胆红素、吡啶姆、荧光素钠。

（6）综色　见于正铁血红蛋白尿、黑色素尿、呋喃妥因尿、非那西丁尿、萘尿、磺胺尿、铋尿、汞尿等。

（7）棕黄色或棕绿色尿　见于肝病时的胆色素尿。

(8) 综色到黑色尿　见于黑色素尿、正铁血红蛋白尿、肌红蛋白尿、胆色素尿、麝香草酚尿、酚混合物尿（消化或从分解的蛋白）、呋喃妥因尿、非那西丁尿、亚硝酸盐尿、含氯烃尿、尿黑酸尿。

(9) 乳白色　见于脂尿、脓尿和磷酸盐结晶尿。

病理情况：

(1) 尿色变深　热性病或尿量减少；尿中含有多量的胆色素时，尿呈棕黄色或黄绿色，振荡后产生黄色泡沫，见于各种类型的黄疸。

(2) 尿色发红而混浊　见于泌尿系统出血（因尿中混有红细胞）。

(3) 尿色发红而透明　见于各种原因所致的溶血性疾病（因尿中含有血红蛋白或肌红蛋白）。

(4) 药物引起的尿色变化　内服或注射某些药物可以改变尿液的真实颜色。如内服蒽醌类药物，使碱性尿呈现红色；如注射美蓝或台盼蓝，尿呈蓝色；如注射或口服核黄素，尿呈黄色或黄绿色。

(二) 尿透明度 (Urine transparency)

健康动物刚导出的正常新鲜尿是清亮的。肉食动物：尿液正常时清亮透明。影响尿透明度的有尿中晶体、红细胞、白细胞、上皮细胞、微生物、坏死组织碎片、管型、精液、污染物、脂肪和黏液等。许多尿样品存放的时间长或环境条件不利，会影响透明度，因此需取新鲜尿进行评估。病理性见于：新鲜尿呈云雾状（cloudy）、烟雾状（hazy）、混浊（turbid）、絮状（flocculent）、血尿（bloody）。

(1) 常见原因　①存在大量的上皮细胞；②血液：尿呈红色到棕色或烟色（血红蛋白尿常呈红色到棕色，但仍透明）；③混浊：存在大量白细胞，呈乳状、黏稠状，有时尿混浊为脓尿；④存在大量细菌或真菌，呈现均匀云雾状混浊，但混浊不能澄清或过滤清；⑤黏液和结晶：如无定形的磷酸盐，在碱性尿中呈白云状。

(2) 临床意义　见于肾脏、肾盂（盏）、输尿管、膀胱、尿道或生殖器官疾病，也可能因含有各种有机或无机盐类，见于泌尿系统或全身性疾病过程中。陈旧的尿液变为混浊，无临床意义。

(三) 气味

不同动物新排出的尿液，因含有挥发性有机酸，而具有一定气味。尤其对于某些动物，如公猫的尿液具有难闻的臊臭味。一般尿液越浓，气味越烈。感染或代谢病使尿液气味特殊。如膀胱炎、长久尿潴留（膀胱麻痹、膀胱括约肌痉挛、尿道阻塞等），由于尿素分解形成氨，使尿具有刺鼻的氨臭味；膀胱或尿道有溃疡、坏死、化脓或组织崩解，由于蛋白质分解，尿带有腐败臭味；酮病或某些消化系统疾病，由于尿含酮体而发出一种果香味。

(四) 黏稠度

各种动物的尿液均呈水样，在各种原因引起的多尿或尿呈酸性反应时，黏稠度降低。当肾盂、肾脏、膀胱或尿道有炎症时，尿中混有炎性产物，如大量黏液、细胞成分或蛋白质时，尿黏稠度增高，甚至呈胶冻状。

(五) 尿相对密度 (Urine relative density)

尿相对密度指的是尿液与纯水重量的比值，反映单位容积尿中溶质的重量。年龄、饮水及汗液量均会对尿相对密度有一定影响。尿相对密度测定是一项粗放简易检验肾功能的方法。检验动物尿相对密度，可用尿比重仪、折射仪和干试剂条（dry reagent strips）法。干试剂条法结果不太准确。

临床意义

(1) 尿相对密度升高　①暂时生理性原因：如水摄入量少、环境温度高、过量喘气；②病理性原因：急性肾炎初期、原发性肾性糖尿和糖尿病、任何原因的脱水、心脏循环机能障碍性水肿、烧伤渗出、发热症状、肾上腺皮质机能降低等。

（2）尿相对密度降低　见于肾功能不全、尿崩症等暂时非病理性原因。如饮用大量的水（浓缩试验能区别比重降低是由于增加了饮水量还是因为尿崩症）、低蛋白食物或食物中食盐含量高、利尿、输液；应用皮质类固醇和促肾上腺皮质激素、抗惊厥药、过量甲状腺素、氨基糖苷类抗生素；发情以后或注射雌激素；幼年动物本身肾脏尿浓缩能力差。

（六）尿液密度

健康犬尿液密度参考值为1.020～1.050。

1. 测定方法　尿液密度原指在4℃条件下尿液与同体积纯水的重量之比。常用比重计测知。正常尿的密度以溶解于其中的固体物质的量为转移。尿密度的高低，与排尿量的多少成反比，即尿量多，密度低；尿量少，密度高。但糖尿病例外，在糖尿病时，尿量多，密度也高。

2. 临床意义

（1）尿密度增高　①生理性原因：动物饮水过少，繁重劳役和气温高而出汗多时，尿量减少，密度增高；②病理性原因：凡是伴有少尿的疾病，如发热性疾病、便秘以及一切使机体失水的疾病（如严重胃肠炎、急性液胀性胃扩张、中暑等）均会使尿量减少而浓稠，密度也增高。此外，渗出性胸膜炎及腹膜炎、急性肾炎、心力衰竭、糖尿病等时，尿密度亦可增加。

（2）尿密度降低　①生理性原因：动物大量饮水后，尿量增多，密度减低；②病理性原因：慢性肾功能衰竭、尿崩症等不能将原尿浓缩而发生多尿，从而导致尿密度减低（糖尿病例外）。在间质性肾炎、肾盂炎、非糖性多尿症、神经性多尿症中多伴随尿量增加而密度降低。

（七）尿液酸碱度

采尿液后，应马上检验尿pH，久置会影响尿液的pH；尿pH变化还与食物成分有关。故临床应排除食物外因。由于各动物饮食有所差别，因此，尿中排出的酸性物质或碱性物质的数量也不一样。动物体内代谢紊乱，可以从尿液的酸碱度的变化反映出来。

1. 正常情况　犬猫一般正常尿pH是5.5～7.5，可调节范围为pH 4.5～8.5。

2. 酸性尿　①见于肉食动物的正常尿、吃奶的仔犬猫饲喂过量的蛋白质、热症、饥饿（分解代谢体蛋白）、剧烈活动；②酸中毒（代谢性和呼吸性），见于任何原因的原发性肾衰竭和尿毒症，以及严重腹泻、糖尿病（酮酸）；③给以酸性盐类，如酸性磷酸钠、氯化铵，以及口服蛋氨酸和胱氨酸，口服利尿药呋噻米（速尿）；④大肠杆菌感染。

3. 碱性尿　①见于采食植物性谷类（如果含有高蛋白质时，产生酸性尿）、尿潴留（尿素分解成氨）；②碱中毒（代谢性或呼吸性）、呕吐、膀胱炎；③给以碱性药物治疗，如碳酸氢钠、柠檬酸钠和柠檬酸钾、乳酸钠、硝酸钾、乙酰唑胺和氯噻嗪（利尿药物）；④尿保存在室温时间过久，由于尿素分解成氨变成碱性；⑤尿道感染，如葡萄球菌、变形杆菌、假单胞杆菌感染，它们因能产生尿素酶，故尿为碱性。

4. 测定方法　测定酸碱反应，可用指示剂法、pH试纸法或pH计来测定。

5. 临床意义　①草食兽的尿液由碱变酸，见于拒食、饥饿、劳役过度、酸中毒等；②肉食兽的尿由酸变碱，见于膀胱炎、尿潴留、碱中毒等；③对于杂食兽尿液酸碱度的异常变化，应根据具体情况进行分析。

（八）尿蛋白（Urine protein）

正常肾小球滤液中具有一些分子量小的蛋白质，但当此种蛋白质通过近端肾小管时，又被重吸收，仅存在微量蛋白质（少于15mg/dL），故终尿中的蛋白质量很少，一般检查呈阴性。尿蛋白升高，也不能说明是病理性蛋白尿。但尿比重低而含蛋白多的尿液就可能有问题。尿蛋白增多可使尿液表面出现细小泡沫。

1. **测定方法** 硝酸法、磺柳酸法、快速离心定量法和干试剂条法等。其原理基于蛋白质遇酸类、重金属盐或中性盐作用发生凝固沉淀，或加热而使其凝固，或加酒精使其凝固。用干试剂条检验尿中蛋白，对白蛋白更为敏感，对球蛋白、血红蛋白、Bence-Jones 蛋白和黏蛋白不敏感。而检验这些蛋白可用加热尿液法。

2. **临床意义** 尿中蛋白质检验出现阳性反应：

(1) 生理性蛋白尿 多因肾毛细血管充血，也见于喂饲大量蛋白质饲料，摄入过量蛋白质，雌性动物发情、妊娠；发热或受寒、精神紧张、过量肌肉活动，幼犬猫等吃初乳太多等原因。

(2) 病理性蛋白尿 主要见于急性及慢性肾炎。此外，膀胱、尿道有炎症时，亦可出现轻微的蛋白尿。多数急性热性传染病、某些饲料中毒、某些毒物及药物中毒等，亦可出现蛋白尿。

可以分为下列 4 种情况：

(1) 肾前性蛋白尿 见于血红蛋白尿症、肌红蛋白尿症，非肾疾患引起，是低分子蛋白。

(2) 肾性蛋白尿 见于急性肾炎、肾病（肾小球通透性增加），肾小管的再吸收受损和肾源性的血液或渗出液。

(3) 肾后性蛋白尿 尿离开肾后，在输尿管、膀胱、尿道、阴道等形成的蛋白尿。见于膀胱炎、尿道炎等。由于混入血液或渗出物引起的。

(4) 一些非泌尿系统疾病也会引起蛋白尿 如多种原因引起的被动慢性肾充血（心脏机能不足、腹水或肿瘤（腹腔压力增加）、细菌性心内膜炎、犬恶丝虫微丝蚴、肝脏疾病、热性病反应），生殖道出血及渗出，尿液碱性、污染或含有药物等。

（九）尿糖（Urine glucose）

尿糖一般指尿中的葡萄糖。正常尿中不含葡萄糖或仅含少量，一般检查不出来，血糖水平超出肾阈值时，尿中就可能出现葡萄糖。

1. **方法** 检测葡萄糖可用定性和定量方法。常采用班氏铜溶液法。

2. **临床意义**

(1) 由胰腺功能障碍所致的糖尿病偶见于犬。

(2) 兽医临床多见于肝功能不良、肾性糖尿病、注射肾上腺素之后、肾上腺皮质功能亢进、一次静脉输入葡萄糖过量等。

(3) 在正常情况下如一时性恐惧、兴奋、喂饲大量含糖饲料等，都会发生生理性的暂时的糖尿。病理性糖尿，可见于高糖血症、如肾上腺皮质机能亢进、高血糖病、垂体亢进、甲状腺机能亢进、胰腺炎、运输搐搦等，也可见于肾脏疾病（肾小管对葡萄糖的重吸收作用减低）、脑神经疾病（如脑出血、脑脊髓炎）、化学药品中毒（如松节油、汞、水合氯醛等）及肝脏疾患等。

（十）尿中潜血的检验

健康动物的尿液不含红细胞或血红蛋白，为阴性反应。尿液中不能用肉眼直接观察出来的红细胞或血红蛋白叫做潜血（或叫隐血）。

1. **测定方法** 联苯胺法。

2. **原理** 尿液中的血红蛋白、肌红蛋白或排出尿液中的红细胞被破坏后释放出来的血红蛋白，都具有过氧化氢酶的作用，因为它不是一种真正的酶，所以它的过氧化氢酶的作用不会被加热所破坏，被检的尿液经过热处理后，仍可将试剂中的过氧化氢分解产生新生态氧，新生态氧又将试剂中的联苯胺氧化成为蓝绿色或蓝色的联苯胺蓝。

3. **临床意义** 尿中出现红细胞，多见于泌尿系统各部位的出血，如急性肾小球性肾炎、肾盂肾炎、膀胱炎、尿结石以及某些地方性血尿病等。此外，某些溶血性疾病、出血性败血病、出血性紫斑、出血性钩端螺旋体病、炭疽、心衰伴发肾淤血症状等，尿中也会呈现潜血阳性反应。

（十一）尿沉渣

尿沉渣的成分主要有两类：有机沉渣和无机沉渣。检验一般在采尿后30min内完成，否则将影响检验的真实性。检查尿沉渣时，应将尿液离心沉淀（1 000r/min，离心5～10min）或放置使其自然沉淀，取沉淀物一滴，置于载玻片上，加盖玻片进行镜检。镜检时，宜使视野稍暗。暂时不能检验时，尿液放入冰箱保存或加防腐剂。放入冰箱的，取出后至室温后再检验。尿沉渣的检查结果应与检测功能异常的化学试验及一般物理检查等相互参照，综合判断。

1. 有机沉渣 包括上皮细胞、红细胞、白细胞、脓细胞、各种管型（圆柱）及微生物等。有机沉渣的显微镜检查对肾和尿路疾患的定位诊断和鉴别诊断、疾病严重程度及预后的判断，有极其重要的意义。

（1）红细胞（Erythrocytes） 健康动物的尿沉渣中，偶尔可见到个别红细胞。红细胞出现增多，见于泌尿系统的疾病，特别是急性肾炎、肾盂肾炎及尿路出血等。如欲确定出血的部位，必须注意上皮细胞及蛋白质的量。如尿中蛋白质含量甚多，同时可看到肾上皮细胞及红细胞管型，则可认为是肾源性出血。如果尿中有肾盂上皮细胞及膀胱上皮细胞，并有大的血块，则为肾盂、膀胱及尿道出血。

（2）白细胞（Leukocytes） 健康动物的尿沉渣中，偶尔见到个别白细跑。尿中如有大量的白细胞，尿液则不透明而混浊，静置后有大量沉淀。肾脏或尿路发生炎症时可见多量白细胞。在蛋白质增多和有肾上皮细胞的情况下，如尿中有大量的白细胞，则为肾炎的象征。尿路发炎时，尿中仅有白细胞而无蛋白质和肾上皮细胞。白细胞所处的外在环境不同，它的形态也有差异。新鲜尿中的白细胞，较易识别；酸性尿中的白细胞较为完整；碱性尿中的白细胞，常膨胀而不清。可见于肾炎、肾盂炎、膀胱炎和尿道炎。

（3）微生物（Microorganisms） ①细菌（bacteria）：用高倍镜才能看到，可以看到细菌的形态，通过染色可以看得更清楚。临床意义：获得的无污染尿，如果含有大量细菌时，说明泌尿道有细菌感染，尤其是尿中含有异常白细胞和红细胞时，见于膀胱炎和肾盂肾炎。非离心的尿样品，在显微镜下可以看到细菌，表明尿路有感染。②酵母菌（yeast）：无色、圆形或椭圆形，和红细胞大小差不多，但大小不一。临床意义：多为污染引起的，少见尿道感染。③真菌（fungi）：有菌丝、分节，可能有色。临床意义：有时可见芽生菌和组织隐球菌的全身多系统（包括尿道）感染。

（4）肾上皮细胞 健康动物的尿沉渣中极少出现肾上皮细胞（renal tubular epithelial cells），胞体多呈圆形，有的呈多边形，比白细胞稍大。细胞核大而明显，位于细胞的中央，细胞浆中有小颗粒。肾上皮细胞的大量脱落以及尿中出现肾上皮管型，表示肾实质损伤严重。

（5）肾盂及尿路上皮细胞 尿路上皮细胞（urothelial cells）是从尿道、膀胱黏膜深层脱落的上皮，胞体呈高脚杯状，比白细胞约大2～4倍，核较大，圆形或椭圆形。这些细胞在尿中大量出现，为肾盂炎、输尿管炎及尿道、膀胱黏膜深层的炎症症状。

（6）膀胱上皮细胞 为扁平上皮细胞（squamous cells），是从膀胱黏膜浅层脱落的上皮，胞体大，多角而扁平，但核小而圆，细胞边缘常稍卷起。发生膀胱炎时，尿中可出现大量的扁平上皮细胞。

（8）管型（Casts） 管型的形成一般认为是由肾小球滤出的蛋白质在肾小管内变性凝固，或蛋白质与其他细胞成分相互黏合而成的管状物。尿沉渣中出现管型，见于肾脏疾病，它是判断肾脏疾病的一项重要指标。管型按其形状和特性常见有下列几种：

上皮管型（renal tubular epithelial cell casts） 由脱落的肾上皮细胞与蛋白质黏合而成。临床意义：急性或慢性肾炎、急性肾小管上皮细胞坏死、间质性肾炎、肾淀粉样变性、肾盂肾炎、一些金属及其他化学物质中毒。

颗粒管型（granular casts） 为由白细胞或肾小管上皮细胞破碎后所形成的管型，表面散在有大小不等的颗粒。不透明，短而粗，常断裂成节。临床意义：它们出现于患较严重肾疾病动物的尿中；大量的颗粒管型出现，表示更严重的肾脏疾病，甚至有肾小管坏死、常见于任何原因的慢性肾炎、肾盂肾炎、细菌性心内膜炎。

透明管型（hyaline casts） 结构细致、无色、均质、半透明，长短不一，多半伸直而少曲折。在黄疸尿中，此种管型被染成黄色，在血尿中被染成红褐色，如尿长久放置，则透明管型可崩解或消失。透明管型由血浆蛋白和肾小管黏蛋白单独或者混合组成。为上皮管型及血细胞管型构成之基础。临床意义：透明管型见于肾脏疾病及大循环淤血的心脏病。肾受到中等程度刺激，以及任何热症、麻醉后、强行运动后、循环紊乱等，也可检验看到透明管型。

红细胞管型（erythrocyte casts） 由红细胞构成，或是由透明管型及颗粒管型中红细胞沉积所致。尿中发现此种管型，表明肾脏患有出血性的炎性疾患。

白细胞管型（leukocyte casts） 白细胞粘在透明管型上。临床意义：肾小管炎、肾化脓、间质性肾炎、肾盂肾炎、肾脓肿。

脂肪管型（fatty casts） 上皮管型和颗粒管型脂肪变性的产物所形成。无色，较大，表面盖以脂肪滴和脂肪结晶，根据其强的屈光性及化学性质不难区别，例如它不溶于酸、碱，而溶于乙醚中。临床意义：变性肾小管病、中毒性肾病和肾病综合征，有脂类物质在肾小管沉淀；猫常有脂尿，所以当猫患有肾脏疾病时，有时可看到脂肪管型；偶见于犬糖尿病。

蜡样管型（waxy casts） 黄色或灰色、质地均匀，轮廓明显，高度折光，表面似蜡块，长直，较透明管型宽。此种管型为肾上皮淀粉样变性的特性。有时出现于重剧的急、慢性肾血管球性肾炎的病程中，预后不良。

（8）寄生虫（Parasites） 尿沉渣中有寄生虫卵。尿液无污染的情况下：见于犬的肾膨结线虫卵，卵为椭圆形，壁厚，表面有乳头状凸起。犬、猫膀胱的皱襞毛细线虫卵，椭圆形，两端似塞盖。少见于犬恶丝虫的微丝蚴。

2. **无机沉渣** 无机沉渣种类繁多，多为各种盐类结晶（crystals），尿液中盐类结晶的析出决定于该物质的饱和度及尿液的 pH、温度和胶体物质（主要指黏液蛋白）的浓度等因素。检验应在采尿后立即进行。其中与疾病有关系的约有下列几种。

碱性尿中的结晶：

（1）碳酸钙 为草食动物尿的正常组成成分。其形状为圆形，具有放射线纹，此外有哑铃状、磨刀石状、饼干状及鼓锤状等。草食动物尿中缺乏碳酸钙是病理状态，为尿液变酸的特征。

（2）磷酸铵镁 又名三价磷酸盐，透明无色、为多角棱柱体结晶；易溶于盐酸及醋酸中，不溶于碱性溶液和热水中。尿中出现磷酸铵镁，见于正常碱性尿和伴有尿结石尿中。病理情况下表示尿在膀胱或肾盂中有发酵现象，为肾盂炎和膀胱炎的症状。陈旧尿中出现这种无机沉渣，无临床意义。

（3）磷酸钙（镁） 三价磷酸钙或磷酸镁为无定形，呈白色或淡灰色颗粒，常集于磷酸铵镁之旁。可溶于醋酸中而不产气，加热时不消失。中性或弱酸性尿中的磷酸盐，呈发亮的楔状三棱形，有时聚集成束，偶尔可见针状结晶，与硫酸钙结晶十分相似。此种结晶为碱性尿的正常成分，也可见于弱酸性及两性反应尿中。

（4）尿酸铵 黄褐色的球形结晶，表面有刺突，外形不规则，可溶于醋酸和盐酸中，并形成尿酸结晶，易溶于氨水中，加热则溶解，冷后又析出。尿酸铵能溶于苛性钾中并形成氨。尿沉渣中出现尿酸铵见于细菌性膀胱炎、肾盂肾炎。陈旧尿中出现这种无机沉渣，无临床意义。

酸性尿中的结晶：

（1）草酸钙 见于酸性、中性和弱碱性尿中，为各种动物尿的正常成分。其典型结晶形状为四角八面体，如信封状。无色，折光性强，有时呈球状、盘状、饼干状及砝码状等。草酸钙不溶于醋酸，而溶于盐酸之中。除采食富于草酸盐的食物外，如尿中出现大量草酸钙称为草酸盐尿，是代谢紊乱的指标。见于糖尿病、慢性肾炎及脑神经疾病。

（2）尿酸钾、尿酸钠 尿酸钾与尿酸钠为黄色非结晶性的沉渣，外形不规则，一般多为小球形或小颗粒状，常聚积成堆，它的物理特性是加热而溶解，冷却后又复析出。尿酸盐含量增多，表示蛋白质分解旺盛。尿沉渣中出现尿酸钾或尿酸钠见于各种原因所致的全身发热性疾病。

（3）尿酸　为肉食动物尿的正常成分，亦可自草食动物的弱酸性尿中析出。尿酸结晶为棕黄色的磨刀石状、叶簇状、菱形片状、十字状、梳状等。不溶于酸而溶于碱。见于饥饿、发热性疾病。

另外，还可见：

（1）胱氨酸结晶　见于先天性胱氨酸病，对胱氨酸重吸收缺陷，易患肾石病。

（2）胆固醇结晶　见于肾盂炎、膀胱炎、肾淀粉样变性、脓尿等。

（十二）尿胆原（Urobilinogen）

肠道细菌还原胆红素成尿胆素原。其中大部分随粪便排出，少部分经肠壁吸收进入肝脏。被吸收的尿胆原在肝脏中有一部分被重新加工合成为胆红素，其余部分随血流经肾脏而被排出。健康动物的尿中均含少量的尿胆原，但用试条法检验为阴性。定性检验常用埃利希（Ehrlich）氏法。定量可用光电比色法。采尿后应立刻检验。

（1）尿胆素原减少或缺乏（尿试条法不能检验）　肾炎的后期（多尿），减少红细胞的破坏，影响了肠道的吸收（如腹泻），阻塞性黄疸，口服抗生素药物（抑制或杀死肠道细菌）等。

（2）尿中尿胆素原增加　溶血性疾病（如新生幼畜的溶血性黄疸、梨形虫病、溶血性毒物中毒等）及肝实质性疾病（如急、慢性肝炎），尿中尿胆原可大量增加。

（十三）尿钙（Urine calcium）

应检查24h内排出的尿中钙，才有临床意义。

（1）尿中钙增加　血清钙水平高于2.6mmol/L（10.5mg/dL）时才增加，见于给予过量含钙溶液、肾性骨发育不全、肾衰竭性的甲状旁腺机能亢进、甲状腺机能亢进、维生素D过多症、多发性骨髓瘤。

（2）尿中钙减少　血清钙低于肾阈的1.88mmol/L（7.5mg/dL），见于犬产后抽搐、甲状旁腺机能降低和骨软症。

（十四）尿蛋白和尿肌酐比值（UPC Ratio）

爱德士UPC比值是指尿蛋白（单位mg/dL）和尿肌酐（单位mg/dL）之比，正常犬参考值≤0.5，猫<0.4。如果UPC值大于参考值，又确定尿蛋白是肾性的，即可诊断为肾病；如果UPC比值增大，但血清BUN和CRE中一项变化不大，也难于确定为肾病。UPC比值可用于诊断早期肾病，监测肾病过程和严重性，评估肾病治疗效果和更好地评估肾病的发展和预后。

七、泌尿器官及其相关的检查

泌尿器官由肾脏、肾盂（盏）、输尿管、膀胱和尿道组成。肾脏是形成尿液的器官，其余部分则是尿液排出的通路，简称尿路。

（一）肾脏检查

肾脏的检查一般用视诊和触诊的方法，必要时应配合尿液的实验室检查。

1. 视诊　某些肾脏疾病（如急性肾炎、化脓性肾炎等）时，由于肾脏的敏感性增高，肾区疼痛明显，病畜常表现腰背僵硬、拱起，运步小心，后肢向前移动迟缓。此外，应特别注意肾性水肿，通常多发生于眼睑、腹下、阴囊及四肢下部。

2. 叩诊　肾区体表叩诊，察看动物有无疼痛反应。

3. 触诊　在小动物通常以站立姿势进行外部触诊，用两手拇指压于腰区，其余的手指向下压于髋结节之前、最后肋骨之后的腹壁上，然后两手手指由左右挤压并前后滑动，即可触得肾脏。外部触诊时，注意观察有无压痛反应。肾脏的敏感性增高时，动物会出现不安、拱背、摇尾和躲避压迫等反应。

4. **肾穿刺活组织检查** 临床判断为肾脏弥漫性病变和肾小球肾炎、肾病综合征、无症状性蛋白尿、无症状性血尿等在诊断上仍有疑问时，肾活检为首选诊断方法。这其中，肾活检对了解弥漫性肾小球病变有重要价值。临床怀疑药物性急性间质性肾炎但不能确定病因时，肾活检可协助诊断，指导治疗；不明原因的急性肾功能衰竭，肾活检可明确诊断、指导治疗、判断预后；糖尿病、高尿酸血症病例进行肾活检可能有助于糖尿病肾病、尿酸性肾病的早期诊断。

5. **诊断意义**

（1）肾脏压痛 见于急性肾炎、肾脏及其周围组织发生化脓性感染、肾脓肿等，在急性期压痛更为明显。

（2）肾脏肿胀 触诊时体积增大、压之敏感，有时有波动感，见于肾盂肾炎、肾盂积水、化脓性肾炎等。

（3）肾脏变硬 触诊时肾脏体积增大，表面粗糙不平，主要是肾间质增生引起，见于肾硬变、肾肿瘤、肾结核、肾结石及肾盂结石。肾脏肿瘤时，肾脏常呈菜花状。

（4）肾萎缩 肾脏体积显著缩小，见于先天性肾发育不全、萎缩性肾盂肾炎及慢性间质性肾炎。

（二）肾盂检查

肾盂位于肾窦之中，输尿管起自肾盂，止于膀胱。

1. **方法** 静脉尿路造影、腹腔超声检查、X线检查等.

2. **检查意义** 肾盂积水，可能发现一侧或两侧肾脏增大，有时可发现输尿管扩张。输尿管严重发炎：肾盂或输尿管结石：当腹腔触诊时，可发现肾脏的触痛。

（三）输尿管检查

输尿管起自肾盂，沿腹腔顶壁向后延伸，进入骨盆腔，开口于膀胱。

1. **方法** 静脉尿路造影、腹腔超声检查、X线检查等。

2. **诊断意义** 输尿管结石、输尿管肿瘤、肾盂肾炎等。

（四）膀胱检查

膀胱为贮尿器官，上接输尿管，下和尿道相连。

1. **方法** 小动物必要时可作膀胱穿刺，如尿路感染的病例，寻找血尿的原发部位，以及寻找泌尿道阻塞部位时。膀胱穿刺就是经腹部穿刺膀胱，收集尿液，从而获得不被下泌尿道及外生殖道污染的尿液。

具体步骤为：保定，触诊膀胱，寻找大概位置，适当位置进行外部消毒，一手固定膀胱，另一只手取与腹侧45°～90°角刺入针头，注射器抽出尿液。

小动物可通过腹壁触诊，或将食指伸入直肠，另一只手通过腹壁将膀胱向直肠方向压迫进行触诊。膀胱疾病的主要临床症状为尿频、尿痛、膀胱压痛、排尿困难，尿潴留和膀胱膨胀等。因此，检查膀胱时应注意其位置、大小、充满度、膀胱壁的厚度、压痛及膀胱内有无结石、肿瘤等。

2. **诊断意义**

（1）膀胱增大 主要见于膀胱结石、膀胱括约肌痉挛、膀胱麻痹、前列腺肥大、膀胱肿瘤以及尿道的瘢痕和狭窄等，有时也可由直肠便秘压迫而引起，此时触诊膀胱高度膨胀。当膀胱麻痹时，在膀胱壁上施加压力，可有尿液被动流出，随着压力停止，排尿也立即停止。膀胱括约肌痉挛：强压膀胱，才可压出尿液。膀胱壁麻痹，膀胱内充满尿液，用手压迫膀胱，可以引起被动排尿。

（2）膀胱空虚 除肾源性无尿外，临床上常见于膀胱破裂。膀胱破裂多为外伤引起。膀胱破裂时，动物长期停止排尿，腹围逐渐增大，两侧腹壁对称性的向外向下突出，膀胱空虚，有时皮肤可散发尿臭味，腹腔穿刺时，可排出大量淡黄、微混浊、有尿臭气味的液体，或为红色混浊的液体；镜检时，此液体中有血细胞和膀胱上皮细胞。

(3) 膀胱压痛　见于急性膀胱炎、尿潴留或膀胱结石等。急性膀胱炎，动物表现尿急、尿频和尿痛的症状，触压膀胱时有明显的疼痛反应。膀胱结石时，在膀胱过度充满的情况下触诊，可触摸到坚硬如石的硬块物或沉积于膀胱底部的砂石状尿石。

(五) 尿道检查

尿道起自于膀胱括约肌。雌性动物的尿道，开口于阴道前庭的下壁。猫的尿道细长，雌性尿道直径均一，雄性的尿道由膀胱三角逐渐变细；雌性犬尿道管壁光滑，直径统一，雄性犬尿道包含前列腺及阴茎等。

1. **方法**　尿道探诊、外部触诊、导尿管探诊。大型雌性小动物尿道检查最为方便，检查时可将手指伸入阴道，在其下壁可触摸到尿道外口。此外，可用导尿管进行探诊。公畜的尿道可行外部触诊。

2. **诊断意义**　最常见的是尿道炎，尿道结石，尿道损伤，尿道狭窄，尿道被脓块、血块或渗出物阻塞，有时尚可见到尿道坏死。

(1) 尿道炎　分急性和慢性，尿道肿胀，于骨盆区段尿道敏感，尿导管插入疼痛，直肠检查时膀胱积尿。慢性者多无明显症状。

(2) 尿道狭窄　多因尿道炎、尿道损伤而形成瘢痕所致，也可能是结石。临床表现为排尿困难，导尿管插入困难且疼痛不明显。尿流变细或呈滴沥状，严重的尿道狭窄可引起慢性尿潴留。应用导尿管探诊，如遇有梗阻，即可确定。

(3) 尿道结石　视诊可见尿淋漓。触诊时感到膨大、坚硬、疼痛表现明显。

八、血液生化检查

本节内容仅涉及肾脏疾病时的指标变化。

(一) 常规

1. 红细胞 (RBC)

(1) 红细胞生成增多　红细胞绝对增多（增加了红细胞生成）：血浆量不变，红细胞数增多所致。继发性的：增加了促红细胞生成素的水平，是非造血系统疾病。促红细胞生成素非代偿性增多：见于肾肿瘤、肾盂积水、肾囊肿和一些内分泌紊乱。

(2) 红细胞生成减少　一般为非再生性贫血或骨髓机能不全性贫血。红细胞生成减少（降低增殖）。促红细胞生成素缺乏（肾疾患引起）。

(3) 异常红细胞　抗凝血涂片染色，检验异常红细胞和异常白细胞，对犬猫某些疾病诊断有主要意义，所以临床上血常规检验时，都应进行血液涂片检验异常红细胞和异常白细胞。识别异常红细胞从多方面着手：数目、大小、形状、染色、有无包含体、成熟度、凝集和其他变化等。

2. **靶形红细胞 (Target cells)**　红细胞具有一个圆心色素物质区，环绕色素物质区是一圈很清亮的无色素带，在细胞浆外周有一浓环，状似靶标。这是红细胞膜向外膨胀引起的，可能是大红细胞。

意义：见于严重肾病或肾病末期导致的骨髓抑制。

3. **平均红细胞比容 (MCV)**　平均红细胞容积减少见于小红细胞性贫血，尿毒症、慢性炎症或疾病（轻度减少）可引起单纯性小红细胞性贫血。

4. **平均红细胞血红蛋白量 (MCH)**　MCH减少，小红细胞性贫血，见于铁、铜和维生素 B_6 缺乏，慢性失血，慢性炎症和尿毒症。

5. **白细胞 (WBC) 增多**　见于病原菌引起的局部或全身急性或慢性炎症和化脓性疾病，如肾炎，代谢性中毒，尿毒症导致的中毒。

6. **中性粒细胞**　中性粒细胞增多见于组织损伤或坏死（损伤组织需要吞噬细胞）及尿毒症。

7. **血小板 (PLT)**　在慢性肾病和甲状腺机能降低时，虽有贫血，血小板也不增多。减少时多见于猫。一般血小板低于 50×10^9/L 时，为血小板减少症及利用和破坏增多（出血、败血症、病毒血症、尿毒症）。

（二）生化

1. 血清蛋白 血清蛋白主要由白蛋白和球蛋白组成，球蛋白通过电泳，可分成 α、β、γ 球蛋白三部分。

（1）增多 浓血症，见于脱水（腹泻、出汗、呕吐和多尿）。

（2）减少 蛋白生成减少，见于营养吸收障碍、肝硬化等肝脏疾病，另见于肾病综合征、失血、胃肠疾病。可参见低白蛋白血症（见白蛋白部分）、低球蛋白血症（见球蛋白部分）。

2. 白蛋白 白蛋白半衰期为12～18d，犬猫血清白蛋白参考值为31～40g/L。白蛋白主要功能是维持血浆渗透压，是运送激素、离子和药物等的载体。

白蛋白减少见于丢失增加和分解代谢增加，如蛋白丢失性肾病、肾小球肾炎和肾淀粉样变性。

3. 球蛋白

（1）增多 α 球蛋白增多，见于炎症、肝脏疾病、热症、外伤、感染、新生瘤、肾淀粉样变、寄生虫和妊娠。$α_2$ 球蛋白包括大球蛋白、脂蛋白、红细胞生成素和胎儿球蛋白，增多见于严重肝病、急性感染、急性肾小球肾炎、肾病综合征。β 球蛋白增多，见于肾病综合征、急性肾炎。$β_1$ 球蛋白包括铁传递蛋白、$β_1$ 脂蛋白、补体（C_3、C_4 和 C_5），增多见于急性炎症、肿瘤、肾病。

（2）减少 可因球蛋白和白蛋白丢失增加引起和分解代谢疾病如蛋白丢失性肠病和肾病。另外，单项球蛋白减少，如：$α_1$ 球蛋白减少：肝病、肾炎；$β_1$ 球蛋白减少：自身免疫性疾病、肾病、急性感染和肝硬化；白蛋白/球蛋白（A/B）比值减少：见于白蛋白减少和/或球蛋白增多（详见白蛋白和球蛋白部分）。在慢性肝炎、肝硬化、肾病综合征时等，尤其明显。

4. 血纤维蛋白原 病理性增多，如特殊增多，犬有炎症时，血纤维蛋白原增多反应比白细胞还敏感。常见于腹膜炎、心内外膜炎、肠炎、肾炎、乳房炎、肝损伤、急性消化不良、瘤胃积食、创伤性网胃炎、骨折等。

5. 血清钠浓度 肾脏、肝脏或心脏衰竭，延长输液时间或利尿治疗、动物不饮水等，都应检验血清钠浓度。

低钠血症可见下列多种原因：低血浆渗透压性低钠血：见于①水分过多（高容量性）性低钠血，如过度饮水或输入液体，严重肝病性腹水（多见），充血性心衰和肾病综合征引起渗漏液发生（多见），进行性肾衰竭（原发性的少尿或无尿）；②脱水（低容量性）性低钠血：见于胃肠液丢失（多见，如呕吐或腹泻，胰腺炎、腹膜炎、腹腔积尿及乳糜胸的反复放排液体），皮肤水分丢失（如烧伤），肾上腺皮质功能降低，利尿剂的应用和慢性肾病。

高钠血症可见于下列多种原因：

（1）水分丢失无适当替代性补充性高钠血 如中枢性或肾原性尿崩症。

（2）低渗液体丢失而无适当的替代补充性高钠血 见于肾外性胃肠道的呕吐、腹泻和小肠阻塞，腹膜炎、胰腺炎和皮肤烧伤的水分丢失，肾性水分丢失包括利尿渗透性糖尿病，甘露醇、以及化学药物应用，肾衰竭和肾后尿道阻塞性利尿等。

6. 血清氯浓度 高氯血的原因：肾脏氯潴留，见于肾衰竭、肾小管性酸中毒。

7. 血钾

（1）低钾血的原因 泌尿系性低钾血症（多见于猫慢性肾衰竭），猫食物诱导低钾血性肾病（主要），尿道堵塞性多尿（多见且重要）。

（2）高钾血的原因 可见于从尿中排出减少性高钾血（最多见），见于尿道阻塞，膀胱或输尿管破裂，肾衰竭时无尿或少尿（多见且重要），低肾素血性醛固酮分泌减少，如糖尿病或肾衰竭。

8. 血钙 当犬猫血清钙低于 2.2mmol/L（8.8mg/dL），或离子钙低于 0.88mmol/L（3.5mg/dL）

时，称为低钙血症，见于丢失增加，慢性肾衰竭。

9. 血镁　镁是用于诊断肾上腺和肾脏功能的项目。血清镁大于 2.0mmol/L（4.9mg/dL），称为高镁血症，见于肾机能不足、肾衰竭。

当血清镁低于 0.5mmol/L（1.2mg/dL）时，称为低镁血症。肾脏因素：见于肾小球炎、急性肾小球坏死、肾后性阻塞多尿、药物诱导肾小管损伤（如氨基糖苷类药物、顺氯氨铂）、利尿药物、洋地黄、高钙血症、低钾血症。

10. 血浆铜蓝蛋白　见于丢失或破坏，见于肾病综合征。

11. 碳酸氢根（HCO_3^-）　碳酸氢根减少：见于腹泻、休克、肾衰竭、肾小管性酸中毒、糖尿病酮酸中毒、乙二醇中毒。

12. 阴离子间隙（Anion gap，AG）　阴离子间隙为血清中常规测得阳离子与阴离子总数之差。临床上 AG 是协助判断代谢性酸中毒和各种混合性酸碱失调的重要指标。AG 增大，主要见于动物代谢性（有机酸）酸中毒、酮血症、乳酸中毒、糖尿病、尿毒症（肾衰竭）等。

13. 血浆渗透压（OSM）　血浆渗透压主要是由血浆中钠离子、钾离子、氯离子和碳酸氢根产生，它们占渗透压的 93%。其他物质是葡萄糖、尿素、磷酸盐、硫酸盐、钙、镁、肌酐、尿酸、脂肪和蛋白质。血清渗透压基本上相同于血浆渗透压，只比血浆渗透压低 0.7%。利用血浆渗透压的高低，可以大概了解动物机体内水分和电解质浓度的状况。

测定血浆渗透压值和计算血浆渗透压值之差，叫渗透压间隙（the Osmolal gap）。犬渗透压间隙范围为 10～15mmol/kg。渗透压间隙大于 25mmol/kg，见于犬的多发性骨髓瘤的高蛋白血症、犬的甲状腺机能降低时的高血脂症、肾衰竭和乙二醇、甲醇、乙醇中毒。

（1）高渗透压性　动物不能或不愿意饮水，急性胃肠道阻塞、突发败血症（尤其是幼畜）、休克、肝和肾疾病、糖尿病和腹泻。

（2）低渗透压性　一般为低钠或低氯。见于急性腹泻（尤其是沙门氏菌病）、严重呕吐、肾上腺皮质功能降低、进行性肾衰竭、利尿治疗、慢性出血及水潴留、高脂血症。

（3）等渗透压性　水和电解质同等比例丢失。见于病重危急的动物。血液中一般葡萄糖和尿素水平升高（血液中葡萄糖或尿素每升高 1mmol/L，渗透压也升高 1mmol/kg），钠离子水平降低。

14. 血氨（Blood ammonia，NH_4^+）　正常血液中只有微量的氨，多数动物血氨浓度低于 60μmol/L。从肠道吸收的氨，经肝脏转化成尿素。如果肝脏转化能力降低，血液中氨浓度就会升高，从而引起肝脑病。检验必须用 EDTA 抗凝，采血后在 30min 内分离血浆检验。

（1）生理性增多　见于采食高蛋白食物、运动之后和血液样品长期贮存。

（2）病理性增多　见于急性或大面积的肝坏死、肝纤维化或硬化、肝肿瘤、门脉硬化、永久性静脉导管、门腔静脉分路沟通（见于犬、猫、犊牛和驹）、大量血流不通过肝脏、肝脏变小、出血性休克、肾衰竭（肾血流量减少）、上消化道出血、反刍动物氨中毒和先天性酶缺乏，如犬尿素循环酶和精氨琥珀酸合成酶缺乏。

（3）血氨减少　见于低蛋白饮食和贫血。

15. 血糖（GLU）　血糖主要是指血液中葡萄糖，它来源于食物、糖的异生作用和肝糖原分解。成年犬禁食 24～72h（幼犬 6h），肝糖原即可被耗完。胰岛素和胰高血糖素能调节血糖。

小于 1 日龄的新生动物，血糖一般较低。爱玩的幼龄动物有暂时性低血糖，成年犬猫血糖低于 2.8mmol/L，即为低血糖，如严重肾性糖尿病，过量葡萄糖丢失，增加葡萄糖转化。

16. 胆固醇（CHOL）　胆固醇分为游离胆固醇和胆固醇酯，胆固醇酯占 70%左右。游离胆固醇由肠道吸收及肝脏、小肠、皮肤和肾上腺合成。胆固醇酯只能在肝脏合成。因此，分别检验游离胆固醇和胆固醇酯，对诊断肝脏疾病意义较大。

（1）增多　肾病综合征（蛋白丢失性肾病）、增殖性肾小球肾炎、肾淀粉样变性。

（2）减少　严重败血症、热性传染病、进行性肾炎、肾病综合征。

17. 血清脂类　血清脂类包括胆固醇、胆固醇酯、磷脂、甘油三酯（中性脂肪）和游离脂肪酸。

病理性变化：

（1）高脂血　由肾病综合征继发。

（2）甘油三酯（TG）增多　见于肾小球疾病。

18. γ-谷氨酰转移酶（GGT）　GGT 存在于肝脏、肾小管、胰脏和肠。血液中 GGT 主要来自肝脏。新生幼犬猫的 GGT，有时比成年犬猫高 10～20 倍。

病理性增加：见于小动物胆固醇沉积症、肾疾患（尤其是肾病）。

19. 脂酶（LPS）　脂酶主要存在于胰腺和肠黏膜中。

血清 LPS 增多见于肾小球过滤性能减小，也就是肾功能不足，见于肾前性、肾性和肾后性氮质血症，肾脏衰竭时，此酶可增多 2～3 倍。

20. 甲状腺素和三碘甲腺原氨酸（T4 和 T3）

（1）增加　见于能引起球蛋白水平增高的疾病。

（2）减少　见甲状腺机能减退、肾上腺皮质机能亢进和肾衰竭。

九、影像学检查

（一）超声波检查

B 超检查已成为确诊尿路梗阻的首选方法，简单、无创，且肾功能衰竭的小动物也可以进行检查。它可以清楚地显示肾实质、肾盂及输尿管的状态，对肾积水、输尿管扩张均能做出判断，同时也可以显示梗阻的部位。超声检查也可以对病因做出初步诊断，例如结石、肿瘤、某些先天畸形等。彩色多普勒 B 超显像除有上述诊断价值外，还对肾供血及肾实质的血流状态提供参考价值，对剩余肾功能的评估也有意义。对下尿路梗阻也有同样的诊断价值，能显示下尿路梗阻状态、膀胱病变、残尿量，对前列腺病变及后尿道改变的诊断也有帮助。

（二）腹部平片

腹部 X 线平片，一般用于膀胱和尿道的检查，如检查输尿管、膀胱区是否有结石，还可观察肾脏轮廓大小，有无胸、腰椎及腰大肌阴影改变，有无骨转移瘤，有无前列腺、精囊钙化等，有助于病因诊断。X 线检查时膀胱充气造影、碘化造影剂等方法，不适用于膀胱破裂、抵抗麻醉的病例、消化系统准备不善等情况。一般要禁食 12～24h，排出粪便，麻醉镇静，正常情况下，犬猫的膀胱和输尿管均为正常形态位置。

异常情况：可见异位膀胱（如肿瘤、炎症、结石、疝气等）和异常尿道（如结石、缺陷、肿瘤、异位、狭窄等）。

（三）静脉尿路造影

静脉尿路造影：静脉连续滴注造影剂，可能把已有扩张的肾盂、肾盏、变薄的肾实质及扩张的输尿管显示清楚；注入造影剂后，把拍片时间延迟到 24～36h，可获得比较清楚的尿路造影。急性尿路梗阻时静脉尿路造影可显示较健侧肾密度加大（显影浓）的肾实质影像，可见肾影增大，显影迟缓，肾盂、输尿管扩张。本检查有时针对梗阻严重的病例会显影不良，此时可采用一些特殊措施，以达到诊断的目的。在已有肾功能衰竭的病例中慎用。

（四）逆行尿路造影

在上尿路梗阻时，因肾功能欠佳，为了解梗阻的部位及其病变状态，可进行逆行性尿路造影。但需通过膀胱镜检及输尿管插管，增加了痛苦，并有造成上行性感染之可能。故应严格掌握适应证及无菌技术。本方法除有显影诊断的意义外，还能作肾功能测定，对了解病理改变、评估肾脏功能和决定治疗方案有帮助。

（五）顺行性肾盂尿路造影

顺行性肾盂尿路造影，又称“穿刺肾盂尿路造影”，在B超引导下，直接穿刺肾盂，注射造影剂进行肾盂尿路造影，注意剂量不能超量。本方法显影清楚，可显示扩张的肾盂、肾盏病况及输尿管梗阻的部位及病况。同时由此可以抽取尿液作进一步检查及进行肾盂内压力测定。

（六）腹腔镜

腹腔镜外科手术技术在小动物泌尿外科领域的应用尚少，目前仅见于犬腹腔镜辅助膀胱固定术、犬腹腔镜辅助膀胱息肉切除、犬腹腔镜膀胱结石的取出以及肾上腺切除术。

腹腔镜检查可以通过直接观察被检器官和组织的异常部位来更好的评估疾病状况。应用腹腔镜观察腹腔器官时，有时可以再进入一个钝头探针，用探头触摸和操纵器官，能更加全面的观察到器官表面，从而做出更准确的诊断。应用腹腔镜技术进行疾病诊断，不仅仅能直接观察器官表面，而且能通过辅助器械进行活组织取样，制作病理切片，做出疾病的确切诊断。“tru-cut”活检针可应用于肾脏和深部组织的活组织取样。在20世纪七八十年代就有大量应用腹腔镜技术进行犬、猫肝脏、肾脏和胰腺的活组织取样的例子。

临床上，尿失禁通常也采用膀胱固定术进行治疗。动物在进行手术时采取仰卧位保定，头低尾高位，应用三套管法，在脐下2～3cm安置一个套管为腹腔镜通路，用腹腔镜抓钳将膀胱拉出体外，切开浆肌层，浆肌层缝合到腹壁肌肉进行固定膀胱，最后缝合切口完毕。另外也可应用于犬尿结石的临床病例。

（七）CT扫描与磁共振成像

其检查的意义在于：①可以清楚地显示肾脏的大小、轮廓、肾结石、肾积水、肾实质病变（肿瘤、囊肿等）及剩余肾实质的状态，还能鉴别肾积水与肾囊肿，可清楚显示下尿路梗阻、膀胱、前列腺正常或异常病变；②可以辨认尿路外（特别是腹腔后壁或盆腔）能引起尿路梗阻的病变；③行断层扫描的同时作强化造影可了解肾脏的功能状态。本检查因设备昂贵，不是所有的尿路梗阻均应做此检查，应掌握适应症。

（八）排尿性膀胱尿道造影

经尿道或经耻骨上膀胱穿刺、把造影剂注入膀胱，令患畜做排尿动作，同时用X线拍片，或动态电影，可全面了解膀胱排尿时的动态相，有无膀胱输尿管返注和后尿道瓣膜、尿道狭窄等。

（九）肾盂压力测定

肾盂压力测定对判定早期上尿路梗阻及其对肾功能影响有重要意义，且可作为手术与否的指征。有梗阻时，肾盂内压力上升。一般来说，即使有轻度的梗阻，但压力仍在正常范围时，也无手术治疗的必要。本检测的结果受很多因素的影响，本身也有一定的创伤性，不宜重复，故其应用受到一定的限制。

第二节　肾脏疾病

Diseases of the Kidney

肾脏病的五个阶段：肾单位的丧失—肾存留能力丧失—肾功能不全—中度肾衰竭—重度肾衰竭。肾脏疾病常见有尿量减少，偶有增多；肾性水肿，常引起全身性水肿尤其是皮下疏松组织部位最为明显，如眼睑、阴囊及腹下，且肾性水肿分为急性和慢性两种，急性时肾小球滤过率下降，但肾小管重吸收无变化，慢性时血浆胶体渗透压下降，出现低蛋白血症，动脉血压升高，第二心音增强，出现蛋白尿、血尿、各种管型尿等，重症则可见尿毒症，呼出气体有氨臭味，并出现神经症状。

一、先天性/发育性疾病（Congenital or developmental disorders）

常见的先天性肾脏疾病有：先天性的肾脏淀粉样性变、肾小球病变、肾小管病变、间质纤维化等，常发于不同的犬种或猫，临床多见氮质血症和遗传现象。

（一）肾性尿崩症（Nephrogenic diabetes insipidus）

是一种由于肾小管重吸收水的功能障碍而引发的较为严重的泌尿系统疾病。分为先天性或获得性，后天获得性的较遗传性的常见，症状也多不严重。本节内容属于先天遗传性尿崩症。多于断奶后发病，是一种不太多见的遗传病。给患病动物输林格氏液后，将出现血浆高渗而尿低渗的现象。给健康动物输林格氏液后，血浆和尿都等渗。

【病因及发病机制】

遗传性尿崩症常为伴性遗传，多为雄性动物，或者后天常染色体变异导致。患此病的动物本身视上核与室旁核能正常合成及垂体后叶能正常分泌抗利尿激素（ADH），但肾小管却不能正常的与之结合并反应。从而肾小管不能重吸收水分，无法浓缩尿液，使机体大量的水随尿排出。

【临床症状】

主要临床表现为烦渴、多饮、多尿和低相对密度尿，幼畜多发。患病动物如缺少充足的水分供应，则可造成严重脱水，血浆渗透压与血清钠浓度明显升高，出现极度虚弱、发热、生长缓慢，甚至发生死亡。成长发育期的动物如经常处于缺水状态，可导致智力发育不全。如未能及时得到诊断和治疗，幼畜采食量减少，可导致营养不良而引起生长障碍。饮水不足经常反复发生脱水，另外由于长期大量饮水和排出大量尿液，可发生明显的肾盂及输尿管积水和膀胱扩张。

【诊断和鉴别诊断】

对任何一个持续多尿、烦渴、多饮、尿相对密度低病例均应考虑尿崩症的可能性。虚弱、发热、精神症状、生长缓慢，常容易误诊为感染。需要进行尿液的实验室检查，且做鉴别诊断，输林格氏液后，将出现血浆高渗而尿低渗。糖尿病则有血糖升高，尿糖阳性等现象。精神性的多饮多尿要联系背景及当时的精神因素。

【治疗】

由于尿崩症多发于幼畜，如果动物不能及时得到诊断和治疗，可能出现严重智力发育迟缓，甚至由于严重的高钠血症死亡。而对于确诊的病畜，肾性尿崩症无特效治疗药物，主要治疗方法为保证液体摄入量和适当限制钠盐，配合噻嗪类药物，以保证血容量和血钠在正常范围，并应注意足够的营养和热量。大多数病例可以避免严重的智力障碍及脱水等严重并发症。治疗目的是保证适当热量的摄入、保证生长发育正常和避免严重脱水。早期治疗可减轻对生长和智力发育的影响。

【预后】

肾性尿崩症预后，如早期得到诊断和治疗，可不影响身体和智力发育，并可继续存活，但不能治愈，必须终生保持足够的水摄入量。

（二）肾病（Nephrosis）

肾病是一种并发物质代谢紊乱及肾小管上皮细胞发生弥漫性变性的一种非炎症性肾脏疾病。其病理变化的特点是肾小管上皮细胞混浊肿胀、变性和坏死。肾小球的损害较轻。

【病因及发病机制】

急慢性传染病的经过中，由于病原体的强烈刺激和毒害作用，可引起肾小管上皮细胞发生变性甚至坏死；有毒物质的侵害包括：真菌毒素，汞、铅、石炭酸、氯仿和各种疾病所产生的内源性毒素；可导致肾脏局部缺血的情况包括：休克、脱水、急性出血性贫血、心力衰竭、循环衰竭等。

【临床症状】

无特征性症状。会出现蛋白尿、明显的水肿、低蛋白血症，但无血尿和血压升高，后期当肾小管上皮细胞破坏严重时，可出现尿毒症及全身症状。

【诊断和鉴别诊断】

根据临床症状，结合血检：尿素氮（BUN）升高，亮氨酸氨基肽酶（LAP）升高。尿液检查：尿中含大量的蛋白、肾小管上皮细胞和透明管型颗粒，无血尿；还要结合病史。

鉴别诊断：应与肾炎相区别，肾炎多由细菌引起，主要病变在肾小球，伴有渗出增生等病理变化，肾区敏感疼痛，出现血尿以及各种管型，但水肿比较轻微。

【治疗】

加强饲养管理，防止受凉，积极治疗原发病。抗菌消炎，排除毒素，消除水肿，促进水、钠排出，限制饮水，服用利尿剂，还可用激素治疗。中医辨证认为该病属脾肾两虚，治宜温补脾肾，利水消肿，方用“毕澄茄散”加减。

【预后】

早发现早治疗，效果较好。

二、退行性疾病（Degenerative diseases）

猫肾周囊肿

猫潜在肾实质疾病可引起肾脏被膜和实质间聚积漏出液，从而形成肾周被膜下囊肿。老龄猫（>8岁）和去势公猫多发，罕见于犬。发生于幼年猫时，通常为单侧性。可生发于包囊内和包囊外，一侧或双侧性。假性囊肿形成可发生于各种时期的肾功能不全。

【病因及发病机制】

肾周液体聚积病因——并未完全清楚聚积过程是动态而非稳态过程。囊肿液细胞学和生化评估有助于发现病理生理机制。毛细血管静水压升高或淋巴管堵塞可引起漏出液聚积。一些猫出现肾脏纤维化性病理学变化，但是否是进行性肾脏实质收缩堵塞了淋巴管和血管从而促进液体漏出并不清楚。肾周液体漏出也能源于肾囊肿破裂。肾周尿液聚积表明可能存在肾盂或近端输尿管破裂。囊肿内血液聚积可源于外部创伤、肿瘤侵蚀血管、动脉瘤破裂、凝血病或穿刺术。

【临床症状】

可能无症状。临床上见有腹部肿块：常见非疼痛性进行性腹部膨大。腹部膨大和不同程度的肾功能不全，可触诊到肿块。一些患病动物可见并发肾功能衰竭所致的临床症状。常见尿毒症。

【诊断和鉴别诊断】

血常规、血液生化和尿液分析结果无明显变化。

影像学检查：肾肿大通常由X线检查判断。腹部X线照片可见到肾区大块的液体密度区。若造影剂未进入肾周囊，下行尿路的造影则显示正常。超声波诊断可见肾周囊积液。

囊内物质抽出液为漏出液（无细胞性、低蛋白液体）、血液或尿液（液体中肌酐浓度为血清肌酐浓度的数倍）。

鉴别诊断：应与其他肾肿大病因相区别，包括肾脏肿瘤、肾积水、多囊肾、猫传染性腹膜炎等。腹水和其他腹部器官增大能引起非疼痛性膨大。

【治疗】

肾周囊肿并不会立即威胁生命，故有的患病动物不需要治疗。

肾周囊肿切开术或假性囊肿开窗术通常可改善腹部膨大和腹部器官移位。但肾脏疾病进程通常并不减慢。为保留最多的肾功能，应避免肾切除术。除非对侧肾机能正常，才可进行。为了暂时缓解压迫，可使用细针和注射器进行穿刺减压，有利于肾周囊的切除。

药物疗法：如果假性囊肿出现感染，应考虑给予合适的抗生素。

许多患病动物需要进一步诊断评估和治疗并发的肾功能衰竭。

【预后】

囊肿壁切开对于消除临床症状通常有效，但不能阻止肾脏疾病进程，最好周期性监测患病动物肾功能衰竭的发展。对于长期液体聚积的控制，假性囊肿经皮穿刺引流无效。不存在肾功能不全时，假性囊肿减压或不减压预后均较好。由于肾周假性囊肿潜在肾实质损伤可能是进行性的，所以长期预后无法判断。存活时间与肾功能不全程度和进程相关。还可进行肾活组织检查，正常则预后良好。若切除囊肿后没有出现氮质血症，则预后良好。若出现，则同肾衰竭。

三、炎性和感染性疾病（Inflammatory and infectious diseases）

（一）钩端螺旋体病（Leptospirosis）

螺旋体中的螺旋体目，螺旋体科，仅有一个属，即钩端螺旋体属，又叫细螺旋体属，钩端螺旋体简称钩体，其中一部分是致病性钩体，多为问号钩端螺旋体。钩端螺旋体病是由钩体引起的人畜共患病，且能感染大部分哺乳动物。

【病因及发病机制】

此病主要经污染有钩体的水源传播。经黏膜、消化道、血液、繁殖等途径均可感染。感染后，菌体首先聚集于肝脏。入血之后分两个阶段致病：前期持续一周的钩体菌血症阶段，钩体大量存在于血、肝、肾和脑脊液中，血糖降低；后期持续两个月以上的钩体菌尿期，钩体主要定位于肾内，长期繁殖，经尿可排出，此时体温下降，肾脏病变。肝脏和肾脏是最易感的器官。

菌体可以吸附于上皮细胞，影响其活性功能，破坏红细胞膜而导致溶血（对豚鼠无此作用），引起溶血性黄疸，损伤肝脏，使得胆红素直接进入血液和组织，引起实质性黄疸，抑制血液的杀菌作用；在血液中循环蔓延，在肾小管细胞内繁殖，造成肾脏等多处的组织损伤。定位于肾脏后，可以引起弥散性的血管内凝血。有时出现肾脏出血、变性、坏死，尿液可排出菌体及血红蛋白。

【临床症状】

与被感染动物具体的机体情况有较大的关系。大部分的为慢性感染，主要表现为发热、黄疸、血红蛋白尿、血尿、出血性素质、皮肤干燥、黏膜坏死、水肿、流产等。最急性感染时，会发生休克甚至死亡，出现钩端螺旋体血症。急性和亚急性，可出现高温脱水、黄疸、出血斑、肌肉疼痛、呕吐、腹泻甚至便血。肾脏疼痛，出现肾脏机能障碍，发生急性间质性肾炎。此病感染率高，发病率低，病重的病例少。常感染犬的是出血性黄疸钩端螺旋体和犬群钩端螺旋体，多为幼犬发病，严重则死亡。猫也可被感染，但较少见。

【诊断和鉴别诊断】

根据病史、临床症状和流行病学进行分析。

（1）实验室检验　主要根据微生物学检查做出诊断。根据病程选取病料进行检验。可直接镜检，发现菌体；分离培养，镜检；血清学检查，可通过显微凝集溶解试验、补体结合试验等确诊。其中，通过凝集试验可以检查血清群的相关抗体及抗体的滴度。在没有注射疫苗史的病例中可以进行酶联免疫吸附试验检测免疫球蛋白。

（2）血液学检验　白细胞增多、血小板减少、红细胞正常，高磷酸血、氮血、血清白蛋白减少等。尿液分析：尿蛋白、血尿、胆红素尿、管型尿，甚至可以找到尿液中的钩端螺旋体。

（3）解剖病变　急性型为黄疸、各处出血、肝肾损伤，慢性型则主要为肾脏损伤。

（4）鉴别诊断　区别附红细胞体病、衣原体病、急性肝炎及急性肾衰竭。

【治疗】

因钩体对环境的抵抗力较差，阳光直射和干燥即可杀死环境中钩体。鼠类是重要贮存宿主和传染源，带菌率高，长期排菌，因此应注意灭鼠。

未患病：注射钩端螺旋体多价苗。初次免疫两天后，再次免疫，此后每年免疫一次。

发病的：可连续2周左右使用普鲁卡因青霉素4万IU/kg。特别要注意对症治疗和支持疗法，如静注葡萄糖、维生素C和强心利尿药。带菌但无临诊症状的：四环素20mg/kg或者强力霉素10mg/kg，连用2～4周；双清链霉素硫酸盐25mg/kg，连用2～4周；氯霉素25～50mg/kg。

【预后】

做好预防，保持生活环境的干燥卫生。及时防疫，隔离带毒动物。针对不同血清型进行及时免疫。钩体病治愈后，可获得长期高度免疫力。疫苗有良好免疫效果。

（二）包柔氏螺旋体病（Borrelia）

包柔氏螺旋体病又叫疏螺旋体病、伯氏疏螺旋体病，即莱姆病（Lyme disease），是可经蜱、螨、虱这些媒介昆虫传播的一种人畜共患病。会导致心脏、神经及关节多系统多脏器受损，发病以关节炎为主，犬也会表现肾功能紊乱。具有传播快，分布广的特点。犬猫一般不会被感染，相对来说，犬比猫易感，即使感染也常没有临床症状。

【病因及发病机制】

动物被带有包柔氏螺旋体的蜱叮咬后，不出现临床症状或者三个月左右之后出现。菌体可产生致热源、内毒素等。菌体还能激起机体的炎性反应，可以在关节、肾脏、血管等部位产生免疫复合物，甚至导致免疫抑制。螺旋体还能结合血小板。

【临床症状】

犬被硬蜱叮咬部位无肿块。一般没有临床症状，或者在3个月左右后出现。急性发作时，可出现嗜睡、厌食，淋巴肿大。一般发作时，出现发热，肌肉和关节酸疼、跛行、关节肿大、不爱运动等关节炎症状。有时出现泌尿系统症状：肾功能紊乱、尿频、尿急、尿失禁及夜尿症，膀胱壁内有病原体。其他症状较为少见。

【诊断和鉴别诊断】

应结合背景经历、临床症状、血清学诊断和药物治疗的效果做出诊断。叮咬部位皮肤及关节液经病原学检查可找到包柔氏螺旋体。

(1) 血清学诊断　ELISA试剂盒或者免疫斑点试验可确诊。血清中的抗体效价升高。还可以做包柔氏螺旋体的分离培养，但对培养基的要求较为严格。

(2) 鉴别诊断　区别一般的跛行。

【治疗】

在蜱叮咬后预防性服用β内酰胺类抗生素（青霉素类、头孢菌素类）可达到一定的预防目的。

可使用抗生素治疗，如强力霉素、阿莫西林、青霉素、盐酸四环素、红霉素等。

辅助治疗：使用一般减少炎症反应的药物，限制动物的活动。

【预防】

预防为主，应杜绝与蜱的接触。

治疗仅仅可缓解病情，无法完全消除病原菌。疫苗效果不太理想。

（三）肾盂肾炎（Pyelonephritis）

临床上单纯性肾盂炎少见，常与肾炎同时发生，所以称肾盂肾炎。其特征是体温升高，尿频、尿痛，尿液中混有大量白细胞、红细胞、脓细胞和肾盂上皮细胞以及检出大量棒状杆菌。

【病因及发病机制】

(1) 病因　本病多是由细菌感染引起的化脓性炎症。在一些传染病或全身性疾病的过程中可因病原沿血液循环到达肾盂而发病，也可因尿道、膀胱、子宫的炎症上行蔓延而发生。在感染的细菌中，主要有葡萄球菌、大肠杆菌、变型乳糖菌、化脓杆菌、链球菌和绿脓杆菌等，犬多为金黄色葡萄球菌等，且多为混合感染。另外，有毒物质（如松节油、棉酚等）经过肾脏排出以及肾结石的刺激，均可引起肾盂肾炎。

（2）发病机制 病原微生物可经过血源、尿源、淋巴源侵入肾脏。多为下尿路上行感染所致。血源性较为少见。细菌侵入膀胱并大量繁殖，可引起膀胱炎，若不及时治疗，一段时间后，细菌可上行达输尿管和肾盂，并大量繁殖，导致肾盂肾炎。尤其当小动物机体抵抗力降低时，肾盂尿液蓄积，其黏膜血液循环障碍时更易导致本病。病初，肾盂黏膜呈进行性肿胀而增厚，当炎症发展到输尿管黏膜时，会使其内径变窄，导致排尿受阻，进而使肾盂内压升高，促进了肾盂黏膜下层发生脓性浸润，导致肾盂上皮细胞脱落，可见尿中出现大量上皮细胞。另外，病原微生物、磷酸铵镁及尿酸盐等使尿液变得黏稠混浊。排尿困难，逐渐导致肾盂的肌层肥大，进而弛缓，加重排尿困难，肾盂继续扩张，肾盂内压不断升高，压迫感觉神经末梢出现肾痛。尿液不能排出，混有炎性产物的尿液蓄积于肾盂内，肾盂组织受压而被破坏，可促进坏死及产生脓性产物，逐渐形成一个充满脓液的腔。机体不断吸收病原细菌和炎性产物，导致明显的全身症状：体温升高、精神沉郁和消化扰乱等。

【临床症状】

（1）急性表现 全身症状明显（发热，多呈弛张或间歇热，精神沉郁，食欲下降，消化不良，进行性消瘦，经常性腹痛）；肾区疼痛；当肾盂内有脓液蓄积时，则输尿管膨胀、扩张、有波动感；排尿困难，烦渴多尿，病初尿量下降，以后增多；严重则发展为急性的尿毒症。

（2）慢性表现为 一般为无症状，有时候会有活动减少，食欲减退，甚至出现体重下降，烦渴多尿等。

【诊断和鉴别诊断】

调查病史，结合对泌尿系统的临床检查和其他检查方法诊断。

（1）实验室检查 急性型可出现白细胞增多、核左移、氮血、高磷血症，尿检尿中有病理性产物：尿液混浊，混有黏液、血液和大量脓液。尿沉渣中可见到大量肾盂上皮细胞、蛋白、白细胞或脓细胞和少量透明与颗粒管型，以及磷酸铵镁和尿酸铵结晶。尿液直接涂片或作细菌培养可发现病原细菌。尿液培养可见菌落。

（2）鉴别诊断 区别其他的发热性疾病、输尿管结石、下泌尿系统感染等。

【治疗】

（1）治疗原则 消除致病因素、加强护理、杀菌消炎、利尿及尿路消毒。根据细菌培养或者药敏试验，选择最适用的抗生素。消炎抑菌应选择：磺胺二甲基嘧啶、复方新诺明、青霉素、四环素或链霉素联合应用庆大、卡那、呋喃类（如呋喃旦啶）。利尿方法同肾炎。

（2）中医辨证 湿热之邪内侵，结于下焦，属湿热淋，治疗宜清热，利湿，通淋。方用“八正散”加减：木通、滑石、车前子、扁蓄、瞿麦、甘草、金银花、连翘和枳子。

（3）辅助疗法 利尿，低盐饮食。

【预后】

一般病程可达数月至数年，不易痊愈，重症时可在短期内死亡。肾盂肾炎继续发展常可引起急性或者慢性的肾衰竭。

（四）毛细线虫病（Capillariasis）

又叫铁线虫病，由于虫体在膀胱及尿道内移行的机械性刺激，病患均有泌尿道刺激症状。主要损伤肾盂、输尿管和膀胱。成虫多侵害犬猫的膀胱。

【病因及发病机制】

消化道感染铁线虫可能是通过接触或饮用含有稚虫的生水、昆虫、鱼类和螺类或其他食物而引起。尿路感染是由于机体会阴部接触有铁线虫稚虫的水体，经尿道浸入，上行至膀胱内寄生。其移行活动引起机体出现泌尿系统器官机械性刺激症状、耳道瘙痒、眼部红肿痛。可经尿液排出虫卵。

【临床症状】

铁线虫感染的临床症状较轻，且无明显的特征表现。感染动物可能无临床症状或者主要出现排尿障碍、尿频、血尿、脓尿。

寄生于泌尿道的，以雌性动物为多，有明显的泌尿道刺激症状，如下腹部疼痛、尿频、尿急、尿痛、血尿、肾区疼痛、阴道炎等，虫体排出后，症状缓解。铁线虫寄生于消化道所引起的症状一般不明显。

【诊断和鉴别诊断】

临床上确诊较困难，一般以尿液的特征性虫卵或者尿沉渣中的特征性虫卵进行诊断。

结合临床上有尿道刺激症状，久治不愈、而又有接触史的病例，应考虑作膀胱镜检。利用膀胱镜检可见膀胱三角区呈慢性炎症。

尿常规检查可见尿中含少量蛋白及红白细胞的轻度异常。

【治疗】

有时不治疗可以自愈。怀疑有感染的动物可口服驱虫药促虫排出，服用的药物可以为：伊维菌素200mg/kg（柯利犬除外），芬苯哒唑连用一周左右，每次30mg/kg，阿苯达唑连用两周左右，每次30mg/kg。寄生于组织内者应手术取虫。防治本病的关键是不饮不洁之水、不生吃昆虫、鱼类和螺类食物，避免直接接触可疑水源。

【预后】

一般预后良好。

（五）肾膨结线虫病（Dioctophyma renale）

又叫巨肾虫病，主要寄生于犬的肾脏和腹腔，也见寄生于膀胱尿道等部位，是以尿频、血尿、腹痛为特征的一种寄生虫病。

【病因及发病机制】

动物多因食入含第四期幼虫的水生动物而感染。幼虫在动物十二指肠内脱囊，穿破肠壁进入肾脏发育为成虫。成虫主要寄生在肾盂和输尿管相连的脂肪组织，破坏肾实质。虫卵经尿液排出体外。

肾膨结线虫寄生于肾脏中，可导致肾脏显著增大，在肾盂背部有骨质板形成，骨质板边缘有透明软骨样物，大多数肾小球和肾盂黏膜乳头变性。肾盂化脓出血，病变后期，感染的肾萎缩，未感染的肾因代偿而肥大。虫卵表面的黏稠物易凝成块，加上虫体死亡后残存的表皮，可形成结石的核心。

【临床症状】

症状不太明显。进入动物体内的幼虫成熟时才会使动物表现出症状。

对于犬，则有明显的体重下降、贫血、反复血尿、尿频，有的还出现腹水。可并发肾盂肾炎、肾绞痛、肾结石、肾功能障碍等。尿液中可见白色黏稠絮状物质，排出活的或死的、甚至残缺不全的虫体。当虫体自尿道逸出时可引起尿路阻塞、亦有急性尿中毒症状。双侧肾脏感染则会导致尿毒症。剖检可见，肾盂（尤其是右肾）有脓肿，内有肾膨结线虫寄生；输尿管管壁增厚，含成虫包囊较多；膀胱外侧有时含成虫包囊；另外可见肝脏肿硬，内有脓肿和含幼虫包囊。

有时有各种神经症状，如肌肉震颤，类似狂犬病。

【诊断和鉴别诊断】

符合此寄生虫的临床表现，体内相应部位有虫卵、包囊及虫体即可确诊。如尿中找到肾膨结线虫的虫卵，对死亡动物剖检，相应部位有包囊、脓肿、虫体等。

从尿液中或者腹腔液中发现虫体或检查到虫卵是确诊本病的依据。但若虫体寄生于泌尿系统以外的部位，或只有雄虫感染的病例则无法查出虫卵。尿道造影、B超或CT检查可能有助于诊断。外科探诊到成虫也可确诊。

【治疗】

预防为主，尤其给犬定期驱虫，并与治疗性驱虫相结合；不投喂不熟的水生生物。如果发病，一般需施行外科手术取虫。寄生在肾盂者，行肾盂切开取虫为最可靠的治疗办法。当肾实质完全破坏则需要外科切除单侧肾脏。可尝试口服使用左旋咪唑、阿苯达唑和噻嘧啶，需反复多个疗程，也可使用丙硫苯咪唑，用量为20mg/kg。

【预后】

当虫体严重损坏肾实质，可导致肾功能障碍。虫体阻塞尿路时，可并发急性肾功能衰竭，预后不良。难以完全消除和控制此病，多数犬最终死亡。

四、肾中毒病（Nephrotoxicosis）

一些药物具有肾脏毒性作用，如西药中氨基糖苷类药物庆大霉素、卡那霉素等对肾小管上皮细胞具有损伤作用；一些中药具有肾毒性，如木通、汉防己、斑鳌等；另外，还有一些生物毒素具有肾毒性，如蜂毒、蛇毒等。如今，一些化工产品以及农业用药是很常见的肾中毒原因。无论什么原因，均会导致肾脏结构的改变以及功能的异常。

【病因及发病机制】

许多物质具有潜在的肾脏毒性，常见的内源性病因有高钙、高磷、高尿酸及高草酸血症，均可引起肾小管损伤；外源性病因有重金属（铅、镉、汞、金、铀、铜、铋、铊、砷、锌等）、化学毒物（包括有机溶剂、碳氢化合物、农药、杀菌剂及煤酚等）、药物。几乎所有药物均有肾毒性，临床上较常见的肾毒性药物包括：①直接损伤肾脏的药物，氨基糖苷类抗生素、先锋霉素、多粘菌素、万古霉素、杆菌肽、紫霉素、两性霉素B、四环素类、二甲金霉素、磺胺类、金制剂、青霉胺、依地酸（EDTA）、保太松消炎痛、布洛芬、非那西丁、扑热息痛、水杨酸盐；氨甲喋呤；造影剂等；②表现为过敏性肾损害的药物有：青霉素类、先锋霉素类、磺胺类、利福平、对氨己酸、速尿、噻嗪类利尿剂、硫唑嘌呤、别嘌呤醇、三甲双酮、苯妥英钠、苯巴比妥等；③表现为结晶体肾病或尿路梗阻性肾病的药物有：磺胺类药物；④生物毒：如蜂毒、蛇毒、生鱼胆、蕈毒及花粉等；⑤物理因素如放射线、中暑、电休克等。

肾脏血流量大，毒性物质随血流进入肾脏，必然导致肾损害。由于肾脏的逆流倍增机理，使髓质和肾乳头部肾毒物质的浓度升高，故中毒性肾病时髓质及肾乳头部病变显著。肾毒性物质被肾小管上皮细胞重吸收和排泄，故毒性物质在肾小管腔或小管上皮细胞内浓度增高，可直接损伤肾小管上皮细胞。肾小球毛细血管内皮的总面积，远远超过体内其他器官，故免疫复合物易沉积于肾小球而引起免疫性肾损害。肾小球系膜吞噬和清除毒物过程中还会引起系膜增生与免疫物质沉积。此外，肾毒性物质通过肾小球三层不同滤膜时，还会使毒物或免疫复合物在肾小球内沉积。

【临床症状】

常见多尿、高钙尿、糖尿及蛋白尿。主要原因是毒素能影响肾小管上皮细胞的重吸收功能或抗利尿激素的减少。

尿沉渣可见各种管型和细胞，如肾小管坏死细胞、红细胞和白细胞，主要原因是高钙尿能导致肾小管的坏死。

可发生急性肾衰竭，进而继发一些全身症状。

【诊断和鉴别诊断】

结合急性肾衰竭的临床症状及检测结果，根据中毒潜在的发病史，及当时可能的中毒经历，做一些相关检查，如血清中乙二醇、庆大霉素等的浓度检查。还可通过肾脏组织病理学检查来确定病因、中毒程度等。

【治疗】

(1) 停止接触毒物。

（2）促进毒物的排泄，可输液或应用解毒药物等。

（3）对症治疗，如补液、补充电解质、调节酸碱平衡等。

（4）根据肾损害的类型采取措施。如急性药物所致过敏性间质性肾炎，表现为肾病综合征的病例，无禁忌症时，可用肾上腺皮质激素、免疫抑制药或肾上腺皮质激素冲击疗法。

【预后】

若及早发现及治疗，可恢复。严重则可导致肾衰竭，预后不良。

五、免疫介导疾病（Immune mediated disease）

（一）肾小球性肾炎（Glomerulonephritis）

肾小球肾炎是原发于肾小球的血管网络的炎症，为临床上的常见病、多发病、疑难病。目前认为，多数肾小球肾炎是免疫介导的疾病，为免疫复合物沉积于肾小球毛细血管所致。

【病因及发病机制】

目前病因不甚清楚，但多数认为是由于机体免疫功能异常所介导的肾脏固有细胞的损伤和肾脏功能的失常。该病也经常发生于某些传染病、感染、肿瘤等机体处于发生变态反应性致敏阶段后期时。体液免疫作为病因之一，主要涉及循环免疫复合物（CIC）和原位免疫复合物（insituic），从体液免疫机理看，发病机制主要有两种方式：一种为免疫复合物性肾炎，即血液循环的免疫复合物沉着于肾小球内引发；另一种为抗肾小球基底膜性肾炎，即存在抗肾小球基底膜抗体与动物的肾小球基底膜发生免疫反应引起。同时，细胞免疫对发病机制也具有一定作用，在某些类型肾炎中的重要作用也得到肯定。但不论是哪一种肾病的始发因素，在此基础上都会有活性氧的参与而最终导致肾小球损伤和产生临床症状。

疾病涉及活性氧，则会有氧化应激反应。处于氧化应激状态下的细胞能产生炎症反应并分泌肿瘤坏死因子、IL－1β、ICAM－1等多种炎症介质，这些介质作用于肾脏细胞并吸引炎症细胞在肾小球内聚集，使肾小球内炎症得以逐级放大，导致慢性肾炎病程缠绵，难以治愈。

免疫球蛋白颗粒沉积于肾小球毛细血管周围及系膜内，免疫复合物沉积于肾小球血管壁，损伤基底膜，使得肾小球毛细血管通透性增加，出现蛋白尿、血尿。肾小球毛细血管被逐渐破坏，纤维组织增生：肾小球纤维化，玻璃样变，形成无结构的玻璃样小团。由于肾小球血流受阻，导致相应肾小管萎缩、纤维化、间质纤维组织增生和淋巴细胞浸润。病变较轻的肾单位发生代偿性肥大，在硬化的肾小球间有时可见肥大的肾小球。

由于病变逐渐发展，最终导致肾组织严重毁坏，形成终末期肾病。晚期肾小球毛细血管内皮细胞及系膜细胞肿胀、增生，致使管腔狭窄，肾小球缺血，免疫细胞从毛细血管渗出，肾小球阻塞坏死失去功能。肾小囊被肾小球挤压，且将肾小球内的异常物质及细胞渗入囊内。肾小管细胞坏死，管内含蛋白质、白细胞及坏死上皮细胞，形成各种管型，排管型尿。同时，出现严重肾功能不全。

【临床症状】

以蛋白尿、血尿、高血压、水肿为基本临床表现。凝血能力过高时易导致肺血栓。另外，可见动物消瘦、肌肉萎缩、水肿和呼吸困难，严重则出现肾衰竭。常分为急性、亚急性和慢性肾小球肾炎。其常见临床症状如下：

（1）急性型　肾脏体积增大，剖检见充血、被膜紧张易剥离、切面潮红。

（2）亚急性型　肾脏肿大，色苍白，病变弥散。

（3）慢性型　两肾弥漫性肾小球病变。

【诊断】

根据临床症状，另外通过肾脏活组织检查，观察肾小球病变；尿常规检测蛋白尿；血常规检查，检查血清白蛋白含量、胆固醇含量和磷酸盐含量等。

【治疗】

（1）去除病因。

（2）从免疫反应的各个环节抑制机体的免疫反应变得尤其重要。免疫抑制剂与糖皮质激素是临床用于治疗慢性肾小球肾炎的常规用药，可减轻肾脏的损伤。细胞毒免疫抑制剂虽对体液免疫和细胞免疫引起的肾脏病有一定作用，但不是肾脏病的特异性治疗方法，免疫抑制剂治疗本身存在有明显的缺陷，如免疫抑制作用的非持续性可以引起停药后疾病复发，非特异的免疫抑制作用又可以全面抑制整个机体免疫功能，引发严重的继发感染。糖皮质激素主要通过其抗免疫及抗炎症作用治疗肾病，但是长期大剂量使用激素会导致严重的副作用，如代谢紊乱、心血管并发症、消化性溃疡和出血等。

中医根据其临床表现，认为肾炎的发生是内因与外因两方面的因素所决定的。肾气不足，病邪乘虚而入，导致肾炎的发生。对肾炎、肾病综合征的治疗，在辨证基础上加用大量清利湿热药，而清利药大多具有抗炎、调节免疫等作用。目前临床上治疗慢性肾炎效果显著的有肾炎四味片、火把花根片、肾炎宁胶囊等制剂，能消肿利尿，清除蛋白尿，降低非蛋白氮、尿素氮，提高酚红排泄率，恢复肾功能，改善症状，但存在诸如起效缓慢、服用量大、有效成分不明确等缺点。许多单味中药治疗本病也有显著效果，如活血化瘀药三七和攻下逐水药大黄等。

（3）支持疗法　减少盐及蛋白的摄入，给予安静环境，多休息。

【预后】

应找出潜在病，早发现，早治疗；如没得到控制则发展为肾衰竭。病情迁延，可以缓解临床症状，但很难完全康复，最后发展为终末期肾衰导致死亡。

（二）淀粉样变性（Amyloidosis）

淀粉样变性可发生于多种器官，以肾脏最为常见。肾脏淀粉样变是肾病综合征的重要病因，当发生肾淀粉样变的时候主要表现为肾病综合征。

【病因及发病机制】

机理不明，可能因某种淀粉样蛋白存于血清，在组织损伤或炎性反应时会大大增多，持续沉积于肾脏，形成多聚纤维丝状结构，进而发展为淀粉样变。这些蛋白可在肾脏的细胞外沉积，尤其犬发生于肾小球时。在猫和一些犬中，可能检测不到肾小球病变。还可导致蛋白尿及肾功能不全或者肾衰竭。犬常见反应性淀粉样变性病。

【临床症状】

肾脏体积通常增大，也可能不变，后期变小，同时伴有浮肿。病变可分为四期：前期、蛋白尿、肾病综合征和肾功能衰竭期。早期可见蛋白尿。肾病综合征是重要表现，一旦出现，则病情发展迅速。可有尿潜血。另外会偶发其他一些泌尿系统疾病症状。

【诊断和鉴别诊断】

结合临床症状，出现蛋白尿或肾病综合征，尤其针对同时伴有肝、脾肿大及心脏疾病的病例，出现慢性肾衰时，最可靠的检查方法为肾脏病理学检查。可通过肾活检或对死亡动物肾脏检查来确诊。蛋白尿是此病的特征，而对于一些猫和犬则以肾功能不全为特点。临床对肾脏病理学检查可见刚果红染色阳性，电镜检查可见纤维丝样物。

还应区别其他免疫复合物性的肾小球肾炎及肾机能不全。

【治疗】

治疗原发病，尽力纠正潜在病因。限制盐的摄入量，适当利尿，补足热量和营养。特殊情况，可血液透析。

【预后】

治疗效果不佳。出现肾病综合征，会发展迅速，预后差。继续发展，则会导致肾功能衰竭。

六、肾功能衰竭（Renal failure）

肾功能衰竭常见于犬，猫也有发生，有急性和慢性之分，特点为氮质血症和尿比重下降。

【病因及发病机制】

各种原因导致血液和尿液中毒素不能及时排出，可导致肾脏损伤并出现肾衰竭，如药物不当，长时间或大剂量的使用对肝肾损害明显的药物；肝脏疾病继发肾脏衰竭，肝脏是机体重要的解毒中心，当肝脏功能障碍或衰竭时，大量的毒物无法通过肝脏进行解毒而随着血液循环进入肾脏导致肾脏急性损害，严重时出现肾脏衰竭；饲料因素，如发霉变质；肾脏炎症转化而来，炎症由急性转为慢性逐步发展成肾衰。

【临床症状】

临床上以水和电解质平衡紊乱、酸碱平衡失调、贫血、心血管症状以及胃肠道症状（如呕吐、腹泻、消瘦、口腔异味等）、少尿或无尿为主要症状。

【诊断和鉴别诊断】

血液生化检测　以血清中肌酐和尿素氮异常升高为特征。

【治疗】

治疗原则是积极治疗原发病、防止脱水和休克、纠正高血钾症和酸中毒、缓解氮质血症等，在临床治疗中可以使用对肾脏毒性较小的氨苄青霉素，静脉补充生理盐水，注射地塞米松，当出现无尿时可以尽快使用利尿药，如口服呋喃苯胺酸或肌肉注射速尿，出现酸中毒时可静注5%碳酸氢钠，出现高血钾时要及时补充林格氏液或生理盐水，在恢复期的治疗中，以补充营养、给予高碳水化合物、维生素等尤为关键。

为肾衰病犬提供的能量应该来自非蛋白源的食物，限制蛋白质的摄入量，维持其最佳体重并防止体蛋白的分解和尿毒症的发生，否则易发生低蛋白血症而导致腹水或水肿的发生。严格限制镁、磷和钠的摄入量，以减少高血镁症和高血磷症及腹水、水肿的发生。限制补钙和维生素D，补充适量的维生素C和维生素B。严禁补给维生素A，这是因为它可增加视网膜结合蛋白的滞留和提高血浆中维生素A的浓度，从而增加了维生素A中毒的敏感性及增加了甲状旁腺激素的分泌。对于肾衰病犬既要满足机体能量的需要，补给维生素C和维生素B，保证病犬能随时饮到新鲜清洁的水，又要限制蛋白质、镁、磷、钙、钠及维生素A和维生素D的摄入量，防止尿毒症、高镁血症、高磷血症、水肿、充血性心力衰竭和肾性骨营养不良的发生，帮助重建肾脏的正常功能。

（一）急性肾衰竭

急性肾功能衰竭（acute renal failure，ARF）是指由多种原因造成的急性肾实质性损害而导致的肾功能抑制，临床上以速发、少尿或无尿、代谢紊乱及尿毒症为特征。临床病况危重，死亡率高，预后不良。故早预防、早诊断、早治疗和综合整体治疗显得尤为重要。

【病因及发病机制】

由于绝大多数的机体代谢产物均要通过肾脏排泄，故肾小管上皮细胞易遭受肾毒性因素的损害，进而发生ARF。犬急性肾衰竭可能由血液供给不足、高钙血症或中毒（乙二醇防冻剂或氨基糖苷类抗生素）引起。氨基糖苷类抗生素是临床常用的药物，耳毒性和肾毒性是此类药物的主要不良反应，其中尤以庆大霉素的肾毒性更为常见。小动物急性肾衰时，由于局部缺血（如休克、心脏输出量下降、创伤、大面积烧伤等）或者毒素作用导致的肾小球的滤过率突然下降和肾小管损伤，可引起水盐代谢的失调。病因还有过敏疾病、强烈的感染性疾病和尿路梗阻及糖尿病等。由于各种原因导致的肾功能突然衰竭，另外，机体不能在摄入和排泄之间保持平衡，就可引起急性尿毒症综合征。

根据致病部位可分为肾前性、肾性和肾后性3类。

（1）肾前性病因　常见于各种原因导致的急性血容量不足，心脏疾病导致的心脏射血量减少，肾脏本身血管梗阻，肾脏周围的血管扩张等。如大出血、严重腹泻和呕吐、大面积烧伤、腹水、休克等可引起血容量骤减，有效循环血量不足；心力衰竭、心肌梗死、心率严重失常、心输出量减少等原因可导致肾血流量不足，肾小球动脉端血压下降、缺氧和失去肾小球滤过能力等原因。缺血可导致急性肾小管坏死。

（2）肾性病因　见于各种肾实质性疾病原因引起的肾小球、肾小管和肾间质病理变化。如钩端螺旋体、细菌性肾盂肾炎造成的感染；某些氨基糖苷类抗生素、磺胺类药物、非甾体类抗炎药物、两性霉素B、乙二醇、重金属、蛇毒、蜂毒中毒等造成的肾中毒；肾动脉血栓、弥漫性血管内凝血等引起的肾血液循环障碍等（这种类型最为常见）。根据病变部位还可具体分四类：为急性肾小球或肾小血管肾炎、急性间质性肾炎、急性肾血管病变和急性肾小管坏死。其治疗方法也根据分类不同而有所不同。

（3）肾后性病因　由于尿路阻塞或双侧输尿管梗阻（损伤、结石等，最常见输尿管结石），引起急性梗阻性肾衰。肾小球滤过受阻，导致血氮增多，同时因缺血造成肾小管上皮细胞坏死而导致本病。此种类型是诊断时首先要排除的因素，可以经过手术解除梗阻。

明确发病机制，有助于临床上及时采取相应的治疗手段，并更加有效地治疗疾病，从而降低ARF的发病率和病死率。

【临床症状】

一般症状：精神萎靡、厌食、呕吐、腹泻、便血、尿毒症、黄疸、出血、高磷血症和高氮质血症、少尿、无尿。

往往病因不同，表现侧重点各异。急性肾小管坏死可分为少尿期、多尿期和恢复期3个时期。

（1）少尿期　初期，病犬、猫在原发病（出血、溶血反应、烧伤、休克等）症状的基础上，排尿量明显减少；水、电解质及酸碱平衡失调：由于水、盐、氮质等代谢产物的潴留，可表现水肿、高钾血症、高磷血症、低钠血症、低钙血症、酸中毒和尿毒症等，并易发生继发或并发感染。同时出现氮质血症、高血压、心力衰竭、心律失常和消化障碍。少尿期短约1周，长则2～3周，如果长期无尿，则有可能发生肾皮质坏死。

（2）多尿期　病犬、猫经过少尿期后尿量开始增多而进入多尿期。此时水肿开始消退、血压逐渐下降，但血中氮质代谢产物的浓度在多尿初期反而上升，同时因水、钾、钠丧失，病畜可表现四肢无力、瘫痪，心律紊乱甚至休克，重者可猝死，且容易感染。因病犬、猫多死于多尿期，故又称为危险期。此期持续时间1～2周，如耐过此期，便进入恢复期。

（3）恢复期　病犬、猫排尿量逐渐恢复正常，各种症状逐渐减轻或消除。但由于机体蛋白质消耗量大，体力消耗严重，仍表现出四肢乏力、肌肉萎缩、消瘦等症状，因此应根据病情，继续加强调养和治疗。恢复期的长短，取决于肾实质病变恢复的程度。

重症犬、猫，若肾小球功能迟迟不能恢复，可转为慢性肾功能衰竭。

【诊断和鉴别诊断】

根据中毒病史或者导致局部缺血的病史，结合临床症状和实验室检查的特征变化进行诊断。

（1）实验室检查　B超检查，判定是否有肾后性衰竭，首先解除梗阻导致的衰竭。

（2）尿液检查　少尿期的尿量少，而相对密度低，特别是有休克时会少尿甚至无尿。尿正常相对密度为1.015～1.050，若相对密度低于1.010为可疑，在1.007～1.009之间时即可确诊。同时尿钠浓度偏高，尿中可见红细胞、白细胞和各种管型及蛋白。此外，在多尿期的尿相对密度仍偏低，尿中可见白细胞。

（3）血液学检查　白细胞总数增加和中性粒细胞比例增高；血中肌酐、尿素氮、磷酸盐、钾含量升高；血清钠、氯、二氧化碳结合力降低。

（4）补液试验　给少尿期的病犬、猫补液500mL后，再静脉注射利尿素或速尿10mg，若仍无尿或尿相对密度较低，可认为是急性肾功能衰竭。

（5）肾造影检查　急性肾衰竭时，造影剂排泄缓慢，根据肾显影情况可判断肾衰竭程度。如肾显影慢和逐渐加深，表明肾小球滤过率低；显影快而不易消退，表明造影剂在间质和肾小管内积聚；肾显影极淡，表明肾小球滤过功能极度障碍。

（6）肾活组织检查　区别肾前性氮质血症和慢性肾衰竭。

【治疗】

祛除病因是防止 ARF 发展的先决条件。以治疗原发病、防止脱水和休克、纠正高血钾症和酸中毒，缓解氮质血症为治疗原则。

(1) 治疗原发病　创伤、烧伤和感染时，用氨苄青霉素 10mg/kg，静脉注射。脱水和出血性休克时，用生理盐水 10～20mL/kg、地塞米松 1～2mg/kg，静脉注射。如为中毒病，应中断毒源，及早使用解毒药，并适度补液。尿路阻塞症时，应尽快排尿，必要时可采用手术方法排除阻塞原因，排除潴留的尿后应适当补充液体。

(2) 少尿和无尿期的治疗　主要进行液体疗法，减少或者缓解水盐代谢及酸碱平衡紊乱的发生；无尿是濒死的预兆，必须尽快利尿，可口服呋喃苯胺酸 2mg/kg，每 8～12h 一次。适当使用速尿 4mg/kg 静脉注射或者甘露醇 1g/kg 解除严重的少尿。注重纠正高血钾及酸中毒。高钾血症时，可用生理盐水或乳酸林格氏液 10～20mL/kg，静脉注射。酸中毒治疗，用 5%碳酸氢钠 20～40mL，静脉注射，但高血压及心力衰竭时禁用。用支持疗法解决消化系统症状及易感染现象。调节控制氮质潴留：出现高氮质血症时，可在纠正脱水后，用 20%甘露醇 0.5～2.0g/kg，静脉注射，每 4～6h 一次。

(3) 多尿期的治疗　仍注重水、电解质和酸碱平衡，随排尿量的增加，应注意补充电解质，尤其是钾的补充，以避免出现低钾血症。控制氮质血症：血中尿素氮为 20mg/100mL（犬）或 30mg/100mL（猫）时，可作为恢复期开始的指标，若低于上述指标时，则应逐步增加蛋白质的摄入，以利于康复。

(4) 恢复期的治疗　适当检查，补充营养，避免使用损伤肾脏的药物。

(5) 营养支持　限制蛋白质的摄入和补充高能量、维生素食物。另外，给予安静环境，多加休息。

【预后】

病因和发病机制不同，诊断和处理的措施也不同，从而预后也不尽相同。经过及时的诊断、积极正确的治疗，患畜肾功能可完全恢复正常，可有效挽救生命。如延误诊治，后果很严重，一部分病例，病情危重，甚至可死于多种并发症和多脏器功能衰竭。出现全身各脏器受累的临床表现，病死率高。病情复杂的、危重的老龄患畜病死率更高。不治疗则危及生命。

(二) 慢性肾衰竭

慢性肾功能衰竭（chronic renal failure，CRF)，是一种内科常见病。是由于承担肾功能的肾单位绝对数减少引起机体内环境平衡失调和代谢严重紊乱而出现的综合征候群，可导致持续存在氮质血症。

【病因及发病机制】

小动物肾小管间质异常病变，肾小球病变及肾脏血管的异常均可致病。犬慢性肾衰竭可能是先天性和/或遗传性的，或由免疫因素：各种原发性肾小球肾炎、淀粉样变病、继发性肾炎等。非免疫性因素包括：糖尿病、高血压。这些因素可导致肾功能损害，并进一步恶化，进入终末期。还见癌症、慢性感染等原因，其他多由急性肾功能衰竭转化而来。

在晚期出现尿毒症。尿毒症时体内代谢物质积累，甲状旁腺机能亢进等。大量尿毒症毒素损伤机体，并且出现营养与代谢的失调。

【临床症状】

临床表现复杂。一般症状：慢性多尿烦渴、尿比重下降、尿路感染、消化系统障碍、厌食呕吐、口腔溃疡、内分泌紊乱、贫血和尿毒症等。

根据疾病的发展过程，可分为 4 期。

(1) Ⅰ期　为肾功能不全代偿期，储备功能减少期。一般无症状，或表现为血中肌酸酐和尿素氮轻度升高。

(2) Ⅱ期　为代偿期。水、电解质紊乱，出现多尿、多饮，轻度脱水，轻度贫血和心力衰竭。厌食、精神萎靡。

(3) Ⅲ期　为氮质血症期，可出现肾功能衰竭，明显乏力、严重贫血、代谢性酸中毒，表现排尿量减少。伴有中度或重度贫血、血钙降低、血钠降低、血磷升高、血尿素氮升高（每 100mL 可达 130mg 以上）和酸碱失衡。

(4) Ⅳ期　为尿毒症期。表现出无尿、血钙降低、血钠降低、血钾升高、血磷升高和血尿素氮高达 200～250mg/100mL 及以上，免疫力降低、贫血、出血、内分泌紊乱。伴有代谢性酸中毒、神经症状和骨骼明显变形等。

【诊断和鉴别诊断】

针对不同的分期，根据临床症状和实验室检查结果，做出相应诊断。尿毒症、氮质血症、血磷浓度升高、血钾浓度异常和代谢性酸中毒的临床症状相似。X 线、B 超检查可见肾脏变小、不规则。

鉴别诊断：区别脱水、低血压性肾前性氮质血症、肾后性氮质血症等，以及单纯的贫血与消化道疾病。

【治疗】

对于慢性病例，饲养上以高能量、低蛋白的食物为主，各种药物的剂量据动物的大小以及病情的严重程度灵活掌握。

根据具体发展程度，针对性治疗。对症治疗，纠正贫血、酸中毒、呕吐、低血钾、高血压等。早中期减缓病情，晚期则注意整体治疗。

(1) 一般治疗　纠正水、电解质平衡紊乱和对症治疗。使用雄性激素 1-甲雄烯醇丙酮乙酸盐 2mg/kg，肌肉注射或口服，或用醋酸睾酮以抑制蛋白分解和促进造血机能。出现抽搐症状时，可使用小剂量镇静药物。

(2) 营养疗法　加强护理，给予高能量、低蛋白的食物。适当投予铁制剂、维生素制剂等。给予充足清水。

【预后】

由于急慢性肾衰均表现为肾脏实质的严重损害，后期治愈率低，死亡率高，因此对该病的早期防治更显重要。预防和提防已患轻度肾脏损伤类型疾病的发生和进一步发展。慢性肾功能衰竭的终末期可出现尿毒症。预后与病因、治疗、营养、并发症等多因素都有关。

七、肾性贫血（Renal anemia）

所谓肾性贫血，是指由于肾功损害而引起的贫血。具体是由于各种因素造成肾脏促红细胞生成素产生不足或尿毒症血浆中一些毒素物质干扰红细胞的生成和代谢而导致的贫血。肾性贫血是慢性肾功能不全发展到终末期常见的并发症，常表现有皮肤泛黄、眼结膜苍白等症状。贫血的程度常与肾功能减退的程度相关。

【病因及发病机制】

对于慢性肾功能衰竭的小动物病畜，贫血是其重要症状之一。肾性贫血通常会因肾功能不全而导致红细胞生成减少、破坏增多、丢失增加等，进而导致外周血中血红蛋白浓度、红细胞计数和红细胞压积低于正常值底线。

肾脏可以分泌红细胞生成素，而肾脏受损时，则生成不足，这是引起贫血的主要原因。此外贫血的发生还与多种因素有关。特别当病情发展到尿毒症和慢性肾功能不全时，体内会堆积大量代谢毒素，缩短了红细胞存活时间；甲状旁腺素对造血干细胞的增殖、红细胞生成素的活性、干细胞对红细胞生成素的反应及红细胞代谢可引起的抑制作用；加之蛋白摄入不足，缺铁等营养不良因素，可导致红细胞合成原料不足；并且酸中毒、出血、感染都会导致贫血的加重。出现慢性肾衰时，血小板的凝血作用会严重受损。

【临床症状】

肾性贫血属继发性贫血，临床表现多种多样。主要表现是原发肾脏疾病及慢性肾功能不全。其中慢性肾功能衰竭时的出血倾向是常见现象。常见皮肤、黏膜有出血斑点，严重时则消化道、颅内、胸腔、腹腔等多处有出血性积液。这种出血倾向原因复杂，涉及血小板功能障碍、毛细血管功能缺陷等。慢性肾病病畜体内的毒素物质可干扰红细胞的生成和代谢，由此而引发肾性贫血。慢性肾功能衰竭后期会出现尿毒症。

【诊断和鉴别诊断】

临床诊断可询问肾脏病史，查血肌酐、血尿素氮则能做出结论。贫血程度轻重不一，血液学异常不尽一致，有时肾脏原发病较隐匿，易引起误诊。对于贫血伴有血压增高或水肿的病例，应高度怀疑为肾脏疾病。

鉴别诊断：部分患病动物无明显的肾脏疾病表现及病史，加之以前从未作过尿液检查，容易误诊为再生障碍性贫血。

【治疗】

防治肾性贫血的关键在于控制肾脏疾病本身。对于原发肾脏病，如慢性肾盂肾炎、糖尿病等应予以积极治疗。肾性贫血是慢性肾衰的并发症，所以慢性肾衰的稳定或缓解才是治本之道。

药物治疗：对肾性贫血的病患，可采用皮下或静脉大剂量注射促红素，且需长期进行。还要相应运用雄激素、氯化钴，使红细胞数目增加，改善贫血。其他药物：应给予必需氨基酸治疗及适当补充相应维生素（如叶酸、维生素 B_{12}）。若出现慢性失血，应补充铁剂。

【预后】

预后不良。

八、肾结石（Nephrolith）

该病为泌尿系统常见病，与小动物品种、饮食及生活习惯有很大关系，肾结石多位于肾盂。泌尿道结石多为膀胱结石和尿路结石，肾结石较为少见。

【病因及发病机制】

多种原因均可导致肾脏结石的形成，如尿路梗阻、尿路感染、饮食长期含过高促成结石成分、代谢异常、内分泌紊乱、遗传等。结石的核心部分可能因为钙质沉积或炎症导致的细胞碎片。由于结石在肾盂内的移动和刺激引起平滑肌痉挛，导致下腹部、外阴部、大腿内侧的剧烈疼痛，从而在临床上出现卧地不起、呻吟和血尿等症状，结石还容易导致细菌感染。

【临床症状】

结石小时无明显症状，后期结石大时可并发肾炎、肾盂炎、膀胱炎等。

（1）全身症状　精神沉郁，呻吟，结膜、口腔黏膜苍白，鼻镜干燥，严重感染时体温升高。

（2）运动表现　喜卧、不愿快步奔跑、后肢不灵活。

（3）泌尿系统　尿血、尿潜血、脓尿，严重时可有尿毒症甚至尿出砂石。站立时拱背、腹围蜷缩、触诊腹部敏感、触摸肾区时表现疼痛，严重时形成肾盂积水，乳腺及后肢下部有指压痕。

（4）其他　食欲废绝，听诊心节律不齐、肺部有局限性啰音。

【诊断和鉴别诊断】

肾脏疼痛并伴有血尿。血常规、生化检查：钙、磷、肌酐、尿素氮水平等浓度增高。在怀疑本病时，可进行X线检查确诊，可见结石显影。X线平片能显示出结石或进行肾盂、输尿管的排泄性或逆行性造影，就可以确诊结石的部位，而且还可以区别尿路以外的钙化阴影［见彩图版图4-7-1］。

应与肾肿瘤、肾盂肾炎相区别。

【治疗】

（1）去除病因　及时纠正饮食问题，甲状旁腺机能亢进则予以手术去除，泌尿系统梗阻则进行解除等。

（2）针对结石　小结石，无需特殊处理，多饮水，根据结石性质，选择饮食酸碱度。促进结石自然排出。鸟粪石：饲喂低蛋白、低镁磷的酸性饮食，增加钠盐摄入促进多尿；尿酸盐：碱化饮食；草酸钙：无法通过药物溶解。结石无法排出的，应进行碎石处理或手术去除。

（3）药物治疗　必要时投予利尿剂；调整钙磷比例。草酸盐尿石给予阿托品有效；磷酸盐的尿石应用稀盐酸有较好效果。

（4）中医辨证　砂淋，治宜利水消石，方用“排石汤”。

（5）加强护理　供大量饮水和流体饲料。

【预后】

肾结石严重，预后不良。

十、肾脏肿瘤（Renal neoplasms）

犬和猫肾脏肿瘤少见，但多为恶性。最常见的肾脏肿瘤是移行细胞癌、肾瘤和肉瘤。犬原发性肾肿瘤少见，占肿瘤病的比例不足2.5%，通常都是恶性肿瘤［见彩图版图4-7-2］。犬严重的原发性肿瘤是肾细胞癌（肾腺瘤）。患有原发性肾脏肿瘤的犬，有近30%犬的两侧肾脏均受影响。猫的肾脏肿瘤主要是淋巴肉瘤。

【病因及发病机制】

肾癌病因不明，可能与遗传有关。巨大的肾脏血管供应容易使身体其他部位的原发肿瘤转移到肾脏，常发生早期转移。肿瘤阻塞、尿液外流可导致疼痛、血尿、肾盂积水和占位正常的肾脏组织，此外还会引起慢性肾衰竭。德国牧羊犬有遗传性多发性肾脏囊腺癌，并伴有皮肤结节。

【临床症状】

多数犬临床症状不太明显。可单发可多发。有时出现肾肿瘤综合征。有时伴有肾脏炎症及尿石症。可出现血尿、肿块、肾区疼痛。另外，有食欲减退、消瘦、发热、高血压、高血钙、贫血、虚弱等症状。精神沉郁、运步缓慢、尿液发黄等症状。临床检查见其结膜苍白，腹部有肿物。患有非淋巴瘤性肾脏肿瘤的犬和猫在排尿开始和结束时，尿液一致呈红棕色。腹部触诊表现为单侧肾脏增大及疼痛，单侧肿瘤不会引起肾衰竭。患有肾淋巴瘤的犬，会影响至另一侧肾脏，两侧肾脏同样增大。发生血尿的情况并不常见，常根据涉及的其他器官，可检测到肿瘤的存在。对于猫，淋巴瘤通常会导致多块状的双侧肾脏增大。对于犬和猫扩散的双侧性肾脏淋巴瘤，一般会导致慢性肾衰竭。

【诊断和鉴别诊断】

出现明显血尿、肿块、肾区疼痛，表明该病已达晚期，故出现以上任一症状均应注意。小肿瘤可通过肾脏造影、B超检查、血象检测确诊。诊断犬的肾脏肿瘤，腹部X线片可显示有不规则增大的肾脏并能看到矿化区域。肾X线尿路造影可显示肾脏感染部位异常血管灌注，肾盂造影图像可以显示收集系统的变形。超声波可以检测恶化组织的异常回声。肾脏团块的直径大于5cm时，很可能是肾脏肿瘤。血尿持续存在，可利用膀胱镜检查病变的肾脏输尿管以显示出血部位。尿液细胞学评估并不可靠，只有取肾脏活组织检查才能确诊。对于犬和猫的淋巴瘤，针管抽吸或活组织检查可确诊。放射学检查可确定肿瘤是否转移。

【治疗】

如有散发的肾脏浅表小肿瘤，可部分切除，因为这些肿瘤在诊断出来时已处于后期阶段，其预后常不良。肾盂癌则要全部切除输尿管。行肾脏摘除术时，对于较大点的肿瘤则要将肾脏连同周围筋膜组织全部切除。淋巴瘤生存时间不长，一般需要治疗，如果病情减轻，肾脏功能会有一定程度恢复。此外还需消炎、补液、调节酸碱、电解质平衡和通过静脉给予营养。

【预后】

手术切除后，有的可复发，预后常不良，术后存活时间为半年左右。

第三节 输尿管疾病

Diseases of the Ureter

一、先天性异常（Congenital abnormalities）

（一）异位性输尿管（Ectopic ureter）

输尿管畸形可分为重复输尿管、异位开口或输尿管膨出，均表现为输尿管不能正常到达膀胱三角区。

【病因及发病机制】

输尿管异位是最常见的幼犬输尿管先天缺陷，且公犬较母犬更易患，但是原因不明。正常的输尿管连接膀胱，患输尿管异位的犬，则由于输尿管重复、异位开口或输尿管膨出等原因，不能正常到达膀胱的三角区。异位的输尿管会将尿液输送到直肠或者阴道，所以尿液无法储存。

【临床症状】

由异常程度及畸形位置等决定症状的不同及轻重。表现出持续性尿失禁，随时随地遗尿。

【诊断和鉴别诊断】

从小就有尿失禁，经药物治疗无效或者仍然间歇性的出现症状的犬猫，应怀疑此病。尿路造影、及腹腔超声波检查均可以确诊。应与其他原因导致的尿失禁相区别。

【治疗】

因为幼犬出生时，输尿管中的尿液会直接流入尿道再流出体外，而非流入膀胱，因此无法控制小便的流出，所以此病一定要用手术治疗，即通过手术纠正畸形。整复输尿管可以完全分离或者部分分开。异位开口输尿管导致尿失禁的病例，可改变其位置到膀胱内。一般犬较少单纯采用药物治疗。

【预后】

经手术治疗，预后较好。

（二）输尿管疝（Ureterocele）

输尿管疝（ureterocele）是膀胱内输尿管黏膜下层段的先天性囊性扩张，又称输尿管囊肿。根据输尿管疝发生时输尿管开口位置的不同，可分为正常位输尿管疝（orthotopic ureterocele）和异位性输尿管疝（ectopic ureterocele）。猫的输尿管疝在临床上较为罕见，雌犬多发。

【病因及发病机制】

猫输尿管疝的病因尚不清楚，先天性的病因可能与胚胎期Chwalle薄膜未消退吸收有关。随着输尿管疝的出现，可能出现输尿管扩张、肾盂积液、感染、结石、尿失禁、膀胱颈或尿道阻塞等并发症。尿频和尿失禁可能是由于输尿管疝开始机械性刺激引起膀胱颈处充血发炎所致。

【临床症状】

有的动物没有症状。幼龄动物多有排尿障碍、尿频、尿失禁等症状，严重则会导致排尿困难甚至尿闭。

【诊断和鉴别诊断】

进行B超、X线检查可确诊。输尿管疝也可以使用尿路造影进行诊断，但效果可能不佳。超声检查具有无痛苦、无损伤、安全可靠、诊断快捷等优点。犬正常位的输尿管疝超声检查通常能看到扩张的输尿管末端终止于囊壁内，而犬的输尿管异位时即便输尿管扩张，由于骨盆的干扰也很难追踪到输尿管开口。

【治疗】

手术矫正是治疗输尿管疝的最佳方案。抗生素治疗在一定程度上可降低炎性刺激，从而使得尿频症状有所改善。保守治疗可采用阿莫西林克拉维酸钾。

【预后】

术后预后良好。

二、输尿管阻塞（Ureteral obstruction）

梗阻发生在输尿管膀胱开口以上称为上尿路梗阻。上尿路梗阻后积水发展较快，对肾功能影响也较大，单侧多见，亦可为双侧。

【病因及发病机制】

引起尿路梗阻的病因很多，包括机械性和动力性的原因。前者是指管腔被机械性病变梗阻，如结石、肿瘤、狭窄等；后者是指中枢或周围神经疾病致部分尿路功能障碍，影响尿液排出，如神经源性膀胱功能障碍。梗阻可以是先天性的，但大多数是后天性的。可以是泌尿系统本身的疾病所致，也可以是泌尿系统以外邻近病变的压迫或侵犯。

输尿管梗阻的先天性病因常见输尿管膨出，后腔静脉后输尿管、输尿管异位开口等。近肾脏部位的梗阻，常见肾盂输尿管连接部先天性病变，如狭窄、异位血管和纤维束等。后天性病变以结石最常见，输尿管炎症、结核、肿瘤和邻近器官病变（腹膜后纤维化、腹膜后肿瘤或盆腔肿瘤）的压迫或侵犯均可造成梗阻。重度肾下垂亦可引起梗阻，医源性损伤也可引起输尿管狭窄或闭塞，其他如妊娠、盆腔脓肿也可以压迫输尿管，影响尿液的排出。

上尿路梗阻时，因梗阻近侧压力增高，输尿管收缩及蠕动增强，管壁平滑肌会增生，管壁增厚。如梗阻不解除，后期失去代偿能力，平滑肌逐渐萎缩，张力减退，管壁变薄，蠕动减弱乃至消失。肾盂积水内压升高，压力经集合管传至肾小管和肾小球，可使肾小球滤过压降低，滤过率减少。但肾内血循环仍保持正常，肾泌尿功能仍能继续很长一段时间，这是由于部分尿液通过肾盂静脉、淋巴、肾小管回流以及经肾窦向肾盂周围外渗，使肾盂和肾小管内压力有所下降，使肾小球泌尿功能得以暂时维持。如果梗阻还不能解除或者急性完全性梗阻，尿液继续分泌，由于尿液分泌和回流不平衡，结果肾积水使肾盂内压力逐渐增高，压迫肾小管、肾小球及其附近血管，造成肾组织缺血缺氧，肾实质逐渐萎缩变薄，肾容积增大，最后肾功能丧失，水肿十分严重。

【临床症状】

上尿路梗阻，开始多无症状，待发展到一定程度后，会出现肾积水或肾功能衰竭（双侧）。有的时候是和原发病变同时出现（继发性上尿路梗阻）。常表现为肾区或膀胱区肿块，肾积水或膀胱胀大；尿频、尿急、排尿困难或尿潴留，疼痛（如肾积水、肾盂内压力增加过快，刺激肾包膜而致疼痛，间歇性肾积水或输尿管结石梗阻的肾绞痛），无尿、少尿或多尿等尿量变化（如输尿管结石完全梗阻，间歇性肾积水等），贫血，进行性肾功能衰竭，肾小管功能减退和高血压。

泌尿系梗阻后易发生不易控制的尿路感染及菌血症。梗阻造成尿液停滞与感染，可促进尿路结石形成。表现为患侧腰痛。肾积水明显时，上腹部可触及肿块。如为间歇性梗阻则肿块时大时小。并发感染时可有发热、脓尿，有的出现尿频、尿急等症状。并发结石时可出现血尿。双侧严重肾积水可出现慢性肾功能不全症状，如食欲不振、恶心、呕吐及贫血等。双侧上尿路梗阻时可出现无尿。

【诊断和鉴别诊断】

由于梗阻的部位、程度及病因不同，诊断手段也有差异，因此早期诊断也比较困难，但早期诊断又十分重要。当一侧输尿管完全堵塞后，犬的临床症状变化不大，实验室肾功能变化的指标也不明显，但是影像学检查结果变化明显，故从临床诊断的角度而言，影像学检查更有临床意义。上尿路梗阻性疾病的诊断主要依赖 B 超、X 线检查、逆行肾盂造影，普通 CT 等检查。B 超检查方法简单无损伤，诊断明确，是首选的检查方法。

（1）尿常规　可有镜下血尿或肉眼血尿，并发感染时有脓细胞，尿培养有致病菌。

（2）肾功能　肾功能不全时血尿素氮、肌酐可增高。

【治疗】

尿路梗阻的治疗比较复杂，应当结合具体情况，特别是要明确病因、梗阻部位、肾功能状态、有无继发感染、动物的基本状态等，然后采取不同措施，解除梗阻、保护患肾功能。解除梗阻：①如肾功能在正常范围内，应尽快明确梗阻的原因及部位，解除梗阻与病因治疗可同时进行。②如果病因与解除梗阻不能同时处理，可先行解除梗阻，待动物情况稳定后，再进一步行病因治疗。例如前列腺增生，肾功能虽佳，但心血管合并症严重，则应先行解除梗阻（留置导尿或膀胱造瘘），待病好转稳定后，再作前列腺增生症的治疗。③如肾功能已有严重损害，应立即解除梗阻，治疗并发症，恢复肾功能，以后针对病因做进一步治疗。④急性梗阻时应早作诊治，以保护肾脏功能，常见的病因有手术误结扎输尿管（多有盆腔手术史）和结石阻塞输尿管（多有肾绞痛），也可能出现少尿或无尿。

解除梗阻的方法有导尿术及留置尿道导管等。

当一侧输尿管堵塞后，引起患肾病变。从外科治疗的角度而言，有两种方法：一种方法是将患肾摘除；另一种是将堵塞的输尿管疏通，让患肾的功能能够部分恢复。但是患肾摘除后，剩下的肾受到损伤时，将会对犬的生命产生威胁。后者手术较难，但是可以有机会让患肾部分功能恢复。

【预后】

根据患病程度决定预后，如治疗拖延，一般预后不太理想。

三、输尿管结石（Ureterolithiasis）

输尿管结石绝大多数来源于肾脏，包括肾结石或体外震波后结石碎块降落所致。由于尿盐晶体较易随尿液排入膀胱，故原发性输尿管结石极少见。有输尿管狭窄、憩室、异物等诱发因素时，尿液滞留和感染会促发输尿管结石。

【病因及发病机制】

较少见，多数是由肾结石下移形成。

【临床症状】

腹痛剧烈，呕吐，动物不愿行走，表现痛苦，拱背，触诊腹部疼痛，有时出现血尿、脓尿和蛋白尿。尿频不畅，一次几滴。尿结石长期刺激膀胱、尿道黏膜可引起严重的膀胱炎或尿道炎，其黏膜增厚，加剧尿道阻塞。

【诊断和鉴别诊断】

触摸和插导管，X线检查尿路，尤其是尿道或膀胱可见有大小不等的结石颗粒［见彩图版图4－7－3］。

【治疗】

类似于其他尿结石疾病。

针对于非完全堵塞型的，可不导尿，打针喂药即可：口服羟氨苄青霉素、普康素（Proconcin）、氟派酸、呋喃坦啶（呋喃妥因），还可使用庆大霉素（注射或口服）；青霉素（注射）；头孢拉定注射剂＋地塞米松磷酸钠和尿感宁冲剂（三金片、金钱草、石淋通、结石通等中成药）。尿血时打止血针，通常每天一针，连打3d。或者吃止血药。堵塞严重的，应进行碎石或者将结石推入膀胱，导尿后也可直接向膀胱内注射适量的消炎和止痛剂。中西医结合治疗及预防，对于细小的尿结石，可长期口服中药排石冲剂，以使细石溶化并促其排出，手术后口服排石冲剂可防止结石复发。

【预后】

无法将结石上移或下移的，预后不良。

第四节 膀胱疾病
Diseases of the Urinary Bladder

一、先天性疾病（Congenital disorders）

多为膀胱的解剖结构异常。分为膀胱畸形、常见膀胱外翻和腹壁缺损等。

【病因及发病机制】

脐尿管未闭合、膨大和发育不完全，膀胱过多位于骨盆等先天性膀胱解剖结构异常，常常容易导致尿路感染、阻塞及尿失禁等。

【临床症状】

一般无症状。发生尿路的感染阻塞时可出现相应的症状，如血尿、尿失禁、排尿困难等。

【诊断和鉴别诊断】

结合临床症状及尿液感染细菌，X线检查可以确诊膀胱异常。常用超声波和膀胱镜确诊其他类型的膀胱异常。膀胱造影也可确定膀胱异常。

鉴别诊断：应与膀胱的结石、息肉、肿瘤等相区别。

【治疗】

一般需要手术纠正，并结合对症治疗，还需用抗生素消除感染。

【预后】

手术可以纠正的病例预后较好。

二、炎性疾病（Inflammatory diseases）

（一）膀胱炎（Cystitis）

膀胱炎或膀胱感染是指膀胱黏膜或黏膜下层炎症的总称，临床特征为疼痛性尿频、尿痛、膀胱触痛，尿沉渣中出现较多的膀胱上皮细胞、白细胞、红细胞及磷酸铵镁结晶等。常见于母犬猫和老龄犬猫，按病程可分急性和慢性膀胱炎。

【病因】

通常因细菌感染引起。

（1）细菌感染　膀胱炎多由奇异变形杆菌、化脓杆菌、葡萄球菌、绿脓杆菌、大肠杆菌等所引起，这些细菌通过血液、淋巴或尿道侵入膀胱。

（2）邻近器官炎症蔓延　肾炎、输尿管炎、阴道炎、子宫内膜炎、前列腺炎、前列腺脓肿蔓延至膀胱。

（3）机械性损伤及刺激　导尿管消毒不严、导尿管损伤膀胱黏膜，以及膀胱结石或肿瘤的刺激。

（4）药物刺激　各种有毒物质，强烈刺激性药物（如松节油、甲醛等），长期使用某些药物（如环磷酰胺）可引起膀胱炎。各种原因（如尿道结石、膀胱憩室、肿瘤及排尿神经障碍等）引起的尿潴留，导致尿长期蓄积，并发酵分解产生大量的氨及其他有害产物等均可强烈刺激膀胱黏膜引起本病。

【发病机制】

病原微生物经血液下行或经尿道上行进入膀胱及尿潴留产生的氨及有害物质对黏膜强烈刺激，导致膀胱炎，严重则致膀胱组织坏死脱落。坏死组织脱落混于尿中，又为某些细菌繁殖创造了条件，使膀胱炎症加重，膀胱兴奋性紧张性上升，收缩频繁，排尿次数增多、疼痛性排尿。若对黏膜刺激性过强，反射性引起膀胱括约肌收缩、痉挛可导致尿闭或排尿困难。炎性产物被吸收后，可出现全身症状。

【临床症状】

(1) 急性膀胱炎　病犬、猫出现特征性排尿频繁和排尿疼痛。由于膀胱黏膜敏感性增高，患病动物频频排尿或作排尿姿势，但每次排出的尿量很少或呈点滴状流出，排尿时，表现为疼痛不安，严重时由于膀胱颈黏膜肿胀或膀胱括约肌痉挛性收缩，可引起尿闭。触诊膀胱时，表现疼痛不安，膀胱体积缩小。但在膀胱颈组织增厚或痉挛时或尿闭时，膀胱会高度充盈。尿检时，可见尿液混浊恶臭，间或含有黏膜絮片、脓液絮片、血液或血凝块及坏死组织碎片；尿沉渣中有大量白细胞、脓细胞、少量红细胞、膀胱上皮细胞、磷酸铵镁结晶及散在的细菌。化脓性炎：尿中混有脓汁；纤维蛋白性炎：尿中混有纤维蛋白膜或坏死组织碎片，并有氨臭味；出血性：尿中混有血液及血凝块。尿沉渣中可见大量白细胞、脓球、红细胞、膀胱上皮、组织碎片、病原菌，在碱性尿中（反刍兽）可发现磷酸铵镁结晶。全身症状一般不明显，当炎症波及深层组织时，可出现体温升高、食欲降低和精神沉郁。严重的出血性膀胱炎，可出现贫血现象。

(2) 慢性膀胱炎　与急性膀胱炎相似，但程度轻，病程长，往往无排尿困难表现，膀胱壁增厚，呈皱褶或膀胱肌层增厚。

【诊断和鉴别诊断】

根据临床症状及实验室检查进行诊断。

(1) 尿液检查　尿液检查在诊断上极为重要，采取自然排尿或穿刺、导尿，在光镜下检查，可见尿中混有多量白细胞，呈混浊时为脓尿，呈褐色时为血尿。尿中查到细菌时，说明膀胱已被感染。若同时查到脓尿、血尿、蛋白尿、细菌尿时，说明是尿路感染。

(2) 血液检查　膀胱炎一般无白细胞增加和中性粒细胞核左移。这些变化可与肾盂肾炎和前列腺炎相区别。

(3) X线检查　可检出一些并发症，如尿结石、肿瘤、尿道异常、膀胱内憩室和慢性膀胱炎等。

【治疗】

治疗原则：改善饲养管理、抑菌消炎、防腐消毒及对症治疗。根据药物敏感试验结果选用抗生素。在培养细菌前，可使用在尿道能达到高浓度的广谱抗生素，以抗菌消炎。

(1) 改善饲养管理　首先使犬猫安静。饲喂无刺激性、富营养且易消化的优质食物，如奶、蔬菜等，给予充足的饮水，并在饮水中添加适量的食盐，造成生理性利尿，有利于膀胱的净化和冲洗。适当限制高蛋白食物。

(2) 局部疗法　进行膀胱冲洗。冲洗前，先用导尿管经尿道外口插入膀胱内，使膀胱内积尿排出。然后用消毒或收敛性药液反复灌洗2～3次。常用药物有0.05%～0.1%高锰酸钾溶液、0.02%呋喃西林溶液、0.1%雷佛奴尔溶液、2%～3%硼酸溶液、1%～2%明矾溶液或0.5%鞣酸溶液，对慢性膀胱炎还可用0.02%～0.1%硝酸银溶液等。严重膀胱炎最好在膀胱冲洗后，灌注青霉素溶液（40万～80万U溶于5～10mL蒸馏水中）或庆大霉素，每日1～2次。严重的膀胱炎在继发膀胱麻痹而排尿困难时，导尿管先不拔出，留置于膀胱内以便随时将尿液放出，并每日用消毒液冲洗膀胱，直至膀胱炎消退，再拔出导尿管。

(3) 全身疗法　应用尿路消毒药或抗生素等。最好抽取尿液做细菌培养和药敏试验，选用最有效的抗菌药物。口服磺胺二甲基异噁唑或复方新诺明等（25mg/kg，每日2次），服药期间多饮水，并适量补充碳酸氢钠。呋喃妥因5～7mg/kg，内服，每日2～3次。环丙沙星、恩诺沙星、洛美沙星等亦有较好疗效。革兰氏阳性菌感染时，氨苄青霉素有高效。绿脓杆菌感染时，可应用吖啶黄，剂量为3～4mg/kg，配成1%的溶液静脉注射。当发现变形杆菌时，宜用四环素，静脉注射量1万U/kg，每日1次。当发现大肠杆菌时，可应用庆大霉素或卡那霉素。尿路消毒常用乌洛托品。

(4) 净化尿液　酸性尿有助于净化细菌，并可增加青霉素G的抗菌效果。口服氯化铵，犬110mg/kg，猫20mg/kg，每日2次。能使尿液酸化起到净化作用和增强抗菌药物的效果。

(5) 止血　肌肉注射安络血或口服云南白药胶囊（1粒/次，每日3次）。

中医辩证：本病属尿石淋，治宜泻膀胱湿热，利尿通淋，补气，方用“八正散”加减，鲜鱼腥草打浆灌服治疗。

【预后】

急性卡他性，及时治疗可痊愈，预后良好。重症膀胱炎，可继发败血症死亡。若发生尿阻塞，预后不良。

膀胱炎根据病因不同，又可分为细菌性、真菌性和其他形式的膀胱炎。

1. 细菌性膀胱炎

【病因及发病机制】

多由变形杆菌、化脓杆菌、葡萄球菌、绿脓杆菌、大肠杆菌等引起，这些细菌可通过血液、淋巴或尿道侵入膀胱，造成细菌性感染。

【临床症状】

出现尿频、排尿困难、血尿等。

【诊断和鉴别诊断】

尿液的细菌培养试验和药敏试验。

【治疗】

基本与膀胱炎总体治疗法相同，但注意根据细菌培养和药敏试验选用合适的抗生素。

2. 真菌性膀胱炎

【病因及发病机制】

由真菌引发的膀胱炎，临床少见。可分离到真菌，常见的为球拟酵母菌、念球菌、曲霉菌等。

【临床症状】

一般无症状，或者出现脓尿、碱性尿。

【诊断和鉴别诊断】

尿液可检出真菌。

【治疗】

抗真菌，祛除原发病。

3. 其他形式膀胱炎

【病因及发病机制】

某些矿物质过量或缺乏，如缺碘可引起毛细血管通透性改变，发生出血性膀胱炎。另外还有原发性、药物性、气肿性等膀胱炎。邻近器官炎症蔓延，各种有毒物质或强烈刺激性药物（如松节油、甲醛、环磷酰胺等）的刺激和尿潴留（如尿道结石、肿瘤及排尿神经障碍等）均可引起本病。

【临床症状】

根据具体原因，表现稍有区别。

【诊断和鉴别诊断】

结合膀胱炎的共有症状，联系病史，做出具体诊断。

【治疗】

根据病因，对症治疗，注意提高免疫力。

（二）猫特发性血尿和脓尿（Feline hematuria and pyuria）

一般都不只是单纯性的下泌尿道的问题，其致病原因非常多，临床表现类似于泌尿道综合征。

【病因及发病机制】

病因复杂。可能是单个或多个因素，也可能是多个因素相互作用的结果。通常不能确定是否属于泌尿道的病因，但下泌尿道问题多见，如尿石结晶、应激、病毒感染、支原体感染等。

（1）肾脏疾病　囊肿、肾小球肾炎、特发性肾性血尿、梗死、肿瘤、寄生虫、肾盂肾炎、肾毛细血管扩张、外伤和尿结石。

（2）输尿管、膀胱和尿道疾病　猫下泌尿道疾病、肿瘤、寄生虫（肾膨结线虫）、息肉、外伤、尿道炎、尿结石和药物（环磷酰胺）。

（3）前列腺疾病　脓肿、良性前列腺增生、囊肿和肿瘤。

（4）子宫疾病　子宫炎、肿瘤和子宫积脓。

（5）阴道或阴茎疾病　肿瘤和外伤。

（6）非泌尿道生殖疾病　应激、中暑、药物和毒素。

【临床症状】

患病动物精神沉郁，不断舔生殖器，伴有排尿困难、尿频、血尿、排尿姿势异常。如果尿道阻塞，甚至出现尿毒症（厌食、呕吐、呼出氨味气体、沉郁、消沉、虚脱、衰竭）。

【诊断和鉴别诊断】

常见血尿。应与尿石症、肿瘤等相区别。

【治疗】

（1）尿道阻塞　应镇静，解除尿道堵塞物，必要时留置导尿管（如冲洗尿道后排尿仍不畅，患尿毒症，排尿迟缓，在12～24h内仍有可能被阻塞的高危动物），有近期阻塞史的，应防止重新阻塞。如果公猫尿道频繁被阻塞，建议做尿道造口术。

（2）尿道非阻塞　排除病因，制定合理的用药方案（抗生素，扩充尿液，对平滑肌和骨骼肌的抗痉挛药）。

另外，可运用专门食疗方法，食用罐装食品，增加日饮水量，食用可降低晶体尿的食物。

【预后】

具体病情具体分析。

三、膀胱结石（Cystolith）

膀胱结石常见于犬类，膀胱内形成的结石大小不等、数量不一。

【病因及发病机制】

继发于感染、饮食影响和遗传因素。结石按成分可分为磷酸铵、草酸钙、尿酸、胱氨酸、钙磷酸盐和硅酸盐，最常见的是磷酸铵和草酸钙结石。膀胱结石引起的系列症候如菱形结石可刺伤或阻塞造成膀胱和尿道系列病变。

【临床症状】

结石小的时候不表现出临床症状，结石大而多时，可刺激膀胱黏膜引起膀胱炎症。有时并不出现任何症状，但大多数表现有频尿或血尿，膀胱敏感增高，类似膀胱炎的症状。当结石位于膀胱颈部时，可出现明显的疼痛和排尿障碍，动物频频作排尿姿势，但尿量很少或无尿，腹部触诊膀胱轮廓十分明显，但压迫膀胱无尿液排出。

【诊断和鉴别诊断】

检查患有膀胱结石的犬时会发现膀胱壁增厚，有时可触诊到膀胱中的结石。动物烦躁不安，不停行走，频繁舔生殖器，并哀叫。

主要通过触诊和X线检查［图4-7-4］。膀胱壁增厚，触之敏感、疼痛、膀胱硬实，膨胀挤压不动。膀胱如果破裂，则触摸不到膀胱，但可行腹腔穿刺证实。如完全尿道阻塞则完全无尿，食欲废绝3～5d可因酸中毒、急性肾衰死亡。

【治疗】

根据结石的大小、位置、动物品种、性别及全身情况，制订治疗方案。

（1）控制休克　犬猫往往病情严重时才来就诊。如动物严重脱水、嗜睡或昏迷，应立即输液、补充电解质和纠正酸中毒，待尿毒症得到控制、病情稳定时再作结石清除处理。

（2）水压冲击疗法　动物需镇静或全身麻醉。膀胱膨胀应作膀胱穿刺排尿。在一手指伸入直肠压迫骨盆部尿道时，向尿道内注入生理盐水，使尿道扩张。远端尿道用手握紧，然后迅速松开解除尿道压力，尿石常随液体射出体外，常需重复几次。如此法无效，可用较粗的导尿管经尿道口插至结石端，用力注入生理盐水或液体润滑剂，将结石冲回至膀胱。

（3）手术疗法　水压冲击法无效时，可采用手术治疗。常见的有阴囊前尿道切开术、膀胱插管术、阴囊尿道造口术及会阴尿道造口术等。公犬膀胱结石的取出应先切开腹壁，切开腹壁后如果膀胱胀满需排空蓄积的尿液，使膀胱空虚，用止血钳夹住膀胱的基部，小心将其翻出创口外，使膀胱背侧朝上，然后用纱布隔离，防止尿液流入腹腔，较大的结石可用手指直接取出，较小的可用锐匙取出，要特别注意取出狭窄的膀胱颈及近端尿道的结石，防止小的结石阻塞尿道。从阴茎的尿道口无菌插入双腔导尿管，用生理盐水反流灌注冲洗，保证尿道和膀胱畅通。冲洗完后再用手指检查，以确保取出所有结石。术后应用抗生素疗法治疗 5d。

【预后】

临床一般多采用开膀胱清洗碎石疏通尿道，但易引起术后急性尿毒症，治好后的复发几率高，所以最好是预防为主。

四、膀胱肿瘤（Bladder neoplasms）

原发性和恶性的膀胱肿瘤在犬多发，且以雌性动物居多，但猫很少见。

【病因及发病机制】

接触致癌物质及一些原发性的致病因素。

【临床症状】

血尿是最常见的症状，尿液中可能出现肿瘤细胞。泌尿系统：可出现排尿困难、尿频、尿淋漓、尿痛、尿血、尿路感染、膀胱胀大。当尿液在膀胱的三角处阻塞时可发生全身性的症状，一般可见：腹水、脱水、发热、烦渴、消瘦、体重下降，还可见腹痛、咳嗽、心率高。常涉及身体各个系统的症状，故不表现出泌尿系统症状，给术前诊断带来很大的困难。

【诊断和鉴别诊断】

尿沉渣见变形的上皮细胞增多，X 线检查或者超声波一般可初步确诊，还可做肾活组织检查确诊。膀胱黏膜出现病变时，诊断要容易很多，常见症状有尿频、血尿。通常 B 超、膀胱内阳性或是阴性造影和尿沉渣检查等就可确诊［见彩图版图 4－7－5］。

【治疗】

手术切除，采取对症疗法，抗感染、止痛，并采取支持疗法。

【预后】

良性肿瘤与彻底切除的初期恶性肿瘤预后良好，其他情况则会恶化，预后不良。

第五节　尿道疾病

Diseases of the Urethra

尿道疾病常见动物排尿姿势异常，或者做排尿姿势，却无尿或少尿。表现尿痛症状，躁动、呻吟、后肢频频交替踏地等，同时，出现尿液异常，混有脓液、血液、颗粒等，尿沉渣可见大量扁平上皮细胞或尾状上皮细胞以及一些结晶颗粒（如硫酸铵镁结晶），膀胱触诊敏感，容量及内容物质触感异常。

一、先天性疾病（Congenital diseases）

（一）尿道下裂（Hypospadias）

请参阅第四部分第十章第九节公犬不育。

（二）尿道直肠瘘

常为肛门闭锁的并发症，多为雄性动物发病。

【病因及发病机制】

原因大致有先天性和后天性两种：

(1) 先天性原因　先天发育不良，尿道与直肠没有形成中膈，或形成畸形，或肛门闭锁，天生的尿道与直肠完全或不完全相通。

(2) 后天性原因　直肠会阴部脓肿破溃后贯通直肠和尿道，尿道感染、前列腺癌、直肠癌侵及会阴、化学药品烧伤以及外伤后均可以引起直肠与尿道相通。

【临床症状】

尿液经肛门和尿道同时排出，尿液污染会阴，常伴发膀胱炎。或者排便或尿时常有粪便、气体从尿道排出。可引起尿道、前列腺、膀胱、肾盂发炎，并发尿道狭窄。检查时在直肠、尿道里可发现凹陷或硬结，摸到索条状瘘道，在腹压增加时有粪便，可见气体从尿道排出。如排泄孔道被粪块堵塞，则出现肠闭结症状，最后以死亡告终。

【诊断和鉴别诊断】

通过X线检查、肠镜和内窥镜可确诊。若病灶过小，可探查直肠底部或者经尿道造影。

【治疗】

一般均需手术治疗，手术方法有直肠尿道瘘闭锁术和成形术等。对症治疗，可用抗生素消除感染。平时应保持粪便成形，防止腹泻，经常服用抗菌素预防感染，便后经常用温开水或高锰酸钾擦洗动物患处。

【预后】

术后具体分析。

二、炎性疾病（Inflammatory diseases）

尿道是最常见的细菌感染部位之一，85%以上的泌尿道感染由大肠埃希菌所致。大多数泌尿道炎症由上行感染所致，极少数为血源性感染。在上行性泌尿道感染中，感染可局限于下尿道发生膀胱炎、尿道炎或前列腺炎，也可上行累及肾盂引起肾盂肾炎，若治疗延误或不当，往往后果严重。

（一）尿道脱垂（Urethral prolapse）

请参阅第四部分第十章第九节公犬不育。

（二）尿道炎（Urethritis）

是尿道黏膜的炎症，其特征是尿频、局部肿胀，主要发生于犬、猫。

【病因及发病机制】

主要是尿道感染所致，炎症发生后，因局部肿胀、疼痛、尿道狭窄，可引起排尿困难和尿变化。

(1) 细菌感染　导管消毒不彻底或操作粗鲁导致损伤后细菌感染，交配（公畜或母畜尿生殖道炎症），结石损伤受感染。

(2) 邻近器官炎症蔓延　膀胱炎、包皮炎、阴道炎、子宫内膜炎。

(3) 尿结石、尿道阻塞刺激。

【临床症状】

病犬、猫频频排尿，尿液呈断续状排出，有疼痛表现，公犬阴茎频频勃起，母犬阴唇不断开张，尿液混浊，混有黏液、血液和脓汁。触诊或导尿检查时，病犬、猫表现疼痛不安，并抗拒或躲避检查。严重时尿道黏膜糜烂、溃疡、坏死或形成瘢痕组织而引起尿道狭窄或阻塞，发生尿道破裂，尿液渗流到周围组织，使腹部下方积尿而中毒。

排尿姿势似膀胱炎，但无膀胱上皮细胞。

【诊断和鉴别诊断】

根据临床症状、X线检查或尿道逆行造影进行诊断。

【治疗】

治疗方法同膀胱炎，原则是消除病因、控制感染和冲洗尿道。

(1) 消炎及防腐消毒　可用0.1%雷佛奴尔溶液或0.1%洗必泰溶液或新洁尔灭冲洗尿道。口服呋喃旦啶10mg/kg，分2次/d口服。静脉注射40%乌洛托品溶液，也可全身应用抗生素，如氨苄青霉素、喹诺酮类药物等。

(2) 若出现尿闭可施插管和穿刺　严重闭尿及膀胱高度充盈时，可考虑阴茎切除术或膀胱切开。

(3) 中兽医辩证　急性尿道炎为湿热淋或血淋，治宜清热、利湿、通淋，方用“八正散”加减。慢性尿道炎属膏淋或劳淋。膏淋治宜清热化湿，方用“草解分清饮”加减；劳淋属脾肾双方或肾阴不足，治宜补脾益肾滋阴清热，方用“补中益气汤”合肾气丸。

【预后】

一般预后良好，当尿潴留和膀胱破裂时，预后不良。

三、尿道结石（Urethral calculus）

尿道结石，中医称癃闭，一般为膀胱结石的并发症，多见于公犬。母犬尿道结石发病率与公犬相比较少，但一旦发生则有一个或数个大而圆的结石积聚膀胱内或阻塞在尿道开口处。公犬尿道结石多发生于阴茎骨的后端。

【病因及发病机制】

一般为膀胱结石的并发症，公犬、猫常阻塞于龟头和坐骨弓。结石长期刺激黏膜，可引起严重的尿道炎和尿道阻塞。

【临床症状】

尿道不全阻塞时，排尿疼痛，排尿时间延长，尿液呈点滴状流出，有血尿。完全阻塞时，可发生尿潴留，频繁做排尿动作，但不见尿液排出，腹围迅速增大，常引起膀胱破裂和尿毒症。有时表现为突然尿闭。当尿道完全阻塞时，则出现尿闭或肾性腹痛现象。拱背缩腹，屡做排尿姿势而无尿液排出。当长期尿闭时，可引起尿毒症或发生膀胱破裂。

【诊断和鉴别诊断】

根据临床上出现的频尿、排尿困难、血尿、膀胱敏感、疼痛即可诊断，也可通过触诊或插入导尿管诊断，并可确定其阻塞位置。

触诊：尿道外部触诊时有疼痛感。腹壁触诊膀胱时，感到膀胱膨满，体积增大，按压也不能使尿液排出。检查患有尿道结石的犬，触诊可发现尿道病理性增粗，导尿时导尿管不易插入。

用X线检查可确诊，尿道可见有大小不等的结石颗粒。

尿液分析对测定结石类型有帮助，但猫结石90%都为磷酸盐，故不必作尿液分析。

【治疗】

根据结石的大小、位置、动物品种、性别及全身情况，制订治疗方案。

(1) 控制休克。

（2）水压冲击疗法　动物镇静或麻醉后先行膀胱穿刺排尿，助手一手指伸入直肠压迫骨盆部尿道或从体外挤压膀胱，术者经尿道口插入导尿管，然后术者松开手，迅速拔出导尿管，解除尿道压力，通常情况下结石可随液体射出体外（尿常随液体射出体外），需重复几次。对于此方法无效者可采用粗的导尿管经尿道口插至结石端，用力注入生理盐水或液体润滑剂，将结石冲回至膀胱，再做膀胱切开术。

（3）手术疗法　水压冲击法无效时，可采用手术治疗，常见的有阴囊前尿道切开术、膀胱插管术、阴囊尿道造口术及会阴尿道造口术等。

【预后】

尿结石长期刺激尿道黏膜，可引起严重的尿道炎，引起尿道阻塞。本病预后良好。

四、尿道肿瘤（Ureteral tumors）

在犬的尿道移行细胞癌、鳞状细胞癌和平滑肌瘤最常见，多数为恶性肿瘤。猫的尿道肿瘤发病率低。

【病因及发病机制】

病因不明，因肿瘤在尿道黏膜处溃烂，常继发感染。

【临床症状】

可出现尿痛、血尿、尿频，甚至尿道阻塞。尿道肿瘤时出现尿道阻塞的症状有特征性。

【诊断和鉴别诊断】

结合临床症状。尿液检查：尿液中红细胞，白细胞均增加。造影检查包括双重造影和逆行性尿道造影，可以显示充盈性缺陷，这些缺陷可出现在正常光滑的造影剂药物膜的表面。超声检查可发现肿块，尿道活检可确诊。尿液分析检验尿液沉渣，做细胞学检查时很难发现肿瘤细胞，X线片通常没有太大的价值。

【治疗】

尿道发生阻塞，应及时插管导尿。病症一般者可手术治疗，切除病患处，必要时进行尿道造口。病症无法施以手术时可保守治疗，并控制并发的泌尿道感染。

【预后】

预后不良。

第八章 神经系统疾病

Diseases of the Nervous System

神经系统主要包括大脑、小脑、脑干、脊髓和周围神经等，是机体最广泛、最精密的控制系统，也是整个机体的指挥机构，不但可保持机体与外界的平衡，而且还可维持机体各器官的协调和统一。神经系统实现其调节机能的基本方式是反射活动，反射活动的结构基础是反射弧，由感受器、传入神经、神经中枢、传出神经和效应器组成。由于神经系统的解剖结构、生理功能和代谢特点具有某些特殊性，故其病变与临床关系具有某些特殊规律，主要表现在：①病变部位和功能障碍之间的关系密切，每一局灶性病变都可能引起机体某部的特异性症状，常可用于病变的定位诊断，如脑包虫时的转圈运动和小脑病变时的肢体共济失调；②性质相同的病变发生在不同部位，其临床表现和后果可截然不同，而相同的临床症状也可能由不同性质的病变所致；③对各种致病因子的病理反应较为固定，同一病变可出现在不同的疾病过程中，如脑水肿为多种性质不同疾病的并发症；④某些解剖生理特征具有双重性，如颅骨虽有保护作用，但又是引起颅内高压和脑疝的重要因素。

神经系统疾病的病因极为复杂，常见的有细菌、病毒和寄生虫等感染性因素，外源性和内源性毒物中毒，营养物质缺乏及代谢紊乱，遗传缺陷，肿瘤，以及外伤、电击、日射和热射等物理因素。临床上，神经系统的检查主要包括神经学检查，神经肌肉系统检查，运动失调的检查，精神、视觉和瞳孔异常的检查等，必要时可进行脑脊穿刺液的实验室检查以及X线、CT、MRI、眼底镜、脑电波等诊断方法。

第一节 神经学检查

Neurologic Examination

神经学检查主要进行感觉机能和反射机能检查，如发现问题，可进行神经系统的某一方面的测试，如腰椎穿刺和血液化验等。

一、感觉机能的检查

感觉（sensation）是神经系统的基本功能，各种刺激作用于感受器，由传导系统传递到脊髓和脑，最后到达大脑皮层的感觉区，经过分析和综合，产生相应的感觉。感受器分布于动物体表、体腔或组织内，能感受内外环境的刺激，并将其转化为神经冲动。因此，感觉是神经系统反映机体内外环境变化的一种特殊功能。当感觉发生障碍时，也就说明这种传导结构发生了某种损害。

动物的感觉，除了特殊感觉，如视觉、嗅觉、听觉、味觉及平衡感觉外，还包括浅感觉、深感觉，它们都有各自的感受器和传入神经，并可产生各自的感觉。

（一）浅感觉的检查

浅感觉（superficial sensation）是指皮肤和黏膜感觉，包括触觉（taction）、痛觉（pain）、温觉（thalposis）等感觉。在动物主要检查其痛觉和触觉。检查时要尽可能先使动物安静，动作要轻，应在体躯两侧对称部位和欲检部位的前后、左右等部分反复对比，四肢则从末梢部开始逐渐向脊柱部检查，以确定该部位感觉是否异常以及范围的大小。检查时，可用针刺、拔被毛、轻打肢端等方法。浅感觉障碍，从临床表现则分为下列 3 种：

1. 感觉过敏 感觉过敏（hyperesthesia）指病畜对抚摩、轻拉被毛等轻微刺激产生强烈的反应（但检查时应注意，有力的深触诊反而不能显示出感觉过敏点），除因局部炎症外，一般是由于感觉神经或其传导径路受损害引起。多提示脊髓膜炎，脊髓背根损伤，视丘损伤或末梢神经发炎、受压等。

2. 感觉减弱及消失 感觉减弱（hypoesthesia）指病畜在意识清醒的情况下，体表对刺激的感觉能力降低。感觉消失（anesthesia）指对任何强度的刺激都不产生感觉反应。主要是由于感觉神经末梢、传导径路或感觉中枢障碍所致。

局限性感觉减弱或消失，为支配该区域内的末梢感觉神经受侵害的结果；体躯两侧对称性的减弱或消失，多为脊髓横断性损伤，如挫伤、压迫及炎症等；半边肢体的感觉减弱或消失，见于延脑或大脑皮层间的传导径路受损伤，多发生于病变部对侧肢体，但因同时伴有意识丧失，故半边感觉障碍很难被确认；发生在身体许多部分的多发性感觉缺失，见于多发性神经炎；全身性皮肤感觉减退或缺失，常见于各种不同疾病所引起的精神抑制和昏迷。

3. 感觉异常 感觉异常（paresthesia）是指没有外界刺激而自发产生的感觉，如痒感、蚁行感、烘灼感等。但动物不如人类能用语言表达，只表现对感觉异常部位的舌舔、啃咬、摩擦等，甚至咬破皮肤而露出肌肉、骨骼。感觉异常是因感觉神经传导径路存在强刺激而发生，见于狂犬病、伪狂犬病、脊髓炎、多发性神经炎、马尾神经炎等。

（二）深感觉的检查

深感觉（deep sensation）是指位于皮下深处的肌肉、关节、骨骼、肌腱和韧带等的感觉，也称本体感觉（proprioception）。其作用是通过传导系统，将关于肢体的位置、状态和运动的信息传到大脑，产生深部感觉，借以调节身体在空间的位置和方向等。因此，临床检查时应注意强制性运动、异常姿势或屈曲关节等，根据躯体的调节功能来判断障碍的程度或疼痛反应等。

深感觉障碍多与浅感觉障碍同时发生，当伴有意识障碍时，提示大脑或脊髓被侵害，如脑炎、脊髓损伤等。

（三）特种感觉

特种感觉（special sensation）是由特殊的感觉器官所感受的感觉，如视觉、听觉、嗅觉等。某些神经系统疾病，可使感觉器官与中枢神经系统之间的正常联系遭到破坏，导致相应感觉机能障碍。因此，通过感觉器官的检查，可以帮助发现神经系统的病理过程。

1. 视觉（Vision） 视器官（眼球和眼的辅助器官）和有关神经，主要是视神经共同支配动物的视觉。

动物视力减弱甚至完全消失，即目盲，除因某些眼病所致外，也可因视神经异常所引起。在后者，眼球本身并无明显的病变，但瞳孔反射减弱或消失，是因视网膜、视神经或脑的功能减弱或丧失所致。一侧视神经障碍时，同侧视力也会受到影响；视神经交叉以后至脑之间损伤时，两侧视力均受影响。

动物视觉增强，表现为羞明，除发生于结膜炎外，偶而见于颅内压升高、脑膜炎等。

2. 听觉（Hearing） 耳与有关神经（主要是听神经）共同支配动物的听觉。动物的听觉不像人那样容易仔细检查。

听觉迟钝或完全缺失（聋）只是对一定频率范围内的音波听力减少或丧失。除因耳病所致外，也见于延脑或大脑皮层额叶受损伤时。某些品种特别是白毛的犬和猫有时为遗传性听觉迟钝，是因其螺旋器发育缺陷所致，有人也认为是一氧化碳中毒的后遗症。听觉过敏可见于脑和脑膜疾病。

3. 嗅觉（Smelling） 嗅神经、嗅球、嗅纹和大脑皮层是构成嗅觉装置的神经部分。当这些神经或鼻黏膜患病（如鼻炎）时则引起嗅觉迟钝甚至嗅觉缺失，如犬瘟热、猫瘟热等。

二、反射机能检查

反射（reflex）是神经系统活动的基本形式，是指在中枢神经系统的参与下，机体对内、外环境刺激的应答反应。反射由皮肤、黏膜或皮下组织，即肌腱、肌膜和骨膜等处的神经受刺激而引起，也就是外周刺激的冲动，通过反射弧的传入神经到达反射中枢脑和脊髓的灰质，由传出神经将冲动传出，引起不随意的反射运动。当反射弧的任何一部分发生异常或高级中枢神经发生疾病时，都可使反射机能发生改变。通过反射检查，可以判定神经系统损害的部位。

（一）反射的种类及检查方法

神经反射的种类较多，一般分为浅反射、深反射和器官反射等。不同反射的检查，其诊断意义也不同。反射检查对神经系统受损部位的确定具有一定价值，但兽医临床上反射检查常难以收到满意的结果，应结合其他检查结果进行综合分析。

1. 浅反射 指皮肤和黏膜反射。

（1）耳反射（Ear reflex） 检查者用纸卷或毛束等轻触耳内侧被毛，正常时动物摇耳或转头。反射中枢在延髓和脊髓的第一、二颈椎段。

（2）腹壁反射（Abdominal reflex） 用针轻刺腹部皮肤，正常时相应部位的腹肌收缩、抖动。反射中枢在脊髓胸椎、腰椎段。

（3）角膜反射（Corneal reflex） 在角膜上用细纸片、羽毛、指头或棉絮等轻轻按触，可引起健康动物急速的闭眼。反射中枢在延脑，传入神经是眼神经（三叉神经上颌支）的感觉纤维，传出神经为面神经的运动纤维。

（4）瞳孔反射（Pupillary reflex） 正常时，通过光线照射，可引起瞳孔缩小，移开光线，则瞳孔扩大。中枢在中脑四迭体，传入神经为视神经，传出神经为动眼神经的副交感纤维（收缩瞳孔）和颈交感神经（舒张瞳孔）。

（5）眼睑反射（Eyelid reflex） 将手指或其他物体突然伸到动物眼前，可引起急速闭眼。反射中枢在延脑，传入神经为三叉神经，传出神经是面神经。

2. 深反射 指肌腱反射。

（1）膝反射（Patellar reflex） 检查时使动物侧卧，让被检侧后肢保持松弛，用叩诊锤背面叩击膝韧带处。对正常动物叩击时，下肢呈伸展动作。反射中枢在脊髓第4～5腰椎段［见彩图版图4-8-1］。

（2）跟腱反射（Achilles tendon reflex） 检查方法与膝反射检查相同，叩击跟键，正常时跗关节伸展而系关节屈曲。反射中枢在脊髓荐椎段。

（二）反射机能的病理变化

在病理状态下，反射可有减弱、消失或亢进。

1. 反射减弱或反射消失（Decreased or absent reflex） 由反射弧的传导径路受损伤所致。无论反射弧的感觉神经纤维、反射中枢、运动神经纤维的任何一部位被阻断或反射弧虽无器质性损害但其兴奋性降低时，都可导致反射减弱甚至消失。因此，临床检查发现某种反射减弱、消失，常提示其有关传入神经，传出神经，脊髓背根（感觉根）、腹根（运动根），脑或脊髓的灰、白质受损伤，或中枢神经兴奋性降低，例如意识丧失、麻醉、虚脱等。

一定部位的感受器或效应器患病时，虽也出现反射减弱或消失，但前者病畜仅有感觉消失，随意运动仍然存在，而后者虽有运动性瘫痪但仍有感觉。

2. 反射增强或亢进（Exaggerated reflex） 由反射弧或中枢兴奋性增高或刺激过强所致，或因大脑对低级反射弧的抑制作用减弱、消失所引起。常提示其有关脊髓节段背根、腹根或外周神经过敏、炎症、受压和脊髓膜炎等。在破伤风、士的宁中毒、有机磷中毒、狂犬病等常见全身性反射亢进。

当大脑和视丘脑下部受损伤或脊髓横贯性损伤以致上神经元失去对损伤以下脊髓节段控制时，则与其下段脊髓有关的反射可出现亢进，且活动形式也有所改变。因此，上运动神经元（椎体束）损伤时，可出现腱反射增强。

第二节　神经肌肉系统检查诊断

Diagnosis of Neuromuscular System

神经肌肉系统，是由神经和肌肉组成，从脊髓发出的神经控制肢体的肌肉，基本功能是维持机体的随意运动，如站立、行走、奔跑、咀嚼和吞咽等。神经肌肉系统发生病变时动物出现不随意运动，常见临床症状有：痉挛和瘫痪。

一、痉挛

肌肉的不随意收缩称为痉挛（spasm）。大多是由于大脑皮层受刺激，脑干或基底神经受损伤所致。按肌肉不随意收缩的形式，可将痉挛分为阵发性痉挛和强直性痉挛两种。

1. 阵发性痉挛（Clonic spasm）　阵发性痉挛在动物为最常见的一种痉挛，其特征为单个肌群发起短暂、迅速，一个跟着一个重复的收缩。收缩与收缩之间，间隔肌肉松弛，故又称之为间代性痉挛。其痉挛经常是突然发作，并且迅速停止。阵发性痉挛常提示大脑、小脑、延髓或外周神经遭受侵害。见于病毒或细菌感染性脑炎、化学物质（如士的宁、有机磷、氯化钠）或植物中毒、起源于肠道的内中毒、低钙血症等代谢疾病和膈痉挛等。尤其当脑循环障碍和脑贫血，以及在难产和新陈代谢障碍时多见，马钱子碱中毒具有代表性。

阵发性痉挛虽然一般只限于单个肌肉，但有时也可波及到整个肌群，甚至导致身体大部分发生震动。扩及全身的强烈性阵发性痉挛，称为惊厥或搐搦（convulsion），此时肌肉收缩强而快，常可引起关节运动性强直，临床见于尿毒症。

临床上由相互颉颃肌肉的快速、有节律、交替而不太强的收缩所产生的颤抖现象，称为震颤（trembling，tremor）。其幅度可大可小，速度可快可慢，范围可大可小，甚至出现全身肌肉震颤，动物兴奋时，肌肉收缩较强烈而且持续，动物安静时则减弱或消失，临床上常见于衰竭、过劳、中毒、脑炎和脊髓疾病。检查时，应注意观察其部位、频率、幅度和发生的时间（静止时或运动时）。

单个肌纤维束的轻微收缩，不波及整个肌肉，不产生运动效应的轻微性痉挛，称为纤维性震颤（fibrillation）。临床一般先从肘肌开始，然后延伸到肩部、颈部和躯干肌肉的某些肌纤维。

2. 强直性痉挛（Tonic spasm）　肌肉长时间均等的持续收缩，称强直性痉挛（tonic spasm），是由于大脑皮层功能受到抑制，基底神经节受损伤，或脑干和脊髓的低级运动中枢受刺激所引起。强直性痉挛常发生于一定的肌群，如头部肌肉强直性痉挛所致的头向后仰，咬肌痉挛所致的牙关紧闭，眼肌痉挛所致的瞬膜突出，颈肌痉挛所致的颈部硬如板状，背腰上方肌肉痉挛所致的凹背、脊柱下弯（后反张或角弓反张），背腰下方肌肉痉挛所致的凸背（前反张或腹弓反张），背腰一侧肌肉痉挛所致的身体向侧方弯曲（侧弓反张）和腹肌痉挛所致的腹部缩小等。以上各种局限于一定肌群的强直性痉挛，统称为挛缩（contracture）。当全身肌肉均发生时，称为强直（tetany）。最典型的强直性痉挛，见于各种动物的破伤风。此外，也可见于有机磷中毒、脑炎、脑脊髓炎、士的宁中毒及肉毒中毒等。

3. 癫痫性痉挛（Epileptiform）　癫痫性痉挛是大脑无器质性变化而脑神经兴奋性增高，引起异常放电所致。平时不见任何症状，而发作时表现为强直阵挛性抽搐，同时伴有感觉与意识暂时性消失，本病在动物中极少见。动物有时因大脑皮层器质性变化，而出现癫痫样现象，称为症候性癫痫或癫痫样发作。与上述两种痉挛不完全相同，癫痫性痉挛乃是突然发生、短暂，反复发作。发作时表现为强直性痉挛，瞳孔扩大，流涎，大小便失禁，意识丧失。乃因脑部感染、脑肿瘤、大脑皮层额叶部病变、中毒和代谢性疾病所致，例如脑炎、尿毒症等。

二、瘫痪

瘫痪（paralysis）是指动物骨骼肌的随意运动功能减弱或丧失，也称为麻痹。健康动物骨骼肌的随意运动，是借椎体系统和椎体外系统的运动神经元（上运动神经元）及自脊髓腹角和脑神经运动核的运动神经元（下运动神经元）的协调作用而实现的。因此，无论上、下神经元的损伤导致的肌肉与脑之间传导中断，还是运动中枢障碍，均可发生骨骼肌的随意运动减弱或丧失。瘫痪的分类可有多种，根据神经系统损伤的解剖部位不同，可分为中枢性瘫痪（central paralysis）和外周性瘫痪（peripheral paralysis），根据致病原因可分为器质性瘫痪（organic paralysis）与机能性瘫痪（functional paralysis），按瘫痪程度可分为完全瘫痪或不完全瘫痪，后者也称为轻瘫（paresis），按肢体发生的部位分为单瘫（monoplegia）、双瘫（diplegia）、偏瘫（hemiplegia）[见彩图版图 4-8-2]、截瘫（paraplegia）。

1. **中枢性瘫痪** 因上行运动神经元的有关组织，即大脑皮层、脑干、延髓和脊髓腹角的任何一部分病变所引起的瘫痪，称为中枢性瘫痪（central paralysis），又名上行运动原性瘫痪。此时，不仅不能将冲动传递给下行运动神经元，从而使随意运动发生障碍，而且控制下行运动神经元反射活动的能力也会减弱或消失，故脊髓反射机能反而增强。出现瘫痪的肌肉紧张性增高，肌肉较坚实，被动运动开始时阻力较大，继而突然降低，腱反射亢进。由于瘫痪的肌肉紧张而带有痉挛性，故又称痉挛性瘫痪。因其不影响损伤部位以下的脊髓侧角自主神经的正常活动，下行运动神经元仍能向肌肉传送神经营养冲动，因而瘫痪的肌肉不萎缩，或仅因长期不运动而产生废用性萎缩，所以萎缩发展缓慢。见于脑、脊髓损伤，脑脊髓炎，大脑皮层运动区的出血，占位性病变而使脑部受压等。根据锥体系受损伤部位的不同，可分为以下几种：

（1）脑性瘫痪（Cerebral paralysis） 是脑功能发生障碍，多伴有意识减退，瘫痪呈痉挛性，常常引起一侧的功能消失（偏瘫）。见于急性脑炎和脑脊髓炎，脑的肿瘤、出血和血肿，以及寄生虫病、狂犬病、产后败血症和铅中毒等。

（2）脊髓性瘫痪（Spinal paralysis） 脊髓性瘫痪较为常见，常常引起损伤部位以下的两侧性瘫痪（双瘫）。该病患畜的反射功能增强[见彩图版图 4-8-3]，见于脊椎骨骨折、挫伤、炎症、出血、肿瘤、寄生虫病、狂犬病或犬瘟热等。

2. **外周性瘫痪** 因下行运动神经元，包括脊髓腹角细胞、腹根及其分布到肌肉的外周神经或脑神经的各神经核及其纤维的病变所引起的瘫痪，称为外周性瘫痪（peripheral paralysis），又名下行运动原性瘫痪。下行运动神经元为反射弧的传出部分，有传送营养冲动的植物神经，其受损害时，不仅肌肉瘫痪，肌紧张力降低（肌肉松弛，被动运动的阻力减小，活动幅度增大），肌肉和皮肤反射降低，而且因失去营养冲动而迅速发生萎缩。

中枢与外周性瘫痪的鉴别见表 4-8-1。

表 4-8-1 中枢性瘫痪与外周性瘫痪的鉴别

项目	中枢性瘫痪	外周性瘫痪
肌肉张力	增高、痉挛性	降低、弛缓性
肌肉萎缩	缓慢、不明显	迅速、明显
腱反射	亢进	减弱或消失
皮肤反射	减弱或消失	减弱或消失

第三节 运动失调

Ataxia

健康动物借小脑、前庭、椎体束及椎体外系以调节肌肉张力，协调肌肉的动作，从而维持姿势的平衡和运动的协调。视觉也具有维持体位平衡和运动协调的作用。在疾病过程中，肌肉收缩力正常，而在运动时肌群动作相互不协调，导致动物的运动机能失调。按其性质分为两种：

一、静止性失调

指动物在站立状态下出现共济失调，而不能保持体位平衡，又称体位平衡失调。临床表现为头、躯干和臀部摇晃，体躯左右摆动或偏向一侧，四肢肌肉紧张力降低、软弱、颤抖，关节屈曲，向前、后、左、右摇摆。常四肢分开站立，力图保持体位平衡，似“醉酒状”。将四肢稍微缩拢时，则容易跌倒。运步时，步态踉跄不稳，易倒向一侧或以腹部着地。常见于小脑、小脑脚、前庭神经或迷走神经受损害。

二、运动性失调

指站立时不明显，而在运动时出现的共济失调。其步幅、运动强度、方向均呈现异常。临床表现为运动时身躯摇晃，后躯踉跄，步态笨拙。运步时肢蹄高举，并过分向侧方伸出，着地用力，如涉水样步态。主要是因深部感觉障碍，使外周部随意运动的信息向中枢传导时出现障碍所致。见于大脑皮层、小脑、前庭或脊髓受损伤等。

运动性共济失调按病灶部位不同分为脊髓性、前庭性、小脑性以及皮质性失调4种。

1. **脊髓性失调（Spinal ataxia）** 运步时左右摇晃，但头不歪斜。主要是由于脊髓背侧根损伤，导致肌、腱、关节的深感觉感受器所发生的冲动不能由背根传入脊髓，或不能沿脊髓上行到延髓而上传至丘脑，使肌肉运动失去中枢的精确调节所致。

2. **前庭性失调（Vestibular ataxia）** 动物头颈屈曲及平衡遭受破坏，头向患侧歪斜，常伴发眼球震颤，遮闭其眼时失调加重。主要是迷路、前庭神经或前庭核受损伤，进而波及到中脑脑桥的动眼神经核、滑车神经核和外展神经核的结果。常见中耳/内耳炎、肿瘤等。

3. **小脑性失调（Cerebellar alaxia）** 小动物少见。不仅呈现静止性失调，而且呈现运动性失调，只当整个身体倚扶在固定物或在水中游泳时，运动障碍才消失。此种失调不伴有眼球震颤，也不因遮眼而加重。是由脑病过程中，小脑受侵害所致。在一侧性小脑受损伤时，患侧前后肢失调明显。

4. **大脑性失调（Cerebral ataxia）** 虽能直线行进，但身躯向健侧偏斜，甚至在转弯时跌倒。见于大脑皮层的颞叶或额叶受损伤。

第四节 精神、视觉和瞳孔异常

Disorders of Mental Status, Eyesight and Pupil

一、精神异常

动物的“意识”（consciousness）也就是精神状态（mental status），受大脑皮层的控制。动物意识障碍（disturbance of consciousness），提示中枢神经系统机能发生改变，表现为精神兴奋或抑制。检查动物精神状态时，除通过问诊外，必须注意观察和检查动物的面部表情、眼、耳、尾、四肢及皮肌的动作，身体的姿势，运动时的反应。健康动物姿态自然，动作敏捷而协调，反应灵活，病理状况下可出现精神兴奋和精神抑制。

（一）精神兴奋

精神兴奋（mental excitation）是中枢神经机能亢进的结果，机体对刺激的反应过强，高度的兴奋便成为狂躁状态，使动物自身遭受损害或骚扰破坏周围的物体，甚至出现危险。临床上表现不安、易惊，对轻微刺激即产生强烈反应，甚至横冲直撞，暴眼凝视，乃至攻击人畜等，行为不可遏制。兴奋的发作与外界影响无关，相反，在发作时可见病畜对外来刺激的感受性降低。兴奋发作时，常伴有心率增快，心律不齐，呼吸粗厉、快速等症状。

精神兴奋是意识发生严重的障碍，功能紊乱，表示大脑有器质性改变，见于脑膜充血、炎症，颅内压升高，各型流行性脑脊髓炎，急性铅中毒，狂犬病，日射病或热射病等。

（二）精神抑制

精神抑制（depression）为中枢机能障碍的另一种表现形式，乃大脑皮层和皮层下网状结构占优势的表现，根据程度不同可分为以下几种：

1. **精神沉郁（Dullness）** 为最轻度的抑制现象。病畜对周围事物注意力减弱，反应迟钝，离群呆立，头低耳奁，眼半闭或全闭，行动无力，但病畜对外界刺激有意识反应。有时定向力丧失，动物盲目游走，不避障碍。主要是脑神经发生炎症，如脑炎、脑水肿初期，手术麻醉苏醒后，某些中毒病的初期，发热性疾病和营养代谢病等。

2. **昏睡（Sopor）** 为中度抑制的现象。动物处于不自然的熟睡状态。对外界的事物、轻度刺激毫无反应，意识活动很弱，给予强烈的刺激仍可产生轻微的反应，但很快又陷入沉睡状态。见于脑炎、颅内压增高等疾病。

3. **昏迷（Coma）** 为高度抑制的现象。病畜意识完全丧失，对外界刺激无任何反应，仅保留自主神经活动，心律不齐，呼吸不规则。表现卧地不起，呼唤不应，全身肌肉松弛，反射消失，甚至瞳孔散大，粪、尿失禁，重度昏迷者往往预后不良。见于颅内病变，如脑炎、脑肿瘤、脑创伤、代谢性脑病，以及由于感染、中毒引起的脑缺血、缺氧、低血糖等。

临床上所谓的晕厥（syncope），又称昏厥（fainting），其与昏迷不同，前者是因心脏输出量减少或血压突然下降，引起大脑一时性、广泛性供血不足所致的急性脑贫血，以突然发生的、短暂的意识丧失为特征。常提示为心力衰竭、心脏传导阻滞、主动脉瓣关闭不全或狭窄、贫血、大脑出血、脑震荡及挫伤、脑栓塞、电击和日射病等。

临床上，中枢神经机能扰乱时的兴奋和抑制这两种基本方式不仅随病程发展而有程度上的增重或减轻，而且在一定条件下，可随病程改变而互相转化。例如，脑炎初期，由于病原毒素刺激使脑部充血、发炎，脑细胞缺氧出现兴奋，随着炎症发展，脑血管通透性增加，脑内血液循环障碍，导致脑组织水肿、缺氧、颅内压增高而转入昏迷状态。也有时先抑制，后兴奋，或二者交替出现。

二、视觉和瞳孔异常

视器官（眼球和眼的辅助器官）和有关神经，主要由视神经共同支配动物的视觉。

1. **视力** 动物视力减弱甚至完全消失，即所谓的目盲，除因某些眼病所致外，也可因视神经异常所引起。后者眼球本身并无明显的病变，但瞳孔反射减弱或消失，是因视网膜、视神经或脑的功能减弱或丧失所致。一侧视神经障碍时，同侧视力会受到影响，视神经交叉以后至脑之间损伤时，两侧视力均受影响。

动物视觉增强，表现为羞明，除发生于结膜炎等眼科疾病外，偶而见于颅内压升高、脑膜炎、日射病和热射病等。

2. 瞳孔对光的反应

（1）瞳孔扩大　对光有反应，见于动物高度兴奋、恐惧、剧烈疼痛及应用阿托品等药物时；瞳孔扩大，对光无反应，是动眼神经麻痹所致，见于脑肿瘤、阿托品中毒、砷中毒等；两侧瞳孔扩大，对光无反应，用手压迫或刺激，眼球固定不动，表示中脑受到侵害。

（2）瞳孔缩小　对光反应迟钝或消失，是动眼神经兴奋所致，见于脑膜脑炎、脑出血、有机磷中毒等。

第五节　癫　　痫

Seizures

癫痫是由于神经元兴奋性增高，突然或重复性异常放电而引起的大脑功能紊乱，可表现为运动、感觉、意识、行为等出现障碍。临床上以全身性反复出现或间歇出现强直性痉挛为特征。癫痫分原发性癫痫和继发性癫痫两种。

【病因】

原发性癫痫又称自发性癫痫或真性癫痫，一般认为是遗传因素可导致动物大脑皮层及皮层下中枢对外界刺激敏感性增高，容易患病。

继发性癫痫，通常继发于脑及脑膜炎、脑肿瘤、脑寄生虫、脑震荡、脑损伤，以及犬瘟热、心血管疾病、代谢病（低血钙、低血糖、尿毒症，毒血症等）、一氧化碳中毒等。另外，高度兴奋、恐惧和强烈刺激时均可引起癫痫的发作。

【临床症状】

癫痫的主要症状是意识丧失和强直性痉挛，临床可分为大发作和小发作两种。

（1）大发作型　病犬突然倒地、惊厥，发生强直性或阵发性痉挛，全身僵硬、四肢伸展、头颈向背侧或一侧弯曲，有时四肢划动呈游泳状。同时伴随意识和知觉丧失，牙关紧闭，口吐白沫，眼球转动、瞳孔散大、大小便失禁。发作持续时间数秒钟至几分钟。发作后期，惊厥现象消失，意识和感觉恢复，患犬自主站起，表现出疲劳、共济失调、精神沉郁。

（2）小发作型　突然发生一过性的意识障碍，呆立不动，反应迟钝或无反应，抽搐症状轻微并且短暂，大多表现在局部，如眼球旋动、口唇震颤等。

癫痫发作的间隔时间长短不一，有的一天发作几次，有的间隔数天、数月、甚至一年以上，在发作间隔期其表现和健康犬完全一样。

【治疗】

（1）加强护理　保持安静，减少刺激。

（2）对症治疗　苯妥英钠 10～35mg/kg，口服，每天 3～4 次；苯巴比妥，癫痫出现危象时剂量为 12mg/kg，若无效果再增加 1 次，4～6mg/kg，肌内注射或静脉注射，间隔 20 分钟后再给药 1 次，但 1 天内的最大剂量不能超过 18～24mg/kg。地西泮 0.6～1.2mg/kg，每天两次，口服/肌内注射。

第六节　脑　　病

Encephalopathy

一、先天性/发育性疾病（Congenital or developmental disorders）

（一）脑积水

脑积水（hydrocephalus）是由于脑室内脑脊髓液异常增多，导致脑内压升高，从而引发的疾病。

【病因】

脑积水分为原发性（遗传性）和继发性。原发性脑积水患犬一出生后就会发病，常见于短头颅犬和小型品种犬。继发性脑积水则是由其他疾病引发脑脊髓液正常排泄阻滞而发病。

【临床症状】

严重脑积水的幼犬，由于脑内压升高，会很早发生死亡。病情较轻的幼犬出生后几个月内脑积水症状会逐步明显。有少数轻度患犬，仅在老年后才发病。患犬生长缓慢，个体比同窝仔犬小，头颅呈穹顶形，并随时间发展越发明显，行走姿势异常，走动无目的性，视力和捕捉能力下降，幼犬难训练，不易学会新的东西。

一般来说脑积水症状会逐步恶化，但个别患犬在两岁后会变得稳定，症状消失。由于该病对大脑具有危害，必须马上作出判断，并及早采取适当治疗。

【诊断】

脑积水的诊断较困难。一般通过全身检查，根据行为和神经异常作出初步诊断，确诊需要通过磁共振成像（MRI）或CT扫描，有时可借助于超声波检查。

【治疗】

皮质类固醇药物可用于治疗该病，患病初期时剂量高，随病情好转逐渐减少药量。用药目的是减少脑脊髓液。也可短期使用一些利尿药。虽然一些患犬到两岁时，病情稳定，但需要反复治疗。

对突然发生惊厥的患犬可使用镇静剂。

患严重脑积水的犬可以通过外科手术放掉过多的脑脊液达到治疗目的。如果无法治疗，应考虑对患犬实行安乐死。

患犬不可用作种犬，同时对有家族性脑积水病的无临床症状犬，最好不要用作种犬。

（二）小脑发育不良

小脑发育不良（cerebellar hypoplasia）是犬的小脑细胞在出生前不能正常成熟，造成犬的平衡和协调能力降低。该病不常发生，可见于松狮犬、爱尔兰塞特犬、刚毛猎狐㹴、牛头㹴、波士顿㹴。

【病因】

病因不清。胎儿期感染犬疱疹病毒致病的病例最多见。与不明原因的先天性中枢神经系统解剖学畸形有关。以前曾认为与遗传因素有关，现已否定。

【临床症状】

患犬表现出肌肉无力，头部、躯干部及四肢的协同运动丧失，头部颤抖，身体摆动，不能保持正常姿势，站立时倒向一侧或后方，有时也倒向前方而折跟头，由于颈部肌肉的屈伸不协调导致点头运动。

这些症状出生后即存在，但与同龄正常犬的动作难以区别。仔犬一般在能够正常行走的时期（出生后3～4周）开始出现症状，并随着仔犬的成长和动作的活泼而更加明显。此时小脑组织已完全被破坏，症状不再恶化，有时会因代偿机能起作用而使步态有所改善。

症状的轻重由小脑发育不良的程度决定。小脑发育不良较轻时，精神十足，活泼爱动，与正常犬接近。但一般多处于不能行走的重症状态，出现一时性的反射消失和脊髓反射亢进。

【诊断】

本病应与新生仔犬的头部外伤、脑积水以及脊髓缺损症相鉴别。仔犬开始能行走时出现上述典型症状，应首先怀疑本病。

通过观察临床症状初步诊断为小脑发育不全的犬，其头部侧面X线摄影有时可看到后颅窝的塌陷。另外病情的轻重并不一定与小脑的大小相关。

剖检时，可见不同程度的小脑萎缩（大脑和延髓正常）；组织学检查，可见小脑皮层的分子层细胞、浦肯野氏细胞以及颗粒层细胞显著减少乃至消失，凭此可以确诊。

通过从小脑组织中分离到疱疹病毒、荧光抗体法检测到病毒抗原（主要在浦肯野氏细胞中），以及血液中检测到的高滴度病毒中和抗体都可作辅助诊断。

【治疗】

该病无法治疗。患犬病情既不会加重也不会好转，轻度患犬，能够相对正常地生活。

患犬及其父母和同窝仔犬不宜做种用。

（三）枕骨大孔异常

枕骨大孔异常（caudal occipital malformation）是头骨后部的容积相对内部的小脑和脑干容量来说偏小，将小脑和脑干挤向枕骨大孔造成不同程度的梗阻，出现脑脊液的异常流动和压力异常，使脊髓腔内充满液体而发生的疾病。临床上以疼痛为特征。常见于查理士王小猎犬，偶尔也出现在其他小品种犬上。

【病因】

是查理士王小猎犬常染色体的隐性遗传性疾病。

【临床症状】

枕骨大孔异常的患犬中约35%的犬可表现出临床症状，约45%的患犬在出生后1年内出现发病症状，约40%的患犬在1～4岁出现症状。患犬出现呻吟、不愿活动，头和颈部敏感疼痛，颈部局部变硬，有的出现脊柱侧弯，四肢无力和运动失调，肌肉萎缩，本体感觉降低。

【诊断】

根据患犬的品种和临床症状进行初步诊断，确诊需进行MRI检查枕骨大孔是否异常。

【治疗】

药物治疗主要是使用药物减少脑脊液产生和减轻疼痛。如果4岁前患有严重的枕骨大孔异常，而药物无法控制疼痛时，可以考虑安乐死。

对于药物无法控制疼痛的病犬也可以采取手术治疗，最常用的手术方法是颅/颈椎减压，即在头骨的后部和第一颈椎上切除一部分骨骼，以降低枕骨大孔的压力和解除对脑脊液流动的阻碍。手术后80%的患犬疼痛缓解，神经功能得到恢复，但有部分犬会复发。

患病犬不能作为种用。

（四）脑白质脊髓病

脑白质脊髓病（leukomyelopathy）是犬的一类遗传性疾病，比较罕见。发病犬可表现出共济失调，很难维持自身平衡，步态不规律，有时步态夸张（如高抬步等）。常见的疾病有大麦町犬脑白质营养不良、遗传性共济失调、罗威纳犬脑白质营养不良、拉布拉多猎犬中枢轴索病以及阿富汗猎犬脊髓软化等。

【病因】

目前病因不清楚，一般认为拉布拉多猎犬中枢轴索病以及阿富汗猎犬脊髓软化是常染色体隐性遗传。

【临床症状】

（1）罗威纳犬脑白质营养不良/脑脊髓白质病　患犬最初表现出共济失调，可发生于2～4岁。患犬步态呈涉水样，病程在发病后6～12月逐渐恶化，最终患犬不能站立。

（2）大麦町犬脑白质营养不良　该病的临床症状始见于3～6月龄幼犬，表现为视力下降，共济失调，身体虚弱。

（3）迷你贵宾犬脑白质营养不良/脱髓鞘脊髓病　在2～4月龄时患犬开始表现出虚弱的症状，并迅速恶化，直至瘫痪。

（4）遗传性共济失调（渐进性共济失调）　可见于被毛光滑的猎狐㹴和杰克罗素㹴，患犬在2～6周龄时开始逐渐表现共济失调，并最终不能行走；同时表现震颤，想走动时震颤明显，当患犬休息时，震颤会减弱。

(5) 猎犬共济失调　可见于比格犬、猎狐犬和哈利猎犬，患犬在2～7岁表现出临床症状，可见后肢共济失调。在随后的大约18个月，病情逐渐恶化。

(6) 拉布拉多猎犬中枢轴索病　4～6周龄时患犬症状明显，包括共济失调、虚弱和步态夸张；5月龄时，患犬不能行走。

(7) 阿富汗猎犬脊髓软化（阿富汗猎犬遗传性脊髓病）　3～13月龄时患犬表现为虚弱、共济失调，病情进展迅速。

(8) 海绵状组织脑白质营养不良　2周龄时即开始表现出临床症状，包括震颤和共济失调，常见于拉布拉多猎犬、萨摩耶犬和丝毛㹴。

(9) 纤维蛋白样脑白质营养不良/亚历山大疾病　该病比较罕见，在拉布拉多猎犬和伯恩山犬已有报道。患犬在6～9月龄时，可出现症状并逐渐加重，同时伴有髓磷脂的丧失。

【诊断】

该病较少见，可通过临床症状、神经系统检查等进行初步诊断。发病部位可能在大脑、脑干、头部神经和/或髓核，只有尸体剖检才能明确具体的病变部位。

【治疗】

该病无法治疗，当病情严重时，建议实行安乐死。

患犬不可用作种犬，患犬的父母以及同窝仔犬也不应用作种犬。

（五）先天性前庭病

先天性前庭病（congenital vestibular disease）是一种综合征，分为外周性和中枢性前庭病。

【病因】

病因不清，怀疑由遗传因素引起。

【临床症状】

12周龄内的幼犬易发，病患犬表现头颈歪斜，步态不稳，不随意的眼球水平、垂直或转圈移动，症状经常在数月内消失。

眼球震颤方向有助于鉴别诊断外周性和中枢性前庭病：

外周性前庭病的精神状态、体格发育和本体感觉正常。头部歪斜，眼球有水平移动或转圈移动，而没有垂直移动，一侧面部麻痹、皮肤肌肉下垂。

中枢性前庭病常出现精神沉郁，头部震颤，头颈歪斜，不随意的眼球左右、上下或转圈移动，下颌无力，本体感觉异常，步态蹒跚。

【诊断】

通过临床症状进行初步诊断，通过血液、脑脊液的检查排除感染；通过CT或MRI技术排除脑部肿瘤和其他疾病后，一般可以诊断为先天性前庭病。

【治疗】

主要是纠正平衡失调，可用盐酸苯海拉明1～2mg/kg，每天两次，口服，或美克利静片剂(Meclizine) 1～2mg/kg，每天两次，口服。

犬患外周性前庭病一般可在2周内康复，头颈歪斜会成为后遗症。中枢性前庭病不易康复，需要终生进行对症治疗。

二、变性病（Degenerative diseases）

（一）溶酶体储存异常

溶酶体储存异常（lysosomal storage diseases）是由机体正常代谢所必需的一种特殊酶缺乏，导致该酶作用的底物在细胞内蓄积，引起细胞肿胀，不能发挥正常的功能而发病。本病可影响机体的多个系统，但以影响神经系统为主，因此在临床上常表现出精神异常。

【病因】

该病为常染色体隐性遗传。

【临床症状】

该病很少见，一旦发生，病情非常严重。幼犬在出生时正常，常在1岁之前表现出神经异常的症状。患犬的性情、行为和运动能力均受到不同程度的影响，其受影响的程度与病情的严重程度有关，患犬只有在死亡前病情才会迅速加重。从最初发现症状到死亡的时间约为6个月。

根据积聚底物的性质，犬溶酶体储存异常病分为以下几类：

（1）蜡样脂褐质沉积症（Batten disease） 常见于澳洲牧牛犬、边境牧羊犬、吉娃娃犬、可卡犬、大麦町犬、刚毛腊肠犬、英国雪达犬等。一般在1～2岁时表现出临床症状，症状因品种不同而不同。可见患犬视力下降、行为异常、运动失调和突发癫痫。

（2）岩藻糖苷蓄积病 见于英国史宾格犬，患犬在6～12月龄时表现出临床症状，可见其学习能力下降，行为改变，在随后的18个月内病情逐渐加重，患犬出现严重的共济失调、痴呆和视力障碍。

（3）葡糖脑苷脂沉积病（Gaucher's disease） 见于澳洲丝毛㹴，患犬在4～8月龄时表现出临床症状，可见患犬共济失调、震颤、极度活跃和步态僵硬。

（4）Ⅲ型肝糖蓄积病（Cori's disease） 见于秋田犬和德国牧羊犬，患犬在6～12周龄时表现出临床症状，可见肌肉震颤、共济失调、血糖过低和突发癫痫，8月龄左右死亡。

（5）GM1神经节苷脂沉积症 见于葡萄牙水犬和英国史宾格犬，患犬在2～4月龄时表现出临床症状，可见视力障碍、嗜睡和行动困难，8月龄左右死亡。

（6）GM2神经节苷脂沉积症（Type B-Tay-Sachs disease，type O-Sandhoff's disease） 见于德国短毛波音达犬，患犬在6～9月龄时表现出临床症状，可见患犬视力障碍、行为异常、共济失调和步态僵硬。

（7）神经髓鞘磷脂沉积病（Niemann-Pick disease） 很少发生，患犬在2～5月龄时表现出临床症状，可见患犬共济失调、步态夸张和反应迟钝。

【诊断】

由于该病很少见，临床症状不清，常规检查无异常表现，所以很难确诊。一旦怀疑为溶酶体蓄积疾病，应采集血样测定特定酶含量，患犬体内酶含量只有正常的50%左右。如果条件容许，可对犬进行DNA检测，来区分正常犬、致病基因携带犬和患病犬。应注意患犬常表现出脑部异常的症状。

【治疗】

该病无法治疗，只有加强育种工作才能很好预防该病的发生。目前，有人提出该病主要涉及一个基因，并且只有单个酶缺乏，可采取基因治疗。患犬及其父母不应用作种犬，同窝仔犬应通过仔细的检查，剔除掉致病基因的携带犬才可用作种犬。只有采取上述措施后才能有效的控制和消灭该病的发生。

（二）小脑营养性衰竭

小脑营养性衰竭（cerebellar abiotrophy）是患犬出生前小脑细胞正常成熟，出生后因小脑细胞过早退化而发病，临床上可见幼犬缺乏协调和平衡能力。

【病因】

该病为犬常染色体隐性遗传或X染色体伴性遗传。首先受影响的是小脑中的蒲肯野氏细胞，脑中其他部分细胞也会受到影响。

新生动物小脑细胞营养性衰竭（较罕见）：在出生前受影响的细胞就开始变性，以致于在幼犬出生后或开始走路时就表现为小脑功能障碍。主要见于比格犬、萨莫耶犬。

出生后小脑细胞营养性衰竭：小脑细胞在出生时正常，随后出现不同程度的退化变性。主要见于澳大利亚卡尔比、边境柯利犬、拉布拉多猎犬等，大多在6～12周龄首次出现临床症状，随后症状迅速恶化。

【临床症状】

患犬表现为平衡感差，宽茎步态，僵直或高抬腿。站立或行走时以关节着地，头部或身体震颤。上述症状可能迅速恶化或缓慢恶化（与品种有关），患犬不能爬楼梯或不能站立，但患犬的注意力正常。

脑部其他区域受到影响时，患犬表现行为改变、攻击性加强、神经混乱、失明和抽搐。

【诊断】

该病在临床上很少见。可根据临床症状进行初步诊断，同时根据患病犬的品种进行判断。确诊该病必须进行脑组织活检或尸体剖检。对仅出现小脑营养衰竭患犬，进行MRI检查一般显示小脑正常。

【治疗】

该病无法治疗。一旦发病不能恢复，可以采取安乐死。

患犬及其父母和同窝仔犬不可用作种犬。

（三）犬神经轴突营养不良

犬神经轴突营养不良（neuroaxonal dystrophy）发展缓慢，可见脑部和脊髓轴突肿胀（球形体）。轴突是神经细胞的一部分，如果神经轴突发生营养障碍，可见患犬高抬腿和运动缺乏协调性。

【病因】

目前认为该病为常染色体隐性遗传。主要见于罗威纳犬，也偶见于其他品种的犬。

【临床症状】

患犬可在1岁左右出现患病症状，表现行动笨拙、抬腿较高、身体协调性差和头部震颤。在以后数年，患犬四肢共济失调现象缓慢加重，但即使病情相当严重，也不会出现局部麻痹和本体感受器反应消失的症状（与脑白质营养不良相比），应激能力下降，膝反射能力加强，其他反射能力则保持正常，但在此期间，患犬的肌肉强度保持正常。

【诊断】

应根据发病犬的品种（特别是罗威纳犬）和临床症状进行诊断。

【治疗】

该病目前无法治疗。患犬病情发展缓慢，可相对正常地生活许多年。患犬及其父母不应用作种犬，同窝仔犬也不应用于育种。

三、炎性和感染性疾病（Inflammatory and infectious diseases）

（一）脑炎

脑炎（encephalitis）是指由于感染或中毒性因素的侵害，引起脑膜和脑实质的炎症，广义的脑炎包括各种脑部感染和脑病。

【病因】

化脓性脑炎多数是由化脓性细菌所致，见于头部的外伤、临近部位化脓灶波及和全身性脓毒血症经血液转移等。也可因某些寄生虫的幼虫移行过程进入脑组织，引起寄生虫性脑炎。

非化脓性脑炎多继发于传染病，如犬瘟热、狂犬病。细菌性疾病也可引发脑炎。

【临床症状】

根据炎症在脑部部位的不同，临床症状也有所差异。当炎性病灶远离大脑皮层并且范围较小时，所显示出的临床症状轻微，主要表现意识障碍，出现兴奋不安或高度沉郁，甚至不识主人，有的不断狂吠，无目的奔跑，冲撞障碍物，有的病犬出现转圈后退，局部或全身痉挛性抽搐。沉郁型的动物头部下垂，眼睛半闭，头顶障碍物不动，对外界反应迟钝、姿势不正、全身肌肉松软无力，有的病犬倒地、嗜睡。

当炎症向脑深部发展或脑深部有炎性病灶时，可引起全身性麻痹或不全麻痹、四肢运动失调，眼睑下垂、瞳孔散大、视神经、咬肌、咽肌、喉和舌麻痹。卧地不动，对外反应完全丧失。

患有脑炎的病犬多数体温升高，后期食欲废绝。

【诊断】

根据临床症状进行初步诊断，通过实验室检查进行确诊。

【治疗】

消除炎症、镇静、降低颅内压、防止脑水肿。

(1) 磺胺嘧啶钠注射 50mg/kg，静脉注射，每天两次；青霉素 5 万 U/kg，静脉/肌内注射；庆大霉素 4 万 U/kg，静脉/肌内注射，每天两次。

(2) 镇静，氯丙嗪 0.5mg/kg，肌内或静脉注射，每日 2 次，或苯巴比妥钠 2.2～6.6mg/kg，口服，每日 2 次。

(3) 甘露醇注射液 1～2g/kg，25%葡萄注射液 5mL/kg，混合静脉注射。

(4) 将病犬放于清洁通风好的犬舍，保持安静，给予营养丰富的食物。

(二) 肉芽肿性脑脊膜脑脊髓炎

肉芽肿性脑膜脑脊髓炎（granulomatous meningoencephalomyelitis），常见于小型犬，尤其是巴哥犬，多发于青年犬。

【病因】

目前病因尚不清楚。

【临床症状】

临床上主要表现出精神沉郁、步态不稳、易绊倒、失明或视觉障碍、面部麻痹、头部皮肤抖动和眼球颤动。

【诊断】

诊断：通过排除其他疾病来诊断，因为唯一能明确地诊断这种疾病的方式是通过在显微镜下检查脑或脊髓组织，但不切合实际。血液学、血清化学和尿液分析通常是正常的。

【治疗】

虽然临床症状可以通过使用类皮质激素得到控制，但长期治疗效果不理想，无法控制病情，预后不良。

(三) 巴哥犬慢性脑炎

巴哥犬慢性脑炎（Pug dog encephalitis）是仅发生于巴哥犬的一种遗传性疾病，易发在同窝犬或亲缘关系近的犬，患病犬表现出神经机能紊乱的症状。

【病因】

目前病因尚不清楚。研究表明该病的神经机能紊乱与机体免疫反应异常有关，并不是由感染引起的。此病仅发生于巴哥犬，雌性犬比雄性犬易发，患病的大多是年龄小于 3 岁的中年巴哥犬，最小的 6 月龄患病。

【临床症状】

巴哥犬慢性脑炎是一种致死性的疾病，患病犬很快死亡，或在出现临床症状后持续处于昏睡状态长达几个月。临床症状主要表现出颈部疼痛、癫痫、转圈运动、共济失调、头抵住墙或家具后呆立不动、视力障碍甚至失明。

【诊断】

本病的诊断主要是排除其他疾病。通过体格检查、神经系统检查、脑脊液分析、脑组织结构的

MRI检测和死亡犬脑的病理组织学检查可以诊断本病。

【治疗】

本病无法治愈，但治疗可以在短时间内控制临床症状。

治疗时可以用抗惊厥药以控制巴哥犬慢性脑炎常见的癫痫症状，用糖皮质激素类药物以减轻脑部炎症引起的神经机能紊乱症状，也可以试用中草药进行治疗。

患病犬的同窝仔犬和亲缘关系近的犬，都易患此病，不宜作为种用。

（四）坏死性脑膜脑炎

坏死性脑膜脑炎（necrotizing meningoencephalitis）是一种中枢神经系统的炎性疾病，仅发生于一些年轻的小型犬，如巴哥犬、马耳他犬和吉娃娃犬。

【病因】

脑膜脑炎涉及脑膜炎和脑炎，尽管许多推测认为该病是由于自身免疫失调引起的，但真正的病因目前尚不清楚。

【临床症状】

从6月龄到7岁的犬均有发病，平均发病年龄为29个月。典型的坏死性脑膜脑炎一般发病快，表现为前庭小脑病变的症状，主要症状包括：患犬突发癫痫、精神沉郁、转圈运动和视力障碍，最终死亡。

【诊断】

患犬在出生前无法进行确诊。主要的病理学特征为非化脓性脑膜脑炎和双侧不对称的脑炎，脑组织中淋巴细胞、浆细胞和组织细胞的浸润，以及大脑皮层局部坏死，大脑灰质和白质之间缺乏界限，慢性病例中出现神经元消失，星形胶质细胞浸润等病变，以上特征有助于本病的诊断。

【治疗】

目前尚无特效疗法，患犬癫痫发作会逐渐严重，并很难控制，多数患犬在发病后数周或数月后死亡。使用免疫抑制剂可以减缓患犬的死亡。

（五）嗜酸性脑膜脑炎

嗜酸性脑膜脑炎（eosinophilic meningoencephalitis）是主要由原虫感染引起的疾病，以外周血嗜酸性粒细胞增多和脑组织嗜酸性粒细胞浸润为特征。

【病因】

犬嗜酸性脑膜脑炎主要由感染性原虫引起，如感染弓形虫、新孢子虫。弓形虫病和新孢子虫病常常可引起幼犬肌炎、神经根神经炎、脑脊髓炎。目前报道的患病犬的品种有金毛猎犬、罗特韦尔犬、约克郡犬、爱斯基摩犬等。

【临床症状】

发病年龄从几个月到几岁不等，发病初期出现精神沉郁、嗜睡或表现烦躁不安、癫痫、转圈运动、头颈歪斜、撞击或头部抵压障碍物和共济失调，发展为后肢麻痹。

【诊断】

血液学检查可发现外周血嗜酸性粒细胞增多，病理组织学检查可发现严重的弥漫性脑膜脑炎，嗜酸性粒细胞浸润，并伴随有脑实质表层的空泡变化，神经元固缩，星状细胞增多和脑白质脱髓鞘等特征。

【治疗】

主要采用治疗弓形虫病的药物进行治疗。

对急性感染病例，可用磺胺嘧啶70mg/kg，或甲氧苄氨嘧啶14mg/kg，口服，每天两次，连用3～4d。由于磺胺嘧啶溶解度较低，较易在尿中析出结晶，内服时应配合等量碳酸氢钠，并增加饮水量。

对症治疗：镇静用氯丙嗪 0.5mg/kg，肌内或静脉注射，每日 2 次，或苯巴比妥钠 2.2～6.6mg/kg，口服，每日 2 次。

将病犬放于清洁，通风好的犬舍，保持安静，并给予营养丰富的食物。

（六）猫脑脊髓灰质炎

猫脑脊髓灰质炎（feline polioencephalomyelitis）一种不明原因的脑脊髓灰质炎。易在 3 个月到 6 岁发现临床症状，是一种慢性渐进性的疾病，脊椎病症显著，会发生癫痫。

【病因】

病因不明，目前推断可能是由不明的病毒或猫白血病病毒引起。

【临床症状】

患猫前后肢皮肤反射变化不一，有的增加，有的减弱，掌部背翻（球节前突）的异常姿势，共济失调，前肢无力，轻瘫，麻痹；全身无力，瞳孔光反射异常；行为异常，具攻击性；感觉过敏，兴奋；癫痫或晕厥，痉挛，突然发作，虚脱；震颤。

【诊断】

通过尸体剖检的组织病理学进行。

【治疗】

目前尚无有效疗法，应进行对症治疗以控制病情。

（七）犬脓粒细胞脑炎

是指脑由于化脓菌感染所引起的有多量中性粒细胞渗出，同时伴有局部组织液化形成脓汁为特征的炎症过程。

【病因】

病原主要是细菌，如葡萄球菌、链球菌、李氏杆菌、棒状杆菌等，其来源主要是通过血源性感染和组织源性感染。血源性感染常继发于其他的化脓性炎，如细菌性心内膜炎可引起化脓性脑炎。有些病原菌也可引起原发性的化脓性脑膜脑炎，如李氏杆菌、链球菌等。组织源性感染一般由脑附近组织（如内耳、额窦等）的严重损伤与化脓性炎直接蔓延引起化脓性脑炎。

【临床症状】

突然高热，畏寒，呕吐。患犬可交替出现烦躁与嗜睡，双目凝视；尖叫，拒乳，易惊等。严重病例可迅速进入昏迷状态。

【诊断】

血液中白细胞数明显增多，以中性粒细胞为主。脑脊液压力明显升高，脑脊液中可分离到病原菌，并结合脑炎的症状可以确诊本病。

【治疗】

主要是静脉注射抗生素抗感染、降低颅内压、降温及支持治疗等。

四、自发性疾病（Idiopathic diseases）

（一）前庭综合征

前庭综合征是小动物临床较为常见的一类神经综合征。它可分为中枢性和外周性。中枢性前庭综合征是第四脑室、脑干和小脑下延髓两侧的前庭神经核损伤引起的。外周性前庭综合征是第八对脑神经前庭部和颞骨内膜迷路上的受体受损伤所致。外周性比中枢性前庭综合征更常见，且预后更好。

【病因】

多数中枢性前庭综合征都是炎性、传染性疾病、肿瘤引起的。犬常继发于犬瘟热、肉芽肿性脑膜脑炎、弓形虫病、新孢子虫病、曲霉菌病、隐球菌病、类固醇反应性脑膜脑炎、莱姆病、落基山斑点热和埃利希体病等；猫常继发于猫白血病病毒、猫传染性腹膜炎病毒和隐球菌感染。肿瘤疾病中，所有犬原发性脑肿瘤均可引发本病，而猫只有硬脑膜肉瘤可引起此病。

外周性前庭综合征的病因包括：①特发性前庭综合征；②内耳感染；③鼻咽息肉；④甲状腺机能减退；⑤肿瘤，包括鳞状细胞癌和淋巴瘤；⑥药物引起的耳病。

犬特发性前庭综合征多见于老龄犬，平均发病年龄为12.5岁。其病因不清，可能与特异性免疫损伤有关。猫特发性前庭综合征，可发生于任何年龄段的猫，该病具有一定的地域分布性，以美国东北部为代表，该病可能与感染寄生虫有关。

【临床症状】

中枢性前庭功能综合征可表现出共济失调、歪头、向患侧转圈或摔倒、呕吐、流涎等。眼球可能出现水平、旋转或垂直震颤，可随体位的变化而改变。常并发多对脑神经损伤，其中第Ⅴ对脑神经损伤最常见。有时患侧可见异常体位反射或本体反射。不同病因引发的中枢性前庭综合征还有其特殊的症状，如继发于传染病时，可存在该传染病的症状。

单侧外周前庭综合征的症状包括歪头、眼球震颤（自发性）、转圈（转向损伤部位）、易摔倒、呕吐、流涎和共济失调，其中眼球震颤通常为水平方向旋转，可因体位的变化而加强，不随头部位置的变化而改变。体位反射和本体反射正常。双侧外周前庭综合征少见，无歪头、转圈等表现。

特发性前庭综合征的早期易出现恶心、呕吐和食欲不振等症状，随后出现平衡失调、定向障碍、歪头、转圈、眼球震颤等。一般是可逆性的，3～5d后会出现明显改善，无需药物治疗。

【诊断】

根据患犬歪头、眼球水平震颤等症状进行诊断。自愈是确诊特发性前庭综合征的依据。

【治疗】

感染或肿瘤引起的外周前庭综合征确诊后，进行对因治疗。

特发性前庭综合征可用抗晕眩药物减轻症状。该病可复发，复发时症状常更严重。

（二）三叉神经疾病

三叉神经疾病（trigeminal neuropathy）常见于犬，猫少见，特点是急性发作下颌麻痹。患病动物不能关闭口腔，出现进食和饮水困难。

【病因】

病因不清。

【临床症状】

犬患病后常出现神经症状，无法关闭口腔，出现进食和饮水困难，流涎，头、面部和下颚无力、下垂、轻瘫、麻痹，上眼睑下垂，眼球下陷，瞳孔大小不等。即使吞咽不受影响，两侧对称的神经炎也会在所有三叉神经的运动分支上出现，该病常在3～4周内痊愈，再度发生的几率很低［见彩图版图4-8-4］。

【诊断】

根据临床症状进行初步诊断，结合病理检查中两侧三叉神经非化脓性炎症和脱髓鞘进行确诊。

【治疗】

对患犬采取输液等支持疗法，一般在3～4周痊愈。

（三）自发性面瘫

自发性面瘫是由于支配面部肌肉的神经出现退行性变化等，导致面部肌肉下垂。中老龄犬常见。

【病因】

发病原因不明。

【临床症状】

患病犬一侧的面部肌肉下垂，一边的耳朵比另一边的低，嘴唇下垂，不能眨眼，流涎，食物从嘴角流出。如果双侧面瘫，则不易发现。

【诊断】

进行彻底的耳检查，以排除耳部感染引起的面瘫。

【治疗】

目前尚无有效的治疗方法。

（四）全身震颤综合征

全身震颤综合征（shaker dog syndrome）是一种突发的、以全身肌肉震颤为特征的疾病。该病主要影响小型白色青年犬或成年犬。

【病因】

病因不清，有人推测该病是由机体自身免疫引起的全身性神经递质缺乏所造成。该病主要发生于小型犬，常见于白色马尔他犬和西部高地白㹴，也可发生于卷毛比熊犬、贵妇犬、比格犬和约克夏㹴。

【临床症状】

该病患犬在 6 月龄到 3 岁龄之间会突然发病，发病后 1～3d 内病情逐渐加重，但无痛苦的表现，性情也不会受到影响，患犬全身震颤，其震颤程度不定，严重震颤可导致患犬行走艰难。治疗后病情逐渐稳定。

该类型的震颤也可称为意向性震颤，当患犬兴奋或进行特定的行动（如进食、行走等）时，病情会加重。当患犬休息或放松时，震颤程度减轻或消失。常见患犬眼睛快速无目的的移动。

患犬四肢轻度或中度伸展过度，有时头部倾斜。有时可见患犬偏瘫或四肢轻度瘫痪。

【诊断】

临床观察到震颤症状，通过实验室检查排除其他病因引起的震颤后，即可确定患有该病。

【诊断】

多数患犬在发病的早期使用皮质类固醇和/或苯二氮卓类药物治疗后可完全康复。在治疗的早期阶段，给予大剂量药物，在随后数周内，逐渐减少用药的剂量。患犬的发病症状经治疗数天后，一般会有明显改善，但如果终止治疗过早，患犬的病情会出现反复。部分病例则需要长期隔天服用低剂量的药物，才能控制病情。

虽然目前该病的遗传方式不清，但患犬不应用作种犬。

（五）苏格兰猎犬遗传性肌痉挛

苏格兰猎犬遗传性肌痉挛（Scotty cramp）主要是由于控制肌内收缩的神经通路发生缺陷造成的，即由患犬血液中 5-羟色胺含量异常引起的。5-羟色胺是一种神经传导物质，患犬休息时血液中的 5-羟色胺含量正常，但在运动或兴奋状态下，患犬血液中 5-羟色胺的含量不足，因而患犬会表现出间歇性的痉挛状态，在休息时会恢复正常。

【病因】

该病为常染色体隐性遗传，可能是因为中枢神经系统中 5-羟色胺之类的化学物质增强或耗尽，导致暂时性的行动失调。易患品种为苏格兰猎犬。

【临床症状】

该病常见于 2～18 月龄的幼犬，患犬在休息或轻度活动时一般正常，但在兴奋和剧烈运动时发病，主要表现出腰部弓起，步态呈“鹅步”，腿部无力，交替出现过度屈曲或过度伸直，主要是阵发性肌肉过度紧张造成的。

当引起患犬兴奋或运动的刺激因素消除后，其病情会逐渐减轻并恢复正常。发病期间患犬意识正常，不会表现出疼痛的症状。在相对安静的环境中，患犬的健康一般不会受到影响，但环境的改变或由于其他一些因素引起患犬的健康状况恶化时，病情可加重。

【诊断】

应详细向动物主人询问患犬的病情，也可采用药物进行特殊诊断。对有轻度痉挛的患犬口服0.3～0.6mg/kg二甲麦角新碱（5-羟色胺颉颃剂）进行诊断，2h内可见患犬运动后痉挛症状加剧，可持续出现8h左右。该药可引起患犬恶心、呕吐和腹泻。实验室常规检测无明显异常。

【治疗】

应对该病尽快确诊，避免引发患犬兴奋和过度紧张的因素，减少患犬的运动强度，可减少患犬的发病次数。改善患犬生活环境，可以很好地减少或消除该病的发生。病情严重患犬可使用安定药物进行治疗和预防，可以使用维生素E、地西泮、百忧解等药物降低患犬的发病频率。避免使用抗前列腺素类药物，如阿司匹林、消炎痛、保泰松和青霉素。

患犬及其父母和同窝仔犬不应用作种犬。

五、寄生虫性疾病（Parasitic diseases）

（一）中枢神经系统幼虫迁徙

由于寄生虫的幼虫迁徙至脑部，造成脑损伤引起的疾病。

【病因】

患犬感染某些寄生虫后，由于寄生虫的幼虫迁徙到脑部形成创伤，压迫脑组织，造成脑部血液循环及脑室和脑脊液的循环障碍，出现细胞损伤、炎症等，如脑棘球蚴病的压迫，可造成脑部血液循环及脑室和脑脊液的循环障碍。另外，寄生虫的代谢产物、分泌物及酶类作用常常可引起变态反应，见于棘球蚴病、血吸虫病和蛔虫感染等。

寄生虫性脑部疾病的类型：

（1）脑部占位性病变　成虫、幼虫、虫卵、虫囊或脓肿。

（2）脑炎或脑膜脑炎　疟原虫、锥虫、阿米巴虫。

（3）嗜酸性粒细胞性脑膜脑炎　蛔虫幼虫。

【临床症状】

一般发病缓慢，病程长，由于寄生虫幼虫存在部位不同临床症状也有差异，常见的有：

（1）癫痫型　由虫体寄生于大脑运动区与感觉区所致。

（2）颅内压增高型　由于脑脊液循环障碍、脑组织水肿等原因，引起恶心、呕吐、视神经乳头水肿、脑脊液中细胞及蛋白增多等。

（3）脑膜炎型　虫体寄生于脑底所致，可表现出恶心、呕吐、颈部有阻力等。

（4）运动系统障碍型　系幼虫寄生在小脑或广泛寄生于第四脑室所致，可出现小脑共济失调症状等。

（5）精神障碍型　由脑组织弥散性损伤所致，可出现狂躁或抑郁等。

【诊断】

诊断较困难，应根据病史、病原学检查及神经系统症状，结合脑脊液检查、CT等进行诊断。

【治疗】

根据不同的寄生虫选择药物进行驱虫，同时进行对症治疗。

（二）颅内黄蝇属蝇蛆病

颅内黄蝇属蝇蛆病（intracrania cuterebra myiasis）是黄蝇属寄生虫感染猫，通常可引起良性皮损，幼虫迁徙过程中会在脑、眼、颈段气管等部位发现其幼虫。如果幼虫出现在脑部即发生颅内黄蝇属蝇蛆病，临床症状包括共济失调和癫痫。

【病因】

黄蝇属寄生虫的宿主是啮齿类动物（如兔子），但偶尔也会寄生在其他动物体内发生蝇蛆病，常引起良性皮下病变，但感染猫时，可以入侵到眼睛、呼吸道和脑组织，造成严重损伤，甚至死亡。

猫颅内黄蝇属蝇蛆病主要发生于经常在户外活动的年轻到中年猫，7～9月份易发。

【临床症状】

成年猫和幼猫都可患该病。大多数病猫精神抑郁、嗜睡或出现癫痫，有的出现失明，出现高热或体温过低。外周血白细胞增多和嗜酸性粒细胞没有变化，脑脊液分析没有炎症变化。

【诊断】

无特征性的临床症状或临床检验来诊断本病。

【治疗】

主要使用伊维菌素进行治疗。1～2h前肌内注射4mg/kg苯海拉明防止过敏，然后皮下注射伊维菌素200～500μg/kg用于杀虫，静脉注射氢化泼尼松1～2mg/kg。24h和48h后按先前剂量重复注射伊维菌素，另外患猫可口服氢化泼尼松1～2mg/kg和恩诺沙星5mg/kg，一天两次，连用14d。有癫痫症状时用苯巴比妥治疗。

六、代谢性和中毒性疾病（Metabolic and toxic diseases）

（一）代谢性脑病

代谢性脑病是指体内生化代谢改变造成脑组织内环境变化，导致脑功能紊乱等一系列疾病的总称。

【病因】

易于发生代谢性脑病主要是老龄犬和猫，使用过对中枢神经系统有毒害作用的药物及严重营养缺乏的动物常可发病。其他病因包括感染、中毒、内分泌失调等。

【临床症状】

在原发病的基础上首先出现意识障碍。随意识障碍程度的加深及体内酸碱平衡失调的出现，呼吸模式发生改变，患病动物出现过度换气后过度的呼吸暂停及潮式呼吸。神经系统检查可见，眼球运动良好，瞳孔对光反射、眼脑反射、眼前庭反射均存在。有的病畜出现震颤、肌阵挛、强直和惊厥。

【诊断】

实验室检查血糖、电解质、血气分析及肝、肾功能。也需检查血、尿渗透压、脑脊液，血镁、磷及血激素水平等。若怀疑中毒现象，及时作血药浓度检测和毒物筛查，有利于进一步诊断。

【治疗】

早期识别代谢性脑病，并针对病因给予及时处理，对预后极其重要。

（二）肝性脑病

肝性脑病指由肝病引起的代谢反常而导致中枢神经功能障碍的病理状况。肠道内细菌常产生胺、巯基乙醇、短链脂肪酸、吲哚等多种有毒成分。当肝解毒效用障碍时，这些有毒成分直接作用于中枢神经系统，并引起脑病，犬、猫均可发生。

【病因】

蛋白质代谢障碍可能为主要原因。青年犬常有先天性的门脉异常和老龄犬肝脏疾病，如肝炎、脂肪肝、肝硬化、肝肿瘤等，均可引起该病。另外，摄取过量蛋白质、胃肠道出血、碱中毒、低钾血症、尿毒症、传染病、脱水、投予利尿剂等，都可成为本病的诱因。

【临床症状】

患病动物可表现出食欲不振、呕吐、腹泻、口臭、流涎、体温升高和多饮多尿，有泌尿系统结石的会出现血尿。有腹水时腹围膨满，随之呈现周期性神经症状，并在食入过量肉、肝等蛋白性食物后，表现出精神沉郁、活动失调、步态踉跄、转圈和癫痫样暴发，且有反常的鸣叫、沿墙壁行走、震颤和昏睡以至昏倒。

【诊断】

依据长期喂食动物肝脏的病史及临床表现、剖检病变进行诊断。

【治疗】

为减少肠道内氨和氨化物的吸收，应饲喂低蛋白食物，尤其是长期以肝脏为主食的幼犬，应给予处方配合日粮，同时口服一些抗菌药物，以减少细菌毒素对肝的损害，同时定期使用人工盐等来清肠制酵，减少肠对毒素的吸收。

若该病因消化道疾病引起，可用卡那霉素 10mg/kg，口服，每天 3 次，还可使用硫酸镁或硫酸钠5～25 g溶于一杯水中灌服，以清理胃肠，杀灭细菌。也可口服阿莫西林、甲硝唑、痢特灵等抑制肠道细菌的生长；必要时补充降氨药物（如谷氨酸钾、精氨酸），以纠正氨的代谢紊乱，促进有毒氨的排泄。

一旦发觉患犬烦躁不安或抽搐时，可适量使用镇定药治疗，同时使用苯海拉明、扑尔敏等药物。

重度昏睡的犬多为碱中毒，可静脉输入林格氏液。

（三）铅中毒

铅中毒（Lead poisoning）是动物直接或间接食入含铅化合物，引起以流涎、腹痛、兴奋不安和贫血为主要临床特征的一种疾病。小动物铅中毒主要发生于犬，偶见于猫。

【病因】

犬铅中毒主要是由于工业污染和意外大量接触铅所致。铅及其化合物种类多、用途广，犬接触机会多。铅是一种蓄积性毒物，因而少量缓慢的接触也可导致蓄积性中毒。各种小动物均可发生铅中毒，幼龄动物比成龄动物敏感。犬内服急性致死剂量一般为 10～25g（幼犬较少）。

铅主要在消化道吸收，入血的铅可与红细胞中的血红蛋白结合，在血浆中与转铁蛋白结合。最初分布至全身，以后约 95%的铅贮存于骨组织中，仅少量在肝、脾、肺及肾等处存留。

铅对机体各组织器官均有一定的毒性作用，主要损害造血系统、神经系统和泌尿系统。

对于造血系统的损害，可能是由于铅与一些和血红蛋白合成有关的巯基酶结合，造成血红蛋白合成障碍，从而导致中毒动物贫血。

对神经系统的损害，主要是损害小脑和大脑皮质细胞，干扰脑细胞的代谢，引起脑内毛细血管内皮细胞肿胀，脑血流量减少，毛细血管通透性增强，发生脑水肿。

【临床症状】

中毒犬可出现流涎、腹痛、兴奋不安和贫血。

【诊断】

临床上主要根据发病史、临床症状、病理变化来诊断。血液检查有贫血特征，血红蛋白含量降低，碱性粒细胞、网织红细胞增多，饮水、食物和胃内容物的含铅量测定可作为确诊依据。

【治疗】

治疗原则为立即消除毒源，清除胃肠毒物，解毒及对症疗法。

（1）清除胃肠含铅毒物　给予催吐剂以加速胃内容物排出。在慢性中毒时，可内服碘制剂使已沉积于内脏的铅排出体外。对急性中毒病例的治疗，可静脉注射 10%葡萄糖酸钙，犬 0.5～1.5mL/kg，持续 2～3d。

（2）解毒及排毒

乙二胺四乙酸钠钙　可与铅结合成不解离但能溶解的络合物，从而减弱铅的毒性，且易从尿和胆汁中排泄。剂量为 100mg/kg，每天 1 次，分 4 等份，加入 5%葡萄糖或生理盐水，静脉注射，或配成

20%的溶液肌肉注射，为防止疼痛，每次加入1%盐酸普鲁卡因1mL，连续治疗2～5d。切忌口服，使用时应配合对症治疗。

d-青霉胺（d-Penicillamine）　是一种比其他单巯基类如谷脱甘胱和半脱氨酸更好的金属络合剂，优点是可以口服，可使尿排铅量增加4～5倍。空腹给药，110mg/kg，每天1次，连用2周。

3. 对症疗法　如腹痛和兴奋不安时，可给予吗啡、水合氯醛或溴制剂等。

【预防】

防止犬在铅矿及其冶炼厂污染地区活动，防止饮用铅冶炼厂附近被污染的水。舔食到的栏杆、门窗等物体不用含铅油漆及颜料。犬活动场所，不要堆放或乱扔铅皮、铅粒、旧电池极板、机油等含铅垃圾。

七、血管功能障碍（Vascular disorders）

（一）局部缺血性脑病（Ischemic encephalopathy）

局部贫血性脑病（Ischemic encephalopathy）是一种急性脑梗性疾病，梗死常发生在大脑中央动脉提供营养的区域，所有年龄的猫均可发病，也没有品种间的差异。

【病因】

病因不清，在北美，发现蝇蛆病可引起贫血性脑梗死。

【临床症状】

一般急性发作，主要症状包括精神沉郁、失明、转圈运动和癫痫，表明病变通常位于一侧大脑，偶尔有脑干受损的症状，包括瞳孔散大和前庭功能障碍。

【诊断】

依据病史调查和临床症状进行初步诊断，MRI是最好的辅助诊断方法，常常可显示出幼虫从嗅球进入脑实质领域的迁徙痕迹。脑脊液检查可发现炎性细胞中的嗜酸性粒细胞。

【治疗】

采取支持疗法，几个月内临床症状会逐步改善，但会出现神经症状的后遗症。病情严重的可导致猫死亡。如怀疑蝇蛆病引起的脑梗死，可用伊维菌素进行治疗。

（二）血管损伤

由于外伤、脑肿瘤、血管炎症等原因导致脑部血管损伤，出现出血和脑部特定部位受损而发病。

【病因】

头部外伤，脑肿瘤或肿瘤扩散到大脑引起脑血管损伤。

一些灭鼠毒药（华法林类药品）及凝血疾病引起的血小板减少症，肾病、甲状腺疾病引起的高血压及动脉血管炎也容易诱发脑血管损伤。

【临床症状】

突然发病，严重程度取决于脑血管损伤的位置和程度，临床上常见头颈歪斜、失去平衡、视力障碍、癫痫、全身无力或瘫痪和昏迷。

【诊断】

根据临床症状可进行初步诊断，确诊需进行CT或MRI检查。

【治疗】

大多数病犬猫可在几周内自行恢复。

如果大脑受损，目前没有好的治疗办法。可以采用对症疗法进行处理，使用皮质类固醇以防止脑肿胀，并使用抗惊厥药控制癫痫。

病初几天恢复快的动物往往预后良好，能否痊愈取决于对原发病的控制或消除。

八、营养性疾病（Nutritional diseases）

硫胺素缺乏

硫胺素缺乏（thiamine deficiency）是犬和猫零星发生的一种疾病，临床上表现为急性神经症状，如果不治疗，往往导致动物死亡。

【病因】

肉食动物体内不能合成硫胺素，必须靠日粮来提供，日粮中硫胺素的最小浓度需达到 1～5mg/ kg，日粮中硫胺素不足是动物发病的主要原因。

饲料加工不当导致日粮中硫胺素不足，如鱼、谷物、乳制品中硫胺素含量丰富。然而，硫胺素对热不稳定，日粮加工过程中会导致硫胺素损失；罐装日量中用做防腐剂的亚硫酸盐也可以破坏硫胺素。另外，有的鱼含有硫胺素酶，也可以减少日粮中硫胺素的含量。

【临床症状】

犬和猫硫胺素缺乏常常表现出急性神经症状。早期出现食欲减退，几天后典型症状加重，动物死亡。

犬的症状一般按以下的顺序出现：食欲减退，呕吐，全身无力，不愿活动，精神抑制，麻痹，共济失调，痉挛，阵发性抽搐，死亡，偶尔会出现无神经症状的突然死亡，通常认为是由急性心衰引起的。

猫患病后表现因抽搐所导致的头颈向腹侧弯曲，感觉过敏，瞳孔散大。

【诊断】

常根据注射硫胺素的反应来判断，也可以通过血液检查来诊断。血液中硫胺素在 50～80nmol/L 时可认为是判断动物是否患病的临界值。同时可通过病理学检查脑部的损伤。

【治疗】

发病早期注射硫胺素会很快恢复。

九、肿瘤（Neoplasms）

脑肿瘤或癌是异常细胞在脑部生长而形成的肿块，由于压迫脑组织导致脑损伤和炎症，可出现神经机能异常。分为原发性和继发性两种。

【病因】

各种原因引起的异常细胞生长，原发性的有脑膜瘤、脉络丛肿瘤和胶质瘤等。继发性的是由身体其他部位的肿瘤细胞通过血液循环进入脑部，在脑部生长，形成肿瘤。

【临床症状】

脑肿瘤可引起多种多样的临床症状，主要与脑部受损的部位和程度有关。常见的症状有犬头姿态异常、转圈运动、行为改变、痉挛、视觉障碍、共济失调、局部麻痹和发生癫痫。

【诊断】

根据临床症状进行初步诊断，确诊需进行 CT 或 MRI 检查，但需要与脑炎和脑出血等疾病相区别。

【治疗】

目前仅有少数肿瘤可以治愈，但所有患犬治疗后可以提高其生活质量，并延长其寿命。治疗方法有药物治疗、放射治疗和手术治疗。

十、创伤（Trauma）

【病因】

发生于各种意外事故，如打击、撞伤等。

【临床症状】

病犬出现眩晕、转摇或躺倒。严重病例先呕吐，后昏迷；眼球震颤、肌肉痉挛、抽搐或麻痹。最严重病例，发生创伤时即昏迷，最终死亡。有的病例，动物仅几小时内无意识反应，神经反射消失；有的出现嚎叫、不安、痉挛等全身症状，几天以后平稳，出现共济失调、转圈和脑神经功能障碍等。

【治疗】

把病犬关在安静、黑暗而通风的室内，休息4～8d，避免任何刺激，冷敷头部以减少脑出血。如果有持续的意识丧失，可给予刺激药。

第七节 脊椎病
Diseases of the Spine Cord

一、先天性/发育性疾病（Congenital or developmental disorders）

（一）脊髓蛛网膜囊肿

脊髓蛛网膜囊肿（arachnoid cysts in canal）是蛛网膜下腔扩张，聚集多量脑脊液，又称蛛网膜下囊肿、柔性脑脊膜囊肿。主要在未成年的犬猫发生。

【病因】

属发育性疾病，一般由先天形成。有时因蛛网膜炎症，出现粘连造成脑脊液循环不畅而继发蛛网膜囊肿。发病部位主要在颈部和胸后部的蛛网膜背侧。

【临床症状】

若囊肿压迫脊髓则表现神经功能障碍，严重病例可出现后肢的功能障碍或瘫痪，若在颈部发病则为四肢的运动障碍。

【诊断】

普通X线片无特殊诊断意义，需进行蛛网膜下腔脊髓造影或MRI检查，发现蛛网膜串珠状、脊髓萎缩即可确诊。

需排除其他的发育性疾病（如脊柱发育不良）、脊髓内外肿瘤、椎间盘突出、脊髓脊膜炎等。

【治疗】

保守治疗用泼尼松，并将患犬关在笼中限制其活动。手术治疗需切开蛛网膜下腔进行囊肿引流。

（二）寰枢椎半脱位

寰枢椎半脱位（atlantoaxial subluxation）是犬第一个和第二个颈椎骨连接处不稳定的一种疾病。小型犬易患。

【病因】

齿状突先天性发育不良，出现齿状突小甚至缺失而发病。吉娃娃犬、博美犬多发；颈部创伤是最常见的诱因，有些犬可在从床或家具跳下，以及与人或其他犬玩的过程中诱发本病。

【临床症状】

发病年龄不固定；一般突然发病，低头、站立不稳；颈部疼痛是主要症状，当犬活动颈部时，疼痛更加明显；轻症步态异常、共济失调，严重者四肢瘫痪；最严重者因呼吸肌麻痹而死亡。

【诊断】

首先对犬进行体检，检查弯曲颈部时的灵活性，观察有无疼痛及犬的运动是否正常，如果有寰枢椎半脱位的症状，进一步进行颈部的X线检查。

【治疗】

治疗包括非手术治疗和手术治疗。

如果疼痛并不严重，没有瘫痪，可以采用非手术疗法，给犬带6周的保护项圈，并将患犬关在小箱子中几周以确保其休息，也可给予类固醇或其他消炎药，轻度患犬5～6周即可恢复。

如果症状严重，非手术疗法无效或治疗后复发，可采用手术疗法，复位后用钢丝、缝线或钢针等从寰枢椎的背侧或腹侧进行内固定。由于靠近脊柱，手术有导致患犬瘫痪甚至死亡的风险。

（三）多发性软骨外生骨疣

多发性软骨外生骨疣（multiple cartilaginous exostoses）是一种罕见的疾病，犬多发，人、猫和马也会发病，其主要特征是覆盖在骨骼表面的软骨骨化成多个外生骨疣，从而影响骨骼的生长。多发生于四肢骨、肋骨和脊椎骨。

【病因】

属先天性疾病，与遗传有关，目前多认为是一种常染色体显性遗传性疾病；骨疣随身体发育也不断增大，当身体发育结束时骨疣也停止生长。另外，猫的白血病病毒可引起该病。

【临床症状】

疾病本身是良性的，临床症状取决于外生性骨疣的位置和大小，犬的多发性软骨外生骨疣多发生在椎骨、肋骨、长骨、肩胛骨和骨盆部位。骨膜内生长的头骨和颚骨不会发生，有时也会发生在气管软骨。临床上这种疾病往往无临床症状，但外生性骨疣压迫脊髓或神经时会引起神经系统症状，如疼痛，无力，共济失调，本体感觉的下降、麻痹或瘫痪。当外生性骨疣位于骨干末端或干骺端时，会压迫肌腱、肌肉、血管和神经，引起疼痛和功能障碍，发生在四肢骨和肋骨的骨疣不会造成明显的机体运动机能损害。

【诊断】

根据临床症状，犬出现疼痛、跛行或麻痹症状，其他一切正常。触诊肋骨和四肢骨骼可以摸到一个或多个突起可以进行诊断；椎体部位发病时，触诊比较困难。

通过X线对全身骨骼进行检查，重点检查椎骨、肋骨和长骨，能够观察到骨疣的位置和大小。确诊需要进行组织病理学检查。

【治疗】

当骨疣影响动物的功能（如出现疼痛、运动障碍或神经症状）时，需要治疗。另外怀疑多软骨外生性骨疣会恶变时也需治疗。

治疗采用手术方法切除骨疣。椎骨多个软骨外生性骨疣的治疗采用椎板切除减压的方法，但如果切除面积较大，可导致脊椎骨折，需要进行脊柱的固定。

无症状病例不手术治疗者常因骨骼生长停止而出现停止生长。

患病犬不应用作种犬。

（四）脊髓发育不良

脊髓发育不良（myelodysplasia）是指脊髓发育过程中出现的异常现象，导致脊髓中央管扩张，积液过多，脊髓出现空洞，无中央管或有两个，脊髓灰质异常分布等。

【病因】

是由于患犬出生前神经管（形成脊柱）异常发育造成的，患犬的腰部区域病变严重。该病只发生于魏玛犬，为显性遗传，外显率多变。其他少数几个品种犬偶有报道。

【临床症状】

幼犬4～6周龄开始发病。发病的严重程度取决于脊髓畸形的严重程度。多数情况下，患犬后肢呈“兔子式”跳跃，也可见到蹲伏姿态，一侧或双侧后肢外展或伸展过度，脊柱侧弯。患犬的脊椎反射和痛觉正常，病情不会进一步恶化；轻度患犬步态笨拙，但生活状况相对正常。重症病例出现共济失调、瘫痪。

【诊断】

可通过患犬品种、年龄和临床症状，并结合X线影像和脑脊液分析进行诊断。如需进一步确诊该病，可进行尸体剖检和脊髓组织病理学检查。

【治疗】

无法治疗，患犬的病情不会进一步恶化。

患犬不应用作种犬。

（五）脊髓畸形

脊髓畸形（malformation of spinal cord）由于遗传因素引起的椎骨畸形，包括枕部畸形、半椎体和椎管狭窄等。

【病因】

脊髓畸形是犬最常见遗传性疾病。其中，骶尾骨发育不良是显性遗传，而德国短毛猫的胸椎半椎体（胸部半椎体）是隐性遗传。另外妊娠母犬接触到造成胎儿发育缺陷的化合物、毒素，以及营养不足和应激也会导致本病的发生。

【临床症状】

脊髓畸形临床表现通常在出生时或出生后最初几周出现，有的会有一个潜伏期，到犬快速生长的5～9月龄才表现出来，最明显的症状是腰背部脊柱弯曲，出现脊柱凹陷、凸起和侧弯。如果畸形导致脊髓压迫症和创伤，患犬会出现共济失调和麻痹，其具体症状与发病部位有关。

（1）枕部（第一和第二颈椎）畸形　可导致瘫痪、猝死，多见于小型品种犬。

（2）半椎体（一半的脊椎）　脊柱弯曲，出现脊柱凹陷、凸起和侧弯；椎体楔形变形，形成一定的角度，往往影响神经系统，出现后四肢无力（截瘫）、瘫痪，常见于巴哥犬、波士顿㹴，以及法国和英国牛头犬。

（3）先天性椎管狭窄　脊柱弯曲，常见于巴吉度猎犬、米格鲁犬、腊肠犬、西施犬、狮子犬和杜宾犬。

【诊断】

调查动物的生活史，检查临床症状有助于疾病的诊断，脊柱的X线检查能够充分显示脊柱的畸形，脊髓造影可以评估脊髓受压的程度。也可用CT和MRI技术进行诊断，以提高诊断的准确性。

【治疗】

药物无法治疗，常用脊髓减压的手术方法进行治疗。如果犬表现出头晕、抽搐或术后瘫痪的神经系统症状时，应限制其活动并结合药物治疗，有助于病犬恢复。如果发病时间长，不宜采用手术治疗。

如果病情严重且无法治愈，应考虑安乐死。

（六）脊髓裂

脊髓裂（spina bifida）指在胚胎发育阶段会出现椎弓缺陷性融合，导致椎骨发育不完全（正常情况下，脊髓由椎骨包围并可保护其免受损害）。患犬可以为一个或几个椎骨少部分不融合，也可以为数个相连椎骨的大部分椎弓缺失，造成脊髓或脊膜通过缺失部位突出。轻度患犬无需治疗，缺失较为严重的患犬会因脊髓缺失部位不同而表现出不同的临床症状。

脊髓裂可发生于脊柱的任何部位，但常发生于腰椎。

【病因】

目前认为该病可以遗传，但遗传方式没有确定。另外环境因素（中毒、妊娠期间营养缺乏）也可导致脊髓裂。英国斗牛犬易患病，其他品种偶发。

【临床症状】

多数情况下，该病常发于腰椎。患犬的临床症状随缺失程度不同而异，轻度患犬不会表现出任何临床症状，只有在对其进行 X 线检查时才会发现该病。

患犬一般在 4～6 周龄开始出现神经障碍，后躯软弱无力，运动不协调，甚至瘫痪。一些患犬会出现粪尿失禁。缺失严重的患犬（数个相连椎骨的大部分椎弓缺失，造成脊髓突出）在幼犬行走时临床症状就很明显。

【诊断】

病情严重的幼犬，通过临床检查可得到初步诊断，通过 X 线影像检查进一步确诊。在对患犬拍 X 线平片时，会明显发现椎弓缺失或至少脊椎的背棘没有融合。

【治疗】

无有效的治疗方法。当对犬拍 X 线片时，如发现该病，但患犬不表现出任何临床症状，则无需治疗。轻度患犬也可通过手术修复缺失的脊椎以便减轻病情。

虽然遗传方式还没有确定，但最好不要用患犬和具有该病家族史的犬来育种。

（七）骶尾发育不良

骶尾发育不良（sacrococcygeal dysgenesis）是指位于最后一节腰椎和第一骶骨之间出现压迫神经的异常病变。该病症由关节病引起，是一种罕见的遗传性疾病，德国牧羊犬易患此病。常导致肌肉、骨骼发育不良、步态异常和大小便失禁等。

【病因】

犬遗传性发育异常。

【临床症状】

有些犬骶尾畸形，但无其他临床症状，大部分患犬腰椎到骸骨部位疼痛明显，起身困难，出现跖部着地姿势，步态像兔子跳；患犬出现截瘫，肛门反射消失，肛门扩张，有时会出现大小便失禁，会阴痛觉丧失，触诊发现尾椎畸形，尾巴根部附近的被毛呈漩涡状，尾部麻痹，肌肉萎缩。脊髓脊膜膨出，通过皮肤渗出脑脊液。

【诊断】

根据截瘫，大小便失禁，步态异常，尾椎畸形等症状进行初步诊断，确诊需进行 X 线检查。

【治疗】

主要进行对症治疗，大多会使症状减轻。如果神经功能丧失，伴发大小便失禁或巨结肠症的患犬治疗效果差，预后不良。

二、变性疾病（Degenerative diseases）

（一）变性脊髓病

变性脊髓病（degenerative myelopathy）是脊髓白质出现的一种慢性、渐进性、非炎性病变，又称德国牧羊犬脊髓病。本病主要发生于年龄较大的德国牧羊犬。

【病因】

该病的发病原因目前不清，有证据表明该病与免疫反应有关。本病常见于德国牧羊犬和德国牧羊犬的杂交犬，也可见于其他品种的大型犬和中型犬，包括柯利犬、西伯利亚雪橇犬、比利时牧羊犬、老式英国牧羊犬、拉布拉多猎犬和切萨皮克湾猎犬。

【临床症状】

该病主要见于 5 岁以上的犬。患犬病情发展缓慢，开始阶段多怀疑为臀部发育不良。患犬渐进性身体虚弱，最终会发展到行走不便，姿态出现异常，后肢运动失调，当患犬在平滑的路面上行走时，上述症状会更加明显。通常一侧后腿会比另一侧后腿病情严重，疼痛症状不明显，并且排粪排尿正常。

患犬出现神经症状后，一般要经过数月或一年左右，发展到不能行走。

【诊断】

中型犬和大型犬后肢出现问题一般是由多种因素造成的，应对患犬进行神经学检查和 X 线影像检查，排除其他原因造成的后肢疾病，如椎间盘疾病、脊髓炎和脊髓瘤等。

患犬神经学检查出现异常应与 T3－L3 区域上运动神经元病变相一致，包括本体感受和后肢反应能力降低，后肢膝反射和曲张反射正常或增强，肛门括约肌正常，有时后肢出现交叉伸肌反射。偶尔出现一侧后腿甚至两侧后腿膝反射降低或消失。

该病的诊断有一定的困难，一般是在死后剖检方能确诊，MRI 有助于诊断。

【治疗】

该病目前无特殊疗法，可对患犬采取支持疗法，以延缓病情的发展。应尽力使动物主人认识到患犬所患疾病的严重程度，最好对其犬采取安乐死。

有人认为对该病的治疗中使用维生素添加剂和 6－氨基己酸，并加强患犬的运动，可缓解病情。

由于患犬在性成熟后也不出现异常症状，所以在育种工作中一旦确诊犬患有该病，应淘汰与患犬有血缘关系的任何家族成员。

（二）椎间盘疾病

椎间盘由外层纤维和内层果冻样物质组成。椎间盘疾病（intervertebral disk disease，IVDD）主要是由于果冻样内层物质突出进入脊髓腔压迫髓核造成的。轻度压迫可引起颈部和后背部微痛，重度压迫可引起患犬不可逆转性的瘫痪、感觉消失、粪尿失禁。

该病常发于脊柱的颈椎区域和胸腰椎区域，胸椎部位由于韧带连接肋骨，有助于加固椎间盘环面纤维，一般该部位发病较少。

【病因】

Ⅰ型 IVDD 主要见于软骨营养不良或软骨发育异常的品种犬，这些品种犬腿部短粗，虽然一般指标符合育种要求，但软骨发育异常时，犬的椎间盘的纤维组织会逐渐变为软骨样物质，使环面纤维容易断裂，髓核进入脊髓腔形成疝，从而引起 IVDD。主要发生于相对年轻的犬（3～6 岁），常发于后背部的多个位置，并引起剧烈疼痛。常见于腊肠犬，也可见于其他软骨发育异常的品种犬，包括巴基度猎犬、比格犬、法国斗牛犬、拉萨狮子犬、北京犬、博美犬、西施犬和威尔士柯基犬等。

Ⅱ型 IVDD 的椎间盘纤维退化（不发生钙化）常见于老龄犬。椎间盘突出（同Ⅰ型 IVDD 一样环层未完全断裂）一般只见于一处，临床症状（疼痛、虚弱、瘫痪等）发展较慢，并且没有Ⅰ型 IVDD 严重。常见于大型犬，如德国牧羊犬等。

【临床症状】

该病的临床症状变化幅度较大，取决于是Ⅰ型 IVDD 还是Ⅱ型 IVDD，以及椎间盘物质突出进入髓腔的程度。Ⅰ型 IVDD 一般发展较快，病情较重，其发病也取决于发病的部位和髓核受压的严重程度，可见患犬颈部疼痛，腿部缺乏感觉，并且四肢均出现不同程度的软弱无力或瘫痪症状。该病是非常严重的疾病，如不及时治疗，可导致患犬后肢永久性瘫痪。

Ⅱ型 IVDD 的病情发展一般缓慢，多达数月。患犬多次出现疼痛，软弱无力，四肢均出现不同程度的瘫痪，并且一般是不对称的。

【诊断】

如果易患软骨营养不良的品种犬出现颈部或背部疼痛，后肢虚弱或瘫痪，应怀疑为椎间盘疾病导致的髓核受压所致。检查患犬的神经反射和神经功能情况，有助于确诊髓核受压部位。对患部脊柱拍摄 X 线平片可发现脊椎异常的部位或矿化的椎间盘。另外可进行脊髓造影确诊髓核受压的部位和受压程度，有助于外科手术。在患犬全身麻醉条件下，也可抽取脑脊髓液进行检查，排除其他原因引起的脊髓疾病。

【治疗】

对该病的治疗应考虑以下几个因素，包括患犬病情的严重程度和发病时间，以及神经学和 X 线检查结果。可通过外科手术去除压迫髓核的椎间盘物质，但必须注意手术并非治疗该病的首选方法。对轻度和中度疼痛患犬，如果未出现虚弱或瘫痪症状，可选用抗炎类药物控制和减轻病情，同时结合笼养限制患犬运动。如果患犬采用上述方法治疗后仍然无效，病情进一步恶化，则应考虑进行外科手术。

对神经症状异常严重的患犬，以及重复出现疼痛和肌肉虚弱的患犬，应进行外科手术。一旦患犬出现瘫痪症状和深部痛觉消失，应在24h内进行手术，去除脊髓压迫物，否则很可能导致不可逆的神经性损伤。

该病术后恢复情况取决于患犬术前病情的严重程度、病情的发展速度、发病时间长短以及手术情况等。一旦患犬出现瘫痪症状和深部痛觉消失超过24h，术后很难恢复。另外，必须加强该病的术后护理工作。

由于该病的遗传方式目前不清，虽然一些品种犬常发生该病，但很难为育种工作提供好的建议。患犬最好不应用作种犬，在育种前应详细检查与患犬有亲缘关系的种犬。

（三）腰椎狭窄

椎骨狭窄（vertebral stenosis）也称为马尾综合征（cauda equina syndrome）。先天性椎骨狭窄很少见，患犬出生时，表现椎管明显狭窄。椎管狭窄的病情决定患犬脊髓受压迫的程度以及给患犬所造成的后果。一般来说，患犬会在3～7岁左右表现出临床症状。德国牧羊犬易患腰骶部椎管狭窄（下腰部），杜宾易患胸部椎管狭窄（上背部）。

【临床症状】

如果椎骨狭窄较轻，患犬不会表现出任何异常，但在并发其他疾病情况下，就会表现临床症状，如椎间盘疾病。如果椎骨狭窄压迫脊髓，患犬会表现出临床症状。

胸部区域脊髓受到压迫，患犬背部疼痛，后肢软弱无力，共济失调，肌反射正常或过度，前肢运动和反射正常。如果腰骶区脊髓受到压迫，患犬则会出现下背部疼痛、站立困难、后腿跛行、肌肉组织萎缩、尾部软弱无力和尿粪失禁，前肢则正常。上述疾病也可称为马尾综合征，任何原因引起该部位髓核受压都可以引起这种症状。

【诊断】

对该病的诊断可基于患犬的临床表现以及X线检查。对患犬必须进行详细的神经学检查。也可进行特殊的X线影像检查来判定脊髓受到压迫的程度。

杜宾患犬的胸部椎骨狭窄易与椎骨不稳定相混淆。典型的椎骨狭窄可见于T3－T6区域。与临近的椎骨相比较，X线平片可见椎管的背腹侧直径减小，脊柱轻度弯曲。CT以及MRI技术有助于判断椎骨的变化。

【治疗】

给予抗炎类药物，并强制休息，轻度患犬的病情会得到改善。如果患犬经治疗后复发或开始就发病较重，则需要进行手术减轻脊髓受到压迫的程度。手术应在脊髓未被严重压迫前尽早进行，这样成功率较高。

患犬及其父母和同窝仔犬不应用作种犬。

（四）脊髓型颈椎病

脊髓型颈椎病（cervical spondylotic myelopathy）是颈椎畸形或关节不正导致的颈脊髓段压迫。C6～C7（颈椎6～颈椎7）和C5～C6椎间的接合处最常受影响；

【病因】

可能是由于营养过剩，尤其是过多的钙和能量引起发病。同时与遗传因素有关，雄性易发。俄国大猎犬、德国短毛笃宾猎犬和大丹犬是易发品种。

【临床症状】

急性发作可能与小外伤有关，常出现颈部疼痛。颈部病变可以引起神经性共济失调、局部麻痹和四肢本体感觉异常，往往后肢更明显。脊髓反射表现不一，后肢从正常到过度反射；前肢表现反射正常、过度或者减弱。腰肌和冈下肌萎缩。

【诊断】

X线照片检查可发现椎间隙变窄，脊椎不成直线，尤其是脊椎体的头颈部向背面移位、脊椎的狭窄和脊椎体畸形等可以诊断。

【治疗】

有轻微症状的病畜应限制其活动，可口服泼尼松，0.5mg/kg。

如果最初能观察到脊髓受压，实行牵引术以减轻压迫，也可以采用手术治疗。如果没有发现脊髓受压，需实行长期观察，以识别轻微的、动态的病变。

(五) 椎关节强硬畸形

椎关节强硬畸形是由于脊柱上产生骨赘导致椎关节强硬变性，是一种慢性非炎症性疾病。

【病因】

本病可能是老化或外伤发展的结果，中年和老龄犬猫易发病，大型品种犬常见。老化或外伤导致椎间盘的连接处发生改变，椎间盘的后腹部突出，压迫腹部的纵向韧带，骨赘在这些脊椎韧带的连接位点发展，硬化生长而发病。骨赘常发生于脊椎体的腹部和侧表面。

【临床症状】

由于骨赘在腹侧或外侧，所以很少表现出临床症状，通常X线片中偶尔发现，骨赘很少侵入脊椎管或神经，所以很少引起疼痛和神经病变。

【诊断】

在清楚的X线片上，可以发现腹部和侧面相邻脊椎的末板上出现边缘光滑的骨赘，脊椎体弯曲，凹面朝向椎间盘，使脊椎体的长度延伸，出现两个以上的脊椎合并，可能发生于脊柱的任何地方。脊椎的椎间盘平滑，但可能硬化。

【治疗】

通常无需治疗，如果出现疼痛或神经症状，可用皮质激素和镇痛药。

三、炎性与感染性疾病（Inflammatory and infectious diseases）

(一) 脊椎间盘炎与脊椎骨髓炎

脊椎间盘炎是椎间盘和相邻脊椎的感染。脊椎骨髓炎仅仅是脊髓的炎症。大型品种犬，尤其是德国牧羊犬和大丹犬易发。

【病因】

术后感染；猫主要是打架、咬伤造成的感染；或由子宫、心脏、尿道、皮肤的细菌感染，细菌移行后停留在椎骨的两端造成感染而发病。

常感染的病原菌有葡萄球菌、布氏杆菌、链球菌属、假单胞菌属、大肠埃希菌和其他细菌。偶见曲霉菌属和球孢子菌属。另外，植物芒刺刺入导致放线菌感染也能引起脊椎的骨髓炎，尤其是腰部的脊椎。

【临床症状】

发病年龄一般不超过2岁；发病部位感觉过敏，一般在第10胸椎前后疼痛、敏感，第6、7颈椎和腰荐部也可发生。从外表看机体不灵活、不敢快速低头抬头，严重病例体温升高，精神沉郁，弓背或颈部僵直，出现共济失调或尾部麻痹等。

【诊断】

X线检查发现脊椎盘炎时脊椎的椎间盘及其邻近组织密度发生改变，椎间隙最初变宽，后逐渐变窄。椎间盘的硬化症伴有腹部和侧面的骨刺形成；骨髓炎时表现为骨膜上有骨刺形成、椎关节强硬。血液中细菌的分离培养有助于诊断。

同时需要与椎关节强硬畸形、脊椎瘤形成、椎间盘病、脊髓脊膜炎、肌炎、多发性关节炎等进行鉴别诊断。

【治疗】

根据细菌培养和药敏试验的结果选择抗生素。如果分离不到细菌，假定葡萄球菌是病因，可口服20mg/kg头孢菌素，每日3次；或口服氯唑西林10mg/kg，每日4次，抗生素给药至少持续6周。如果5d之内无反应，应重新评估疗法，或者考虑外科手术。

布鲁氏菌病引起的脊椎盘炎，考虑口服恩诺沙星2.5mg/kg，每日两次；口服米诺环素（二甲胺四环素）5～10mg/kg，每日2次，和肌内注射庆大霉素5～10mg/kg，每日1次。

静养直到症状消除为止。若不及时治疗，死亡率较高。神经症状轻微的病例治疗一周可见效；若有严重的神经功能障碍（麻痹和瘫痪），则预后不良。

（二）脑膜炎

脑膜是覆盖和保护大脑和脊髓的外表面的薄膜，脑膜出现炎症可以引起许多疾病或功能紊乱。

【病因】

大多数情况下犬脑膜炎是身体其他部位的疾病（包括病毒、细菌、寄生虫或真菌感染）的继发症。如犬头部和颈部咬伤的伤口感染后，细菌感染鼻窦、鼻腔、中耳等部位后继发脑部感染。任何年龄、品种和性别的犬都可发生，幼犬易发。也可以发生原因不明的无菌脑膜炎，常常发生在4～24月龄的大型犬。

【临床症状】

患犬可表现颈部疼痛和僵硬、疼痛性触觉过敏、发热，以及神经性缺失，如共济失调、癫痫等，患犬还可能出现脑水肿或颅内压升高的症状，如角弓反张等。

【诊断】

通过临床检查发现患犬发热、背部僵硬、疼痛、痉挛，颈部和前肢的肌肉极端敏感性等症状进行初步诊断。

可用CT或MRI技术、脑脊液分析和血液检查进行诊断。

【治疗】

脑膜炎难以诊断。如果怀疑犬患脑膜炎，可在确诊前进行预防性治疗，治疗原则是抑制炎症、恢复神经功能、减轻疼痛、防止或控制癫痫。

常用常规剂量的糖皮质激素口服，以减轻脑及周围组织的炎性肿胀。也可用抗惊厥药治疗。

细菌性脑膜炎，可用高剂量能透过血脑屏障的抗生素药物；如果犬脑膜炎症状明显，也可以使用抗癫痫药物。

支持治疗也非常重要，可以静脉或皮下输液补充营养药，适当使用止痛药物等以利于病犬的康复。

四、血管功能障碍（Vascular disorders）

纤维软骨栓塞性脊髓病（Fibro-cartilaginous embolism）

犬纤维软骨栓塞是指由于动脉有纤维软骨碎片阻碍引起血液供应缺乏，导致脊髓急性骨疽，出现一个或多个肢体瘫痪。主要发生在腰椎部位，常见于大型犬，如藏獒，迷你型史查狸也是易感动物之一。

【病因】

病因不清，可能是椎间盘外伤。由于剧烈运动或外伤，一部分椎间盘胶状物进入脊髓，导致血液供应不足而发病，常发生于3至6岁的青壮年动物。

【临床症状】

往往在剧烈运动或外伤后发病，也可能没有任何预兆而迅速发病，通常在24h后症状趋于稳定，症状轻重取决于发生病变的部位和栓塞的程度。病情轻的病例表现步态异常、易跌倒，严重的病例出现单侧或双侧瘫痪，伴发粪便和小便失禁。

【诊断】

通过病史、体格检查和神经系统检查进行初步诊断，并通过血液和脑脊液检查可排除其他感染性疾病。X线脊髓造影检查可排除其他椎间盘疾病或肿瘤，MRI或CT可能确诊本病。

【治疗】

脊髓损伤是永久性的，因此治疗效果有限，一般不提倡手术治疗。

病初可给予皮质类固醇，以减少脊髓肿胀。需要进行物理治疗，例如水疗和按摩，以防止肌肉萎缩，保持肌肉和关节的灵活性，帮助其恢复运动功能。

如果患犬痛感明显，瘫痪的肢体往往在几周到几月内恢复正常的行走能力。如果患犬无痛，往往预后不良。

五、营养性疾病（Nutritional disorders）

维生素A过多症

维生素A过多症（plyovitaminosis A）是指犬长期摄入富含维生素A的动物肝脏等食物或饲料而引起的犬的一种维生素代谢障碍病，以骨质疏松、易骨折、韧带和肌腱附着处的骨膜发生增生性病变为主要特征。

【病因】

食物中含有大量的动物肝脏，或补充维生素A的方法不当，尤其是鱼肝油使用不当、用量过大而引起。

【临床症状】

患病动物精神沉郁，食欲减退，消瘦，被毛稀疏并易脱落；全身肌肉紧张，感觉过敏，以颈部、背部最为严重；四肢关节肿胀，触之表现疼痛，拱背、行动迟缓，步态强拘，跛行；个别严重患犬会发生肌肉萎缩甚至四肢瘫痪。有些病例还会出现齿龈炎和牙齿脱落。

【诊断】

主要根据临床症状和患犬长期进食动物肝脏等富含维生素A的食物可以作出初步诊断。另外，X线检查时，患犬的四肢关节周围形成骨赘，关节骨骼融合，韧带附着点骨质增生，长骨弯曲变形，且骨密度降低，皮质变薄，类似骨质疏松症症状，可为诊断提供参考依据。

进一步确诊，可以测定血清中维生素A的浓度。犬的正常值参考范围是50～200μg/dL，当患犬血清中维生素A的浓度超过正常参考值的50～100倍时，就会发生维生素A过多症。

【治疗】

无特异性疗法，立刻停喂高维生素A的食物，抬高食盆以减少脊椎不适，给予止痛药。严重的骨病变的动物预后慎重。

六、肿瘤（Neoplasia）

【病因】

脊髓肿瘤罕见于犬猫，最常见的有猫的淋巴瘤、犬的脑膜瘤。大多数猫脊髓淋巴瘤是由猫白血病病毒感染引起。其他脊髓肿瘤包括年轻犬的室管膜瘤和胶质肿瘤，如星形细胞瘤和脉络丛肿瘤，受肿瘤影响的神经受到压迫，从而引起神经功能障碍。

【临床症状】

临床症状决定于肿瘤的位置，患畜主要表现出血素质、跛行和疼痛、麻痹、消瘦、贫血、高蛋白血症、高钙血症和蛋白尿。脊椎骨折或骨髓病变直接压迫神经时，可出现运动失调、瘫痪等神经症状；因病犬免疫力下降，常继发化脓性细菌感染；有的病犬出现呕吐、腹泻、发热、淋巴结肿大，有时可触摸到椎骨外侧的瘤块。

【诊断】

病史调查和X线的脊髓造影非常重要，可以排除其他原因引起的神经系统疾病，如椎间盘疾病和脊髓肿瘤。脊髓造影可以确定脊髓硬膜外或脊髓硬膜内肿瘤，以及肿瘤的具体位置。MRI是首选的诊断方法，也可用CT扫描结合脊髓造影进行诊断。

【治疗】

治疗取决于肿瘤部位、严重程度及肿瘤的类型。

可手术切除肿瘤或用保守的手术治疗方法，切除覆盖在肿瘤上的骨骼为脊髓减压。手术切除脊髓肿瘤可并发粘连和损伤脊髓。

放射治疗适用于脊髓肿瘤切除不完全、肿瘤大、不能手术和猫的脊髓淋巴瘤。

【预后】

猫的脊髓淋巴瘤经放疗和化疗后平均生存时间为125d，明显高于单独使用皮质类固醇激素、单纯化疗或手术减压和皮质类固醇的结合的方法。手术切除脑膜瘤的平均生存时间为180d。

犬脑膜瘤减压手术后的平均存活时间为240d。犬颈或颈胸交界处脊髓肿瘤、腹部肿瘤、脊髓肿瘤切除过程中损坏脊髓时，预后不良。手术和放射疗法治疗脊髓外硬膜外肿瘤的平均存活时间是17个月。

七、创伤性疾病（Traumatic diseases）

【病因】

脊髓休克和挫伤主要见于意外事故，如奔跳、打击、挣扎、车祸、咬伤等均可引起椎骨骨折或脱位；急性脊椎损伤常见于脊柱骨折或脱位。病理性骨折常见于营养不良或椎体骨髓炎，也可继发于水肿、出血、脱髓鞘和坏死等病理过程。

【临床症状】

可在创伤后立即出现，也可能在几小时后出现，根据损伤的部位可表现出不同的症状。如延髓受损伤，可出现呼吸、吞咽困难，脉搏减慢。寰椎脱臼则表现头部僵硬，甚至运动失调。颈椎损伤往往可引起四肢、躯体及尾的运动障碍和感觉麻痹，腹式呼吸，前肢本体反射消失，大小便失禁或困难。胸椎受损害时，身体后半部出现感觉消失，大小便失禁或困难。腰椎损伤时可出现后躯麻痹，后肢拖在地面，膝反射消失，粪、尿停滞或失禁。急性严重损伤往往在短时间内（几秒钟）因呼吸停止而死亡；一般可牵延数天，多由于继发感染引起败血症、肺炎、膀胱炎而死亡。

【诊断】

通常X线检查可见椎体骨折或脱位[见彩图版图4-8-5]。

【治疗】

受伤的最初几个小时，用30mg/kg甲基强的松龙静脉注射，2h和6h后按15mg/kg剂量静脉注射甲基强的松龙，以后24h内每隔6h按15mg/kg剂量静脉注射甲基强的松龙。也可用地塞米松进行治疗。

保持安静，有兴奋不安时使用解痉、镇静药。病初冷敷，后热敷或樟脑酒精涂布消炎。麻痹部位施行按摩或用直流电刺激。灌肠、导尿、疏通大小便。感染用抗生素、磺胺治疗。尾巴深部痛觉消失的病畜，神经功能不易恢复，损伤较重时建议淘汰。

第八节　外周神经疾病

Diseases of Peripheral Nerve

一、先天性/发育性疾病（Congenital or developmental disorders）

【常见病】

罗特威尔犬多发性末梢感觉运动神经病：为常染色体隐性遗传，成年患犬后肢软弱无力，病情会逐渐发展到四肢均无力（病期可达12个月以上），也可见到明显的肌肉萎缩。

德国牧羊犬巨轴突性神经病：是常染色体隐性遗传。该病可见于14～17月龄之间的犬，患犬后肢软弱无力，肌紧张消失，肌肉萎缩，患犬排粪失禁，当生长到18～24月龄时，患犬四肢均软弱无力，食道失去正常的功能（巨食管）。

阿拉斯加雪橇犬遗传性或先天性多发性神经病：是常染色体隐性遗传，患犬在6～14月龄时出现后肢软弱无力，病情逐渐波及前肢，有些患犬会逐渐恢复力量，并且数年不发病。有的患犬会出现巨食管症。

藏獒肥大性神经病：是常染色体隐性遗传，患犬在2月龄时出现后肢软弱无力，病情很快波及四肢。

大麦町犬喉麻痹性多发性神经病综合征：是常染色体隐性遗传，该病可见于2～6月龄的犬，患犬主要表现为呼吸困难（咳嗽，呼吸急促），也可见四肢软弱无力，肌肉萎缩，巨食管症。

拳师犬渐进性轴突病：是常染色体隐性遗传，患犬在6月龄前，出现后肢共济失调，1岁左右可波及四肢，患犬可相对正常地生活数月或数年。

感觉神经病：是常染色体隐性遗传，患犬在数月龄内即可发病，痛觉消失，导致患犬自残。患病品种有长毛腊肠犬、英国波音达犬。

【诊断】

对该病的诊断应基于详细的神经学检查，进行常规实验室检查无异常表现。对患犬进行肌肉活组织检查和神经传导的电位检测，有助于进一步确诊该病。

临床诊断中，也可见下行运动神经元疾病导致的局部麻痹和瘫痪，脊髓反射降低或消失，张力降低，神经性肌肉萎缩。

罗特威尔犬多发性末梢感觉运动神经病：骨骼肌活组织检查可见明显的神经性萎缩，四肢肌肉的末端肌电图明显异常。

巨轴突性神经病和遗传性多发性神经病：该病多影响肢体的末梢部位，可对该部位进行肌电图和活组织检查。

大麦町犬喉麻痹多发性神经病综合征：肌电图和活组织检查四肢肌肉末梢、喉头肌肉以及面部肌肉，可见异常。

拳师犬渐进性轴突病：对该病的诊断应基于品种、发病的年龄以及是否病情逐渐加重（运动失调、缺乏本体感受能力、膝反射消失和肌肉不萎缩）。另外，可见该病患犬的电生理学检查异常。

感觉神经病：腊肠犬患犬，可见轻微的运动失调，本体感受能力消失，全身痛觉消失，排尿呈滴状，自残。感觉神经电位降低或消失。对雄性患犬应使其戴上口罩，防止自残。

英国波音达患犬肢体末端的痛觉消失，对其肢体末端的自残较为严重，不会出现本体感受消失或运动失调。由于患犬容易继发脊髓炎，预后一般不良。

【治疗】

该病目前无法治疗。建议患犬以及其父母和同窝仔犬不应用作种犬。

二、感染性疾病（Infectious diseases）

原虫多神经根神经炎（protozoal polyneuritis）是犬感染弓形虫或新孢子虫引起的多神经根神经炎，主要是幼犬发病。

【病因】

犬感染弓形虫或新孢子虫，由于虫体损伤或虫体的代谢产物及分泌物引起神经根神经发炎。

【临床症状】

表现神经根、外周神经和骨骼肌发炎的症状，患犬前肢麻痹，头颈后仰，颈部无力和吞咽困难。

【诊断】

血清肌酸激酶浓度常增高，脑脊液分析可显示蛋白质和白细胞（中性粒细胞和单核细胞）升高，血清或脑脊液抗体检测或骨骼肌肌肉活检有助于诊断。

【诊断】

早期治疗可使用氯林可霉素（clindamycin ）5.5mg/kg，肌肉注射或口服，每天两次；也可用磺胺嘧啶 15mg/kg，每天 2 次，以及息疟定（pyrimethamine）每日 1mg/kg 进行治疗，连用 3d 后，改为每天 0.5mg/kg。

犬盆腔僵硬的，预后不良。

三、炎性/免疫介导性疾病（Inflammatory or immune-mediated disorders）

（一）急性多神经根神经炎

全称是急性感染性多发性神经炎，又叫格林-巴利综合征，是由多种原因引起，损害多数周围神经末梢，从而引起肢体远端对称性的神经功能障碍性疾病，包括神经末梢、神经纤维、神经根、脊髓膜和脊髓的炎症，并依次表现为由轻到重的临床症状。

【病因】

本病病因尚不明确，可能与自身免疫有关，是由病毒感染后（或接种疫苗后）引起的一种神经变态反应，属于感染免疫性疾病。不同品种、不同年龄、不同性别的犬均可发生本病。

部分病犬有不良饮食的经历，如一次过量食入骨、肉类、犬咬胶、白薯干、肉干、鱼、蟹等，误吃变质食物，过食某种果仁类，如瓜子、花生、玉米、毛豆、栗子、榛子、开心果、巧克力等。缺乏 B 族维生素是主要诱因之一。

【临床症状】

主要病变是神经组织的水肿、淤血乃至坏死。某些不良因素可促使该病由亚临床状态转为临床状态。

本病主要发生于犬被浣熊咬伤或搔抓后 7～14d。初期病犬可表现出胆小，喜暗处，钻旮旯，不爱活动，易疲劳，食欲下降或不食，呕吐或不吐，大便不畅或数日无便，排稀软或黑色黏液大便，严重时如“柏油样”，含有大量胶冻状排泄物或肠黏膜。肛门皮肤颜色发绀。

多数病犬可表现出背腰肌群、腹肌群、股肌群高度痉挛、肿胀，触诊病犬表现敏感，背腰拱起，腹围蜷缩，拒绝摸、抱。不少病犬即便没有人碰，也出现阵发性痉挛，同时发出呻吟和痛苦的叫声。有的颈肌板硬、颈侧弯或后反张。

绝大多数病犬有前驱症状，比如先有一肢或多肢发生异常（瘸腿）、发抖、后躯无力、运步拘谨、步态不稳，并逐步发生瘫痪。部分病犬突然发病，迅速发生运动障碍，严重的数小时或数日发生后躯瘫痪乃至全身瘫痪，靠两前肢拖着后躯前进，但其膝腱反射、尾和肛门反射不消失。

有的病犬表现为两前肢驻立，头高抬，伸着脖子喘粗气，有的连喘数日，不能伏卧，不能入睡。

【诊断】

从腰蛛网膜下收集的腔脑脊液中蛋白质含量增加，并结合临床症状进行初步诊断，同时利用X线检查排除椎间盘异常的疾病。

【治疗】

主要是对症疗法。为了防止肌肉萎缩，每日按摩两次，也可用TDP治疗仪照射促进血液循环。有呼吸麻痹症状时，使用人工呼吸装置。有人认为病初使用抗生素和地塞米松（初期每日量为0.5～1.2mg/kg，维持量为0.25～1.0mg，分两次口服），可减轻神经损害。甲基硫酸新斯的明肌注也有一定效果。

该病的预后取决于是否早发现、早治疗。一般在一周左右能治愈。治愈后的犬应改变食物结构，否则还会复发。复发两次以上者，治疗效果不理想。若未及时诊治，犬长时间的瘫痪，缺乏运动，会导致后肢肌肉萎缩，此时疗效不明显。

（二）臂丛神经炎

臂丛神经炎（brachial neuritis/brachial plexus neuritis）是一种不明原因的罕见疾病，主要表现以肩胛带肌为主的疼痛、无力和肌萎缩。发病急，但预后好。犬、猫都可发生。

【病因】

病因不明，可能与感染、变态反应等有关。多见于成年动物，常在受凉、感冒、手术后发生。

【临床症状】

急性或亚急性发病，表现为一侧（少数为双侧）颈、肩胛或前肢肌肉的麻木、疼痛、无力，肌萎缩近端重、远端轻。

臂丛神经干处明显压痛，牵引前肢外展或上举可诱发疼痛。肩、前臂外侧处和前臂桡侧感觉减退，肱二头肌、肱三头肌腱反射减弱或消失。

【诊断】

脑脊液检查中蛋白含量和细胞数可出现轻度升高。MRI检测可发现臂丛神经肿胀变粗，有助于诊断。

本病需与颈部和肩部肌肉的炎症、肩关节炎和肩关节周围炎相区别。

【治疗】

应减少患畜运动，保证患肢休息。可口服强的松5～10mg，每天1次。神经营养药胞二磷胆碱50mg，每天1次；维生素B_{12} 100μg；维生素B_1 4mg，每天3次，口服。

以5%利多卡因1mL于前、中斜角肌间沟注入，以封闭臂丛及颈交感神经节。在臂丛处还可注入地塞米松0.5～1mg，每周2次，连续3～5次进行神经封闭治疗。

一般预后良好。

（三）感觉神经节神经根神经炎

感觉神经节神经根神经炎（sensory ganglia radiculoneuritis）是一种不明原因的感觉神经炎，临床上以本体感觉异常、痛觉消失和排尿功能障碍为特征。

【病因】

病因不明，可能是遗传性的，同窝幼犬和同品种的犬容易患病，并出现类似的症状。

【临床症状】

长毛腊肠犬易患，2～8月龄的犬多发，呈慢性经过，表现出运动障碍，尤其后躯明显，不能站立，共济失调，排尿失禁，广泛性的本体感觉异常、痛觉消失，脊反射功能降低，膝反射消失。

【诊断】

根据本体感觉异常、痛觉消失和排尿功能障碍进行初步诊断，确诊需借助病理学检查。

【治疗】

用营养神经的药物治疗有一定效果。

(四) 假麻痹性重症肌无力

正常情况下，神经冲动引起肌肉收缩是通过神经递质乙酰胆碱完成的。假麻痹性重症肌无力（myasthenia gravis）是患犬肌肉上的乙酰胆碱受体数量减少，导致患犬疲劳和肌肉软弱无力。

【病因】

重症肌无力有两种形式，即先天性重症肌无力和后天性重症肌无力。先天性重症肌无力患犬出生时即可发生该病，肌肉缺乏受体，在幼年阶段临床症状明显。后天性重症肌无力是由于自身免疫系统对其受体破坏引起的，所以后天性重症肌无力疾病是自身免疫性疾病。主要见于中型和大型成年犬，特别是德国牧羊犬、金毛猎犬和拉布拉多猎犬。

【临床症状】

该病可导致与运动有关的肌肉软弱无力，患犬休息后可自行恢复。后天性重症肌无力患犬，一般在5岁左右时发病。当患犬运动时，病情加剧，休息后可以恢复。常见患犬返流食物，食道扩张（巨食管症），吸入返流食物可继发吸入性肺炎。有时肌肉无力仅局限于一组肌群，如食道，也可能是全身性肌肉无力。

【诊断】

应根据患犬的发病症状和实验室检查作出诊断。可进行神经传导研究，也可给患犬注射引起乙酰胆碱蓄积的药物，患犬肌肉的力量可立即出现暂时性提高。后天性重症肌无力患犬应进行特殊的血液检测，检测血液中乙酰胆碱受体抗体的含量。也可对患犬拍胸部X线片，因为在重症肌无力时，巨食管症十分常见。

在对后天性重症肌无力患犬诊断时，应考虑其他因素引起的食道扩张或全身性虚弱。另外，在对患犬进行X线检查时，应谨慎使用硫酸钡造影剂，防止发生吸入性肺炎。

使用抗胆碱酯酶类药物后，如氯化腾西隆（抗箭毒剂），都可短暂的起到增强肌肉力量的作用。静脉注射30s后，患犬症状就会有所改善，5min后又会变得软弱无力。对患犬进行重复性的神经刺激，可见肌肉反应能力降低。

可通过放射免疫法测定血清中乙酰胆碱受体抗体的含量进行确诊（先天性重症肌无力患犬血清中缺乏该抗体）。也可通过定期测定血清中乙酰胆碱受体抗体的含量，来监视治疗的效果以及患犬是否自然康复。

【治疗】

可通过使用抗乙酰胆碱分解的药物来治疗该病，如溴化3-二甲氨基甲酰氧基-1-甲基吡啶（溴吡斯的明）。必须每日根据患犬的肌肉强度恢复水平来调节用药量。过量使用抗胆碱酯酶类药物，可引起毒蕈碱反应以及中枢神经系统异常。

大多数后天性重症肌无力患犬经数周或数月治疗后会完全康复，不再对抗胆碱酯酶抗体产生反应。

该病患犬由于巨食管症常会继发吸入性肺炎，应及早诊断和治疗该病，并在以后的护理中，提醒动物主人注意将食物和水放到高处，患犬在进食前应站立5～10min。

对难以控制的后天性重症肌无力患犬，可使用皮质类固醇类免疫抑制剂，但必须在确保患犬不会出现吸入性肺炎的前提条件下使用。

对怀疑为重症肌无力患犬，应谨慎使用氨基糖苷类抗生素、吩噻嗪和甲氧氟乙烷药物，上述药物会加重患犬神经肌肉传导紊乱。

目前该类型疾病的遗传方式不清，重症肌无力患犬也不应用作种犬，患犬的父母及其同窝仔犬也应避免用于育种。

四、自发性疾病（Idiopathic diseases）

（一）末梢去神经支配疾病

末梢去神经支配疾病（distal denervating disease）是一种获得性多神经病变，患病动物可出现不同程度的四肢瘫痪，仅发生于英国。

【病因】

病因不清，一般认为是遗传性或获得性的。主要病理过程是脊髓腹角运动神经元被破坏或变性，呈现脱髓鞘或轴突变性而发病。患病犬没有接触毒物的病史，没有品种或年龄的差异，雌性易发。

【临床症状】

症状持续可一周到一月。主要特征为四肢瘫痪，同时表现出颈部无力，不能发出叫声，脊髓反射减弱，膝反射消失，肌肉萎缩，尤其是四肢远端肌肉萎缩明显，痛觉存在，面部神经功能紊乱。

【诊断】

通过病史调查、临床症状检查并结合脑脊液分析进行诊断。有条件的进行肌电分析有助于诊断。

【治疗】

目前没有好的治疗方法。需要对患犬精心护理，4～6 周内可以痊愈，本病很少复发和引起犬的死亡，如果护理不当，病变会波及肋间神经，需要长期进行通气治疗。

（二）末梢对称性神经疾病

末梢对称性神经疾病（distal symmetric polyneuropathy）是指末梢神经受损，导致四肢末梢和头部肌肉萎缩，后肢无力。常见于切萨皮克海湾寻回犬、英国斗牛犬、大丹犬、纽芬兰犬、柯利犬和拉布拉多猎犬等。

【病因】

病因不清，有人认为是遗传性外周神经病变，可继发于糖尿病、毒素中毒和药物的影响等。

【临床症状】

由于本病神经纤维缺失、神经元死亡等变化，可导致神经支配的肌肉营养供应不足，出现肌肉萎缩。疾病早期会出现轻微的运动失调，然后消失，再次复发时症状加重，出现步态不稳，呈现“兔子跳”现象，病犬可从两腿瘫痪发展到四肢瘫痪，受损部位疼痛、敏感。

【诊断】

较难诊断，根据临床症状进行初步诊断，确诊需要进行病理学检查。

【治疗】

目前没有好的治疗方法，糖皮质激素类的治疗效果不佳。用 ProsaptideTX14（一种新型的神经营养肽）治疗有一定效果。

预后往往不良。

（三）慢性复发性神经疾病

慢性复发性神经疾病是成年犬、猫神经和神经根发炎的一种罕见疾病。

【病因】

病因不清，怀疑是一种免疫介导的自发性疾病。

【临床症状】

病程发展缓慢，一般在几个月内逐渐出现不能长时间运动、共济失调和肢体无力等症状，有些患畜会自己临时恢复。脊髓反射可出现减弱，颅神经可能会受到影响，严重病例的感觉功能明显降低。

【诊断】

神经的活检中发现神经非化脓性炎症、突触变性、神经和神经根脱髓鞘，以及有时背根神经节脱髓鞘等特点进行诊断。

【治疗】

尚无好的治疗方法，有时用皮质类固醇激素可以使病情减轻，但数月或数年后，病情会加重。

（四）多伯曼平犬跳舞病

多伯曼平犬跳舞病（dancing dobermann disease）是一种见于多伯曼平犬的遗传性疾病，由于腓肠肌功能受到影响，导致患犬轮流伸缩和扩展两条后肢，呈舞蹈状而得名。

【病因】

该病是多伯曼平犬的一种遗传性疾病，具体病因不清。

【临床症状】

通常在6～7月龄发病，影响起初，站立时，一条后腿会发软，出现弯曲站立。在发病后的数个月里，另外一条后腿也会受到影响，最终患犬表现出舞蹈样动作。该疾病发展数年后，后肢出现虚弱无力和肌肉萎缩。该疾病不会导致后腿疼痛。

【诊断】

主要根据临床症状和患病动物的品种进行诊断。

【治疗】

目前尚无治疗方法，但大多数患犬仍有行走能力。

五、代谢性和中毒性疾病（Metabolic and toxic diseases）

（一）糖尿病诱导的神经疾病

糖尿病诱导的神经疾病是糖尿病在神经系统引发的多种病变的总称，是糖尿病三大并发症之一，比糖尿病视网膜病变、糖尿病肾病发病率高，症状出现早。

【病因】

尽管临床上对此病认识已久，但关于病因、发病机制至今尚未完全阐明，按神经解剖分为周围神经病变、植物神经病变、颅神经病变、脊髓病变、脑部病变和糖尿病性肌营养不良症（或称肌萎缩）等。

【临床症状】

临床上糖尿病周围神经病变，最常波及股神经、坐骨神经、正中神经、桡神经、尺神经、腓肠神经及股外侧皮神经等。早期症状以感觉障碍为主，但电生理检查往往会发现运动神经及感觉神经机能障碍，临床呈对称性疼痛和感觉异常。当波及运动神经时，肌力可出现不同程度的减退，晚期有营养不良性肌萎缩。周围神经病变可能是双侧性或单侧性，但以双侧对称性多见。

周围神经病变在体征方面表现：①反射减弱或消失；②震动觉减弱或消失；③位置觉减弱或消失，尤以深感觉减退明显。

【诊断】

通过检查发现血糖浓度高，结合表现神经症状进行诊断。

【治疗】

严格控制糖尿病是治疗本症的基本原则。

药物治疗：可选用下列药物治疗，醛糖还原酶抑制剂、肌醇、甲基B_{12}。

对症治疗包括：①物理疗法；②镇痛剂，常用的有酰胺咪嗪、苯妥英钠、氟奋乃静、阿密替林等；③止泻剂，鞣酸蛋白、次碳酸铋、中药健脾温肾止泻剂；④神经源性膀胱麻痹病例，可试用耻骨上按摩；较重病例给氨甲酰胆碱，皮下注射，有一定疗效；⑤胃肠弛缓者，可给予胃复安 5～10mg，每日 3～4 次。⑥低血压病例，可给予氟氢化可的松，每日一次。

（二）低血糖症神经疾病

是指由各种致病因素引起的血糖浓度过低而引发的症候群。本病犬比猫多见，多发于幼犬和围产期的母犬。

【病因】

3 月龄前的幼犬多发生一过性低血糖症，因受凉、饥饿或胃肠机能紊乱而引起。母犬低血糖症多因产仔数过多，以致营养需求增加及分娩后大量泌乳而发病；或慢性消耗性疾病或肿瘤而引起持久性低血糖。

另外胰岛素分泌过多（如胰岛细胞瘤）、肝脏葡萄糖贮藏及转化障碍（如脂肪肝、肝硬化）、肾上腺皮质机能减退、脑垂体机能不全、中枢神经调节失常、恶病质等因素，都可引起低血糖症。

【临床症状】

主要表现为神经症状，沉郁，神经过敏，无力，步态不稳，颜面肌肉抽搐，全身阵发性痉挛，很快陷入昏迷状态，血糖可降至 300mg/L。

【诊断】

根据临床症状结合病史，可初步诊断。实验室检查若血糖低于 300mg/L，便可确诊。

【治疗】

幼犬静脉注射 10％葡萄糖液 2～5mL/kg，亦可配合皮下注射醋酸泼尼松 0.2mL/kg。母犬可静脉注 20％葡萄糖 1.5mL/kg，或 10％葡萄糖液 2.4mL/kg 与等量林格氏液皮下注射。亦可同时口服葡萄糖 250mL/kg。

加强营养，给予高蛋白、高碳水化合物的食物。为提高血糖浓度，可使用二氮嗪（10～40mg/kg）或糖皮质激素。若为胰岛素细胞瘤引起的低血糖症，可将胰岛肿瘤摘除。

（三）甲状腺机能减退的神经疾病

是由于甲状腺激素合成或分泌不足而导致全部细胞的活性与功能降低的疾病，临床上以代谢率下降、黏液性水肿、嗜睡、畏寒、性欲减退和皮肤被毛异常为特征。本病常见于大型成年犬，偶见于猫。

【病因】

大多数（约占 90％）成年犬的甲状腺机能减退是由自发性甲状腺萎缩和慢性淋巴细胞性甲状腺炎引起。严重缺碘、肿瘤、下丘脑分泌的促甲状腺激素释放激素不足、放射性碘治疗以及甲状腺全切除等都可引发本病。

【临床症状】

本病多发生于中年犬。常见的神经症状有进行性衰弱、瘫痪、四肢肌肉萎缩、脊反射能力降低、盆神经本体反射消失、面神经麻痹、斜视和角膜反射功能降低。

甲状腺激素缺乏对其他器官系统功能的影响是多方面的。

先天性的甲状腺激素缺乏，动物可表现为呆小、四肢短、皮肤干燥和体温降低。

皮肤呈两侧对称性无瘙痒的脱毛，脱毛由颈、背、鼻梁、胸侧、腹侧、耳廓及尾部等处开始，逐渐扩展到全身。尾部脱毛像鼠尾巴，有大量色素沉积。皮肤光滑干燥，有的脱屑增加转为脂溢性病变，并有轻度瘙痒。

重病犬、猫可发生黏液性水肿，面部和头部皮肤形成皱纹，触之有肥厚感和捻粉样，但无指压痕。雌犬、猫乏情期延长，发情减退或停止。雄犬、猫性欲或精子活力降低。患病动物有肥胖倾向，关节僵硬，四肢无力，体温低，心率缓慢，心脏扩大，严重病例可出现心包积液，甚至胸腔和腹腔积液。有时病犬可出现昏迷和癫痫。

【诊断】

血清促甲状腺激素（TSH）升高，血清 TT4 和 FT4 降低即可确诊。

【治疗】

口服甲状腺激素补充剂，用甲状腺片，由每日 5mg 逐渐增至 15mg。或用 L-甲状腺素 20mg/kg 口服，每天两次。可每 4～6h 给氢化可的松 10～20mg，同时用抗生素控制感染。或用三碘甲状腺原氨酸 2～6μg/kg 口服，每天 3 次。如甲状腺激素饲喂剂量过大，则会出现多尿、烦渴、不安、呼吸困难、窦性心律过速等甲亢症状，应及时调整剂量。

（四）赘瘤旁多发性神经疾病

赘瘤旁多发性神经疾病（paraneoplastic neuropathy）是由于外周神经旁肿瘤的生长，影响神经机能而发病。

【病因】

由肿瘤疾病引起，常见的肿瘤疾病有支气管瘤、淋巴肉瘤、纤维肉瘤、平滑肌肉瘤、血管肉瘤和骨髓瘤等。

【临床症状】

其临床症状与肿瘤的种类、大小和生长部位有关。肿瘤小，对神经损伤轻的往往呈现为亚临床型，不表现临床症状。该病临床症状可出现脊柱和头部的反射减弱或消失，肌肉松弛，四肢和头部麻痹。1～12 周后可出现肌肉萎缩。

【诊断】

主要通过临床症状，通过脑脊髓液淋巴细胞增加、蛋白质上升进行诊断。目前多用抗神经元抗体进行诊断，常见的抗体是 anti-Hu 抗体。

【治疗】

目前尚无有效的治疗方法，一般采取放射疗法或化疗的方法进行治疗，但预后不良。

（五）肉毒中毒

该病是犬和人的一种神经性疾病，是由于摄入了肉毒梭菌产生的神经毒素而发生的。

【病因】

该病是动物摄入了被肉毒梭菌或其芽孢菌产生的毒素所污染的食物后而发病。

肉毒梭菌毒素能快速且不可恢复地与神经肌肉细胞连接处的细胞膜受体结合。临床上常表现为乙酰胆碱的释放受到干扰，从而导致神经传导降低，出现共济失调。

【临床症状】

精神基本正常。发病初期，患病犬表现为逐渐严重的身体不协调，开始发生于后肢，而后发展到前肢。尽管尾巴仍可摆动，但四肢有可能瘫痪。神经学检查可见特征性肌反射减退和肌张力下降。痛觉仍然存在。

脑神经异常包括：瞳孔散大、瞳孔对光反射下降、下颌紧张度下降、流涎、眼睑反射减弱及发声减弱。

严重的病犬可能出现由于肌紧张度下降而引起的呼吸困难，吞咽反射下降，而这些可被看作呼吸性肺炎的前兆。呼吸道麻痹及继发性呼吸道或尿道感染，可能导致部分犬死亡。

狂犬病也可表现出肉毒梭菌毒素中毒的症状，应与其相区别。另外，中枢神经系统肿瘤、破伤风和其他中毒病也应与肉毒梭菌毒素中毒相区别。

【诊断】

在临床症状的基础上，当血清、粪便以及呕吐物或可疑食物样品中发现肉毒梭菌毒素，可确诊该病。然而，在粪便中分离出肉毒梭菌无太大诊断意义。

【治疗】

治疗肉毒梭菌毒素中毒的主要方法为支持疗法。病犬需要足够的食物、饮水和运动。另外还需要精心的护理，来预防褥疮的发生，并防止皮肤被粪便、尿液污染。不能使用抗生素做常规治疗，除非有继发性细菌感染发生，如呼吸性肺炎。

当肉毒梭菌毒素与细胞膜受体结合而表现出临床症状后，抗毒素疗法往往疗效不佳。C型抗毒素可用于治疗怀疑刚摄入污染食品（1h内），肠道正在吸收毒素而没有临床症状的犬。

临床症状可持续3周，如果进行恰当的支持性治疗，则病犬愈后良好。首先头、颈、前肢肌肉功能恢复，之后后肢肌肉功能恢复，直至痊愈。

预防肉毒梭菌毒素中毒的最好方法，就是禁止犬接触污染食物，尤其是生肉，可将生肉80℃加热30min或100℃加热10min将肉毒梭菌毒素破坏后供犬食用。

（六）壁虱性麻痹

壁虱性麻痹（tick paralysis）是由壁虱叮咬动物而引起一种急性下运动神经元麻痹性疾病。该疾病由某些种类的成年壁虱的唾液中的神经毒素所引起。猫不易发病。

【病因】

壁虱寄生在犬体上，主要分布在内、外耳，耳沟、眼四周及四肢的脚趾分叉处。壁虱足紧附在犬的皮肤上，吸食犬的血液。由壁虱长时间叮咬，并将唾液腺产生的一种神经毒素注入犬体内引起发病。在北美，该疾病主要由革壁虱属的壁虱引起，而在澳大利亚则主要由硬壁虱属的壁虱引起。

【临床症状】

壁虱感染后的5～9d出现临床症状，由起初的后肢无力发展到瘫痪，瘫痪上升到躯干和头部，同时出现变声、摄食困难和呼吸肌麻痹而导致死亡。在北美，驱除壁虱后1～3d内即可恢复。然而在澳大利亚，该疾病相对严重，疾病影响到颅神经1～2d后，患犬就会死亡。

【诊断】

通过临床症状和皮肤上发现壁虱进行诊断。

【治疗】

目前尚无好的治疗方法。及时去掉吸附在皮肤上的壁虱后，通常在几个小时到几天内症状消失。如果没有除尽吸附到皮肤上的壁虱，这种毒素可导致10%～12%的动物因呼吸肌麻痹死亡。

犬舍用杀虫剂杀灭壁虱。已被感染的成犬可用二甲脒进行喷雾淋浴，用量为10mL二甲脒加水3.5 L；幼犬的剂量调整为10mL二甲脒加水4 L的溶液洗澡，每天1次，连续3d可灭壁虱。另外也可在食物中投喂灭虫威，用量为0.1mL/kg，拌于食物中投喂，1周后重喂1次。两周左右寄生在犬身体上的壁虱基本可以被灭杀。

（七）混杂性中毒

引起外周神经病变的常见疾病有长春新碱中毒、铊中毒和铅中毒等。

1. 长春新碱中毒

长春新碱为植物长春花中提取的干扰蛋白质合成的抗癌药物，主要对急性及慢性白血病、恶性淋巴瘤、小细胞肺癌及乳腺癌有效。本身毒副作用大，超量使用会引起动物中毒。

【病因】

长春新碱本身毒副作用大，不按说明超量使用，或给药间隔时间过短都会引起动物中毒。

【临床症状】

其毒性主要有3个方面：①造血系统毒性：表现为骨髓造血抑制，易继发感染、贫血、出血；②神经系统毒性：常损伤外周神经，出现面神经麻痹、声音嘶哑、眼睑下垂，腱反射减弱或消失等；③其他：如脱毛及药物外渗导致局部组织坏死等。

【诊断】

根据临床症状结合用药史，不难作出诊断。

【治疗】

采取抗炎、保肝等治疗方法，当出现神经系统毒性时无特效治疗方法，恢复慢。

2. 铊中毒

铊中毒（thallium poisoning）是青年犬罕见的中毒病。

【病因】

一些灭鼠剂和农药中含铊，犬、猫误食后可引起中毒。

【临床症状】

急性中毒可出现精神沉郁、嗜睡、结膜发炎、呕吐、腹泻、腹痛、吐血、便血、脱水、咳嗽、呼吸困难、癫痫、颤抖、共济失调和昏迷。

亚急性中毒可于口腔黏膜、眼睑、阴囊、趾间区、腋窝和腹股沟出现红斑，渗出性皮损发展成为皮肤变硬、轻度呕吐、腹泻、癫痫、后肢麻痹或瘫痪、感觉过敏、过度兴奋和呼吸窘迫。

慢性中毒主要表现为皮肤坏死和被毛脱落。

【诊断】

根据临床症状和病史调查进行初步诊断，尿的铊快速检验结果阳性可以确诊。

【治疗】

一般在得出诊断结果之前，动物的病情就已经严重恶化；目前没有治疗铊中毒的有效方法，支持治疗可使用亚铁氰化铁。

3. 铅中毒

铅中毒（lead poisoning）是犬较常见的中毒病之一。多发于1岁以内换牙期和有啃咬、异嗜习性的幼犬。

【病因】

犬舔食含铅色素、铅软膏、蓄电池的电极、铅锤、陶器等；含铅药物治病时过量和反复使用；让犬长期饮用从铅自来水管流出的水或铅矿冶炼厂的废水等引起发病。

【临床症状】

铅中毒主要侵害血液、神经、消化系统及肝、肾等内脏器官，可表现出呕吐、腹痛不安、食欲不振或废绝、贫血、眼球凹陷、流涎、神精过敏、兴奋、狂暴、冲撞、狂吠、奔走、痉挛、抽搐、关节强直、牙关紧闭和癫痫发作，麻痹时则表现为衰弱，嗜眠，舌、咬肌和后躯麻痹，陷入昏睡。

【诊断】

根据临床症状和病史调查进行初步诊断，全血铅含量超过50mg/dL时符合铅中毒。

【治疗】

（1）急性中毒时可应用1%的硫酸镁或硫酸钠（1g/kg）洗胃，将未被吸收的铅变成非水溶性的硫酸铅而尽快排出体外。

（2）应用EDTA-CaNa 110mg/（kg·d），用生理盐水或5%葡萄糖100～200mL缓慢静滴，与铅结合成稳定可溶性金属络合物，随尿排出。

（3）青霉胺110mg/kg，每隔6～8h口服1次，用药1～2周，如出现呕吐等不良反应，则改为33～55mg/kg，每6～8h口服1次。

（4）五醋三胺500～3000mg，1周2～3次，有溶铅作用。

（5）对症治疗。对神经过敏的患犬，可投给苯巴比妥或安定。为减轻脑水肿，可给予甘露醇和地塞米松。贫血严重时，可投服凝血质、维生素K等。肝损害时，可投服葡萄糖、维生素C、维生素B、ATP、肌苷等。腹痛时，可投服硫酸阿托品0.015mg/kg。

六、血管功能障碍（Vascular disorders）

脊髓需要持续的血液供应以维持它的各种功能，任何原因引起的脊髓血管功能障碍，均可导致脊髓的特定区域的血液供应不足，使犬、猫出现急性瘫痪的一种疾病。

【病因】

肿瘤、脂肪或椎间盘软骨组织碎片等堵塞或压迫动脉血管，导致脊髓的特定区域的血液供应不足，最常发生在主动脉的远端分支，导致在骨盆四肢肌肉和神经缺血，是犬急性瘫痪的主要原因。

犬血管功能障碍常继发于甲状腺功能减退、肾脏疾病、癌症和心脏病等。猫常继发于心肌病与动脉血栓栓塞。

【临床症状】

患病前不表现任何症状，24h左右内，患畜出现一侧或双侧后肢瘫痪、无法弯曲，屈肌反射消失，有时膝反射消失，腓肠肌和胫骨肌肉疼痛、变硬，跗关节远端的感觉降低，股动脉搏动微弱或消失。

【诊断】

根据临床特点进行初步诊断，血清CK升高、多普勒超声检查中远端主动脉和股动脉的血流量减少有助于诊断。

【治疗】

尚无特效疗法，大多在几周内恢复后肢的痛觉，完全瘫痪的需要几个星期恢复，或永远无法恢复。

针对原发病进行治疗，可使用抗凝药或抗血小板聚集药治疗。

七、肿瘤（Neoplasia）

【病因】

原发性或继发性的肿瘤疾病，造成外周神经的损伤而发病。常见的有臂丛神经瘤和腰荐神经丛瘤，通常是恶性的肉瘤。神经鞘瘤沿神经扩展，可以延伸到脊髓。

【临床症状】

外周神经肿瘤可以发生在周围神经的任何部位，造成所在神经和局部受压迫器官的功能障碍，常以肿块的形式出现，伴有疼痛、跛行、感觉异常、肌肉萎缩和功能缺失等症状。

【诊断】

根据临床检查排除其他原因引起的跛行，如骨病和椎间盘疾病等。用肌电图确定病变的位置和周围神经受损的程度。用MRI和CT技术可以确诊。

【治疗】

建议手术切除，但手术的类型取决于肿瘤的位置。神经丛和神经根肿瘤已经扩展到椎管的，建议截肢结合椎板切除，也可以考虑放射疗法。

【预后】

绝大多数良性肿瘤的患畜都可以得到彻底的根治，少数恶性肿瘤的患病动物如果发现及时，手术切除彻底也能够有良好的预后。

八、创伤性神经疾病（Traumatic neurologic diseases）

【病因】

外周神经损伤多数是犬、猫遭受外界暴力如打击、挤压、冲撞或跌落硬地等作用而引起。神经干周围的肿瘤和注射药物的刺激也可导致外周神经损伤。各种创伤可直接或间接引起神经震荡、挫伤，甚至断裂。

【临床症状】

由于外周神经损伤的程度以及所支配部位不同，临床表现也明显不同。临床上常见的外周神经损伤有以下几种。

（1）嗅神经损伤　嗅神经是第一对脑神经，为主管嗅觉的感觉神经。鼻炎、鼻道肿瘤及筛骨的疾病，可引起嗅神经损伤而导致嗅觉丧失。

（2）视神经损伤　视神经是第二对脑神经，为主管视觉的感觉神经。脑外伤、脑肿瘤、脑炎、犬瘟热、猫传染性腹膜炎、弓形虫病以及眼眶创伤、脓肿和铅中毒等均可引起视神经损伤而导致视觉障碍，甚至失明。

（3）三叉神经损伤　三叉神经是第五对脑神经，分上颌支、下颌和眼支/（上颌神经），以及咬肌和颊肌（下颌神经）。犬瘟热、桥脑炎、脑创伤、颅内神经根周围肿瘤、维生素 B1 缺乏均可引起三叉神经麻痹；犬用力咬住一个沉重的巨大物体或硬骨头时，易发生三叉神经挫伤。三叉神经功能障碍还见于下颌关节脱臼、神经周围肿瘤和创伤。

当三叉神经麻痹时，患犬采食和咀嚼困难。额部、眼睑、颜面、鼻梁、颊部、唇部和舌黏膜的感觉丧失，角膜反射消失，下颌下垂，口张开，舌露出口外，口吐白沫，不能采食和饮水。

（4）面神经损伤　面神经是第七对脑神经，分布于耳、眼、上唇和颊部肌肉。面神经损伤而发生的神经麻痹有中枢性和外周性两种。中枢性麻痹见于脑炎、脑创伤、肿瘤和血肿以及犬瘟热、结核等传染病；外周性麻痹见于面神经附近的肿瘤（腮腺肿瘤）、外界暴力作用、面神经炎以及咽、外耳和中耳炎症的影响。

一侧性面神经麻痹，可见麻痹侧的耳下垂、歪斜或呈水平状，上眼睑下垂，眼睑反射消失，上唇松弛，下唇下垂，流涎，鼻腔狭窄，口鼻部及口角向健侧歪斜。两侧性面神经麻痹，除上述症状外，还可见鼻孔塌陷、通气不畅和呼吸困难。

（5）前庭耳蜗神经损伤　前庭耳蜗神经又称听神经，是第八对脑神经，主管听觉和平衡感觉。中枢性听神经损伤见于犬瘟热、狂犬病等传染病及铅中毒等；外周性损伤主要见于中耳内耳炎、先天性前庭综合征、犬、猫特发性前庭综合征和肿瘤等。链霉素、卡那霉素、庆大霉素等耳毒性抗生素可引起永久性耳聋和平衡障碍。

一侧性听神经麻痹时，可出现头歪斜，向患侧作转圈运动，眼球呈水平或旋转性震颤。两侧麻痹时，综合平衡能力丧失，做大幅度的摇头动作。老龄犬、猫常发生一过性听神经麻痹，出现头严重歪斜、转圈运动或平衡严重失调，连续倒向一侧，不能站立，眼球呈水平或旋转性震颤。

（6）桡神经损伤　桡神经分布于臂三头肌、腕桡侧伸肌、尺骨外侧肌、指总伸肌，控制肘关节、腕关节和指关节的伸展。外伤、骨折（第一肋骨、前臂骨）均可导致桡神经损伤。

肘关节部位的桡神经损伤，运步时腕关节和指关节屈曲，负重时以指关节背面触地，皮肤对针刺的感觉丧失。肩关节部的桡神经损伤时患肢的肘关节、腕关节和指关节均不能伸展，不能负重。

（7）坐骨神经损伤　坐骨神经分布于半腱肌、半膜肌、股二头肌等后肢大腿后面的肌肉，控制膝关节屈曲和髋关节伸展。外伤、骨折、火器伤、外界暴力、肿瘤、血肿等均可引起坐骨神经损伤。肌肉注射刺激性药物也可引起坐骨神经损伤和麻痹。

坐骨神经麻痹时，除股四头肌外，其他关节都丧失屈曲功能，患肢变长，不能支持体重。站立时，跟腱弛缓，几乎完全用系部背侧面着地，运步困难。时间稍长时，股二头肌、半腱肌、半膜肌等可发生萎缩。病犬常卧地，运动时患肢不能着地，以三肢跳跃前进。

【治疗】

首先消除造成外周神经压迫的因素，如神经径路上的肿瘤、脓肿或血肿等。局部按摩并配合温热疗法，改善局部的血液循环。口服或肌内注射维生素 B_1、维生素 B_{12}，提供神经营养需要。肌内注射加兰地敏以预防肌肉萎缩，0.05～0.1mg/kg，每天 1 次，20～40d 为一个疗程。皮下注射硝酸士的宁，犬 0.5～0.8mg/次，猫 0.1～0.3mg/次，每 2～3 天 1 次。

第九章 内分泌疾病
Endocrine Disease

第一节 脑垂体疾病
Diseases of the Pituitary Gland

一、垂体性侏儒症（Pituitary dwarfism）

【发病机理】

脑垂体发育受损会导致单一或多种垂体激素生成减少。垂体性侏儒症主要是由先天性生长激素缺乏引起的，可见于猫和不同品种的犬。最常见的是单一常染色体隐性遗传导致的先天性生长激素缺乏，常见于德国牧羊犬、萨阿路斯狼猎犬和卡累利亚熊犬。德国牧羊犬和萨阿路斯狼猎犬还可同时出现生长激素（GH）、促甲状腺激素（TSH）、催乳素和促性腺激素缺乏。同时，非遗传性 GH 缺乏最常见的原因是颅咽管内囊肿引起垂体前叶的压迫性萎缩。

【临床症状】

垂体性侏儒症主要的临床表现是生长停滞、胎毛滞留、缺乏主毛、内分泌性脱毛。胎毛很容易拔除且逐渐发生对称性脱毛，脱毛局限于有较多摩擦的部位，但最终整个躯干、颈部和四肢近端都会脱毛。皮肤逐渐色素化，常继发细菌感染。患病动物通常在前 1～2 月龄时体形正常，但 2～5 月龄及之后生长速度明显比同窝其他动物缓慢。单纯性 GH 缺乏引起的侏儒症患病动物通常保持着正常的体型和身材比例（即均衡型侏儒症）。而多种激素缺乏引起的侏儒症（特别是 TSH）可能会形成长方或矮胖的体型，如同先天性甲状腺机能减退一样（即非均衡型侏儒症）。雄性患病动物常会出现单侧或双侧隐睾，雌性患病动物则会终止发情。

【诊断】

虽然垂体性侏儒症的临床症状很明显，但也需要与其他引起生长停滞和脱毛的内分泌或非内分泌性疾病相区别，如先天性甲状腺机能减退。除血浆肌酐水平可能升高外，常规病理学检查未发现任何异常。GH 和甲状腺素缺乏时，会引起肾小球滤过率下降，从而出现肾功能受损。垂体性侏儒症患犬的基础血清 IGF－I 浓度较低，但测定 IGF－I 并不能作为确诊的依据。由于垂体性侏儒症常由多种垂体激素缺乏引起，因此常可见继发性的甲状腺机能减退。一般通过病史和体格检查可做出初步诊断。GH 缺乏可通过进行刺激试验确诊。刺激试验后，健康犬的血浆 GH 浓度通常可升高 2～4 倍，而垂体性侏儒症患犬的 GH 浓度则无明显变化。其他垂体激素是否缺乏也可通过类似的刺激试验来确定。

【治疗和预后】

垂体性侏儒症的治疗主要是给予 GH，目前还没有犬 GH 可供使用，重组人用 GH 用于犬会产生抗体，目前可用于犬的 GH 是猪源性 GH，建议用量为 0.1～0.3 IU/kg，每周 3 次，皮下/皮内注射。开始治疗后的 6～8 周内皮肤和被毛会出现改善。甲状腺素浓度低于正常时会降低 GH 治疗的效果。如果怀疑患有全垂体机能减退的犬、猫，必须每天同时补充甲状腺素，且这种治疗是终身的。

如果不进行治疗，德国牧羊犬患犬会预后不良。3～5岁时，患犬通常会变得秃毛、消瘦、无精打采。虽然使用GH和左旋甲状腺素进行治疗，但该病预后也需慎重。

二、肢端肥大症（Acromegaly）

【发病机理】

肢端肥大症是由于GH过度分泌引起的骨骼和软组织过度生长、胰岛素抵抗的综合征。

犬和猫的发病机理相差很大。对于中老龄母犬，内源性和外源性的孕酮均会引起乳腺来源的GH过度分泌。促生长素腺瘤引起的肢端肥大症罕见。对于猫，肢端肥大症则是由促生长素腺瘤过度分泌GH引起的，此种情况常见于中老龄公猫。罕见孕酮引起的肢端肥大症。90%以上患猫剖检结果表明垂体瘤是粗腺瘤，从背侧延伸进入或压迫丘脑和下丘脑。长期生长激素过度分泌具有同化和异化双重作用，同化作用是由IGF-I浓度升高引起的。IGF-I有促生长作用，会引起骨骼、软骨和软组织增生，并引起器官肿大。最常见肿大的器官是肾脏和心脏。这些同化作用会使肢端肥大症产生典型的临床表现。生长激素的异化作用是生长激素作用于组织产生颉颃胰岛素的作用。过多的生长激素会引起葡萄糖转运的后受体缺陷，造成胰岛素抵抗，并继发引起高胰岛素血症和胰岛素受体反向调节。多数肢端肥大症患猫在确诊时存在糖尿病，且最终会发展成严重的胰岛素抵抗。

【临床症状】

GH过度分泌引起的临床症状发展缓慢，对于犬，可见面部和腹部软组织肿胀。某些患犬还可见口腔、咽和舌软组织肥大，从而引起患犬呼吸不畅甚至呼吸困难。体格检查还可发现皮肤增厚、凸颌和牙间隙变宽。长期GH过量分泌还可引起广泛性器官增大从而导致腹部扩张。实验室检查可见高血糖和ALP升高。同时患有糖尿病的犬，则会出现胰岛素抵抗。

对于猫，肢端肥大症常见于老龄（平均年龄10岁）雄性家养短毛猫和长毛猫。患猫并无明显的临床表现。早期的临床表现通常是多饮多尿和多食，这是由并发的糖尿病引起的。如果对于糖尿病患猫，大剂量补充胰岛素仍无法控制血糖水平时，应考虑肢端肥大症引起的胰岛素抵抗。糖尿病难以控制的患猫伴有体重增加是肢端肥大症十分重要的诊断线索。肢端肥大症患猫可见体形增大、腹部和头部变大、下颌凸出和体重增加。随着时间的推移，会出现器官肿大，特别是心脏（肥厚性心肌病）、肝脏、肾脏和肾上腺。咽部软组织弥散性增厚会引起胸外呼吸道阻塞和呼吸困难。垂体瘤的生长对下丘脑和丘脑的浸润和压迫，可能会引起神经症状。

【诊断】

临床病理学检查中的大多数异常都是由并发难以控制的糖尿病引起的。肢端肥大症需要基础血清生长激素水平升高来支持诊断正常犬、猫GH参考值为0.06～5ng/mL。如果病情较轻或处在发病早期，GH水平可能轻度升高。需要注意的是，一个GH水平较高的结果也可能是健康动物出现分泌脉波的结果。GH水平的测定具有种属特异性，但是猫GH可用犬的GH放射免疫测定法测定。测定IGF-I可进一步为肢端肥大症的诊断提供依据。猫的垂体瘤一般比较大，因此可用CT或MRI扫查患猫垂体。

【治疗和预后】

犬内源性孕酮诱导的肢端肥大症可通过子宫卵巢摘除术达到有效治愈的目的，外源性孕酮诱导的肢端肥大症则可通过停药达到目的。使用左旋甲状腺素治疗犬的原发性甲状腺机能减退也可使GH和IGF-I水平恢复正常。

对于促生长素腺瘤引起的犬猫肢端肥大症，则可选择药物治疗、放疗和垂体切除术。生长抑素类似物奥曲肽可用于患肢端肥大症的猫，效果较好；GH受体颉颃剂培维索孟也允许用于猫肢端肥大症的治疗。放疗可缩小肿瘤并有利于胰岛素抵抗性糖尿病的控制，但此种方法也有许多缺点：多次麻醉、长期住院、使用受限、费用昂贵且有可能复发。垂体切除术是一种有效的方法，但目前为止经验有限。

肿瘤引起的肢端肥大症的短期预后为慎重至良好，而长期预后为不良。存活时间为4～60个月（多为1.5～3年）。多数肢端肥大症患猫通常因严重充血性心力衰竭、肾功能衰竭、呼吸窘迫、垂体瘤扩张引起的神经症状或严重低血糖引起的昏迷而死亡或施行安乐死。

三、尿崩症（Insipidus）

神经垂体激素包括加压素和催产素，均由下丘脑视上核和室旁核神经元合成，并与同时合成的神经垂体激素运载蛋白形成复合物，贮存于分泌颗粒内，以轴浆运输的方式进入神经垂体，并在适宜刺激下，以胞外分泌的方式进入血液中。对于犬猫，精氨酸加压素（AVP）或称为抗利尿激素（ADH）在调节肾脏对水的重吸收、尿液的生成和浓缩及水平衡方面发挥着重要的作用，因为ADH可促进肾远曲小管和集合管对水重吸收并形成浓缩的尿液，而产生抗利尿的作用。催产素则主要刺激子宫收缩和乳汁排出。

【病因及发病机理】

尿崩症也可称为排出大量稀释的尿液或多尿。AVP合成和分泌缺陷或肾小管对AVP的反应性降低会引起尿崩症，据此，尿崩症一般可分为中枢性尿崩症（CDI）和肾性尿崩症（NDI）。

CDI是由于AVP分泌不足导致的尿液浓缩能力受损，进而引起多尿的一种疾病。任何导致AVP释放受损的疾病均可引起CDI。对于犬猫，CDI有两种形式：完全性CDI和部分性CDI。完全性CDI指完全缺乏AVP，会引起持续性低渗尿和严重利尿；部分性CDI指还有一定程度的AVP分泌，取决于血浆渗透压，此时如不限制饮水，也会产生持续性低渗尿和显著利尿。对于原发性CDI最常见，可发生于任何年龄、品种和性别的犬、猫。对于原发性CDI，犬、猫死后剖检常无法查明AVP缺乏的原因。在中老龄动物，颅内肿瘤是最常见的因素。最常见的是原发性垂体肿瘤，颅咽管瘤或脑膜瘤也可能引起CDI。另外，转移性肿瘤（如乳腺癌、淋巴瘤、恶性黑色素瘤等）、炎症和寄生虫也会引起CDI。严重的头部外伤（车祸或神经手术）也是引起CDI的原因之一。

NDI主要是由肾单位对AVP的反应性降低而引起的。此时，血浆AVP浓度正常或升高。NDI一般可分为原发性或继发性两种。原发性NDI罕见，病因不明。继发性NDI则见于引起肾小管对AVP反应性降低的肾脏疾病和代谢性疾病，消除病因后，一般可恢复正常。

【临床症状】

CDI无明显性别、品种或年龄倾向性。有研究报道，犬CDI诊断时的年龄范围为7周至14岁。猫CDI诊断时的年龄范围为8周至6岁。原发性NDI仅见于一些幼龄犬猫和一些小于18月龄的青年犬猫。

患病动物的主要临床症状是多饮多尿，发病突然。严重的病例，患病动物的需水量和排尿量都十分惊人，几乎一天内的每个小时都需要饮水排尿。脑部肿瘤引起的尿崩症还可能出现神经症状，继发性NDI也可能存在其他症状。尽管一些患病动物由于饮水欲望远超过食欲以致临床上出现消瘦，但是体格检查时通常无明显异常。只要不限制饮水，动物的水合状态、黏膜颜色和毛细血管再充盈时间均正常。未诊断出CDI且补液不足的创伤性犬猫，其高钠血症也可引起神经症状。创伤性犬猫出现持续的高钠血症和低渗尿时，应怀疑尿崩症。

【诊断】

引发多饮多尿的疾病很多，因此需进行鉴别诊断。犬、猫正常的饮水量为20～70mL/（kg·d），尿量为20～45mL/（kg·d）。犬、猫尿量和饮水量分别超过50和100mL/（kg·d）时，可以确定为多饮多尿。可引起多饮多尿的病因包括心理性多饮、肾病、肝功能不全、糖尿病、肾上腺皮质机能亢进、高醛固酮血症、甲状腺机能亢进、子宫蓄脓、甲状旁腺机能亢进等。常见的引起多饮多尿的内分泌疾病的确诊方法见表4-9-1。

表 4-9-1 引起犬猫多尿和多饮的内分泌疾病

疾 病	确诊试验
糖尿病	禁食血糖、尿检
肾上腺皮质机能亢进	ACTH 刺激试验、低剂量地塞米松抑制试验
肾上腺皮质机能减退	电解质、ACTH 刺激试验
原发性甲状旁腺机能亢进	血钙/磷、血清 PTH 浓度、手术探查
甲状腺机能亢进	血清甲状腺素浓度
尿崩症	改良限水试验、DDAVP 治疗的反应
垂体性	改良限水实验
肾源性	ADH 反应实验
肢端肥大症	基础生长激素浓度、CT 或 MRI 扫描
原发性醛固酮增多症	电解质、ACTH 刺激试验-测定醛固酮

ACTH，促肾上腺皮质激素；PTH，甲状旁腺激素；DDAVP，醋酸去氨加压素；CT，电子计算机体层扫描；MRI，核磁共振；ADH，抗利尿激素。

健康犬的尿相对密度范围很大，某些犬 24h 内的变化可以从 1.006 至超过 1.050。因此，应采集多个时间段的尿液进行测定。如果尿相对密度一直都在等渗范围内（1.008～1.015），应先怀疑肾功能不全。尚未有健康猫尿比重大范围波动的报道。尿蛋白/肌酐比值升高表明存在蛋白尿时，也应怀疑肾功能不全。如果发现尿相对密度小于 1.005（即低渗尿）时，可排除肾功能不全，应考虑尿崩症、心理性多饮和肾上腺皮质机能亢进。

尿崩症和心理性多饮的诊断必须基于改良限水试验、血浆渗透压和对合成的抗利尿激素治疗反应的结果。当怀疑犬猫患有 CDI 或原发性 NDI 时，必须首选排除继发性尿崩症的病因。改良限水试验的步骤是：①通过检查脱水对尿比重的影响（通过限水使动物的体重下降 3%～5%），以评估 AVP 的分泌能力和肾小管对 AVP 的反应性；②脱水时对于限水无法使尿液浓缩至超过 1.030 的犬、猫使用外源性 AVP 后，确定它对肾小管浓缩尿液能力的作用。限水试验结果的判读见表 4-9-2。

表 4-9-2 限水试验结果的判读

疾 病	尿相对密度			到达脱水 5%的时间	
	初始时	5%脱水	注射 ADH 后	平均（h）	范围（h）
CDI					
完全	<1.006	<1.006	>1.008	4	3～7
部分	<1.006	1.008～1.020	>1.015	8	6～11
原发性 NDI	<1.006	<1.006	<1.006	5	3～9
原发性多饮	1.002～1.020	>1.030	NA	13	8～20

NA，无可用数据。

对于怀疑患 CDI 的老龄犬、猫，应使用 CT 或 MRI 扫查脑部，以确定是否存在肿瘤。对于 NDI 患犬，则应对肾脏进行全面检查，以找出原发病因。

【治疗和预后】

合成抗利尿激素类似物去氨加压素（DDAVP）是治疗 CDI 的首选药，其抗利尿效果是精氨酸加压素的 3 倍，轻度或无加压或催产活性，一般可作用 8h。每滴药物中含有 1.5～4μg DDAVP，对于多数患有 CDI 动物来说，1～4 滴/次，1～2 次/d，滴入结膜囊内，即可控制住病情。除此之外，还有注射剂（4μg，每天 2 或 4 次）、片剂（规格为每片 0.1 或 0.2mg，每次 1/4 片或 1/2 片，每天 2 或 3 次，取决于动物的体型和治疗效果）。氯磺丙脲、噻嗪类利尿药和限制氯化钠的摄入对控制 NDI 有一定的作用。

如果 CDI 是由非肿瘤性疾病引起的，则预后良好。经过适当的治疗，动物一般无临床症状。未经治疗的动物，只要提供足量的水，一般也不会引起严重后果，但如果无饮水超过几个小时，则会造成致命性的脱水。肿瘤性 CDI 预后慎重。原发性 NDI 患犬的预后慎重或不良，因为治疗方法有限且治疗效果一般很差。继发性 NDI 动物的预后取决于原发病因。

第二节　甲状腺疾病

Diseases of the Thyroid Glands

甲状腺激素都是在甲状腺内合成的酪氨酸碘化物，主要包括甲状腺素（T_4）和三碘甲腺原氨酸（T_3）。甲状腺也可合成极少量的逆-三碘甲腺原氨酸（rT_3），但 rT_3 不具有甲状腺激素的生物活性。合成甲状腺激素的先决条件是碘，主要从食物中摄取。甲状腺球蛋白由腺泡上皮细胞分泌，其中的酪氨酸经过碘化后合成甲状腺激素。循环中所有的 T_4 和仅 20%的 T_3 来源于甲状腺。血液中，超过 99%的 T_4 和 T_3 会与血浆蛋白结合，包括甲状腺素结合球蛋白、甲状腺素结合前白蛋白和某些血浆脂蛋白。不足 1%的 T_4 和 T_3 以游离形式存在于血液中。游离态或未结合的甲状腺激素才能进入细胞发挥生物活性，然后被代谢，也只有游离的激素才能对垂体进行负反馈调节。犬甲状腺激素对血清蛋白的亲和力比人低，从而导致总 T_4（TT_4）和总 T_3（TT_3）比较低，而游离 T_4（fT_4）和游离 T_3（fT_3）比较高，清除速率也更快。甲状腺激素主要在肝内降解，形成葡萄糖醛酸或硫酸盐的代谢产物，经胆汁排入小肠，由小肠液进一步分解后随粪排出。甲状腺激素有非常多的生理作用：可提高代谢率、增加大部分组织的氧消耗量、调节胆固醇的合成和降解、促进红细胞生成等。同时，甲状腺激素也是机体生长、发育和成熟的重要因素。

一、犬甲状腺机能减退（Canine hypothyroidism）

【病因和发病机理】

甲状腺结构和功能的异常会造成甲状腺激素生成减少。根据下丘脑-垂体-甲状腺复合体内发病部位可对甲状腺机能减退进行简单分类。一般可分为原发性甲状腺机能减退、继发性甲状腺机能减退和第三种甲状腺机能减退。继发性甲状腺机能减退是由垂体的促甲状腺素细胞被破坏（垂体肿瘤）或促甲状腺素细胞的功能受抑（激素或药物）而引起的。第三种甲状腺机能减退是下丘脑视上核和室旁核肽能神经元分泌的促甲状腺激素释放激素（TRH）分泌缺乏所致。继发性和第三种甲状腺机能减退均很罕见。临床上常见的主要为原发性甲状腺机能减退。根据常见的组织病理学特点，一般可分为淋巴细胞性甲状腺炎和原发性萎缩，这两种形式最终都会造成甲状腺渐进性破坏和循环中的甲状腺激素水平降低。

淋巴细胞性甲状腺炎是一种免疫介导性疾病，可能会与其他免疫介导性内分泌疾病同时出现，称为免疫内分泌疾病综合征。已有甲状腺机能减退和糖尿病同时发病，以及肾上腺皮质机能减退和甲状腺机能减退同时发病的报道。淋巴细胞性甲状腺炎的特征是甲状腺内淋巴细胞、浆细胞和巨噬细胞弥散性浸润，导致滤泡渐进性破坏，继发性纤维化。在坏死区域，可能会出现中性粒细胞。超过 75%的腺体遭到破坏时，才会出现临床症状。

特发性甲状腺萎缩是一种以甲状腺实质丢失，被脂肪组织替代为特征的疾病。通常无炎症浸润。病因不清，可能是一种退化性疾病，也可能是淋巴细胞性甲状腺炎晚期的表现。

此外，滤泡细胞增生、肿瘤（甲状腺癌和鳞状细胞癌）、毒物或抗甲状腺药物（丙基硫氧嘧啶、甲硫咪唑）也可引起甲状腺机能减退。曾有犬先天性激素生成缺陷的报道，但罕见。已报道的犬先天性原发性甲状腺机能减退的病因包括食物碘摄入缺乏、内分泌机能缺陷（例如，碘有机化缺陷）和甲状腺发育不全。甲状腺机能减退的病因可见表 4-9-3。

表 4-9-3 犬甲状腺机能减退的病因

原发性甲状腺机能减退
淋巴细胞性甲状腺炎
特发性萎缩
肿瘤性破坏
医源性病因
手术切除
抗甲状腺药物
放射碘治疗
药物（如磺胺甲噁唑）
继发性甲状腺机能减退
垂体畸形
垂体囊肿
垂体发育不良
垂体破坏
肿瘤
垂体促甲状腺细胞抑制
自发性获得性肾上腺皮质机能亢进
正常甲状腺病态综合征
医源性病因
药物治疗，常见于糖皮质激素
垂体摘除术
放射治疗
第三种甲状腺机能减退
先天性下丘脑畸形
获得性下丘脑破坏
先天性甲状腺机能减退
甲状腺发育不全（不发育、发育不良、扩张）
内分泌机能障碍（碘有机化缺陷）
食物碘摄入缺乏

【临床症状】

临床症状多见于2～6岁的患犬，易患品种具有地区流行性，无性别倾向。临床症状各异，且与发病年龄有关，不同品种间临床症状也有一定的差异。例如一些品种的主要症状是躯干脱毛，而另一些品种是被毛变薄，主要与不同品种犬的毛发周期和滤泡形态显著不同有关。对于成年犬，甲状腺机能减退最常见的临床症状是由细胞代谢下降及其对动物精神状态和活动性的影响所致。多数甲状腺机能减退患犬可表现出反应迟钝、嗜睡、运动不耐受或不愿运动、食欲或食量不增加而体重增加。这些症状通常逐渐发生，一般不会引起主人的注意，直至补充甲状腺素后才明显。

皮肤和被毛的变化是甲状腺机能减退的患犬最常见的临床症状，脱毛容易从经常摩擦的部位开始，可见于60%～80%患犬。典型的皮肤症状包括双侧对称性、非瘙痒性脱毛。最常见的症状是剪毛后，毛发不易生长，有时仅可见尾部脱毛（鼠尾）。常可见复发性细菌感染，如毛囊炎、疖病、皮脂溢和脓皮症，也可见马拉色菌和蠕形螨感染，此时常伴有瘙痒。患犬的被毛通常粗乱、干燥、易断。皮肤可能出现不同程度的色素沉着，过度角化会引起皮屑。在严重的病例中，可见到黏液性水肿，主要发生于前额和面部。

对于一些甲状腺机能减退患犬，神经症状可能是主要症状。甲状腺机能减退导致的部分脱髓鞘和轴索病变可能会引起中枢或外周神经系统症状。中枢神经系统症状不常见，包括抽搐、共济失调和转圈。外周神经系统症状较常见，包括面神经麻痹、虚弱、肘节突出或拖脚行走，伴有趾甲背部过度磨损。肌肉消耗可能也很明显，虽然不常伴有肌痛。甲状腺机能减退和喉部麻痹或食道活动性下降之间的关系仍然具有争议。

虽然一般认为促卵泡激素和黄体生成素的正常分泌需要甲状腺激素的参与，但是尚未证实甲状腺机能减退与母犬不孕症之间的关系。有学者认为，甲状腺机能减退可以导致母犬发情间期延长和发情周期不正常、安静发情、自发性流产、宫缩无力、虚弱或死产的胎儿，认为甲状腺机能减退可以导致公犬性欲缺乏、睾丸萎缩和精子减少或缺乏活力，但是一项使用比格犬作为实验动物的研究表明，甲状腺机能减退不是引起公犬生殖功能紊乱的常见原因。

心血管、眼睛、胃肠道和凝血系统异常在甲状腺机能减退的患犬中不常见。犬甲状腺机能减退和行为问题（如攻击性）之间的因果关系仍不清楚。甲状腺机能减退可引起的临床症状见表 4－9－4。

表 4－9－4　成年犬甲状腺机能减退的临床表现

代谢性	神经症状
嗜睡*	虚弱*
反应迟钝*	肘节突出
不活泼*	共济失调
体重增加*	转圈
不耐冷	前庭症状
皮肤病	面神经麻痹
内分泌性脱毛*	眼
对称性或不对称性	角膜脂质沉积
“鼠尾”	角膜溃疡
色素沉着	葡萄膜炎
干性或油性皮脂溢	继发性青光眼
皮炎*	视网膜脱落
脓皮病*	心血管
外耳炎	收缩力下降
黏液性水肿	心动过缓
生殖	心律不齐
持续不发情	胃肠道
发情弱或不发情	食道蠕动减缓
发情出血延长	腹泻
异常乳溢或雄性乳腺发育	便秘
睾丸萎缩	血液学
性欲缺乏	贫血*
	高脂血症*
	凝血疾病

*常见。

幼犬严重的甲状腺机能减退称为呆小症。生长停滞和智力迟钝是其典型特征。患犬出生时一般正常，但在 3～8 周龄开始比同窝其他犬发育缓慢。患犬的体型不均衡，头宽大、舌厚而突出、体宽呈矩形且四肢短、共济失调、脖颈短粗，通常精神沉郁、嗜睡。皮肤症状可见胎毛滞留、脱毛。

甲状腺机能减退可与其他免疫介导性内分泌疾病（如糖尿病和肾上腺皮质机能减退）同时存在，此时可称为免疫内分泌疾病综合征。甲状腺机能减退、肾上腺皮质机能减退和较少见的糖尿病、甲状旁腺机能减退和淋巴细胞性睾丸炎也被认为是一组综合征。甲状腺机能减退会引起胰岛素抵抗，血清果糖胺水平升高。肾上腺皮质机能减退患犬并发甲状腺机能减退时，治疗效果很差。

【诊断】

30％患犬的血常规检查结果可见轻度非再生性贫血。生化检查，75％患犬可见高胆固醇血症，88％

可见高甘油三酯血症。虽然禁食性高胆固醇血症和高甘油三酯血症也可能出现于其他几种疾病，但若存在相应的临床症状表明很可能患有甲状腺机能减退。ALP、ALT、CK、AST也可能轻度升高，但不常见。

甲状腺功能的评估主要是测定基础血清甲状腺素的浓度。目前有几种基础甲状腺激素检查，包括测定 T_4、fT_4、T_3、fT_3、3，3'，5'-三碘甲腺原氨酸（逆-T_3）和内源性TSH浓度。在细胞内，根据特定时刻组织代谢的需要，fT_4 脱碘形成 T_3 或 rT_3。组织代谢正常时优先生成 T_3，而在疾病、饥饿或内源性分解代谢过多时，生成无生物活性的 rT_3。T_3 被认为是产生生理活性的主要激素。目前 fT_3 和 rT_3 测定并没有应用到临床上，而 T_3 不如 T_4 准确，因此临床上主要用于评价甲状腺功能的指标是 T_4、fT_4 和TSH。用于测定甲状腺激素的血清在37℃下可稳定5d，最好将血清置于塑料管而不是玻璃管中。

基础血清 T_4 是一个很好的用于筛查甲状腺机能减退的指标。放射免疫测定法（RIA）被认为是测定血清的 T_4 水平的金标准。健康犬血清 T_4 的参考范围一般为1.0～3.5μg/dL。但是单个血清 T_4 值不能用于判断甲状腺机能是否正常，还应结合病史、体格检查和其他临床病理学结果。兽医很难判断外源性因素，尤其是其他并发疾病对血清 T_4 浓度的影响。血清 T_4 浓度越高，犬甲状腺机能越可能正常，但对血液循环中出现甲状腺激素抗体的甲状腺机能减退的患犬例外。如果甲状腺机能减退的怀疑系数不是很高，而血清 T_4 浓度比较低，应考虑其他因素，如甲状腺机能正常的病态综合征。

目前可用于测定基础血清 fT_4 浓度的方法有两种：RIA和改良平衡透析法（MED）。MED法是测定血清 fT_4 最准确的方法。在一项研究中，MED法的敏感性和特异性可高达98%和93%。在所有研究中，MED法的准确度均高于90%。最重要的一点是使用MED法测定血清 fT_4 时，循环中的抗甲状腺素抗体不会影响 fT_4 的检测结果。虽然甲状腺机能正常病态综合征时，血清 fT_4 也会降低，但受影响因素较血清 T_4 小。怀疑犬患甲状腺机能减退时血清 T_4 和 fT_4 的判读标准见表4-9-5。

表4-9-5 怀疑犬患有甲状腺机能减退时基础血清甲状腺素和游离甲状腺素浓度的判读

血清 T_4 浓度（μg/dL）	血清 fT_4 浓度（ng/dL）	甲状腺机能减退的可能性
＞2.0	＞2.0	非常不可能
1.5～2.0	1.5～2.0	不可能
1.0～1.5	0.8～1.5	未知
0.5～1.0	0.5～0.8	可能
＜0.5	＜0.5	十分可能

内源性cTSH浓度必须结合同一血样中的血清 T_4 或 fT_4 一起判读，不能当作评判甲状腺功能的唯一指标。13%～38%甲状腺机能减退患犬的TSH浓度在参考范围内。当病史和临床症状符合甲状腺机能减退的特征，且同一血样中的血清 T_4 和 fT_4 浓度下降而cTSH浓度升高时，表明存在原发性甲状腺机能减退；而血清 T_4、fT_4 和cTSH浓度均正常时，可排除甲状腺机能减退。

除了测定血清 T_4、fT_4 和TSH浓度外，还可进行TSH和TRH刺激试验来进行诊断。TSH和TRH刺激试验的最大优点是可用于鉴别甲状腺机能减退和基础甲状腺素浓度下降的甲状腺机能正常病态综合征患犬。

【治疗和预后】

合成左旋甲状腺素钠可用于治疗甲状腺机能减退。这种药的半衰期是10～14h。与食物同时服用时会降低其生物活性。初始剂量是0.02mg/kg，每12h使用一次，根据需要调整剂量和用药频率。一般在开始治疗后6～8周才能评估治疗效果。如果治疗8周内症状未见改善，则为治疗无效。可能引起治疗无效的原因包括诊断错误、剂量或用药频率不合适。对于每日口服两次左旋甲状腺素的犬，应在用药4～6h后测定血清 T_4 和cTSH浓度；而每日用药一次的犬，应在用药前和用药后4～6h测定血清 T_4 和

cTSH浓度。对于同时伴发心肌病、肾上腺皮质机能减退的患犬，治疗时需更谨慎。

对于成年犬，接受适当的治疗后，预后良好。补充甲状腺素后，多数临床症状会消失。呆小症患犬的预后慎重，取决于开始治疗的时间。

二、猫甲状腺机能亢进（Feline hyperthyroidism）

【病因和发病机理】

甲状腺机能亢进是由于甲状腺机能异常引起甲状腺激素过度分泌所致的多系统性疾病。这是猫最常见的内分泌性疾病也是临床中最常诊断出来的内分泌性疾病。单侧（30%）或双侧（70%）甲状腺叶的腺瘤样增生是最常见的病因。多数患甲状腺机能亢进的猫，可在颈部腹侧触诊到一个或多个离散性甲状腺肿物。甲状腺癌的发病率很低（少于2%）。组织病理学检查可见正常的甲状腺滤泡结构被一个或多个可识别的增生组织结节替代，这些结节的大小差别很大。目前甲状腺腺瘤增生性变化的发病机制仍不清楚。

【临床症状】

甲状腺机能亢进是8岁以上猫最常见的内分泌疾病。平均发病年龄为12～13岁，4～20岁的猫均可发病，年龄小于8岁的患猫所占比例不到5%。无性别和品种倾向。消瘦是最常见的临床症状，超过80%的患猫会出现，最终发展为恶病质。同时患猫也会出现贪食、不安或过度兴奋甚至具有攻击性，这些都是甲状腺激素增多引起代谢率升高的缘故。其他临床症状包括被毛变化（斑片性脱毛、被毛无光泽、缠结、没有或存在过度的理毛行为）、多尿、多饮、呕吐和腹泻。患猫常见的临床症状和体格检查异常见表4-9-6。

表4-9-6 甲状腺机能亢进患猫的临床症状和体格检查异常

临床症状	体格检查
体重下降*	可触摸到甲状腺肿*
贪食*	消瘦*
被毛粗乱、斑块状脱毛*	活动性增强，难以做检查*
多饮多尿*	心动过速*
呕吐*	脱毛、被毛粗乱*
不安、活动性增加	肾脏变小
腹泻、排便量增加	心杂音
食欲减退	易发生应激
震颤	脱水、恶病质外观
虚弱	期前收缩
呼吸困难、喘	奔马律
活性下降、嗜睡	攻击行为
厌食	抑郁、虚弱
	头下垂

*常见。

对于约90%的甲状腺机能亢进患猫，可触诊到甲状腺腺体增大。由于可能存在小而触摸不到的肿瘤，所以没有触摸到肿物的甲状腺机能亢进患猫也应该怀疑是否出现了肿瘤。由于甲状腺激素可作用于全身多个系统，因此，甲状腺机能亢进会影响到胃肠道、心血管、肾脏等。

甲状腺机能亢进患猫常见胃肠道症状，包括多食、体重下降、厌食、呕吐、腹泻、排便次数增加和排便量增加。尽管甲状腺机能亢进患猫的食欲旺盛，但摄入的能量仍不能满足机体的需求，从而会引起消瘦。20%的患猫会出现短期的厌食。快速摄入大量食物常会引起呕吐。

甲状腺机能亢进患猫常见心血管系统症状，通常也是体格检查中最常发现的临床症状，包括心动过速、收缩期杂音、心律不齐（不常见）。慢性心衰不常见，如果出现，常会出现奔马律、咳嗽、呼吸困难、心音低沉和腹水。心电图异常包括心动过速、Ⅱ导联R波波幅增大和较不常见的右束支阻滞、左前束支阻滞、QRS复合波时限延长，以及房性和室性心律失常。甲状腺机能亢进患猫常见全身性高血压，是由β-肾上腺素能活性增加对心率、心肌收缩力、全身血管扩张以及肾素-血管紧张素-醛固酮系统活化的作用所致。伴发高血压的患猫常会出现眼部症状，包括视网膜脱落、出血、水肿等。有效地治疗甲状腺机能亢进可以使轻度至中度高血压恢复正常。最近有研究指出，甲状腺机能亢进可以引起收缩压轻度升高，但除非伴随肾衰，才会造成严重的高血压。

甲状腺机能亢进和肾功能不全都是老龄猫常见的疾病，且常同时发生。甲状腺机能亢进会增加正常肾或代偿肾的肾小球滤过率GRF、肾血流量和肾小管的重吸收和分泌能力。当猫同时患有甲状腺机能亢进和肾脏疾病时，因为甲状腺机能亢进引起循环血量增加从而增加了肾灌注量，所以肾衰的临床症状和生化异常常会被掩盖。甲状腺机能亢进得到有效治疗后，肾血流量和GRF可能会急性下降，氮质血症或肾功能不全的症状可能变得明显或显著恶化。

【诊断】

甲状腺机能亢进患猫的血常规检查一般正常，常可见应激性白细胞象，HCT轻度升高。生化检查可见ALT、AST和ALP活性轻度至中度升高，超过90%的甲状腺机能亢进患猫会出现一个或多个肝酶活性升高。约30%的患猫出现血清尿素氮和肌酐浓度升高，20%的患猫出现高磷血症。尿相对密度的变化范围很大（1.006～1.060以上），多数甲状腺机能亢进患猫尿的相对密度高于1.035。测定尿比重有助于鉴别肾前性氮质血症和原发性肾脏疾病。甲状腺机能亢进患猫常因应激而致血糖浓度升高，此时测定尿糖也有助于与糖尿病相区别。

临床上，根据临床症状、触诊到甲状腺结节和测得血清 T_4 浓度升高即可诊断甲状腺机能亢进。血清 T_4 浓度异常升高（见表4-9-4）强烈支持甲状腺机能亢进的诊断，特别是同时存在相应的临床症状时。如果血清 T_4 结果不能确定，可在1～2周内测定血清 T_4 浓度和用MED法测定 fT_4 浓度，并排除非甲状腺疾病。如果仍然无法建立诊断，应考虑在4～8周内复检血清 T_4 和 fT_4 浓度。当 T_4 浓度屡次正常时，可进行 T_3 抑制试验和TRH刺激试验。甲状腺活检可用于区分良性肿瘤和恶性肿瘤，以指导治疗和预后。

【治疗和预后】

甲状腺机能亢进的治疗方法包括口服抗甲状腺药物、甲状腺切除术和放射性碘治疗。治疗方法的选择取决于患猫的体况和年龄，肾功能状况，并发症的严重程度，是否存在腺瘤增生、腺瘤或腺癌，单侧性还是双侧性，如果是双侧性，甲状腺肿物的大小，是否能进行放射性碘治疗，手术人员的技术水平，口服给药的难易，以及主人的期望值。

口服抗甲状腺药物，如甲硫咪唑、丙硫氧嘧啶和卡比马唑，均能有效地治疗猫甲状腺机能亢进。口服抗甲状腺药物的适应症包括：①试验性治疗以使血清 T_4 浓度正常并评估甲状腺机能亢进对肾功能的影响；②初始治疗，用于甲状腺切除术或住院做放射性碘治疗前缓解或消除并发的疾病；③甲状腺机能亢进的长期治疗。甲硫咪唑治疗的副作用比丙硫氧嘧啶小，是目前抗甲状腺的首选药物。推荐初始剂量是2.5mg，口服，每天4次，连续两周。根据治疗情况，逐步增加剂量，每两周复查一次，剂量应按每两周增加2.5mg/d，直至血清 T_4 浓度处于1～2μg/dL或出现副作用。当治疗剂量合适时，血清 T_4 浓度会在1～2周内下降到参考值范围内，且主人通常可在2～4周内看到临床症状改善。丙硫氧嘧啶的副作用大，不推荐使用。卡比马唑是在体内转化为甲硫咪唑的抗甲状腺药物，可替代甲硫咪唑用于治疗。

如果患猫可以接受麻醉风险，术后低血钙风险不大，胸腔内无异位的甲状腺组织，甲状腺癌未转移，则可考虑甲状腺切除术。术前应先口服甲硫咪唑使甲状腺功能正常。避免使用可引起心律不齐的药物。碘131（半衰期为8d）是引起甲状腺机能亢进的功能性肿瘤放射核素治疗的首选，复发率低于3%。

甲状腺机能亢进的预后受到以下因素的影响：是否存在并发症及并发症的严重程度，肿物的组织学特性，治疗方法是否合理，治疗副作用的大小。肾脏疾病和肿瘤是引起死亡最常见的原因。

三、犬甲状腺肿瘤（Canine thyroid neoplasia）

【病因】

甲状腺肿瘤一般包括甲状腺腺瘤和甲状腺腺癌。甲状腺腺瘤通常是小的无功能性肿瘤，不会引起临床症状，通常在死后剖检时意外发现。病理学研究发现，30%～50%的甲状腺肿瘤是良性腺瘤。甲状腺腺癌通常比腺瘤大，呈粗糙的多结节状，无活动性，常有坏死性或出血性中心灶，偶尔可见局部矿化，易被主人发现。常见单侧甲状腺肿大，但很难确定肿瘤是起源于两侧甲状腺叶，还是由一侧转移到另一侧。甲状腺腺癌可扩散到食道、颈部肌肉、气管、神经和血管、下颌淋巴结和肺脏，也可转移至肾脏、肝脏、脾脏、脊髓、骨骼等部位，但罕见。死后剖检发现，50%～70%的甲状腺肿瘤都是腺癌，因此，在甲状腺肿瘤确诊前都应认为其是恶性的。

【临床症状】

甲状腺肿瘤常见于中老龄犬，平均发病年龄为 10 岁，范围为 5～15 岁，无性别倾向性。多发品种为拳师犬、比格犬和金毛犬。无功能性肿瘤通常是被主人或兽医无意间发现的。最常出现的临床症状是由肿瘤压迫邻近器官引起的，包括呼吸困难、吞咽困难；或者由于肿瘤转移至其他器官而引起相应的临床症状。犬的甲状腺肿瘤一般都是无功能性的，约 30%患犬出现甲状腺机能减退，10%～20%患犬出现甲状腺机能亢进（临床症状类似于猫甲状腺机能亢进）。

【诊断】

多数甲状腺肿瘤都是质地坚硬、不对称、分叶和无痛性的肿物，位于颈部紧靠甲状腺区域的位置[见彩图版图 4-9-1]。应与脓肿、肉芽肿、下颌腺囊肿等其他疾病进行鉴别诊断。血常规、生化和尿液检查通常无助于诊断，一般均是由甲状腺机能减退或甲状腺机能亢进引起的相应的变化。基础血清 T_4 和 fT_4 的变化也符合甲状腺机能减退和亢进的判断。本病应通过活检取样，并进行组织病理学检查来确诊。细针抽吸法也有助于初步诊断，但是由于甲状腺血管丰富，血液污染严重，超声引导穿刺是较好的选择，可以用于辅助诊断和避开大血管。细胞学检查很难区分腺瘤和腺癌。

【治疗和预后】

治疗方法包括手术切除、化疗、兆伏级放疗、放射性碘和抗甲状腺药物。手术切除小的、包囊完整的、可移动的腺癌和腺瘤，可达到治愈的目的；而切除坚硬的、扩散的腺癌，则预后不良。兆伏级放疗可用于坚硬、已扩散的腺癌的治疗；化疗可用于远距离转移腺癌的治疗。如果患犬出现甲状腺机能亢进，则需使用抗甲状腺药物进行治疗。手术减缩肿块体积可用于坚硬的、扩散的腺癌的治疗，即可减少肿瘤对邻近器官的压迫，也可为其他治疗赢得更多时间。切除单侧肿瘤，一般不影响对侧甲状旁腺的功能；如果进行双侧肿瘤切除，则需检测甲状旁腺的功能，并补充维生素 D 和钙。有游离性，且可移动的肿瘤其预后良好。局部控制可延缓肿瘤的转移。

第三节　甲状旁腺疾病
Diseases of the Parathyroid Glands

甲状旁腺由主细胞和嗜酸细胞组成，主细胞合成和分泌甲状旁腺激素（PTH），嗜酸细胞的功能未知。犬、猫的甲状旁腺都有 4 个腺体。PTH 是一种能精确调节血液和细胞外液中钙离子浓度的肽类激素，其分泌主要受血液中钙离子浓度的调节。血清钙离子浓度下降则 PTH 分泌增多，反之则减少。PTH 通过促进肾脏对钙的重吸收，促进肾脏合成活性维生素 D 间接促进肠道对钙的吸收和骨骼中钙的重吸收，最终达到提高血清钙浓度和降低血清磷浓度的目的。机体钙磷代谢的主要调节机制见表4-9-7。

表 4-9-7 可影响钙磷代谢激素的生物学作用

激素	骨	肾		肠道		总体作用	
						血钙	血磷
甲状旁腺激素	增加骨吸收	钙吸收增加	磷排泄增加	无直接作用		↑	↓
降钙素	骨吸收减少	钙重吸收减少	磷重吸收减少	无直接作用		↓	↓
维生素 D	维持钙转运系统	钙重吸收减少		钙吸收增加	磷吸收增加	↑	↑

↑：升高；↓：下降

PTH 分泌持续增加会导致甲状旁腺机能亢进，反之则会导致甲状旁腺机能减退。这两种情况均不常见。甲状旁腺机能亢进可能是血清钙离子浓度下降引起的正常生理反应（肾性或营养继发性甲状旁腺机能亢进）或是异常活动的功能性甲状旁腺主细胞合成和分泌过多 PTH 所致（即原发性甲状旁腺机能亢进）。在肾性继发性甲状旁腺机能亢进中，肾功能衰竭会引起高磷血症，继而引起血清钙浓度下降，而血清钙浓度降低又反过来刺激 PTH 分泌，从而导致甲状旁腺机能亢进，营养性甲状旁腺机能亢进的发病机理也类似。因此，本书中主要讨论原发性甲状旁腺机能亢进和原发性甲状旁腺机能减退。

一、原发性甲状旁腺机能亢进（Primary hyperparathyroidism）

【病因】

原发性甲状旁腺机能亢进（PHP）是由一个或多个异常甲状旁腺合成和分泌过量 PTH 引起的一种疾病。甲状旁腺腺瘤最常见（90%），甲状旁腺腺癌（5%）和甲状旁腺增生（5%）少见。正常情况下，血钙是调节 PTH 分泌的主要因素，血钙的调定点约为 10.5～11.5mg/dL。当血钙浓度高于机体的调定点时，则 PTH 分泌减少；而当血钙浓度低于机体的调定点时，PTH 分泌增多，从而使体内血钙浓度维持为一个相对稳定的范围内。当动物患 PHP 时，这种机体正常的负反馈机制会被打破，PTH 会自发性分泌，并不受血钙浓度的调节，从而导致持续性的高血钙。PHP 的临床症状是由过度分泌的 PTH 的生理作用引起的，最终会引起高钙血症和低磷血症。

【临床症状】

PHP 常见于中老龄犬，平均发病年龄为 10 岁，范围为 4～16 岁。任何品种均可发病。荷兰狮毛犬发病率较高，可能具有遗传倾向，另外，拉布拉多犬、德国牧羊犬、金毛巡回猎犬的发病率也相对较高。少见猫发生本病，目前报道仅有暹罗猫和杂种猫患过此病。无性别倾向性。

大多数患轻度 PHP 的犬猫，并不会表现出明显的临床症状，常在进行与本病无关的生化检查时发现存在高血钙。而出现临床症状的 PHP，也多是由高血钙引起的。犬主要的临床症状与肾、胃肠道和神经肌肉有关。猫 PHP 最常见的临床症状是厌食和嗜睡。

【诊断】

当犬、猫出现持续性高血钙且血磷浓度正常或降低时，应怀疑 PHP。当血清钙大于 15mg/dL 时，才会出现全身症状，而大于 20mg/dL 时，则可能致命。引起高血钙的原因很多，如肿瘤、肾上腺皮质机能减退、维生素 D 过多症、肉芽肿性疾病（如芽生菌病、组织胞浆菌病、球孢子菌病等）、急性肾衰和医源性高血钙等。但高钙血症和低磷血症的主要鉴别诊断是恶性肿瘤性高血钙和 PHP。根据病史、体格检查、血常规检查、生化检查、尿液检查、胸部 X 线检查、腹部和颈部超声检查及测定 PTH 和 PTHrp（甲状旁腺激素相关蛋白）浓度，通常可建立诊断。对于 PHP 患病动物，通常无明显的临床症状。上述检查如果未出现明显异常，仅仅存在高钙血症和低磷血症时，可考虑 PHP。高血钙可导致多饮多尿，因此常见尿比重小于 1.015，也可见膀胱结石和肾结石，主要由磷酸钙或草酸钙或两者混合组成。长期血钙浓度过高会引起渐进性肾脏损伤。对于犬，PHP 导致肾衰时血清离子钙浓度会升高，而在原发性肾衰引起的高血钙中，离子钙浓度正常或下降。

犬的甲状旁腺可增大但不易触诊到，猫则相对容易触诊到。超声检查，通常可见一个或多个甲状旁腺增大，多数腺瘤直径为4～8 mm，有的可超过1cm。血清PTH浓度的检测有利于诊断PHP，但结果的解读必须配合血清钙浓度。手术探查是用于最终诊断PHP的方法。

【治疗和预后】

治疗方法是手术切除异常的甲状旁腺组织。超声波引导下注射乙醇或热烧灼异常甲状旁腺组织也是一种有效的治疗方法，但治疗结果的稳定性不如手术切除术。如果手术时没有发现甲状旁腺肿大或所有的都很小，那应该质疑PHP的诊断，高钙血症可能是由潜在的肿瘤或异位性甲状旁腺肿瘤（如前纵隔）或非甲状旁腺肿瘤生成的PTH所致。手术切除甲状旁腺腺瘤后1～7d会引起循环中PTH浓度快速下降并继发引起低血钙，此时应密切监控并治疗，治疗方法包括使用钙制剂和维生素D。

给予适当的监测和治疗，维持血清钙浓度稳定，防止低血钙造成进一步损伤，则预后良好。如PHP是由甲状旁腺增生引起的，若手术时保留一个或多个甲状旁腺，术后几周至数月可能复发高钙血症。

二、甲状旁腺机能减退（Hypoparathyroidism）

【病因】

甲状旁腺机能减退是PTH分泌不足引起血钙降低和血磷升高的一种疾病。甲状旁腺机能减退所表现的临床症状与血液中离子钙浓度下降有关。离子钙是钙的一种活性形式，可参与机体多种生理活动。肌肉收缩和神经细胞膜的稳定都需要离子钙的参与，离子钙浓度下降，则会引起神经兴奋性升高和抽搐。特发性甲状旁腺机能减退罕见于犬猫，当未发现外伤、肿瘤、手术破坏或其他对颈部或甲状旁腺造成明显伤害的迹象时，即定义为特发性甲状旁腺机能减退。眼观很难发现腺体，镜检可见腺体萎缩。组织病理学检查可见腺体被成熟的淋巴细胞、浆细胞（偶见）、退化的主细胞和纤维结缔组织取代，表明该病可能是由免疫性因素引起的。双侧甲状腺切除术治疗甲状腺机能亢进引起的医源性甲状旁腺机能减退常见于猫。严重镁缺乏（血清镁浓度小于1.2mg/dL）会抑制PTH的释放，增加靶器官对PTH的抵抗，损害活性维生素D的合成（如1，25-二羟胆钙化醇），从而造成暂时性甲状旁腺机能减退，但对甲状旁腺本身并无损害。

【临床症状】

6周至13岁的犬均可发病，平均为4.8岁，多发于母犬。常见于贵宾犬、迷你雪纳瑞、巡回猎犬、德国牧羊犬和梗类犬，但无明显的品种倾向性。猫的发病率较低。患甲状旁腺机能减退犬猫的临床症状和体格检查类似。主要临床症状均由血清离子钙浓度下降引起的。神经肌肉症状包括不安、全身抽搐、局部肌肉痉挛、后肢爬行或搐搦、共济失调和虚弱，其他症状包括嗜睡、食欲减退、摩擦面部和喘息。抽搐的发作期通常为30s到3min。体格检查还可见步态僵硬、肌肉僵硬、腹壁紧张和肌肉震颤。潜在的心脏异常包括阵发性心动过速性心律不齐、心音低沉和脉搏微弱。由于动物紧张和持续的肌肉活性可导致犬、猫发热。

【诊断】

犬的血清钙浓度小于8mg/dL，血清离子钙浓度小于4.5mg/dL；猫的血清钙浓度小于7mg/dL，血清离子钙浓度小于5mg/dL时，即可判断为低钙血症。当犬猫血清总钙浓度（TCa）＜6.0mg/dL，离子钙（iCa）＜0.8mmol/L时，即可表现出临床症状。引起低钙血症的原因包括：低白蛋白血症、慢性肾衰、产后搐搦、急性胰腺炎、乙二醇中毒和磷酸盐灌肠等。犬猫出现持续性低钙血症且排除了其他原因，同时无法测出血清PTH浓度时，即可诊断为甲状旁腺机能减退。病史、体格检查、血常规检查、生化检查、尿液检查和超声检查有助于鉴别引起低血钙的原因。除低血钙引起的临床症状外，其他检查通常无明显异常。血清PTH浓度的判读必须结合血清钙浓度。低血钙犬、猫的血清PTH浓度下降或无法检测强烈提示原发性甲状旁腺机能减退。

【治疗和预后】

甲状旁腺机能减退的治疗包括补充钙制剂和维生素D。治疗一般分为急性期治疗和维持期治疗。急性期治疗的目的是控制抽搐，可缓慢静脉注射10％葡萄糖酸钙，剂量为5～15mg/kg，直到临床症状缓解为止。给药期间，建议使用心电图进行检测。一旦控制住低钙血症的临床症状，可持续静脉注射或每6～8h皮下注射葡萄糖酸钙，直至口服钙和维生素D治疗开始起作用。皮下注射葡萄糖酸钙控制抽搐的剂量与静脉注射的剂量相同。在注射钙及口服钙和维生素D期间，必须每天检测两次血清钙浓度，皮下注射钙的剂量和频率应根据临床症状的控制情况和使血清钙浓度维持在8～10mg/dL作调整。一旦血清钙浓度持续高于8mg/dL超过48h，皮下注射钙制剂的治疗必须逐渐停止，可通过增加用药时间间隔来达到。维持治疗即通过每天摄入维生素D和钙制剂把血钙浓度维持在9～10mg/dL。治疗的目的是防止低血钙性抽搐但又不引起高血钙。

甲状旁腺机能减退的预后取决于主人和兽医的努力，如果治疗得当，则预后良好。适当的治疗需要密切监测血清钙的浓度。复检频率越高，血钙控制的效果越好，存活时间的预期值也越长。

第四节 胰腺内分泌疾病

Diseases of the Endocrine Pancreas

胰腺既有外分泌功能，也有内分泌功能。胰岛是散在于胰腺腺泡之间大小不等、形状不一的细胞群，也是实现胰腺内分泌功能的场所。胰岛细胞可分为：①A细胞，分泌胰高血糖素；②B细胞，分泌胰岛素；③D细胞，分泌生长抑素；④D1细胞，可能分泌血管活性肠肽；⑤PP细胞，数量很少，分泌胰多肽。体内血糖水平的稳定性主要由胰岛素和胰高血糖素共同维持。

一、犬糖尿病（Diabetes mellitus in dogs）

【病因】

体内胰岛素分泌减少或产生胰岛素抵抗，则会引起胰岛素绝对缺乏或相对缺乏，从而导致糖尿病。糖尿病一般分为胰岛素依赖型糖尿病（IDDM）和非胰岛素依赖型糖尿病（NIDDM）。犬糖尿病在诊断时均是IDDM，需要外源性胰岛素控制血糖水平。犬糖尿病的病因不明，但肯定是多因素共同作用的结果。遗传倾向、感染、胰岛素抵抗性疾病和药物、肥胖、免疫介导性胰岛炎和胰腺炎均是引发IDDM的因素。IDDM的最终结果是B细胞功能丧失、低胰岛素血症和葡萄糖进入细胞障碍，以及肝脏糖原异生和糖原分解作用加速。患犬B细胞功能的丧失是不可逆的，须终生使用胰岛素控制血糖。与猫不同，犬不常见暂时性或可逆性糖尿病。最常见的暂时性糖尿病是母犬间情期分泌的孕酮导致的胰岛素抵抗。另外，使用糖皮质激素或同时患肾上腺皮质机能亢进时，也会引起胰岛素抵抗。此时需快速除去病因，解除胰岛素抵抗，否则会发展为不可逆转的糖尿病。

【临床症状】

糖尿病常见于老龄犬，高发年龄段为7～9岁，发病范围为4～14岁。母犬的发病率是公犬的2倍。一些犬具有遗传倾向性，如澳洲犬、猎狐犬、标准雪纳瑞犬、迷你雪纳瑞犬等。所有患犬均会出现典型的临床症状，如多饮、多尿、多食和消瘦。如果未及时就诊和治疗，则会逐步发展为酮症酸中毒，从而引起全身性临床症状，如虚弱、呕吐和厌食等。有时患犬可能会出现白内障而导致失明。许多糖尿病患犬肥胖，但身体其他状况良好。长期未治疗或存在并发症（如胰腺外分泌功能不全）的患犬才可能会出现消瘦，否则很少出现消瘦情况。被毛稀疏、干燥、易断、无光泽，且可因过度角化而出现鳞屑。

【诊断】

糖尿病的诊断主要取决于三点：相应的临床症状、持续的禁食高血糖和糖尿。使用手持式血糖仪和尿试纸条测定血糖和尿糖浓度，即可快速诊断糖尿病。如果同时存在酮尿则诊断为糖尿病性酮症（DK）。同时存在酸中毒，则诊断为糖尿病性酮症酸中毒（DKA）。确诊糖尿病时，必须确定同时存在持续性高血糖和糖尿，因为高血糖还可由其他原因引起（如应激，虽然在犬不常见），糖尿也可由肾性糖尿引发。一旦诊断为糖尿病，必须对患犬做更详细的体格检查和实验室检查，包括血常规检查、生化检查、cPLI、尿液分析和尿液细菌培养。如果患犬是未绝育母犬，必须检测血清孕酮浓度。还应做腹部超声，检查胰腺、肾上腺、子宫、肝脏和泌尿系统，以确定是否存在并发症。

【治疗和预后】

治疗的主要目的是消除继发于高血糖和糖尿的临床症状。持续的临床症状和慢性并发症的发生都直接与高血糖的程度和持续时间有关。控制高血糖的方法包括给予胰岛素，饮食，运动，预防或控制并发的引起胰岛素抵抗性的疾病和停用此类药物。治疗的同时，也必须控制低血糖的发生，最常见于过量使用胰岛素治疗。

长期治疗糖尿病可选用中效胰岛素（NPH，lente）和长效胰岛素（PZI，甘精胰岛素）。NPH 是重组人源性胰岛素，lente 是猪源性胰岛素，PZI 是牛/猪源性胰岛素，甘精胰岛素是一种胰岛素类似物。犬与人和猪的同源性较强，与牛的同源性较差（容易产生胰岛素抗体），因此不建议使用 PZI。一般治疗糖尿病首选中效胰岛素，初始剂量约为 0.25IU/kg，一天两次。初始治疗选用低剂量胰岛素比较容易控制血糖，且不易发生低血糖和苏木杰效应。正常情况下，血糖水平应控制在 100～250mg/dL，血糖控制是否良好的参考指标包括动物的状态（体重和临床症状）和主人对治疗的满意程度。一般需要 1 个月时间去摸索最佳的胰岛素控制程序，期间胰岛素的类型、剂量和使用频率均会发生改变。如果胰岛素剂量超过了 1.5 IU/kg，而血糖控制仍达不到满意的效果，则应考虑其他原因（并发症和药物）。胰岛素的贮存和使用也需要特别注意，冷冻、加热和晃动胰岛素均会导致胰岛素失活，注射剂量和注射方法有误，也均会导致血糖控制不良。

治疗的同时应时刻监测糖尿病的控制情况，以便调整或更换治疗药物、剂量等，常见的糖尿病监测技术有：血清果糖胺浓度监测、血糖曲线监测，以及临床症状的复发监测（如苏木杰效应）。

控制肥胖和增加日粮中的纤维含量是控制血糖最有效的两种方式。肥胖可导致胰岛素抵抗，不利于控制血糖水平。纤维含量增加的日粮有利于控制肥胖和血糖水平。根据纤维的水溶性，可分为两种类型：不可溶性纤维（如木质素、纤维素）和可溶性纤维（如树胶、果胶）。与不可溶性纤维相比，可溶性纤维能更有效地控制血糖水平。患犬对高纤维食物引起继发症的易感性、体重和体况、是否存在需通过日粮调理的并发症（如胰腺炎、肾功能衰竭）最终决定着选择何种纤维。不可溶性纤维含量增加时最常见临床并发症包括排便次数增加、便秘和顽固性便秘，饲喂 1～2 周后出现低血糖以及拒绝采食。可溶性纤维的并发症包括软便或水便、肠胃气胀，饲喂 1～2 周后出现低血糖和拒绝采食。如果饲喂不可溶性纤维含量过高的食物而引起硬便或便秘时，应添加混合纤维或可溶性纤维食物以软化粪便。另外，如果饲喂可溶性纤维食物出现软便、水便或胃肠胀气的症状，应添加不可溶性纤维并降低可溶性纤维食物的含量。开始时如果食物的适口性差，可逐步从常规食物过渡到含少量纤维的食物，再过渡到含较多纤维的食物。食物治疗数月后拒绝采食通常是对食物厌烦引起的。周期性改变高纤维食物或混合纤维食物的类型有利于改善这种情况。可根据情况，选择合适的日粮。

血清果糖胺是一种糖基化的蛋白，可反映 2～3 周内的血糖水平，且不易受其他因素（如应激）的影响，参考范围为 225～375μmol/L，当果糖胺浓度超过 500μmol/L 时，说明血糖控制不良。尿糖不能作为调整胰岛素用量的依据。主人必须在兽医的指导下才可以调整胰岛素剂量。

血糖曲线是调整胰岛素剂量所必需的依据，且再次出现高血糖或低血糖时，也必须重新绘制血糖曲线，再次确定胰岛素剂量。按照主人日常的习惯定时给予动物食物和胰岛素，每隔 1～2h 测定一次血糖水平，以确定胰岛素是否起效、血糖最低点、胰岛素的峰作用时间、胰岛素作用时间和血糖浓度的波动情况。确定血糖最低点和胰岛素注射的时间是评估胰岛素持效时间的关键，也用于指导胰岛素的用量和类型。如果血糖最低点高于 150mg/dL，可增加胰岛素用量；若低于 80mg/dL，则减少胰岛素用量。

苏木杰效应是机体对胰岛素过量诱发的低血糖的一种正常生理反应。当血糖浓度低于 65mg/dL 或低血糖直接刺激肝糖原分解或致糖尿病激素（最主要的是肾上腺素和儿茶酚胺）分泌时，机体均出现血糖浓度升高、低血糖的临床症状减少，并在 12h 内通过葡萄糖反向调节引起显著的高血糖。苏木杰效应的诊断可通过低血糖（小于 80mg/dL）继发高血糖（大于 300mg/dL）来确定。治疗方法是减少胰岛素剂量。如果糖尿病患犬的胰岛素注射剂量已较小（< 1.0IU/kg），其剂量应降低 10%～25%。如果胰岛素剂量较大，应先用 0.25IU/kg，每天 2 次，重新开始调整血糖。血糖控制的评价应在新剂量调整后 5～7d 进行，并根据情况作进一步调整。在出现苏木杰效应期间，致糖尿病激素的分泌会引起胰岛素抵抗，且会在低血糖出现后持续存在 24～72h。这是糖尿病患猫血糖控制不良的常见原因。

运动在血糖水平的控制中也起着十分重要的作用，有利于减轻体重和消除肥胖引起的胰岛素抵抗。但是必须注意的是，运动必须定时，避免剧烈和偶尔的运动，这些情况均会引起严重的低血糖。

并发症（炎症、感染、激素和肿瘤性疾病）和使用具有胰岛素抵抗作用的药物可影响组织对胰岛素的反应性，导致胰岛素抵抗和血糖控制不良。胰岛素抵抗可能是轻度的（如肥胖引起的），只需增加胰岛素剂量即可；也可能是严重的（肾上腺皮质机能亢进、母犬间情期），无论什么类型和多大剂量的胰岛素均无效。

预后取决于存在的并发症及其可逆性、胰岛素控制糖尿病的容易程度和主人的治疗意愿。从诊断开始平均存活时间是 3 年。确诊后前 6 个月内的死亡率较高，常由于并发致命的或无法控制的疾病所致。度过前 6 个月后，在主人和兽医的共同努力下，存活时间很容易超过 5 年，且生活质量不受影响。

二、猫糖尿病（Diabetes mellitus in cats）

【病因】

区分猫的 IDDM 和 NIDDM 是有难度的，两者之间可以互相变换，如某些猫初始时患 NIDDM，但会逐步发展为 IDDM。影响糖尿病类型和治疗效果的因素包括胰腺 B 细胞丢失程度；组织对胰岛素的反应性；是否存在葡萄糖毒性；外源性胰岛素吸收和作用时间问题；并发症的存在。常见的组织病理学变化是胰岛淀粉样变、B 细胞空泡化和退化、慢性胰腺炎。胰岛内胰岛特异性淀粉样沉积代表了一种潜在的病因。虽然淀粉样物质不是糖尿病患猫胰岛内的唯一病理学表现，但很常见。淀粉状蛋白是特异的胰岛多肽——糊精聚集的结果。糊精生成于 B 细胞并与胰岛素同时分泌。刺激胰岛素分泌的因素也可以刺激糊精的分泌。糊精过度分泌会造成糊精在胰岛周围聚集并形成淀粉状蛋白。淀粉状蛋白对胰岛细胞有毒害作用。如果淀粉状蛋白的沉淀是渐进性的（例如，胰岛素抵抗状态持续存在），胰岛细胞会渐进性破坏并最终形成糖尿病。胰岛细胞部分破坏会引起 NIDDM，但当胰腺 B 细胞功能完全丧失时，则发展为 NIDDM。50%～70%新诊断的猫糖尿病是 NIDDM，胰岛淀粉样变和胰岛素抵抗是发展为 NIDDM 的最重要因素。

猫患糖尿病的主要危险因素包括年龄增加、雄性、肥胖、给予糖皮质激素和孕酮等。肥胖是诱发糖尿病的重要因素，肥胖猫的发病率是体型正常猫的 3.9 倍。研究表明，体重越重的猫，对胰岛素的敏感性越低；同时发现公猫对胰岛素敏感性比较低，这也是性别成为猫糖尿病危险因素的原因。

在建立诊断和开始治疗的 4～6 周内，约 20%的糖尿病患猫会呈“暂时性”糖尿病。在这些患猫中，当高血糖、糖尿和临床症状均消失时，可以停止使用胰岛素。此后，一些猫可永远不需要胰岛素治疗，而另一些猫会在几周或几个月后复发并需要长期的胰岛素治疗。研究表明，暂时性糖尿病是一种亚临床型糖尿病，当胰腺受到同时存在的胰岛素抵抗性药物和疾病的刺激，尤其是糖皮质激素、醋酸甲地孕酮或慢性胰腺炎时，就会变为临床型糖尿病。葡萄糖毒性是慢性高血糖逆向调节胰岛素分泌，此时可能是 IDDM。一旦高血糖状态得到纠正，葡萄糖的毒性影响发生可逆性变化。

【临床症状】

虽然糖尿病可见于任何年龄的猫，但在诊断时多数患猫都大于 9 岁。70%～80%患猫是公猫，通常是去势公猫。无明显的品种倾向性。典型的临床症状是多饮、多尿、多食和体重下降。许多患猫虽然肥胖却体况良好，长期未治疗的患猫可能出现体重下降甚至出现消瘦，除非出现并发症。其他症状还可见嗜睡、被毛干燥无光泽。触诊发现肝肿大（糖尿病引发的肝脂沉积症）。10%患猫可出现显著的糖尿病性神经症状，如后肢虚弱、跳跃能力下降、共济失调或庶行姿势（即猫走路时后踝着地）。但犬罕见糖尿病性神经症状。其他临床症状可见于糖尿病发展为 DKA 时。

【诊断】

猫糖尿病的诊断与犬类似，都是基于临床症状、持续性禁食高血糖和糖尿而确定的。暂时性、应激性高血糖是猫的一个常见问题，它可引起血糖升高至300mg/dL以上，此时通常不会出现糖尿，除非应激性高血糖持续时间过长。如果怀疑存在应激性高血糖，应检测血清果糖胺浓度，血清果糖胺浓度升高即表明存在持续性高血糖。但是如果糖尿病发病期过短，血清果糖胺浓度可能仅达到参考值上限。必须进行血常规检查、生化检查、测定血清 T_4 浓度、猫胰脂肪酶免疫反应性检查、尿液检查和尿液细菌培养，腹部超声检查也应该成为常规检查的一部分。进行以上检查无法判断B细胞的功能、是否存在葡萄糖毒性，但可以尽可能地确定并发症，并积极治疗以减少胰岛素抵抗。

【治疗和预后】

对于NIDDM患猫，一个重要的问题是是否需要胰岛素治疗。对一些糖尿病患猫可通过改变食物、口服降糖药和控制并发症来控制血糖水平。是否使用胰岛素取决于临床症状的严重程度、是否存在DKA和主人的意愿。对于大多数患猫，治疗方法包括胰岛素、调节日粮、纠正和控制并发的胰岛素抵抗。

猫对外源性胰岛素的反应不可预测，没有一种类型的胰岛素是常规用药。最终选择何种胰岛素进行治疗取决于个人意愿和经验。常用的胰岛素包括人源性重组NPH、猪源性lente和胰岛素类似物——甘精胰岛素。患猫血糖水平的控制范围为100～300mg/dL。与犬不同，猫的血糖曲线的制作容易受到应激性高血糖的影响。一旦出现应激性高血糖，它会持续出现，测定的血糖结果则不可信。因此对患猫血糖的控制可以宽松一点，只有确实需要改变胰岛素剂量时，才做血糖曲线。血糖控制是否良好取决于患猫的整体状况、体重的稳定性和主人对治疗的满意程度。为避免应激性高血糖影响血糖曲线结果，一般建议主人在家使用耳刺采血和便携式血糖仪测定血糖水平。耳刺采血即主人使用一次性专用采血针在患猫的耳外侧缘刺扎从而获得一滴可用于测定血糖水平的血液。此种方法简单，对猫的影响不大。与犬血糖曲线的制作方法类似，建议定点采食和使用胰岛素，并在胰岛素注射前和注射后每隔2～3h测定一次血糖水平。

口服降糖药主要用于控制NIDDM。目前常用的降糖药包括磺酰脲类和阿卡波糖。这些药物通过刺激胰岛素分泌、增强组织对胰岛素的敏感性或延缓餐后小肠对葡萄糖的吸收而起作用。有研究表明，磺酰脲类药物对于猫糖尿病的治疗有效，而阿卡波糖对于犬糖尿病的控制有一定效果，但这些药物的副作用均比较大。

猫的饮食习惯变化很大，有些猫习惯一次性将食物吃光，而有些则断断续续采食。日粮治疗的主要目的是减小采食对餐后高血糖的影响。12h内少食多餐摄入等量的热量比一次摄入的影响要小得多。应在每次注射胰岛素时给予猫每天总能量的一半，使其自由采食。要把一只习惯断断续续采食的猫养成一次性吃完食物的习惯十分困难，只要猫在随后的12h都能吃到食物，没必要一次采食完。肥胖常见于糖尿病患猫，通常是自由采食干粮造成能量摄入过量所致。肥胖纠正后，肥胖引起的胰岛素抵抗会可逆性恢复。猫是肉食动物，其食物蛋白需要量比杂食动物（如犬和人）要高。与杂食动物的食物习性相比，肉食动物的肝葡萄糖激酶和己糖激酶活性都比较低，采食含高碳水化合物的食物后，患猫餐后高血糖会非常显著，反之亦然。因此，应给糖尿病患猫饲喂高纤维、高蛋白、低碳水化合物的食物，以更好的控制血糖水平。

常见的并发症包括肥胖、慢性胰腺炎或其他炎性疾病、感染、甲状腺机能亢进、肾上腺皮质机能亢进和肢端肥大症，这些疾病均能导致胰岛素抵抗，从而影响治疗效果。因此，查明并控制并发症是成功治疗糖尿病患猫的重要部分。

糖尿病患猫和犬的预后类似。从诊断起平均存活时间约为3年。由于并发症尤其是危及生命的疾病的存在，确诊后前6个月死亡率较高。

三、糖尿病性酮症酸中毒（Diabetic ketoacidosis）

【病因】

糖尿病性酮症酸中毒（DKA）是糖尿病的严重并发症，常会引起多器官受损而导致死亡。非酯型或游离脂肪酸在肝脏内氧化生成酮体，酮体也是许多组织在葡萄糖缺乏时的能量来源。DKA 患病动物常出现相对性或绝对性胰岛素缺乏，而胰岛素是脂类分解和游离脂肪酸氧化的有效抑制剂。同时，胰岛素缺乏动物患 DKA 时，常伴发胰腺炎、感染、肾功能不全或并发激素紊乱，这些情况会导致皮质醇、胰高血糖素、生长激素和儿茶酚胺分泌增多，从而引起胰岛素抵抗，此时脂类分解和肝脏的酮体合成增多。DKA 会导致严重的代谢紊乱，包括严重酸中毒、高渗透性利尿、脱水和电解质紊乱，最终会威胁生命。

【临床特征】

DKA 是一种严重的糖尿病并发症，最常发生于未诊断的糖尿病患病动物。少数情况下，DKA 也发生于胰岛素剂量不足时。DKA 常见于中老龄犬、猫。母犬和公猫更常见发病，无品种倾向性。由于 DKA 是渐进性的，早期会出现糖尿病的典型症状（多饮、多尿、多食和体重下降），随着疾病的发展出现酮血症和代谢性酸中毒时，则会出现全身性症状，包括厌食、嗜睡、呕吐、脱水、虚弱和呼吸困难等，有时呼吸中有强烈的酮味。症状的严重程度与代谢性酸中毒和并发症（如胰腺炎和感染等）直接相关。开始出现糖尿病临床症状至出现 DKA 全身性症状的时间间隔不定，可能从数天至 6 个月以上。一旦出现酮症酸中毒，通常 7d 内会呈现明显的症状。

【诊断】

诊断 DKA 首先要诊断糖尿病，同时尿试纸条测试出现酮尿且存在代谢性酸中毒时，即可确诊。同时必须进行血常规检查、生化检查、胰蛋白酶免疫反应性检查、尿液检查和尿液细菌培养，并进行腹部 B 超检查，以确定并发症。

【治疗和预后】

如果不存在或仅有轻度的全身症状，体格检查未发现明显的异常，同时代谢性酸中毒也是轻度的，即可定义为糖尿病性酮症（DK），此时仅需皮下注射短效常规结晶胰岛素，0.1～0.2 IU/kg，每天 3 次，直至尿酮消失，一般 3～5d 内即可消失，待动物状况稳定后，可转为中长效胰岛素。

如果发生 DKA，治疗目标包括：①提供足量的胰岛素抑制脂肪分解、酮体生成和肝脏糖异生；②维持水分和电解质恒定；③纠正酸中毒；④查出潜在原因；⑤为保证持续使用胰岛素而不出现低血糖，提供碳水化合物底物（即葡萄糖）。一般应在 36～48h 内使动物状况恢复正常，如果积极治疗速度过快，则会造成比不纠正更糟糕的结果。为了检测治疗效果，治疗中应进行血常规检查、血糖监测、尿液检查和血气检查。

必须补充水分和维持体液平衡以确保足量的心输出量、血压和组织灌注量。采用何种液体治疗和给药频率取决于机体的电解质状况、血糖浓度和渗透性。胰岛素缺乏会减少远曲肾单位对钠的重吸收，且渗透性利尿会导致尿钠过度丢失，从而造成低血钠，因此进行液体治疗首选 0.9%的氯化钠溶液，并添加适量的钾。开始时的液体治疗量和频率通过评估休克的状况、脱水的程度、需要的维持量、血浆总蛋白浓度和是否存在心脏疾病来确定。一般犬、猫患 DKA 时，脱水程度为 6%～12%。液体治疗的目的是在 24～48h 内逐渐恢复丢失的水分，补充速率为 60～100mL/（kg·d）。除非犬猫出现休克，通常不需要快速补充液体。补液期间应监测血压、尿量、呼吸音、中心静脉压、电解质（每 4～6h 监测 1 次）和血糖（每 1h 监测 1 次）。如果血糖水平低于 300mg/dL，应补充 5%葡萄糖溶液。在开始治疗 DKA 的 24～36h 内，严重的低钾血症是最常见的并发症。钾离子缺乏时，应补充钾，可在每升 0.9 %氯化钠溶液中加入 40 mEq 氯化钾，补液速率必须低于 0.5 mEq/（kg·h）。血清磷浓度小于 1.5mg/dL 或发生溶血性贫血时，应按照 0.01～0.03 mmol/（kg·h）的速率静脉补充磷。低镁血症是常见的，通常在开始治疗 DKA 时出现，并在 DKA 消除时自愈。通常只有血清总镁浓度低于 1.0mg/dL 时，才会出现低镁血症的临床症状。即使在如此低的血镁浓度情况下，许多犬、猫也不出现临床症状。通常不需要补充镁，除非出现持续性嗜睡、厌食、虚弱或顽固性低镁血症。

碳酸氢盐的补充应根据犬、猫的临床表现以及血浆碳酸氢根或静脉二氧化碳总量来确定。如果血浆碳酸氢盐浓度为 12mmol/L 或更高，特别是犬、猫很警觉时，不推荐用碳酸氢盐治疗。血浆碳酸氢根为 11mmol/L 或更低时（静脉二氧化碳总量＜ 12mmol/L），应开始碳酸氢盐治疗。根据碳酸氢根缺失量

（即酸中毒纠正至碳酸氢根浓度为 12mmol/L）确定所需的碳酸氢盐补充量，且应在开始时 6h 内补充，可通过下列公式计算：

碳酸氢盐（mmol/L）＝体重（kg）×（12－测定碳酸氢盐浓度）×0.3

在这种情况下，应持续 6h 给予碳酸氢盐的保守剂量。碳酸氢盐不能快速输入，而且也不能快速纠正酸中毒。治疗 6h 后，应重新测定机体酸碱情况并计算新的需求量。一旦血浆碳酸氢根浓度超过 12mmol/L，则不需进一步补充碳酸氢盐。

只有用胰岛素治疗，才能消除酮症酸中毒。因此，DKA 确诊后 1～4h 内应开始胰岛素治疗。如果并发胰岛素抵抗性疾病，胰岛素的疗效可能不佳，这时应消除并发疾病，以改善胰岛素疗效并消除酮症酸中毒。无论怎样，都需使用胰岛素治疗。常规结晶胰岛素是最佳的胰岛素类型。胰岛素治疗 DKA 的方案包括间歇性肌内注射、持续低剂量静脉注射和先肌肉注射后皮下注射。胰岛素给予的三种途径（即皮下/皮内注射、肌内注射和静脉注射）对降低血糖和酮体都有效。间歇性肌肉注射，初始剂量为 0.2 IU/kg，然后每小时注射一次，剂量为 0.1 IU/kg，每小时血糖浓度下降 50～75mg/dL 较为理想，直到血糖浓度达到 250mg/dL 时，转为每 4～6h 肌肉注射一次，如果动物水合状况较好，也可每 6～8h 皮下注射一次。当犬猫状况稳定后，开始使用长效胰岛素。持续低剂量静脉注射也是一种有效的降低血糖的方法。通常是根据个人偏好、是否有输液泵和技术支持而选择间歇性肌肉注射或持续低剂量静脉注射。如果使用输液泵，常规胰岛素可加在 250mL 生理盐水或林格氏液中。由于胰岛素会黏附在玻璃或塑料表面，开始注射胰岛素前，应先经输液器弃去约 50mL 液体。初始输注速率为每小时 0.05～0.1 IU/kg，每小时血糖浓度下降 50～75mg/dL 较为理想，直到血糖浓度达到 250mg/dL 时，停止输注胰岛素并改成每 4～6h 肌肉注射胰岛素一次。如间歇性肌肉注射方案一样，如果已纠正脱水，可每 6～8h 皮下注射一次。先肌内后皮下注射的方法曾成功应用多年，但现在更推荐使用前两种方法。

DKA 患病动物的常见并发症包括急慢性胰腺炎、细菌感染、胆管性肝炎、肾功能不全、心脏病和胰岛素抵抗性疾病，如肾上腺皮质机能亢进、甲状腺机能亢进。治疗时，应根据并发症的状况调整治疗方法，但是胰岛素治疗永远不能延迟或停止。

DKA 仍然是兽医内科中最难治疗的代谢性疾病。即使采用了完善的预防措施和最佳的治疗方案，死亡也难以避免。

第五节 肾上腺疾病

Diseases of the Adrenal Gland

肾上腺位于两侧肾脏的前缘。肾上腺周围部皮质称为肾上腺皮质，中央部髓质称为肾上腺髓质。肾上腺皮质和髓质是两个内分泌腺。肾上腺皮质由外向内分为球状带、束状带和网状带。球状带主要分泌醛固酮，称为盐皮质激素；束状带主要分泌皮质醇，称为糖皮质激素；网状带主要分泌少量的脱氢表雄酮和微量的雌二醇等性激素。肾上腺髓质起源于外胚层，其嗜铬细胞主要分泌肾上腺素、去甲肾上腺素和多巴胺。

一、犬肾上腺皮质机能亢进（Hyperadrenocorticism in dogs）

【病因】

肾上腺皮质机能亢进，又称库兴氏综合征，主要包括垂体依赖性（ACTH 分泌增多）、肾上腺依赖性（功能性肾上腺肿瘤）和医源性（即由兽医或主人过量使用糖皮质激素所致）。

垂体依赖性肾上腺皮质机能亢进（PDH）是自发性肾上腺皮质机能亢进最常见的原因，约占 80%～85%。PDH 常由垂体肿瘤合成和分泌过多 ACTH 而导致双侧肾上腺皮质继发性增生而引起，超过 90%的 PDH 由肿瘤引起，组织学检查表明垂体远侧部分的腺瘤最为常见，垂体中间部腺瘤次之

(20%)，功能性垂体瘤少见。约50% PDH患犬的垂体瘤小于3mm，而其余的多数犬，特别是无中枢神经症状的犬确诊为PDH时，肿瘤直径为3～10mm。少数犬（约10%～20%）确诊为PDH时存在大垂体瘤（即肿瘤直径超过10mm）。对于PDH患犬，皮质醇抑制ACTH分泌的正常负反馈机制被破坏，因此出现过量的ACTH和皮质醇。

肾上腺皮质肿瘤（AT）占自发性肾上腺皮质机能亢进的15%～20%，腺瘤和腺癌的发病率相同。腹部超声可见腺癌比腺瘤大，双侧ATs罕见于犬。ATs是自发性和功能性的，在不受ACTH刺激的情况下，自发性分泌皮质醇，抑制下丘脑促肾上腺皮质激素释放激素（CRH）的分泌，并降低ACTH浓度，从而引起无病变侧肾上腺萎缩。

医源性肾上腺皮质机能亢进是由于过量使用糖皮质激素而引起的。长期过量使用糖皮质激素会抑制CRH和ACTH的分泌，从而引起双侧肾上腺萎缩。此时，患病动物的临床特征符合肾上腺皮质机能亢进，ACTH刺激试验结果却与自发性肾上腺皮质机能减退相吻合。

【临床症状】

该病常见于6岁以上的老龄犬。没有明显的性别倾向性。所有品种均可发病，贵宾犬、腊肠犬、各种㹴类犬和拳师犬更易发生PDH。PDH常见于小型犬，75%PDH患犬体重小于20kg，而50%患肾上腺皮质肿瘤的犬体重大于20kg。最常见的临床症状是多饮、多尿、多食、腹部扩张、内分泌性脱毛、轻度肌肉无力、喘和嗜睡［见彩图版图4-9-2］。90%以上的患犬会出现多饮多尿的临床症状。大多数患犬容易出现尿道感染。近5%患犬会出现糖尿病，因为肾上腺皮质机能亢进会引起严重的胰岛素抵抗。垂体瘤扩张进入下丘脑和丘脑，会导致PDH患犬出现神经症状，最常见的神经症状是呆滞、无精打采。肺血栓栓塞是一种罕见的并发症，可引起中度到重度的呼吸窘迫。

【诊断】

对于疑似病例，应进行血常规检查、生化检查、尿液检查和尿液细菌培养、腹部X线检查和超声检查，以排除其他病因。常见的临床病理学变化包括ALP（95%）和胆固醇（75%）升高。约85%患犬的ALP超过150 IU/L，ALP超过1 000 IU/L很常见。但是许多因素均可引起ALP升高，所以需进行鉴别诊断。ALP是肾上腺皮质机能亢进的一个敏感指标，当血清中无ALP时，可排除肾上腺皮质机能亢进。在不限水的情况下，患犬尿的相对密度一般小于1.015。当怀疑肾上腺皮质机能亢进时，无论尿检结果如何，都应穿刺采集尿液做细菌培养和药敏试验。最重要也是较不常见的是X线片显示肾上腺区域存在软组织肿物或钙化，暗示存在肾上腺肿瘤。超声检查可用于查看腹腔内的任何异常情况，并可以评估肾上腺的大小和形态。对于确诊的肾上腺皮质机能亢进患犬，如果肾上腺大小正常，该犬极可能患有PDH。CT和MRI可用于评估肾上腺的大小和对称性，并用于检查垂体腺的粗腺瘤。

确诊肾上腺皮质机能亢进的试验包括ACTH刺激试验、低剂量地塞米松抑制试验、高剂量地塞米松抑制试验以及地塞米松抑制试验和ACTH刺激试验结合试验（V试验）。详见表4-9-8。

表4-9-8　评估犬垂体-肾上腺皮质轴的诊断试验

试验	目的	方案	结果（血样中可的松浓度）	解释
内源性ACTH	鉴别PDH和AT	早晨8点～10点间采集血浆，血样需特殊处理	＜10pg/mL	AT
			10～45pg/mL	无诊断意义
			＞45pg/mL	PDH
ACTH刺激试验	诊断库兴氏综合征	ACTH凝胶*：2.2 IU/kg 肌内注射，ACTH给予前和之后2h采集血浆；或合成的ACTH*：0.25mg/犬，肌内注射，ACTH给予前和之后1h采集血浆	ACTH刺激后可的松浓度：＞24μg/dL	强烈暗示存在†
			19～24μg/dL	暗示存在‡
			8～18μg/dL	正常
			＜8μg/dL	医源性库兴氏综合征

（续）

试验	目的	方案	结果（血样中可的松浓度）		解释
低剂量地塞米松抑制试验	诊断库兴氏综合征，并鉴别PDH和AT	地塞米松：0.01mg/kg 静脉注射，给药前和之后4h、8h采集血浆	给予地塞米松4h后	给予地塞米松8h后	
			—	＜1.4μg/dL	正常
			＜1.4μg/dL	＞1.4μg/dL	PDH
			＜50%给药前浓度	＞1.4μg/dL	PDH
			—	＞1.4μg/dL 且＜50%给药前浓度	PDH
			＞1.4μg/dL 且＞50%给药前浓度	＞1.4μg/dL	PDH 或 AT
地塞米松抑制试验和 ACTH 刺激试验结合试验	诊断库兴氏综合征	地塞米松：0.01mg/kg 静脉注射，给药前和给药后2h采集血浆；然后肌内注射ACTH凝胶2.2 IU/kg 或合成 ACTH0.25mg/犬，给药后1h和2h（ACTH凝胶）或30min和60min（合成ACTH）后采集血浆	注射ACTH凝胶1h后	注射ACTH凝胶2h后	
			＜1.5μg/dL	8～18μg/dL	正常
			＞1.5μg/dL	8～20μg/dL	暗示
			＞1.5μg/dL	＞20μg/dL	强烈暗示存在
			注射合成ACTH30min后	注射合成ACTH60min后	
			＜1.5μg/dL	＞20μg/dL	暗示存在
			＜1.5μg/dL	＜8μg/dL	医源性库兴氏综合征
高剂量地塞米松抑制试验	鉴别PDH和AT	地塞米松：0.1mg/kg 静脉注射，给药前和之后8h采集血浆	给予地塞米松后可的松浓度		
			＜50%给药前浓度		PDH
			＜1.4μg/dL		PDH
			≥50%给药前浓度		PDH 或 AT

PDH，垂体依赖性肾上腺皮质机能亢进；AT，肾上腺皮质肿瘤。

* ACTH凝胶：Cortigel，Savage实验室；合成ACTH：替可克肽，米安色林药物制剂。

†强烈暗示存在肾上腺皮质机能亢进。

‡暗示存在肾上腺皮质机能亢进。

【治疗和预后】

治疗用药主要有以下几种：

（1）米托坦 米托坦（o，p'-DDD）化疗是治疗 PDH 最常用的方法。米托坦治疗有两种方案：传统方法的目的是控制肾上腺皮质机能亢进状态而不引起肾上腺皮质机能减退；药物性肾上腺切除方法的目的是破坏肾上腺皮质，把肾上腺皮质机能亢进转换为肾上腺皮质机能减退。只有当传统方法无效或使用米托坦维持治疗数月或数年后无效时，才考虑药物性肾上腺切除方法。对于传统的方法，米托坦治疗分为两个期：诱导期和维持期。

诱导期，米托坦的剂量为 40～50mg/kg，分两次给予。对未出现多饮或并发糖尿病的患犬，米托坦的用量应减少至 25～35mg/kg。与脂肪性食物（或混合少量植物油）同时服时，可提高吸收率。开始诱导治疗时应给予一些泼尼松，以控制米托坦可能引起的副作用。治疗前，兽医应与主人进行详尽的沟通，主人应清楚动物的活动性、精神状态、需水量，如果动物出现嗜睡、食欲不佳、呕吐、需水量减少或其他主人认为不正常的情况，均应停用米托坦，并与兽医联系。维持期，为了防止临床症状复发，应定期使用米托坦治疗。一旦注射 ACTH 后出现肾上腺皮质机能减退反应，应开始维持治疗。米托坦的维持量是基于每周的剂量来计算的，一般初始情况下每周米托坦维持剂量是 50mg/kg。当每周的量分成几次并于几天内服用时，可减少副作用。这是一个暂时的初始剂量，然后应根据 ACTH 刺激试验结果调整用量。维持治疗的目的是维持 ACTH 刺激试验的血浆可的松浓度介于 2～5μg/dL 间。一旦 ACTH 刺激试验的血浆可的松浓度稳定于 2～5μg/dL，除非复发肾上腺皮质机能亢进临床症状或出现肾上腺皮质机能减退的症状，ACTH 刺激试验可在 3～6 月后复检一次。过量使用米托坦会引起肾上腺皮质机能减退的临床症状，包括虚弱、嗜睡、厌食、呕吐和腹泻。

（2）曲洛司坦　曲洛司坦是3-β羟类固醇脱氢酶的竞争性抑制剂，它在肾上腺内调节孕烯醇酮转化为黄体酮，其作用是抑制可的松的生成。曲洛司坦是目前治疗肾上腺皮质机能亢进最有效的药物，可有效地控制临床症状超过1年，可选择用于治疗PDH患犬，特别是由于米托坦治疗无效或对药物敏感而不能用米托坦治疗的犬。体重为小于5、5～20、20～40和40～60kg犬的曲洛司坦推荐剂量分别为30、60、120和180mg，每天1次，口服。应根据需要调整曲洛司坦的用量和用药频率，直到临床症状得到有效控制。一旦控制了肾上腺皮质机能亢进，ACTH刺激试验应每3～4月复检一次。副作用不常见，包括嗜睡、呕吐和肾上腺皮质机能减退引起的电解质变化。

（3）酮康唑　酮康唑能可逆地抑制肾上腺类固醇合成。初始剂量是5mg/kg，每天2次，连用7d。如果未见食欲减退或黄疸，剂量可增至10mg/kg，每天2次，连用14d。经过10～14d高剂量治疗后，进行ACTH试验确定是否需要增加剂量，试验期间不停止给药。副作用主要是出现肾上腺皮质机能减退。

（4）L-司来吉兰　L-司来吉兰可通过抑制多巴胺代谢，增加下丘脑和垂体的多巴胺浓度而达到抑制CRH和ACTH分泌的效果。目前L-司来吉兰的推荐剂量是1mg/kg，每天4次，如果治疗2个月后仍无效果，增加至2mg/kg，每天4次。

（5）肾上腺切除术　除非术前评估时发现肿瘤转移，由于并发疾病（如心力衰竭）或肾上腺皮质机能亢进造成机体虚弱，以致麻醉风险增大；或全身性高血压、尿蛋白/肌酐比增加或血清抗凝血酶Ⅲ浓度减少，增加了术中出现血栓的可能性，否则肾上腺切除术可成为肾上腺肿瘤治疗的选择方案。肾上腺切除术成功的可能性很低，且肿瘤越大，手术期间出现并发症的可能性越大。术后应密切监测血清电解质浓度。术后24～48h，30％～40％的犬出现血清钠浓度小于138mmol/L或血清钾高于5.5mmol/L。如果电解质紊乱持续存在48h以上或变得更加严重时，推荐用盐皮质激素治疗。

（6）放射疗法　对于引起PDH的肿瘤，可用放射疗法减小肿瘤的体积并减轻或缓解垂体大肿瘤引起的神经症状。放射治疗的主要方式是钴60光子放射或线性加速光子放射。除放射治疗外，通常仍需要用米托坦或其他药物治疗。

【预后】

患肾上腺皮质腺瘤和未转移的肾上腺皮质腺癌患犬（不常见）的预后良好，而腺癌转移的患犬则预后不良。虽然临床症状可通过药物控制，但最终会死于肿瘤和肾上腺皮质机能亢进引发的各种并发症。PDH患犬的预后部分取决于犬的年龄、体况以及主人对治疗的配合程度，平均存活时间约为30个月。

二、猫肾上腺皮质机能亢进（Hyperadrenocorticism in cats）

【病因】

猫肾上腺皮质机能亢进并不常见，可分为垂体依赖性（PDH）和肾上腺皮质依赖性（ATs），医源性肾上腺皮质机能亢进不常见。猫肾上腺皮质机能亢进的许多临床特征与犬相似，但也有一些显著差异。最明显的是与糖尿病关系密切，渐进性体重下降引起恶病质，表皮真皮萎缩引起皮肤脆弱、变薄，容易出现外伤或溃疡（即猫脆皮综合征）。确诊非常困难，有效的治疗方法有待研究。约80％肾上腺皮质机能亢进患猫为PDH；约20％为AT，腺癌和腺瘤的发病率相同。

【临床症状】

肾上腺皮质机能亢进常见于老龄（平均年龄为10岁）杂种猫。肾上腺皮质机能亢进和糖尿病的关系十分密切。患猫最常出现的临床症状更可能是由糖尿病引起的。如果糖尿病患猫的血糖水平不易控制，应考虑可引起严重胰岛素抵抗的肾上腺皮质机能亢进。

【诊断】

犬肾上腺皮质机能亢进典型的临床病理学异常在猫不常见。猫最常见的异常是高血糖、糖尿、高胆固醇血症和ALT活性轻度升高，这些变化更常用来解释糖尿病。犬肾上腺皮质机能亢进引起的尿液异常（蛋白尿、脓尿、细菌尿）在猫肾上腺皮质机能亢进中都不常见。腹部超声检查、CT和MRI可用来评判是否存在肾上腺肿大和巨腺瘤。

ACTH试验对猫不敏感。常用的检测试验包括尿液可的松/肌酐比、地塞米松抑制试验和腹部超声检查。尿液可的松/肌酐比升高本身不能确诊该病，但支持进行地塞米松抑制试验。当评估猫垂体-肾上腺皮质轴时，通常仅做地塞米松抑制试验（地塞米松：0.1mg/kg，静脉注射，并采集注射地塞米松前和注射后4、6和8h的血样）。注射地塞米松8h后的血浆可的松浓度值小于1.0μg/dL表明垂体-肾上腺皮质轴正常，值为1.0～1.4μg/dL时无诊断意义，当值高于1.4μg/dL时，支持肾上腺皮质机能亢进的诊断。地塞米松抑制试验的结果决不能单独用作确诊猫肾上腺皮质机能亢进的依据。最终确诊需要兽医根据临床症状、体格检查和其他诊断试验结果决定。

【治疗和预后】

猫的肾上腺皮质机能亢进难以治疗。肾上腺切除术可用于肾上腺肿瘤的治疗。目前仍无治疗猫PDH的可靠内科疗法。确诊猫肾上腺皮质机能亢进后，应开始采取治疗，但PDH最好的治疗方法是双侧肾上腺切除术。双侧肾上腺切除后，应使用糖皮质激素和盐皮质激素治疗肾上腺皮质机能减退。一旦肾上腺皮质机能亢进得到纠正，约50%患猫可停止胰岛素治疗，其余猫使用较小剂量的胰岛素即可很好地控制病情。

本病的预后慎重至不良。

三、肾上腺皮质机能减退（Hypoadrenocorticism）

【病因】

肾上腺皮质机能减退，又称阿狄森综合征，指原发性或继发性肾上腺皮质机能不全。原发性肾上腺皮质机能减退最常见，主要由糖皮质激素和盐皮质激素分泌不足引起。肾上腺皮质至少破坏90%才会出现临床症状。因为本病的原因不明确，通常认为是特发性的。有人认为免疫介导性肾上腺炎是多数肾上腺皮质机能减退患犬最常见的原因。肾上腺的免疫介导性破坏也可能与其他免疫介导性疾病（如甲状腺机能减退、糖尿病和甲状旁腺机能减退）并发。肿瘤（如淋巴瘤）、肉芽肿疾病或动脉血栓引起的双侧肾上腺皮质破坏也可导致原发性肾上腺皮质机能不全。药物（如米托坦和曲洛司坦）也可引起原发性的肾上腺皮质机能减退。继发性肾上腺皮质机能减退主要是糖皮质激素分泌不足引起，此种情况少见。一般是由炎症、创伤或肿瘤导致的下丘脑或垂体损伤导致ACTH分泌减少而引起的。猫肾上腺皮质机能减退罕见。

【临床症状】

本病常见于青年至中年犬（2月至12岁），平均发病年龄为4岁。在标准贵宾犬和葡萄牙水猎犬，该病呈常染色体隐形遗传。母犬发病率较高，70%发病犬为雌性。常见的临床症状和体格检查异常是由糖皮质激素和盐皮质激素同时缺乏或糖皮质激素缺乏引起的。最常见的临床表现包括嗜睡、厌食、呕吐和体重下降。还可见脱水、心动过缓、股部脉搏微弱和腹痛。如果低钠血症和高钾血症很严重，引起低血容量、肾前性氮质血症和心律不齐，可能会出现阿狄森危象。严重情况下，动物可能会出现休克。

【诊断】

高钾血症、低钠血症和低氯血症是肾上腺机能减退动物典型的电解质变化，可能也是最终考虑肾上腺皮质机能减退最重要的线索。血清钠浓度可降低至105mmol/L（平均为128mmol/L），血清钾浓度升高至10mmol/L（平均为7.2mmol/L）。钠/钾正常比值为27∶1～40∶1。在原发性肾上腺皮质机能减退时，比值常低于27，且可能低于20，这个比值可作为发现肾上腺皮质机能减退的诊断工具，但是可导致钠钾比降低的疾病还包括肾脏和泌尿道疾病、胃肠道疾病及心脏呼吸道疾病。应根据病史、体格检查、血常规检查、生化检查和尿液检查进行鉴别诊断。最具挑战性的鉴别诊断是急性肾功能衰竭和原发性肾上腺皮质机能减退。可通过尿比重区别，肾上腺皮质机能减退常引起肾前性氮质血症，此时尿比重一般高于1.030。但是由于长期尿钠丢失、肾髓质钠含量下降、正常髓质浓度梯度降低以及肾集合管重吸收水分功能受损，许多肾上腺皮质机能减退的犬、猫尿液浓缩能力异常，导致尿比重处于等渗范围内。临床症状轻微的肾上腺皮质机能减退和急性肾功能衰竭的动物初始治疗方法类似。心电图检查可见高钾血症引起的特征性变化。腹部超声波检查可能发现肾上腺变小（即最大宽度不足 0.3cm），表明肾上腺皮质萎缩。

肾上腺皮质机能减退的确诊必须进行 ACTH 刺激试验，ACTH 刺激后血浆可的松浓度降低（即 ACTH 刺激后血浆可的松浓度＜ 2μg/dL），即认为存在肾上腺皮质机能减退；ACTH 刺激后血浆可的松浓度正常（即＞ 5μg/dL）可排除肾上腺皮质机能减退；ACTH 刺激后血浆可的松浓度介于 2～5μg/dL，无诊断意义。但 ACTH 刺激试验并不能区别原发性和继发性肾上腺皮质机能减退。不过，同时存在血清电解质浓度出现异常时，表明是原发性肾上腺皮质机能减退，此时需要使用盐皮质激素和糖皮质激素进行治疗。血清电解质浓度正常不能鉴别早期原发性和继发性肾上腺皮质机能减退。如果出现继发性肾上腺皮质机能减退，只需要补充糖皮质激素。

【治疗和预后】

在动物出现不同程度的阿狄森现象时，需要给予积极快速的治疗。治疗重点在于纠正低血压和低血容量，纠正酸中毒和电解质紊乱，纠正低血糖和贫血。生理盐水是静脉输液的首选，因为它有利于纠正低血容量、低钠血症和低氯血症。高钾血症也可通过单纯的稀释和改善肾灌注量而缓解。液体治疗是首要选择，但也需要使用糖皮质激素和盐皮质激素进行长期治疗。治疗的同时应先做 ACTH 刺激试验，因为用于治疗的药物可干扰可的松的检测结果。

一旦确诊为肾上腺皮质机能减退后，均应补充糖皮质激素，泼尼松龙是较好的选择，初始剂量为 0.1～0.2mg/kg，然后逐步减量至可控制临床症状的最低剂量。约 50％用醋酸氟氢可的松治疗的患犬最终不需要用糖皮质激素治疗，应激时除外（如乘坐交通工具）。盐皮质激素缺乏时应给予醋酸氟氢可的松或特戊酸脱氧皮质酮（DOCP）。DOCP 初始剂量是 2.2mg/kg，皮下/皮内或肌内注射，每隔 25d 使用 1 次。在 12d 和 25d 时检测电解质浓度，并根据结果调整用药剂量。DOCP 对恢复血清电解质浓度十分有效，且无类似于醋酸氟氢可的松的副作用。醋酸氟氢可的松是另一种常用的补充盐皮质激素的药物，初始用药剂量是 0.02mg/（kg·d），分两次口服。在一些犬，可能会出现多饮多尿等肾上腺皮质机能亢进的临床症状，可能是由于醋酸氟氢可的松的内源性糖皮质激素作用引起的。在这些犬，应考虑使用 DOCP。由于一些继发性肾上腺皮质机能减退的犬猫会最终出现原发性肾上腺皮质机能减退，故建议周期性监测血清电解质浓度。

犬猫肾上腺皮质机能减退通常预后良好，但也取决于主人的配合度。

第十章 生殖系统疾病
Diseases of the Reproductive System

第一节　犬的繁殖管理和人工授精
Breeding Management of the Healthy Dog and Artificial Insemination

一、母犬的繁殖管理

（一）发情与发情周期

健康母犬通常在6～18月龄时到达初情期，品种之间差异很大，体格小的犬比体格大的犬初情期早。犬是非季节性、单次发情、多胎和自发排卵动物。犬一年可发情1～3次。大部分犬一年发情两次，野犬、狼犬以及某些大型品种犬一年发情1次。母犬的每一个发情周期可持续大约3个月左右，之后进入乏情期。乏情期持续时间差异极大，通常从上一发情周期到下一发情周期开始的间隔时间大约为4～12个月，平均为7个月。母犬8岁之后，发情周期的持续时间和频率逐渐减少，发情间隔时间延长，繁殖功能逐渐减退，继而停止发情，进入绝情期。

犬的发情周期分为发情前期、发情期和间情期（后情期）。发情前期（proestrus）为母犬从阴门排血样分泌物至开始接受公犬爬跨交配的时期，持续3～17d，平均为9d。发情期（estrus）为母犬接受爬跨交配的时期，持续3～21d，平均为9d。母犬发情开始后，出现LH释放波，并在LH释放波峰值出现36～48h后排卵。犬所排出的卵是初级卵母细胞，经过2～3d才完成第一次减数分裂，具有受精能力。间情期（diestrus）或后情期（metestrus）开始于母犬不再接受公犬，为母犬发情结束至生殖器官恢复正常为止的一段时间。母犬的间情期较长，平均持续时间大约为70d，即血清孕酮浓度开始下降到小于或等于3nmol/L（1nmol/L = 0.315 ng/mL）。此外，母犬发情周期还可根据卵巢功能分为卵泡期、黄体期和乏情期。

卵巢中三级卵泡产生17β-雌二醇，血浆17β-雌二醇浓度在卵泡期逐渐升高，直至一个平台期或在排卵前LH波开始前急剧升高。在LH波前约1～2d，17β-雌二醇浓度峰值大约在300～350pmol/L。血浆FSH的浓度在卵泡期开始时相对高，与乏情期晚期水平相当，在卵泡期过程中逐渐降低至基础水平，而卵泡期血浆LH基础浓度高于乏情期。血浆孕酮浓度最开始保持在低水平，但是由于颗粒细胞部分黄体化，在卵泡期的后半期会有波动和升高。

使用腹腔镜检查，由于卵巢囊的限制，卵巢上的卵泡并未明显突出。此外，一直到发情前期的中期阶段，卵泡发育一直表现为清晰的灰色区域，但和卵巢表面并不能清楚的区分（即没有突出卵巢表面）。这些区域逐渐发展为可以辨别的、充满液体的囊性小泡并突出于卵巢表面。

在卵泡期，卵泡分泌雌激素，促使子宫黏膜血管增生，黏膜增厚；子宫颈逐渐松弛，阴道黏膜增厚，子宫颈及阴道杯状细胞和子宫腺分泌黏液增多。阴道镜检查可见阴道黏膜肿胀。雌二醇浓度升高导致阴道黏膜肿胀，在尿道口头端折叠覆盖。卵泡期结束时，也就是在血清中雌二醇浓度降低而孕酮浓度升高时，阴道黏膜出现皱缩。

阴道涂片显示表皮细胞比例增高，副基底细胞和中间细胞的比例降低。红细胞数量多，白细胞在卵泡期早期可见，但随着角化程度的增高而消失。然而，需要注意的是，虽然阴道细胞学检查对发情鉴定有指导意义，但阴道涂片并不能确定排卵时间。

发情前期的犬卵泡出现部分黄体化，在LH排卵峰值期间出现快速而广泛的黄体化。排卵前LH波平均持续36h，开始于雌二醇浓度的平台期或急剧升高期。在LH波后，雌二醇浓度降低到大约35pmol/L的基础水平。

犬排卵时排出的初级卵母细胞经2～3d才释放第一极体，完成第一次减数分裂，在此之后才具有受精能力。现在已经证明犬受精都发生在排卵后90h的卵母细胞MII期。血中孕酮浓度在LH峰值时是6～14nmol/L，孕酮浓度达15～25nmol/L时，开始排卵。大多数母犬在LH释放波峰值出现36～48h或48～60h后开始排卵。发情行为往往与排卵前的LH波同步，但是有些母犬会在排卵前的LH波出现前或后开始表现发情行为。卵泡期中期阴道黏膜开始皱缩，持续整个排卵前黄体期和排卵期，此时可观察到大量纵形褶皱。

犬血中孕酮来源于发情期晚期和进入间情期时增长的黄体。因此在孕酮浓度上升时可见犬的发情行为变化。LH波之后升高的孕酮浓度会保持相对稳定10～30d，之后未怀孕的母犬孕酮浓度会缓慢降低到3nmol/L的基础浓度。

黄体期初期，开始由发情期向间情期转变。在这个时期，阴道细胞学检查显示从最初的表皮细胞转变为主要是中间细胞、副基底细胞和白细胞。这种变化表明受孕期已经结束。在卵母细胞成熟期间，阴道黏膜持续收缩，轮廓纹理清晰可见。在发情期到间情期转变期间，黏膜变薄，轮廓变圆。在间情期开始时，黏膜可见红白相间的拼接区域。

影响犬黄体开始退化的因素至今未知。跟牛羊不同，犬子宫内膜分泌的PGF2a并非是引起黄体退化的因素，因为子宫切除后黄体持续时间并未受到影响。在黄体期的后半期，催乳素可能是黄体化的因素。在黄体期的前半期，黄体功能的维持依赖于垂体的支持。因此，催乳素分泌的抑制导致孕酮分泌的急剧减少。LH浓度除了在后半期有轻微的升高外，在黄体期几乎没有变化。

（二）乏情期（Anestrus）

乏情期为母犬生殖器官处于静止状态的时期，其开始取决于采用何种标准定义黄体期的结束。例如，血中孕酮开始低于3nmol/L或孕酮对子宫内膜影响不明显的时候。无论哪种情况，黄体期到乏情期的转变是渐进的，并且存在个体差异。从乏情期到卵泡期的转变可在一年中的任意时间发生，而且这种转变似乎不受季节影响。不同品种和种系可造成平均发情间隔期的差异。例如柯利犬的间隔期为36周，德国牧羊犬是20～22周。然而，有些品种比如巴辛吉犬和藏獒一年只有一个发情周期，这可能与光周期有关。环境因素也可以影响发情间隔期。乏情期的母犬和发情期的母犬养在一起几周即可表现发情前期征兆。此外，圈养在一起的母犬常常同时发情。

下丘脑分泌的多次大幅度GnRH脉冲是辨别乏情期早晚过程的标志。从乏情期早期到晚期，垂体对GnRH的敏感性增强，卵巢对促性腺激素的反应增强。此外，基础FSH浓度升高可作为卵泡生成的鉴定项目。在发情前期开始前，可检查到LH脉冲。犬乏情期，下丘脑中编码雌激素受体mRNA增长，P450芳香化酶基因也有所表达，此酶催化雌激素的生物合成。虽然偶见升高，但血浆雌二醇浓度很低且直到乏情期末才开始升高。

除了下丘脑-垂体-卵巢轴的变化，在新的卵泡期初期，卵泡期的开始与多巴胺能有关。使用多巴胺激动剂溴隐亭和卡麦角林能够降低催乳素浓度，且缩短了母犬的乏情期。这表明抑制催乳素分泌可导致乏情期缩短，因为催乳素可抑制促性腺激素的释放。然而，使用低剂量的甲麦角林，通过抗血管收缩素通路可引起血中催乳素浓度降低，但并未使犬乏情期缩短。这些母犬的LH和FSH情况和生理性的乏情期相同，但与用多巴胺激动剂处理过的乏情期缩短的犬不同。这表明在向新的卵泡期的过渡中，与催乳素浓度的降低相比，多巴胺激动剂是影响新卵泡期开始的关键因素。使用不引起催乳素浓度降低的低剂量溴隐亭可引起比预期更早的卵泡期来临。此外，在生理情况下，低催乳素浓度在乏情期可见，而且在乏情期到卵泡期的过渡过程中没有明显变化。溴隐亭引起的乏情期缩短与 FSH 基础浓度急剧上升有关，而 FSH 基础浓度急剧上升未伴随有 LH 基础浓度上升。这再次说明了母犬在繁殖周期中 FSH 浓度是评估卵巢卵泡生成的关键指标。

母犬初次发情年龄以及发情间隔非常重要。但大多数母犬第一次发情时繁殖功能都尚未成熟。初情期的母犬可能出现阴门肿大、有血性分泌物，LH、雌激素和孕酮分泌不规律，不接受交配等特点。一般认为 18 个月龄尚未发情的母犬是原发性的乏情，主要原因是雌雄同体或假性雌雄同体。如果母犬已经表现发情，超过 12 个月的发情间隔或者个别母犬有两倍于平时的发情间隔，都可认为是发情间隔时间延长。

乏情期延长的一个原因是甲状腺机能减退。然而，必须注意到有研究表明，甲状腺功能低下会引起发情前期延长或缩短或者发情征兆不明显而不是导致乏情期延长。孕激素和糖皮质激素也可以导致乏情。糖皮质激素可能会降低循环的促性腺激素。8 岁以上的母犬，繁殖周期的时间和频率变得更不规律，发情间隔时间会延长。如果母犬出现了安静发情，或者主人没有观察到发情，就有可能发生乏情期延长。发情间隔时间缩短（间隔少于 4 个月）可能是由于断续发情或者持续发情。

发情期延长也需要注意，发情前期和发情期的平均持续时间一般是各 9d。发情前期开始后 25d 内没有排卵可视为持续发情。这种情况下孕酮浓度会低于 16nmol/L，而母犬表现发情，如有血性分泌物、发情行为，以及阴道内窥镜观察阴道黏膜水肿和/或阴道涂片中表皮细胞的比例增高。持续发情可由卵巢肿瘤和卵巢囊肿引起。

（三）调查母犬与繁育相关的既往史

准备进行交配的母犬必须了解其既往病史，尤其是繁殖史等，这些资料包括年龄、配种或输精情况、犬的妊娠和分娩情况，胎次以及产崽数量。交配不成功其中一个原因可能是公犬和/或母犬没有经验或者行为问题。此外，解剖结构异常也会导致正常的交配受阻。母犬阴道狭窄、阴道内液体潴留和阴道增生等是临床上导致交配受阻的常见原因。

（四）母犬的发情检查

繁殖管理开始于一般健康检查以及随后的产科检查。在第一步检查的产科学检查部分，重点在阴道和子宫检查。从发情前期后 5～6d 开始，以下项目应隔日做一次检查：阴门大小和肿胀，阴道排出的分泌物量和颜色，以及阴道镜检查和阴道细胞学检查。另外，应要求主人观察和发情有关的行为变化。发情行为的开始通常和排卵前的 LH 波同步，但是第一次出现发情行为常常在 LH 波前后几天或者无法察觉，需要反复的检查来判断发情周期进程是否正常。

阴道镜检查和细胞学检查如果和预期的周期阶段不一致，母犬可能患有繁殖疾病。例如，断续发情在青年母犬和老龄母犬都很常见。断续发情的病例，几天或几周后再重新开始。阴道分泌物从红色变成棕色，阴道涂片显示中间细胞，副基底细胞和白细胞，阴道黏膜褶皱的肿胀减轻。这可能是因为卵巢比预期更早地回归到卵泡期，一般返情后都会排卵，不需要治疗，但是排卵检测对于决定交配时间是必要的。

确定排卵期应做相应的临床检查，必须描述有关阴门肿胀、阴道分泌物、阴道镜检查和阴道细胞学检查的数据。由于卵泡期持续时间不同，如果按照设定的发情周期时间（例如，发情前期流血开始后的 11～13d）配种可能会导致配种失败。虽然和发情行为一致的配种成功率会高一些，但是对有的母犬而言，还是会出现早配或者晚配。目前，已应用于临床检测排卵的方法有阴道细胞学、血清孕酮水平测定以及阴道镜检查。

孕酮浓度检查需要配合其他检查隔日检查一次。在卵泡期的开始阶段，阴道细胞学检查和阴道镜检查发现两次孕酮检查之间的时间可能比卵泡期发展阶段长一些。用 ELISA（酶联免疫）方法检测血清孕酮浓度在中间梯度（孕酮浓度大于 3nmol/L 小于 16nmol/L）时不如 RIA（放免分析）法准确。因此 RIA 法是优先选择的孕酮测定方法。当使用冷冻精液时，精子寿命比在新鲜精液中短，尤其建议使用 RIA 法判断排卵时间，并结合阴道细胞学检查和阴道镜检查确定人工授精时间。

母犬发情开始后，在排卵前出现 LH 释放波，并且血浆孕酮浓度上升缓慢，而在排卵时血浆孕酮浓度上升迅速。排卵前 LH 波峰值出现时，血浆孕酮浓度从低于 3nmol/L 增加到 6nmol/L，在血浆孕酮浓度达 15～25nmol/L 时开始排卵。多数母犬在 LH 释放波峰值出现 36～48h 或 48～60h 后排卵。通常血浆孕酮浓度从基础水平（≤3nmol/L）升高之日计为 0d，受孕高峰在 4～6d。研究表明，用快速 RIA 法测定孕酮浓度确定配种时间，结果使具有正常生育力的 112 只母犬中有 105 只犬（94%）出现妊娠。

排卵前的 LH 波检测同样可以作为评估排卵时间的参数。兽医临床有 LH 的 ELISA 试剂盒可供使用。但是，由于有遗漏排卵前 LH 波的风险，需要更频繁的采集血液样本检测。此外，更重要的是伴随 LH 波孕酮浓度开始升高之后，经一定的时间间隔，有可能会随着排卵，孕酮浓度急剧升高，黄体进一步黄体化。然而，此间隔时间长短不同，孕酮浓度会在 3～4d 内持续保持在同一水平。孕酮浓度急剧上升或保持稳定的持续时间差异可能反映了排卵前 LH 波和排卵时间间隔的差异。这说明排卵前 LH 波的测定对排卵时间的确定并不十分可靠。因此孕酮浓度的急剧升高比排卵前 LH 波的检测更为可靠。

阴道镜检查也可用于评估排卵时间。然而，阴道黏膜的变化受激素影响。此外，对阴道黏膜变化的判读是主观的。因此阴道镜检查没有激素水平检测可靠，但对于经验丰富的兽医，阴道镜检查是检测发情周期各阶段的有效工具，尤其在检查卵泡期早期及其发展。基于阴道镜检查的配种建议应间隔 48h，最少交配两次。阴道细胞学检查对诊断卵泡期早期、发情前期的进程或者间情期是有效的临床诊断方法。然而，阴道细胞学检查在测定排卵前期 LH 波或排卵时不可靠。最后，超声波可用于排卵检查，但是因为排卵前的卵泡和排卵后的黄体都有空腔，必须要经验丰富的人员和非常好的设备，一天检查两次。这种方法与检测血清孕酮浓度相比缺乏临床实用性。

综上所述，目前兽医临床主要通过观察发情行为变化和阴门松软程度、测定血中 LH 和孕酮浓度、应用阴道细胞学检查、阴道镜检查或卵巢超声检查等方法，进行发情鉴定并判断排卵时间，从而制定配种计划。在生产实践中，犬进入发情前期后，每隔 1～2d 做一次阴道细胞学检查，当细胞角化达到 50%～70%时，应每 1～2d 检测孕酮。进入孕酮监测程序后，根据发情表现同时应用几种检测方法判断排卵时间并制定配种计划（表 4-10-1）。

表 4-10-1 健康母犬发情鉴定及繁殖管理

孕酮(ng/mL)	阴道分泌物	外阴变化	阴道黏膜(内窥镜检查)	阴道细胞学					建议
				副基细胞	中间细胞	角化细胞	白细胞	红细胞	
＜2	棕色	未肿胀	未肿胀	+++	++	+	+	+/+++	发情前期，临床常规检查
	棕色	肿胀	肿胀	+	++	+++	+	+/+++	卵泡期早期，每 2d 检测孕酮
2～5	红色	轻微肿胀	肿胀	−	+	++++	−	+/+++	排卵前 LH 波期，预期可在 3～4d 后配种，建议 2d 后再测孕酮
＜5	红色持续 25d 以上	肿胀	肿胀有或未有皱缩	−	+	++++	−/+	+/+++	持续发情，建议超声检查（卵巢肿瘤？卵巢囊肿？）
5～12	红色或淡粉色，量减少	肿胀减轻	继续皱缩	−	+	++++	−	−/+	排卵和卵子成熟期，建议在 1～2d 后配种
＞12	红色或淡粉色，量减少	肿胀减轻	继续皱缩	−	+	++++	−	−	建议立即配种
	棕色	肿胀减轻	皱缩	+	+++	+	−/+	−	已经错过配种时期

（五）其他附加检查

对于有繁殖问题的母犬，可做阴道细菌培养。巴氏杆菌、β溶血链球菌以及大肠杆菌混合的细菌菌落在犬阴道培养物中常见。对 4 个饲养场的 59 只不同阶段以及妊娠犬做的需氧菌检查中（所有犬都至少分娩过一次），只有 5%的细菌培养是阴性。虽然大多数是混合菌落，但也有 18%是单一菌落，这些需氧菌菌落由普通条件性病原组成。只需在细菌很多（每个细菌培养板上超过 100 个菌落）或仅有一种细菌，怀疑患有生殖道炎症的时候采取治疗措施。治疗可以是全身或局部应用抗生素，但是局部用药会破坏阴道内环境且常导致精子死亡。因此，在配种前不建议应用阴道内局部治疗。

繁育管理计划中，妊娠诊断非常重要。犬妊娠期从有效交配之日算起是 56～72d，平均为 63d。更精确的犬妊娠期自排卵前 LH 波出现之日算起是（65±1）d，排卵当天算起是（63±1）d，受精之时算起是（60±1）d。犬在配种后 26～32d 可通过腹部触诊和超声检查确定妊娠。某些品种的母犬，由于肌肉保护作用和品种差异可能会不易检查。如果检查为阴性，应该重复进行。如果检查为阴性且发现大小不同或游离性强的囊泡，或者只有一或两个妊娠囊泡，表明母犬妊娠时间可能会延长或有胎儿被吸收的可能，这些风险需要告知主人。

二、犬的精液收集与分析

犬的精液收集与分析主要适用于对犬不育的诊断和繁殖育种，包括精液冷冻保存和人工授精，对育种的评估有极为重要的作用。成功的精液收集除了需要公犬有良好的性功能外，还需要采取适当的采精方法。

（一）前期准备

1. 犬的准备 首先采精需要在安静的环境进行，干扰过多会使公犬紧张而影响射精。其次，现场最好有一只处于发情期并与公犬体型相似的母犬进行诱情，因为增强公犬的性欲可以明显增加射精量和提高精液品质；也可用母犬的发情期阴道分泌物进行诱情，即将其收集到棉拭子上冷冻，使用时是再将棉拭子放入 2～3mL 温水中；或用化学物质刺激发情，如对羟基苯甲酸甲酯，但效果不如发情期阴道分泌物好。在采精前让公犬充分排尿，降低尿液对精液的污染。采精前最好经过一段休息期，从而保证精液品质，一般两次采精间隔 5～7d，但是间隔时间不易太久，超过 2 周则精液品质也会有所下降。

2. 设备的准备 首先接触精液的设备需要彻底的清洗和消毒，而且必须保证清洗液和消毒剂彻底清除干净，因为他们对精子有杀灭作用。一般来说，假阴道、采精管和离心管应先置于开水中浸泡 20min，重复 2～3 次，然后用温和的清洗剂冲洗后用蒸馏水冲洗 3 次；当然也可选用一次性的假阴道、采精管和离心管。其次，采集精液的设备应放置在室温或室温以上的环境中，以减少低温对精子的伤害和对公犬阴茎的不良刺激。同时，假阴道不能使用润滑剂，因为润滑剂大多有杀灭精子的作用。

（二）采集精液

1. 阴茎套入假阴道 让公犬爬跨母犬，当阴茎开始勃起时，采精人员从尿道球腺后向后推包皮，将假阴道套到阴茎上。用食指和拇指在尿道球腺后环套住，温和地抓住球腺，滑动连有集精杯的假阴道，保持一种温和而连续的刺激。如果公犬达到一半勃起但包皮还未向后缩，则不能强行从增大的尿道球腺上向后推包皮，最好将公犬带离母犬，待其勃起消退；如果阴茎在包皮未退后时达到完全勃起，则一般会由于疼痛而无法完全射精；可以让公犬阴茎在它后腿之间向后形成 180°（类似于自然交配的“锁住”状态），以方便射精。

2. 采集精液 对射出的精液进行分段采集，以便对射精的各阶段问题进行更好的分析。犬射出的精液分三部分，许多犬在射出各段精液之间会有一段小停顿。①前精：由前列腺和尿道球膜产生，是公犬用力抽动时射出，为略带云雾的稀薄、清亮、透明液体，不含或含有少量精子；②富精：主要排射精子的阶段，是公犬在用力抽动结束时和插入完成时释放，呈乳白色、浑浊的浓厚液体，内含密度很高的精子；③前列腺液：由前列腺产生，成分同前精，呈清亮液体，内含胶冻样分泌物和少量精子，但占整个射出精液总量的大部分，主要增加射精体积和稀释精液，有助于精子的运输。精液的前列腺液和前精在体外可对精子的存活不利，有时采精后几分钟就可降低精子活力，这也是做好分段采精的原因，不过在体内时这种不利影响似乎不存在。分段采精时除了根据射精的停顿在进行分段外，还可以根据观察流入透明集精杯时精液的质地颜色进行判断，最好一人采精另一人更换集精杯。如果不方便采精时分段，可将采集到的精液进行 2 000g 离心 10～15min，但是离心可对精子造成损伤，需要用精液分离液进行保护。

3. 取下假阴道 抓住假阴道的套状部分慢慢从阴茎上取下假阴道，有时可涂抹润滑剂方便取下。在确定勃起完全消退、阴茎缩回包皮后才能将公犬放回。

（三）精液分析

1. 精液体积、颜色和 pH 检查 由于犬品种不同，其体积有很大的差别，正常情况下，前精为 0.5～10mL，富精为 0.25～3mL，前列腺液为 2～40mL。正常精液为白色的，并由于精子浓度的不同而呈现半透明或不透明；如果呈黄色，则有尿液污染，这对精子有毒性；如果呈红色，则表示有新鲜血液，多由于刺激高度肿胀的阴茎或生殖道炎症，但血液本身对精子无害；如呈棕红色，这表示有陈旧血液，大多来自前列腺；如果呈绿色，则表示有脓性分泌物和感染；如果精液清亮，则说明精液中精子浓度低，可能由于性欲低下未排出富精，也可能是公犬本身不育造成。对精液 pH 的检查主要针对富精或三部分精液的混合液，正常犬精液的 pH 为 6.3～7.0，前列腺液 pH 为 6.0～7.4。

2. 精子活力、数量和形态学检查 精子活力的检查主要是检测其直线运动的精子所占比例；将载玻片预热到 37℃，将精液滴在上面，盖上盖玻片，并注意排出里面的气泡，然后放在 10 倍物镜下观察；如果精液过浓，可以用 37℃的生理盐水进行 1∶1 稀释后观察；精子活力主要分四个级别：活力极好（精子光滑直线运动而且快）、活力好（精子接近直线运动且快）、活力一般（精子偏离线性运动但仍可前进），活力差（精子运动少或无直线运动，仅在原地抖动或盘旋）；正常精液标准是直线运动的精子百分比为 70%，而大多数健康公犬的精液中活力好和极好精子比例可达到 90%。精子数量由于品种差异而不同，每次射精的精子数为 2.0×10^{8}～2.3×10^{9} 个，一般而言大型犬的精子数更多，公犬输精管体积更大；精子计数主要用血细胞计数板或分光光度计进行计数，用血细胞计数板时，要事先在加热到室温或 37℃。精子的形态学检查主要是观察死亡精子比例和畸形精子；死亡精子检查常用伊红-苯胺黑染液（5%苯胺黑、0.6%伊红和 3%冰柠檬酸钠），染色后活精子头部不着色，死亡精子由于头部膜通透性改变而被伊红染成红色，背景颜色为苯胺黑，在随机视野中观察 200 个精子，计算死亡精子的比例；对精子畸形率的检查所用染液为威廉斯染液，染色后在 40 倍镜或油镜下检查 100 个精子；当形态正常的精子比例低于 60%时，则受精率下降；精子畸形包括精子头部缺陷、头部形态异常、双头精子，精子中含脂滴和变形，精子尾部缺陷、卷曲、断裂、变形等。

第二节 卵巢疾病

Diseases of the Ovaries

卵巢是雌性动物生殖细胞的产生场所，受垂体激素调节并分泌重要的生殖激素，从而调节动物的发情、妊娠、生产和哺育。卵巢组织病变或垂体的生殖调节激素紊乱时，会导致生殖细胞发育异常和卵巢激素分泌紊乱，从而使生殖机能受到破坏。常见的卵巢疾病有卵巢囊肿、卵巢功能早期衰退、卵巢残迹综合征和卵巢肿瘤等。

一、卵巢囊肿（Ovarian cysts）

卵巢囊肿（ovarian cysts）指卵巢上有包含液体或半固体物质的卵泡状结构却没有正常黄体结构的病理状态。卵巢囊肿通常分为卵泡囊肿和黄体囊肿。卵泡囊肿是由于未发育完全的卵泡上皮变性，卵母细胞死亡，卵泡液不能被吸收或增多而形成；黄体囊肿是由于未排卵的卵泡上皮黄体化形成，中间有空腔结构并可能充满液体。一般而言卵泡囊肿常见于青年犬，而黄体囊肿仅少见于老龄犬。

【病因】

卵巢囊肿病因尚不明确。目前认为卵巢囊肿的发生可能与以下因素有关。

（1）环境因素　如工业污染。

（2）饲养管理因素　食物中缺乏维生素 A 或者含有大量雌激素，注射外源性雌激素（干扰 LH 的正常释放）。

（3）遗传因素　某些品种犬的发病率较高。

（4）内分泌因素　可能与垂体前叶促性腺激素的分泌紊乱有关。由于 LH 和 FSH 协同引起排卵，当二者分泌异常时，如低浓度的孕酮降低了垂体对雌激素的敏感性时，无法出现 LH 峰，则卵泡无法排卵而持续存在于卵巢，卵泡上皮逐渐变性，卵母细胞坏死，卵泡液不能被吸收而形成囊肿。

【临床症状】

卵巢囊肿可导致雌激素和孕酮分泌异常，动物表现出发情异常。

（1）卵泡囊肿动物分泌雌激素，其血清雌激素含量升高（> 20pg/mL），引起动物表现发情行为。有些患犬表现持续发情（大于 3 周），表现外阴肿胀松弛，阴蒂增大，阴道的上皮黏膜明显变厚，并且从阴门流出血性分泌物，有母犬发情期典型的阴道上皮形态；对公犬产生兴趣或接受爬跨，表现无规律或长时间的发情行为。

（2）黄体囊肿动物则血清孕酮浓度升高，大多表现为乏情或间情期延长。由于雌激素和孕酮的长期作用，卵巢囊肿易导致子宫积脓。

大多数卵巢囊肿的病例，均无明显的临床症状；在做卵巢子宫切除时，可见卵巢表面出现苍白而光滑的水泡内含清亮水样液体（卵泡囊肿），或卵泡壁较厚，上皮黄体化（黄体囊肿）。卵巢囊肿通常是多个囊肿融合在一起，直径大小从 1～10cm 不等。

有些病例卵巢囊肿较大或较多时，可在腹部触摸到明显的团块。

【诊断】

应了解母犬的既往病史及其繁殖史，并进行临床检查。卵泡囊肿时腹部 X 线检查可见到肾区后方有单个或多个液体密度的囊状团块，超声波检测则可见卵巢呈充满液体的囊肿［见彩图版图 4－10－1］。必要时可以做组织病理学检查。

【预后】

小动物的卵巢囊肿大多数无需治疗，几个月之后可以自愈，但也可能发生新的囊肿。经激素治疗的动物在停药后也有复发的可能。

【治疗】

应用于小动物促使囊肿黄体化的药物的主要有人绒毛膜促性腺激素（hCG）和促性腺激素释放激素（GnRH）。人绒毛膜促性腺激素可使持久的卵泡囊肿黄体化，一次 500～1 000 IU，肌内注射，2d 后重复。如有效，则动物在 2 周内完全停止发情并进如正常的发情周期；促性腺激素释放激素，可作用于垂体引起 LH 分泌，促使持久卵巢囊肿黄体化，50～100μg/次，肌内注射，每天或隔日 1 次，通常 3 次以上治疗后恢复正常的发情周期。值得注意的是，用药后，由于卵巢进入黄体期，孕酮分泌增加而易发生囊性子宫内膜增生和子宫积脓，所以用药后需要进行 2～3 个月的监控。因此，不建议使用孕酮治疗卵巢囊肿。

卵巢子宫切除术也是值得考虑的方法，因为卵巢囊肿分泌的雌激素和孕酮可以长时间反复刺激子宫，引起子宫内膜增生，腺体分泌增加，导致发生囊性子宫内膜增生和子宫积脓综合征的可能性增加，所以特别是对非种用动物来说，卵巢子宫切除术是治疗卵巢囊肿最为理想的方法。

二、卵巢残迹综合征（Ovarian remnant syndrome）

卵巢残迹综合征（ovarian remnant syndrome）是指早先做过卵巢子宫切除的雌性动物仍然存在保留功能的卵巢组织，从而使动物在绝育后仍然表现发情，以及由于卵巢机能存在而导致疾病发生。

【病因】

本病病因主要是做卵巢子宫切除时卵巢组织切除不全引起。当手术视野太小时，术者由于视线受阻而使得切除时残留部分卵巢组织；如果卵巢上脂肪太厚，放置手术钳或结扎线位置可能不当；在将切除的卵巢取出时不小心将部分卵巢组织掉入腹腔，并附在腹壁上生长而继续发挥卵巢的内分泌生殖功能。

【临床症状】

由于残留的卵巢组织仍保留机能，仍能继续进行卵泡的发育和生殖激素的分泌，雌性动物在绝育后仍然有发情前期及发情期的迹象。母犬接受公犬接近并接受爬跨，常表现出拱腰站立姿势，阴门肿胀，阴蒂肥大，阴道有血性分泌物流出；母猫则发出发情时特有的尖锐嘶叫求偶声，并且打滚和窜跳。卵巢子宫切除后数月至数年，动物仍可表现出这些症状。

【诊断】

根据临床症状和患病动物曾做卵巢子宫摘除的病史可做初步诊断。由于残留的卵巢组织分泌生殖激素，需要进一步检查。

阴道细胞学检查可发现许多无核角化的细胞和鳞状细胞，提示有残留卵巢分泌雌激素。对于母犬可进行血清黄体酮的检查，当黄体酮含量高于 2ng/mL 时，提示有机能性黄体存在；而母猫由于是诱导排卵的动物，故仅测黄体酮是没有意义的。激素刺激试验比测定其体内孕酮浓度更可靠。可以在发情期间肌注 hCG（犬 500～1 000IU，猫 250IU）或 GnRH（犬 2μg/kg，猫 25μg）来刺激残留卵巢，若有机能性卵巢存在，15～20d 后血清黄体酮含量可大于 2ng/mL。

此外，腹部外科手术探查兼有诊断和治疗作用。

【预后】

术后临床症状将持续数日，在 1～2 周后动物的发情现象将逐渐消失。

【治疗】

治疗措施为开腹手术切除残留的卵巢组织，并且为了更易于识别残存组织，一般选择动物处于发情期时进行手术。值得注意的是，小动物的卵巢组织再生能力很强，如果二次开腹仍未完全清除依然会生长为机能性卵巢，并表现出临床症状。因此手术时一定要仔细确保所有的卵巢组织都清除干净。

三、卵巢肿瘤（Ovarian neoplasia）

卵巢肿瘤组织类型复杂。犬和猫的卵巢肿瘤的组织学分类主要有以下几种类型：

（1）卵巢腺癌　为卵巢表面上皮小管的恶性肿瘤，可呈现出囊状或乳头状外观。肿瘤的腔体大小不一，衬以单层上皮细胞，囊肿腔中的液体为浆液性或黏液性。腺癌在老龄犬最为常见，但总的发病率不高。

（2）卵巢囊腺瘤　为卵巢上皮小管的肿瘤，可呈现出囊状或乳头状，卵巢上皮小管增生而组成不完全的腺瘤样小结节。囊肿瘤常见于老龄犬的卵巢。

（3）性腺间质源性肿瘤　源于卵巢颗粒细胞或卵泡膜细胞的肿瘤。卵泡膜细胞瘤可与颗粒细胞瘤同时存在。实施卵巢子宫切除的母犬，由于卵巢残迹而发展为颗粒细胞瘤的病例已见报道。犬的性腺间质源性肿瘤大多为良性，也可发生恶变、转移。瘤体光滑，或呈结节状，多为单侧性，切面呈白色或略带黄色，硬度中等，可能伴有囊肿。肿瘤可导致雌激素和孕酮分泌增加，有时可见到内分泌疾病的临床症状。患犬可能表现出雌激素过多症、持续或不规则发情、脱毛、乳房胀大、外阴肿胀，阴门可见血性分泌物，但不接受交配。有的患犬伴发囊性子宫内膜增生和子宫积脓。颗粒细胞瘤是犬最常见的肿瘤，是与雄性支持细胞瘤相对应的机能性肿瘤［见彩图版图 4－10－2］，其发病率随着年龄增长而增加。

（4）生殖细胞癌　为卵巢的原始生殖细胞的肿瘤，来自于未分化的生殖上皮。瘤体呈球形或卵圆形，几乎全为细胞，很少有结缔组织，而且生长迅速，质硬而脆，表面光滑或呈结节状。切面呈灰白色或棕黄色，常伴有出血坏死灶。可扩散转移至腹部脏器、淋巴及肺。

（5）畸胎瘤　为生殖细胞源性肿瘤。良性的畸胎瘤分化良好，含有成熟的组织成分，如毛发、鳞状上皮、骨、软骨、淋巴滤泡和神经组织。恶性的畸胎瘤则含有胚胎性蜕变的成分，可转移至淋巴结、肾、纵隔及肺。这种肿瘤在犬和猫均有报道，约有 5％的犬卵巢肿瘤为畸胎瘤。

【病因】

大多数卵巢肿瘤发生原因并不清楚。目前认为有以下因素可能与卵巢肿瘤发生有关。

（1）内分泌因素　卵巢肿瘤的发生可能与性激素分泌异常有关。小于 8 月龄的母犬实验性给予己烯雌酚导致卵巢腺癌发生的病例已有报道。

（2）遗传因素　约 20％～25％卵巢恶性肿瘤患犬有家族史。

（3）环境因素　如工业污染导致癌的发生。

（4）营养因素　饮食中高胆固醇可导致癌的发生。

（5）某些癌基因的激活或抑癌基因的失活

【临床症状】

（1）大多数良性上皮性卵巢肿瘤只要不是体积很大而压迫其他脏器，患病动物就不会表现出临床症状。

（2）某些症状与特定的肿瘤有关。

卵巢腺癌　犬可能表现与发情周期无关的阴道出血。肿瘤增大时常发生破裂，从而使得瘤细胞进入腹腔，移植到腹壁或其他脏器，如纵隔、主动脉淋巴结、网膜和肠系膜；小的肿瘤结节在腹腔内生长，引起腹水而使腹部膨大。

畸胎瘤和生殖细胞瘤　在肿瘤团块增大到可以触摸到之前，一般不会有临床症状。犬的畸胎瘤可以压迫侵蚀周围器官，引起间歇性的肠梗阻，阴道分泌物带血，另外还可表现出昏睡、厌食等症状。

性腺间质源性肿瘤　颗粒细胞/卵泡膜细胞瘤可产生孕酮和雌激素，动物表现出内分泌紊乱的临床症状，如慕雄狂、囊性子宫内膜增生、子宫内膜炎、子宫积液和子宫积脓。动物持续或不规则发情、脱毛或乳头和外阴肿胀。此外，颗粒细胞瘤还可造成雌激素水平升高，可能导致骨髓发育不良和出血性素质。

【诊断】

应根据临床症状和病史，结合细胞学和影像检查进行诊断。

（1）腹水的细胞学检查　通过穿刺获得腹水样本，但难以区分恶性腺癌细胞和正常间皮细胞。

（2）腹部 X 线和超声波检查　可观察肾后的肿块，但需做静脉尿路造影来排除肾肿大。

（3）血清激素检查　对于患有粒细胞瘤的母犬，血清雌二醇水平有时会升高（>15pg/mL）。

（4）阴道细胞学检查　如果存在雌激素大量分泌，可见发情期典型的大量角化上皮细胞。

（5）手术开腹探查和对卵巢的病理组织进行组织学检查。

【治疗与预后】

手术切除肿瘤是目前最主要的治疗方法，而且推荐卵巢和子宫完全切除。手术时动作要轻柔，避免肿瘤的破裂和肿瘤细胞的溢出；切除原发病变组织和尽可能多的继发病变组织，并仔细检查所有浆膜表面是否有转移。对于恶性肿瘤，用手术方法减少肿块可提高存活率，但很少能根治，对犬恶性畸胎瘤进行有效切除后仍有 33％发生转移。

对卵巢腺癌可用苯丙氨酸氮芥、苯丁酸氮芥或环磷酰胺进行化疗，可缓解病犬的病情；转移性生殖细胞癌对放射线敏感可考虑放射疗法。

第三节 犬生殖道炎症

Inflammation of the Tubular Reproductive Tract of the Female Dog

雌性动物生殖器官由内、外生殖器官组成。外生殖器（external female genitalia）指生殖器官的外露部分，又称外阴（vulva）包括阴唇（labia）、阴蒂（clitoris）和阴道前庭（vaginal vestibule）。内生殖器（internal female genitalia）指雌性生殖器的内藏部分，由生殖腺和输送管道组成，它包括成对的卵巢（ovaries）、输卵管（oviducts）、子宫（uterus），子宫颈（cervix）和阴道（vagina）。雌性动物生殖道包括外阴、阴道前庭、阴道、子宫颈、子宫和输卵管。所有这些为受精、胚胎发育和健康幼仔的出生提供了重要的生育环境。发育正常的生殖器官对微生物的入侵和感染具有一定的防御能力。

生殖道炎症是雌性动物的常见疾病，包括外阴炎、阴道炎、宫颈炎、子宫内膜炎及输卵管卵巢炎。炎症可以是急性，也可以是慢性；可局限于一个部位或多个部位；病情可轻可重，轻者无临床症状，重者可引起败血症甚至感染性休克死亡。

炎症可由微生物、空气、尿液或化学物质包括抗生素（antibiotics）和抗菌剂（antiseptics）等因素的影响而引起。微生物通过各种途径侵入生殖道，是引发生殖道炎的常见病因。分娩时及产后，雌性动物生殖器官发生剧烈变化，当正常娩出或难产经手术取出胎儿时，可能在子宫及软产道上造成程度不同的损伤；产后子宫颈开张、子宫内滞留恶露以及胎衣不下等，都给微生物的侵入和繁殖创造了条件。

微生物的来源主要有两种：一种是外源性的，如助产时手臂、器械及雌性动物外阴等消毒不严。胎膜滞留或胎衣不下（retained fetal membranes）、难产（dystocia）、产双胎（delivery of twins）、阴道脱出（prolapse of vagina）、子宫脱出（prolapse of uterus）、流产（abortion）等均易使外界微生物得以入侵。另一种是内源性的，即正常情况下就存在于阴道和子宫中的微生物，生殖道炎经常是由于损伤等多种因素导致常驻微生物的过度繁殖；或存在于身体其他部位的微生物，由于产后机体的抵抗力降低，也可通过淋巴管及血管进入生殖器官而产生致病作用。子宫炎可由微生物、空气、尿液或化学物质包括抗生素（antibiotics）和抗菌剂（antiseptics）等因素的影响而引起。

一、阴道炎和子宫颈炎（Vaginitis and cervicitis）

在正常情况下，雌性动物阴门闭合，阴道壁黏膜紧贴在一起，将阴道腔封闭，可阻止外界微生物侵入；在雌激素发挥作用时，阴道黏膜上皮细胞贮存了大量糖原，在阴道杆菌作用及酵解下，糖原分解为乳酸，使阴道保持弱酸性，能抑制阴道内细菌的繁殖；此外，在雌激素占主导地位时，机体内白细胞的吞噬能力增强。因此，阴道对微生物的入侵和感染具有一定的防御能力。子宫的生理解剖屏障主要有阴门、阴唇、阴瓣（hymen，vulvovaginal fold）和子宫颈。当这些生理解剖屏障受损或机体抵抗力降低，细菌即可侵入阴道、子宫颈，引起阴道积气（pneumovagina）、阴道炎、子宫颈炎及子宫内膜炎。

阴道炎和子宫颈炎（vaginitis 和 cervicitis）是指阴道和子宫颈的炎症，可分为原发性或继发性。继发性阴道炎多数是由子宫炎及子宫颈炎引起。单纯的子宫颈炎极少，通常与阴道炎、子宫炎并发，子宫炎患病动物都有不同程度的子宫颈炎。

【病因】

阴道炎和子宫颈炎可由微生物、空气、尿液或化学物质包括抗生素和抗菌剂的刺激引起。病原微生物通过各种途径侵入阴门、阴道及子宫颈组织，是发生阴道炎和子宫颈炎的常见病因。引起阴道炎的大多数病原菌主要是链球菌、葡萄球菌、大肠杆菌、化脓棒状杆菌及支原体。此外，犬瘟热病毒、细小病毒和胎毛滴虫等亦可导致阴道炎的发生。病原微生物侵入阴门、阴道及子宫颈组织的途径有：

（1）助产时手臂、器械及雌性动物外阴等消毒不严；

（2）分娩异常以及阴道、子宫的其他疾病：胎膜滞留或胎衣不下、难产、阴道脱出、子宫脱出、流产等；

（3）外阴及阴道损伤等均易使外界微生物得以入侵；

（4）交配：阴道炎也可发生于交配之后，这种情况最常见于青年母犬。此外，公犬患有滴虫病、弧菌病、布鲁氏杆菌病等疾病时，通过交配可将病原传给母犬而引发疾病；

（5）输精：过度增加输精次数等；

（6）阴道检查不当，消毒不严；

（7）粪便、尿液等污染阴道；

（8）用刺激性太强的消毒液冲洗阴道；

（9）动物患有感染性疾病，如布鲁氏杆菌病、犬瘟热、细小病毒感染和滴虫病等，常伴有阴道炎的发生。

【临床症状】

依据炎症过程，可分为急性和慢性；由于损伤部位及发炎程度不同，临床表现出的症状也不完全一样。

病势较轻的病例，黏膜表层受到损伤而引起的炎症，无全身症状，仅见从阴门内流出黏性或脓性分泌物。阴道检查，可见阴道和子宫颈黏膜微肿、充血或出血，黏膜上常有分泌物黏附。黏膜上有或没有分泌物或尿结晶，取决于发炎程度。

病势较重的病例，黏膜深层受到损伤时，外观阴门肿胀，从阴门内流出污褐色、恶臭分泌物。阴道检查送入开膣器时，患病动物疼痛不安，甚至引起出血；阴道黏膜肿胀、充血或出血，有时见到程度不等的创伤、糜烂或溃疡。阴道前庭发炎者，往往在黏膜上可以见到结节、疱疹及溃疡。由于组织增生或发生粘连，可引起阴道狭窄，狭窄部之前的阴道内积有脓性分泌物。患病动物往往表现全身症状，如体温升高、精神沉郁、食欲减退、泌乳量下降、里急后重、努责、拱背、尾根举起，并常做排尿动作，但每次排出的尿量不多。

【诊断】

阴道炎及子宫颈炎可根据临床表现，通过阴道分泌物性状检查、阴道检查和直肠触诊，进行确诊。

（1）阴道分泌物性状检查　正常发情时分泌物量较多，清亮透明，可拉成丝状。阴道炎及子宫颈炎患病动物分泌物量较多但较稀薄，略微浑浊，不能拉成丝状，或量少且黏稠、浑浊、呈灰白色或灰黄色。

（2）阴道检查　病势较轻的病例，阴道检查送入开膣器时，可见阴道及子宫颈黏膜微肿、充血或出血，黏膜上常有分泌物黏附。黏膜上有或没有分泌物或尿结晶，取决于发炎程度。

病势较重的病例，阴道检查送入开膣器时，患病动物疼痛不安，甚至引起出血；阴道及子宫颈黏膜充血、肿胀，有时见到程度不等的创伤、糜烂或溃疡。

【预后】

单纯的阴道炎，一般预后良好，甚至无需治疗即可自愈。同时发生气膣、子宫颈炎或子宫炎的病例，预后欠佳。经久不愈会转为慢性病例，致使组织增生、粘连和瘢痕形成，可影响以后的交配、受孕及分娩。

【治疗】

（1）局部治疗　治疗阴道炎，可用温和抗菌收敛药冲洗阴道。常用的药物有：0.05%～0.1%高锰酸钾、0.05%新洁尔灭、4%洗必泰或生理盐水等。黏膜水肿及渗出液多时，可用1%～2%明矾或5%～10%的鞣酸溶液冲洗；冲洗后，可向阴道内灌注抗生素（如氨苄西林）或磺胺乳剂；对于气膣引起的阴道炎，在治疗的同时，可以实行阴门缝合术。

（2）全身应用抗感染药物治疗和支持疗法　对于患病动物应用广谱抗生素不经胃肠道给药进行全身治疗，各种抗生素应用剂量见表4-10-2。

表 4-10-2 犬猫生殖道炎症用药及其剂量

抗生素	推荐剂量
头孢菌素类	
头孢曲松	推荐剂量犬、猫 20～30mg/kg，肌内注射/皮下注射，每天两次；
头孢喹肟	推荐剂量犬、猫 50mg/kg，肌内注射/皮下注射，每天两次；
青霉素类	
青霉素（penicillin）或合成的类似药物	犬、猫 20 000～30 000U/kg，皮下注射/肌内注射，每天两次；
阿莫西林克拉维酸钾注射液	20mg/kg，皮下注射/肌内注射，每天两次；
氨基糖苷类	
注射用硫酸链霉素	10～15mg/kg，肌内注射，每天两次；
硫酸双氢链霉素注射液	10mg/kg，肌内注射，每天两次；
新生霉素（novobiocin）	25mg/kg，肌内注射/皮下注射，每天两次；
硫酸阿米卡星（amikacin sulfate）	10～15mg/kg，肌内注射/皮下注射，每天两次；

（2）其他抗感染药物治疗和采用支持疗法　如喹诺酮类如环丙沙星（ciprofloxacin）、氧氟沙星（ofloxacin）以及氟喹诺酮类如左氧氟沙星（levofloxacin）、恩诺沙星（enrofloxacin）和麻佛（marbofloxacin）等。此外，还可以应用磺胺甲氧苄胺嘧啶（trimethoprim sulfa）、甲硝唑（metronidazole）以及非甾醇类消炎镇痛药（如氟尼辛葡胺）等抗菌药物治疗。

为了增强机体的抵抗力，促进血液中有毒物质排出和维持电解质平衡，防止组织脱水，可静脉注射葡萄糖和盐水；补液时添加 ATP、辅酶 A 和维生素 C，同时肌注复合维生素 B；注射钙剂可作为败血病的辅助疗法。一般可静脉注射 10%氯化钙或 10%葡萄糖酸钙。钙制剂对心脏作用强烈，注射应尽量缓慢，对病情严重、心脏极度衰弱的患病动物避免使用。

二、产后子宫感染（Postpartum uterine infections）

产后子宫感染是犬分娩后常发疾病。本病的发生与微生物、环境、饲养管理及动物自身及遗传等多种因素有关。子宫感染可导致产奶量下降和生殖机能降低。根据损伤部位、发炎程度以及临床表现可划分为子宫内膜炎、子宫炎和子宫积脓。

子宫内膜炎（endometritis）是子宫内膜的炎症。常发于分娩、交配、人工授精后或刺激物进入子宫腔。患病动物通常从阴门排出脓性分泌物，很少出现全身症状，直肠触诊子宫未见异常。急性子宫内膜炎病程较短，多数在产后数周，子宫内细菌污染即可被清除。慢性子宫内膜炎，患病动物可持续从阴门排出脓性分泌物，与同群其他母犬相比首次受孕率较低，且配种次数增加。

子宫炎（metritis）或子宫浆膜炎（perimetritis）又称急性产褥期子宫炎（acute puerperal metritis）或脓毒性子宫炎（toxic metritis）为子宫全层的急性炎症。常发生于分娩后第一周，且与难产、胎衣不下以及产伤有关。患病动物频频从阴门排出大量且带有臭味的脓性液体。患病动物表现出体温升高、精神沉郁、厌食和泌乳量下降，有时患病动物可出现败血症。

子宫积脓（pyometra）是子宫腔中蓄积有大量脓性液体，多数患病动物伴有持久黄体和持续休情。发生于配种或分娩后，子宫内液体会阻止黄体溶解，从而造成持久黄体的发生。在子宫主要受孕酮支配时，子宫的防御机制受到抑制，因此极易发生感染引起子宫积脓。子宫积脓也可是滴虫病的临床症状，并且在繁殖季节，胎毛滴虫应被怀疑是导致子宫积脓的病原之一。犬和猫的子宫积脓大多继发于囊性子宫内膜增生。

【病因】

在正常情况下，阴门、阴道前庭括约肌和子宫颈可阻止外界微生物侵入。在配种、输精及分娩时，子宫可被各种病原和非病原微生物污染。大部分微生物仅仅是暂时存在于子宫中，并且在产后数周，子宫内细菌污染可被清除。在某些情况下，病原微生物留存于子宫不能被排除而致病。引起子宫感染的主要致病菌包括化脓放线菌（*Actinomyces pyogenes*）、革兰氏阴性厌氧菌坏死梭杆菌（*Fusobacterium necrophorum*）和黑素拟杆菌（*Bacteroides melaninogenicus*）、大肠杆菌（coliforms）、铜绿色假单胞菌（*Pseudomonas aeruginosa*）、葡萄球菌（*Staphylococcus* spp.）、链球菌（*Streptococcus* spp.）等。革兰氏阴性厌氧菌坏死梭杆菌和黑素拟杆菌常与化脓放线菌混合感染。黑素拟杆菌可降低趋化性和抑制嗜中性粒细胞的吞噬作用，从而允许化脓放线菌存留于子宫。特别是梭状芽孢杆菌（*Clostridium* spp.）感染时，可导致坏疽性子宫炎（gangrenous metritis）或破伤风（tetanus）。

子宫感染全年均可发生，冬春两季发病率较高。病原微生物侵入子宫的途径有：

（1）分娩异常以及围产期的其他疾病：胎膜滞留或胎衣不下、难产、阴道脱出、子宫脱出、流产、脂肪肝（fatty liver）和生产瘫痪（parturient paresis）等均易使外界微生物得以入侵；

（2）助产时手臂、器械及外阴等消毒不严；

（3）阴道及阴门损伤使外界微生物得以入侵；

（4）公犬患有滴虫病、弧菌病、布鲁氏杆菌病等疾病时，可通过交配将病原传给母犬而引发疾病；

（5）过度增加输精次数等；

（6）阴道检查不当，消毒不严；

（7）饲养管理不当，妊娠期补钙过量；

（8）动物自身因素，如子宫免疫、食欲减退、进食量不足、机体消瘦和子宫弛缓；

（9）动物患有感染性疾病，如布鲁氏杆菌病、犬瘟热、细小病毒感染和滴虫病等，常伴发子宫感染。

【临床症状】

正常犬产后恶露量很少，第二产程排出黑绿色黏液状液体，待胎衣排出后很快（12h）转变为排出暗红色液体，产后7～10d内出血停止，2～3周呈黏液状，产后第4周黏液变为清亮，排出可持续2～6周，第8周子宫收缩至最小，第9周坏死组织完全脱落，12周完全复旧。正常恶露颜色最初呈红褐色，以后颜色变红呈黏液状，逐渐变为白色透明。正常恶露有血腥味，但如果排出液带有臭味或表现败血症临床症状，则说明子宫内胎盘残留或产后感染。

根据损伤的部位、炎症程度以及临床表现划分：子宫内膜炎、子宫炎和子宫积脓。

子宫内膜炎患病动物与同群其他母犬相比首次受孕率较低，且配种次数增加。患病动物很少出现全身症状，发情时阴道分泌物增多，略微浑浊。

慢性子宫内膜炎，患病动物从阴门可持续排出脓性分泌物，其他临床症状不明显。

子宫炎患病动物频频从阴门排出少量脓性分泌物，病重者分泌物呈红色或棕色，且带有臭味，卧下时排出量多。患病动物可表现出体温升高、精神沉郁、厌食、产奶量显著下降，且母犬不护理子犬。

严重时患病动物出现败血症，败血症（sepsis）是局部炎症感染扩散而继发的全身性炎性反应。并非完全是由生殖器官引起，也可由其他器官原有的炎症感染加剧而继发。如不及时治疗，患病动物往往在发病后几天内死亡。败血症患病动物可表现出如下全身症状：

（1）体温升高（体温达40～41℃）或下降（36℃以下），触诊四肢末端及两耳有冷感。

（2）呼吸急促。

（3）脉搏微弱，心跳加快。

（4）血液学检查，可见白细胞增多或减少或未成熟的中性粒细胞达10%以上。

患病动物可见精神极度沉郁，反射迟钝，厌食，眼结膜充血，且微带黄色，病的后期结膜发绀，有时可见小出血点。对于泌乳母犬而言，可见泌乳量骤减，几天后完全停止泌乳。濒临死亡时，体温急剧下降，且常发生痉挛。

发生子宫积脓时，可见子宫角增大，并积有大量恶臭脓性分泌物。

【诊断】

（1）子宫炎　临床症状明显很容易确诊。

（2）子宫积脓　根据临床表现、触诊和超声检查，即可确诊。

（3）子宫内膜炎　患病动物与同群其他母犬相比首次受孕率较低并且配种次数增加。然而，患病动物很少出现全身症状。发情时阴道分泌物增多，略微浑浊；慢性子宫内膜炎，患病动物从阴门可持续排出脓性分泌物，其他症状不明显，因此临床诊断较为困难。可以根据临床症状、发情时分泌物的性状、阴道检查和实验室检查结果诊断子宫内膜炎。

检查方法主要有以下几种：

（1）超声检查　被感染子宫内的液体含有回声粒子，这很容易与在发情和妊娠正常生理过程所产生的无回声液体相区别。但是产后数周内，超声检查不适用于诊断产后子宫内膜炎。

（2）分泌物性状检查　正常发情时分泌物量较多，清亮透明，可拉成丝状。子宫内膜炎患病动物分泌物量较多但较稀薄，略微浑浊，不能拉成丝状，或量少且黏稠、浑浊、呈灰白色或灰黄色。

（3）阴道检查　阴道检查送入开膣器时，子宫内膜炎患病动物无明显疼痛表现。子宫炎、子宫积脓患病动物，阴门及阴道黏膜不同程度肿胀充血。在子宫颈开张时，可见从阴门排出脓性分泌物。如子宫颈闭锁，则无分泌物排出。产后松弛的子宫颈使子宫分泌物很易排出，通常子宫内膜炎患病动物可从阴门排出脓性分泌物。

（4）子宫细胞学检查　不表现临床症状母犬产后20～33d，进行子宫分泌物细胞学检查，可见中性粒细胞达18%以上，产后34～47d，中性粒细胞达10%以上，则可初步诊断为亚临床型子宫内膜炎。

（5）血液学检查　子宫炎、子宫积脓患病动物并发败血症时，白细胞增多或减少或未成熟的中性粒细胞达10%以上。

（6）细菌培养　可确定病原及其对抗生素的敏感性。

【治疗】

（1）子宫内局部治疗　目前对子宫内注入各种抗生素和抗菌药物治疗仍存有争议，甚至不建议进行子宫内局部治疗。子宫是厌氧环境，所选子宫内注入的抗生素或抗菌药物必须在缺氧环境中具有活性。抗生素和抗菌药物可抑制子宫嗜中性粒细胞的活性，且会干扰子宫防御机制。

不建议使用碘制剂进行子宫内治疗。至今没有研究表明其治疗价值。

（2）全身应用抗感染药物治疗和支持疗法　参见本章阴道炎和子宫颈炎治疗。

（3）激素治疗　催产素（oxytocin）可促进子宫收缩，使子宫腔妊娠物排出，在产后48～72h内肌肉注射，犬1～10 IU/次，隔1～2h重复用药。

前列腺素PGF2α或其类似物可以收缩子宫肌层，抑制黄体的类固醇激素生成，促使子宫分泌物的排出和减少血液中孕酮的含量。

治疗子宫积脓，犬仅使用天然产物前列腺素PGF2α，第1天按0.1mg/kg，第2天按0.2mg/kg，之后按0.25mg/kg，皮下注射，每天1次，连用5～7d。用前列腺素治疗有效后，子宫积脓的临床症状可以在以后的发情周期复发。

应禁止使用雌激素，因为雌激素尽管可以增加生殖器官的抵抗力，但还可增加子宫的血流量，从而加速细菌毒素的吸收。

（4）手术治疗　对患有子宫积脓的犬和猫，若非种用，可实施卵巢子宫切除术，进行根治。手术前后应连续给予广谱抗生素进行抗感染治疗，并配合支持疗法输液治疗。

第四节　囊性子宫内膜增生/子宫积脓综合征

Cystic Endometrial Hyperplasia or Pyometra Syndrome

囊性子宫内膜增生（CEH）/子宫积脓综合征多发生于3岁以上的成年母犬和母猫，发病率随着年龄的增长而增高，患犬平均年龄在6岁以上，偶尔见于1岁以下的犬。约50%患病动物表现出发情不规律，80%以上从未发生妊娠，其余则是几年前曾发生妊娠。

囊性子宫内膜增生主要是由孕酮或雌激素等反复或长期的刺激引起的子宫内膜增生性和退行性病

变。随着此过程的发展，慢性炎症扩散，淋巴细胞和浆细胞浸润到子宫内膜，在犬、猫偶尔能见到子宫积液或子宫积水，其特征是子宫腔内有数量不等的稀薄的或黏稠的液体，当液体稀薄如水时称为子宫积水。

囊性子宫内膜增生/子宫积脓是指子宫内膜增生/子宫内积有大量脓性液体。多发于发情后期，其特征是子宫内膜异常并出现炎症和感染性病理变化，子宫腔内积有大量脓性分泌物。按子宫颈开放与否分为开放与闭锁两种类型。

【病因】

目前有关囊性子宫内膜增生/子宫积脓的确切病因仍不清楚。本病的发生与年龄有关。发情周期中孕酮和雌激素对机体交替主导作用，使得子宫内膜出现增生性和退行性变化；随着动物年龄的增加，这种非妊娠的周期性变化会反复刺激子宫内膜，从而增加了 CEH 的发生机会，当发生细菌感染时则伴发子宫积脓。可能的病因与病理生理学机制主要包括：

（1）发情间期成熟的黄体产生高浓度的孕酮促进子宫内膜增生，子宫腺体肥大，数目增加，分泌增加；孕酮降低了子宫肌的活动性，因此，子宫内有大量液体蓄积。子宫腺的分泌物为细菌的生长繁殖提供了良好的条件；与此同时，高浓度的孕酮会抑制子宫防御机制，使得子宫的抵抗力降低。

（2）发情期子宫颈在雌激素作用下扩张，病原微生物更易侵入子宫引起感染。雌激素可同时增强孕酮对子宫的作用。

（3）病原微生物和子宫内膜异常的综合作用可导致囊性子宫内膜增生和子宫积脓。

引起犬子宫感染的主要致病菌是化脓放线菌（*Actinomyces pyogenes*）、革兰氏阴性厌氧菌坏死梭杆菌（*Fusobacterium necrophorum*）和黑素拟杆菌（*Bacteroides melaninogenicus*）、大肠杆菌（coliforms）、铜绿色假单胞菌（*Pseudomonas aeruginosa*）、葡萄球菌（*Staphylococcus* spp.）、链球菌（*Streptococcus* spp.）等。革兰氏阴性厌氧菌坏死梭杆菌和黑素拟杆菌常与化脓放线菌混合感染。黑素拟杆菌可降低趋化性和抑制嗜中性粒细胞的吞噬作用，从而允许化脓放线菌存留于子宫。

（4）外用激素治疗不当也可使动物发生本病。现已在临床上证明接受雌激素治疗的母犬可在 1～10 周内发生子宫内膜炎或子宫积脓。

（5）孕酮和合成孕激素类如甲地孕酮的使用可导致囊性子宫内膜增生、子宫积液和子宫积脓。

（6）孕酮或雌激素作用可使母猫发生 CEH/子宫积脓。另外，血浆孕酮浓度较低，卵巢处于卵泡期的母猫也有 CEH/子宫积脓发生。

（7）治疗慢性子宫内膜炎时，大剂量的类固醇类药物（如地塞米松）也可导致本病的发生。

（8）其他病灶的细菌转移、子宫内异物（如不可吸收的缝线、死胎、胎衣不下）和子宫颈阻塞不通也可）导致子宫积脓。

【临床症状】

患犬子宫内积有大量脓性分泌物并伴有子宫内膜增生性炎症。多发于发情后期，其特征是子宫内膜异常并出现炎性病理变化，子宫腔内积有大量脓性分泌物。患犬子宫内膜腺体扩张，腺腔内及周围炎性渗出。由于腺上皮被破坏，炎症侵入周围基质，可形成肉眼可见的小脓肿。根据宫颈的开放与否可分为开放型和闭锁型。

患犬血液学检查结果取决于子宫颈的开放程度及炎症的程度，白细胞可能无显著变化，或显著增多或减少或未成熟的中性粒细胞达 10%以上。有些患病动物，可能出现非再生障碍性贫血。濒临死亡，可出现体温急剧下降，且常发生痉挛。

临床症状轻微的患病动物可能由于子宫积脓阻碍受精卵的着床，仅表现不育。老龄动物子宫积脓的症状通常在发情后 4～10 周较为明显。

子宫颈开放型子宫积脓的特征是从阴道排出脓性或脓血性分泌物。子宫颈闭锁型子宫积脓时则无脓性分泌物排出。

临床症状较轻的病例，可从阴道流出脓性或脓血性分泌物，其他临床症状不明显。

临床症状较重的病例，可表现出全身症状，如体温升高、昏睡、精神沉郁、厌食、繁渴和多尿。也可出现慢性免疫性综合征引起的症状（如免疫介导多发性关节炎），但罕见。

子宫颈闭锁型子宫积脓无阴道分泌物排出。由于子宫内分泌物蓄积，腹部膨大。患病动物可表现出全身症状，并且由于败血症症状加重，表现为呕吐、脱水和氮血症，甚至发展为休克、虚脱和昏迷。

此外，有些病犬可表现出发情周期紊乱，发情行为异常，可能会出现发情或假孕征兆。子宫感染也可能逆行感染尿道而引起泌尿道的炎症，从而出现相应的症状。

【诊断】

(1) 首先查看病史。处于发情期并长期未孕的老龄母犬；成年母犬近期给予不当药品，如雌激素、甲地孕酮或其他孕激素类治疗；假孕的母犬或母猫。

(2) 对于开放型子宫积脓，可见有脓性分泌物从阴门流出。

(3) 用手触摸腹部，有时可触知子宫增大呈面团状，闭锁型子宫积脓的动物腹部膨大更为明显似妊娠。

(4) 血液学检查结果取决于子宫颈的开放程度，白细胞可能无显著变化，或显著增多或减少或未成熟的中性粒细胞达10%以上；如果病程较长可能出现非再生障碍性贫血。血清生化检查可能出现氮质血症和高磷酸盐血症，大多数情况下血浆蛋白升高，但到后期动物消化紊乱蛋白质摄入减少而同时蛋白进入子宫造成损失时，则可能表现出低蛋白血症。

(5) 阴道分泌物细胞学检查，显示有变性的中性粒细胞和少量巨噬细胞。

(6) 子宫积脓严重时，动物由于大肠杆菌内毒素血症而发生尿浓缩障碍，尿液检查可见低渗尿以及脓尿、细菌尿。但由于可能造成子宫破裂，不建议进行膀胱穿刺。

(7) 阴道镜检查，子宫颈开放型子宫积脓时，可以确定阴门分泌物来自子宫还是阴道。阴道黏膜未见异常，有时可见阴道黏膜有炎症表现。当子宫颈可见时，可以从腹部触压子宫，子宫内容物通常可以穿过子宫颈，从而可进行细胞学检查或微生物培养。

(8) 细菌培养，可确定病原及其对抗生素的敏感性。

(9) X线检查子宫积脓时在腹腔后部出现液体密度的管状结构，子宫大小不定。犬子宫颈开放型子宫积脓在X线检查时子宫有可能不增大。

(10) 超声检查有助于确定子宫体积和子宫壁的厚度，以及子宫内容物的密度。

(11) 可进行开腹探查，并同时实施子宫卵巢切除。

【治疗】

母犬子宫颈闭锁型子宫积脓，毒素会很快被吸收，因此立即进行卵巢子宫切除是常用的治疗措施。如果动物留作种用，闭锁型或进行性子宫积脓甚至也考虑保守治疗。但是应当让动物主人知道这有可能耽误手术治疗的时机。在母犬子宫颈开放型子宫积脓并且全身状况良好，可以考虑进行保守治疗。常用前列腺素 $PGF_{2\alpha}$用前列腺素治疗有效后，子宫积脓的临床症状可以在以后的发情周期复发。应禁止使用雌激素，因为雌激素尽管可以增加生殖器官的抵抗力，但还可增加子宫的血流量，从而加速细菌毒素的吸收。

(1) 子宫内局部治疗　目前对子宫内注入各种抗生素和抗菌药物治疗仍存有争议，甚至不建议进行子宫内局部治疗。

(2) 全身应用抗感染药物治疗和支持疗法　对于患病动物全身应用广谱抗生素不经胃肠道给药治疗的抗生素及其剂量见表4-10-3。

其他抗感染药物治疗和支持疗法　氟喹诺酮类如左氧氟沙星、恩诺沙星和麻佛等。

此外，还可以应用磺胺甲氧苄胺嘧啶、甲硝唑以及非甾醇类消炎镇痛药（如氟尼辛葡胺）等抗菌药物治疗。

为了增强机体的抵抗力，促进血液中有毒物质排出和维持电解质平衡，防止组织脱水，可静脉注射葡萄糖和盐水；补液时添加ATP、辅酶A和维生素C，同时肌注复合维生素B；注射钙剂可作为败血症的辅助疗法。一般可静脉注射10%氯化钙或10%葡萄糖酸钙。钙制剂对心脏作用强烈，注射应尽量缓慢，对病情严重、心脏极度衰弱的患病动物避免使用。

表 4-10-3 犬猫囊性子宫内膜增生/子宫积脓综合征用药及其剂量

抗生素	推荐剂量
头孢菌素类	
头孢曲松	推荐剂量犬、猫 20～30mg/kg，肌内注射/皮下注射，每天 2 次；
头孢喹肟	推荐剂量犬、猫 50mg/kg，肌内注射/皮下注射，每天 2 次；
青霉素类	
阿莫西林、克拉维酸钾注射液	20mg/kg，皮下注射/肌内注射，每天 2 次；
氨基糖苷类	
硫酸阿米卡星	10～15mg/kg，皮下注射/肌内注射，每天 2 次。

(3) 激素治疗　前列腺素 PGF2α 或其类似物可以收缩子宫肌层，抑制黄体的类固醇激素生成，促使子宫分泌物的排出和减少血液中孕酮的含量。在进行前列腺素治疗的同时可给予抗生素进行抗感染治疗。

使用 PGF2α 治疗之前，应考虑的因素：

①年龄超过 8 岁或以前存在子宫病变的犬，不推荐使用；

②当动物生命垂危时，不应采取此治疗措施；

③子宫颈闭锁型子宫积脓，可能因为子宫破裂造成子宫内液体逆行排入到腹腔。

犬仅使用天然产物前列腺素 PGF2α，第 1 天按 0.1mg/kg，第 2 天按 0.2mg/kg，之后按 0.25mg/kg，皮下注射，每天 1 次，连用 5～7d。常见的副作用包括不安、唾液分泌过多、呕吐、喘气、排便、腹痛、心动过速和发热。过量的 PGF2α 可引发严重的出血性休克。猫还可能出现支气管痉挛。用前列腺素治疗有效后，子宫积脓的临床症状可能在以后的发情周期复发。

(4) 手术治疗　对患有子宫积脓的犬和猫，若非种用，可实施卵巢子宫切除术，进行根治。

考虑可能发生毒血症以及氮质血症、高磷酸盐血症，术前应作血液学检查以保证动物可以耐受手术和麻醉的应激。手术前后应连续给予广谱抗生素进行抗感染治疗，并配合支持疗法输液治疗。

第五节　乳腺疾病

Diseases of the Mammary Gland

乳腺是皮肤腺衍生的外分泌腺，也是哺乳动物特有的皮肤腺，雌雄动物均有，但只有雌性动物能充分发育，分娩后具有分泌乳汁的功能并将母体的营养物质供给子代。

乳房疾病的发生与微生物、环境、管理、动物自身及遗传等多种因素有关。乳房损伤、内分泌失调、幼仔吮乳不当、感染等均可引起乳腺组织的病理性变化，造成乳房疾病。常见的乳房疾病有乳房炎、乳汁积滞、乳溢症、无乳症、乳腺纤维上皮细胞增生和乳腺肿瘤。

一、乳房炎（Mastitis）

乳房炎（mastitis）是乳房的炎症。主要的特点是乳汁发生理化性质及细菌学变化，乳腺组织发生病理学改变。乳房炎主要发生于产后或假孕动物。根据有无临床症状可分为临床型和亚临床型，根据病程可分为急性和慢性。

【病因】

本病的发生与微生物、环境因素、饲养管理、动物自身及遗传等多种因素相关。病原微生物入侵是引起乳房炎的主要病因。

引起乳房炎的病原菌大致可分为两大类：一类称为触染性病原菌，主要包括金黄色葡萄球菌、无乳链球菌、停乳链球菌、霉形体以及化脓放线菌；另一类称为环境病原菌，主要包括大肠埃希氏菌、克雷伯氏菌属、肠杆菌属等革兰氏阴性菌和肠球菌及链球菌属（无乳链球菌和停乳链球菌除外）等革兰氏阳性菌。由革兰氏阴性菌包括大肠埃希氏菌、克雷伯氏菌属、肠杆菌属等引起的乳房炎，统称肠杆菌乳房炎。

大肠埃希氏菌和金黄色葡萄球菌是引起乳房炎的主要病原菌，并且大肠埃希氏菌通常引起临床型乳房炎，而金黄色葡萄球菌常引起乳腺的隐性或慢性感染进而导致乳房炎。葡萄球菌感染的主要特征是细菌有能力定植在乳腺组织以及乳腺上皮细胞内存活，并造成持续感染。

乳房具有多种不同的防御机制。乳头管是乳房防御病原的第一道防线，乳腺分泌的乳汁中含有多种抑菌和杀菌成分，如乳铁蛋白（lactoferrin）、转铁蛋白（transferrin）、溶菌酶（lysozyme）、乳酸过氧化氢酶（lactoperoxidase）和防御素（defensins）等，这些物质在维护乳房健康上也发挥着重要作用。

宿主的免疫系统包括固有免疫系统和获得性免疫系统组成乳腺的重要防御机制。乳腺体液免疫中补体系统具有募集吞噬细胞，调理和杀灭病原的功能；抗体 IgG、IgA 和 IgM 可与病原单独或与补体激活的病原结合，从而吞噬及消灭病原；细胞因子在抗原表达、免疫效应和炎症的调控、淋巴细胞的增殖和分化、细胞的激活和聚集以及黏附发挥着重要作用。乳腺细胞免疫中巨噬细胞、嗜中性粒细胞和 NK 样细胞具有识别、吞噬和消灭病原微生物的功能；炎性反应后期，淋巴细胞可参与防御病原微生物侵袭并限制炎性反应，阻止感染扩散。

乳腺上皮细胞作为乳腺内病原菌通过乳头管后的最后一道屏障，在乳房炎发生过程中对于防御病原菌侵袭发挥着至关重要的作用。一方面，作为乳房的功能单位，乳腺上皮细胞负责多种具有营养与免疫作用的奶成分的合成。另一方面，乳腺上皮细胞在外部环境与机体内部之间的联系方面发挥着重要作用，因为乳腺上皮细胞能通过固有免疫系统中的一组非克隆的、结构各异的受体（又称模式识别受体，pattern-recognition receptors，PRRs）来识别病原体相关分子模式（pathogen-associated molecular patterns，PAMPs）。病原体表面表达自身特定的分子，它们感染细胞后，会引起细胞膜分子结构发生改变。这一系列结构各异，且源于病原体本身的保守分子结构，称为 PAMPs，其中包括革兰氏阴性菌和革兰氏阳性菌细胞壁的主要成分。大肠埃希氏菌常可引起临床型乳房炎，而金黄色葡萄球菌常可引起乳腺的隐性或慢性感染，这就预示着乳腺上皮细胞对不同病原菌的固有免疫应答不同，然而目前有关乳腺上皮细胞对不同病原菌的识别及其固有免疫应答至今仍不十分清楚。

机体通过细胞免疫系统对于侵入体内的微生物的最初识别，在很大程度上是基于 PRRs，其中包括 Toll 样受体（Toll-like receptor，TLR）。目前在哺乳类动物已发现了 13 种 TLR。TLR 表达于单核细胞、巨噬细胞、中性粒细胞、肥大细胞、树突状细胞、B 细胞、T 细胞和上皮细胞，可特异性识别结构各异的 PAMPs。脂多糖（lipopolysaccharide，LPS）是革兰氏阴性菌细胞壁的主要成分，而脂磷壁酸（lipoteichoic acid，LTA）和肽聚糖是革兰氏阳性菌细胞壁的主要成分。脂多糖可引起局部和系统的炎性反应，动物乳腺组织对脂多糖具有高度敏感性。急性大肠杆菌性乳房炎有相当一部分将进一步发展成菌血症，使得脂多糖直接进入血液循环。乳腺内注入大肠杆菌脂多糖可导致动物乳房炎的发生已见于一些报道。经 Toll 样受体的信号转导可导致 NF-KB 的活化，进而促使与固有免疫和炎性反应相关的许多效应分子包括炎性介质的表达和释放。

细胞因子是由生物体内多种细胞合成和释放的一类可溶性小分子多功能蛋白，主要包括促炎细胞因子如白细胞介素（interleukin－1β，IL－1β）、IL－6、肿瘤坏死因子（tumour necrosis factor －α，TNF－α）、抗炎细胞因子（如 IL－10）、转化生长因子（transforming growth factor－β1，TGF－β1）、干扰素（interferon－γ，IFN－γ）、趋化因子如单核细胞趋化蛋白（monocyte chemoattractant protein 1，MCP1）、巨噬细胞炎性蛋白（macrophage inflammatory protein 2，MIP2）和 IL－8 等。促炎细胞因子可介导早期炎性反应促进炎症的发生，另一方面通过激活其他细胞促使被激活的细胞合成释放抗炎细胞因子阻止炎症的加剧。促炎细胞因子所扮演的双重角色使其与疾病的临床症状有关。其系统影响包括由肝脏合成和分泌的急性期蛋白增加、体温升高和血流及血压的改变。造成体温升高的主要因素是由于IL-1β、IL-6和TNF-α的大量释放。促炎细胞因子除具有系统的影响以外，还可通过改变血管通透性、促进白细胞和一些可溶性因子在感染或创伤局部的聚集。为限制炎性反应并且阻止炎性介质扩散进入血液，可合成和释放抗炎细胞因子（如IL-10）和转化生长因子TGF-β1，从而抑制促炎细胞因子的进一步释放。IL-10可阻止由于急性或慢性感染所致过度免疫反应的免疫病理损伤，然而IL-10的过度表达与减弱宿主细胞的活性和对细菌感染控制的失败有关。TGF-β1能够调整黏附分子的表达，可为参与炎性反应的白细胞和其他细胞提供趋化梯度，并且可抑制那些被激活的细胞活性。

乳腺内注入大肠杆菌脂多糖或金黄色葡萄球菌可引起血中某些矿物元素以及细胞因子水平的变化，进而引起动物肝脏合成和分泌急性期蛋白，从而导致血液或奶中的急性期蛋白水平升高。研究表明，血清淀粉样A蛋白（serum amyloid A，SAA）和结合珠蛋白（haptoglobin）目前被认为是炎症反应的最敏感指标。在急性期反应过程中，血清SAA水平可升高约1 000倍，且这种升高主要是由于肝脏中产生的SAA1和SAA2的量增加所致。一直以来，肝脏被认为是SAA产生的主要场所，且在肝脏中产生的SAA主要是SAA1和SAA2。但近期研究发现无论是患有临床型乳房炎动物还是患有隐性乳房炎动物，奶中SAA水平均呈显著升高。这种可在肝外表达的SAA（即SAA3），可能是乳腺上皮细胞肝外表达SAA的最主要形式。

【临床症状】

犬的亚临床型乳房炎发病率目前仍不清楚。临床型乳房炎主要引起乳汁和乳房组织的变化。乳汁含有凝乳块、絮状物或异常分泌物；乳房组织肿胀、变色或形成肿块。

(1) 临床型乳房炎　根据临床变化的程度，可分为轻度和重度临床型乳房炎。

轻度临床型乳房炎　乳腺局部炎症，不表现全身症状，可表现出一个或多个乳腺突然同时或间隔发生炎症，皮肤发红，触诊乳房无异常或有轻度发热和疼痛。乳汁呈絮状或有凝乳块，有时可见褐色的出血性或脓性分泌物。

重度临床型乳房炎　表现乳房肿胀，皮肤发红，触诊乳房发热疼痛。乳汁呈絮状或有凝乳块，有时可见褐色的出血性或脓性分泌物。患病动物可能出现体温升高、精神萎靡。若病情持续恶化，后期乳腺无乳或是仅有少量水样稀薄分泌物。患病动物可能出现败血症，表现出呼吸急促和心跳加快，血液学检查可见白细胞增多或减少或未成熟的中性粒细胞达10%以上。如不及早治疗，可危及生命。

(2) 亚临床型乳房炎　乳房和乳汁通常无肉眼可见变化，但乳汁电导率、体细胞数、pH值等理化性质已发生变化，必须用特殊的检测方法才能诊断。

慢性乳房炎通常由急性乳房炎未及时有效处理或是持续感染发展而来。老龄非泌乳母猫经常出现慢性细菌性乳腺炎。可出现一个或多个乳房乳腺增生，有时可触摸到类似乳腺肿瘤的硬节，一般没有乳汁流出，但强力挤压可有水样的分泌物。慢性乳房炎的炎性变化一般轻微，没有临床症状或症状不明显，但可反复发作。

【诊断】

乳房炎可根据临床症状和病史进行初步诊断，做血常规和发病乳腺的乳汁检查和细菌培养有助于确诊。

患急性细菌性乳房炎时，血常规一般为中性粒细胞增多；败血症时，血液学检查可见白细胞增多或减少或未成熟的中性粒细胞达10%以上。

乳腺细胞学检查可见乳汁总白细胞总数增多，大于3 000个/μL，最常见的是中性粒细胞和巨噬细胞显著增多。

乳汁细菌培养，并同时进行药敏试验和感染乳汁的pH测定。

此外，对于泌乳期的母犬和母猫，幼仔的行为及身体状况可为乳房炎的诊断提供依据。

【治疗】

防治总的原则：乳房炎的治疗主要是针对临床型乳房炎，对亚临床型乳房炎主要是预防。

（1）全身应用抗感染药物治疗　进行乳汁细菌培养和药敏试验前，可选用广谱抗生素治疗头孢菌素30mg/kg，口服，每天2次；阿莫西林克拉维酸12.5～25mg/kg，口服，每天2次。连用5～7d或是临床症状缓解后48h。对于慢性乳房炎治疗用药时间长，可达3周。另外，使用四环素可以不考虑乳汁的pH值，但是可对吮乳幼仔产生副作用。氨基糖苷类药物很难透过血乳屏障，因此并不推荐使用此类药物。

（2）乳房局部治疗　乳房周围外用消炎药或冰敷；乳房局部应用头孢氨苄乳剂、氯唑西林钠等。

（3）促进排乳　可用催产素0.5～2.0 IU，肌内注射或口服，每天1次，连用5～7d。同时，应尽量排空感染乳腺中的乳汁，以减少对乳腺的刺激。

（4）乳腺切除。

二、无乳症（Agalactia）

无乳症（agalactia）指乳腺泌乳和排乳功能均停止。可能继发于先天性发育异常或激素作用不足。

【病因】

无乳症的病因和产生机理仍不清楚，遗传因素或营养不均衡可能是泌乳减少的原因，其他疾病特别是全身消耗性疾病也可减少乳汁的分泌。青年母犬特别是初产的母犬由于应激、焦躁而不愿意哺乳，可能会导致停止泌乳。

【临床症状】

患病动物无乳汁分泌，乳房未见异常，幼仔虚弱。焦躁不安，一般不表现全身症状。

【诊断】

根据乳腺有无泌乳进行诊断。

【治疗】

如果是由于营养不均衡或全身性疾病造成的无乳症应先改善营养状况和治疗原发病。对于紧张焦躁的患犬应使其放松安静，要有熟悉安静的环境，或者给予氯丙嗪0.125mg/kg体重，口服，每天2或3次。氯丙嗪还可对抗催乳素抑制因子——多巴胺的作用而增加泌乳。可使用促进泌乳的药物多缓斯酮（domperidone）2.2mg/kg，口服，每天两次，连用5～7d；甲氧氯普胺（metoclopramide）0.1～0.2mg/kg，皮下注射或口服，每天2或3次，少于5d用药。可用促进排乳药物催产素0.5～2.0 IU，口服或肌内注射，每天1次，连用5～7d。

三、乳腺纤维上皮细胞增生（Mammary fibroepithelial hyperplasia）

乳腺纤维上皮增生（mammary fibroepithelial hyperplasia）指乳腺组织的腺体纤维细胞或管状上皮细胞成分的良性增生。本病常发于发情后的青年母猫，接受孕酮治疗的雌性或雄性动物也偶有发生。

【病因】

本病发生的确切机理目前尚未清楚。损伤和动物体内性激素分泌失调是发生本病的重要原因。

内源性孕酮水平升高是一个重要因素。孕酮可和雌激素一起刺激乳腺腺泡和腺管的发育，母猫发情后或是妊娠期孕酮含量增加，引起弥散性纤维上皮增生和乳腺管内微绒毛增生。而这种情况在间情期青年母犬身上比较少见。

母猫的血浆雌激素水平上升，以及长期接受孕酮类药物治疗的公猫和母猫也可能由于内分泌失调而促发本病。

乳腺受损时，由于损伤刺激，可引起伤口周围组织增生，特别是发情期后的年轻母猫主要是由于损伤造成弥散性的纤维上皮增生。

【临床症状】

可见一个或多个乳腺中有坚硬肿块，碰触不敏感。肿块常呈弥散性或结节性，如果是多个乳腺发病则往往形成多个结节或链状结节。腺体增生常常是双侧性的，并且如果腺体增生严重，还可见乳房有明显的肿胀和不适感。肿胀可以持续数周并可能逐渐加重。

偶尔有棕色液体从患病乳房中流出。

青年母犬的乳腺组织中可能形成充满液体的囊肿，所以患病乳房表面可紧绷并呈现蓝色和棕色的外观变化，一般在几个星期后或者进行卵巢子宫切除后症状消失。

对于肿胀持续时间过长的慢性病例，患病乳房由于包含有相当数量的纤维结缔组织而有坚硬结节。

【诊断】

（1）根据临床症状和病史等可以做出初步诊断。

（2）细胞学检查和细菌培养 可发现乳腺分泌的棕色液体无菌，仅含有很少量的细胞。

（3）如果老龄动物表现严重乳腺炎症或治疗后 3～4 周乳房肿胀仍未消退，则应该对患病乳腺进行组织病理学检查。

【治疗】

由于此病大多由于周期性或治疗性内分泌紊乱引起，所以一般无需特殊治疗，当发情周期中卵巢的激素浓度回到正常水平，或是停止孕酮类药物治疗后，可自愈，其症状也仅持续数周。

进行卵巢子宫切除是可以考虑的有效方法，并且可以防止复发。

乳腺外伤、感染和化脓，局部和全身应用广谱抗感染药物并配合支持疗法治疗。严重者可考虑乳腺切除。

睾酮疗效并不稳定，不建议使用睾酮治疗。

四、乳腺肿瘤（Mammary neoplasia）

乳腺肿瘤主要来源于雌性乳腺组织的分泌上皮和黏膜上皮，而间质上皮很少发生。良性乳腺肿瘤包括良性混合型肿瘤、复杂腺瘤、纤维腺瘤、管状乳头瘤和单纯性腺瘤；恶性乳腺肿瘤包括管状腺癌、乳头状腺癌、乳头囊性腺癌、乳腺软骨化生性癌、退行性癌以及肉瘤等。

雌性和雄性动物均可发生，母犬常见。犬大约 50%的乳腺肿瘤是恶性；猫乳腺肿瘤是仅次于肝脏和皮肤肿瘤的常见肿瘤。猫 80%～90%的乳腺肿瘤是恶性。乳腺肿瘤在各种年龄均可发病，2 岁以下犬很少发生乳腺肿瘤，6～7 岁发生率显著升高，10～12 岁犬和猫多发，之后逐渐下降。

【病因】

乳腺肿瘤病因尚不明确。目前认为有以下因素可能与乳腺肿瘤发生有关。

（1）内分泌因素

未绝育的犬和猫乳腺肿瘤发病率是绝育犬和猫的 7 倍。

猫的乳腺肿瘤细胞上发现了雌激素、孕激素和糖皮质激素的受体，大约有 40%～60%的肿瘤激素受体试验阳性，且激素受体水平高的肿瘤的分化程度高；部分犬的乳腺肿瘤催乳素受体试验阳性，恶性肿瘤中催乳素受体低水平表达。

长期大剂量使用去甲睾丸素可使犬乳腺癌的发病率增加，使用维持妊娠的孕酮制剂易引起猫乳腺肿瘤发生。

（2）营养因素 乳腺癌发生可能与饮食中高胆固醇有关。研究表明，9～12 月龄的偏瘦犬的乳腺癌的发病率小于肥胖犬。

（3）可能与品种有关

【临床症状】

患病动物的单侧或双侧乳腺可出现一个或多个肿块，肿瘤大小变化很大；肿块可能是相距较远的多个结节或一个或几个乳腺弥散性地肿胀。有时乳头有分泌物排出。患病动物表现或不表现全身症状。乳腺肿瘤可能伴发炎症和感染，严重时出现败血症。

常见的乳腺癌转移位置包括肺、肝、骨骼、胃、眼睛，以及局部或远处的淋巴结。转移性乳腺癌则根据转移部位患病动物表现相应的临床症状，如转移到呼吸器官可出现呼吸困难、厌食、呕吐和腹泻，转移到淋巴组织可造成淋巴水肿，这在后肢尤为明显。此外，肿瘤还可引起高钙血症和肿瘤恶病质，动物可能极度消瘦。

【诊断】

根据乳腺的肿块、乳头异常分泌物、淋巴肿胀以及其他全身症状做初步诊断，需要进行胸部X线检查、细胞学检查和组织病理学检查。

首先，应了解动物的年龄、生殖情况、用药情况以及乳腺肿块的大小、生长速度，并记录下所有肿块的位置。然后进行胸部X线检查，做两个侧位和一个背腹位，以查看是否存在肿瘤转移。如果乳头有分泌物排出，可进行细胞学检查。此外，可用细针从病灶吸取液体进行细胞学检查来判断是否有乳腺癌可能。

如果放射学检查未发现转移或是细胞学检查为癌症阴性，可应用手术活检来确诊。手术活检分为切开活检和切除后活检，除非怀疑是炎性癌，否则切开活检很少使用，切除后活检比较常用，一般与治疗同时进行。在手术前，特别是老龄动物应做血常规和血清生化检查，以确保动物可以耐受麻醉和手术应激。

组织病理学检查可见多数患病动物的正常乳腺结构已被破坏，癌细胞呈圆形或椭圆形，瘤组织腺管样增生，乳腺表现出高度分泌或囊性分泌。另外犬乳腺肿瘤的一个特征性变化就是常见有软骨化生的现象。

【治疗】

(1) 手术切除所有已知的乳腺肿块　手术方法可分为四种，淋巴切除术、病变乳腺切除术、乳腺放射性切除术和改进的乳腺放射性摘除术。

淋巴切除术　只切除肿瘤本身和相关淋巴结。仅适合直径小于0.5cm的肿瘤，不适合多个乳腺发病的情况，不能排除在保留的乳腺中新生肿瘤的可能性。

病变乳腺切除术　切除肿瘤同时切除肿瘤所在的整个乳腺组织，可为组织病理学检查提供肿瘤侵入的病理材料。乳腺是彼此相连的，可能会有肿瘤细胞未清除干净。

单侧或双侧乳腺切除（乳腺放射性摘除术）　将肿瘤所涉及的同侧乳房或双侧乳房全部切除，而且相关的局部淋巴结应根据以上原则同时一并摘除。主要存在问题是伤口闭合和消除死腔困难。

改进的乳腺放射性切除术　切除肿瘤同时切除肿瘤所在乳腺以及与该乳腺具有共同淋巴管回流的其他乳腺和相关的局部淋巴结。根据淋巴通路采取手术方法。第1和2对乳腺肿瘤，切除前3对乳腺和乳腺间组织以及腋下淋巴结。第4和5对乳腺肿瘤，切除后2对乳腺和乳腺间组织和腹股沟淋巴结。

(2) 化学药物疗法　适合于肿瘤已经转移和术后易复发的病例。

如果肿瘤边界不清、侵入其他组织、病灶液体的细胞学检查为癌症阳性，则手术治疗很难将肿瘤细胞清除干净；切开活检为炎性癌时，由于原发部位已对全身造成了严重影响，患病动物常常对麻醉耐受力低，不能采取手术治疗；胸部放射学检查发现存在转移时，不能进行手术切除。在这些情况下，推荐使用放射疗法和化学药物疗法。

细胞毒性化学疗法　犬乳腺癌使用阿霉素30mg/m^2，静脉注射，3周治疗4～8次；猫乳腺癌在使用阿霉素后口服环磷酰胺50mg/m^2，每天3次，有一定的疗效。

激素　首先应做雌激素受体分析，使用抗雌激素药物，如它莫西芬、克罗米芬，理论上可以降低激素依赖的肿瘤生长速度。此法疗效不可靠。

改变生物学反应法　指在手术切除肿瘤后用免疫介导的方法除去残留的肿瘤细胞，常用非特异性的免疫刺激剂，如左旋咪唑和卡介苗，但效果并不明确。此法已在犬的初期抗肿瘤治疗中用于去除循环中的肿瘤抗原抗体复合物。

对症治疗　全身应用抗生素治疗继发感染，局部清创治疗，短期内缓解病犬的肿瘤性疼痛；对于肺上出现转移灶且表现临床症状的病例，可考虑使用抗组胺药和气管扩张剂来缓解呼吸困难。

【预后】

乳腺肿瘤的术后预测只对恶性肿瘤有效，可对动物间隔1～3月做一次检查，每2～4个月进行一次胸部透视以查看是否有转移灶出现。

犬的恶性肿瘤在术后2年内，其复发率随着恶性的程度增加而升高。侵入性癌由淋巴或脉管侵入，或转移侵入局部淋巴结，术后2年内复发率极高。

一般而言，术后24个月后仍未复发的病例，则以后复发的可能性很小。术后保留有乳腺组织的雌性动物仍有发生乳腺肿瘤的可能。

第六节　睾丸和附睾疾病
Diseases of the Testes and Epididymides

一、隐睾（Crytorchidism）

隐睾是指睾丸下降过程受阻，单侧或双侧睾丸不能降入阴囊而滞留于腹腔或腹股沟管。睾丸在胚胎时期由引带附着在腹腔的腹股沟区，在出生前后随着引带的生长而被拉入腹股沟管，进而引带退化，变成睾丸的固有韧带，使睾丸降入阴囊内。多数犬的这一过程在初生后3周完成，但也有迟至出生后6～8个月才降入阴囊内。睾丸在降入阴囊之前可能具有游走性，可出现于阴囊前方、阴茎外侧皮下或会阴部海绵体后侧。这种睾丸不在阴囊内的现象被称为异位睾丸。隐睾是异位睾丸的一种类型，双侧隐睾动物可不育，单侧隐睾动物可能具有生育力。

【病因】

睾丸下降受阻的原因还不十分清楚。目前认为可能与以下因素有关：

（1）隐睾具有遗传性和家族性倾向，犬的隐睾常发生于短头品种。如约克夏、博美、小型狮子犬、哈士奇、吉娃娃等具有品种易发性，近亲繁育双侧隐睾的发生率高。

（2）可能与睾丸大小、睾丸系膜引带、血管、输精管和腹股沟管的解剖异常有关。

（3）内分泌因素　可能与性腺发育早期促性腺激素分泌不足有关。促性腺激素和雄激素水平偏低可以造成睾丸附属性器官发育受阻和睾丸系膜萎缩而导致隐睾。

（4）环境因素　化学物质（如杀虫剂等）环境污染导致隐睾发生。

【临床症状】

患病动物阴囊小或缺失，单侧隐睾患病动物阴囊内只能触及一个睾丸，位于阴囊内的睾丸大小、质地和功能均可能正常，雄性动物可能有生育力。单侧和双侧隐在腹腔或腹股沟管内的睾丸由于较高的环境温度使其精子生成上皮变性，精子生成不能正常进行，隐睾内精子出现畸形，睾丸小而软且容易产生癌变。隐睾的癌变几率比正常睾丸高30～50倍。双侧隐睾动物不育，但睾丸间质细胞仍具有一定的分泌功能，动物的性欲及性行为基本正常。隐睾动物多发生睾丸支持细胞瘤和精原细胞瘤。

由于性激素水平紊乱会导致全身病变，如全身脱毛、皮肤变薄和生殖器萎缩。病程较长的病例，可引起前列腺囊肿，睾丸癌变时如不及时手术切除病变睾丸，可引起严重的造血功能障碍、贫血、血凝不良等等。癌变出现扩散时，可危及生命。

【诊断】

一般情况下，触诊阴囊和腹股沟外环，结合直肠检查触摸腹股沟内环或借助B超检查即可确诊。有时需开腹探查，直接探查腹腔内睾丸。

【治疗】

从种用角度出发，任何形式的隐睾均无治疗的必要，应禁止使用患有隐睾的公犬进行繁殖。避免近亲交配，及时淘汰隐睾后代较多的雄性动物和多次生产隐睾后代的雌性动物可以在一定程度上防止隐睾的发生。如果是伴侣动物，由于隐睾在体内体温较高，睾丸容易癌变，可考虑实施去势手术，摘除睾丸。

据报道，皮下或肌肉注射人绒毛膜促性腺激素（hCG）100～1 000 IU，每5天1次，连用4次；或促性腺激素释放激素（GnRH）50～100μg，每7天1次，连用2次，可促使睾丸降入阴囊，对于小于4个月的犬成功率比较高。但因为没有做对照试验，所报道的试验结果可能是巧合，不治疗有可能也会降入阴囊。通常隐睾保守治疗睾丸降入阴囊的可能性很小。

二、睾丸炎（Orchitis）

睾丸炎是由损伤或感染引起的睾丸炎症。

【病因】

（1）由损伤引起炎症　常见外科损伤导致睾丸被刺伤和撕裂伤，继而由葡萄球菌、链球菌和化脓棒状杆菌等引起感染，多见于一侧。外伤引起的睾丸炎常并发睾丸周围炎。

（2）微生物感染　细菌、衣原体、霉形体和某些疱疹病毒均可经血流引起睾丸感染。在布氏杆菌病流行地区，布氏杆菌病感染可能是导致睾丸炎最主要的原因，而犬瘟热病毒也可引起睾丸的炎症。

（3）炎症蔓延　睾丸附近组织或鞘膜炎症蔓延；副性腺细菌感染沿输精管蔓延均可引起睾丸炎症。附睾和睾丸紧密相连，常同时感染或互相继发感染。

【临床症状】

（1）急性睾丸炎　睾丸肿大、发热、疼痛，阴囊发亮，动物站立时拱背、后肢广踏、步态强拘、拒绝爬跨。触诊可发现睾丸紧张，质地坚实，鞘膜腔内有积液，精索变粗，有压痛。病情严重者体温升高、呼吸浅表、脉频、精神沉郁、食欲减退。并发化脓感染的病例，局部炎症感染可扩散而继发全身性感染，出现败血症。在个别病例伴发弥散性化脓性腹膜炎。

（2）慢性睾丸炎　睾丸不表现出明显热痛症状，睾丸组织纤维变性、弹性消失、硬化、变小，产生精子的能力逐渐降低或消失。布氏杆菌和沙门氏菌常引起睾丸和附睾高度肿大，最终引起坏死性化脓病变；睾丸炎常呈慢性经过，阴囊呈现慢性炎症，皮肤肥厚、肿大，固着粘连。炎症导致的体温增高和局部组织温度增高以及病原微生物释放的毒素和组织分解产物都可以造成生精上皮的直接损伤。睾丸肿大时，由于白膜缺乏弹性而产生高压，睾丸组织缺血而引起细胞变性。各种炎症损伤中，首先受影响的主要是生精上皮，其次是支持细胞，只有在严重急性炎症情况下睾丸间质细胞才受到损伤。单侧睾丸炎症引起的发热和压力增大也可以引起健侧睾丸组织变性。

【诊断】

根据临床症状和精液品质检查结果，基本上可以对本病做出诊断。睾丸或附睾吸出物的细胞学检查可区别化脓性炎或肉芽肿性炎，也可用于培养细胞和支原体。血清学检查犬布鲁氏菌，有助于本病的诊断。

【治疗】

局部和全身应用抗感染药物治疗：

（1）治疗布鲁氏菌病　①恩诺沙星10～15mg/kg，口服或肌内注射，每天1次，连用14～21d；②盐酸二甲胺四环素12.5mg/kg体重，口服，每天2次，连用14～21d；结合链霉素5～10mg/kg，肌内注射，每天2次，连用7d。③盐酸四环素10mg/kg，口服，每天3次，连用28d，此法较便宜，但不及上法有效。在雄性动物治疗效果不明显时，建议去势，继而全身应用抗生素治疗。

（2）治疗其他细菌感染　根据细菌培养和药敏试验选择抗生素。

（3）全身性真菌感染　选择适当的抗真菌药物并结合抗生素治疗。

布鲁氏菌阳性犬和严重的睾丸脓肿或坏死建议做去势手术；无种用价值者可去势；单侧睾丸感染而欲保留作种用者，可考虑尽早将患侧睾丸摘除；由感染性疾病引起的睾丸炎，应首先考虑治疗原发病。

【预后】

睾丸炎预后视炎症严重程度和病程长短而定。急性炎症病例由于高温和压力的影响可使生精上皮变性，长期炎症可使生精上皮的变性不可逆转，睾丸实质可能坏死、化脓。转为慢性经过者，睾丸常呈纤维变性、萎缩、硬化，生育力降低或丧失。

三、附睾炎（Epididymitis）

附睾炎是附睾的炎症。以附睾出现炎症并可能导致精液变性和精子肉芽肿为主要特征。病变可能单侧出现，也可能双侧出现。双侧感染常可引起不育。睾丸炎和附睾炎紧密相关，一个器官的炎症常常导致另一个器官的炎症。

【病因】

微生物侵入，如化脓棒状杆菌、葡萄球菌及犬布氏杆菌等是引起附睾炎的主要原因。有些真菌性疾病（如芽生菌病和球孢子菌病）可引起肉芽肿性睾丸炎和附睾炎。患有阴囊疾病的犬，经常舔阴囊可导致睾丸和附睾的感染。犬瘟热病毒也可引起睾丸和附睾的炎症。

非感染性附睾炎也可由创伤或者自身免疫疾病引起。阴囊、睾丸或附睾的损伤可引起炎症和继发感染。犬在腹压突然增加的情况下（如冲撞、压迫），尿液被迫返入输精管而进入附睾也可以导致附睾炎。

【临床症状】

发生附睾炎时，仔细触诊可发现正常的睾丸和肿大的附睾。附睾感染一般都伴有不同程度的睾丸炎，呈现特殊的化脓性附睾及睾丸炎症状。动物表现出疼痛，不愿交配，叉腿行走，后肢强拘，阴囊内容物紧张、肿大，睾丸与附睾界限不明显。精子活力降低，不成熟精子和畸形精子百分比增加。布氏杆菌感染一般不波及睾丸鞘膜，炎性损伤常局限于附睾，特别是附睾尾。炎症初期附睾病变表现为水肿，间质组织内血管周围浆细胞和淋巴细胞聚积，小管上皮细胞增生和囊肿变性。通常在急性感染期睾丸和阴囊均呈水肿性肿胀，附睾尾明显增大，触摸时感觉柔软。慢性期附睾尾内纤维化，可能增大4～5倍，并出现粘连和黏液囊肿，触摸时感觉坚实，睾丸可能萎缩变形。放线杆菌感染常引起睾丸鞘膜炎，睾丸肿大并可能破溃流出灰黄色脓汁。感染所引起的温热调节障碍和压力增加可使生精上皮变性并继发睾丸萎缩。附睾管和睾丸输出管变性阻塞引起精子滞留，管道破裂后精子向间质溢出形成精子肉芽肿，病变部位呈硬结性肿大，精液中无精子。

【诊断】

感染后15周内可触诊肿胀的附睾，并见浆细胞、淋巴细胞和巨噬细胞的浸润。精液品质早在感染后5周可能受到影响，精子出现原发和继发性异常。采用精液微生物培养和鉴定是有效的诊断方法，但是疼痛可限制动物的勃起和射精能力。另外，睾丸或附睾细胞学检查可区别化脓性炎和肉芽肿性炎。犬布氏杆菌血清学检验以及组织病理学检查等有助于本病诊断。

【治疗】

参见本章睾丸炎治疗部分。

四、精子囊肿和精子肉芽肿（Spermatocele and sperm granuloma）

精子不能正常排出，滞留于附睾和输精管道，称为精液滞留（spermiostasis）。精液滞留使精液品质下降，并可能引起精子囊肿（*spermatocele*）或精子肉芽肿（*sperm granuloma*）。精子囊肿是由于附睾管近端堵塞，精子在附睾内形成囊肿；精子肉芽肿是由于炎症反应，在附睾和睾丸间质组织形成肉芽肿。多为单侧发病。由于另一侧睾丸基本正常，动物可能具有一定的生育力。

【病因】

（1）沃尔夫管道系统部分发育不全：发生本病时，较常见的是附睾发育不全或缺失。

（2）创伤和感染导致精子输出管道堵塞：常继发于附睾炎、精索炎等疾病。

（3）机能性障碍引起精液不能排出：如勃起不射精等。另外，结扎输精管后，精液广泛滞留于附睾和剩余输精管，一般无明显病理变化，但有的公犬可能发生精子囊肿或精子肉芽肿。

【临床症状】

精子输出管道未完全封闭者，部分精子尚可通过，但精液中精子浓度低、活性差，畸形精子比例高。一般患侧睾丸较健侧硬。精子囊肿常发生于附睾头。附睾头增大、变硬，呈无痛性肿胀。精液检查未见病原微生物和白细胞。精子肉芽肿常由炎症引起，多发生于附睾头、体、尾和睾丸间质组织，在附睾部位仔细触诊可发现坚硬的结节，直径从针尖大到几厘米不等。滞留精子常结成团块、活力降低，头尾断离或死亡。积聚和变性的精液不断增加，可使管道扩张形成精液囊肿。被阻塞的精液产生压力，长期压迫生精上皮和输精管，可引起睾丸水肿、变性和萎缩。如果囊肿管腔破裂或其他原因使崩解的精子碎片渗入间质组织，可引起免疫学反应，并刺激周围组织形成肉芽肿。

【诊断】

根据临床症状和精液品质检查结果，基本上可以对本病做出诊断，但最后确诊需做睾丸活组织检查，并且如果已经形成双侧性病变，精液中的碱性磷酸酶会减少。但是在多数情况下，单纯睾丸或附睾患病可能被忽视，而在死后剖检时才能发现。

【治疗】

没有有效的治疗办法。由于遗传因素所致单侧输精管阻塞者可能有生育力，但不宜作为种用。非遗传性精液滞留可通过改善饲养管理、增加运动和增加采精频率使精子维持正常活力，但应经常进行精液品质检查以确定其是否具有正常受精能力。

如为单侧发病可及早摘除患侧睾丸，以保持健侧睾丸的生育力。如果肉芽肿形成，病变可能导致精子自身抗体的产生。如果双侧睾丸机能紊乱，精子活力缺乏，建议做去势。

五、免疫介导性睾丸炎（Immune-mediated orchitis）

免疫介导性睾丸炎是自身免疫性睾丸炎，由淋巴细胞侵入睾丸引起，并可导致获得性不育。

【病因】

引起本病的原因尚未明确。目前认为可能与遗传有关。比格犬有淋巴细胞性睾丸炎/甲状腺炎的家族发病史。苏格兰犬由于在过去有超过20代的高度近亲繁殖，易发生此病。在免疫系统已分离到精子抗原，任何破坏血睾屏障的因素（如感染或创伤）可能激活精子抗原，导致抗体的形成。精子的凝集作用和精子头部中性粒细胞的吞噬作用发生异常，表明精子表面存在抗体。

【临床症状】

通常不出现急性炎症期。动物常常表现为获得性不育和精子缺乏活力。触诊时睾丸可能正常。

【诊断】

建议进行谱系的查阅来评估其近交程度以及雄性动物的双亲。需要做病理组织学检查确诊，并与慢性睾丸炎（例如布氏杆菌病）、其他原因的雄性不育症、睾丸萎缩进行鉴别诊断。

【治疗】

目前没有有效的治疗方法，应对有潜在相关遗传因子的犬进行评定。

六、睾丸肿瘤（Testicular neoplasia）

常见睾丸肿瘤主要有精细胞瘤（seminoma）、间质细胞瘤（leydig cell tumor）和支持细胞瘤（sertoli cell tumor）。

犬睾丸肿瘤比其他任何一种家养动物都多见。睾丸是公犬仅次于皮肤的第二位肿瘤高发部位。未下降睾丸的肿瘤发生率，是阴囊睾丸的13.6倍。35%以上犬睾丸肿瘤类型不止一种。

一般而言6岁以下犬发生睾丸肿瘤的可能性小，但也可能发生在小于3岁的犬。犬发生睾丸肿瘤的平均年龄约为10岁。单侧或双侧同时发生，双侧睾丸肿瘤的发生率很高。隐睾发生率高的品种的犬，发生睾丸肿瘤的可能性也较大，但肿瘤发生与隐睾无关。

拳师犬发生 3 种类型睾丸肿瘤的危险都很大，并且发生的年龄比其他品种的犬小；威玛犬、喜乐蒂牧羊犬，支持细胞瘤发生率增加；德国牧羊犬，精细胞瘤发生率增加。

【病因】

目前既不知道导致睾丸肿瘤发生的原因，也不清楚隐睾患犬睾丸肿瘤增多的原因。但认为睾丸肿瘤形成可能与滞留在腹腔内的睾丸温度升高有关。

【临床症状】

(1) 由于睾丸肿瘤的发生率高，临床检查要包括睾丸的详细触诊。睾丸增大、形状改变、部分或整个睾丸的致密度增加，都应怀疑肿瘤。老龄动物，触及腹后部肿块，可能表明睾丸肿瘤。

(2) 可能出现雌性化。这种现象可发生在任何一型肿瘤，但以支持细胞瘤最常见［图 4-10-2］。症状主要有对称性脱毛，皮肤色素沉着，性欲下降，不育，公犬雌性型乳房，包皮下垂，正常睾丸萎缩，前列腺鳞状细胞化，可能伴有血清雌激素水平升高或雌激素/睾酮比率升高。

(3) 三型中任何一型肿瘤的雌激素过多，均可发生雌激素中毒症状。可能出现败血症、血小板减少和再生障碍性贫血等临床症状。

(4) 也可能有其他症状，如精索和睾丸扭转。另外，由于淋巴管被肿瘤阻塞而导致阴囊肿胀。

【诊断】

(1) 临床检查。

(2) 睾丸吸出物的细胞学检查　精细胞瘤细胞脆，玻片上常只见到剥离的核，细胞核大，核仁明显，胞浆少。常见巨大核、多聚核形成和核分裂。

支持细胞瘤或间质细胞瘤细胞呈立方形倒柱状，胞浆丰富，含有空泡。支持细胞瘤细胞含有许多大小一致的小空泡。间质细胞瘤胞较少有空泡，且大小不一。

(3) 包皮分泌物涂片检查　上皮细胞受雌激素影响而角质化。

(4) 切除睾丸检查。肉眼观察　支持细胞瘤呈典型不规则分叶状，棕黄或白色，质地坚实至坚硬，可能有囊肿区。间质细胞瘤呈鲜黄、橙或棕色，质地坚实一致，常含有囊肿。精细胞瘤通常较软，白色至淡黄，切面隆起有时见分叶。应根据组织病理学检查确诊睾丸肿瘤。

【治疗】

(1) 睾丸切除　手术前做血细胞和血小板的计数，排除雌激素过多的继发性影响，通过胸部和腹部的 X 线检查是否转移。因为双侧睾丸肿瘤的发生率高，对侧睾丸也要切除。

(2) 药物治疗　据报道，应用氨甲喋呤、长春新碱和环磷酰胺治疗支持细胞瘤有部分退化。对人而言，转移性精细胞瘤对放射疗法和化疗两种方法极为敏感，但这些疗法在犬临床上的经验还有限。

(3) 临床监测　肿瘤切除后，注意观察临床症状和监测血液学变化。雌激素过高引起的骨髓恢复情况随细胞类型不同而有差别。成功切除良性肿瘤 60d 内，应出现雌性化征候消退。

(4) 监测转移的迹象　术后第 3、6 和 12 个月复查。注意常见的转移部位腰下淋巴管和淋巴结、肝、肺和眼睛。

第七节　转移性性病肿瘤
Transmissible Venereal Tumor

转移性性病肿瘤（transmissible venereal tumor，TVT）是指自然发生的，能影响犬的外生殖器官和其他部位黏膜的肿瘤。在全世界广泛分布，在犬只较多（特别是犬场）或不限制犬性行为的地区发病率较高，尤其多发于温热带地区。

【病因】

转移性性病肿瘤是自然发生的同种移植性肿瘤。在交配或接触过程中，有肿瘤的动物脱落的表皮瘤细胞转移到新宿主。试验中细胞通过皮下注射很容易移植。自然传播时，瘤细胞通过黏膜擦伤侵入。瘤细胞形成原因目前尚不明确，已知瘤细胞染色体数目为（59 ± 5）条，而正常犬为 78 条。

开始的几个星期内，肿瘤生长很快，然后变慢，6 个月可自发地消退。转移灶不常见，但实际扩散的几率不清楚。肿瘤的生长和转移，免疫系统起到很重要的作用。已证明有肿瘤的犬体液中存在抗体 IgG 与肿瘤的消退有关，肿瘤消退后，抗体仍然存在。此外，淋巴细胞应答反应强烈的犬 TVT 最后消退，而免疫应答机能不全或弱的犬，肿瘤转移发生率较高。最常见的转移部位是局部淋巴腺，其次有脑、眼睛、睾丸和胸腹部的内脏器官。

【临床症状】

（1）肿瘤为分叶的菜花样无蒂团块，偶尔有乳头或肉茎。肿瘤暴露的表面脆或硬，生长的早期呈红色，后期为粉红色或灰色。经常出现出血和坏死。

（2）多见于外生殖器（包皮或阴茎、阴门、阴道前庭）或阴道。也可见于生殖器外的器官，如唇部、口腔和鼻腔。很少在皮肤上。据报道，肿瘤细胞可移植到被咬的伤口处。临床症状取决于肿瘤所在部位和扩散的相应器官。

（3）大的肿瘤可产生机械性刺激使动物感到不适。

（4）生殖器官有血液样分泌物，常见到犬舔舐感染部位。

（5）肿瘤细胞破溃后，可闻到恶臭的气味。

【诊断】

（1）典型的小叶状、菜花样的出血团块。

（2）细胞的抽吸或压片检查是可靠而廉价的诊断方法：涂片经 Diff-Quik 染色或其他染色方法。细胞由大而圆且形状大小基本接近的卵圆形细胞组成。每个细胞有一个大而圆的细胞核，且核仁显著。细胞有数量适中的细胞质，细胞质含有大小和数量不一致的空泡。有些肿瘤细胞有有丝分裂相。

（3）组织病理学有助于诊断，但其不能同其他肿瘤组织（细胞瘤、淋巴肉瘤、非颗粒状的肥大细胞瘤）相区别。

（4）肿瘤细胞有（59±5）条染色体，核型鉴定是最准确的诊断。

（5）鉴别诊断　除非发现肿瘤，血液样分泌物可能存在下列情况：发情期、尿道炎/膀胱炎、前列腺炎，其他生殖器官黏膜的肿瘤可被排除，特别是鳞状细胞癌。

【治疗】

（1）手术摘除，但容易复发，肿瘤细胞易移植于切割部分从而复发。

（2）电子外科和冷冻外科疗法联合使用并结合或替代常规外科手术，这取决于肿瘤位置和大小。

（3）单独使用放射疗法或与手术方法相结合。放射疗法建议总的剂量为 1 500～2 000 rads。局部区域可 100%治愈。

（4）化疗具有很高的成功率，长春新碱为首选药，每周 $0.5 mg/m^2$，静脉注射，治疗时间取决于肿瘤消退速度，通常为 4～6 周，首次治疗 2 周内可观察到肿瘤消退。单纯药物治疗结合其他化学疗法并不成功。

化疗时，观察是否呕吐，在此期间进行外周血白细胞计数检查是否发生白细胞减少症。治疗后监测复发情况，对于只做手术治疗的病例需特别注意。治疗 2 年后还有肿瘤转移的情况发生，建议做阶段性的身体检查和放射性检查。

（5）限制和其他犬接触，直到肿瘤完全消退。试验中移植的肿瘤几个月后可自然消退，可能是免疫应答作用的结果。目前并不清楚自然消退的概率为多少。

第八节　母犬不育
Infertility in the Female Dog

引起犬繁殖障碍的原因繁多，按其性质不同可以概括为以下几类：先天性或遗传性因素导致生殖器官发育异常或各种畸形，饲养管理措施及繁殖技术使用不当，营养不足或过剩，环境（应激或气候变化），免疫，衰老，疾病包括卵巢、输卵管疾病和影响生殖机能的其他非感染性疾病，以及囊性子宫内膜增生/子宫积脓、子宫内膜炎、布鲁氏菌病和疱疹病毒病等感染性疾病都可能导致犬繁殖障碍。

不育（infertility）是指动物暂时性或永久性地不能繁殖。生育力（fertility）是指动物繁殖和生育后代的能力。雌性动物不育是指雌性动物的生殖机能（暂时或永久）丧失或降低。

一、母犬不育（Infertility in the female dog）

母犬不育指母犬交配和受孕失败或产仔数减少或丧失产仔能力。依据繁殖史可分为 3 类：配种失败、有正常的发情周期但是不能受孕或有过妊娠但未能生育和发情周期异常。

【病因】

（1）配种失败　母犬的两性畸形和阴道异常可使得插入时受阻和交配性疼痛；如果母犬比公犬凶悍，或是以前有过交配性损伤，则母犬可能拒绝公犬的插入；配种管理失误，发生交配次数少而没有足够的有活力精子使卵子受精、运输产生应激或是错误判断配种时间而错过最佳受孕期；有的母犬发情周期和交配都正常，但不排卵。

（2）发情周期异常　母犬发情期过后未排卵可使得发情间期缩短，有的可见一过性发情，导致错过最佳配种时间；有的出现发情间期延长，可能是由于母犬安静发情而未被主人注意到；有的出现持续的乏情，可能是安静发情，也可能是母犬患有影响生殖系统的其它疾病，如内分泌疾病、两性畸形、卵巢功能早期衰退和卵巢囊肿。此外，卵泡囊肿和卵巢肿瘤产生的雌激素可引起发情前期和发情期的延长，这种情况延长也在初情期偶尔可见。

（3）其他疾病　母犬患有糖尿病、肾上腺皮质功能异常、肿瘤、子宫内膜囊性增生/子宫积脓等疾病可引起生殖障碍，进而影响了交配、受孕和着床；某些传染病如犬布氏杆菌病、犬疱疹病毒病、子宫的细菌感染可针对性地损伤生殖系统，造成受孕障碍或胎儿的死亡，阴道支原体的过度增长也可能是不育的原因。另外，胎儿本身发育缺陷、胎盘炎、母体孕酮分泌不足和外源性糖皮质激素治疗也可导致胎儿死亡、吸收或流产。

【临床症状】

配种失败可见母犬和公犬无法正常交配，公犬无法插入或母犬驱赶公犬。患潜在性疾病如糖尿病、肾上腺皮质机能异常和肿瘤的母犬可见多食多尿、被毛粗糙、体型消瘦或肥胖等表现。患有相关传染病和子宫内膜囊性增生/子宫积脓综合征的母犬则出现相应症状，如阴道异常分泌物、阴道肿胀。如果在妊娠期出现胎儿吸收或流产，母体可能除了有死亡胎儿的排出而没有其他外部症状，但有的母犬会表现出发烧、厌食，以及有血性或脓性的分泌物从阴道流出；母犬还可发生部分胎儿的吸收或流产，则其他健康胎儿可在妊娠到期后正常产出。

发情间期短的母犬，发情间期少于或等于 4 个月，初情犬常见一过性发情，表现为发情前期或发情期突然结束，在经过 2～4 周的乏情后又开始发情，且可正常排卵和受孕。发情间期长的母犬发情间期一般大于 10 个月，但有的品种（如巴塞基犬）的间情期很长，一年只发一次情。一般认为 18 个月龄尚未发情的母犬是原发性乏情，主要原因是真两性畸形和雌性假两性畸形。如果母犬已经表现发情，超过 12 个月的发情间隔或者个别母犬有两倍于平时的发情间隔，都认为是发情间隔时间延长。

【诊断】

首先应仔细做母犬的繁殖史和病史调查，并详尽了解近期的用药情况。检查管理是否不当，错误推断了排卵时间。

对阴道进行详细检查，建议用阴道镜检查犬阴道的全貌，判断是否存在阴道畸形、异物或其他异常；同时可用阴道拭子做阴道后部分泌物的培养，查看菌种类及是否能分离出支原体，但可能都为正常菌群。

对于每一只母犬，在其交配前都应做犬布氏杆菌病的检查，并查看与其交配的公犬是否感染布氏杆菌，因为布氏杆菌可通过交配感染。做血常规、血清生化和尿液检查可排除糖尿病、肾上腺皮质功能异常等潜在性疾病。

检测孕酮非常重要，因为可以以此评价黄体的功能和发现安静发情的母犬。间情期的母犬如果已排卵且黄体功能正常，其血清孕酮浓度大于 5ng/mL；如果怀孕期血清孕酮浓度小于 2ng/mL，则不足以维持妊娠而引发胎儿吸收或流产。当母犬出现发情前期和发情期延长时，雌激素检测可见其浓度升高。如果持续乏情，则应做血清 LH 浓度的测定以判断是否存在卵巢变性。如果发情前期延长或不发情，应做细胞核型检查判断是否存在两性畸形。

B 超可帮助在配种后 20～23d 判断是否妊娠，并在怀孕期间估测胎数和胎活力，用于判断是否发生胚胎死亡和吸收，并可以发现子宫积脓和其他子宫或卵巢疾病。

如果母犬发生胚胎吸收或流产，需做疱疹病毒检查，可从阴道拭子、流产胎儿和胎盘中分离犬疱疹病毒。

也可进行手术开腹探查，检查子宫、卵巢和输卵管查看是否有病变或肿瘤，或做子宫活组织切片或取得子宫脓液进行细菌和 SPP 培养来判断是否存在子宫内膜疾病。虽然对母犬的伤害和应激较大，但在诊断上很有意义。

【治疗】

配种失败的母犬需要正确判断排卵时间以便在最佳受孕期进行配种；如果是由于母犬阴道畸形造成的交配困难，则进行相应的治疗；如果是由于母犬行为学上的异常导致的交配失败，改变配种环境是一个可选的方法，在公犬舍中配种可克服母犬攻击性强的情况；为了防止应激，最好避免配种犬在配种近期长途运输。

如果母犬无法排卵，可用 hCG 500～1 000 IU 进行肌肉或皮下注射，以达到诱导排卵的目的；但注射的时机为阴道上皮角化程度最高的时候，不适当的 hCG 注射反而引起成熟前卵泡的黄体化而无法排出可受精的卵子。如果母犬无潜在性疾病但不发情，可用 GnRH、eCG 或 FSH、雌激素和麦角衍生物等对母犬进行诱导发情。

如果阴道分泌物培养出现大量的支原体，须考虑支原体引起的不育，可全身应用抗生素治疗；出现犬布氏杆菌病等感染性疾病则进行相应治疗，但动物可能不具有生育能力；子宫内膜囊性增生/子宫积脓综合征、卵巢子宫的肿瘤和内分泌疾病时采取相应治疗措施。如果母体由于妊娠期黄体功能不足而出现胎儿死亡，则可在下一次妊娠期间补充孕酮，静注 3mg/kg，以保证血清孕酮维持在 10 ng/mL 以上；但应注意补充孕酮时间段是有限制的，超过妊娠期 50～55d 则可抑制自发分娩。

某些先天性疾病造成的不育，如两性畸形、子宫颈发育异常等，可考虑施行卵巢子宫切除手术。

【预后】

饲养管理措施及繁殖技术使用不当是导致不育的常见原因。应根据实际情况，制定切实可行的繁殖计划，采取具体有效的措施，可消除不育；子宫内膜炎、子宫炎病例发现早治疗及时，预后良好，在下一次妊娠可产出健康幼仔；某些传染病，如犬布氏杆菌病可对母犬生殖系统造成严重损伤而导致不育，预后不良。

二、两性畸形（Hermaphroditism）

两性畸形是动物在性分化发育过程中任何一个环节发生紊乱而导致性分化和发育异常。两性畸形患犬外生殖器的形态介于雌雄之间，难以按外生殖器确定其性别。两性畸形发病率高的品种有西班牙长耳猎犬、小型德国刚毛犬、巴哥犬、比格犬、德国牧羊犬等。根据发病原因的不同可分为：雌性假两性畸形（female pseudohermaphroditism）、雄性假两性畸形（male pseudohermaphroditism）、生殖腺发育异常包括真两性畸形（true hermaphroditism）和生殖腺发育不全（gonadal dysgenesis）。

【病因】

（1）雌性假两性畸形　主要由过量雄激素作用导致雌性外生殖器部分雄性化。分为肾上腺增生型和非肾上腺皮质增生型，后者多是受医源性激素影响所致。怀孕期间代谢紊乱导致皮质醇分泌不足，或是给予孕激素类药物，可使雌性胎儿外生殖器发生不同程度的雄性化。

先天性肾上腺皮质增生（congential adrenal hyperplasia）为常染色体隐性遗传性疾病。当肾上腺皮质有先天性缺陷不能分泌某些酶时（主要是 2-羟化酶），皮质醇或醛固醇便不能合成，导致腺垂体促肾上腺皮质激素代偿性分泌增多，引起肾上腺皮质增生，企图促使皮质醇分泌增多。同时增生的皮质由于网状带的分泌活动过分，产生过量雄激素，从而导致雌性胎儿外生殖器部分雄性化。

（2）雄性假两性畸形　由于雄性胚胎或胎儿在宫腔内接触的雄激素过少所致。分为非遗传雄性假两性畸形性和遗传性雄性假两性畸形。前者外生殖器两性化或近似雄性化，有睾丸，位于腹股沟内或腹腔，无子宫和输卵管。阴蒂增大，尿道下裂常见。初情期后乳房不发育。遗传性雄性假两性畸形，系 X 连锁隐性遗传，也称为雄激素不敏感综合征（androgen insensitivity syndrome）由于胎儿睾酮分泌不足或靶器官缺乏雄激素受体及 5α-还原酶缺乏均可引起雄性生殖器官分化、发育不良。

尿道下裂（hypospadias）外生殖器官异常，尿道开口于阴茎腹侧或会阴部而不是阴茎顶端。这种畸形是由于尿道褶闭合不全所致，其起因可能是在胎期间分泌的睾酮或双氢睾酮不足。尿道下裂可以单独或与其他生殖器官异常同时发生。

5α-还原酶的主要作用是将睾酮转变为二氢睾酮，此酶缺乏时，雄性发育过程中由其决定的器官无法正常发育，外生殖器官表现为两性化。此外，Δ20，22-脱氢酶、3β-羟类固醇脱氢酶、17α-羟化酶、17，20-碳链裂解酶及 17β-还原酶缺乏均可引起类似的雄性假两性畸形。

在正常的性别分化发育过程中，雄性缪勒氏管会发生退化，而雌性缪勒氏管则发育为子宫和阴道；如果雄性缪勒氏管抑制因子包括巨噬细胞移动抑制因子（Macrophage migration inhibitory factor，MIF）合成不足、释放时间不合适、合成的 MIF 无活性或靶器官对其不敏感，则缪勒氏管退化过程受阻，导致持久缪勒氏管综合征。

（3）真两性畸形　由性染色体异常引起。精卵融合或配子减数分裂异常，导致性染色体出现嵌合体或 XX 染色体，从而引起胎儿生殖系统发育紊乱，表现出：①（78，XX）/（78，XY）或（78，XX）/（79，XXY）染色体嵌合型，外部表现为雌性，有肥大的阴蒂，并有阴蒂孔存在，同时具有睾丸和卵巢两种生殖腺；②78，XX 染色体，表型为雌性，有肥大的阴蒂包围阴蒂孔，性腺为卵睾体；③XX 雄性综合征具有 78，XX 染色体，表型为雄性，H-Y 抗原为阳性，性腺常为隐睾且无精子生成，外生殖器具有两性特征，阴茎发育不全。

（4）生殖腺发育不全　主要包括单纯型生殖腺发育不全和混合型生殖腺发育不全。

【临床症状】

（1）雌性假两性畸形　染色体核型为 78，XX，生殖腺为卵巢。有输卵管、子宫、宫颈、阴道，但外生殖器发生不同程度的雄性化。患犬阴蒂肥大、阴唇增厚，状似阴囊。初情期乳房不发育。内生殖器发育受抑制，无发情周期。

实验室检查，血雄激素浓度增高，尿 17-酮增高，血雌激素下降，促卵泡激素下降，血促肾上腺皮质激素增高。

（2）雄性假两性畸形　染色体核型为 78，XY，生殖腺为睾丸，位于腹腔或腹股沟管中。非遗传雄性假两性畸形性外生殖器两性化或近似雄性化，有睾丸，位于腹股沟内或腹腔。无子宫和输卵管。阴蒂增大，尿道下裂常见。初情期后乳房不发育。遗传雄性假两性畸形性外生殖器两性化或雌性化。有睾丸，位于腹股沟内或腹腔，没有子宫及输卵管，阴道短且狭窄或仅为浅的盲端，阴唇发育不良。初情期乳房发育良好，但乳头发育欠佳。尿道下裂，阴茎发育不全，阴茎过小及生精功能异常，一般无生育能力。实验室检查，多数患犬对常规剂量的雄激素反应不良。此病通过直肠检查可以做出初步诊断，但必须进行染色体核型及雄激素受体分析才能确诊。患病动物的雌性亲属（包括母亲及姐妹）均为致病基因的携带者，因此不能留作繁殖之用，其雄性亲属如表型正常则不会携带致病基因。

(3) 真两性畸形　同时具有睾丸和卵巢或卵睾体（ovotestis)。染色体核型为（78，XX）/（78，XY）或（78，XX）/（79，XXY）染色体嵌合型和78，XX染色体。外生殖器的发育与同侧性腺有关，但大多为混合型，阴蒂肥大或阴茎发育不全［见彩图版图4-10-3］，合并尿道下裂或阴茎系带。

(4) 生殖腺发育不全　单纯型生殖腺发育不全染色体核型为78，XY，睾丸呈索状，不分泌雄激素。表型为雌性，有发育不良的子宫、卵巢。乳房发育差，无发情周期。混合型生殖腺发育不全表现一侧性腺为异常睾丸，并有输精管。另一侧性腺为分化呈索状痕迹，有输卵管，子宫及阴道发育差或不全。外阴部分雄性化，阴蒂增大并有尿道下裂。

【诊断】

首先观察外生殖器有无异常，是否同时具有两种生殖器官；同时做好动物的病史调查，了解动物的品种特点、生殖史，以及妊娠期间是否给予过雌激素或孕激素类药物治疗。

必要时可通过手术开腹探查或内窥镜检查生殖腺和第二性器官，如是否同时存在卵巢和睾丸，是否有隐睾。同时，进行生殖腺的组织学检查和染色体核型鉴定，可对两性畸形进行确诊。

【治疗】

两性畸形患犬不能做种用。发育不全的性腺易发生肿瘤且发生癌变的机会较多，故一经确诊，尽早切除未分化的生殖腺。

三、阴道和阴道前庭发育异常（Congenital abnormalities of the vagina and vestibule）

阴道和阴道前庭发育异常是阴道在胚胎期发育过程中，受到某些内外因素干扰，出现发育停滞或发育异常。包括位于阴道前庭接合部的阴道瓣闭锁、环形狭窄、先天性无阴道、阴道闭锁、阴道横隔和阴道纵隔（双阴道）。阴道发育异常在某些品种的犬较多见。

【病因】

阴道先天性缺陷发生的原因和其可遗传性目前尚不清楚。在正常的胚胎发育过程中，一对缪勒氏管发育为子宫角，末端融合为子宫体、子宫颈和阴道；泌尿生殖窦形成前庭部、尿道和膀胱；缪勒氏管末端和泌尿生殖窦融合后形成阴道瓣膜，并在出生后消失。所以，在胚胎发育过程中使得缪勒氏管发育异常或与泌尿生殖窦融合发生异常变化的因素可引起阴道瓣畸形和阴道发育不全。

阴道瓣为阴道与前庭接合部的薄膜状组织，不封闭。阴道瓣闭锁（imperforate hymen）即阴道瓣完全封闭，又称无孔阴道瓣。阴道瓣膜的不完全贯通可形成环形狭窄（annular stricture）。两侧缪勒氏管会合后，未能向尾端伸展成阴道，形成先天性无阴道（congenital absence of vagina)。泌尿生殖窦未参与阴道下段的发育，形成阴道闭锁（atresia of vagina）。两侧缪勒氏管会合后的尾端与尿生殖窦相接处未贯通或部分贯通，形成阴道横隔（transverse vaginal septum）。两侧缪勒氏管会合后，中隔未消失或未完全消失，形成阴道纵隔（longitudinal vaginal septum）或双阴道（double vagina）。另外，生殖褶（小阴唇）和生殖凸（大阴唇）接合异常可导致阴门狭窄。

【临床症状】

阴道先天性缺陷可由于交配通道狭窄和畸形造成交配性疼痛，病犬发情正常或是间情期延长。

(1) 阴道瓣畸形　母犬的发情周期和交配行为都正常，但交配时会因为疼痛而拒绝公犬的进一步插入；即使交配成功，分娩时也可能出现难产。另外，尿液和和阴道内液体会在阴道瓣和前庭处潴留，可见动物经常舔舐阴门，阴门充血肿胀，呈现阴道炎症状或出现尿失禁。

(2) 阴道部分萎缩或发育不全　由于阴道腔直径缩小而导致交配性疼痛，且使得子宫分泌物无法顺利从阴道排出，导致子宫内液体潴留，表现出类似子宫积脓的症状，如腹部膨大。

（3）阴门狭窄　表现为交配性疼痛，观察外阴可见狭小的阴门及结合异常的大小阴唇。在柯里牧羊犬和雪特兰犬中比较多见。

【诊断】

通过临床症状、病史和品种特征一般可作出提示性诊断。

临床检查阴道及阴门大小和位置，同时观察阴道黏膜及分泌物以判断是否继发炎症。

阴道探查是诊断阴道前庭异常的最好方法。在前庭部的尿道突起在前方可能触摸到两个孔隙，中间有隔膜，则阴道发育不良；若只摸到一个孔隙，则怀疑为阴道瓣膜环形狭窄或阴道发育缺损，此时手指往往无法透过孔隙。必要时使用阴道镜检查阴道前部和子宫颈口，阴道通常短而狭窄，或后端膨大。由于进行阴道触诊时前庭部肌肉的正常收缩可能被误诊为阴道前庭狭窄，因此检查需要使用镇静剂使其松弛，或是在发情期进行检查，此时环形狭窄现象往往比较明显。

X线检查可做阴道造影，用以显示阴道及前庭部狭窄发生的位置和范围，也可用于确诊双阴道、阴道肿块，可将阴道发育不全导致的子宫积液和闭锁性子宫积脓区分开来。同时进行B超检查有助于确诊。

阴道分泌物进行无菌采样和细菌培养，可确定病原及其对抗生素的敏感性。

【治疗】

非种用犬阴道只有部分堵塞且不表现临床症状可以不进行治疗，犬的日常生活并不受影响。如果阴道畸形妨碍交配、分娩，或者存在泌尿和生殖系统疾病（如尿失禁和阴道炎），则需要进行手术治疗。

阴门狭窄可采取永久性外阴切开术；前庭部环形狭窄或发育不良，可进行手术扩大阴道。临产时发现阴道横隔，较厚者且位置高，行剖腹产。横隔薄且位置低，可在产中行切开术，但产后应检查切口有无撕裂出血。绝大多数阴道纵隔无症状，一般不需处理。阴道纵隔患犬临产后，若发现阴道纵隔影响先露下降，可在纵隔中央切断，分娩后缝扎止血。阴道前部狭窄，若存在尿道憩室或切除闭塞组织不成功时，应考虑进行阴道切除。

【预后】

环形狭窄切除后预后一般，阴道横隔、阴道纵隔和双阴道可在隔膜切除后正常通畅，预后良好。

四、阴道水肿（Vaginal edema）

阴道水肿指发情期阴道组织水肿和纤维组织形成，可造成阴道组织过度增生，也称阴道增生（vaginal hyperplasia）。当水肿严重时往往会发生阴道脱垂（vaginal prolapse）。

【病因】

本病常发生于发情前期或发情期。在这两个时期雌激素分泌增加，阴道黏膜水肿，阴道上皮角化，分泌物增加，为交配做准备。如果阴道对雌激素过于敏感，阴道反应过度而明显水肿。主要发生于年轻母犬，某些品种的犬易发本病，临床常见有拳师犬、英国斗牛犬、德国牧羊犬、圣伯纳犬、獒犬、拉布拉多犬等，但是否具有遗传性目前还尚未定论。

【临床症状】

阴道壁肿胀，轻微外翻阴道黏膜未突出于阴门外，但会阴部膨大，母犬不能正常交配，常常舔舐阴门和膨胀的会阴；随着时间的推移，肿大的阴道组织突出于阴门之外，环形的阴道壁可完全脱出，在脱出组织表面可见尿道口［见彩图版图4-10-4］，个别严重病例甚至可见子宫颈随脱出的阴道暴露在阴门外。脱出阴道组织肿胀，表面干燥，随脱出时间延长转为暗红；若脱出部分长期不能复原，与地面摩擦并受粪尿污染，则脱出的阴道可发生破损、发炎、糜烂、坏死，患犬精神沉郁、厌食。由于水肿部位起始于尿道突起前的阴道壁，动物可出现排尿困难和尿淋漓。

【诊断】

通过动物年龄、是否处于发情期、临床症状和病史可进行初步诊断。若阴道组织尚未外翻出阴门，应进行阴道检查或阴道镜检查，可发现阴道水肿明显。

【治疗】

首先由于阴道水肿多发生在雌激素主导的发情前期和发情期，在雌激素减少的发情末期水肿一般自然消退。阴道水肿需用生理盐水清洗暴露在外的阴道黏膜，并用抗生素软膏来保持其清洁和湿润；给犬套上伊丽莎白圈以防止犬频繁舔舐阴门和咬伤脱出的阴道；当水肿严重引起排尿困难时，可安放导尿管。

对于未排卵的母犬，可通过诱导排卵的方式来减少雌激素的分泌和释放，从而缩短雌激素刺激阴道的持续时间。在卵泡期 1 次肌注或静注促性腺激素释放激素 GnRH 50μg，或者肌注人绒毛膜促性腺激素 hCG 1 000 IU。

阴道水肿复发率高，对于非种用犬建议卵巢子宫切除。长时间阴道水肿会反复刺激阴道组织，使其纤维化而妨碍水肿消除，对于这种情况推荐对其进行手术切除。另外，如果脱出的阴道受损或坏死、妨碍正常排尿，或是动物有全身症状，建议对脱出的阴道进行切除。

【预后】

预后与阴道是否脱出、脱出时间和脱出程度有关。阴道单纯水肿或轻微脱出时，若及时治疗一般预后良好，但有可能复发。

五、阴道肿瘤（Vaginal neoplasia）

阴道肿瘤常发于老龄的未经交配的母犬，且良性肿瘤比恶性肿瘤多见。良性肿瘤中平滑肌瘤最常见，还有纤维瘤、脂肪瘤和阴道息肉；恶性肿瘤包括纤维肉瘤、鳞状细胞癌、肥大细胞瘤和转移性性病肿瘤。

【病因】

大多数阴道肿瘤的病因尚不明确，但是老龄未交配犬多发可提示其与性激素有关。转移性性病肿瘤可通过肿瘤细胞接触传染（如交配），也可通过血液和淋巴传染。

【临床症状】

由于肿瘤本身体积的增长及其对阴道组织的刺激，病犬会阴部鼓胀或阴道被肿瘤挤压而脱出到阴门外，同时可出现交配困难、阴道流血或分泌物带血等症状，病犬经常舔舐会阴部。由于压迫尿道，动物排尿困难或尿频、尿淋漓，并且肿瘤体积的持续增长可挤压直肠，引起里急后重及便秘。转移性性病肿瘤的肿瘤细胞破溃时可闻到恶臭味。

【诊断】

阴道肿瘤一般发生在老龄犬，联系临床症状一般可以做出提示性诊断。确诊还需要阴道检查和组织病理学检查。

阴道和直肠触诊可摸到阴道的肿块，阴道镜和阴道的 X 线造影检查可观察到阴道肿块的位置、形态、大小以及是否有蒂。通过阴道内脱落细胞评估和肿块的组织病理学检查可对阴道肿瘤进行确诊和分类。当怀疑为恶性肿瘤时，须做胸腔和腹腔的 X 线检查以判断是否发生转移。

【治疗】

如果未发生转移，大多数阴道肿瘤的治疗方法是对其进行手术切除，但转移性性病肿瘤由于容易移植到切割的部位而不能进行常规外科手术摘除；由于阴道肿瘤的发生受激素影响，故建议同时进行卵巢子宫的摘除；如果肿瘤发生转移，治疗将非常困难，预后不良；转移性性病肿瘤通过电子外科和冷冻外科疗法联合手术，并同时用长春新碱进行化疗，可取得很高的治愈率。

【预后】

恶性肿瘤（特别是转移性的恶性肿瘤）往往预后不良，良性肿瘤和转移性性病肿瘤预后良好。

六、子宫扭转（Torsion of uterus）

子宫扭转是指一侧子宫角、子宫角的一部分或整个子宫垂直于它的长轴发生旋转，扭转角度在 90°～180°之间。犬很少发生。

【病因】

本病形成的前提主要有两个方面：一是子宫松弛游离；二是子宫重量增加，惯性增大。当这两个方面都具备时，任何使动物围绕身体纵轴剧烈转动的动作都可引起子宫扭转，如急剧起卧转动身体，下坡时跌倒，或是运动中突然转向。

妊娠末期，重量增加而下垂的子宫仅通过卵巢固有韧带和子宫阔韧带悬吊于腹腔，而未有子宫阔韧带附着的一侧则由于胎儿显著向前向下扩张，基本上游离于腹腔，仅以少量浆膜与腹腔底和其他脏器相连，因而其位置的稳定性差。与此同时，子宫重量增加，子宫阔韧带被拉伸变长松弛，更增加了子宫在腹腔中的游离性。于是子宫在腹腔中呈现一种悬空且活动性大的状态。当动物猛烈转动身体或过量运动时，子宫由于重量大而无法随腹壁一起位移，使得子宫朝一侧扭转。

动物妊娠次数较多或胎儿较大时，子宫阔韧带容易被拉伸或撕裂，因此多产动物发生本病的危险性更大；如果平时动物运动不足，子宫及其支持组织将变得弛缓，腹壁肌肉松弛，也可诱发本病；另外，子宫疾病（如子宫肿瘤、子宫积液和积脓、子宫内出血）可增加子宫重量，同样可引起子宫扭转。

【临床症状】

本病常发生在怀孕后期和接近分娩的动物。分娩时由于子宫扭转，产道变窄或闭锁，使得胎儿无法进入产道，多发生难产。但是子宫扭转往往仅发生在一侧子宫角，因此动物可能最初 24～48h 正常分娩，之后分娩时间延长，仅有分娩表现而无胎儿产出。产前发生扭转，若不超过 180°，动物可持续几天到几周而无任何症状，直到分娩才表现出来。

当扭转角度过大时，动物可因子宫阔韧带的伸长和子宫肌肉的扭曲而表现出明显不安和阵发性腹痛。随着病程延长，子宫血液循环受阻，腹痛加剧，出汗，呼吸脉搏加快，食欲减退，呕吐，精神沉郁，昏睡，阴道分泌物带血或黏稠样。持续时间过长，则由于麻痹而不再疼痛，但病情迅速恶化，子宫高度充血水肿，子宫扭转处坏死，伴发腹膜炎，甚至造成子宫破裂而使血液流入腹腔引起腹围增大。如果发生子宫动脉破裂，则导致失血性休克而很快死亡。若子宫颈开放，可发生生殖道感染，甚至可发生胎儿浸润，引起腹膜炎、败血症而导致死亡。

【诊断】

首先，如果动物在怀孕后期出现阵发性腹痛，但不见胎水排出或胎儿进入产道，或是有非生产性分娩时间延长的病史，则可以怀疑为子宫扭转。

X 线检查可见临近分娩的动物子宫变大，其中充满了液体或是有胎儿的骨骼；扭转时间过长或角度过大时，可由于子宫血液循环障碍而导致胎儿死亡，则在子宫中可能见到气性阴影，或是萎缩的颅骨和分解的骨骼。超声波检查腹部可查看胎儿的存活情况。但是，子宫扭转的最后确诊只能通过手术开腹探查才能实现。

【预后】

产前发生扭转，如果角度小于 180°，及时治疗，预后良好。

【治疗】

在出现症状初期多采用支持疗法，如治疗出血和休克，维持生命体征。可进行剖腹产手术，但是大多数子宫扭转出现症状时子宫机能已受损严重，故建议进行卵巢子宫切除。子宫部分扭转时也可只切除扭转的子宫角而保留未受损的子宫。手术前后全身应用抗生素治疗。

七、子宫脱垂（Uterine prolapse）

子宫脱垂指子宫体、一侧或两侧子宫角脱出于子宫颈以外。子宫角前端翻入子宫腔或阴道内称为子宫内翻。子宫脱垂常伴有膀胱脱垂。犬和猫较少见。

【病因】

本病多见于分娩第三期，有时则在产后数小时之内发生。子宫脱垂的病因不完全清楚。可能与外力牵引、长时间腹压增加和子宫弛缓有关。

（1）外力牵引　在分娩第三期，部分胎儿胎盘与母体胎盘分离后会脱出于阴门外，这时脱出的部分会由于重力作用牵拉相连的子宫而使之内翻脱出，特别是脱出的胎衣中存有较多的胎水或尿液时，对子宫的牵拉更为明显。如果助产不当，用力拉扯滞留的胎衣也会引起子宫的脱出；发生难产时在产道干燥或胎儿过大的情况下，子宫是紧包胎儿的，此时如果将胎儿强制性拉出，子宫往往随胎儿被拉出阴门外。

（2）长时间腹压增加　胎儿产出后，分娩进入胎衣排出期，此阶段由子宫继续阵缩完成，而腹肌收缩停止或偶有轻微努责。但如果此时存在有使母体发生强烈努责的因素，如胎衣滞留、子宫炎症、阴门产道损伤，使得母体持续强烈收缩腹肌，从而腹压升高，子宫被压力挤出阴门外。

（3）子宫弛缓　可造成子宫颈闭合时间延迟和子宫复旧延迟。

【临床症状】

子宫轻度内翻可在子宫复旧过程中自行恢复。子宫脱出到阴道时，动物常常表现出不安、腹痛、经常努责、姿势异常，时间稍长，可能引发子宫炎症，从阴道中流出无色或浑浊的液体，外阴不一定能看到明显的肿块。

当子宫脱出到阴门外时，可看到柔软的发面团一样的肿物。肿物初期呈粉色且湿润，随着时间的推移，脱出的组织可能由于血液循环障碍而坏死。脱出的子宫由于经常摩擦碰撞地面而破损感染，甚至引起败血症而出现相应症状。有时腹腔内的脏器（如肠管、肠系膜）也会由子宫包裹一同随之脱出阴门。在子宫脱出的过程中，与子宫相连的组织（如肠系膜、卵巢系膜和子宫韧带）可能会被扯断，以及子宫发生扭曲而使子宫或卵巢动脉断裂，导致大出血，动物结膜口色淡白、战栗、脉搏微弱、腹围变大，休克，甚至死亡。

【诊断】

子宫未脱出阴门时，产出胎儿后依然强烈努责，则应及时进行阴道检查。手指伸入阴道，可在子宫颈的位置触摸到柔软的发面团样的瘤状物。也可用阴道镜检查，再结合临床症状即可确诊。

子宫脱出阴门时，有时甚至可见到子宫的完整形态。

【治疗】

子宫脱垂应及早进行整复，脱出的时间越长，子宫受损越大。内翻处肿胀越明显，整复越困难，康复后不孕的可能性也越高。但是如果动物不做种用，建议进行子宫卵巢切除。

子宫脱出整复前，需要进行硬膜外麻醉和全身麻醉。先用生理盐水和抗菌溶液清洗脱出部位，并清除坏死组织和缝合撕裂部位。由于脱出的子宫可能包裹有一同脱出的腹腔内容物，在切除坏死组织时要注意避开，并用手指将其轻轻推回腹腔。整复后，稍稍用力将子宫推回腹腔。子宫部分脱出时会阴部会隆起，可用手指按压使之归位。可在一定的压力下向子宫角内注入无菌溶液，可减少脱出机会。如果外部整复困难，可考虑开腹进行内部还原，而且整复后一般不复发。手术前后应全身应用抗生素，并给予催产素 5～10 IU 促进子宫复旧。

如果子宫脱出时间已久，无法送回，或者损伤严重，则即使整复也会引起全身感染，甚至死亡，应及时切除卵巢子宫。

【预后】

预后取决于脱出的程度、治疗时间早晚以及脱出子宫的损伤程度。本病可继发子宫内膜炎而影响以后的受孕能力。子宫内翻，如能及时发现，加以整复，预后良好；但脱出严重，可能继发腹膜炎及败血症，特别是发生卵巢和子宫动脉破裂，可发生大出血，甚至死亡。

八、子宫肿瘤（Uterine neoplasia）

子宫肿瘤主要包括发生在子宫肌肉、腺体、黏膜的肿瘤。纤维瘤、淋巴瘤以及犬子宫阔韧带的脂肪瘤也已见报道。

【定义和分类】

（1）子宫平滑肌瘤和平滑肌肉瘤　是子宫肌层平滑肌细胞肿瘤，位于子宫壁，质地坚实，呈白色或棕黄色。常见于犬。

（2）子宫内膜腺癌　是恶性子宫腺肿瘤，使得子宫增厚，质地坚实，呈白色，体积较大甚至充满整个子宫，并常分为固态和囊性的区域。患本病的动物子宫内膜通常遭到破坏，使得肿瘤表面呈现出血性外观，并且可转移到其他内脏器官。常见于猫。

（3）绒毛膜上皮癌和葡萄胎　犬和猫少见。前者起源于怀孕动物胎盘，肿瘤细胞可侵入到子宫的肌肉和血管中；后者是子宫滋养层的增生性变化，表现为子宫腔内葡萄样的囊肿，其内衬为绒毛膜上皮，充满了浆液性液体。

（4）类肿瘤性病变　在囊性子宫内膜增生区域生长有带蒂的增生性子宫内膜息肉突出到子宫腔中。

【病因】

目前犬和猫的子宫肿瘤发生原因并不明确。

【临床症状】

患子宫肿瘤（特别是平滑肌瘤和腺瘤）的犬和猫常常并不表现出临床症状，可能是在为老龄犬和猫做卵巢子宫切除是意外发现。如果是未做绝育的犬和猫则可能在腹腔后部触摸到肿块；如果肿块很大或是位置接近子宫颈，可能会由于压迫到尿道或直肠而使动物出现尿淋漓或里急后重的症状。如果为子宫癌，由于造成子宫内膜破损而出血，常常有脓性、黏液状或血样分泌物从阴道排出。如果引起了转移，则根据转移的器官出现相应的症状。

【诊断】

根据临床症状和其他检查进行诊断。当腹腔后部肿块明显时可用X线检查肿块的位置和大小，通常可结合B超检查来确定，同时测量子宫壁厚度和子宫内容物性状，以排除子宫积脓和怀孕。也可以通过开腹探查最终确诊。

【治疗与预后】

如果没有明显的转移迹象，可进行子宫卵巢切除，但是由于子宫内膜腺癌往往会波及到回肠和腰下淋巴结，故需要同时做腰下淋巴结的活组织检查。如果证明并未发现转移，那么在进行子宫卵巢切除后部分病例可痊愈。

九、假孕（Psuedopregnancy）

假孕指配种后未孕或是未经配种的母犬和母猫出现与妊娠相似的身体和行为上的变化。常见于犬和猫。

【病因】

本病的发生机理并不完全明确。目前认为血中孕酮浓度急剧下降，催乳素分泌增加导致患犬表现明显的围产期征兆。催乳素由垂体分泌并受孕酮负反馈调节及催乳素抑制因子控制，多巴胺是催乳素抑制因子之一。因此多巴胺不足可能是假孕发生的重要原因。使用多巴胺激动剂溴隐亭和卡麦角林能够降低催乳素浓度，且缩短了母犬的乏情期。这表明抑制催乳素分泌可导致乏情期缩短，因为催乳素可抑制促性腺激素的释放。

在发情间期，非妊娠的黄体会持续大量地分泌孕酮以维持乏情，因此卵巢功能正常的未孕犬的血清孕酮含量与怀孕犬几乎无差别，再加上少量的雌激素影响，使得子宫内膜增生和乳腺发育，模拟妊娠的生理特征，引起动物类似妊娠的外在变化。在发情间期结束时，非妊娠黄体消退，导致血清孕酮水平急剧下降，催乳素分泌增加，患犬表现出明显的围产期征兆。

另外，在发情间期对母犬进行卵巢子宫切除，模拟分娩时黄体消退、孕酮含量急剧下降的状态，从而导致假孕发生。

母犬有着几乎与妊娠期一样长的发情间期，故发生此病的几率更大，而母猫是交配后排卵的动物，其受生理性黄体的影响相对较小。

【临床症状】

患犬在发情间期出现类似妊娠的症候，如乳房发育，腹部膨大，变得有攻击性或是嗜睡、呕吐、腹泻、筑巢、后期多食及阵痛，以及主人误认为其妊娠而过度喂食而造成的体重增加。

在发情间期过后，由于孕酮的下降和催乳素升高，动物出现明显的围产期征兆，如不安、厌食、攻击性强，护理无生命的物品或是为其他猫幼仔哺乳看护，乳腺发育变大，可产生正常乳汁或棕黄色水样液体，并且可能由于没有哺乳幼仔而使乳汁在乳腺中积滞，使得乳房过度充盈而继发乳腺炎。

【诊断】

本病主要依据动物的病史，异常行为和身体的临床变化来做出诊断。

【预后】

本病可在下一个发病周期复发，但一般不影响动物的受孕能力。

【治疗】

一般来说，临床症状轻微的病例可在1～3周内自行恢复而不需要治疗，除非出现临床症状严重或延长的现象。可暂时减少犬的食物和饮水24～48h，减少高蛋白食物供给，来减少乳汁的分泌。多种激素和药物已被应用于兽医临床治疗假孕，然而，性腺激素如孕酮、雌激素和睾酮不建议使用。孕酮副作用为停药后复发，长期使用会造成乳房炎、囊性子宫内膜增生和子宫积脓；雌激素可造成骨髓抑制、贫血、血小板不足和子宫积脓；睾酮副作用为雄性化现象。合成雄激素米勃龙（mibolerone）0.016mg/kg，口服，每天1次，连用5d可减少泌乳和改善行为异常，副作用为造成泌尿系统损伤，雄性化现象。目前可使用抗催乳素药物，直接减少催乳素分泌，从而减少泌乳。溴隐亭（bromocriptine）0.01～0.10mg/kg，口服，每天1次；副作用主要为呕吐、抑郁、食欲不振等。卡麦角林（cabergoline）5.0μg/kg，口服，每天1次；连用3～5d可减少泌乳和改善行为异常，副作用较溴隐亭少，且抑乳效率高。

不可用子宫卵巢切除术治疗假孕。

十、流产（Abortion）

流产指未成熟胎儿从子宫中排出而终止妊娠，称为流产。根据引起流产动因不同可将流产分为自然流产和人工流产。自然因素导致的流产称为自然流产（spontaneous abortion），机械或药物等人为因素终止妊娠者，称为人工流产（artificial abortion）。

【病因】

根据引起流产的病因不同可分为感染性流产和非感染性流产。

感染性流产：病原微生物侵入机体后，可直接影响胎儿引起胎儿发育不良或死亡；引起母体的不适并消耗其能量或是改变子宫内环境使得母体无法为胎儿提供充足的营养或是适宜的生长场所，从而导致流产发生。引起流产的主要致病原有化脓杆菌（*Arcanobacterium pyogenes*）、需氧芽孢杆菌属（*Bacillus* spp.）、李氏杆菌（*Listeria*）、大肠埃希菌（*Escherichia coli*）、钩端螺旋体（*Leptospira*）、溶血性曼氏杆菌（*Mannheimia haemolytica*）、链球菌（*Streptococcus* spp.）、沙门氏菌属（*Salmonella* spp.）、葡萄球菌属（*Staphylococcus* spp.）、流产布鲁氏菌（*Brucella abortus*）、胎儿弯曲菌属（*Campylobacter fetus* spp.）、支原体（*Mycoplasma*），病毒有细小病毒（*canine parvovirus*）和犬瘟热病毒（*canine distemper virus*），寄生虫有胎儿毛滴虫（*Tritrichomonas foetus*）、弓形虫属（*Toxoplasma*）和新孢子虫属（*Neospora*）等。

非感染性流产的原因主要有以下几种：

（1）胎盘因素　胎盘染色体异常是自然流产的常见原因。染色体异常包括数目异常和结构异常。数目异常以三体常见，其次是单体X，三倍体及四倍体少见，多数极早即流产。结构异常主要有染色体异位、缺失、嵌合体等染色体异常。

（2）母体因素

全身疾病　除感染性疾病外，严重贫血、心脏病、慢性肾病、高血压等可使胎盘发生梗死而导致流产。

内分泌异常　黄体功能不足，影响胚泡着床和胚胎发育，导致流产；糖尿病，高血糖可能是造成胚胎畸形的危险因素；甲状腺功能低下亦可能导致流产。

生殖器异常　子宫畸形可影响子宫血供和宫腔内环境造成流产；宫颈功能不全，多引发胎膜早破及晚期流产。

免疫功能异常　可以使自身免疫引起，由于体内产生过多抗磷脂抗体，其不仅是一种强烈的凝血活性物质，导致血栓形成，同时可直接造成血管内皮细胞损伤，加剧血栓形成，影响胎盘循环，导致流产。也可以使同种免疫引起，妊娠是半同种移植过程。当免疫抑制因子或封闭因子不足，使胎盘遭受免疫损伤，导致流产。

创伤。

(3) 环境因素　环境气候剧烈转变，如热应激；过多接触放射线、砷、铅、镉、亚硝酸盐、农药等化学物质可导致流产。

(4) 饲养管理　饲料中矿物质含量不足易导致流产。

(5) 医疗错误　服用过量泻剂、驱虫剂、利尿剂、注射疫苗等均可引起流产。

【临床症状】

根据流产发展的不同阶段分为以下类型：

(1) 先兆流产　出现少量阴道出血，无妊娠物排出，出现阵发性腹痛。经休息及治疗，症状消失，可继续妊娠。

(2) 难免流产　指流产不可避免，在先兆流产的基础上，阴道出血或分泌物增多，有时可见妊娠物堵塞于宫颈口内。B超检查无胚胎或无胚胎心管搏动。胎儿死亡而母体黄体未溶解可导致胎儿干尸化或胎儿浸润。胎儿干尸化（mummification）是在子宫无菌环境中，以胎儿自溶和液体重吸收为特征，其组织中水分及胎水被吸收，变为棕黑色，好像干尸，称为胎儿干尸化；胎儿浸润（maceration）可发生于妊娠的任何阶段，子宫颈部分扩张，病原微生物经阴道侵入子宫及胎儿，可出现胎儿软组织气肿［见彩图版图 4-10-5］，然后开始液化分解而排出，骨骼则因子宫颈开放不够大，排不出来。

(3) 不全流产　部分妊娠物排出宫腔，部分仍残留在宫腔内或嵌顿于宫颈口内，或胎儿排出后胎盘滞留。由于宫内残留物而影响子宫收缩。阴道出血量多，甚至休克。

(4) 完全流产　妊娠物已经完全从宫腔排出，阴道出血明显减少并逐渐停止，腹痛缓解。

【诊断】

本病主要根据病史结合临床症状及阴道检查做初步诊断，然后通过X线检查和B超检查等辅助检查进行确诊。

【治疗】

防治流产的主要原则是：在可能的情况下，制止流产的发生；当不能制止时，应尽快促使妊娠物排出，以保证动物健康不受损害；分析流产原因，根据具体原因提出预防及治疗方案；彻底杜绝感染性流产的传播。

(1) 先兆流产　处理的原则是安胎。

休息镇静　使用少量对胎儿无害的镇静剂，如溴剂、氯丙嗪等。

阿托品（atropinum）犬、猫 0.02～0.05mg/kg，肌内注射，盐酸氯丙嗪（chlorpromazine hydrochloride）犬、猫 1～3mg/kg，肌内注射。

激素治疗　对黄体功能不全引起的先兆流产可给予抑制子宫收缩药物。黄体酮 1～2mg/kg，肌内注射，每日或隔日1次，连用数次；或 hCG 500～1 000 IU，肌肉注射，隔日1次。症状缓解后 5～7d 停药。

其他药物治疗　维生素E 100mg/d，口服。

晚期先兆流产　可给予硫酸舒喘灵 2.5mg/次，每日3次，口服。

(2) 难免流产　处理原则为流产症状明显或胎儿干尸化或浸润者，确诊后尽早使妊娠物排出，并配合使用催产素和全身应用抗生素治疗，必要时切除子宫。

产后 48～72h 内给予催产素，隔 3～6h 重复用药。犬体重＜5kg，0.25～0.5IU；5～10kg，0.5～1.0IU；10～30kg，1.0～3.0IU；＞30kg，3.0～5.0IU，静脉/肌内注射。

(3) 不全流产　处理原则：一旦确诊，立即清宫，并配合使用催产素和全身应用抗生素治疗，必要时切除子宫。

(4) 完全流产　进行 B 超检查，如宫腔无残留物而且无感染，可不予特殊处理。

十一、难产（Dystocia）

难产是指分娩过程受阻，如不进行人工助产，母体难于或不能经产道排出胎儿。犬和猫难产发病率因品种不同而差别很大。犬多数品种难产平均发病率低于 5%，但是某些品种尤其是短腿大头体型犬可达 100%。难产处理不当，不仅会引起母犬的生殖道疾病，影响以后的繁殖力，而且会危及母体和胎儿生命。

【病因】

分娩过程能否顺利进行，取决于产力、产道、胎儿及精神因素。任何一个或一个以上因素发生异常以及几个因素不能适应，分娩过程就会受阻，引起难产的发生。此外，由于怀胎数少或是胎儿死亡而无法启动分娩，导致了妊娠期的延长，也是难产的一种表现。分娩过程中，在一定条件下，顺产和难产可以相互转化，如处理不当，可使顺产变为难产；如处理得当，则可使难产转危为安。

(1) 产力异常　包括子宫收缩力、腹肌和膈肌收缩力，以及肛提肌收缩力，其中以宫缩力为主。在分娩过程中，子宫收缩的节律性、对称性异常或强度、频率异常改变，称为子宫收缩力异常，可分为原发性和继发性。临床上多因产道或胎儿因素异常造成梗阻性难产，使胎儿通过产道阻力增加，导致继发性产力异常。产力异常分为子宫收缩乏力和子宫收缩过强两类。每类又分协调性宫缩和不协调性宫缩。

①子宫收缩乏力　多由几个因素综合引起。

头盆不称或胎位异常　胎先露部下降受阻，不能紧贴子宫下段及宫颈，因此不能引起反射性宫缩，导致继发性子宫收缩乏力。

子宫因素　子宫发育不良，子宫壁过度膨胀（胎儿过大、胎水过多）子宫肿瘤等。

精神因素　当年轻母犬，特别是初产的敏感的母犬容易过度紧张，使大脑皮层功能紊乱，导致子宫收缩乏力。

内分泌因素　临产后，体内雌激素、前列腺素或缩宫素的敏感性降低，导致子宫收缩乏力。

药物影响　不适当的使用镇痛剂、镇静剂及麻醉等。

全身性疾病　感染性疾病（布氏杆菌病）、代谢性疾病（低血钙）等均可导致子宫收缩乏力。

②子宫收缩过强

协调性子宫收缩过强　宫缩的节律性、对称性均正常，仅宫缩过强、过频，如产道无阻力，宫颈可在短时间内迅速开全，分娩在短时间内结束。易造成产道损伤或产后出血；易发生新生儿窒息或死亡；胎儿娩出过快，胎头在产道内受到的压力突然解除，可致新生儿颅内出血等。

不协调性子宫收缩过强　强直性宫缩多因外界因素造成，如临产后分娩受阻或不适当应用缩宫素。

(2) 产道异常　产道包括硬产道（骨盆）和软产道（子宫、宫颈、阴道），是胎儿经阴道分娩出的通道。产道异常可使胎儿娩出受阻，临床上硬产道异常主要是骨盆狭窄或是骨盆骨折等；软产道异常主要有子宫捻转或疝气、阴道狭窄等。

(3) 胎儿异常　胎儿性难产主要是由胎向、胎位及胎势异常和胎儿过大等引起。怀孕期延长或是胎数过少可引起胎儿过大，胎儿发育异常可引起头部过大，这些使得胎儿无法通过盆骨腔；胎位异常，常见的是横生和正生下位，以及胎头和前肢姿势异常可使胎儿楔在产道内；另外，胎儿畸形和胎儿脑水肿也可引起难产。

【临床症状】

难产母犬普遍妊娠期延长，往往在第一次配种后 70d，或是自排卵前 LH 波出现之日算起 66d 未见分娩。母犬出现体温下降、做窝、不安、发抖、食欲下降，但 24h 后仍未出现外表可见的强烈腹部收缩；阴门已见绿色分泌物 2～4h，但仍没有胎儿排出；胎水排出已经 2～3h，但未见有临产征兆；或是强烈宫缩 1h 后仍没有胎儿排出；宫缩持续缺乏 2h 或宫缩微弱持续 2～4h；母犬由于疼痛和长时间用力往往精神沉郁；犬在产后 12h 仍从阴道持续排出墨绿色液体，就应怀疑发生胎儿和胎膜滞留；如果存在产道或胎儿损伤，可从阴道排出大量血性或有异味的液体。

【诊断】

应先准确了解母犬的妊娠期和过往病史，以免由于推算失误而误将正常妊娠期的母犬诊断为难产。推荐通过测孕酮估计 LH 排卵峰或阴道细胞学检查判断间情期的方法来确认妊娠期。

对母犬做详细的全身临床检查；借助 X 线和 B 超声判断胎儿位置、胎儿数以及胎儿是否存活；腹部触诊子宫的紧张度；阴道检查判断胎儿是否已经进入阴道，阴道骨盆韧带的紧张度和引导分泌物；检查乳腺和乳头判断其是否已经开始产乳；检查产道是否有异常。另外，在分娩期的血清孕酮 <2ng/mL，进行血清钙离子和血糖的测定以判断是否存在产力不足。

【治疗】

母犬要有安静熟悉的分娩环境及适当运动。对于不同原因造成的难产应分别处理；当新生儿异常时也需进行人工救助。

妊娠期延长的母犬、母体产道阻塞、胎儿过大、头颈姿势异常、胎向及胎位异常无法从产道纠正，建议进行剖腹产。

单纯的由产力不足引起的难产，可给予 10% 葡萄糖酸钙 1～20mL（0.5～1.0mL/kg）混于适量 10% 葡萄糖注射液中，缓慢静脉注射。可肌注催产素使宫缩增强，用量为 1～20 IU，观察 10～30min，可重复给药 2 次，给药时间间隔 30min；用手指按压阴道上壁来刺激子宫反射性收缩；必要时给予饮水和饮食，鼓励母犬排尿和排便，借以增加腹压；值得注意的是，在产道没有充分开张或产道阻塞物未清除前严禁使用催产素，否则会引起子宫和产道破裂；避免过多使用催产素，否则会因为不充分的子宫收缩而抑制胎盘血液供应。药物治疗 1～4h 未见效果应采取剖腹产手术。

子宫收缩过强，禁止阴道内操作，停用缩宫素。可肌注哌替啶，一般可消除异常宫缩。当宫缩恢复正常，可行阴道手术助产或等待自然分娩。若宫口未开全，应立即施行剖腹产。

当母犬不能使新生儿复苏时，需要人工复苏。在出生后 1～3min 内擦去胎儿身上的胎水、胎膜和胎粪，将胎儿的头和身体裹在毛巾内是胎头向下轻轻摇晃，甩出口腔和气管中的液体，有条件的可以用负压来吸出；用干热毛巾按摩新生儿的胸部和头部，刺激呼吸，必要时可用正压通风装置；如果胎儿发绀应及时给氧，如果无心跳则在外部进行心脏按摩。可肌注维生素 K_1 2mg/d，共 3d，以预防新生儿颅内出血。由于新生儿反应微弱可能是由于母体给药引起，如果是剖腹产取出的胎儿，可用肌注或脐静脉给 1～2 滴纳洛酮来对抗用于母犬的巴比妥的麻醉剂；若胎儿窒息时间超过 5min，则应快速从脐静脉给予 5% 葡萄糖内加维生素 C，伴有酸中毒时可补充 5% $NaHCO_3$；如果心搏弛缓时间较长，可静注肾上腺素和阿托品。同时应保持新生幼仔全身干燥，室温保持在 29.4℃～30℃，并鼓励及时吃奶以获得能量和被动免疫。

十二、产后疾病（Puerperal diseases）

（一）产后搐搦（Puerperal tetany）

产后搐搦又称泌乳期惊厥或产后子痫（puerperal eclampsia），指犬围产期的低钙血症（hypocalcemia），是母犬分娩前后突然发生急性钙缺乏并表现为骨骼、心脏和肌肉等功能进行性丧失的一种严重代谢疾病，其特征是低血钙、抽搐、全身肌肉无力、知觉丧失及四肢瘫痪。本病普遍发生于产后 6～30d，尤其产后两周以内多发。多见于产仔数多的母犬和小型易兴奋犬。

【病因】

母犬不适当的围产期营养，缺钙或是缺磷或钙磷比例不当，可造成低钙血症；母犬妊娠期补钙过量也可引起本病；母犬产子数明显多于正常，或是新生幼仔体型大，则对乳汁的需求量变大，引起大量钙随着乳汁分泌排出，如果此时不能及时为母体补充钙，则会导致产后抽搐的发生。

产后抽搐的发病机理尚不完全清楚。目前认为血钙浓度急剧降低或大脑皮层缺氧是引起本病的主要原因。钙离子是神经冲动传递以及引起肌肉收缩的重要离子，低钙血症改变了神经周围正常的离子浓度，造成膜电位的变化，从而使得神经纤维持续性自发放电而引起骨骼肌的强直性收缩。低钙血症除可引起肌肉运动障碍外，还可同时造成低血糖。较长时间的抽搐可能造成脑水肿。

【临床症状】

产后搐搦初期，患犬焦躁不安，流涎，四肢疼痛不让碰触或不敢起身，并可能因为面部发痒而磨蹭面部。进而可能出现产后搐搦的典型症状：站立不稳，共济失调，眼结膜潮红，瞳孔散大，呕吐，抽搐，肌肉强直性痉挛，四肢僵硬，不能站立；呼吸急促（150 次/min），心动加速（180 次/min），体温升高。低钙血症除引起肌肉运动障碍外还可同时造成低血糖而出现相应症状。较长时间的抽搐可能造成脑水肿，对外界刺激敏感，昏迷甚至死亡。

【诊断】

根据临床症状和病史可以作出初步诊断。在治疗前可采血化验测定血清钙含量来做进一步确诊，但由于动物来就医时通常已经进入抽搐阶段，经常必须在化验结果出来前进行对症治疗以防止病情的进一步恶化。可以同时检测血糖浓度以诊断是否伴发低血糖。

【治疗】

（1）静脉注射钙剂，配合高糖治疗。10％葡萄糖酸钙 1～20mL（0.5～1.0mL/kg）混于适量 10％葡萄糖注射液中，缓慢静脉注射，第 2 天可重复注射；或静脉推注 10％葡萄糖酸钙溶液 10～30mL，可很快看到肌肉松弛下来。需要注意的是，要用 3～5min 缓慢推注，并同时用听诊器或心电图来监视心率，如果在推注过程中发现心律不齐，应立即停止，直到心律恢复正常后以原速度进行推注；若动物仍出现心律不齐的反应则也可改为口服给药。如果静脉推注未见效果，可考虑给予镇静剂，静脉推注 1～15mg 地西泮，来缓解动物过于紧张的身体。出现高热、低血糖和脑水肿的病例需要同时进行相应的治疗。

（2）若有脑水肿的症状应予治疗　甘露醇 1～3g/kg 体重，静脉注射。速尿 1～2mg/kg，口服，肌内注射，静脉注射，皮下注射，每天两次。地塞米松 0.05～0.1mg/kg，皮下注射。

（3）产后补钙。维丁胶性钙，1mL/次，肌内注射，每日或隔日 1 次；或口服维丁胶性钙片，每次 1 片，每天 1 次；口服乳酸钙、碳酸钙或葡萄糖酸钙，10～30mg/kg，口服，每天 1 次，直至停止泌乳。

（4）纠正高热和低血糖。

（5）饲喂给犬的日粮要注意营养比例，可选用泌乳和生长期犬粮。与此同时，也要考虑断奶或是给幼仔补充其他食物来减少对母体的乳汁需求量。

【预防】

（1）防止产前过肥。

（2）避免不适当的妊娠期补钙。

（3）有本病病史的母犬应产后补钙。

（二）产后子宫炎

详见本章第三节犬生殖道炎症产后子宫感染。

第九节　公犬不育

Infertility in the Male Dog

雄性动物不育在临床上包含两个概念：一是指雄性动物完全不育，即雄性动物达到配种年龄后缺乏性交能力、无精或精液品质不良，其精子不能使正常卵子受精；二是雄性动物生育力低下，即雄性动物生育力低于正常水平，使母犬受孕能力下降或窝产仔数减少。

一、公犬不育（Infertility in the male dog）

公犬不育指公犬不能配种或与健康母犬配种后无法使其受孕；公犬能够使母犬受孕，但生育力低下，表现为母犬受孕能力低下或窝产仔数减少。公犬具有正常的生育力有赖于以下几个方面，即公犬能够正常勃起、插入和射精，并且能够产生足够量和有活力的精子，精子能够正常获能、穿透透明带和受精。

【病因】

公犬不育的病因大致可分为以下 3 类：

（1）不能配种　公犬不能爬跨母犬或勃起可使配种失败。首先，如将公犬与过于强悍的母犬配种，或是将都没有交配经历的公犬和母犬放在一起等管理上的失误可使得交配失败；公犬的阴茎或包皮有缺陷可引起勃起失败，母犬阴道的异常也可妨碍正常插入，公犬的阴茎球腺在阴茎插入之前就已经充盈可使得射精时不能“锁住”而造成射精的失败；有些外伤可造成生殖器官暂时性或永久性的损伤而妨碍自然交配；另外，先天性或后天性的垂体功能低下、内分泌疾病或某些药物可引起睾酮分泌减少，从而导致公犬性欲低下。

（2）射精失败或射精不完全　公犬可正常交配，但由于应激、无经验或前列腺炎造成的疼痛可造成不完全射精，即能射精但没有包含足够量精子的精液；人工采精时旁边没有逗情的母犬也可引起不完全射精。由于尿道括约肌和交感神经异常，公犬在射精时可出现逆向射精。肉芽肿或瘢痕组织可造成双侧生殖道阻塞，另外，交感神经的异常也可使得公犬能正常勃起但没有精液射出，造成无精症。

（3）精液品质低下　一些先天性和后天习性的因素可影响生殖器官或生殖有关激素的分泌释放，从而使得精液中无精子或少精子、精子畸形率高、精子活力低下或精液中含有血液和抗体等异物，造成不易使健康卵子受精。先天性的两性畸形、睾丸发育不良、隐睾、输精管发育不良可导致公犬的无精症和少精症；卡塔格内氏症可引起精子纤毛不摆动而使得精子活力低下。犬布氏杆菌、支原体以及细菌感染可造成传染性睾丸附睾炎，从而影响精子的生成和成熟，以及精液的品质；某些免疫反应可介导睾丸附睾炎、精原细胞的破坏和输精管的炎症，从而影响精液的品质和输送；抗肿瘤药物和细胞毒性药物可破坏输精管的生殖上皮，直接妨碍精子的生成，影响下丘脑-垂体-性腺轴；雄激素的药物可直接或间接地破坏生殖激素的平衡状态，从而引起公犬不育；睾丸肿瘤可直接影响生殖细胞和分泌激素影响内分泌的调节，导致精子无法产生；此外，环境毒素和放射性物质、衰老以及环境高温引起的阴囊炎也可引起公犬不育。

【临床症状】

不育公犬可能无明显临床症状。某些犬（尤其老龄犬）产生的精子数可能会下降；或表现无法交配，如不能勃起、阴茎异常、不愿接近发情的母犬等；甲状腺功能低下、睾丸炎和阴囊炎、睾丸肿瘤或前列腺疾病等均可能导致不育。

【诊断】

诊断需要全面的特别是生殖系统的检查，并同时进行基本的实验室检查和精液评估。必要时，可做内分泌和睾丸的活组织检查。

（1）生殖系统检查　眼观包皮和阴茎的形态异常、肿瘤和损伤，通过触诊检查阴囊和睾丸是否有粘连，以及睾丸的大小、质地、对称度和是否有肿瘤肿块；顺着睾丸背部检查附睾和精索，其局部的结节可能是由肉芽肿和肿瘤形成的，若摸不到管状物则说明存在输精管萎缩。另外，还可从腹部或直肠触诊前列腺的情况。

（2）实验室检查　血常规、血清生化和尿液检查可帮助我们了解公犬的健康状况；做犬布氏杆菌病的检查可帮助排除传染性因素；当出现甲状腺功能低下的症状时，可做甲状腺功能评估来判断。

（3）精液评估　检查精液的射精量、精子数、畸形率、精子活力和精液成分可了解精液的品质，并为接下来做某些检查提供方向。

(4) 精液细胞学检查　白细胞数增加说明存在炎性反应，如果存在噬菌体则可能有感染；出现异常的上皮细胞则暗示可能存在前列腺肿瘤。

(5) 精液的微生物培养　当出现少精或无精、精子活力低下、精液中炎性细胞增加或触诊前列腺、附睾和睾丸异常时，可进行需氧菌和支原体的培养，并做药敏试验。但是，由于正常尿液中可能也含有这些微生物，故不能仅凭这一结果进行确诊。

(6) 内分泌评估　主要做睾酮和促性腺激素的检测。

检查静息状态下和药物刺激状态下的血清睾酮含量可判断公犬性欲低下和精液品质不良的内分泌因素。正常公犬的静息血清睾酮浓度为0.5～5ng/mL，肌肉注射hCG和GnRH后会上升。hCG的用量为44 IU/kg体重，注射后立即和4h后检测，正常情况下4h后血清睾酮浓度为4.6～7.5ng/mL；GnRH用量为2.2mg/kg，注射前后1h检测，正常情况下1h后血清睾酮浓度为3.7～6.2ng/mL。

检查血清促性腺激素对无精症的犬有参考价值。主要是进行LH和FSH的检测。由于LH呈脉冲式分泌，故需要每隔25min左右进行至少3次采样和检测；如果睾酮和LH都下降，则病变大多在下丘脑或垂体，而如果睾酮下降但LH上升，则病变部位有可能为睾丸间质细胞。FSH的重复测定对提示睾丸病变也是有价值的，其浓度的升高和降低都和睾丸病变有关。另外，静脉注射GnRH 250ng/kg体重，并在前后10min检测LH的变化可提示病变部位，如果注射后LH变化不大，则无精症可能由垂体病变造成。

(7) 睾丸组织活检　当出现持续无精症和少精症时，可以进行此项检查。应取得足够的输精管检查，以便于评估生殖细胞状态。但是，由于组织活检会破坏血睾屏障，引起不必要的感染或转移，故并不推荐。

当怀疑有睾丸肿瘤或前列腺疾病时，可进行X线和超声检查，判断其位置、大小和质地。如果怀疑附睾疾病和生殖道阻塞，可做附睾吸引检查。但此项检查可引发睾丸肉芽肿，做之前应慎重考虑。如果怀疑两性畸形可做核型分析检测。

【治疗】

最好在确定病因后进行针对性治疗。经验性激素治疗往往无效，注射睾酮甚至由于反馈性地抑制下丘脑-垂体-性腺轴，从而减少促性腺激素分泌导致精子产生减少。

睾丸炎和附睾炎治疗详见本章第六节睾丸和附睾疾病。免疫反应造成的睾丸附睾炎，可用糖皮质激素类药物来缓解病情，如口服泼尼松，剂量为每天2mg/kg。但由于糖皮质激素可妨碍精子生成，故原发病治愈后仍然可能会有较长时间不育。

生殖系统内分泌失调目前多数无有效的治疗方法。临床常见由下丘脑和垂体功能低下而导致的睾酮、LH和FSH分泌减少的病例，可试用具有LH和FSH效果的药物，如hCG，500 IU皮下注射，每周2次，刺激间质细胞分泌睾酮；FSH 25mg皮下注射，每周1次，或1mg/kg，肌内注射，隔日1次，刺激精子生成；口服睾酮或二氢睾酮可引起性欲。这些药物治疗须至少持续3个月，如果产生精子，则只用hCG来维持治疗效果。值得注意的是，应首先排除存在垂体肿瘤后才能进行以上治疗。

治疗逆行射精和非阻塞性不射精可用α-拟肾上腺素制剂。α-拟肾上腺素可调节尿道内括约肌的紧张性，也可增加对交感神经刺激的敏感性，从而改善射精反射。

【预后】

由于某些药物、毒素、高热和环境温度过高造成的睾丸暂时性损伤，可在消除病因后治愈；微生物感染造成的不育是有希望治愈的，但与损伤的程度和部位有关；由先天性疾病、肿瘤和内分泌失调引起的不育大多无法治愈或预后不良。

二、两性畸形（Hermaphroditism）

详见本章第八节相关内容。

三、尿道下裂（Hypospadias）

尿道下裂指尿道开口于阴茎腹侧或会阴部而不是阴茎顶端，为雄性外生殖器先天畸形。

【病因】

本病主要受性激素的影响。妊娠期间给予外源性孕酮或雌激素，胎儿发育期间雄激素分泌不足都可引起本病。

【临床症状】

（1）轻度畸形　可能无症状，或见尿道口异常开口阴茎腹侧前端。包皮开口形状异常。皮肤黏膜表面尿液浸润并感染。

（2）重度畸形　尿道开口于会阴部的腹中线处，阴囊处或包皮区后部。尿失禁，尿浸润并伴发邻近黏膜皮肤表面感染。

【诊断】

外生殖器检查。尿道导管插入。鉴别诊断：先天性尿道下裂可以通过检查会阴、阴囊和包皮的完整性与尿道创伤以及包皮缺陷相区别。

【治疗】

轻度尿道下裂可以通过尿道口手术重建加以纠正。重度畸形需施行尿道造口术和去势术，并切除多余阴茎、包皮和阴囊。

四、持久性阴茎系带（Persistent penile frenulum）

持久性阴茎系带指的是阴茎腹侧前部通过纤维结缔组织形成薄带与包皮相连的先天性异常，导致阴茎头向腹侧或两侧偏斜。虽少见，但在犬已见报道。

【临床症状】

患病动物可能无症状。排尿和勃起时会不适。勃起时阴茎偏向腹侧，导致无法交配。在后腿内侧尿污染处可发生皮炎。

【诊断】

通过检查阴茎确诊。

【治疗与监护】

手术去掉系带，预后良好，犬可恢复交配能力。

五、尿道脱垂（Urethral prolapse）

尿道脱垂指阴茎顶部的尿道黏膜外翻。

【病因】

创伤，泌尿生殖道感染伴发尿淋漓，性兴奋等都可引起尿道黏膜肿胀充血，从而导致外翻。

【临床症状】

尿道开口处可见有一小的红色圆形组织块，往往出血，或表现为血尿［见彩图版图 4－10－6］。患犬常过度舔吮阴茎和包皮，使其红肿湿润发亮。

【诊断】

观察到尿道开口处的组织块，尿血或包皮出血，可进行确诊。血尿的症状要与其他泌尿系统疾病相区别，如结石，可通过 X 线检查和造影检查排除。

【治疗】

首先应治疗任何潜在疾病，如膀胱炎。

在脱出组织没有严重损坏时，可以尝试进行脱垂复位术。复位后要在尿道中插入导尿管并于尿道口处进行荷包缝合手术，5d 后拆线。

在脱出组织多并受到严重损伤时，可切除。方法为在脱出组织的阴茎黏膜周围做一环状切口。为防止尿道收缩，将尿道黏膜的一半同时切开并缝合到阴茎黏膜。

术后应用抗生素 5～7d，预防感染。使用伊丽莎白脖套来防止犬舔吮或自残阴茎。注意术后尿道堵塞情况。

六、嵌顿包茎（Paraphimosis）

嵌顿包茎是指脱出的阴茎不能缩回到包皮腔内。

【病因】

任何导致阴茎不能回缩到包皮的因素都可引起本病。先天性因素或外伤导致包皮口狭小，常因继发感染而恶化。撕裂或变形使包皮口扩大，导致阴茎头长期暴露在外。橡皮圈、绷带或毛发等将阴茎勒于包皮外而无法回缩。慢性龟头包皮炎、阴茎外伤或折断引起阴茎部软组织肿胀。

【临床症状】

阴茎从包皮突出，充血肿胀，外露的阴茎干燥或坏死。犬会过度地舔吮暴露在外的阴茎。由于尿道变狭小而出现尿淋漓、尿血或尿闭。

【诊断】

阴茎持续暴露在外、包皮口过大或过小或是发现有异物缠绕即可确诊，必须与阴茎异常勃起相区别。

【治疗】

（1）处理暴露的阴茎　清洗水肿的阴茎组织。冷敷、按摩或使用高渗盐水消除水肿。如果坏死严重，可以进行阴茎切除和会阴部尿道造口术。

（2）阴茎复位　润滑暴露的阴茎。手术扩大过小的包皮口，沿着包皮口头背侧做切口，然后沿着切口边缘将包皮黏膜和皮肤缝合在一起。值得注意的是，在包皮口头腹侧做切口会导致龟头长期暴露在外，所以不可取。因包皮开口过大而导致的嵌顿包茎，可通过外科手术缩小包皮开口而整复。

（3）抗生素治疗　每日用稀释的抗菌素药液冲洗包皮，局部使用抗生素软膏。

（4）导尿　如果尿淋漓可插入导尿管以排空膀胱。

（5）术后监护　每天挤出阴茎，共 5～7d，可以防止粘连。如果包皮损伤，需考虑包皮开口的大小。为防止阴茎伸出可以使用镇定药或阉割术。

七、阴茎异常勃起（Priapism）

阴茎异常勃起指与性兴奋无关的阴茎持续异常勃起。

【病因】

阴茎部神经受刺激或受损，造成阴茎非性兴奋主动充血。阴茎基部海绵体静脉发生栓塞引起血液滞积，被动地勃起。

【临床症状】

持续勃起。动物频繁舔舐阴茎。阴茎组织变化程度取决于阴茎暴露在外的时间。如神经系统受损，则出现神经症状。

【诊断】

如果没有性刺激而长久勃起则可确诊。要与嵌顿包茎鉴别，阴茎异常勃起可手工复位到包皮内，但嵌顿包茎通常不能。

【治疗】

阴茎异常勃起可能会自然消退。对长期异常勃起的支持疗法，如清洗和润滑暴露的阴茎，防止舔舐和自残。如有可能，治疗潜在病因。

神经性的阴茎异常勃起可能变成阳痿，具体取决于受伤的部位和治疗情况。因静脉栓塞造成的阴茎异常勃起可能是永久性的。

八、龟头包皮炎（Balanoposthitis）

龟头包皮炎指包皮黏膜和阴茎的炎症。

【病因】

炎症可由细菌、疱疹病毒和酵母菌等病原微生物引起，也可由外伤、化学物质或阴茎淋巴细胞增殖引起。位于包皮黏膜的常驻菌群过度繁殖和机体的正常防御机能减退，从而使病原微生物得以入侵引起本病。

【临床症状】

患犬可能不表现出临床症状，有些患犬摩擦或舔舐感染部位，包皮内有脓性分泌物。

【诊断】

阴茎和包皮的外观检查结果可以作初步判断。取分泌物做细胞学检查，可在脓性分泌物中发现变性的中性粒细胞。组织病理学检查可以确诊阴茎淋巴细胞增殖。对于顽固性或扩散性病灶建议做细菌培养和药敏试验。

【治疗】

每天用5%洗必泰溶液冲洗包皮及阴茎，局部和全身应用抗生素。对于酵母菌感染给予抗真菌药物。对阴茎淋巴细胞增殖需要更严格的治疗措施，可用5%硝酸银溶液刮擦、烧灼淋巴样丘疹，局部可应用抗生素或皮质固醇类软膏。

第十节　猫的发情周期

Estrous Cycle of the Healthy Cat

一、猫的发情周期

猫是季节性多次发情动物，其在发情时不会自发性发生排卵，而是诱导排卵。猫的发情周期与褪黑激素、催乳素分泌以及日照长度有关。母猫在人为控制日照14～16h的情况下可诱导发情。而与人类共同生活的母猫由于人工光源的影响可能全年发情。

母猫的初情期定义为第一次发情周期开始，而公猫难以明确定义，通常认为公猫初情期是指表现出正常交配行为和能产生足够精子繁育后代。母猫初情期可能从4～12月龄开始，与光照有关。长毛猫、曼岛猫以及大体型品种的猫进入初情期可能较晚，大约在11～21月龄。而亚洲种猫例如暹罗猫则进入初情期要早。猫的初情期可受季节影响。达到性成熟的母猫在合适的光照条件下进入初情期，若在不合适的光照下则不会出现初次发情。因此认为猫的初情期年龄在4～12月龄，但受光照、品种以及体重影响略有不同。受光照影响猫的发情季节在全球不同地区有一定区别。我国大部分地区猫发情季节在12月下旬到9月初。

猫的发情周期分为发情前期、发情期、发情期间隔（发情后期）和间情期。未怀孕的情况下，母猫可在大约每2～2.5周反复发情并持续1周。猫和雪貂、兔和骆驼等是诱导排卵。GnRH和LH呈脉冲式分泌，需要性交行为LH释放达到峰值并随后排卵。另外一些外界刺激例如有力抚摸，有时采集阴道细胞样本也可能引发排卵。研究表明，100%的母猫可在至少四次排卵后配种成功，50%的母猫一次成功。有些母猫在缺乏性交刺激的情况下有自发排卵现象。

（1）发情前期　卵泡发展的时期，在猫难以观察到，一般有1～2d。可能有行为变化（摩擦和嘶叫）但是不接受公猫爬胯。

（2）发情期　发情周期中卵泡期，时间变化很大，在2～19d，平均7d。雌激素浓度处于高水平并且有典型的发情行为（包括反复大声嘶叫、打滚、弓背等）和接受性交反应。子宫大体尺寸在发情期增大，在切除子宫时可见。子宫颈开放以允许未来精子进入，而在其他时期都是闭合的。雌激素升高刺激阴道上皮细胞增厚、角化，但比母犬范围要小。虽然母猫角化和非角化的上皮细胞比例不如母犬的变化范围大，在发情期第四天，母猫阴道涂片显示副基细胞和中间细胞数量降到总细胞数的10%以下。与犬相比，猫阴道分泌物难以获得，有时需要給服镇静剂。况且，这种操作可能会刺激排卵，所以如果不希望母猫排卵不可进行此操作。阴道涂片采样时，由于母猫阴道分泌物很少，几乎观察不到，必须将拭子预先湿润。由交配、阴道涂片取样或药物引起排卵并不能缩短发情行为的时间，而且由于孕酮对子宫内膜的影响可能会造成母猫易患子宫积脓。因此，不建议使用此方法抑制发情。

（3）发情期间隔　如果母猫未被诱导排卵随后会进入孕酮和雌激素水平都很低的间情期。发情期间隔也可称为发情后期，结束于新的卵泡期开始。非排卵周期中，发情期间隔大约有13～18d。偶尔母猫会跳过发情期间隔在两次卵泡峰期间都表现出发情行为，那是因为雌激素未能降到基础水平。除非持续多个周期，一般不认为这是异常现象。

（4）间情期　母猫诱导排卵后进入高孕酮水平的黄体期。若交配成功，母猫受孕，猫正常妊娠期从交配之日算起是63～71d，平均可持续（65±1）d。若未受孕则会出现假孕（大约40～50d）。假孕的母猫孕酮水平降低比怀孕母猫早得多，因此有人认为是胎儿分泌了某种物质或者引起了某种物质的分泌以维持黄体。间情期之后进入下一个发情前期或季节性乏情期或哺乳乏情期。

（5）乏情期　由于猫是季节性发情动物，如果日照时间短于8h，典型情况下母猫则会在该季节最后一个间情期或发情期间隔之后进入乏情期。而在日照时间开始延长时结束乏情期。在北半球乏情期大约从十月末持续到一月初。泌乳可能会引起产后泌乳期乏情，通常可持续2～3周直至断乳。有些母猫可能会在产仔后立刻进入发情周期。

二、自然交配行为

猫跟其他家养动物相比，发情行为更独特。母猫的气味和摩擦行为等吸引公猫前来交配。通常公猫会接近母猫，而母猫对公猫表现出亲昵的磨蹭。母猫接受公猫交配的典型的行为有弓背、打滚、尾巴歪向一侧、抬高后躯等，公猫闻到母猫发出的气味后会爬上母猫的背部，用牙齿咬住母猫脖子背侧的皮毛以固定母猫。有人认为公猫咬住母猫脖子固定行为对排卵也有影响。一旦固定后，公猫的插入交配就变得很简单，通常在5～50 s之间。一旦射精，母猫会立即甩下公猫并发出很强攻击性意味的嘶叫、打滚并舔舐自己。猫也可能出现多次交配，可能每15～20min发生一次。为了提高产仔率，母猫可在发情期第二天开始至少交配4次。由于公猫的阴茎短粗无法到达子宫颈，交配后精子一般贮存在母猫阴道，30min后才能进入子宫。

第十一节　猫繁殖障碍

Disorders of Feline Reproduction

猫是仅次于犬的小型家养宠物，人工繁育的历史也相当长，但相对于犬所见的产科临床病症要少。常见的病症包括无法交配、受精失败、胚胎死亡和难产。猫比较特别的是其为诱导排卵动物，其发情周期的激素变化不像犬那样有规律性，而是根据交配与否、排卵与否、妊娠与否发生相应的变化，其妊娠期孕酮含量也很少发生无法维持妊娠的情况。值得注意的是，群居的猫社会地位分隔明显，可从心理上及行为上造成群体地位低下的母猫不发情，导致繁殖障碍发生。

一、母猫不育（Infertility in the queen）

母猫不育指母猫交配和受孕失败或产仔数减少或丧失产仔能力。

【病因】

导致母猫不育的原因是多方面的，母猫卵巢周期性变化异常、子宫病变、胎儿异常以及行为学上的特点都可能是引起母猫不育的原因。

(1) 行为学　同居的猫是分等级的，当群体地位低的母猫同其他处于发情周期的母猫同居饲养时，容易发生隐性发情和持续乏情；而有的母猫却可出现季节性持续发情。

(2) 卵巢周期异常　猫或是无法配种或是交配正常但排卵异常。

持续发情　猫是诱发排卵动物，其发情周期是以卵泡发育为准；发情期在正常情况为卵泡期；如果若干卵泡相继发育使得其发育期连接重叠，则会出现季节性连续发情现象。老龄从未生育的猫由于易得卵泡囊肿，多发非季节性持续发情。

持续乏情　未性成熟的母猫是没有卵巢活动的，特别是纯种猫通常比一般的猫要晚 2 个月左右；而老龄猫的生育能力下降，其发情周期通常也不规律；光照不足也会导致母猫持续乏情；另外有些疾病可损伤母猫生殖机能而使其无法发情。

排卵失败　交配次数太少刺激不够或是配种太迟卵泡闭锁可导致排卵失败。

(3) 子宫内膜囊性增生/子宫积脓综合征　由雌激素间断作用于子宫，或是假孕猫的黄体持续产生孕酮所致，使得子宫内环境不利于受精卵着床和生长发育。

(4) 胚胎吸收或流产　某些感染性疾病是造成胚胎死亡或流产的原因，多见于猫白血病病毒（felineleukemia virus）、疱疹病毒Ⅰ型（feline herpesvirus type Ⅰ）、支原体、猫传染性腹膜炎病毒（feline infectious peritonitis virus）、猫瘟病毒（feline panleukopenia virus）和弓形虫等感染。子宫感染化脓放线菌、大肠杆菌、链球菌、沙门氏菌和葡萄球菌时也可引起本病。另外，母猫缺乏牛磺酸时可造成胚胎死亡。

【临床症状】

母猫主要表现出发情异常。可持续发情而无其他症状；也可安静发情或根本无卵巢活动。隐性发情的母猫往往群体地位低下，增重慢，不活泼且被毛粗乱。有些发情异常的猫可出现体重下降、掉毛和被毛粗糙。除了持续发情，如果交配后排卵失败，母猫的求偶性叫声消失。如果出现子宫内膜囊性增生和子宫积脓综合征，母猫将会表现出相应的症状，这也是不育的症状。如果发生胚胎吸收，临床上可无任何异常；如果出现流产则在怀孕期有血性分泌物从阴道流出，同时有胎儿排出。

【诊断】

详细准确的繁殖史和病史调查对诊断母猫的不育非常重要。通过推算发情周期间隔可判断是否成功排卵，排除公猫不育的情况，调查群养母猫的行为学特点和公母猫配种时机判断是否有排卵失败的可能，检查母猫是否有潜在性疾病影响正常的卵巢活动。

阴道细胞学检查可评估卵巢的活动，同时还可检查阴道分泌物和阴道前庭是否异常。超声波检查用来查看母猫是否患有子宫内膜囊性增生/子宫积脓综合征，以及怀孕期胎儿是否存活及是否发生胚胎吸收。

血清雌激素检测可区分持续乏情和安静发情，发情期血清雌二醇浓度大于 20 pg/mL，乏情期和间情期不足 20 pg/mL；血清孕酮的检测可区分假孕和乏情，假孕和怀孕时孕酮浓度大于 2 ng/mL，乏情期孕酮不足 1 ng/mL。血常规、血清生化和尿液检查可用于发现潜在性疾病，还可针对性检查传染病病原，如猫瘟病毒和猫白血病病毒。

另外，对死亡或流产的胎儿检查可发现病原微生物。

【治疗】

对于季节性持续发情的母猫，可使之每日与公猫配种一次，当它停止发情时大多表示已经排卵；对于卵泡囊肿的病例，特别是老龄猫，建议做卵巢子宫的切除；对于安静发情的母猫可将其单独饲养或是与成年可育的公猫一起饲养；如果是持续乏情，可增加光照，或是用 FSH 进行诱导发情，每天 2mg，连续 5d，肌内注射，正常情况下 4～5d 后开始发情。

如果是排卵失败，可能是由于刺激不够或配种时间不对，则需要在不迟于发情后 4d 内将公母猫放在一起，而且需要反复交配，直到发情停止。可以注射 hCG 和 GnRH 来诱导排卵，用法为发情第 2 天肌内注射 hCG 250 IU 或 GnRH 25mg。

对于患有引起不育的其他疾病则应进行相应的治疗，如子宫内膜囊性增生/子宫积脓综合征、猫白血病等传染性疾病，同时重视饲养管理，防止传染病的发生和行为学上的不育发生。

二、难产（Dystocia）

与其他动物相比较，猫发生难产的情况比较少见。

【病因】

难产主要跟胎儿大小及胎位、产道和产力有关。猫胎儿的四肢较短，胎位不正一般不会造成难产但胎儿数较少时，胎儿可能过大而引起难产。如果分娩开始时母体催产素分泌不足，或是子宫对相关生殖激素和生理刺激不敏感，会发生原发性宫缩无力；各种原因造成的分娩时间延长也可引起子宫肌肉疲劳而导致继发性宫缩无力。母体先天性盆骨狭窄或是以前有过盆骨骨折可造成产道狭窄，使得胎儿无法顺利产出；分娩前或分娩时出现子宫扭转也可造成产道的狭窄甚至闭塞。当出现子宫破裂时，由于胎儿可能从破裂口进入腹腔，使得无法看到胎儿从产道产出。

【临床症状】

在母猫努责 30～60min 后仍未有胎儿产出，或是努责超过 20min 后胎儿才到骨盆腔中则怀疑为难产。在未有胎儿排出的情况下，阴道排除绿色分泌物，这表示胎盘已经与子宫分离；同时阴道可能持续排出血样分泌物，这表示子宫出现撕裂伤，如果出血过多持续时间过长，这可能发生低血容量性休克。由于可能存在子宫扭转和子宫破裂，母猫可出现腹痛和精神沉郁等症状，当胎儿从破裂口进入腹腔后，这种症状将更加明显。

【诊断】

当出现上述可疑的临床症状时，可进行腹部 X 线检查来判断胎儿数、胎儿大小和胎儿位置，特别是查看是否存在子宫破裂而使胎儿进入腹腔，同时，也查看骨盆腔的结构来判断是否存在产道狭窄。

超声检查判断胎儿活力，检查是否存在子宫扭转，可进行开腹探查。

【治疗】

宫缩乏力引起的难产可采取以下措施：可用手指触压阴道壁刺激子宫收缩，或是注射催产素 2～5 IU，皮下/肌内注射，如未见效可 45min 后重复注射，并同时缓慢静脉推注 1～3mL 10％葡萄糖酸钙。

如果药物治疗无效，则考虑剖腹产。对于子宫扭转的病例，则治疗原发病，如果发生子宫破裂，建议切除卵巢子宫。

三、公猫不育（Infertility of the tom cat）

公猫不育指公猫不能配种或与健康母猫配种后无法使其受孕；公猫能够使母猫受孕，但生育力低下，表现为母猫受孕能力低下或窝产子数减少。

【病因】

发生本病的原因主要有：

（1）性欲低下　一些慢性疾病可引起公猫性欲低下，有的公猫阴茎和包皮先天性粘连造成包皮处损伤和肿胀，或是在阴茎基部形成被毛环造成勃起困难，导致无法进行交配，公母猫关系不佳等行为因素也可使得公猫不愿意进行交配。

（2）精液异常　猫精液产生始于 5 月龄，在 10 月龄达到性成熟，并且在 3 岁后精液品质随着年龄增长而下降。

（3）生殖道感染　猫传染性腹膜炎可能会引起阴囊肿胀和睾丸继发感染，使得公猫不能同母猫交配。

（4）隐睾　双侧隐睾者不育，虽然单侧性隐睾猫仍然可使母猫受孕，但因隐睾具有遗传性和家族性倾向，不可作种用。

（5）两性畸形　睾丸发育不良、输精管发育不良可导致无精症和少精症。

【临床症状】

不育公猫通常不表现出临床症状，或仅仅表现出对母猫不感兴趣或拒绝交配。当由其他疾病继发性欲低下或精液异常时会表现相应的临床症状。

【诊断】

首先需要对病猫做详尽的病史和繁殖史调查，包括是否有隐睾，是否存在母猫不育等。另外，两性畸形的公猫的外表常呈现橘黄褐色被毛的龟壳钙质色。

（1）阴茎检查　必要时可给予镇静剂，来查看公猫是否存在阴茎异常或阴囊炎而导致无法正常交配。

（2）精液检查　公猫正常射精量为每次 0.03～0.3mL，精子数为 6×10^{7}～1.5×10^{9} 个/mL，活力为 65%～90%，畸形率小于 30%。

（3）对公猫进行彻底检查，排除潜在疾病　包括血常规、血清生化和尿液检查，猫瘟病毒和猫免疫缺陷病毒检查，以及血清 T4 浓度来判断是否有老龄猫甲状腺功能亢进。

【治疗】

如果是由两性畸形等先天性疾病引起的公猫不育，则无法治愈；患有隐睾的公猫应做双侧睾丸切除；对于性欲低下的猫可改善饲养环境，如将公母猫分开饲养，只在交配时放在一起。但是不推荐补充睾酮，因为睾酮并不能增强性欲，反而可以反馈性抑制垂体分泌促性腺激素而使得精子生成减少。可以考虑人工授精。

第五部分

中毒性紊乱
Toxic Disorders

第一节　杀虫剂及灭鼠剂中毒

Insecticide and Molluscacide Poisoning

一、有机氟化合物中毒（Organic fluorinated compound poisoning）

有机氟化合物中毒是犬、猫误食了有机氟化合物而引起的一种中毒性疾病，临床上以突然发病、呼吸困难、抽搐、惊厥和心律失常为特征。氟乙酰胺引起的犬、猫中毒病最为常见。

【病因】

有机氟化合物是高效、剧毒、内吸性杀虫剂与杀鼠剂，生产中使用较广泛的有氟乙酰胺（fluoroacetamide，FAA，敌蚜胺）、氟乙酸钠（sodium fluoroacetate，SFA，1080）、甘氟（glitfro，鼠甘伏）、N-甲基-N萘基-氟乙酰胺（nissol，果乃安）、氟乙酰替苯胺（fluoroacetanilide，1082，灭蚜胺）。二次世界大战时，氟乙酸钠就曾作为战争毒气使用，战后作为高效农药在各国相继生产。氟乙酰胺和氟乙酸钠是较早合成的两种杀鼠剂，不仅对老鼠高效，对多种犬、猫均极毒，还容易经皮肤吸收，属剧毒类农药，我国已于1984年禁止生产和使用。但因这类杀鼠剂在短期其效果立竿见影，致使非法生产和使用屡禁不止，引起人和犬、猫中毒事件时有发生。

犬、猫有机氟化合物中毒的主要摄入途径为消化道，亦可经破损的皮肤吸收和呼吸道吸入。常见的原因有：

（1）使用和管理不当　犬、猫误食有机氟杀鼠剂的毒饵或被有机氟制剂污染的植物、饲料或饮水而引起中毒。如用有机氟杀鼠剂进行草原、森林灭鼠，会被犬误食毒饵引起中毒。

（2）二次中毒　有机氟化合物在机体内代谢、分解和排泄较慢，犬、猫可因采食有机氟中毒死亡的昆虫、老鼠和其他犬、猫尸体而发生中毒。

（3）此外，也见于人为投毒。

【中毒机理】

有机氟化合物对不同动物的毒性差异较大，其易感顺序为：犬＞猫＞羊＞牛＞猪＞兔＞马＞蛙；鸟类和灵长类易感性最低。氟乙酸盐对犬、猫的毒性因品种不同而差异较大，对犬和猫的半数致死量（LD_{50}）：犬为0.05～1.0mg/kg，猫为0.3～0.5mg/kg。

各种有机氟化合物经过消化道、呼吸道或破损皮肤被机体吸收后，经由血液运送到全身，在组织液中各种有机氟化物先进行活化，形成具有毒性的氟乙酸，如氟乙酰胺脱胺、氟乙酸钠水解形成氟乙酸（CH_3FCO_2）。活化生成的氟乙酸进入细胞后，因其与乙酸结构相似，在脂肪酰辅酶A合成酶的作用下，会代替乙酸与辅酶A缩合为氟乙酰辅酶A，而氟乙酰辅酶A又与乙酰辅酶A结构相似，在柠檬酸缩合酶的作用下，进一步与草酰乙酸形成氟柠檬酸。氟柠檬酸的结构与柠檬酸相似，是柠檬酸的颉颃物，与柠檬酸竞争三羧酸循环中的顺乌头酸酶，从而抑制顺乌头酸酶的活性，阻止柠檬酸代谢，使三羧酸循环中断，称为"致死性合成"。同时，因柠檬酸代谢蓄积。丙酮酸代谢受阻，严重破坏细胞的呼吸和功能。这种作用可发生于所有细胞中，但以心、脑组织受害最为严重，使心脏、大脑、肺脏、肝脏和肾脏等组织细胞产生难以逆转的病理改变。对犬、猫的心脏和神经系统均有毒害作用。

【临床症状】

犬、猫直接摄入有机氟化合物30min后出现症状，吞食鼠尸或其他犬、猫尸体后4～10h发作。一旦出现症状，病情发展很快，多在数分钟到数小时内死亡。临床上主要表现为中枢神经系统和心血管系统损害的症状。

犬在摄入毒物后2h左右出现症状，病初表现呕吐、流涎、频频排尿和排粪，兴奋不安、狂奔、尖叫、呻吟、喜欢钻往暗处，呼吸困难、心律不齐、心动过速，很快四肢抽搐，角弓反张，卧地不起，经过数次发作，终因循环和呼吸衰竭而死亡。

猫中毒后不时发出刺耳尖叫，四肢阵发性痉挛，尾毛竖起似尾巴变粗；瞳孔明显散大，对光反射消失，四肢末梢冰凉，体温下降至37℃以下；呼吸急促，心率加快，节律不齐。

剖检病死犬、猫，一般尸僵迅速，病变主要表现为内脏器官黏膜出血、脱落，可视黏膜发绀，血色变暗，有严重的胃肠炎病变，胃肠黏膜充血、出血、脱落，心肌松软，心包及心内膜出血，肝、肾淤血、肿胀，脑水肿、软化。脑组织学变化为血管内皮肿大，血管周围淋巴细胞浸润，脑细胞水肿、坏死，脑白质脱髓鞘。

血液生化检验，可见血液葡萄糖、柠檬酸和氟含量明显升高，血清钙含量降低，血清CK、AST、ALT和LDH活性显著升高。

【诊断】

根据接触有机氟农药的病史，结合神经兴奋、心律失常等主要临床症状，可初步诊断。确诊需要测定血液柠檬酸和氟含量及血清CK活性，并进行毒物定性或定量分析。快速检测的定性方法有纳氏试剂反应、异羟肟酸铁反应或硫靛反应法，而薄层色谱法定性准确可靠，定量检测主要采用气相色谱法。

本病应与有机磷、有机氯、士的宁中毒及急性胃肠炎等疾病相区别。

【治疗】

本病潜伏期短，起病迅速，应尽早采取清除毒物、特效解毒和对症治疗等方法。

（1）清除毒物　主要采取催吐、洗胃、导泻以减少毒物的吸收。可用0.01%～0.02%高锰酸钾溶液、0.15%石灰水或0.5%～2%氯化钙溶液洗胃，使有机氟化合物氧化或转化为不易溶解的氟乙酰（酸）钙而减低毒性；洗胃后，通过胃内注入适量乙醇（白酒），其可在肝脏被氧化成乙酸而具有解毒作用；或口服50%乙醇和5%醋酸，剂量为8.8mL/kg，也有解毒作用。洗胃忌用碳酸氢钠。口服氢氧化铝凝胶或蛋清保护胃肠黏膜，毒物已进入肠道可用硫酸钠、石蜡油导泻。经皮肤染毒者，尽快用温水彻底清洗。

（2）特效解毒剂

解氟灵（50%乙酰胺）　具有延长中毒潜伏期、减轻发病症状或制止发病等作用。

乙二醇乙酸酯　肌内注射，剂量为0.1～0.5mg/kg，30min～1h重复一次。

（3）对症治疗　解痉镇痛，因氟乙酰胺中毒常出现低血钙、痉挛抽搐，故临床上常选用葡萄糖酸钙注射液、水合氯醛注射液静脉注射，肌内注射氯丙嗪或内服巴比妥等；兴奋呼吸常选用尼可刹米或山梗菜碱；解除脑水肿，可选用20%甘露醇、25%山梨醇或50%葡萄糖注射液静脉注射，也可选用利尿剂，如速尿、双氢克尿噻等，但在利尿的同时，应注意补充钾离子；纠正酸中毒，一般采用静脉注射5%碳酸氢钠注射液、11.2%乳酸钠注射液或乳酸林格尔氏液。此外，其他辅助治疗还包括强心、补液及营养支持等措施。

二、杀虫脒中毒（Chlordimeform poisoning）

杀虫脒中毒是犬、猫使用杀虫脒不当引起的一种中毒病，临床上以嗜睡、紫绀和出血性膀胱炎为特征。

【病因】

杀虫脒化学名称为N′-（2-甲基-4-氯苯基）N，N-二甲基甲脒，分子式Cl（CH_3）$C_6H_3N=CHN$（CH_3）$_3$，又称氯苯脒、杀螨脒或克死螨，受高热分解，可产生有毒的氮氯化物和氯化物气体。杀虫脒在水中溶解度小，在强酸中比较稳定，而在弱酸和弱碱溶液中会迅速水解，主要用作农药杀虫剂。杀虫脒属低毒无公害杀虫剂，主要用于治疗家畜各种螨病，对螨的成虫、幼虫及卵均有较强的杀灭作用，但如使用时浓度过大、犬体表有破损时则易造成吸收中毒。临床上中毒病例主要见于用杀虫脒驱虫时使用不当，如剂量过大或方法错误。

【中毒机理】

杀虫脒可经消化道、呼吸道和皮肤吸收，主要分布于肝、肾和淋巴结。杀虫脒在体内代谢和排出迅速，排泄途径以肾脏为主，其次随粪、胆汁和乳汁排出。给犬口服用^{3}H、^{14}C标记的杀虫脒后，24h尿中排泄85%，胆汁排泄5%，粪中排出0.6%。

杀虫脒的中毒机制尚不清楚，主要机制可能是直接的麻醉作用和对心血管的抑制作用。杀虫脒及其代谢产物的苯胺活性基团能引起高铁血红蛋白血症和出血性膀胱炎，临床上表现出呼吸困难和血尿症状。杀虫脒可抑制血清单胺氧化酶和其他酶，从而导致错综复杂的临床表现。

【临床症状】

杀虫脒中毒后，首先出现兴奋、来回奔跑，继而乏力、口腔干燥、沉郁或不安，后转入抑制、共济失调、四肢痛觉减弱或消失、嗜睡、血压下降，有的病例出现可视黏膜发绀和尿频、血尿、腹痛等出血性膀胱炎，重者呈深度昏迷，四肢或全身呈癔病样抽搐，瞳孔散大、呼吸浅表，反射消失，可因呼吸、循环衰竭而致死。

尿中出现红细胞、蛋白、少量白细胞和管型，少数患病动物血清ALT增高，尿中杀虫脒及其代谢产物4-氯-邻甲苯胺含量增高，血中高铁血红蛋白含量增高，严重中毒时血清单胺氧化酶活性降低。心电图可出现心律失常和心肌损害。

【诊断】

杀虫脒中毒的诊断并不困难，可根据大量皮肤接触、吸入或口服杀虫脒的病史，出现不同程度的意识障碍、发绀、出血性膀胱炎为主的全身中毒症状即可做出诊断。尿中杀虫脒及其代谢产物4-氯-邻甲苯胺含量增高，高铁血红蛋白含量增高，血清单胺氧化酶活性在严重中毒时才明显下降，随着病情的好转而恢复。

急性杀虫脒中毒应与急性有机磷杀虫药中毒相区别，除临床表现有所不同外，后者血胆碱酯酶活力有明显抑制。杀虫脒中毒还应注意与肠源性发绀、食物中毒、中暑、乙型脑炎、泌尿道感染及其它农药中毒相区别。

【治疗】

(1) 制止继续吸收毒物　犬、猫中毒时，应立即用肥皂水清洗皮肤。经口服中毒的动物应迅速洗胃，洗胃液可用2%碳酸氢钠溶液。

(2) 解毒　可选用亚甲蓝及其他还原剂，高铁血红蛋白症引起的紫绀可用亚甲蓝治疗，剂量为1～2mg/kg，必要时在1～2h后可重复半量使用。亚甲蓝剂量过大，反而会将血红蛋白的二价铁氧化为三价铁而形成高铁血红蛋白，使紫绀加重或出现亚甲蓝的副作用。无紫绀的病例无需注射亚甲蓝。对轻度高铁血红蛋白症可用大剂量维生素C和葡萄糖作用还原剂应用。

(3) 促进毒物排泄　加强输液和利尿，使杀虫脒及其代谢产物尽快排出体外，烟酰胺可促进杀虫脒降解，亦可试用。

(4) 对症治疗　对患出血性膀胱炎的动物用碳酸氢钠碱化尿液，抢救急性杀虫脒中毒过程中，要防止感染和其他各种并发症。

三、磷化锌中毒（Zinc phosphide poisoning）

磷化锌中毒是犬、猫摄入磷化锌毒饵而引起的一种中毒性疾病，临床上以中枢神经功能和消化系统功能紊乱为主要特征。

【病因】

磷化锌是带有闪光的暗灰色结晶，作为杀鼠剂已有较长的历史，不溶于水，能溶解于酸、碱和有机溶剂中，可在湿空气中缓慢潮解，产生剧毒的磷化氢气体。同时本身具有大蒜臭味，对鼠有一定引诱力，从而达到杀鼠的目的。磷化锌毒饵配制的方法很简便，通常以2.5%～5%的比例与食物配制成毒饵使用，用1%～2%的植物油作为黏附和香味散发剂。磷化锌的残效期较长，据观察，将混合有10%磷化锌的玉米保存于室内，历时224d，仅分解50%；在室外，虽然减毒较快，但在日晒处历时112d，减毒约为80%；在草原上，将混有20%磷化锌的玉米放置15d，1/3粒玉米仍足以毒死一只黄鼠。

磷化锌属剧毒级毒物，犬和猫的口服致死量为20～50mg/kg。磷化锌的毒性常因犬、猫品种，诱饵酸碱度而有差异，也与胃内容物的数量和pH有关。

犬、猫多因误食毒饵或被磷化锌污染的饲料而中毒，也可因食入被毒死的鼠尸而中毒。偶尔也见人为蓄意投毒而引起中毒。

【中毒机理】

磷化锌在胃酸作用下分解产生磷化氢和氯化锌：$Zn_3P_2 + 6HCl = 2PH_3\uparrow + 3ZnCl_2$。磷化氢对胃肠黏膜有刺激作用，被胃肠道吸收，随血液循环分布于肝、心、肾和骨骼肌等组织器官，抑制细胞色素氧化酶，影响细胞代谢，引起细胞窒息，使组织细胞发生变性、坏死，主要损害中枢神经系统、呼吸系统和心脏、肝脏、肾脏等实质性器官，导致多器官功能障碍，出现一系列临床症状。

氯化锌对胃肠黏膜有强烈的刺激与腐蚀作用，与磷化氢共同导致黏膜充血、出血和溃疡。若吸入性中毒，还可刺激呼吸道黏膜，引起肺充血、肺水肿。

【临床症状】

一般于误食毒饵后15min至4h出现症状，个别可延迟至18h。严重中毒可在3～5h内死亡，很少超过48h。犬表现为食欲废绝、昏睡、流涎、呕吐、腹痛，呕吐物常混有暗黑色血液，在暗处可发出磷光。呕吐物和呼出的气体带有蒜臭味或乙炔气味。有的发生腹泻，粪便混有血液，也具有磷光。呼吸困难，脉搏数减少，心律不齐。后期出现感觉过敏、阵发性痉挛、运动失调、呼吸极度困难、张口伸舌、虚弱无力、卧地不起，最后因缺氧、抽搐和衰竭死亡。

猫初期表现不安，后嗜睡，全身发抖尖叫，四肢痉挛，卧地不起。流涎、呕吐、腹泻，呕吐物和粪便均有蒜臭味，有的大便失禁，呼吸困难。

剖检可见口腔和咽部黏膜潮红、肿胀、出血、糜烂，胃内容物带有大蒜或乙炔样特殊的臭味，在暗处发出磷光（PH_3）；胃肠道黏膜充血、肿胀、出血，甚至糜烂或溃疡，黏膜脱落；肝脏肿大，质地脆弱，呈黄褐色；肾脏肿胀，柔软，脆弱；心脏扩张，心肌实质变性；肺脏淤血、水肿与灶状出血，气管内充满泡沫状液体；脑组织水肿，充血，出血。有些病例还可见皮下组织水肿、浆膜点状出血，以及胸腔积液。有时可在猫、犬胃中发现未消化的鼠尸残骸。

组织学变化为肝脏窦状隙扩张、充血，小叶周边肝细胞脂肪变性，甚至坏死，毛细胆管扩张。肾小管上皮细胞颗粒变性、脂肪变性或水泡变性，部分胞浆内见有透明滴状物，严重时发生坏死。心肌纤维颗粒变性和脂肪变性，肌束间血管充血，间质轻度水肿和出血。

血清、肝脏和肾脏的锌含量升高，可见明显的酸中毒和血清钙含量降低。有的病例尿中出现蛋白质、红细胞和管型。

【诊断】

根据误食毒饵或染毒饲料的病史，结合流涎、呕吐、腹痛、腹泻、呼吸困难及呕吐物、呼出气体和胃内容物带大蒜臭味等症状，即可做出初步诊断。本病应与有机磷农药中毒及可引起犬、猫急性呕吐的传染病相区别。确诊必须对呕吐物、胃内容物或残剩饲料进行磷化锌检测，主要是检测磷和锌，因磷化氢气体容易挥发，送检样品需密封、冰冻保存。

【治疗】

尚无特效解毒疗法。对中毒病畜，应尽早灌服1%硫酸铜溶液，一方面起催吐作用，同时硫酸铜可与磷化锌生成不溶性磷化铜沉淀，从而阻止吸收而降低毒性。还可用0.1%～0.5%高锰酸钾溶液洗胃，可将磷化锌氧化为磷酸盐而失去毒性；也可口服活性炭。然后口服硫酸钠或石蜡油导泻，但禁用硫酸镁，因磷化锌在胃内遇胃酸生成的氯化锌会与硫酸镁作用生成毒性更大的氯化镁。镇静可用安定或苯巴比妥，可静脉注射5%碳酸氢钠溶液缓解酸中毒，配合强心、补液和应用皮质类固醇激素可预防休克；

必要时可酌情加入10%葡萄糖酸钙溶液，以减轻肺水肿；应用复合维生素B和右旋糖可减轻肝脏损伤。

加强磷化锌的保管和使用，包装磷化锌毒饵的包装袋禁止装饲料或饲草；人畜较多处，最好夜间投放毒饵，白昼除去，以防止犬、猫接触毒饵。投放毒饵后，应及时清理未被采食的残剩毒饵，并对中毒死鼠深埋。大面积灭鼠时，可将催吐剂配入毒饵中使用，或改用残效期短、对人畜毒性小的杀鼠剂。

四、安妥中毒（ANTU poisoning）

安妥中毒是犬、猫摄入安妥后，其有毒成分萘硫脲导致机体肺水肿和胸腔积液的一种中毒性疾病，临床上以呼吸困难和胸水为特征。

【病因】

安妥为α-萘基硫脲（alpha-naphthy thiourea，ANTU），本品为灰白或灰褐色粉末，属高毒性农药，长期作为杀鼠剂使用，毒饵一般以2%～3%与肉或其他食物混合，但鼠类易产生拒食性和耐药性，现已很少应用。犬、猫中毒主要是安妥毒品或毒饵保管使用不当，污染饲料或误食毒饵，也见于犬、猫等肉食犬、猫食入中毒死亡的鼠尸。

安妥的口服致死量：犬为10～40mg/kg，猫为75～100mg/kg。成年犬对安妥的敏感性高于幼犬。另外，安妥的毒性还与进入犬、猫体内的途径有关，经消化道摄入可因呕吐而使毒性降低。安妥的颗粒大小也影响其毒性，直径为50～100μm的大颗粒比5μm的小颗粒毒性大。犬、猫胃内空虚时比胃内容物充满状态时更容易中毒。呕吐功能也影响其对犬、猫的毒性，呕吐功能强的犬、猫中毒时症状常轻于呕吐功能低下的犬、猫，这也是无呕吐功能的鼠类最敏感最易中毒的原因之一。

【中毒机理】

安妥经胃肠道吸收，主要分布于肺、肝、肾和神经系统组织中，通过肾脏排出。安妥的主要毒性作用主要表现为3个方面。首先，通过交感神经系统，阻断血管收缩神经作用，使肺部微血管壁的通透性增加，大量血浆漏入肺组织和胸腔，造成肺水肿和胸腔积液，从而引起严重的呼吸障碍并窒息死亡。犬摄入安妥后90min，肺脏淋巴循环开始增加，8h达正常的80倍，其增加微血管壁通透性的确切机理仍不清楚。其次，安妥的有效成分萘硫脲分子结构中硫脲部分可在组织中水解为氨（NH_3）和硫化氢（H_2S），对组织呈现局部刺激作用。有报道称，巯基阻断剂可有效解除安妥的毒性，认为安妥与巯基反应是其毒性机制的组成部分。第三，安妥尚具有抗维生素K的作用，抑制凝血酶原等维生素K依赖性凝血因子的生成，使血液凝固性下降，导致出血倾向，从而引起各组织器官出血。肺部病变最为突出，全肺呈暗红色，极度肿大，散在或弥漫性出血斑，充满血性泡沫状液体，胸腔内有多量水样液体。

【临床症状】

误食毒饵后15min到数小时出现症状，表现呕吐、流涎、肠蠕动增强、水样腹泻和体温降低。很快出现肺水肿和胸腔积液，呼吸迫促，黏膜发绀，鼻孔流出带血色的液体，咳嗽。胸腔叩诊呈水平浊音，穿刺有多量液体流出，听诊肺部有明显啰音。心音减弱，脉搏微弱，心率加快。有的病例兴奋不安、痉挛抽搐，有的虚弱、侧卧昏迷，多数病例在出现症状后2～4h因窒息和循环衰竭而死亡。耐过12h的病例，一般有可能康复。

【诊断】

临床上依据毒物接触史、临床症状即可做出初步诊断。确诊需做饲料、呕吐物中的安妥检测。

【治疗】

本病目前尚无特效疗法，主要采取对症治疗。临床上解毒可试用10%硫代硫酸钠静脉注射，同时给予高糖、维生素C等。肺水肿比较严重时，最好先适当静脉放血，然后再缓慢静脉注射等渗盐水，或输等量血液。同时配合吸氧、强心、护肝、止血和营养支持等措施。犬、猫试验表明，半胱氨酸能降低安妥的毒性，可按1mg/kg使用。

对安妥及毒饵要严格管理，防止误食。毒死的鼠类要及时清除，以免被犬、猫食入而造成二次中毒。

五、抗凝血类杀鼠剂中毒（Anticoagulant rodanticide poisoning）

抗凝血类杀鼠剂中毒是这类药物进入犬、猫机体后，干扰肝脏对维生素 K 的利用，抑制凝血因子，影响凝血酶原合成，使凝血时间延长而导致的一种中毒病，临床上以广泛性多器官出血为特征。

【病因】

抗凝血杀鼠剂是目前效果最好、使用最安全、应用最广泛的一大类慢性杀鼠剂。按化学结构分为 4-羟基香豆素（4－hydroxycoumarins）和茚满二酮（indanediones）两类。自 20 世纪 50 年代开始，抗凝血杀鼠剂开始在全球广泛应用，至 70 年代中期之前，研制和使用的主要杀鼠剂包括：4-羟基香豆素类有杀鼠灵（华法令，warfarin）、杀鼠醚（coumatetralyl）、比猫灵（coumachlor）、克杀鼠（coumafuryl）等；茚满二酮类有敌鼠钠（diphacinone-Na）、氯鼠酮（chlorphacinone）等。这些杀鼠剂均为单剂量杀鼠剂，鼠类需要多次摄食毒饵，在体内蓄积而中毒死亡，其特点是多次小剂量给药比一次大剂量给药的毒力强。如杀鼠灵对褐家鼠一次灌胃给药的 LD_{50} 为 186mg/kg，而每天灌药一次，连续 5d 的 LD_{50} 总量仅 5mg/kg。因此，采用低浓度的毒饵（50～250mg/kg）让鼠类反复多次取食，既符合鼠类的摄食行为，充分发挥其慢性毒力，又可减少犬、猫误食中毒的危险。但后来发现有些地区的鼠类对这类药物产生了抗药性，将这类药物称为第一代抗凝血杀鼠剂。针对这种情况，抗凝血杀鼠剂的研制重点是克服抗药性，在保持羟基香豆素母核的基础上，至今成功研制了 5 个化合物，即鼠得克（difenacoum）、溴敌隆（bromadiolone）、大隆（brodifa-coum）、杀他仗或氟鼠灵（flocoumafen）和硫敌隆或噻鼠酮（difethialone），称为第二代（second generation）抗凝血杀鼠剂。

犬、猫中毒主要见于误食灭鼠毒饵，其次为吞食被抗凝血杀鼠剂毒死的鼠类尸体而造成的二次中毒，在第二代抗凝血杀鼠剂中的二次中毒很少发生。也见于作为抗凝血剂治疗凝血性疾病时，华法令用量过大，疗程过长或配伍使用保泰松等能增进其毒性的药物，而引起犬、猫中毒。一次毒性剂量犬为50～100mg/kg，猫为 5～50mg/kg，连续 5d 食入毒性水平，犬为每天 5mg/kg，猫为每天 1mg/kg。

【中毒机理】

杀鼠灵可在小肠中被完全吸收，但吸收缓慢，血清峰值出现在 6～12h，吸收后大部分与血清蛋白结合，肝脏、脾脏和肾脏含量较高。研究表明，杀鼠灵在犬血清中的半衰期为 14.5h。犬、猫试验表明，抗凝血杀鼠剂在大剂量时抗凝血作用并不是主要的，主要表现以先兴奋后抑制为特征的中枢神经症状，犬、猫最终死于呼吸衰竭，而无任何出血体征，抗凝血作用主要是其慢性毒性。抗凝血杀鼠剂的杀鼠作用，一方面是作用于血管壁使其通透性增加，容易出血；另一方面是通过干扰凝血酶原等凝血因子合成，使血液不易凝固，这一过程主要是通过抑制环氧化物还原酶（还原剂为二硫苏醇糖，DTT）、维生素 K 还原酶和羧化酶的活性，切断维生素 K 的循环利用而阻碍凝血酶原复合物的形成，最终使凝血因子Ⅱ（凝血酶原）、Ⅶ、Ⅸ和Ⅹ含量降低，导致出血倾向。因机体广泛性出血造成缺氧和贫血，引起肝脏坏死。这种作用对已形成的凝血因子没有影响，而凝血酶原的半衰期长达 60h，肝脏凝血因子合成被阻断后，需要待血液中原有的凝血因子耗尽（大约 1～3d），才能发挥抗凝作用。因此，这类药物的抗凝血作用发生缓慢，作为杀鼠主要是发挥慢性毒力的结果。而人和其他犬、猫中毒常常发生于一次性误食，连续几天误食的可能性很小。

另外，一些因素可增强抗凝血杀鼠剂的毒性，包括长期口服抗生素、磺胺类药物或食入高脂肪的精料，均可造成细菌合成维生素 K 不足，肝功能异常或存在其他可增进毛细血管通透性或引起凝血障碍、出血、贫血、溶血或缺失血红蛋白的毒物，保定、剧烈活动或兴奋，存在能从血浆蛋白上取代抗凝血剂的药物（如保泰松、羟保泰松、苯妥因钠和水杨酸盐），服用可增进受体部位对抗凝血剂亲和力的激素（如促肾上腺皮质激素、类固醇激素或甲状腺素），外伤（包括外科手术），肾功能不全，发烧，新生犬、猫和极度虚弱的犬、猫对抗凝血杀鼠剂特别敏感，而泌乳犬、猫及服用生乳剂的犬、猫对抗凝血杀鼠剂具有耐受性。

【临床症状】

杀鼠灵中毒主要分为急性和亚急性两种类型。急性中毒可因发生脑、心包腔、纵隔或胸腔内出血，无前驱症状即很快死亡。亚急性中毒主要表现吐血、便血和鼻衄，体表可能发生大面积的皮下血肿，特别在易受创伤的部位，有时可见巩膜、结膜和眼内出血，可视黏膜苍白，心律失常，呼吸困难，步态蹒跚，卧地不起。脑脊髓以及硬膜下腔或蛛网膜下腔出血时，则出现痉挛、轻瘫、共济失调而很快死亡。偶尔可见四肢关节内出血而外观肿胀和僵硬。

敌鼠钠中毒一般在3d左右出现症状，主要表现鼻衄、血尿和粪便带血，注射与手术部位肿胀，出血不止，凝血时间延长。

犬病初兴奋不安，前肢抓地，乱跑，哀鸣，继而站立不稳，精神高度沉郁，食欲废绝，恶心，呕吐，结膜苍白，黏膜有出血点，呼吸迫促，心律不齐，从嘴角流出血样液体，尿液呈酱油色，排带血粪便，在3～7d内死亡。

猫表现出流涎、呕吐、腹泻、粪便带血、行走摇晃无力、四肢刨地、嚎叫不安、阵发性痉挛。

剖检变化，杀鼠灵中毒以大面积出血为特征，常见出血部位为胸腔、纵隔间隙、血管外周组织、皮下组织、腹膜下和脊髓、胃肠及腹腔。心脏松软，心内外膜出血，肝小叶中心坏死。敌鼠钠中毒可见天然孔流血，结膜苍白，血液凝固不良或不凝固。全身皮下和肌肉间有出血斑。心包、心耳和心内膜有出血点，心腔内充满未凝固的稀薄血液，呈鲜红色或煤焦油色。肝、肾、脾、肺均有不同程度的出血，气管和支气管内充满血样泡沫状液体。胃肠黏膜脱落，弥漫性出血或有染血内容物，腹腔有大量血样液体。有的病例全身淋巴结、膀胱、尿道出血。

临床病理学表现为血浆凝血酶原，凝血因子Ⅶ、Ⅸ、Ⅹ含量降低；凝血时间、凝血酶原时间、活化的部分凝血活酶时间分别延长为正常的2～10倍，一般认为凝血指标时间延长25%即有诊断意义。中毒早期无明显变化，中毒后期血小板总数下降，纤维蛋白原减少，其降解产物可能会增加。

【诊断】

根据接触抗凝血杀鼠剂的病史，结合广泛性的出血及凝血时间、凝血酶原时间、凝血因子含量降低，可做出初步诊断。确诊需对呕吐物、胃内容物、肝脏、肾脏和可疑饲料进行毒物检测。敌鼠钠的定性检测法主要有三氯化铁反应和盐酸羟胺反应。

【治疗】

早期可催吐、用0.02%高锰酸钾溶液洗胃，并用硫酸镁或硫酸钠导泻。出现中毒症状后应加强护理，使犬、猫保持安静，尽量避免运动及创伤。严重病例应静脉输血，按10～20mL/kg，前一半快速注入，后一半缓慢输入，控制在20滴/min。并尽早应用维生素K制剂，维生素K_1效果最好，口服给药比其他方式给药有效，且可以避免因药物引起的动物出血，可按2～5mg/kg口服维生素K_1。如必须注射给药，应尽量用小的针头，按3～5mg/kg给药。持续用药时间因杀鼠剂不同而有差异，杀鼠灵中毒需10～14d，溴敌隆需21d，敌鼠、大隆等需30d。

预防本病，要加强杀鼠剂和毒饵的管理，毒饵投放地区应严加防范犬、猫误食，并要及时清理未被鼠吃食的残剩毒饵和中毒死亡的鼠尸，配制毒饵的场地在进行无毒处理前禁止堆放饲料或饲养犬、猫。

第二节　农药中毒
Insecticide Poisoning

一、有机磷农药中毒（Organic phosphorus insecticide poisoning）

有机磷农药中毒是由于犬、猫接触、吸入或误食某种有机磷农药而引起的中毒性疾病。临床上以腹泻、流涎、肌肉震颤和神经症状为特征。病理学基础是体内胆碱酯酶钝化和乙酰胆碱蓄积。

【病因】

有机磷农药种类繁多，按毒性大小可分为剧毒类、强毒类和弱毒类3类，剧毒类包括甲拌磷(3911)、硫特普（苏化203)、对硫磷（1605)、内吸磷（1059）等，强毒类包括敌敌畏（DDVP)、甲基内吸磷（甲基1059）等，低毒类包括乐果、马拉硫磷（4049，马拉松)、敌百虫等。引起家畜中毒的主要是甲拌磷、对硫磷和内吸磷，其次是乐果、敌百虫和马拉硫磷。目前，国家已经明令禁止使用对硫磷等剧毒农药。

有机磷农药可经消化道、呼吸道或皮肤进入机体而引起中毒。常见的病因可归纳为：用药不当，如驱体内外寄生虫时用药量过大或用药方法不当；误食被有机磷农药或用有机磷农药拌过的药饵、种子；饮用了被有机磷农药污染的水源；因纠纷投毒。

【中毒机理】

有机磷农药经消化道、呼吸道或皮肤进入机体后，随血液及淋巴分布于全身，在体内经氧化、水解、脱氨基、脱烷基、还原及侧链变化等生物转化后，进行代谢。氧化的结果一般会使毒性增强。有机磷农药由于其结构与乙酰胆碱相似，能与胆碱酯酶结合生成稳定的磷酰化胆碱酯酶，使其活性被抑制而失去水解乙酰胆碱的能力，乙酰胆碱大量蓄积，胆碱能神经兴奋，出现毒蕈碱样、烟碱样及中枢神经系统症状，如虹膜括约肌收缩使瞳孔缩小，支气管平滑肌收缩和支气管腺体分泌增多，导致呼吸困难，甚至发生肺水肿；胃肠平滑肌兴奋，表现腹痛不安，肠音强盛，不断腹泻；膀胱平滑肌收缩，造成尿失禁；唾液腺分泌增加，引起大量流涎；骨骼肌兴奋，发生肌肉痉挛，最后陷于麻痹；中枢神经系统则是先兴奋后抑制，甚至发生昏迷。

有机磷化合物与胆碱脂酶的结合，刚开始是可逆的，随着时间的延续，结合越来越牢固，最后则成为不可逆反应。犬、猫体内一般都有充足的胆碱酯酶贮备，当毒物进入量较少，血浆胆碱酯酶活性下降20%～30%时，往往不会表现出临床症状（潜在性中毒)；当进入量较多，酶活性下降50%左右时，临床症状多较明显；待下降到70%以上时，中毒重剧且危险。

有机磷农药抑制胆碱酯酶活性的速度与其化学结构有关，含有磷酸键的有机磷农药对胆碱酯酶有着直接快速而强烈的抑制作用，含有硫代磷酸键的，必须在体内使其结构中的硫磷键（P＝S）转换成磷酸键（P＝O）后，才能发挥其毒性。

某些酯羟基及芳香基有机磷化合物尚有迟发型神经毒性作用，临床上表现为后肢软弱无力和共济失调，重者出现后肢麻痹。

【临床症状】

由于有机磷农药的毒性、摄入量、进入途径，以及机体状态不同，临床症状和发展经过亦多种多样，但除少数呈闪电型最急性经过和部分呈隐袭型慢性经过外，大多呈急性经过，于吸入、食入或皮肤沾染后数小时内突然发病，主要表现为胆碱能神经兴奋，乙酰胆碱大量蓄积，出现毒蕈碱样、烟碱样和中枢神经系统症状。

(1）毒蕈碱样症状　又称M样症状，由于副交感神经的节前、节后纤维和分布于汗腺的交感神经的节后纤维等胆碱能神经兴奋而出现的症状，因为与毒蕈碱的作用相似，故称毒蕈碱样作用。主要表现为胃肠过度蠕动、腺体分泌增多而导致腹痛、肠音亢进、腹泻、粪尿失禁、流涎和流泪，瞳孔缩小，可视黏膜发绀，肺部听诊有湿啰音。

(2）烟碱样症状　又称N样症状，由于运动神经末梢和交感神经节前纤维受刺激而出现的症状，因与烟碱作用引起的症状相似故称烟碱样症状。表现为肌肉痉挛，如上下眼睑、颈、肩胛、四肢肌肉发生震颤，严重时全身肌肉痉挛。由于乙酰胆碱在神经肌肉结合处蓄积增多，因此常继发骨骼肌无力、麻痹和心跳加快。

(3）中枢神经系统症状　由于乙酰胆碱在脑组织中蓄积影响中枢神经之间冲动的传导，而出现过度兴奋或高度抑制，后者多见。

犬、猫有机磷农药中毒呈现急性经过，病初精神兴奋不安，随着病情的发展，出现狂暴不安，向前猛冲，向后暴退，无目的奔跑，以后高度沉郁，甚而倒地昏睡、昏迷。眼球震颤，瞳孔缩小，严重病例几乎成线状。肌肉痉挛一般从面部肌肉开始，很快扩延到颈部乃至全身，轻则震颤，频频踏步，重则抽搐、角弓反张或作游泳样动作。

口腔湿润或流涎，食欲减退或废绝，腹痛不安，肠音高亢连绵，不断排稀水样粪便，甚至排粪失禁，有时粪内混有黏液或血液。重症后期，肠音减弱及至消失，并伴发臌胀。

体温多升高，呼吸困难，甚至张口呼吸。严重病例心跳急速，脉搏细弱，不感于手，往往伴发肺水肿，有的会因窒息而死。

【诊断】

根据接触有机磷农药的病史和临床症状可做出初步诊断，必要时可进行有机磷农药检验。紧急时可作阿托品治疗性诊断，方法是皮下或肌内注射常用剂量的阿托品，如系有机磷中毒，则在注射后30min内心率不加快，原心率快者反而减慢，毒蕈碱样症状也有所减轻。否则很快出现口干，瞳孔散大，心率加快等现象。

轻症病例，只表现流涎、肠音增强、局部出汗及肌肉震颤，经数小时即自愈。重症病例，多继发肺水肿或呼吸衰竭，而于发病当天死亡；耐过24h以上的病例，多有痊愈希望，完全康复常需数日。

【治疗】

治疗原则是阻止继续吸收毒物、使用特效解毒剂和对症治疗。

（1）阻止毒物吸收　立即停喂有机磷杀虫剂污染的食物，经皮肤沾染中毒的，用清水洗刷皮肤；经消化道中毒的，可用2%～3%食盐水洗胃，并灌服活性炭。但需注意，敌百虫中毒不能用碱水洗胃和清洗皮肤，否则会转变成毒性更强的敌敌畏，宜用1%醋酸处理。为防止毒物吸收继续，促进毒物排出，可灌服活性炭1～2g/kg和硫酸镁15～20 g，但禁用油类泻剂。

（2）实施特效解毒　应使用胆碱酯酶复活剂和乙酰胆碱颉颃剂。常用的胆碱酯酶复活剂有解磷定、氯磷定、双解磷、双复磷等。解毒作用在于能和磷酰化胆碱酯酶的磷原子结合，形成磷酰化解磷定等，解磷定和氯磷定剂量为20～50mg/kg，用生理盐水配成2.5%～5%的溶液，缓慢静脉注射，以后每隔2～3h注射1次，剂量减半，直至症状缓解。双解磷和双复磷的剂量为解磷定的一半，用法相同。双复磷能通过血脑屏障，对中枢神经中毒症状的缓解效果更好。

抗胆碱药阿托品可与乙酰胆碱竞争胆碱能神经节后纤维所支配的器官组织受体，阻断乙酰胆碱与M受体相结合，颉颃乙酰胆碱的毒蕈碱样作用，从而解除平滑肌痉挛和腺体分泌，但对解除烟碱样症状和恢复胆碱酯酶活性无作用。阿托品在做解毒使用时，其剂量应控制在出现轻度“阿托品化”表现为止。重度中毒时，以1/3量混于葡萄糖盐水内缓慢静注，另2/3量作皮下注射或肌内注射。经1～2h症状未见减轻的，可减量重复应用，直到出现所谓阿托品化状态。阿托品化的临床标准是口腔干燥、停止出汗、瞳孔散大、心跳加快等。阿托品化之后，应每隔3～4h皮下或肌内注射一般剂量阿托品，以巩固疗效，直至痊愈。

对于危重病例，应对症采用辅助疗法，以消除肺水肿，兴奋呼吸中枢。输入高渗葡萄糖溶液等，有助于提高疗效。

二、拟除虫菊酯类农药中毒（Pyrethroids insecticides poisoning）

拟除虫菊酯类农药中毒是犬、猫因接触、吸入或摄入拟除虫菊酯类农药而引起的一种中毒性疾病。临床上以兴奋、肌肉痉挛、共济失调和麻痹等为特征。

【病因】

拟除虫菊酯类农药是在天然除虫菊酯化学结构基础上，研制开发的一类高效（杀虫效力是一般有机磷类杀虫剂的2～10倍）、广谱、低毒（对人畜毒性比有机磷类和氨基甲酸酯类农药低）、低残留（如氰戊菊酯，使用后在夏季的半衰期为3～4d）且不污染环境的新型农药。主要用于棉花、果树、茶叶的病虫害，犬、猫寄生虫的防治，以及家庭或环境灭蝇、灭蚊和灭蟑螂等。但昆虫对拟除虫菊酯类农药也易产生耐药性。

拟除虫菊酯类化合物多数为黄色或黄褐色油状液体，少数为白色无味的结晶。在碱性环境易分解。拟除虫菊酯类农药按化学结构可分为两种类型，Ⅰ型不含氰基（如苄呋菊酯），Ⅱ型是在苄基的 α-碳位上引入氰基（如溴氰菊酯等）。一般来说，Ⅱ型拟除虫菊酯的毒性明显大于Ⅰ型。

犬、猫拟除虫菊酯类农药中毒的主要原因是在封闭性较好的环境里喷雾使用该类药物，使生活在其中的畜禽过多吸入或摄入；饲料、饮水被农药污染；用拟除虫菊酯类农药驱除犬、猫体外寄生虫时，使用剂量过大，药浴时间过长，用药后不及时清洗畜体和冲洗环境，以及药液误入口腔等均可造成中毒。

【中毒机理】

拟除虫菊酯类农药可经消化道、呼吸道和皮肤黏膜进入犬、猫机体。但因其脂溶性小，所以经皮肤吸收量小，在胃肠道吸收也不完全。毒物进入血液后，立即分布于全身。特别是神经系统及肝脏等脏器浓度较高，但浓度的高低与中毒表现不一定成正比。进入体内的毒物，在肝微粒体混合功能氧化酶（mixed-function oxidase，MFO）和拟除虫菊酯酶的作用下，进行氧化和水解等反应而生成酸（如游离酸、葡萄糖醛酸或甘氨酸结合形式）、醇（对甲基羧化物）的水溶性代谢产物及结合物而排出体外。主要经肾排出，少数随粪便排出，24h 内排出 50%以上，8d 内几乎全部排出，仅有微量残存于脂肪及肝脏中。

拟除虫菊酯类农药主要是神经毒，但毒理机制尚未完全清楚。多数学者认为拟除虫菊酯选择性作用于神经细胞膜，导致钠通道改变，干扰动作电位，Ⅰ型拟除虫菊酯主要引起重复放电，Ⅱ型则导致传导阻滞，从而表现出一系列的神经系统症状。干扰动作电位（神经膜离子通道闸门学说）主要是拟除虫菊酯能够选择性地减缓神经细胞膜钠离子的“M”通道闸门的关闭，使钠离子通道保持开放，去极化期延长，周围神经出现重复的动作电位，使感觉神经不断传入向心冲动，导致肌肉持续性收缩、震颤和共济失调，最终由兴奋转为抑制；拟除虫菊酯还竞争神经细胞的受体部位，改变膜的三维结构，导致膜的通透性改变；还可能溶于神经细胞膜的脂质中，修饰钠离子通道。由于细胞膜通透性改变，神经传导进一步受到抑制，也可引起神经系统以外的其他细胞、组织发生病变。

拟除虫菊酯可使中枢神经递质发生改变，使小脑环磷酸鸟苷（cGMP）水平提高 5～10 倍；抑制各种腺苷三磷酸酶，包括 Ca^{2+}－ATP 酶和 Ca^{2+}－Mg^{2+}－ATP 酶；还可直接作用于神经末梢和肾上腺髓质，使血糖、乳酸、肾上腺素和去甲肾上腺素含量增高，导致血管收缩、心律失常等；还可使乙酰胆碱含量发生改变，影响胆碱能神经的传递，出现大量流涎症状。Ⅱ型拟除虫菊酯可作用于 γ-氨基丁酸（GABA）受体系统，使 GABA 失去对大脑的抑制作用；还可干扰细胞色素 C 和电子传递系统。最近的研究表明，拟除虫菊酯对小鼠脑组织脂质过氧化及抗过氧化能力有影响，认为可能是脂质过氧化的引发剂，还可诱使大鼠神经细胞凋亡。

【临床症状】

拟除虫菊酯类农药的毒性及中毒症状因给药途径、所用载体、剂型的不同而有差异，但以神经症状和消化道症状为主。犬、猫因皮肤接触而中毒时，接触部位可出现局部充血、肿胀和疼痛。经呼吸道吸入中毒时，还表现出呼吸道分泌液增多、流鼻涕和肺部啰音。经消化道摄入而中毒时，主要表现出食欲减退、呕吐、流涎、腹痛、腹泻、便血、四肢无力和肌肉震颤。严重病例会出现呼吸困难、心律不齐、全身肌肉痉挛、阵发性抽搐和昏迷，最后可因呼吸衰竭而死亡。

本病除脑水肿外一般无特征性病理变化。犬、猫皮肤接触的病例，局部可出现充血、出血病变，皮肤有散在性紫癜。经口染毒者，消化道黏膜可见充血、出血病变，肠腔内有血液。吸入染毒的，可见呼吸道有较多黏液，肺水肿，肺内有多量泡沫状黏液。

【诊断】

根据接触拟除虫菊酯类农药的病史，结合神经系统、消化系统和心血管系统的症状，可做出初步诊断。确诊需对可疑样品进行毒物分析。

毒物分析的方法有化学法（如普鲁士蓝反应法、碘化铋钾试剂显色法）、高效液相色谱法、气相色谱法、薄层色谱法等。

【治疗】

本病无特效解毒药。对皮肤接触中毒的犬、猫应迅速用清水或2%～4%的碳酸氢钠溶液冲洗；经口染毒的病例，可采用催吐、洗胃（1%～2%碳酸氢钠溶液）、灌服活性炭和导泻（硫酸镁或硫酸钠）等措施促进毒物排泄。吸入染毒的病例应立即移至空气新鲜处，并用甲基半胱氨酸雾化吸入15min。对症治疗包括使用安定或苯巴比妥解痉；流涎、腹泻可用652－2或阿托品；静脉注射中枢性肌肉松弛剂美索巴莫（舒筋灵）150mg/kg，对缓解神经症状有较好效果，但不宜与安定等催眠药合用。Ⅱ型拟除虫菊酯中毒可用3%亚硝酸钠注射液或25%～50%硫代硫酸钠注射液稀释后缓慢静脉注射，以加速毒物分解。辅助治疗可补充高渗葡萄糖溶液，使用维生素 B_1、维生素 B_{12}、ATP和细胞色素C等。

应加强拟除虫菊酯类农药的生产、运输、保管和使用管理，防止药物污染饲料、饮水；禁止犬、猫进入使用药物后不久的区域；药浴杀灭体外寄生虫时，应按规定操作，剂量不能过大、时间不能过长，并防止药液进入口腔和眼睛，并应及时清洗烘干被毛（尤其在冬天）。对用剩的药液及药械洗刷液要深埋，不能随意乱洒以免污染水源。

第三节　细菌、霉菌毒素中毒
Bacterial and Mold Toxin Poisoning

一、肉毒梭菌毒素中毒（Botulinum toxin poisoning）

肉毒梭菌毒素中毒是因犬食入被肉毒梭菌污染的肉类等食品引起的一种中毒病，临床上以运动神经中枢和延脑麻痹为特征。

【病因】

肉毒梭菌是一种腐生菌，广泛分布于动物的消化道、土壤、海洋和湖泊的沉积物，饲料及食品中，不能在活动物消化道内生长繁殖，当有适宜的营养且获得厌氧环境时，即可生长繁殖并产生毒素。肉毒梭菌毒素是一种蛋白神经毒素，是迄今所知毒性最强的毒素，根据毒素的性质和抗原性不同，可分为A、B、C、D、E、F和G 7个型。肉毒梭菌毒素是一类锌结合蛋白，具有酶活性，性质稳定，是毒性最强的神经麻痹毒素之一。产生的毒素毒力强，在消化道内不易被破坏，并耐高温，100℃ 15～30min才可被破坏。

当饲料保管不当，尤其是将鸡肠等动物消化道做为饲料时，梭菌就会大量繁殖产生毒素，被犬、猫食入后引起中毒。

【发病机理】

肉毒梭菌毒素作用于神经肌肉接头，主要进入突触前膜，通过受体介导的胞饮作用，在金属蛋白内切酶的作用下，将神经递质释放所必需的突出融合蛋白、小突触泡蛋白和SNAP－25隔开，抑制乙酰胆碱颗粒的脱颗粒或泡吞作用，阻止胆碱能神经末梢释放乙酰胆碱，从而阻断神经冲动的传导，导致运动神经麻痹。毒素还可损害中枢神经系统的运动中枢，引起呼吸肌麻痹，导致动物窒息死亡。

【临床症状】

犬、猫一般在摄入毒素后可在6d内出现临床症状。一般表现为渐进性运动不协调，最初后肢软弱无力，并逐渐发展到前肢，肌肉张力下降，腱反射、眼睑反射减弱，痛觉不消失。喉头触诊反射弱或无，流涎、呕吐，体温正常或偏低。有的病例出现血样腹泻、呼吸困难、心跳加快和饮食欲废绝。

血液凝固不良，呈黏稠酱油样。脑膜充血，有的病例有出血点，个别脑灰、白质有点状出血。肺呈黑紫色，严重病例肺边缘气肿，肺泡内充满血液。肝脏肿大，呈浅黄色、土黄色或黑紫色，胆囊充满胆汁，黏膜充血或出血。脾脏肿大，有淤血斑。心肌弛缓，心腔内积满血液，心内外膜有出血点或出血斑。胃肠道黏膜有出血点或出血斑，肠系膜淋巴结肿胀。肾脏肿大，膀胱呈树枝状充血。

【诊断】

临床上依据病史、临床症状可做出初诊，确诊需要做毒素检测。

毒素检测时，一般将可疑饲料，病死犬、猫胃内容物或脏器浸出液，离心后取上清液加抗生素处理，分成2份，一份不加热，一份加热100℃ 30min，小鼠经腹腔或皮下分别注射0.5～1mL，观察1～2d。注射未加热上清液的小鼠出现麻痹、呼吸困难，甚至死亡，而注射加热上清液的小鼠表现正常，则可确定待检毒素。之后，需要进一步鉴定毒素血清型。

本病在临床上，需要与低钙血症、低镁血症、有机磷中毒、有关霉菌毒素中毒和其他中枢神经系统疾病相区别。

【治疗】

治疗原则是阻止毒物吸收、解毒、强心和纠正电解质平衡。

为阻止毒物吸收，促进毒物排出，可选用5%碳酸氢钠或0.1%高锰酸钾液洗胃，以中和毒素，促进毒物排出可以灌服盐类泻药如硫酸镁、人工盐等。

解毒可注射肉毒抗毒素多价血清，如果毒素血清型已经确定，可注射特异抗毒素血清，一般在早期均有较好的疗效。根据病情，6～12h后可重复用药。也可给予25%～50%葡萄糖注射液、维生素C注射液、复方甘草铵注射液等。

出现心衰时，可给予强心药，如樟脑磺酸钠、强尔心、苯甲酸钠咖啡因注射液、西地兰等。适量静脉注射复方氯化钠注射液、乳酸林格氏液、生理盐水、5%葡萄糖注射液，以纠正脱水和电解质紊乱。

此外，也应给予B族维生素和抗生素。

预防本病的关键是不喂病死肉及腐败食品，肉制品不在室温下放置过久，且必须煮熟后再喂。

二、黄曲霉毒素中毒（Aflatoxicosis）

黄曲霉毒素中毒是犬、猫采食被黄曲霉毒素污染的饲料而引起的一种中毒病，临床上以全身出血、消化功能紊乱、黄疸、腹水和神经症状等为特征。

【病因】

黄曲霉毒素主要是黄曲霉菌和寄生曲霉菌等产生的有毒代谢产物，其他曲霉、青霉、毛霉、根霉和镰孢霉中的某些菌株也能产生少量的黄曲霉毒素。这些产毒霉菌广泛分布在自然界中，主要污染玉米、花生、豆类、麦类、大米等，在适宜的条件下繁殖、产毒，犬、猫黄曲霉毒素中毒是因采食被产毒霉菌污染的饲料所致。

【中毒机理】

黄曲霉毒素是一类化学结构相似的化合物，均为二氢呋喃香豆素的衍生物。在紫外线照射下都可见荧光，根据荧光的颜色可分为两类，发出蓝紫色荧光的称为B族毒素，包括黄曲霉毒素B_1（AFB1）和黄曲霉素素B_2（AFB2）；发出黄绿色荧光的称为G族毒素，包括黄曲霉毒素G_1（AFG1）和黄曲霉毒素G_2（AFG2）。黄曲霉毒素毒性强弱与其结构有关，凡呋喃环末端有双键的毒素毒性较强，并有致癌性。

黄曲霉毒素被吸收入血后，主要分布到肝脏，一般经过7d绝大部分可经呼吸、尿液、粪便及乳汁排出体外。黄曲霉毒素主要代谢途径是在肝脏微粒体混合功能氧化酶催化下，进行羟化、脱甲基和环氧化反应。

黄曲霉毒素可以直接作用于核酸合成酶而抑制mRNA的合成，并进一步抑制DNA的合成，而且对DNA合成所依赖的RNA聚合酶有抑制作用。黄曲霉毒素可与DNA结合，改变DNA的模板结构，导致蛋白质、脂肪的合成和代谢发生障碍，线粒体代谢和溶酶体的结构和功能发生变化，造成线粒体、溶酶体、内质网等亚细胞结构受损和血液生化指标发生改变。

另外，黄曲霉毒素还可使巨噬细胞吞噬功能下降，从而抑制补体C4的产生；抑制T淋巴细胞产生白细胞介素及其他淋巴细胞因子；作用于淋巴器官，引起淋巴器官萎缩和发育不良。

【临床症状】

犬、猫中毒后以肝脏损害为主，同时还伴有血管通透性破坏和中枢神经损伤等。临床特征为黄疸、出血、水肿和神经症状。

急性中毒的犬、猫，可出现精神沉郁、饮食欲废绝、呕吐和出血性肠炎，有的粪便呈煤焦油样。可视黏膜黄染出血，皮肤有点状出血。心率加快，呼吸加快，听诊肺部有啰音，尿色深黄或茶褐色。触诊腹部肝脾肿大。后期体温降低，出现昏迷、休克或者抽搐、头颈不随意转动、共济失调和四肢麻痹等神经症状，有的还出现呼吸困难、卧地不起等症状。

慢性中毒的犬、猫，可出现食欲减退、精神沉郁、逐渐消瘦和生长缓慢，后期腹围膨大，触诊有震荡感，呼吸急促。有的出现可视黏膜逐渐苍白、出血、呕吐、出血性肠炎，下肢浮肿、血凝速度减慢等现象。

病理剖检，急性中毒病例可见浆膜出血、肝脏肿大、脂肪变性，肝脏呈淡黄色或桔红色，脾脏毛细血管扩张、出血性梗死；心内膜、心外膜出血；淋巴结肿胀、充血；胸腹腔内积存混有血细胞的液体，消化道黏膜出血。慢性中毒病例，可见胸腹腔积液，肝脏质地变硬，胆囊缩小或空虚，仅有少量浓稠的黄色胆汁，肾脏萎缩苍白，肾小管扩张，胸腹腔积液。

肝细胞出现广泛性脂肪变性，并有大量肝细胞坏死、崩解，细胞核消失；在视野内还可见许多毛细血管显著扩张，里面充满棕黄色的胆汁。肺显著淤血，肺泡壁周围毛细血管扩张，充满红细胞；部分视野内可见严重出血区，有的视野内可见局灶性结缔组织增生，肺泡内充满中性粒细胞、淋巴细胞等炎性细胞和红细胞。淋巴细胞数量显著减少；在许多视野内可见淤血、出血病变。肾小管上皮细胞显著变性、坏死，肾髓质胆色素沉着，呈现急性肾小球肾炎变化。

实验室检查可见白细胞总数增多，淋巴细胞减少，血浆总蛋白含量降低，白球比倒置，转氨酶、碱性磷酸酶活性升高，胆红素试验呈阳性。

【诊断】

对黄曲霉毒素中毒的诊断，应从两个方面考虑，一是调查病史，对饲料进行检查；二是考虑临床症状、临床病理学变化和剖检变化。

诊断时应注意与传染性肝炎、洋葱中毒、钩端螺旋体病等相区别。

【治疗】

本病无特效治疗方法。发现病例，首先应立即更换饲料，断绝毒素来源。

对有临床症状的犬以保肝降黄疸、止血、消炎和对症支持疗法为原则，对谷丙转氨酶升高而未表现临床症状的犬主要采用保肝的方法。

保肝可使用25%～50%葡萄糖注射液、维生素C注射液、茵栀黄注射液等静脉滴注，空腹口服腺苷蛋氨酸等。

止血可选用止血敏、安络血、维生素K_1或（和）氨甲苯酸钠肌内或静脉注射。

消炎可选用青霉素类、头孢类、氨基糖苷类等抗生素肌内注射或静脉注射。

对症支持疗法，呕吐可选用爱茂尔注射液、胃复安注射液等；静注碳酸氢钠调节机体酸碱平衡，补充适量维生素C、ATP、辅酶A等。

第四节 居家用品及重金属中毒
Household and Heavy Metal Toxin Poisoning

一、萘中毒（Naphthalene poisoning）

萘中毒是犬、猫摄入萘化合物而引起的一种中毒病，临床上以消化道炎症、溶血性贫血为特征。

【病因】

萘为煤焦油的衍生物，存在于许多化合物中。家用的主要有防蛀剂（如卫生球）、驱蛾剂、某些驱虫剂（熏蒸剂）。萘是一种二环芳香烃类化合物，分子式为 $C_{10}H_8$，分子量 128。萘呈闪亮的鳞片状粉末，具有特殊的刺鼻气味。犬 411mg/kg 的萘（约 2.7 g 卫生球）可引起急性溶血性贫血，犬、猫日粮中分别含萘 1 525mg/kg 和 1 841mg/kg 饲喂 7d 均可导致溶血性贫血。犬、猫中毒主要见于吞食卫生球或将卫生球直接涂抹在皮肤上驱虫所致。

【中毒机理】

萘具有较高的亲脂性，可通过皮肤、呼吸道和消化道吸收。犬、猫摄入卫生球后在胃内需要几天时间溶解，脂肪可促进萘的吸收。皮肤接触萘后在 2.1h 可吸收总接触量的 50％。萘可通过胎盘屏障影响胎儿。吸收的萘可通过肾脏、乳汁、粪便排泄，经尿液排泄为摄入量的 77％～93％，脂肪组织可检测到低水平的萘含量。进入机体的萘在肝脏微粒体 P450 作用下可代谢为 21 种代谢产物，其亲脂性降低。初级代谢产物为 1-萘酚，进一步代谢为萘醌，代谢物与谷胱甘肽、葡糖苷酸或硫酸盐结合而解毒。

萘引起的溶血性贫血可能与葡萄糖-6-磷酸二酯酶缺乏有关，萘的代谢物可将血红蛋白氧化成高铁血红蛋白，形成海因茨体（Heinz body），并导致红细胞溶解。萘也会消耗细胞的谷胱甘肽，降低细胞的抗氧化能力。萘可对接触的皮肤和黏膜（如口腔、消化道）产生刺激作用。

萘也可引起人和实验犬、猫的白内障，其发生可能与眼房液中维生素 C 含量降低有关，萘还可改变晶状体的细胞代谢，并产生自由基损伤。萘对肺脏的毒性主要是损伤 Clara 细胞。

【临床症状】

主要表现为精神沉郁、呕吐、腹泻、腹痛、食欲降低或废绝、皮肤弹性降低和眼窝凹陷；有的痉挛抽搐，有时出现中枢神经系统抑制；有的出现溶血性贫血，可视黏膜苍白，排血红蛋白尿，黄疸。后期肾功能衰竭，出现呼吸急促、虚脱和意识丧失。猫可发生高铁血红蛋白血症。

血液检查，可见红细胞数、红细胞比容降低，红细胞有海因茨体形成。胆红素含量及谷草转氨酶和谷丙转氨酶活性升高。

【诊断】

根据接触萘的病史及萘的特殊气味，结合消化机能紊乱和溶血性贫血的临床症状，即可做出初步诊断。必要时采集尿液、胃内容物测定萘及其代谢物的含量。

【治疗】

本病无特效解毒药，主要采取促进毒物排出和对症治疗等措施。经口摄入 2h 内可催吐、洗胃。服用活性炭和盐类泻剂可减少吸收，促进排出。溶血严重时应进行输血，类固醇类药物可降低溶血的发生。静脉注射 5％碳酸氢钠溶液可使尿液呈碱性，以促进萘排出。高铁血红蛋白血症可应用亚甲蓝、维生素 C 等治疗。维生素 E 可降低萘对眼睛的氧化损伤。

皮肤接触病例应用清水或肥皂水清洗，避免接触油类而加速萘的吸收。

在使用含萘的卫生球时应避免犬、猫接触，存放于远离犬、猫经常玩耍的场所。严禁将卫生球直接涂抹在犬、猫皮肤进行驱虫。应尽量选用毒性较低的含对二氯苯卫生球。

二、丙二醇中毒（Propylene glycol poisoning）

丙二醇中毒是犬猫摄入过量丙二醇所引起的一种中毒病，临床上以中枢神经系统功能抑制为特征，猫多发。

【病因】

丙二醇为无色透明的黏稠液体，可与水、醇及大多数有机溶剂混溶，在食品、医药和化妆品工业中广泛用作吸湿剂、抗冻剂、润滑剂、抑菌剂、防霉剂和溶剂，经常添加在宠物的半干食品中。犬每天摄入 5 g/kg 或日粮含 20%的丙二醇，可使血液成分发生变化，尿量增加，但无明显的临床症状；犬的口服 LD_{50}为 19～22 g/kg，猫因体内葡糖苷酸含量有限，对丙二醇特别敏感，一般猫商品半干食品含 3%～13%的丙二醇。幼龄猫食物含丙二醇 5%即可引起海因茨小体增加，成年猫食物中丙二醇含量超过 6%可使海因茨小体和网织红细胞增加。

【中毒机理】

丙二醇可通过消化道、呼吸和皮下注射迅速吸收，主要在肝脏和肾脏代谢，接触后 2～4h 即可检测到代谢物，大部分在 24～48h 内被排泄。丙二醇进入体内后在醇脱氢酶的作用下代谢为丙醛，然后在醛脱氢酶的作用下直接转化为乳酸；或在醇脱氢酶的作用下转化为甲基乙二醛，再代谢为乳酸，最终转化为丙酮酸。丙二醇对大脑有直接抑制作用。乳酸和丙酮酸含量过高可导致代谢性酸中毒，大脑中过量的 D-乳酸可引起脑病。丙二醇可引起猫海因茨小体性贫血，但机理仍不清楚，可能与丙二醇或其代谢物的氧化性有关。

【临床症状】

病初表现为精神沉郁、反应迟钝、多尿、烦渴，随着病情进展，可视黏膜逐渐苍白，呼吸迫促，心率加快，严重时共济失调。

红细胞数减少，海因茨小体增多，网织红细胞数增加，红细胞存活时间减少。

【诊断】

根据接触丙二醇的病史，结合中枢神经系统抑制的临床症状，即可做出初步诊断。确诊必须测定血清、尿液及组织中丙二醇的含量。

【治疗】

本病尚无特效疗法，轻度中毒可自然恢复。猫发生的海因茨小体性贫血主要采取支持疗法，一般 6～8周后康复。

宠物食品中添加丙二醇应严格控制剂量，特别会容易诱发猫贫血。

三、乙二醇中毒（Ethylene glycol poisoning）

乙二醇中毒是犬、猫大量摄入乙二醇所引起的一种中毒病，临床上以中枢神经系统抑制、酸中毒和肾脏损伤为特征。

【病因】

乙二醇广泛应用于工业溶剂、除锈剂及防冻剂。犬、猫中毒主要与汽车、拖拉机使用的防冻剂有关，鸟类和犬、猫均易感。乙二醇（95%）的致死剂量为：猫 1.5mL/kg，犬 6.6mL/kg。临床上犬、猫中毒主要是由于防冻液保管不当，被犬、猫误饮所致。

【中毒机理】

乙二醇可通过消化道、呼吸道或皮下注射迅速吸收，犬在接触后 1～3h 达到血峰浓度，半衰期为 2.5～3.5h。吸收的乙二醇在醇脱氢酶的催化下转化为糖醛（glycoaldehyde），然后在醛脱氢酶的作用下生成羟乙酸，再转化为乙醛酸。乙醛酸可生成许多代谢物，其中毒性最大的是草酸，进一步生成草酸盐。其他代谢物包括甲酸、甘氨酸、α-羟基-8-酮己二酸。进入体内的大部分乙二醇及其代谢物在 4h 内主要通过尿液排泄，甲酸生成二氧化碳从肺脏排出。乙二醇是小分子水溶性化合物，可增加血清渗透压，刺激饮欲，并具有利尿作用，引起犬、猫烦渴和多尿。乙二醇进入消化道刺激胃黏膜会引起恶心，表现为流涎和呕吐。吸收后的毒性作用表现为3期：Ⅰ期主要由母体化合物（醇）和醛引起，然而高浓度的羟乙酸也会对中枢神经系统产生作用；另外，脑水肿和草酸钙沉积在脑血管也会导致神经功能紊乱。Ⅱ期是酸性代谢产物（特别是羟乙酸）引起的代谢性酸中毒；同时钙与草酸形成草酸盐晶体而出现低钙血症，从而影响心脏功能。Ⅲ期表现肾脏损伤，草酸钙晶体通过肾脏滤过进入肾小管，引起上皮细胞坏死；羟乙酸和乙醛酸可导致较高的阴离子隙，并使通过细胞的血清渗透压增加，引起肾脏水肿，影响肾内的血流量，加速肾衰竭的发生，最终导致尿毒症。

【临床症状】

临床症状与摄入乙二醇的量和不同中毒时期有关。Ⅰ期发生于摄入后30min至12h，以中枢神经系统症状为主，与酒精中毒相似，表现为烦渴多饮、多尿、呕吐、脱水、共济失调、精神沉郁、反射减弱，严重者昏迷、死亡。摄毒12～24h后进入Ⅱ期，症状不明显，大多可恢复。Ⅲ期主要发生于摄入乙二醇24～72h后，以肾功能异常为主，可见极度沉郁、少尿、贫血、呕吐和口腔溃疡。最终因急性无尿性肾功能衰竭和酸中毒而导致死亡。

剖检可见口腔溃疡，胃肠黏膜充血、出血，肾脏肿大，肺水肿。组织学变化为肾脏近曲小管和远曲小管有明显双折射的钙晶体，肾脏发生多灶性的变性、萎缩，炎症细胞浸润；病程较长者的病例小管再生；有的肾皮质出现弥漫性间质性纤维化和小管基底膜矿化；肾小球萎缩，毛细管丛和肾小球囊粘连，壁层上皮细胞肿胀和增生。

红细胞比容和血清总蛋白含量因机体脱水而升高。血糖及血清尿素氮、肌酐和磷含量增加，血清钙含量降低。代谢性酸中毒，表现为血清钾含量升高，血清氯和碳酸氢盐含量降低。血清阴离子和渗透压隙增加，血液pH低于7.3。尿液沉渣检查，在摄入乙二醇6h后即可发现大量的草酸钙结晶。

【诊断】

根据接触乙二醇的病史，结合中枢神经系统抑制、酸中毒和肾脏损伤为特征的临床症状，即可做出初步诊断。使用超声诊断技术检查时，肾区出现弥漫性高回声区域。必要时测定血清及尿液中乙二醇含量，也可测定血清中羟乙酸含量。本病应与引起中枢神经系统抑制（如脑炎、脑震荡）和急性肾功能衰竭（如急性肾炎、尿毒症、钩端螺旋体病等）的其他疾病相区别。

【治疗】

本病治疗的原则是及早采取阻止毒物吸收和特效解毒措施。摄入乙二醇不超过4h，可催吐、洗胃，并灌服活性炭。

特效解毒剂主要是抑制肝脏醇脱氢酶的活性，阻止乙二醇的代谢，使其以原型从肾脏排出。静脉注射20%乙醇盐水，犬按5.5mL/kg，每4h 1次，连用5d，然后每6h 1次，再用4d；猫按5mL/kg，每6h 1次，连用5d，然后每8h 1次，再用4d。乙醇治疗的副作用主要是抑制中枢神经系统，特别是抑制呼吸中枢，加剧渗透性利尿作用和血浆渗透压升高。而5%4-甲基吡唑的副作用较小，但对猫无效，犬首次用量为20mg/kg，静脉注射，之后按15mg/kg在12h和24h重复用药，36h按5mg/kg再用一次。

辅助治疗包括补液、纠正代谢性酸中毒和电解质紊乱，维持正常的排尿量。可静脉注射5%碳酸氢钠溶液，根据血液碳酸氢盐水平计算剂量，补充量=0.5×体重（kg）×[目标HCO_3^-的浓度—目前HCO_3^-的浓度]。未发生脱水的犬、猫，可用速尿以维持排尿量。出现肾功能衰竭的病畜，有条件的应进行腹膜透析。维生素B1、维生素B6可促进乙二醇转化为无毒的代谢产物。

乙二醇及其产品应妥善保存，避免犬、猫接触。严禁犬、猫饮用冬季汽车、拖拉机使用防冻剂后排放的水。

第五节　家庭常用药物中毒
Household Drug Poisoning

一、头孢菌素类药物中毒（Cefazolin poisoning）

头孢菌素类药物中毒是犬、猫使用该类药物剂量过大和时间过长引起的一类中毒病。因使用药物种类不同，临床上中毒特征亦不同，如肾衰综合征、贫血、出血、痉挛抽搐和后躯麻痹等。

【病因】

头孢菌素类抗生素是一类广谱半合成抗生素，以其抗菌谱广、抗菌力强、疗效高、毒性低、过敏反应较青霉素少等优点，在临床上得到了广泛应用。依其对β-内酰胺酶的稳定性及其开发年代，可分为四代：第一代头孢菌素常用的品种有头孢氨苄、头孢唑啉、头孢拉定、头孢羟氨苄等；第二代常用的有头孢呋辛、头孢孟多、头孢替安、头孢西丁、头孢克罗、头孢美唑等；第三代常用的有头孢噻肟、头孢哌酮、头孢曲松、头孢他啶等；第四代应用的种类有头孢匹罗、头孢吡肟、头孢克定等。

头孢菌素类抗生素是从头孢菌素的母核下氨基头孢烷酸接上不同侧链而制成的半合成高效抗生素，其特点有：①抗菌谱广；②引起的过敏反应比青霉素少，约为青霉素的1/4，特别是引起过敏性休克的病例比青霉素少，使用较为安全；③对各种细菌产生的β内酰胺酶较稳定；④其机理类似青霉素，也能与细胞膜上的不同青霉素综合蛋白结合，且细菌对头孢菌素类与青霉素类之间有部分交叉耐药现象；⑤药物不良反应少。

临床上中毒病例见于用药剂量过大、静脉注射速度过快和用药时间过长。

【中毒机理】

（1）过敏反应　头孢菌素类药物可致皮疹、荨麻疹、哮喘、药物热、血清病样反应、血管神经性水肿、过敏性休克等不良反应。头孢菌素的过敏性休克类似青霉素休克反应。两类药物间呈不完全的交叉过敏反应。

（2）胃肠道反应和菌群失调　多数头孢菌素可致呕吐、食欲不振等反应。头孢菌素类药物对肠道菌群有较强的抑制作用，长期或大剂量使用头孢菌素类抗生素可致菌群失调，引起维生素B族和K缺乏。另外，也可引起二重感染，如伪膜性肠炎、念珠菌感染等，尤以第二、三代头孢菌素为甚。

（3）肝毒性　多数头孢菌素大剂量应用时，可导致碱性磷酸酯酶、血胆红素、谷草转氨酶、谷内转氨酶值升高。

（4）造血系统毒性　头孢菌素偶尔可致红细胞或白细胞减少、血小板减少、嗜酸性粒细胞增多等，如头孢唑酮、头孢曲松钠等。

（5）肾损害　绝大多数的头孢菌素由肾排泄，偶尔可致血液尿素氨、肌酐含量增加、少尿、蛋白尿等，其中头孢噻啶的肾损害作用最显著。头孢菌素与高效利尿药或氨基糖苷类抗生素合用，肾损害可显著增强。

（6）凝血功能障碍　由于头孢菌素抗生素都能抑制肠道菌群产生维生素K，使凝血机制发生障碍，因此具有潜在的致出血作用。凝血功能障碍的发生与头孢菌素抗生素药物的用量大小、疗程长短直接有关。

此外，药物热也是常见的不良反应。

【临床症状】

急性中毒多发生于静脉给药过程中或给药之后，猫比犬多见。患犬、猫突然出现流涎、呼吸迫促、心率加快、嚎叫、痉挛抽搐、角弓反张和粪尿失禁。

慢性中毒，主要表现为精神沉郁、无力和喜卧。低热，39.2～39.7℃，患犬食欲逐渐减退，直至废绝。可视黏膜逐渐苍白，呼吸加速，心率加快，出现贫血性杂音，便秘或腹泻。后期消瘦，体温升高或正常，出现阵发性痉挛抽搐。

有的患犬、猫出现少尿或无尿、浮肿和皮肤瘙痒，呼出气体和皮肤散发出尿臭味。有的病例饮食欲和精神正常，突然步态不稳，后肢运步不灵活，很快出现后躯麻痹，伴有或不伴有粪尿失禁。有的病例出现凝血不良症状，表现为注射针孔出血不止，严重的出现血便、血尿和鼻出血。

【诊断】

根据用药史、临床症状和临床病理学检查结果可做出诊断。临床上急性中毒需与神经性犬瘟热、急性脑炎等相区别。贫血型中毒需与附红细胞体病、洋葱中毒等相区别。

【治疗】

本病没有特效治疗药物，临床上一旦确诊本病，应立即停止使用头孢类药物，并进行对症治疗。贫血病例应加强营养支持，在给予易消化富含营养的食物同时，最好静脉补充氨基酸、脂肪乳和葡萄糖等，同时注意补充维生素。出现凝血机制障碍的病例，除注意防护外，应给与维生素 K、维生素 C 等。出现过敏的病例，应及时给予肾上腺素、地塞米松等。出现肾功能障碍的病例，应按肾衰进行治疗。

二、阿维菌素类药物中毒（Avermectin poisoning）

阿维菌素类药物中毒是犬、猫使用该类药物剂量过大或间隔时间过短所引起的一种中毒病，临床上以神经机能紊乱为特征。Collies 品系的牧羊犬对此药敏感。

【病因】

阿维菌素类药物是由阿维链球菌（*Streptomyces avermitilis*）产生的一组新型大环内酯类抗寄生虫药，已广泛应用的有阿维菌素（avermectin）、伊维菌素（ivermectin）、多拉菌素（doramectin）。由于其对体内外寄生虫，特别是线虫和节肢动物均有良好的驱杀作用，被认为是目前最优良、应用最广泛、销量最大的一类新型广谱、高效、低毒和用量小的抗生素类抗寄生虫药。本类药物生物利用度较低，犬仅为注射量的 41%。吸收后广泛分布于全身组织，并以肝脏和脂肪组织中浓度最高，98%从粪便排泄。

阿维菌素类药物中毒主要是由于使用剂量过大、间隔时间过短，偶尔见于给药途径错误，如肌内注射、静脉注射。犬、猫常用剂量为 0.2mg/kg。本类药物对犬、猫的毒性与品种、年龄有关，一般幼龄犬、猫较敏感。按 2.5mg/kg 的剂量给药，可出现瞳孔放大；按 5mg/kg 给药，可出现肌肉震颤；按 10mg/kg 给药，可出现严重的共济失调；超过 40mg/kg 时可致死。比格犬耐受力较强。Collies 品系的牧羊犬对此药异常敏感，口服 0.05mg/kg 无明显反应，0.1～0.2mg/kg 可引起全身震颤、瞳孔散大和死亡。

【中毒机理】

阿维菌素类药物的中毒机理仍不十分清楚。该药可增加脊椎动物神经突触后膜对 Cl^- 的通透性，从而阻断神经信号的传递，最终使神经麻痹，并导致犬、猫死亡。这种作用的主要机制是通过增强脊椎动物外周神经抑制递质 γ-氨基丁酸（GABA）的释放，同时引起由谷氨酸控制的 Cl^- 通道开放。犬、猫外周神经传导介质为乙酰胆碱，GABA 主要分布于中枢神经系统，在用治疗剂量驱杀犬、猫体内外寄生虫时，由于血脑屏障的影响，药物进入其大脑的数量极少，与线虫相比，影响犬、猫神经功能所需的药物量要高得多。因此，当大量阿维菌素类药物进入犬、猫大脑时，会通过 3 条途径增加 GABA 受体的活性：①通过刺激突触前 GABA 的释放增强了 GABA 对突触的影响；②增强了 GABA 与突触后受体的结合；③直接发挥对 GABA 兴奋剂的作用。GABA 可打开突触后 Cl^- 通道，使 Cl^- 进入并通过膜超极化引起抑制作用。突触后运动神经元 Cl^- 含量的增加导致负电荷滞留（低电阻），从而引起受体细胞交替出现兴奋和抑制信号。与乙酰胆碱的兴奋性作用相比，GABA 兴奋允许 Na^+ 进入细胞，从而产生一系列的毒性反应。

【临床症状】

犬、猫可表现食欲减退或废绝，步态不稳，共济失调，伸舌，呼吸困难，肌肉震颤，瞳孔散大。卧地不起，腹胀，肌肉无力，四肢呈游泳状划动，心音减弱。严重病例可出现昏迷，反射减弱或消失，死亡。在治疗犬微丝蚴时，犬可因微丝蚴死亡而发生急性过敏反应。

剖检可见胃肠浆膜、黏膜有少量的出血点，水肿。肝脏肿胀且呈酱红色，切面流出大量紫黑色血液，易碎。脾脏散布出血点，肺脏呈淡红色有出血点，脑膜血管充盈，脑沟回平滑湿润多汁。

【诊断】

根据使用阿维菌素类药物的病史，结合肌肉无力、共济失调、呼吸急促等临床症状，可做出初步诊断。必要时需检测胃内容物和相关组织阿维菌素类药物的含量。

【治疗】

本病尚无特效解毒药，经口服中毒可用活性炭和盐类泻剂促进未吸收的药物排出。主要采取对症和支持治疗，如心动徐缓可用阿托品，急性过敏可用肾上腺素，同时强心、补液、补充能量。

阿维菌素类虽较安全，但临床上仍应严格控制用药剂量和用药间隔期。

三、左旋咪唑中毒（Levamisole poisoning）

左旋咪唑中毒是犬、猫使用该药剂量过大所引起的一种中毒病，临床上以烟碱样和毒蕈碱样症状为特征。

【病因】

左旋咪唑是驱线虫药的主要药物，具有广谱、高效和低毒的特性，对犬、猫的胃肠道线虫和肺线虫的成虫及幼虫均有效。临床上可内服、皮下和肌内注射，用药剂量犬、猫分别为10～11和6～10mg/kg。用量过大，特别是注射给药，容易发生中毒。

【中毒机理】

左旋咪唑内服、肌内注射或皮下注射均吸收迅速和完全，消除半衰期快，用药后12～24h组织中药物的残留为用药量的0.9%，7d后组织中已不能检出该药。进入机体后对宿主发挥烟碱样神经节兴奋剂的作用，使神经细胞膜去极化。在胆碱能受体部位具有烟碱样和毒蕈碱样效应，首先起刺激作用，然后使神经节和骨骼肌传递中断，其临床症状与有机磷中毒极为相似。

【临床症状】

临床上主要见于急性中毒。猫表现为流涎，摇头，呕吐，肌肉震颤，运动失调，不安，感觉过敏，排粪、排尿次数增多，应激性增高。后期出现阵发性惊厥，中枢神经系统抑制，呼吸急促或困难，虚脱，最终因呼吸衰竭而死亡。

犬表现呕吐，流涎，腹泻，呻吟，起卧不安，站立不稳，运动失调，兴奋，全身肌肉震颤，心律失常，呼吸困难，肺水肿，痉挛，最终因呼吸衰竭而死亡。有的犬重复用药可发生溶血性贫血，可视黏膜苍白黄染，呼吸迫促，心率加快，可出现血红蛋白尿。

犬剖检可见肺淤血、水肿，肝肿胀变性，心内外膜有大小不等的出血斑点；胃肠黏膜脱落、出血，肠内容物呈煤焦油状；肾脏肿大、出血；肝脏出血，块状坏死；丘脑出血。

【诊断】

根据使用左旋咪唑的病史，结合烟碱样和毒蕈碱样症状，即可做出初步诊断。必要时检测饲料、胃内容物和组织中左旋咪唑的含量。口服后24h，脂肪、肌肉和血液中已不能检出该药，72h后肝脏已无残留。

【治疗】

本病尚无特效解毒药，口服1h内可催吐，然后灌服活性炭和盐类泻剂。主要采取对症和支持治疗，阿托品作为颉颃剂可缓解症状，但不能降低死亡率；镇静可用安定或巴比妥类，强心可选用强尔心、樟脑磺酸钠等，兴奋呼吸可选用尼克刹米、山梗菜碱等。此外，应及时纠正体液平衡和进行支持疗法。

四、三氮脒中毒（Diminazene aceturate poisoning）

三氮脒中毒是犬、猫过量使用三氮咪所引起的一种中毒病，临床上以神经功能紊乱为特征。

【病因】

三氮脒是芳香双脒类，又称贝尼尔，是传统的广谱抗血液原虫药，对锥虫、梨形虫和边虫（无形体）、附红细胞体等均有治疗作用。本品毒性大，安全范围小，有时治疗剂量即可引起动物起卧不安、频频排尿、肌肉震颤等不良反应。注射液对局部有刺激，应分点深部肌内注射。

三氮脒的抗虫作用，与干扰虫体的需氧糖酵解和DNA合成有关，可选择性阻断锥虫动基体的DNA合成和复制，并与核产生不可逆的结合，从而使锥虫的动基体消失，且不能分裂繁殖。三氮脒能引起宿主低血糖，梨形虫和锥虫所进行的需氧糖酵解要依靠宿主的葡萄糖。杀锥虫作用取决于该药对锥虫需氧糖酵解的抑制作用和核蛋白变性作用。

犬常用剂量为3.5mg/kg，临床上主要见于用量过大。

【临床症状】

轻度中毒可表现出起卧不安，频频排尿，心跳、呼吸加快，流涎，盲目转圈，肌肉轻微震颤，1～2h后逐渐恢复。严重中毒时表现为食欲废绝，精神沉郁，呆立，肠音废绝，粪便干燥。肌肉震颤，步态不稳，共济失调，反应迟钝，黏膜发绀，转圈或盲目前冲，若不及时治疗可导致死亡。

病程超过2d后，有的患犬出现肌肉疼痛、关节肿大、卧地不起，结膜苍白黄染，少尿、蛋白尿，甚至出现无尿症状。

犬剖检可见肝脏发青，质硬；脾脏发青，质硬，边缘变钝；肾脏皮质和髓质交界处弥漫性出血；肠系膜淋巴结水肿、出血。组织学变化为肝脏、肾脏、肌肉和心肌发生脂肪变性。

【诊断】

根据使用三氮脒的病史，结合临床症状和剖检变化，即可做出初步诊断，必要时需检测组织和血液中三氮脒的含量。

【治疗】

本病尚无特效解毒药。临床上主要采取对症和支持治疗，为促进毒物的排出，可给予利尿剂，同时注意补液、补钾。可用阿托品解毒，强心、补液，配合给予维生素C、ATP等，可以提高疗效。

严格遵守三氮脒的推荐治疗剂量，重复用药应间隔24h以上。本品临用前配成5%～7%无菌溶液深部肌内注射。对敏感犬、猫使用后应注意观察反应，发现中毒应及时治疗。

五、阿司匹林中毒（Aspirin poisoning）

阿司匹林中毒是犬、猫使用该药剂量过大所引起的一种中毒病，临床上以消化机能障碍和酸血症为特征。

【病因】

阿司匹林又称乙酰水杨酸，内服后在胃肠道前部吸收，犬、猫吸收迅速。吸收后全身分布，主要在肝脏代谢，可在血浆、红细胞和组织中被水解为水杨酸和醋酸，经肾脏排泄。一般认为，犬8h内口服25～35mg/kg可维持最佳的血液浓度。临床使用剂量过大可产生明显的毒性反应，犬、猫一次服用剂量超过60mg/kg可引起潜在毒性；猫口服剂量超过25mg/kg，每天3次，连用5～7d，可引起中毒。

【中毒机理】

阿司匹林通过抑制环氧合酶的活性而减少了前列腺素的合成，降低了血液前列腺素的含量，使体温调节中枢的调定点下调，恢复机体的产热和散热平衡。同时，可抑制血小板环氧合酶，降低了血小板的凝集速率而使出血时间延长。大剂量使用阿司匹林时可使氧化磷酸化解偶联，引起高血糖和糖尿，偶尔也见低血糖。早期还可刺激呼吸中枢，因通气过度导致呼吸性碱中毒和尿液碳酸氢盐含量增多，这一时期往往会被忽视。阿司匹林可导致代谢性酸中毒，主要是在体内产生水杨酸和其他水杨酸盐代谢物，抑制糖酵解而继发乳酸血症。另外，早期的呼吸性碱中毒可刺激肾脏分泌碳酸氢盐，降低了肾脏硫酸盐、磷酸盐和其他酸性代谢产物的分泌，从而进一步加剧代谢性酸中毒。高剂量使用阿司匹林还可引起贫血、胃黏膜损伤、中毒性肝炎和骨髓红细胞生成抑制。

【临床症状】

阿司匹林中毒时可表现出呼吸急促，体温升高，呕吐，食欲降低或废绝，脱水，有的无尿；精神沉郁，肌肉无力，有的呈半昏迷状态；贫血，肺水肿；有的可发生抽搐或痉挛，可能与脑水肿及脑葡萄糖含量降低有关；严重病例可死亡。

血糖含量升高，呈高血糖，偶尔出现低血糖。血清钾含量降低，钠含量升高。猫产生海因茨体（heinz body）而发生溶血，骨髓受抑制，导致贫血，红细胞数减少。猫血清水杨酸盐含量达600mg/L时可致死。

【诊断】

根据过量使用阿司匹林的病史，结合酸碱平衡紊乱和临床症状，即可做出诊断。

【治疗】

本病尚无特效解毒药，药物未完全吸收可催吐、洗胃，并内服活性炭和盐类泻剂。静脉注射碳酸氢钠溶液可纠正代谢性酸中毒，并可促进酸性代谢产物的排出。补液可促进药物排泄，但应注意肺水肿。

阿司匹林的毒性较低，临床上应避免过量使用。严禁用于消化道溃疡或出血的病畜。米索前列醇可预防阿司匹林引起的胃溃疡。本品与碱性药物（如碳酸氢钠）合用，可促进本品的排泄而降低疗效。

第六节　有毒植物及动物毒素中毒

Toxic Plant and Zootoxin Poisoning

一、洋葱中毒（Onion poisoning）

洋葱中毒是犬摄入过量的洋葱或大葱导致的一种急性溶血性中毒病。临床上以血红蛋白尿、贫血为特征。

【病因】

洋葱（onion）、大葱（green onion）属百合科葱属（allium），含有丰富的维生素等营养，是对人具有保健作用的蔬菜，具有抗癌、抗血小板聚集、抗血栓形成、平喘、抗菌等多种作用，在我国广泛种植。洋葱、大葱对人无毒害，但葱属植物中含有一种称为N-丙基二硫化物（N-propyl disul-phide）的生物碱，仅作用于红细胞，可导致溶血而发生血红蛋白尿。这种生物碱在加热、烘干时不容易被破坏，因此，经炒、烤、粉碎等烹饪或加工的葱属植物均可引起犬中毒。

犬的洋葱和大葱中毒主要是由于直接采食了过量洋葱、大葱或其制品而引起，但对犬确切的中毒剂量仍不清楚。据报道，12 kg的犬饲喂100g切碎的洋葱即可中毒；小型犬（如北京犬、狮子犬、小型贵妇犬等）采食1/3～1/2个中等大小的洋葱即可中毒，采食1～2个中等大小的洋葱可出现典型的中毒症状。

【中毒机理】

洋葱和大葱中所含的N-丙基二硫化物能降低红细胞内葡萄糖-6-磷酸脱氢酶（glucose-6-phosphate dehydrogenase，G6PD）的活性，干扰磷酸己糖途径，使没有足够的磷酸脱氢酶（phosphate dehydrogenase）和谷胱甘肽（glutathione）来保护红细胞免受氧化损伤，结果造成红细胞内氧化的血红蛋白沉淀物（变性的珠蛋白）形成海恩茨氏小体（Heinz body）。含有海恩茨氏小体的红细胞膜受损，可导致红细胞通透性增加、变形性降低和抗原性改变，使红细胞的生命周期缩短，容易发生破裂。如果大量红细胞破裂，血红蛋白会通过肾小球滤出，形成血红蛋白尿，并引起贫血。

【临床症状】

中毒发生在采食洋葱或大葱后1～2d，主要表现为红尿，尿的颜色深浅不一，严重病例呈葡萄酒色、咖啡色或酱油色［见彩图版图5-1］。病情较轻的病例，症状不明显，仅尿液呈淡红色。严重中毒的犬、猫食欲下降或废绝，精神沉郁，虚弱无力，走路摇晃；呼吸急促，心悸，脉搏细弱，可视黏膜苍白、黄疸。严重贫血的犬，如果不及时治疗可死亡，甚至一些应激因素和寄生虫感染也可导致死亡。

中毒犬肝脏肿大，呈土黄色，质地柔软，实质脆弱，切面外翻不平整，可流出少量酱油状血液；肾脏肿大、黄褐色，被膜下布满针尖大紫黑色出血点。脾脏肿大。

血清呈樱桃红色，红细胞数、血红蛋白含量、红细胞比容均降低，尿液混浊暗红色，尿相对密度增加。海恩茨氏小体检查阳性。

【诊断】

根据采食洋葱或大葱的病史，结合血红蛋白尿、贫血等典型临床症状，可做出诊断。血液常规检查、相关生化指标的测定及尿沉渣检查可提供辅助诊断依据。本病应与其他血红蛋白尿症、血尿、药红尿等进行鉴别诊断。如血尿是泌尿器官的出血，则尿液中会混有一定量的红细胞而呈红色，特点是混浊而不透明，振荡后呈云雾状，放置后有沉淀，尿沉渣检查有大量的红细胞，有时尿中可发现血丝或凝血块，见于急性肾炎、肾结石、膀胱炎及尿道出血等。

【治疗】

本病无特效治疗药物，治疗原则是强心、补液、抗氧化和促进血液中游离血红蛋白的排出。应立即停止饲喂洋葱或大葱，供给易消化、营养丰富的饲料。病情较轻的病例可自行恢复。病情较重的病例，强心、补液及补充能量可预防休克和脱水，静脉注射适量的林格氏液、葡萄糖、三磷酸腺苷、辅酶A、安钠伽等。抗氧化可用维生素C、维生素E、亚硒酸钠等。促进血液中游离血红蛋白的排出，可口服或注射速尿，按1～2mg/kg，每日1次，连用2～3d。口服或肌内注射复合维生素B可提高疗效，应用碳酸氢钠可减轻血红蛋白对肾脏的损伤。严重贫血的病例，可进行静脉输血治疗。

预防本病的根本措施是应严禁给犬饲喂含洋葱、大葱的食物（如包子、饺子、铁板牛肉、爆炒肉等）。

二、蛇毒中毒（Snake venom poisoning）

蛇毒中毒是犬、猫被毒蛇咬伤而引起的一种中毒病，临床上以毒血症、溶血、中枢麻痹及休克甚至死亡为特征。

【病因】

世界上有3 000左右种蛇类，其中毒蛇约650种。我国约有150多种蛇类，其中毒蛇47种，常见的有金环蛇、银环蛇、眼镜蛇、五步蛇、蝮蛇、蝰蛇、龟壳花蛇、竹叶青和海蛇。这些毒蛇中，除海蛇主要分布于近海地区外，大多数分布于长江以南各省区，而长江以北平原和丘陵地区只有蝮蛇、蝰蛇等少数几种毒蛇。犬、猫咬伤部位多位于四肢和头部，咬伤部位愈接近中枢神经和血管丰富部位，中毒症状愈严重，病程愈短。

【中毒机理】

蛇毒是一种含特异性毒蛋白、多肽类及某些酶类的复杂化合物，如胆碱酯酶、凝血素、凝集素、溶蛋白素、蛋白分解酶等。因此，蛇毒的作用是多方面的，通常据此将其分为3类，即神经毒、血循毒和混合毒。神经毒主要作用于脊髓神经和神经肌肉接头，使骨骼肌麻痹乃至全身瘫痪；亦可直接作用于延髓的呼吸中枢或呼吸肌，使呼吸肌麻痹，最后窒息而死。血循毒主要作用于血液循环系统，引起心力衰竭、溶血、出血、凝血、血管内皮细胞破坏，最后休克而死。混合毒则兼有神经毒和血循毒的毒性作用，但总是以其中某一种毒性作用为主。毒蛇种类不同，所含毒素也不尽相同，金环蛇、银环蛇等眼镜蛇科环蛇属毒蛇的毒液多属神经毒；蝰蛇、蝮蛇、竹叶青等蝰蛇科和蝮蛇科毒蛇的毒液多属血循毒；眼镜蛇和眼镜王蛇的毒液多属混合毒。

【临床症状】

（1）神经毒症状　咬伤后，伤口流血少，红肿热痛等局部症状轻微，通常在咬伤后的数小时内即可出现急剧的全身症状，如痛苦呻吟，兴奋不安，全身肌颤，吞咽困难，口吐白沫，瞳孔散大，血压下降，呼吸困难，脉律失常，最后四肢麻痹，卧地不起。最终因呼吸肌麻痹，窒息死亡。

（2）血循毒症状　咬伤后，局部症状特别明显，主要表现为咬伤部剧痛，流血不止，迅速肿胀，发紫发黑，很快出现坏死，肿胀迅速向上发展，一般经6～8h可蔓延到全肢、背腰部以至全身。病情进一步发展，可出现血尿、血红蛋白尿、少尿、尿闭及胸腔大量出血等全身症状，最后导致心力衰竭或休克而死。

(3) 混合毒症状　咬伤后，局部出现红肿热痛和坏死等。毒素吸收后，全身症状重剧而且复杂，既具备神经毒所致的各种神经症状，又具备血循毒所致的各种临床表现。呼吸中枢和呼吸肌麻痹引起的窒息或血管运动中枢麻痹和心力衰竭引起的休克，通常是死亡的直接原因。

【诊断】

根据病史和临床症状，一般可以确诊。

【治疗】

治疗原则是防止毒素扩散、排毒、解毒和对症治疗。

发现毒蛇咬伤，应在伤口近心端处进行结扎，以阻断淋巴、静脉的回流，但不能阻碍动脉血的供应，以后间隔15～20min放松1～2min，以免因缺血而发生坏死，排毒和服蛇药后解除结扎。

结扎后，应立即用清水、氨水、双氧水或0.1%高锰酸钾液冲洗伤口。然后，沿咬伤牙痕并平行于血管走向进行切开扩创，创口要深达被咬伤局部组织的肌肉和肌膜，将其周围组织切除，或扩创后挤压、烧烙、抽吸周围组织中的毒液。

处理伤口之前或同时，内服或局部涂敷蛇药，和（或）注射抗血清。咬伤部周围，可注射1%～2%高锰酸钾液、双氧水。早期静脉注射单价或多价抗蛇毒血清常具有特效，皮下注射亦有较好的解毒效果。

对症治疗，应用大剂量糖皮质激素如地塞米松等，具有解毒、抗休克作用。也可用山梗菜碱、安钠伽、乌洛托品、樟脑磺酸钠、葡萄糖等强心、解毒、兴奋呼吸的药物。有窒息危险的患畜，应施行气管切开术。

三、蜂毒中毒（Bee venom poisoning）

蜂毒中毒是指蜜蜂毒腺分泌的毒液经螯针注入犬、猫体内引起的一种中毒病，临床上以局部红肿、瘙痒为特征。

【病因】

蜂巢通常筑于灌木丛、草丛中或屋檐下、树枝上，竹蜂巢筑于竹子上。当犬、猫触动蜂巢或激惹蜂群，就会遭到蜂群的袭击，引起中毒。

【发病机制】

蜂毒含有磷脂酶A、透明质酸酶、乙酰胆碱、蚁酸、5-羟色胺、组织胺及多肽类等化合物。组织胺、5-羟色胺和乙酰胆碱可使平滑肌收缩、血压下降、呼吸不整、运动麻痹、局部疼痛、淤血及水肿。磷脂酶A可引起严重的血压下降、间接性溶血，具有很强的致死作用。另一方面蜂毒可以使肾上腺皮质的功能增强，以提高机体的防卫机能，故对炎症、过敏性疾病等有良好影响。

【临床症状】

蜂毒中毒有局部症状和全身症状。

螯伤后，局部立即出现剧烈热痛、淤血及肿胀。犬、猫表现出摩擦、搔抓、啃咬患部，甚至奔跑尖叫。轻症病例很快恢复，严重病例偶可引起局部组织坏死。毒素吸收后，可出现体温升高，心跳加快，呼吸迫促，兴奋或沉郁，血红蛋白尿，严重病例转为麻痹，血压下降，呼吸困难，往往由于呼吸麻痹而死亡。

螯伤后短时间内死亡的病畜常出现喉头水肿，各实质器官淤血，皮下及心内膜有出血斑，脾脏肿大，脾髓质内充满暗褐色血液，肝脏柔软变性，肌肉变软呈煮肉样。

【治疗】

关键措施是排毒、解毒、脱敏、抗休克及对症治疗。

及时拔除螯针，针刺螯伤局部，挤出或吸出毒液，然后用3%氨水、肥皂水、5%碳酸氢钠溶液或

2%～3%高锰酸钾液清洗，洗涤后局部做普鲁卡因封闭，涂10%氨溶液或氧化锌软膏。

及时应用抗过敏药和抗休克药，如苯海拉明，犬、猫2～4mg/kg，口服，每天2～3次，或1mg/kg，肌内/静脉注射，每天2～3次。氢化泼尼松或地塞米松，犬、猫1～2mg/kg，肌内注射或静脉注射。0.1%盐酸肾上腺素注射液，犬、猫0.1～1.0mg/kg，肌内注射。为保肝解毒，可应用高渗葡萄糖、5%碳酸氢钠、40%乌洛托品、钙剂及维生素B或维生素C等。

第七节 其他中毒病

Other Poisoning Diseases

一、硝酸盐和亚硝酸盐中毒（Nitrate and nitrite poisoning）

硝酸盐或亚硝酸盐中毒是犬、猫采食过量含有硝酸盐或亚硝酸盐的饲料和（或）饮水，硝酸盐或亚硝酸盐进入血液后氧化血红蛋白为高铁血红蛋白而使其失去携氧能力，导致组织缺氧而引起的一种中毒病，临床上以起病突然、黏膜发绀、血液褐变、呼吸困难、神经功能紊乱和经过短急为特征。

【病因】

主要见于犬日粮加工不当。青菜类饲料富含有硝酸盐，主要见于氮肥施用量增加，土壤肥沃，光照不足，此外气候急变和病虫害等也会使植物中的硝酸盐含量增高，如白菜等都含有较多的硝酸盐。硝酸盐还原菌广泛分布于自然界，其活性需要一定的湿度和温度，最适温度为20～40℃。当青绿饲料或块根饲料，用温水浸泡、文火闷煮或靠灶坑余烬、锅釜残热而持久加盖保温时，往往会使硝酸盐还原菌活跃，并产生大量的亚硝酸盐，从而导致硝酸盐中毒的发生。

此外，误投或误饮，以及宠物食入腌制不良的食品，也是中毒的原因。由于硝酸盐肥料或硝酸盐药品等酷似食盐，也会被误用而导致中毒。

【中毒机理】

亚硝酸盐吸收入血后，与Cl^-交换进入红细胞，将血红蛋白中的二价铁离子（Fe^{2+}）转化为三价铁离子（Fe^{3+}），Fe^{3+}与$-OH$具有高结合力，结合后使红细胞失去携带氧的能力，引起全身性缺氧。通常情况下，30%的血红蛋白被氧化成高铁血红蛋白时，即可出现临床症状。缺氧时，中枢神经系统最为敏感，会出现一系列神经症状，最终发生窒息，甚至死亡。亚硝酸盐所引起的血红蛋白变化为可逆性反应。血液中的辅酶Ⅰ、抗坏血酸、谷胱甘肽等，都可使三价铁血红蛋白还原成二价铁血红蛋白，并恢复携氧功能。机体的这种解毒能力存在明显的个体差异，饥饿、消瘦、日粮品质不良等，可导致犬对亚硝酸盐的敏感性增高。

亚硝酸盐还具有扩血管作用，可使病畜末梢血管扩张，血压降低，导致血管麻痹而使外周循环衰竭。此外，亚硝酸盐还有致癌和致畸作用。亚硝酸盐在体内可转化为亚硝胺和亚硝酰胺，其不仅可引起成年犬、猫癌症，还可透过胎盘屏障使子代犬、猫致癌；亚硝酸盐可通过母乳和胎盘影响幼畜及胚胎，故常有死胎、流产和畸形。

一次性食入大量硝酸盐后，硝酸盐与胃酸作用释放的NO_2对消化道具有腐蚀刺激作用，可直接引起胃肠炎。

【临床症状】

本病发病急，病程短。多发生于采食后半小时至数小时，最急性病例突然狂叫、站立不稳，突然倒地死亡。急性型病犬表现出精神不安，呻吟，呕吐，口角附有大量唾液，行走时步态蹒跚，无目的徘徊或奔跑，可视黏膜及皮肤高度发绀，严重呼吸困难，呼吸迫促，脉搏急速、细弱，体温正常或下降，耳、鼻、四肢厥冷。后期可见肌肉震颤，四肢无力，卧地，阵发性痉挛，最终因严重呼吸困难死亡。

尸体剖检眼结膜、口腔黏膜发绀，血液凝固不良，呈咖啡色，胃内空虚，胃肠黏膜充血，黏膜表面有较多的黏液，肝脏淤血，轻度肿胀，气管、支气管内有大量淡红色泡沫状液体，心、肾无肉眼可见变化。

犬、猫一次性摄入大量硝酸盐，可直接刺激消化道黏膜引起急性胃肠炎，表现为流涎、呕吐、腹泻及腹痛。

中毒犬、猫的尸体腹部多较膨满，皮肤苍白，可视黏膜呈棕褐色或蓝紫色，血液不易凝固，呈咖啡或酱油色，长期暴露在空气中也不变红。全身血管扩张充血。新鲜尸体刚打开胃腔时可能闻到硝酸样气味。中毒病尸还可见硝酸盐直接刺激所造成的胃肠道炎性病变。

【诊断】

根据黏膜发绀、血液褐变、呼吸高度困难等主要临床症状，特别短急的疾病经过，以及起病的突然性、发病的群体性、与饲料调制失误的相关性，即可做出初步诊断，并立即进行抢救。通过特效解毒药美蓝的疗效，验证诊断。必要时在现场可作变性血红蛋白检查和亚硝酸盐简易检验。

亚硝酸盐简易检验：取残余饲料液汁 1 滴，滴在滤纸上，加 10%联苯胺 1～2 滴，再加 10%冰醋酸 1～2 滴，滤纸变为棕色，即为阳性反应。

变性血红蛋白检查：取少许血液于小试管内，与空气振荡后转为鲜红色，为还原型血红蛋白；振荡后仍为棕褐色，可能就是变性血红蛋白。为进一步验证，可滴加 1%氰化钠液 1～3 滴，血液即转为鲜红。

病程一般为数小时至数日不等。可依据血液中高铁血红蛋白（MetHb）含量判定预后，随着血液中 MetHb 含量的增加，中毒症状相应加剧，直至死亡。据观察，血中 MetHb 达 30%时，犬、猫黏膜发绀，不能站立；MtHb 达 40%时，可出现明显中毒症状；MetHb 达 60%时，即可死亡。

【治疗】

应及时进行一般解毒和对症治疗。

小剂量的美蓝对亚硝酸盐中毒具有药到病除、起死回生的作用。通常用 1%美蓝液（取美蓝 1 g，溶于 10mL 酒精中，再加灭菌生理盐水 90mL），按 1～10mg/kg 静脉注射。

亦可用甲苯胺蓝，据犬、猫试验证明，甲苯胺蓝治疗亚硝酸盐的效果好于美蓝，其还原变性血红蛋白的速度比美蓝快 37%。剂量按 5mg/kg，配成 5%溶液，静脉注射，也可作肌内注射或腹腔注射。

另外，使用大剂量维生素 C 治疗亚硝酸盐中毒的疗效也很确实，而且取材方便，只是起效速度不如美蓝快，肌内或静脉注射。葡萄糖作为供氢体，对亚硝酸盐中毒的治疗也有一定疗效。

预防硝酸盐和亚硝酸盐中毒，应该注意改善青绿饲料的堆放和蒸煮办法。青绿饲料不论生熟均摊开敞放，是预防亚硝酸盐中毒的有效措施。接近收割的青绿饲料不应施用硝酸盐类化肥，以免使其中的硝酸盐或亚硝酸盐含量增高。

二、三聚氰胺中毒（Melamine poisoning）

犬三聚氰胺中毒是由于摄入被三聚氰胺污染的饲料或其他相关物质后引起的以肾功能障碍、泌尿系统结石为特征的一种中毒病。猫的发病率较犬高。

【病因】

三聚氰胺简称三胺，学名三胺三嗪，别名密胺、氰尿酰胺、三聚氰酰胺，是一种重要的、用途广泛的氮杂环有机化工原料，是重要的尿素加工产品。我国农业部在《饲料添加剂品种目录》中明令禁止将其作为犬、猫饲料的添加剂。1994 年国际化学品安全规划署和欧盟委员会合编的《国际化学品安全手册（第三卷）》和国际化学安全卡片中说明：长期或多次大量摄入三聚氰胺可能对肾和膀胱产生影响，并产生结石。

一般情况下，犬、猫是不可能通过饲料摄入三聚氰胺而发生中毒的。三聚氰胺含氮量达 66%，折合成粗蛋白质含量可达 400%，在饲料中少量添加就可以大幅提高“蛋白质”含量。正因如此，不法商人在利益驱使下，在饲料中添加三聚氰胺，给犬、猫饲喂添加三聚氰胺的饲料一段时间后，就会发生三聚氰胺中毒。此外，犬、猫误食三聚氰胺或含有其成分的物质，也可以引起中毒。

【发病机理】

聚氰胺有3种同系物，分别为三聚氰酸（cyanuric acid）、三聚氰酸一酰胺（ammelide）和三聚氰酸二酰胺（ammeline），属于低毒急性毒物。

三聚氰胺对犬、猫低毒。大鼠连续2h吸入粉尘200mg/m^3，未见中毒症状。大鼠吸入80～100mg/m^3，每天2次，每周6次，连续4个月以上，可出现增重迟滞，中枢神经系统及肾功能紊乱，肺内炎性改变等，长时间反复接触可对肾脏造成损伤，对眼和皮肤无刺激作用。大鼠LD_{50}为3.16 g/kg，小鼠经口LD_{50}为4.55 g/kg。

尽管单独饲喂犬、猫三聚氰胺或三聚氰酸时，毒性均较低，但是将二者混合加入饲料中，则会导致犬、猫急性肾衰。这是因为三聚氰胺和三聚氰酸结合在一起会形成一种不溶性晶体，沉积在肾脏的远曲小管，造成远曲小管上皮发生炎症、增生、坏死，进而造成肾衰竭。此外，该不溶性晶体还会使胃黏膜、肺脏平滑肌、肺泡壁矿化。研究表明，三聚氰胺还能够诱发膀胱肿瘤和输尿管肿瘤。随着膀胱结石发生率的增加，公鼠膀胱肿瘤发病率也呈现增加趋势，而且这两种病的发病率之间高度相关。Cremonezzi等（2001）利用三聚氰胺处理BALB/C小鼠成功复制出了泌尿道肿瘤模型。

【临床症状】

患病犬、猫初期可出现厌食，饲料消耗量减少，体重减轻，随着病情的发展，可出现肾衰、嗜睡、烦渴、氮质血症和高磷酸盐血症、高血压、水肿、高血钾、严重酸中毒和心力衰竭等症状。

伴有泌尿系统结石的犬、猫，主要表现为刺激症状，如频频作排尿姿势，叉腿，拱背，缩腹，举尾，阴户抽动，努责，嘶鸣，线状或点滴状排出混有脓汁和血凝块的红色尿液。如结石位于肾盂时，多呈肾盂炎症状，有血尿。阻塞严重时，有肾盂积水，肾区疼痛，运步强拘，步态紧张；当结石移行至输尿管并发生阻塞时，可出现剧烈腹痛；膀胱结石时，可出现疼痛性尿频，排尿时呻吟，腹壁抽缩，有的有红尿；尿道结石时，不完全阻塞病例排尿痛苦且排尿时间延长，尿液呈滴状或线状流出，有时有血尿。完全阻塞时则出现尿闭或肾性腹痛现象，频频举尾，屡作排尿动作但无尿排出。尿路探诊可触及尿石所在部位，尿道外部触诊，有疼痛感。腹部触诊，体积增大。若长期尿闭，可引起尿毒症或发生膀胱破裂。

生化检查可出现血肌酐升高至7～15mg/dL（正常值0.9～2.1mg/dL），尿素氮可升高至130mg/dL（正常参考值20～34mg/dL），血清磷可升高至11.3～25mg/dL（正常参考值为3.2～6.2mg/dL）。尿检查可见红白细胞、脓细胞、尿蛋白等。

【诊断】

根据摄入明确被三聚氰胺污染的饲料或食物，测定患病犬、猫的肾脏、尿结石及所采食饲料中三聚氰胺含量有助于确诊。另外，根据上述临床表现和临床病理学检验结果，其中一项或多项指标吻合，可提示发生本病。必要时可进行影像学检查，如超声、X线和CT检查，可根据临床需要进行选用。检查可见肾脏、膀胱结石。

当患病犬、猫出现肾衰、尿石症时，应注意与乙二醇中毒、霉菌毒素中毒等引起的肾衰，以及单纯性尿结石相区别。

【治疗】

一旦确诊本病，应立即停用被三聚氰胺污染的饲料或食物。根据患病犬、猫的一般情况、临床表现、结石大小及位置、有无并发症等，宜选择不同的治疗方法。

结石较小且无尿路阻塞和临床症状的病例，无需特殊治疗，但需要做定期检查。

结石较大的，而且有临床症状的病例，首选内科保守治疗，保守治疗过程中要密切监测尿量及结石排出的情况。可进行超声、尿常规、血液生化等检查手段定期复查泌尿系统。

发生尿路阻塞或出现肾衰时，在积极进行内科治疗的基础上，应及时采用外科手术排除结石，消除梗阻。出现尿毒症的病畜，可根据病情进行血液净化治疗。在治疗过程中应密切注意尿液pH、血气、电解质及酸碱平衡的动态变化。

第六部分

感染性疾病

Infectious Disease

第一节 导 言

Introduction

感染性疾病包括一切由病原微生物和寄生虫感染动物机体后而导致的疾病。病原微生物可为病毒、真菌、细菌等。许多感染性疾病具有传染性，可造成流行，称为传染病；另外一部分疾病则没有传染性或很难传播，如胰腺炎、下泌尿系统感染等疾病，这些疾病在前面章节已经有过叙述。本章主要论述犬、猫感染性疾病中的部分传染病和寄生虫病。

传染性疾病在犬、猫兽医临床上占有较高的比例，特别是在一些欠发达国家和地区。一方面由于对易感动物的免疫保护不强，这既包括疫（菌）苗的质量问题，如一些宠物主人应用价廉而免疫效果不可靠的免疫制剂，也包括免疫实施的密度问题，因很多畜主对免疫在防控传染病方面的重要性认识不足，更有甚者，在某一些地区尚存在大量的流浪犬、猫，免疫存在数量和质量上的大量空白区；另一方面传染源在多方面不断扩大，首先是种群的扩张，一些原本是野生的动物，也已被一部分人作为宠物饲养，而这些动物所携带的不会导致自身发病的病原微生物，会引起其他种类的宠物发病；其次是随着国际间交流的日益频繁，加之检疫检验水平的限制，在进口宠物的同时，引进疫病的可能性依然存在；对家养的宠物而言，大量流浪犬、猫的存在，就使其暴露于未知的病原携带（感染）者的可能增大了。在我国（特别在一些经济欠发达地区）上述问题几乎同时并存，所以为了保障宠物安全、健康，并让其成为人类真正的伴侣，有必要使宠物饲养者较全面地了解和掌握宠物传染病的发生、发展、诊断、治疗、预防方面的知识及最新进展。

寄生虫病是一些寄生虫寄生在动物机体内所引起的疾病。寄生虫病是世界上分布广、种类多、危害重的一类感染性疾病。根据寄生部位的不同，寄生虫可分为内寄生虫和外寄生虫。寄生虫的生活史包括感染和传播两部分，在不同的生活阶段，虫体呈现不同的形态特征和生物学特征（如寄生部位和致病机理）。寄生虫病病原通常来源于包括寄生有某种寄生虫的终末宿主、中间宿主、保虫宿主、带虫宿主等，寄生虫感染的途径因种类而异，包括经口感染、经皮肤感染、经胎盘感染、自身感染等。寄生虫病在感染动物机体时会出现慢性感染和隐性感染，由于临床表现不突出或无临床表现，最终会引起动物死亡。虽然宿主的免疫系统能抵抗寄生虫的寄生，但绝大多数寄生虫能在宿主有充分免疫力的情况下生活和繁殖，逃避宿主的免疫效应。其危害包括造成动物死亡、危害人类健康，传播疾病。因此，了解寄生虫病的发生、发展、诊断及预防对控制其发展具有重要意义。

近年来，与其他动物一样，宠物传染病学和寄生虫病方面出现了一些新变化。一是在传染病和寄生虫病的发生和流行方面：①流行强度有所改变，传播途径有所增多；②病原变异和型别增多；③混合感染，导致病情复杂化，诊断困难，防治效果不佳；④亚临床性病理变化轻微，使临床症状和病理变化既不明显更不典型；⑤细菌耐药株日益增多，所致危害逐渐加重。二是在诊断技术方面：分子生物学检验技术可在分子水平上探索病原微生物内部的分子结构，特别是核酸、蛋白质的结构及组成部分等，以作为鉴定病原微生物的依据，包括：①对病毒结构、组成成分的测定；②病原微生物限制性核酸内切酶片段图谱分析技术；③基因体外扩增技术（聚合酶链反应，PCR）及基因探针技术；④用于病原微生物分类的核酸分子杂交技术；⑤分析微生物学检验技术。这些技术是结合微生物的特点、相互渗透、交叉结合建立起来的检验技术，包括气相色谱技术、电阻抗技术、微量热力学测定技术、生物发光测定技术、化学发光测定技术、放射测量技术、电子显微镜技术、X线衍射技术、蛋白质印迹法和电子计算机技术。免疫学检验技术（如单克隆抗体技术）的产生及测定仪器的更新，建立了各种标记技术，减少了干扰，提高了特异性，包括单克隆抗体技术、免疫荧光技术、放射免疫技术、免疫酶技术、免疫电镜技术、免疫酶载体技术及生物传感器技术等；其他检验技术包括鲎试验技术、外源性凝集素技术和细菌IgG受体技术等。三是在新疫苗的开发方面，随着分子生物学和基因工程技术的发展，新一代动物疫苗应运而生，主要包括：基因工程亚单位疫苗、基因工程活载体疫苗、基因工程缺失减毒疫苗、合成肽疫苗、抗独特性抗体疫苗和DNA疫苗等。

正确认识传染病和寄生虫病，不仅是为了治疗，更重要的是及早防止其传播。传染病和寄生虫病的早期诊断，一般是根据流行病学、临床诊断、病理解剖和实验室检验等方面的资料，在综合分析基础上做出的。实验室检验资料对诊断起着至关重要的作用。随着诊断技术的不断改进和更新，传染病和寄生虫病诊断的准确率也在不断提高，对防止传染病和寄生虫病的传播与扩散，以及对患病动物迅速康复起到了积极作用。

传染病和寄生虫病的预防是一项艰巨的系统工程，所采取的一切措施都是针对传染源、传播途径和易感动物这3个环节，只有对这3个环节同时采取综合措施，才能达到控制和消灭传染源、保护易感动物的目的。

动物传染病的控制和消灭程度，是衡量一个国家兽医事业发展水平的重要标志。现在美国、德国、日本、丹麦、英国、法国、澳大利亚在消灭畜禽传染病方面已取得了很好的成绩。

现今有些国家已制定了一系列兽医法令和规章。我国于1998年1月1日颁布了《中华人民共和国动物防疫法》，对控制和消灭动物传染病起到了重要作用。但是，随着国际间一些动物及其产品交换的日益频繁，动物传染病的传播机会也在增多，仍对饲养的动物构成严重威胁，也是动物传染病学面临的亟需解决的课题。

本章就犬、猫的常见传染病和寄生虫病的情况做一介绍。

第二节 系统性真菌感染

Systemic Mycoses

一、皮肤癣菌病（Dermatophytosis）

皮肤癣菌病是由皮肤癣菌对毛发、爪及皮肤等角质组织引起的浅部感染性疾病，偶而可累及深部组织，是犬、猫临床最常见的真菌性皮肤传染病。皮肤癣菌侵入这些组织并在其中寄生，可引起皮肤出现界限明显的脱毛圆斑、渗出及结痂等病变，故又称癣。本病在犬与人之间呈接触性传染，为人畜共患传染病。

【病原】

皮肤癣菌是一群形态、生理、抗原性关系密切的真菌，约有40余种，其中20余种能感染人或动物。按大小分生孢子的形态可分为3个属：小孢子菌属（*Microsporum*）、毛癣菌属（*Trichophyton*）和表皮癣菌属（*Epidermophyton*）。引起犬、猫感染的病原主要是犬小孢子菌（*M. canis*）、石膏样小孢子菌（*M. gypseum*）和须毛癣菌（*T. mentagrophytes*）等。

依据皮肤癣菌的自然寄居特性可分为3类：①亲动物性，主要侵犯动物，也可引起人感染发病，如犬小孢子菌和须毛癣菌；②亲人性，主要侵犯人，极少引起动物的皮肤癣菌；③亲土性，多腐生于土壤中，偶尔可引起人或动物感染，如石膏样小孢子菌。

【流行病学】

犬癣菌病主要是由犬小孢子菌感染（约占70%）引起，其次是石膏样小孢子菌（约占20%）和须毛癣菌感染（约占10%）。猫癣菌病多数是由犬小孢子菌引起。

目前认为，犬、猫是犬小孢子菌的主要携带者，易感动物直接或间接接触感染动物或其毛发而被传染。石膏样小孢子菌主要存在于土壤中，感染多见于野外活动时间长的动物，且病变部位主要见于爪、指（趾）甲等与土壤接触较多的部位。须毛癣菌是啮齿动物和兔子的主要病原，啮齿类宠物和兔是犬和猫癣菌病的主要传染源。另外，野生啮齿动物感染比较普遍，而且临床表现不明显，犬、猫可能在捕猎这些野生动物时被感染。

亲动物性癣菌中，马类毛癣菌（*T. equinum*）、疣状毛癣菌（*T. verrucosum*）和猪小孢子菌（*M. nanum*）也可引起犬、猫的皮肤癣菌病，感染主要源于与家畜的接触。

幼龄、衰老、体弱及免疫缺陷的犬、猫易感染。潮湿、温暖的气候、拥挤、不洁的环境以及缺乏阳光照射等因素均可成为发病诱因。

【发病机理】

除外伤外，浸渍皮肤的水分增多也适于皮肤癣菌生长。皮肤癣菌侵入皮肤后，历经孵育期、增大期和退化期。孵育期皮肤癣菌在角质层生长，临床表现轻微。一旦感染建立，其生长速度和表皮更新速度对于损伤是两个关键性因素。皮肤癣菌病的多种临床表现是真菌对角化组织直接损伤（主要是毛和甲）和宿主炎症反应的结果。另外，皮肤癣菌及其代谢产物通过血液循环可引起病灶外皮肤的变态反应。

【临床症状】

犬主要表现为脱毛和形成鳞屑，被感染皮肤有界限分明的局灶性或多灶性斑块，呈圆形脱毛区。可观察到掉毛、断毛、鳞屑、脓疱、丘疹和皮肤渗出、结痂，以及不同程度的瘙痒等症状。典型的病变为脱毛圆斑，中央呈康复状态，也有不规则病灶。幼年动物和免疫功能不全的动物病变严重，且康复时间长。病原的种类及致病力对炎症反应也有一定影响。石膏样小孢子菌感染也有病灶不脱毛、无皮屑，但引起毛囊破裂、疖病，以及脓性肉芽肿性炎症等反应，形成圆形、隆起的结节性病变，而且中央多继发葡萄球菌感染，称为脓癣，多见于犬的四肢和脸部。患免疫缺陷性疾病或系统性疾病的成年犬可发生全身性皮肤癣菌病，而正常犬则较少见，主要由石膏样小孢子菌和须毛癣菌引起，表现为广泛性脱毛和脂溢性皮炎，也可见局灶性皮肤癣菌病的病变。

猫皮肤癣菌病的临床表现多变，典型的脱毛圆斑较少见，发生的全身性感染往往与局部感染相混淆，尤其是长毛猫。皮肤癣菌感染可引起猫对称性脱毛和被毛大量脱落。犬小孢子菌可引起猫的一种肉芽肿性皮炎——伪足分支菌病，多见于波斯猫，可引起溃疡性、结节性皮炎。感染猫多感染全身性皮肤癣菌病。成年猫可出现亚临床性皮肤癣菌感染，无明显病变，仅形成极轻微的斑块或少量断毛，这类猫在本病传播中具有重要意义。

须毛癣菌引起的犬、猫甲癣。主要表现为指（趾）甲干燥、开裂、质脆并常发生变形等，在甲床和甲褶处易并发细菌感染。

【诊断】

仅根据临床症状很难做出诊断，因为犬、猫多种疾病的临床表现与本病类似，如葡萄球菌性毛囊炎、蠕螨病，其他病原感染毛囊等引起的脱毛、丘疹、红斑以及锌反应性皮炎等，因此，必须借助一些特异性诊断才能确诊。

（1）伍氏灯检查　用伍氏灯在暗室照射病变区，如病变区毛发发出苹果绿色荧光，则可怀疑为感染犬小孢子菌。而石膏样小孢子菌和须毛癣菌感染的毛发无荧光或荧光颜色不同。鳞屑、细菌性毛囊炎等在紫外线的照射下也会发出荧光，但颜色可能与犬小孢子菌感染毛干所发荧光不同，应注意区分。伍氏灯检查不能用于疾病确诊。

（2）检查毛发　从患部取断裂、被擦损的毛发或选取伍氏灯下有荧光的毛发，置于载玻片上，加10%～20%氢氧化钾几滴，加盖玻片，作用30s或稍微加热15 s，待样本透明后，用低倍镜找出擦损、胀大、淡色的毛发，然后用高倍镜检查真菌孢子和菌丝。如果在毛发干周边有呈圆形或卵圆形的发外型孢子或呈绿色透明串珠状，发干内有菌丝则可诊断为皮肤癣菌病［见彩图版图6－1］。

（3）真菌培养　用皮肤癣菌试验培养基（DTM），也可选用沙氏葡萄糖琼脂培养基。将病料接种于培养基上，于25℃培养，皮肤癣菌的生长可使DTM变红，根据沙氏培养基上菌落的颜色和形态及显微镜检查等做进一步鉴定。

犬小孢子菌在沙氏培养基上生长快，菌落呈白色棉花样至羊绒样，反面呈橘黄色。镜检可见大量呈纺锤状、壁厚带刺、有6～15个分隔的大分生孢子，大小为（40～150）μm×（8～20）μm，一端呈树节状。

石膏样小孢子菌在沙氏培养基上生长快，开始为白色菌丝，后成为黄色粉末状菌落，凝结成片。菌落中心隆起，外围有少数极短的沟纹，边缘不整齐，背面红棕色。镜检可见多量呈纺锤形、厚壁带刺、有4～6个分隔的大分生孢子，大小为（30～50）μm ×（8～12）μm。

须毛癣菌菌落有颗粒状和长绒毛状两种形态。前者表面呈奶酪色至浅黄色，背面为浅褐色至棕黄色；后者为白色，较老的菌落变为浅褐色，背面呈白色、黄色，甚至红棕色。颗粒状菌落镜检可见较多的雪茄样、薄壁、有3～7个分隔的大分生孢子，大小为（4～8）μm ×（20～50）μm。

【治疗】

皮肤癣菌病一般为自限性疾病，病程一般为1～3个月，如感染不严重且不是全身感染，多可自行消退。但对病犬进行及时有效的治疗，可有助于犬尽快康复，消除隐性感染，防止复发。

（1）局部性治疗　剪除病灶周围被毛，清洁病变皮肤，洗净皮屑或结痂等，患处使用抗真菌剂或角质剥脱剂。市售药有克霉唑软膏、酮康唑软膏、达克宁软膏等。

（2）全身性治疗　对局部治疗无效病例、长毛猫慢性或严重的癣病需全身性用药。灰黄霉素，小型犬、猫按10～30mg/kg口服，每天2次，大型犬、猫按2.5～5mg/kg，口服，每天1～2次，连用4～6周。猫和犬使用灰黄霉素后，胃肠道可能出现副作用，可考虑使用酮康唑（10mg/kg）或伊曲康唑(5mg/kg)。治疗应持续3～4周或更长，至临床痊愈或分离培养结果呈阴性后，再坚持用药3～4周。

【预防】

皮肤癣菌孢子在外界可存活1年以上。应采取切实措施使治愈动物不再感染，或家庭成员及其他宠物不被感染。发现患犬应及时隔离，彻底清洁患犬接触过的场所、用具，并用漂白粉溶液消毒。接触感染动物后需将手洗干净。

对患犬的同群犬、邻舍犬应进行预防性治疗，可采用0.5%洗必泰溶液每周药浴2次。

二、芽生菌病（Blastomycosis）

芽生菌病是一种全身性真菌感染。通常起始于肺，扩散到淋巴管、皮肤、眼睛、骨骼和其他器官，引起慢性肉芽肿性和化脓性病变。多种哺乳动物可感染，犬最易感。犬的发病率约为人的10倍，犬曾被用作监测人类该病的哨兵动物。

【病原】

皮炎芽生菌（*Blastomyces dermatitidis*）为双相型真菌。在受感染组织或脑心浸膏琼脂培养基37℃培养时，为一厚壁酵母，通过萌芽复制。菌落为酵母样，呈奶油色或棕色，表面有皱褶，稍隆起。镜检可见球形厚壁孢子，直径8～10μm，单芽，芽茎宽4～5μm，偶见芽管和短菌丝。25℃沙氏培养基培养为霉菌相。典型菌落生长缓慢，初为酵母样薄膜生长，后有白色绒毛状气生菌丝。正面白色或棕色，呈颗粒状、粉末状或表现光滑，背面深棕色。可见直径为1～2μm的分枝、分隔菌丝，及从菌丝两侧或从长短不一单根分生孢子梗终端长出的直径2～10μm的圆形梨状或卵圆形的小分生孢子。

【流行病学】

皮炎芽生菌病主要流行于北美，目前它的确切来源仍不清楚。在潮湿、酸性或含有动物粪便或富含有机质的沙土中常有该菌存在。

在本病流行地区，常呈散发，偶尔有人和犬暴发本病的报道。芽生菌病主要是经呼吸道感染，动物间常不发生接触性传染。雨季、潮湿、多雾天气对分生孢子梗的释放有关键性作用。感染多限于较小的地域，雄性比雌性更易感。虽然各年龄段均可感染，但以2～4岁年龄犬发病率最高。

【发病机理】

感染性分生孢子梗被宿主吸入后，分生孢子被肺巨噬细胞吞噬，从菌丝阶段发育到酵母阶段。酵母能刺激局部细胞免疫，引起明显的化脓性或脓性肉芽肿性炎症反应。部分病例中细胞介导的免疫作用使感染局灶化，而有些病例中被吞噬的酵母相继转移到肺间质组织，进入淋巴和血液循环系统，进而扩散引起多系统肉芽肿性疾病。病原体虽可扩散到全身的任何器官，但犬以淋巴结、眼睛、皮肤、骨骼、皮下组织及前列腺等部位多见，而皮肤、皮下组织、眼睛、中枢神经系统及淋巴结是猫最常被感染的器官系统。

【临床症状】

潜伏期为5～12周。被感染动物往往是一个或多个器官（系统）受侵害，故临床表现也有差异。美国的布鲁特克猎熊犬、树丛猎熊犬感染风险最高。非特异性的表现为厌食、沉郁、消瘦、恶病质和发热等。约1/3的病犬发热，慢性肺炎犬最有可能导致消瘦（恶病质）。约2/3的感染犬出现呼吸道症状，从轻度呼吸困难到重度呼吸困难。最严重感染病例可表现发绀。病犬常见连续干咳，呼吸快速、浅表。约1/2的感染犬出现弥漫性淋巴结肿大等症状，易被误诊为淋巴瘤。近1/2的感染犬报道有皮肤症状。因为损害小且容易被忽视，如不仔细地进行皮肤病学检查，则会产生大量假阴性结果。典型的皮肤病变为单个或多个丘疹、结节、溃疡和排出血脓性渗出物的斑块。犬的结节病变一般比较小，偶尔可发生大的脓肿。犬常见甲沟炎。

近1/2病例出现眼部疾患。眼后部先出现炎症，以脉络膜视网膜炎、视网膜脱落、视网膜下肉芽肿和玻璃体炎为主。约1/2感染犬出现双眼症状。偶见视觉神经炎报道。眼前部炎症多继发于眼后部炎症，表现为结膜炎、角膜炎、虹膜睫状体炎，并最终转为前色素层炎和内眼炎。继发性青光眼是犬常见眼前部疾病。初次诊断失明的犬很少能恢复视觉。

约1/4感染犬跛行，约1/6病犬出现骨髓炎。疼痛和肿胀常发生在肘或膝关节。单一或多发性关节炎引起的跛行很少见。

约1/10感染犬出现生殖系统症状。据美国路易斯安那州立大学报道，61例雄性犬中有16%发生睾丸炎。不到5%的感染犬出现前列腺炎或乳腺炎。

猫芽生菌病的发病率比犬低，其临床表现与犬相似，主要差异表现在猫易出现大的脓肿，中枢神经系统症状出现的比例较犬高。

【诊断】

在受感染皮肤、眼睛及淋巴结的病变组织中存在大量特征性酵母型细胞，比较容易诊断。

低蛋白血症是最常见的现象。常用影像学方法，对胸部或四肢骨骼做X线检查。约2/3病例胸部X线片显示间质型模式，约1/2病犬出现骨膜增生和软组织肿胀病变。确诊则需要进行细胞学，病理学或真菌培养等病原学检查。感染组织通常显示肉芽肿或化脓性炎症，出现厚壁单芽酵母型细胞。这种酵母细胞缺乏荚膜。约80%病例的皮肤病变处存在该病原体，采样材料为皮肤碎屑和结节性穿刺物。约60%病例可从被感染的眼睛和淋巴结穿刺物中发现病原微生物。在应用碘酸希夫染色、格利德里真菌染色或果莫里乌洛托品银染色后更加明显。聚合酶链反应也可用来确定组织中病原微生物。

由于病原真菌的分离培养需时较长，不太适于临床诊断。如果被怀疑为芽生菌病，实验室工作应特别谨慎，因为不恰当的材料处理可能会造成芽生菌潜在的感染危险。

血清学诊断包括琼脂凝胶免疫扩散试验、补体结合试验、酶联免疫吸附试验、对流免疫电泳和琼脂凝胶沉淀试验。琼脂免疫扩散试验对抗体的敏感性和特异性约为90%。

【治疗】

犬很少有自然康复的报道，猫尚无。出现低血氧或3个以上脏器被感染的病犬预后不良。伊曲康唑，按5mg/kg，每天1～2次，口服，持续2～3个月，前3d给予2倍剂量（10mg/kg）可缩短药物反应的迟钝期。1/5康复犬在治疗停止后几个月到几年复发。猫按10mg/kg，每天1～2次，通常需要长期治疗。两性毒素B有很好的疗效，对严重感染或低血氧病例，可结合使用伊曲康唑。此时两性霉素B脂质复合制剂按1～2mg/kg隔1d静脉注射，总剂量达12～24mg/kg。用两性霉素B单一治疗时，犬的建议使用剂量为0.5mg/kg，总剂量为6mg/kg。最好在治疗前测定血尿素氮或肌酸酐，如果犬或猫出现氮血症（尿素> 50mg/dL，肌酐> 3mg/dL），应停止使用两性霉素B。前葡萄膜炎局部应用类固醇和阿托品。继发性青光眼应用二氯磺酰胺，犬按 2～4mg/kg，口服，每天 2～3 次；猫按 1mg/kg，口服，每天 2～3 次。约 2/3 病例用伊曲康唑或酮康唑-两性霉素 B 联合用药完全治愈。

【公共卫生】

芽生菌病不可能在动物之间或动物和人之间传播。芽生菌地方性流行的发生是从感染损伤处获得抽取物时由于针头损伤引起的。实验室人员有可能在真菌培养时被感染。人和犬的暴发是由于共同的环境源感染而并非动物传染。

三、组织胞浆菌病（Histoplasmosis）

组织胞浆菌病是由荚膜组织胞浆菌引起的人和多种动物全身性真菌性疾病，常原发于肺或胃肠道，然后扩散到淋巴结、肝脏、脾脏、骨髓、眼睛和其他组织。多种哺乳动物均可被感染，猫比犬更易感。任何年龄阶段都能被感染，4 岁以下动物感染风险增高。

【病原】

荚膜组织胞浆菌（*Histoplasma capsulatum*）为双相型真菌。在组织内或培养于 30～37℃环境中时，呈酵母样。25℃中培养时，呈白色棉花样或黄褐色菌落，生长缓慢，需 7～10d，可见浓密的气生菌丝。随时间的延长，菌落变为灰色或棕色。镜下可见分枝、分隔、细长的菌丝，有大小两种分生孢子。大分生孢子直径 8～14μm，呈圆形或梨形，厚壁呈齿轮状，着生于菌丝成直角的分生孢子梗上。小分生孢子直径为 2～4μm，呈泪珠状，单个着生于菌丝两侧或短的分生孢子梗上。在脑心浸液（BHI）血琼脂培养基 37℃中培养，可形成光滑、湿润、乳酪样酵母菌落。镜检可见直径 3～4μm 的卵圆形芽生酵母细胞，芽生细胞和母细胞之间有一窄颈相连。在感染组织的吞噬细胞内可见直径为 2～5μm 的芽生酵母细胞，周边有一光晕。

【流行病学】

荚膜组织胞浆菌是一种土壤腐生菌。适宜生长的温度、湿度变化范围较大。富氮土壤（含大量鸟粪和蝙蝠粪便的土壤）非常适合其生长。该病在温带和亚热带地区呈地方流行性。在美国大多发生在中部地区。动物感染可能是由于吸入或摄食了环境中的感染性分生孢子而发生。动物之间一般不发生接触性传染。犬和人群在接触被严重污染的环境（如鸡笼、蝙蝠栖息地）时，常呈暴发性感染。

【发病机理】

分生孢子经呼吸道或消化道进入机体后，从菌丝相转为酵母相，被单核巨噬细胞吞噬并成为细胞寄生菌，通过血液和淋巴循环散播到任何组织系统，引起肉芽肿性炎性反应。犬的肺脏、胃肠道、淋巴结、肝脏、脾脏、骨髓、眼睛、肾上腺是常见的被感染组织；而猫常见的被感染组织是肺脏、肝脏、胃肠道、眼睛、骨髓。

【临床症状】

犬的潜伏期约 12～16d，常发于 4 岁龄以内犬。在德国魏玛犬、英国牧羊犬等雄犬的发病率是雌犬的 1.2 倍。吸入病原多呈隐性感染状态。早期多表现为大肠性腹泻，里急后重，粪便带黏液和新鲜血液。随病程发展，小肠性腹泻表现尤为明显，排泄增多，伴有吸收不良和蛋白丢失性肠病。非特异性的症状有发热、食欲减退、精神沉郁，以及严重消瘦等。少数病例表现出异常肺音、呼吸困难或呼吸急促等症状。

猫也多见于小于 4 岁的年龄段，无品种和性别差异。病初多呈隐性发生，表现为精神沉郁、食欲减退、发热、黏膜苍白、消瘦。约 1/2 的感染猫可见呼吸困难、急促、肺音异常，少见咳嗽。罕见视网膜脱落和继发性青光眼和胃肠道其他症状（除食欲减退）。偶尔可见口腔和舌溃疡、黄疸。

【病变】

犬可见视网膜色素异常增生、视网膜水肿和皮下小结节、溃疡等。偶见脾肿大、肝肿大、淋巴结病等。约 1/3 的感染猫出现肺肿大、脾肿大、淋巴结病。皮肤损伤以大量小结节为主要症状，但少见溃疡、排脓或结痂的结节。

【诊断】

常见白细胞增多症和单核细胞增多症，1/2 的感染犬和 1/3 的患猫可见血小板减少症或血小板破损症，丙氨酸转移酶、天冬氨酸转移酶、碱性磷酸酶、总胆红素增加，四肢腕骨和跗骨常受到侵袭。鉴于此，根据全血细胞计数、血清生化分析、X 线检查等可做出推测性诊断，确诊则依据相应的病原学鉴定。

组织学检查可见脓性肉芽肿性炎性反应，并有大量的圆形或卵圆形、直径为 2～4μm 的酵母细胞。细胞中央嗜碱性着色，周围有浅的光晕。经瑞-姬染色，在单核巨噬细胞系统的吞噬细胞内可见多个组织胞浆菌。采样组织，猫为骨髓、淋巴结或气管、支气管肺泡冲洗物等；犬为直肠、骨髓、肝脏、淋巴结、脾脏、气管或支气管肺泡冲洗物等。另外，白细胞层涂片，胸腔或腹腔渗出液，以及皮肤结节的压片也能检测到病菌。

病理组织学诊断，一般明显可见伴有多样细胞内病原体的脓性肉芽肿。活组织检查中看到肉芽肿肝炎或其他肉芽肿时，应考虑组织胞浆菌病。常用的特殊染色方法为 PAS、嗜银染色和 GF 染色等。

真菌培养对疾病的确诊具有重要意义，但因需要 7～10d，故很少用于临床病例。

【治疗】

肺部组织胞浆菌病可能为自限性，但容易引发慢性扩散，不治疗常发生死亡。本病的治疗方法与芽生菌病基本相似，但大部分病例疗程较长（取决于感染的严重性和动物的反应）。

猫首选伊曲康唑，按 10mg/kg，每天 1～2 次，口服，至少持续 2～4 个月。酮康唑对 1/3 的感染猫有效，与两性霉素 B 合用能够增加疗效。氟康唑可能有效。

犬选用酮康唑，对暴发性病例应合用两性霉素 B，比酮康唑、伊曲康唑和氟康唑更安全，疗效也更好。伴有其他病时，需采用相应的支持疗法。

四、球孢子菌病（Coccidioidomycosis）

球孢子菌病是一种粗球孢子菌侵入肺并扩散引起犬、猫和多种动物的全身性真菌感染性疾病。临床特征是在感染犬的肺脏和胸腔形成单个或多个淋巴结肉芽肿，易扩散到其他组织器官，多为慢性经过。本菌分布于世界许多地区，可感染人与多种哺乳动物，甚至冷血脊椎动物。

【病原】

粗球孢子菌（*Coccidioides immitis*）为双相型真菌，是真菌病原中病原性最强的真菌之一。在组织中形成小球体，也称孢子囊。在沙堡琼脂培养基上室温培养为霉菌相，菌落形态、质地和颜色多变。生长较快，起初像一层潮湿的薄膜，而后在菌落边缘形成一圈菌丝，颜色由白色变为淡黄色或棕色，菌落逐渐变为粉末状。此时已有大量关节孢子形成，传染性极大，在杀灭后才可挑取菌落检查。镜检可见分枝、分隔菌丝、关节菌丝和大量长方形或桶状厚壁孢子，大小约 2.5μm×4μm～3μm×6μm。每两个关节孢子间有 1 个无内容物的空间隔，用酚棉蓝染色更为清楚。

在球囊培养基 37℃培养为酵母相。镜检可见厚壁、球形、直径约 10～60μm 的球囊，囊壁厚约 2μm。幼小球囊中央无结构，胞浆集中于球囊边缘。成熟球囊内含大量直径 2～6μm 的内孢子。囊壁破裂，内孢子释放后留下形态各异的空球囊。在自然界则形成丝状分离菌丝体，产生链状关节孢子。

【流行病学】

本病易发于 4 岁以下的大、中型雄犬，感染率随年龄的增加而降低。猫的感染性似乎无品种、年龄、性别差异。

粗球孢子菌为土壤腐生菌，主要存在于夏季温度高、冬季温度适当的低海拔半干旱地区的碱性沙土或处于半酸性环境和较潮湿的低洼土壤中。在该病流行地区，干旱后使得空气中灰尘（夹杂关节孢子）含量增加，为本病暴发创造了条件。本病多是因吸入传染性关节孢子而感染，还可经过皮肤或黏膜的伤口感染。易感动物吸入不足 10 个孢子即可感染发病。

【发病机理】

传染性关节孢子进入机体后，从支气管周围组织扩散到胸膜下，发育成球囊，并产生内孢子，继而形成大量的球囊和内生孢子，引起剧烈的炎症反应，表现出呼吸道症状。也多见猫皮肤感染。

【临床症状】

犬的潜伏期为1～3周。原发性球孢子菌病，被感染犬、猫在产生有效的免疫反应前，可能有轻微的呼吸道症状或不表现出症状，且经过一段时间可自愈。多数犬表现为隐性感染，出现慢性咳嗽、慢性弛张热、厌食、精神沉郁和消瘦等。严重病者可出现跛行，甚至皮肤溃疡、脓肿和皮肤瘘，黄疸、肾衰、左心室或右心室充血性心脏病、心包积液等，抽搐、行为异常、昏厥等。少数病例发展为进行性球孢子菌病，表现明显的呼吸道症状，体温升高、食欲不振、慢性咳嗽、关节肿大、肌肉萎缩和间歇性腹泻等。

猫对本病的抵抗力较犬强，感染后可表现沉郁、厌食、发热、消瘦等非特异性症状。可见皮下结块、脓肿或皮肤流脓等。约1/3的病例表现局部淋巴结肿大。约1/4的病例表现呼吸困难、呼吸促迫或肺音异常等，少数表现跛行症状。

X线检查可见急性进行性病变区和结核样浸润变化。如不及时治疗，则预后不良。

【病理变化】

胸腔、心包腔、腹腔有渗出物，胸膜、心包、心脏、肝、脾或胃发生肉芽肿。

【诊断】

血细胞计数、血清生化分析、X线检查等可反映组织器官的病理损伤，确诊则需进行病原学检验。

因球囊较少，直接检查较难。而皮肤渗出液或胸腔渗出液含菌量较多，直接检查或用10%氢氧化钾处理可见直径为20～200μm圆形球囊，内含许多内孢子。苏木精-伊红染色可将球囊双壁染成蓝色。PAS染色时球囊壁为深红色或紫色，内孢子为鲜红色。病理组织学检查效果好于直接细胞学检查。

确诊需将分离菌接种于实验动物，如接种小鼠腹腔，10d内可在腹膜、肝、脾、肺等器官内发现典型的球囊和内孢子。另外，也可做真菌鉴定，在显微镜下观察其菌丝和关节孢子。

【治疗】

两性霉素B按0.2～0.8mg/kg加入5%葡萄糖溶液中，配成0.1%的溶液静脉注射。如无明显的不良反应，剂量可增大至1mg/kg，隔天1次，两周为一疗程。口服剂量为2mg/kg，隔天两次。酮康唑按10～20mg/kg，每天2次，口服，持续2个月，甚至6～12个月，直到康复。伊曲康唑按5～10mg/kg，口服，每天1次，疗程比前者稍短。

【公共卫生】

粗球孢子菌虽然不能在动物之间或动物和人之间直接传播，但在处理皮肤引流性伤口、更换敷料时应注意防护。实验室人员在进行真菌培养时应注意避免被感染。

五、隐球菌病（Cryptococcosis）

隐球菌病是由隐球菌属的新型脑膜炎隐球菌引起猫、犬等多种哺乳动物的一种条件性、全身性真菌感染病。多原发于鼻腔、鼻旁组织或肺，可扩散到皮肤、眼睛或中枢神经系统。猫最易感。

【病原】

新型隐球菌（*Cryptococcus neoformans*）为圆形酵母型菌，是一生长受环境严格限制的腐物生长菌。外周有荚膜，折光性强。因一般染色法不着色，难于检测，故称隐球菌。用印度墨汁负染后镜检，可见黑色背景中有圆形或卵圆形透亮厚壁孢子，内有1个较大与数个小的反光脂质颗粒，直径为2.5～20μm，单芽或多芽，芽可位于母体任何部位。在感染组织内和培养时，病原体是一大小可变有杂多糖荚膜的酵母。两个亚种能够引起猫和人类发病。新型隐球菌最初主要是从窄基底发芽而繁殖的。

在沙氏培养基和血琼脂培养基上，室温和37℃条件下均能生长，培养数天后形成细菌样菌落，白色、光滑、湿润、透明发亮，后逐渐转变为橘黄色，最后成浅棕色。镜检见大小一致的圆形孢子，多数单芽，开始无荚膜或荚膜狭小，随时间延长逐渐增厚。有芽管和假菌丝。

【流行病学】

鸽子是最重要的传播媒介。新型隐球菌存在于灰尘、腐烂的水果、鸽粪中，并可从正常动物的皮肤、黏膜、肠道中分离到，在鸽的排泄物中可存活 1 年以上。动物往往因吸入环境中的病菌而感染。

【发病机理】

大多病原菌因为太大而不能被吸入到肺内，落到鼻腔或鼻咽部，成为无症状携带者。研究表明，由临床无隐球菌病表现的犬和猫体内也有可能分离得到隐球菌（犬 14%，猫 7%）。干燥的小型隐球菌可进入小支气管和肺泡中引起肺脏疾病。菌体被吸入鼻腔、鼻旁窦和肺脏后刺激机体的细胞免疫反应导致肉芽组织形成。病菌通过直接蔓延或血源性传播扩散，从鼻腔通过筛骨板扩散到中枢神经系统或鼻窦软组织及皮肤组织等。病原菌能够传播到任何组织系统，其中皮肤、眼睛、中枢神经系统最易受到影响。

【临床症状】

猫比犬更多见，不同品种、性别和年龄间无明显差异。症状一般表现在上呼吸道、鼻咽部、皮肤、眼及中枢神经系统。上呼吸道症状主要有打喷嚏、鼻塞、单侧或双侧鼻腔有带血的黏液脓性分泌物。大多出现上呼吸道症状的病例中，可见鼻腔内或鼻梁增生性软组织团块或溃疡，口腔溃疡或咽喉病变。偶见可引起打鼾、呼吸性困难的鼻咽肿块。约 1/2 的病例表现为皮肤丘疹、结节，并可能出现溃疡或炎性渗出，局部淋巴结发炎。还可出现跛行，肾衰竭，甚至全身性淋巴结炎。

约 1/4 的感染猫眼睛受到侵害，渗出性或非渗出性肉芽肿性脉络膜视网膜炎性视网膜脱落最常见。

约 1/5 的感染猫有神经系统症状，如沉郁、行为异常、癫痫、转圈、共济失调、失明、麻痹等眼部症状。还可见中耳炎和周耳炎。

犬多发于 4 岁以下的犬。无明显性别差异，但美国猎犬、丹麦种大犬和德国短毛猎犬更常发。犬较易发生严重的扩散性感染。临床症状常表现在中枢神经系统、上呼吸道、眼部或皮肤。多数感染犬表现为脑膜脑炎、视神经炎、脉络膜视网膜炎。

约半数感染犬可出现喘鸣、流鼻涕、喷嚏、鼻出血或鼻梁上部肿胀等症状。在感染犬中，约 1/5～1/2 的犬表现渗出性视网膜脱落的肉芽肿性脉络膜视网膜炎，并且可能导致全眼球炎。眼底检查可能反映视网膜出血或视网膜瘢痕。头部、脚部、鼻黏膜发生溃疡性损伤的皮下常出现小结节。

【病理变化】

病变主要为胶胨样团块或肉芽肿。肉芽肿的发生概率从肾脏、淋巴结、脾脏、肝脏、甲状腺、肾上腺、胰腺、骨骼、胃肠道、心肌、前列腺、心瓣膜和扁桃体依次递减。约 1/2 的病例有肺脏病变。

【诊断】

快速诊断方法是取鼻腔或皮肤渗出液、脑脊髓液、皮肤或鼻部结节压片进行细胞学检查。在约 90%的中枢神经系统患病犬中能够直接看到病原体。苯胺黑染色可见特征性荚膜。穿刺样本的组织切片经 PAS-苏木精染色，可见菌体细胞着染，荚膜不被染色而在细胞周边呈环形空白带。黏蛋白卡红染色时酵母细胞壁和荚膜呈红色，具有诊断意义。

可从感染组织、渗出液、脑脊液、尿液、关节液、血液中进行病原菌的分离培养。新型隐球菌在血液琼脂平板和沙堡氏葡萄糖琼脂上生长良好。大多病例中明显可见病原体，大的荚膜使鉴别很容易。国外已有检测抗原的商品化乳胶凝集检测试剂盒。

【治疗】

两性霉素 B，猫按 0.1～0.5mg/kg、犬按 0.25～0.5mg/kg，每周静脉注射 3 次，其累计剂量达4～10mg/kg，疗效明显。加入 5-氟胞嘧啶能增强两性霉素 B 的疗效。5-氟胞嘧啶治疗猫和犬，按 25～50mg/kg，口服，每天 4 次。治疗中枢神经系统感染，两性霉素 B 和氟胞嘧啶合用特别有效。酮康唑每天按 5～10mg/kg，氟康唑犬按 5～15mg/kg，口服，每隔 12～24h 1 次，猫按 5mg/kg，口服，每天 2 次，也有一定疗效。

六、孢子丝菌病（Sporotrichosis）

孢子丝菌病是由申克孢子丝菌引起慢性肉芽肿性疾病的动物传染病，以皮肤感染为主，也可扩散到其他脏器引起系统性感染。孢子丝菌病在世界各地均有发生。

【病原】

申克孢子丝菌（*Sporothrix schenckii*）为双相型腐生真菌，在沙氏琼脂培养基上室温培养 2～3d 生长呈霉菌相，室温土壤中培养也呈霉菌相。典型菌落初为白色平滑的酵母样，表面湿润，不久变为褐色或黑色的菌落，有皱褶或沟纹，可有灰白色、短绒毛状菌丝。不典型菌落多呈乳白色，也有小部分褐色菌落，表面皱褶少。菌丝体很细，有分枝，具有隔膜。它们产生分生孢子梗簇，此阶段处于感染阶段。分生孢子梗位于菌丝两侧呈直角长出，较长，顶端有 3～5 个梨形小分生孢子，成群，呈梅花状排列。沙氏琼脂培养基上 37℃培养，菌落形态与室温培养时相同，而在血琼脂培养基上为白色至灰黄色酵母样菌落。镜检可见革兰氏阳性、圆形、长形或梭形的孢子，有时出芽。酵母相存在于感染组织，镜检可见圆形、卵圆形或雪茄样革兰氏阳性菌体，大小（2～3）μm×（3～10）μm。

【流行病学】

申克孢子丝菌广泛存在于土壤、腐木和植物上。犬、猫都可感染。猫感染很常见，常有疾病的系统性散播；犬感染不常见，仅表现为表皮或皮下疾病。一般经伤口感染具有感染性的分生孢子梗而发生皮肤组织或系统性感染。皮肤病变中的酵母样菌具有感染性，可能是人的伤口、抓伤或咬伤感染的潜在传染源。皮肤是最主要的受感染器官系统。猫以淋巴系统传染常见。免疫抑制可诱发感染。

【临床症状】

孢子丝菌病主要有 3 种表现形式：即皮肤型、皮肤淋巴型和扩散型。猫常见皮肤淋巴型，半数以上病例可发生扩散性感染。

皮肤型病例可见多处皮下或真皮结节，结节溃疡、流脓和结痂，以头、颈、躯干和四肢远端多见。肢体远端的病变常引起淋巴结炎，表现为线性溃疡和局部淋巴结病。猫通常伴有广泛性坏死，也可能发生扩散性感染，表现为亚临床型或严重的系统性疾病，体内淋巴结、脾、肝、肺、中枢神经系统等均可被感染，临床上表现为一些非特异性症状或与感染器官有关的特异性症状。猫的尾根部也可能患病。猫会发生大面积的坏疽。目前已有发生外耳炎的报道。

该病可能发生散播，也可能表现为亚临床症状或导致严重的系统性疾病。发病动物体内淋巴结、脾脏、肝脏、肺、眼睛和中枢神经系统等全被感染。

【诊断】

皮肤损伤的细胞学检验是最常用的诊断法。猫的病变样本中可见大量病原菌，容易诊断，而犬的病变组织中病菌数量较少。病菌可寄生于巨噬细胞或中性粒细胞内，也可寄生于细胞外。病理组织学检查可见脓性肉芽肿性炎症反应，猫的病变组织用苏木精-伊红染色即可见大量的菌体，采用 PAS 或荧光抗体染色有助于检查犬病变组织中的菌体。

确诊可取穿刺组织或感染组织深部的渗出液进行病原菌的分离培养，培养的组织会对实验人员造成严重威胁，因此不管样本是来自于猫还是犬，实验人员均应注意安全防护。实验室培养可以做确定诊断。

【治疗】

传统的方法是用四氯噻嗪的钾化物、酮康唑或两者的混合物，有资料显示，约 1/2 的患猫经其中一种或两种治疗均有效。伊曲康唑对皮肤型和皮肤淋巴型病例有较好的疗效。伊曲康唑对猫特别有效。

【公共卫生】

犬孢子丝菌病不是一种重要的动物传染病，但猫的孢子丝菌病是一种重要的动物传染病，对兽医人员有很大的感染威胁性。在处置疑似病猫时，必须戴手套。畜主可能被感染，需要做严格的卫生学检查。接触病原体后，手套应谨慎处理，手、手腕和胳膊应该用聚乙烯吡咯烷酮等彻底消毒。

七、曲霉菌病（Aspergillosis）

曲霉菌病是由曲霉菌属的几种致病真菌引起的人和多种动物共患的传染病。犬主要表现为鼻腔和鼻旁窦组织感染，呈世界性分布。猫有肺和肠道感染的报道，而且大部分肠道感染与猫传染性肠炎有关。

【病原】

引起犬、猫感染的主要为烟曲霉（*Aspergillus fumigatus*），大多数曲霉为空气污染菌。对免疫缺陷的犬，土曲霉（*A. terreus*）、黄柄曲霉（*A. flavipes*）等均可引起扩散性感染。

烟曲霉在沙堡琼脂培养基上生长快，初为白色，2～3d 后转为绿色，边缘仍为白色，再过数天变为深绿色，呈粉末状，无白色边缘。显微镜检查，可见分生孢子头呈短柱形，浅蓝绿色至暗绿色，长可达 400μm。分生孢子梗壁光滑，长 300～500μm，近顶端渐粗大，带绿色。顶囊呈烧瓶状，直径为 20～30μm，绿色。小梗为单层，较长，布满顶囊表面的 2/3，排列成木栅状，绿色。分生孢子为球形、绿色、有小棘，直径为 2.5～3μm。该菌对外界的抵抗力很强，煮沸 5min 才能将其杀死。曲霉菌为有隔呈分枝状菌丝，菌丝末端有链锁状分生孢子。

【流行病学】

曲霉菌属广泛存在于自然界，在土壤、植物、污水及垫草中含有大量的烟曲霉。在动物体表和黏膜表面也存在曲霉菌，当机体抵抗力降低和在免疫抑制等条件下，可能感染发病。长头犬、中等型和长毛型品种的犬，如苏格兰牧羊犬、德国牧羊犬似乎较易感。真菌在环境中产生大量的小孢子，伴随呼吸进入鼻腔，偶尔可进入深部呼吸道。

慢性肿瘤性疾病、猫白血病、猫泛白细胞减少症等均可促进本病的发生。

【临床症状】

犬表现为鼻疼痛、鼻孔溃疡、打喷嚏、单侧或双侧鼻腔有黏液性或带血的脓性分泌物、前鼻窦骨髓炎、筛骨损伤及鼻出血等。鼻窦和额窦黏膜覆盖有一层灰黑色的坏死物并生长真菌，黏膜和骨组织出现坏死。X 线检查可见鼻窦和额窦骨骼增生，并有弥散性溶解性损伤。

犬扩散性曲霉菌感染报道有增多趋势，而免疫缺陷和免疫抑制时易扩散感染，引起脊椎骨髓炎、椎间盘炎等，表现为脊椎疼痛和进行性瘫痪或跛行、精神沉郁、消瘦，也可引起外周淋巴结炎，肾、脾和肝感染。

猫曲霉菌感染既可累及多个器官系统，也可感染单个器官，如肠道、鼻道等。其肺部症状最常见，病猫呼吸困难，呼吸加快，气喘，精神萎顿，渴欲增加，食欲减退，机体消瘦，后期下痢。有的病例在一侧眼的瞬膜下出现黄色干酪样小球。病变多局限在接近空气的部位，如鼻腔、气管、肺部，在这些部位形成霉结节，内含多核巨细胞和淋巴细胞，并呈干酪样变，所以肺部可出现干酪样区，呈粟粒状或融合成较大的结节。

【诊断】

慢性感染引起的鼻甲骨溶解，可用 X 线检查。怀疑鼻腔曲霉菌病时，鼻镜检查可见白色或灰绿色的真菌菌落，鼻镜检查还可用于组织穿刺取样，对诊断和治疗具有较高的价值。

从感染组织中检出病原菌则可确诊。进行细胞学检查时，鼻腔分泌物、拭子或鼻腔冲洗液中往往很难看见真菌菌丝，一旦发现有菌丝则可做出较准确的诊断，穿刺组织是比较好的细胞学检查材料。病理组织学检查可见脓性肉芽肿性炎症和坏死，并有大量的真菌菌丝，而且还可与非特异性鼻炎相区别。

琼脂扩散和 ELISA 可用于辅助诊断，国外已有市售试剂盒，但可能出现约 1/10 的假阳性或假阴性结果。

【治疗】

局部滴克霉唑，滴药部位杀真菌浓度可维持数天。该药的不良反应是引起打喷嚏或治疗后数天鼻腔出现带血分泌液，并出现急性中枢神经症状等。用氟康唑或伊曲康唑治疗数月，疗效不如局部治疗。为了提高免疫功能，可用噻苯达唑按 10～20mg/kg，每天一次拌饲食用，连用 5～7d。

八、念珠菌病（Candidiasis）

念珠菌病是由于机体免疫抑制或菌群失调导致正常存在于消化道、上呼吸道或泌尿生殖道的念珠菌过度繁殖而引起的动物局部性或全身性感染，临床特征是口腔、咽喉等局部黏膜溃疡，表面有灰白色的伪膜样覆盖物，或全身多个脏器出现小脓肿。

念珠菌可在长期使用广谱抗生素条件下大量生长，特别是在伤口处、口咽或胃肠道。患有中性粒细胞减少症的动物更易感染，感染可能呈局限性或通过血源性通道散发。

【病原】

念珠菌属白色念珠菌（*Candida albicans*）为双相型真菌，与其他双相型真菌的不同之处在于白色念珠菌在室温和普通培养基上均表现为酵母相，而在组织内和特殊的培养基上表现为菌丝相。在沙氏琼脂培养基 25℃和 37℃时培养的菌落为奶油色酵母样，长时间后菌落干燥、变硬或有皱褶。镜检有成群的芽孢及假菌丝。在米粉琼脂或玉米粉吐温琼脂培养基上接种培养 24h 可见真菌丝、假菌丝、芽孢及很多顶端圆形的厚壁孢子，后者是鉴定白色念珠菌的主要依据。

【流行病学】

白色念珠菌为条件性致病菌，许多健康动物的胃肠道、上呼吸道、阴道及皮肤都可分离到。一般情况下，体内的白色念珠菌和正常的微生物区系处于平衡状态，当动物机体出现免疫抑制等使平衡状态受到破坏时，白色念球菌会在伤口、咽喉和胃肠道过度繁殖，引起感染。念珠菌病多数是内源性感染。

【临床症状】

动物出现局部感染或通过血液途径扩散而引起全身性感染。

局部念珠菌病以不可治愈性溃疡为特征，溃疡上有灰白色斑块，常发病部位为口腔、胃肠道、泌尿系统和生殖系统黏膜。皮肤或爪床可能发生慢性潮湿、渗出性损伤。

犬扩散性念珠菌病的典型变化为发热，皮肤出现红斑，表现疼痛。其他脏器感染时可表现出相应的症状。猫扩散性感染很少出现皮肤病变。

对于全身性感染的动物，全血细胞计数以白细胞减少和血小板减少为特征。肾脏感染很常见，也可能在尿液中发现酵母样菌，特别是猫。

【诊断】

可采集病变组织检查白色念珠菌，氢氧化钾涂片可见真菌丝和假菌丝以及成群的卵圆形芽孢，直径 3～5μm，芽孢通常集中于菌丝分隔处。

病变部位成功分离白色念珠菌具有诊断意义。

【治疗】

伊曲康唑为首选。对口腔或皮肤念珠菌病可应用制霉菌素软膏、两性霉素 B 或 1%的碘液等外用。伊曲康唑和两性霉素 B 脂质体复合物也有效。

第三节 病毒性传染病

Viral Infectious Disease

一、犬瘟热（Canine disternper）

犬瘟热（CD）是由犬瘟热病毒（canine distemper virus，CDV）引起的犬科、鼬科和浣熊科等动物的一种急性高度接触性传染病，临床上以病死率高、双相热、呼吸道炎症、严重的消化道障碍和神经症状为特征。

本病遍布全球，我国于 1980 年首次分离获得本病毒。犬瘟热是当今养犬业和毛皮动物养殖业危害最严重的疫病之一。

【病原】

CDV属于副黏病毒科（*Paramyxoviridae*）麻疹病毒属（*Morbillivirus*），病毒粒子多为球形，直径为110～550nm，带囊膜，囊膜表面密布纤突，具有吸附细胞的作用。病毒粒子中的融合蛋白能引起动物的完全免疫应答。

病毒抵抗力不强，在动物体外存活时间很短，对热、干燥、紫外线和有机溶剂均敏感。在－70℃可长期存活，－10℃可存活几个月，0℃以上感染力丧失，2℃～4℃可存活数周，室温下存活数天，冻干保存的病毒在室温中较稳定，50～60℃中1小时可灭活。pH 7.0有利于病毒的保存，pH 4.5以下或9.0以上时可使其迅速失活。对乙醚敏感，0.1%甲醛或1%煤酚皂溶液可在几小时内灭活病毒，病毒经甲醛灭活后仍能保留其抗原性。不同CDV毒株拥有共同的可溶性抗原。

CDV可在犬、鸡和人的多种原代细胞与传代细胞上生长。以犬肺巨噬细胞最敏感，可形成葡萄串样的典型细胞病变。鸡胚成纤维细胞应用的最多，可形成星芒状和露珠样的细胞病变，也可在覆盖的琼脂下形成微小蚀斑。实验感染可使鸡胚、雪貂、乳鼠等发病，其中以雪貂最敏感。CDV在鸡胚绒毛尿囊膜上能形成特征性痘斑，被用作测定CDV中和抗体的指征。适应鸡胚的CDV株鼠脑内接种，可引起鼠神经症状与死亡。

【流行病学】

CDV分布于世界各地。在自然条件下可感染犬、黄鼠狼，以及豺、狼等多种犬科、鼬科和浣熊科动物，1岁以下的动物最易感。猫科动物如虎、豹、狮等也可感染发病，甚至致死。耐过后可获得较强的免疫力。仔犬可通过胎盘和初乳获得被动免疫。

传染来源主要是病犬和带毒犬。病毒存在于病犬的血液、腹水、淋巴结、肝、脾等多种脏器与组织中，通过唾液、尿液等分泌物和排泄物及呼出的空气等排出病毒，污染周围环境等。CDV的传染性极强，同一环境饲养的动物难免互相传染。传播途径主要是呼吸道和消化道，也可经眼结膜、阴道感染。

CD的发生具明显的品种、年龄和季节差异。不同年龄、性别和品种的犬均可感染，幼犬最易感。秋末夏初犬瘟热发病数明显增多。

【发病机理】

CDV为一种泛嗜性病毒，可感染多种细胞与组织，亲嗜性最强的是淋巴细胞与上皮细胞。动物被感染后，病毒先在巨噬细胞感染和复制，1d后可以在扁桃体和支气管后淋巴结中发现增殖的病毒，2～3d后在这些组织达到高峰，并进入血流，形成病毒血症。约4～6d后病毒在血液淋巴细胞和单核细胞中增殖的同时随血流扩散到胃、小肠、肝、脾、肺等组织和器官，并在其中的上皮细胞和淋巴组织中大量增殖，机体的细胞免疫与体液免疫功能受到破坏，导致呼吸道支气管波氏杆菌、溶血性链球菌，以及消化道的沙门氏菌、大肠杆菌、变形杆菌等的继发感染。约9～14d感染结果通过免疫应答反应的强度和类型显示出来。免疫应答反应弱的犬可发展为皮肤、中枢神经系统、腺体等器官的病毒感染，通常表现出严重的临床症状和死亡。具有强免疫应答反应的动物不出现系统感染的症状，但可出现中枢神经系统疾病的症状。

CDV感染犬神经性疾病的发病机理较为复杂。年龄太小的幼犬或出现免疫抑制的犬，可能发展为急性脑炎。慢性脑炎似乎是中枢神经细胞的病毒抗原炎性反应的结果。

【临床症状】

症状的严重程度与动物感染时的年龄、病毒毒株、免疫反应密切相关。潜伏期为3～6d，多数于感染后的第4天体温升高，昏睡、厌食和发热，流出浆液性或黏脓性眼、鼻分泌物和咳嗽。严重病例最初出现结膜炎，随后出现咳嗽、呕吐和血液或黏液样腹泻。

血液检查为淋巴细胞减少，白细胞吞噬功能下降，偶尔在淋巴细胞和单核细胞中检出CDV抗原和包含体。进而为2～3d的缓解期，病犬体温趋于正常，精神食欲有所恢复，此时如不加强护理和防止继发感染，会发展为肺炎、肠炎、脑炎等全身性炎症。

以呼吸道症状为主的病犬，鼻镜干裂，呼出恶臭气体，排出脓性鼻液，严重时鼻孔堵塞，病犬张口呼吸，以爪搔鼻；眼出现大量脓性分泌物，严重时上下眼睑黏合到一起，角膜溃疡，甚至穿孔、失明。先干性后湿性的咳嗽，肺部听诊呼吸音粗粝，有湿性啰音或捻发音。

以消化道症状为主的病犬，食欲下降或废绝，呕吐，排带黏液的稀便或干粪，可发生肠套叠，严重时排高粱粥样血便，脱水、消瘦。断奶不久的幼犬，有时仅表现出血性肠炎症状。

以神经症状为主的病犬，有的以神经症状开始，有的先表现呼吸道或消化道症状，7～10d 后再呈现神经症状。病犬轻则口唇、眼睑局部、四肢肌肉阵发性抽搐，重则流涎空嚼，或转圈、冲撞、步态不稳、共济失调，或口吐白沫，牙关紧闭，倒地抽搐，呈癫痫样发作，这些病犬预后不良。肌阵挛是 CDV 严重感染的示病性症状。有的病犬表现为一肢、两肢或整个后躯抽搐麻痹等神经症状，治愈后常留有麻痹或后躯无力等后遗症［见彩图版图 6-2］。

出现皮肤症状的病犬较少。部分幼犬在体温升高的初期或病程的末期于腹下、股内侧等皮薄、毛少的部位，出现米粒至豆粒大小的痘样疹。后因细菌感染化脓，最后干涸脱落。还有少数病犬的足垫先表现肿胀，后表现过度增生、角化，形成所谓硬脚掌病。

其他症状包括眼色素层炎、脉络膜视网膜炎、视网膜损害、失明或瞳孔散大症。在体外感染的幼犬或新生犬可能会出现中枢神经系统症状。也会发生流产或新生犬死亡。

无并发症的病犬很少死亡，并发肺炎和脑炎时，病死率高达 70%～80%。初发生地区动物的易感性极高，死亡率可达 90%，甚至 90%以上。3～6 月龄的纯种仔犬发病率与死亡率明显高于其他犬。除并发大肠杆菌、葡萄球菌、沙门氏菌、败血杆菌、星形诺卡氏菌感染以外，还有腺病毒、冠状病毒的混合感染，因此死亡率不尽相同。

【病变】

病变随病程长短、临床病型和继发感染的种类与程度而有差异。未继发细菌感染的病犬，仅见胸腺萎缩与胶冻样浸润，脾、扁桃体等组织脏器中的淋巴组织减少。发生细菌继发感染的病犬，则可见化脓性鼻炎、结膜炎、支气管肺炎或化脓性肺炎，消化道则可见多种胃肠炎。死于神经症状的病犬，眼观仅见脑膜充血、脑室扩张及脑脊液增多等非特异性变化。

组织学检查可见全身淋巴系统的退行性变化，在肺泡和细支气管内有巨噬细胞与炎性渗出物，在支气管上皮、细支气管上皮及巨噬细胞内可见有包含体。早期死于神经症状的病犬，可见有非化脓性脑炎与白质中的空泡。晚期病犬则可能见到脱髓鞘现象。在脱髓鞘病犬的脑室膜细胞、小胶质细胞中，可能见到类似 CDV 核衣壳的晶状结构。

【诊断】

根据流行病学资料和临床症状，可以做出初步诊断。确诊需通过病原学与血清学检查。

（1）病原学检查　有病毒分离、电镜观察、荧光抗体技术等方法。CDV 培养比较困难，细胞培养以犬肺巨噬细胞最易成功。染色的血液涂片中在单核细胞、淋巴细胞、中性粒细胞和红细胞内可发现包涵体。生化分析的异常包括血清蛋白减少和低球蛋白血症。有呼吸道症状的犬在胸部 X 线照片上有缝隙或小泡图案。

为检查培养物或外周血白细胞与肝、脾等病料中的 CDV，已建立了荧光抗体染色检查法。在被检标本的细胞浆内发现特异的荧光斑，即可确诊。用上述标本的冻融液，进行直接负染或加 CD 特异血清的免疫电镜观察，可迅速做出诊断。

（2）血清学检查

中和试验　用标准的 CDV 与等量的被检血清，于室温作用 1h 后，接种 6～8 日龄鸡胚的绒毛尿囊膜，于 37℃温箱中孵育 6～7d，根据绒毛尿囊膜上的小“痘斑”出现情况，按统计学的方法，计算该血清的中和指数。进行试验时，要用已知效价的标准血清做参照。

补体结合试验　以 CDV 的细胞培养物为抗原，检测被检血清中的补体结合抗体。因该抗体出现晚，维持时间短，所以此法只作为一种证明近期感染的方法。

间接酶标或荧光抗体法　应用间接酶标或间接荧光抗体法检查血清中的CDV特异IgM抗体，可用于本病的早期诊断。通过结膜拭子或血液涂片，用荧光抗体（FA）试验对在细胞或组织中病毒性抗原的浓度进行确认诊断。

（3）包含体检查　CDV感染犬常可在眼结膜、膀胱、支气管上皮等细胞的胞浆或胞核内检出包含体。但因与狂犬病病毒、犬传染性肝炎病毒等所形成的包含体及细胞本身某些反应产物难以区分，在判定时应全面参考。

（4）分子生物学技术　国内外均已将反向转录聚合酶链式反应（RT-PCR）和核酸探针技术用于本病的诊断。RT-PCR虽然尚未市场化，但它引领着诊断技术未来的发展方向。

【预防】

预防CDV的关键是疫苗免疫接种。理想的办法是依据母犬血清中和抗体水平与幼犬吃初乳的情况来确定首免日龄。母犬CD抗体水平很低或生后未吃初乳的幼犬，2周龄时即可首免。无法进行母犬抗体水平监测的，可参照下述程序免疫：非疫区可从8～12周龄起，每隔2周重复免疫1次，连续2～3次。对疫区受威胁犬，有条件的可先注射一定剂量的CD高免血清，7～10d后再接种疫苗。为了预防在等待母源抗体下降期间感染发病，可提前于断奶时进行首免。

目前，临床上已将CDV接种于雪貂并连续传代，形成稳定的毒株。将此毒株接种于鸡胚绒毛尿囊膜后，研制成鸡胚化疫苗，得到广泛应用和满意效果。后来又发现细胞培养苗的效果也很好，接种后抗体滴度高，免疫力高而持久。

因为疫苗的适宜接种时机是在母源抗体消失后数周，为了防止这段时间（4～12周龄）因抵抗力的空白而发生感染，可先用麻疹弱毒苗进行免疫。当幼犬达4～6月龄时，再接种犬瘟热弱毒疫苗。

犬瘟热的推荐免疫程序：大于3个月龄的幼犬给予1头份剂量的免疫；小于3个月的幼犬，应给予两头份以上剂量的免疫，每头份间隔2周肌内注射。接种犬瘟热疫苗的犬仍有发生犬瘟热的报道。现在的MLV或重组疫苗在诱导免疫上有效。在用MLV CDV产品免疫后的免疫期间被认为是长期持久的，现已认可3年间隔的免疫接种。

现在应用最多的是用Vero细胞或鸡胚成纤维细胞培养制造的CDV弱毒疫苗，有的已经与犬副流感、传染性肝炎、细小病毒性肠炎等弱毒株制成了联苗。

【治疗】

CDV犬的治疗在很大程度上是支持治疗，应尽可能及时发现病犬，早期隔离治疗，预防继发感染。体液损失严重时需要输液，继发细菌性感染时应用抗生素。用安定、戊巴比妥或溴化钾控制突然发作。有神经症状的犬预后谨慎或不良。治疗CD时一定尽早大剂量使用CD高效价免疫血清，可肌内或皮下注射抗犬瘟热高免血清或本病康复犬血清（或全血）。剂量依据病情及犬体大小而定，通常使用5～10mL。还可使用CD特异转移因子与犬白细胞干扰素。在用高免血清治疗的同时，配合应用抗毒灵冻干粉针剂，可提高疗效。为有效防止继发感染，最好通过药敏试验选择最适宜的药物。对于临床症状明显、出现神经症状的中后期病犬，即使注射犬瘟热高免血清大多也很难治愈。症状进一步恶化的病例，可以考虑进行安乐死术。

二、犬细小病毒感染（Canine parvovirus infection）

犬细小病毒感染是由犬细小病毒（canine parvovirus，CPV）感染犬科和鼬科动物引起的以严重肠炎综合征和心肌炎综合征为特征的急性传染病。本病遍布世界各地，幼犬发病率和死亡率高，病死率达10%～50%。

本病于1978年在澳大利亚和加拿大证实以来，美国、英国和日本等国家和地区相继发现。我国于1982年证实此病之后，该病在东北、华东和西南等地区有所发生和蔓延。

【病原】

CPV属于细小病毒科（*Parvoviridae*）细小病毒属（*Parvovirus*）。病毒粒子细小、呈圆形，直径为 20～24nm，呈 20 面体对称，由 32 个壳粒组成。CPV 是无囊膜的单股 DNA 病毒，DNA 编码病毒有 3 种结构多肽（VP1、VP2 和 VP3），其中 VP2 有血凝活性，是病毒的主要结构成分。

CPV 对外界因素有较强的抵抗力。在粪便中可存活数月至数年，4～10℃中可存活半年以上，室温下能存活 3 个月，60℃存活 1h。pH 为 3 时处理 1h 不影响其活力。病毒对很多洗涤剂和消毒剂（如乙醚、氯仿、醇类和去氧胆酸盐）有抵抗力，但对紫外线和甲醛、β-丙内酯、次氯酸钠（1 份漂白剂加 29 份水）、羟胺、氨水等氧化剂、消毒剂敏感。

CPV 具有较强的血凝活性，在 4℃，pH 6.0～7.2 条件下可凝集猪和猴的红细胞，但不能凝集其他动物的红细胞。CPV 可在猫和犬的肾、肺、肠原代和传代细胞等多种不同类型的细胞内增殖。猫肾细胞系 F81 是较常用的细胞之一，接种后 3～4d 可出现细胞变长、崩解破碎和脱落等病变。有时出现核内包含体。病毒只能在细胞分裂最旺盛的 DNA 合成期以前接种才能发生有效感染。在进行病毒初次分离时，细胞被轻度染毒，病变不明显，可以继续传代。为了获得较好的分离培养效果，还可于细胞分种的同时接种病毒。

犬细小病毒病是由 2 型犬细小病毒（CPV－2）引起的，其中两个变型（种）2a 和 2b 是经过验证的。有证据显示 2a 型可变种演化为 2b，2b 变种在美国是最常见的感染犬的变型（种）。两个变种都曾在世界各地发现。第 3 个变种 2c 型，已经在东南亚的猫中发现。

【流行病学】

犬是本病的主要自然宿主。也可见于丛林犬、郊狼、狼等其他犬科动物和鼬科动物（有水貂和雪貂发病的报道）。所有变种可均感染猫。不同年龄、性别和品种的犬均易感，纯种犬较杂种犬更易感，2～4 月龄幼犬发病率和病死率较高。本病一年四季均可发生，但冬、春季多发。饲养管理条件差时可促使本病发生。病犬为主要传染源，早期经粪便排毒，后期可通过尿液、唾液和呕吐物排毒。散在病毒粒子的传染性最强。康复犬仍可长期排毒，病毒主要经消化道途径传播。

【发病机理】

犬感染后，CPV 在口咽、肠系膜淋巴结和胸腺的淋巴细胞内复制，3～5d 内通过血液传播至小肠的隐窝细胞和口腔、舌、食管的上皮细胞。淋巴器官、肺、肝、肾、骨髓和心肌细胞可以被感染。可能在感染后 3～4d 发生病毒排泄，典型的病毒排泄持续 1～2 周。肠道和被感染隐窝细胞的坏疽可导致绒毛崩溃（倒塌）和肠道上皮完整性缺失。肠道通透性的异常增加和不正常的黏膜同化不全可引起特征性的出血性腹泻。肠上皮细胞屏障的衰竭（损坏）使肠道细菌易于移动且细菌内毒素易于被吸收入循环系统，而细菌的转移和内毒素会导致系统的菌血症及炎症反应综合征、散在的血管内凝集物和死亡。系统免疫反应的活化作用可增加 CPV 感染所致血栓栓子并发症的危险。

【临床症状】

本病潜伏期为 7～14d。多数犬无典型症状，但很小的幼犬和处于免疫抑制状态、应激状态的犬或者易感的特定种犬表现明显。症状表现多数呈肠炎综合征，少数呈心肌炎综合征。肠炎综合征病犬多从厌食、昏睡和 1～2d 内进展为伴有发热的呕吐和血便开始。当有消化道其他疾病时病犬迅速发展为频繁呕吐和剧烈腹泻，排出恶臭的黄色或灰黄色番茄汁样血便［见彩图版图 6－3］，覆以多量黏液和伪膜，并迅速出现眼球下陷、皮肤失去弹性等症状，很快呈现耳鼻发凉、末梢循环障碍、精神高度沉郁等休克状态。血液检查可见红细胞比容增加，白细胞的减少具有特征性。病犬常在 3～4d 内昏迷而死。心肌炎综合征常突发无先兆的心力衰竭，或在肠炎康复后，突发充血性心力衰竭，表现为呕吐，轻度腹泻和体温升高，呻吟、干咳，黏膜发绀，呼吸极度困难，心有杂音，心跳加快，心电图 R 波降低，S－T 波升高，多在数小时内死亡。

【病变】

剖检可见极度消瘦、眼球下陷、腹部蜷缩及肛门周围附有血样稀便。血液黏稠色暗，或肠管外观呈紫红色。空肠、回肠浆膜呈暗红色，浆膜下充血出血，黏膜、绒毛萎缩、出血、坏死，甚至脱落，肠腔扩张，内容物混有血液和黏液，呈酱油样或果酱样。肠系膜血管充血，淋巴结出血、水肿，切面呈大理石样。胸腺萎缩、水肿，肝、脾淤血。部分病死犬尸体可见肺脏局部充血、出血及水肿，心肌红黄相间呈虎斑状，有时有灶状出血。

组织学检查，以肠炎综合征型为主的典型变化是小肠隐窝肿大、隐窝上皮坏死脱落，固有层充血、出血和炎性细胞浸润，淋巴组织坏死、衰竭，上皮细胞中可发现包含体，绒毛萎缩、充满炎性渗出物，肠腺消失，残存腺体扩张，内含坏死细胞的碎片。胸腺间质水肿，皮质细胞减少，胸腺小体发生玻璃样变。心肌炎综合征型的组织学突出变化为心肌纤维的弥漫性淋巴细胞浸润、间质水肿与局限性心肌变性等典型的非化脓性心肌炎变化，病变的心肌细胞中有时可发现包含体和 CPV 粒子。

【诊断】

病犬出现典型的临床症状，如断奶后几日的仔犬同时发生呕吐、腹泻、脱水等肠炎综合征，排便稀软、恶臭、带血，死亡率很高等，则应怀疑 CPV 感染。但由于肠炎型犬瘟热、犬冠状病毒、轮状病毒感染，以及某些细菌、寄生虫感染和急性胰腺炎，都常呈现肠炎综合征，故需要鉴别诊断。

（1）酶联免疫吸附试验　是一快速、相对准确和廉价的粪便抗原测定诊断方法。国内外已有多种市售试剂盒，可在 2h 内检出粪样中的 CPV 抗原，但可能有假阳性和假阴性结果。

（2）血凝与血凝抑制试验　血凝试验用于测定粪便和细胞培养物中的病毒效价，血凝抑制试验主要用作流行病学调查，也可用于检测粪便中的抗体。此法简便、经济、适用。

（3）病毒分离鉴定　将除菌的粪便提取物，接种原代或传代犬胎肾或猫胎肾细胞，采用接毒细胞传代的方法，可分离出 CPV。感染指标的检测是在接种 3～5d 后用荧光抗体检测细胞中的病毒或测定培养液的血凝性，还可用特异荧光抗体检查感染的细胞。

（4）电镜与免疫电镜观察　采病犬粪便，直接或加等量 PBS 后混匀，离心，上清液加氯仿处理后，用 2%磷钨酸负染后电镜检查。此法特别适合于检测病毒被凝集成团失去血凝性的 CPV 感染，并可同时检查犬瘟热、犬冠状病毒、轮状病毒等其他病毒感染。为了区别是 CPV 还是非致病性犬微小病毒 MVC，可加 CPV 特异血清，在免疫电镜下观察。

（5）其他　CPV 的核酸探针和聚合酶链式反应（PCR）诊断技术得以成功应用。PCR 的应用已证明了该技术在区分疫苗与野毒方面的实用性，并已开始试用于临床与科研。

【治疗】

尚无针对该病毒的特效疗法，治疗应围绕保持有效的循环容量、控制继发细菌感染和使消化道充分休息开展。CPV 感染多病程短急、恶化快，心肌炎综合征型病例常来不及治疗即死亡；肠炎综合征型病犬及时合理治疗，可控制其死亡率。具体方法是在早期大剂量注射高免血清（0.5～1.0mL/kg），辅以强心、补液。可用林格氏液或 0.9%盐水。还需注意抗菌消炎，好的药物组合包括氨基糖苷类或氟喹诺酮配合 β-内酰胺于青霉素族中。氟喹诺酮不建议用于幼犬。加强护理，腹泻时停喂高脂肪和高蛋白的食物，利于减轻胃肠负担，提高治愈率。严重贫血的幼犬可选择输血。呕吐犬可肌注爱茂尔、灭吐灵。感染幼犬的支持护理方面还包括用止吐药［如胃复安吩噻嗪衍生物（如氯丙嗪）或血清素对抗药］控制持续性呕吐。纯中药制剂犬痢康胶囊，止泻作用明显。可使用维生素 C、肌苷、ATP 等以增强支持疗法的效果和用痢特灵、庆大霉素、红霉素、卡那霉素等防止继发感染。可用口服补液盐（NaCl 3.5 g，$NaHCO_3$ 2.5 g，KCl 1.5 g，葡萄糖 20 g，加水至 1 000mL）深部灌肠或任其自饮，对纠正酸中毒、电解质紊乱和脱水，也有明显的效果。

停止呕吐后，可供给病犬饮水，呕吐未复发，可提供食物，同时也可应用肠驱虫剂。

【预防】

预防 CPV 感染的基础是疫苗接种。CPV 疫苗有弱毒苗或灭活苗两种，后者多用于具有高 CPV 临床感染危险的种用动物、动物妊娠期需要接种的动物、免疫功能较弱的动物。弱毒苗可产生更长久的免疫力，但可能会伴有无临床症状的感染。国内外已有多种 CPV 灭活苗和弱毒苗的单苗与联苗，基因工程疫苗尚在研究中。

灭活苗有脏器毒浓缩提纯灭活苗和强毒细胞培养灭活苗，此类苗安全性好，不存在毒力返祖的危险。一般需经两次以上的免疫才能产生有效的保护，免疫期大约有 6 个月。对于存在母源抗体的犬，建议使用高免疫原性的 CPV2 系疫苗。推荐的程序是 6 周龄时首免，9、12 周龄用增强效果的辅助剂。

弱毒苗有猫源与犬源两种。推荐应用的 CPV 弱毒疫苗的免疫时机与免疫程序如下：安全区可于 10～12 周龄进行第 1 次免疫，以后每隔 2～3 周免疫 1 次，连续免疫 2～3 次，可产生 1 年以上的免疫保护。对疫区受 CPV 感染威胁或缺少母源抗体的犬，则应提前到 6～8 周龄首免，然后按上述方式进行 2～3 次的连续免疫。所有犬均应实施首免后间隔 1 年的强化免疫。有人支持对成年犬延长 1 年以上免疫间隔，来自某犬免疫接种咨询委员会的推荐方法是每 3 年进行一次强化免疫。现已有将其与犬狂犬病、犬瘟热、副流感、传染性肝炎弱毒联合的犬五联弱毒疫苗，安全有效，无免疫干扰，但不能用于紧急预防接种。对有可能处于潜伏期的动物，需先注射高免血清，观察 1～2 周无异常时，再按免疫程序免疫。

三、犬冠状病毒感染（Canine coronavirus infection）

犬冠状病毒感染是由犬冠状病毒（canine coronavirus，CCV）引起犬的急性胃肠炎，表现为频繁剧烈呕吐、腹泻、精神沉郁及厌食。

1971 年首次分离到病原，以后呈世界性流行。幼犬受害严重，死亡率随日龄增长而降低。

【病原】

CCV 属于冠状病毒科（*Coronaviridae*）冠状病毒属（*Coronavirus*），呈圆形或椭圆形，直径约 50～150nm，有囊膜，囊膜表面有长约 20nm 的纤突，病毒的核酸为单股正链 RNA。CCV 不耐热，对乙醚、氯仿、去氧胆酸盐敏感，易被福尔马林、紫外线等灭活；次氯酸钠和漂白粉都是有效的消毒剂。反复冻融和长期存放可使病毒感染性丧失。在 20～22℃的酸性环境（pH3.0）中不被灭活，在冬季其传染性可维持数月。

CCV 主要存在于被感染犬的肠内容物、肠上皮细胞和肠系膜淋巴结内。但在健康犬的心、肺、肝及淋巴结中也发现有冠状病毒样粒子。CCV 可在犬肾、胚胎成纤维细胞和成纤维瘤细胞（A－72）等多种原代和继代细胞中生长，也可在猫肾传代细胞和猫胚成纤维细胞上生长，并在接种 2～3d 后产生细胞病变。

犬冠状病毒可与猫传染性腹膜炎病毒和猪传染性胃肠炎病毒的抗血清发生反应。

【流行病学】

不同年龄、品种和性别的犬均易感，2～3 日龄仔犬常成窝死亡，2～4 月龄发病率最高。一年四季均可发生，但冬季多发。犬科其他动物（如狼、狐）也可感染，有些毒株可感染猪和猫，此外未见其他非犬科动物感染 CCV 的报道。

CCV 感染的发病率约为 1/3，其发生和发展与气温骤变、饲养条件恶化等应激因素和年龄及混合感染有关。病犬和带毒犬是易感犬的主要传染来源，感染途径是消化道、呼吸道。该病一旦发生，同窝（室）犬均可感染。可发生垂直传播。CCV 既可单独致病，也可与犬细小病毒、轮状病毒和魏氏梭菌等病原混合感染，呈现急性胃肠炎综合征。

【发病机理】

CCV 感染小肠绒毛末端的上皮细胞，主要侵害小肠绒毛上端 2/3 的柱状上皮细胞。一方面，随着上皮细胞的坏死脱落，绒毛表面积损失、分泌的酶明显减少，吸收功能受到影响，使得部分营养物质不能被吸收而滞留在肠腔内。同时，为补充上皮细胞，扁平的隐窝上皮细胞迅速上移以致绒毛变短，达不到吸收水分和分泌酶的作用；另一方面，由于乳糖等营养成分的蓄积，造成渗透性的水潴留。最终出现呕吐、吸收障碍性腹泻、脱水等肠炎综合征，以及由此引起的微循环障碍、电解质紊乱、衰弱、厌食、末梢发凉等休克症状。感染后 6～9d 在粪便中有 CCV 排出，一些患病动物排毒的持续时间可能会比较长。

【临床症状】

本病潜伏期为 1～8d，传播迅速，数日内可蔓延至全群。食欲缺乏和昏睡为常见症状，多数病犬不发热，腹泻是主要症状，血便不常见，有些犬腹泻前出现呕吐，粪便为橘黄色或绿色，后期呈糊状、半糊状至水样。呕吐和腹泻严重时，机体脱水，消瘦、眼球下陷、皮肤弹力下降。新生犬症状较严重，幼犬发病 24～36h 后死亡。成年、老年犬症状逐渐减轻。大多数犬 7～10d 后症状减轻，但有并发症或其他感染时临床病程可能会更长。

【病变】

早期病例可见小肠局部发炎臌气，后期病例出现整个小肠炎性坏死，肠系膜淋巴结出血、水肿，肠系膜血管呈树枝样淤血，浆膜紫红；肠黏膜脱落，肠内容物呈果酱样，胃黏膜也见有出血；小肠常套叠，脾肿大。

【诊断】

CCV 感染引起的肠炎，很难和其他传染性肠炎相区分。由于 CCV 感染引起的临床病变缺乏特征性变化，因此较难确诊。CCV 的确诊要求有粪便中存在病毒的证据，通常通过电子显微镜才能观察到。方法是用生理盐水稀释肠内容物，离心取上清，负染后观察；也可往上清液中加入一定量的特异性高免血清，如果 CCV 被血清凝集即可确诊。

病毒分离较困难，需要较长时间。

血清学诊断的方法包括血清-病毒中和试验和 ELISA。感染犬血清中有较高的抗体滴度，则可确定为 CCV 感染。

该病的 PCR 技术尽管尚未商业化应用，但已发展成为在粪便中检测病毒核酸的方法。

【预防】

人们已经研制出了 CCV 疫苗，但预防效果不确定。市场上的 CCV 疫苗主要是弱毒苗，国外多用灭活苗。但无论灭活苗还是弱毒苗都不能对 CCV 的感染起到完全保护作用。同时，因为 CCV 感染通常呈隐性感染或只引起轻微症状，评估 CCV 疫苗对肠炎的保护作用也较难。

【治疗】

首先采用抗血清进行特异性治疗，其次采用广谱抗生素防止细菌性继发感染，并给予良好护理。支持治疗主要是针对疾病过程中的呕吐、吸收障碍性腹泻、脱水等进行止吐、止泻和补液，以确保电解质和体液平衡。

四、犬传染性肝炎（Infectious canine hepatitis）

犬传染性肝炎（ICH）是由犬 1 型腺病毒（canine adenovirus type - 1，CAV - 1）引起的急性败血性传染病。本病主要发生于犬和其他犬科动物，疾病特征是肝小叶中心坏死、肝实质细胞和上皮细胞出现核内包含体、出（凝）血时间延长和肝炎。

1925 年首先发现 CAV - 1 引起狐的脑炎，因此又称狐脑炎。1947 年又发现可引起犬肝炎症状，故曾称狐脑炎和犬传染性肝炎。

【病原】

CAV - 1 属于腺病毒科（*Adenoviridae*）哺乳动物腺病毒属（*Mastadenorivus*）。病毒粒子呈圆形，无囊膜，直径为 70～80nm，为二十面体对称，有纤突，纤突顶端有一直径为 4nm 的球形物，具有吸附细胞和凝集红细胞的作用。基因组为双股线状 DNA。

CAV - 1 的抵抗力较强，尤其对温度和干燥有很强的耐受力。在 4℃和室温条件下，可分别存活 270d 和 90d。50℃ 150min 或 60℃ 3～5min 能将其杀灭。对乙醚、氯仿和 pH 3.0 具有抵抗力。甲醛、碘仿和氢氧化钠可将其杀灭，该病毒还可被蒸气杀灭和季胺类化合物破坏。

CAV - 1 易在犬肾和犬睾丸细胞内增殖，也可在猪、豚鼠和水貂等的肺和肾细胞中不同程度地增殖。感染细胞肿胀变圆，聚集成葡萄串样，能使单层细胞产生蚀斑。核内包含体最初为嗜酸性，随后变为嗜碱性。病毒在细胞内连续传代后容易降低其致病性。已经感染犬瘟热病毒的细胞，仍可感染和增殖犬腺病毒。

【流行病学】

犬病毒性肝炎遍布世界各地，不仅可发生于家养的犬、狐，而且广泛流行于野生的狐、熊、狼和浣熊等野生动物。

CAV－1感染无明显季节性，但以冬季多发，各种性别、年龄和品种的犬、狐对本病均易感，1岁内动物发病率和死亡率高。

本病主要经消化道传播。病毒分布在感染犬的粪便、尿液、血液和眼、鼻分泌物和排泄物内，通过眼泪、唾液、粪、尿等排出病毒，康复带毒犬尿中排毒可达6～9个月，从而污染周围环境等。易感犬通过舐食、呼吸而感染，通过胎盘感染也有报道。一旦病毒进入血流，将到达和感染身体的所有器官，而肝脏是最常见的被感染器官。

【发病机理】

经口、鼻感染的病毒，首先在扁桃体初步增殖，接着进入血流，引起体温升高等病毒血症，然后定位于特别嗜好的肝细胞和肾、脑、眼等全身小血管内皮细胞，可能引起急性实质性肝炎、间质性肾炎、非化脓性脑炎和眼色素层炎等炎症。

【临床症状】

本病的潜伏期较短，自然感染为4～9d。

临床上分最急性、急性和慢性3型。最急性型见于流行的初期或1岁以内的犬，病犬尚未呈现临床症状或仅表现发热（41℃）、腹痛、腹泻、便血，多在24小时内死亡。急性型病犬除表现上述症状外，还可出现精神沉郁，蜷缩一隅，时有呻吟，畏寒、食欲减退或废绝、渴欲增加、眼鼻流水样液体，结膜发炎，呼吸、心跳加快，咳嗽，口腔及齿龈可见出血点，剑突处有压痛，头、颈、眼睑、角膜及胸腹下有时可见皮下水肿，也可出现肝病症状，如黄疸，呕吐、肝脏性脑病，吐出带血的胃液和排出果酱样的血便。血液检查可见白细胞减少和血凝时间延长。常在2～3d内死亡，死亡率达1/4～2/5。在恢复期，约有25％的病犬出现单眼或双眼的一过性角膜混浊，其角膜常在1～2d内被淡蓝色膜覆盖，2～3d后可不治自愈，逐渐消退，即所谓“蓝眼”病变［见彩图版图6－4］。重者可导致角膜穿孔、失明。慢性型病例见于流行后期，病犬仅见轻度发热，食欲时好时坏，便秘与下痢交替，有的病犬扁桃体肿大伴有咽喉炎。此类病犬虽死亡率较低，但生长发育缓慢，有可能成为长期排毒的传染源。

【病变】

最急性型和急性型病例，齿龈黏膜通常苍白，有时有点状出血，扁桃体水肿出血。最突出的变化是肝脏肿胀、边缘钝圆，质脆、切面外翻且组织纹理不清，肝小叶明显，有出血斑点。胆囊壁水肿，有时有出血点。腹腔积液，常混有纤维蛋白，肝或肠管表面有纤维蛋白沉积，并常与膈肌、腹膜粘连。全身淋巴结明显水肿、出血，肠内容物混有血液。有的病例还可见肺膨大、充血，支气管淋巴结出血。

组织学检查，肝小叶中心坏死，常见肝细胞及窦状隙的内皮细胞、枯否氏细胞和静脉内皮细胞有核内包含体。电镜超薄切片检查，可在肝细胞内见有呈晶格状排列的CAV－1及其前体。在表现出眼色素层炎症状的病例，可在其色素层的沉淀物里找到由CAV－1抗原与抗体所形成的免疫复合物。

【诊断】

除“蓝眼”症状外，其他症状均缺乏示病性。而且本病又常与犬瘟热、副流感等病毒混合感染，增加了临床症状的复杂性。依靠临床症状只能做出初步诊断，确诊必须通过病原学检查与血清学试验。

（1）病原学检查　生前采用被检动物的血、尿、咽拭子滤液，死后采用肝或肺制成无菌乳剂，接种犬肾细胞做病毒分离或直接电镜观察。诊断通常还借助于粪便检验、尿检验和血液检测，可以在粪便中检测到病毒。

（2）血清学试验

微量补体结合试验　采用豚鼠抗CAV血清作为抗体，CAV－1感染犬肝浸出液为抗原，应用微量补体结合试验，既可检出病犬血清、腹水和肝浸出液中的CAV－1抗原，也可检出其血清中CAV－1

补体结合试验抗体，从而做出诊断。

微量血凝与血凝抑制试验 夏咸柱等根据 CAV－1 可凝集人 O 型红细胞的原理，建立了 CAV－1 改良微量血凝与血凝抑制试验，用于病料中 HA 抗原和血清中 HI 抗体的检测，此法可进行 CAV－1 的免疫力测定和流行病学调查。

荧光抗体试验 应用 CAV 荧光抗体，直接检查肝、脾、肺等组织切片、印片或感染细胞培养物中的 CAV 抗原，从而确定诊断。

【治疗】

对于病程短急、症状严重的病例，疗效不佳。病程较长的病例，可在注射大剂量 CAV 高免血清的同时，静脉滴注葡萄糖、电解质液体及 ATP、辅酶 A 保肝、镇咳，全身使用抗生素类药物防止继发感染，对患有角膜炎的犬可用 0.5%利多卡因和氯霉素眼药水交替点眼。常用组方有：

（1）静脉注射 10%葡萄糖生理盐水 50～200mL，10%维生素 C 5～10mL，盐酸地塞米松 0.5～1mg/kg，氨苄青霉素 5mg/kg，硫酸庆大霉素 0.6 万 U/kg，混合一次静脉滴注，3～5d 为一疗程。

（2）肌内注射 病毒灵注射液 4～8mL，磺胺甲氧嘧啶 4～8mL，3～5d 为一疗程。

（3）口服中草药 ①发病初期采用龙胆泻肝汤加菊花、猪苓、茯苓，水煎分两次灌服，每日 1 剂，连用 3～5 剂。②病程中后期伴有明显角膜混浊则用：龙胆草、石决明、草决明、夜明砂、白蒺藜、木通、猪苓、茯苓、甘草等中草药，水煎分两次灌服，每日 1 剂，连用 5～7d，若遇顽症，则延长服药时间。

（4）口服鱼肝油 每日早、中、晚各 1 次，坚持到症状减轻或消失。

【预防】

免疫预防是控制本病的根本措施。现用的 CAV－2 弱毒疫苗免疫原性和安全性都很好，接种后 14d 即可产生免疫力。实际工作中，常将其与犬瘟热、副流感、细小病毒性肠炎等弱毒制成不同的弱毒联合疫苗。免疫注射可每年进行 1 次。

CAV 感染症的一个重要特点是康复后带毒期长达 6～9 个月，为彻底控制本病，必须坚持免疫与检疫相结合，在强化免疫的同时，重视对新引进动物和原有动物的检疫。

五、猫泛白细胞减少症（Feline panleukopenia）

猫泛白细胞减少症是由猫细小病毒（feline parvovirus，FPV）感染猫科和鼬科动物引起的以突发高热、顽固性呕吐、白细胞严重减少和肠炎为特征的一种急性高度接触性传染病，又称猫瘟热（feline distemper）。该病是第一个经确认的猫病毒性疾病。

1930 年首先分离到 FPV，现世界各地均有发生。我国于 1984 年首次从自然病例中分离到该病毒。

【病原】

FPV 是细小病毒科（Parvoviridae）的成员，病毒粒子呈圆形，为单股线状 DNA 病毒。FPV 在 4℃时对猪和猴红细胞有凝集作用。

FPV 容易在快速分裂的细胞中增殖，特别是肠道上皮细胞、骨髓、淋巴细胞。能在幼猫肾、肺、睾丸、脾等以及水貂和雪貂的组织细胞内增殖。细胞产生的病变不易观察，染色后镜检，可见细胞核仁肿大，外围绕以清晰的晕环，部分细胞内出现核内包含体。

病毒对大部分的环境消毒剂如季胺类、碘酊和酚类消毒剂具有抵抗性，在适当情况下可以维持抵抗力数月至数年，但可被 4%的甲醛溶液、1%的戊二醛溶液或按 1∶32 稀释的漂白粉灭活。组织碎片中的病毒在环境中非常稳定，在室温可保持感染力达 1 年以上。

【流行病学】

FPV 易感动物有家养和野生的猫科动物、某些浣熊科、鼬鼠科和灵猫科动物，幼猫最易感。FPV 感染后，病毒粒子可由分泌物和排泄物中排出达数周至数月。

由于预防接种的效果非常好，因此受感染威胁的对象主要是那些野生猫、非驯化猫及未接种的猫科动物。在未预防接种的猫群中，感染率可达100%，但许多病例仅出现轻微反应或亚临床症状。

主要的传染源是急性感染期猫的粪便、尿液、唾液和呕吐物。主要的传播途径是与感染动物或带毒动物接触或通过被污染的环境而感染。

【发病机理】

猫感染后病毒会于口咽部进行局部增殖，之后进入血液循环而导致病毒血症，感染分裂快速的细胞如胎儿或新生猫的小脑组织细胞，及其他年龄段的肠黏膜细胞、淋巴组织等。本病毒最主要的靶器官为肠道上皮细胞、淋巴组织。其他年龄段的猫感染本病毒时，主要侵犯肠黏膜细胞而导致肠炎和侵犯淋巴组织及骨髓而导致泛白血球减少症。

【临床症状】

临床症状差异很大，可从无症状的感染到轻微短暂的发热及白细胞减少，再到严重的急性症候，甚至死亡。FPV的潜伏期为2～10d。病初表现为嗜睡、发热、厌食、口渴却拒绝饮水，呕吐，腹部触诊会发现肠道充满气体及液体，2～3d后出现腹泻、脱水。当体温下降至正常以下时，多半会死亡，死亡率约1/4～3/4。妊娠母猫感染时，可导致流产、死胎等繁殖障碍。出生后3～4周龄幼猫可发现脑发育不全，较大的幼猫表现出典型的胃肠及全身性感染症状。最急性FPV感染，体温可升高到40℃以上，呕吐，突然死亡。6月龄以上的猫大多呈亚急性症状，发热至40℃左右，1～2d后降至常温，3～4d后体温再次升高，即双相热型。病猫精神沉郁、厌食，顽固性呕吐，呕吐物呈黄绿色，口腔及眼、鼻有黏性分泌物，粪便黏稠，后期带血，严重脱水，贫血，腹痛，体温降低等。

【病变】

除最急性病例外，剖检可见脱水和消瘦变化。空肠和回肠膨胀及水肿、局部充血、黏（浆）膜面有出血斑；脾肿大，肠系膜淋巴结水肿、坏死。多数病例长骨的红髓变为液状或半液状，此点具有一定的诊断价值。显微镜下可见膨大的隐窝，隐窝内常会发现充满细胞的碎屑，上皮细胞遭破坏；在早期可发现核内包含体。淋巴组织可见到淋巴细胞减少及网状内皮细胞增生，特别是肠系膜淋巴结及脾脏，幼猫还包括胸腺。骨髓会出现全面性骨髓活性的抑制作用，中性粒细胞会显著减少。肠管上皮细胞内可见嗜酸性和嗜碱性2种包含体。但病程超过3～4d以上的病例，包含体往往消失。

【诊断】

根据典型症状、免疫情况、病史来加以推断，如双相热型，白细胞大量减少等，可做出初步诊断。确诊要靠血清学试验或病毒分离。

由于健康猫也可从粪便排出FPV或CPV病毒，仅通过电镜观察病毒粒子不能确定本病发生。因此，最好以幼猫原代或次代细胞进行分离培养。

用荧光抗体对细胞分离培养物或组织脏器的冰冻切片进行染色，可以做出诊断。分离的病毒可在4℃条件下凝集猪红细胞，可以作为辅助诊断手段。应用已知标准毒株的免疫血清，在猫次代细胞培养物上进行中和试验，是最佳的鉴定方法。因细胞病变不明显，可将检出核内包含体作为判定标准。

尽管血凝抑制试验敏感性不如血清中和试验，但因方法简便，仍被看作是一种病毒鉴定和诊断手段。

【治疗】

先让病猫禁食和禁水，再采用特异性疗法配合支持疗法和对症治疗。对某些体液严重失衡的病例可输以血浆及其他胶体物质，对剧烈呕吐的病猫可服用止吐药等。

（1）应用免疫血清 2mL/kg，肌内注射，每两天1次。

（2）对症疗法 ①庆大霉素0.6万U/kg，每天1次。②25%葡萄糖5～10mL，5%碳酸氢钠5mL，复方生理盐水30～50mL，混合静脉注射。③胃复安犬猫分别按0.1～0.4和0.2～0.4mL/kg给药，每天2次，肌内注射。④柴胡0.3mL/kg，每天2次，肌内注射。⑤维生素K_3 0.3mL/kg，每天2次，肌内注射。⑥止吐及制酸，灭吐灵有助于防止体液的流失。

【预防】

有市售FPV的灭活和弱毒疫苗。4周龄以上的猫使用弱毒苗，妊娠母猫和幼猫用灭活苗，可每3

年强化免疫1次。

六、猫白血病（Feline leukemia virus）

猫白血病病毒（FeLV）可引起猫的多种类型白血病及其他疾病，包括淋巴肉瘤、骨纤维瘤、成红细胞增多症和多种免疫性疾病，以及肠炎、流产、神经失常等疾病。不同毒株病毒引起的疾病类型不固定，感染条件及宿主不同也会使引发疾病类型有所差异。

【病原】

猫白血病病毒属反转录病毒科（*Retroviridae*）哺乳动物C型反转录病毒属。病毒粒子呈圆形，直径为80～120nm，有囊膜，囊膜表面有少量突起，核衣壳为二十面体对称，呈星球状至棒状，病毒粒子中央为核心。基因组为单股正链线状RNA二聚体。

猫白血病病毒分为3个型：FeLV-A、FeLV-B、FeLV-C。A型为嗜亲性病毒，致病性弱，可形成持久的病毒血症，在所有感染猫中均可发现；B型为双嗜性病毒，致病性强，是诱发恶性病变的病原，可在约一半感染猫中发现；C型为嗜异性病毒，临床不常见，只在1%的感染猫中检出。

感染FeLV后，从病猫的T细胞和B细胞淋巴肉瘤细胞膜上，均可检出一种与病毒感染有关的抗原——猫肿瘤病毒相关的细胞膜抗原。

FeLV-A型病毒只能在猫源细胞上生长，FeLV-B型病毒的宿主细胞范围很广，可在猫、貂、仓鼠、犬、猪、牛、猴和人的细胞上生长；FeLV-C型病毒的宿主范围较广，可在猫、犬、貂、豚鼠和人的细胞上培养。

FeLV在大多自然环境下猫体外生存不超过几小时。家用漂白剂1∶32的稀释液是很好的消毒剂。

【流行病学】

FeLV主要通过唾液排出，还可通过尿、粪和乳排出。经眼、口和鼻黏膜进入猫体内，并在头、颈部的淋巴结中增殖。大部分猫可将病毒消灭并产生免疫力，但部分猫不能完全将病毒消灭而使其进入骨髓并大量增殖。病毒随白细胞、血小板和血浆扩散至全身，几周内病毒即可抵达唾液腺、口腔黏膜和呼吸道的上皮细胞，并从那里排毒。FeLV可经感染母猫的子宫感染胎儿，还可经乳汁传播。FeLV在97%的感染猫骨髓中持续存在，终生带毒，只有3%的猫可完全清除病毒。

全世界都有FeLV感染猫存在，但随年龄、健康状况、环境条件和生活习惯不同传播有很大的差异。幼猫比成年猫更易感，随着猫年龄的增加对FeLV感染的抵抗力也在逐渐增强。感染风险最大的是接触感染猫的猫，其次是在户外活动而无人看管且可能被感染猫咬伤的猫。

【发病机理】

猫白血病病毒可从多方面危害猫的身体，它是导致猫肿瘤最常见的原因，会引起各种不同的血液障碍，使猫处于免疫缺陷状态。很多与FeLV相关的疾病是由继发感染所致。FeLV感染存在两个不同阶段的病毒血症：初期病毒血症，是病毒感染的早期阶段。在这个阶段有些猫会产生有效的免疫应答反应，从血液循环排除病毒，不使其发展到随后的阶段；随后的病毒血症，以骨髓和其他组织感染为特征，如果FeLV感染进展到这个阶段，那么已经超越了能恢复的程度。

【临床症状】

猫白血病的潜伏期平均为3个月。在感染的早期阶段，猫不显示任何症状，随着时间的推移，猫的健康状况逐渐恶化。症状包括精神沉郁，食欲废绝，呕吐物混有胆汁，渐进性体重减轻，严重消瘦，淋巴结肿大，持续发热至40.0～41.6℃，可视黏膜苍白，出现齿龈炎、口腔炎，皮肤、膀胱、上呼吸道感染，持续腹泻，还可出现突然发作，行为改变和其他神经病学紊乱。母猫出现流产、产死胎或木乃伊胎或其他生殖障碍。新生猫呈小脑共济失调症候。视网膜病变，出现散在灰色病灶，边缘发暗及视网膜形成褶折或条纹。猫白血病病毒引起的猫疾病表现为以下几种类型。

（1）肿瘤性疾病

淋巴肉瘤　它是猫最常见的肿瘤，约占猫肿瘤的1/3。发生率依次为：①消化道淋巴瘤：多发于老龄猫，以消化道淋巴组织出现 B 细胞性淋巴瘤为特征。临床上还表现贫血，呕吐、腹泻等症状。②多发性淋巴瘤：全身多处淋巴样组织器官发生淋巴肉瘤，全身多处淋巴结肿大。③胸腺型：仅发生于青年猫，瘤细胞常具有 T 细胞特征，严重者整个胸腺组织被肿瘤所代替。④未分类型：仅发生于非淋巴组织，如皮肤、眼睛、中枢神经系统等。

骨髓增生病 FeLV 可在骨髓的所有有核细胞中增殖，导致骨髓增生病，特征是血液和骨髓中出现大量异常细胞，发生非再生性贫血。

（2）FeLV 性贫血 它是 FeLV 感染后常见的疾病，包括 3 种类型：①FeLV 成红细胞增多症；②FeLV 成红细胞减少症；③FeLV 全细胞减少症，以造血干细胞减少为特征。

（3）免疫性疾病

髓细胞减少综合征 FeLV 可诱导成髓细胞减少综合征，特征为全白细胞减少、贫血、出血性淋巴腺病、出血性肠炎等。

免疫器官萎缩 FeLV 感染可引起幼猫和成年猫的胸腺萎缩。幼猫表现为生长障碍、胸腺和淋巴结萎缩，多死于 8～12 周龄。成年猫患本病后，可引起免疫抑制，最后死于继发感染。

免疫缺陷 免疫缺陷导致严重的继发感染，是 FeLV 致死感染猫的主要原因。

FeLV 免疫复合物病 FeLV 感染后，诱导机体产生抗体，抗体与病毒抗原结合，形成免疫复合物，沉积于肾小球，引起肾小球肾炎。该病在临床上较常见，多以死亡而告终。

此外，FeLV 感染还可引起流产、胚胎吸收综合征和 FeLV 神经综合征等。

FeLV 对犬也有致病性，可引起犬的多种淋巴肉瘤。

【诊断】

临床观察可初步怀疑，但确诊需靠免疫学和病毒学等方法。

（1）IFA 该方法可用于检测抗原，敏感、特异，但阳性结果只能说明动物被感染，不能证明是否患病。

（2）ELISA 用于检测两个阶段的病毒血症，可大规模应用，比 IFA 方便。但因符合率问题，ELISA 的结果必须经过 IFA 验证。

（3）PCR 检测 用于检查特异性白细胞病原体。

【治疗】

多用免疫疗法即大剂量输注正常猫的血浆或血清，可使患猫的淋巴肉瘤完全消退。也可采用免疫吸收疗法，即将淋巴肉瘤患猫的血浆通过金黄色葡萄球菌 A 蛋白柱，除去免疫复合物，消除与抗体结合的病毒和病毒抗原。新发现的猫用干扰素有一定效果，是比较理想的药物。其次需要做好支持治疗，如止吐、防止脱水、控制继发感染、补充 B 族维生素等。

【预防】

免疫接种是首选方法，其次是限制猫在室内活动，使其远离潜在感染的猫，防止猫的自由活动和打斗。仅收养无感染猫。隔离家中无感染猫与感染猫。因为免疫保护率不可能是 100%，即使对免疫过的猫，避免接触感染猫仍然很重要。

已经研制出多种 FeLV 疫苗，包括弱毒疫苗、灭活疫苗、重组疫苗和亚单位疫苗等。有报道称，由大肠杆菌表达的囊膜蛋白亚单位疫苗具有较好的免疫效果。

猫白血病可通过净化来控制。净化程序是，以 IFA 对全群猫每 3 个月进行 1 次检疫，剔除阳性猫，如连续 2 次检疫无阳性猫，该猫群即可视为健康群。

很多 FeLV 感染猫在与其他猫生活了较长一段时期后才被诊断出，在这种情况下，全群猫都需做 FeLV 试验。隔离感染猫和非感染猫，以排除潜在的 FeLV 传播。

对所养猫至少每 6 个月实施 1 次全身系统检查，特别注意齿龈、眼睛、皮肤和淋巴结的变化。另外还要密切观察猫体重的变化。

【公共卫生】

尚无 FeLV 可以从感染猫传播给人的证据，而 FeLV 感染猫可以携带其他疾病。建议孕妇、免疫抑制者、小孩和老人避免接触 FeLV 感染猫。

七、猫免疫缺陷病（Feline immunodeficiency disease）

猫免疫缺陷病是由猫免疫缺陷病毒（feline immunodeficiency virus，FIV）感染引起的一种病毒性传染病。特征是免疫功能被抑制，呼吸、消化器官炎症，免疫系统和神经系统功能障碍，以及容易继发感染。由于 FIV 可在 T 细胞内增殖并危害 T 细胞，故又称为猫嗜 T 淋巴细胞病毒（feline T cell lymphotropic virus）。该病毒于 1986 年首次分离出来，1988 年命名为 FIV。

【病原】

猫免疫缺陷病毒（FIV）属反转录病毒科（Retroviridae）慢病毒属（Lentivirus）猫慢病毒群（feline lentivirus group）。FIV 病毒粒子呈星球形或椭圆形，直径为 105～125nm，核衣壳呈棒状或锥形，偏心，从感染细胞的细胞膜上出芽而释放。病毒基因组为单股正链线性 RNA 的二聚体。

FIV 可在体外感染猫 T 淋巴细胞、单核巨噬细胞和脑细胞。常用于 FIV 增殖的猫 T 淋巴细胞系有 FL－74、3201、MYA－1 和 Fel－039。其中 MYA－1 可用于病毒的分离、滴定和中和试验。FIV 感染细胞后的病变特征为合胞体细胞形成、细胞中出现空泡和细胞崩解。

在大多自然环境中猫免疫缺陷病毒在猫体外生存时间不超过几个小时。FIV 对热、脂溶剂（如氯仿）、去污剂和甲醛敏感，稀释的家用漂白剂溶液可做为消毒剂，但对紫外线有很强的抵抗力。

【流行病学】

FIV 可能仅感染猫，呈世界性流行。本病流行广泛，以中、老龄猫多发。FIV 在唾液中的含量较高，可经唾液排出。叮、咬是病毒传播的最有效方式，好斗的公猫最易被感染，公猫的感染率通常较母猫高 2～4 倍。一般的接触不能传播本病，也很少经交配传播。成年猫的流行率较高，5 岁以上猫的血清阳性率最高。杂种猫的流行率高于纯种猫，流浪猫和野猫高于家养猫。母猫可传染给子宫内的小猫，新生仔猫吃下感染猫的乳也可被传染。生活在室外的成年猫是构成 FIV 感染猫的主体，且尚未交配过公猫的风险最高。

【发病机理】

FIV 感染的发病机理尚不完全清楚，其特征是正常免疫机能渐进性的破坏和临床潜伏期长。FIV 可在辅助性 T 细胞（$CD4^{+}$）和淋巴细胞（$CD8^{+}$）、B 淋巴细胞、巨噬细胞、星形胶质细胞和小神经胶质细胞内复制，主要作用是溶解 $CD4^{+}$ 细胞。$CD4^{+}$ 细胞数量减少，FIV 感染猫可表现免疫细胞的机能障碍和明显扰乱细胞因子的生产。不同类型细胞内复制能力的差异与不同的细胞感受器的应用有关，并会导致 FIV 感染的不同临床表现。在单核细胞（系）和巨噬细胞（系）内的病毒复制可引起中枢神经系统疾病。

【临床症状】

FIV 感染的潜伏期很长，多见于中、老龄猫。临床症状取决于感染猫的年龄与健康状况、免疫能力、病毒侵入的数量和途径及病毒毒株。很多感染猫无症状。FIV 感染后的常见症状是发热，牙龈炎症，慢性或周期性皮肤感染，膀胱炎症，上呼吸道炎症，持续性腹泻，渐进性消瘦，不同种类的癌和血液疾病，神经症状等。国内学者将 FIV 感染后的临床表现分为急性期、无症状携带期（AC）、持续扩散性淋巴瘤期（PGL）、AIDS－相关综合征（ARC）和艾滋病期 4 个阶段（美国学者分为急性期、变化的无临床症状期和终末期 3 个阶段）。急性期可达 4 周至 4 个月，出现淋巴结肿大、中性粒细胞减少、发热和腹泻。无症状携带期可持续几个月至几年，随后为一个短的持续扩散性淋巴瘤期，但 AIDS－相关综合征和艾滋病期不明显。猫进入到 ARC 和 AIDS 期，其平均寿命不足 1 年。阳性猫还会有口腔溃疡或增生、慢性上呼吸道疾病、持续性腹泻。猫感染 FIV 也会引起糖尿病、肾衰竭、甲状腺机能亢进、肝脏疾病和其他原因的体重下降。

FIV 感染猫的肿瘤发病率较高，发育成淋巴瘤或白血病的概率比非感染猫高 5 倍。FIV 相关的神经系统疾病比较常见，从自然感染猫可观察到动作和感觉异常或行为改变，如感觉和脊髓传导加快，睡眠紊乱等。有面、舌的抽搐性运动、瞳孔反应迟缓、瞳孔大小不等，强迫性漫游，痴呆，听力和视力等正常反射减退，小便失禁。其他症状包括眼球震颤、共济失调。

与 FIV 有关的眼病包括前眼色素层炎和青光眼。

血细胞出现异常，如贫血、淋巴细胞减少症、中性粒细胞减少症、血红蛋白过多等，另有约 10%的猫出现血小板减少症。

【病变】

病理学变化包括尾核、中脑和脑干等部位血管周围有单核细胞浸润、神经胶质小瘤、白质苍白。

前眼色素层炎时眼房水发红，虹膜充血，眼球张力减退，后部虹膜粘连和前部囊下白内障，部分患猫在玻璃体前有点状的白色浸润。个别猫可出现晶状体脱位或视网膜脱离。

【诊断】

因猫免疫缺陷病与猫白血病的症状十分相似，均为淋巴结肿大、低热、口腔炎、齿龈炎、结膜炎和腹泻等，需注意区别。但 FIV 感染猫，齿龈炎更严重，齿龈极度红肿。确诊主要靠病毒分离和抗体检测。

肝素抗凝血是病毒分离的最好样品。大多实验室采用的分离程序是首先分离并收集淋巴细胞，然后加含 Con A 的细胞培养液进行培养，2～3d 后清洗细胞，并垂悬于不含 Con A 并加有白细胞介素-2 的营养液中。每 10d 左右补加新培养液，每周观察细胞病变，或用电镜观察病毒粒子，或测定培养物的反转录酶（RT）活性，连续观察 6 周。电镜超薄切片可鉴定 FIV 粒子。病毒分离在日常诊断临床中并不实用。

可以通过免疫层离法试验（如酶联免疫吸附试验、免疫荧光法、免疫印迹试验等）来检测抗体，现已有市售的上述几种方法的试剂盒。免疫印迹法可同时检查几种病毒蛋白抗体，因而是特异性最强的抗体检查方法。聚合酶链式反应（PCR）也是可供选择的检查方法。

美、法等国为确诊猫艾滋病，常进行其他实验室检查，包括持续性白细胞减少、贫血及 γ 球蛋白血症。淋巴结活检可见增生或萎缩。$CD4^+$ 细胞计数及 $CD4^+/CD8^+$ 比例的检查可作为诊断和判断预后的辅助方法。检测该比率有助于断定何时应用齐多呋定来治疗。FIV 感染猫更倾向于发生肾衰竭，所以可以通过每 3～6 个月 1 次的肾功能检测和血液检测加以判断。

【预防】

杜绝健康猫与感染猫的接触是控制病毒散播的唯一途径。截至目前，还没有疫苗在预防感染方面完全成功。

引进猫应进行 FIV 检疫，在条件允许时，应先隔离饲养 6～8 周。彻底清洗、消毒或更换食物和用具等。消毒剂可选用稀释的家用漂白剂。

【治疗】

（1）抗病毒化学疗法　除猫干扰素-ω外，还没有抗病毒药物。每天注射干扰素-ω 1 000～10 000U/kg，治疗 3～7d。

FIV 感染猫的抗病毒化学药物包括齐多呋定（叠氮胸苷，AZT）、膦酰甲酸酯、三氮唑核苷和人干扰素-α。叠氮胸苷是最彻底的抗 FIV 药物，可按 5～15mg/kg，每 12 小时 1 次（口服）。9-（2-膦酰甲氧乙基）腺嘌呤（PMEA）通常认为是“急救药”，可按 2.5mg/kg 皮下注射，每天 2 次。

（2）免疫调节疗法　非特定的免疫刺激剂（例如乙酰吗喃、葡萄球菌蛋白质 A 等）是应用最广泛的药物。

对感染猫给予营养全面和平衡的饮食也很重要。未煮过的食品（如生肉、蛋和未经消毒的奶制品等）不能饲喂 FIV 感染猫。

【公共卫生】

家猫的 FIV 感染对公共卫生几乎没有影响，尚无 FIV 感染与人的艾滋病有关的证据。在和 FIV 或其感染猫密切接触人群的血液中，均检测不到 FIV 抗体。

八、狂犬病（Rabies）

狂犬病是由狂犬病病毒（rabies virus，RV）引起的渐进性致死性脑脊髓炎。本病的特征是患病动物狂躁不安、行为反常、攻击性行为、进行性麻痹。它可感染所有温血动物，致死率几乎为100%。被感染动物主要通过咬伤和抓伤传播给人。

【病原】

狂犬病病毒属于弹状病毒科（Rhabdoviridae）狂犬病病毒属（Lyssa-virus），是一种单股负链RNA病毒。病毒呈螺旋状对称，病毒粒子的外形呈子弹状。长约180nm，代表性毒株的直径约75nm，表面有1 000多个突起，排列整齐，于负染标本中表现为六边形蜂房状结构。每个突起长约8～10nm，由糖蛋白组成。

病毒不稳定，但在自溶的脑组织中可以保持活力7～10d。冻干条件下可长期存活，反复冻融可使病毒灭活。在0℃以下和4℃可分别保持活力达数年和数周。在56℃ 30分钟或100℃ 2分钟条件下即可灭活。在用50%甘油保存的感染脑组织中至少可以存活1个月。紫外线照射、酸、乙醚、胆盐、蛋白酶和季胺类化合物（如新洁尔灭），以及自然光、热等都可迅速破坏病毒活力。1%甲醛溶液和3%来苏儿在15分钟内可使病毒灭活。60%以上酒精也能很快杀死病毒。

病毒可在鸡胚、鸭胚脑等多种组织培养基中生长，在条件适当时可形成蚀斑。狂犬病病毒也可在兔内皮细胞系、蝰蛇细胞系、人二倍体细胞等细胞株中良好增殖，形成嗜酸性包含体。

细胞内培养的狂犬病病毒可以凝集鹅和1日龄雏鸡的红细胞。狂犬病病毒凝集鹅红细胞的能力可被特异性抗体所抑制，故能进行血凝抑制试验。

常用乳鼠进行毒株的传代。

【流行病学】

狂犬病病毒可以感染所有哺乳动物。臭鼬、野生犬科动物、蝙蝠及牛最易感，而家犬、猫、马、绵羊、山羊有一定的感染性。小型啮齿动物（如仓鼠、松鼠、金华鼠和兔子）很少感染该病毒。野生动物是狂犬病病毒的贮存宿主，食肉动物和蝙蝠也是贮存宿主。截至目前，南极洲尚没有人发病的报道。在世界某些地区，犬狂犬病仍然是一种高度流行的地方性疾病。

自然界中，家养动物是感染人的主要传染源。在亚洲、美洲部分地区和非洲大部，犬仍然是最重要的宿主。

病毒主要存在于感染动物的脑组织、唾液腺和唾液中，并随唾液排出体外。病毒主要通过咬伤传播。经食入被感染组织、吸入被污染空气和动物间相互残食而感染的报道非常罕见。

【发病机理】

病毒进入机体后，首先在局部组织复制，然后通过神经肌肉的连接点进入神经末梢，或进入受伤神经纤维轴突的鞘，病毒沿周围神经的轴突扩散至中枢神经系统。一旦病毒进入中枢神经系统就会传播到邻近的轴突，牵涉更多的神经细胞并更快地扩散到脑干，而后扩散到前脑。病毒在中枢神经系统复制并开始从中枢神经系统沿周边的神经纤维移行到唾液腺、角膜、鼻黏膜、肺、皮肤等部位。病毒可以在出现神经症状的前两周从唾液中排出。

狂犬病病毒对宿主的损害主要来自内基小体，即为其废弃的蛋白质外壳在细胞内聚集形成的嗜酸性颗粒，内基小体广泛分布在患病动物的中枢神经细胞中，是本疾病实验室诊断的一个指标。

【临床症状】

一般分为3个阶段。第一阶段是前驱期，持续1～3d，病犬通常感觉过敏、易于激怒、咬伤处发痒、舌舔局部，以神经质、焦虑、行为异常为先兆期开始。第二阶段是狂暴期，持续3～4d，会出现前脑过敏性症状如焦躁不安、异食癖、畏光和感觉过敏；狂乱攻击，自咬四肢、尾及阴部等；行为凶猛，间或神志清楚，重新认识主人；拒食或出现贪婪性狂食现象，也常发生呕吐；进一步陷于意识障碍，反射紊乱，消瘦，声音嘶哑，夹尾，眼球凹陷，瞳孔散大或缩小，流涎。第三阶段是麻痹期，表现下颌下垂，舌脱出口外，严重流涎，后躯麻痹，行走摇摆，卧地不起，口腔内唾液聚集，最后昏迷、呼吸麻痹或衰竭而死。

2004年，在狐狸身上发现一个新的症状，大约在前驱期初期，狐狸对其周围环境极其谨慎，似乎失去了知觉，像被驯服过一样。

猫的症状与犬相似。但病程较短，出现症状2～4d后就会死亡。病猫喜藏于暗处，并发出粗粝叫声，继而狂暴，凶猛地攻击人畜。

狂犬病具特异性诊断意义的变化是出现内基小体，现已证实内基小体为病毒的集落，电子显微镜下可见内基小体内含有杆状的病毒颗粒。

【诊断】

对表现神经症状或行为反常的动物都可怀疑为狂犬病。确诊依据为病毒的检测，并辅以直接FA试验。细胞内包含体的检查或上颌骨感觉触须的直接FA试验较神经组织的直接FA试验迟钝。分子技术（例如PCR）的应用不仅有益于无脑组织或者直接FA不适用时，还能再检测低含量水平的病毒或唾液中的病毒。

（1）组织中病毒的检测　取濒死期动物或死于狂犬病动物的延脑、海马回做触片，用含碱性复红加美蓝的Seller氏染液染色、镜检，检查内基小体。检出内基小体，即可诊断为狂犬病，但犬脑包含体的阳性检出率为70%～90%。

（2）直接荧光抗体检查　取病犬脑组织或唾液腺制成触片或冰冻切片，用荧光抗体染色，在荧光显微镜下检查，胞浆内如有翠绿色颗粒或斑块荧光即可确诊。

（3）酶联免疫吸附试验　先用抗狂犬病病毒阳性血清或IgG包被40孔板，加待测脑组织悬液，再用标记HRP的阳性IgG进行反应；亦可采用特异性抗体作为一抗与被检样品反应，然后再与酶标二抗进行反应。如样品出现特异性显色，即可诊断为狂犬病。

（4）病毒分离　取脑组织或唾液腺用缓冲盐水或含10%灭活豚鼠血清的生理盐水制成10%乳剂，脑内接种于5～7日龄乳鼠，3～4d后如发现吮乳力减弱，痉挛，麻痹死亡，即可取其脑组织检查包含体，并制成抗原。然后用电子显微镜直接观察，或者用抗狂犬病特异血清进行中和试验或血凝抑制试验加以鉴定。

（5）分子生物学诊断　根据被检样品PCR产物大小与设计引物间序列大小是否一致，即可确诊。

【治疗】

对被动物咬伤的暴露伤口处及时用20%肥皂水或0.1%新洁而灭等彻底清洗。冲洗后涂以75%酒精或2%～3%碘酒。伤口不宜缝合。对疑似患有狂犬病的动物不推荐治疗，对于无临床症状的可疑动物应根据相关法律或法规进行隔离或实施安乐死。

【预防】

对于犬和猫，免疫接种是预防狂犬病的有效措施，现在国内临床应用最为广泛的仍然是弱毒活疫苗。

长春生物制品研究所制备的αG株原代仓鼠肾弱毒佐剂疫苗接种犬后，中和抗体至少可保持1年，加强免疫1次，免疫期可持续两年以上。

吉林大学和平分校、长春生物制品研究所分别从SAD株和CTN-1株中筛选制备了犬用口服疫苗，犬口服后抗体阳转率分别大于或等于97%和80%。

从世界各国来看，犬是人类狂犬病的主要传播者，其次是猫。欧美国家已全面实施“QDV”措施，即检疫（quarantine）、消灭流浪犬（destruction of stray dogs）和免疫接种（vaccination），对犬、猫等伴侣动物实行强制性接种并消灭无主的流浪犬，在数年前实际上已消灭了人的狂犬病。

【公共卫生】

本病为人兽共患病，世界上150多个国家和地区存在该病，每年逾5.5万人死于该病，被疑似患有狂犬病动物咬伤的人中40%为15岁以下的儿童，99%死于该病的人是由犬传染的。

第四节　细菌性传染病
Bacterial Infectious Disease

一、布鲁氏菌病（Brucellosis）

（一）犬布鲁氏菌病（Canine brucellosis）

犬布鲁氏菌病是由犬布鲁氏菌（*Brucelloa canis*）引起的一种人兽共患的慢性细菌性传染病，以生殖器官炎症、流产、不育和关节炎及其他器官组织局部病灶为特征，主要引起犬隐伏性菌血症和繁殖障碍。不同种的布鲁氏菌可感染绵羊、山羊、骆驼、鹿、麋鹿、猪、犬和其他动物。

【病原】

布鲁氏菌属有 6 个种。犬布鲁氏菌病主要由犬布鲁氏菌引起，犬亦可感染流产布鲁氏菌（*B. abortus*）、马耳他布鲁氏菌（*B. melitensis*）、猪布鲁氏菌（*B. suis*）。

犬布鲁氏菌为革兰氏阴性小球杆菌或短杆菌，大小为（0.5～0.7）μm×（0.6～1.5）μm。不运动，不产生芽孢和荚膜。对培养基的营养要求高，初代分离时需 3～5d 才能形成肉眼可见的菌落，大多数需要 10～15d。在适宜条件下，布鲁氏菌在奶液、尿液和潮湿的土壤中可存活 4 个月。在犬体外生存时间很短，易被常见的消毒剂灭活。巴氏消毒可杀死奶液中的布鲁氏菌。

【流行病学】

现已查明哺乳动物、鸟类、啮齿类和昆虫等 60 多种动物及人对本病易感或带菌而成为本病的传染源和传播者。病原菌主要存在于感染动物的体内、分泌物和排泄物中，并随它们排出体外，污染环境、饲料、饮水等，经消化道、呼吸道、皮肤、黏膜或交配传染。通过阴道镜检查、输血、人工授精和被污染注射器的使用等的传播也已有报道。本病发生无季节性，以春、秋季多发，雌性比雄性、成年比幼龄动物多发。犬是犬布鲁氏菌的主要宿主，自然条件下，犬布鲁氏菌病主要经患病及带菌动物传播。犬布鲁氏菌的排出可以持续流产后 6 周。

【发病机理】

犬布鲁氏菌病通常通过交配传播。病原体穿过黏膜进入到淋巴网状内皮细胞系统，侵入黏膜后，细菌进入噬菌细胞并存留在单核噬菌细胞内，后被运送到淋巴组织和生殖道组织。犬布鲁氏菌还可扩散到非生殖系统组织，如椎间盘、眼睛和肾脏。犬布鲁氏菌数量最多的组织是淋巴结、脾脏和性腺类固醇附属的组织。由于细胞内存在其他病原体，细胞调节免疫可能是抵御犬布鲁氏菌最重要的机制。持续的、非保护性抗体是犬布鲁氏菌感染特有的，它们似乎对菌血症水平或者组织内病原菌数量的影响很小，但通常会引起高球蛋白血症。

【临床症状】

成年犬很少表现出严重的临床症状，或仅表现为淋巴结炎。偶有工作犬的主人报道患病犬皮毛干燥、无光泽、缺乏精力、耐力减弱。妊娠母犬常在妊娠 40～60d 时发生流产，病犬阴唇和阴道黏膜红肿，阴道内流出淡褐色或灰绿色分泌物。流产胎儿常发生部分自溶、皮下水肿、淤血和腹部皮下出血，死产或弱产。部分母犬妊娠后并不发生流产，在妊娠早期（配种后 10～20d）胚胎死亡，被母体吸收。流产母犬常表现慢性子宫内膜炎症状，往往屡配不孕。公犬可能发生睾丸炎、副睾炎、前列腺炎、包皮炎、阴囊肿大及阴囊皮炎和精子异常等，这些公犬常见精神不安，经常舔阴囊皮肤，从而可能引起局部皮肤严重溃疡。患病犬也可能发生关节炎、腱鞘炎、椎间盘炎，有时出现跛行。部分感染犬还会出现眼睛、肾脏和脑膜疾病，脊柱疼痛和共济失调，站立不稳。

慢性感染犬伴有血白蛋白减少的高球蛋白血症是最常见的表现。CSF 分析可能显示脑脊液细胞异常增多（主要由中性粒细胞组成）和脑膜脑炎。精子异常包括精子不成熟、顶体变形、补体中段膨胀、尾部分离和精子头头凝集，常常伴有中性粒细胞和单核细胞的炎症。有时在公犬精液涂片中可见大量肿大的异形细胞。

【病变】

隐性感染病犬一般无明显的肉眼可见及病理组织学变化，或仅见淋巴结炎。临床症状较明显的患犬，剖检时可见关节炎、腱鞘炎、骨髓炎、乳腺炎、睾丸炎、淋巴结炎等变化。

病变主要在胎盘和胎儿，流产母犬的胎盘及胎儿常发生部分溶解，流产物常呈污秽的颜色。流产排出的胎衣可发生水肿与出血，有的胎膜增厚；流产胎儿常皮下出血，剖检可见肺炎、心内膜炎和肝炎症状。还会引起椎间盘炎、眼前房炎、脑脊髓炎等变化。

【诊断】

在母犬发生流产或不孕及公犬出现睾丸炎或附睾炎时均应考虑本病。确诊应以流行病学、临床症状、细菌学检验及血清学反应为依据进行综合诊断。常见的血清学方法有下面几种。

(1) 巯基乙醇快速平板凝集试验（ME-RSAT） 成本低、快速、敏感和检测抗体早，但可能出现假阳性结果。多用于本病的筛选。

(2) 试管凝集反应（ME-TAT） 可与巯基乙醇快速平板凝集试验结合为初步的审查试验。

(3) 酶联免疫吸附试验（ELISA）和 IFA 试验 尚未很好地进行标准化或广泛的评估。

(4) 血浆琼脂凝胶免疫扩散试验 利用细胞浆抗原，且对犬布鲁氏菌感染高度特异。

(5) 琼脂凝胶扩散试验（AGID） 对抗体检测来说是一个敏感的方法。

还可采用补体结合试验或作变态反应检查等。

细菌培养的方法是，无菌采取血液样本接种于营养肉汤，在有氧条件下培养 3～5d，然后取样接种到固体培养基上进行鉴定。也可取流产胎儿、流产胎衣、阴道分泌物，胎儿胃内容物或有病变的肝、脾、淋巴结等组织材料，制成涂片，以 Macchiavello 和改良 Ziehl－Neelsen 氏法染色镜检，见到红色细菌即可确诊。

分离鉴定是唯一权威的诊断方法。犬布鲁氏菌也可从尸体剖检的组织中分离到。

【治疗】

已有多种抗菌剂应用于临床治疗。推荐的治疗方法是庆大霉素（0.6 万 U/kg，皮下注射，每天 1 次，持续 7d），在第 1 和第 4 周用药两遍，结合用大剂量口服米诺环素（12.5mg/kg，每天 2 次，持续 4 周。感染动物多采用两种或更多的使抗微生物治疗方法。还可配合使用磺胺类药物，同时适当补充维生素 C、B 族维生素等。其他以对症治疗为主，如用 0.1%高锰酸钾或 1%食盐水溶液冲洗子宫，按一般局部炎症处理关节炎、睾丸炎等。

【预防】

应采取如下综合措施进行预防。对犬群定期进行血清学检验，必要时进行细菌培养，最好每年进行两次，检出的阳性犬应严格隔离、淘汰，仅以阴性犬作为种用。尽量坚持自繁自养，新购入的犬，应先隔离观察 1 个月，经检疫确认健康后方可入群。种公犬配种前进行检疫，确认健康后方可参与配种。犬舍及运动场应经常消毒。流产物污染的场地、栏舍及其他器具均应彻底消毒。有使用价值的病犬，可以进行隔离治疗，但一定要做好兽医卫生防护工作。

使自家犬远离陌生犬。感染犬必须从犬窝（场）移走且不再作为种用。更好的方法是对公犬进行阉割和切除母犬卵巢。

（二）猫布鲁氏菌病

猫可被实验感染并形成菌血症，但有相对的抵抗力，所以不会发展到出现临床症状。尚无与犬布鲁氏菌感染相关的报道资料。

【公共卫生】

能引起人类发病的布鲁氏菌种包括犬布鲁氏菌、流产布鲁氏菌、马耳他布鲁氏菌和猪布鲁氏菌。由其他布鲁氏菌种引起的人布鲁氏菌病还在很多国家流行，特别在地中海地区。食入生乳和乳产品仍是最常见的传播方式。人类对犬布鲁氏菌感染有相对抵抗力，与其他布鲁氏菌种感染相比，症状相对轻微。然而，在文献中仅有美国存在40例以上的人感染犬布鲁氏菌的记录。实际病例数量尚不得知，因为人类的感染经常未得到确诊。大多犬主人接触流产母犬是感染的主要途径。在某些病人中已发现发热、发冷、疲劳、不舒服、淋巴腺肿大、体重减轻等临床症状。实验室工作人员应谨慎操作提交的检验样品。兽医人员在检测可疑犬，特别是流产母犬时需注意自我防护。

二、破伤风（Tetanus）

破伤风是由破伤风梭菌感染伤口，在厌氧条件下生长、繁殖并产生特异性神经毒素所引起的人兽共患毒素血症。发病动物以头颈伸直、口腔紧闭、尾蜷曲、强直性痉挛或角弓反张状卧地为特征，最终因窒息或呼吸衰竭死亡。本病广泛分布于世界各地，各种家畜对破伤风均有易感性，犬、猫较其他家畜易感性低。

【病原】

破伤风梭菌（*Clostridium tetani*）菌体细长，革兰氏阳性，能运动，可形成芽孢，大小为（2.1～18.1）μm×（0.5～1.7）μm，有周身鞭毛、无荚膜。本菌的芽孢正圆，比菌体粗，位于菌体一端，使菌体呈鼓槌状或球拍样。该菌严格厌氧，在血液平板上37℃培养48h后呈薄膜状爬行弥漫性生长，伴有β溶血。芽孢可耐煮沸1.5h，但高压（121℃，10min）可破坏。3%的碘制剂消毒有效，常规浓度的酚类、来苏尔和福尔马林消毒效果不佳。

在自然界可发现有抵抗力的破伤风梭菌芽孢，特别是在肥沃的土壤中。在缺乏直射阳光的条件下，芽孢可以存活数月至数年。

【流行病学】

因为破伤风梭菌及其芽孢在自然界中分布广泛，很容易通过伤口侵入动物体内，引起感染。该病菌生长繁殖、感染的重要条件是在创口内形成厌氧微环境。本病是创伤感染破伤风梭菌后产生的毒素所致，常为散发。本病季节性不太明显。不同品种、年龄、性别的易感动物均可发病，幼龄较老龄动物更易感。该病在犬、猫的流行发生率相对较低，但在文献中已有大量犬和猫发病的记录。

【发病机理】

当梭菌或芽孢进入伤口后（有母犬分娩后患破伤风的记录），开始繁殖，其致病作用完全依赖于病菌所产生的毒素。产生的两种外毒素中，破伤风溶血素可引起体外红细胞的溶血现象，致病作用尚不清楚，在临床上不太重要；而破伤风痉挛毒素从伤口部位进入机体且对神经功能有明显影响，是引起致病的物质基础。破伤风痉挛毒素不能被消化道吸收，但会被消化酶破坏，不能进入到胎盘。它在神经肌肉终板进入最近的运动神经轴突，在脊髓或脑干的运动神经轴突内通过向后运动到达神经细胞体，并以这种方式在中枢神经系统扩散。可随血流从受伤部位运送到远端神经部位，导致局部渐进性的疾病或更普遍的综合征。释放到菌体外的毒素由一条重链和一条轻链组成。重链通过其羧基端识别神经肌肉结点处运动神经元外胞浆膜受体并与之结合，促进毒素进入细胞内由细胞膜形成的小泡中。小泡从外周神经末梢沿轴突逆行向上，到达运动神经元细胞体，经跨突触运动，小泡从运动神经元进入传入神经末梢，从而进入中枢神经系统，然后通过重链N端的介导产生膜的转位使轻链进入胞质溶胶。轻链是一种锌内肽酶，可裂解储存有抑制性神经介质（γ-氨基丁酸）小泡上膜蛋白的特异性肽键，使小泡膜蛋白发生改变，从而阻止抑制性介质的释放，导致肌肉活动的兴奋与抑制失调，造成麻痹性痉挛。犬、猫发生率较低主要与犬、猫对毒素的自然抵抗力较强相关。这种抵抗力来自于毒素穿越和结合神经组织乏力。

【临床症状】

该病的潜伏期为5～10d，犬和猫的发作可能会延迟3周。

犬比其他家养动物和人常见，由于食肉动物对毒素的抵抗力相对较强，因此局部破伤风的症状猫比犬常见。这种情况是以近伤口部位肌肉强直或四肢的僵硬为特征。这种僵硬逐渐扩散，最终可包含所有的神经系统。全身感染破伤风的动物通常表现不灵活、步态伸展或者尾巴背部呈弧形，站立困难或难以做出舒适的休息姿势，直肠温度常升高，耳朵竖起，嘴唇收缩，第三眼睑的伸出、眼球内陷，牙关紧闭，唾液分泌和呼吸速度增加。还会表现出喉头痉挛和吞咽困难，回流和食管的逆流。潜在的严重肺炎是很多破伤风患畜的主要并发症。动物感觉过敏，反应强烈，流口水，心动过缓，徐缓性心律失常，轻微的刺激可能引起全身肌肉周期性强直收缩和角弓反张，部分病例可能出现癫痫性抽搐。患病动物最终因呼吸肌痉挛，出现呼吸困难而死亡。疾病过程中一般病犬或病猫神志清楚，体温一般不升高，有饮食欲。

临床表现差异很大。严重病例可在2～3d内死亡；若为全身性强直病例，由于患病动物饮食困难，常迅速衰竭，有的于3～10d内死亡，有些动物4～6周后仍可观察到运动不灵活及肌肉僵硬；大多数病例因进食困难，营养匮乏而预后不良。局部强直的病犬一般预后良好。

血液学异常包括中性粒细胞增多症和核左移。血清生化除肌肉酶活性增加外无显著变化。

【病变】

因破伤风死亡的动物，剖检一般无明显变化，仅在浆膜、黏膜及脊髓膜等处发现小出血点，四肢和躯干肌肉结缔组织发生浆液性浸润。因窒息死亡病例血凝不良，血液呈黑紫色，肺充血、水肿。有的可见异物性肺炎病变。

【诊断】

该病是可以利用典型的临床症状来诊断的少数传染病之一。根据特殊的临床症状，如骨骼肌强直性痉挛和应激性增高，神志清醒，一般体温正常及多有创伤史等，即可怀疑本病。临床上应注意与脑炎、狂犬病等相区别。破伤风痉挛毒素血清抗体滴度的测定已经应用于检验诊断。

因不易分离细菌，通常认为不值得。必要时可将病料接种于细菌培养基，于严格厌氧条件下37℃培养14d，以生化试验鉴定分离物；也可将病料接种于肝片肉汤，培养4～7d后，用滤液接种小鼠，或将病料制成乳剂注入小鼠尾根部，若上述滤液或病料中含有破伤风外毒素，则2～3d后实验小鼠可出现强直症状。

【治疗】

该病的治疗代价昂贵且费时。症状轻微的动物通过伤口处理即可以使神经机能得以康复。严重感染的动物预后谨慎。这些动物较为痛苦，所以实施安乐死是一种选择。本病及早发现及早治疗才有治愈希望。治疗原则为加强护理、清理创口、消除病原、中和毒素、镇静解痉、抗菌及其他对症疗法。

(1) 加强护理　将病犬、猫置于干燥、干净及光线幽暗、通风良好的环境中，冬季需注意保暖，要保持环境安静，避免各种刺激，对刺激过度敏感的动物通常需要保持睡眠状态。给予易消化、营养丰富的食物和清洁饮水。

(2) 消除病原　对患病犬应检验创伤中脓汁、坏死组织及异（污）物等，并进行清创和扩创术，用3%双氧水、2%高锰酸钾或5%～10%碘酊进行消毒，再撒布碘仿硼酸合剂，并用青霉素、链毒素做伤口周围组织分点注射。

(3) 中和毒素　越早注射破伤风抗毒素，疗效越好。对症状严重的犬、猫推荐用量为100U/kg(10～1 000U/kg，每天1次，连用3～4d)，可分点注射于创伤周围组织，亦可静脉注射。因静脉注射通常会引起过敏反应，可预先给患病动物注射肾上腺素、糖皮质激素或抗组胺药。精制破伤风类毒素2mL皮下注射，可提高机体的主动免疫力。近伤口的局部肌肉小剂量（1 000U左右）注射抗毒素对动物有益。实验动物鞘内注射抗毒素也有好处。

(4) 镇静解痉与对症治疗　患病犬出现强烈兴奋和强直性痉挛时，可用氯丙嗪（2mg/kg，肌内注射，每天2次）、戊巴比妥钠等，硫代二苯胺对控制过度兴奋有特效；心脏衰竭时可注射安钠咖或樟脑磺酸钠；采食和饮水困难时，应每天补液、补糖；酸中毒时，可静脉注射5%碳酸氢钠；喉头痉挛造成严重呼吸困难，可施行气管切开术；体温升高且有肺炎症状时，可应用抗生素和磺胺类药。

为杀灭伤口处的破伤风梭菌可局部注射抗生素。青霉素 G 可以钠盐或钾盐方式高剂量静脉注射（2 万～5 万 U/kg，每 6 小时 1 次，连用 10d）。甲硝哒唑（10mg/kg，口服，每天 3 次，连用 10d）。

如果形成广泛性脓肿则需要外科手术治疗。

破伤风抗血清是治疗本病的特效药物，可静脉注射 100～1 000U/kg，连用 2～3 次；亦可一次性肌内注射 1 万～2 万 U；后皮下注射破伤风类毒素 1mL，同时青霉素 2～5 万 U/kg，皮下注射，每天 2 次，连用 4d。此外，氯丙嗪 0.5mg/kg 毫克，肌内或静脉注射，每天 2 次，连用 1～2d，或用硫酸镁注射液。

【预防】

主要是防止发生外伤。犬和猫去势前，可注射破伤风类毒素预防。

猫对破伤风毒素的抵抗力比犬强，常见局部性破伤风。母猫从伤口感染的病例较少，主要是在母猫分娩时，破伤风梭菌由产道侵入。病猫多见于脐部和公猫去势时感染。

本病初期较易被忽视，多数是在幼猫饥饿鸣叫时发现母猫四肢强直卧地，牙关紧闭，口流黏液，对声音、光线敏感。触摸病猫即呈强直性痉挛；侧卧头后仰，肌肉和关节痉挛性强直，步态僵硬，尾巴上举而硬曲，呈典型角弓反张姿式。瞬膜麻痹而突出，瞳孔变大，咀嚼、吞咽困难，流涎，闭嘴鸣叫。

护理、支持治疗等可参照采用针对犬的方法。

第五节　螺旋体性传染病

Spirochetes Infection

一、莱姆病（Lyme disease）

莱姆病是由伯氏疏螺旋体（*Borrelia burgdorferi*）引起的自然疫源性的全身性慢性蜱媒传染病，也叫疏螺旋体病（Borreliosis）或莱姆疏螺旋体病（Lyme borreliosis）。临床特征为皮肤、心脏、神经和关节等多系统、多脏器损害。是一种由蜱传播的人兽共患病。1975 年得到公认，中国于 1985 年发现该病，现有近 20 个省、区存在莱姆病自然疫源地。

【病原】

包柔螺旋体属伯氏疏螺旋体是一种单细胞疏松盘绕的左旋螺旋体，大小为（10～40）μm×（0.2～0.3）μm，能通过多种细菌滤器，有 3～7 个疏松而不规则的螺旋，两端稍尖，是包柔螺旋体属中菌体最长而直径最小的一种。有扭转、翻滚、抖动等多种运动方式。革兰氏染色阴性，吉姆萨或瑞氏染色呈淡红的蓝色，镀银染色螺旋体着色良好。电镜下可见外膜和鞭毛（7～12 根不等）。在微需氧条件下 30～34℃ BSK－Ⅱ培养基中生长良好，需 2～5 周才可在暗视野显微镜下看到。不同地区的分离株在形态学、外膜蛋白、质粒及 DNA 同源性上可能有一定的差异。引起莱姆病的疏螺旋体至少有 4 个种：①伯氏疏螺旋体（*Eorrelia burgdorferi*），主要分布于美国和欧洲；②伽氏疏螺旋体（*B. garinii*），主要分布于欧洲和日本；③阿氏疏螺旋体（*B. afzelii*）主要分离自欧洲和日本；④日本疏螺旋体（*B. japonica*），主要分离自日本。

【流行病学】

伯氏疏螺旋体的宿主范围很广，包括人，犬、牛、马等多种家畜及鸟类近 50 种，以及鹿、浣熊、狼等 30 多种野生动物。啮齿类动物是莱姆病的传染源。美国以野鼠中的白足鼠为主，中国报告有黑线姬鼠、黄胸鼠等。莱姆病疫源地是病原体通过动物-蜱-动物的传播循环而建立起来的，由于可从小型啮齿动物胎鼠分离到病原体，表明垂直传播也是维持疫源地的重要方式之一。可从多种节肢动物（包括蚊子、跳蚤）分离到伯氏疏螺旋体，但最主要是通过感染蜱的叮咬传播。伯氏疏螺旋体也可通过黏膜、结膜及皮肤伤口感染。我国莱姆病分布范围广，东北林区、内蒙古林区、西北林区和长江中下游林区都是莱姆病的主要流行区。

莱姆病的发生有一定的季节性，每年有两个高峰期，即6月与10月，其中以6月份最明显。发病高峰与当地蜱类的数量及活动高峰相一致。从10种媒介蜱分离出的伯氏疏螺旋体中，其中全沟硬蜱（*I. persulcatus*）为优势蜱种，而在南方地区二棘血蜱（*Haemaphysalis bispinosis*）为优势蜱种，粒形硬蜱（*I. granulatus*）可能是相当重要的生物媒介。

莱姆病几乎呈世界性分布。全球已有50多个国家报道有莱姆病发生，其中以美国最多。欧洲国家和日本、埃及、南非等国也有病例报道。

【发病机理】

螺旋体存在于未采食感染蜱的中肠，在采食过程中螺旋体进行细胞分裂并逐渐进入血液及淋巴液，几小时后侵入蜱的唾液腺并随唾液进入叮咬部位。螺旋体进入皮肤数日后可引起第一期局部皮肤原发性损害，受损皮肤的浅层及深层血管周围有浆细胞和淋巴细胞浸润，表现为慢性游走性红斑（ECM），ECM组织切片上可见上皮增厚，轻度角化伴随单核细胞浸润，表皮层水肿，无化脓性及肉芽肿性反应。当螺旋体经血循环感染各组织器官后，进入第二期（播散病变期），引起以中枢神经系统和心脏受损为主的病变。在大脑皮质血管周围及脑神经（尤其是面神经、动眼神经）和心脏组织中有单核细胞浸润等。数月后，进入第三期（持续感染期），以关节皮肤病变及晚期神经损害为主。可见关节呈增生性侵蚀性滑膜炎，并伴有血管增生、滑膜绒毛肥大、纤维蛋白沉着和单核细胞浸润。骨与软骨也有不同程度的侵蚀性破坏。皮肤萎缩、脱色或出现胶原纤维组织束增粗、排列紧密，类似硬皮病损害及萎缩性皮炎。神经系统主要为进行性脑脊髓炎和轴索性脱髓鞘病变。血管周围有淋巴细胞浸润、血管壁增厚和胶原纤维增生。

【症状】

人工感染后60～90d表现临床症状，病犬体温升高，食欲减退，精神沉郁，出现急性关节僵硬和跛行，早期可能有疼痛表现。跛行常常表现为间歇性，并且会从一条腿转到另一条腿。慢性感染犬可能出现心肌功能障碍，病变表现为心肌坏死和赘疣状心内膜炎。

自然感染犬可继发肾脏疾病，主要是肾小球肾炎和肾小管损伤，出现氮质血症、蛋白尿、血尿等。

猫人工感染伯氏疏螺旋体后主要表现为厌食、疲劳、跛行或关节异常，但尚未有自然感染的报道。

常见并发症有结膜炎、角膜炎、虹膜睫状体炎，以及视网膜血管炎、心房颤动、心包炎。

【诊断】

莱姆病的诊断应依据临床表现、流行病学资料及实验室检查结果综合分析。该病的症状一般只表现低热、关节炎和跛行常常容易与其他疾病混淆，在诊断时应注意病史，如发病季节及患病动物是否被蜱叮咬过等。体检时可能发现一个或多个关节肿大，在触诊时有明显的疼痛表现。

免疫荧光抗体技术（IFA）和酶联免疫吸附试验（ELISA）是较为常用的诊断技术。如临床症状与血清学检验结果相矛盾，应在1个月后再检验。已有市售的ELISA试剂盒。IFA和ELISA检测阳性后，可采用免疫印迹技术进行跟踪检测，该方法可以区分抗体是来自自然感染还是疫苗免疫接种。

分离伯氏疏螺旋体比较困难，但已有人从野生动物、实验动物及血清学阳性犬的不同组织和体液中分离到了该螺旋体。

PCR技术不仅能检测出伯氏疏螺旋体，而且可以测出感染菌株的基因种。

【治疗】

莱姆病的治疗，早期可选用阿莫西林、强力霉素或头孢呋辛口服。中期或伴有中枢神经系统病变及心肌炎时，先用头孢曲松、头孢噻肟或青霉素大剂量静脉注射，待症状缓解后再改为口服制剂，2～4周为1个疗程，必要时也可治疗两个疗程。还可选用四环素，按22～33mg/kg，每8小时1次；强力霉素，按10mg/kg，每24小时1次；头孢霉素，按22mg/kg，每8小时1次。氨苄青霉素、羧苄青霉素、红霉素等对伯氏疏螺旋体也有一定的疗效。

【预防】

国外已研制出犬莱姆病灭活苗，必须在被感染性蜱叮咬之前进行接种。此外，还必须控制犬进入自然疫源地，应用驱蜱药物减少环境中蜱的数量。定期检查动物是否带蜱，并及时清除。疫区应发动群众积极灭鼠。

【公共卫生】

犬有可能是伯氏疏螺旋体的无症状携带者，成为周围人群的传染源。家养犬、猫还可能将感染蜱带入家庭。犬尿液可以传播伯氏疏螺旋体，应引起注意。

第六节　专性细胞内细菌性病原体

Obligate Intracellular Bacterial Pathogens

用进化和临床的观点看，某些细菌已经发展出专性的细胞内寄生生活方式，这种生活方式促使它们存在于昆虫带菌者或在一种或多种动物宿主内。因为许多细胞内感染的病原具有持续性感染的特点，所以很多动物宿主最终变得易感，但出现病理学变化的众多因子还不完全明白。近来的16S rRNA基因、热电击和表面蛋白基因的遗传学分析已经促使人们对微粒孢子虫属、埃利希体属、考德立克次体属、新立克次体属和沃尔巴克氏体属成员重新分类。结果，埃利希体属包含犬埃利希体（*E. Canis*)、查菲埃利希体（*E. chaffeensis*)、伊氏埃利希体（*E. ewingii*）、鼠埃利希体（*E. muris*）和反刍兽埃利希体（*E. ruminantium*)。微粒孢子虫属包含嗜吞噬细胞埃利希体（*A. phagocytophilum*)、牛埃利希体（*A. bovis*）和普拉提斯无形体（*A. platys*)。鼠埃利希体（*E. muris*）已被分入包括有 *N. sennetsu*，*N. helminthoeca*，*N. risticii* 和蛙鱼热病原体的新立克次氏体属。沃尔巴克氏体属内的病原体被认为是节肢动物病原体或共生生物体，而做为脊椎动物的病原体显现其重要性。立克次氏体属、埃利希体属、微粒孢子虫属和新立克次氏体属内有人和动物的多种病原体。这些病原体中的多数呈世界性分布，并且可以通过壁虱、跳蚤、沙螨、昆虫或比目鱼的摄食等方式进行传播。它们还可以引起从亚临床表现到危及生命的严重疾病。

由于这些再分类，临床兽医就需改变这些相关病原体的病理生理学、诊断法、治疗、系统命名法和预防策略。尽管任务繁重，但这些再分类使得我们在认识相同或不同类（属）病原体的相同和不同之处时清晰度得以提高。专业术语立克次氏体病、埃利希体病、微粒孢子虫病和新立克次氏体病在微生物遗传学和临床医学上也已经具有了新的含义。

一、犬埃利希体病（Canine ehrlichiosis)

犬埃利希体病是由埃利希体属犬埃利希体、查菲埃利希体、伊氏埃利希体等引起的犬的传染病，临床上以呕吐、黄疸、渐进性消瘦、脾肿大、眼部流出黏性或脓性分泌物、畏光和后期严重贫血等为特征。血液检查以急性血液细胞成分减少为典型变化，最常见的是血栓性血小板减少症。幼犬死亡率较成年犬高。

本病首次发现于1935年，1945年将其命名为犬埃利希体病。我国于1999年分离到该病原。

【病原】

立克次体目埃利希体科埃利希体属（*Ehrlichia*）埃利希体为专性细胞内寄生的革兰氏阴性小球菌，呈卵圆形、梭镖状及钻石样等形态，平均长度为0.5～1.5μm。主要存在于宿主循环血液中的白细胞和血小板中。在宿主吞噬细胞的胞质内空泡中以二分裂方式增殖，多个菌体聚集在一起形成光镜下可见的桑葚状包含体，也可单个存在。用姬姆萨染色时菌体被染成蓝色，Romanovsky染色时埃利希体呈蓝色或紫色。埃利希体不能在无细胞的培养基或鸡胚中生长。埃利希体生长缓慢，经1～2周后才能通过细胞涂片和染色在光镜下观察到包含体，之后迅速繁殖，数日后细胞将被严重感染。

埃利希体分为3个基因群：犬埃利希体群、嗜吞噬细胞埃利希体群和腺热埃利希体群。引起犬发病的主要是犬埃利希体群的犬埃利希体、查菲埃利希体、伊氏埃利希体。

【流行病学】

犬埃利希体病的散布与虫媒壁虱的分布相关。该病主要发生于热带和亚热带地区，已证明犬埃利希体群成员主要以蜱作为储存宿主和传播媒介。通常情况下，蜱因摄食感染犬的血细胞而感染，在蜱感染的前2～3周最易发生犬-蜱传播。带菌蜱在吸食易感犬血液时，病原可经唾液进入犬体内。

急性期后的病犬可带菌29个月，可通过血液传播。除家犬外，野犬、狐等可感染该病。该病主要发生于夏末秋初，多为散发，也可呈流行性发生。

【发病机理】

人工感染犬埃利希体后，病程一般经过3个阶段，即急性期、亚临床期和慢性期。潜伏期为8～20d，而后进入急性阶段，持续2～4周。病菌在血液单核细胞和肝、脾、淋巴结中的单核吞噬组织内繁殖，引起淋巴结肿大，以及肝和脾淋巴网状内皮细胞增生。感染细胞经血液转运到身体的其他器官，如肺、肾和脑膜等，感染细胞还可吸附于血管内皮引起脉管炎和内皮下组织感染。由于血小板被破坏导致血小板减少，红细胞生成受抑制和红细胞破坏速度加快，而出现贫血。感染后第6～9周进入亚临床感染阶段。此阶段主要特征是不同程度的血小板减少、白细胞减少和贫血。免疫力较强的犬可以将病原菌清除，较低的则逐渐进入慢性感染阶段。

【临床症状】

该病的急性发作期表现从精神沉郁、厌食和发热变化到衰弱、体重下降、眼鼻流出分泌物、呼吸困难、淋巴结病变、四肢及阴囊水肿。急性期表现较为短暂，且通常在1～2周内不用治疗就会消失。轻度的血小板减少和白细胞减少通常发生在感染后的10～20d。还可能分别发生眼内出血和感觉过敏、肌肉抽搐等眼睛和中枢神经系统的症状。

慢性感染犬可出现明显的体重下降、虚弱、腹痛、早期的眼色素层炎、视网膜出血和与脑膜脑炎一致的神经症状。同时可以发生很多类型的出血。

伊氏埃利希体感染还可引起单肢或多肢的跛行、肌肉僵硬、步态强拘、弓背姿势和关节肿胀及疼痛。

血液学异常包括全血细胞减少症、再生障碍性贫血、中性粒细胞减少或血小板减少症。血小板减少症是埃利希体病急性期和慢性期最一致的血液学变化。

【病变】

病犬剖检可见贫血、骨髓增生，肝、脾和淋巴结肿大，肺有淤血点。少数病例还可见肠道出血、溃疡，胸、腹腔积水和肺水肿，心肌内膜下出血，肝、肾呈斑驳状等。

组织学检查可见泛白细胞减少，巨核细胞发育不良和缺失，正常窦状隙结构消失。慢性感染病犬的骨髓组织一般正常。

【诊断】

依据临床症状、流行病学资料可做出初步诊断，确诊需综合血液学检验、生化试验、病原分离和鉴定、血清学试验结果等。

白细胞胞浆包含体姬姆萨染色呈蓝紫色。发热期进行活体检验，可在肺、肝、脾内发现犬埃利希体。以新鲜病料接种易感犬能够成功复制病例。

使用间接免疫荧光技术（IFA），多数犬感染7d后其血清中可查出特异性抗体。IFA滴度在1：10时即可以判为阳性。也可用IFA对血红扇头蜱的中肠组织进行染色，检测犬埃利希体的存在。

PCR技术可以提高检测的敏感性，是目前埃利希体病原学诊断最有效的方法之一。

用犬腹腔内巨噬细胞培养技术也可进行犬埃利希体病病原的分离和诊断。

实验诊断方法还有桑葚体造影术、斑点酶联免疫吸附试验或改良酶联免疫吸附试验来检测抗体。

【治疗】

四环素（22mg/kg，每天3次，连用3周）或强力霉素（5mg/kg，每天2次，连用3周）有疗效。恩诺沙星可抑制感染且可以改善临床症状和血液学异常，但不能消除感染。

在急性期，四环素或强力霉素治疗的 24～48h 内可显著改善临床症状。支持疗法，包括输液、输血、补充维生素和合成代谢的类固醇。

【预防】

病愈犬往往能抵抗犬埃利希体再次感染，目前尚无可用的疫苗。消灭传播和储存宿主——蜱是预防本病的关键。每隔 6～9 个月进行 1 次血清学检查，才能很好地控制本病。

四环素（6.6mg/kg，每天 1 次）、土霉素（15～50mg，口服，每天 2～3 次，连用 3～5d）可长期应用于一些高发地区以预防感染。

【公共卫生】

大多埃利希体可感染人，但查菲埃利希体和伊氏埃利希体都会引发人类的脑膜脑炎、急性肾功能障碍和急性呼吸功能障碍等严重疾病。

二、落基山斑点热（Rock mountain spotted fever）

落基山斑点热（RMSF）是由立氏立克次体经蜱传播引起的人、犬和其他脊椎动物的传染病。最早发现于美国西部的落基山地区，故得此名。犬感染后如不治疗可引起死亡。

【病原】

立氏立克次体（*Rickettsia rickettsii*）属立克次体目立克次体科立克次体属，形态多为球杆状，大小为（0.3～0.6）μm ×（1.2～2.0）μm，革兰氏染色阴性，对热和消毒剂敏感，耐低温，在被感染细胞内－70℃以下可长期存活。动物接种能使家兔、小白鼠、豚鼠和猴子发病。可用鸡胚和 Vero 细胞来分离立氏立克次体。

【流行病学】

疾病的分布与其传播媒介——蜱的分布密切相关。在美国西部安氏革蜱为主要传播媒介，幼、稚蜱均可寄生于多种哺乳动物。稚蜱可叮咬儿童，成蜱主要侵袭家畜和野生动物，也可叮咬人。立氏立克次体在蜱体内可经卵传播，而在有这些蜱存在的地区只有少数蜱带有感染性立氏立克次体。病原体在蜱叮咬宿主时通过唾液传染，一般是在蜱附着到宿主身体 5～20h 后才可将立克次体传给宿主。

【发病机理】

本病原主要侵害动脉、静脉内皮细胞。病原体进入血液循环系统并在小血管和毛细血管内皮细胞内繁殖，直接损伤内皮细胞，引起血管炎症、坏死，导致血管渗透性增加，引起血管内液体和细胞液外渗，引发水肿、出血、低血压和休克；严重时会激活凝血系统和激肽系统，从而引起血栓性阻塞、血管肌层坏死，以及中枢神经系统的微栓塞，使心脏、肺脏、肾脏和中枢神经系统等主要器官功能受损。

中枢神经系统水肿可引起神经症状，病情迅速恶化并死亡。心肌炎症则会造成传导异常，如心传导阻滞，甚至引起致命性心律失常。

【临床症状】

临床表现为发热、厌食、抑郁、鼻流黏液、脓性眼屎、巩膜充血、呼吸急促、咳嗽、呕吐、腹泻、肌肉痛疼，关节液分析表明嗜中性炎性反应和各种各样的神经病学症状群，如感觉过敏、共济失调、惊厥和休克、目光呆滞、突然发作和昏迷。部分感染犬可能仅表现明显的关节异常、肌肉或神经疼痛。视网膜出血，在疾病的早期可能不明显。有些犬，短时期内迅速消瘦，出现鼻衄、黑粪症、血尿和瘀点、瘀斑出血，还有阴囊水肿、充血、出血和附睾疼痛等症状。疾病的末期可能出现心血管系统衰竭、肾衰竭、脑死亡等症状。在蜱附着部位可能出现坏死性病变（焦痂）。

【病变】

血管周围水肿、出血，肺、中枢神经系统水肿，眼部病变有视网膜局部水肿、出血、结膜下出血、血管周围炎性细胞浸润等。严重的血管损伤可引起末梢、阴囊、乳腺、鼻及嘴唇等处发生坏疽。

【诊断】

根据疾病的季节性发生，蜱、壁虱侵袭史，发热和临床症状可初步怀疑该病。但该病引起的临床症状、血象变化、生化指标及组织病理学变化与其他传染性或非传染性疾病有诸多相似之处，临床诊断时应注意与犬瘟热、细菌性椎间盘脊椎炎、肺炎、急性肾衰竭、胰腺炎、结肠炎、脑膜炎、脑炎等疾病相区别。

确诊既需要对活组织和尸体样本进行立氏立克次体抗原的直接免疫荧光试验，又需要血清学试验或立氏立克次体 DNA 的聚合酶链式反应。应用间接荧光抗体试验（IFA），在急性和恢复期之间血清抗体滴度达到四倍或更高时可确断。直接免疫荧光试验或 DNA 聚合酶链式反应通过皮肤活体检查或血液或组织样本的 DNA 检查可提供快速诊断。

【治疗】

四环素（22mg/kg，每天 3 次，连用 2 周）或强力霉素（5mg/kg，每天 2 次，连用 2 周）有疗效。氟喹诺酮类药物（如恩氟沙星）似乎与上述药品有相同的效果。在抗生素应用后 24h 内可退烧。对脱水和表现出血性素质等的动物需要进行支持治疗。

【预防】

感染耐过犬可产生终生免疫。最大限度减少蜱的叮咬或消灭蜱是预防本病最有效的方法。工作人员在清除蜱时，应避免被蜱叮咬。对活动的壁虱应予以关注，以防人手被感染壁虱的淋巴液污染。在诊疗期间尽可能避免与犬立克次体血症的血液接触。

三、Q 热（Q fever）

Q 热是由贝纳柯克斯体（又称 Q 热柯克斯体）引起的一种人兽共患病。多见于畜牧业、畜产品加工业的从业人员及与被感染羊和其他动物接触的实验研究人员。人感染后，可出现急性发热、肺炎、肝炎，甚至心内膜炎等。慢性贝纳柯克斯体感染是一种新发现的人兽共患病，可引起慢性类疲劳综合征。本病呈世界性分布。

【病原】

立克次体目、立克次体科、柯克斯体属、贝纳柯克斯体（*Coxiella burnetii*），为革兰氏阴性杆菌或球杆菌，但用含酒精的碘液作媒染剂时，为革兰氏阳性。用马夏维洛染色法或布鲁氏菌鉴别染色法时，呈淡红色或淡红紫色。组织抹片用姬姆萨氏染色，形态为多形性。个体小，能通过细菌滤器，大小为 0.25～1.0μm。专性细胞内寄生，多在细胞浆的空泡内繁殖，主要生长于脊椎动物巨噬细胞的吞噬溶酶体内，在感染的细胞浆内以大集团状（直径为 20～30μm）存在。可在鸡胚、人和动物多种传代细胞内繁殖。

贝纳柯克斯体具有宿主依赖的相变异现象。分离于病人和患病动物的菌株为Ⅰ相（含有“Ⅰ相”和“Ⅱ相”的抗原成分），而在鸡胚或细胞培养中连续传代后则转变为Ⅱ相（只含Ⅱ相抗原成分）。截至目前，贝纳柯克斯体是立克次体科中唯一发现有质粒的一员。

病原对外界的抵抗力很强，能抵抗干燥和腐败，无需媒介动物也能以飞沫的方式传染，使人和动物发生感染。在 4℃的鲜肉中可存活 30d，在腌肉中至少可存活 150d。鲜奶在 63℃保持 30min 不能破坏其全部病原体，煮沸 10min 可杀灭病原。0.5%～1.0%来苏尔作用 3h，70%酒精在 10min 内，2%福尔马林、5%过氧化氢可杀灭贝纳柯克斯体。当病理材料中的病原体悬浮在 50%甘油盐液中可长期存活，在粪便、分泌物中也可存活很长时间。蜱的粪便可保存病原体达 1 年半以上。

腹腔接种豚鼠、兔、田鼠、小鼠时，病原体易增殖，在 6～8 日龄鸡胚的卵黄囊内不易生长。接种的实验动物一般在感染 5～28d 后发热，雄性动物偶见典型的睾丸炎。贝纳柯克斯体在培养的单层细胞上亦可生长，但缺乏显著病变。

【流行病学】

贝纳柯克斯体宿主包括哺乳动物、鸟类和蜱，病原体在蜱与野生动物间循环构成了 Q 热的自然疫源地。Q 热呈世界性分布，许多种蜱，包括血红扇头蜱都可自然携带贝纳柯克斯体。我国已从内蒙古、新疆、四川等地的蜱中分离到了贝纳柯克斯体。人的传染源主要是被感染的牛、绵羊、山羊等家畜，在动物间的传播是以蜱为媒介，且可经卵传代。动物感染后多无明显的症状，但乳汁、尿液、粪便可长期含有病原体。人可经接触和呼吸道等途径感染。慢性感染动物的生殖道组织中含有大量病原体，分娩过程中可形成含病原体的气溶胶。接触新生猫，特别是死胎是人感染Q热的危险因素。

【发病机理】

对猫或犬的致病机理目前尚不完全清楚。贝纳柯克斯体需要在活的细胞中生长繁殖，且自身具有代谢能力和许多与细菌相似的酶系统。其Ⅰ相毒株的脂多糖抽提物可引起动物发热，并对肝脏有不同程度的损害。皮下接种感染可引起试验动物发热、倦怠和食欲减退，而且立克次体血症至少可持续1个月。猫经口饲喂或者接触尿液和气溶胶感染不引起临床症状，但有半数猫可产生立克次体血症和抗贝纳柯克斯体抗体。在本病高发区，犬血清抗贝纳柯克斯体凝集抗体的阳性率较高。

【诊断】

实验室诊断，对子宫、胎盘等器官的分泌物及排泄物做涂片镜检，并感染实验动物和鸡胚，作病原体的分离和鉴定。

用病理材料直接涂片，以马夏维洛染色法或布鲁氏菌鉴别染色法染色，在镜检时可发现细胞内有大量红色球状或球杆状的贝纳柯克斯体。

用病理组织悬浮液腹腔接种豚鼠、兔、小鼠、田鼠或鸡胚卵黄囊，可以分离病原体。用补体结合反应、凝集反应和变态反应等血清学方法可做出确诊。

【治疗】

目前尚无理想的治疗方法。用人用氯霉素、四环素和林可霉素治疗，效果不佳，有些病例长期应用抗生素仍可复发。

【预防】

首先应消灭传染媒介蜱。常用方法是捕捉蜱和用0.04%二嗪农溶液或0.032%稀虫磷，或用1%敌百虫溶液喷洒或洗刷畜体。对有蜱寄生的畜群，应每半月进行一次，并对畜舍地面和墙缝用上述药液喷洒。

国外已有弱毒苗，可预防兽医人员、饲养员和屠宰场工作人员的Q热，但效果不一。预防病原体传播的其他措施，包括巴氏法消毒鲜奶，对被患病羊（牛）胎盘、垫草及分泌物、排泄物污染的物质进行严格消毒处理或焚烧。对鼠等宿主动物要加强杀灭措施，对感染区动物的皮毛应用环氧乙烷消毒。

第七节 原虫病

Protozoal Infection

近年来，大量血清学和PCR研究表明，巴贝斯虫等原虫在犬身上的混合感染比预计的更频繁。多种原虫的混合感染使得临床症状、诊断和治疗都变得复杂化，很难判断一只犬是否仅感染了一种原虫。一般情况下，犬若出现异常严重的临床症状应考虑混合感染。最近的资料也表明，把病因归咎于犬受到单一病原体的侵害是有相当难度的。由于巴贝斯虫等可引起犬的慢性隐性感染，在一只自然感染并表现出特殊临床症状的犬上解释每种病原体的发病机理仍然非常困难。

从进化的角度来看，媒介、经媒介传播的细胞内病原，以及动物和人类宿主已经明显产生一种高度适应的互动关系。一般情况下，媒介需要血液供给营养，原虫需要在一个细胞内环境中生存，从免疫角度看，大多数动物宿主似乎能够忍受多种媒介传播的病原体几个月乃至数年的慢性感染而不表现明显的症状。最近有证据表明，临床兽医在处理曾与蜱和蚤病接触史的病犬时，应做细胞内病原体的筛查。

一、肠道球虫病（Enteric coccidiosis）

犬、猫球虫病是由艾美耳科等孢属（*Isospora*）球虫寄生于犬、猫的小肠和大肠黏膜上皮细胞内而引起的寄生虫病。感染严重时，可引起肠炎。

【病原】

该类病原呈全球性分布。孢子化卵囊壁光滑。无卵膜孔、极粒和卵囊余体。孢子囊无斯氏体，有孢子囊余体。卵囊内含2个孢子囊，每个孢子囊内含4个子孢子。各病原的寄生部位不尽相同，孢子化卵囊的形状、大小、颜色各异，卵囊内孢子囊的形状也有差异。具体特性为：

（1）犬等孢球虫（*I. canis*） 寄生于犬小肠，主要在小肠后1/3段。孢子化卵囊呈卵圆形或椭圆形，大小为（30.7～42.0）μm×（24.0～34.6）μm。卵囊壁呈淡绿色，孢子囊呈椭圆形。20℃条件下孢子化时间为2d。

（2）俄亥俄等孢球虫（*I. ohioensis*） 寄生于犬小肠、结肠和盲肠。孢子化卵囊呈椭圆形或卵圆形，大小为（20.5～20.6）μm×（14.5～23.00）μm。卵囊壁无色或呈淡黄色，孢子囊呈椭圆形。孢子化时间在7d以内。

（3）伯氏等孢球虫（*I. burrowsi*） 寄生于犬小肠后段和盲肠。孢子化卵囊呈球形或椭圆形，大小为（17～24）μm×（15～22）μm。卵囊壁呈黄绿色，孢子囊卵呈圆形或椭圆形。

（4）猫等孢球虫（*I. felis*） 寄生于猫小肠。孢子化卵囊呈卵圆形，大小为（35.9～46.2）μm×（25.7～37.20）μm。卵囊壁呈淡黄色或淡褐色，孢子囊呈卵圆形。孢子化时间为2d或更少。

（5）芮氏等孢球虫（*I. rivolta*） 寄生于猫的小肠、盲肠和结肠。孢子化卵囊呈卵圆形或椭圆形，大小为（21.0～30.5）μm×（18.0～28.2）μm。卵囊壁无色或呈淡褐色，孢子囊呈宽椭圆形。孢子化时间为1～2d。

【生活史】

上述几种球虫的生活史基本相似，可分为3个阶段。①随粪便排出的卵囊内含有一团卵囊质，在适宜条件下，经过1d或更长时间的发育，完成孢子生殖，也叫孢子化，卵囊质发育为2个孢子囊，每个孢子囊内发育出4个子孢子，子孢子多呈香蕉形。完成孢子生殖的卵囊叫孢子化卵囊，有感染能力。②犬、猫等因吞食了孢子化卵囊而感染。子孢子在小肠内释放，侵入肠上皮细胞，进行裂殖生殖，即首先发育为裂殖体，内含8～12个或更多的裂殖子，裂殖子呈香蕉形。裂殖体成熟后破裂，释出裂殖子，侵入新的上皮细胞，再发育为裂殖体。③经过3代或更多的裂殖发育后，进入配子生殖阶段，即一部分裂殖子发育为大配子，一部分发育为小配子，大小配子结合后，形成合子，合子最后形成卵囊壁变为卵囊，卵囊随粪便排出体外。动物从感染孢子化卵囊到排出卵囊的时间约为9～11d。

【发病机理】

因为等孢球虫的裂殖生殖和孢子生殖均在肠上皮细胞内完成，所以当裂殖体和卵囊从感染细胞释放时，可破坏大量肠上皮细胞，导致出血性肠炎和肠黏膜上皮细胞脱落。加之有毒有害产物，破坏正常菌群的平衡，导致炎症性肠病，肠酶活性受到抑制，微绒毛变扁平并有能动性障碍。

【临床症状】

6月龄以下幼犬和幼猫较常见。轻度感染一般不表现临床症状。而严重感染的病例，在感染后3～6d可排出水样或带血液的粪便。患病动物表现出精神沉郁，食欲不振，消化不良，呕吐，消瘦，贫血。感染3周以上的动物，临床症状自行消失，大多数可以自然康复。

【诊断】

根据排血样粪便等症状和粪便卵囊检查可以确诊。如有大量血便而查不到卵囊，应进行活组织检查，做肠黏膜压片，用显微镜检查裂殖体。

【治疗】

犬治疗方案有：①甲氧苄胺嘧啶—磺胺甲异噁唑，按15mg/kg，口服，每天1～2次，连用5d。②磺胺间二甲氧嘧啶—奥美普林，按55mg/kg，口服，磺胺间二甲氧嘧啶和奥美普林，按11mg/kg，每天1次，连用23d。③安丙啉，按40mg/kg，口服，每天1次，连用5d，总剂量达到200mg。

猫治疗方案有：①与犬相同。②磺胺间二甲氧嘧啶，按50～60mg/kg，口服，每天1～2次，连用5～20d。③安丙嘧砒啶，按12mg/kg，口服，每天1次，连用5d，总剂量达到60～100mg。

【预防】

搞好环境卫生，防止感染，也可用安丙啉进行药物预防。

二、弓形虫病（Toxoplasmosis）

弓形虫病是弓形虫属（*Toxoplasma*）刚地弓形虫（*Toxoplasma gondii*）引起的一种人兽共患原虫病。弓形虫可感染200多种动物，它是可感染温血脊椎动物范围最广的寄生虫之一，呈世界性分布。猫是弓形虫的终末宿主，犬吞食猫科动物的粪便后能够随粪便排出包囊。可引起猪急性死亡，往往可导致绵羊流产，也可引起人流产和先天性畸形，犬和猫多为隐性感染，有时也可引起发病。

【病原】

孢子虫纲肉孢子虫科弓形虫属的刚地弓形虫，在不同发育阶段呈不同的形态。在终末宿主猫体内为裂殖体、配子体和卵囊，在中间宿主体内为速殖子和缓殖子。

速殖子呈弓形或梭形，大小为（4～8）μm ×（2～4）μm，多数在细胞内，少数游离于组织液内。缓殖子存在于包囊内，包囊呈圆形或椭圆形，囊壁很厚，直径为8～100μm，可含数十个缓殖子。包囊见于多种组织，尤以脑组织为多。卵囊见于猫粪便内，呈圆形或近圆形，大小为10×12μm，在适宜的条件下经1～5d可发育为孢子化卵囊，其内有2个孢子囊，每个孢子囊含有4个子孢子。成熟的裂殖体呈圆形，直径为12～15μm，内含4～24个裂殖子。大配子体的核致密，较小，有着色明显的颗粒。小配子体色淡，核疏松，后期分裂成许多小配子，每个小配子有一对鞭毛，存在于终末宿主猫的肠上皮细胞内。

孢子化卵囊在外界环境可生存几个月到几年，并对多种消毒剂具有抵抗力。

【生活史】

终末宿主为猫及猫科动物，中间宿主为多种哺乳动物（包括猫）和鸟类。猫通常经食肉发生感染，在食入孢子化卵囊、缓殖子或速殖子后，虫体钻入肠上皮细胞，经2～3代裂殖生殖，最后形成卵囊，随粪便排出，在有氧且温湿度适当的环境中，经1～5d，发育为孢子化卵囊。潜隐期为2～41d。猫一生只排一次卵囊。一部分子孢子在猫体内可进入淋巴和血液循环，发育过程与在其他中间宿主体内一样。

中间宿主食入孢子化卵囊、缓殖子或速殖子后，虫体通过淋巴液或血液侵入全身各个组织，尤其是网状内皮细胞，在胞浆中进行繁殖。如果虫株毒力很强，而且宿主又未能产生强大的免疫力，即可引起弓形虫病的急性发作。反之，如果虫株毒力较弱，宿主又能很快产生免疫力，则弓形虫的繁殖受阻，发病较缓慢，或者成为无症状的隐性感染。虫体也就会在宿主的一些脏器中形成包囊，尤以脑内最多。

【致病机理】

初次感染时，由于中间宿主尚无较强的免疫力，在血液或淋巴液中的弓形虫可很快侵入宿主器官，并在宿主细胞内快速繁殖，这种繁殖很快的虫体称为速殖子。速殖子可以穿透所有体细胞并进行无性分化直至宿主细胞被破坏，速殖子释出，又侵入新的细胞。虫体可以侵入所有的器官，包括脑、心、肺、肝、脾、肾、睾丸、眼、骨骼肌及骨髓等。

当宿主具有免疫力时，虫体在细胞内增殖受到影响，速度减慢，称为缓殖子，多个缓殖子聚集在细胞内，形成包囊，包囊周围无明显炎症反应。一旦宿主免疫力下降，包囊便会破裂，虫体再次释出，形成新的暴发。所以，包囊是宿主体内潜在的感染来源。组织包囊很容易在中枢神经系统（脑）、肌肉（骨骼肌）及内脏（眼、肝、脾）内形成。在慢性感染的宿主体内，因为免疫力强，包囊破裂后释出的抗原与机体的抗体作用，可发生无感染的过敏性坏死和强烈的炎症反应，从而形成肉芽肿。

【临床症状】

犬的症状主要为精神沉郁，发热，咳嗽，呼吸困难，厌食，呕吐，腹泻，胃肠道溃疡，眼、鼻分泌物增多，黏膜苍白（或发绀），孕犬早产和流产等。

猫的症状可分为急性和慢性两类。急性表现为高热、呼吸困难、嗜睡，厌食、呕吐、腹泻，眼结膜充血、对光反应迟钝，有的出现黄疸。孕猫可发生流产，胎儿产后数日内死亡等。慢性症状表现为厌食、体温升高并且发热期长短不一，腹泻，虹膜发炎，贫血。中枢神经症状有共济失调、癫痫性惊厥、震颤、视觉丧失等。孕猫可发生流产或死产，新生猫症状严重，中枢神经系统和肺症状最为普遍。成年猫主要表现为眼内炎症等。严重感染可导致猫、犬死亡。

【病变】

犬剖检可见胃肠道有大小不一的溃疡。肠系膜淋巴结肿大，切面有范围不等的坏死区。肺有大小不同的灰白色结节。脾脏肿大，肝脏轻度脂肪浸润，偶有不规则的坏死灶。心肌有小的坏死灶。

猫剖检可见肺水肿及分散的结节，肝肿大、边缘钝圆，有小的黑色坏死灶；不同部位的淋巴结有不同程度的增生、出血或坏死，心肌有出血和坏死灶，胸腔和腹腔积液，胃有出血。

【诊断】

如果检出病原体即可确诊，但这种情况很罕见。临床上多采集脏器或体液做涂片、压片或切片来检查虫体。也可用间接血凝试验、抗体中和试验、荧光抗体反应和酶联免疫吸附试验等免疫学方法诊断。还可做动物接种试验，试验动物多用小鼠、豚鼠和兔子等。

【治疗】

猫、犬治疗方案有：①林可霉素，按 12.5mg/kg，口服或肌内注射，每天 2 次，连用 3～6 周。②对氨基苯磺酰胺（磺胺嘧啶），按 30mg/kg，口服，每天 2 次。③乙胺嘧啶，按 0.5～1mg/kg，口服，每日 1 次，连用 2d，然后减为 0.25mg/kg，每日 1 次，连用 2 周。

【预防】

最主要的预防措施是管好猫的粪便，防止污染环境、水源及饲料。为预防弓形虫病，应避免食用未煮熟的肉食或摄入孢子化卵囊。

三、犬、猫巴贝斯虫病（Babesiosis）

犬和猫巴贝斯虫病是由蜱传播的巴贝斯科巴贝斯属（*Babesia*）的虫体寄生于犬和猫的红细胞内所引起的一种严重的原虫病。以严重贫血和血红蛋白缺乏为特征。寄生于犬的巴贝斯虫有 2 种；寄生于猫的有 4 种。

【病原】

（1）可感染犬的巴贝斯虫　吉氏巴贝斯虫（*B. gibsoni*）　虫体很小，多位于红细胞的边缘或偏中央，呈环形、椭圆形、圆点形、小杆形等，偶尔见到成对的小梨籽形虫体。梨籽形虫体的大小为 1μm×3.2μm。圆点形虫体为 1 团染色质，姬姆萨染色呈深紫色，多见于感染的初期。环形虫体为浅蓝色的细胞质包围成一个空泡，有 1 团或两团染色质。小杆形虫体的染色质位于两端，染色较深。在一个红细胞内可寄生 1～13 个虫体，多为 1～2 个。

犬巴贝斯虫（*Babesia canis*）　是一种大型虫体，典型虫体呈梨籽形，一端尖，一端钝，大小为 2.4μm×5.0μm，梨籽形虫体之间可以形成一定的角度。还有变形虫样、环形等多种形状的虫体。1 个红细胞内可以感染数个虫体，最多可达到 16 个。虫体还可见于肝、肺的内皮细胞和巨噬细胞中。

（2）可感染猫的巴贝斯虫　猫巴贝斯虫　呈单一或成对环状形，大小为 1μm × 2.3μm。

豹巴贝斯虫　大小为 1.2μm × 2.2μm。

【生活史】

巴贝斯虫的终末宿主为蜱。吉氏巴贝斯虫的终末宿主为长角血蜱、镰形扇头蜱和血红扇头蜱。犬巴贝斯虫的终末宿主以血红扇头蜱为主。

巴贝斯虫的发育过程分为 3 个阶段。蜱在吸食易感动物血时，将巴贝斯虫的子孢子注入动物体内，子孢子进入红细胞内后，进行裂殖生殖，形成裂殖体和裂殖子，随后红细胞破裂，虫体又侵袭新的红细胞。反复几代后形成大小配子体。蜱再次吸血时，配子体进入蜱的肠管进行配子生殖，即在肠上皮细胞内形成配子，继而结合成合子。合子进入各种器官反复分裂形成更多的动合子。动合子侵入蜱的卵母细胞，在子代蜱发育成熟和采食时，进入子代蜱的唾液腺，进行孢子生殖，形态不同于动合子的子孢子。在子代蜱吸血时，又将子孢子传给动物。

【流行病学】

蜱既是巴贝斯虫的终末宿主也是传播者，所以该病的发生与分布与蜱的分布和活动季节密切相关。蜱多在春季开始出现，冬季消失。犬巴贝斯虫已蔓延至世界各地。另外，已从狐狸、狼等多种动物体内分离到了犬巴贝斯虫。在我国江苏、河南和湖北的部分地区吉氏巴贝斯虫呈地方性流行。幼犬和成年犬对巴贝斯虫病具有相同的敏感性。

感染猫的传播媒介仍有争议。

【发病机理】

首先，该病原在红细胞内复制，破坏红细胞，导致溶血性贫血，可能引起黄疸。其次，虫体具有酶的作用，使动物血液中出现大量具有扩血管作用的活性物质，可引起低血压性休克综合征。再次是该病原能够激活动物的凝血系统，导致血管扩张、淤血，从而引起系统组织器官缺氧，损伤器官。此外，还会因严重贫血而引发的组织缺氧，导致弥散性血管内凝集。

【临床症状】

超急性感染的幼犬可能出现急性死亡，成年犬可出现贫血、体温升高、呼吸急促、乏力、黏膜苍白、心动过速等，还可出现黄疸、瘀点（斑）、氮质血症和肝、脾肿大。

慢性经过较多见，病犬表现出精神沉郁，四肢无力，身躯摇摆，体温升至 40～41℃，食欲减退或废绝，明显消瘦，体重下降，结膜苍白，黄染，出现化脓性结膜炎。从口、鼻流出有异味的液体。尿呈黄色至暗褐色，如酱油样。非典型感染或隐性感染的犬会出现腹水、胃肠道症状，以及中枢神经系统疾病和心肺疾病的临床症状。

患病猫多为青年猫，表现出厌食，瘦弱，精神沉郁，呼吸急促，腹泻，黏膜发白，心动过速，发热和黄疸。

【诊断】

结合该病症状、既往流行情况，如血涂片发现虫体和体表检查发现蜱即可确诊。

已有市售检测犬巴贝斯虫病 IFA 试纸。PCR 可以用来证明病原体存在，但阳性动物不一定总是表现出临床症状。

【治疗】

没有药物可消除感染。犬治疗方案有：①乙酰甘氨酸重氮氨苯脒，10%溶液，按 3.5mg/kg，肌内注射。②羟乙磺酸二苯脒，5%溶液，按 15mg/kg，皮下注射，每天 1 次，连用 2d。③咪多卡二丙酸盐，按 2～6mg/kg，皮下或肌内注射。④林可霉素，按 25mg/kg，口服，每天 1 次，连用 2～3 周。

猫治疗方案有：磷酸伯氨喹，按 0.5mg/kg，口服或肌内注射，每天 1 次。辅助性治疗有：输血、碳酸氢钠治疗酸中毒和输液治疗。

【预防】

做好灭蜱工作，消灭犬体、犬舍及运动场的蜱。在该病非流行季节引进犬和不从流行地区引犬。目前没有证据表明，感染犬和猫的巴贝斯虫能够引起人类疾病。

四、利什曼原虫病（Leishmaniasis）

利什曼原虫病又称黑热病，是杜氏利什曼原虫（*Leishmania donovani*）引起的犬、人类和其他哺乳动物的皮肤型、黏膜皮肤型和内脏型的寄生虫病。啮齿目动物和犬是主要储存宿主，人与猫可能是偶然宿主，白蛉是传播媒介。我国西北等个别地区有发生。

【病原】

动基体目锥体科利什曼属（*Leishmania*）杜氏利什曼原虫（*Leishmania donovani*），在哺乳动物宿主体内为利什曼型，呈圆形或卵圆形，有鞭毛，大小为 4μm×2μm，寄生于肝、脾、淋巴结的网状内皮细胞中。虫体一侧有一球形核，以及动基体和基轴线。在染色抹片中，虫体呈淡蓝色，核呈深红色，动基体为紫色或红色。

【生活史】

该病原体通过血液传播，在脊椎动物宿主的巨噬细胞中是无鞭毛体，大小为（2.5～5）μm×（1.5～2）μm。白蛉是传播媒介，虫体被白蛉吸入后，在其肠内繁殖，形成前鞭毛型虫体，呈柳叶形，动基体前移至核前方，有1根鞭毛，无波动膜。7～8d后，虫体返回口腔。白蛉吸血时将其注入易感动物宿主体内使其感染。

【发病机理】

带鞭毛的利什曼原虫被巨噬细胞吞噬，然后散播至全身。经过1个月至7年的潜伏期，形成无鞭毛体并引起皮肤损伤，白蛉在吸血过程中被感染。病原体可引起严重的免疫反应，高球蛋白血症、低蛋白血症、蛋白尿、肝脏酶活性增强、血小板减少、氮质血症、淋巴细胞减少症和伴有核左移的白细胞增多是常见变化，还可见多克隆丙种球蛋白症（偶尔单克隆），以及淋巴网状内皮细胞、器官中巨噬细胞、组织细胞和淋巴细胞增加。特别在肾小球、眼球血管膜和滑膜中，形成的免疫复合物和沉淀可导致肾小球肾炎和多发性关节炎等。

【临床症状】

犬一般发生内脏型利什曼原虫病，约90%的病例有不完全的皮肤型表现。皮肤呈鳞状，增厚，皮肤黏膜溃疡，常见于鼻镜、耳廓和脚垫。内脏型症状有体重下降，多尿，腹泻、拉黑色粪便，咳嗽、打喷嚏等。还可见脾肿大、淋巴结肿大、溃疡、肝肿大，色素层炎、角膜炎、结膜炎，多发性关节炎等。

猫通常为亚临床性感染，可在耳廓和鼻镜处形成皮肤结节。

【诊断】

经瑞氏或革兰氏染色的脾、淋巴结、骨髓提取物或皮肤的抹片中发现无鞭毛体即可确诊，实验室血液有形成分等检查结果可参考，还可用PCR来确定病原。

【治疗】

治疗方案有：①锑酸葡胺，按100mg/kg，静脉注射，连用3～4周。②葡萄糖酸锑钠，按30～50mg/kg，静脉注射，连用3～4周。③酮康唑，按10mg/kg，口服，每天3次，连用3周。④别嘌呤醇，按20mg/kg，口服，每天2次，连用9个月。

【预防】

避免受感染白蛉的叮咬是唯一的预防手段。由于本病是严重的人兽共患病且已基本被消灭，所以，一旦发现新的病犬，应予以扑杀。

五、阿米巴病（Amebiasis）

阿米巴病主要是由溶组织内变形虫（*Entamoeba histolytica*）引起的一种高发病率、高致病性的人兽共患原虫病。主要寄生于大肠黏膜，较少寄生于肝、肺、脑和脾脏等。可感染猴、猪等，很少引起犬发病。该病呈世界性流行。

【病原】

该病原属根足虫纲变形虫目内变形科内变形属（*Entamoeba*）的溶组织内变形虫。虫体形态多变，个体很小。滋养体直径为7～60μm，外质透明，内质较稠密，含有细胞核及被吞噬的红细胞。染色后，可见一直径为4～7μm的细胞核，其中央可见核仁。新鲜粪便内的滋养体活泼，靠伪足行动，在慢性感染时伪足不常见。包囊呈圆形，直径为5～20μm，囊壁较厚。在不同发育期，有1～4个核。

【生活史】

动物食入包囊后感染。包囊在宿主肠道内脱囊，并以二分裂法繁殖，形成滋养体，滋养体通过伪足运动侵入肠壁，吞食血液中的红细胞和组织细胞并大量增殖，破坏组织，导致肠壁局部坏死，形成溃疡。在一定的条件下，滋养体转变为包囊，随粪便排出体外。由于大量灵长类动物、鼠类和一些昆虫等包囊携带者的媒介作用，阿米巴原虫很容易在人和动物中自然传播。

【发病机理】

溶组织内阿米巴滋养体具有侵入机体、适应宿主免疫应答和表达致病因子的能力。当虫体侵入机体组织或进入血液循环后，可破坏胞外间质和溶解宿主组织；当虫体接触到机体的补体系统时，虫体才会产生抗补体作用，同时吞噬细菌和红细胞，快速侵吞和杀伤巨噬细胞、T细胞等。溶组织内阿米巴还可以产生一种单核细胞移动抑制因子，抑制单核细胞、多形核白细胞的移动。滋养体通过产生抗炎症多肽，影响细胞因子分泌，限制炎症的发生，从而逃避宿主免疫。

【临床症状】

该病以眼鼻流出水样分泌物、顽固性腹泻为主要特征。急性病例可导致死亡。慢性病例表现为间歇性或持续性腹泻、里急后重、厌食和体重下降。

【诊断】

在粪便中发现滋养体或包囊即可确诊。实验室常用的方法有直接涂片法、直接沉淀法、离心沉淀法、碘液染色法和苏木素染色法等，还可采用酶联免疫吸附试验、琼脂扩散试验、间接荧光抗体试验等。PCR技术是发展较快而且准确、敏感、安全、特异的诊断方法。

【治疗】

可选甲硝唑及其衍生物，还可选用安特酰胺。现犬多用灭滴灵，按10mg/kg，口服，每天2次，连用1周；或痢特灵，按2mg/kg，口服，每天3次，连用1周。

【预防】

尚无理想的疫苗，消灭传染源和切断其传播途径是预防本病的关键。

附　录

附录 1

中国农业大学动物医院化验单（一）

动物主人＿＿＿＿＿电话＿＿＿＿＿日期＿＿＿＿＿兽医师＿＿＿＿＿

动物种类＿＿＿＿＿性别＿＿＿＿＿年龄＿＿＿＿＿品种＿＿＿＿＿病历号码＿＿＿＿＿

血液项目和单位（Haematology&unites）	结果（Result）	参考值（Reference Range）			
		犬（Canine）	猫（Feline）	马（Equine）	牛（Bovine）
红细胞（RBC）$\times 10^{12}$/L		5.5～8.5	5.0～10.0	6.0～12.0	5.0～10.0
红细胞体积（HCT）L/L		0.37～0.55	0.24～0.45	0.32～0.48	0.24～0.46
血红蛋白（HGB）g/L		120～180	80～150	100～180	80～150
平均红细胞体积（HCV）10^{-15}/L		60～77	39～55	34～58	40～60
平均红细胞血红蛋白含量（MCH）10^{-12}g		19.5～24.5	13.0～17.0	13.0～19.0	11.0～17.0
平均红细胞血红蛋白浓度（HCHC）g/dl		32～36	30～36	30～36	31～37
白细胞（WBC）$\times 10^{9}$/L		6.00～17.00	5.50～19.50	8.00～12.00	4.00～12.00
叶状中性粒细胞（Seg neutr）%		60～77	35～75	30～70	15～45
杆状中性粒细胞（Band neutr）%		0～3	0～3	0～1	0～2
单核细胞（Mon）%		3～10	0～4	0～8	2～7
淋巴细胞（Lym）%		12～30	20～55	25～60	45～75
嗜酸性粒细胞（Eos）%		2～10	0～12	0～10	0～20
嗜碱性粒细胞（Bas）%		少见	少见	0～3	0～2
血小板（p）×10/L		200～900	300～700	100～600	100～800
异常红细胞和白细胞（Abnormal RBC or WBC）					
心丝虫幼虫（Micorfilaria）					
焦虫（Babesia）					
锥虫（Trypanosoma）					
其他（Others）					
检验师：　　年　月　日					

附录 2

中国农业大学动物医院化验单（二）

动物主人________电话________日期________兽医师________
动物种类________性别________年龄________毛色________病历号码________

选项 (Item)	粪便检查 (Fecal Exam)	结果 (Result)	选项 (Item)	尿检查 (Uric Exam)	结果 (Result)
	颜色（Color）			尿色（Color）	
	性状（Texture）			透明度（Transparency）	
	潜血（Occult Blood）			气味（Odor）	
	犬细小病毒（CPV）			酸碱度（PH）	
	胰蛋白酶（Trypsin）			比重（Specific Gravity）	
	寄生虫（Parasite）			潜血（Ocult Blood）	
	白细胞（WBC）			蛋白（Protein）	
	红细胞（RBC）			葡萄糖（Glucose）	
	上皮细胞（Epithelial）			尿胆原（Urobilinogen）	
	中性脂肪（Neutral Fats）			尿胆红素（Bilirubin）	
	淀粉颗粒（Starch Granules）			酮体（Ketones）	
	肌纤维（Muscle fibers）			亚硝酸盐（Nitrite）	
	真菌（Fungi）			细菌（Bacteria）	
	其他（Other）				
尿沉渣（Sediment）					

皮 肤 检 查

部位 (Location)	疥螨 (Sarcoptis)	蠕形螨 (Demodex)	真菌 (Fungi)	细菌 (Bacteria)	马拉色菌 (Malassezia)
1.					
2.					
3.					

病原微生物分离培养/药敏试验

病原微生物分离培养（Microbiology）	药敏试验（Sensitivity Test）	结果（Result）
1.		
2.		
3.		

检验师：________

附录 3

中国农业大学动物医院影像学检查申请单

送检日期：　　年　月　日　　　　病历号：

主人姓名		地址邮编				电话	
动物姓名		动物种类		品 种		生 日	
颜 色		特 征		血 统		芯 片	
性 别	□雄性　□雄性绝育　□雌性　□雌性绝育　□不详						

病历摘要及临床症状：

要求目的：

X线片尺寸：□5×7　□8×10　□10×12
□11×14　□14×17
□两次曝光

出片方式：□X线胶片　□CR　□刻盘

投照部位：□头部　□胸部　□腹部　□颈椎　□胸腰椎
□腰荐椎　□骨盆　□右前肢　□左前肢
□右后肢　□左后肢　□其他

B超方式：□彩超　□黑白超

检查器官部位：□心　□肝　□脾　□肾
□胰　□前列腺　□眼部
□胸腔　□腹腔　□子宫
□动脉　□妊娠检查
□其他

申请兽医师：

摆位：□前后　□后前　□背腹　□腹背　□右侧
□左侧　□内外侧　□斜位　□其他

造影方法及拍摄时机：□阴性　□阳性　□双重

结果印象：

检查兽医师：

X线号	厚度（cm）	滤线器	电压（kV）	电流（mA）	时间（s）	毫安秒（mAs）	其他

附录 4

中国农业大学动物医院超声检查申请单

<table>
<tr><td colspan="2">主人姓名</td><td>病历号</td><td colspan="3">电话</td></tr>
<tr><td rowspan="2">动物种类</td><td rowspan="2">犬 ____
猫 ____
其他____</td><td>动物姓名</td><td rowspan="2">性别</td><td rowspan="2">雄 ____
雌 ____
绝育____</td><td>年龄</td></tr>
<tr><td>品种</td><td>体重 kg</td></tr>
<tr><td colspan="6">病历摘要及临床症状：

申请兽医师： 年 月 日</td></tr>
<tr><td colspan="6">检查器官部位：

单腔器官（肝胆/胰/脾/肾/膀胱/前列腺/睾丸/体表肿物）
妊娠检查
心脏
消化系统（肝、胆、胰、脾）
胃肠道（含肠道淋巴结）
泌尿系统（肾、输尿管、膀胱、前列腺）
体腔肿物（胸膜腔/腹膜腔）
生殖系统（卵巢、子宫）
肾上腺
甲状腺
眼部</td></tr>
<tr><td colspan="6">超声印象：</td></tr>
<tr><td colspan="6">超声提示：

超声检查医师：</td></tr>
</table>

注：此报告仅供临床参考　　　　报告日期：　　年　月　日

附录 5

中国农业大学动物医院细胞学检查申请单

主人姓名		病历号	电话		
动物种类	□犬 □猫 □其他____	动物姓名 品种	性别	□雌 □雄 □绝育	年龄 体重　　kg

病变描述	部位	大小（cm）	出现时间	变大速度	游离性	其他
□皮肤及皮下						
□体表淋巴结						
□腹腔器官						
□其他			申请兽医师：	年	月	日

背侧　　腹侧

腮腺淋巴结　咽喉内侧淋巴结　腰下淋巴结　下颌淋巴结　肩前淋巴结　腹股沟淋巴结　腘淋巴结　腋下淋巴结　胸骨前淋巴结

体表淋巴结示意图

采样方法：　□ 细针穿刺（□ 负压　□ 无负压）　□ 棉签法　□ 压片法　□ 刮擦法

印象：

提示：

检查兽医师：

注：此报告仅供临床参考，组织病理学确诊。　　　　报告日期：　　年　　月　　日

参 考 文 献

陈北亨，王建辰 . 2001. 兽医产科学［M］. 北京：中国农业出版社 .

邓干臻 . 2009. 兽医临床诊断学［M］. 北京：科学出版社 .

东北农业大学 . 2000. 兽医临床诊断学［M］. 3 版 . 北京：中国农业出版社 .

高得仪 . 2001. 犬猫疾病学［M］. 北京：中国农业大学出版社 .

高丰，贺文琦 . 2008. 动物病理解剖学［M］. 北京：科学出版社 .

韩博 . 2011. 犬猫疾病学［M］. 3 版 . 北京：中国农业大学出版社 .

侯加法 . 2002. 小动物疾病学［M］. 北京：中国农业出版社 .

侯加法，林德贵 . 2002. 小动物疾病学［M］. 北京：中国农业出版社 .

胡延春 . 2010. 犬猫疾病类症鉴别诊疗彩色图谱［M］. 北京：中国农业出版社 .

金淮 . 1992. 犬猫疾病快速诊疗技术［M］. 南京：南京出版社 .

廖秦平，瘆建华 . 2010. 妇产科学［M］. 3 版 . 北京：北京大学医学出版社 .

卢兴国 . 2007. 检验与临床诊断骨髓检验分册［M］. 北京：人民军医出版社 .

施振声译 . 2005. 小动物临床手册［M］. 北京：中国农业出版社 .

王宝安 . 2000. 兽医病理学［M］. 南京：东南大学出版社 .

王春璈，马卫明 . 2006. 犬病临床手册［M］. 北京：金盾出版社 .

王俊东，刘宗平 . 2004. 兽医临床诊断学［M］. 北京：中国农业出版社 .

王小龙 . 2004. 兽医内科学［M］. 北京：中国农业出版社 .

夏兆飞译 . 2007. 犬猫血液学手册［M］. 北京：中国农业大学出版社 .

夏兆飞，袁占奎译 . 2010. 小动物医学鉴别诊断［M］. 北京：中国农业大学出版社 .

夏兆飞译 . 2010. 兽医临床实验室检验手册［M］. 北京：中国农业大学出版社 .

赵兴绪 . 2002. 兽医产科学［M］. 3 版 . 北京：中国农业出版社 .

周桂兰，高得仪 . 2010. 犬猫疾病实验室检验与诊断手册——附典型病例［M］. 北京：中国农业出版社 .

Arthur GH，Noakes DE，Pearson H，Parkinson TJ. 1998. Veterinary Reproduction and Obstetrics［M］. 7th ed. Saunders. St. Louis，MO，USA

August JR. 2010. Consultations in Feline Internal Medicine［M］. Saunders. St. Louis，MO，USA

Ettinger SJ，Feldman EC. 2010. Textbook of Veterinary Internal Medicine：Diseases of the Dog and the Cat［M］. 7th ed. Saunders. St. Louis，MO，USA

Johnson LR. 2010. Clinical Canine and Feline Respiratory Medicine. Wiley－Blackwell. Ames，Iowa，USA

Johnston SD，Root Kustritz MV，Olson PNS. 2001. Canine and Feline Theriogenology［M］. Saunders. St. Louis，MO，USA

Kittleson MD，Kienle RD. 1998. Small Animal Cardiovascular Medicine［M］. Mosby. St. Louis，MO，USA

Lorenz MD，Neer TM，DeMars P. 2009. Small Animal Medical Diagnosis，3rd ed. Wiley－Blackwell. Ames，Iowa，USA

Morgan RY. 2007. Handbook of Small Animal Practice［M］. 5th ed. Saunders. London，UK

Nelson RW，Couto CG. 2009. Small Animal Internal Medicine［M］. 4th ed. Mosby. St. Louis，MO，USA

Peteron ME，Kutzler MA. 2011. Small Animal Pediatrics：The First 12 Months of Life［M］. 7th ed. Saunders. St. Louis，MO，USA

Tilley LP，Smith Jr. FWK，Oyama MA，Sleeper MM. 2008. Manual of Canine and Feline Cardiology. 4th ed. Saunders. St. Louis，MO，USA

Willard MD，Tvedten H. 2012. Small Animal Clinical Diagnosis by Laboratory Methods［M］. 5th ed. Saunders. St. Louis，MO，USA

汉英（拉丁文）索引

D

E

F

G

H

J

K

L

M

N

O

P

Q

R

S

T

W

X

Y

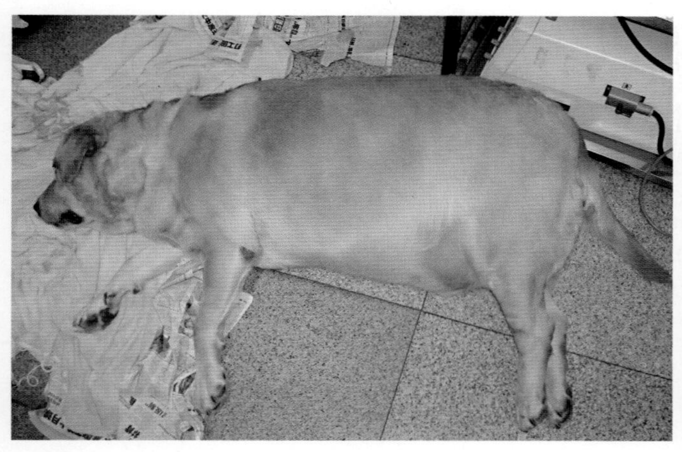

图2-1 肥　胖
肥胖拉布拉多犬　　　　　　　　　　　　（蒋宏　提供）

图2-2 疥　螨
疥螨患犬，临床表现为瘙痒、耳朵和眼圈周围脱毛

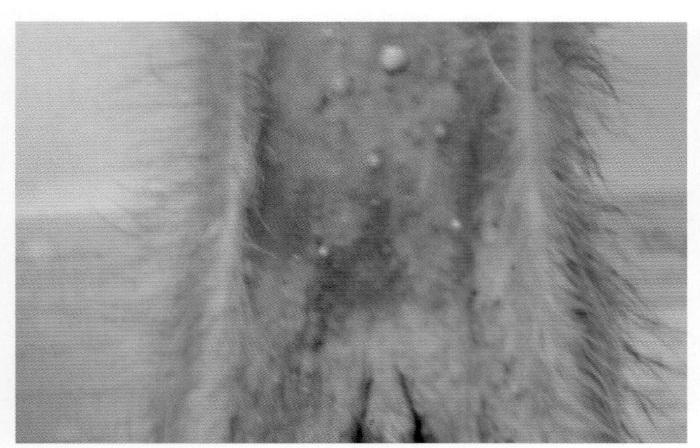

图2-3 脓　疱
犬瘟热患犬腹部出现大量红疹，并有少量大脓疱

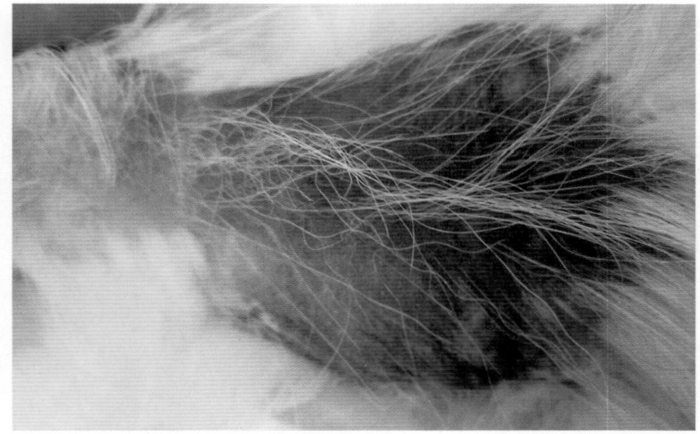

图2-4 皮肤色素异常沉着
甲状腺机能减退导致皮肤大量黑色素沉着，躯干两侧对称性脱毛

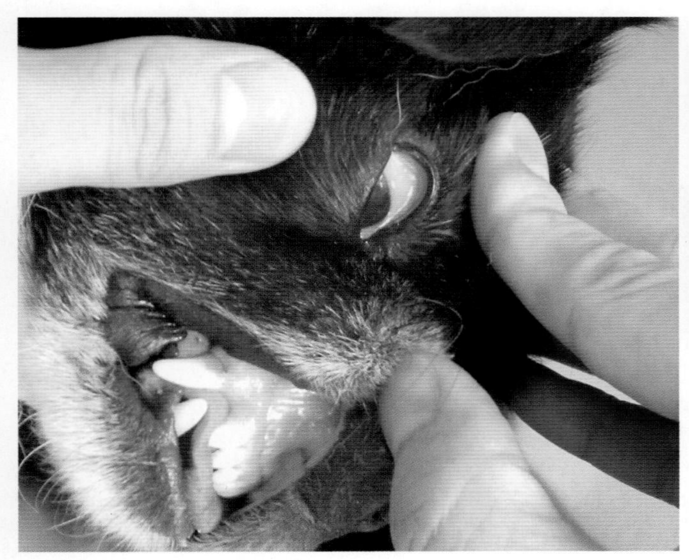

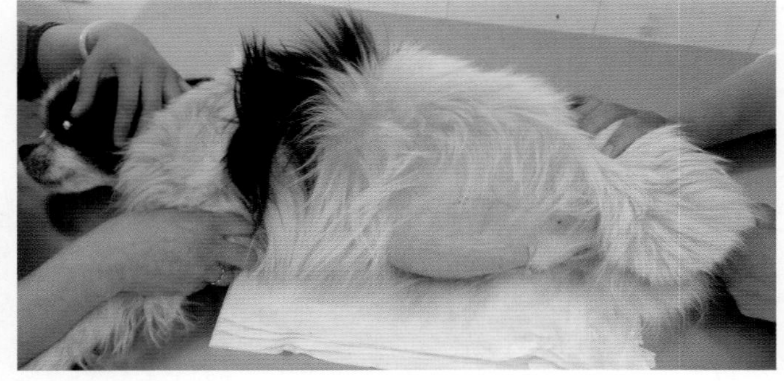

图2-6 腹　水
腹腔膨胀，腹壁紧张呈桶状、血管清晰可见
（任旭丹　提供）

图2-5 黄　疸
3岁龄犬患严重肝性黄疸，表现口腔黏膜、眼结膜黄染

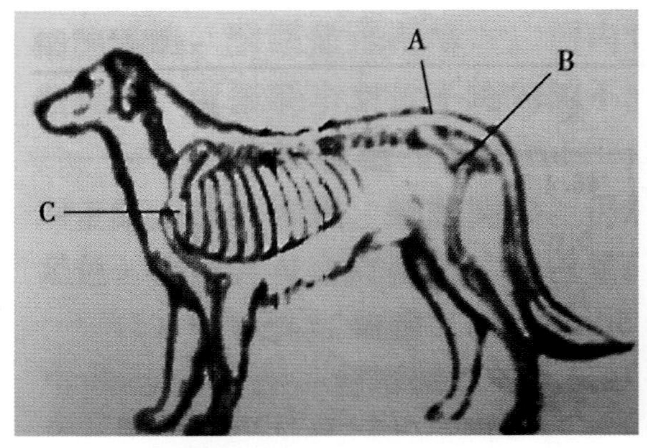

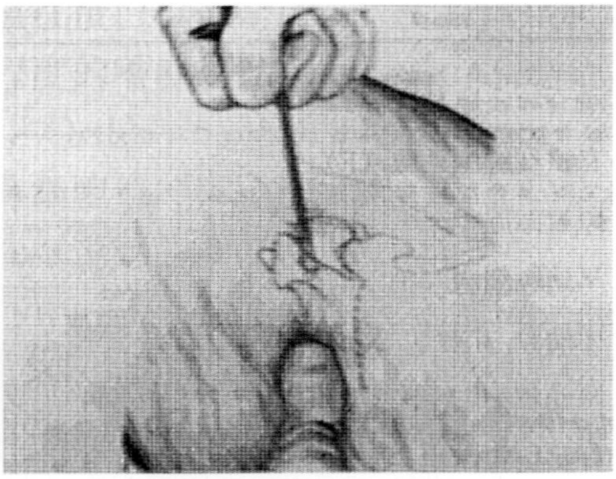

图3–1　骨髓抽吸位置
A.髂骨嵴 B.转子窝 C.肱骨头

图3–2　转子窝骨髓抽吸进针部位

（均摘自周桂兰，高得仪.2010.犬猫疾病实验室检验与诊断手册——附典型病例[M].北京：中国农业出版社）

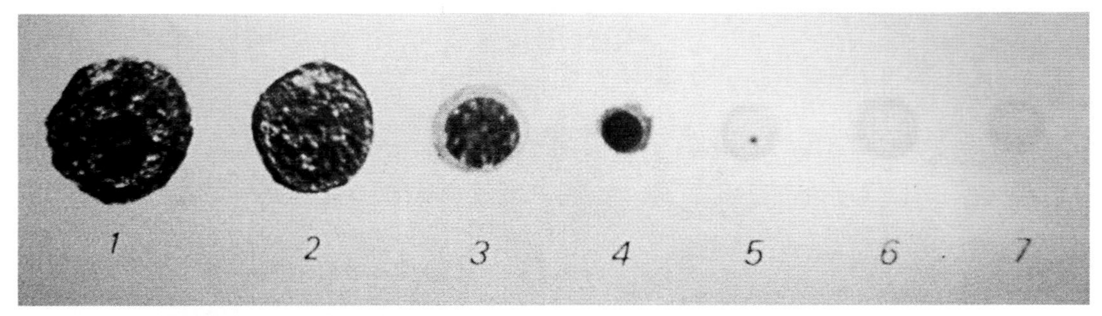

图3–3　骨髓红细胞系分化发育图
1.原红细胞　2.早幼红细胞　3.中幼红细胞　4.晚幼红细胞　5.嗜碱性红细胞与豪－若氏小体　6.嗜碱性红细胞　7.成熟红细胞
（摘自周桂兰，高得仪.2010.犬猫疾病实验室检验与诊断手册——附典型病例[M].北京：中国农业出版社）

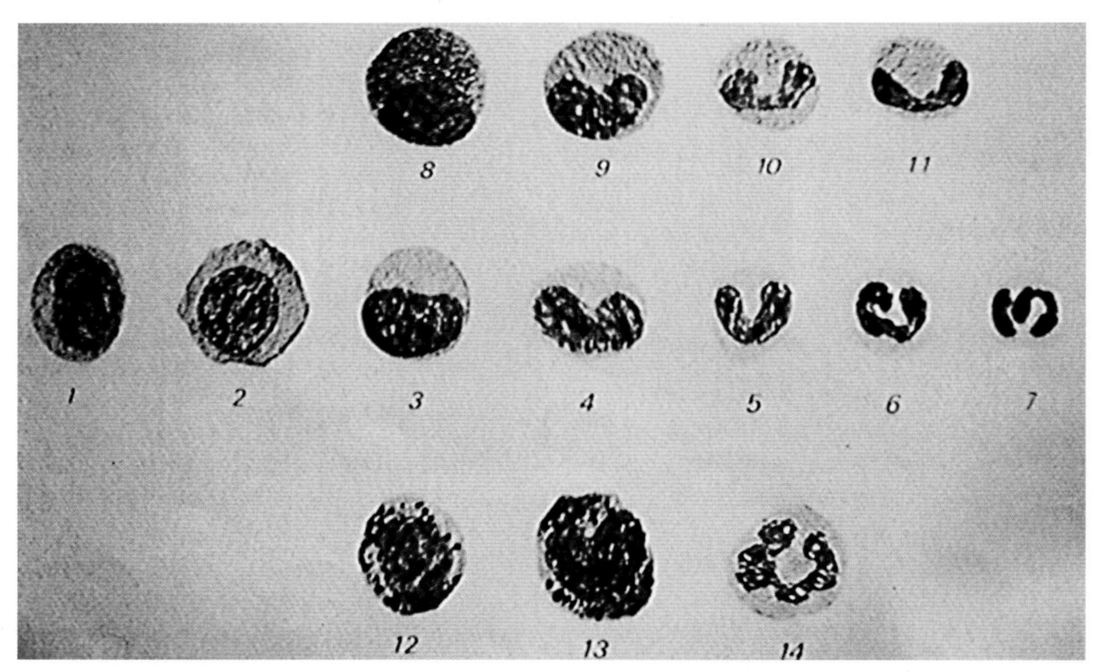

图3–4　粒细胞系分化发育图
1.原粒细胞　2.早幼粒细胞　3.中幼中性粒细胞　4.晚幼中性粒细胞　5.杆状核中性粒细胞　6.单叶核中性粒细胞　7.分叶核中性粒细胞　8.中幼嗜酸性粒细胞　9.晚幼嗜酸性粒细胞　10.杆状核嗜酸性粒细胞　11.单叶核嗜酸性粒细胞　12.中幼嗜碱性粒细胞　13.晚幼嗜碱性粒细胞　14.单核嗜碱性粒细胞
（摘自周桂兰，高得仪.2010.犬猫疾病实验室检验与诊断手册——附典型病例[M].北京：中国农业出版社）

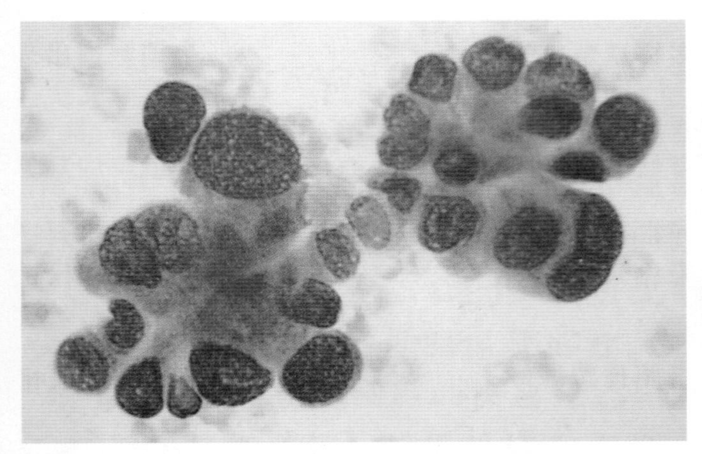

图3–5　肺癌。显示细胞核大小不均、双细胞核，细胞核/细胞浆比值增高和不一

（摘自Raskin RE，Meyer DJ.2001.Atlas of Canine and Feline Cytology [M].St Louis.Saunders.）

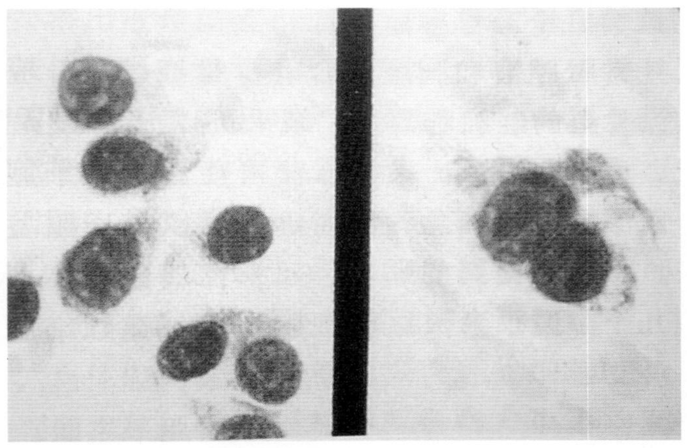

图3–6　肉瘤。恶性纺锤形细胞瘤抽吸制片：细胞核大小不均，核仁不均，核仁大而突出，偶尔可见角形核仁

（摘自Cowell RL，Tyler RD，Meinkoth JH.1998.Diagnostic Cytology and Hematology of the Dog and Cat [M]. 2nd ed，St Louis. Mosby.）

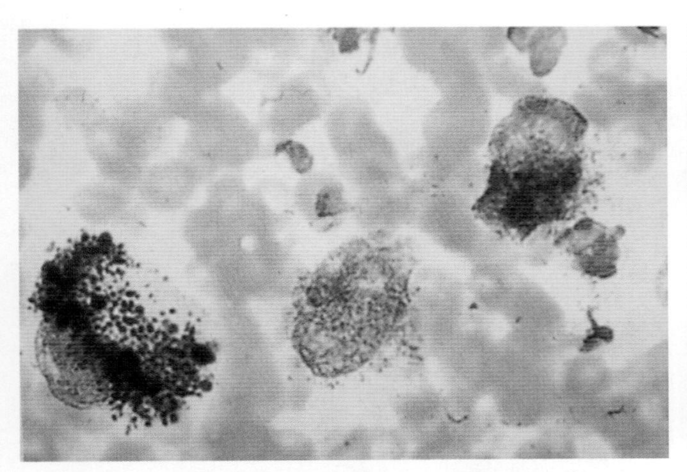

图3–7　一个嗜黑素细胞（左下方）和两个黑素细胞

（摘自Cowell RL，Tyler RD，Meinkoth JH.1998.Diagnostic Cytology and Hematology of the Dog and Cat [M]. 2nd ed，St Louis. Mosby.）

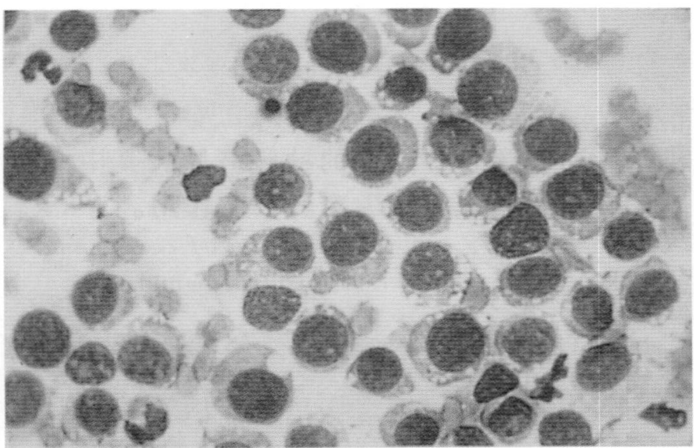

图3–8　转移性肿瘤细胞印片显示大量圆形细胞

（摘自Raskin RE，Meyer DJ.1998.Atlas of Canine and Feline Cytology [M]. St Louis. Saunders.）

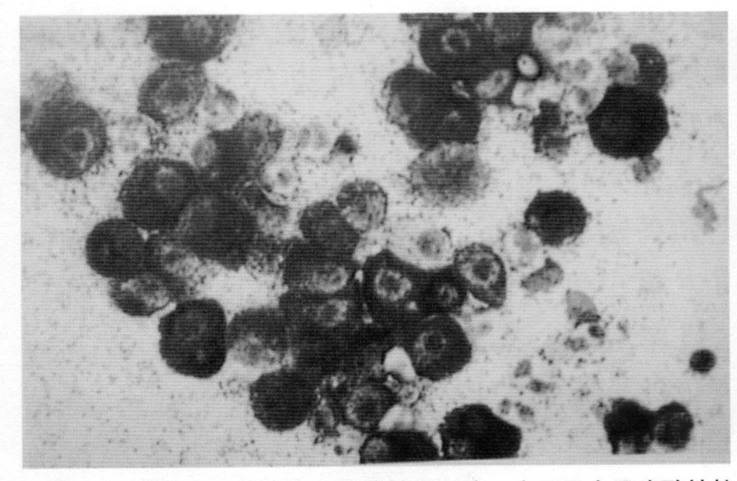

图3–9　颗粒丰富的肥大细胞瘤抽吸制片，也可见少量嗜酸性粒细胞

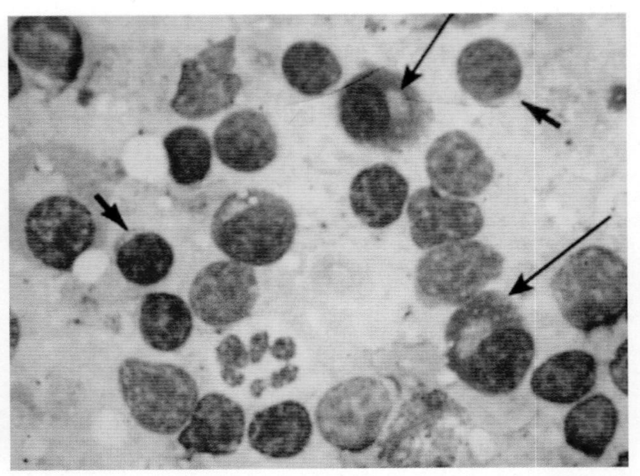

图3–10　图中可见几个浆细胞（长箭头），来自增生的淋巴结，还可见一些小淋巴细胞（短箭头）

（均摘自Cowell RL，Tyler RD，Meinkoth JH. 1998.Diagnosistic Cytology and Hematology of the Dog and Cat [M]. 2nd ed，St Louis. Mosby.）

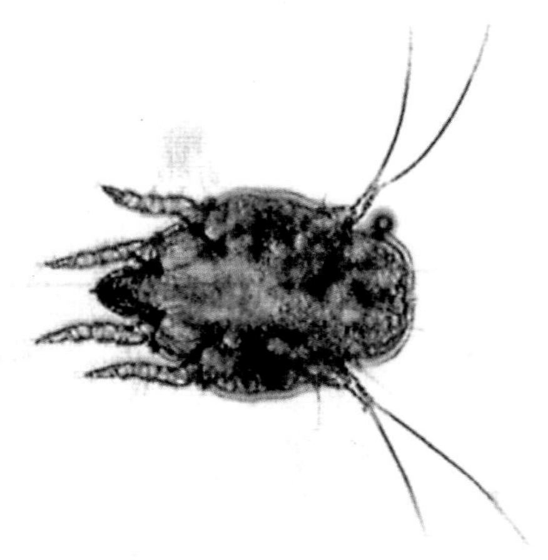

图3-11　雌性耳螨

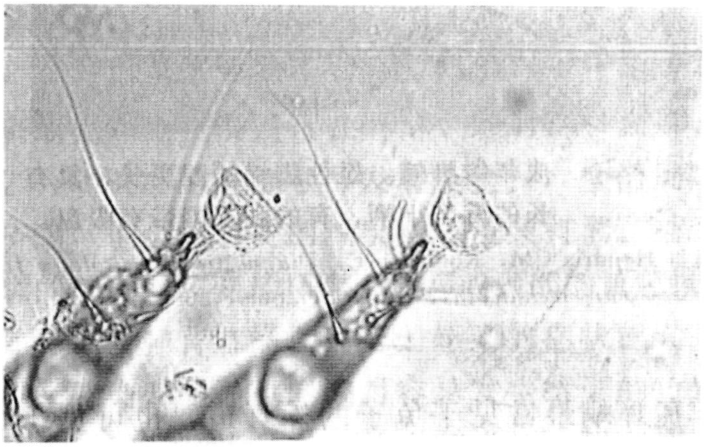

图3-12　耳螨腿部放大图（注意无节小柄）

（均摘自Hendrix CM，Robinson E.2011.Diagnostic Parasitology for Veterinary Technicians [M]. 4th ed，St Louis. Mosby.）

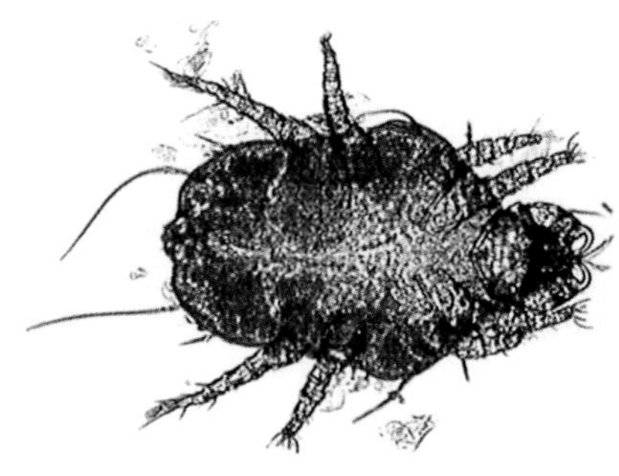

图3-13　姬螯螨成虫

（摘自Hendrix CM，Robinson E.2011.Diagnostic Parasitology for Veterinary Technicians [M]. 4th ed，St Louis. Mosby.）

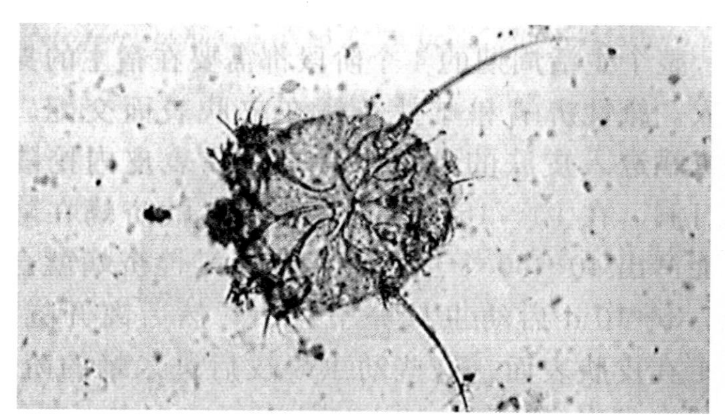

图3-14　成熟疥螨（无节小柄，腿末端带有小吸盘）

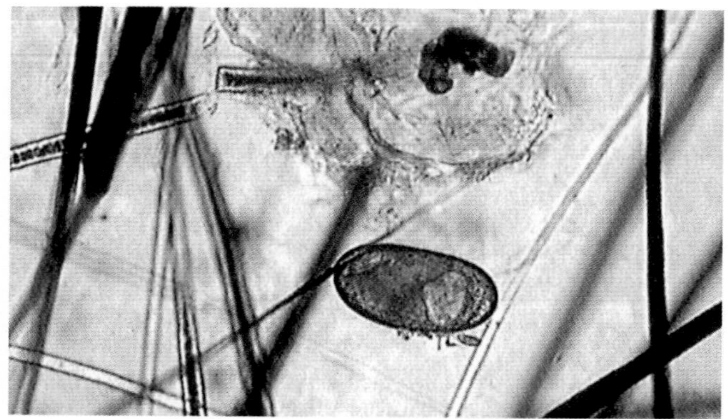

图3-15　疥螨椭圆形的卵

（均摘自Hendrix CM，Robinson E.2011. Diagnostic Parasitology for Veterinary Technicians [M]. 4th ed，St Louis. Mosby.）

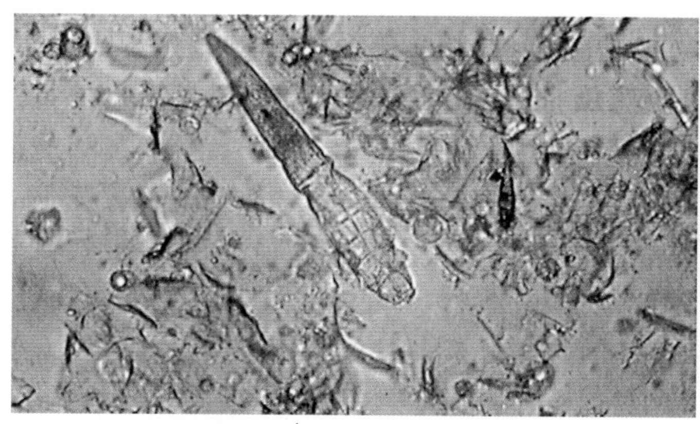

图3-16　成年犬蠕形螨

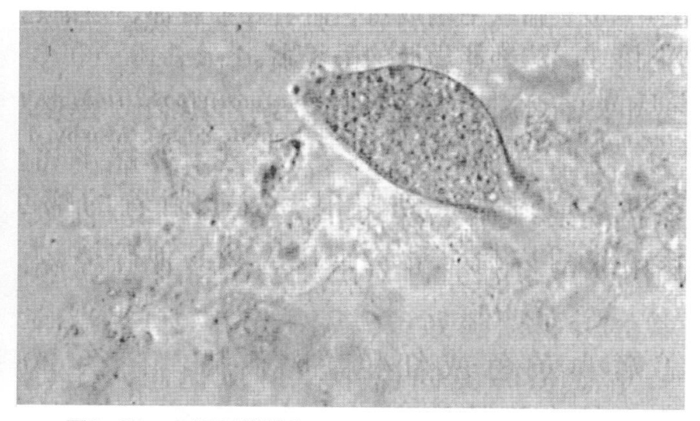

图3-17　犬蠕形螨的卵

（均摘自Hendrix CM，Robinson E.2011. Diagnostic Parasitology for Veterinary Technicians [M]. 4th ed，St Louis. Mosby.）

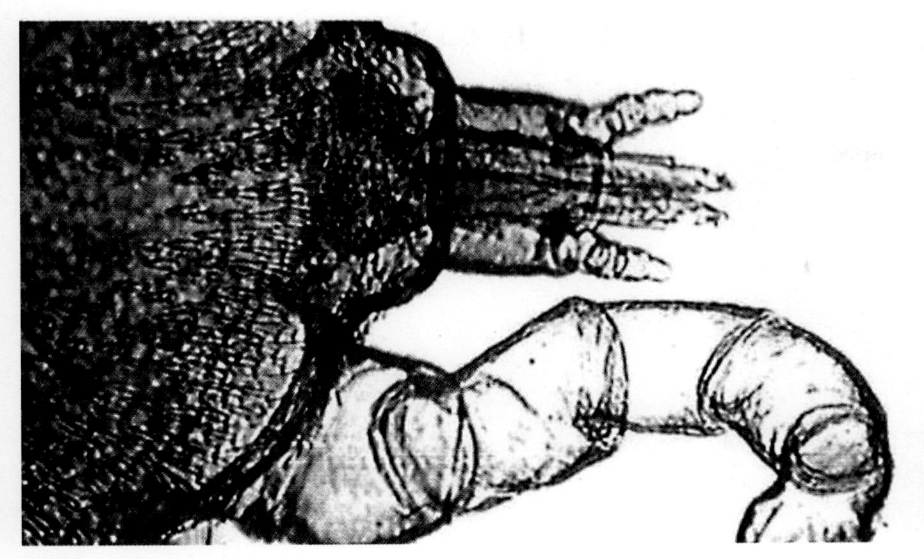

图3-18 麦格氏耳蜱
背面无法看到口器，身体覆盖细小、向后突出的刺

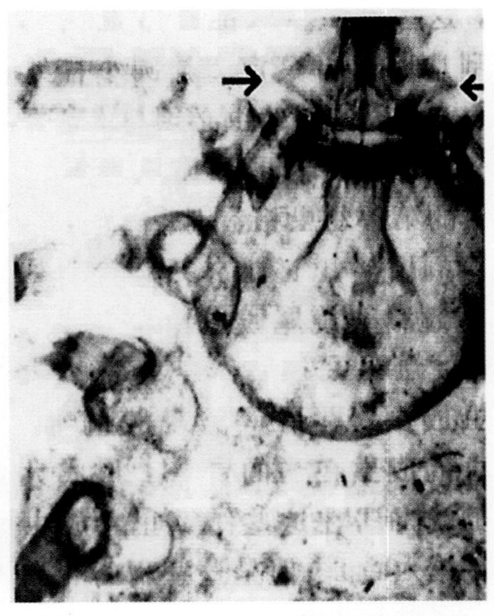

图3-19 血红扇头蜱的假头基部向两侧扩展（箭头）

图3-20 变异革蜱的雌性成虫
有一个基部为矩形的假头，背部为棕色、带白色条纹的盾片

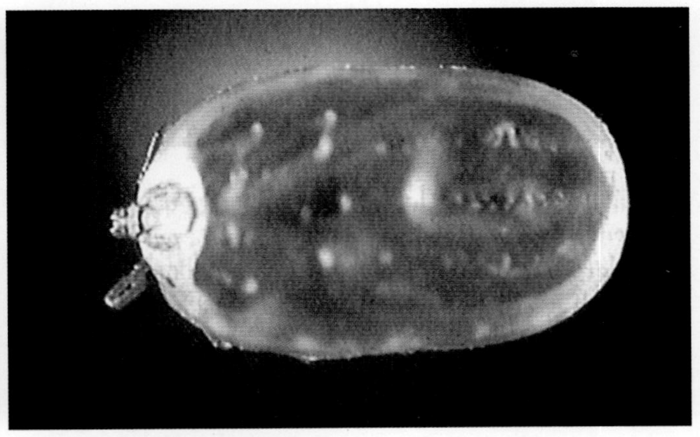

图3-21 雌性斑点钝眼蜱
盾片上有银色纹理

（图3-18至图3-21均摘自Hendrix CM，Robinson E.2011. Diagnostic Parasitology for Veterinary Technicians [M]. 4th ed，St Louis. Mosby.）

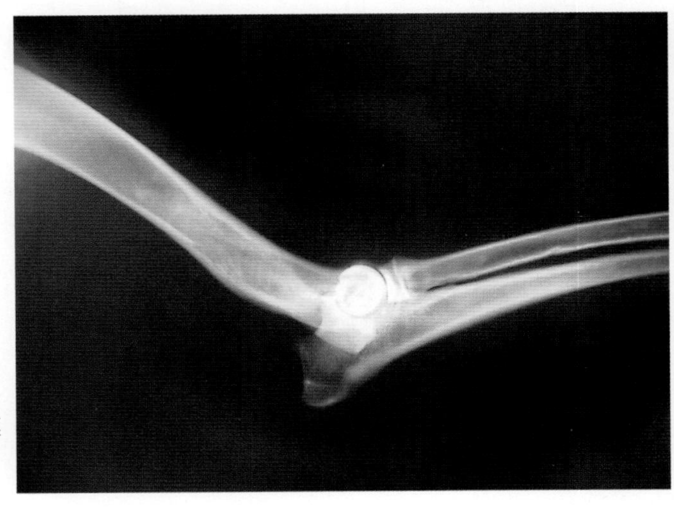

图4-1-1 全骨炎
尺骨近端和胫骨远端可见腔内密度增高区域，边缘模糊，骨小梁形状模糊、密度增加　（董悦农　提供）

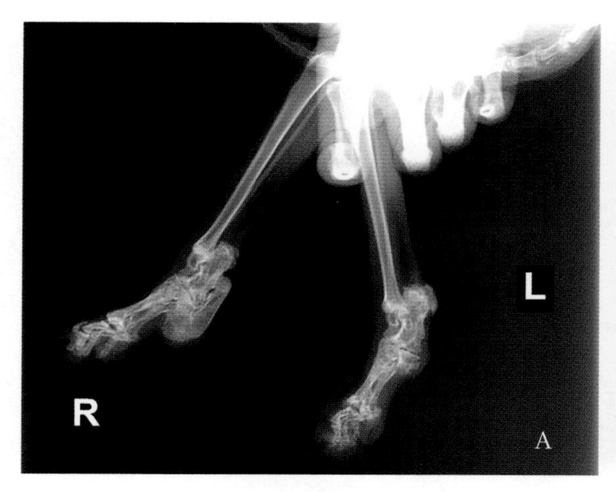

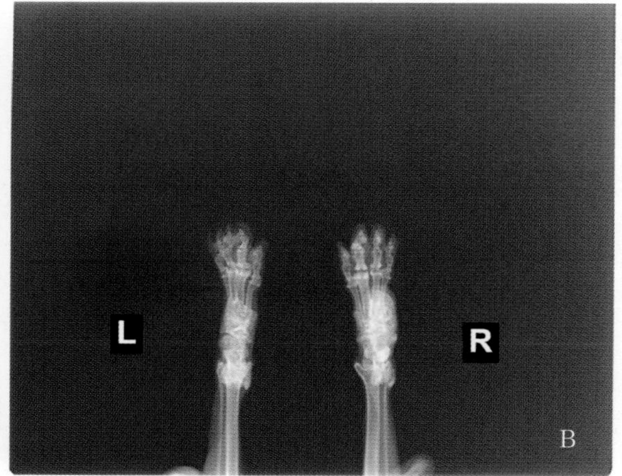

图4-1-2　苏格兰折耳猫骨营养不良
后肢骨远端的关节周围出现骨质增生，并且跗关节周围密度增大，关节间隙变小　　（蒋宏　提供）

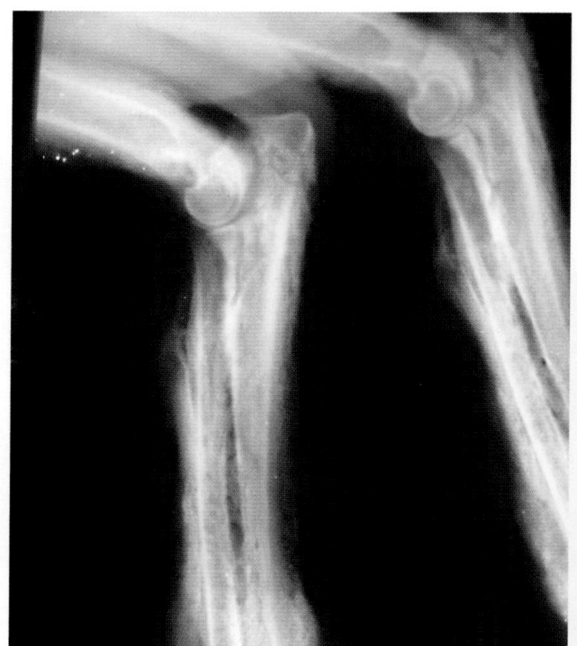

图4-1-3　肥大性骨病
X线片桡骨、尺骨具有广泛性骨膜增生和新骨生成，但皮质骨未受到损害　　（董悦农　提供）

图4-1-4　骨肿瘤
X线片可见患部骨溶解和增生　　（董军　提供）

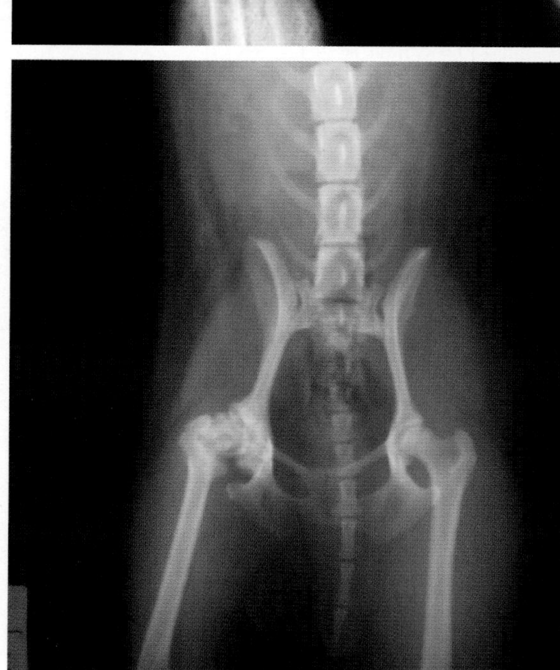

图4-1-5　无菌性股骨头坏死
骨骺变形、股骨颈增厚、股骨头塌陷
（董悦农　提供）

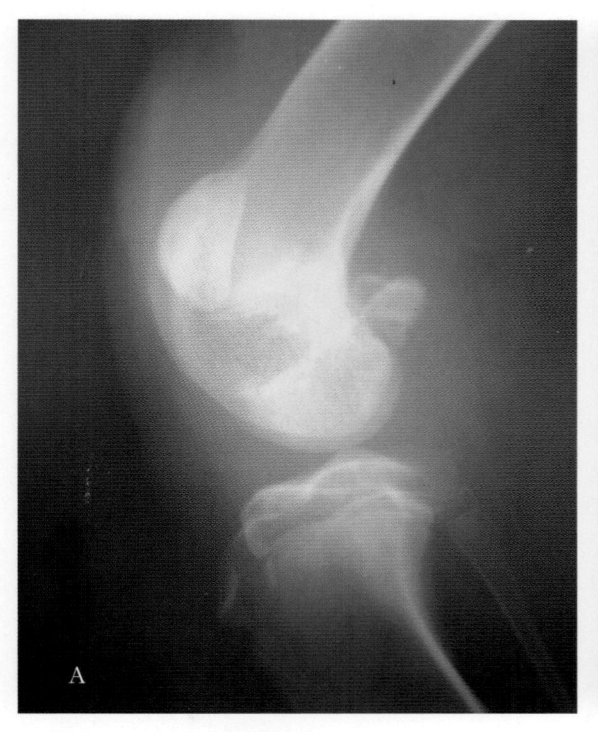

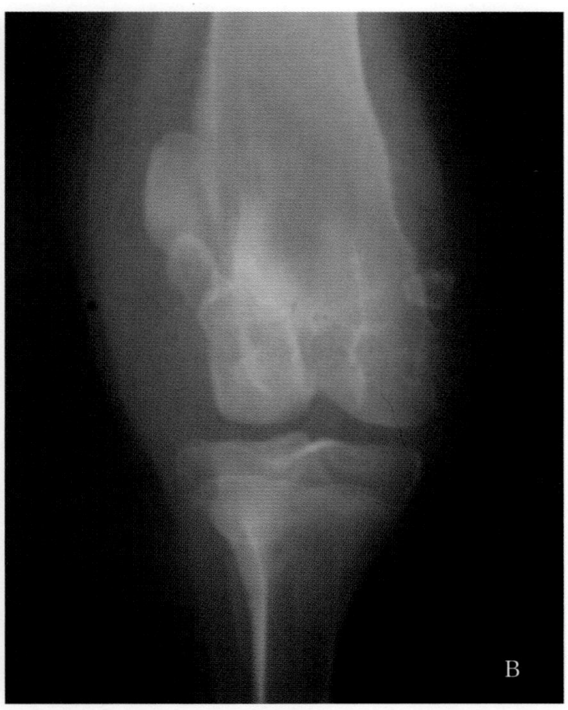

图4-1-6　先天性髌骨脱位
X线检查，A：正位片可见髌骨脱位，髌骨与股骨影像重叠。B：髌骨外侧脱位　（董悦农　提供）

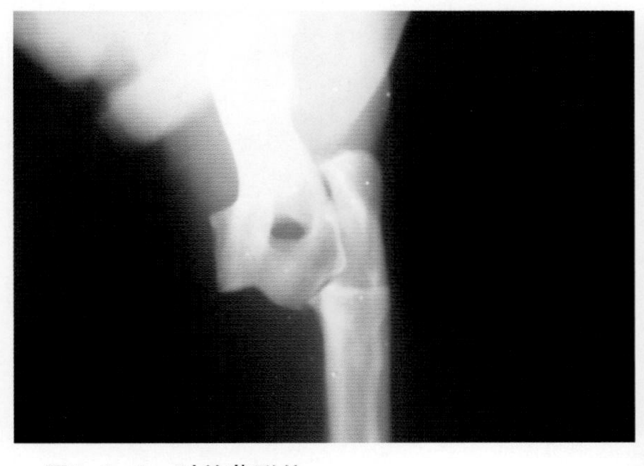

图4-1-7　肘关节脱位
肘关节前后位X线片，可见桡、尺骨出现外侧完全性脱位　（董悦农　提供）

图4-1-8　髋关节发育不良
X线片可见股骨头关节软骨与髋臼密度增高，髋臼缘骨质呈唇样突起，髋关节呈半脱位或全脱位

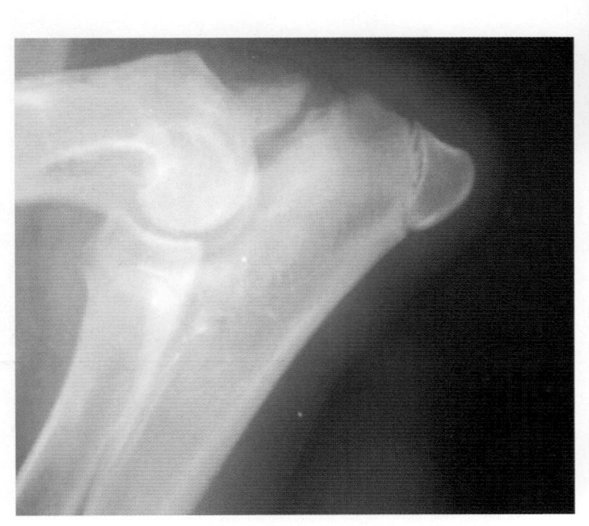

图4-1-9　轴突不闭合
6月龄古牧犬X线片见肘突分离　（董悦农　提供）

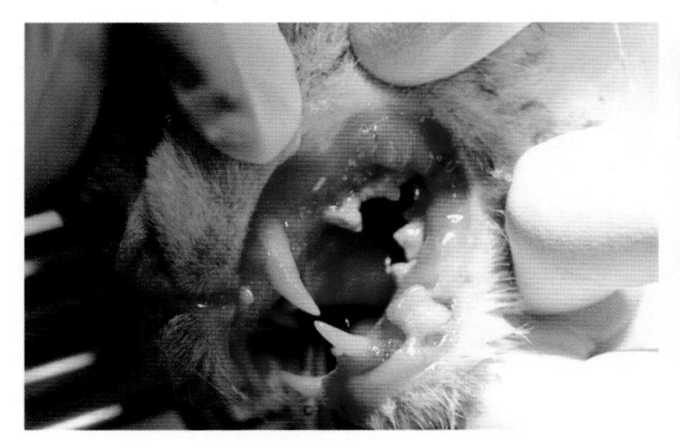

图4-2-1 猫慢性牙龈口腔炎
口腔黏膜潮红、肿胀、糜烂、牙结石明显
（刘朗　提供）

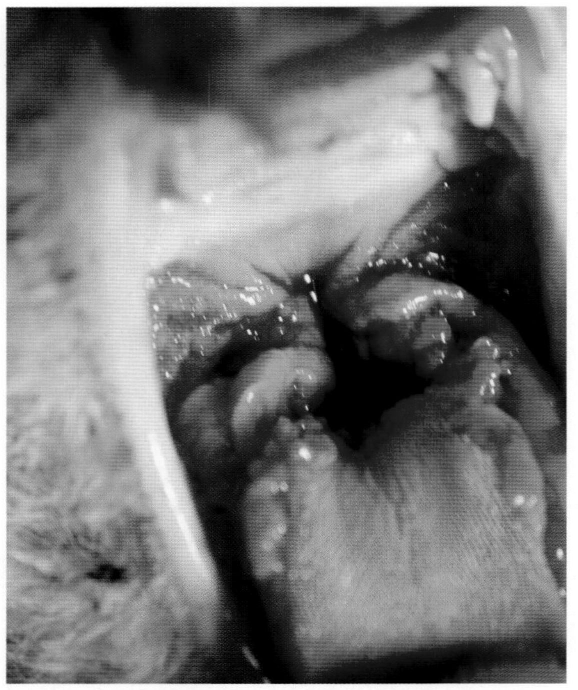

图4-2-2 咽部糜烂
猫咽炎导致的咽部糜烂　（刘朗　提供）

图4-2-3 猫口腔嗜酸细胞性肉芽肿综合征
病变部位呈现出血、糜烂、增生，临床症状与特发性淋巴浆细胞性口炎性临床症状相似，但具有局限性
（刘朗　提供）

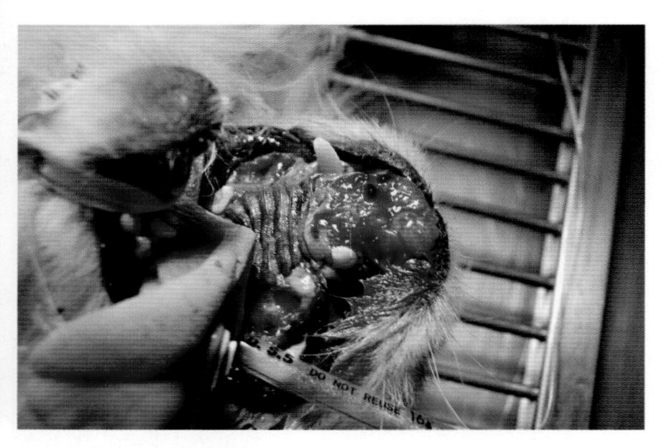

图4-2-4 齿龈瘤
12岁金毛犬，沿切齿线生长的齿龈瘤
（蒋宏　提供）

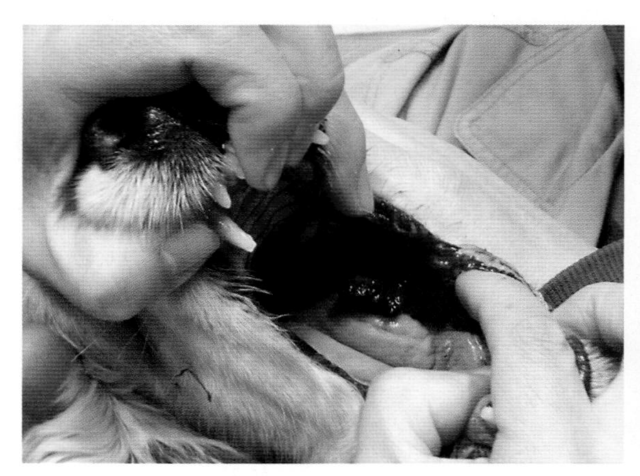

图4-2-5 口腔恶性黑色素细胞瘤
位于口腔黏膜处的常见恶性肿瘤，呈灰色或棕黑色，患犬表现口臭、吞咽困难、咀嚼困难或疼痛性咀嚼、口腔出血、流涎和食欲减退　（董军　提供）

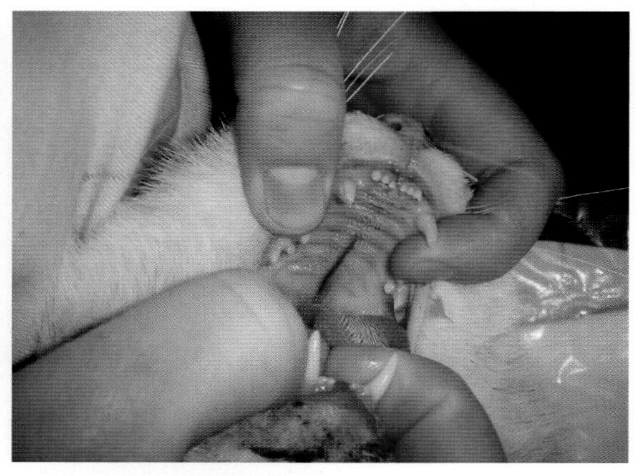

图4-2-6 猫口鼻瘘管
上颌骨、硬腭的不完全闭合，患病猫临床症状表现为鼻腔反流、鼻涕及生长缓慢等症状
（刘朗　提供）

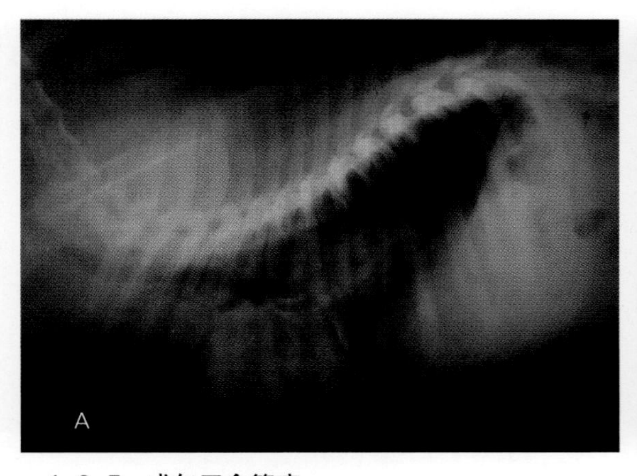

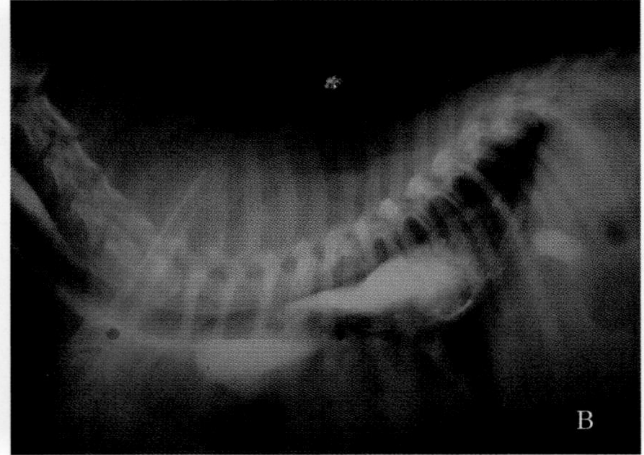

4-2-7 成年巨食管症
A：侧位X线片显示胸部食管内存留气体。B：食管部钡餐造影，显示食道的明显扩张　　（魏琦　提供）

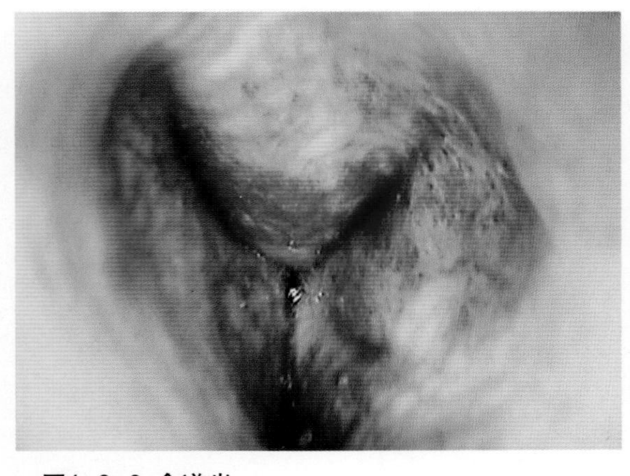

图4-2-8 食道炎
内镜下返流性食道炎，可见显著的红斑、大片的淤斑和腐蚀　　（刘爱民　提供）

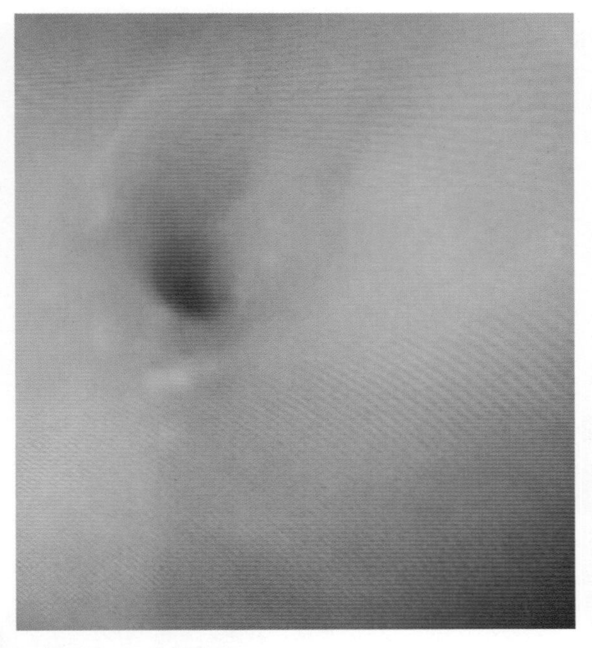

图4-2-9 食道狭窄
6月龄拉布拉多犬内镜下贲门、食道狭窄　　（刘爱民　提供）

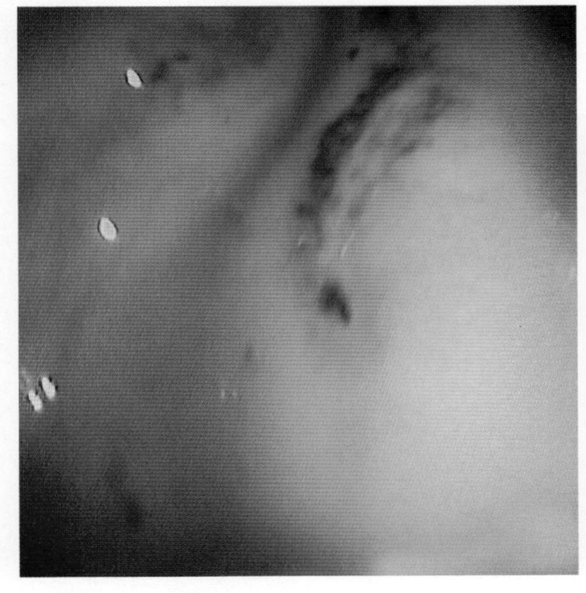

图4-2-10 胃溃疡
内窥镜检查可见胃黏膜潮红、肿胀、溃疡性变化内镜下返流性食道炎，可见显著的红斑、大片的淤斑和腐蚀　　（刘爱民　提供）

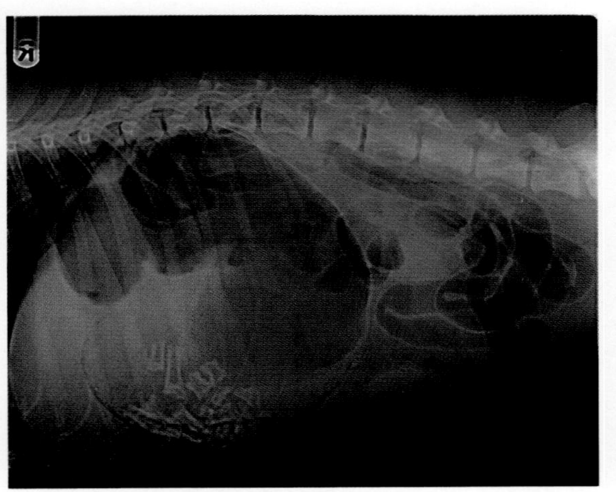

图4-2-11 急性胃扩张扭转
患犬表现腹痛，腹部膨大，大量流涎，呼吸困难，X线片显示胃部极度的扩张充气

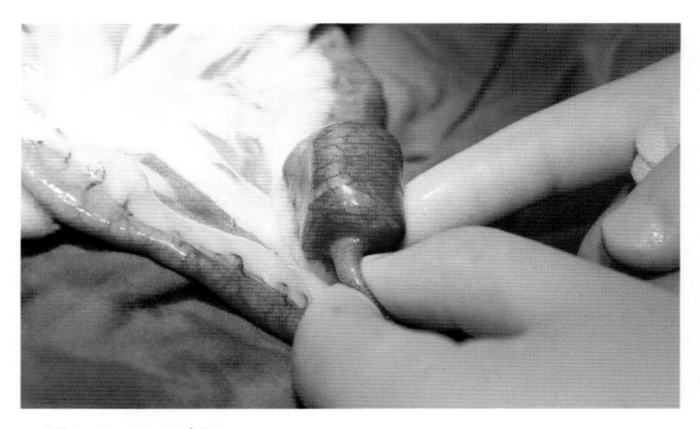

图4-2-12 肠梗阻
小肠异物性梗阻（李生元　提供）

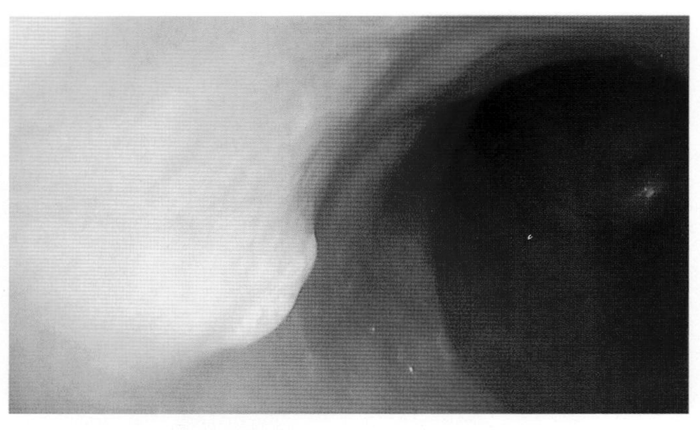

图4-2-13 十二指肠肿瘤
不明原因呕吐、腹泻和体重减轻，内窥镜检查发现十二指肠肿瘤内镜下返流性食道炎，可见显著的红斑、大片的淤斑和腐蚀
（刘爱民　提供）

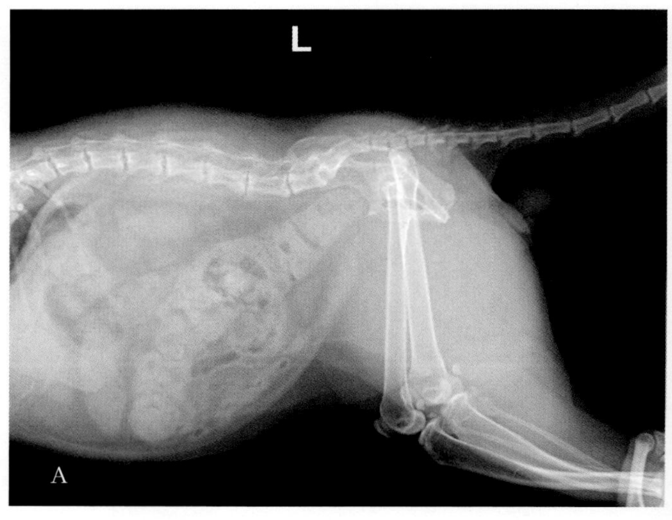

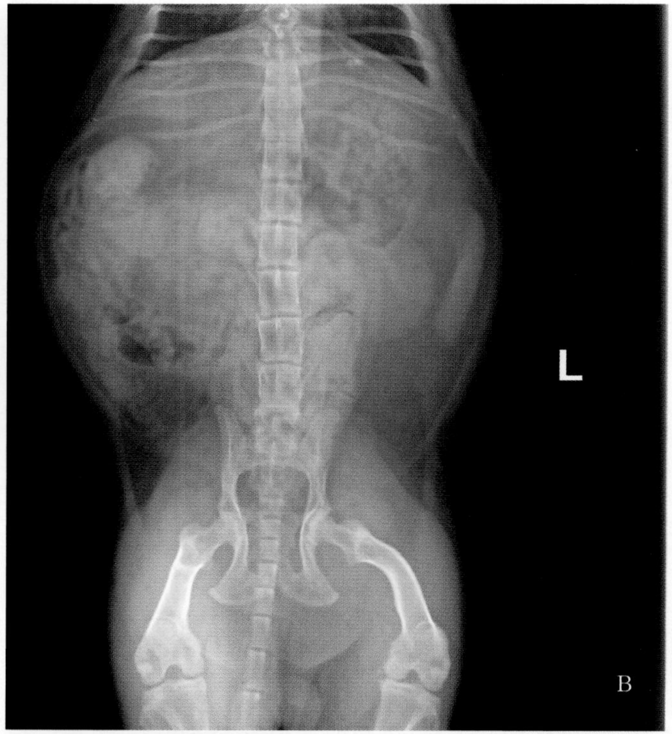

图4-2-14 巨结肠
老龄猫巨结肠症。A：侧位X线片显示结肠下移、积蓄大量粪便。B：正位X线片显示横结肠和降结肠内有大量粪便。注意：该猫同时并发佝偻病，骨皮质宽度变薄，脊椎变形
（蒋宏　提供）

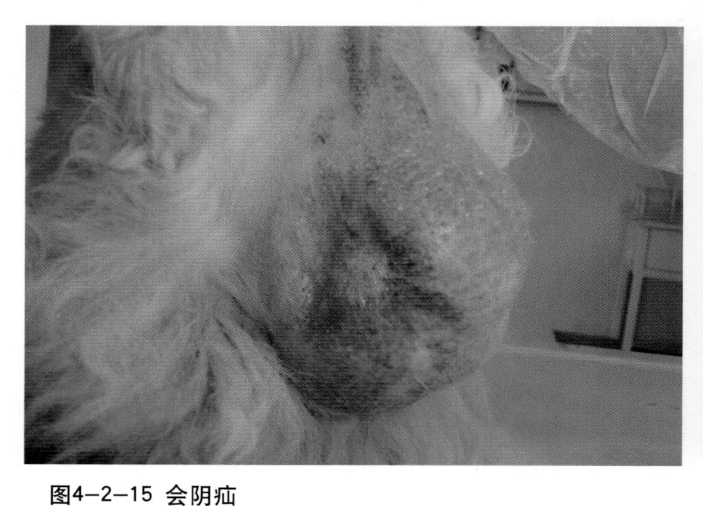

图4-2-15 会阴疝
右侧会阴隆起，排便困难、里急后重（董悦农　提供）

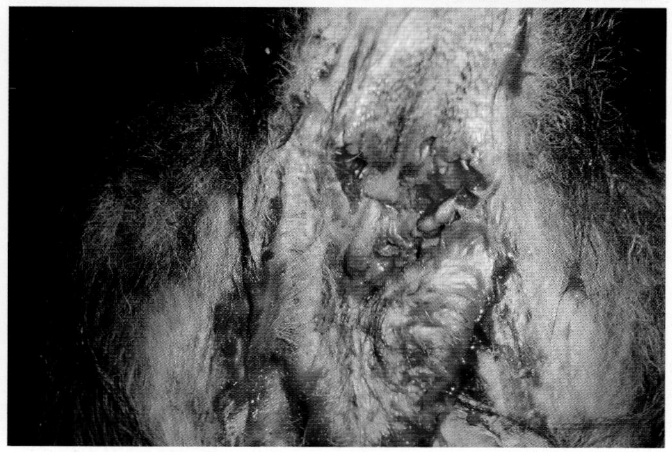

图4-2-16 肛周瘘
肛门周围脓肿、疼痛，从肛周瘘管口流出脓汁或粪便。肛门区皮肤黏附脓性物和粪便，形成多个外口，成为复杂瘘管
（董悦农　提供）

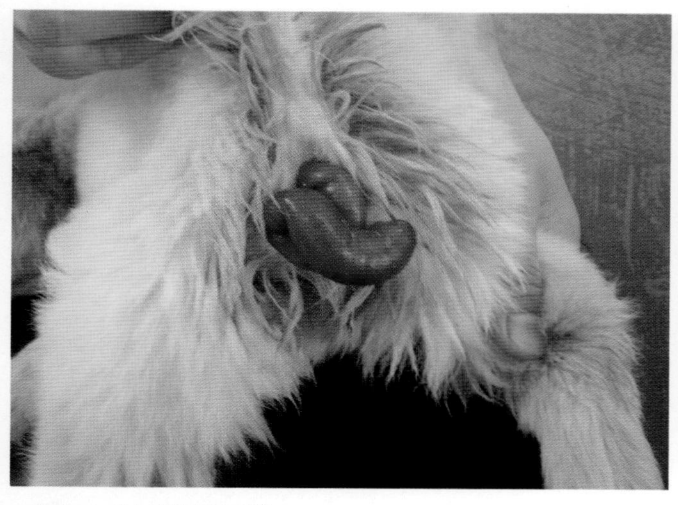

图4-2-17 肛门直肠脱

直肠黏膜部分脱于肛门外，部分发生淤血，脱出部分柔软、圆形，表面暗红　　　　　　　　　　　　（刘爱秀　提供）

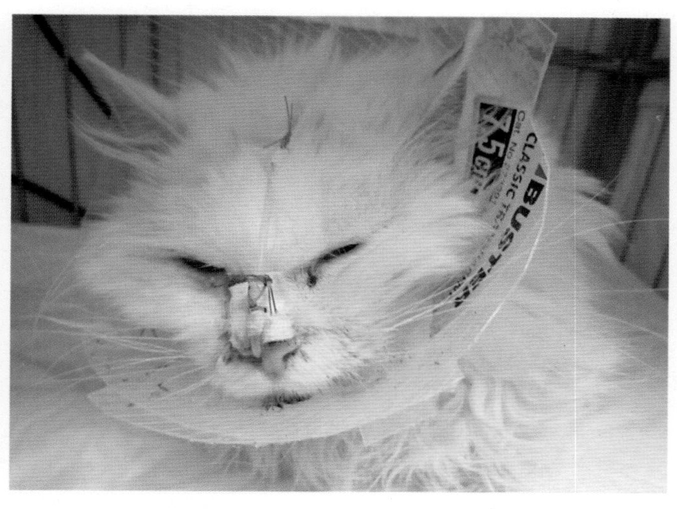

图4-3-1　猫鼻饲管

拍摄X线片确定插管的位置，插管的远端应位于贲门前方、心基部后上方　　　　　　　　　　　　（薛双全　提供）

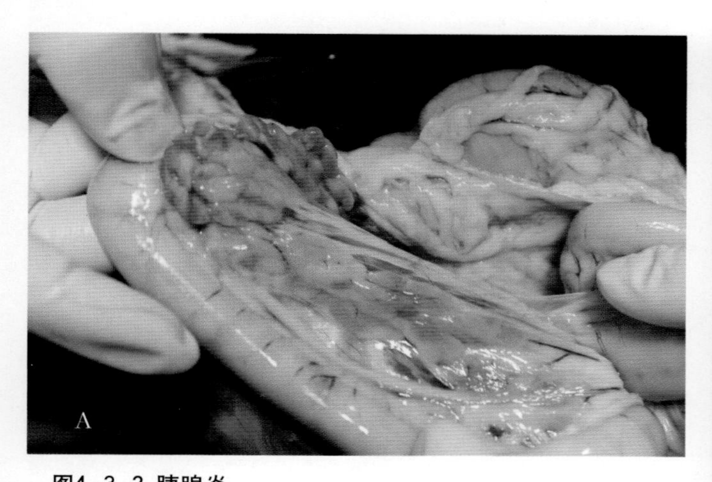

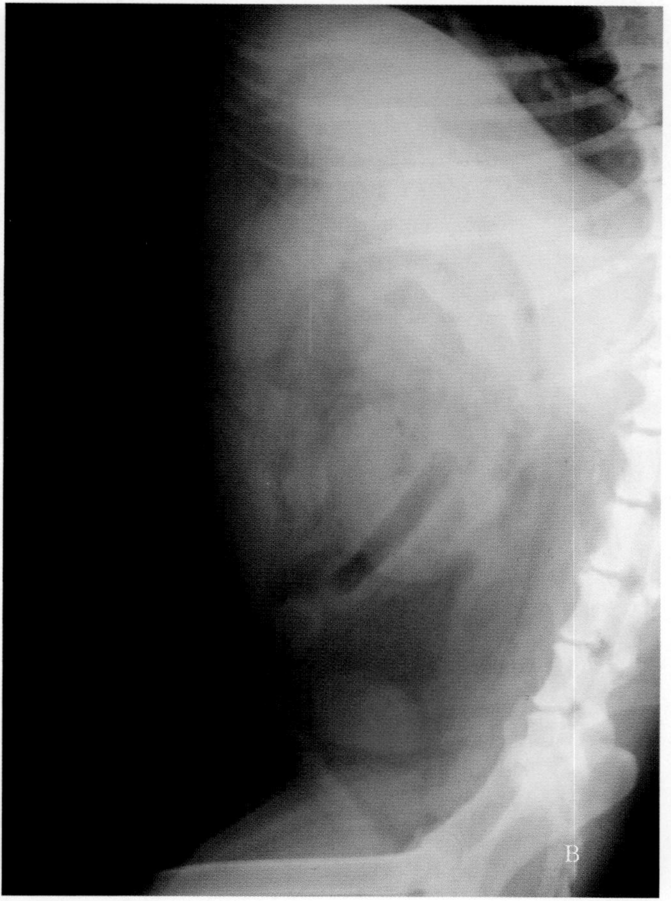

图4-3-2 胰腺炎

A：显示胰腺水肿、有出血点、局灶性坏死。B：X线片显示右前腹部呈毛玻璃样影像、十二指肠积气和胰腺区域放射密度增加，呈实质器官表现，幽门窦和十二指肠近端之间的角度增大　　　　　　　　　　　　（薛双全　提供）

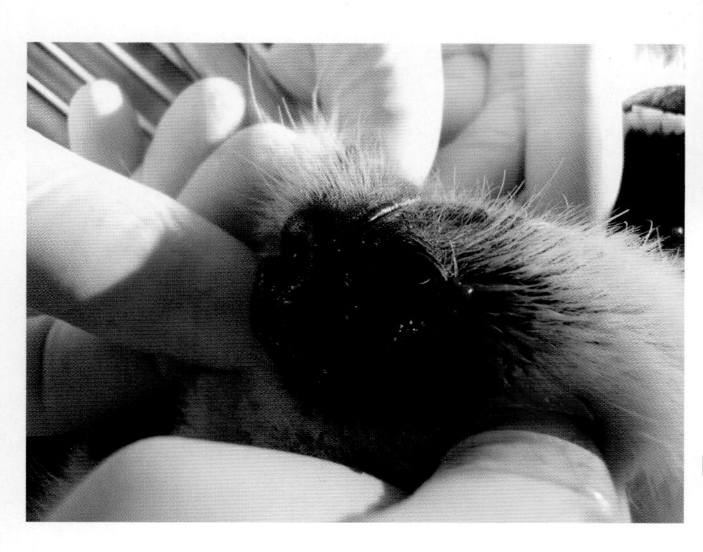

图4-4-1 鼻出血

口鼻瘘造成的鼻腔出血　　　　（刘朗　提供）

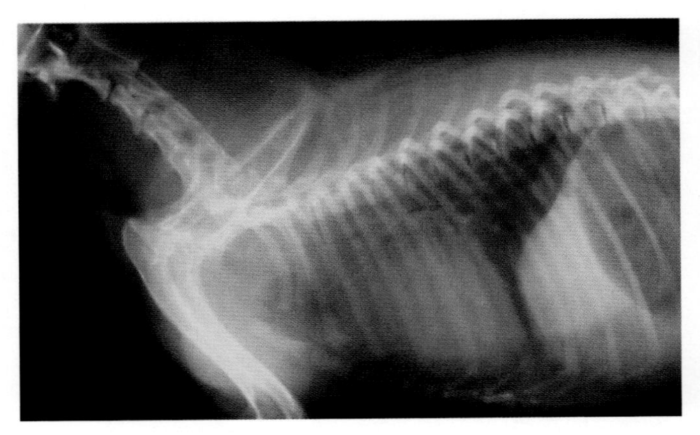

图4-4-2 气管塌陷
犬颈部后端和胸段气管塌陷（丛恒飞　提供）

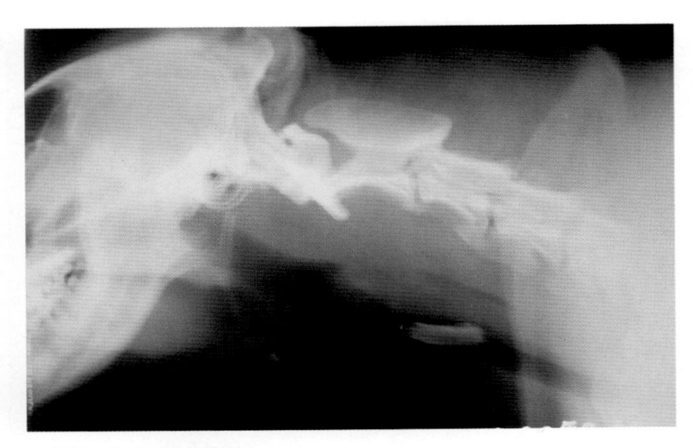

图4-4-3 气管梗阻
3岁龄拉布拉多犬因进食骨头而导致气管梗阻（蒋宏　提供）

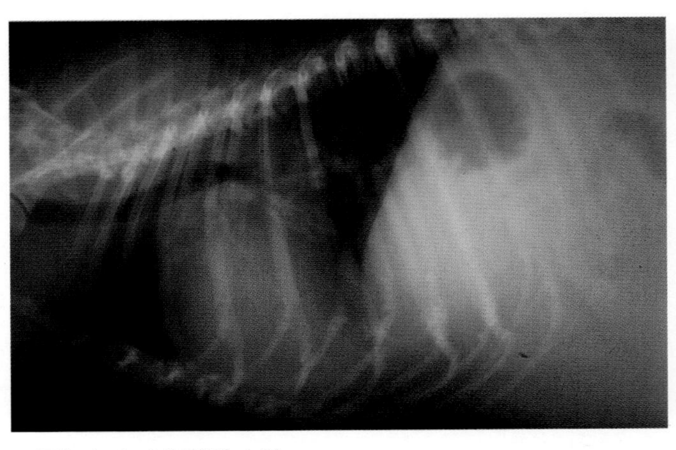

图4-4-4 心源性肺水肿
X线片显示气管上抬，心脏明显增大，肺门周围密度升高（肺水肿），腹片可见有大量腹水（魏琦　提供）

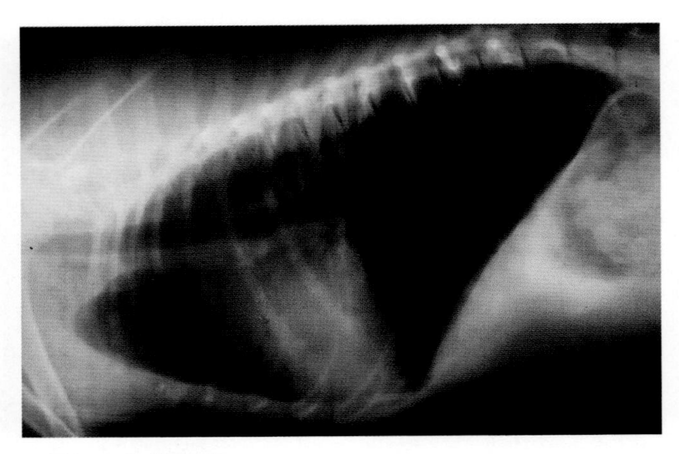

图4-4-5 肺气肿
边境牧羊犬剧烈运动导致的急性肺气肿，X线片见肺区透明、膈肌后移（蒋宏　提供）

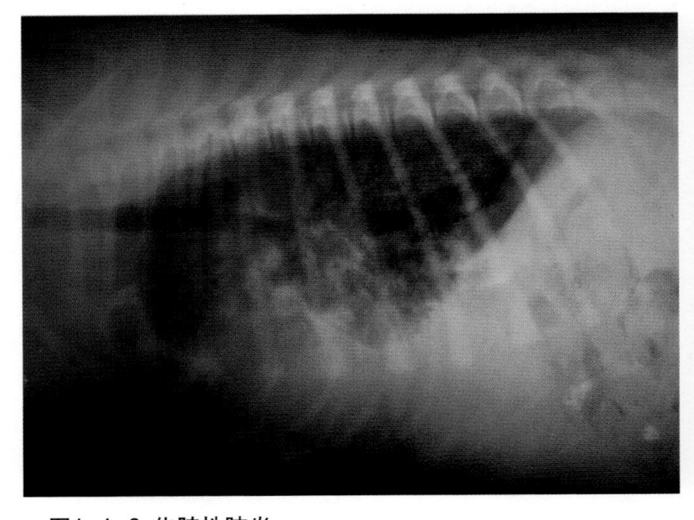

图4-4-6 化脓性肺炎
化脓性肺炎患犬，X线片显示大片浓密阴影，边缘模糊，肺前叶和中叶病变较为严重（魏琦　提供）

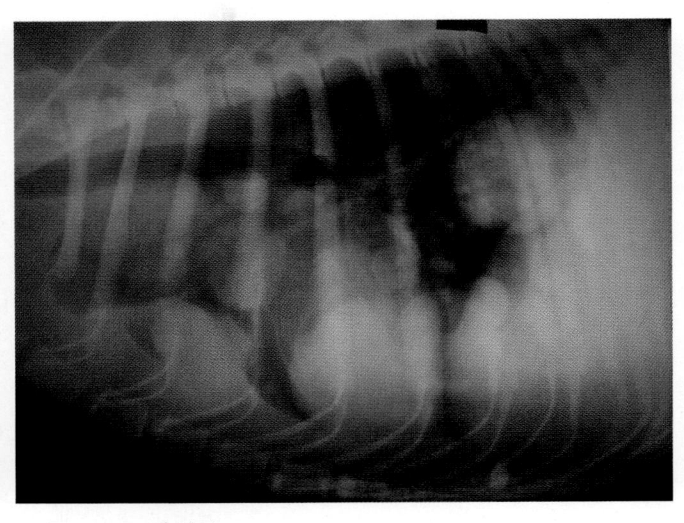

图4-4-7 肺肿瘤
血管肉瘤肺转移性肿瘤，可见肺野中大量高密度大块影像（魏琦　提供）

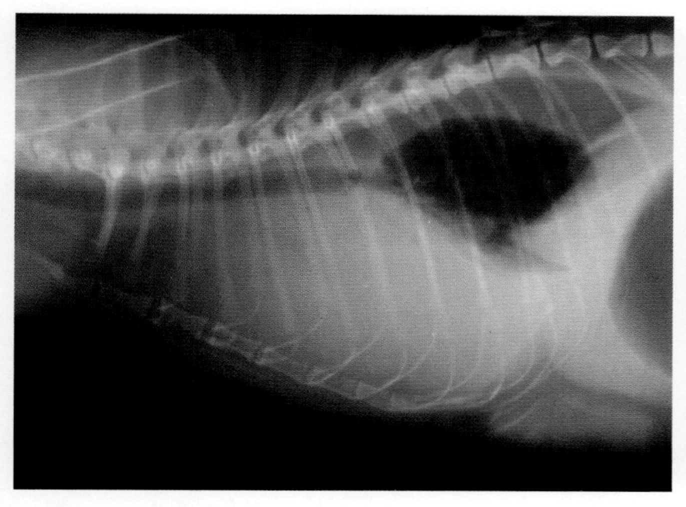

图4-4-8　胸腔积水
胸腔积水X线片显示均匀浓密的水平阴影　（薛双全　提供）

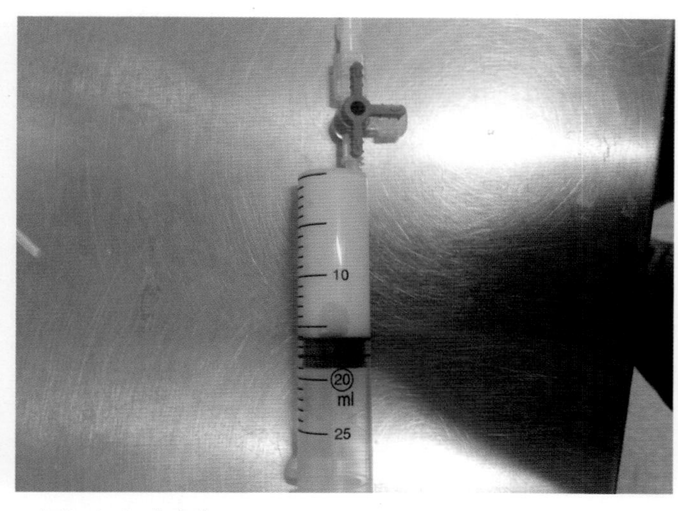

图4-4-9　乳糜胸
胸腔穿刺引出潴留液检查，液体呈乳白色，奶样，无臭味

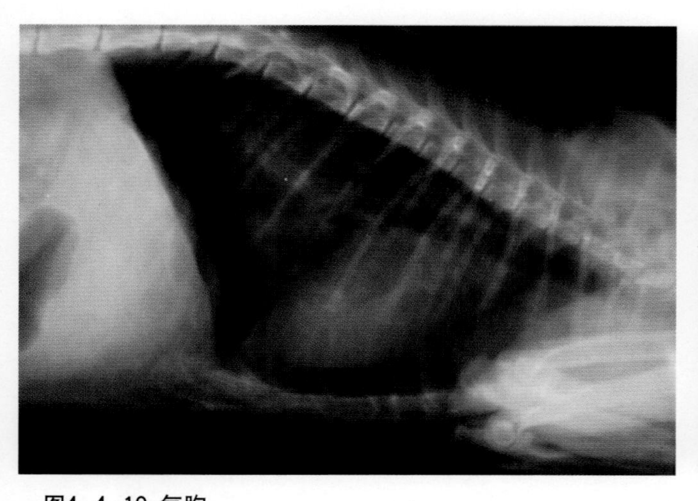

图4-4-10　气胸
3岁龄泰迪犬外伤导致的气胸，X线片显示心脏与胸骨分离，肺边缘回缩，肺野密度增大，胸腔四周不见正常肺纹理
（董悦农　提供）

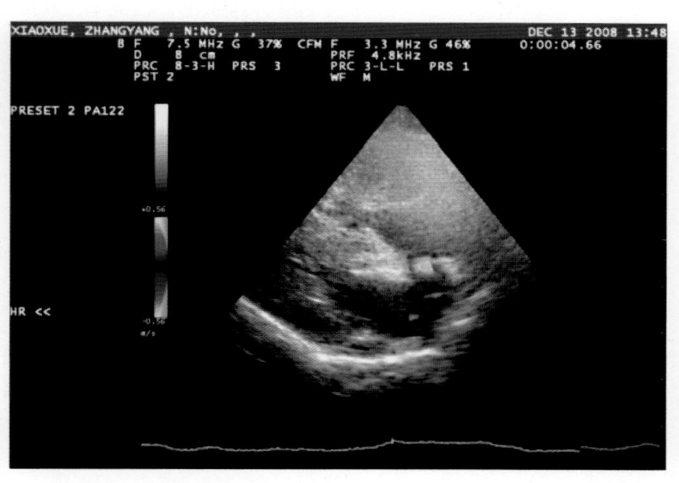

图4-5-1　房间隔缺损
肺动脉狭窄同时患有房间隔缺损的患犬，可见缺损处的异常血流
（张志红　提供）

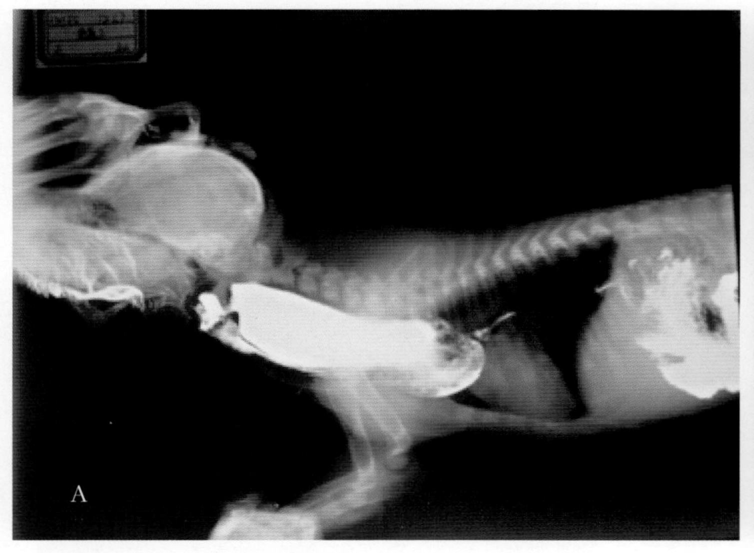

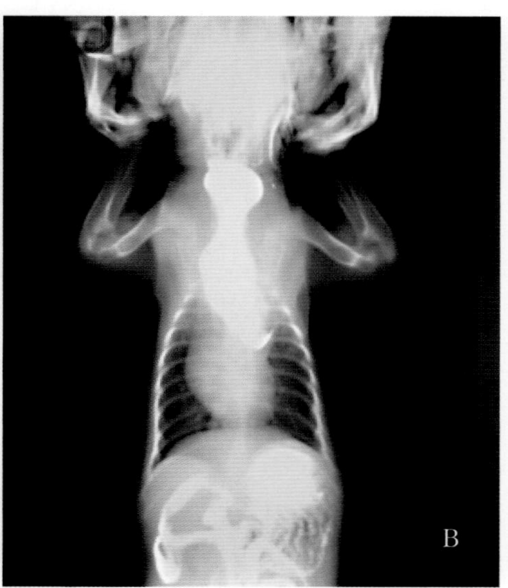

图4-5-2　持久性右主动脉弓
1月龄金毛犬，患持久性右主动脉弓，钡餐造影X线片显示扩张的食道于心基部消失，但胃内有钡餐液
（张志红　提供）

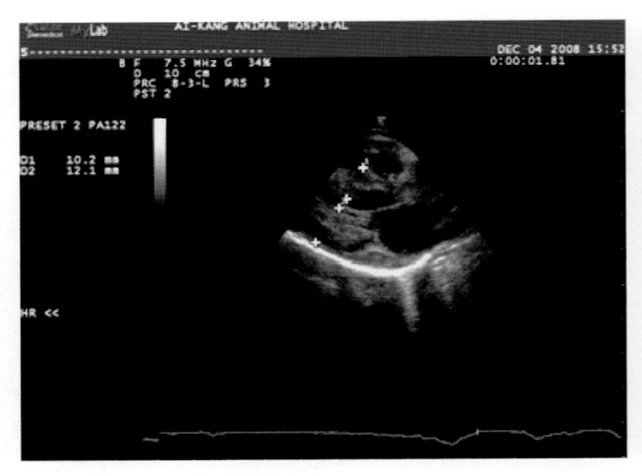

图4-5-3 肥厚性心肌病

3岁肥厚型心肌病患猫，超声心动图可见左心室壁及室中隔增厚 （张志红 提供）

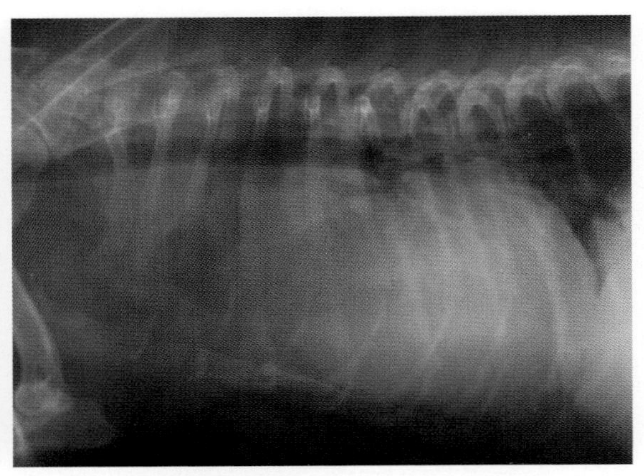

图4-5-4 出血性心包积液

家猫呼吸困难，X线片显示心影增大，几乎占据了整个胸腔。心包穿刺为出血性液体 （魏琦 提供）

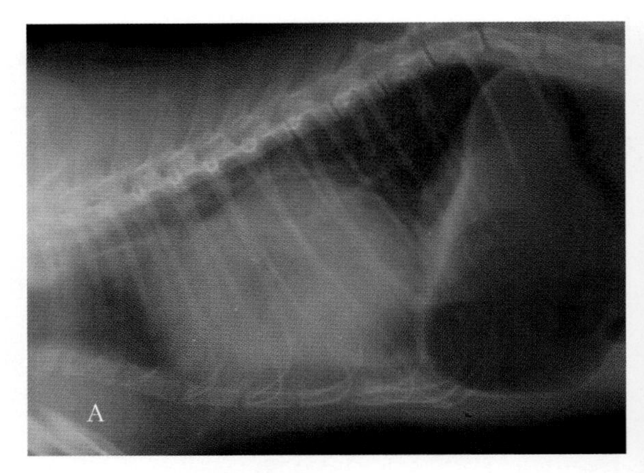

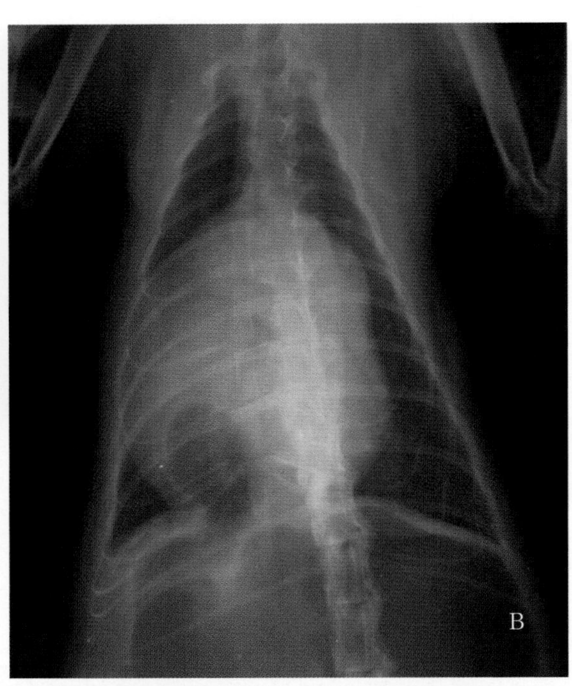

图4-5-5 横隔心包膈疝

5岁家猫外伤后，出现呼吸困难、喘。A：侧位X线片显示心影增大，腹侧膈影模糊。B：正位X线片显示胃扩张，可见右侧膈影不连续，幽门及十二指肠进入心包 （魏琦 提供）

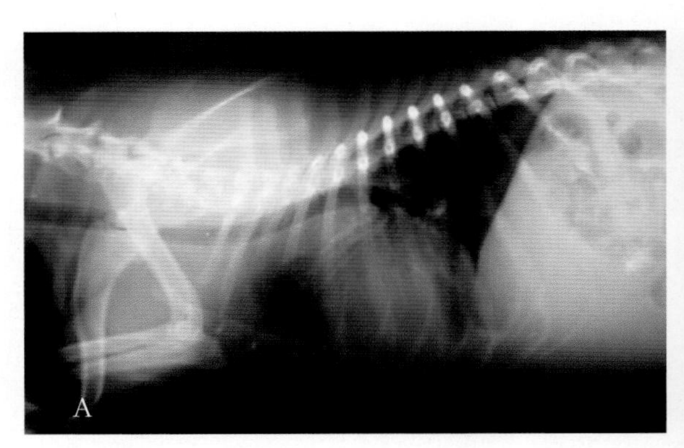

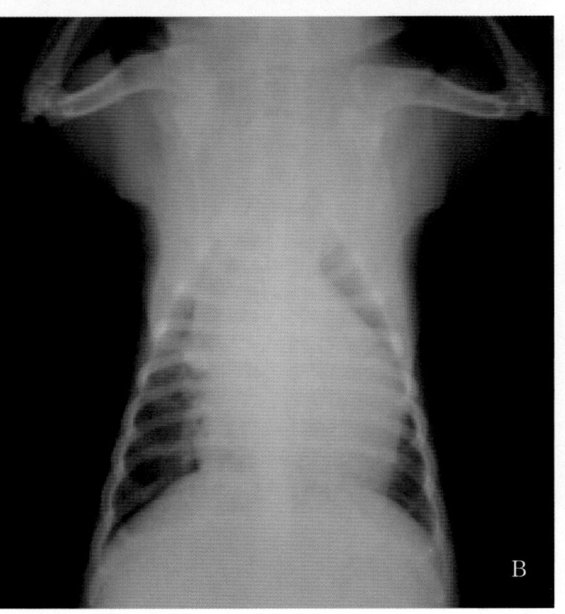

图4-5-6 心脏肿瘤

9岁波士顿㹴，心基部肿瘤，X线片显示占位性病变，A：显示气管上抬。B：显示气管右移

（张志红 提供）

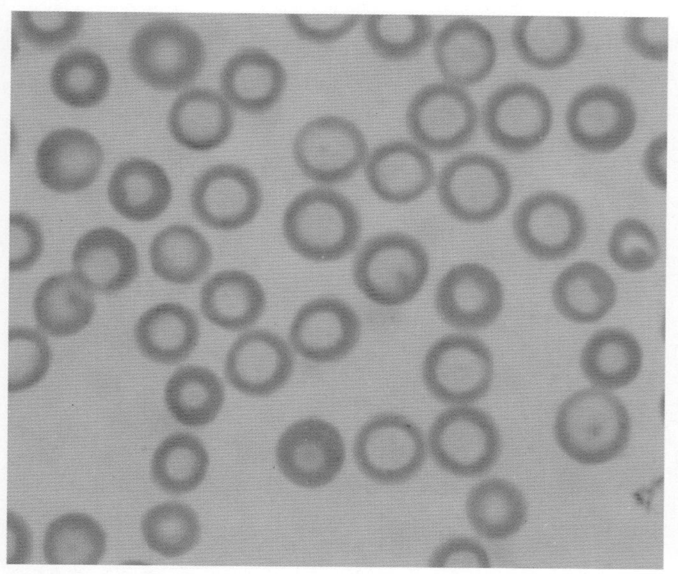

图4-6-1　缺铁性贫血
红细胞体积减小，中央苍白区扩大，淡染　（张海霞　提供）

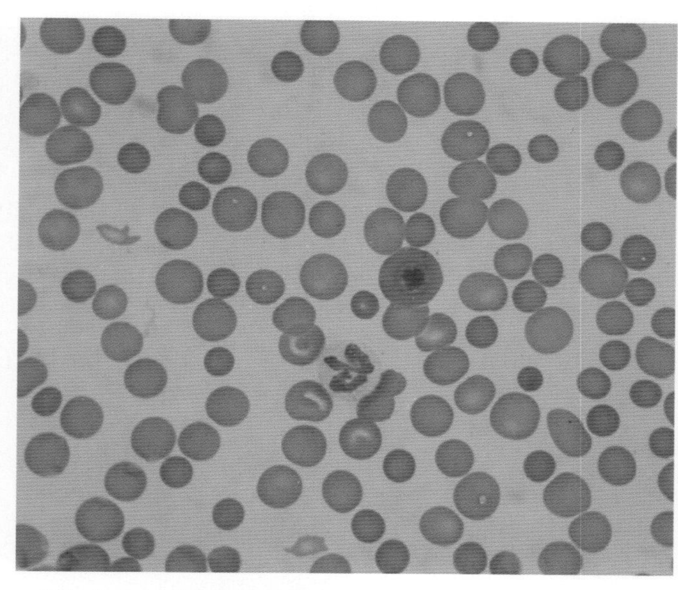

图4-6-2 巨幼红细胞性贫血
红细胞大小不均，血小板计数减少　（张海霞　提供）

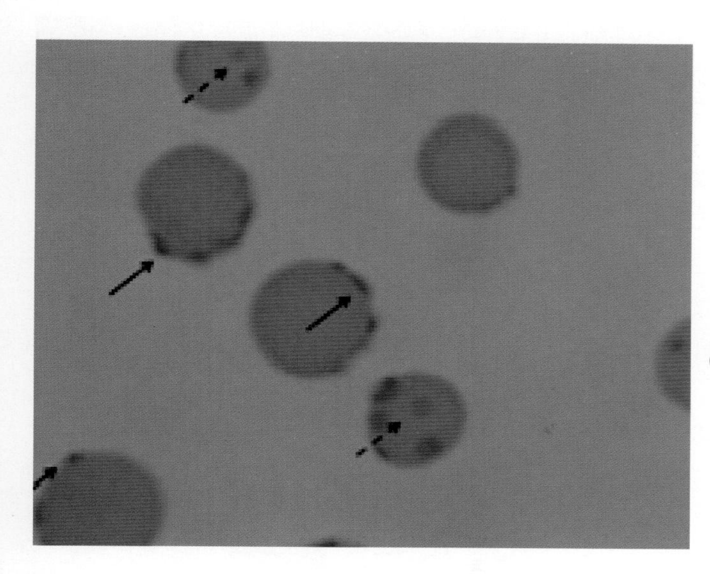

图4-6-3　巴尔通体
红细胞中嗜碱性的杆状（实线箭头）和环形（虚线箭头）物质，即猫血巴尔通体
（张海霞　提供）

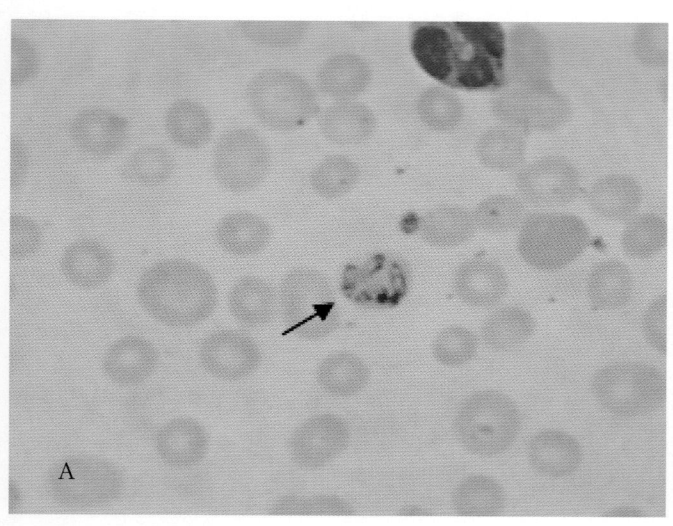

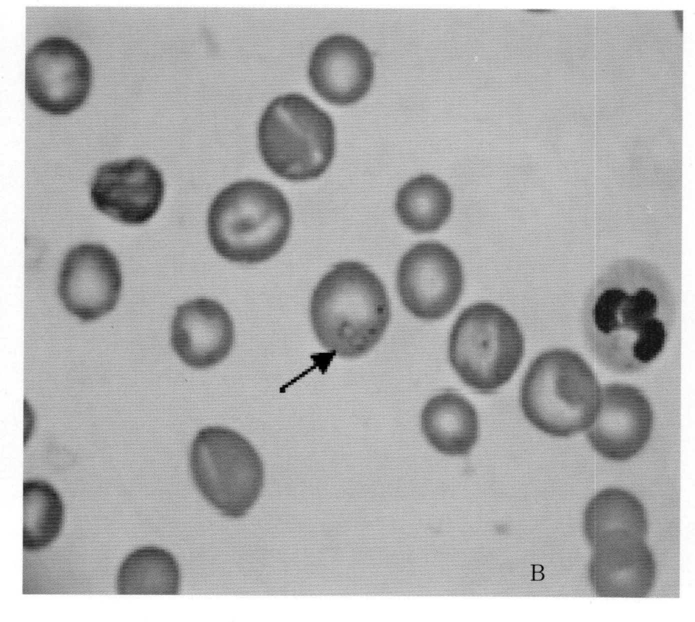

图4-6-4　猫焦虫病
红细胞中的犬巴贝斯虫（A）和吉氏巴贝斯虫（B）
（张海霞　提供）

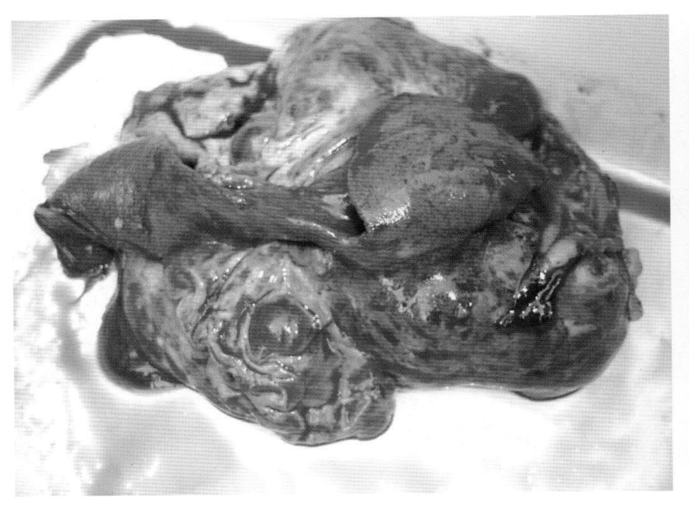

图4-6-5 脾淋巴肉瘤
10岁德国牧羊犬脾淋巴肉瘤 （董悦农 提供）

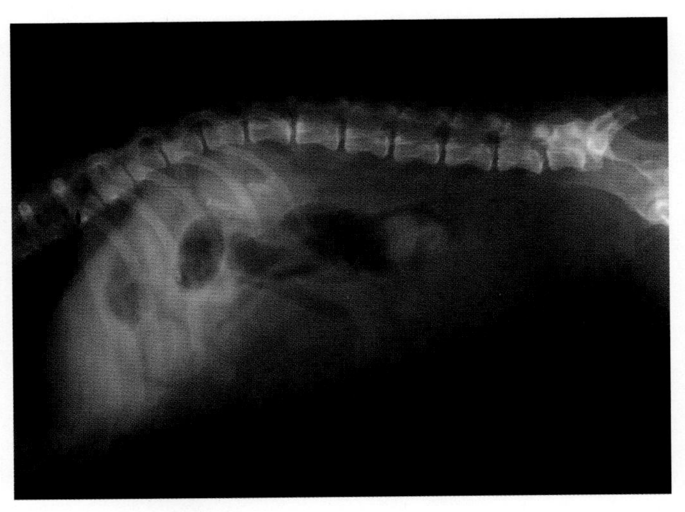

图4-7-1 肾脏结石
侧位X线片可见肾脏内高密度物质，后经B确诊为左肾结石。注意此犬阴茎尿道也有结石 （魏琦 提供）

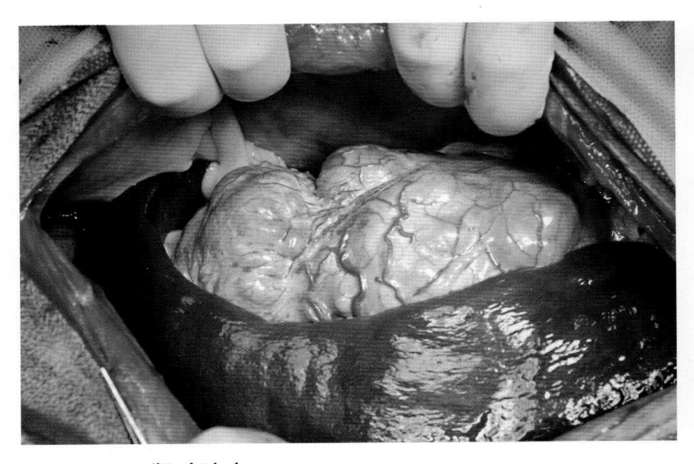

图4-7-2 肾脏肿瘤
8岁德国牧羊犬右肾肿瘤，组织学检查结果为移行细胞癌 （魏琦 提供）

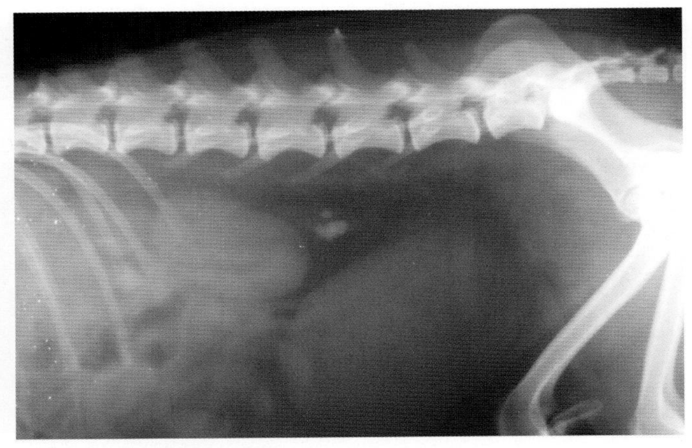

图4-7-3 输尿管结石
6岁京巴犬腹部X线片，可见肾脏后方输尿管处高密度不光滑物质，膀胱增大 （董悦农 提供）

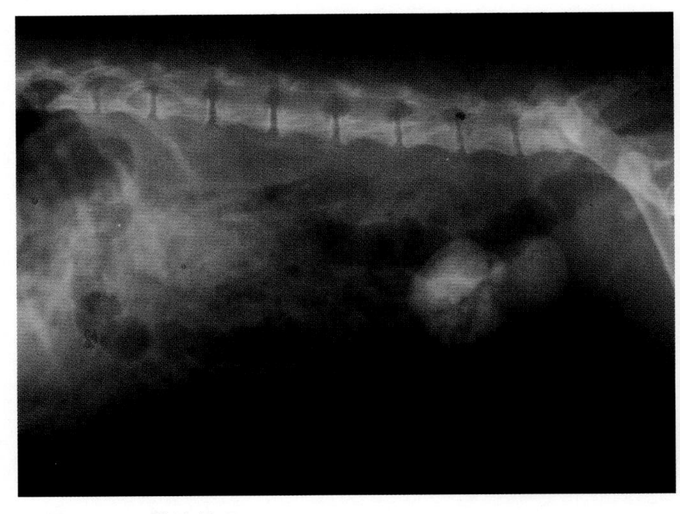

图4-7-4 膀胱结石
侧位X线片可见膀胱内多个高密度巨型结石 （魏琦 提供）

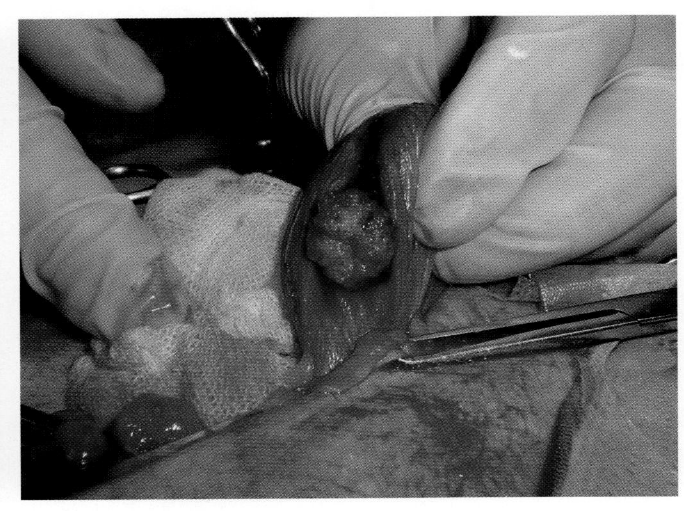

图4-7-5 膀胱肿瘤
膀胱内壁菜花样肿瘤 （蒋宏 提供）

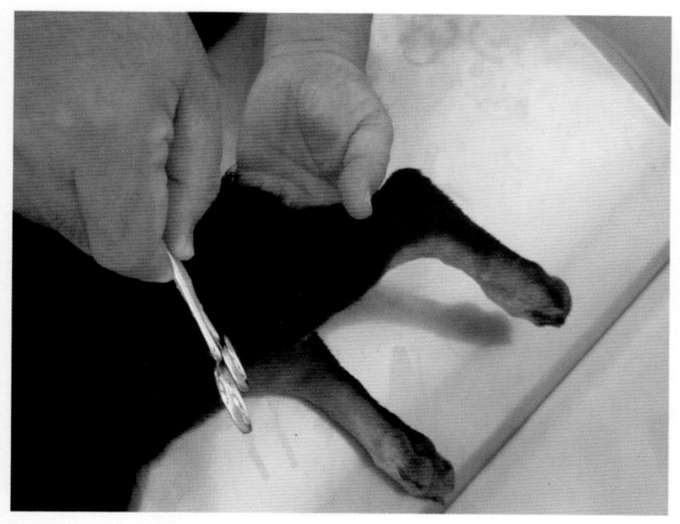

图4-8-1 膝反射

检查健康犬进行膝反射时，下肢呈伸展动作。该反射的中枢在脊髓第4～5腰椎段 （董悦农 提供）

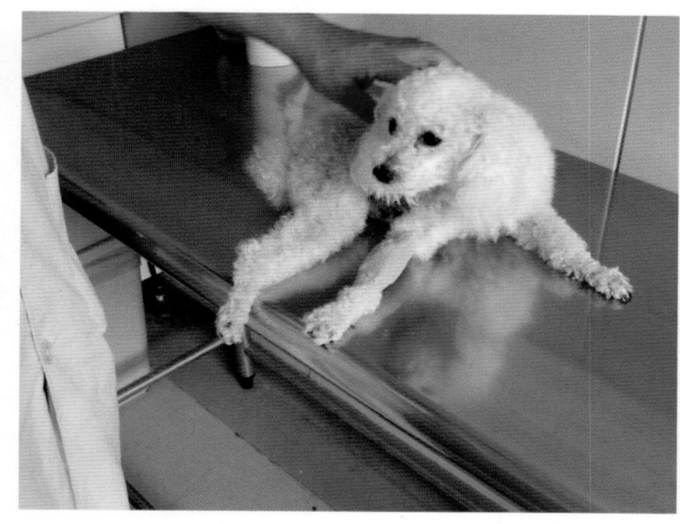

图4-8-2 偏 瘫

外伤引起幼龄贵妇犬右侧前、后肢瘫痪，表现膝反射增强，本体反射缺失 （王九峰 提供）

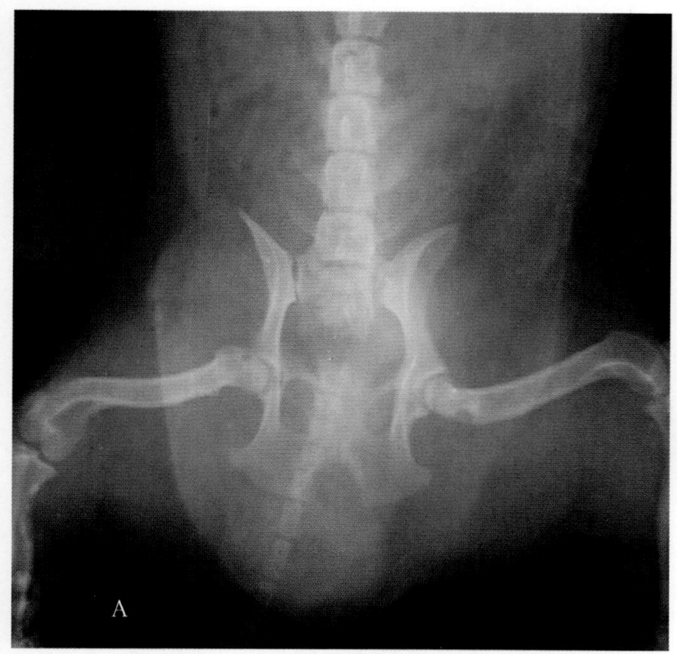

图4-8-3 脊髓性瘫痪

车祸引起的脊髓性瘫痪。A：可见明显、严重的荐椎损伤，B：可见后躯截瘫 （董悦农 提供）

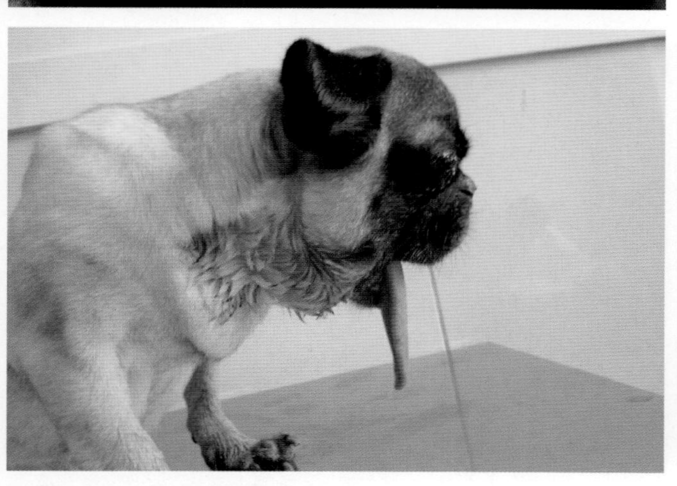

图4-8-4 三叉神经麻痹

4岁巴哥犬三叉神经损伤导致口腔无法合拢，舌头垂出口腔，因进食和饮水困难而开始出现脱水和体重减轻等临床症状

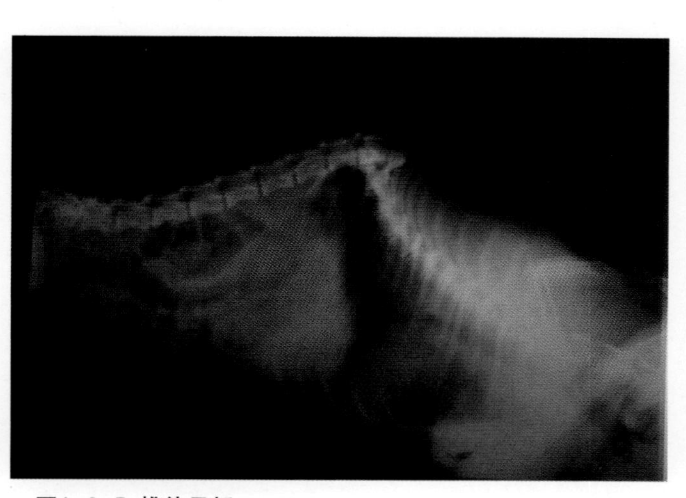

图4-8-5 椎体骨折

4岁英短犬外伤所引起的胸椎骨折 （谭丽媛 提供）

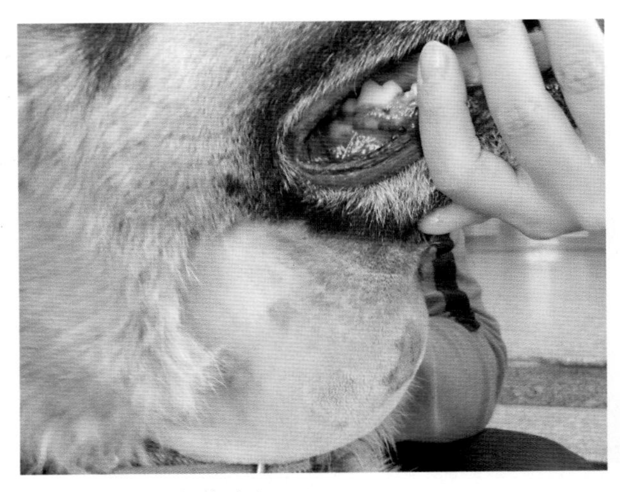

图4-9-1 甲状腺肿瘤

9岁德国牧羊犬甲状腺肿瘤，可见颈部甲状腺位置以下出现的巨大、坚硬的肿物，且因重力原因肿瘤向胸腔开口处移动（郑兰 提供）

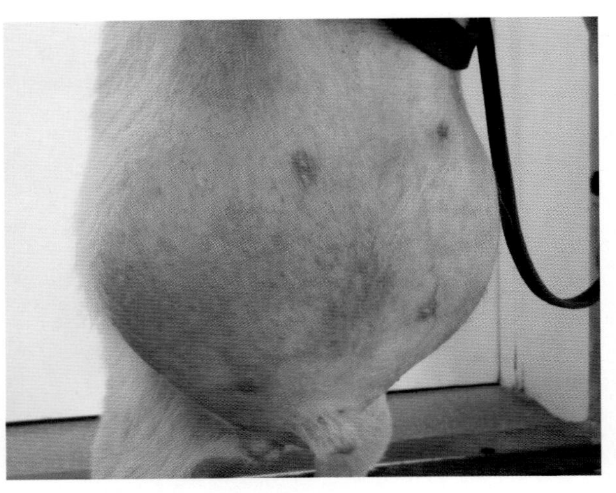

图4-9-2 肾上腺皮质机能亢进

患犬表现腹部扩张，由于脂肪和蛋白过度消耗，腹部血管异常清晰可见，注意本病中没有表现出“鼠状尾”症状

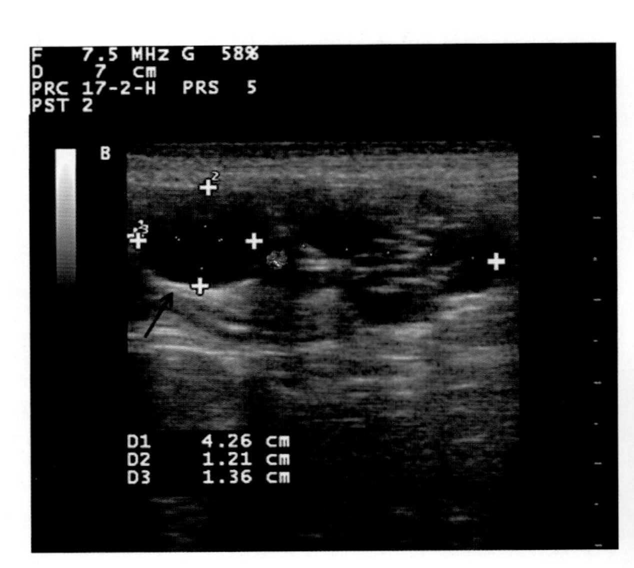

图4-10-1 卵巢囊肿

13岁小型杂种犬，雌性未绝育。右侧卵巢表面不光滑，内部为大小不等的网格状低回声结构，低回声区伴有后方回声增强（如光标所示）（D1.卵巢矢状面长度；D2.卵巢矢状面深度；D3.其中较大囊肿的直径）

（余芳 提供）

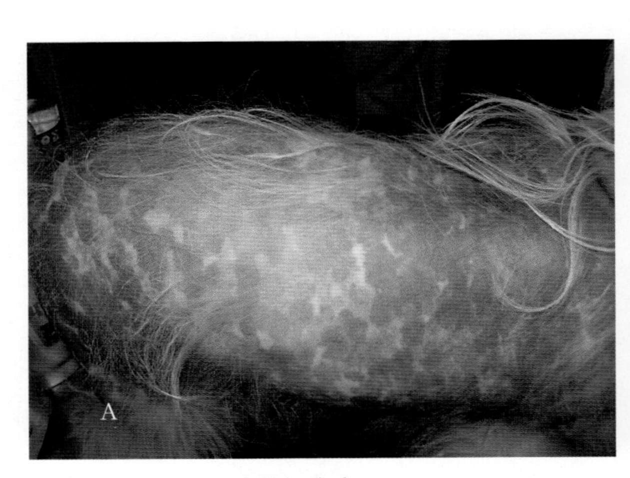

图4-10-2 公犬支持细胞瘤

A：全身对称性脱毛，皮肤色素沉着，性欲下降，不育。B：公犬雌性型乳房，阴茎包皮下垂，对侧睾丸萎缩

（刘敏 提供）

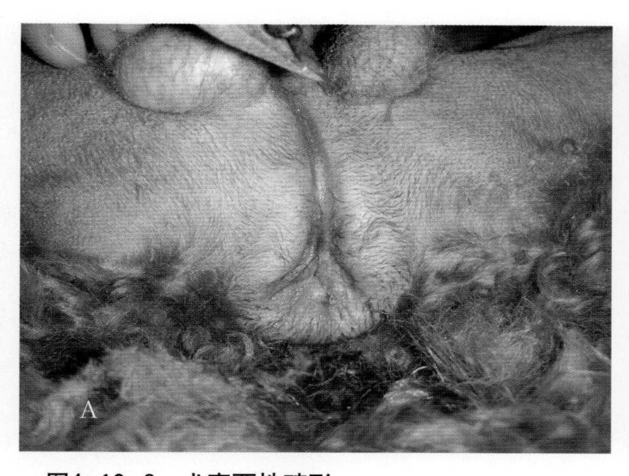

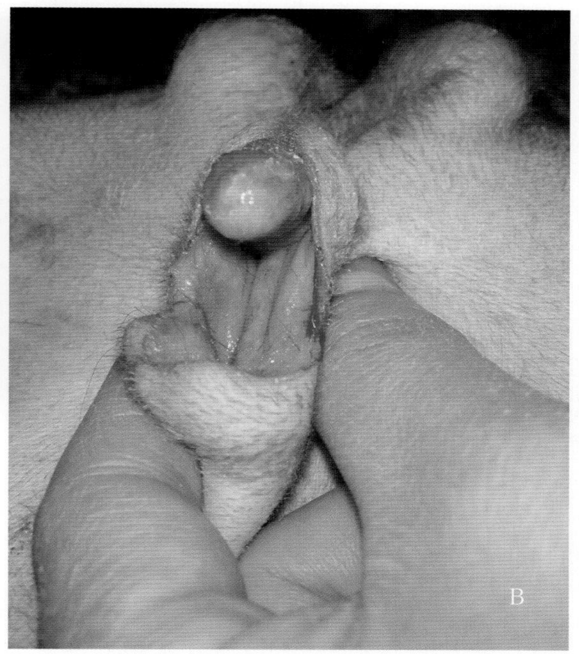

图4-10-3　犬真两性畸形

A：患犬同时具有睾丸和卵巢，外生殖器为睾丸。B：阴蒂肥大和阴茎发育不全　（刘敏　提供）

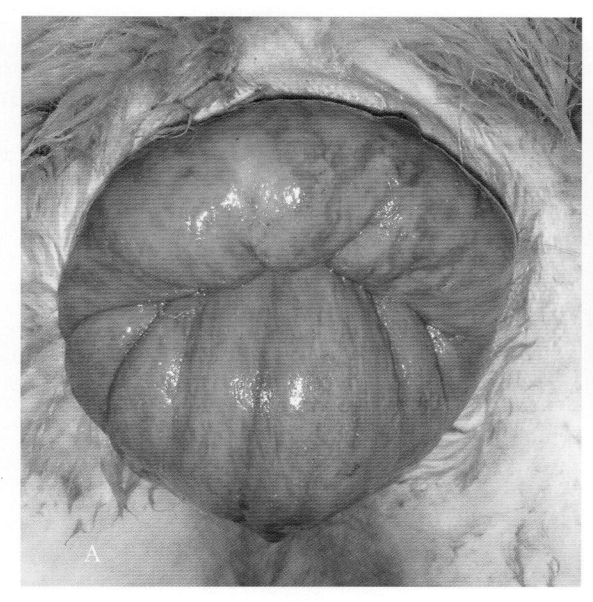

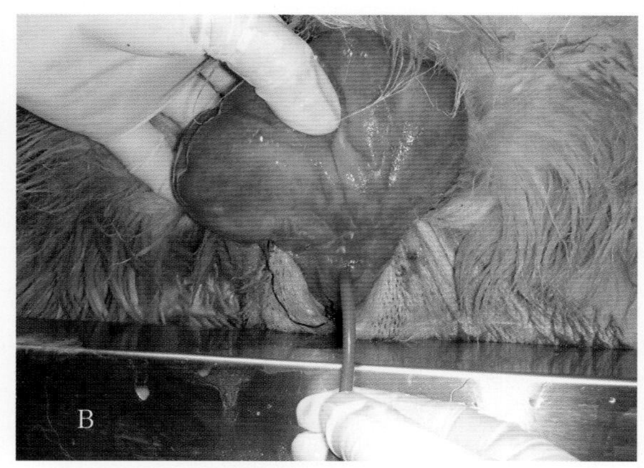

图4-10-4　母犬阴道水肿

A：显示阴道组织水肿和纤维组织形成，造成阴道组织过度增生，又称阴道增生、阴道脱垂。脱出阴道黏膜呈红色。B：肿大的阴道组织突出于阴门之外，环形的阴道壁完全脱出，尿道口前方脱出组织可见

（刘敏　提供）

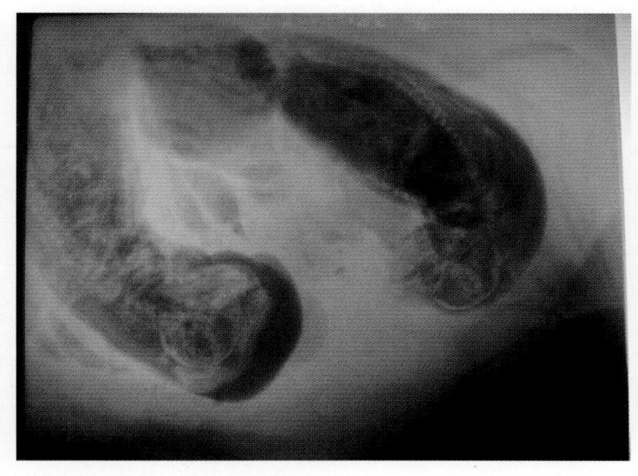

图4-10-5　胎儿浸润

犬子宫X线检查，显示胎儿软组织出现气肿和浸润　（刘敏　提供）

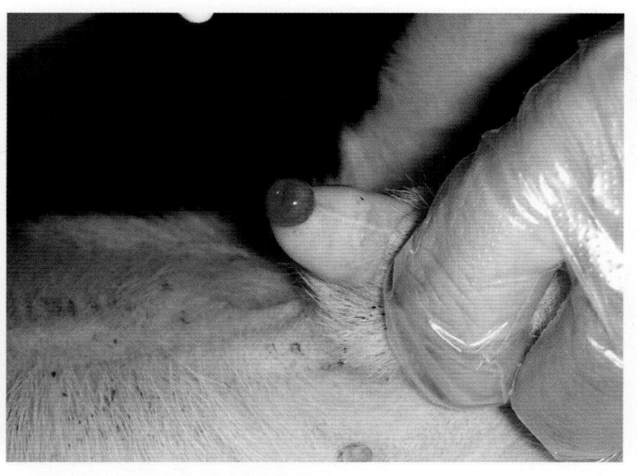

图4-10-6　尿道黏膜外翻

显示阴茎顶部的尿道黏膜外翻。尿道开口处可见有一小的红色圆形组织块，往往出血或表现为血尿　（刘敏　提供）

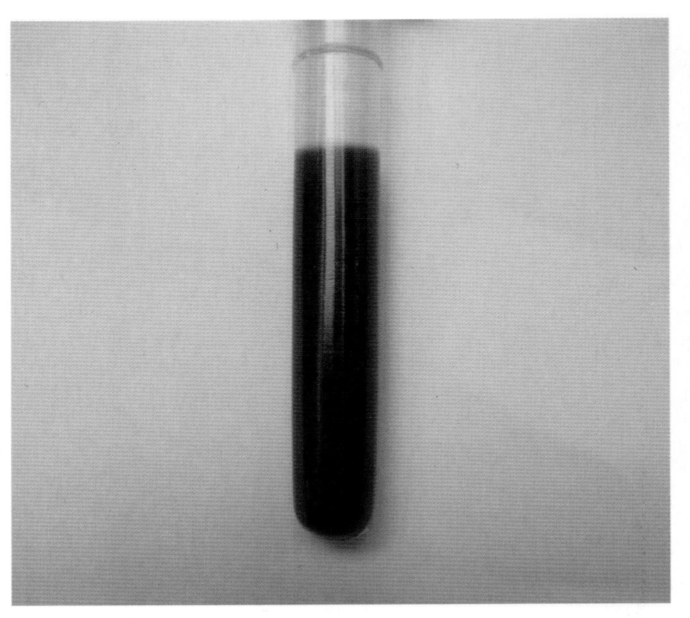

图5–1 洋葱中毒
5岁罗威纳犬进食含有洋葱的食物后发生洋葱中毒，尿液呈酱油色　　（戚飞扬　提供）

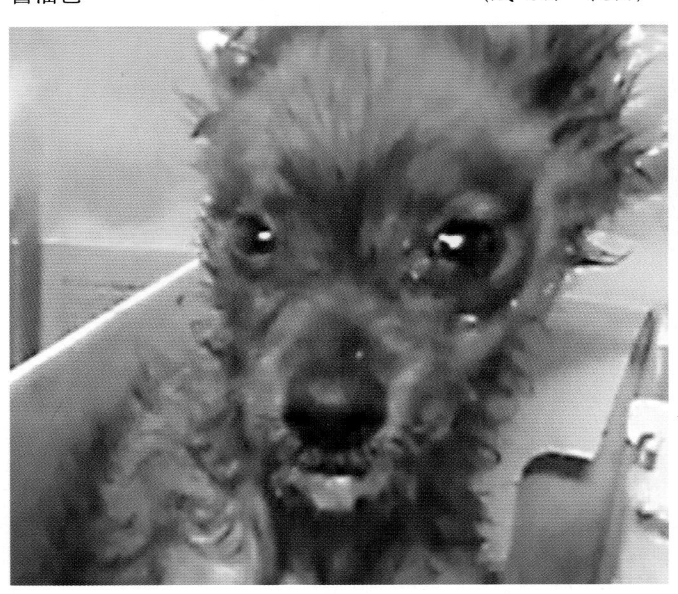

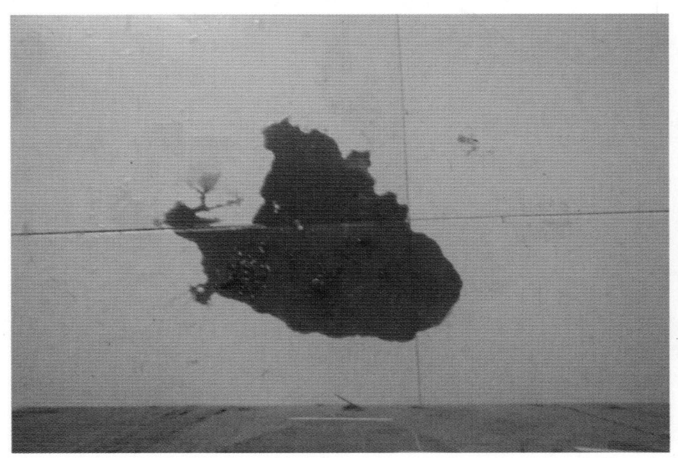

图6–3 犬细小病毒患犬稀便
5月龄雪纳瑞犬细小病毒感染，粪便恶臭、呈番茄汁样　　（刘爱秀　提供）

A

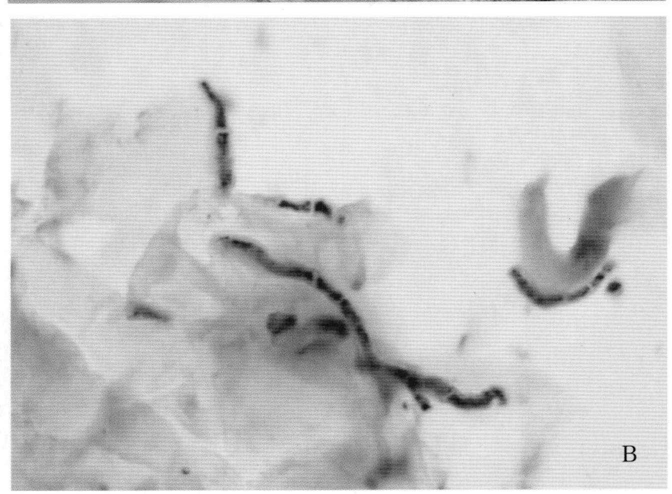

图6–1　癣　菌
A：癣菌感染的毛干（10×40）。B：癣菌菌丝（10×100）　　（刘欣　提供）

图6–2　犬瘟热
犬瘟热患犬表现脓性眼睛分泌物，鼻镜干燥、角质化，口角神经性抽搐继发口角白沫　　（刘爱秀　提供）

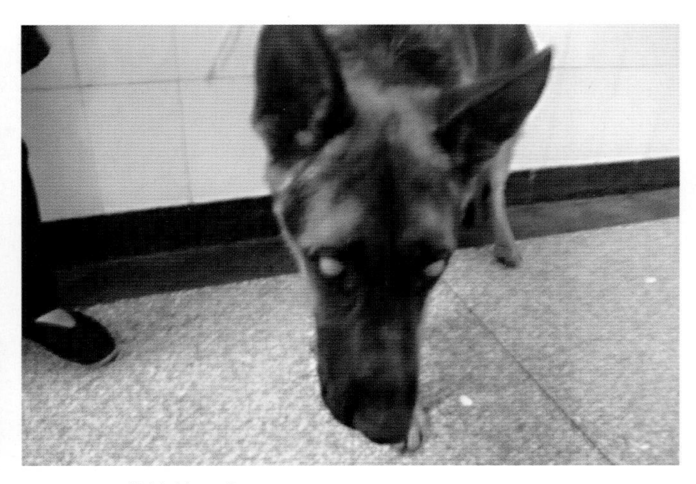

图6–4 传染性肝炎
传染性肝炎临床表现出“蓝眼”症状　　（张伟伟　提供）